Überlagerung von Schwingungen

$A_1 \sin(\omega t + \varphi_1) + A_2 \sin(\omega t + \varphi_2) = A \sin(\omega t + \varphi$

$$A = \sqrt{A_1^2 + A_2^2 + 2A_1A_2\cos(\varphi_1 - \varphi_2)}$$

$$\tan\varphi = \frac{A_1 \sin\varphi_1 + A_2 \sin\varphi_2}{A_1 \cos\varphi_1 + A_2 \cos\varphi_2}$$ (Quadranten

Spezialfall: $B\cos\omega t + C \sin\omega t = A \sin$ …

$$B = A\sin\varphi$$
$$C = A\cos\varphi$$

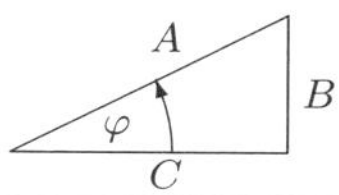

$$A = \sqrt{B^2 + C^2}$$

$$\tan\varphi = \frac{B}{C}$$ Quadranten beachten!

ung

…eine …mialkoeffizienten

$r \in \mathbb{R}$ und $k = 1, 2, \ldots$

$$\binom{r}{k} = \frac{r(r-1)\cdots(r-k+1)}{k!}$$

$$\binom{r}{0} = \binom{r}{r} = 1, \quad \binom{r}{1} = r$$

Polarkoordinaten

$$x = r\cos\varphi$$
$$y = r\sin\varphi$$
$$dF = r\,dr\,d\varphi$$

$$r = \sqrt{x^2 + y^2}$$

$$\tan\varphi = \frac{y}{x}$$ Quadranten beachten!

$$z = x + iy = r(\cos\varphi + i\sin\varphi) = re^{i\varphi}$$

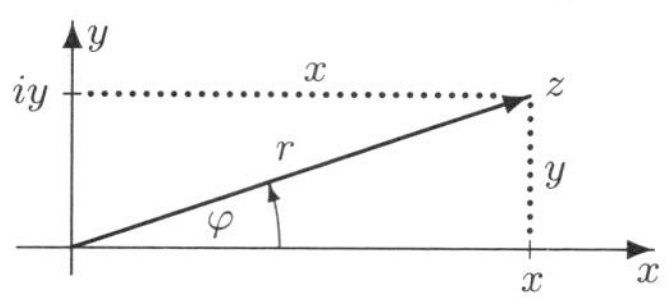

Rechnen mit **Potenzen** und **Logarithmen**

a: Basis, mit $0 < a \neq 1$

$a^{x+y} = a^x a^y$	$\log_a xy = \log_a x + \log_a y$
$a^{-x} = \frac{1}{a^x}$	$\log_a \frac{1}{x} = -\log_a x$
$a^0 = 1$	$\log_a 1 = 0$
$(a^x)^r = a^{xr}$	$\log_a x^r = r\log_a x$

Logarithmen zu verschiedenen Basen:

$$\log_a x = \frac{\log_b x}{\log_b a}, \quad \text{speziell: } \log_a x = \frac{\ln x}{\ln a}$$

Kosinussatz

$$c^2 = a^2 + b^2 - 2ab\cos\gamma$$

Pythagoras

$$c^2 = a^2 + b^2, \text{ falls } \gamma = 90^0$$

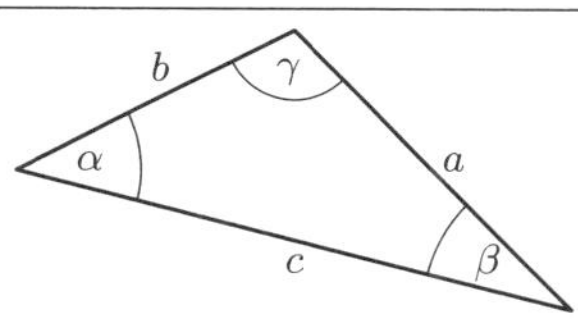

Sinussatz

$$\frac{a}{\sin\alpha} = \frac{b}{\sin\beta} = \frac{c}{\sin\gamma}$$

Kugelkoordinaten

θ : Polabstand

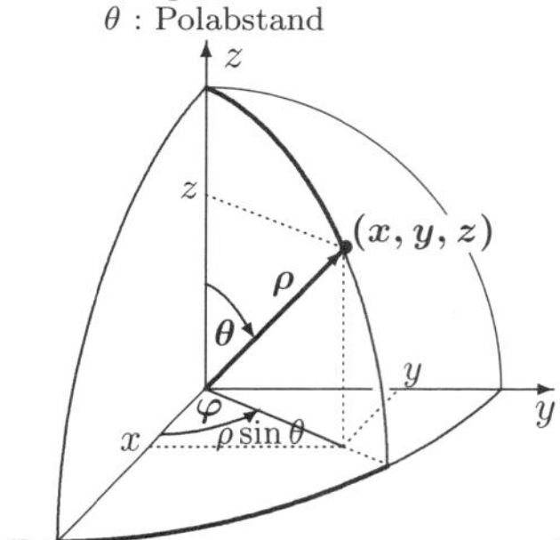

$$x = \rho\sin\theta\cos\varphi$$
$$y = \rho\sin\theta\sin\varphi$$
$$z = \rho\cos\theta$$
$$dV = \rho^2\sin\theta\,d\rho\,d\theta\,d\varphi$$

Kugelkoordinaten

θ : geographische Breite

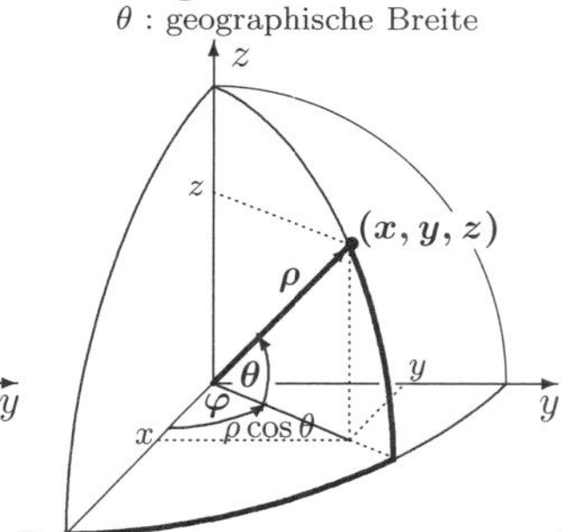

$$x = \rho\cos\theta\cos\varphi$$
$$y = \rho\cos\theta\sin\varphi$$
$$z = \rho\sin\theta$$
$$dV = \rho^2\cos\theta\,d\rho\,d\theta\,d\varphi$$

Zylinderkoordinaten

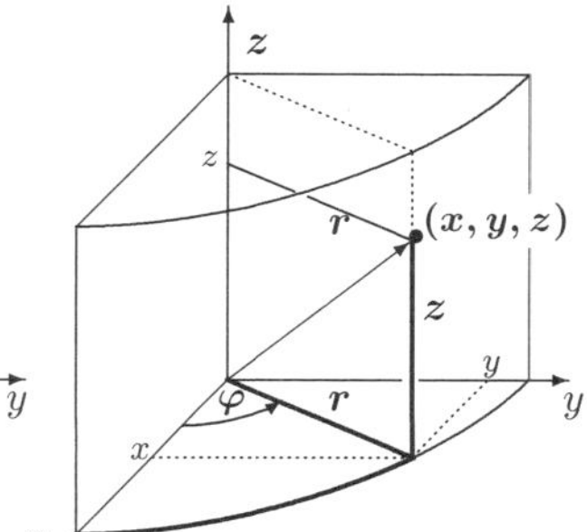

$$x = r\cos\varphi$$
$$y = r\sin\varphi$$
$$z = z$$
$$dV = r\,dr\,d\varphi\,dz$$

REPETITORIUM
HÖHERE MATHEMATIK

Repetitio est mater studiorum

Gerhard Merziger
Thomas Wirth

7. Auflage

Binomi Verlag	**Schützenstr. 9, 30890 Barsinghausen**	
	Telefon	**05105 6624000**
	Telefax	**05105 515798**
	E–Mail	**verlag@binomi.de**
	Internet	**www.binomi.de**

Druck	BWH GmbH www.bw-h.de

Zu beziehen beim Verlag oder im Buchhandel

ISBN 978–3–923923–30–4

Hannover 12/15

REPETITORIUM
HÖHERE MATHEMATIK

Repetitio est mater studiorum

Gerhard Merziger
Thomas Wirth

Vorwort

Dieses Buch will angehenden Mathematikern, Physikern und Ingenieuren von Universitäten und Fachhochschulen eine Hilfe sein beim Bewältigen von

Vorlesungen **Übungen** **Klausuren**

Mathematische Verfahren und abstrakte Methoden werden erklärt und anhand einer Fülle von **vollständig behandelten Beispielen** erläutert.
Aus jahrelanger Erfahrung im Umgang mit Studierenden wissen die Autoren, wie wichtig **Beispiele** zum Verständnis sind.
Ein ausführlicher Index mit mehr als 1000 Stichwörtern erleichtert die Arbeit.

Auf Seiten, Beispiele, Aufgaben und Abschnitte wird innerhalb eckiger Klammern verwiesen: [Seite 210], [12.1], [Abschnitt 5.4] usw.

Wichtige Formeln, Begriffe und fast alle benötigten Integrale stehen auf den Umschlagseiten F1, F2, F3, F4.

Natürlich können wir trotz aller verwendeten Sorgfalt Fehler nicht ausschließen. Ein aktuelles Fehlerverzeichnis findet man auf www.binomi.de.

Teilen Sie uns bitte Kritik, Hinweise und Anregungen auf www.binomi.de mit.

Das **Repetitorium** arbeitet mit der **Formelsammlung**, zitiert durch **F+H**:

Zitierte Literatur:

F+H	*Merziger/Mühlbach/Wille/Wirth*		Formeln + Hilfen
EM 1	*Merziger/Holz/Wille*	Repetitorium	Elementare Mathematik 1
EM 2	*Merziger/Holz/Wille*	Repetitorium	Elementare Mathematik 2
LA 1	*Wille*	Repetitorium	Lineare Algebra, Teil 1
LA 2	*Holz/Wille*	Repetitorium	Lineare Algebra, Teil 2
Alg	*Holz*	Repetitorium	Algebra
Ana 1	*Timmann*	Repetitorium	Analysis, Teil 1
Ana 2	*Timmann*	Repetitorium	Analysis, Teil 2
DGL	*Timmann*	Repetitorium	Gewöhnliche Differentialgleichungen
Fun	*Timmann*	Repetitorium	Funktionentheorie
Top	*Timmann*	Repetitorium	Topologie und Funktionalanalysis

Überwiegend positive Kommentare von Studierenden und Dozenten zu diesen Büchern findet man unter **www.binomi.de**.

Inhaltsverzeichnis

F1 Formelsammlung
F2 Formelsammlung

Alphabete 11

Zeichenindex 12

1 Grundbegriffe 14
1.1 Logische Grundlagen, Aussagen 14
1.2 Mathematische Grundlagen, Mengen 17
1.3 Vollständige Induktion 20
1.4 Kartesische Produkte 23
1.5 Abbildungen, Funktionen 24
1.6 Umkehrfunktionen 29
1.7 Einsetzen (Verketten, Substituieren) von Funktionen 31
1.8 Gerade, ungerade Funktionen 32
1.9 Grenzwerte von Funktionen 35
1.10 Stetige Funktionen 37
1.11 Aufgaben 40
1.12 Lösungen 41

2 Reelle Zahlen 44
2.1 Brüche, Potenzen, Wurzeln 44
2.2 Fakultät, Binomialkoeffizienten 45
2.3 Ungleichungen, Beträge 47
2.4 Aufgaben 54
2.5 Lösungen 55

3 Elementare Funktionen 59
3.1 Polynome, ganze rationale Funktionen 59
3.1.1 Grundsätzlicher Verlauf, Verhalten im Unendlichen 59
3.1.2 Nullstellen, Linearfaktoren 60
3.1.3 Zerlegung reeller Polynome 62
3.1.4 Polynome 2-ten Grades, quadratische Gleichungen 64
3.1.5 Interpolation 65
3.1.6 HORNER–Schema 66
3.2 Rationale Funktionen 67
3.3 Trigonometrische Funktionen 75
3.4 Inverse trigonometrische Funktionen 77
3.5 Schwingungen 78
3.6 Schwingungen, komplexe Rechnung 81
3.7 Exponential– und Logarithmusfunktionen 84
3.8 Hyperbelfunktionen 88

3.9 Inverse Hyperbelfunktionen, Areafunktionen ... 89
3.10 Potenzfunktionen ... 91
3.11 Aufgaben ... 91
3.12 Lösungen ... 91

4 Komplexe Zahlen **93**
4.1 Zahlenebene ... 93
4.2 Betrag, Abstand, Einheitskreis ... 97
4.3 Konjugiert komplexe Zahl ... 98
4.4 Multiplikation und Division, Potenzen ... 99
4.5 Wurzeln aus komplexen Zahlen, Formel von Moivre ... 103
4.6 Quadratische Gleichungen ... 108
4.7 Die komplexe Exponentialfunktion ... 111
4.8 Die komplexe Logarithmusfunktion ... 113
4.9 Aufgaben ... 114
4.10 Lösungen ... 116

5 Vektorrechnung **120**
5.1 Rechnen mit Vektoren ... 120
5.2 Vektoren in Koordinatendarstellung ... 121
5.3 Linear abhängig, linear unabhängig, lineare Hülle ... 123
5.4 Skalarprodukt ... 127
5.5 Vektorprodukt ... 133
5.6 Spatprodukt ... 136
5.7 Geraden im Raum ... 137
5.8 Ebenen im Raum ... 145
5.9 Vektorielle Beweise ... 155
5.10 Aufgaben ... 159
5.11 Lösungen ... 162

6 Matrizen **166**
6.1 Bezeichnungen ... 166
6.2 Rechnen mit Matrizen ... 167
6.3 Rang einer Matrix ... 170
6.4 Quadratische Matrizen ... 172
6.5 Inverse Matrix ... 175
6.6 Matrizen und Basen ... 178
6.7 Orthogonale Matrizen ... 180
6.8 Koordinatenvektoren ... 181

7 Determinanten **183**
7.1 Entwicklung nach Zeilen und Spalten ... 183
7.2 Elementare Umformungen ... 186
7.3 Flächenberechnung, Orientierung ... 187
7.4 Cramersche Regel ... 188

8 Lineare Abbildungen und Matrizen **189**
8.1 Lineare Abbildungen und Matrizen ... 189
8.2 Abbildungsmatrix $M_B^A(\varphi)$ ... 194
8.3 Abbildungsmatrix $M_B^A(\text{id})$ ... 198
8.4 Nacheinanderausführen linearer Abbildungen, $M_C^A(\psi \circ \varphi)$ ... 199
8.5 Abbildungsmatrix bei spezieller Basis, $M_A^A(\varphi)$ ... 201
8.6 Drehungen und Drehmatrizen ... 205

9 Eigenwerte, Eigenvektoren **209**
9.1 Eigenwerte, Eigenvektoren, Eigenräume ... 209
9.2 Diagonalisierung, symmetrische Matrizen ... 215

10 Hauptachsentransformation **219**
10.1 Kegelschnitte, Kurven zweiter Ordnung ... 219
10.2 Quadriken, Flächen zweiter Ordnung ... 224
10.3 Kurven/Flächen zweiter Ordnung in allgemeiner Lage ... 227
10.4 Klassifizierung Kurven/Flächen zweiter Ordnung ... 240
10.5 Aufgaben ... 241
10.6 Lösungen ... 241

11 Lineare Gleichungssysteme **244**
11.1 Gaußsches Eliminationsverfahren ... 245
11.2 Lineare Gleichungssysteme mit Parameter ... 253
11.3 Aufgaben ... 256
11.4 Lösungen ... 257

12 Differentialrechnung **260**
12.1 Differenzierbarkeit ... 260
12.2 Rechnen mit differenzierbaren Funktionen ... 264
12.3 Höhere Ableitungen ... 266
12.4 Implizites Differenzieren ... 267
12.5 Extremwerte von Funktionen einer Veränderlichen ... 268
12.6 Grenzwertbestimmung, unbestimmte Ausdrücke ... 273
12.7 Näherungsweise Nullstellenbestimmung ... 278
12.8 Aufgaben ... 279
12.9 Lösungen ... 281

13 Integralrechnung **285**
13.1 Das unbestimmte Integral ... 285
13.1.1 Rechnen mit unbestimmten Integralen ... 285
13.1.2 Integration durch Substitution ... 286
13.1.3 Partielle Integration ... 288
13.1.4 Integration rationaler Funktionen (Partialbruchzerlegung) 289
13.1.5 Integration einiger nicht rationaler Funktionen ... 292

13.2 Das bestimmte Integral ... 300
13.2.1 Hauptsatz der Differential- und Integralrechnung ... 301
13.2.2 Integration durch Substitution, partielle Integration ... 303
13.2.3 Flächenberechnung ... 305
13.2.4 Das bestimmte Integral als Funktion seiner oberen Grenze 308
13.3 Uneigentliche Integrale ... 311
13.4 Aufgaben ... 319
13.5 Lösungen ... 321

14 Folgen und Reihen 328
14.1 Zahlenfolgen ... 328
14.2 Numerische Reihen ... 335
14.3 Potenzreihen ... 344
14.4 Taylorreihen ... 354
14.5 Fourierreihen ... 360
14.6 Aufgaben ... 365
14.7 Lösungen ... 366

15 Funktionen mehrer Veränderlicher 369
15.1 Flächen im Raum, Niveaulinien, Blockbild ... 369
15.2 Stetigkeit ... 370
15.3 Differenzierbarkeit ... 373
15.3.1 Partielle Ableitungen, Gradient ... 373
15.3.2 Differenzierbarkeit, Ableitung (Gradient, Jakobi–Matrix) . 375
15.3.3 Kettenregel ... 380
15.3.4 Tangentialebene, totales Differential ... 383
15.4 Richtungsableitung ... 385
15.5 Partielle Ableitungen höherer Ordnung ... 388
15.6 Implizite Funktionen ... 389
15.6.1 Explizite, implizite Funktionen, lokale Auflösung ... 389
15.6.2 Ableitungen impliziter Funktionen ... 390
15.7 Taylorentwicklung von $w = f(x, y)$ ... 395
15.8 Extremwerte einer Funktion mehrer Veränderlicher ... 399
15.9 Extremwerte unter Nebenbedingungen ... 406
15.10 Differentiation und Integration ... 410
15.11 Aufgaben ... 413
15.12 Lösungen ... 415

16 Differentialgleichungen 418
16.1 Explizite DGL 1. Ordnung ... 418
16.2 DGL mit getrennten Variablen ... 426
16.3 Lineare DGL 1. Ordnung ... 430
16.4 Elementar integrierbare implizite DGLn 1. Ordnung ... 435
16.5 Einige spezielle DGLn 2. Ordnung ... 437

16.6 Lineare DGL n–ter Ordnung ... 439
16.6.1 Homogene lineare DGL n–ter Ordnung ... 440
16.6.2 Inhomogene lineare DGL n–ter Ordnung ... 444
16.7 Lineare DGL mit konstanten Koeffizienten ... 448
16.8 Schwingungs–DGL ... 454
16.9 Eulersche DGL ... 457
16.10 Potenzreihenansatz ... 458
16.11 DGL–Systeme ... 461
16.12 Lineare Systeme ... 462
16.13 Lineare Systeme mit konstanten Koeffizienten ... 469
16.13.1 Homogene lineare Systeme mit konstanten Koeffizienten .. 469
16.13.2 Inhomogene lineare Systeme mit konstanten Koeffizienten 476
16.14 Eliminationsmethode für lineare DGL–Systeme ... 478
16.15 Aufgaben ... 481
16.16 Lösungen ... 482

17 Mehrfache Integrale **485**
17.1 Doppelintegrale ... 485
17.2 Dreifache Integrale ... 490
17.3 Aufgaben ... 497
17.4 Lösungen ... 498

18 Vektoranalysis **499**
18.1 Kurven in der Ebene ... 499
18.2 Kurven im Raum ... 506
18.3 Flächen im Raum ... 511
18.4 Skalar– und Vektorfelder ... 522
18.4.1 Differentialoperatoren: Gradient Divergenz, Rotation, Nabla 523
18.4.2 Felddarstellungen in Polar-, Zylinder- und Kugelkoordinaten 530
18.5 Kurvenintegrale, Linienintegrale ... 538
18.6 Oberflächenintegrale ... 546
18.7 Integralsätze der Vektoranalysis ... 550
18.8 Aufgaben ... 556
18.9 Lösungen ... 557

19 Anhang **559**
19.1 Kreis ... 559
19.2 Hyperbel ... 560
19.3 Parabel ... 562
19.4 Ellipse ... 564

20 Finanzmathematik **565**

Index **566**

Verzeichnis lieferbarer Bücher **575**

F3 Formelsammlung
F4 Formelsammlung

Griechisches Alphabet

A	α	alpha	I	ι	iota	P	ρ	rho
B	β	beta	K	κ	kappa	Σ	σ	sigma
Γ	γ	gamma	Λ	λ	lambda	T	τ	tau
Δ	δ	delta	M	μ	mü	Υ	υ	üpsilon
E	ϵ	epsilon	N	ν	nü	Φ	φ	phi
Z	ζ	zeta	Ξ	ξ	xi	X	χ	chi
H	η	eta	O	o	omicron	Ψ	ψ	psi
Θ	θ	theta	Π	π	pi	Ω	ω	omega

Deutsches Alphabet

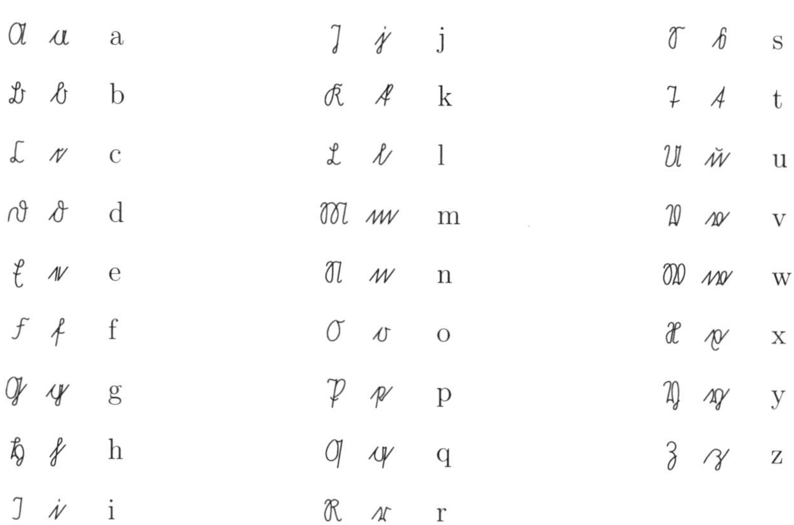

Zeichenindex

$A \Longrightarrow B$	Aus A folgt B	14
$A \Longleftrightarrow B$	Die Aussagen A und B sind äquivalent (gleichwertig)	14
$A \times B$	Kartesisches Produkt der Mengen A und B	23
$\forall$ $\exists$	Quantoren: "für alle", "es gibt"	15
$\{\ldots\}$	Mengenklammern	17
$\in$ $\notin$	ist Element von, ist nicht Element von	17
$\emptyset$	leere Menge	18
$\subset$ $\subseteq$	echte Teilmenge von, Teilmenge von	18
$\cup$ $\cap$	vereinigt mit, geschnitten mit	18
$\mathbb{N}$	Menge der natürlichen Zahlen	17
$\mathbb{Z}$	Menge der ganzen Zahlen	17
$\mathbb{Q}$	Menge der rationalen Zahlen	17
$\mathbb{R}$	Menge der reellen Zahlen	44
$\mathbb{C}$	Menge der komplexen Zahlen	93
$=$	gleich Mengen 19, Funktionen 24, Matrizen 167, Vektoren 122	
$:=$	definitionsgemäß gleich der Doppelpunkt steht auf der Seite, die definiert wird.	23
$\neq$	ungleich	
$\approx$	ungefähr gleich	
$<$ $\leq$	kleiner als, kleiner als oder gleich	44
$[a, b]$	abgeschlossenes Intervall	20
$]a, b[$	offenes Intervall	20
(a, b)	geordnetes Paar oder offenes Intervall	23, 20
(x, y, z)	geordnetes Tripel, Vektor, Punkt im $\mathbb{R}^3$	23
$n!$	n Fakultät	45
$\binom{n}{k}$	n über k, Binomialkoeffizient	46, 47
$\lvert z\rvert$	Betrag von z	97
$\operatorname{Re} z$ $\operatorname{Im} z$	Realteil, Imaginärteil von z	93
$\arg z$	Argument von z, Arcus von z	94
$\lim$	Limes, Grenzwert	35
$\overline{\lim}$	Limes superior, größter Häufungspunkt	329
$\underline{\lim}$	Limes inferior, kleinster Häufungspunkt	329

$\vec{a}$	Vektor	120
$\|\vec{a}\|$	Betrag des Vektors $\vec{a}$	122
$\vec{a}\vec{b}$	Skalarprodukt, $\vec{a}\vec{b} = \vec{a} \cdot \vec{b}$	127
$\vec{a} \times \vec{b}$	Vektorprodukt	133
$< \vec{a}, \vec{b}, \vec{c} >$	Spatprodukt	136
$\vec{b}_{\vec{a}}$	Projektion von $\vec{b}$ auf die Richtung von $\vec{a}$	131
$\sphericalangle(\vec{a}, \vec{b})$	Winkel zwischen $\vec{a}$ und $\vec{b}$	128
$\|\|$	parallel	137, 147
$\perp$	rechtwinklig zu, senkrecht auf	128
$(a_{i,j})$	Matrix	166
$\begin{pmatrix} \cdots \\ \cdots \\ \cdots \end{pmatrix}$	Matrix	166
$\begin{vmatrix} \cdots \\ \cdots \\ \cdots \end{vmatrix}$	Determinante	183
$f(x)$	Funktionswert, lies "f von x"	24
$f'(x)$	1-te Ableitung, lies "f Strich von x"	260
$f^{(n)}(x)$	n-te Ableitung, lies "f n-Strich von x"	266
$\frac{df}{dx}$	1-te Ableitung, lies "df nach dx"	260
dx, df	Differentiale	261, 383
f_x	f partiell nach x	374
$\operatorname{grad} f$	Gradient von f	374, 376
J_f	Jakobi-Matrix von f	376
$\frac{\partial f}{\partial \vec{a}}$	Richtungsableitung	385
$a_n \to a$	die Folge (a_n) konvergiert gegen a	330
$\sum$, $\sum\limits_{n=0}^{\infty}$	Summenzeichen	366
$\sqrt{\ }$, $\sqrt[n]{\ }$	Wurzel, n-te Wurzel	48, 103
$\int f(x)\,dx$	unbestimmtes Integral	285
$\int_a^b f(x)\,dx$	bestimmtes Integral	300
${}^{G}\iint$	Gebietsintegral, Doppelintegral	485
${}^{K}\iiint$	Raumintegral, Dreifachintegral	490

1 Grundbegriffe

1.1 Logische Grundlagen, Aussagen

Mathematik ist ohne Logik undenkbar; doch keine Angst, uns reichen hier einfache logische Prinzipien, die sich aus dem gesunden Menschenverstand erklären. Mathematik präsentiert sich in **Aussagen**, im Folgenden mit großen Buchstaben $A, B, \ldots$ bezeichnet.

Eine **Aussage** ist entweder **wahr** oder **falsch** — ein Drittes gibt es nicht!

1.1 *Beispiele für (mathematische) Aussagen:*

$3^2 > 2^3$,	ist eine wahre Aussage (ist richtig, gilt).
4 ist eine Primzahl,	ist eine falsche Aussage (ist falsch, gilt nicht).
Es gibt unendlich viele Primzahlzwillinge[1],	wahr oder falsch? Ein bis heute ungelöstes Problem!

Aus (einfachen) Aussagen kann man weitere (kompliziertere) Aussagen bilden:

Bezeichnung	Symbole	Lies	ist genau dann wahr, wenn
Negation	$\overline{A}$	nicht A	A falsch ist.
Konjunktion	$A \wedge B$	A und B	A und B wahr sind.
Adjunktion	$A \vee B$	A oder B	A oder B wahr ist (oder beide).
Implikation	$A \Longrightarrow B$	aus A folgt B	A falsch oder B wahr ist [2].
Äquivalenz	$A \Longleftrightarrow B$	A äquivalent B	A genau dann wahr ist, wenn B wahr ist.

Belegt man die Aussagen A und B mit *Wahrheitswerten* w für "wahr" und f für "falsch", so ergeben sich die Wahrheitswerte der abgeleiteten Aussagen wie folgt:

A	B	$\overline{A}$	$\overline{B}$	$A \wedge B$	$A \vee B$	$A \Longrightarrow B$	$A \Longleftrightarrow B$
w	w	f	f	w	w	w	w
w	f	f	w	f	w	f	f
f	w	w	f	f	w	w	f
f	f	w	w	f	f	w	w

Ist die Aussage $A \Longleftrightarrow B$ wahr, benutzt man statt "$\Longleftrightarrow$" auch das Gleichheitszeichen "$=$", um längere Aussagen übersichtlicher zu schreiben.

Statt A äquivalent B, sagt man auch: A und B sind *gleichbedeutend*.

Bei mathematischen Schlüssen werden folgende Regeln häufig benutzt:

[1]Primzahlzwillinge sind z.B. 3,5 und 17,19 und 41,43, ...

[2]Merke: Ist die Voraussetzung falsch, ist jede Implikation (nicht das Ergebnis) richtig!

Logische Regeln

$\overline{\overline{A}} = A$		doppelte Verneinung einer Aussage
$(A \Longrightarrow B) = (\overline{A} \vee B) = (\overline{B} \Longrightarrow \overline{A})$		Ersetzen der Implikation
$(A \Longleftrightarrow B) = \big((A \Longrightarrow B \wedge B \Longrightarrow A)\big) = (\overline{A} \Longleftrightarrow \overline{B})$		Ersetzen der Äquivalenz
$\overline{A \wedge B}$	$= \overline{A} \vee \overline{B}$	de Morgan'sche Regel
$\overline{A \vee B}$	$= \overline{A} \wedge \overline{B}$	de Morgan'sche Regel
$\overline{A \Longrightarrow B}$	$= A \wedge \overline{B}$	Verneinung der Implikation
$\overline{A \Longleftrightarrow B}$	$= (A \wedge \overline{B}) \vee (\overline{A} \wedge B)$	Verneinung der Äquivalenz

1.2 *Die Aussage* $x^2 \geq x \Longrightarrow (x \leq 0) \vee (1 \leq x)$ *ist gleichbedeutend (äquivalent) mit der Aussage* $0 < x < 1 \Longrightarrow x^2 < x$.

Die beiden Aussagen sind von der Form $A \Longrightarrow B$ bzw. $\overline{B} \Longrightarrow \overline{A}$, sie sind daher äquivalent.

1.3 *Man beweise* $\overline{A \Longrightarrow B} = A \wedge \overline{B}$.

A	B	$A \Longrightarrow B$	$\overline{\boldsymbol{A \Longrightarrow B}}$	$\overline{B}$	$\boldsymbol{A \wedge \overline{B}}$
w	w	w	$\boldsymbol{f}$	f	$\boldsymbol{f}$
w	f	f	$\boldsymbol{w}$	w	$\boldsymbol{w}$
f	w	w	$\boldsymbol{f}$	f	$\boldsymbol{f}$
f	f	w	$\boldsymbol{f}$	w	$\boldsymbol{f}$

$\overline{A \Longrightarrow B}$ und $A \wedge \overline{B}$ haben dieselbe Belegung mit Wahrheitswerten, die Aussagen sind also äquivalent.

Häufig enthalten Aussagen die *Quantoren* "**für alle** ... " oder "**es gibt** ... ". Die Negation der Aussage:

"Für alle $x \in X$ gilt die Aussage $A(x)$." ist offensichtlich:
"Es gibt (mindestens) ein $x \in X$, für das $A(x)$ falsch ist."

Quantoren

$\forall x \in X,\ A(x)$	lies:	Für alle $x \in X$ gilt die Aussage $A(x)$.
$\exists x \in X,\ A(x)$		Es gibt ein $x \in X$, für das $A(x)$ gilt.

Negation:

$$\overline{\forall x \in X,\ A(x)} = \exists x \in X,\ \overline{A}(x)$$

$$\overline{\exists x \in X,\ A(x)} = \forall x \in X,\ \overline{A}(x)$$

1.4 *Man negiere folgende Aussagen:*

(a) $n \geq n_0 \Longrightarrow |a_n| < \epsilon$.

(b) Für alle $\epsilon > 0$ gibt es ein $n_0 \in \mathbb{N}$, so dass für alle $n \in \mathbb{N}$ $A(n, n_0)$ gilt.

(c) Für alle $\epsilon > 0$ gibt es ein $n_0 \in \mathbb{N}$, so dass für alle $n \in \mathbb{N}$ gilt:
$n \geq n_0 \Longrightarrow |a_n| < \epsilon$. (Bedeutung?)

(a) Die Aussage $(n \geq n_0 \Longrightarrow |a_n| < \epsilon)$ ist eine Implikation: $(B \Longrightarrow C)$. Also:

$$\begin{aligned}\overline{(B \Longrightarrow C)} &= \overline{(\overline{B} \vee C)} && \text{(Ersetzen der Implikation)}\\ &= \overline{\overline{B}} \wedge \overline{C} && \text{(de Morgan)}\\ &= B \wedge \overline{C} && \text{(doppelte Verneinung)}\end{aligned}$$

Die Negation von $(n \geq n_0 \Longrightarrow |a_n| < \epsilon)$ ist also $(n \geq n_0 \wedge |a_n| \geq \epsilon)$.

(b)
$$\begin{aligned}\overline{\forall \epsilon > 0\ \exists n_0 \in \mathbb{N}\ \forall n \in \mathbb{N},\ A(n, n_0)} &= \exists \epsilon > 0\ \overline{\exists n_0 \in \mathbb{N}\ \forall n \in \mathbb{N},\ A(n, n_0)}\\ &= \exists \epsilon > 0\ \forall n_0 \in \mathbb{N}\ \overline{\forall n \in \mathbb{N},\ A(n, n_0)}\\ &= \exists \epsilon > 0\ \forall n_0 \in \mathbb{N}\ \exists n \in \mathbb{N},\ \overline{A}(n, n_0).\end{aligned}$$

(c) Bedeutung: (a_n) ist Nullfolge (siehe Seite 330). Formales Negieren ergibt:

$$\begin{aligned}&\overline{\forall \epsilon > 0\ \exists n_0 \in \mathbb{N}\ \forall n \in \mathbb{N}\ (n \geq n_0 \Longrightarrow |a_n| < \epsilon)}\\ =\ &\exists \epsilon > 0\ \forall n_0 \in \mathbb{N}\ \exists n \in \mathbb{N}\ (n \geq n_0\ \wedge\ |a_n| \geq \epsilon) \quad = \quad (a_n) \text{ ist keine Nullfolge.}\end{aligned}$$

indirekter Beweis

Man beweist die Aussage $A \Longrightarrow B$, indem man aus der Annahme, dass die Behauptung B falsch sei, einen Widerspruch herleitet. Das heißt, man nimmt zur Voraussetzung A noch die Annahme $\overline{B}$ hinzu und führt die Aussage $A \wedge \overline{B}$ auf eine der drei folgenden Arten auf einen **Widerspruch** (Zeichen : #).

$A \wedge \overline{B} \Longrightarrow \overline{A}$, also # (Widerspruch zur Voraussetzung A), [1.67]
$A \wedge \overline{B} \Longrightarrow B$, also # (Widerspruch zur Annahme $\overline{B}$), [1.52], [1.53]
$A \wedge \overline{B} \Longrightarrow F$, also # ($F$ steht für eine offensichtl. falsche Aussage), [1.66]

Ergibt sich aus $A \wedge \overline{B}$ (durch richtige Schlüsse) ein Widerspruch (etwas Falsches), muss $A \wedge \overline{B}$ falsch sein. Also muß, wenn A richtig ist, $\overline{B}$ falsch, also B richtig sein, d.h. aus A folgt B. Klingt kompliziert, ist aber logisch und wird häufig benutzt.

1.5 *Man zeige: $\sqrt{2}$ ist irrational.*

Die Aussage "$\sqrt{2}$ ist irrational" ist von der Form $A \Longrightarrow B$, wenn man sie als Kurzform folgender Aussage betrachtet:
"Aus den Rechenregeln für die reellen Zahlen folgt, dass $\sqrt{2}$ irrational ist."

Indirekter Beweis:

Annahme: $\sqrt{2}$ ist rational, d.h. $\sqrt{2}$ schreibt sich in gekürzter Bruchdarstellung: $\sqrt{2} = \frac{r}{s}$, mit $r, s \in \mathbb{N}$, $\operatorname{ggT}(r, s) = 1$.

Man schließt nun folgendermaßen:

$$\begin{aligned}&\sqrt{2} = \frac{r}{s} \Longrightarrow 2s^2 = r^2 \Longrightarrow 2|r^2 \Longrightarrow 2|r \text{ (da 2 Primzahl), etwa } r = 2t,\\ &\qquad \Longrightarrow \sqrt{2} = \frac{2t}{s} \Longrightarrow 2 = \frac{4t^2}{s^2} \Longrightarrow s^2 = 2t^2 \Longrightarrow 2|s^2 \Longrightarrow 2|s.\end{aligned}$$

Also $2|r$ und $2|s \Longrightarrow \operatorname{ggT}(r, s) \neq 1$ # (zur Annahme). Also ist $\sqrt{2}$ irrational.

1.2 Mathematische Grundlagen, Mengen

Selbst derjenige, der Mathematik nur als Hilfswissenschaft benutzt, benötigt einige Grundkenntnisse der Mengenlehre. Der Begriff einer Menge ist ein Grundbegriff der Mathematik, der nicht auf andere Begriffe zurückgeführt wird.

Es bedeuten:

$x \in M$: x ist Element der Menge M, kurz: x in M.
$x \notin M$: x ist nicht Element der Menge M, kurz: x nicht in M.

Es gibt zwei Möglichkeiten, Mengen zu definieren:

(1) $M = \{a, b, \ldots, c\}$ (Durch Angabe der Elemente).
M ist die Menge, die genau die paarweise verschiedenen Elemente $a, b, \ldots, c$ enthält, wobei es auf die Reihenfolge der Elemente nicht ankommt.

(2) $M = \{x \in X \mid A(x)\}$ (Durch eine *definierende Eigenschaft*).
M ist die Menge, die genau die Elemente $x \in X$ enthält, für welche die Aussage A wahr ist. Ein "$\wedge$" in $A(x)$ ersetzt man häufig durch ein Komma ",".

Ist klar, um welche Menge X es sich handelt, schreibt man kurz: $\{x \mid A(x)\}$.

1.6 *Für folgende Mengen benutzt man Standardbezeichnungen:*

$\mathbb{N} = \{1, 2, 3, 4, 5, \ldots\}$ = Menge der *natürlichen Zahlen*[3].

$\mathbb{Z} = \{\ldots, -3, -2, -1, 0, 1, 2, 3, \ldots\}$ = Menge der *ganzen Zahlen*.
$= \{x \mid x \in \mathbb{N} \vee -x \in \mathbb{N} \vee x = 0\} = \mathbb{N} \cup -\mathbb{N} \cup \{0\}$.

$\mathbb{Q} = \{\frac{r}{s} \mid r \in \mathbb{Z} \wedge s \in \mathbb{N} \wedge \text{ggT}(r, s) = 1\}$ = Menge der *rationalen Zahlen*.

$\mathbb{R}$ = Menge der *reellen Zahlen*, siehe Seite 44.

$\mathbb{C}$ = Menge der *komplexen Zahlen*, siehe Seite 93.

1.7 *Beispiele für Mengen:*

$\{1\}$ = Menge, die nur das Element 1 enthält.

$\{x \in \mathbb{R} \mid x^2 = -1\}$ Es gibt keine reelle Zahl, deren Quadrat -1 ist. Diese Menge enthält kein Element, sie ist leer.

$\emptyset$ = **leere Menge** = die Menge, die kein Element enthält.

$\{0, \sqrt{2}, -\sqrt{2}\} = \{x \in \mathbb{R} \mid x^3 = 2x\}$
= Menge der *Lösungen* der Gleichung $x^3 - 2x = 0$.

$\{\vec{x} \in \mathbb{R}^3 \mid (1, 2, 3) \cdot \vec{x} = 4\}$ = *Ebene* im Raum, siehe Seite 147.

$\{z \in \mathbb{C} \mid z = e^{i\varphi}, 0 \le \varphi < 2\pi\}$ = *Einheitskreis* in der komplexen Ebene, Seite 97.

$\{f \mid f'(x) = 2x\} = \{f \mid f(x) = x^2 + c, c \in \mathbb{R}\}$
= Menge aller *Stammfunktionen* von $2x$.

[3]Falls es zweckmäßig ist, betrachtet man auch 0 als natürliche Zahl!

Man spricht von einer *endlichen* oder *unendlichen* Menge, je nachdem die Anzahl der Elemente der Menge eine natürliche Zahl ist oder nicht. Hier ist zweckmäßigerweise 0 eine natürliche Zahl, sonst wäre (nach unserer Definition) die leere Menge unendlich!

1.8 $\{n \in \mathbb{N} \mid 2^n < n^2\}$ ist eine endliche (einelementige) Menge, nämlich $\{3\}$.

$\{x \in \mathbb{R} \mid \sin x = 0\} = \{x \mid x = k\pi,\ k \in \mathbb{Z}\}$ ist eine unendliche Menge.

Bezeichnung	Lies	Bedeutung
$A \subseteq B$	A **Teilmenge** von B	$x \in A \Longrightarrow x \in B$
$A \subset B$	A **echte Teilmenge** von B	$A \subseteq B \ \wedge\ A \neq B$
$A = B$	A **gleich** B	$x \in A \Longleftrightarrow x \in B$
$A \cup B$	**Vereinigung** von A und B	$= \{x \mid x \in A \vee x \in B\}$
$A \cap B$	**Durchschnitt** von A und B	$= \{x \mid x \in A \wedge x \in B\}$
$A \setminus B$	**Differenz** von A und B	$= \{x \mid x \in A \wedge x \notin B\}$

Veranschaulichung mittels sogenannter *Venn–Diagramme*:

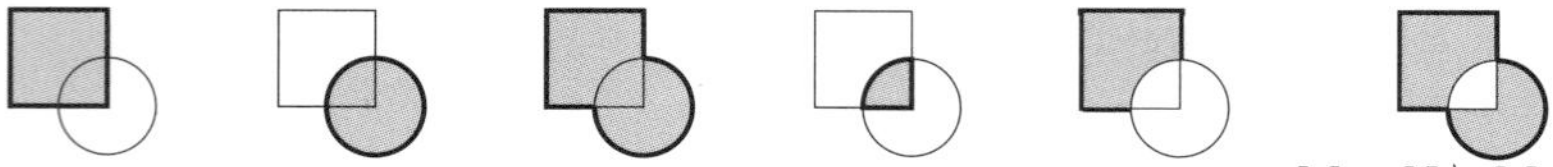

M N $M \cup N$ $M \cap N$ $M \setminus N$ $M \cup N \setminus M \cap N$ symmetrische Differenz

Für die symmetrische Differenz gilt: $M \cup N \setminus M \cap N = (M \setminus N) \cup (N \setminus M)$.

Rechenregeln für Mengen

$A \cap (B \cup C) = (A \cap B) \cup (A \cap C)$ und $A \cup (B \cap C) = (A \cup B) \cap (A \cup C)$,

$$A \subseteq B \iff A \cup B = B \iff A \cap B = A.$$

Sind A, B Teilmengen der Menge X, dann gilt:

$$A \cap B = \emptyset \iff A \subseteq X \setminus B \iff B \subseteq X \setminus A.$$

de Morgansche Regeln $\begin{cases} X \setminus (A \cup B) = (X \setminus A) \cap (X \setminus B), \\ X \setminus (A \cap B) = (X \setminus A) \cup (X \setminus B). \end{cases}$

Gleichheit von Mengen

$$A = B \iff \big((x \in A \Longrightarrow x \in B) \wedge (x \in B \Longrightarrow x \in A)\big) \iff (A \subseteq B \wedge B \subseteq A).$$

Zwei Mengen sind genau dann gleich, wenn jedes Element der einen Menge zu der anderen gehört und umgekehrt.

Zwei Mengen sind genau dann gleich, wenn die eine Menge Teilmenge der anderen Menge ist und umgekehrt.

1.9 (a) *Man zeige:* $A \subseteq B \iff A \cup B = B$.

(b) *Man zeige die de Morganschen Regeln:*

$$\begin{aligned} X \setminus (A \cup B) &= (X \setminus A) \cap (X \setminus B), \\ X \setminus (A \cap B) &= (X \setminus A) \cup (X \setminus B). \end{aligned}$$

(a) Die Äquivalenz kann man durch zwei Implikationen ersetzen: Man spricht von einem Beweis "in zwei Richtungen":

(1) "$\Longrightarrow$" , Beweis von $A \subseteq B \Longrightarrow A \cup B = B$:

Unter der Voraussetzung $A \subseteq B$ ist die Gleichheit $A \cup B = B$ zu zeigen:

$$\left.\begin{array}{l} x \in A \cup B \Rightarrow x \in A \subseteq B \vee x \in B \Rightarrow x \in B \text{ , also } A \cup B \subseteq B \\ \quad x \in B \quad \Rightarrow \quad x \in A \cup B \text{ , also } B \subseteq A \cup B \end{array}\right\} \Rightarrow A \cup B = B.$$

(2) "$\Longleftarrow$" , Beweis von $A \cup B = B \Longrightarrow A \subseteq B$:

Unter der Voraussetzung $A \cup B = B$ ist zu zeigen, dass $A \subseteq B$ ist:

$x \in A \Longrightarrow x \in A \cup B = B$. Also ist jedes Element von A in B, also ist $A \subseteq B$.

Durch (1) und (2) ist gezeigt: $A \subseteq B \Longleftrightarrow A \cup B = B$.

(b)

$$\begin{aligned} x \in X \setminus (A \cup B) &\iff x \in X \wedge x \notin (A \cup B) \\ &\iff x \in X \wedge (x \notin A \wedge x \notin B) \\ &\iff (x \in X \wedge x \notin A) \wedge (x \in X \wedge x \notin B) \\ &\iff x \in (X \setminus A) \cap (X \setminus B). \end{aligned}$$

$$\begin{aligned} x \in X \setminus (A \cap B) &\iff x \in X \wedge x \notin (A \cap B) \\ &\iff x \in X \wedge (x \notin A \vee x \notin B) \\ &\iff (x \in X \wedge x \notin A) \vee (x \in X \wedge x \notin B) \\ &\iff x \in (X \setminus A) \cup (X \setminus B). \end{aligned}$$

1.10 *Es seien A, B, C folgende Teilmengen von $\mathbb{R}$:*

$A = \{x \mid -2 < x \leq 1\}$, $B = \{x \mid |x| < 1\}$, $C = \{x \mid x(x+2)(x-1) = 0\}$.

Man bestimme $A \cap B$, $A \cap B \cap C$, $A \cap (B \cup C)$, $(A \cap B) \cup (A \cap C)$.

$A \cap B = \underline{\underline{B}}$. Es ist $C = \{-2, 0, 1\}$ und folglich:

$A \cap B \cap C = B \cap \{-2, 0, 1\} = \underline{\underline{\{0\}}}$ und

$$\begin{aligned} A \cap (B \cup C) &= (A \cap B) \cup (A \cap C) = B \cup \{0, 1\} \\ &= \underline{\underline{\{x \mid -1 < x \leq 1\}}}. \end{aligned}$$

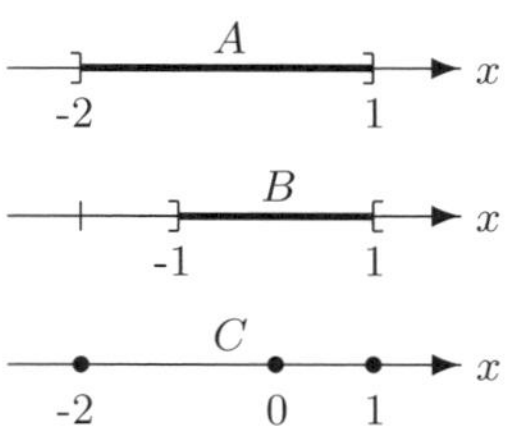

Häufig benutzte Teilmengen von $\mathbb{R}$ sind die **Intervalle**. Man veranschaulicht sie auf der Zahlengeraden und unterscheidet folgende Typen:

Beschränkte Intervalle:

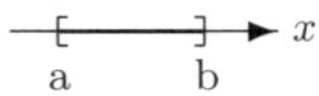

$[a,b] = \{x \mid a \leq x \leq b\}$: *abgeschlossenes* Intervall, die Randpunkte gehören dazu.

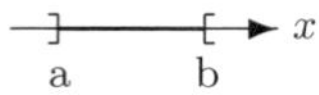

$]a,b[= \{x \mid a < x < b\}$: *offenes* Intervall, die Randpunkte gehören nicht dazu.

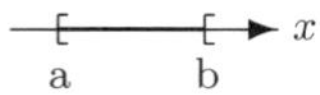

$[a,b[= \{x \mid a \leq x < b\}$: linker Randpunkt gehört dazu, rechter Randpunkt gehört nicht dazu.

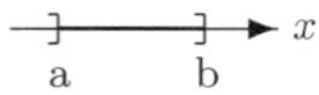

$]a,b] = \{x \mid a < x \leq b\}$: linker Randpunkt gehört nicht dazu, rechter Randpunkt gehört dazu.

Unbeschränkte Intervalle:

$]-\infty,\infty[= \mathbb{R}$

$]-\infty,b] = \{x \mid x \leq b\}$ speziell: $\mathbb{R}_{>0} =]0,\infty[= \{x \mid x > 0\}$, $\mathbb{R}_{\geq 0} = [0,\infty[= \{x \mid x \geq 0\}$

$]a,\infty[= \{x \mid x > a\}$

Schreibweisen: Wenn keine Missverständnisse – z.B. mit dem geordneten Paar (a,b), siehe Seite 23 – zu befürchten sind, schreibt man auch:

$]a,b[= (a,b)$, $]a,b] = (a,b]$ usw. und skizziert:  statt  usw.

1.3 Vollständige Induktion

Der stufenweise Aufbau der reellen Zahlen $\mathbb{R}$ beginnt mit der unendlichen Menge der natürlichen Zahlen $\mathbb{N} = \{1,2,3,\ldots\}$:

$$\mathbb{N} \subset \mathbb{Z} \subset \mathbb{Q} \subset \mathbb{R}.$$

Das Axiomensystem von **Peano** für die natürlichen Zahlen enthält das

wichtige **Induktionsaxiom**: Enthält eine Teilmenge $A \subseteq \mathbb{N}$ die Zahl 1 und mit jedem k auch $k+1$, dann ist $A = \mathbb{N}$.

Will man nun zeigen, dass eine Aussage $A(n)$ für alle natürlichen Zahlen richtig ist, muss man beweisen, dass die Aussage für 1 richtig ist und dass sie, falls sie für k richtig ist, auch für $k+1$ richtig ist.[4]

[4]Dann gilt sie für 1 und, da für 1, auch für 2, da für 2 auch für 3, usw.
Das Induktionsaxiom besagt, dass man so *alle* natürlichen Zahlen erhält und die Aussage folglich für *alle* natürlichen Zahlen richtig ist.

Vollständige Induktion	
Ist $A(n)$ für jedes $n \in \mathbb{N}$ eine Aussage über die natürliche Zahl n und sind die beiden folgenden Aussagen richtig:	formal
1) Die Aussage gilt für 1.	1) $A(1)$
2) Gilt die Aussage für k, so auch für $k+1$.	2) $A(k) \Longrightarrow A(k+1)$
Dann gilt die Aussage $A(n)$ für jede natürliche Zahl $n \in \mathbb{N}$.	

1.11 *Für jede natürliche Zahl n gilt:* $1+2+\cdots+n = \frac{n(n+1)}{2}$.

1) Die Aussage gilt für 1: $1 = \frac{1(1+1)}{2}$ ist offensichtlich richtig.

2) Gilt die Aussage für k, ist also $1+2+\cdots+k = \frac{k(k+1)}{2}$, so folgt:

$$1+2+\cdots+k+(k+1) = \frac{k(k+1)}{2} + (k+1) = \frac{k(k+1)+2(k+1)}{2} = \frac{(k+1)(k+2)}{2}.$$

Also gilt die Aussage für 1 und – falls sie für k gilt – auch für $k+1$.

Obige Aussage gilt also für alle natürlichen Zahlen.

1.12 *Ist $x \geq -1$, so gilt $(1+x)^n \geq 1+nx$ für alle $n \in \mathbb{N}$. (Bernoullische Ungl.)*

1) $A(1): \quad 1+x \geq 1+x$ ist richtig.

2) $A(k) \Longrightarrow A(k+1): \quad x \geq -1 \wedge (1+x)^k \geq 1+kx \Longrightarrow$

$(1+x)^{k+1} = (1+x)^k(1+x) \geq (1+kx)(1+x) = 1+(k+1)x+kx^2 \geq 1+(k+1)x$,

da $kx^2 \geq 0$ ist. Damit ist die Bernoullische Ungleichung bewiesen.

1.13 *Für $n \geq 5$ ist $2^n > n^2$.*

Hier ist eine Aussage für alle $n \geq 5$ zu beweisen. Man verfährt analog wie oben:

1) $A(5)$: $\quad 32 = 2^5 > 5^2 = 25 \quad \Longrightarrow$ die Aussage gilt für $n=5$.

2) Für $k \geq 5$ gilt: $A(k) \Longrightarrow A(k+1)$:

$$k \geq 5 \wedge 2^k > k^2 \Longrightarrow 2^{k+1} = 2 \cdot 2^k > k^2 + k^2 \overset{(\star)}{\geq} k^2 + 2k + 1 = (k+1)^2.$$

$(\star)$ Benutzt wird 1.55 (a): $n \geq 3 \Longrightarrow n^2 > 2n+1$.

Gilt die Aussage also für ein $k \geq 5$, so gilt sie auch für $k+1$. Fertig.

1.14 *Auf den* Induktionsanfang, *d.h. auf den Nachweis, dass $A(1)$ oder $A(n_0)$ richtig ist, darf nicht verzichtet werden! Der* Induktionsschritt, *d.h. $A(k) \Longrightarrow A(k+1)$ lässt sich auch für die offensichtlich falsche Behauptung $1+2+\cdots+n < \frac{n(n+1)}{2}$ durchführen, siehe 1.11:*

$$1+2+\cdots+k < \frac{k(k+1)}{2} \quad \Longrightarrow \quad 1+2+\cdots+k+(k+1) < \frac{(k+1)(k+2)}{2}.$$

Gilt die Aussage für k, so auch für $k+1$. Natürlich findet man keinen Induktionsanfang, denn die Aussage gilt wegen 1.11 für keine natürliche Zahl!

Weitere Beispiele zur **vollständigen Induktion**: 1.55 – 1.58 auf Seite 40 – 42

1.15 (a) *Sind $x_1, \dots, x_n$ positive Zahlen und ist* $\prod_{k=1}^{n} x_k = 1$, *so gilt* $\sum_{k=1}^{n} x_k \geq n$.

(b) *Für das* **h***armonische,* **g***eometrische und* **a***rithmetische Mittel positiver Zahlen gilt* $\mathbf{h} \leq \mathbf{g} \leq \mathbf{a}$: $\frac{n}{\frac{1}{a_1}+\dots+\frac{1}{a_n}} \leq \sqrt[n]{a_1 \cdots a_n} \leq \frac{a_1+\dots+a_n}{n}$.

(a) Für $n = 1$ ist die Aussage offensichtlich richtig.

Ist die Aussage für n richtig und ist $x_1 \cdots x_n \cdot x_{n+1} = 1$ so ist nach Voraussetzung $x_1 + \cdots + x_{n-1} + x_n \cdot x_{n+1} \geq n$
und also $x_1 + \cdots + x_n + x_{n+1} \geq n + x_n + x_{n+1} - x_n \cdot x_{n+1} \geq^{(\star)} n + 1$.

Beweis $(\star)$: $n + x_n + x_{n+1} - x_n \cdot x_{n+1} \geq n + 1 \Longleftrightarrow x_n(1 - x_{n+1}) \geq 1 - x_{n+1}$.

Fall 1: Alle x_i sind gleich 1. Dann gilt $x_n(1 - x_{n+1}) \geq 1 - x_{n+1}$.

Fall 2: Nicht alle x_i sind gleich 1. Es gibt ein $x_i < 1$ und ein $x_j > 1$.
Sei $x_n > 1$ und $x_{n+1} < 1$. Dann gilt $x_n(1 - x_{n+1}) \geq 1 - x_{n+1}$.

(b) Sei $p := a_1 \cdots a_n$ und $x_k := \frac{a_k}{\sqrt[n]{p}}$. Dann ist $\prod_{k=1}^{n} x_k = 1$ und nach (a) gilt:

$\sum_{k=1}^{n} x_k = \sum_{k=1}^{n} \frac{a_k}{\sqrt[n]{p}} \geq n$, also $\sqrt[n]{a_1 \cdots a_n} \leq \frac{1}{n}(a_1 + \cdots + a_n)$. Für die Kehrwerte gilt $\frac{1}{\sqrt[n]{a_1 \cdots a_n}} = \sqrt[n]{\frac{1}{a_1} \cdots \frac{1}{a_n}} \leq \frac{1}{n}(\frac{1}{a_1} + \cdots + \frac{1}{a_n}) \Longrightarrow \sqrt[n]{a_1 \cdots a_n} \geq \frac{n}{\frac{1}{a_1}+\dots+\frac{1}{a_n}}$.

<u>Alternativer Beweis</u> für $g \leq a$ (Interessante Anwendung des Induktionsbeweises): Benutzt wird, dass mit k auch 2^k gegen Unendlich geht. Der Beweis gliedert sich in zwei Teile:

(1) Durch v.I. zeigt man, dass die Aussage für alle $n = 2^k$ gilt.
(2) Dann zeigt man: Gilt die Aussage für n, so auch für $n - 1$.

Man überlege, dass so obige Aussage für alle natürlichen Zahlen gezeigt ist!

(1) Für $n = 1$, also $k = 0$ ist die Aussage offensichtlich richtig.

Man benötigt im Laufe des Beweises die Aussage für $n = 2$: $\sqrt{a \cdot b} \leq \frac{a+b}{2}$:

$\sqrt{a \cdot b} \leq \frac{a+b}{2} \Longleftrightarrow 4ab \leq a^2 + 2ab + b^2 \Longleftrightarrow 0 \leq (a - b)^2$, richtig für $a, b \in \mathbb{R}$.

Ist nun $\sqrt[2^k]{x_1 \cdots a_{2^k}} \leq \frac{a_1+\dots+a_{2^k}}{2^k}$, so gilt:

$$\sqrt[2^{k+1}]{a_1 \cdots a_{2^{k+1}}} = \sqrt{\sqrt[2^k]{a_1 \cdots a_{2^{k+1}}}} = \sqrt{\sqrt[2^k]{a_1 \cdots a_{2^k}} \cdot \sqrt[2^k]{a_{2^k+1} \cdots a_{2^k+2^k}}}$$

$$\leq \sqrt{\frac{a_1+\dots+a_{2^k}}{2^k} \cdot \frac{a_{2^k+1}+\dots+a_{2^k+2^k}}{2^k}}$$

$$\leq \frac{\frac{a_1+\dots+a_{2^k}}{2^k} + \frac{a_{2^k+1}+\dots+a_{2^k+2^k}}{2^k}}{2} \text{ (da } \sqrt{ab} \leq \frac{a+b}{2} \text{ ist)} = \frac{a_1+\dots+a_{2^{k+1}}}{2^{k+1}}.$$

Also gilt die Aussage, falls n irgendeine Potenz von 2 ist.

(2) Ist $\sqrt[n]{a_1 \cdots a_n} \leq \frac{a_1+\cdots+a_n}{n}$, so gilt die Aussage auch für $n-1$, denn

$$\begin{aligned} \sqrt[n-1]{a_1 \cdots a_{n-1}} &= \sqrt[n]{a_1 \cdots a_{n-1} \cdot (a_1 \cdots a_{n-1})^{\frac{1}{n-1}}}, \quad \text{da } \frac{1}{n-1} = \frac{1+\frac{1}{n-1}}{n} \text{ ist.} \\ &\leq \frac{a_1+\cdots+a_{n-1}+\sqrt[n-1]{a_1\cdots a_{n-1}}}{n} \quad \text{nach Voraussetzung.} \end{aligned}$$

Also gilt $\quad (n-1)\sqrt[n-1]{a_1 \cdots a_{n-1}} \leq a_1 + \cdots + a_{n-1}$,

und folglich $\quad \sqrt[n-1]{a_1 \cdots a_{n-1}} \leq \frac{a_1+\cdots+a_{n-1}}{n-1}$.

Damit ist obige Aussage für alle natürlichen Zahlen bewiesen!

1.4 Kartesische Produkte

Sind A und B Mengen und ist $a \in A$ und $b \in B$, so nennt man (a, b) ein **geordnetes Paar**. Bei einem geordneten Paar (a, b) ist im Unterschied zu der Menge $\{a, b\}$ die *Reihenfolge* wesentlich.

Es ist $(a, b) = (c, d) \iff (a = c \wedge b = d)$. Also ist im allgemeinen $(a, b) \neq (b, a)$, während für die beiden Mengen gilt: $\{a, b\} = \{b, a\}$.

$$A \times B := \{(a, b) \mid a \in A \wedge b \in B\}$$

heißt **kartesisches Produkt** der Mengen A und B.

Entsprechend definiert man $A_1 \times \cdots \times A_n$, das kartesische Produkt der Mengen $A_1, \cdots, A_n$, als Menge der geordneten n–Tupel $(a_1, \cdots, a_n)$.

1.16 *Man bilde das kartesische Produkt von $A = \{1, 2\}$ und $B = \{a, b, c\}$:*

$A \times B = \{(x, y) \mid x \in \{1, 2\} \wedge y \in \{a, b, c\}\} = \{(1, a), (1, b), (1, c), (2, a), (2, b), (2, c)\}$.

1.17 *Beispiele kartesischer Produkte:*

$\mathbb{R}^2 := \mathbb{R} \times \mathbb{R} = \{(x, y) \mid x \in \mathbb{R},\ y \in \mathbb{R}\}$ ist die x, y–Ebene.

$\mathbb{R}^3 := \mathbb{R} \times \mathbb{R} \times \mathbb{R} = \{(x, y, z) \mid x \in \mathbb{R}, y \in \mathbb{R}, z \in \mathbb{R}\}$ ist der dreidim. Raum.

$[1, 3] \times [1, 2] = \{(x, y) \in \mathbb{R}^2 \mid 1 \leq x \leq 3,\ 1 \leq y \leq 2\}$ ist ein Rechteck im $\mathbb{R}^2$.

$[0, 1]^3 = \{(x, y, z) \mid 0 \leq x \leq 1,\ 0 \leq y \leq 1,\ 0 \leq z \leq 1\}$ ist der Einheitswürfel im $\mathbb{R}^3$.

$\{0, 1\}^3 = \{(0,0,0), (1,0,0), (0,1,0), (0,0,1), (1,1,0), (1,0,1), (0,1,1), (1,1,1)\}$ ist die Menge der Eckpunkte des Einheitswürfels im $\mathbb{R}^3$.

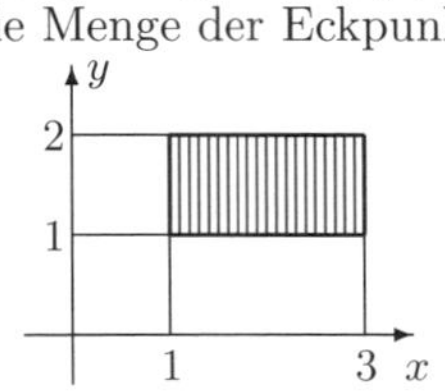

$[1, 3] \times [1, 2]$
Rechteck

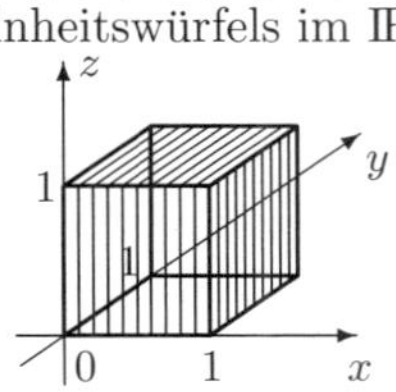

$[0, 1]^3$
Einheitswürfel

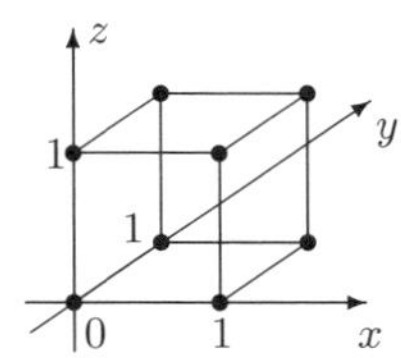

$\{0, 1\}^3$
Ecken des Einheitswürfels

1.5 Abbildungen, Funktionen

Der Begriff der Abbildung oder Funktion ist ähnlich grundlegend wie der Begriff der Menge und wird hier nur erläutert.

Sind A, B zwei Mengen, so versteht man unter einer

Abbildung, Funktion f *von* A *nach* B, geschrieben: $f : A \to B$

eine Vorschrift, die jedem $x \in A$ *genau* ein $y \in B$ zuordnet.

Man schreibt $f : x \mapsto y$ oder $y = f(x)$ und nennt:

A	**Definitionsbereich** oder Definitionsmenge,
$f(A)$	**Bildmenge** oder **Wertebereich** oder Wertevorrat,
x	**unabhängige** Veränderliche (Variable) oder Argument,
y	**abhängige** Veränderliche (Variable),
$y = f(x)$	**Funktionsgleichung**.

Ist $A' \subseteq A$ und $B' \subseteq B$, so definiert man:

$f(A') := \{y \in B \mid \text{es gibt ein } x \in A' \text{ mit } y = f(x)\}$ **Bildmenge** von A',

$f^{-1}(B') := \{x \in A \mid f(x) \in B'\}$ **Urbildmenge** von B'.

Beachte:

f^{-1} ordnet *Teilmengen* von B *Teilmengen* von A zu, ist jedoch i.A. *keine* Abbildung von B nach A (siehe jedoch: Umkehrabbildung f^{-1}, falls f bijektiv ist, Seite 30).

Man spricht von einer "Funktion f" oder einer Funktion "$f(x)$" oder auch von einer Funktion "$y = f(x)$", z.B. von der Sinusfunktion oder der Funktion e^x oder von der Funktion $y = \sqrt{x}$.

1.18 *Es sei* $f : \mathbb{R} \to \mathbb{R}$ *definiert durch* $f(x) = x^2$.
Man bestimme die Bildmengen von $\mathbb{R}$, $\mathbb{R}_{\geq 0}$, $[-1, 2]$ *und* $]-1, 2]$,
sowie die Urbildmengen von $\mathbb{R}$, $\mathbb{R}_{\geq 0}$, $[-2, 1]$ *und* $]0, 1]$.

$f(\mathbb{R}) = f(\mathbb{R}_{\geq 0}) = \mathbb{R}_{\geq 0}$, $f([-1, 2]) = f(]-1, 2]) = [0, 4]$.

$f^{-1}(\mathbb{R}) = f^{-1}(\mathbb{R}_{\geq 0}) = \mathbb{R}$, $f^{-1}([-2, 1]) = [-1, 1]$, $f^{-1}(]0, 1]) = [-1, 1] \setminus \{0\}$.

Gleichheit von Abbildungen (Funktionen)

$$\left.\begin{array}{ll} f: & A \to B \\ & \text{und} \\ g: & C \to D \end{array}\right\} \text{ sind } \textbf{gleich } (f = g) \quad :\Longleftrightarrow \quad \left\{\begin{array}{c} A = C, \\ B = D \text{ und} \\ f(x) = g(x) \text{ für alle } x \in A. \end{array}\right.$$

Damit zwei Funktionen gleich sind, müssen sowohl die *Definitionsbereiche*, als auch die *Wertebereiche* und (natürlich) die *Funktionswerte* für alle x aus dem gemeinsamen Definitionsbereich gleich sein !

Man sagt auch, f und g sind **identisch gleich**: $f \equiv g$.

1.19 *Welche der folgenden Funktionen sind gleich?*

$$f:\begin{cases}\mathbb{R}\to\mathbb{R}\\ x\mapsto x\end{cases},\quad g:\begin{cases}\mathbb{R}\setminus\{0\}\to\mathbb{R}\\ x\mapsto x\end{cases},\quad h:\begin{cases}\mathbb{R}\setminus\{0,1\}\to\mathbb{R}\\ x\mapsto \dfrac{x^2}{x}\end{cases},\quad k:\begin{cases}\mathbb{R}\setminus\{1\}\to\mathbb{R}\\ x\mapsto \dfrac{x^2-x}{x-1}\end{cases}.$$

Keine zwei der angegebenen Funktionen sind gleich!

Aber: Ist $A \subseteq \mathbb{R}\setminus\{0,1\}$, so stimmen alle Funktionen auf A überein!

Die Angabe von Definitionsbereich und Wertebereich einer Funktion ist wichtig, jedoch manchmal lästig. Folgende Verabredung erleichtert die Arbeit:

Definitionsbereich und Wertebereich

Ist der Definitionsbereich einer Funktion nicht angegeben, ist verabredungsgemäß der *größtmögliche* Definitionsbereich in $\mathbb{R}$ gemeint.

Ist der Wertebereich einer Funktion nicht angegeben, ist verabredungsgemäß die *Bildmenge* $f(D)$ des Definitionsbereiches gemeint.

1.20 *Man bestimme den Definitionsbereich D und Wertebereich $f(D)$ folgender Funktionen. Skizze?*

$2x,\ x^3-x,\ \mathrm{e}^x,\ \ln x,\ \tan x,\ \arctan x,\ \frac{1}{x},\ \frac{x}{x},\ \frac{1}{x^2-1},\ \frac{1}{x^2+1},\ \ln|x|,\ |\ln x|,\ |\ln|x||.$

Funktion	Definitionsbereich D	Wertebereich $f(D)$
$2x$	$\mathbb{R}$	$\mathbb{R}$
x^3-x	$\mathbb{R}$	$\mathbb{R}$
e^x	$\mathbb{R}$	$\mathbb{R}_{>0}$
$\ln x$	$\mathbb{R}_{>0}$	$\mathbb{R}$
$\tan x$	$\mathbb{R}\setminus\{\frac{1}{2}\pi+k\pi \mid k\in\mathbb{Z}\}$	$\mathbb{R}$
$\arctan x$	$\mathbb{R}$	$]-\frac{\pi}{2},\frac{\pi}{2}[$
$\frac{1}{x}$	$\mathbb{R}\setminus\{0\}$	$\mathbb{R}\setminus\{0\}$
$\frac{x}{x}$	$\mathbb{R}\setminus\{0\}$	$\{1\}$
$\frac{1}{x^2-1}$	$\mathbb{R}\setminus\{-1,1\}$	$\mathbb{R}\setminus]-1,0]$
$\frac{1}{x^2+1}$	$\mathbb{R}$	$]0,1]$
$\ln\|x\|$	$\mathbb{R}\setminus\{0\}$	$\mathbb{R}$
$\|\ln x\|$	$\mathbb{R}_{>0}$	$\mathbb{R}_{\geq 0}$
$\|\ln\|x\|\|$	$\mathbb{R}\setminus\{0\}$	$\mathbb{R}_{\geq 0}$

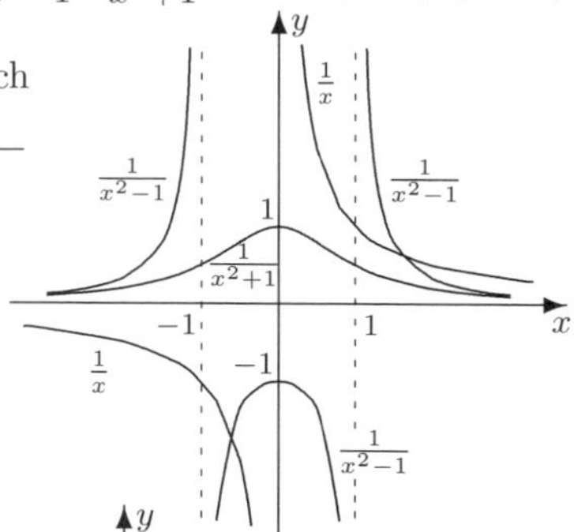

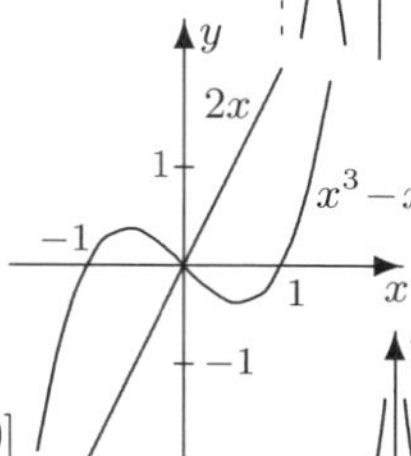

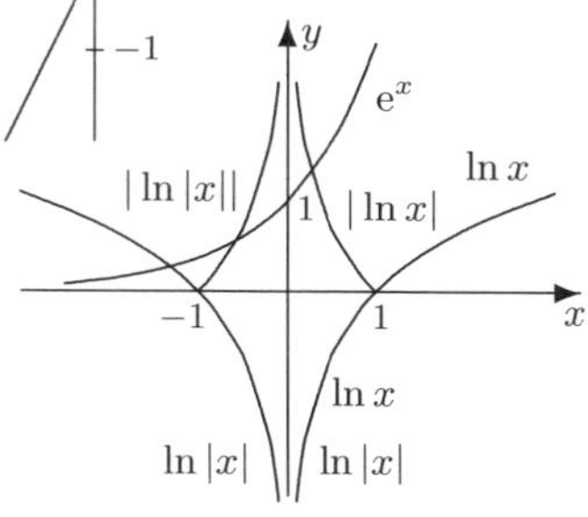

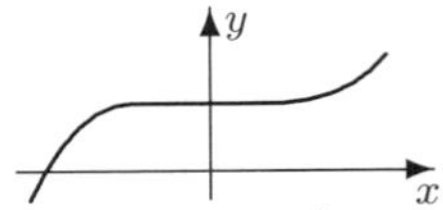

f monoton wachsend

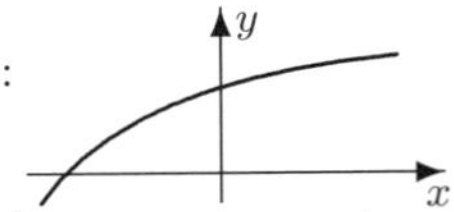

f streng mon. wachsend

Eine Funktion $f : A \to B$, wobei $A, B \subseteq \mathbb{R}$ sind[3], heißt **monoton wachsend**, wenn für alle $x_1, x_2 \in A$ gilt:

$$x_1 < x_2 \Longrightarrow f(x_1) \leq f(x_2),$$

streng monoton wachsend, wenn für alle $x_1, x_2 \in A$ gilt:

$$x_1 < x_2 \Longrightarrow f(x_1) < f(x_2).$$

Entspechend wird (*streng*) *monoton fallend* definiert.

1.21 *Man untersuche $y = x^2$ auf $\mathbb{R}$, $\mathbb{R}_{\leq 0}$, $\mathbb{R}_{\geq 0}$ auf Monotonie.*

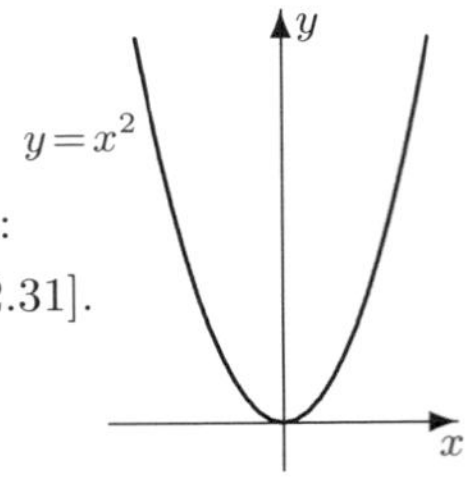

$y = x^2$ ist auf $\mathbb{R}$ offensichtlich nicht monoton!

$y = x^2$ $(x \leq 0)$ ist streng monoton fallend,
denn (Rechnen mit Ungleich. Seite 47):
$a < b \leq 0 \Longrightarrow a^2 > ab \geq b^2 \Longrightarrow a^2 > b^2$. Ebenso zeigt man:

$y = x^2$ $(x \geq 0)$ ist streng monoton wachsend, siehe auch [2.31].

Beachte: Die konstante Funktion $f(x) = c$ ist sowohl monoton wachsend als auch monoton fallend!

Eine Funktion $f : A \to B$ heißt *beschränkt*,
wenn es eine Zahl $S \in \mathbb{R}$ (Schranke) gibt, mit $|f(x)| \leq S$ für alle $x \in A$.

Die reelle Funktion f ist also genau dann *beschränkt*, wenn die Funktionswerte in einem beschränkten Intervall liegen, z.B. im Intervall $[-S, S]$.

1.22 *Die Funktion $y = \frac{3}{x}$, $x \geq 1$ ist beschränkt.*

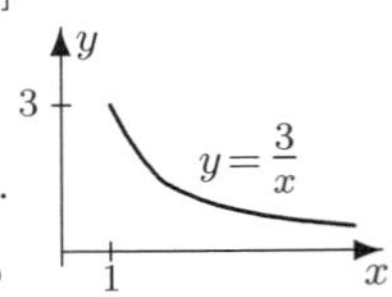

$x \geq 1 \Longrightarrow 0 < \frac{1}{x} \leq 1 \Longrightarrow 0 < \frac{3}{x} \leq 3$, also $|\frac{3}{x}| \leq 3$ für alle $x \geq 1$.

Oder: $f(x) = \frac{3}{x}$ ist für $x \geq 1$ positiv und monoton fallend, also liegen alle Funktionswerte zwischen $3 = f(1)$ und 0, also ist f beschränkt.

Ist $A \subseteq \mathbb{R}$ bzw. $A \subseteq \mathbb{R}^2$, so nennt man $f : A \to \mathbb{R}$ eine reelle Funktion einer bzw. zweier (reeller) Veränderlicher. Diese Funktionen lassen sich bekanntlich als *Kurven* in der (x, y)–Ebene bzw. als *Flächen* im (x, y, z)–Raum darstellen (veranschaulichen):

1.23 *Man stelle die Funktion $f : [-1, 2] \to \mathbb{R}$ mit $f(x) = x^2$ als Kurve in der (x, y)–Ebene dar.*

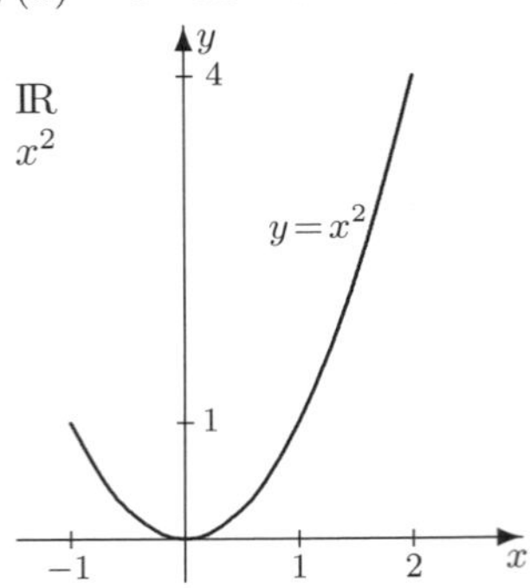

Schreibweisen für diese Funktion: $f : \begin{cases} [-1, 2] & \to & \mathbb{R} \\ x & \mapsto & x^2 \end{cases}$

kurz: $f(x) = x^2$ oder $y = x^2$, für $-1 \leq x \leq 2$.

Die zugehörige Kurve in der (x, y)–Ebene,
d.h. der *Graph* der Funktion, ist die Menge:

$\{(x, y) \mid x \in [-1, 2], y = x^2\}$,
also ein Teil der *Normalparabel* $y = x^2$.

[3]Wichtig, da $\mathbb{R}$ im Gegensatz zu $\mathbb{C}$ geordnet ist.

1.24 *Man stelle die Funktion $f : [0,2]\times[-1,3]\to\mathbb{R}$ mit $f(x,y)=\frac{1}{2}x+y$ als Fläche im Raum dar.*

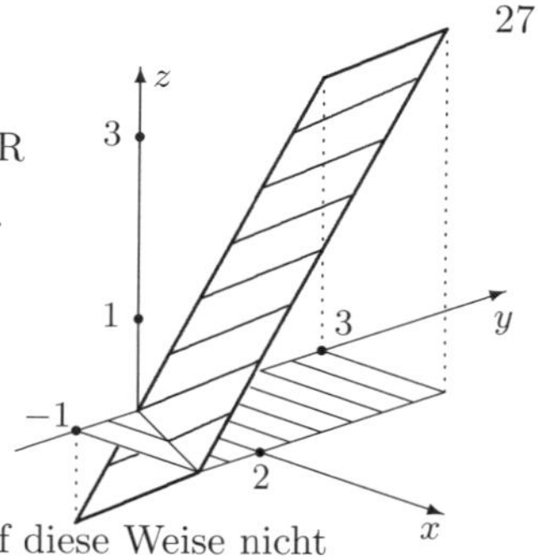

Die zugehörige Fläche im (x,y,z)–Raum, d.h. der *Graph* der Funktion, ist die Menge:
$\{(x,y,z)\mid (x,y)\in[0,2]\times[-1,3]\,,\ z=\frac{1}{2}x+y\}$,
also ein Teil der Ebene $E: x+2y-2z=0$.

Funktionen von drei Veränderlichen lassen sich auf diese Weise nicht darstellen, da man dazu den $\mathbb{R}^4$, also den vierdimensionalen Raum, benötigt. Siehe jedoch Kapitel **15 Funktionen mehrerer Veränderlicher**.

Ein wichtiges Hilfsmittel zur Veranschaulichung von Funktionen und Kurven in der Ebene (analog im Raum) ist die Verschiebung des Koordinatensystems:

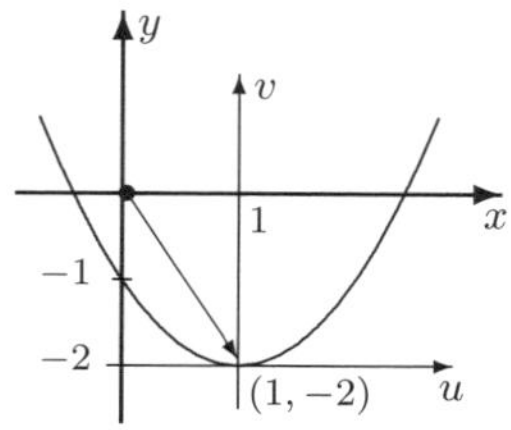

1.25 *Man skizziere $y=x^2-2x-1$.*

$y=x^2-2x-1 \iff y+2=(x-1)^2$.
Setzt man $u=x-1$ und $v=y+2$, so erhält man:
$v=u^2$, die Normalparabel in der u,v–Ebene:

Verschiebung des Koordinatensystems

Setzt man $\begin{cases} u=x-a\\ v=y-b\end{cases}$, so liegt der Nullpunkt der u,v–Ebene im Punkt (a,b) der x,y–Ebene.

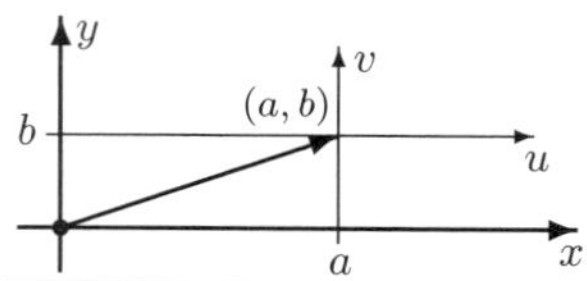

1.26 *Man skizziere:* (a) $\{(x,y)\mid 4x^2-16x+9y^2+18y-11=0\}$,
(b) $y=2\sin(x-\frac{\pi}{2})+1$,
(c) $y=\ln\dfrac{e^2}{x+1}$.

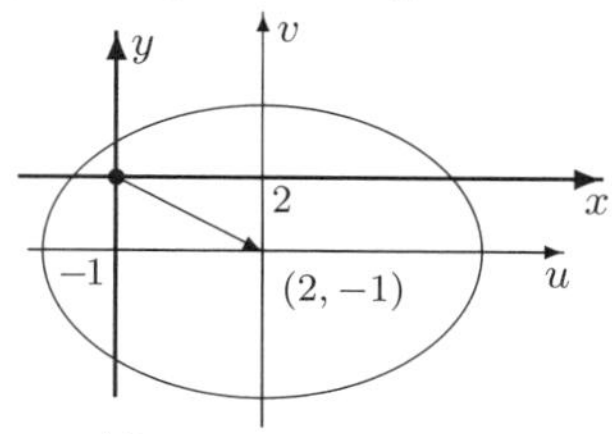

(a) Quadratische Ergänzung liefert:
$4x^2-16x+9y^2+18y-11=0$
$\iff \dfrac{(x-2)^2}{9}+\dfrac{(y+1)^2}{4}=1$.
$\left.\begin{array}{l}u=x-2\\ v=y+1\end{array}\right\}\implies \dfrac{u^2}{9}+\dfrac{v^2}{4}=1$, (Ellipse).

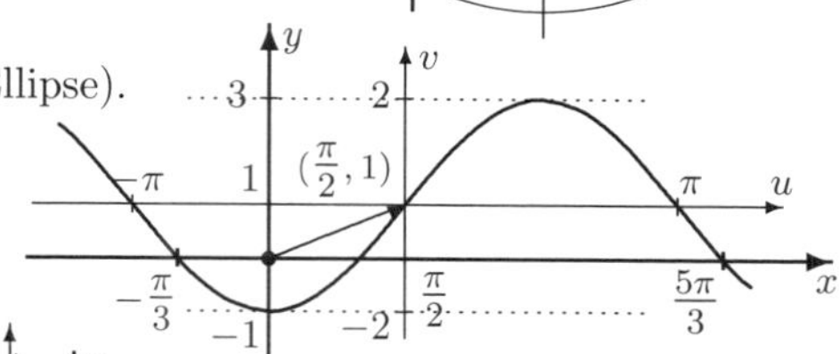

(b) $y=2\sin(x-\frac{\pi}{2})+1$
$\iff y-1=2\sin(x-\frac{\pi}{2})$.
$\left.\begin{array}{l}u=x-\frac{\pi}{2}\\ v=y-1\end{array}\right\}\implies v=2\sin u$.

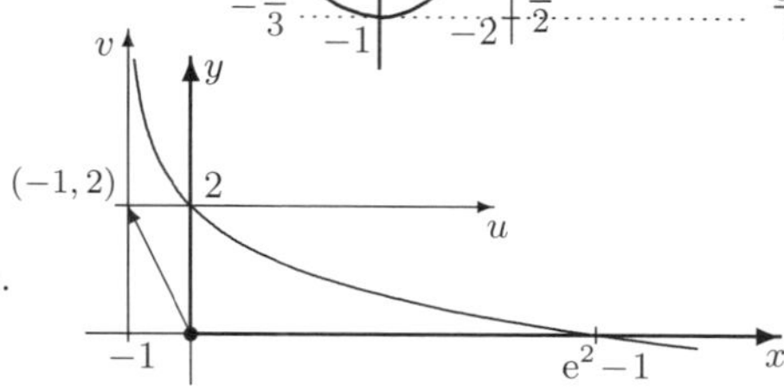

(c) $y=\ln e^2-\ln(x+1)$
$\iff y-2=-\ln(x+1)$.
$\left.\begin{array}{l}u=x+1\\ v=y-2\end{array}\right\}\implies v=-\ln u$.

Ist $f : A \to B$, so

- ist $f(A) \subseteq B$, wobei $f(A) \subset B$ echte Teilmenge von B sein kann.
  Bsp.: Ist $f : \mathbb{R} \to \mathbb{R}$ mit $f(x) = x^2$, so gilt $f(\mathbb{R}) = \mathbb{R}_{\geq 0} \subset \mathbb{R}$.
- ist jedem $x \in A$ genau ein $y \in B$ zugeordnet, wobei jedoch *verschiedenen* Elementen von A durchaus das *gleiche* Element von B zugeordnet sein kann:
  Bsp.: Ist $f : \mathbb{R} \to \mathbb{R}$ mit $f(x) = \sin x$, so gilt $\sin 0 = \sin \pi = \ldots = 0$.

surjektiv – injektiv – bijektiv

Eine Abbildung (Funktion) $f : A \to B$ heißt

				Stichwort:
surjektiv	$\Longleftrightarrow$	$f(A) = B$	$\Longleftrightarrow$	f ist Abbildung *auf*,
injektiv	$\Longleftrightarrow$	$x_1 \neq x_2 \Longrightarrow f(x_1) \neq f(x_2)$	$\Longleftrightarrow$	f *eineindeutig*,
bijektiv	$\Longleftrightarrow$	f surjektiv und injektiv	$\Longleftrightarrow$	f *eineindeutig auf*.

1.27 *Folgende Diagramme veranschaulichen diese Begriffe:*

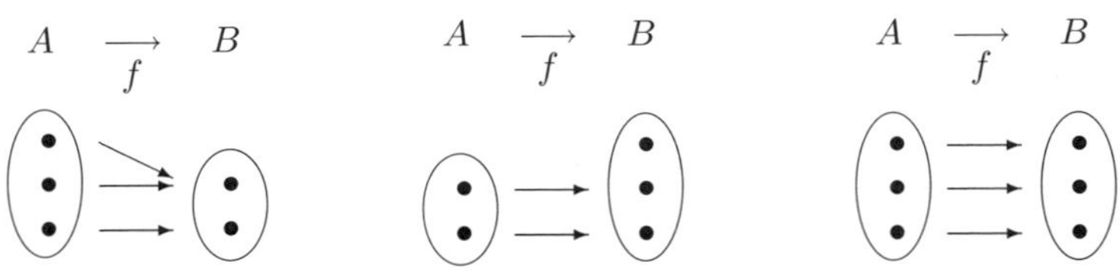

f surjektiv
f nicht injektiv

f injektiv
f nicht surjektiv

f bijektiv
f injektiv und surjektiv

f ist nicht surjektiv,	wenn es *ein* Element aus B gibt, das *nicht* Funktionswert ist.
f ist nicht injektiv,	wenn es zwei *verschiedene* Elemente aus A mit *gleichem* Funktionswert gibt.

1.28 *Sind $A, B \subseteq \mathbb{R}$ und ist $f : A \to B$, streng monoton wachsend, so ist f injektiv.*

$$x_1 \neq x_2 \Longrightarrow (x_1 < x_2 \vee x_1 > x_2) \Longrightarrow \big(f(x_1) < f(x_2) \vee f(x_1) > f(x_2)\big)$$
$$\Longrightarrow f(x_1) \neq f(x_2), \quad \text{also ist } f \text{ injektiv.}$$

Entsprechend sind streng monoton fallende Funktionen injektiv!
Monotonie allein reicht nicht für die Injektivität, siehe obige Bemerkung über konstante Funktionen, die sicher nicht injektiv sind (falls A mehr als ein Element hat).

1.29 *Sind folgende Funktionen surjektiv, injektiv, bijektiv?*

(a) $f: \begin{cases} \mathbb{R} & \rightarrow & \mathbb{R} \\ x & \mapsto & e^x \end{cases}$ (b) $f: \begin{cases} \mathbb{R} & \rightarrow & \mathbb{R}_{>0} \\ x & \mapsto & e^x \end{cases}$

(c) $f: \begin{cases} \mathbb{R} & \rightarrow & \mathbb{R} \\ x & \mapsto & x^3 - x \end{cases}$ (d) $f: \begin{cases}]-\frac{\pi}{2}, \frac{\pi}{2}[& \rightarrow & \mathbb{R} \\ x & \mapsto & \tan x \end{cases}$

(a) $f(\mathbb{R}) = \mathbb{R}_{>0} \Longrightarrow f$ nicht surjektiv, f streng monoton wachsend $\Longrightarrow f$ injektiv.

(b) f ist surjektiv und injektiv (a), also bijektiv.

(c) f ist surjektiv, aber nicht injektiv, da $f(-1) = f(1) = 0$, siehe auch [1.20].

(d) f ist bijektiv, da surjektiv und streng monoton wachsend!

1.6 Umkehrfunktionen

Umkehrabbildung

Ist $f: A \rightarrow B$ eine *bijektive* Abbildung, so ist jedem $x \in A$ genau ein $y = f(x) \in B$ zugeordnet und umgekehrt jedem $y \in B$ genau ein $x \in A$, d.h.
Ist $f: A \rightarrow B$ eine *bijektive* Abbildung, so gibt es
die Umkehrabbildung $f^{-1}: B \rightarrow A$ mit $f^{-1}(y) = x$, falls $y = f(x)$ ist.
$f^{-1}: B \rightarrow A$ ist ebenfalls bijektiv und es ist $f^{-1}(f(x)) = x$ für alle $x \in A$.

Beim Übergang von f zu f^{-1} wird der Wertebereich von f zum Definitionsbereich von f^{-1}, und aus der Funktionsgleichung $y = f(x)$ wird die Funktionsgleichung $x = f^{-1}(y)$ für die Funktion f^{-1} (Auflösen nach x).

Da man üblicherweise die unabhängige Veränderliche mit x bezeichnet, schreibt man $y = f^{-1}(x)$ statt $x = f^{-1}(y)$. Diese *Vertauschung* von x und y bedeutet in der (x, y)–Ebene eine *Spiegelung* an der *Winkelhalbierenden* $y = x$.

Die Graphen von f und f^{-1} liegen also symmetrisch zur Winkelhalbierenden.

Berechnung der Umkehrfunktion

Ist $f: A \rightarrow B$ bijektiv,
so erhält man $f^{-1}: B \rightarrow A$ durch:

1.) $y = f(x)$ nach x *auflösen*: $x = f^{-1}(y)$,

2.) x und y *vertauschen*: $y = f^{-1}(x)$.

Die Graphen von f und f^{-1}
liegen
spiegelbildlich
zur Winkelhalbierenden $y = x$.

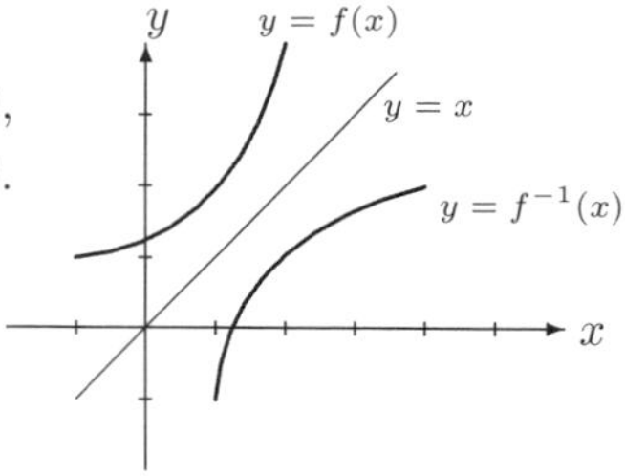

1.30 *Für folgende bijektive Funktionen berechne man die Umkehrfunktionen und gebe ihre Definitionsbereiche an.*

(a) $y = -2x + 1$, (b) $y = \frac{x+1}{x}$, (c) $y = e^{3x-4}$.

(a) $y = -2x + 1 \Longrightarrow x = \frac{1}{2}(1 - y)$, also $\underline{y = \frac{1}{2}(1 - x),\ x \in \mathbb{R}}$,

(b) $y = \frac{x+1}{x} \Longrightarrow xy = x + 1 \Longrightarrow x = \frac{1}{y-1}$, also $\underline{y = \frac{1}{x-1},\ x \neq 1}$,

(c) $y = e^{3x-4} \Longrightarrow 3x - 4 = \ln y \Longrightarrow x = \frac{1}{3}(4 + \ln y)$, also $\underline{y = \frac{1}{3}(4 + \ln x),\ x > 0}$.

1.31 *Das folgende Beispiel verdeutlicht die Probleme, die beim Begriff Umkehrfunktion auftauchen:*

$f : \begin{cases} \mathbb{R} \to \mathbb{R}_{\geq 0} \\ x \mapsto x^2 \end{cases}$ $\begin{pmatrix} \text{nach Verabredung} \\ \text{kurz: } y = x^2 \end{pmatrix}$ ist nicht bijektiv, also nicht umkehrbar!

Beschränkt man den Definitionsbereich von f auf z.B. größtmögliche Intervalle, auf denen f bijektiv ist, so erhält man folgende umkehrbare Funktionen:

Funktion f	kurz:	Funktion f^{-1}	kurz:
$\begin{cases} \mathbb{R}_{\geq 0} \to \mathbb{R}_{\geq 0} \\ x \mapsto x^2 \end{cases}$	$y = x^2,\ x \geq 0$	$\begin{cases} \mathbb{R}_{\geq 0} \to \mathbb{R}_{\geq 0} \\ x \mapsto \sqrt{x} \end{cases}$	$y = \sqrt{x},\ x \geq 0$
$\begin{cases} \mathbb{R}_{\leq 0} \to \mathbb{R}_{\geq 0} \\ x \mapsto x^2 \end{cases}$	$y = x^2,\ x \leq 0$	$\begin{cases} \mathbb{R}_{\geq 0} \to \mathbb{R}_{\leq 0} \\ x \mapsto -\sqrt{x} \end{cases}$	$y = -\sqrt{x},\ x \geq 0$

Man beachte: Ist $f : A \to B$, dann ist

f^{-1} die Umkehrfunktion von f, falls f bijektiv ist, und definiert auf dem Wertebereich $f(A) = B$ von f.

$\frac{1}{f}$ die multiplikativ inverse Funktion der Funktion f und dort definiert, wo f definiert und ungleich Null ist: $\frac{1}{f}(x) = \frac{1}{f(x)}$, falls $f(x) \neq 0$ ist.

f^{-1} und $\frac{1}{f}$ bezeichnen also *verschiedene* Funktionen!

1.32 *Für* $f :]-\frac{\pi}{2}, \frac{\pi}{2}[\to \mathbb{R}$ *mit* $f(x) = \tan x$ *bestimme man* f^{-1} *und* $\frac{1}{f}$.

f ist bijektiv, also

$f^{-1} : \mathbb{R} \to]-\frac{\pi}{2}, \frac{\pi}{2}[$ mit $f^{-1}(x) = \arctan x$.

$f(x) = 0 \Longleftrightarrow x = 0$, also

$\frac{1}{f} :]-\frac{\pi}{2}, \frac{\pi}{2}[\setminus \{0\} \to \mathbb{R} \setminus \{0\}$, mit $\frac{1}{f(x)} = \cot x$.

1.7 Einsetzen (Verketten, Substituieren) von Funktionen

Sind $f : A \to B$ und $g : B \to C$ zwei Funktionen, so ist jedem $x \in A$ zunächst durch f das Element $f(x) \in B$ zugeordnet und diesem dann durch g das Element $g(f(x)) \in C$.
Das *Nacheinanderausführen* von f und g liefert also eine Funktion von A in C:

$$f : \begin{cases} A & \to & B \\ x & \mapsto & f(x) \end{cases} \text{ und } g : \begin{cases} B & \to & C \\ y & \mapsto & g(y) \end{cases} \implies g \circ f : \begin{cases} A & \to & C \\ x & \mapsto & g(f(x)) \end{cases}$$

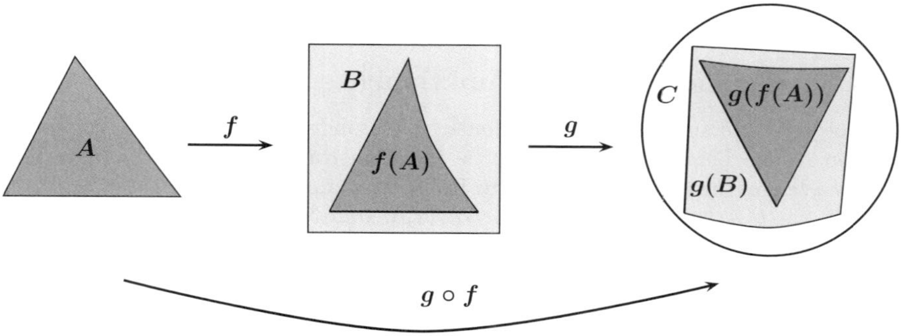

$g \circ f$ (Lies: g "Kuller" f) bedeutet: Erst f dann g anwenden!

$$g \circ f\,(x) = g\big(f(x)\big)$$

Man nennt $g \circ f$ die aus f und g zusammengesetzte Funktion. Zur Differentiation bzw. Integration zusammengesetzter Funktionen siehe Kettenregel bzw. Substitutionsregel!

1.33 *Man verkette die Funktionen f und g zu $f \circ g$ und $g \circ f$ und skizziere sie!*

(a) $f(x) = \mathrm{e}^x, \quad g(x) = 3x$

(b) $f(x) = (x+1)(x-2), \quad g(x) = \sqrt{x}\,.$

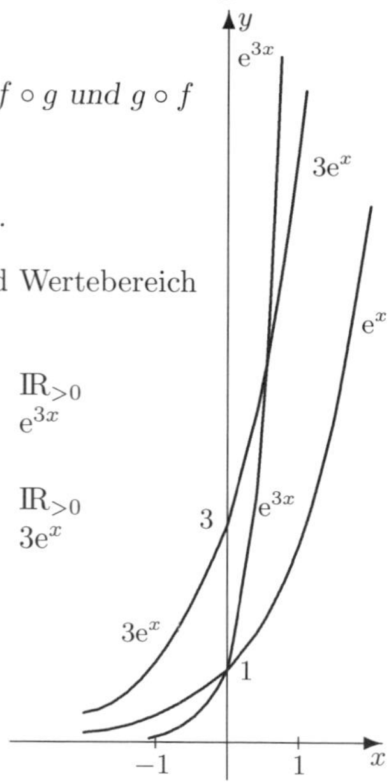

(a) Es sei an die Verabredung über Definitions– und Wertebereich (Seite 25) erinnert!

$$\left.\begin{aligned} f :\ & \begin{cases} \mathbb{R} & \to & \mathbb{R}_{>0} \\ x & \mapsto & \mathrm{e}^x \end{cases} \\ g :\ & \begin{cases} \mathbb{R} & \to & \mathbb{R} \\ x & \mapsto & 3x \end{cases} \end{aligned}\right\} \implies \begin{aligned} f \circ g :\ & \begin{cases} \mathbb{R} & \to & \mathbb{R}_{>0} \\ x & \mapsto & \mathrm{e}^{3x} \end{cases} \\ g \circ f :\ & \begin{cases} \mathbb{R} & \to & \mathbb{R}_{>0} \\ x & \mapsto & 3\mathrm{e}^x \end{cases} \end{aligned}$$

(b) $\begin{array}{l} f(x) = (x+1)(x-2) \\ g(x) = \sqrt{x}\,,\ x \geq 0 \end{array} \implies \begin{array}{l} (f \circ g)(x) = (\sqrt{x}+1)(\sqrt{x}-2),\quad x \geq 0. \\ (g \circ f)(x) = \sqrt{(x+1)(x-2)}\,,\quad x \leq -1 \vee x \geq 2. \end{array}$

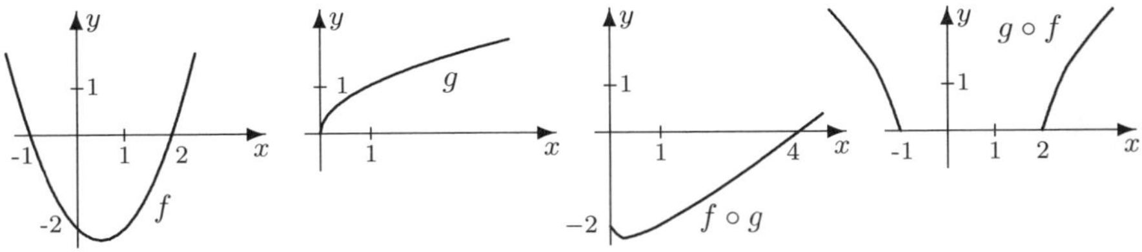

1.8 Gerade, ungerade Funktionen

Bei der Untersuchung von Funktionen, insbesondere bei der Veranschaulichung von reellen Funktionen in der Ebene (oder im Raum) spielen *Symmetrieeigenschaften* naturgemäß eine wichtige Rolle. Man unterscheidet *Achsensymmetrie* z.B. zur y–Achse und *Punktsymmetrie* (z.B. zum Nullpunkt).

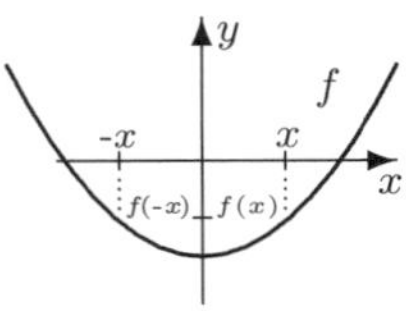

$f(-x) = f(x)$
f gerade

Gerade, ungerade Funktionen

Es sei $A = [-a, a] \subseteq \mathbb{R}$ und $f : A \to B$.

Gilt für alle $x \in A$:

$\begin{array}{l} f(-x) = f(x) \\ f(-x) = -f(x) \end{array}$, dann heißt $\begin{array}{l} \textbf{\textit{f}} \textbf{ gerade}, \\ \textbf{\textit{f}} \textbf{ ungerade}. \end{array}$

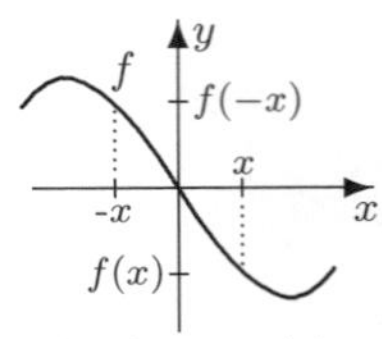

$f(-x) = -f(x)$
f ungerade

Zerlegung in gerade + ungerade Funktion

Für jede auf $\mathbb{R}$ definierte Funktion f gilt $\boxed{f(x) = g(x) + u(x)}$

mit $g(x) = \frac{1}{2}\big(f(x) + f(-x)\big)$ gerade und $u(x) = \frac{1}{2}\big(f(x) - f(-x)\big)$ ungerade.

Diese Zerlegung ist eindeutig bestimmt, siehe etwa **[A 1]**, Seite 61.

1.34 *Man untersuche, ob folgende Funktionen gerade oder ungerade sind:*

$x^2,\ \sqrt[3]{x},\ \cos x,\ \sin x,\ \mathrm{e}^x,\ \cosh x,\ \sinh x.$

$f(x) = x^2$ ist gerade, weil $f(-x) = (-x)^2 = x^2 = f(x)$ ist.

$f(x) = \sqrt[3]{x}$ ist ungerade, weil $f(-x) = \sqrt[3]{-x} = -\sqrt[3]{x} = -f(x)$ ist.

Aus der Definition von $\cos x$ und $\sin x$ folgt, daß

$\cos(-x) = \cos x$, also $\cos x$ gerade, und $\sin(-x) = -\sin x$, also $\sin x$ ungerade ist.

$\mathrm{e}^{-1} \neq \pm\mathrm{e}^1$, die e–Funktion ist weder gerade noch ungerade.

$\cosh x = \dfrac{\mathrm{e}^x + \mathrm{e}^{-x}}{2}$ ist gerade, weil $\cosh(-x) = \dfrac{\mathrm{e}^{-x} + \mathrm{e}^x}{2} = \cosh x$ ist.

$\sinh x = \dfrac{\mathrm{e}^x - \mathrm{e}^{-x}}{2}$ ist ungerade, weil $\sinh(-x) = \dfrac{\mathrm{e}^{-x} - \mathrm{e}^x}{2} = -\sinh x$ ist.

Zerlegung der e–Funktion in geraden und ungeraden Anteil siehe 1.36.

Symmetrie

f gerade $\iff$ der Graph von f liegt symmetrisch zur y–Achse,
f ungerade $\iff$ der Graph von f liegt symmetrisch zum Nullpunkt.

Ist f ein *Polynom* oder eine *Potenzreihe*, so gilt:

f gerade $\iff$ f enthält nur gerade Potenzen von x,
f ungerade $\iff$ f enthält nur ungerade Potenzen von x (daher der Name).

1.35 *Hiermit erkennt man (Reihen siehe Umschlagseite* **F3***):*

gerade: $3 - x^2$, $\cos x = 1 - \frac{x^2}{2!} + \frac{x^4}{4!} - \frac{x^6}{6!} \pm \ldots$

$\cosh x = 1 + \frac{x^2}{2!} + \frac{x^4}{4!} + \frac{x^6}{6!} + \ldots$

ungerade: $4x - x^3$, $\sin x = x - \frac{x^3}{3!} + \frac{x^5}{5!} - \frac{x^7}{7!} \pm \ldots$

$\sinh x = x + \frac{x^3}{3!} + \frac{x^5}{5!} + \frac{x^7}{7!} + \ldots$

weder noch: $2x + x^2$, $e^x = 1 + x + \frac{x^2}{2!} + \frac{x^3}{3!} + \frac{x^4}{4!} + \ldots$

1.36 *Für jede auf* $\mathbb{R}$ *definierte Funktion* f *ist*

$$\left.\begin{array}{ll} g(x) := \frac{f(x)+f(-x)}{2} & \textit{gerade} \\ u(x) := \frac{f(x)-f(-x)}{2} & \textit{ungerade} \end{array}\right\}, \textit{ und } \quad f(x) = g(x) + u(x) \ \textit{(klar)}.$$

$g(-x) = \frac{f(-x)+f(x)}{2} = \frac{f(x)+f(-x)}{2} = g(x)$ also g gerade,
$u(-x) = \frac{f(-x)-f(x)}{2} = -\frac{f(x)-f(-x)}{2} = -u(x)$ also u ungerade.

Zerlegung der e–Funktion: $e^x = \frac{e^x+e^{-x}}{2} + \frac{e^x-e^{-x}}{2} = \cosh x + \sinh x$.

Zerlegung der Schwingung $2\sin(\omega t + \pi/3)$ mittels der Add.–Theoreme **[F 1]**:
$2\sin(\omega t + \pi/3) = \ldots = \cos\omega t + \sqrt{3}\,\sin\omega t =$ gerade+ungerade, (s. auch Seite 79).

Summe, Produkt, Quotient, Einsetzen

f, g gerade $\Longrightarrow$ $f+g,\ f\cdot g,\ \frac{f}{g},\ f\circ g$ gerade

f, g ungerade $\Longrightarrow$ $\begin{cases} f+g,\ f\circ g & \text{ungerade} \\ f\cdot g,\ \frac{f}{g} & \text{gerade} \end{cases}$

f gerade, g ungerade $\Longrightarrow$ $\begin{cases} f\circ g,\ g\circ f & \text{gerade} \\ f\cdot g,\ \frac{f}{g} & \text{ungerade} \end{cases}$

f beliebig, g gerade $\Longrightarrow$ $f\circ g$ gerade.

1.37 *Haben folgende Funktionen Symmetrieeigenschaften?*

$f(x) = \cos x^3 \cdot \sinh \sqrt[3]{e^{x^2+1}}$, $\quad g(x) = -2 + \frac{1}{x-1}$, $\quad h(x) = 1 + |x+1|$.

Nach obigen Regeln sind $\cos x^3$ und $\sinh \sqrt[3]{e^{x^2+1}}$ gerade, also ist auch das Produkt $f(x)$ gerade. Der Graph der Funktion f liegt symmetrisch zur y–Achse!

$g(x) = -2 + \frac{1}{x-1}$ ist weder gerade noch ungerade,

setzt man aber $x - 1 = u,\ y + 2 = v$, so gilt $v = \frac{1}{u}$.

Diese Funktion ist ungerade, der Graph also punktsymmetrisch zum Nullpunkt in der (u, v)–Ebene.

Also liegt der Graph von $y = -2 + \frac{1}{x-1}$ punktsymmetrisch zum Punkt $P = (1, -2)$.

Ebenso: $h(x) = 1 + |x + 1|$ liegt achsensymmetrisch zu der Geraden $x = -1$.

Gilt für eine Funktion $f(x, y)$ von zwei Veränderlichen für alle Punkte des Definitionsbereiches $D \subseteq \mathbb{R}^2$:

$$f(-x, y) = f(x, y) \quad \text{bzw.} \quad f(-x, y) = -f(x, y)$$

so heißt f *gerade* bzgl x bzw. *ungerade* bzgl. x. Entsprechendes gilt für die Variable y und für Funktionen von drei oder mehr Variablen.

1.38 *Welche Symmetrieeigenschaften hat die Funktion* $f(x, y) = \frac{x^2 y}{x^2+y^2}$ *?*

Es ist: $f(-x, y) = \frac{(-x)^2 y}{(-x)^2+y^2} = \frac{x^2 y}{x^2+y^2} = f(x, y)$.

Ebenso sieht man: $f(x, -y) = -f(x, y)$ und $f(-x, -y) = -f(x, y)$.

Das heißt, siehe auch [1.63]: Der Graph von f im x, y, z–Raum liegt:

	zur y, z–Ebene		$f(-x, y) = f(x, y)$	
symmetrisch	zur x–Achse	, da	$f(x, -y) = -f(x, y)$	ist.
	zum Nullpunkt		$f(-x, -y) = -f(x, y)$	

Die Funktionswerte von f ergeben sich aus den Funktionswerten von f im 1. Quadranten!

1.39 *Welche Symmetrieeigenschaften hat die Kurve* $f(x, y) = x^{2/3} + y^{2/3} = 1$ *?*

Sei $K := \{(x, y) \mid x^{2/3} + y^{2/3} = 1\}$, siehe auch [1.63].

Wegen $(-a)^{2/3} = a^{2/3}$ gilt:
$(x, y) \in K \Longleftrightarrow (-x, y), (x, -y), (-x, -y) \in K$.

Die Kurve K liegt also symmetrisch zu beiden Achsen und zum Nullpunkt!

Da $f(x, y) = f(y, x)$ ist, liegt K symmetrisch zur Winkelhalbierenden $y = x$, denn die Punkte (x, y) und (y, x) (Vertauschen von x und y) liegen spiegelbildlich zur Geraden $y = x$.

Analog: K liegt symmetrisch zur Geraden $y = -x$.

Astroide siehe auch [1.50].

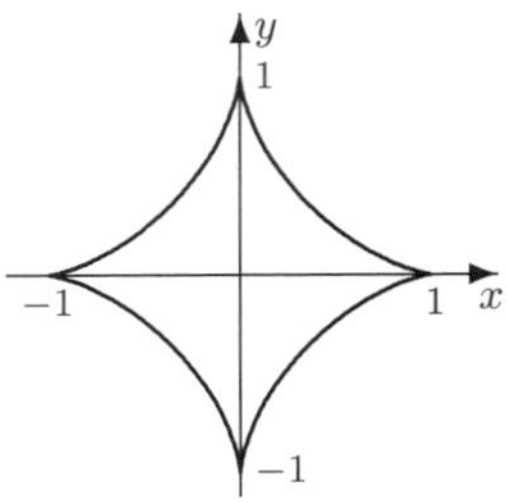

Astroide
$\boldsymbol{x^{2/3} + y^{2/3} = 1}$

1.9 Grenzwerte von Funktionen

Da der Grenzwertbegriff der zentrale Begriff in der Differential– und Integralrechnung ist, kommt man an folgenden Definitionen nicht vorbei. Man versuche, sich die folgenden Begriffe anhand der Beispiele klar zu machen!!!
Zur praktischen Berechnung von Grenzwerten benutzt man oft:

Regel von l'Hospital, siehe Seite 273.

Potenzreihen, siehe Seite 344 ff, Umschlagseite **F3** oder **F+H**.

Grenzwert der Funktion f bei x_0

Es sei (a,b) ein offenes Intervall und $x_0 \in (a,b)$.
Ist $D = (a,b) \setminus \{x_0\} = \{x \in (a,b) \mid x \neq x_0\} = (a,x_0) \cup (x_0,b)$ und $f : D \to \mathbb{R}$, so hat f für $x \to x_0$ (oder: an der Stelle x_0, bei x_0) den **Grenzwert** y_0, wenn es zu jedem $\epsilon > 0$ ein $\delta > 0$ gibt, mit $x \in D \wedge |x - x_0| < \delta \Longrightarrow |f(x) - y_0| < \epsilon$.

Schreibweise: $\lim\limits_{x \to x_0} f(x) = y_0$.

$\lim\limits_{x \to x_0} f(x) = y_0 \iff$ Die Funktionswerte $f(x)$ sind *beliebig* wenig von y_0 entfernt, wenn x *hinreichend* wenig von x_0 entfernt ist.

1.40 *Es sei* $f(x) = x \sin\frac{1}{x}$. *Man zeige:* $\lim\limits_{x \to 0} x \sin\frac{1}{x} = 0$.

Ist (a,b) ein offenes Intervall und $0 \in (a,b)$, so ist f auf $D = (a,b) \setminus \{0\}$ definiert.
Zu gegebenem $\epsilon > 0$ wähle man $\delta = \epsilon$. Dann gilt:
Ist $x \in D \wedge |x - 0| = |x| < \delta = \epsilon$, so ist
$$|x \sin\tfrac{1}{x} - 0| = |x \sin\tfrac{1}{x}| = |x| \cdot \underbrace{|\sin\tfrac{1}{x}|}_{\leq 1 \text{ für } x \neq 0} \leq |x| < \epsilon.$$

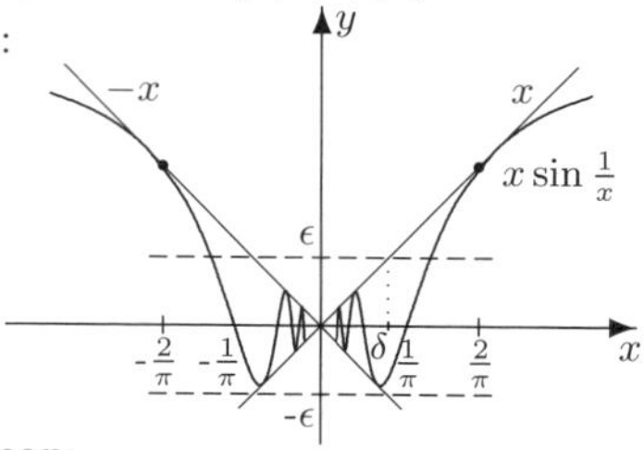

Ist $D = (a, x_0)$ und ist $f : D \to \mathbb{R}$, so definiert man:
f hat für $x \to x_0$ den **linksseitigen Grenzwert** y_0, wenn es zu jedem $\epsilon > 0$ ein $\delta > 0$ gibt, mit $x \in D \wedge |x - x_0| < \delta \Longrightarrow |f(x) - y_0| < \epsilon$.

Schreibweise: $\lim\limits_{x \to x_0^-} f(x) = y_0$.

Ist $D = (a, \infty)$ und ist $f : D \to \mathbb{R}$, so definiert man:
f hat für $x \to \infty$ den **Grenzwert** y_0, wenn es zu jedem $\epsilon > 0$ ein $s \in \mathbb{R}$ gibt, mit $x \in D \wedge x > s \Longrightarrow |f(x) - y_0| < \epsilon$.

Schreibweise: $\lim\limits_{x \to \infty} f(x) = y_0$.

Analog werden rechtsseitiger Grenzwert $\lim\limits_{x \to x_0^+} f(x)$ und $\lim\limits_{x \to -\infty} f(x)$ definiert.

x -> x_0^- l. seitiger Grenzwert
x -> x_0^+ r. seitiger Grenzwert

Der Grenzwert von f an der Stelle x_0 existiert genau dann, wenn rechtsseitiger und linksseitiger Grenzwert existieren und gleich sind:

$$\lim_{x\to x_0} f(x) = y_0 \iff \lim_{x\to x_0^-} f(x) = \lim_{x\to x_0^+} f(x) = y_0.$$

Existieren rechtsseitiger und linksseitiger Grenzwert, so braucht der Grenzwert nicht zu existieren, wie folgendes Beispiel zeigt:

1.41 *Man bestimme ggf. die Grenzwerte* $\lim\limits_{x\to 0^-}$, $\lim\limits_{x\to 0^+}$ *und* $\lim\limits_{x\to 0}$ *von*

(a) $f(x) = \dfrac{|x|}{x}$, (b) $f(x) = \arctan\frac{1}{x}$.

(a) f ist definiert in $\mathbb{R}\setminus\{0\}$ und es gilt (Def. von $|x|$ siehe Seite 48):

$$f(x) = \frac{|x|}{x} = \begin{cases} 1 & , \text{für } x > 0 \\ -1 & , \text{für } x < 0 \end{cases}$$

$$\Longrightarrow \lim_{x\to 0^-} \frac{|x|}{x} = -1 \,, \quad \lim_{x\to 0^+} \frac{|x|}{x} = 1 \quad \Longrightarrow \lim_{x\to 0} \frac{|x|}{x} \text{ existiert nicht.}$$

(b) $\lim\limits_{x\to 0^+} \arctan\frac{1}{x} = \lim\limits_{y\to\infty} \arctan y = \underline{\frac{\pi}{2}}$, $\lim\limits_{x\to 0^-} \arctan\frac{1}{x} = \lim\limits_{y\to -\infty} \arctan y = \underline{-\frac{\pi}{2}}$.

$\lim\limits_{x\to 0^+} f(x) \neq \lim\limits_{x\to 0^-} f(x)$, folglich existiert $\lim\limits_{x\to 0} \arctan\frac{1}{x}$ nicht.

1.42 *Man berechne* $\lim\limits_{x\to 0} \dfrac{\sin x}{x}$.

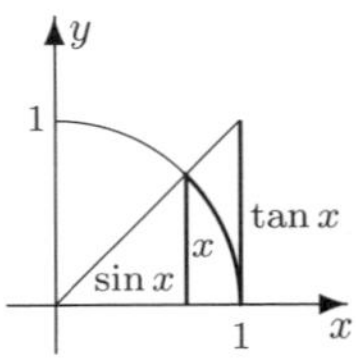

Für $0 < x < \frac{\pi}{2}$ gilt: $\sin x \leq x \leq \tan x = \dfrac{\sin x}{\cos x}$.

$\Longrightarrow \cos x \leq \dfrac{\sin x}{x} \leq 1$, (siehe Rechnen mit Ungleichungen S. 47)

Aus $\lim\limits_{x\to 0^+} \cos x = 1$ und $\lim\limits_{x\to 0^+} 1 = 1$ folgt $\lim\limits_{x\to 0^+} \dfrac{\sin x}{x} = 1$.

Da $\dfrac{\sin x}{x}$ eine *gerade* Funktion (siehe Seite 33) ist, gilt auch $\lim\limits_{x\to 0^-} \dfrac{\sin x}{x} = 1$.

Da links– und rechtsseitiger Grenzwert übereinstimmen, ist $\underline{\underline{\lim\limits_{x\to 0} \dfrac{\sin x}{x} = 1}}$.

Einfacher: Regel von l'Hospital [12.20] oder Potenzreihen [14.44].

1.43 *Man zeige:* $\lim\limits_{x\to\infty} \dfrac{1}{\sqrt{x}} = 0$.

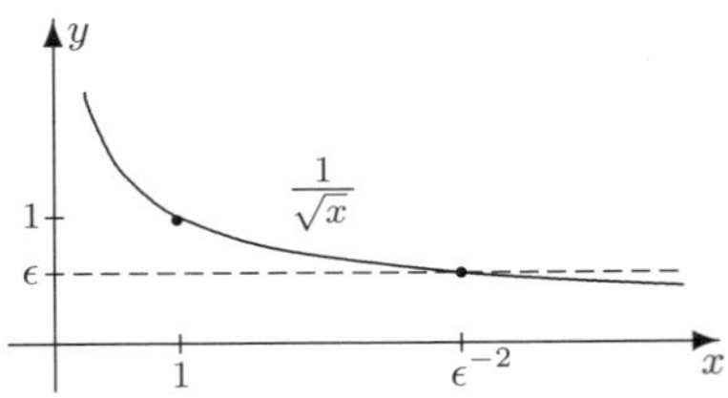

Ist $\epsilon > 0$ vorgegeben, so wird
$|f(x) - 0| = |\frac{1}{\sqrt{x}}| = \frac{1}{\sqrt{x}} < \epsilon$, falls
$x > \frac{1}{\epsilon^2} = \epsilon^{-2}$ ist. Man setze z.B. $s = \epsilon^{-2}$.

Es ist mühsam, Grenzwerte durch Rückgang auf die Definition zu berechnen. Folgende Regeln können die Rechnungen sehr vereinfachen:

Grenzwertregeln

Der Grenzwert einer Summe (Differenz, Produkt, Quotient[6]) ist gleich der Summe (Differenz, Produkt, Quotient[6]) der Grenzwerte, wenn die einzelnen Grenzwerte existieren.

Wichtig: Regel von l'Hospital: *unbestimmte Ausdrücke* (Seite 273).
Grenzwertberechnung mittels Potenzreihen [14.44].

1.44 *Man berechne* (a) $\lim\limits_{x\to\infty}\frac{(2x+3)(3x-1)}{5x^2-2}$, (b) $\lim\limits_{x\to 1}\frac{x+1}{(\sqrt{x}+1)x}$,
(c) $\lim\limits_{x\to 1}\frac{x+1}{(\sqrt{x}-1)x}$, (d) $\lim\limits_{x\to 1}\frac{x-1}{(\sqrt{x}-1)x}$.

(a) Kürzen durch x^2 ergibt: $\frac{(2x+3)(3x-1)}{5x^2-2} = \frac{(2+\frac{3}{x})(3-\frac{1}{x})}{5-\frac{2}{x^2}}$.

Grenzwertregeln: $$\lim_{x\to\infty}\frac{(2x+3)(3x-1)}{5x^2-2} = \lim_{x\to\infty}\frac{\overbrace{(2+\frac{3}{x})}^{\to 2}\overbrace{(3-\frac{1}{x})}^{\to 3}}{\underbrace{5-\frac{2}{x^2}}_{\to 5}} = \frac{2\cdot 3}{5} = \underline{\underline{\frac{6}{5}}}.$$

(b) $\lim\limits_{x\to 1}\frac{x+1}{(\sqrt{x}+1)x} = \frac{2}{2} = \underline{\underline{1}}$, völlig unproblematisch.

(c) $\lim\limits_{x\to 1}\frac{x+1}{(\sqrt{x}-1)x}$ existiert nicht. Lässt man jedoch die *uneigentlichen* Grenzwerte $\pm\infty$ zu, so gilt: $\lim\limits_{x\to 1^+}\frac{x+1}{(\sqrt{x}-1)x} = +\infty$ und $\lim\limits_{x\to 1^-}\frac{x+1}{(\sqrt{x}-1)x} = -\infty$.

(d) Der Zähler lässt sich zerlegen in $(\sqrt{x}-1)(\sqrt{x}+1)$, also:
$$\lim_{x\to 1}\frac{x-1}{(\sqrt{x}-1)x} = \lim_{x\to 1}\frac{(\sqrt{x}-1)(\sqrt{x}+1)}{(\sqrt{x}-1)x} = \lim_{x\to 1}\frac{\sqrt{x}+1}{x} = \frac{\sqrt{1}+1}{1} = \underline{\underline{2}}.$$

1.10 Stetige Funktionen

Stetigkeit von f an der Stelle x_0

Die Funktion $f: D \to \mathbb{R}$ heißt an der Stelle $x_0 \in D$ **stetig**, wenn es zu jedem $\epsilon > 0$ ein $\delta > 0$ gibt, mit $x \in D \wedge |x - x_0| < \delta \Longrightarrow |f(x) - f(x_0)| < \epsilon$.

f ist stetig an der Stelle $x_0 \in D$ $\Longleftrightarrow$ Die Funktionswerte sind *beliebig* wenig von $f(x_0)$ entfernt, wenn x *hinreichend* wenig von x_0 entfernt ist.

$f: D \to \mathbb{R}$ heißt in D stetig, wenn f an jeder Stelle $x_0 \in D$ stetig ist.

[6] keiner der auftretenden Nenner darf Null werden!

D kann Teilmenge von $\mathbb{R}$ oder $\mathbb{C}$ oder vom $\mathbb{R}^n$ sein. Falls jedoch nicht ausdrücklich anderes gesagt wird, ist $D \subseteq \mathbb{R}$.

1.45 *$f(x) = \sqrt{x}$ ist für jedes $x_0 \geq 0$ stetig.*

Nach [1.62] gilt: $|\sqrt{x} - \sqrt{x_0}| \leq \sqrt{|x - x_0|}$ für $x, x_0 \geq 0$.

Zu gegebenem $\epsilon > 0$ sei $\delta := \epsilon^2$.

Ist nun $|x - x_0| < \delta = \epsilon^2$, so ist $|\sqrt{x} - \sqrt{x_0}| \leq \sqrt{|x - x_0|} < \epsilon$.

Also ist $f(x) = \sqrt{x}$ für alle $x_0 \geq 0$ stetig. Da δ nur von ϵ und nicht von der Stelle x_0 abhängt, nennt man f für $x \geq 0$ *gleichmäßig stetig.*

Handlicher als die ϵ, δ–Definition ist folgendes Kriterium für die Stetigkeit einer Funktion f an einer Stelle $x_0 \in D \subseteq \mathbb{R}$, z.B. falls D ein offenes Intervall ist:

$$\boxed{f \text{ ist stetig bei } x_0 \in D \quad \Longleftrightarrow \quad \lim_{x \to x_0} f(x) = f(x_0).}$$

- Existiert $f(x_0)$ nicht, wohl aber $\lim\limits_{x \to x_0} f(x)$, so nennt man f an der Stelle x_0 *stetig ergänzbar*. Ergänzbar deshalb, weil man durch $f(x_0) := \lim\limits_{x \to x_0} f(x)$ die Funktion f zu einer an der Stelle x_0 stetigen Funktion erweitern (fortsetzen) kann.

- Existiert $\lim\limits_{x \to x_0} f(x)$ und ist $\lim\limits_{x \to x_0} f(x) \neq f(x_0)$, so nennt man f an der Stelle x_0 *hebbar unstetig*. Hebbar deshalb, weil man durch Änderung von f an der Stelle x_0 durch $f(x_0) := \lim\limits_{x \to x_0} f(x)$ erreicht, dass f an der Stelle x_0 stetig wird.

1.46 *Man untersuche $f(x) = \text{sgn}^2 x = \begin{cases} 1, & x \neq 0 \\ 0, & x = 0 \end{cases}$ in $\mathbb{R}$ auf Stetigkeit.*

In $x_0 \neq 0$ ist f stetig, weil $\lim\limits_{x \to x_0} \text{sgn}^2 x = 1 = \text{sgn}^2 x_0$ ist.

In $x_0 = 0$ ist f unstetig, weil $\lim\limits_{x \to 0} \text{sgn}^2 x = 1 \neq 0 = \text{sgn}^2 0$ ist.

f ist jedoch bei 0 hebbar unstetig, da $\lim\limits_{x \to 0} \text{sgn}^2 x = 1$ existiert.

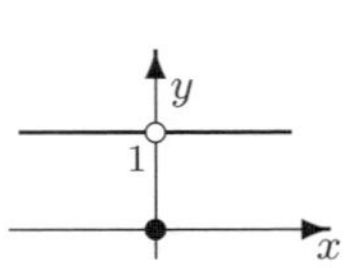

Die elementaren Funktionen sind dort, wo sie definiert sind, auch stetig.

Beachte: Zu einer Funktion gehört immer der Definitionsbereich!

Mit der verkürzten Aussage: "Die Funktion $\frac{1}{x}$ ist überall stetig", ist die wahre Aussage gemeint: "Die Funktion $\frac{1}{x}$ ist in ihrem Definitionsbereich $\mathbb{R} \setminus \{0\}$ stetig".

Falsch ist die Aussage: "Die Funktion $\frac{1}{x}$ ist (bei 0) unstetig", denn unstetig kann eine Funktion nur dort sein, wo sie definiert ist.

Richtig dagegen: "Die Funktion $\frac{1}{x}$ ist bei 0 nicht stetig ergänzbar".

Will man kompliziertere Funktionen auf Stetigkeit untersuchen, geht man – genau wie bei der Berechnung von Grenzwerten – möglichst nicht auf die Definition zurück, sondern benutzt folgende Regeln für stetige Funktionen:

Rechnen mit stetigen Funktionen

Summe, Differenz, Produkt, Quotient[7] stetiger Funktionen sind stetig.

Das Einsetzen einer stetigen Funktion in eine stetige Funktion ergibt wieder eine stetige Funktion.

Ist D ein offenes Intervall, so erhält man durch Negation (siehe: Logische Regeln, Seite 14) aus

$$f \text{ ist stetig bei } x_0 \in D \quad \Longleftrightarrow \quad \lim_{x \to x_0} f(x) = f(x_0).$$

eine Aussage darüber, wann genau f an einer Stelle $x_0 \in D$ unstetig ist:

Unstetigkeitsstellen

$$f \text{ unstetig bei } x_0 \in D \Longleftrightarrow \lim_{x \to x_0} f(x) \neq f(x_0).$$

f ist also unstetig bei $x_0 \in D$, wenn $\lim_{x \to x_0} f(x)$ nicht existiert oder,
wenn $\lim_{x \to x_0} f(x)$ existiert, aber ungleich $f(x_0)$ ist (hebbare Unstetigkeitsstelle).

<u>Das ergibt folgende typische Unstetigkeitsstellen:</u>

1) $\lim_{x \to x_0} f(x)$ existiert nicht, z.B. weil

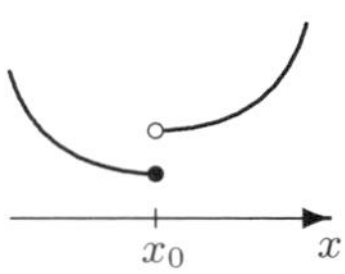

a) f bei x_0 eine Sprungstelle hat,

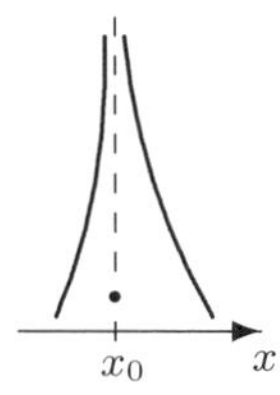

b) f bei Annäherung an x_0 unbeschränkt ist,

c) f bei Annäherung an x_0 oszilliert und die Amplitude nicht gegen 0 geht.

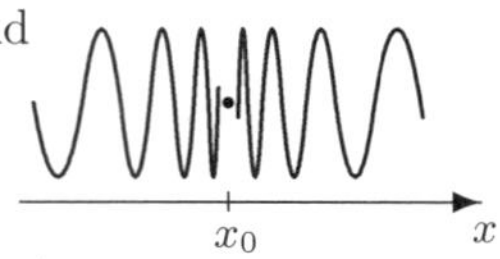

2) $\lim_{x \to x_0} f(x)$ existiert, aber $\lim_{x \to x_0} f(x) \neq f(x_0)$ (hebbare Unstetigkeitsstelle).

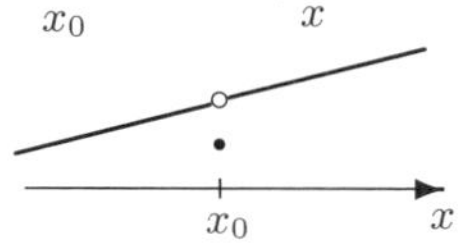

[7] keiner der auftretenden Nenner darf Null werden!

1.47 $$f(x) = \begin{cases} \frac{|x|}{x} & , \text{ für } x \neq 0 \\ 1 & , \text{ für } x = 0 \end{cases}$$ *ist an der Stelle 0 unstetig.*

$\lim\limits_{x\to 0} \frac{|x|}{x}$ existiert nicht (vegleiche 1.41), f hat bei 0 eine Sprungstelle.

1.48 *Lässt sich $f(x) = \frac{1}{x}$ an der Stelle 0 stetig ergänzen?*

Nein, denn f ist in jedem Intervall, das 0 enthält, unbeschränkt.

1.49 *Lässt sich $f(x) = \sin\frac{1}{x}$ an der Stelle 0 stetig ergänzen?*

Nein, denn $\sin\frac{1}{x}$ oszilliert für $x \to 0$ mit der Amplitude 1.

1.50 *Man zeige:* $$f(x) = \begin{cases} x\sin\frac{1}{x} & , x \neq 0 \\ 0 & , x = 0 \end{cases}$$ *ist überall stetig.*

(a) Ist $x_0 \neq 0$, so ist f an der Stelle x_0 stetig, da $\frac{1}{x}$ dort als Quotient stetiger Funktionen stetig ist. Folglich ist auch $\sin\frac{1}{x}$ stetig (Einsetzen stetiger Funktionen ineinander) und deshalb $x\sin\frac{1}{x}$ (Produkt stetiger Funktionen).

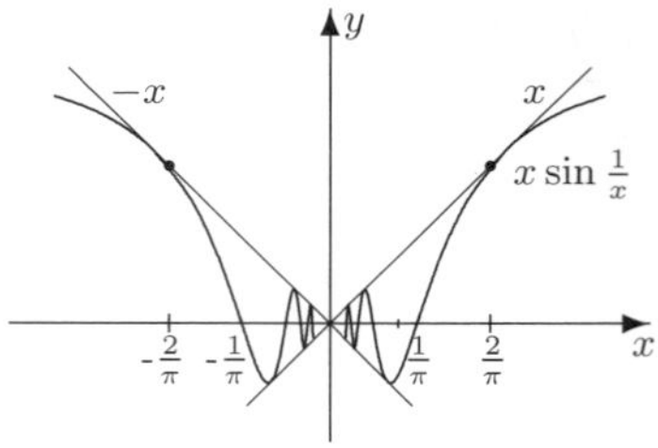

(b) Bleibt $x_0 = 0$ zu untersuchen:
Wegen $0 \leq |x \cdot \sin\frac{1}{x}| = |x| \cdot |\sin\frac{1}{x}| \leq |x|$
gilt $\lim\limits_{x\to 0} x\sin\frac{1}{x} = 0 = f(0)$.
Siehe auch 1.40.

Also ist f auch an der Stelle 0 und folglich überall stetig! Zur Frage der Differenzierbarkeit der Funktion f siehe 12.1.

1.11 Aufgaben

1.51 *Negiere:* $\forall\epsilon > 0\, \exists\delta > 0\, \forall x_1 \in D\, \forall x_2 \in D,\ |x_1 - x_2| < \delta \Longrightarrow |f(x_1) - f(x_2)| < \epsilon$.
Was bedeutet diese Aussage, falls $f : D \to \mathbb{R}$ eine reelle Funktion ist?

1.52 *Man beweise indirekt: Es gibt unendlich viele Primzahlen.*

1.53 *Man beweise indirekt: $\sqrt{x}$ ist streng monoton wachsend.*

1.54 *Man zeige: $(A \cup B) \setminus (A \cap B) = (A \setminus B) \cup (B \setminus A)$ (= symmetrische Differenz).*

1.55 (a) *Für jede natürliche Zahl $n \geq 3$ gilt $n^2 > 2n + 1$.*

(b) *Für jede natürliche Zahl $n \geq 10$ gilt $2^n > n^3$.*

(c) *Für jede natürliche Zahl n gilt $\sum\limits_{j=0}^{n} j!j = (n+1)! - 1$.*

(d) *Für jede natürliche Zahl $n \geq 2$ gilt $\prod\limits_{j=2}^{n}(1 - \frac{1}{j^2}) = \frac{n+1}{2n} = \frac{1}{2}(1 + \frac{1}{n})$.*

1.56 *Die Summe der ersten n ungeraden Zahlen ist gleich n^2.*

1.57 *Die rekursive Folge $a_0 = 4$, $a_{n+1} = \sqrt{3 + a_n}$ ist monoton fallend, d.h. für alle natürlichen Zahlen n gilt $a_{n+1} \leq a_n$ [14.10].*

1.58 (a) *$y = x^n$ ist für $x \geq 0$ streng monoton wachsend.*

(b) *Ist n ungerade, so ist $y = x^n$ für alle x streng monoton wachsend.*

1.59 *Man formalisiere und negiere die Aussagen:*
(a) *f ist auf $[0,1]$ beschränkt.* (b) *f ist auf $[0,1]$ monoton fallend.*

1.60 *Man bestimme eine bijektive Abbildung zwischen $\mathbb{R}$ und $(0,1)$.*

1.61 *Man bestimme ggf. die Umkehrfunktionen:*
$\sin(2x-\frac{\pi}{2}),\ 0 \le x \le \frac{\pi}{2}, \quad \cosh(-e^{-x}), \quad \ln\frac{x^2}{3},\ x<0, \quad \sqrt{\frac{1}{x^2+1}},\ x<0.$

1.62 *Für $a,b \ge 0$ gilt $|\sqrt{a}-\sqrt{b}| \le \sqrt{|a-b|}$.*

1.63 *Man skizziere die Kurven $|x|^a+|y|^a=1$ für $a=\frac{2}{3},\ 1,\ 2$.*

1.64 *Man bestimme Symmetrieeigenschaften der Fläche $f(x,y)=\frac{1}{xy}$.*

1.65 *Man berechne ggf. folgende Grenzwerte:*

(a) $\lim\limits_{x\to\infty}\frac{2x+3}{5x+1}$ (b) $\lim\limits_{x\to\infty}\sqrt{4x^2-2x+3}-2x$ (c) $\lim\limits_{x\to\infty}2^{-x}$

(d) $\lim\limits_{x\to\infty}\frac{x+\sin x}{x}$ (e) $\lim\limits_{x\to\infty}\sqrt{x+\sqrt{x}}-\sqrt{x-\sqrt{x}}$ (f) $\lim\limits_{x\to 1}\frac{x^2-x}{x^2-1}$

(g) $\lim\limits_{x\to -1}\frac{x^2-x}{x^2-1}$ (h) $\lim\limits_{x\to\infty}\frac{x}{[x]}$, $[x]=\begin{cases}\text{Gauß–Symbol,}\\ \text{größte ganze Zahl } \le x.\end{cases}$

1.66 *Man beweise indirekt: $a,b\ge 0 \Longrightarrow \sqrt{ab} \le \frac{a+b}{2}$.*

1.67 *Man beweise indirekt: $|x|<1 \Longrightarrow 4+2x-2x^2>0$.*

1.68 *Man zeige: Jedes Polynom $p(x)=ax^3+bx^2+cx+d$ ist punktsymmetrisch zu dem Punkt $(-\frac{b}{3a}, p(-\frac{b}{3a}))$, dem Wendepunkt der Parabel 3. Ordnung.*

1.12 Lösungen

1.51 Die Aussage bedeutet, dass f auf D gleichmäßig stetig ist.
Bedenkt man: $\overline{A \Longrightarrow B} = \overline{\overline{A} \vee B} = A \wedge \overline{B}$, so erhält man als Negation:
$\exists \epsilon > 0\ \forall \delta > 0\ \exists x_1 \in D\ \exists x_2 \in D,\ |x_1-x_2|<\delta \wedge |f(x_1)-f(x_2)| \ge \epsilon,$
bedeutet: f ist auf D nicht gleichmäßig stetig.

1.52 Gäbe es nur endlich viele Primzahlen $p_1,\dots,p_n$, so wäre $q := p_1\cdots p_n+1$ durch keine der Primzahlen $p_1,\dots,p_n$ ohne Rest teilbar, also eine (weitere) Primzahl, # zur Annahme.

1.53 $\sqrt{x}$ nicht streng monoton wachsend $\Longleftrightarrow \exists x_1,x_2,\ 0\le x_1<x_2,\ \sqrt{x_1}\ge\sqrt{x_2}>0$.
Aus $\sqrt{x_1}\ge\sqrt{x_2}>0$ folgt wegen der Monotonie von $y=x^2,\ x\ge 0$ [1.21]: $x_1 \ge x_2$ # zur Annahme.

1.54 $x\in(A\cup B)\setminus(A\cap B) \Longleftrightarrow (x\in A \wedge x\notin B)\vee(x\in B\wedge x\notin A)$
$\Longleftrightarrow (x\in A\setminus B)\vee(x\in B\setminus A) \Longleftrightarrow x\in(A\setminus B)\cup(B\setminus A)$.

1.55 (a) $n\ge 3 \Longrightarrow n-1\ge 2 \Longrightarrow (n-1)^2\ge 4>2 \Longrightarrow n^2-2n+1>2 \Longrightarrow n^2>2n+1$.

(b) $2^{10}=1024>1000=10^3$ und $k\ge 10$ und $2^k>k^3 \Longrightarrow$

$$\begin{aligned}2^{k+1} &= 2\cdot 2^k > 2k^3 = k^3+k^3 = k^3+(k-1)k^2+(k-1)k+k\\ &\ge k^3+3k^2+3k+1=(k+1)^3,\ \text{da } k-1\ge 3 \text{ ist.}\end{aligned}$$

Beim Induktionsschluss wurde nur $k-1\ge 3$, also $k\ge 4$ benutzt. Warum gilt die Aussage nicht für $n\ge 4$? Vergleiche 1.14.

(c) Für $n=0$ ist die Aussage richtig. Sei $\sum_{j=0}^{k} j!j=(k+1)!-1$.

Dann folgt $\sum_{j=0}^{k+1} j!j = (k+1)! - 1 + (k+1)!(k+1) = (k+2)! - 1$.

(d) Für $n = 2$ ist die Aussage richtig. Sei $\prod_{j=2}^{k}(1 - \frac{1}{j^2}) = \frac{k+1}{2k}$. Dann folgt
$\prod_{j=2}^{k+1}(1 - \frac{1}{j^2}) = \prod_{j=2}^{k}(1 - \frac{1}{j^2})\,(1 - \frac{1}{(k+1)^2}) = (\frac{k+1}{2k})(1 - \frac{1}{(k+1)^2}) = \frac{k+2}{2(k+1)}$.

1.56 Durch vollst. Induktion ist zu zeigen: $\sum_{j=1}^{n}(2j-1) = 1+3+5+\ldots+(2n-1) = n^2$.

Für $n = 1$ ist die Aussage richtig. Ist $\sum_{j=1}^{k}(2j-1) = k^2$, so gilt:

$\sum_{j=1}^{k+1}(2j-1) = \sum_{j=1}^{k}(2j-1) + (2(k+1)-1) = k^2 + 2k + 1 = (k+1)^2$.

1.57 $a_2 = \sqrt{3 + a_1} = \sqrt{7} \le 4 = a_1$, also ist die Aussage $a_{n+1} \le a_n$ für $n = 1$ richtig.
Gilt die Aussage für k, ist also $a_{k+1} \le a_k$. Dann schließt man:
$a_{k+1} \le a_k \Longrightarrow 3 + a_{k+1} \le 3 + a_k \Longrightarrow \sqrt{3 + a_{k+1}} \le \sqrt{3 + a_k} \Longrightarrow a_{k+2} \le a_{k+1}$.
Monotonie der $\sqrt{\ }$, siehe 1.53. Gilt die Aussage für k, so auch für $k + 1$.

Also ist $a_{n+1} \le a_n$ für alle $n \in \mathbb{N}$, d.h. (a_n) ist monoton fallend.

1.58 (a) $y = x^n$, $x \ge 0$ ist streng monoton wachsend, Beweis durch v.I.:
Für $n = 1$ (oder $n = 2$, 1.21) ist die Aussage richtig!
Ist $0 \le a < b$ und $a^k < b^k$, so folgt $a^k a < b^k a$ und $ab^k < bb^k$, also $a^{k+1} < b^{k+1}$.
(b) Ist n ungerade, so ist $y = x^n$ eine ungerade Funktion und
$a < b \le 0 \Longrightarrow 0 \le -b < -a \Longrightarrow (-b)^n < (-a)^n \Longrightarrow -b^n < -a^n \Longrightarrow a^n < b^n$.
Also ist $y = x^n$ (n ungerade) auch für negative x streng monoton wachsend!

1.59

f ist auf $[0,1]$ beschränkt	$\Longleftrightarrow$	$\exists S \in \mathbb{R}\ \forall x \in [0,1],\ \lvert f(x)\rvert \le S$.
f ist auf $[0,1]$ unbeschränkt	$\Longleftrightarrow$	$\forall S \in \mathbb{R}\ \exists x \in [0,1],\ \lvert f(x)\rvert > S$.
f ist auf $[0,1]$ monoton fallend	$\Longleftrightarrow$	$\forall a,b \in [0,1],\ a < b \Rightarrow f(a) \ge f(b)$.
f ist auf $[0,1]$ nicht monoton fallend	$\Longleftrightarrow$	$\exists a,b \in [0,1],\ a < b \wedge f(a) < f(b)$.

1.60 $\arctan x$ ist bijektiv zwischen $\mathbb{R}$ und $(-\frac{\pi}{2}, \frac{\pi}{2})$, also ist $\frac{1}{\pi}(\frac{\pi}{2} + \arctan x)$ bijektiv zwischen $\mathbb{R}$ und $(0,1)$.

1.61 $2x - \frac{\pi}{2}$ ist bijektiv zwischen $[0, \frac{\pi}{2}]$ und $[-\frac{\pi}{2}, \frac{\pi}{2}]$. $\sin x$ ist bijektiv zwischen $[-\frac{\pi}{2}, \frac{\pi}{2}]$ und $[-1,1]$. Also ist $\sin(2x - \frac{\pi}{2})$ bijektiv zwischen $[0, \frac{\pi}{2}]$ und $[-1,1]$.
$y = \sin(2x - \frac{\pi}{2}),\ 0 \le x \le \frac{\pi}{2} \Longrightarrow 2x - \frac{\pi}{2} = \arcsin y \Longrightarrow x = \frac{\pi}{4} + \frac{1}{2}\arcsin y$
$\Longrightarrow$ Umkehrfunktion: $\underline{y = \frac{\pi}{4} + \frac{1}{2}\arcsin x,\ -1 \le x \le 1.}$

$-e^{-x}$ ist bijektiv zwischen $\mathbb{R}$ und $\mathbb{R}_{<0}$.
Die Umkehrfunktion von $y = \cosh x,\ x < 0$ ist $y = -\operatorname{arcosh} x,\ x > 1$. Also:
$y = \cosh(-e^{-x}) \Longrightarrow$ Umkehrfunktion: $\underline{y = -\ln \operatorname{arcosh} x,\ x > 1.}$

$y = \ln\frac{x^2}{3},\ x < 0 \Longrightarrow$ Umkehrfunktion: $\underline{y = -\sqrt{3e^x},\ x \in \mathbb{R}.}$

$y = \sqrt{\frac{1}{x^2+1}},\ x < 0 \Longrightarrow$ Umkehrfunktion: $\underline{y = -\frac{1}{x}\sqrt{1 - x^2},\ 0 < x < 1.}$

1.62 Ohne Beschränkung der Allgemeinheit sei $a \ge b \ge 0$, dann gilt:
$a \ge b \Longrightarrow ab \ge b^2 \Longrightarrow \sqrt{ab} \ge b \Longrightarrow 2\sqrt{ab} \ge 2b \Longrightarrow -b \ge -2\sqrt{ab} + b$
$\Longrightarrow \lvert a - b\rvert = a - b \ge a - 2\sqrt{ab} + b = (\sqrt{a} - \sqrt{b})^2 \Longrightarrow \sqrt{\lvert a - b\rvert} \ge \lvert\sqrt{a} - \sqrt{b}\,\rvert$.

1.63 $|x|^a + |y|^a = 1$, für $a = \frac{2}{3},\ 1,\ 2$:
Die Kurven liegen symmetrisch
zu beiden Achsen und den Winkelhalbierenden!
Siehe auch Astroide ($a = \frac{2}{3}$), [1.39].

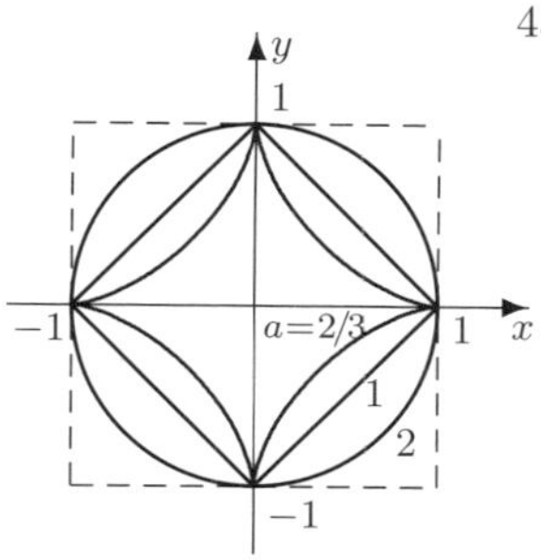

1.64 Eine Fläche im $\mathbb{R}^3$ liegt symmetrisch zu einer Geraden (Ebene), wenn jeder Punkt der Fläche durch Spiegeln (siehe Seite 153) an der Geraden (Ebene) in einen zur Fläche gehörenden Punkt übergeht:

$f(-x,y) = \frac{1}{-xy} = -f(x,y) \Longrightarrow$ der Graph von f symmetrisch zur y–Achse,
$f(x,-y) = \frac{1}{x(-y)} = -f(x,y) \Longrightarrow$ der Graph von f symmetrisch zur x–Achse,
$f(-x,-y) = \frac{1}{(-x)(-y)} = f(x,y) \Longrightarrow$ der Graph von f symmetrisch zur z–Achse,
$f(y,x) = \frac{1}{yx} = f(x,y) \Longrightarrow$ der Graph von f symm. zur Ebene $y = x$
$f(-y,-x) = \frac{1}{(-y)(-x)} = f(x,y) \Longrightarrow$ der Graph von f symm. zur Ebene $y = -x$.

1.65 (a) $\frac{2}{5}$ (b) Erweitern mit $\sqrt{4x^2 - 2x + 3} + 2x$ ergibt Grenzwert $= -\frac{1}{2}$ (c) 0

(d) $\frac{x+\sin x}{x} = 1 + \frac{\sin x}{x} \to 1 + 0 = 1 \Longrightarrow \lim\limits_{x\to\infty} \frac{x+\sin x}{x} = 1$ (e) 1, wie (b)

(f) $\frac{x^2-x}{x^2-1} = \frac{x(x-1)}{(x+1)(x-1)} \Longrightarrow \lim\limits_{x\to 1} \frac{x^2-x}{x^2-1} = \frac{1}{2}$ (g) ex. nicht!

(h) $x-1 \le [x] \le x \Longrightarrow \frac{x}{x} \le \frac{x}{[x]} \le \frac{x}{x-1}$ (die äußeren Terme $\to 1$) $\Longrightarrow \lim\limits_{x\to\infty} \frac{x}{[x]} = 1$ (Quetschlemma, Seite 331.)

1.66 Ann.: $\sqrt{ab} > \frac{a+b}{2}$
$\Longrightarrow 4ab > a^2 + 2ab + b^2 \Longrightarrow 0 > (a-b)^2$ # (falsch, kein Quadrat ist negativ!)

1.67 Ann.: $4 + 2x - 2x^2 \le 0 \Longrightarrow \frac{9}{4} - (x - \frac{1}{2})^2 \le 0$
$\Longrightarrow \frac{3}{2} \le |x - \frac{1}{2}| \Longrightarrow x \le -1 \vee x \ge 2$ # (zur Voraussetzung $-1 < x < 1$.)

1.68 Verschiebung des Koordinatensystems (Seite 27):

$$\begin{matrix} u = x - (-\frac{b}{3a}) \\ v = y - p(-\frac{b}{3a}) \end{matrix} \iff \begin{matrix} x = u - \frac{b}{3a} \\ y = v + p(-\frac{b}{3a}) \end{matrix} \quad \text{liefert}$$

$$\underline{v + p(-\frac{b}{3a})} = y = p(x) = \underline{a(u - \frac{b}{3a})^3 + b(u - \frac{b}{3a})^2 + c(u - \frac{b}{3a}) + d}$$

$$\Longrightarrow \underline{\underline{v = au^3 - \frac{b^2}{3a}u.}}$$

Im u,v–System ist p eine *ungerade* Funktion, der Graph also *punktsymmetrisch* zum Nullpunkt.

Der Nullpunkt im u,v–System ist der Punkt $(-\frac{b}{3a}, p(-\frac{b}{3a}))$ im x,y–System.

2 Reelle Zahlen

2.1 Brüche, Potenzen, Wurzeln

Die Menge der Zahlen x auf der Zahlengeraden wird mit $\mathbb{R}$ bezeichnet.

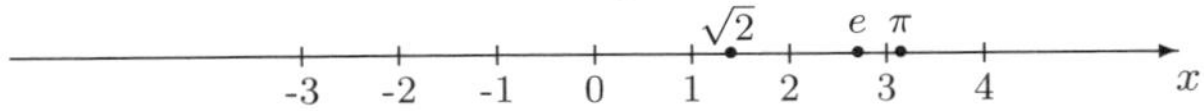

Sind $a, b \in \mathbb{R}$, so besteht stets genau eine der drei Ordnungsrelationen:

$a < b$	a kleiner als b, a liegt links von b auf der Zahlengeraden.
$a = b$	a ist gleich b.
$a > b$	a größer als b, a liegt rechts von b auf der Zahlengeraden.

Ist $a < b$ und $b < c$, so ist auch $a < c$ (Transitivität).
Statt "$a < b$ oder $a = b$" schreibt man "$a \leq b$" (a kleiner oder gleich b).

Die rationalen (und die reellen) Zahlen liegen *dicht* auf der Zahlengeraden, d.h. zwischen je zwei verschiedenen rationalen (reellen) Zahlen liegen stets unendlich viele weitere rationale (reelle) Zahlen.

2.1 *Sind $a, b \in \mathbb{R}$ und ist $a < b$, so liegt z.B. die unendliche Menge* $\{a + \frac{b-a}{n} \mid n = 2, 3, \ldots\}$ zwischen a und b.

Jede reelle Zahl ist ein (endlicher oder unendlicher) Dezimalbruch, wobei die rationalen Zahlen genau die endlichen oder periodischen Dezimalbrüche sind.

2.2 (a) *Man verwandle folgende unendlichen periodischen Dezimalbrüche in gewöhnliche Brüche:* $x = 0.\overline{15}$, $y = 0.0\overline{072}$, $z = 1.32\overline{5}$.

(b) *Man zeige:* $0.\overline{9} = 1$. (c) *Man berechne* $2 \cdot 0.\overline{7}$.

(a) $$x = 0.\overline{15} \implies \begin{array}{rcl} 100x &=& 15.\overline{15} \\ -\ x &=& -0.\overline{15} \\ \hline 99x &=& 15.00 \end{array} \implies x = \frac{15}{99} = \underline{\underline{\frac{5}{33}}}.$$

$$\begin{array}{rl} 1000y = & 7.2\overline{072} \\ -\ \ y = & -0.0\overline{072} \\ \hline 999y = & 7.2000 \end{array} \implies \begin{array}{l} y = \dfrac{72}{9990} \\ y = \underline{\underline{\dfrac{4}{555}}} \end{array} \qquad \begin{array}{rl} 10z = & 13.25\overline{5} \\ -z = & -1.32\overline{5} \\ \hline 9z = & 11.930 \end{array} \implies z = \underline{\underline{\frac{1193}{900}}}$$

(b) Für $x = 0.\overline{9}$ gilt: $$\begin{array}{rl} 10x = & 9.999\ldots \\ -x = & -0.999\ldots \\ \hline 9x = & 9.000\ldots \end{array} \implies \underline{\underline{x = 1}}.$$

Oder mit der geometrischen Reihe, Seite 337:

$$0.\overline{9} = \frac{9}{10} + \frac{9}{10^2} + \frac{9}{10^3} + \cdots = \frac{9}{10}\sum_{k=0}^{\infty}\left(\frac{1}{10}\right)^k = \frac{9}{10}\frac{1}{1-\frac{1}{10}} = \underline{\underline{1}}.$$

(c) $0.\overline{7} = \frac{7}{10}\frac{1}{1-\frac{1}{10}} = \frac{7}{9}$ also $2 \cdot 0.\overline{7} = 2 \cdot \frac{7}{9} = \frac{14}{9} = \underline{\underline{1.\overline{5}}}$.

Für das Rechnen mit Potenzen und Wurzeln (falls die entsprechenden Ausdrücke definiert sind, $\sqrt{x}$ ist in $\mathbb{R}$ z.B. nur für $x \geq 0$ definiert) gelten folgende Regeln:

$x^u \cdot x^v = x^{u+v}$ $\frac{x^u}{x^v} = x^{u-v}$	$(x^u)^v = x^{u \cdot v}$ $\sqrt[v]{x^u} = x^{u/v}$	$x^{-n} = \frac{1}{x^n}$	$(x \cdot y)^u = x^u \cdot y^u$ $(\frac{x}{y})^u = \frac{x^u}{y^u}$

Erfahrungsgemäß führen Unsicherheiten beim Rechnen mit Brüchen, Potenzen, Wurzeln und Logarithmen (siehe Seite 86) immer wieder zu ärgerlichen Fehlern in Klausuren! Zur vertiefenden Wiederholung siehe auch **EM 1**.

2.3 *Man berechne* $(2^3)^2$ *und* $2^{(3^2)}$*:*

$(2^3)^2 = 2^{3 \cdot 2} = 2^6 = 64$ und $2^{(3^2)} = 2^9 = 512$

2.4 *Man vereinfache* $(\sqrt[4]{x^3} + \sqrt{x})^2 \cdot x^{-1}$ *durch Ausmultiplizieren:*

$$\begin{aligned}(\sqrt[4]{x^3} + \sqrt{x})^2 \cdot x^{-1} &= (x^{3/4} + x^{1/2})^2 x^{-1} = (x^{6/4} + 2x^{3/4+1/2} + x)x^{-1} \\ &= x^{3/2-1} + 2x^{5/4-1} + 1 = \sqrt{x} + 2\sqrt[4]{x} + 1\end{aligned}$$

2.5 *Für welche* $x > 0$ *gilt* $x^{(n^{-1})} > (x^n)^{-1}$*?*

Es ist $x^{(n^{-1})} = x^{1/n} = \sqrt[n]{x}$ und $(x^n)^{-1} = x^{-n} = \frac{1}{x^n}$. Also gilt:
$x^{(n^{-1})} > (x^n)^{-1} \iff \sqrt[n]{x} > \frac{1}{x^n} \iff x^n \sqrt[n]{x} > 1 \iff x^{n+1/n} > 1 \iff x > 1.$

2.2 Fakultät, Binomialkoeffizienten

Das Produkt der natürlichen Zahlen von 1 bis n bezeichnet man mit $\underline{n!}$ (lies: n–Fakultät). Aus Zweckmäßigkeitsgründen setzt man zusätzlich $0! = 1$.

$$n \in \mathbb{N} \qquad \begin{aligned} n! &= 1 \cdot 2 \cdot 3 \cdots n \\ 0! &= 1 \end{aligned}$$

2.6 *Man berechnet:* $1! = 1, \quad 2! = 2, \quad 3! = 6, \quad 4! = 24, \quad 5! = 120, \cdots$

Mit dem Taschenrechner erhält man z.B.: $13! = 6\,227\,020\,800$.
Die Fakultäten größerer Zahlen lassen sich näherungsweise mit der *Stirlingschen Formel* (siehe **F+H**, 7) berechnen: $n! \approx (\frac{n}{e})^n \cdot \sqrt{2\pi n}$, z.B. $13! \approx 6\,187\,239\,471$.

Die als Faktoren der Potenzen des Binoms $(a + b)$ auftretenden Koeffizienten heißen **Binomialkoeffizienten**:

$$\begin{array}{lcccccccccccc}
(a+b)^0 & = & & & & & & 1 & & & & & \\
(a+b)^1 & = & & & & & a & + & b & & & & \\
(a+b)^2 & = & & & & a^2 & + & 2ab & + & b^2 & & & \\
(a+b)^3 & = & & & a^3 & + & 3a^2b & + & 3ab^2 & + & b^3 & & \\
(a+b)^4 & = & & a^4 & + & 4a^3b & + & 6a^2b^2 & + & 4ab^3 & + & b^4 & \\
(a+b)^5 & = & a^5 & + & 5a^4b & + & 10a^3b^2 & + & 10a^2b^3 & + & 5ab^4 & + & b^5 \\
\cdots & & & & & & & \cdots & & & & &
\end{array}$$

$$(a+b)^n = \underbrace{1}_{\binom{n}{0}} a^n + \underbrace{n}_{\binom{n}{1}} a^{n-1}b + \underbrace{\frac{n(n-1)}{2!}}_{\binom{n}{2}} a^{n-2}b^2 + \cdots + \underbrace{\frac{n(n-1)\cdots(n-k+1)}{k!}}_{\binom{n}{k}} a^{n-k}b^k + \cdots + \underbrace{1}_{\binom{n}{n}} b^n.$$

Für den Koeff. von $a^{n-k}b^k$ in der Potenz $(a+b)^n$ schreibt man kurz: $\binom{n}{k}$, lies: "n über k".

Binomialkoeffizienten

$n = 0, 1, 2, \ldots \quad k = 1, 2, \ldots$

$\binom{n}{k} = \frac{n(n-1)\cdots(n-k+1)}{k!}$

$\binom{n}{0} = \binom{n}{n} = 1$

z.B.:

$$\binom{5}{3} = \frac{5\cdot4\cdot3}{1\cdot2\cdot3} = 10$$
$$\binom{3}{5} = \frac{3\cdot2\cdot1\cdot0\cdot(-1)}{1\cdot2\cdot3\cdot4\cdot5} = 0$$
$$\binom{3}{1} = \frac{3}{1} = 3$$
$$\binom{0}{k} = \frac{0\cdot(-1)\cdots(-k+1)}{k!} = 0$$

binomische Formel

$$(a+b)^n = \sum_{k=0}^{n} \binom{n}{k} a^{n-k}b^k =$$
$$= \binom{n}{0} a^n + \binom{n}{1} a^{n-1}b^1 + \binom{n}{2} a^{n-2}b^2 + \binom{n}{3} a^{n-3}b^3 + \cdots + \binom{n}{k} a^{n-k}b^k + \cdots + \binom{n}{n} b^n$$

Die Binomialkoeffizienten berechnet man mit dem **Pascalschen Dreieck**:

n													
$n=0$							1						
1						1		1					
2					1		2		1				
3				1		3		3		1			
4			1		4		**6** ↘	+	↙ **4**		1		
5		1		5		10		**10**		5		1	
6	1		6		15		20		15		6		1

$$(a+b)^6 = \mathbf{1}\,a^6 + \mathbf{6}\,a^5b + \mathbf{15}\,a^4b^2 + \mathbf{20}\,a^3b^3 + \mathbf{15}\,a^2b^4 + \mathbf{6}\,ab^5 + \mathbf{1}\,b^6$$

wichtige Formeln

$\binom{n}{k} + \binom{n}{k+1} = \binom{n+1}{k+1}$	$\binom{4}{2} + \binom{4}{3} = \binom{5}{3}$ $\mathbf{6} + \mathbf{4} = \mathbf{10}$	Bildungsgesetz des Pascalschen Dreiecks
$\binom{n}{k} = \frac{n!}{(n-k)!\cdot k!} = \binom{n}{n-k}$	$\binom{5}{3} = \frac{5\cdot4\cdot3}{1\cdot2\cdot3} = \frac{5\cdot4}{1\cdot2} = \binom{5}{2}$	Symmetrie des Pascalschen Dreiecks

2.7 Setzt man in der binomischen Formel $a = 1$ und $b = 1$, bzw. $b = -1$, so gilt:

(1) $2^n = (1+1)^n = \sum_{k=0}^{n} \binom{n}{k} = \binom{n}{0} + \binom{n}{1} + \cdots + \binom{n}{n}$, z.B.: $2^4 = 16 = 1+4+6+4+1$.

(2) $0 = (1-1)^n = \sum_{k=0}^{n} \binom{n}{k} (-1)^k = \binom{n}{0} - \binom{n}{1} + \cdots + (-1)^n \binom{n}{n}$: $\quad 0 = 1-4+6-4+1$.

Der Ausdruck $\binom{n}{k}$ ist nur für nicht negative ganze Zahlen n definiert. Man erweitert ihn jedoch so, dass er für beliebige reelle Zahlen r einen Sinn erhält:

allgemeine Binomialkoeffizienten		z.B.:
$r \in \mathbb{R} \qquad k = 1, 2, \ldots$		$\binom{5}{3} = \frac{5\cdot 4\cdot 3}{3!} = 10,$
$\binom{r}{k} = \frac{r(r-1)\cdots(r-k+1)}{k!}$		$\binom{1.4}{3} = \frac{1.4\cdot 0.4\cdot(-0.6)}{3!} = -0.056,$
$\binom{r}{0} = 1$ und $\binom{r}{1} = r$		$\binom{-2}{3} = \frac{(-2)\cdot(-3)\cdot(-4)}{3!} = -4,$
		$\binom{\pi}{2} = \frac{\pi\cdot(\pi-1)}{2!} \approx 3.364.$

allgemeine binomische Formel, binomische Reihe

$$(1+x)^r = \sum_{k=0}^{\infty} \binom{r}{k} x^k = \binom{r}{0} + \binom{r}{1} x + \binom{r}{2} x^2 + \binom{r}{3} x^3 + \cdots \qquad \text{für } |x| < 1$$

2.8

$$\begin{aligned} \sqrt{1+x} &= (1+x)^{0.5} \\ &= \binom{0.5}{0} + \binom{0.5}{1} x + \binom{0.5}{2} x^2 + \binom{0.5}{3} x^3 + \binom{0.5}{4} x^4 + \cdots \\ &= 1 + \tfrac{1}{2}x - \tfrac{1}{8}x^2 + \tfrac{1}{16}x^3 - \tfrac{5}{128}x^4 \pm \cdots, \quad \text{für } -1 < x < 1. \end{aligned}$$

2.3 Ungleichungen, Beträge

Ist $a < b$, so ist	
$a + c < b + c$, für alle $c \in \mathbb{R}$	Addition einer bel. Zahl auf beiden Seiten.
$a \cdot c \lessgtr b \cdot c$, falls $c \gtrless 0$	Multiplikation mit beliebiger pos./neg. Zahl.
$\frac{1}{a} \gtrless \frac{1}{b}$, falls $ab \gtrless 0$	Bilden der Reziproken auf beiden Seiten, falls a, b gleiches/ungleiches Vorzeichen haben.

Diese Regeln gelten auch, wenn "$<$" durch "$\leq$" ersetzt wird!

2.9

$-2 < 3 \Longrightarrow -7 < -2$	Addition von -5 auf beiden Seiten.
$-1 < 3 \Longrightarrow -5 < 15$	Multiplikation beider Seiten mit 5.
$-1 \leq 3 \Longrightarrow 2 \geq -6$	Multiplikation beider Seiten mit -2.
	Bilden der Reziproken auf beiden Seiten:
$-1 < 3 \Longrightarrow -1 < \frac{1}{3}$	-1 und 3 haben ungleiches Vorzeichen.
$5 \leq 7 \Longrightarrow \frac{1}{5} \geq \frac{1}{7}$	5 und 7 haben gleiches Vorzeichen.

$a < b$ und $c < d \Longrightarrow a + c < b + d$ — Addition gleich gerichteter Ungleichungen

Für alle $n \in \mathbb{N}$ gilt:

$$0 \leq a < b \quad \Longrightarrow \quad a^n < b^n$$
$$\Longrightarrow \quad \sqrt[n]{a} < \sqrt[n]{b}$$

Monotonie von Potenz / Wurzel

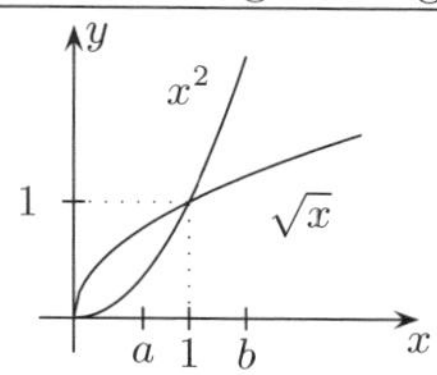

Bernoullische Ungleichung

Für alle $n \in \mathbb{N}$ gilt:

$$x \geq -1 \Longrightarrow (1+x)^n \geq 1+nx$$
$$0 \neq x \geq -1 \Longrightarrow (1+x)^n > 1+nx$$

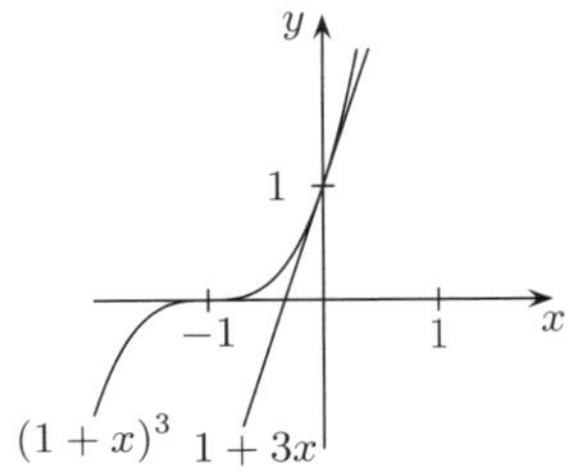

Der (absolute) **Betrag** $|x|$ von $x \in \mathbb{R}$ wird folgendermaßen definiert:

Betrag |x|

	$x > 0$		$\lvert x\rvert = x$
Für	$x = 0$	ist	$\lvert x\rvert = 0$
	$x < 0$		$\lvert x\rvert = -x$

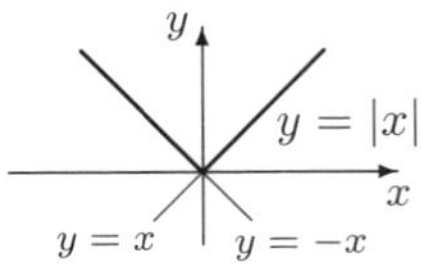

oder mit $\leq$:

Betrag |x|

Für	$x \geq 0$	ist	$\lvert x\rvert = x$
	$x \leq 0$		$\lvert x\rvert = -x$

Geometrisch gesehen, ist $|x|$ der **Abstand** der Zahl x auf der Zahlengeraden vom Nullpunkt und $|x-a|$ der **Abstand** der Zahl x von der Zahl a.

2.10 $|5| = 5$, $|-1| = 1$, $|\sqrt{2}| = \sqrt{2}$, $|x^2| = x^2$
$\sqrt{x^2} = |x|$ und nicht etwa $= x$; denn z.B. $\sqrt{(-3)^2} = \sqrt{9} = 3 = |-3|$.

2.11 Es gelten folgende Äquivalenzen, $x \in \mathbb{R}$:

$$|x| = 1 \iff x = 1 \quad \text{oder} \quad x = -1,$$
$$|x| = a \iff x = a \quad \text{oder} \quad x = -a \;,\; \text{für } a \geq 0,$$
$$|x| \leq 1 \iff -1 \leq x \leq 1.$$

Rechnen mit Beträgen

Für alle $a, b \in \mathbb{R}$ gilt:

$$|a \cdot b| = |a| \cdot |b| \quad \text{und} \quad \left|\frac{a}{b}\right| = \frac{|a|}{|b|} \quad \text{für } b \neq 0$$
$$|a| \leq |b| \iff a^2 \leq b^2$$

$$\big||a| - |b|\big| \leq |a+b| \leq |a| + |b|$$ **Dreiecksungleichung**

Ungleichungen und Beträge benutzt man, um *Gebiete* auf der Zahlengeraden, in der Ebene oder im Raum zu charakterisieren, über die Integrale (mehrfache Integrale) zur Berechnung von Inhalten, Schwerpunkten, Trägheitsmomenten usw. gebildet werden.

Ungleichungen, in denen Betragstriche vorkommen, löst man, indem man diese durch **Fallunterscheidungen** (gemäß der Definition von $|x|$) beseitigt.

2.12 *Für welche $x \in \mathbb{R}$ gilt die Ungleichung $|x-1| < 2$?*

(a) **Fallunterscheidung** zur Beseitigung der Betragstriche:
(Eine einfachere Lösungsmöglichkeit zeigt [2.13].)

1. Fall: $x - 1 \geq 0$, dann ist $|x-1| = x - 1$ und die Ungleichung heißt $\underline{x - 1 < 2}$.

2. Fall: $x - 1 \leq 0$, dann ist $|x-1| = -(x-1)$ und die Ungl. heißt $\underline{-(x-1) < 2}$.

Durch Umformen erhält man:

1. Fall: Ist $x \geq 1$, so löst x die Ungleichung, wenn $\underline{x < 3}$ ist.
2. Fall: Ist $x \leq 1$, so löst x die Ungleichung, wenn $\underline{x > -1}$ ist.

1. Fall: Lösungsmenge: $1 \leq x < 3$
2. Fall: Lösungsmenge: $-1 < x \leq 1$

Zusammenfassend erhält man:

x löst die Ungleichung $|x-1| < 2$ genau dann, wenn $\underline{\underline{-1 < x < 3}}$ ist.

Veranschaulichung auf der Zahlengeraden:

1. Fall: $x \geq 1$ Lösungsmenge:

2. Fall: $x \leq 1$ Lösungsmenge:

$x \in \mathbb{R}$ Gesamtlösungsmenge:

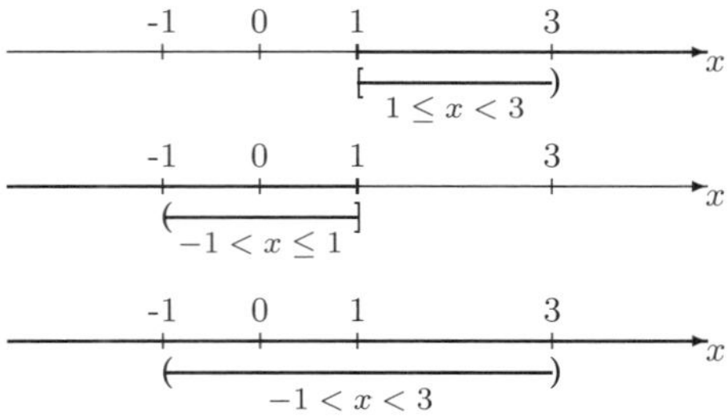

(b) Ausnutzen der Äquivalenz $|a| \leq |b| \iff a^2 \leq b^2$:
$|x-1| < 2 \iff (x-1)^2 < 4 \iff x^2 - 2x + 1 < 4 \iff x^2 - 2x - 3 < 0$
$\iff -1 < x < 3$, da $x^2 - 2x - 3 = 0 \iff x_1 = -1,\ x_2 = 3$ und die Parabel $y = x^2 - 2x - 3$ genau zwischen ihren Nullstellen negative Funktionswerte hat.

Geometrisch bedeutet $|a-b|$ den **Abstand** von a und b auf der Zahlengeraden, speziell $|a| = |a - 0|$ den **Abstand** von a zum Nullpunkt.

Folglich ist die vorige Aufgabe noch einfacher zu lösen:

2.13 Die Ungleichung $|x-1| < 2$ lösen, heißt demnach, alle x bestimmen, deren **Abstand** von der Zahl 1 auf der Zahlengeraden kleiner als 2 ist, und das sind natürlich genau die Zahlen zwischen -1 und 3, also $-1 < x < 3$.

2.14 *Für welche $x \in \mathbb{R}$ gilt die Ungleichung $|x+2| \leq |x-1|$?*

Fallunterscheidungen zur Beseitigung der Betragstriche:

1. Fall: $x + 2 \geq 0$ und $x - 1 \geq 0 \iff x \geq -2$ und $x \geq 1 \iff x \geq 1$.

2. Fall: $x + 2 \geq 0$ und $x - 1 \leq 0 \iff x \geq -2$ und $x \leq 1 \iff -2 \leq x \leq 1$.

3. Fall: $x + 2 \leq 0$ und $x - 1 \geq 0 \iff x \leq -2$ und $x \geq 1 \iff x \in \emptyset$.

4. Fall: $x + 2 \leq 0$ und $x - 1 \leq 0 \iff x \leq -2$ und $x \leq 1 \iff x \leq -2$.

Der 3. Fall braucht nicht weiter verfolgt zu werden.

Unterscheidet man die verbleibenden drei Fälle, so erhält man drei Ungleichungen ohne Betragstriche für die jeweiligen Gebiete:

1. Fall: $1 \le x:$ $|x+2| \le |x-1| \Longleftrightarrow x+2 \le x-1 \Longleftrightarrow 2 \le -1$ $\Longleftrightarrow$[1] $x \in \emptyset$

2. Fall: $-2 \le x \le 1:$ $|x+2| \le |x-1| \Longleftrightarrow x+2 \le -(x-1) \Longleftrightarrow 2x \le -1 \Longleftrightarrow x \le -1/2$

4. Fall: $x \le -2:$ $|x+2| \le |x-1| \Longleftrightarrow -(x+2) \le -(x-1) \Longleftrightarrow -2 \le 1$ $\Longleftrightarrow$[1] $x \in \mathbb{R}$

Zusammenfassend ergibt sich: x löst die Ungleichung $|x+2| \le |x-1|$

$$\begin{aligned}
&\Longleftrightarrow\ (x \ge 1 \text{ und } x \in \emptyset) \text{ oder } (-2 \le x \le 1 \text{ und } x \le -1/2) \text{ oder } (x \le -2 \text{ und } x \in \mathbb{R})\\
&\Longleftrightarrow\ x \in \emptyset \text{ oder } -2 \le x \le -1/2 \text{ oder } x \le -2\\
&\Longleftrightarrow\ \underline{\underline{x \le -1/2}}
\end{aligned}$$

Veranschaulichung auf der Zahlengeraden:

1. Fall: $x \ge 1$ Lösungsmenge:

2. Fall: $-2 \le x \le 1$ Lösungsmenge:

4. Fall: $x \le -2$ Lösungsmenge:

$x \in \mathbb{R}$ Gesamtlösungsmenge:

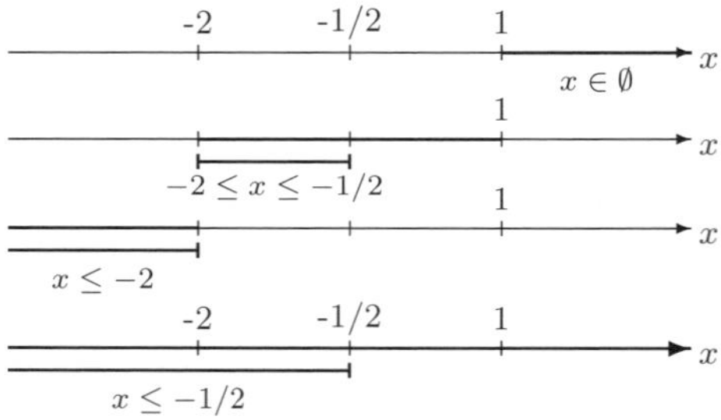

Durch die vier Fallunterscheidungen wird die Zahlengerade in drei Gebiete eingeteilt, in denen sich die Ungleichung ohne Betragstriche schreiben und durch einfache Umformungen lösen lässt.

Die Gesamtlösungsmenge ergibt sich als Vereinigung der Lösungsmengen in den Teilgebieten.

- Folgende Überlegungen führen erheblich schneller zum Ziel:

(a) Weil $|a-b|$ der **Abstand** von a und b auf der Zahlengeraden ist, löst x genau dann die Ungleichung $|x+2| \le |x-1|$, wenn der Abstand von x bis -2 kleiner oder gleich ist dem Abstand von x bis 1.
Also erfüllen genau die x die Ungleichung, die kleiner oder gleich $-\frac{1}{2}$ sind.

(b) **Quadrieren** der Ungleichung liefert:
$|x+2| \le |x-1| \Longleftrightarrow (x+2)^2 \le (x-1)^2 \Longleftrightarrow x^2+4x+4 \le x^2-2x+1$
$\Longleftrightarrow 6x \le -3 \Longleftrightarrow \underline{\underline{x \le -\frac{1}{2}}}.$

> Lösungsmengen von Ungleichungen mit zwei Variablen (beispielsweise x, y) sind Teilmengen von $\mathbb{R}^2$.

[1] Die Ungleichung $x+2 \le x-1$ ist für kein $x \in \mathbb{R}$ erfüllt; denn wäre sie für ein $x \in \mathbb{R}$ erfüllt, so wäre $2 \le -1$. Also ist $x+2 \le x-1 \Longleftrightarrow x \in \emptyset$. Die Ungleichung $-(x+2) \le -(x-1)$ ist dagegen für alle $x \in \mathbb{R}$ erfüllt; denn sie ist gleichbedeutend mit $-2 \le 1$.

2.15 *Für welche $(x, y) \in \mathbb{R}^2$ gilt die Ungleichung $y > -\frac{1}{2}x + 1$ bzw. $y < -\frac{1}{2}x + 1$?*

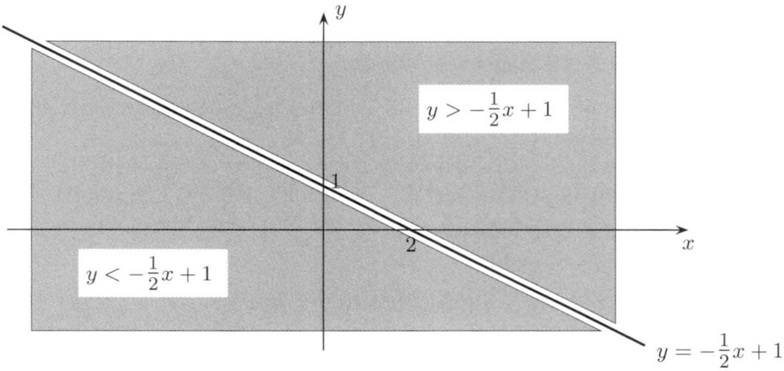

Für die Punkte $(x, y) \in \mathbb{R}^2$ $\begin{matrix}\text{über}\\ \text{auf}\\ \text{unter}\end{matrix}$ der Geraden $y = -\frac{1}{2}x + 1$ gilt $y \begin{matrix}>\\ =\\ <\end{matrix} -\frac{1}{2}x + 1$.

2.16 *Für welche $(x, y) \in \mathbb{R}^2$ gilt $x > 1$ bzw. $x < 1$ und $-1 \leq y \leq 3$?*

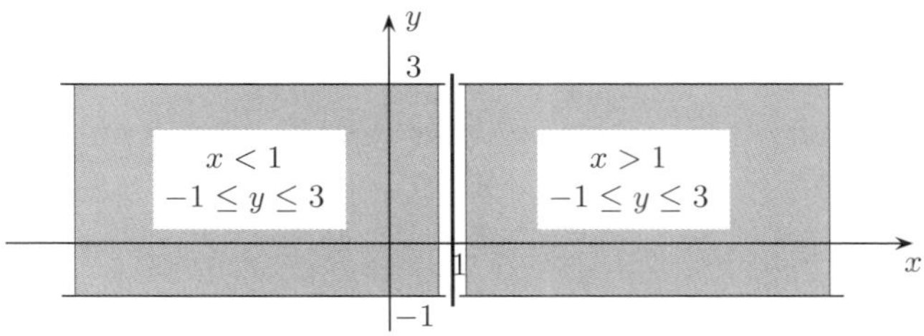

Für die Punkte $(x, y) \in \mathbb{R}^2$ $\begin{matrix}\text{rechts von}\\ \text{auf}\\ \text{links von}\end{matrix}$ der Geraden $x = 1$ gilt $x \begin{matrix}>\\ =\\ <\end{matrix} 1$.

> Man löst zunächst die zugehörigen **Gleichungen**, indem man "$\leq$" bzw. "$<$" durch "$=$" ersetzt. Die gesuchten Gebiete findet man dann durch Überlegung (Einsetzen von Punkten, Probieren,...).

2.17 *Für welche $(x, y) \in \mathbb{R}^2$ gilt $|x| \leq 2$?*

Die zugehörige Gleichung ist $|x| = 2$, d.h. $x = 2$ oder $x = -2$.
Die Grenzgeraden sind also die Geraden $x = 2$ und $x = -2$.
Für $(0, 0)$ ist die Ungleichung erfüllt! Also ist die Lösungsmenge die Menge zwischen den Geraden.

$|x|$ ist der Abstand des Punktes (x, y) von der y–Achse. Es sind also die $(x, y) \in \mathbb{R}^2$ gesucht, deren Abstand von der y–Achse kleiner oder gleich 2 ist!

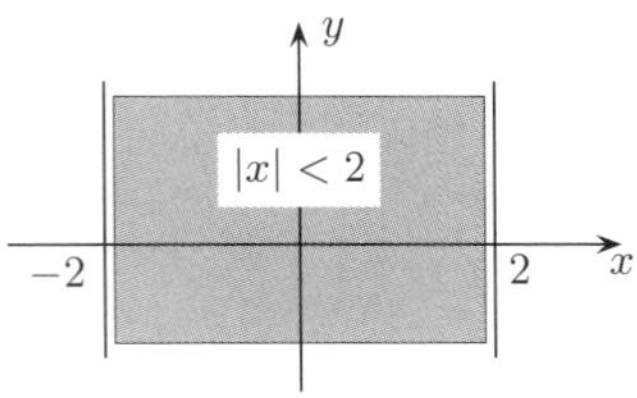

2.18 *Für welche* $(x,y) \in \mathbb{R}^2$ *gilt* $\big||x| + |y|\big| \leq 3$ *?*

Vorbetrachtung (1) Da $|x| + |y| \geq 0$ ist, gilt $\big||x| + |y|\big| = |x| + |y|$.
(2) Symmetrieeigenschaften:

Es ist $|x| = |-x|$ und $|y| = |-y|$. Wenn also für (x,y) die Ungleichung gilt, dann gilt sie auch für $(-x,y)$, $(x,-y)$ und $(-x,-y)$.
Die Lösungsmenge liegt also symmetrisch zu den beiden Achsen! Man braucht also nur den **ersten Quadranten**, d.h. den Fall $x \geq 0$, $y \geq 0$ zu untersuchen.

Also $x \geq 0$, $y \geq 0$ (1. Quadrant):

In diesem Fall ist $|x| = x$ und $|y| = y$.

Die Ungleichung $|x| + |y| \leq 3$ geht über in die Ungleichung $x + y \leq 3$, also in $y \leq -x + 3$.

Die **Grenzgerade** ist $y = -x + 3$.
Im ersten Quadranten erfüllen genau die Punkte, die unter oder auf der Geraden $y = -x + 3$ liegen, die Ungleichung $|x| + |y| \leq 3$.
Aus den oben erwähnten Symmetriegründen erhält man nebenstehende Gesamtlösungsmenge.

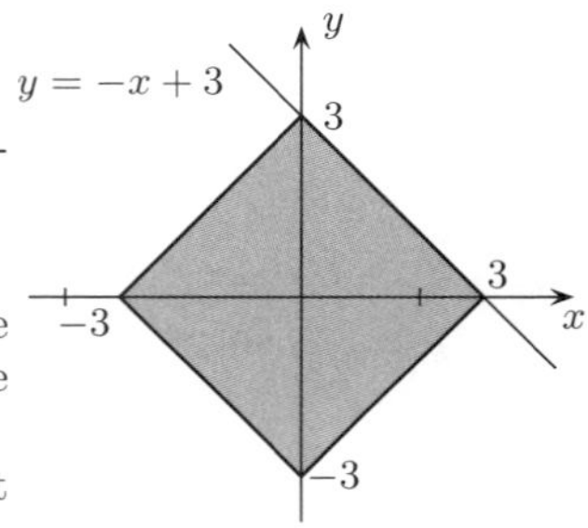

2.19 *Für welche* $(x,y) \in \mathbb{R}^2$ *gilt* $|x+1| + |y-2| \leq 2$ *?*

$$|x+1| = \begin{cases} x+1 & \text{, für } x+1 \geq 0 \text{ , d.h., für } x \geq -1, \\ -(x+1) & \text{, für } x+1 \leq 0 \text{ , d.h., für } x \leq -1. \end{cases}$$

$$|y-2| = \begin{cases} y-2 & \text{, für } y-2 \geq 0 \text{ , d.h., für } y \geq 2, \\ -(y-2) & \text{, für } y-2 \leq 0 \text{ , d.h., für } y \leq 2. \end{cases}$$

Man hat also die folgenden 4 Fälle zu unterscheiden:

1. Fall: $x + 1 \geq 0$ und $y - 2 \geq 0$,
2. Fall: $x + 1 \geq 0$ und $y - 2 \leq 0$,
3. Fall: $x + 1 \leq 0$ und $y - 2 \geq 0$,
4. Fall: $x + 1 \leq 0$ und $y - 2 \leq 0$.

Aus Symmetriegründen braucht man nur den 1. Fall zu untersuchen und erhält die Gesamtlösungsmenge durch Spiegelung der Lösungsmenge, die man im 1. Fall erhält, an den Geraden $x = -1$ und $y = 2$. Also

1. Fall: $x + 1 \geq 0$ und $y - 2 \geq 0$:

Die Ungleichung $|x+1| + |y-2| \leq 2$ geht über in die Ungleichung
$x + 1 + y - 2 \leq 2$, also in $y \leq -x + 3$. Die Grenzgerade ist $y = -x + 3$.

Wenn also $x+1 \geq 0$, $y-2 \geq 0$ ist, erfüllen genau die Punkte, die unter oder auf der Geraden $y = -x + 3$ liegen (Probieren!), die Ungleichung.

Aus den oben genannten Symmetriegründen erhält man nebenstehende Gesamtlösungsmenge:

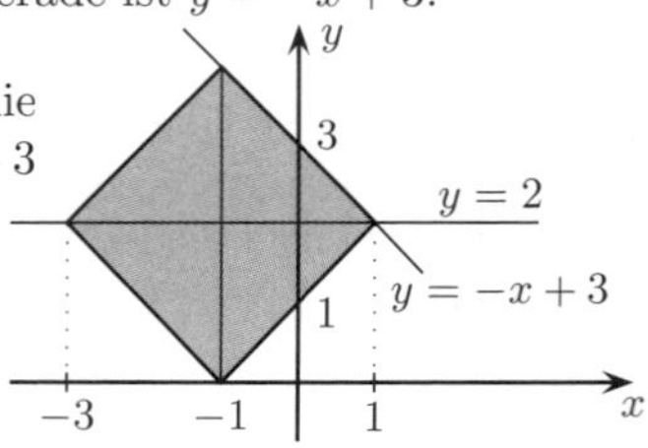

Diese Überlegungen vereinfachen sich erheblich, wenn man $x+1=u$, $y-2=v$ substituiert.Man geht durch Parallelverschiebung des Achsenkreuzes (siehe Seite 27) zu einem neuen Koordinatensystem — dem u,v–System — über, dessen Ursprung bei $(-1,2)$ im x,y–System liegt.

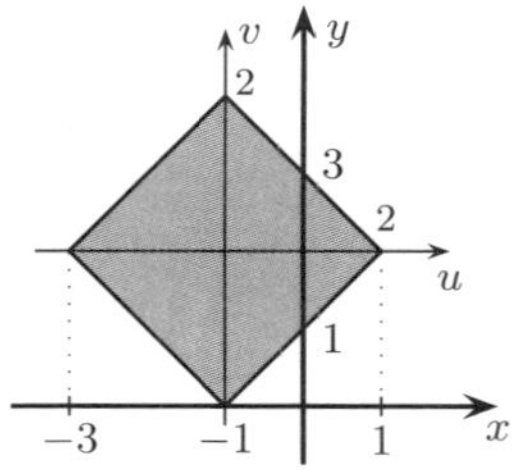

Bei dieser Transformation geht die Ungleichung $|x+1|+|y-2| \leq 2$ über in $|u|+|v| \leq 2$, deren Lösungsmenge aus dem vorigen Beispiel bekannt ist. Damit hat man aber auch die Lösungsmenge von $|x+1|+|y-2| \leq 2$ im x,y–System!

Systeme von Ungleichungen

löst man, indem man die einzelnen Ungleichungen löst und den Durchschnitt der einzelnen Lösungsmengen bildet.

2.20 *Für welche $(x,y) \in \mathbb{R}^2$ gelten (gleichzeitig) folgende Ungleichungen?*

$$x \geq y-1, \qquad |x| \leq 1, \qquad y \geq x^2-1.$$

Als Lösungsmengen der einzelnen Ungleichungen erhält man:

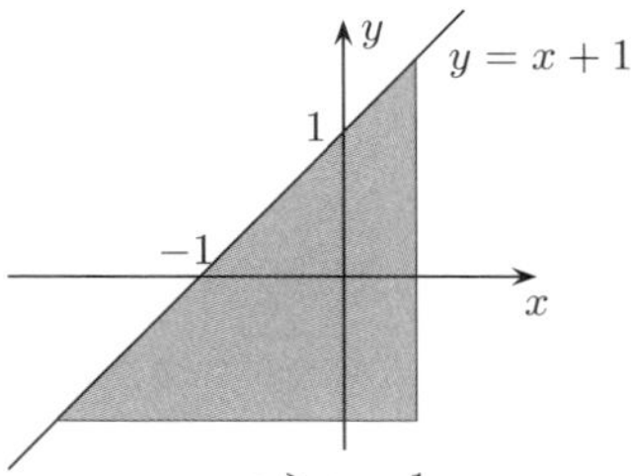

$x \geq y-1$
$y \leq x+1$

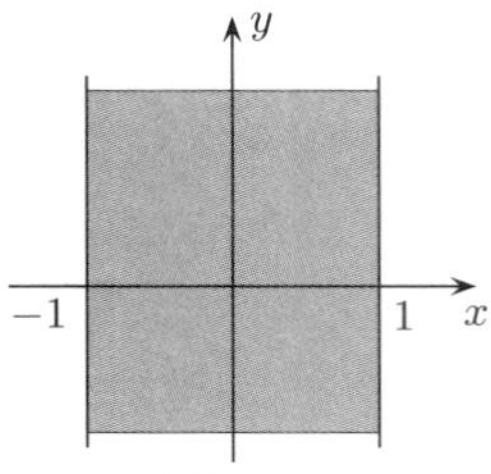

$|x| \leq 1$
$-1 \leq x \leq 1$

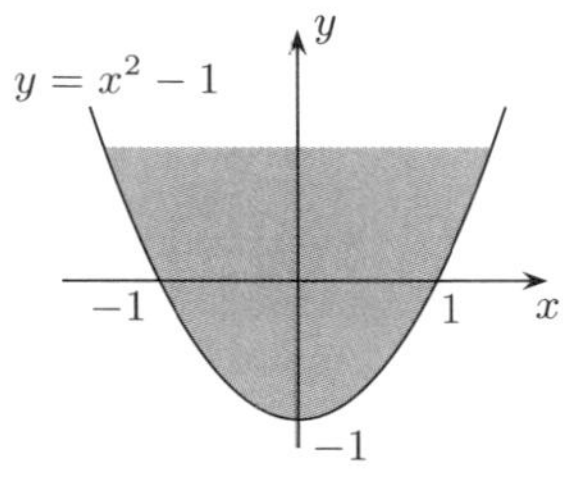

$y \geq x^2-1$

Die Lösungsmenge des Ungleichungssystems ist der **Durchschnitt** der Lösungsmengen der einzelnen Ungleichungen:

$$\begin{aligned} y &\leq x+1 \\ |x| &\leq 1 \\ y &\geq x^2-1 \end{aligned}$$

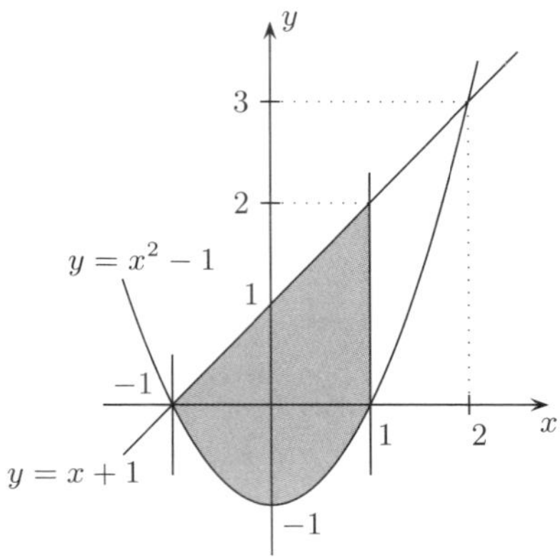

2.4 Aufgaben

2.21 *Man löse folgende Ungleichungen bzw. Ungleichungssysteme und skizziere ihre Lösungsmenge auf der Zahlengeraden:*

(**1**) $3|x-1|<4$ (**2**) $|x-1|\geq 2$ (**3**) $\big||x|-|2|\big|<1$

(**4**) $\big||x|+1\big|\geq 3$ (**5**) $\sqrt{|x+1|}<2$ (**6**) $x^2+2x-3<0$

(**7**) $\frac{x}{|x+3|}<\frac{1}{x-1}$ (**8**) $\frac{1}{x}<\frac{1}{x+1}$ (**9**) $|x-3|<2$, $|x+1|\leq\frac{9}{2}$

2.22 *Man löse folgende Ungleichungen bzw. Ungleichungssysteme und skizziere ihre Lösungsmenge in der x,y–Ebene:*

(**1**) $y+2x-3<\frac{1}{2}y-x+4$ (**2**) $|x|<|y|$ (**3**) $3|x-1|<4$

(**4**) $y-1\geq x^2-2x$ (**5**) $y\leq x+1$, $y\geq -2x+1$ (**6**) $y\geq x^2$, $y\leq |x|$

(**7**) $y\leq\cos x$, $x\geq 0$, $y\geq\sin x$, $x\leq 2\pi$ (**8**) $y\leq\sqrt{1-x^2}$, $y\geq-\sqrt{1-x^2}$, $xy>0$ (**9**) $\frac{x}{y}\leq\frac{y}{x}$

Im Folgenden seien r,φ Polarkoordinaten:

(**10**) $r\leq 1$ (**11**) $\frac{\pi}{2}\geq\varphi\geq\frac{\pi}{4}$ (**12**) $2\leq r\leq 3$, $\frac{\pi}{4}\leq\varphi\leq\frac{\pi}{3}$

(**13**) $r=2$, $\sin^2\varphi+\cos^2\varphi=1$ (**14**) $-1\leq y\leq 3$, $2<x\leq 4$

2.23 *Man charakterisiere folgende Gebiete (mit Rand) durch Ungleichungen und verwende gegebenenfalls zur Vereinfachung Polarkoordinaten!*

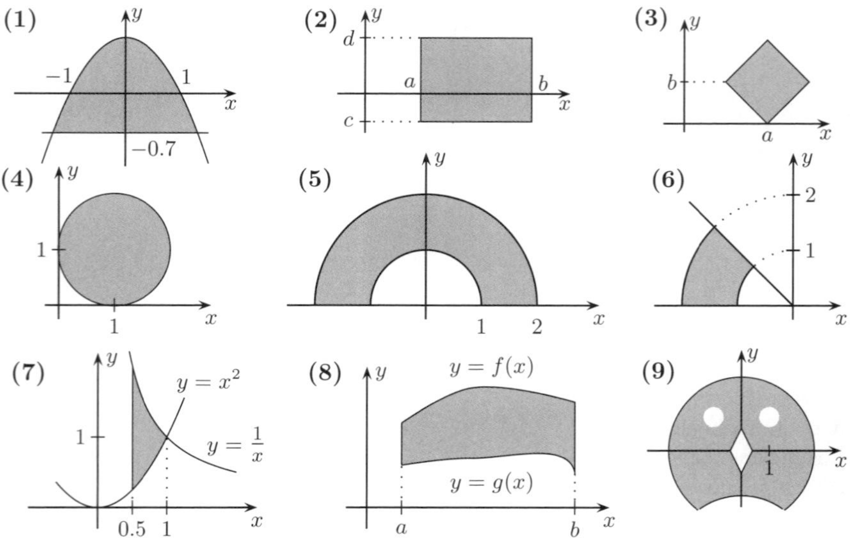

2.24 *Man teile die Strecke der Länge a im* **goldenen Schnitt**.

2.5 Lösungen

2.21 (1) x löst die Ungleichung $|x-1| < \frac{4}{3}$ genau dann, wenn der Abstand von x bis 1 kleiner als $\frac{4}{3}$ ist. Das sind genau die Zahlen zwischen $-\frac{1}{3}$ und $\frac{7}{3}$: $\underline{\underline{-\frac{1}{3} < x < \frac{7}{3}}}$

(2) x löst die Ungleichung $|x-1| \geq 2$ genau dann, wenn der Abstand von x bis 1 größer oder gleich 2 ist:

$\underline{\underline{x \leq -1 \text{ oder } x \geq 3}}$

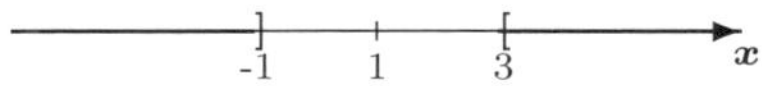

(3) $\big||x| - |2|\big| < 1 \iff \big||x| - 2\big| < 1$, weil $|2| = 2$ ist.

1. Fall $x \geq 0$: Es ist $|x| = x$ und $|x-2| < 1 \iff \underline{1 < x < 3}$.

2. Fall $x \leq 0$: Es ist $|x| = -x$ und $|-x-2| = |x+2| < 1 \iff \underline{-3 < x < -1}$.

Gesamtlösungsmenge der Ungleichung $\big||x| - |2|\big| < 1$:

$\underline{\underline{1 < x < 3 \text{ oder } -3 < x < -1}}$

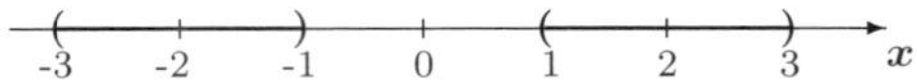

Oder: Die Lösungsmenge liegt symmetrisch zum Nullpunkt, da $|x| = |-x|$ ist. Also $x \geq 0$, dann $\big||x| - 2\big| = |x-2| < 1 \iff 1 < x < 3$ und spiegeln!

(4) $\big||x| + 1\big| \geq 3 \iff \underline{\underline{x \geq 2 \text{ oder } x \leq -2}}$

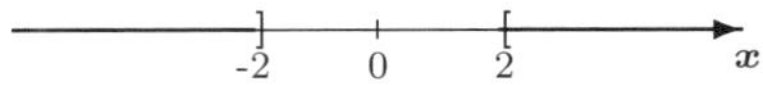

(5) $\sqrt{|x+1|} < 2 \iff |x+1| < 4$, da $0 \leq \sqrt{|x+1|} < 2$ und $0 \leq |x+1| < 4$ ist.

$\iff \underline{\underline{-5 < x < 3}}$

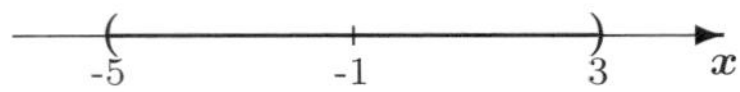

(6)
$$x^2 + 2x - 3 < 0 \iff x^2 + 2x + 1 - 4 < 0 \iff (x+1)^2 < 4$$
$$\iff |x+1| < 2, \text{ weil } \sqrt{(x+1)^2} = |x+1| \text{ ist!}$$
$$\iff \underline{\underline{-3 < x < 1}}$$

Oder: Man bestimmt die Grenzpunkte, indem man die zugehörige Gleichung $x^2 + 2x - 3 = 0$ löst: $x_1 = -3$, $x_2 = 1$. Für $x = 0$ ist die Ungleichung erfüllt (Einsetzen!), also gilt: $x^2 + 2x - 3 < 0 \iff -3 < x < 1$.

Oder: Die Parabel $y = x^2 + 2x - 3$ ist nach oben geöffnet und verläuft deshalb <u>zwischen</u> ihren Nullstellen unterhalb der x–Achse!

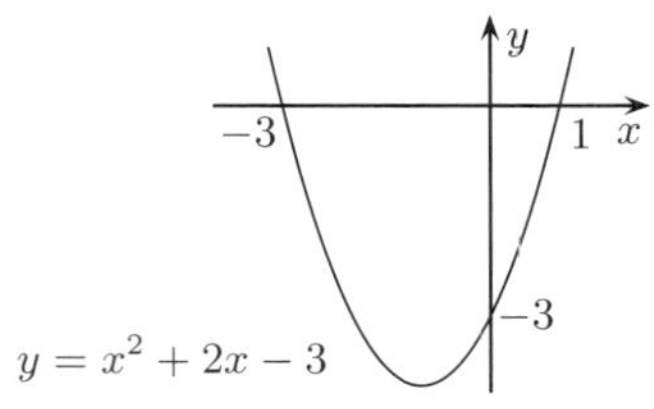

(7) $\frac{x}{|x+3|} < \frac{1}{x-1}$ Fallunterscheidungen:

1. Fall $1 < x$: Es ist $x - 1 > 0$, also auch $x + 3 > 0$ und $|x+3| = x+3$.

$\frac{x}{|x+3|} < \frac{1}{x-1} \iff x(x-1) < x+3 \iff x^2 - 2x - 3 < 0 \iff -1 < x < 3$.

Diese äquivalenten Umformungen gelten nur für $1 < x$.

Also erhält man als Lösungsmenge $\underline{1 < x < 3}$.

2. Fall $-3 < x < 1$: Es ist $x - 1 < 0$ und $|x+3| = x+3 > 0$.

$\frac{x}{|x+3|} < \frac{1}{x-1} \iff x(x-1) > x+3 \iff x^2 - 2x - 3 > 0 \iff x < -1$ oder $x > 3$.

Beachtet man $-3 < x < 1$, so erhält man die Lösungsmenge $\underline{-3 < x < -1}$.

<u>3. Fall</u> $x < -3$: Es ist $x - 1 < 0$ und $|x + 3| = -x - 3 > 0$.

$\frac{x}{|x+3|} < \frac{1}{x-1} \iff x(x-1) > -x-3 \iff x^2 > -3$. Dies gilt aber für alle $x \in \mathbb{R}$!

Lösungsmenge ist also $\underline{x < -3}$.

Die <u>Vereinigung</u> der Lösungsmengen ergibt die Gesamtlösungsmenge:

$\underline{\underline{x < -3 \text{ oder } -3 < x < -1 \text{ oder } 1 < x < 3}}$

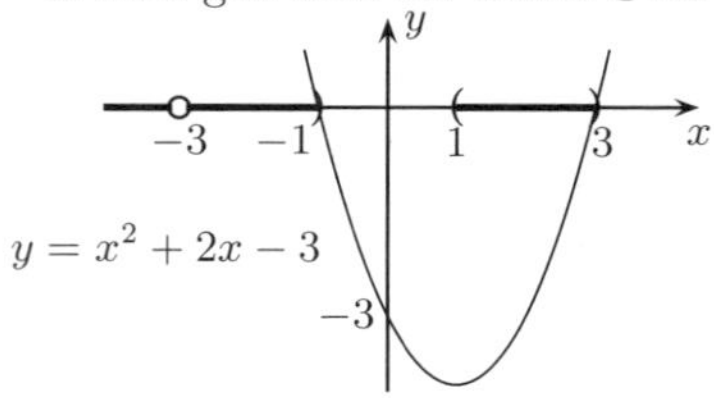

(8) $\frac{1}{x} < \frac{1}{x+1}$.

(a) Die Nennernullstellen sind 0 und −1 und ergeben folgende Fallunterscheidungen:

<u>1. Fall</u> $x > 0$: $\frac{1}{x} < \frac{1}{x+1} \iff x + 1 < x \iff 1 < 0$,
also ist die Ungleichung für $\underline{\text{kein } x > 0}$ erfüllt!

<u>2. Fall</u> $-1 < x < 0$: $\frac{1}{x} < \frac{1}{x+1} \iff x + 1 > x$, da $x < 0$ und $x + 1 > 0$ ist.
$\iff \underline{-1 < x < 0}$.

<u>3. Fall</u> $x < -1$: $\frac{1}{x} < \frac{1}{x+1} \iff x + 1 < x$, da $x < 0$ und $x + 1 < 0$ ist.
$\iff 1 < 0$,
also ist die Ungleichung für $\underline{\text{kein } x < -1}$ erfüllt!

Gesamtlösungsmenge: $\underline{\underline{-1 < x < 0}}$

(b) <u>Oder:</u> Genau für $-1 < x < 0$ verläuft die Hyperbel $\frac{1}{x}$ unterhalb der Hyperbel $\frac{1}{x+1}$ (Skizze!)

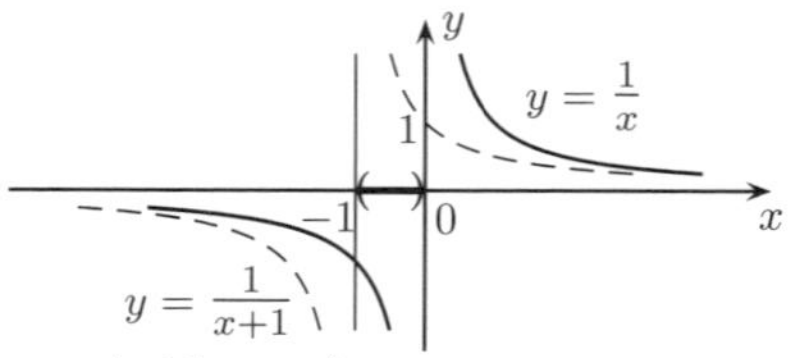

(c) <u>Oder:</u> (Einfache Umformungen statt Fallunterscheidungen)

$\frac{1}{x} < \frac{1}{x+1} \iff \frac{1}{x+1} - \frac{1}{x} > 0 \iff \frac{-1}{x(x+1)} > 0 \iff x(x+1) < 0 \iff \underline{\underline{-1 < x < 0}}$.

(9)
$$|x - 3| < 2 \iff \underline{1 < x < 5}$$
$$2|x + 1| \le 9 \iff |x + 1| \le \tfrac{9}{2} \iff \underline{-\tfrac{11}{2} \le x \le \tfrac{7}{2}}$$

Der Durchschnitt der Lösungsmengen ist die Gesamtlösungsmenge: $\underline{\underline{1 < x \le \frac{7}{2}}}$

2.22 (1)
$$\begin{aligned} y + 2x - 3 &< \tfrac{1}{2}y - x + 4 \\ \tfrac{1}{2}y &< -3x + 7 \\ y &< -6x + 14 \end{aligned}$$

Lösungsmenge ist die Halbebene unter der Grenzgeraden $y = -6x + 14$.

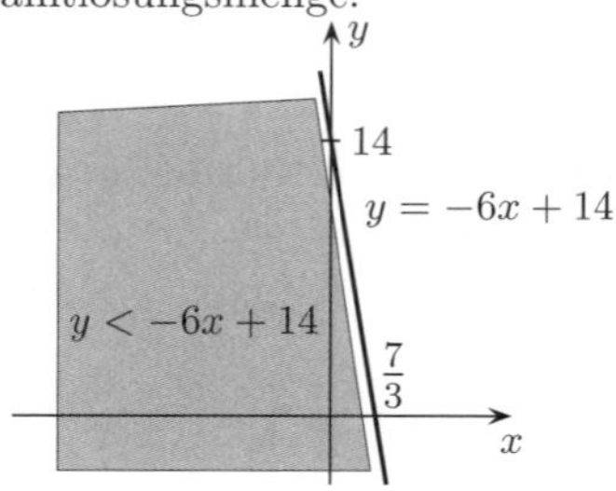

(2) $|x| < |y|$ Aus Symmetriegründen nur den ersten Quadranten betrachten:

$x \ge 0$, $y \ge 0$

$|x| < |y| \iff x < y$

Lösungsmenge über der Grenzgeraden $y = x$.

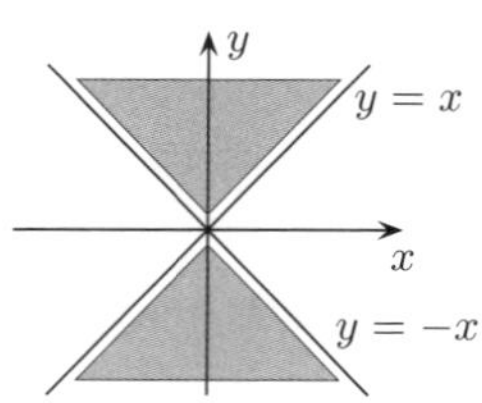

(3) $3|x-1| < 4 \iff |x-1| < \frac{4}{3}$
$\iff -\frac{1}{3} < x < \frac{7}{3}$

(3)
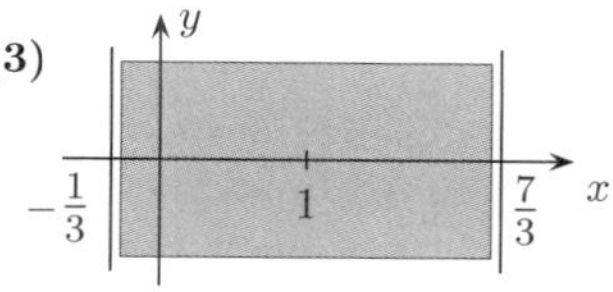

(4) $y-1 \geq x^2-2x$
$y \geq x^2-2x+1=(x-1)^2$

Lösungsmenge über oder auf der Grenzkurve $y=(x-1)^2$

(4)
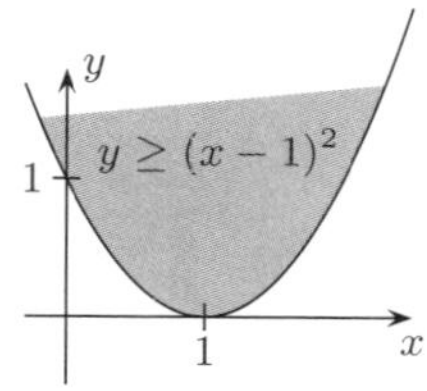

(5) $y \leq x+1$ <u>Grenzgeraden:</u> $y=x+1$
$y \geq -2x+1$ $y=-2x+1$

Die Lösungsmenge ist die Menge der Punkte in der x,y–Ebene, die unter oder auf der Grenzgeraden $y=x+1$ und über oder auf der Grenzgeraden $y=-2x+1$ liegen.

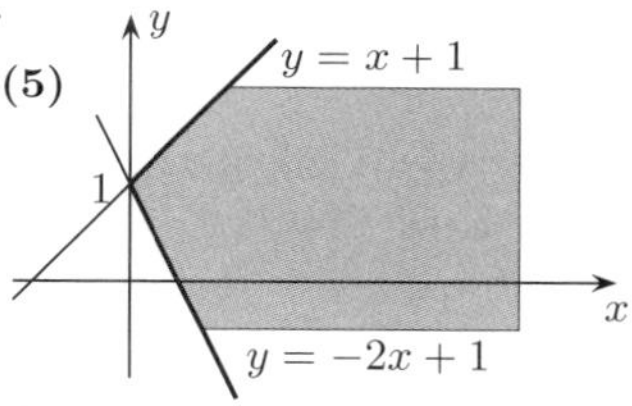

(6)
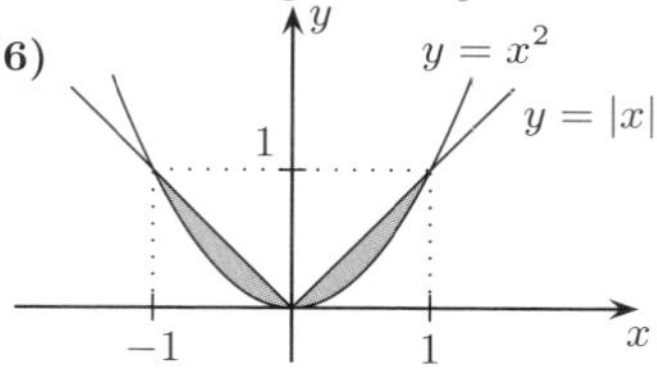

(6) $y \geq x^2$ <u>Grenzkurven:</u> $y=x^2$
$y \leq |x|$ $y=|x|$

(7) $y \leq \cos x$ <u>Grenzkurven:</u> $y=\cos x$
$x \geq 0$ $x=0$
$y \geq \sin x$ $y=\sin x$
$x \leq 2\pi$ $x=2\pi$

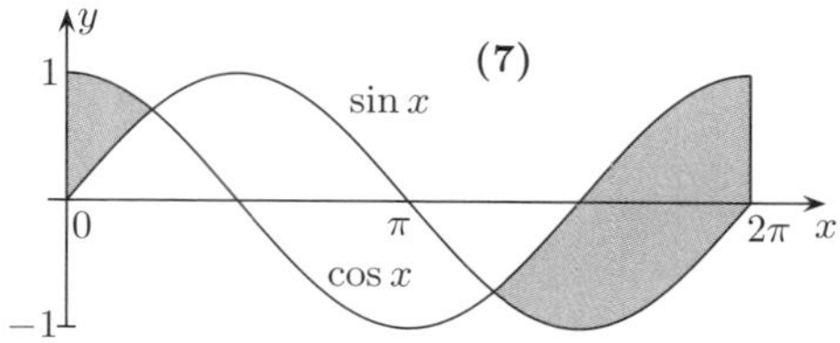

(8)
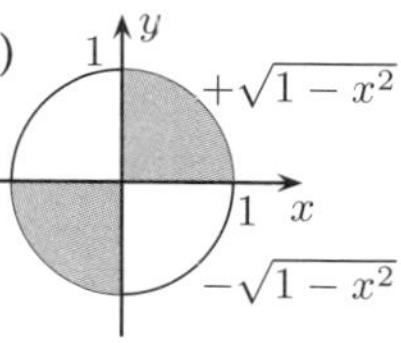

(8) $y \leq \sqrt{1-x^2}$ <u>Grenzkurven:</u> $y=\sqrt{1-x^2}$
$y \geq -\sqrt{1-x^2}$ $y=-\sqrt{1-x^2}$
$xy > 0$ $xy=0 \iff x=0$ oder $y=0$
Koordinatenachsen !

Bemerkung:
$xy > 0$ bedeutet, dass x und y ungleich 0 sind und gleiches Vorzeichen haben, also dass (x,y) im 1. oder 3. Quadranten und nicht auf den Achsen liegt!

(9) 1. Quadrant: $x > 0,\ y > 0$.
$\frac{x}{y} \leq \frac{y}{x} \iff x^2 \leq y^2 \iff |x| \leq |y| \iff x \leq y.$

2. Quadrant: $x < 0,\ y > 0$.
$\frac{x}{y} \leq \frac{y}{x} \iff x^2 \geq y^2 \iff |x| \geq |y| \iff -x \geq y.$

Es ist $\frac{x}{y} = \frac{-x}{-y}$, also ist die Lösungsmenge punktsymmetrisch zum Nullpunkt:

(9)
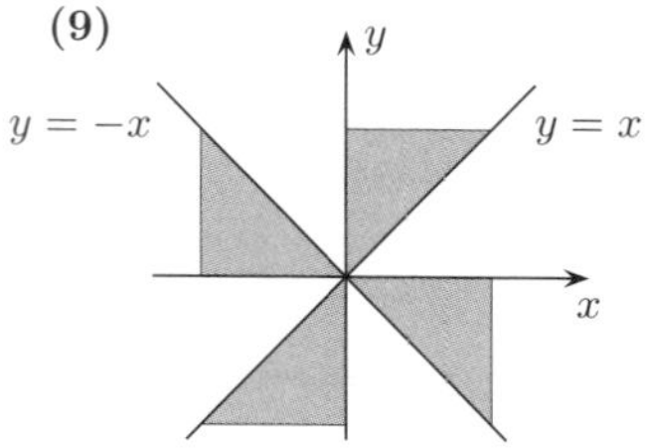

(10) $r \leq 1$: Die Lösungsmenge besteht aus allen Punkten (x, y), deren Abstand vom Nullpunkt kleiner oder gleich 1 ist (Einheitskreisscheibe).

(10)

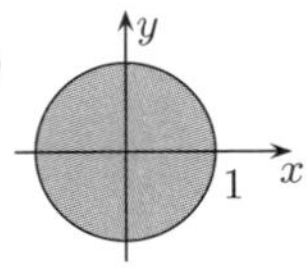

(11) $\frac{\pi}{2} \geq \varphi \geq \frac{\pi}{4}$

(11)

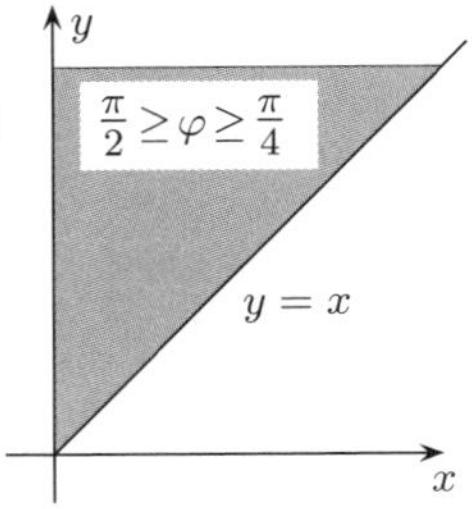

(12) $2 \leq r \leq 3$
$\frac{\pi}{4} \leq \varphi \leq \frac{\pi}{3}$
Kreisringsektor

(12)

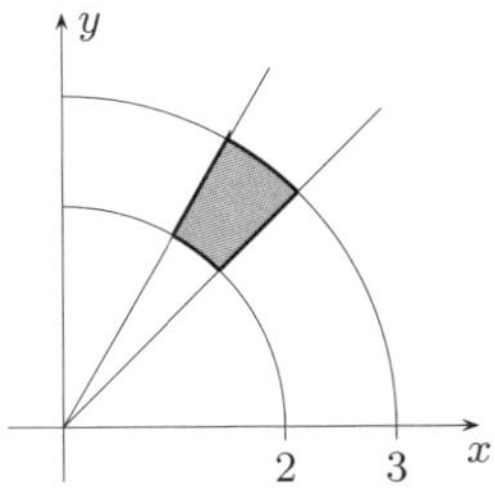

(13) $r = 2$
$\sin^2 \varphi + \cos^2 \varphi = 1$
Die Gleichung $\sin^2 \varphi + \cos^2 \varphi = 1$ gilt für alle φ.
Die Lösungsmenge ist der Kreis um $(0, 0)$ vom Radius 2.

(14) $-1 \leq y \leq 3$ Grenzgeraden: $y = -1$, $y = 3$
$2 < x \leq 4$ $x = 2$, $x = 4$

(14)

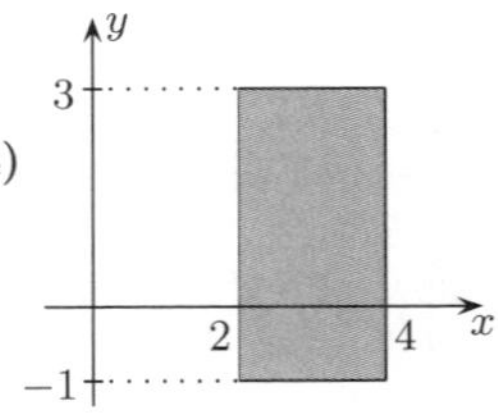

2.23 Man erhält beispielsweise folgende Ungleichungen:

(1) $y \leq -x^2 + 1$, $y \geq -0.5$

(2) $a \leq x \leq b$, $c \leq y \leq d$

(3) $|x - a| + |y - b| \leq b$

(4) $(x-1)^2 + (y-1)^2 \leq 1$

(5) $1 \leq r \leq 2$, $0 \leq \varphi \leq \pi$

(6) $1 < r < 2$, $\frac{3}{4}\pi \leq \varphi \leq \pi$

(7) $y \geq x^2$, $y \leq \frac{1}{x}$, $x \geq \frac{1}{2}$

(8) $g(x) \leq y \leq f(x)$, $a \leq x \leq b$

(9) $x^2 + y^2 \leq 4$
$4|x| + 2|y| \geq 1$
$(x-1)^2 + (y-1)^2 > \frac{1}{4}$
$(x+1)^2 + (y-1)^2 > \frac{1}{4}$
$x^2 + (y+3)^2 \geq 4$

2.24 Eine Strecke a ist *im goldenen Schnitt* geteilt, wenn sich die ganze Strecke a zum größeren Abschnitt x wie dieser zum kleineren Abschnitt $a - x$ verhält:
[siehe auch Seite 91, 92, 333, 335, 365]

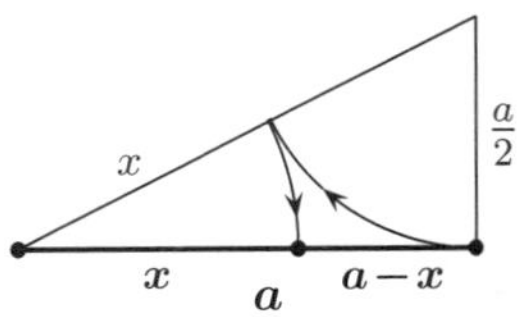

$$\frac{\text{ganze Strecke}}{\text{größerer Abschnitt}} = \frac{\text{größerer Abschnitt}}{\text{kleinerer Abschnitt}} \iff \frac{a}{x} = \frac{x}{a-x} \iff x^2 + ax - a^2 = 0,\ x > 0$$

$$\iff x = \frac{\sqrt{5}-1}{2} a \approx 0.618\, a = 61.8\,\%\, a$$ Teilungsverhältnis *goldener Schnitt*.

3 Elementare Funktionen

3.1 Polynome, ganze rationale Funktionen

Zur vertiefenden Wiederholung siehe auch **EM 2**.

Sind $a_0, \ldots, a_n$ reelle (komplexe) Zahlen und ist $a_n \neq 0$, dann heißt

$$f(x) = a_0 + a_1 x + \ldots + a_n x^n$$

ein reelles (komplexes) **Polynom** n–ten *Grades*.
Statt Polynom sagt man auch *ganze rationale Funktion*, im Unterschied zu *gebrochen rationaler Funktion*, siehe Seite 67.

Die $n+1$ Zahlen $a_0, \ldots, a_n$ heißen *Koeffizienten* des Polynoms, speziell heißt a_n der *Hauptkoeffizient* und a_0 das *absolute Glied* des Polynoms.

3.1

$f(x) =$	Grad	Bemerkung
3	0	konstante Funktion, Parallele zur x–Achse.
$2x+1$	1	Gerade: Steigung $= 2$, Nullstelle $= -\frac{1}{2}$.
$(x-1)(2x+3)$	2	Parabel: $f(x) = -3 + x + 2x^2$.
$x^4 - 2$	4	$a_0 = -2, a_1 = a_2 = a_3 = 0, a_4 = 1$.
$x^6 + (2-6i)x^3 - 11 - 2i$	6	komplexes Polynom: $a_0 = -11 - 2i, \ldots$

3.1.1 Grundsätzlicher Verlauf, Verhalten im Unendlichen

Da $a_n x^n + a_{n-1} x^{n-1} + \ldots + a_0 = a_n x^n \left(1 + \frac{a_{n-1}}{a_n x} + \ldots + \frac{a_0}{a_n x^n}\right)$
und $\lim\limits_{x \to \pm\infty} \left(1 + \frac{a_{n-1}}{a_n x} + \ldots + \frac{a_0}{a_n x^n}\right) = 1$ ist,
sagt man: $a_n x^n + a_{n-1} x^{n-1} + \ldots + a_0$ verhält sich im Unendlichen wie $a_n x^n$.

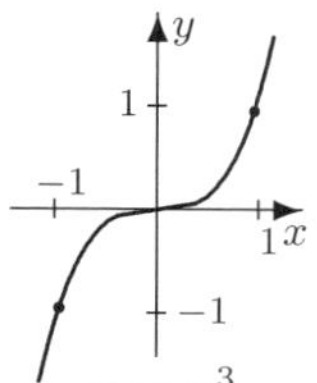

$y = x^3$

Polynome $\pm x^n$

n ungerade | n gerade

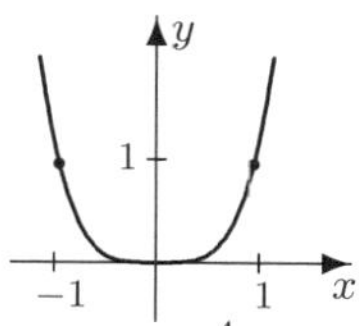

$y = x^4$

Grundsätzlicher Verlauf des Graphen eines Polynoms $(a > 0)$

3–ten Grades $(a > 0)$

$ax^3 + bx^2 + cx + d$

4–ten Grades $(a > 0)$

$ax^4 + bx^3 + cx^2 + dx + e$

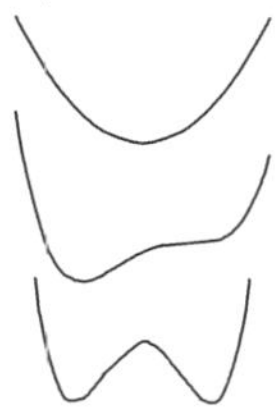

Eine Änderung des konstanten Gliedes bewirkt eine Parallelverschiebung des Graphen des Polynoms in y–Richtung. Hinsichtlich der Nullstellen (= Schnittpunkte der Kurve mit der x–Achse) eines Polynoms 3–ten Grades sind also folgende vier Fälle möglich. Polynome 4–ten Grades, siehe [3.43]:

3.2 *$f(x)$ sei ein Polynom 3–ten Grades. Man diskutiere die unterschiedlichen Lagen von des Graphen von$f(x)$ zur x–Achse und gebe jeweils ein Beispiel an:*

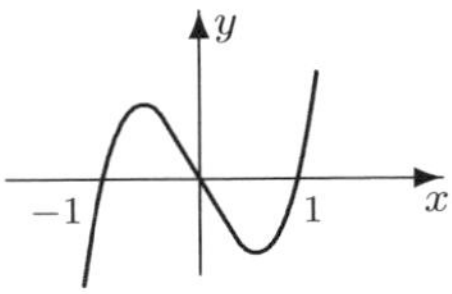

drei 1–fache Nullstellen bei $-1, 0, 1$
$f(x) = x^3 - x = (x+1)x(x-1)$

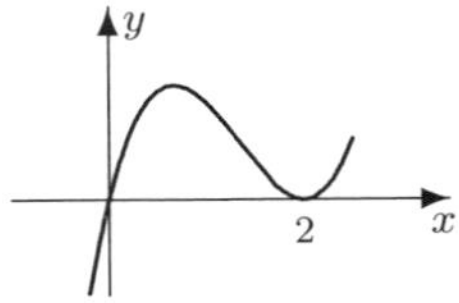

eine 1–fache Nullstelle bei 0
eine 2–fache Nullstelle bei 2
$f(x) = x^3 - 4x^2 + 4x = x(x-2)^2$

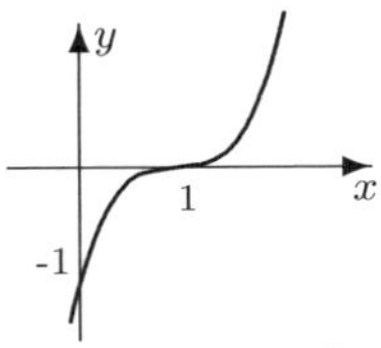

eine 3–fache Nullstelle bei 1
$f(x) = x^3 - 3x^2 + 3x - 1 = (x-1)^3$

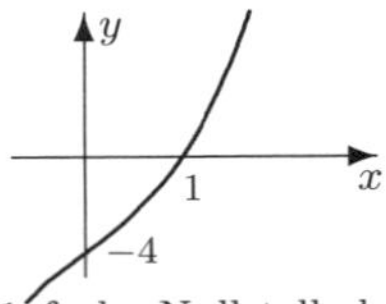

eine 1–fache Nullstelle bei 1
$f(x) = x^3 + 3x - 4 = (x-1)(x^2 + x + 4)$

3.1.2 Nullstellen, Linearfaktoren

Die reelle (komplexe) Zahl x_0 heißt *Nullstelle* des Polynoms f, wenn $f(x_0) = 0$ ist; d.h. wenn x_0 Lösung der *algebraischen Gleichung* $a_0 + a_1 x + \ldots + a_n x^n = 0$ ist. Ist f ein Polynom n–ten Grades mit der Nullstelle x_0, so lässt sich f durch den *Linearfaktor* $x - x_0$ teilen, d.h. es gibt ein Polynom g vom Grade $n-1$, so dass $f(x) = (x - x_0) \cdot g(x)$ ist. Berechnung von g siehe HORNER oder [3.4].

Nullstellen und Linearfaktoren von Polynomen

x_0 Nullstelle von $f \iff f(x_0) = 0 \iff f(x) = (x - x_0)g(x)$

3.3 2 ist Nullst. von $f(x) = -3x + 6 = (x-2) \cdot (-3)$.
$-\frac{1}{2}$ ist Nullst. von $f(x) = 2x + 1 = (x - (-\frac{1}{2})) \cdot 2$.
$2 + i$ ist Nullst. von $x^2 - 3 - 4i = (x - (2+i)) \cdot (x - (-2-i))$, [4.24]

Die Nullstellen von Polynomen 2–ten Grades berechnet man mittels quadratischer Gleichungen (siehe Seite 64).

Die allgemeine Gleichung 3–ten und auch 4–ten Grades lässt sich formelmäßig nur mühsam lösen (**F+H** 12, 13). Gleichungen 5–ten und höheren Grades sind im allgemeinen nicht auflösbar.

Schon Gleichungen 3–ten Grades löst man zweckmäßigerweise mit Näherungsverfahren (NEWTON, ... siehe **BP**, Seite 9–26 oder **F+H**).
Bei Übungs– und Klausuraufgaben lassen sich Nullstellen von Polynomen häufig raten:

Nullstellen von Polynomen mit ganzen Koeffizienten

$$f(x) = a_n x^n + a_{n-1}x^{n-1} + \ldots + a_1 x + a_0$$

Ist $f(x)$ ein Polynom mit ganzzahligen Koeffizienten (alle $a_i \in \mathbb{Z}$), dann gilt:

(1) Jede ganzzahlige Nullstelle ist ein Teiler von a_0.
$f(x_0) = 0 \wedge x_0 \in \mathbb{Z} \implies x_0 \mid a_0$.

Ist außerdem der Hauptkoeffizient $a_n = 1$, so gilt:

(2) Jede rationale Nullstelle ist eine ganze Zahl und zwar ein Teiler von a_0.
$f(x_0) = 0 \wedge x_0 \in \mathbb{Q} \implies x_0 \in \mathbb{Z} \wedge x_0 | a_0$.

Ist $f(x) = x^n + a_{n-1}x^{n-1} + \ldots + a_1 x + a_0$ ein Polynom mit ganzen Koeffizienten (alle $a_i \in \mathbb{Z}$, $a_n = 1$), so probiert man – z.B. mit HORNER – alle Teiler von a_0 und findet so alle rationalen Nullstellen. Bleibt nach dem Abspalten der zugehörigen Linearfaktoren (HORNER, Schulmethode) ein Polynom höheren als 2–ten Grades, wählt man Näherungsverfahren, um evtl. weitere reelle (irrationale) Nullstellen zu bestimmen.

Ist f ein Polynom mit ganzen Koeffizienten und ist $a_n \neq 1$, siehe [3.5], [4.52].

3.4 *Man bestimme alle reellen Nullstellen folgender Polynome und spalte die zugehörigen Linearfaktoren ab:*

(a) $x^3 - 3x^2 + x - 3$, (b) $x^4 - 3x^2 + 2$, (c) $x^3 - 2x^2 - 5x + 6$.

(a) Die Teiler von -3 sind: $\pm 1, \pm 3$.
Probieren zeigt: $x_1 = 3$ ist eine Nullstelle von $x^3 - 3x^2 + x - 3$.
Division von $x^3 - 3x^2 + x - 3$ durch $x - 3$ nach der *Schulmethode*:

$$\begin{array}{l} (x^3 - 3x^2 + x - 3) : (x - 3) = x^2 + 1 \\ -(x^3 - 3x^2) \\ \hline \qquad\qquad x - 3 \\ \qquad\quad -(x - 3) \\ \hline \qquad\qquad\quad 0 \end{array}$$

Da $x^2 + 1$ keine reellen Nullstellen hat, ist $\underline{x_1 = 3}$ die einzige reelle Nullstelle von $x^3 - 3x^2 + x - 3$ und es gilt:
$x^3 - 3x^2 + x - 3 = \underline{(x - 3)(x^2 + 1)}$, siehe auch [4.46].

(b) Die Teiler von 2 sind: $\pm 1, \pm 2$. $\underline{x_{1,2} = \pm 1}$ sind Nullstellen von $x^4 - 3x^2 + 2$.
Division von $x^4 - 3x^2 + 2$ durch $(x - 1)(x + 1) = x^2 - 1$ nach der *Schulmethode*:

$$\begin{array}{l} (x^4 - 3x^2 + 2) : (x^2 - 1) = x^2 - 2 \\ -(x^4 - x^2) \\ \hline \qquad -2x^2 + 2 \\ \quad -(-2x^2 + 2) \\ \hline \qquad\qquad 0 \end{array}$$

$x^2 - 2 = 0 \iff \underline{x_{3,4} = \pm\sqrt{2}}$.

$\implies x^4 - 3x^2 + 2 = \underline{(x - 1)(x + 1)(x - \sqrt{2})(x + \sqrt{2})}$.

Oder: $x^4 - 3x^2 + 2 = 0$ ist eine *biquadratische* Gleichung:

$x^2 = z \Longrightarrow z^2 - 3z + 2 = 0 \Longrightarrow z_{1,2} = \frac{3}{2} \pm \sqrt{\frac{9}{4} - 2} = \frac{3}{2} \pm \frac{1}{2} \Longrightarrow \underline{z_1 = 2}, \ \underline{z_2 = 1}.$

$\Longrightarrow \underline{x_{1,2} = \pm\sqrt{2}}, \underline{x_{3,4} = \pm 1} \Longrightarrow x^4 - 3x^2 + 2 = \underline{(x-1)(x+1)(x-\sqrt{2})(x+\sqrt{2})}.$

(c) $1, -2, 3$ sind die Nullstellen $\Longrightarrow x^3 - 2x^2 - 5x + 6 = \underline{(x-1)(x+2)(x-3)}.$

3.5 *Man rate alle Nullstellen des Polynoms* $6x^4 + 7x^3 - 13x^2 - 4x + 4.$

Die Teiler von 4 sind: $\pm 1, \ \pm 2, \ \pm 4$. Die Teiler von 6 sind: $\pm 1, \ \pm 2, \ \pm 3, \ \pm 6$.

> Ist die (gekürzte!) rationale Zahl $\frac{p}{q}$ eine Nullstelle des Polynoms
> $$f(x) = a_n x^n + a_{n-1}x^{n-1} + \cdots + a_1 x + a_0,$$
> so muss p ein Teiler von a_0 $(= 4)$ und q ein Teiler von a_n $(= 6)$ sein.

Es kommen also als rationale Nullstellen nur folgende Brüche $\frac{p}{q}$ in Frage:

$$\frac{p}{q} = \pm 1, \ \pm\tfrac{1}{2}, \ \pm\tfrac{1}{3}, \ \pm\tfrac{1}{6}, \ \pm 2, \ \pm\tfrac{2}{3}, \ \pm 4, \ \pm\tfrac{4}{3}.$$

Einsetzen (HORNER) liefert alle Nullstellen: $\underline{1, \ \frac{1}{2}, \ -2, \ -\frac{2}{3}}.$

Es gilt
$$\begin{aligned} 6x^4 + 7x^3 - 13x^2 - 4x + 4 &= 6(x-1)(x-\tfrac{1}{2})(x+2)(x+\tfrac{2}{3}) \\ &= \underline{(x-1)(2x-1)(x+2)(3x+2)}. \end{aligned}$$

3.1.3 Zerlegung reeller Polynome

Lässt sich ein Polynom vom Grad ≥ 1 als Produkt von Polynomen kleineren Grades darstellen, heißt es *reduzibel* und sonst *irreduzibel*. Dabei ist der Koeffizientenbereich anzugeben.

$x^2 - 4$	ist in $\mathbb{Q}$ und sogar in $\mathbb{Z}$ reduzibel:	$x^2 - 4 = (x-2)(x+2)$.
$x^2 - 2$	ist in $\mathbb{Q}$ irreduzibel; aber in $\mathbb{R}$ red.:	$x^2 - 2 = (x-\sqrt{2})(x+\sqrt{2})$.
$x^2 + 2$	in $\mathbb{R}$ irred.; aber in $\mathbb{C}$ reduzibel:	$x^2 + 2 = (x-\sqrt{2}\,i)(x+\sqrt{2}\,i)$.

Da sich durch das Abspalten eines Linearfaktors der Grad des Polynoms um 1 erniedrigt, kann ein Polynom n–ten Grades *höchstens* n Nullstellen haben. Der Fundamentalsatz der Algebra (Seite 106) besagt, dass jedes Polynom n–ten Grades mit reellen oder komplexen Koeffizienten in $\mathbb{C}$ in ein Produkt von n Linearfaktoren zerfällt, also unter Berücksichtigung der *Vielfachheiten* genau n Nullstellen in $\mathbb{C}$ hat[1].

x_0 heißt eine k–fache Nullstelle, falls $f(x) = (x - x_0)^k g(x)$ und $g(x_0) \neq 0$ ist.

Bei der Partialbruchzerlegung (PBZ) trifft man häufig auf das Problem, Polynome mit reellen Koeffizienten in unzerlegbare (irreduzible) reelle Faktoren zerlegen zu müssen:

[1] keine dieser Nullstellen muss reell sein!

Da mit $a \in \mathbb{C}$ auch die konjugiert komplexe Zahl $\overline{a} \in \mathbb{C}$ Nullstelle des reellen Polynoms ist und $(x-a)(x-\overline{a}) = x^2 - (a+\overline{a})x + a \cdot \overline{a}$ ein reelles Polynom ist (siehe auch Seite 106), haben die in $\mathbb{R}$ irreduziblen Faktoren den Grad 1 (Linearfaktoren) oder den Grad 2 (Polynome 2–ten Grades mit zwei nicht reellen, konjugiert komplexen Nullstellen).

reelle Zerlegung reeller Polynome

Jedes Polynom mit reellen Koeffizienten lässt sich als Produkt linearer und/oder quadrat. Faktoren mit reellen Koeffizienten schreiben, wobei die quadratischen Faktoren keine reellen Nullstellen haben und folglich in $\mathbb{R}$ unzerlegbar sind.

praktisches Vorgehen

(1) Bei Polynomen 2–ten Grades berechnet man die Nullstellen mittels quadratischer Gleichungen, siehe Seite 64 und Seite 108.

(2) Bei Polynomen höheren Grades versucht man, Nullstellen zu raten oder näherungsweise zu berechnen und Linearfaktoren abzuspalten.

(3) Polynome ungeraden Grades haben immer eine reelle Nullstelle!

(4) Bleibt ein Polynom geraden Grades ($n \geq 4$) ohne reelle Nullstellen übrig und kennt man die komplexen Nullstellen, zerlegt man es in $\mathbb{C}$ und fasst konjugierte Linearfaktoren zu reellen quadratischen Faktoren 2–ten Grades zusammen, siehe [3.6 (d)], [4.25], [4.53].

3.6 *Man bestimme die reelle Zerlegung folgender Polynome:*

(a) $x^3 + 2x^2 - x - 2$ (b) $x^3 + x^2 - 3x - 3$

(c) $x^4 + 3x^2 + 2$ (d) $2x^4 + 7x^3 + 12x^2 + 7x + 4$

(a) Die Teiler von -2 sind $\pm 1, \pm 2$. Einsetzen zeigt: Nullstellen sind $\pm 1,\ -2$.
$\Longrightarrow x^3 + 2x^2 - x - 2 = \underline{(x-1)(x+1)(x+2)}$.

(b) $x_0 = -1 \Longrightarrow x^3 + x^2 - 3x - 3 = (x+1)(x^2-3) = \underline{(x+1)(x-\sqrt{3})(x+\sqrt{3})}$.

(c) Biquadratische Gleichung:
$x^2 = z \Longrightarrow z_1 = -1, z_2 = -2 \Longrightarrow x^4 + 3x^2 + 2 = \underline{(x^2+1)(x^2+2)}$.

(d) (1) Reelle Nullstellen des Polynoms müssen negativ sein. **Probieren**:
$-\frac{\text{Teiler von 4}}{\text{Teiler von 2}}$, also $-1, -\frac{1}{2}, -2, -4$ und man erhält keine Nullstellen.

(2) **Näherungsverfahren** liefern keine reellen Nullstellen!

(3) Komplexe Nullstellen (**Gleichung 4. Grades**, **F+H**, Seite 13) ???

(4) **Ansatz** $2x^4 + 7x^3 + 12x^2 + 7x + 4 = (2x^2 + ax + b)(x^2 + cx + d)$:
Koeffizientenvergleich führt auf ein nichtlineares Gleichungssystem:

$$\begin{aligned} a + 2c &= 7 \\ 2d + ac + b &= 12 \\ ad + bc &= 7 \\ bd &= 4 \end{aligned}$$

und nach mühsamer Rechnung auf:
$a = b = 1, c = 3, d = 4$, also:
$2x^4 + 7x^3 + 12x^2 + 7x + 4 = \underline{(2x^2 + x + 1)(x^2 + 3x + 4)}$.

(5) **BP, Programm "Polyzer"** liefert sofort die gewünschte Zerlegung!

3.1.4 Polynome 2–ten Grades, quadratische Gleichungen

Um die Nullstellen (Schnittpunkte mit der x–Achse) eines Polynoms 2–ten Grades $f(x) = ax^2+bx+c$, $a \neq 0$ zu bestimmen, löst man die quadratische Gleichung $ax^2 + bx + c = 0$: Man dividiert durch a und erhält eine quadratische Gleichung der Form $x^2 + px + q = 0$, deren Lösungen man mittels quadratischer Ergänzung bestimmt (siehe auch Seite 108):

$$x^2 + px + q = 0 \iff x^2 + px + (\tfrac{p}{2})^2 - (\tfrac{p}{2})^2 + q = (x + \tfrac{p}{2})^2 - \tfrac{p^2}{4} + q = 0$$
$$\iff (x + \tfrac{p}{2})^2 = \tfrac{p^2}{4} - q.$$

quadratische Gleichung

$$x^2 + px + q = 0 \iff \underline{\underline{x_{1,2} = -\tfrac{p}{2} \pm \sqrt{\tfrac{p^2}{4} - q}}}$$

Das Polynom $f(x) = x^2 + px + q$ hat

keine (reelle) Nullstelle $\iff \frac{p^2}{4} - q < 0$

eine doppelte Nullstelle $\iff \frac{p^2}{4} - q = 0$

zwei verschiedene Nullstellen $\iff \frac{p^2}{4} - q > 0$

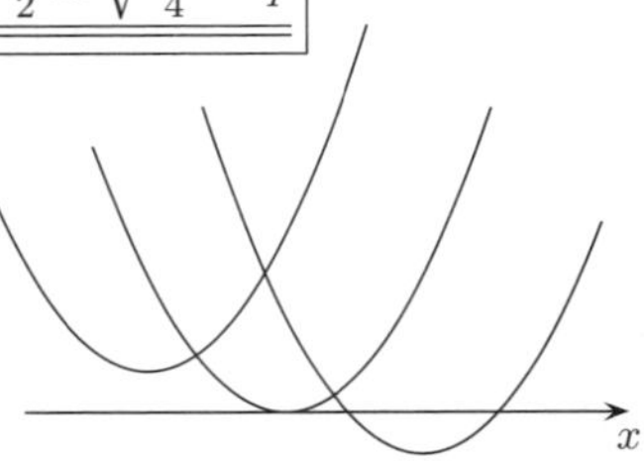

3.7 *Man bestimme die reellen Nullstellen, sowie die reelle Zerlegung folgender Polynome:* (a) $x^2 + x - 6$, (b) $x^2 - 6x + 9$, (c) $x^2 + x + 1$.

(a) $x_{1,2} = -\frac{1}{2} \pm \sqrt{\frac{1}{4} + 6} = -\frac{1}{2} \pm \frac{5}{2} \Longrightarrow x_1 = 2, \quad x_2 = -3$
$\Longrightarrow x^2 + x - 6 = \underline{(x-2)(x+3)}$.

(b) $x_{1,2} = 3 \pm \sqrt{9-9} \Longrightarrow x_{1,2} = 3 \Longrightarrow x^2 - 6x + 9 = \underline{(x-3)^2}$.

(c) $x_{1,2} = -\frac{1}{2} \pm \sqrt{\frac{1}{4} - 1} \Longrightarrow$ keine reelle Nullst. $\Longrightarrow x^2 + x + 1$ irreduzibel in $\mathbb{R}$.

Der Graph (Seite 27) eines Polynoms 2–ten Grades ist eine Parabel (**F+H** 24).

3.8 *Man skizziere (Nullstellen, Scheitelpunkt) folgende Parabeln:*
(a) $y = x^2 + x - 6$, (b) $x^2 + x - y + 1 = 0$, (c) $x = y^2 - 6y + 9$.

(a) Nullstellen: $x_1 = 2, x_2 = -3$, $y = (x-2)(x+3)$.
Berechnung des Scheitelpunktes $S = (x_S, y_S)$:

(1) Scheitelform: $y = x^2 + x - 6 \iff y + \frac{25}{4} = (x + \frac{1}{2})^2$
$\Longrightarrow S = (-\frac{1}{2}, -\frac{25}{4})$.

(2) Symmetrie: x_S ist das arithmetische Mittel der Nullstellen:
$x_S = \frac{x_1+x_2}{2} = -\frac{1}{2} \Longrightarrow y_S = f(x_S) = -\frac{25}{4} \Longrightarrow S = (-\frac{1}{2}, -\frac{25}{4})$.

(3) Ableitung: $y' = 2x + 1 = 0 \iff x_S = -\frac{1}{2} \Longrightarrow S = (-\frac{1}{2}, -\frac{25}{4})$.

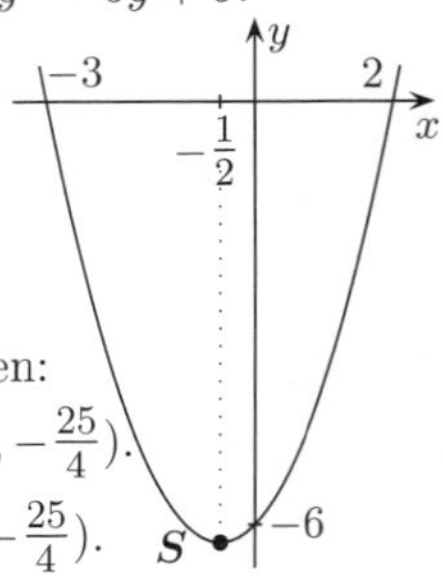

(b) $y = x^2 + x + 1$ hat keine reellen Nullstellen.
Scheitelpunkt $S = (x_S, y_S)$:
$y = x^2 + x + 1 \iff y - \frac{3}{4} = (x + \frac{1}{2})^2$
$\implies \underline{S = (x_S, y_S) = (-\frac{1}{2}, \frac{3}{4})}$.

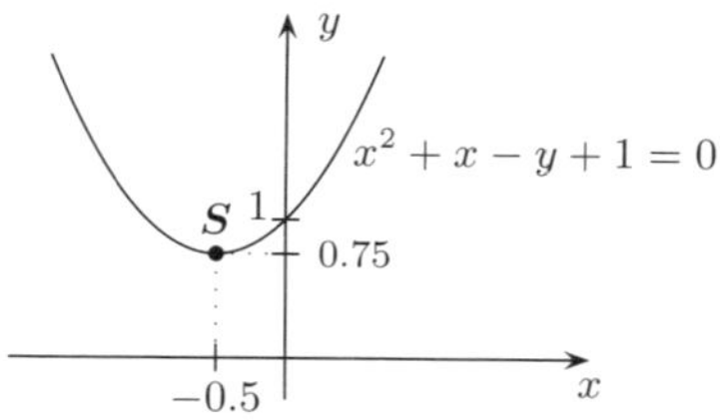

(c) $x = (y-3)^2 \implies S = (x_S, y_S) = (0, 3)$.
Die Parabel ist nach rechts geöffnet!
Die Schnittpunkte mit den Achsen sind $\underline{(9,0)}$ und $\underline{(0,3)}$.
Siehe auch **Parabel**, Seite 562/3.

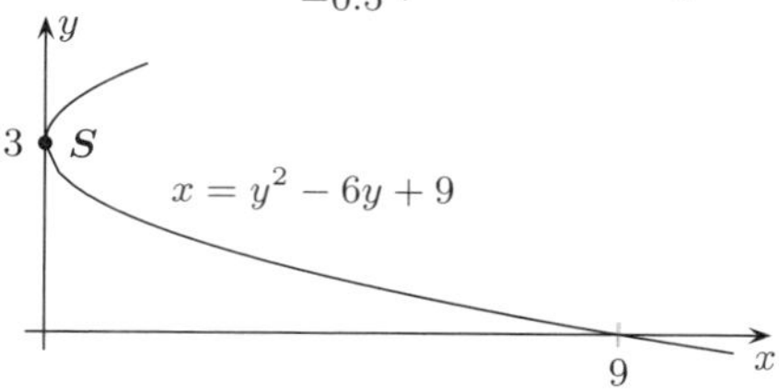

3.1.5 Interpolation

Zu $(n+1)$ gegebenen Punkten der Ebene ist ein Polynom höchstens n–ten Grades zu bestimmen, das durch diese Punkte geht. Die Verfahren von LAGRANGE und NEWTON werden durch folgendes Beispiel erklärt (auführlicher: **F+H**):

3.9 *Man bestimme ein Polynom p höchstens 2–ten Grades, das durch die Punkte $(-1,7)$, $(0,2)$, $(3,-1)$ geht, (siehe 11.27, Lösung mit LGS).*

Zusatzaufgabe: Bestimme ein Polynom q höchstens 3–ten Grades, das zusätzlich durch den Punkt $(2,-14)$ geht.

- <u>LAGRANGEsche Interpolationsformel:</u>

$$p(x) = 7\frac{(\ x-0)(\ x-3)}{(-1-0)(-1-3)} + 2\frac{(x-(-1))(x-3)}{(0-(-1))(0-3)} - 1\frac{(x-(-1))(x-0)}{(3-(-1))(3-0)} = \cdots = \underline{\underline{x^2 - 4x + 2}}.$$

- <u>NEWTONsche Interpolationsformel:</u>

x_i	y_i	Quotienten	Quotienten	Quotienten
-1	$\boxed{7}$			
		$\frac{2-7}{0-(-1)} = \boxed{-5}$		
0	2		$\frac{-1-(-5)}{3-(-1)} = \boxed{1}$	
		$\frac{-1-2}{3-0} = -1$		$\frac{7-1}{2-(-1)} = \boxed{2}$
3	-1		$\frac{13-(-1)}{2-0} = 7$	
		$\frac{-14-(-1)}{2-3} = 13$		
2	-14			

$$\implies p(x) = \boxed{7} + \boxed{-5}\cdot(x-(-1)) + \boxed{1}\cdot(x-(-1))(x-0) = \underline{\underline{x^2 - 4x + 2}}.$$

Die Zusatzaufgabe löst man vorteilhaft mit NEWTON (mit LAGRANGE müsste q völlig neu berechnet werden!):
Man ergänzt lediglich die für p erstellte Tabelle und erhält:

$$\implies q(x) = p(x) + \boxed{2}\cdot(x-(-1))(x-0)(x-3) = \underline{2x^3 - 3x^2 - 10x + 2}.$$

3.1.6 HORNER–Schema

Das HORNER–Schema ist ein Rechenverfahren, mit dem man für ein Polynom $f(x) = a_n x^n + \ldots + a_0$ an der Stelle x_0 mit minimalem Rechenaufwand folgendes berechnet:

[1] Den Funktionswert $f(x_0)$,

[2] Die Division von $f(x)$ durch den Linearfaktor $x - x_0$, also $\frac{f(x)}{x-x_0}$,

[3] Die Ableitungen $f'(x_0), f''(x_0), \ldots, f^{(n)}(x_0)$,

[4] Die Taylorentwicklung von f an der Stelle x_0.

3.10 *Für folgende Polynome berechne man* $f(x_0)$ *und* $\frac{f(x)}{x-x_0}$.

(a) $f(x) = x^3 + x^2 - 3x - 3,\ x_0 = -1.$

(b) $f(x) = x^4 + 3x^2 + 2,\ x_0 = 2.$

(c) $f(x) = 2x^3 + x + 3,\ x_0 = i.$

(a)

	1	1	-3	-3	
$x_0 = -1$		-1	0	3	
	1	0	-3	0	$= f(-1)$

$\frac{x^3+x^2-3x-3}{x+1} = \underline{x^2 - 3}.$

$f(x)$ ist ohne Rest durch $x + 1$ teilbar!

(b)

	1	0	3	0	2	
$x_0 = 2$		2	4	14	28	
	1	2	7	14	30	$= f(2)$

$\frac{x^4+3x^2+2}{x-2} = \underline{x^3 + 2x^2 + 7x + 14 + \frac{30}{x-2}}.$

(c)

	2	0	1	3	
$x_0 = i$		$2i$	-2	$-i$	
	2	$2i$	-1	$3-i$	$= f(i)$

$\frac{2x^3+x+3}{x-i} = \underline{2x^2 + 2ix - 1 + \frac{3-i}{x-i}}.$

Man schreibt die Koeffizienten des Polynoms $f(x)$ in absteigender Reihenfolge $a_n, a_{n-1}, \ldots, a_0$ hintereinander ($a_k = 0$ nicht vergessen, falls die Potenz x^k fehlt!), schreibt dann x_0 vor die zweite Zeile, beginnt die dritte Zeile mit a_n und geht jeweils mit x_0 multiplizierend in der durch die Pfeile angedeuteten Weise vor. Die über dem waagerechten Strich untereinanderstehenden Zahlen sind zu addieren, die Summe ist mit x_0 zu multiplizieren, usw.

[1] Die Schlusszahl der dritten Zeile ist der Funktionswert $f(x_0)$,

[2] Die übrigen Zahlen der dritten Zeile sind die Koeffizienten des Polynoms $g(x)$, das man bei Division von $f(x)$ durch den Linearfaktor $x - x_0$ erhält:

$$\frac{f(x)}{x - x_0} = g(x) + \frac{f(x_0)}{x - x_0}.$$

$f(x)$ ist genau dann ohne Rest durch $x - x_0$ teilbar, wenn $f(x_0) = 0$ ist.

3.11 *Für das Polynom $f(x) = 2x^4 - x^3 - x - 18$ berechne man $f(2), f'(2), f''(2), f^{(3)}(2), f^{(4)}(2)$, sowie $\frac{f(x)}{x-2}$ und die Taylorentwicklung von f an der Stelle $x_0 = 2$ (Umordnung von f nach Potenzen von $x-2$).*

Vollständiges HORNER–Schema:

$$
\begin{array}{r|rrrrrl}
 & 2 & -1 & 0 & -1 & -18 & \\
x_0 = 2 & & 4 & 6 & 12 & 22 & \\
\hline
 & 2 & 3 & 6 & 11 & \underline{\underline{4}} = \frac{f(2)}{0!} & \Longrightarrow \quad f(2) = 4 \\
x_0 = 2 & & 4 & 14 & 40 & & \\
\hline
 & 2 & 7 & 20 & \underline{\underline{51}} = \frac{f'(2)}{1!} & & \Longrightarrow \quad f'(2) = 51 \\
x_0 = 2 & & 4 & 22 & & & \\
\hline
 & 2 & 11 & \underline{\underline{42}} = \frac{f''(2)}{2!} & & & \Longrightarrow \quad f''(2) = 42 \cdot 2! = 84 \\
x_0 = 2 & & 4 & & & & \\
\hline
 & 2 & \underline{\underline{15}} = \frac{f^{(3)}(2)}{3!} & & & & \Longrightarrow \quad f^{(3)}(2) = 15 \cdot 3! = 90 \\
x_0 = 2 & & & & & & \\
\hline
 & \underline{\underline{2}} = \frac{f^{(4)}(2)}{4!} & & & & & \Longrightarrow \quad f^{(4)}(2) = 2 \cdot 4! = 48
\end{array}
$$

$$f(x) = \underbrace{2x^4 - x^3 - x - 18}_{\substack{f \text{ geordnet nach} \\ \text{Potenzen von } x.}} = \underbrace{2(x-2)^4 + 15(x-2)^3 + 42(x-2)^2 + 51(x-2) + 4.}_{\substack{f \text{ umgeordnet nach} \\ \text{Potenzen von } x-2.}}$$

Bemerkung: Aus dieser Umordnung liest man ab: Für keine Nullstelle x_0 von f gilt $x_0 \geq 2$. (Alle Koeffizienten des Polynoms sind ≥ 0 und $f(2) = 4$.)

3.2 Rationale Funktionen

Ein Quotient zweier Polynome $p(x)$, $q(x)$ ($q(x)$ nicht das Nullpolynom)

$$r(x) = \frac{p(x)}{q(x)} \qquad \text{z.B.} \qquad y = \frac{x^4+2x^3+x-1}{x^3-x^2+1}$$

heißt eine **gebrochen rationale Funktion** oder kurz rationale Funktion. Die rationale Funktion r heißt *echt gebrochen*, wenn der Grad des Nenners größer als der Grad des Zählers ist, andernfalls heißt sie *unecht gebrochen*. Eine rationale Funktion ist an den Nullstellen des Nenners nicht definiert. Sie hat dort eine Polstelle oder eine Lücke (hebbare Unstetigkeitsstelle, siehe Seite 38).

Die im folgenden beschriebene Methode der **Partialbruchzerlegung (PBZ)** einer echt gebrochenen rationalen Funktion ist besonders für die Integralrechnung außerordentlich wichtig!

Partialbruchzerlegung

(1) **Durchdividieren**, wenn die rationale Fkt. nicht echt gebrochen ist.
(2) **Nenner zerlegen**, (reelle Produktdarstellung des Nenners bestimmen).
(3) **Ansatz** der Partialbrüche mit unbestimmten Koeffizienten.
(4) **Koeffizientenbestimmung**.

Durch Division nach der Schulmethode kann jede unecht gebrochene rationale Funktion als Summe eines Polynoms (ganze rationale Funktion) und einer echt gebrochenen rationalen Funktion geschrieben werden.

3.12 *Man zerlege die unecht gebrochene rationale Funktion* $\frac{x^4+2x^3+x-1}{x^3-x^2+1}$ *in Polynom plus echt gebrochene rationale Funktion.*

$$\begin{array}{rl} (x^4 + 2x^3 + x - 1) & : (x^3 - x^2 + 1) = x + 3 + \frac{3x^2-4}{x^3-x^2+1}. \\ (-)\ \underline{x^4 - x^3 + x} & \\ 3x^3 - 1 & \\ (-)\ \underline{3x^3 - 3x^2 + 3} & \\ 3x^2 - 4 & \end{array}$$

$$\Longrightarrow \frac{x^4+2x^3+x-1}{x^3-x^2+1} = x + 3 + \frac{3x^2-4}{x^3-x^2+1}.$$

3.13 *Welche der folgenden rationalen Funktionen sind nicht echt gebrochen?*

$$y = \frac{3x^2-2x+1}{4x^4-x^3+x}\,,\ y = \frac{1}{x}\,,\ y = \frac{x^2+5}{x}\,,\ y = \frac{x}{x^2+5}\,,\ y = \frac{2x^3}{x^3-1}.$$

Nur $y = \frac{x^2+5}{x} = x + \frac{5}{x}$ und $y = \frac{2x^3}{x^3-1} = 2 + \frac{2}{x^3-1}$ sind nicht echt gebrochen.

Ansatz der Partialbrüche

Jede echt gebrochene rationale Funktion lässt sich als Summe von *Partialbrüchen* schreiben. Das sind echt gebrochene rationale Funktionen folgender Form:

(1) $\frac{c_1}{x-x_0}\,,\ \frac{c_2}{(x-x_0)^2}\,,\ \ldots\,,\ \frac{c_k}{(x-x_0)^k}$ z.B.: $\frac{2}{x}\,,\ \frac{4}{x-2}\,,\ \frac{-2}{(x-2)^2}$

(2) $\frac{a_1x+b_1}{x^2+px+q}\,,\ \ldots\,,\ \frac{a_kx+b_k}{(x^2+px+q)^k}$ z.B.: $\frac{3-2x}{x^2+x+3}\,,\ \frac{2}{(x^2+4x+5)^3}$,

wobei der quadratische Ausdruck $x^2 + px + q$ keine reellen Nullstellen hat.
Zu jeder Potenz $(x - x_0)^k$ eines Linearfaktors im Nenner der echt gebrochenen rationalen Funktion sind die k Partialbrüche der Form (1) mit unbestimmten Koeffizienten anzusetzen.[1]
Zu jeder Potenz $(x^2 + px + q)^k$ eines quadratischen Faktors ohne reelle Nullstellen sind die k Partialbrüche der Form (2) mit unbestimmten Koeffizienten anzusetzen.[1] Alle Partialbrüche sind zu addieren.

[1] Die Potenzen sind gewissermaßen abzubauen bis hin zu den einfachen Linearfaktoren oder zu den einfachen quadratischen Faktoren.

3.14 *Wie lauten die Ansätze für die Partialbrüche folgender Funktionen?*

(a) $\frac{5x^4+18x^3+11x^2+12x+8}{x(x-1)^2(x+2)^3}$, (b) $\frac{x}{(x^2+x+1)(x^2+1)^2}$, (c) $\frac{1}{x^2(2+x^2)^2}$.

(a) $$\frac{5x^4+18x^3+11x^2+12x+8}{x(x-1)^2(x+2)^3} = \frac{a}{x} + \frac{b}{x-1} + \frac{c}{(x-1)^2} + \frac{d}{x+2} + \frac{e}{(x+2)^2} + \frac{f}{(x+2)^3}.$$

(b) $$\frac{x}{(x^2+x+1)(x^2+1)^2} = \frac{ax+b}{x^2+x+1} + \frac{cx+d}{x^2+1} + \frac{ex+f}{(x^2+1)^2},$$

x^2+1 und x^2+x+1 haben keine reellen Nullstellen!

(c) $$\frac{1}{x^2(2+x^2)^2} = \frac{a}{x} + \frac{b}{x^2} + \frac{cx+d}{2+x^2} + \frac{ex+f}{(2+x^2)^2}.$$

Bestimmung der Koeffizienten

Zur Bestimmung der Koeffizienten eignen sich folgende Methoden:

1. **Koeffizientenvergleich** (geht immer!)
2. **Zuhaltemethode** (nur für Linearfaktoren!)
3. **Einsetzmethode** (geht immer!)

Die Methoden unterscheiden sich durch einen verschieden großen Rechenaufwand. Die **Zuhaltemethode** ist am schnellsten. Sie liefert aber nur die Koeffizienten, die bei Linearfaktoren mit maximalen Exponenten stehen.

3.15 *Man zerlege in Partialbrüche:* (a) $\frac{2x+3}{(x-1)(x+1)}$, (b) $\frac{3}{x^2+5x+4}$.

(a) Ansatz: $\frac{2x+3}{(x-1)(x+1)} = \frac{a}{x-1} + \frac{b}{x+1}$.

Beide Koeffizienten a und b lassen sich mit der Zuhaltemethode bestimmen:

1.) Man multipliziert beide Seiten der Gleichung mit $x-1$ und kürzt:

$\frac{2x+3}{x+1} = a + \frac{b(x-1)}{x+1}$. Setzt man $x=1$, folgt $\frac{2+3}{2} = a + \frac{b}{1+1}\cdot 0$, also $\underline{a = \frac{5}{2}}$.

Man kann im Kopf kürzen, indem man auf der linken Seite $x-1$ im Nenner zuhält. Setzt man dann $x=1$ (die Nullstelle von $x-1$) ein, so bleibt rechts nur a stehen und links $\frac{2+3}{2} = \frac{5}{2}$.

2.) Man multipliziert mit $x+1$ (hält links im Nenner $(x+1)$ zu) und setzt $x=-1$. Rechts bleibt nur b stehen und links $\frac{-2+3}{-2}$. Also ist $\underline{b = -\frac{1}{2}}$.

Exakter: $a = \lim_{x\to 1}(x-1)\frac{2x+3}{(x-1)(x+1)} = \frac{5}{2}$ und $b = \lim_{x\to -1}(x+1)\frac{2x+3}{(x-1)(x+1)} = -\frac{1}{2}$.

Daher der Name: Zuhaltemethode oder auch Grenzwertmethode!

Partialbruchzerlegung: $\frac{2x+3}{(x-1)(x+1)} = \frac{5/2}{x-1} + \frac{-1/2}{x+1} = \underline{\frac{5}{2}\cdot\frac{1}{x-1} - \frac{1}{2}\cdot\frac{1}{x+1}}$.

(b) Ansatz: $\frac{3}{x^2+5x+4} = \frac{3}{(x+1)(x+4)} = \frac{a}{x+1} + \frac{b}{x+4}$.

Die Zuhaltemethode liefert $a = \frac{3}{-1+4} = 1$ und $b = \frac{3}{-4+1} = -1$.

Partialbruchzerlegung $\frac{3}{x^2+5x+4} = \underline{\frac{1}{x+1} - \frac{1}{x+4}}$.

3.16 *Man zerlege* $\frac{x^2-2x+5}{(x-1)(x-3)(x+2)}$ *in Partialbrüche:*

Ansatz: $\frac{x^2-2x+5}{(x-1)(x-3)(x+2)} = \frac{a}{x-1} + \frac{b}{x-3} + \frac{c}{x+2}$.

a, b, c lassen sich mit der Zuhaltemethode bestimmen:

a : Multiplikation mit $x-1$ (links $(x-1)$ zuhalten) $x=1$ setzen:
$\frac{1-2+5}{(1-3)(1+2)} = a = \frac{4}{-6} = -\frac{2}{3}$.

b : Multiplikation mit $x-3$ (links $(x-3)$ zuhalten) $x=3$ setzen:
$\frac{3^2-2\cdot3+5}{(3-1)(3+2)} = b = \frac{8}{10} = \frac{4}{5}$.

c : Multiplikation mit $x+2$ (links $(x+2)$ zuhalten) $x=-2$ setzen $\Longrightarrow c = \frac{13}{15}$.

$$\Longrightarrow \frac{x^2-2x+5}{(x-1)(x-3)(x+2)} = \underline{-\tfrac{2}{3}\frac{1}{x-1} + \tfrac{4}{5}\frac{1}{x-3} + \tfrac{13}{15}\frac{1}{x+2}}.$$

3.17 *Man zerlege* $\frac{3x-1}{(x^2+1)(x+1)^2}$ *in Partialbrüche:*

Ansatz: $\frac{3x-1}{(x^2+1)(x+1)^2} = \frac{ax+b}{x^2+1} + \frac{c}{x+1} + \frac{d}{(x+1)^2}$.

Mit der Zuhaltemethode lässt sich zunächst nur d bestimmen:

$d = \frac{3(-1)-1}{(-1)^2+1} = \frac{-4}{2} = \underline{-2} \quad \Longrightarrow \quad \frac{3x-1}{(x^2+1)(x+1)^2} = \frac{ax+b}{x^2+1} + \frac{c}{x+1} - \frac{2}{(x+1)^2}$,

$-\frac{2}{(x+1)^2}$ auf die linke Seite bringen: $\frac{3x-1}{(x^2+1)(x+1)^2} + \frac{2}{(x+1)^2} = \frac{ax+b}{x^2+1} + \frac{c}{x+1}$,

die (neue) linke Seite auf den Hauptnenner: $\frac{3x-1+2(x^2+1)}{(x^2+1)(x+1)^2} = \frac{ax+b}{x^2+1} + \frac{c}{x+1}$.

Hier muss sich nun auf der linken Seite ein Linearfaktor $x+1$ kürzen lassen, d.h. der Zähler muss durch $x+1$ ohne Rest teilbar sein: Rechenprobe!

Geht die Division nicht auf, hat man sich verrechnet!

$(2x^2+3x+1):(x+1) = 2x+1$.

$$\frac{3x-1+2(x^2+1)}{(x^2+1)(x+1)^2} = \frac{2x^2+3x+1}{(x^2+1)(x+1)^2} = \frac{2x+1}{(x^2+1)(x+1)} = \frac{ax+b}{x^2+1} + \frac{c}{x+1}.$$

Nun kann man c nach der Zuhaltemethode bestimmen: $c = \frac{2(-1)+1}{(-1)^2+1} = \underline{-\frac{1}{2}}$.

Wieder bringt man den bekannten Partialbruch auf die linke Seite, diese auf den Hauptnenner, kürzt durch $x+1$ und erhält:

$$\frac{2x+1+\frac{1}{2}(x^2+1)}{(x^2+1)(x+1)} = \frac{ax+b}{x^2+1}, \quad (\frac{1}{2}x^2 + 2x + \frac{3}{2}) : (x+1) = \frac{1}{2}x + \frac{3}{2}.$$

$$\frac{2x+1}{(x^2+1)(x+1)} = \frac{2x+1+\frac{1}{2}(x^2+1)}{(x^2+1)(x+1)} = \frac{\frac{1}{2}x+\frac{3}{2}}{x^2+1} = \frac{ax+b}{x^2+1} \quad \Longrightarrow \quad \underline{a = \frac{1}{2}}, \ \underline{b = \frac{3}{2}}.$$

PBZ: $$\frac{3x-1}{(x^2+1)(x+1)^2} = \underline{\frac{1}{2}\frac{x+3}{x^2+1} - \frac{1}{2}\frac{1}{x+1} - \frac{2}{(x+1)^2}}.$$

3.18 *Man bestimme die komplexe und die reelle PBZ von* $\dfrac{8x^2-16x+10}{x^3-4x^2+5x}$.

$$\frac{8x^2-16x+10}{x^3-4x^2+5x} = \frac{8x^2-16x+10}{x(x^2-4x+5)} = \frac{8x^2-16x+10}{x(x-(2+i))(x-(2-i))}.$$

Im Komplexen macht man formal den gleichen Ansatz wie im Reellen. Sind alle Koeffizienten der rationalen Funktion reell, so gehören zu entsprechenden Nennerfaktoren mit konjugiert komplexen Nullstellen konjugiert komplexe Zahlen im Zähler.

Zu den folgenden komplexen Rechnungen siehe **4. Komplexe Zahlen**:

$$\frac{8x^2-16x+10}{x(x-(2+i))(x-(2-i))} = \frac{a}{x} + \frac{b}{x-(2+i)} + \frac{\bar{b}}{x-(2-i)}, \qquad a \text{ reell, } b, \bar{b} \text{ konjugiert komplex.}$$

Zuhaltemethode: $a = 2, \quad b = \dfrac{8(2+i)^2-16(2+i)+10}{(2+i)(2+i-(2-i))} = \dfrac{2+16i}{-2+4i} = 3 - 2i.$

Nun ist $\bar{b} = 3 + 2i$ und man erhält die

komplexe PBZ: $$\frac{8x^2-16x+10}{x^3-4x^2+5x} = \underline{\frac{2}{x} + \frac{3-2i}{x-(2+i)} + \frac{3+2i}{x-(2-i)}}.$$

Durch Zusammenfassen der Summanden (Hauptnenner, ...) mit konjugiert komplexen Nennern erhält man die

reelle PBZ: $$\frac{8x^2-16x+10}{x^3-4x^2+5x} = \frac{2}{x} + \frac{3-2i}{x-(2+i)} + \frac{3+2i}{x-(2-i)} = \underline{\frac{2}{x} + \frac{6x-8}{x^2-4x+5}}.$$

3.19 *Man zerlege* $\dfrac{5x^4+18x^3+11x^2+12x+8}{x(x-1)^2(x+2)^3}$ *in Partialbrüche:*

$$\frac{5x^4+18x^3+11x^2+12x+8}{x(x-1)^2(x+2)^3} = \frac{a}{x} + \frac{b}{x-1} + \frac{c}{(x-1)^2} + \frac{d}{x+2} + \frac{e}{(x+2)^2} + \frac{f}{(x+2)^3}.$$

Welche Koeffizienten lassen sich sofort mit der Zuhaltemethode bestimmen? Natürlich $a = 1$, $c = 2$, $f = 2$.

Man kann nun die Partialbrüche, deren Koeffizienten man bestimmt hat, auf die linke Seite und diese auf den Hauptnenner bringen und anschließend durch x, $x - 1$ und $x + 2$ kürzen (Rechenprobe!) und abermals die Zuhaltemethode anwenden, um $b = 0$ und $e = 1$ zu bestimmen. $d = -1$ würde man anschließend mit der Einsetzmethode bestimmen. Man kann aber auch sofort b, d und e mit der Einsetzmethode bestimmen, vgl. [3.20], [3.21].

Mit der **Einsetzmethode** erzeugt man so viele lineare Gleichungen, wie man unbekannte Koeffizienten angesetzt hat, indem man in die Ansatzgleichung für die Partialbrüche für x beliebige (rechnerisch bequeme!) Werte einsetzt. Diese Methode wendet man vorteilhaft an, wenn mit der Zuhaltemethode schon Koeffizienten bestimmt sind und nur noch wenige Koeffizienten unbekannt sind.

3.20 *Man zerlege* $\frac{x+1}{x^2(x-1)}$ *in Partialbrüche:*

Ansatz: $\frac{x+1}{x^2(x-1)} = \frac{a}{x} + \frac{b}{x^2} + \frac{c}{x-1}$.

Zuhaltemethode liefert: $b = -1,\ c = 2 \implies \frac{x+1}{x^2(x-1)} = \frac{a}{x} - \frac{1}{x^2} + \frac{2}{x-1}$.

Einsetzmethode: $x = 2$ eingesetzt ergibt: $\frac{3}{4} = \frac{a}{2} - \frac{1}{4} + 2$ also $a = -2$.

Partialbruchzerlegung: $\frac{x+1}{x^2(x-1)} = \underline{\frac{-2}{x} - \frac{1}{x^2} + \frac{2}{x-1}}$.

3.21 *Man zerlege* $\frac{x}{(x^2+x+1)(x+1)}$ *in Partialbrüche:*

Ansatz: $\frac{x}{(x^2+x+1)(x+1)} = \frac{a}{x+1} + \frac{bx+c}{x^2+x+1}$.

Zuhaltemethode ergibt: $a = -1 \implies \frac{x}{(x^2+x+1)(x+1)} = \frac{-1}{x+1} + \frac{bx+c}{x^2+x+1}$.

Einsetzmethode, 2 Gleichungen für b und c:

$$\left.\begin{array}{lcccc} x=0: & 0 & = & -1 & + & c \\ x=1: & \frac{1}{3\cdot 2} & = & -\frac{1}{2} & + & \frac{b+c}{3} \end{array}\right\} \implies \begin{array}{l} c = 1, \\ \frac{1}{6} + \frac{1}{2} - \frac{1}{3} = \frac{b}{3} \implies b = 1. \end{array}$$

Partialbruchzerlegung: $\frac{x}{(x^2+x+1)(x+1)} = \underline{\frac{-1}{x+1} + \frac{x+1}{x^2+x+1}}$.

Koeffizientenvergleich

Bei dieser Methode bringt man beide Seiten der Ansatz–Gleichung für die Partialbrüche auf den Hauptnenner, ordnet die Zähler nach Potenzen von x und vergleicht die Koeffizienten.

Korrespondierende Koeffizienten müssen übereinstimmen.

Man erhält ein System von ebensovielen linearen Gleichungen wie unbekannte Koeffizienten vorhanden sind.

Dieses lineare Gleichungssystem ist stets eindeutig lösbar!

3.22 *Mit der Methode des Koeffizientenvergleichs zerlege man* $\frac{2x+3}{(x-1)(x+1)}$ *in Partialbrüche, vgl. [3.15].*

$\frac{2x+3}{(x-1)(x+1)} = \frac{a}{x-1} + \frac{b}{x+1}$, Hauptnenner, nach Potenzen von x ordnen:

$$\frac{2x+3}{(x-1)(x+1)} = \frac{a(x+1)+b(x-1)}{(x-1)(x+1)} = \frac{(a+b)x+a-b}{(x-1)(x+1)}.$$

Koeffizientenvergleich: $\left.\begin{array}{l} a+b=2 \\ a-b=3 \end{array}\right\} \Longrightarrow a=\frac{5}{2},\ b=-\frac{1}{2}.$

Partialbruchzerlegung: $\frac{2x+3}{(x-1)(x+1)} = \underline{\tfrac{5}{2}\frac{1}{x-1} - \tfrac{1}{2}\frac{1}{x+1}}.$

Natürlich würde man hier die Zuhaltemethode vorziehen!

3.23 *Man zerlege die rationale Funktion* $\frac{2x^3+5x^2+2x+3}{(x+2)(x^2+1)}$ *in Polynom plus Summe von Partialbrüchen:*

Die rationale Funktion ist nicht echt gebrochen, da der Nennergrad nicht größer ist als der Zählergrad! Also Polynomdivision:

$$\frac{2x^3+5x^2+2x+3}{(x+2)(x^2+1)} = 2 + \frac{x^2-1}{(x+2)(x^2+1)},$$

$$\begin{aligned} \frac{x^2-1}{(x+2)(x^2+1)} &= \frac{a}{x+2} + \frac{bx+c}{x^2+1} && \text{(Ansatz)} \\ &= \frac{a(x^2+1)+(bx+c)(x+2)}{(x+2)(x^2+1)} && \text{(Hauptnenner)} \\ &= \frac{(a+b)x^2+(2b+c)x+a+2c}{(x+2)(x^2+1)} && \text{(Ordnen)} \end{aligned}$$

<u>1. Lsg.: Koeffizientenvergleich:</u>

$$\begin{array}{lccccccc} x^2: & a & + & b & & & = & 1 \\ x^1: & & & 2b & + & c & = & 0 \\ x^0: & a & & & + & 2c & = & -1 \end{array}$$

Lösung des LGS: $a=\frac{3}{5},\ b=\frac{2}{5},\ c=\frac{-4}{5}.$

<u>2. Lsg.: Zuhaltemethode:</u> $a=\frac{3}{5}$. Man bringt den bekannten Partialbruch $\frac{\frac{3}{5}}{x+2}$ auf die linke Seite, diese auf den Hauptnenner und kürzt:

$$\frac{x^2-1-\frac{3}{5}(x^2+1)}{(x+2)(x^2+1)} = \frac{\frac{2}{5}x^2-\frac{8}{5}}{(x+2)(x^2+1)} = \frac{\frac{2}{5}x-\frac{4}{5}}{x^2+1} = \frac{bx+c}{x^2+1}.$$

Dabei war $(\frac{2}{5}x^2-\frac{8}{5}) : (x+2) = \frac{2}{5}x-\frac{4}{5}.$

Lässt sich die linke Seite nicht kürzen, hat man sich verrechnet!

Koeffizientenvergleich (Ablesen!): $b=\frac{2}{5},\ c=-\frac{4}{5}.$

Ergebnis: $\frac{2x^3+5x^2+2x+3}{(x+2)(x^2+1)} = \underline{2+\frac{1}{5}\cdot\frac{3}{x+2}+\frac{1}{5}\cdot\frac{2x-4}{x^2+1}}.$

3.24 *Man zerlege* $\frac{2x^3+x^2}{x^3-1}$ *in Partialbrüche:*

(1) Durchdividieren: $(2x^3+x^2):(x^3-1) = 2 + \frac{x^2+2}{x^3-1}$

(2) Reelle Produktdarstellung des Nenners: Da $x_1 = 1$ eine Nullstelle des Nenners ist, lässt sich x^3-1 durch $x-1$ ohne Rest teilen:
$(x^3-1):(x-1) = x^2+x+1$.

Dieser quadratische Ausdruck hat keine reellen Nullstellen und folglich lautet die reelle Produktdarstellung des Nenners:
$x^3-1 = (x-1)\cdot(x^2+x+1)$.

(3) Ansatz der Partialbrüche: $\frac{x^2+2}{(x-1)(x^2+x+1)} = \frac{a}{x-1} + \frac{bx+c}{x^2+x+1}$

(4) Bestimmung der Koeffizienten:

Zuhaltemethode ergibt $a = 1$. "Rüberbringen" von $\frac{1}{x-1}$, Hauptnenner, Kürzen:

$$\frac{x^2+2}{(x-1)(x^2+x+1)} - \frac{1}{x-1} = \frac{x^2+2-(x^2+x+1)}{(x-1)(x^2+x+1)} = \frac{-1}{x^2+x+1} = \frac{bx+c}{x^2+x+1}$$

Koeffizientenvergleich liefert schließlich: $b = 0$, $c = -1$.

Ergebnis: $\frac{2x^3+x^2}{x^3-1} = \underline{2 + \frac{1}{x-1} + \frac{-1}{x^2+x+1}}$.

Partialbruchzerlegungen sind "im Prinzip" einfach; aber oft mit erheblichem Rechenaufwand verbunden.

Man versuche z.B. die PBZ von

$$\frac{2x^7+8x^6+13x^5+20x^4+17x^3+16x^2+7x+7}{(x-1)^2(x^2+x+1)^2(x^2+2x+2)}.$$

Das Programm PBZ aus **BP** liefert sofort

$$\frac{2}{(x-1)^2} + \frac{1}{x-1} + \frac{1}{(x^2+x+1)^2} + \frac{x+3}{x^2+2x+2}.$$

Partialbruchzerlegungen löst man einfach mit dem Programm PBZ aus **BP**.

3.3 Trigonometrische Funktionen

Umrechnung: Gradmaß – Bogenmaß

Es besteht folgender Zusammenhang zwischen dem

- **Winkel α** in Grad und dem
- **Bogenmaß b**, also der **Länge b** des zugehörigen Kreisbogens am **Einheitskreis**.

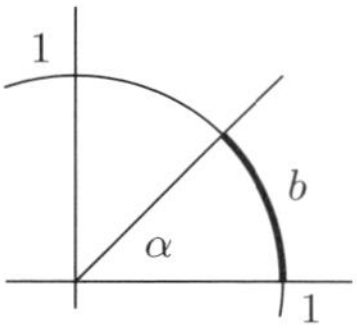

$$\boxed{\frac{\alpha}{180^\circ} = \frac{b}{\pi}}$$

$$\alpha = \frac{b}{\pi}180^\circ\,, \quad b = 1 \implies \alpha = \frac{180^\circ}{\pi} \approx 57.296^\circ$$

$$b = \frac{\alpha}{180^\circ}\pi\,, \quad \alpha = 1^\circ \implies b = \frac{1^\circ}{180^\circ}\pi \approx 0.017$$

Benutzt man einen Taschenrechner, vergewissere man sich, ob er auf Winkel im Gradmaß (DEG) oder im Bogenmaß (RAD) eingestellt ist.

Zur vertiefenden Wiederholung
siehe auch **EM 1**, Seite 118,119 und **EM 2**, Seite 103,104.

3.25 *Mittels Taschenrechner rechnet man leicht um:*

$b = \frac{2}{3}\pi \Rightarrow \alpha = 120^0, \quad b = -\frac{3}{2}\pi \Rightarrow \alpha = -270^0, \quad b = 10 \Rightarrow \alpha = 572.9578^0.$

Da 1^0 (Grad) $= 60'$ (Minuten), und $1'$ (Minute) $= 60''$ (Sekunden) ist, gilt:

$572.9578^0 = 572^0 + 0.9578^0 = 572^0 + 57.468' = 572^0 57' + 28.08'' \approx 572^0 57' 28''$

Dabei ist z.B.: $0.9578^0 = 0.9578 \cdot 60' = 57.468'$.

$43^0 = 0.75\,\mathrm{rad}, \quad -411^0 = -7.17\,\mathrm{rad}, \quad 30^0 25' 48'' = 30.43^0 = 0.5311\,\mathrm{rad}.$

Neben der *strengen* Definition der trigonometrischen Funktionen durch unendliche Reihen (siehe **F3** oder **F+H**, 66–72), gibt es die *anschauliche* Definition mittels rechtwinkliger Dreiecke am Einheitskreis, wobei G, A und H mit Vorzeichen zu versehen sind.

$$\sin\alpha = \frac{\text{Gegenkathete}}{\text{Hypotenuse}} = \frac{G}{H}$$

$$\cos\alpha = \frac{\text{Ankathete}}{\text{Hypotenuse}} = \frac{A}{H}$$

$$\tan\alpha = \frac{\text{Gegenkathete}}{\text{Ankathete}} = \frac{\sin\alpha}{\cos\alpha}$$

$$\cot\alpha = \frac{\text{Ankathete}}{\text{Gegenkathete}} = \frac{\cos\alpha}{\sin\alpha} = \frac{1}{\tan\alpha}$$

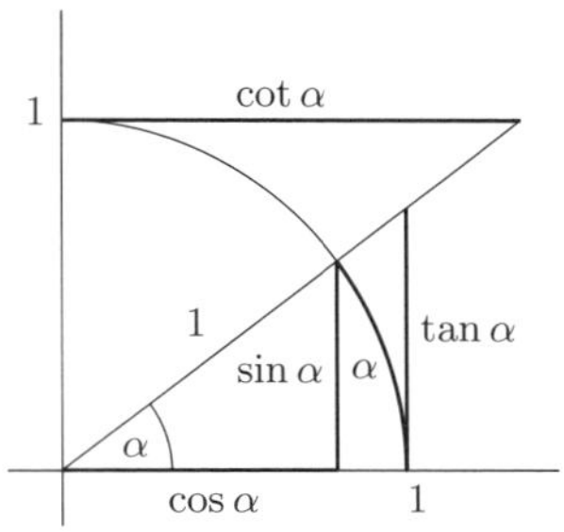

Wichtige Eigenschaften:

Periodizität:

$\sin x$ und $\cos x$ haben die Periode 2π: $\sin(x+2\pi) = \sin x,\ \cos(x+2\pi) = \cos x,$
$\tan x$ und $\cot x$ haben die Periode π: $\tan(x+\pi) = \tan x,\ \cot(x+\pi) = \cot x.$

Symmetrie (gerade, ungerade Funktionen siehe Seite 32):

$\cos x$ ist eine *gerade* Funktion: $\cos(-x) = \cos x$.

$\sin x,\ \tan x,\ \cot x$ sind *ungerade* Funktionen: z.B.: $\sin(-x) = -\sin x$.

Die Cosinuskurve ist eine um $\frac{\pi}{2}$ *nach links verschobene* Sinuskurve: $\sin(x+\frac{\pi}{2}) = \cos x$.

$A\sin(\omega x+\varphi)$ geht aus $\sin x$ hervor, durch (siehe auch Schwingungen Seite 78):

(1) Streckung um den Faktor A in y–Richtung,
(2) Streckung um den Faktor $\frac{1}{\omega}$ in x–Richtung,
(3) Verschiebung um $-\frac{\varphi}{\omega}$ in x–Richtung.

3.26 *Man skizziere* $3\sin(2x+\frac{\pi}{3})$.

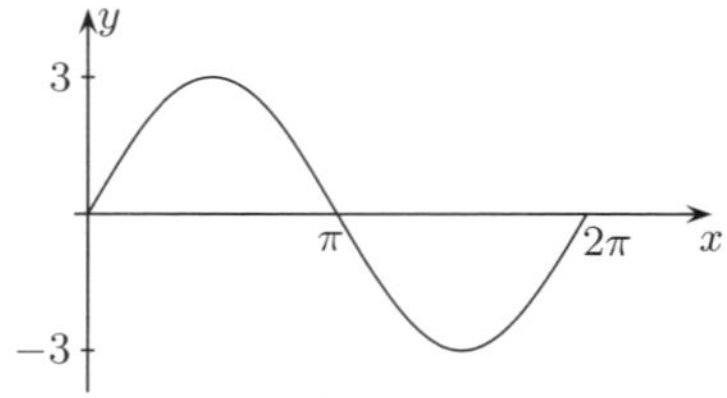

(1) $3\sin x$
Streckung um den Faktor 3 in y–Richtung:

(2) $3\sin 2x$
Streckung um den Faktor $\frac{1}{2}$ in x–Richtung:
man sagt auch: Stauchung um den Faktor 2 in x–Richtung.

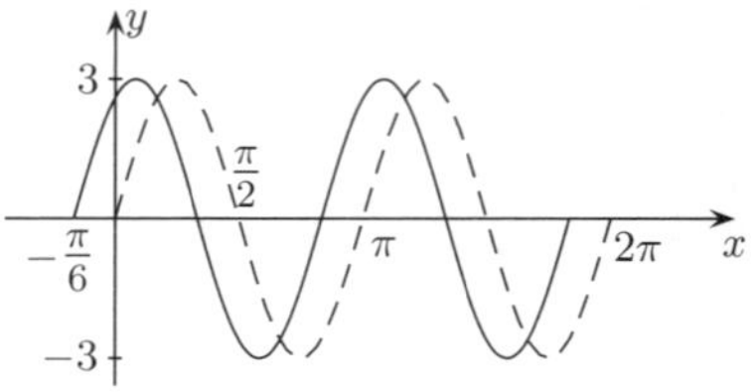

(3) $3\sin(2x+\frac{\pi}{3}) = 3\sin 2(x+\frac{\pi}{6})$
Verschiebung um $-\frac{\pi}{6}$ in x–Richtung:

Die wichtigsten trigonometrischen Formeln

Additionstheoreme:

$$\cos(x\pm y) = \cos x\cos y \mp \sin x\sin y.$$
$$\sin(x\pm y) = \sin x\cos y \pm \cos x\sin y.$$

Folgerungen:

$$\cos^2 x + \sin^2 x = 1.$$

$$\cos 2x = \cos^2 x - \sin^2 x. \qquad \cos^2 x = \tfrac{1}{2}(1+\cos 2x).$$
$$\sin 2x = 2\sin x\cos x. \qquad \sin^2 x = \tfrac{1}{2}(1-\cos 2x).$$

3.4 Inverse trigonometrische Funktionen
Arcus–Funktionen

Die trigonometrischen Funktionen sind periodisch, und folglich nicht umkehrbar. Beschränkt man sie auf Monotonieintervalle, z.B. die Sinusfunktion auf das Intervall $[-\pi/2, \pi/2]$, so ist die so eingeschränkte Funktion umkehrbar. Da man die trigonometrischen Funktionen am Einheitskreis definieren und den Winkel x als Länge des zugehörigen Kreisbogens (Arcus) auffassen kann, nennt man die Umkehrfunktionen Arcusfunktionen: (Umkehrfunktion, siehe Seite 29)

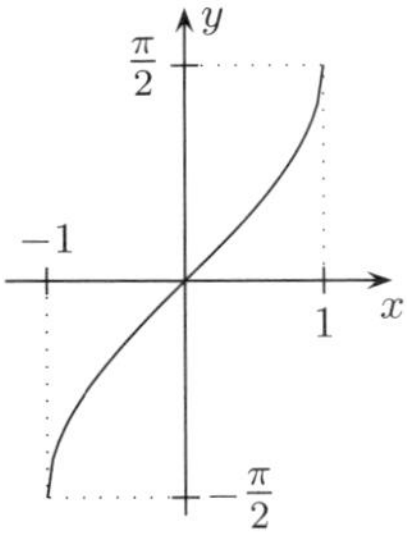

$y = \sin x$
$y = \arcsin x$

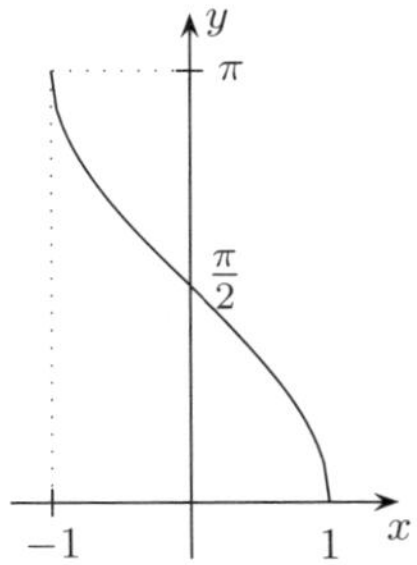

$y = \cos x$
$y = \arccos x$

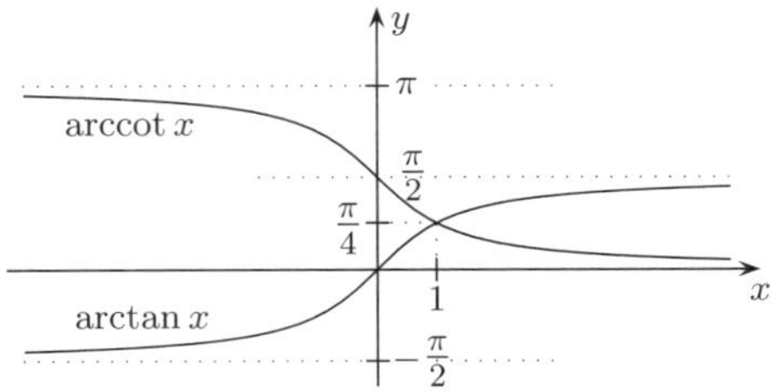

$y = \tan x$
$y = \arctan x$

$y = \cot x$
$y = \operatorname{arccot} x$

3.27 *Man vereinfache und skizziere:* (a) $y = \cos\arcsin x$, (b) $y = \sin\arccos x$, (c) $y = \tan\arcsin x$, (d) $y = \arcsin\cos x$.

(a) $-1 \leq x \leq 1 \Longrightarrow -\frac{\pi}{2} \leq \arcsin x \leq \frac{\pi}{2}$.

Für $-\frac{\pi}{2} \leq \alpha \leq \frac{\pi}{2}$ gilt $\cos\alpha = \sqrt{1-\sin^2\alpha}$, also:

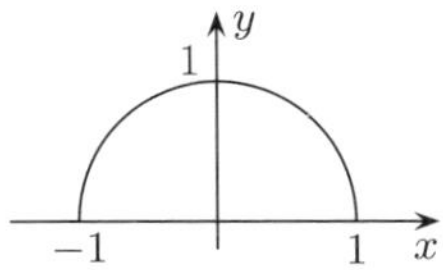

$$\begin{aligned} y = \cos\arcsin x &= \sqrt{1-(\sin(\arcsin x))^2} \\ &= \sqrt{1-x^2}, \quad -1 \leq x \leq 1. \end{aligned}$$

(b) Ebenso: $\sin\arccos x = \sqrt{1-x^2}$,
also $\sin\arccos x = \cos\arcsin x, \quad -1 \leq x \leq 1$.

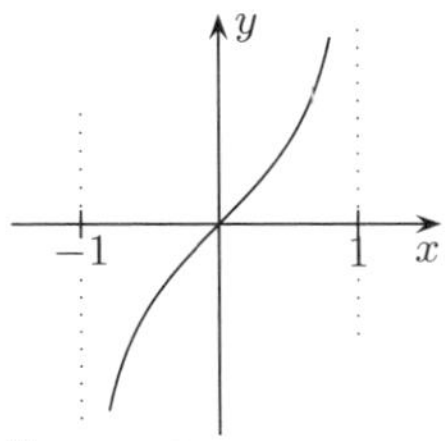

(c) $y = \tan\arcsin x = \dfrac{\sin\arcsin x}{\cos\arcsin x} = \dfrac{x}{\sqrt{1-x^2}}, \quad -1 \leq x \leq 1$.

(d) Für $0 \leq x \leq \pi$ gilt:
$y = \arcsin\cos x \Longleftrightarrow \sin y = \cos x, \ -\frac{\pi}{2} \leq y \leq \frac{\pi}{2} \Longleftrightarrow y = \frac{\pi}{2} - x, \ 0 \leq x \leq \pi$.
Da $y = \arcsin\cos x$ eine gerade Funktion (symmetrisch zur y–Achse) und periodisch mit der Periode 2π ist, erhält man:

$$y = \arcsin\cos x = \begin{cases} x + \frac{\pi}{2}, & -\pi \leq x \leq 0 \\ -x + \frac{\pi}{2}, & 0 \leq x \leq \pi \end{cases} \quad \text{periodisch fortgesetzt.}$$

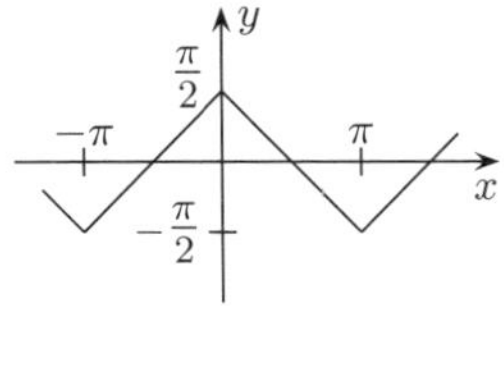

3.5 Schwingungen

$\boldsymbol{y = A\sin(\omega t + \varphi)}$ heißt **harmonische Schwingung** oder Sinusschwingung.

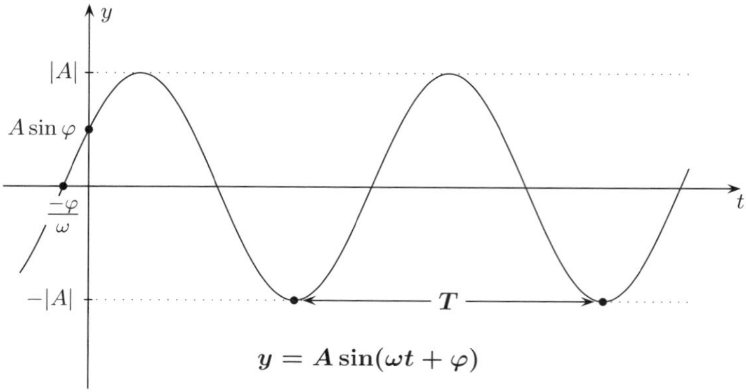

Die charakteristischen Größen einer Schwingung:

$\lvert A\rvert$	**Amplitude** (halber Wert der Schwingungsweite),
$T = \frac{2\pi}{\omega}$	**Periode** (Schwingungsdauer),
$\omega = \frac{2\pi}{T}$	**Kreisfrequenz** (Zahl der Schwingungen in 2π Sekunden),
$\frac{1}{T} = \frac{\omega}{2\pi}$	**Frequenz** (Zahl der Schwingungen in 1 Sekunden),
φ	**Phasenwinkel** (Phasenverschiebung).

Da $\sin(x + \pi/2) = \cos x$ ist, lassen sich Cosinusschwingungen leicht in Sinusschwingungen umschreiben:

$$A\cos(\omega t + \varphi) = A\sin(\omega t + \varphi + \tfrac{\pi}{2})$$

3.28 *Man bestimme die charakteristischen Größen folgender Schwingungen und skizziere sie. Wo schneiden die Kurven die t–Achse bzw. die y–Achse?*

(a) $y = 2\sin(2t - \pi)$, (b) $y = \sin(\frac{1}{2}t + \frac{\pi}{6})$, (c) $y = \sqrt{2}\sin(\frac{\pi}{4} - t)$.

Vorüberlegung zu (c): Es ist $\sin(\frac{\pi}{4} - t) = -\sin(t - \frac{\pi}{4})$.
$y_0 = y(0) = A\sin\varphi$ ist der Schnittpunkt mit der y–Achse.

$A\sin(\omega t + \varphi) = A\sin\omega(t - (-\frac{\varphi}{\omega}))$ geht aus $A\sin\omega t$ durch Verschiebung um $t_0 := -\frac{\varphi}{\omega}$ in x–Richtung hervor.

Die weiteren Nullstellen sind: $t_0 + k\frac{T}{2}$, $k \in \mathbb{Z}$. Man erhält:

$y(t)$	$\lvert A\rvert$	ω	$T=\frac{2\pi}{\omega}$	$\frac{1}{T}$	φ	y_0	$t_0=-\frac{\varphi}{\omega}$
$2\sin(2t-\pi)$	2	2	π	$\frac{1}{\pi}$	$-\pi$	0	$\frac{\pi}{2}$
$\sin(\frac{1}{2}t+\frac{\pi}{6})$	1	$\frac{1}{2}$	4π	$\frac{1}{4\pi}$	$\frac{\pi}{6}$	$\frac{1}{2}$	$-\frac{\pi}{3}$
$-\sqrt{2}\sin(t-\frac{\pi}{4})$	$\sqrt{2}$	1	2π	$\frac{1}{2\pi}$	$-\frac{\pi}{4}$	1	$\frac{\pi}{4}$

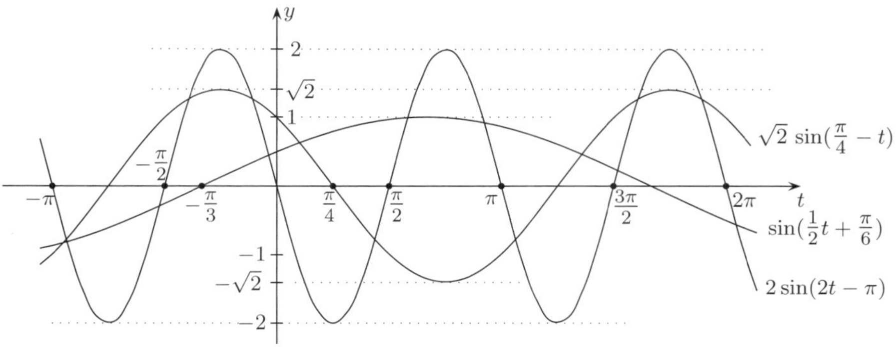

Zerlegung einer Schwingung

$$y = A\sin(\omega t+\varphi)$$

lässt sich in eine *reine* Cosinusschwingung und eine *reine* Sinusschwingung zerlegen: Wendet man das Additionstheorem $\sin(\alpha+\beta)=\sin\alpha\cos\beta+\cos\alpha\sin\beta$ an, so erhält man:

$$\begin{aligned} A\sin(\omega t+\varphi) &= A\sin\varphi\cos\omega t + A\cos\varphi\sin\omega t \ . \\ &= \qquad B\cos\omega t + \qquad C\sin\omega t \end{aligned}$$

Man sieht (vgl. **Polarkoordinaten**: **F2** oder Seite 94, 95):

Zerlegung einer Schwingung

$$A\sin(\omega t+\varphi) = B\cos\omega t + C\sin\omega t$$

$B = A\sin\varphi$ und $A=\sqrt{B^2+C^2}$

$C = A\cos\varphi$ $\tan\varphi = \frac{B}{C}$ (Quadranten des Punktes (C,B) beachten!)

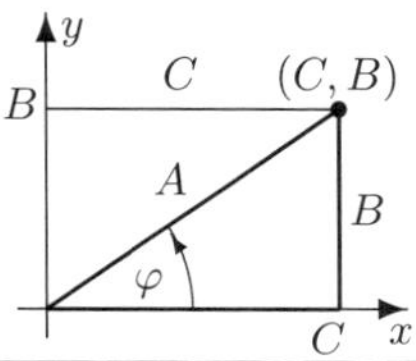

Da $\cos\omega t = \sin(\omega t+\frac{\pi}{2})$ ist, deutet man die Zerlegung der phasenverschobenen Schwingung $A\sin(\omega t+\varphi)$ als Überlagerung (Addition) der beiden um 90^0 *phasenverschobenen* Schwingungen $B\cos\omega t$ und $C\sin\omega t$.

3.29 *Man zerlege* $4\sin(2t+\frac{4}{3}\pi)$ *in eine reine Cosinus– und eine reine Sinusschwingung.*

$$\left.\begin{aligned} B &= A\sin\varphi = 4\sin\tfrac{4}{3}\pi = -2\sqrt{3} \\ C &= A\cos\varphi = 4\cos\tfrac{4}{3}\pi = -2 \end{aligned}\right. \Longrightarrow 4\sin(2t+\tfrac{4}{3}\pi) = -2\sqrt{3}\,\cos 2t - 2\sin 2t.$$

3.30 *Man berechne Amplitude und Phase der Schwingung* $3\cos\pi t - \sqrt{3}\,\sin\pi t$.

$$A = \sqrt{B^2+C^2} = \sqrt{3+9} = \underline{\underline{2\sqrt{3}}},$$

$$\tan\varphi = \frac{B}{C} = \frac{3}{-\sqrt{3}} = -\sqrt{3} \Longrightarrow \varphi = \underline{\underline{\tfrac{2}{3}\pi}} \text{ (2. Quadrant!)}$$

$$\text{Überlagerung:}\quad 3\cos\pi t - \sqrt{3}\,\sin\pi t = \underline{\underline{2\sqrt{3}\,\sin(\pi t + \tfrac{2}{3}\pi)}},$$

$$T = 2,\ \omega = \pi,\ t_0 = -\frac{2}{3},\ y_0 = 3.$$

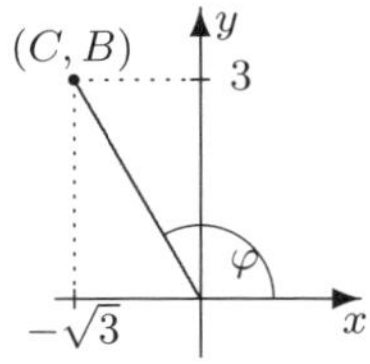

Überlagerung zweier Schwingungen gleicher Frequenz

Die Überlagerung (Addition, Superposition) zweier Schwingungen gleicher Frequenz ergibt wieder eine Schwingung der gleichen Frequenz:

Reelle und komplexe Rechnung siehe unten:

Überlagerung von Schwingungen

$$\boxed{A_1\sin(\omega t+\varphi_1) + A_2\sin(\omega t+\varphi_2) = A\sin(\omega t+\varphi)}$$

$$A = \sqrt{A_1^2 + A_2^2 + 2A_1A_2\cos(\varphi_1-\varphi_2)}$$

$$\tan\varphi = \frac{A_1\sin\varphi_1 + A_2\sin\varphi_2}{A_1\cos\varphi_1 + A_2\cos\varphi_2} \quad \text{(Quadranten beachten!)}$$

Spezialfall: $\boxed{B\cos\omega t + C\sin\omega t = A\sin(\omega t+\varphi)}$

$$\left(\begin{array}{ll} A_1 = B\,, & \varphi_1 = \pi/2 \\ A_2 = C\,, & \varphi_2 = 0 \end{array}\right) \qquad \begin{aligned} A &= \sqrt{B^2+C^2} \\ \tan\varphi &= \frac{B}{C} \left(\begin{array}{l}\text{Quadranten des} \\ \text{Punktes } (C,B) \text{ beachten!}\end{array}\right) \end{aligned}$$

Überlagerung und Zerlegung von Schwingungen, siehe auch **F+H** Seite 42

3.31 *Man bestimme folgende Überlagerungen in der Form $A\sin(\omega t + \varphi)$.*

(a) $3\sin(4t+1) - 3\sin(4t+1+\pi)$, (b) $2\sin(2t+\frac{2}{3}\pi) - 3\cos(2t-\frac{5}{6}\pi)$.

(a) $A = \sqrt{9+9+2\cdot 3(-3)\cos(-\pi)} = \underline{6}$,

$\tan\varphi = \dfrac{3\sin 1 - 3\sin(1+\pi)}{3\cos 1 - 3\cos(1+\pi)} = \dfrac{6\sin 1}{6\cos 1} = \tan 1 \Longrightarrow \varphi = \underline{1}$, $(\varphi \approx 57.3^0)$.

Also: $3\sin(4t+1) - 3\sin(4t+1+\pi) = \underline{\underline{6\sin(4t+1)}}$.

Das hätte man einfacher haben können: $\sin(4t+1+\pi) = -\sin(4t+1)$.

(b) Zunächst: $-3\cos(2t-\frac{5}{6}\pi) = -3\sin(2t-\frac{5}{6}\pi+\frac{\pi}{2}) = -3\sin(2t-\frac{\pi}{3})$.

$A = \sqrt{4+9+2\cdot 2(-3)\cos(\frac{2}{3}\pi - (-\frac{1}{3})\pi)} = \sqrt{13-12\cos\pi} = \underline{5}$,

$\tan\varphi = \dfrac{2\sin 2\pi/3 - 3\sin(-\pi/3)}{2\cos 2\pi/3 - 3\cos(-\pi/3)} = \dfrac{\sqrt{3}+3\frac{1}{2}\sqrt{3}}{-1-3\frac{1}{2}} = -\sqrt{3}$

$\Longrightarrow \varphi = \underline{\frac{2}{3}\pi}$, $(\varphi = 120^0)$.

Also: $2\sin(2t+\frac{2}{3}\pi) - 3\cos(2t-\frac{5}{6}\pi) = \underline{\underline{5\sin(2t+\frac{2}{3}\pi)}}$.

3.6 Schwingungen, komplexe Rechnung

Man benutzt folgende Eigenschaften komplexer Zahlen (siehe Seite 93 ff):

- Bei konstantem $A \in \mathbb{R}$ und beliebigem $t \in \mathbb{R}$ ist $Ae^{i\omega t}$ eine komplexe Zahl auf dem Kreis vom Radius $|A|$.
- Eulersche Formel: $Ae^{i\omega t} = A(\cos\omega t + i\sin\omega t)$.
- Für den Imaginärteil $\mathrm{Im}(z)$ von z gilt: $\mathrm{Im}(z_1+z_2) = \mathrm{Im}(z_1) + \mathrm{Im}(z_2)$.

Schwingungen lassen sich vorteilhaft an einem in der komplexen Ebene rotierenden Vektor (Zeiger) darstellen:

komplexe Ebene **reelle Ebene**

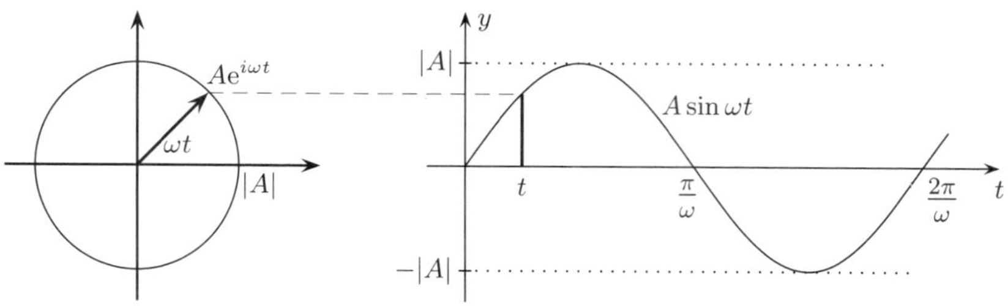

$\boldsymbol{z(t) = Ae^{i\omega t}}$ $\boldsymbol{y(t) = \mathrm{Im}(z(t)) = A\sin\omega t}$

Dabei ist:

$z(t)$	$= x(t) + i\,y(t)$	komplexe Zahl = Vektor in der komplexen Ebene,
	$= A\mathrm{e}^{i\,\omega t}$	bei festem A ein in der komplexen Ebene rotierender Vektor der Länge $\lvert A\rvert$,
	$= A(\cos\omega t + i\,\sin\omega t)$	Eulersche Formel.
$y(t)$	$= A\sin\omega t = \operatorname{Im}(A\mathrm{e}^{i\,\omega t})$	Imaginärteil des in der komplexen Ebene rotierenden Vektors der Länge $\lvert A\rvert$.

komplexe Ebene **reelle Ebene**

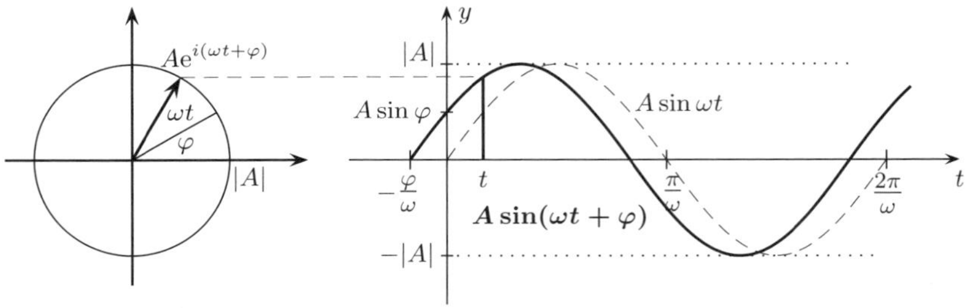

$\boldsymbol{z(t) = A\mathrm{e}^{i\varphi}\mathrm{e}^{i\omega t}}$ $\qquad$ $\boldsymbol{y(t) =}\ \operatorname{Im}(z(t)) = \boldsymbol{A\sin(\omega t + \varphi)}$

Bemerkung: Es ist $A\mathrm{e}^{i\omega t} = A(\cos\omega t + i\sin\omega t)$.
und $A\mathrm{e}^{i(\omega t+\varphi)} = A\mathrm{e}^{i\varphi}\mathrm{e}^{i\omega t} = A\mathrm{e}^{i\varphi}(\cos\omega t + i\sin\omega t)$.

Die Phasenverschiebung φ bewirkt also ein *Komplexwerden* der Amplitude.
Der Übergang von A zu $A\mathrm{e}^{i\varphi}$, also die Multiplikation von A mit $\mathrm{e}^{i\varphi}$ bedeutet in der komplexen Ebene eine Drehung um den Winkel φ.
Da $A\mathrm{e}^{i\varphi} = -A\mathrm{e}^{i(\varphi+\pi)}$ ist, lässt sich immer $A \geq 0$ wählen!

Die **komplexe Amplitude** $\boldsymbol{A\mathrm{e}^{i\varphi}}$ *enthält* $\left\{\begin{array}{l}\text{die reelle Amplitude } \boldsymbol{A} \\ \text{und die Phasenverschiebung } \boldsymbol{\varphi}.\end{array}\right.$

Überlagerung zweier Schwingungen gleicher Frequenz

Wegen $\mathrm{Im}\big(Ae^{i(\omega t+\varphi)}\big) = A\sin(\omega t+\varphi)$ und $\mathrm{Im}(z_1+z_2) = \mathrm{Im}(z_1) + \mathrm{Im}(z_2)$ gilt:

> **Überlagerung zweier Schwingungen gleicher Frequenz**
>
> **Superposition**
>
> Schwingungen $y = A\sin(\omega t + \varphi)$ lassen sich durch komplexe Zahlen (Zeiger) $Ae^{i(\omega t+\varphi)}$ darstellen.
>
> Der Überlagerung von Schwingungen entspricht die Addition ihrer komplexen Amplituden (Zeiger):
>
> $$A_1\sin(\omega t + \varphi_1) + A_2\sin(\omega t + \varphi_2) = A\sin(\omega t + \varphi)$$
>
> $$\Longleftrightarrow$$
>
> $$A_1e^{i\varphi_1} + A_2e^{i\varphi_2} = Ae^{i\varphi}$$

Schwingungen lassen sich also durch komplexe Zahlen (Zeiger) darstellen. Der Überlagerung von Schwingungen entspricht die Addition ihrer Zeiger:

Die **komplexe Amplitude $\boldsymbol{Ae^{i\varphi}}$** enthält $\begin{cases}\text{die reelle Amplitude } \boldsymbol{A} \\ \text{und die Phasenverschiebung } \boldsymbol{\varphi}.\end{cases}$

Zeigerdiagramm

Die Addition (Überlagerung) zweier Schwingungen gleicher Frequenz ergibt wieder eine Schwingung der gleichen Frequenz.

Die komplexe Amplitude der Überlagerung ist die Summe der komplexen Amplituden der beiden Schwingungen:

$$Ae^{i\varphi} = A_1e^{i\varphi_1} + A_2e^{i\varphi_2}$$

Die Amplituden sind komplexe Zahlen, deren Addition die gewöhnliche Vektoraddition ist.

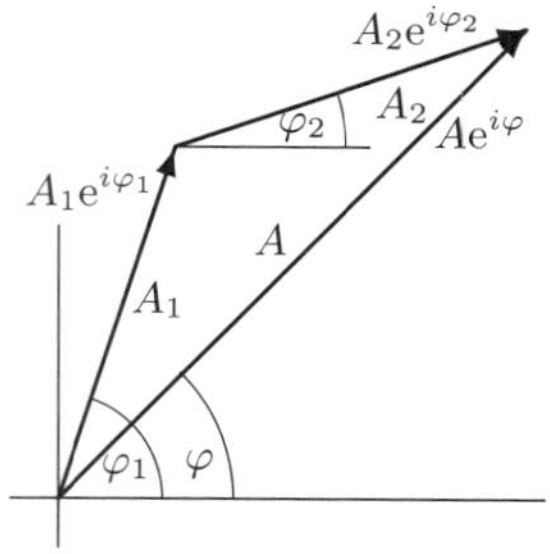

$$Ae^{i\varphi} = A_1e^{i\varphi_1} + A_2e^{i\varphi_2}$$

Addition der komplexen Amplituden
Zeigerdiagramm

3.33 *Es sei* $A_1\sin(\omega t+\varphi_1)+A_2\sin(\omega t+\varphi_2)=A\sin(\omega t+\varphi)$.
Man berechne A *und* $\tan\varphi$ *aus* $A_1,\ A_2,\ \varphi_1,\ \varphi_2$.

(1) Komplexe Rechnung: Aus dem Zeigerdiagramm ergibt sich:

$$\bullet\ Ae^{i\varphi} = A_1e^{i\varphi_1}+A_2e^{i\varphi_2} = A_1\cos\varphi_1+iA_1\sin\varphi_1+A_2\cos\varphi_2+iA_2\sin\varphi_2 = (A_1\cos\varphi_1+A_2\cos\varphi_2)+i(A_1\sin\varphi_1+A_2\sin\varphi_2)$$

$$\Longrightarrow\quad A=|Ae^{i\varphi}| = |A_1e^{i\varphi_1}+A_2e^{i\varphi_2}| = \sqrt{(A_1\cos\varphi_1+A_2\cos\varphi_2)^2+(A_1\sin\varphi_1+A_2\sin\varphi_2)^2} = \sqrt{A_1^2+A_2^2+2A_1A_2(\cos\varphi_1\cos\varphi_2+\sin\varphi_1\sin\varphi_2)} = \underline{\underline{\sqrt{A_1^2+A_2^2+2A_1A_2\cos(\varphi_1-\varphi_2)}}}\ \text{(Additionstheorem!)}$$

$$\Longrightarrow\quad \tan\varphi=\underline{\underline{\frac{A_1\sin\varphi_1+A_2\sin\varphi_2}{A_1\cos\varphi_1+A_2\cos\varphi_2}}}\quad\text{(Quadranten beachten!)}$$

(2) A und $\tan\varphi$ entnimmt man auch unmittelbar dem Zeigerdiagramm (Seite 83): $\tan\varphi$ liest man ab, A berechnet man mit dem Cosinussatz (siehe Seite 157).

(3) Reelle Rechnung: Man benutzt die Additionstheoreme und erhält:

$$A_1\sin\omega t\cos\varphi_1+A_1\cos\omega t\sin\varphi_1+A_2\sin\omega t\cos\varphi_2+A_2\cos\omega t\sin\varphi_2 = A\sin\omega t\cos\varphi+A\cos\omega t\sin\varphi,$$

$$(A_1\cos\varphi_1+A_2\cos\varphi_2)\sin\omega t+(A_1\sin\varphi_1+A_2\sin\varphi_2)\cos\omega t = A\cos\varphi\sin\omega t+A\sin\varphi\cos\omega t.$$

Speziell für $t=\frac{\pi}{2\omega}$ bzw. $t=0$ (oder weil $\sin\omega t$ und $\cos\omega t$ linear unabhängig sind) erhält man folgende Gleichungen:

- $A_1\cos\varphi_1+A_2\cos\varphi_2=A\cos\varphi,$
- $A_1\sin\varphi_1+A_2\sin\varphi_2=A\sin\varphi.$

Es ist $A^2=A^2(\cos^2\varphi+\sin^2\varphi)=A^2\cos^2\varphi+A^2\sin^2\varphi$. Man erhält:

$$\Longrightarrow\quad A=\sqrt{(A_1\cos\varphi_1+A_2\cos\varphi_2)^2+(A_1\sin\varphi_1+A_2\sin\varphi_2)^2} = \cdots = \underline{\underline{\sqrt{A_1^2+A_2^2+2A_1A_2\cos(\varphi_1-\varphi_2)}}}\ \text{und}$$

$$\Longrightarrow\quad \tan\varphi=\frac{A\sin\varphi}{A\cos\varphi}=\underline{\underline{\frac{A_1\sin\varphi_1+A_2\sin\varphi_2}{A_1\cos\varphi_1+A_2\cos\varphi_2}}}\quad\text{(Quadranten beachten!)}$$

3.7 Exponential– und Logarithmusfunktionen

Die Exponentialfunktion $y=e^x$, ($e=2.718281828\ldots$, Eulersche Zahl) wird durch folgende für alle $x\in\mathbb{R}$ konvergente Reihe definiert:

$$e^x = 1+x+\frac{x^2}{2!}+\frac{x^3}{3!}+\frac{x^4}{4!}+\ldots = \sum_{n=0}^{\infty}\frac{x^n}{n!}$$

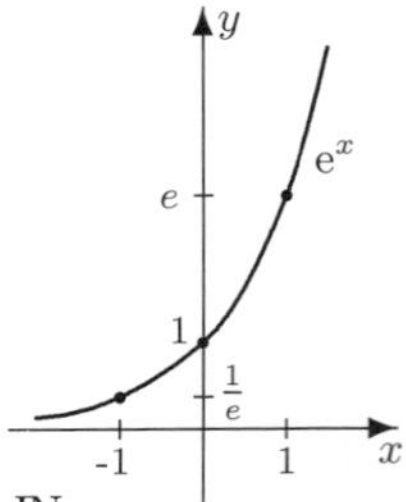

Wichtige Eigenschaften der e–Funktion:

$e^x>0$ für alle $x\in\mathbb{R}$. e^x hat keine Nullstellen. $(e^x)'=e^x$.

e^x ist streng monoton wachsend (also injektiv, umkehrbar).

$e^{x+y}=e^xe^y$, $e^0=1$, $e^{-x}=\frac{1}{e^x}$ und $\lim\limits_{x\to\infty}\frac{e^x}{x^n}=\infty$ für alle $n\in\mathbb{N}$.

$$\lim_{x\to\infty} \frac{e^x}{x^n} = \infty \quad \text{für alle } n \in \mathbb{N}.$$

Die e–Funktion wächst *stärker* als jede (noch so *große*) Potenz von x.

Wichtige Anwendungen:

Lineare DGLn (mit konstanten Koeffizienten), siehe Seite 448.

Wachstumsfunktion:

$m(t) = m_0 e^{ct}$: m_0 : Anfangsgröße. c: Wachstumskonstante, falls $c > 0$; Zerfallskonstante, falls $c < 0$.

Gedämpfte Schwingungen: $y(t) = Ae^{-ct}\sin(\omega t + \varphi)$.

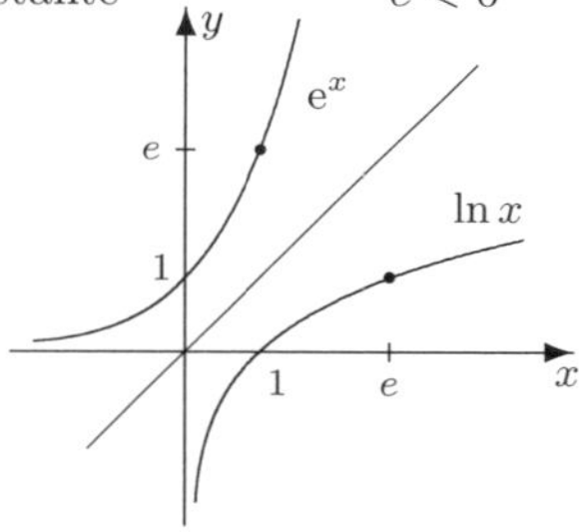

Die Umkehrfunktion der Exponentialfunktion $y = e^x$ heißt (natürlicher) Logarithmus: $y = \ln x$.

Wichtige Eigenschaften der ln–Funktion:

$\ln x$ ist für $x > 0$ definiert.

$\ln e^x = x$ für alle $x \in \mathbb{R}$ und $e^{\ln x} = x$ für alle $x > 0$.

$\ln x$ ist streng monoton wachsend.

$$\lim_{x\to\infty} \frac{\ln x}{x^{1/n}} = 0 \quad \text{für alle } n \in \mathbb{N}.$$

Die ln–Funktion wächst *schwächer* als jede (noch so *kleine*) Potenz von x.

allgemeine Exponentialfunktion — mit der Basis $0 < a \neq 1$ — allgemeine Logarithmusfunktion

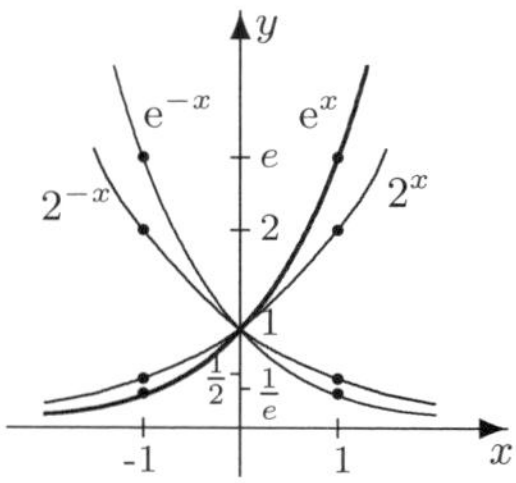

$$a^x := e^{x \ln a}$$

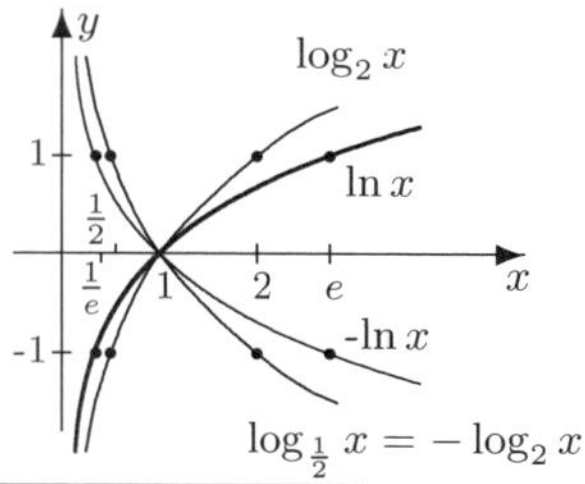

$$\log_a x := \frac{1}{\ln a} \ln x$$

Rechenregeln (a: Basis, mit $0 < a \neq 1$)

a^x	$\log_a x$
$a^{x+y} = a^x a^y$	$\log_a xy = \log_a x + \log_a y$
$a^{x-y} = \frac{a^x}{a^y}$	$\log_a \frac{x}{y} = \log_a x - \log_a y$
$a^{-x} = \frac{1}{a^x}$	$\log_a \frac{1}{x} = -\log_a x$
$a^0 = 1$	$\log_a 1 = 0$
$(a^x)^r = a^{xr}$	$\log_a x^r = r \log_a x$
$a^{\log_a x} = x$	$\log_a a^x = x$

Logarithmen zu verschiedenen Basen

Aus $a^{\log_a x} = x$ folgt $\log_a x \cdot \log_b a = \log_b x$

also $\log_a x = \dfrac{\log_b x}{\log_b a}$

speziell $\log_a x = \dfrac{\ln x}{\ln a}$

3.34 *Man berechne x aus:* (a) $\log_{\frac{1}{2}} 256 = x^3$, (b) $\log_x 2 = -\frac{2}{3}$,
(c) $\log_2 \sqrt{x} = -2$, (d) $2^x = 3$.

(a) $\log_{\frac{1}{2}} 256 = x^3 \iff (\frac{1}{2})^{x^3} = 256 = 2^8 \iff 2^{-x^3} = 2^8 \iff -x^3 = 8 \iff x = \underline{\underline{-2}}.$

(b) $\log_x 2 = -\frac{2}{3} \iff x^{-\frac{2}{3}} = 2 \iff x = 2^{-\frac{3}{2}} = \underline{\underline{\frac{1}{4}\sqrt{2}}}.$

(c) $\log_2 \sqrt{x} = -2 \iff 2^{-2} = \sqrt{x} \iff x = 2^{-4} = \underline{\underline{\frac{1}{16}}}.$

(d) $2^x = 3 \iff x = \log_2 3 = \underline{\underline{\frac{\ln 3}{\ln 2}}}.$

3.35 *Man skizziere die Funktionen:* $\ln|x|$, $|\ln x|$, $\big|\ln|x|\big|$, $\ln^2 x$, $\frac{1}{\ln x}$, $x \ln x$.

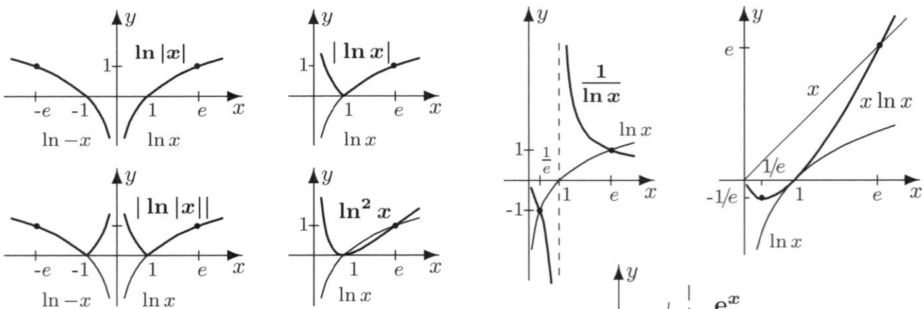

3.36 *Man zeige:*

(a) $x + 1 \le e^x \quad (x \in \mathbb{R})$

(b) $e^x \le \frac{1}{1-x} \quad (x < 1)$

(c) $\ln x \le x - 1 \quad (x > 0)$

(d) $\frac{x-1}{x} \le \ln x \quad (x > 0)$

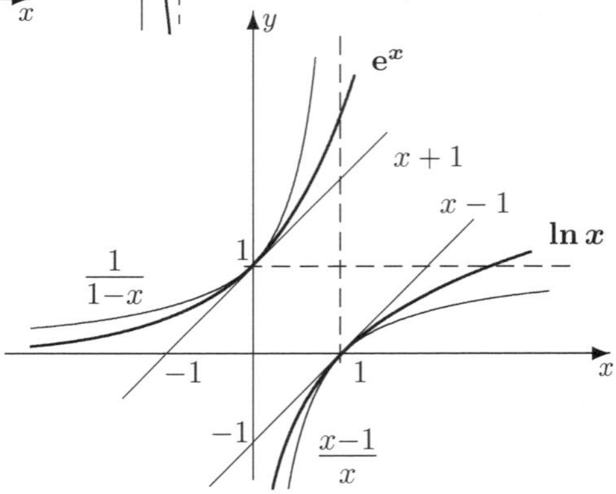

(a) Für $x \ge 0$ gilt $e^x = 1 + x + \frac{x^2}{2!} + \ldots \ge 1 + x$ und für $x \le -1$ gilt $1 + x \le 0 < e^x$. Für $-1 < x < 0$ ist $1+x+\frac{x^2}{2!}+\frac{x^3}{3!}+\ldots$ eine alternier. Reihe. Die Beträge ihrer Summanden gehen monoton gegen 0, also $e^x = 1 + x + \underbrace{(\frac{x^2}{2!} + \frac{x^3}{3!}) + \ldots}_{>0} > 1 + x$.

(b) Aus (a) folgt $1 - x \le e^{-x} = \frac{1}{e^x}$ für alle $x \in \mathbb{R}$, für $x < 1$ also $e^x \le \frac{1}{1-x}$.

(c,d) Die Ungleichungen für ln ergeben sich durch Übergang zu den Umkehrfunktionen $x{+}1 \mapsto x{-}1$, $e^x \mapsto \ln x$, $\frac{1}{1-x} \mapsto \frac{x-1}{x}$ (Spiegelung an der Winkelhalbierenden).

3.37 (a) *Eine Population der Anfangsgröße $m_0 = 1000$ habe eine tägliche Wachstumsrate von 10%.*
(1) *Wieviele Individuen $y(10)$ sind nach 10 Tagen vorhanden?*
(2) *Nach wieviel Tagen d sich die Population verdoppelt?*

(b) *Erkläre die Faustformel: Ein zu p% angelegtes Kapital K verdoppelt sich nach ca. $\frac{70}{p}$ Jahren. Hinweis: $\ln 2 \approx 0.70$ und für kleine x gilt: $\ln(1+x) \approx x$.*

(a) Wachstumsfunktion: $y(t) = m_0 \mathrm{e}^{ct}$. Bestimmung der Wachstumskonstanten c.
$y(1) = 1000\mathrm{e}^{c\cdot 1} = 1100 \Longrightarrow \underline{c = \ln 1.1}$ und $\mathrm{e}^{ct} = 1.1^t$, also $y(t) = 1000 \cdot 1.1^t$.

(1) $y(10) = 1000\mathrm{e}^{10 \ln 1.1} = 1000 \cdot 1.1^{10} \approx \underline{\underline{2594}}$

(2) $1000\mathrm{e}^{cd} = 2000 \Longleftrightarrow \mathrm{e}^{cd} = 2 \Longleftrightarrow d = \dfrac{\ln 2}{\ln 1.1} \approx \underline{\underline{7}}.$

(b) Kapital nach n Jahren: $K_n = K(1 + \frac{p}{100})^n$.
$$K_n = K(1+\tfrac{p}{100})^n = 2K \iff (1+\tfrac{p}{100})^n = 2 \Longrightarrow n = \frac{\ln 2}{\ln(1+\frac{p}{100})} \approx \frac{\ln 2}{\frac{p}{100}} \approx \underline{\underline{\frac{70}{p}}}.$$

3.38 *Die Halbwertzeit einer Substanz (Pu 239) beträgt 24360 Jahre. Wieviel ist von 1 kg der Substanz nach 100 Jahren noch vorhanden?*

Für die Halbwertzeit h und Zerfallskonstante c gelten:
$$m_0\mathrm{e}^{ch} = \tfrac{1}{2}m_0 \iff h = -\frac{\ln 2}{c} \iff c = -\frac{\ln 2}{h}.$$
$$y(t) = \mathrm{e}^{-\frac{\ln 2}{h}t} \Longrightarrow y(100) = \mathrm{e}^{-\frac{\ln 2}{24360}100} \approx \underline{\underline{0.997}}.$$

0.997 kg der Substanz sind nach 100 Jahren noch vorhanden!

3.39 *Es sei $m(t) = m_0\mathrm{e}^{ct}$ und $m(t_1) = a,\ m(t_2) = b$. Man berechne $m_0,\ c$, sowie die Halbwertzeit h, falls $c < 0$, bzw. die Zeit d, in der sich die Population verdoppelt, falls $c > 0$ ist.*

$$\left.\begin{array}{l} a = m_0\mathrm{e}^{ct_1} \Longrightarrow m_0 = a\mathrm{e}^{-ct_1} \\ b = m_0\mathrm{e}^{ct_2} \Longrightarrow \quad b = a\mathrm{e}^{ct_2 - ct_1} \end{array}\right\} \Longrightarrow c = \frac{\ln b - \ln a}{t_2 - t_1} \quad \text{und} \quad m_0 = a\left(\frac{a}{b}\right)^{\frac{t_1}{t_2 - t_1}}.$$

Halbwertzeit: $m(h) = \frac{1}{2}m_0 \iff m_0\mathrm{e}^{ch} = \frac{1}{2}m_0 \iff h = \frac{\ln 2}{-c},\ (c < 0)$,
ebenso: $m(d) = 2m_0 \iff m_0\mathrm{e}^{cd} = 2m_0 \iff d = \frac{\ln 2}{c},\ (c > 0)$.
also: h bzw. d ist gleich $\underline{\underline{\dfrac{\ln 2}{|c|}}}$

3.40 *Man skizziere: $f(x) = 3\mathrm{e}^{-\frac{1}{3}x}\sin(2x + \frac{\pi}{3})$.*

$f(x) = 3\mathrm{e}^{-\frac{1}{3}x}\sin(2x + \frac{\pi}{3})$ ist eine Schwingung, deren Amplitude $A(x) = 3\mathrm{e}^{-\frac{1}{3}x}$ mit x abnimmt.

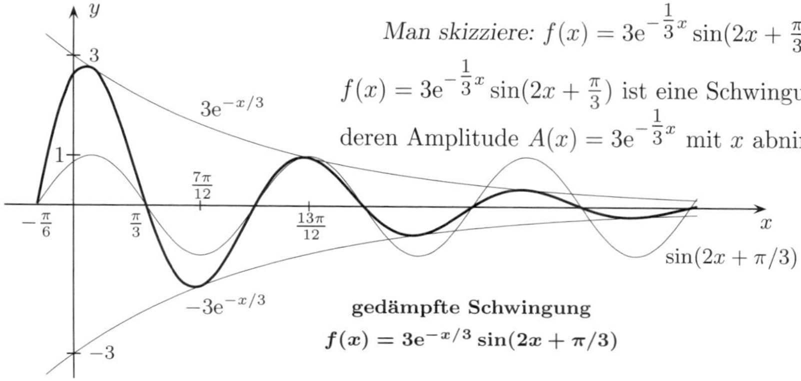

gedämpfte Schwingung
$\boldsymbol{f(x) = 3\mathrm{e}^{-x/3}\sin(2x + \pi/3)}$

3.8 Hyperbelfunktionen

Die trigonometrischen oder Kreis–Funktionen lassen sich am Einheitskreis definieren. Ebenso lassen sich die Hyperbel–Funktionen an der Einheitshyperbel definieren, siehe [3.43]. Üblicherweise definiert man die Hyperbelfunktionen jedoch mittels der e–Funktion:

$$\cosh x := \frac{1}{2}(\mathrm{e}^x + \mathrm{e}^{-x})$$

$$\sinh x := \frac{1}{2}(\mathrm{e}^x - \mathrm{e}^{-x})$$

Lies: Hyperbel–Cosinus, ...
oder auch: Cosinus hyperbolicus

$$\tanh x := \frac{\sinh x}{\cosh x}$$

$$\coth x := \frac{\cosh x}{\sinh x} = \frac{1}{\tanh x}$$

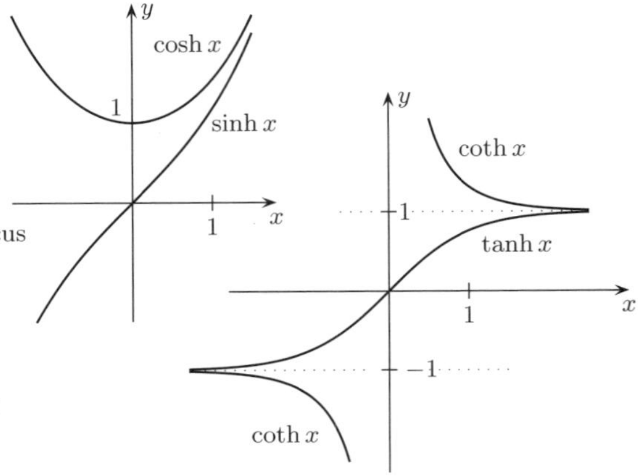

$\cosh x$ ist eine *gerade* Funktion: $\cosh(-x) = \cosh x$ (vgl.: trigonometr. Fktn.).
$\sinh x$, $\tanh x$, $\coth x$ sind *ungerade* Funktionen, z.B.: $\sinh(-x) = -\sinh x$.

Die wichtigsten hyperbolischen Formeln

Additionstheoreme:

$$\cosh(x \pm y) = \cosh x \cosh y \pm \sinh x \sinh y$$
$$\sinh(x \pm y) = \sinh x \cosh y \pm \cosh x \sinh y$$

Folgerungen:

$$\cosh^2 x - \sinh^2 x = 1$$

$$\cosh 2x = \cosh^2 x + \sinh^2 x \qquad \cosh^2 x = \frac{1}{2}(1 + \cosh 2x)$$
$$\sinh 2x = 2 \sinh x \cosh x \qquad \sinh^2 x = -\frac{1}{2}(1 - \cosh 2x)$$

Weitere Formeln siehe **F1** oder **F+H**

Die auffallende Ähnlichkeit zu den trigonometrischen Formeln ist nicht zufällig:

Jede Gleichung mit trigonometrischen Funktionen geht über in die entsprechende Gleichung mit Hyperbelfunktionen, wenn man $\boxed{\cos x}$ durch $\boxed{\cosh x}$ und $\boxed{\sin x}$ durch $\boxed{i \sinh x}$ ersetzt.

3.41 *Es ist* $\sin x \cdot \cos y = \frac{1}{2}\big(\sin(x-y) + \sin(x+y)\big)$ *und* $\sin 3x = 3 \sin x - 4 \sin^3 x$. *Man leite die entsprechenden Formeln für die Hyperbelfunktionen her.*

$$\begin{array}{l} \cos x \to \cosh x \\ \sin x \to i \sinh x \end{array} \implies \begin{array}{r} i \sinh x \cdot \cosh y = \frac{1}{2}\big(i \sinh(x-y) + i \sin(x+y)\big) \\ \sinh x \cdot \cosh y = \frac{1}{2}\big(\sinh(x-y) + \sin(x+y)\big) \end{array}$$

$\sin 3x = 3 \sin x - 4 \sin^3 x$ geht über in $i \sinh 3x = 3i \sinh x - 4i^3 \sinh^3 x$.
Division durch i und $i^2 = -1$ ergibt: $\sinh 3x = 3 \sinh x + 4 \sinh^3 x$.

3.9 Inverse Hyperbelfunktionen, Area–Funktionen

Die Hyperbelfunktionen sind monoton – bei $\cosh x$ mit der Einschränkung $x \geq 0$ bzw. $x \leq 0$ – und folglich umkehrbar.
Da man die Hyperbelfunktionen an der Einheitshyperbel definieren und das Argument als Fläche (Area) auffassen kann, siehe [3.43], nennt man die Umkehrfunktionen **Areafunktionen**, lies $\operatorname{arcosh} x$: Area Cosinus hyperbolicus x.

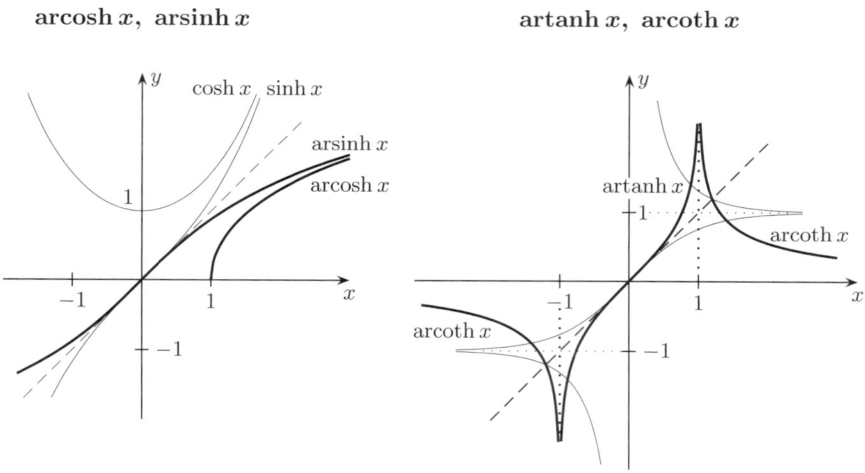

Da die Hyperbelfunktionen durch die e–Funktion definiert sind, lassen sich die Area–Funktionen natürlich durch die ln–Funktion ausdrücken:

3.42 *Man zeige:*

$$\begin{aligned} \operatorname{arcosh} x &= \ln(x + \sqrt{x^2 - 1}\,) && \text{für} && x \geq 1 \\ \operatorname{arsinh} x &= \ln(x + \sqrt{x^2 + 1}\,) && \text{für} && x \in \mathbb{R} \\ \operatorname{artanh} x &= \tfrac{1}{2} \ln \tfrac{1+x}{1-x} && \text{für} && |x| < 1 \\ \operatorname{arcoth} x &= \tfrac{1}{2} \ln \tfrac{x+1}{x-1} && \text{für} && |x| > 1 \end{aligned}$$

$\operatorname{arsinh} x = y \iff x = \sinh y = \frac{1}{2}(e^y - e^{-y}) \iff e^{2y} - 2xe^y - 1 = 0.$

Letzteres ist eine *quadratische Gleichung* in e^y. Man erhält:
$e^y_{1,2} = x \pm \sqrt{x^2 + 1}$. Da $e^y > 0$ ist für alle $y \in \mathbb{R}$, gilt
$e^y = x + \sqrt{x^2 + 1}$ und folglich $y = \operatorname{arsinh} x = \ln(x + \sqrt{x^2 + 1}\,)$ für $x \in \mathbb{R}$.

Die anderen Gleichungen beweist man analog.

3.43 *Geometrische Deutung der Hyperbelfunktionen an der Einheitshyperbel:*

Vorbetrachtung:

Bei der Definition der trigonometrischen Funktionen am Einheitskreis, betrachtet man $\sin\alpha, \ldots$ als Funktion des Winkels α.

Es ist α (in Grad) gleich x (in rad), weshalb man die trigonometrischen Funktionen auch als Funktionen des Bogens (Arcus) x betrachten kann und die Umkehrfunktionen Arcus–Funktionen nennt.

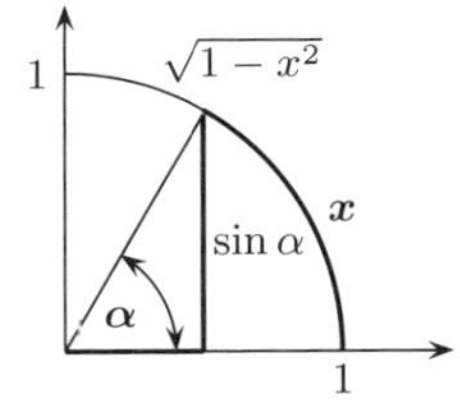

$\sin\alpha = \sin x = \sin F$

Die Fläche F des Kreissektors zum Winkel 2α, also zum Kreisbogen $2x$, beträgt $F = \frac{\pi}{2\pi} \cdot 2x = x$.

Es ist α (in Grad) gleich x (in rad) gleich F (im Flächenmaß).

Man hätte also auch die Fläche des Kreissektors zum Winkel 2α als unabhängige Variable x bei der Definition der trigonometrischen Funktionen nehmen können.

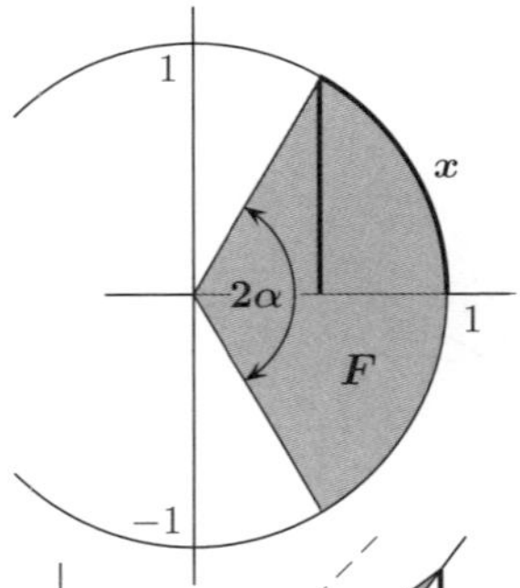

Diese Beziehungen am Einheitskreis lassen sich auf die Einheitshyperbel übertragen:

Für die Sektorfläche F erhält man:

$$F = a\sqrt{a^2-1} - 2\int_1^a \sqrt{x^2-1}\,dx$$
$$= \ln(a + \sqrt{a^2-1}) \quad \textbf{(F4)}$$

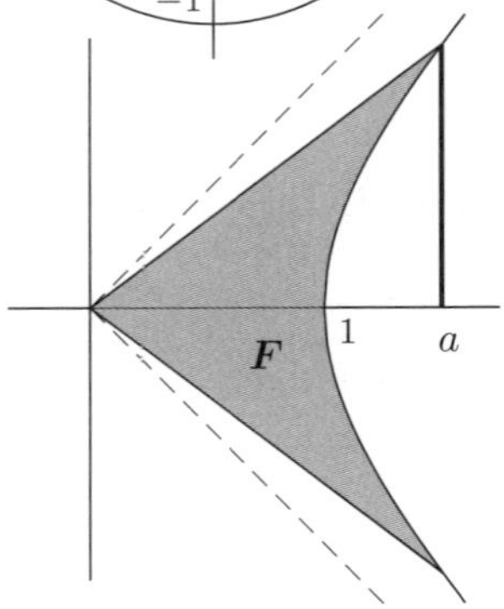

Auflösung nach a bzw. $\sqrt{a^2-1}$ ergibt:

$a = \frac{1}{2}(e^F + e^{-F})$ und $\sqrt{a^2-1} = \frac{1}{2}(e^F - e^{-F})$.

Setzt man $x = F$, so erhält man:

$$a = \tfrac{1}{2}(e^x + e^{-x}) = \cosh x$$
$$\sqrt{a^2-1} = \tfrac{1}{2}(e^x - e^{-x}) = \sinh x$$

Man kann also – analog zu $\cos x$ und $\sin x$ am Einheitskreis – folgendermaßen $\cosh x$ und $\sinh x$ an der Einheitshyperbel anschaulich definieren:

Beachte: $x = F =$ Sektorfläche !

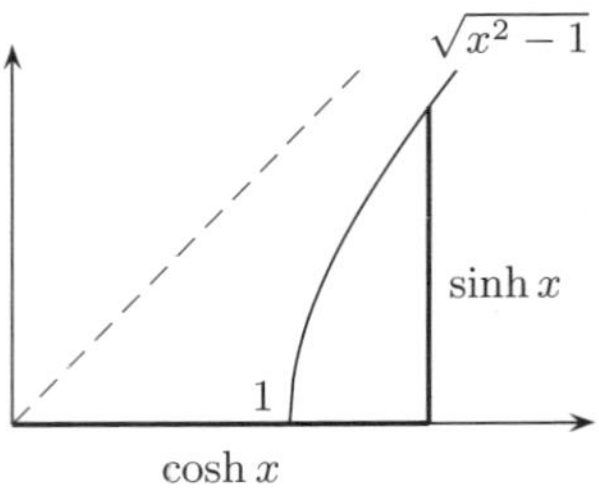

3.10 Potenzfunktionen

Für nat. Zahlen $n \in \mathbb{N}$ ist die **Potenzfunktion $y = x^n$** auf ganz $\mathbb{R}$ definiert. Durch $x^{-n} := \frac{1}{x^n}$ mit $x \neq 0$ wird $y = x^n$ für ganzzahlige Exponenten def.:

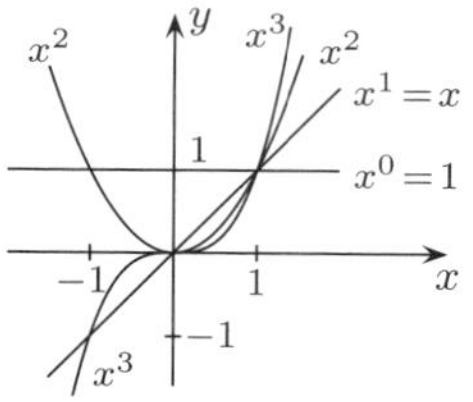

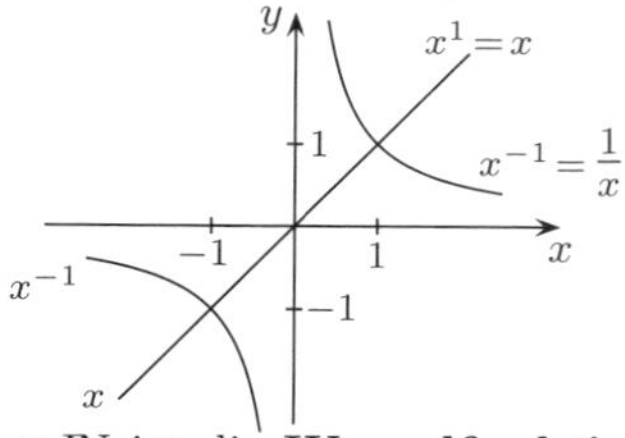

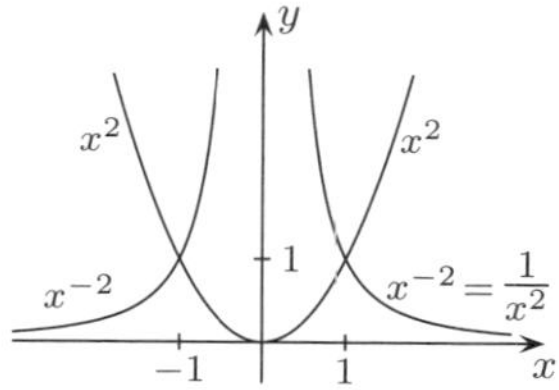

Für natürliche Zahlen $n \in \mathbb{N}$ ist die **Wurzelfunktion $y = \sqrt[n]{x}$** als Umkehrfunktion der Potenzfunktion $f(x) = x^n$ erklärt, und zwar

$$y = \sqrt[n]{x} \text{ ist definiert } \begin{cases} \text{für alle reellen Zahlen } x \in \mathbb{R}, \text{ falls } n \text{ ungerade ist} \\ \text{für nicht negative Zahlen } x \geq 0, \text{ falls } n \text{ gerade ist} \end{cases}$$

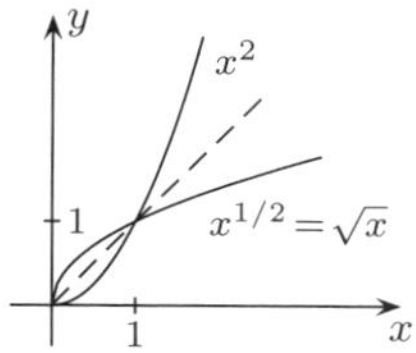

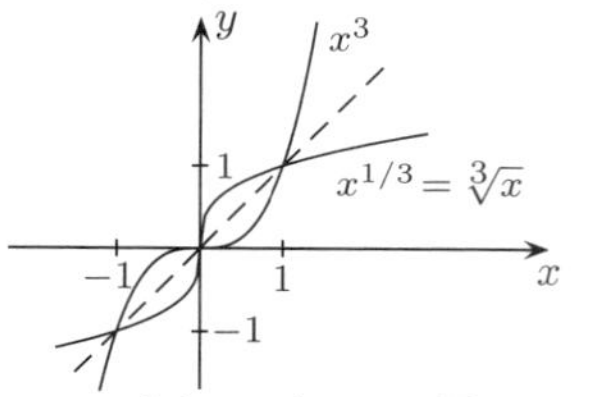

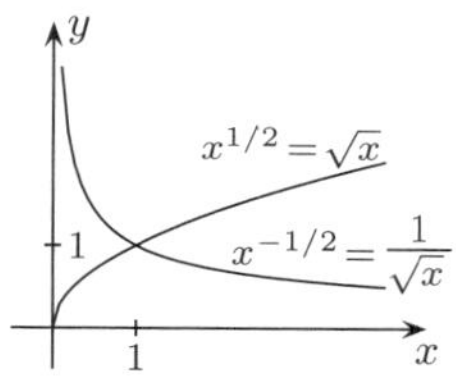

Die **allgemeine Potenz $y = x^r$** ist mit $r \in \mathbb{R}$ **nur für** $x > 0$ mit Hilfe der e-Funktion definiert durch $y = x^r := e^{r \cdot \ln x}$. Für rationale Exponenten $r = \frac{m}{n}, m \in \mathbb{Z}, n \in \mathbb{N}$ gilt dann $\quad x^{\frac{m}{n}} = \sqrt[n]{x^m} = (\sqrt[n]{x})^m$, für $x > 0$.

Die allgemeine Potenz ist also nicht für $x \leq 0$ definiert und z.B. der Ausdruck $(-1)^{1/3}$ ist ohne Sinn, obwohl $\sqrt[3]{-1} = -1$ richtig ist. Die folgende Gleichung zeigt die Problematik: $-1 = \sqrt[3]{-1} \overset{?}{=} (-1)^{1/3} = (-1)^{2/6} \overset{?}{=} \sqrt[6]{(-1)^2} = \sqrt[6]{1} = 1$.

3.11 Aufgaben

3.44 *Man diskutiere die unterschiedlichen Lagen eines Polynoms 4–ten Grades zur x–Achse und gebe jeweils ein Beispiel an (8 Fälle) !*

3.45 *Für $f(x) = x^3 - (2+i)x^2 - 4x + 8 + 4i$ berechne man $f(2+i)$ und $\frac{f(x)}{x-2-i}$.*

3.46 *Man dividiere $x^3 - 3x^2 + x - 3$ durch :* (a) $x - 3$, (b) $x + 2$, (c) $2x - 1$.

3.47 *Man zerlege $x^5 + 2x^4 - x^3 - 2x^2$ in Linearfaktoren.*

3.48 *Man zerlege $8x^6 - 6x^5 - 73x^4 + 45x^3 + 14x^2 + 81x - 45$ in $\mathbb{R}$ bzw. in $\mathbb{C}$.*

3.49 *Man bestimme die Taylorentwicklung von $x^4 - 5x^3 + 5x^2 + 5x - 6$ bei $x_0 = 2$.*

3.50 *Man teile die Strecke der Länge a im* goldenen Schnitt. *Teilungsverhältnis?*

3.12 Lösungen

3.44

Polynom	Nullstellen	Polynom	Nullstellen
x^4+1	keine	$(x^2-1)(x^2+1)$	zwei 1-fache
$(x-1)^4$	eine 4-fache	$x(x-1)^3$	eine 1-fache, eine 3-fache
$x^2(x-1)^2$	zwei 2-fache	$x(x-1)^2(x-2)$	zwei 1-fache, eine 2-fache
$x^2(x^2+1)$	eine 2-fache	$x(x+1)(x-1)(x-2)$	vier 1-fache

3.45
$$\begin{array}{c|cccc} & 1 & -2-i & -4 & 8+4i \\ 2+i & & 2+i & 0 & -8-4i \\ \hline & 1 & 0 & -4 & \underline{0 = f(2+i)} \end{array} \qquad \frac{f(x)}{x-2-i} = x^2-4.$$

3.46 (a)
$$\begin{array}{c|cccc} & 1 & -3 & 1 & -3 \\ 3 & & 3 & 0 & 3 \\ \hline & 1 & 0 & 1 & \underline{0 = f(3)} \end{array} \qquad \frac{x^3-3x^2+x-3}{x-3} = x^2+1.$$

(b)
$$\begin{array}{c|cccc} & 1 & -3 & 1 & -3 \\ -2 & & -2 & 10 & -22 \\ \hline & 1 & -5 & 11 & \underline{-25 = f(-2)} \end{array} \qquad \frac{x^3-3x^2+x-3}{x+2} = x^2-5x+11-\frac{25}{x+2}.$$

(c)
$$\begin{array}{c|cccc} & 1 & -3 & 1 & -3 \\ \frac{1}{2} & & \frac{1}{2} & -\frac{5}{4} & -\frac{1}{8} \\ \hline & 1 & -\frac{5}{2} & -\frac{1}{4} & \underline{-\frac{25}{8} = f(\frac{1}{2})} \end{array} \qquad \begin{aligned} \frac{x^3-3x^2+x-3}{2x-1} &= \frac{1}{2}\,\frac{x^3-3x^2+x-3}{x-\frac{1}{2}} \\ &= \frac{1}{2}x^2-\frac{5}{4}x-\frac{1}{8}-\frac{\frac{25}{8}}{2x-1}. \end{aligned}$$

3.47 $x^5+2x^4-x^3-2x^2 = x^2(x^3+2x^2-x-2)$, ± 1 sind Nullst. von $x^2(x^3+2x^2-x-2)$:
$$\begin{array}{c|cccc} & 1 & 2 & -1 & -2 \\ 1 & & 1 & 3 & 2 \\ \hline & 1 & 3 & 2 & 0 \\ -1 & & -1 & -2 & \\ \hline & 1 & 2 & 0 & \end{array} \Longrightarrow \begin{aligned} &x^3+2x^2-x-2 = (x-1)(x+1)(x+2) \\ &x^5+2x^4-x^3-2x^2 = x^2(x-1)(x+1)(x+2). \end{aligned}$$

3.48 Man rät die Nullst. ± 3, $\frac{1}{2}$, $\frac{5}{4}$ und erhält: $8x^6-6x^5-73x^4+45x^3+14x^2+81x-45 =$
$= (x-3)(x+3)(2x-1)(4x-5)(x^2+x+1)$, Zerleg. in $\mathbb{R}$;
$= (x-3)(x+3)(2x-1)(4x-5)\big(x-\frac{1}{2}(-1+\sqrt{3}\,i)\big)\big(x-\frac{1}{2}(-1-\sqrt{3}\,i)$, Zerleg. in $\mathbb{C}$.

3.49
$$\begin{array}{c|ccccc} & 1 & -5 & 5 & 5 & -6 \\ 2 & & 2 & -6 & -2 & 6 \\ \hline & 1 & -3 & -1 & 3 & \underline{\underline{0}} \\ 2 & & 2 & -2 & -6 & \\ \hline & 1 & -1 & -3 & \underline{\underline{-3}} & \\ 2 & & 2 & 2 & & \\ \hline & 1 & 1 & \underline{\underline{-1}} & & \\ 2 & & 2 & & & \\ \hline & \underline{\underline{1}} & \underline{\underline{3}} & & & \end{array} \Longrightarrow f(x) = (x-2)^4+3(x-2)^3-(x-2)^2-3(x-2).$$

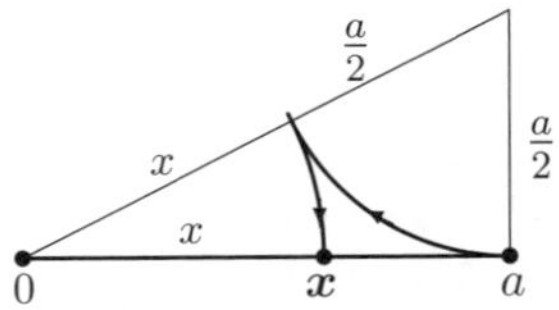

3.50 Eine Strecke ist **im goldenen Schnitt** geteilt, wenn sich die ganze Strecke zum größeren Abschnitt wie dieser zum kleineren Abschnitt verhält:

goldener Schnitt: $\dfrac{\text{ganze Strecke}}{\text{größerer Abschnitt}} = \dfrac{\text{größerer Abschnitt}}{\text{kleinerer Abschnitt}}$

$\Longleftrightarrow \ \frac{a}{x} = \frac{x}{a-x} \ \Longleftrightarrow \ x^2+ax-a^2=0 \ \Longrightarrow \ x_{1,2} = \frac{a}{2}(\pm\sqrt{5}-1)$,

also $\underline{\underline{x = \frac{1}{2}(\sqrt{5}-1)\cdot a \ \approx \ 0{,}618\,a}}$, da $x>0$. **Teilungsverhältnis $\approx$ 61,8 %**

Äußere Teilung: $\frac{x}{a} = \frac{a}{x-a} \Longleftrightarrow x^2-ax-a^2=0 \Longrightarrow \underline{\underline{x = \frac{1}{2}(\sqrt{5}+1)\cdot a \ \approx \ 1{,}618\,a}}$.

4 Komplexe Zahlen

4.1 Zahlenebene

Unter dem **Zahlenkörper der komplexen Zahlen $\mathbb{C}$** [siehe auch **Alg**] versteht man die Menge der Elemente von $\mathbb{R}^2$, also die Menge der Zahlenpaare (a, b), wobei a und b reelle Zahlen sind, mit folgenden Rechenoperationen:

$$(a,b)+(c,d) = (a{+}c\,,\, b{+}d) \qquad \text{gewöhnliche Vektoraddition,}$$
$$(a,b)\cdot(c,d) = (ac{-}bd\,,\, ad{+}bc) \qquad \text{komplexe Multiplikation.}$$

4.1 $z = (1,2)$, $w = (3,-1)$. *Man berechne* $z + w$ *und* $z \cdot w$:

$z + w = (1,2) + (3,-1) = \underline{\underline{(4,1)}}.$
$z \cdot w = (1,2) \cdot (3,-1) = (3-(-2)\,,\,-1+6) = \underline{\underline{(5,5)}}.$

Das Element $\mathbf{i} := (\mathbf{0}, \mathbf{1})$ heißt **imaginäre Einheit**.[3] Es gilt:

$$i^2 = (0,1)^2 = (0,1)\,(0,1) = (-1,0).$$

Man kann jedes Element (x, y) aus $\mathbb{C}$ zerlegen:

$$(x,y) = (x,0) + (0,y) = (x,0) + (0,1)\cdot(y,0) = (x,0) + i\,(y,0).$$

Identifiziert man das Paar $(x, 0)$ mit der reellen Zahl x, so kann man weiter schreiben:

$$(x,y) = (x,0) + i\,(y,0) = x + iy.$$

kartesische Darstellung

$z = x + i\,y$ — x und y reelle Zahlen

$x =: \operatorname{Re}(z)$ heißt **Realteil** von z.
$y =: \operatorname{Im}(z)$ heißt **Imaginärteil** von z.

x,y heißen *kartesische Koordinaten* von z.

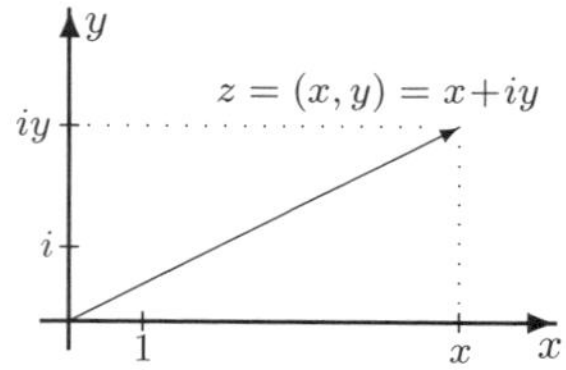

Mit komplexen Zahlen rechnet man wie mit reellen Zahlen (Klammern auflösen, Potenzen, ...). Man muss nur $i^2 = -1$ beachten!

4.2 $z = 1 + 2i$, $w = 3 - i$. *Man berechne* $z + w$ *und* $z \cdot w$.

$z + w = (1 + 2i) + (3 - i) = 1 + 2i + 3 - i = \underline{\underline{4 + i}}.$
$z \cdot w = (1 + 2i)\,(3 - i) = 3 - i + 6i + 2 = \underline{\underline{5 + 5i}}.$

[3] In technischer Literatur oft j genannt

4.3 *Man berechne $z = (1+i)(1-i)$ und $w = i\,(2-3i)^2(1+i)$.*

$z = (1+i)(1-i) = 1 - i^2 = \underline{\underline{2}}.$
$w = i(2-3i)^2(1+i) = i(1+i)(2-3i)^2 = (i+i^2)(4-12i+9i^2)$
$\quad = (i-1)(-5-12i) = \underline{\underline{17+7i}}.$

4.4 *Für welche reellen Zahlen x, y gilt $-x+4iy+3ix-2y = -6i+4$?*

$-x+4iy+3ix-2y = -x-2y+i(3x+4y) = 4-6i.$

Koeffizientenvergleich liefert das LGS: $\begin{array}{rcr} -x-2y &=& 4 \\ 3x+4y &=& -6 \end{array} \Longrightarrow \begin{array}{rcr} x &=& 2 \\ y &=& -3 \end{array}.$

Die komplexe Zahl $z = x + iy$ ist der Punkt (x, y) in der x,y–Ebene und durch seine kartesischen Koordinaten x und y eindeutig bestimmt. Natürlich lässt sich der Punkt (x, y) auch eindeutig durch seine **Polarkoordinaten** r und φ beschreiben. Dabei ist r der Abstand des Punktes z vom Nullpunkt O und φ der Winkel zwischen der positiven Richtung der x–Achse und der Strecke $\overline{Oz}$.
Der komplexen Zahl 0 ordnet man $r = 0$, aber keinen Winkel zu.

polare Darstellung

$z = r(\cos\varphi + i\sin\varphi), \quad r \geq 0$ und $0 \leq \varphi < 2\pi$

$r =: |z|$ heißt **Betrag** von z

$\varphi =: \arg(z)$ heißt **Argument** von z

r, φ heißen Polarkoordinaten von z.

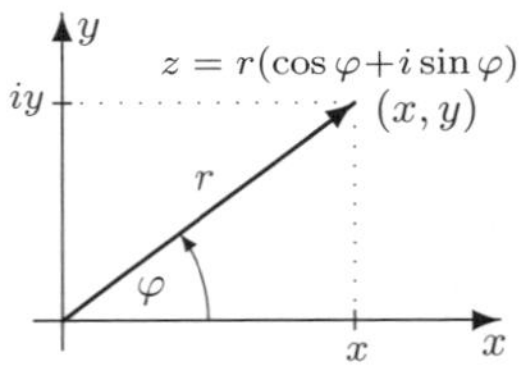

Umformung

kartesische Koordinaten ⟷ **Polarkoordinaten**

$\boldsymbol{x, y}$ $\qquad$ $\boldsymbol{r, \varphi}$

$x = r\cos\varphi$
$y = r\sin\varphi$

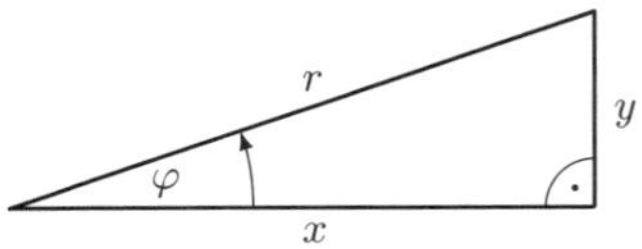

$r = \sqrt{x^2+y^2}$
$\tan\varphi = \dfrac{y}{x}$ Quadranten beachten!

$z = x + iy = r(\cos\varphi + i\sin\varphi)$

4.5 *Die Polarkoordinaten von z sind $r = 2$ und $\varphi = 2\pi/3$.*
Man berechne z in kartesischer Darstellung.

$x = r\cos\varphi = 2\cos 2\pi/3 = -1$
$y = r\sin\varphi = 2\sin 2\pi/3 = \sqrt{3}$, also $z = \underline{\underline{-1+\sqrt{3}\,i}}.$

Oder: $\quad z = r(\cos\varphi + i\sin\varphi)$
$\quad = 2(-1/2 + i\sqrt{3}/2) = \underline{\underline{-1+\sqrt{3}\,i}}.$

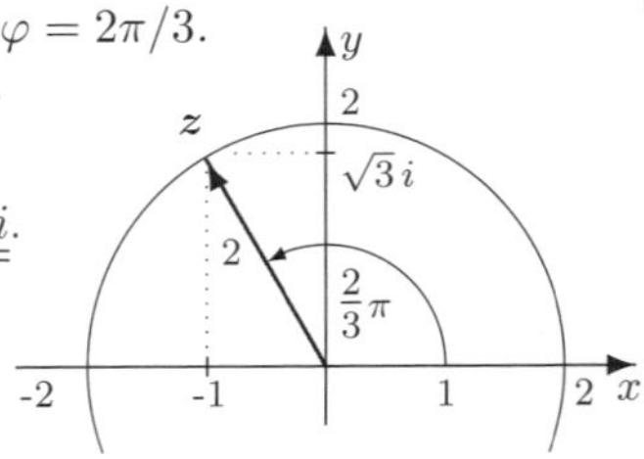

Die Berechnung der kartesischen Koordinaten x und y aus den Polarkoordinaten r und φ macht keine Schwierigkeiten, ebensowenig wie die Berechnung von $r = \sqrt{x^2 + y^2}$ aus den kartesischen Koordinaten x und y.

Anders die Berechnung von φ aus x und y: Da der tan die Periode π hat, der Winkel φ aber zwischen 0 und 2π liegt, ergibt $\tan\varphi = y/x$ zwei mögliche Winkel, die sich um π unterscheiden.
Durch "Quadranten beachten" entscheidet man sich für den richtigen Winkel.

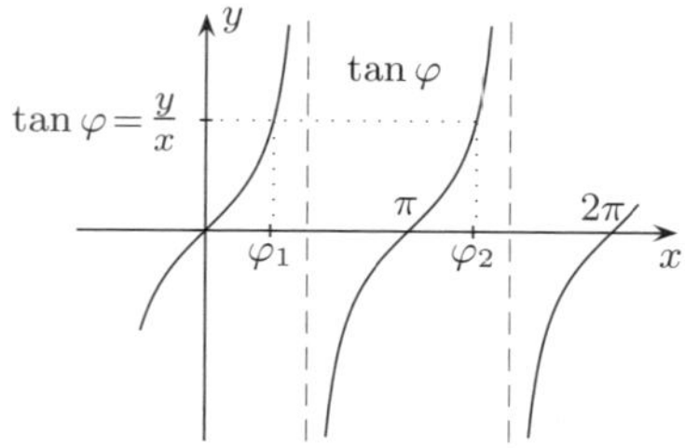

4.6 *Man berechne Betrag und Argument von:*
(a) $z = 2 - 2i$ (b) $z = -1 + i$ (c) $z = -1.5i$

$|z| = r$ und $\arg(z) = \varphi$ sind die Polarkoordinaten von z!

(a) $r = |2 - 2i| = \sqrt{2^2 + (-2)^2} = 2\sqrt{2}$
$\tan\varphi = -2/2 = -1 \Longrightarrow \varphi = 3\pi/4$ oder $\varphi = 7\pi/4$, 4.Quadr. $\Longrightarrow \underline{\varphi = 7\pi/4}$.

Die Festlegung $0 \leq \varphi < 2\pi$ ist willkürlich.
Statt $\varphi = 7\pi/4$ ist natürlich $\varphi = -\pi/4$ genau so richtig.

(b) $r = |-1 + i| = \sqrt{(-1)^2 + 1^2} = \underline{\sqrt{2}}$
$\tan\varphi = -1 \Longrightarrow \varphi = 3\pi/4$ oder $\varphi = 7\pi/4$, 2. Quadr. $\Longrightarrow \underline{\varphi = 3\pi/4}$.

(c) $r = |-1.5i| = \sqrt{0^2 + (-1.5)^2} = \underline{1.5}$.
$\tan\varphi = -1.5/0 \Longrightarrow \varphi = \pi/2$ oder $\varphi = 3\pi/2$, 3./4. Quadr. $\Longrightarrow \underline{\varphi = 3\pi/2}$.

Mit etwas Routine sieht man diese Winkel natürlich ohne Rechnung!

Polarkoordinaten: Berechnung des Arguments φ

Für $z = x + iy \neq 0$ hat man folgende Möglichkeiten, φ zwischen 0 und 2π eindeutig festzulegen:

(1) $x \neq 0 \Longrightarrow \tan\varphi = \dfrac{y}{x}$ und Quadranten beachten.

$$x = 0 \Longrightarrow \varphi = \begin{cases} \pi/2 & \text{für } y > 0 \\ 3\pi/2 & \text{für } y < 0. \end{cases}$$

(2)
$$x \neq 0 \Longrightarrow \varphi = \begin{cases} \arctan y/x & \text{für } x > 0 \text{ und } y > 0 \\ 2\pi + \arctan y/x & \text{für } x > 0 \text{ und } y < 0 \\ \pi + \arctan y/x & \text{für } x < 0. \end{cases}$$

$$x = 0 \Longrightarrow \varphi = \begin{cases} \pi/2 & \text{für } y > 0 \\ 3\pi/2 & \text{für } y < 0. \end{cases}$$

(3) für alle $x \Longrightarrow \cos\varphi = x/r$ und $\sin\varphi = y/r$.

4.7 *Man berechne $\varphi = \arg(-1+\sqrt{3}\,i)$ nach obigen drei Möglichkeiten:*

(1) $\tan\varphi = \dfrac{\sqrt{3}}{-1} \Longrightarrow \varphi = 2\pi/3$ oder $\varphi = 5\pi/3$, 2.Quadr. $\Longrightarrow \underline{\varphi = 2\pi/3.}$

(2) $x = -1 < 0 \Longrightarrow \varphi = \pi + \arctan(-\sqrt{3}\,) = \pi - \pi/3 = \underline{2\pi/3.}$

(3) $r = \sqrt{(-1)^2 + \sqrt{3}^{\,2}} = 2 \Longrightarrow \cos\varphi = -1/2$ und $\sin\varphi = \sqrt{3}\,/2 \quad \Longrightarrow \underline{\varphi = 2\pi/3.}$

Mit der **Eulerschen Formel** $\boxed{e^{i\varphi} = \cos\varphi + i\sin\varphi}$

erhält man folgende drei Darstellungen der komplexen Zahl z:

$z = x + iy$	**kartesische** Darstellung	x,y kart. Koordinaten
$z = r(\cos\varphi + i\sin\varphi)$	**polare** Darstellung	r, φ Polarkoordinaten
$z = re^{i\varphi}$	**Eulersche** Darstellung	r,φ Polarkoordinaten

4.8 *Man schreibe z in allen drei Darstellungen:*

(a) $z = 2 - 2i$ (b) $z = \sqrt{2}\,(\cos 3\pi/4 + i\sin 3\pi/4)$

(c) $z = 1.5e^{i1.5\pi}$ (d) $z = -2$

(a) $r = 2\sqrt{2}$, $\varphi = 7\pi/4$, also $z = 2 - 2i = 2\sqrt{2}\,(\cos 7\pi/4 + i\sin 7\pi/4) = 2\sqrt{2}\,e^{i7\pi/4}$.

(b) $x = \sqrt{2}\,\cos 3\pi/4 = \sqrt{2}\,(-\sqrt{2}\,/2) = -1$
$y = \sqrt{2}\,\sin 3\pi/4 = \sqrt{2}\,\sqrt{2}\,/2 = 1$
$z = \sqrt{2}\,(\cos 3\pi/4 + i\sin 3\pi/4) = \sqrt{2}\,e^{i3\pi/4} = -1 + i.$

(c) $x = 1.5\cos 1.5\pi = 0, \quad y = 1.5\sin 1.5\pi = 1.5(-1) = -1.5$
$z = 1.5e^{i1.5\pi} = 1.5(\cos 1.5\pi + i\sin 1.5\pi) = -1.5i.$

(d) $r = 2$, $\varphi = \pi$, also: $z = -2 = 2(\cos\pi + i\sin\pi) = 2e^{i\pi}$.

ebenso erhält man:

$$i = e^{i\pi/2},$$
$$-1 = e^{i\pi},$$
$$1 = e^{i2\pi} = e^{i0},$$
$$-i = e^{i3\pi/2}.$$

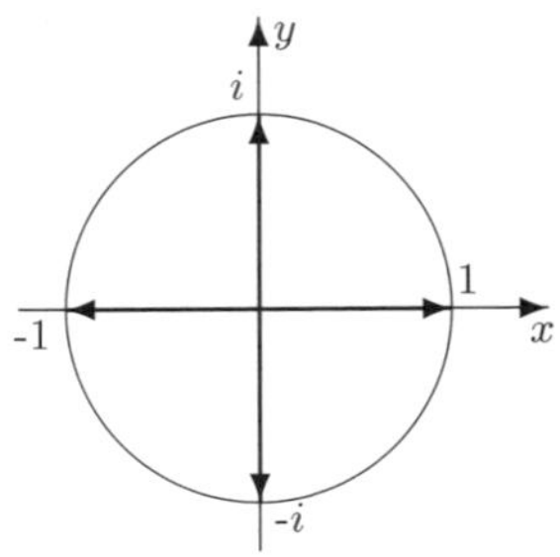

4.2 Betrag, Abstand, Einheitskreis

$|z| = r = \sqrt{x^2 + y^2}$ ist der **Abstand** der komplexen Zahl z vom Nullpunkt.
Für die komplexen Zahlen z und w gilt:

$|z \cdot w| = |z| \cdot |w|$, $\quad |\frac{z}{w}| = \frac{|z|}{|w|}$ und $|z + w| \le |z| + |w|$ **Dreiecksungleichung**.

Wie für reelle Zahlen auf der Zahlengeraden gilt auch für komplexe Zahlen in der Zahlenebene: $|z - w|$ ist der **Abstand** der Punkte z und w in der Zahlenebene.

4.9 *Man skizziere in der Zahlenebene alle Punkte z, mit $|z| = 1$:*

(a) geometrisch:

Die komplexen Zahlen z mit $|z| = |z-0| = 1$ sind genau die Punkte in der Ebene, deren Abstand vom Nullpunkt gleich 1 ist. Sie liegen also auf dem Kreis um den Ursprung mit dem Radius 1.
Dieser Kreis wird *Einheitskreis* genannt.

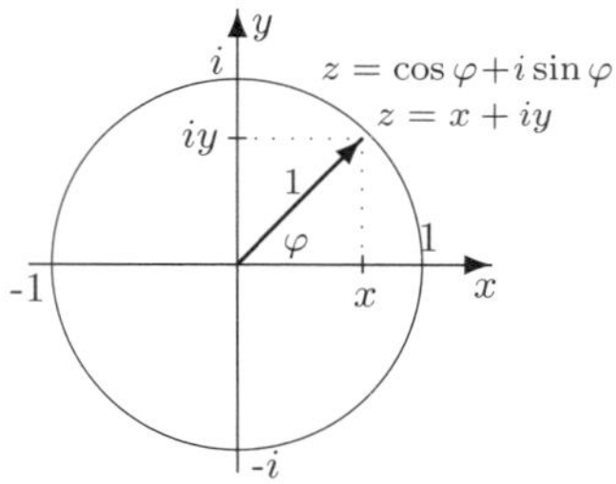

(b) rechnerisch: $z = x + iy$

$|z| = |x + iy| = \sqrt{x^2 + y^2} = 1 \Longleftrightarrow x^2 + y^2 = 1$
$\Longleftrightarrow z = (x, y)$ liegt auf dem Einheitskreis.

(c) Polarkoordinaten: $z = r(\cos\varphi + i \sin\varphi)$

$|z| = r = 1$ und φ beliebig $\Longleftrightarrow z = \cos\varphi + i \sin\varphi$
$\Longleftrightarrow z$ liegt auf dem Einheitskreis.

4.10 *Man skizziere in der Ebene alle Punkte z, für die $|z + 1 - i| \le 2$ ist:*

(a) geometrisch:

$|z + 1 - i| = |z - (-1 + i)| \le 2.$

Gesucht sind also die Punkte, die von $-1 + i$ höchstens den Abstand 2 haben.

Diese Punkte liegen im Innern oder auf dem Kreis um $-1 + i$ mit dem Radius 2.

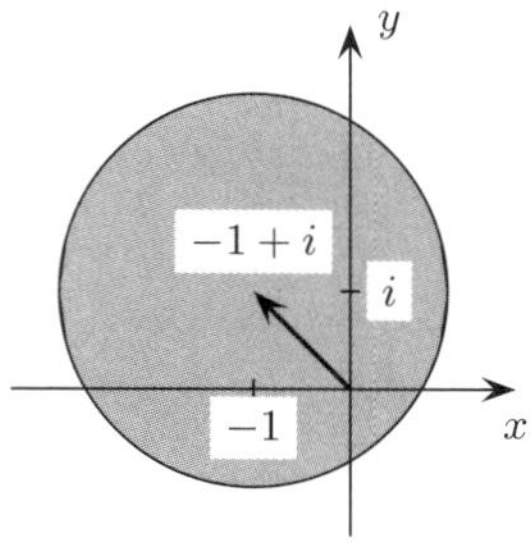

(b) rechnerisch: $z = x + iy$

$|z + 1 - i| = |x + iy + 1 - i| = |x + 1 + i(y - 1)|$
$= \sqrt{(x + 1)^2 + (y - 1)^2} \le 2 \Longleftrightarrow (x + 1)^2 + (y - 1)^2 \le 4.$

Man kommt zum gleichen Ergebnis; denn $(x+1)^2 + (y-1)^2 = 4$ ist eine Gleichung für den Kreis vom Radius 2 um den Mittelpunkt $(-1, 1)$.

4.11 *Man berechne den Betrag von $z = e^{i\varphi}$:*

$z = e^{i\varphi} = \cos\varphi + i \sin\varphi \Longrightarrow |z| = |e^{i\varphi}| = \sqrt{\cos^2\varphi + \sin^2\varphi} = \sqrt{1} = 1.$

z auf dem Einheitskreis $\Longleftrightarrow |z| = 1 \Longleftrightarrow z = e^{i\varphi} \Longleftrightarrow z = \cos\varphi + i \sin\varphi$

4.3 Konjugiert komplexe Zahl

Ist $z = x + iy$, so heißt $\overline{z} := x - iy$ die zu z **konjugiert komplexe Zahl**.
Geometrisch gesehen geht $\overline{z}$ aus z durch Spiegelung an der x–Achse hervor:

$$\overline{z+w} = \overline{z} + \overline{w} \qquad z \cdot \overline{z} = |z|^2 \qquad z + \overline{z} = 2\,\mathrm{Re}(z) \qquad \overline{\left(\frac{z}{w}\right)} = \frac{\overline{z}}{\overline{w}}$$

$$\overline{z \cdot w} = \overline{z} \cdot \overline{w} \qquad |z| = \sqrt{z \cdot \overline{z}} \qquad z - \overline{z} = 2i\,\mathrm{Im}(z)$$

4.12 *Für $z = 3 - i$ und $w = 4\mathrm{e}^{i5\pi/6}$ berechne und skizziere man $\overline{z}$ und $\overline{w}$:*

$z = 3 - i \Longrightarrow \underline{\overline{z} = 3 + i}$.

$w = 4\mathrm{e}^{i5\pi/6} = 4(\cos 5\pi/6 + i \sin 5\pi/6)$

$w = 4(-\sqrt{3}/2 + i/2) = -2\sqrt{3} + 2i$

$\Longrightarrow \underline{\overline{w} = -2\sqrt{3} - 2i}$.

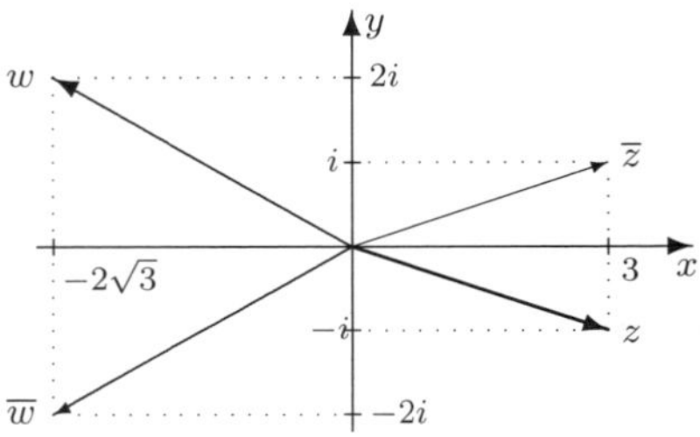

4.13 *Für $z = r\mathrm{e}^{i\varphi}$ berechne man die konjugiert komplexe Zahl $\overline{z}$ und gebe sie in der Eulerschen Darstellung an:*

$z = r\mathrm{e}^{i\varphi} = r(\cos\varphi + i \sin\varphi) \quad \Longrightarrow \quad \underline{\overline{z} = r(\cos\varphi - i \sin\varphi)}$.

Da cos eine gerade Funktion, also $\cos\varphi = \cos(-\varphi)$ ist und sin ungerade, also $-\sin\varphi = \sin(-\varphi)$ ist, folgt:

$$\overline{z} = r(\cos(-\varphi) + i \sin(-\varphi)) = r\mathrm{e}^{-i\varphi}.$$

konjugiert komplexe Zahl

$$z = r\mathrm{e}^{i\varphi} \iff \overline{z} = r\mathrm{e}^{-i\varphi}$$

$$z = x + iy \iff \overline{z} = x - iy$$

$$z \cdot \overline{z} = r\mathrm{e}^{i\varphi} \cdot r\mathrm{e}^{-i\varphi} = r^2 = x^2 + y^2 = |z|^2$$

$$\sqrt{z \cdot \overline{z}} = r = \sqrt{x^2 + y^2} = |z|$$

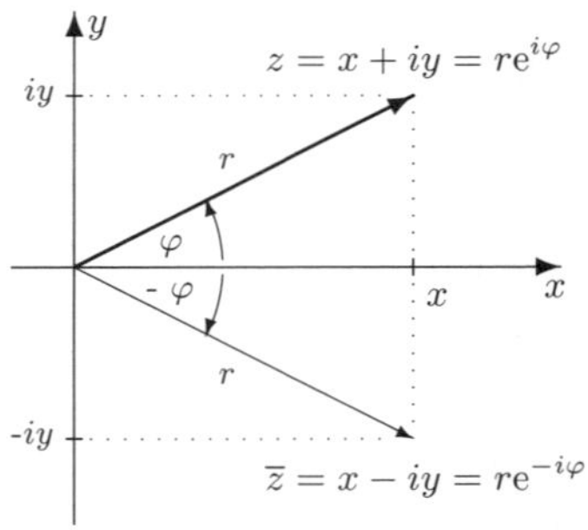

4.4 Multiplikation und Division, Potenzen

Die komplexe Multiplikation in der kartesischen Darstellung wurde in 4.1, 4.2 und 4.3 besprochen.
Um einen Quotienten $z = \frac{u}{v}$ zu berechnen, benutzt man, dass $v \cdot \overline{v} = |v|^2$ eine reelle Zahl ist, durch die leicht zu dividieren ist: Man erweitert $\frac{u}{v}$ also mit $\overline{v}$:

$$z = \frac{u}{v} = \frac{u \cdot \overline{v}}{v \cdot \overline{v}} = \frac{1}{|v|^2} \cdot u\overline{v}.$$

So wird die Division komplexer Zahlen $\frac{u}{v}$ auf die Multiplikation komplexer Zahlen $u\overline{v}$ und die Division durch eine reelle Zahl, nämlich $|v|^2$, zurückgeführt.

> Man **dividiert** komplexe Zahlen durch Erweitern des Bruches mit dem konjugiert Komplexen des Nenners.

4.14 *Man berechne* $z = \frac{2}{i}$ *und* $w = \frac{1+2i}{3-i}$ *in kartesischer Darstellung:*

$z = \frac{2}{i} = \frac{2(-i)}{i(-i)} = \frac{-2i}{-i^2} = \frac{-2i}{1} = \underline{-2i}.$ Merke: $\frac{1}{i} = -i$

$w = \frac{1+2i}{3-i} = \frac{(1+2i)(3+i)}{(3-i)(3+i)} = \frac{1}{10}(1+2i)(3+i) = \underline{\frac{1}{10}(1+7i)}.$

Die komplexe Addition ist die gewöhnliche "komponentenweise" Vektoraddition. Deshalb sind Addition und Subtraktion komplexer Zahlen in der kartesischen Darstellung besonders einfach und anschaulich.
Ähnlich einfach und anschaulich sind die komplexe Multiplikation und Division in der Eulerschen– bzw. polaren Darstellung:

$$z \cdot w = re^{i\varphi} \cdot se^{i\psi} = rse^{i(\varphi+\psi)} = rs(\cos(\varphi+\psi) + i\sin(\varphi+\psi))$$

> Bei der **Multiplikation** komplexer Zahlen werden die Beträge *multipliziert* und die Winkel *addiert*.

$$\frac{z}{w} = \frac{re^{i\varphi}}{se^{i\psi}} = \frac{r}{s}e^{i(\varphi-\psi)} = \frac{r}{s}(\cos(\varphi-\psi) + i\sin(\varphi-\psi))$$

> Bei der **Division** komplexer Zahlen werden die Beträge *dividiert* und die Winkel *subtrahiert*.

4.15 *Man berechne* $z = \dfrac{3i}{\sqrt{2}+i\sqrt{2}}$:

(a) kartesische Darstellung (Erweitern mit $\overline{\sqrt{2}+i\sqrt{2}} = \sqrt{2} - i\sqrt{2}$):

$$z = \frac{3i}{\sqrt{2}+i\sqrt{2}} = \frac{3i(\sqrt{2}-i\sqrt{2})}{(\sqrt{2}+i\sqrt{2})(\sqrt{2}-i\sqrt{2})} = \underline{\tfrac{3}{4}(\sqrt{2}+i\sqrt{2})}.$$

(b) Eulersche Darstellung (Beträge dividieren, Winkel subtrahieren):

$$z = \frac{3i}{\sqrt{2}+i\sqrt{2}} = \frac{3e^{i\pi/2}}{2e^{i\pi/4}} = \frac{3}{2}e^{i(\pi/2-\pi/4)} = \frac{3}{2}e^{i(\pi/4)}$$
$$= \frac{3}{2}(\cos\pi/4 + i\sin\pi/4) = \frac{3}{2}(\sqrt{2}/2 + i\sqrt{2}/2) = \underline{\tfrac{3}{4}(\sqrt{2}+i\sqrt{2})}.$$

Hohe Potenzen berechnet man vorteilhaft in der Eulerschen Darstellung:

$$z^k = (re^{i\varphi})^k = r^k(e^{i\varphi})^k = r^k e^{ik\varphi}$$

Beim **Potenzieren** einer komplexen Zahl mit k wird der Betrag mit k *potenziert* und der Winkel mit k *multipliziert*.

4.16 *Man berechne und skizziere* $z_k = (1+i)^k$ *für* $k = 1, \dots, 8$:

Es ist $z_k = (1+i)^k = (\sqrt{2}\,e^{i\pi/4})^k = \sqrt{2}^{\,k} e^{ik\pi/4}$ (Eulersche Darstellung):

$$(1+i)^1 = (\sqrt{2})^1 e^{1i\pi/4} = \sqrt{2}\,e^{i1\pi/4} \qquad (1+i)^5 = (\sqrt{2})^5 e^{5i\pi/4} = 4\sqrt{2}\,e^{i5\pi/4}$$
$$(1+i)^2 = (\sqrt{2})^2 e^{2i\pi/4} = 2e^{i1\pi/2} = 2i \qquad (1+i)^6 = (\sqrt{2})^6 e^{6i\pi/4} = 8e^{i3\pi/2} = -8i$$
$$(1+i)^3 = (\sqrt{2})^3 e^{3i\pi/4} = 2\sqrt{2}\,e^{i3\pi/4} \qquad (1+i)^7 = (\sqrt{2})^7 e^{7i\pi/4} = 8\sqrt{2}\,e^{i7\pi/4}$$
$$(1+i)^4 = (\sqrt{2})^4 e^{4i\pi/4} = 4e^{i\pi} = -4 \qquad (1+i)^8 = (\sqrt{2})^8 e^{8i\pi/4} = 16e^{i2\pi} = 16$$

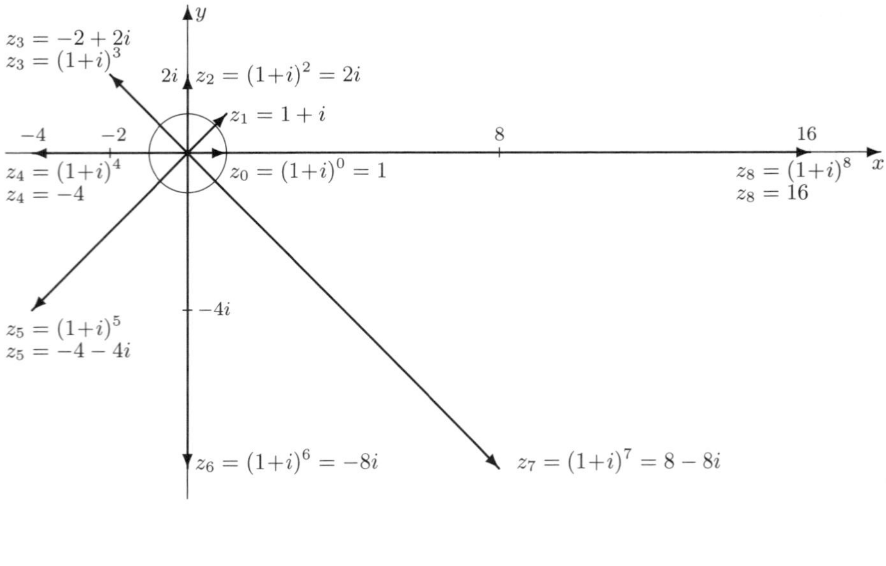

Im letzten Beispiel ist $\varphi = \arg(1+i) = \pi/4 > 0$ und $r = |1+i| = \sqrt{2} > 1$. Wenn $\varphi < 0$ ist, dreht sich der "Zeiger" anders herum (im Uhrzeigersinn oder mathematisch negativ). Wenn $r < 1$ ist, wird der Zeiger kürzer.
Ist $r = 1$, liegt die zu potenzierende Zahl also auf dem Einheitskreis, vgl. [4.18]!
Für für $\varphi = 0$ bzw. $\varphi = \pi$ bleibt der Zeiger auf der reellen Achse!

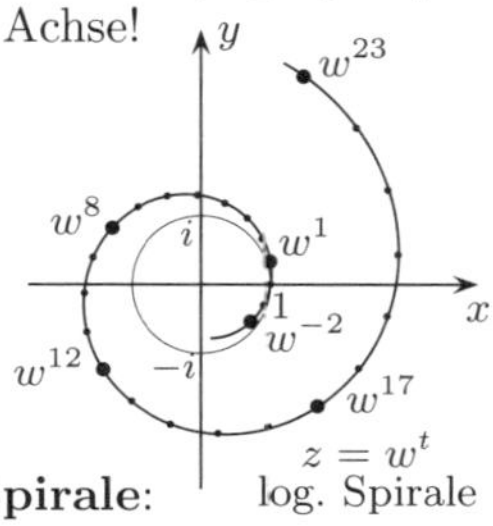

4.17 *Für* $w = \dfrac{3+i}{3}$ *skizziere man* w^k *für* $k = -2, \ldots, 23$:

$|w| = \dfrac{\sqrt{10}}{3} \approx \underline{1.05}$ und $a := \arg(w) = \arctan\frac{1}{3} \approx \underline{0.32}$
$\approx 18.43^0$.
z.B. $k = 17$: $|w^{17}| = \left(\frac{\sqrt{10}}{3}\right)^{17} \approx 2.44$,
$\arg(w^{17}) = 17 \cdot a \approx 5.47 \approx 313^0$.

Bemerkung: $z = \left(\frac{3+i}{3}\right)^t$, $t \in \mathbb{R}$ ist eine **logarithmische Spirale**:
$|\left(\frac{3+i}{3}\right)^t| = \left(\frac{\sqrt{10}}{3}\right)^t$ und $\arg(\left(\frac{3+i}{3}\right)^t) = \arg((3+i)^t) = t \arctan\frac{1}{3} = ta$.

$$\Longrightarrow \quad \left(\tfrac{3+i}{3}\right)^t = \left(\tfrac{\sqrt{10}}{3}\right)^t \begin{pmatrix}\cos(ta)\\ \sin(ta)\end{pmatrix} = \left(\tfrac{\sqrt{10}}{3}\right)^{\frac{\varphi}{a}} \begin{pmatrix}\cos\varphi\\ \sin\varphi\end{pmatrix}, \text{ wobei } \varphi := ta \text{ ist.}$$

Polarkoordinaten: $r(\varphi) = \left(\frac{\sqrt{10}}{3}\right)^{\frac{\varphi}{a}} = \mathrm{e}^{\frac{\ln\sqrt{10}\,-\ln 3}{a}\varphi}$, siehe auch [18.4].

4.18 *Man berechne* $w = \left(\dfrac{\sqrt{3}}{2} + \dfrac{1}{2}\,i\right)^{111}$:
$r = |\sqrt{3}/2 + i/2| = \sqrt{3/4 + 1/4} = 1$, also liegt $z = \sqrt{3}/2 + i/2$ und somit auch $w = z^{111}$ auf dem Einheitskreis.
$\varphi = \arg(\sqrt{3}/2 + i/2) = \pi/6$, da $\tan\varphi = 1/\sqrt{3}$ ist und z im 1. Quadranten liegt.
Also ist $|w| = |z|^{111} = 1^{111} = 1$ und $\arg(w) = 111 \cdot \pi/6 = 111\pi/6$.
Es ist $111/6 = 18 + 3/6 = 9 \cdot 2 + 1/2$, also $111/6\pi = 9 \cdot 2\pi + \pi/2$.

Beachtet man: $\boxed{\mathrm{e}^{i2k\pi} = (\mathrm{e}^{i2\pi})^k = 1, \text{ also } \mathrm{e}^{i(2k\pi+\alpha)} = \mathrm{e}^{i2k\pi} \cdot \mathrm{e}^{i\alpha} = \mathrm{e}^{i\alpha} \text{ für } k \in \mathbb{Z}}$

so erhält man durch "Abspalten" von ganzzahligen Vielfachen von 2π:
$w = 1 \cdot \mathrm{e}^{i111\pi/6} = \mathrm{e}^{i(9\cdot 2\pi + \pi/2)} = \mathrm{e}^{i9\cdot 2\pi} \cdot \mathrm{e}^{i\pi/2} = \mathrm{e}^{i\pi/2} = \underline{i}$.

Die komplexen Zahlen der Form
$\mathbf{e}^{i\varphi} = \cos\varphi + i\sin\varphi$ (**Eulersche Formel**)
liegen auf dem **Einheitskreis**.

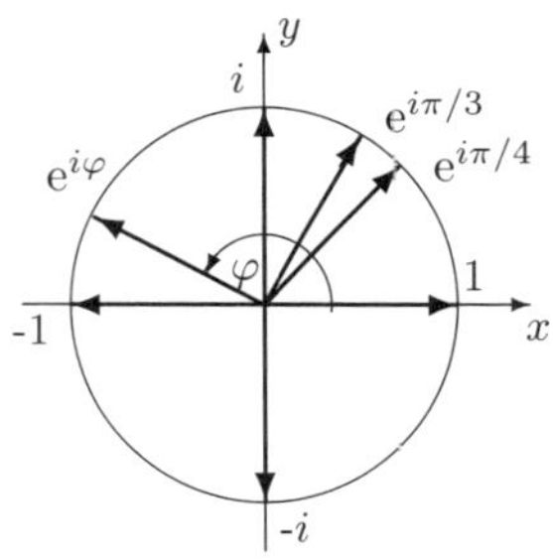

$\mathrm{e}^{i0} = \mathrm{e}^{i2\pi}$	$=$	1
$\mathrm{e}^{i\pi/2}$	$=$	i
$\mathrm{e}^{i\pi} = \mathrm{e}^{-i\pi}$	$=$	-1
$\mathrm{e}^{i3\pi/2} = \mathrm{e}^{-i\pi/2}$	$=$	$-i$
$\mathrm{e}^{i\pi/4}$	$=$	$\frac{1}{2}\sqrt{2}\,(1+i)$
$\mathrm{e}^{i\pi/3}$	$=$	$\frac{1}{2}(1+\sqrt{3}\,i)$

$\boxed{\mathbf{0 = 1 + e^{i\pi}}}$ Gleichung, in der die fünf 'wichtigsten' Zahlen vorkommen

4.19 *Man berechne und skizziere folgende Punktmengen in der Ebene:*

(a) $K = \{ z \mid Re\left(\frac{z+1}{z-1}\right) \geq 2 \}$ (b) $E = \{ z \mid |z+i| + |z-i| = 4 \}$

(a) $z = x + iy \Longrightarrow z + 1 = x + 1 + iy$ und $z - 1 = x - 1 + iy$, also gilt:

$\frac{z+1}{z-1} = \frac{x+1+iy}{x-1+iy} = \frac{(x+1+iy)(x-1-iy)}{(x-1+iy)(x-1-iy)} = \frac{x^2-1+y^2-2iy}{(x-1)^2+y^2}$. Also:

$$\mathrm{Re}\left(\frac{z+1}{z-1}\right) = \mathrm{Re}\left(\frac{x^2-1+y^2-2iy}{(x-1)^2+y^2}\right) = \frac{x^2-1+y^2}{(x-1)^2+y^2} \geq 2 \iff$$

$$x^2 - 1 + y^2 \geq 2((x-1)^2 + y^2) \iff 1 \geq (x-2)^2 + y^2.$$

Also gilt: $K = \{ z \mid z = x + iy \text{ und } (x-2)^2 + y^2 \leq 1 \}$.

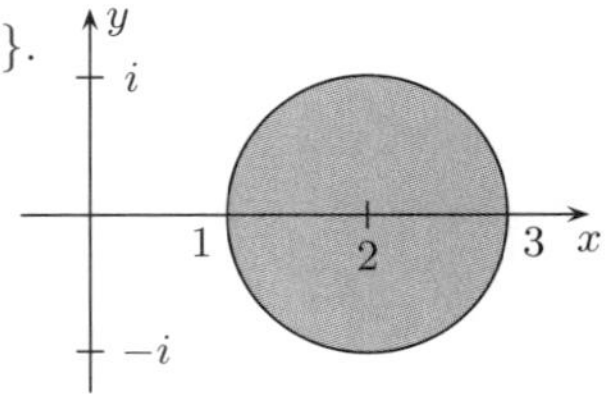

$(x-2)^2 + y^2 = 1$ ist eine Gleichung des Kreises vom Radius 1 und dem Mittelpunkt $M = (2, 0)$.

K ist also die Menge aller komplexen Zahlen in oder auf diesem Kreis.

(b) Da $|a - b|$ der Abstand von a und b in der komplexen Ebene ist und $|z + i| = |z - (-i)|$ ist, sind also die komplexen Zahlen gesucht, für die die Summen der Abstände von $-i$ und i gleich 4 ist. Das ergibt (*Gärtnerkonstruktion*) die Ellipse mit den Brennpunkten $-i$ und i und den Halbachsen $\sqrt{3}$ und 2.

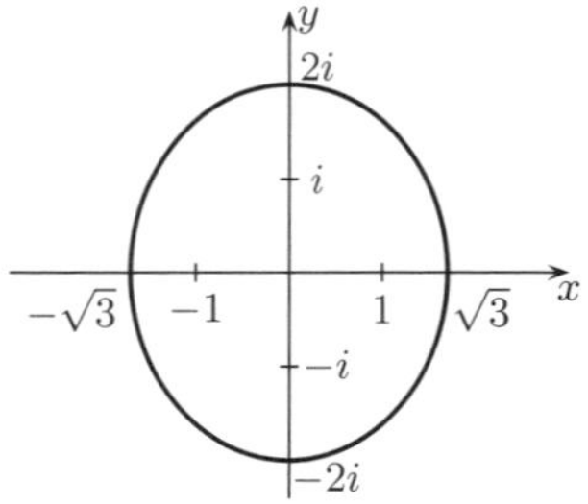

Der Ansatz $z = x + iy$ führt auf

$$\sqrt{x^2 + (y+1)^2} + \sqrt{x^2 + (y-1)^2} = 4.$$

Beseitigt man die Wurzeln durch zweimaliges Quadrieren, erhält man die Ellipsengleichung:

$$\frac{x^2}{3} + \frac{y^2}{4} = 1.$$

Die Ungleichung $|z + i| + |z - i| > 4$ (bzw. < 4) erfüllen genau die komplexen Zahlen außerhalb (bzw. innerhalb) der Ellipse.

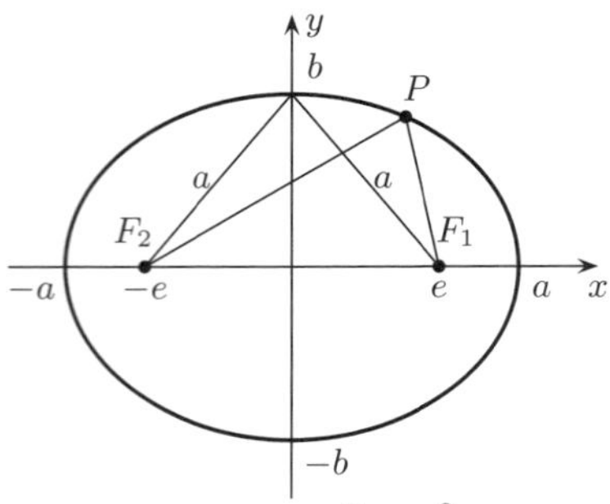

Ellipse $\frac{x^2}{a^2} + \frac{y^2}{b^2} = 1$

Brennpunkte: $F_1 = (e, 0)$, $F_2 = (-e, 0)$

Die **Ellipse** ist der geometrische Ort aller Punkte P, für die die Summe der Abstände von zwei festen Punkten (Brennpunkten F_1, F_2) konstant ist ($= 2a$), siehe **F+H**.

$$|P - F_1| + |P - F_2| = 2a$$

außerdem gilt: $b^2 + e^2 = a^2$

4.5 Wurzeln aus komplexen Zahlen, Formel von Moivre

Die komplexe Zahl a heißt eine **n–te Wurzel** der komplexen Zahl b, wenn $a^n = b$ ist. Aus der Eulerschen Darstellung $b = re^{i\varphi}$ mit $r = |b|$ und $\varphi = \arg(b)$ sieht man, dass $a = \sqrt[n]{r}\,\mathrm{e}^{i\frac{\varphi}{n}}$ *eine* n–te Wurzel aus b ist.

Formel von Moivre

Für jede komplexe Zahl $b \neq 0$ hat die Gleichung $\boldsymbol{z^n = b = re^{i\varphi}}$ genau n verschiedene Lösungen $z_0, \ldots, z_{n-1}$, nämlich die n **n–ten Wurzeln** aus b.

Man berechnet sie folgendermaßen:

$$z_k = \sqrt[n]{r}\left(\cos(\tfrac{\varphi}{n} + k\cdot\tfrac{2\pi}{n}) + i\sin(\tfrac{\varphi}{n} + k\cdot\tfrac{2\pi}{n})\right)$$

$$= \sqrt[n]{r}\,\mathrm{e}^{i(\frac{\varphi}{n}+k\cdot\frac{2\varphi}{n})}$$

$$= \mathrm{e}^{ik\cdot\frac{2\varphi}{n}}\cdot\sqrt[n]{r}\,\mathrm{e}^{i\frac{\varphi}{n}} \qquad \text{für } k = 0, \ldots, n-1$$

speziell: $n = 2$, $b \neq 0$

$$\boldsymbol{z^2 = b = re^{i\varphi}}$$

$$z_0 = \sqrt{r}\,\mathrm{e}^{i\frac{\pi}{2}}$$

$$z_1 = \sqrt{r}\,\mathrm{e}^{i(\frac{\pi}{2}+\pi)} = \mathrm{e}^{i\pi}\sqrt{r}\,\mathrm{e}^{i(\frac{\pi}{2})} = -z_0$$

beachte: $\boxed{\mathrm{e}^{i\pi} = -1}$

Die **n–ten Wurzeln** aus b liegen auf dem Kreis mit dem Radius $\sqrt[n]{r}$ um den Nullpunkt. Sie bilden ein **regelmäßiges n–Eck**.

Die n komplexen Zahlen, deren n–te Potenz gleich 1 ist, nennt man die **n–ten Einheitswurzeln**. Sie liegen auf dem Einheitskreis und sind die Lösungen der Gleichung $z^n = 1$ bzw. die Nullstellen des Polynoms $z^n - 1$.

Aus der Formel von Moivre (mit $r = 1$ und $\varphi = 0$) erhält man für die n–ten Einheitswurzeln $w_0, \ldots, w_{n-1}$:

$$\begin{aligned} w_k &= \cos(k\cdot 2\pi/n) + i\sin(k\cdot 2\pi/n) \\ w_k &= \mathrm{e}^{ik\cdot 2\pi/n} = (\mathrm{e}^{i2\pi/n})^k \qquad \text{für } k = 0, \ldots, n-1. \end{aligned}$$

Alle n–ten Einheitswurzeln erhält man also durch Potenzieren aus der n–ten Einheitswurzel mit kleinstem positiven Winkel, also aus $w_1 = \mathrm{e}^{i2\pi/n}$

4.20 *Man berechne und skizziere:* (a) *die 3–ten Einheitswurzeln*
(b) *die 3–ten Wurzeln aus* -1.

(a) Die 3–ten Einheitswurzeln sind die Nullstellen des Polynoms $z^3 - 1$, also die Lösungen der Gleichung $z^3 - 1 = 0$, d.h. $z^3 = 1$:

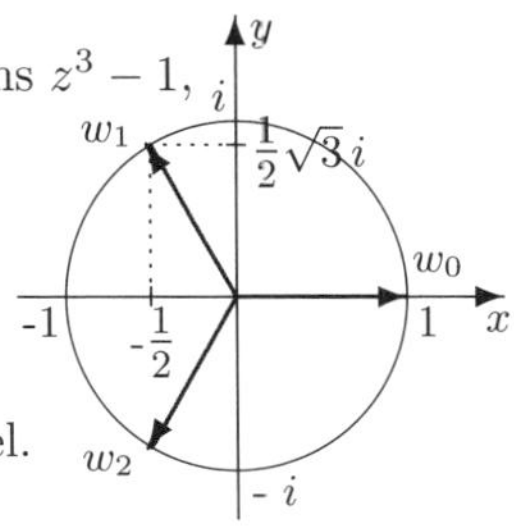

$$\begin{aligned} w_0 &= \mathrm{e}^{i0\cdot 2\pi/3} = \cos 0 + i\sin 0 &&= 1 \\ w_1 &= \mathrm{e}^{i1\cdot 2\pi/3} = \cos 2\pi/3 + i\sin 2\pi/3 &&= -1/2 + i\sqrt{3}/2 \\ w_2 &= \mathrm{e}^{i2\cdot 2\pi/3} = \cos 4\pi/3 + i\sin 4\pi/3 &&= -1/2 - i\sqrt{3}/2 \end{aligned}$$

w_1 ist die 3–te Einheitswurzel mit kleinstem positiven Winkel.

Es gilt: $w_1^2 = w_2$, $w_1^3 = w_0 = 1$, $w_1 \cdot w_2 = 1$, $w_1^{-1} = w_2$, $\overline{w_1} = w_2$.

(b) $z^3 = -1$, also $r = |-1| = 1$ und $\varphi = \arg(-1) = \pi$ ergibt: $-1 = \mathrm{e}^{i\pi}$.

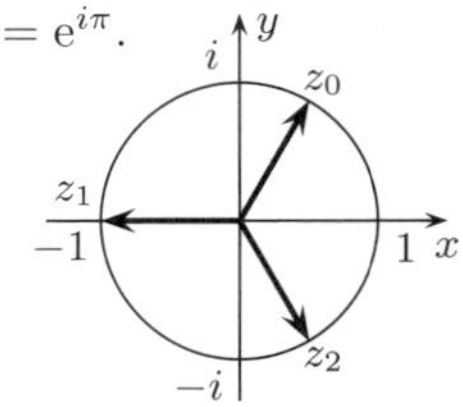

Mit der Formel von Moivre erhält man nun:

$$\begin{aligned} z_0 &= \mathrm{e}^{i(\pi/3+0\cdot 2\pi/3)} = \cos\pi/3 + i\sin\pi/3 &&= 1/2 + i\sqrt{3}/2 \\ z_1 &= \mathrm{e}^{i(\pi/3+1\cdot 2\pi/3)} = \cos\pi + i\sin\pi &&= -1 \\ z_2 &= \mathrm{e}^{i(\pi/3+2\cdot 2\pi/3)} = \cos 5\pi/3 + i\sin 5\pi/3 &&= 1/2 - i\sqrt{3}/2 \end{aligned}$$

Man sieht: Es ist $z_0 = w_0 \cdot z_0$, $z_1 = w_1 \cdot z_0$, $z_2 = w_2 \cdot z_0$.

Man erhält also alle 3–ten Wurzeln aus -1, indem man z_0 mit allen 3–ten Einheitswurzeln multipliziert.

4.21 *Man berechne und skizziere die n–ten Einheitswurzeln für $n = 2, 3, 4, 6, 8, 12$:*

Für jedes n ist $\quad w_0 = \mathrm{e}^{i\cdot 0\cdot 2\pi/n} = 1.$
Die n–te Einheitswurzel mit kleinstem positiven Winkel ist:

$$w_1 = \mathrm{e}^{i\cdot 1\cdot 2\pi/n} = \cos 2\pi/n + i\sin 2\pi/n.$$

w_1 erzeugt durch Potenzieren alle n–ten Einheitswurzeln: $w_2 = w_1^2,\ w_3 = w_1^3,\ \ldots$

$n = 2$ $\quad n = 3$ $\quad n = 4$ $\quad n = 6$ $\quad n = 8$ $\quad n = 12$

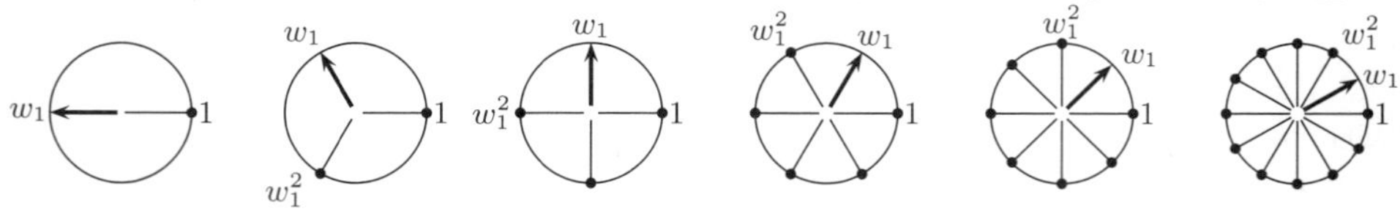

$z^2 - 1 = 0 \quad z^3 - 1 = 0 \quad z^4 - 1 = 0 \quad z^6 - 1 = 0 \quad z^8 - 1 = 0 \quad z^{12} - 1 = 0$

w_n \ n	2	3	4	6	8	12	w_1^n
w_0	1	1	1	1	1	1	w_1^0
$\boldsymbol{w_1}$	-1	$\frac{1}{2}(-1+i\sqrt{3})$	i	$\frac{1}{2}(1+i\sqrt{3})$	$\frac{\sqrt{2}}{2}(1+i)$	$\frac{1}{2}(\sqrt{3}+i)$	w_1
w_2		$\frac{1}{2}(-1-i\sqrt{3})$	-1	$\frac{1}{2}(-1+i\sqrt{3})$	i	$\frac{1}{2}(1+i\sqrt{3})$	w_1^2
w_3			$-i$	-1	$\frac{\sqrt{2}}{2}(-1+i)$	i	w_1^3
w_4				$-\frac{1}{2}(1+i\sqrt{3})$	-1	$\frac{1}{2}(-1+i\sqrt{3})$	w_1^4
w_5				$-\frac{1}{2}(-1+i\sqrt{3})$	$-\frac{\sqrt{2}}{2}(1+i)$	$\frac{1}{2}(-\sqrt{3}+i)$	w_1^5
w_6					$-i$	-1	w_1^6
w_7					$-\frac{\sqrt{2}}{2}(-1+i)$	$-\frac{1}{2}(\sqrt{3}+i)$	w_1^7
…						…	…

Für $n = 12$ gilt weiter:

$w_7 = -w_1,\ w_8 = -w_2,\ w_9 = -w_3,\ w_{10} = -w_4,\ w_{11} = -w_5,\ w_{12} = -w_6 = 1.$

4.22 *Man bestimme alle Lösungen von $z^3 = i$:*

$|i| = 1$, $\arg(i) = \pi/2$, also: $i = \mathrm{e}^{i\pi/2} = \cos\pi/2 + i\sin\pi/2$.

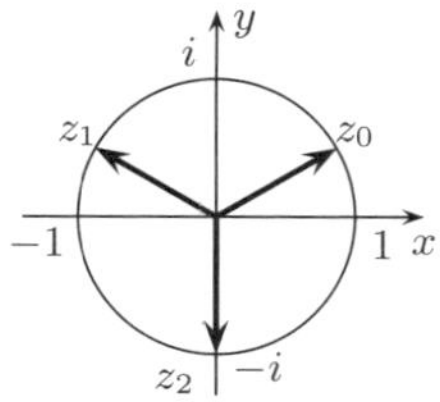

(a) Die Formel von Moivre ergibt:
$z_0 = \mathrm{e}^{i(\pi/6+0\cdot 2\pi/3)} = \cos 1\pi/6 + i\sin 1\pi/6 = \frac{1}{2}(\sqrt{3}+i)$,
$z_1 = \mathrm{e}^{i(\pi/6+1\cdot 2\pi/3)} = \cos 5\pi/6 + i\sin 5\pi/6 = \frac{1}{2}(-\sqrt{3}+i)$,
$z_2 = \mathrm{e}^{i(\pi/6+2\cdot 2\pi/3)} = \cos 9\pi/6 + i\sin 9\pi/6 = -i$.

(b) Nach Moivre ist $z_k = \mathrm{e}^{ik\cdot 2\pi/n}\cdot\sqrt[n]{r}\,\mathrm{e}^{i\varphi/n}$ und somit $z_k = w_k\cdot a$, wobei w_k eine n–te Einheitswurzel und a eine feste n–te Wurzel aus b ist.

Das ergibt folgendes Lösungsverfahren:
Man bestimmt eine Lösung von $z^3 = i$, also zum Beispiel $a = \cos\pi/6 + i\sin\pi/6$ oder auch (durch Raten) $a = -i$ und erhält—eventuell in anderer Reihenfolge—alle Lösungen von $z^3 = i$ durch Multiplikation von a mit den 3–ten Einheitswurzeln w_k:

$$\begin{aligned} a_0 &= w_0\cdot a = 1(-i) = -i \\ a_1 &= w_1\cdot a = \tfrac{1}{2}(-1+i\sqrt{3})(-i) = \tfrac{1}{2}(\sqrt{3}+i) \\ a_2 &= w_2\cdot a = \tfrac{1}{2}(-1-i\sqrt{3})(-i) = \tfrac{1}{2}(-\sqrt{3}+i) \end{aligned}$$

Die weiteren Lösungen erhält man also aus a, indem man den "Zeiger" a jeweils um $2\pi/3$ (im Allgemeinen um $2\pi/n$) weiterdreht!

Das bedeutet geometrisch: Um alle Lösungen von $z^n = b$ zu erhalten, bestimme man eine Lösung a und drehe das aus den n–ten Einheitswurzeln gebildete n–Eck so, dass eine Ecke in Richtung der einen Lösung a zeigt. Dann zeigen die anderen Ecken in Richtung der anderen Lösungen. Falls $|b| \neq 1$ ist, muss natürlich noch mit $\sqrt[n]{|b|}$ multipliziert werden.

4.23 *Für welche z gilt* $\dfrac{z-1}{2} = \dfrac{1+2i}{z+1}$?

Beseitigt man die Nenner, so erhält man die Gleichung $z^2 = 3+4i$, $(z \neq -1)$. Es sind also die beiden 2–ten Wurzeln aus $3+4i$ zu bestimmen:

$|3+4i| = 5$, $\arg(3+4i) = \arctan 4/3 \approx 0.92 \approx 53.13^0$ ergibt:

$$\begin{aligned} z_0 &= \sqrt{5}\,(\cos 0.46 + i\sin 0.46) &&= 2+i, \\ z_1 &= \sqrt{5}\,(\cos(0.46+\pi) + i\sin(0.46+\pi)) &&= -2-i. \end{aligned}$$

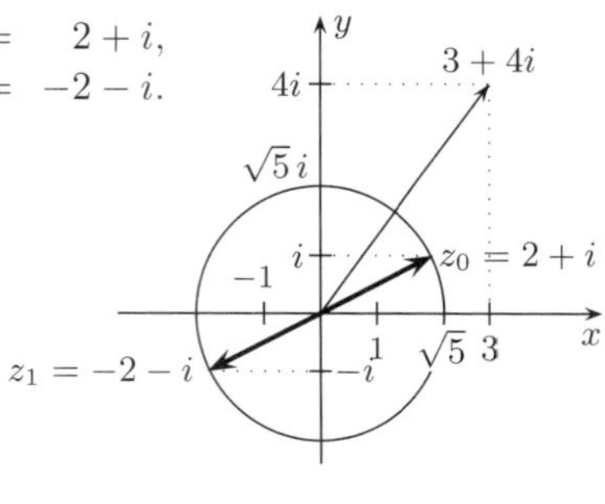

Oder:

Da $a = 2+i$ eine Lösung von $z^2 = 3+4i$ ist, erhält man alle Lösungen durch Multiplikation von a mit den 2–ten Einheitswurzeln 1 und −1,

also $z_{0,1} = \pm a = \underline{\pm(2+i)}$.

Für Polynome mit komplexen Koeffizienten gilt:

komplexe Zerlegung

Fundamentalsatz der Algebra

Jedes Polynom $f(z)$ mit komplexen Koeffizienten

$$f(z) = a_n z^n + a_{n-1} z^{n-1} + \ldots + a_1 z + a_0$$

lässt sich als ein Produkt von n Linearfaktoren schreiben:

$$f(z) = a_n (z - b_1) \cdots (z - b_n).$$

Die komplexen Zahlen $b_1, \ldots, b_n$ sind die Nullstellen von $f(z)$.

4.24 *Man zerlege folgende Polynome im Komplexen in Linearfaktoren:*
(a) $z^3 - i$ (b) $z^2 - 3 - 4i$ (c) $z^4 - 1$ (d) $z^4 + 2z^2 + 1$

(a) $z^3 - i = (z - \frac{1}{2}(\sqrt{3} + i))(z - \frac{1}{2}(-\sqrt{3} + i))(z + i),$ [vgl.: 4.22]

(b) $z^2 - 3 - 4i = (z - (2 + i))(z - (-2 - i)) = (z - 2 - i)(z + 2 + i),$ [vgl.: 4.23]

(c) $z^4 - 1 = (z - 1)(z - i)(z + 1)(z + i),$ [vgl.: 4.21]

(d) $z^4 + 2z^2 + 1 = (z^2 + 1)^2 = ((z - i)(z + i))^2 = (z - i)^2 (z + i)^2$.

Hat das Polynom f *reelle* Koeffizienten, so gilt für die komplexe Zahl a:

$$f(a) = 0 \Longleftrightarrow \overline{f(a)} = \overline{0} = 0 \Longleftrightarrow f(\overline{a}) = 0$$

Ist also a eine Nullstelle von f, so auch $\overline{a}$ und umgekehrt, da $\overline{\overline{a}} = a$ ist. Durch eventuelles Zusammenfassen der Linearfaktoren mit den Nullstellen a und $\overline{a}$:

$$(z - a)(z - \overline{a}) = z^2 - (a + \overline{a})z + a\overline{a},$$

wobei $a + \overline{a} = 2\ \mathrm{Re}(z)$ und $a\overline{a} = |a|^2$ reelle Zahlen sind, erhält man:

reelle Zerlegung

Jedes Polynom mit reellen Koeffizienten lässt sich als Produkt von linearen und/oder quadratischen Faktoren mit reellen Koeffizienten schreiben, wobei die quadratischen Faktoren keine reellen Nullstellen haben und folglich im Reellen unzerlegbar sind.

4.25 *Man bestimme die komplexe und die reelle Zerlegung folgender Polynome:*
(a) $z^4 - 1$ (b) $z^6 - 1$ (c) $z^7 + z^6 + z^5 + z^4 + z^3 + z^2 + z + 1$

(a) $z^4 - 1 = (z - 1)(z + 1)\underbrace{(z - i)(z + i)}_{z^2 + 1}$ komplexe Zerlegung,

$z^4 - 1 = (z - 1)(z + 1)(z^2 + 1)$ reelle Zerlegung.

(b) Mit den 6–ten Einheitswurzeln bestimmt man die komplexe Zerlegung:

$$z^6 - 1 = (z-1)(z+1)\cdot \underbrace{(z - \tfrac{1}{2}(1+i\sqrt{3}))(z - \tfrac{1}{2}(1-i\sqrt{3}))}_{z^2 - z + 1} \underbrace{(z - \tfrac{1}{2}(-1+i\sqrt{3}))(z - \tfrac{1}{2}(-1-i\sqrt{3}))}_{z^2 + z + 1}$$

$$z^6 - 1 = (z-1)(z+1)(z^2 - z + 1)(z^2 + z + 1) \qquad \text{reelle Zerlegung.}$$

(c) $z^7 + z^6 + \ldots + 1 = \frac{z^8-1}{z-1}$ geometrische Reihe oder HORNERschema!

Man zerlegt zunächst $z^8 - 1$ im Komplexen: $z^8 - 1 = (z - w_0)\cdots(z - w_7)$, wobei $w_0, \ldots, w_7$ die 8–ten Einheitswurzeln sind. Die reellen Nullstellen $w_0 = 1$ und $w_4 = -1$ bestimmen die Linearfaktoren. Die Paare konjugiert komplexer Nullstellen bestimmen die im Reellen unzerlegbaren quadratischen Faktoren:

$$z^8 - 1 = (z-1)(z+1)\cdot \cdot \underbrace{(z-i)(z+i)}_{z^2+1} \underbrace{(z - \tfrac{\sqrt{2}}{2}(1+i))(z - \tfrac{\sqrt{2}}{2}(1-i))}_{z^2 - \sqrt{2}\,z + 1} \underbrace{(z + \tfrac{\sqrt{2}}{2}(1+i))(z + \tfrac{\sqrt{2}}{2}(1-i))}_{z^2 + \sqrt{2}\,z + 1}$$

$$z^8 - 1 = (z-1)(z+1)(z^2+1)(z^2 - \sqrt{2}\,z + 1)(z^2 + \sqrt{2}\,z + 1) \qquad \text{reelle Zerlegung.}$$

$$\Longrightarrow z^7 + z^6 + \cdots + 1 = \frac{z^8-1}{z-1} = (z+1)(z^2+1)(z^2 - \sqrt{2}\,z + 1)(z^2 + \sqrt{2}\,z + 1).$$

So einfach ist das Zerlegen nicht immer! Bei Polynomen höheren Grades ist man im Allgemeinen auf Näherungsverfahren angewiesen.

Die komplexen Zahlen $\mathbb{C}$ bilden eine Erweiterung der reellen Zahlen $\mathbb{R}$. Diese Erweiterung hat einen kleinen

Nachteil: Man kann die komplexen Zahlen $\mathbb{C}$ nicht so ordnen, daß die Ordnung den Rechenregeln für Ungleichungen genügt:

Da $i \neq 0$ ist, müsste $i > 0$ oder $i < 0$, d.h. $-i > 0$ sein.
In beiden Fällen führt Quadrieren auf den Widerspruch $-1 > 0$.

Im Gegensatz zu $\mathbb{R}$ hat $\mathbb{C}$ jedoch einen großen

Vorteil: Alle Polynome (vom Grad ≥ 1) zerfallen in Linearfaktoren, d.h.: jedes Polynom n–ten Grades hat n Nullstellen (Fundamentalsatz).

4.6 Quadratische Gleichungen

Die Nullstellen eines Polynoms 2. Grades bestimmt man, indem man – wie im Reellen – eine quadratische Gleichung löst:

quadratische Gleichung

Eine quadratische Gleichung mit komplexen Koeffizienten

$$az^2 + bz + c = 0 \quad \text{bzw.} \quad z^2 + pz + q = 0$$

löst man mit Hilfe der bekannten Formeln

$$z_{1,2} = \frac{-b \pm \sqrt{b^2 - 4ac}}{2a} \quad \text{bzw.} \quad z_{1,2} = -\frac{p}{2} \pm \sqrt{\frac{p^2}{4} - q}$$

wobei $\sqrt{\cdots}$ <u>eine</u> 2-te Wurzel der komplexen Zahl

$$d = b^2 - 4ac \quad \text{bzw.} \quad d = \frac{p^2}{4} - q \qquad \text{ist.}$$

4.26 *Man löse die quadratische Gleichung* $(1+i)z^2 + (1-i)z + 4 - 2i = 0$:

In diesem Beispiel sind: $a = 1+i$, $b = 1-i$, $c = 4-2i$. Also

$d = (1-i)^2 - 4(1+i)(4-2i) = -24 - 10i \implies \underline{z_{1,2} = \frac{-(1-i)\pm\sqrt{d}}{2(1+i)}}$.

Berechnung *einer* 2-ten Wurzel w aus d, also $w^2 = d = -24 - 10i$:

(i) $|-24 - 10i| = 2\sqrt{144 + 25} = 26$,

$\arg(-24 - 10i) = 180^0 + \arctan\left(\frac{-10}{-24}\right) \approx 202.62^0$,

also $w^2 \approx 26(\cos 202.62^0 + i \sin 202.62^0)$. Die Formel von Moivre ergibt:

$w \approx \sqrt{26}\,(\cos 101.31^0 + i \sin 101.31^0) \approx \underline{-1 + 5i}$.

(ii) Es geht auch so:

$w = \sqrt{d} = \sqrt{r}\,(\cos\varphi/2 + i \sin\varphi/2)$ ist eine Lösung von $w^2 = r(\cos\varphi + i\sin\varphi)$.

Man kann $\cos\varphi/2$ und $\sin\varphi/2$ direkt aus $\cos\varphi$ berechnen:

$$\cos\varphi/2 = \pm\sqrt{\frac{1}{2}(1 + \cos\varphi)} \qquad \text{und} \qquad \sin\varphi/2 = \pm\sqrt{\frac{1}{2}(1 - \cos\varphi)}\,.$$

Da $w^2 = -24 - 10i = 26\left(-\frac{12}{13} - \frac{5}{13}i\right)$ ist, wobei $\left|-\frac{12}{13} - \frac{5}{13}i\right| = 1$ ist,

gilt $\cos\varphi = -\frac{12}{13}$

Da w^2 im 3.Quadranten liegt, liegt w im 2.Quadranten. Dies bestimmt die Vorzeichen der Wurzeln:

$\cos\frac{\varphi}{2} = -\sqrt{\frac{1}{2}(1 - \frac{12}{13})} = \frac{-1}{\sqrt{26}}$ und $\sin\frac{\varphi}{2} = \sqrt{\frac{1}{2}(1 + \frac{12}{13})} = \frac{5}{\sqrt{26}}$

$\implies w = \sqrt{26}\left(-\frac{1}{\sqrt{26}} + \frac{5}{\sqrt{26}}i\right) = \underline{-1 + 5i}$.

Die Lösungen obiger quadratischer Gleichung sind folglich:

$$z_1 = \frac{-(1-i)+w}{2(1+i)} = \frac{-2+6i}{2(1+i)} = \underline{\underline{1+2i}}$$
$$z_2 = \frac{-(1-i)-w}{2(1+i)} = \frac{-4i}{2(1+i)} = \underline{\underline{-1-i}}$$

(iii) Weitere Möglichkeit, siehe [4.27]: Ansatz $w = u + iv$.

4.27 *Für welche z gilt:* $\frac{z}{5+5i} = \frac{1}{iz+4-i}$?

Zunächst muss $iz + 4 - i \neq 0$, also $z \neq \frac{-4+i}{i} = 1 + 4i$ sein.
Umformen führt auf die quadratische Gleichung: $iz^2 + (4-i)z - 5 - 5i = 0$.
Man dividiert die Gleichung durch i, indem man sie mit $-i$ multipliziert und hat dann folgende quadratische Gleichung zu lösen:

(∗) $z^2 - (1+4i)z - 5 + 5i = 0$ mit $d = \frac{(1+4i)^2}{4} + 5 - 5i = \frac{1}{4}(5-12i)$.

Man erhält: $z_{1,2} = \frac{1}{2} + 2i \pm \sqrt{d} = \underline{\frac{1}{2} + 2i \pm \frac{1}{2}\sqrt{5-12i}}$.

Berechnung einer 2-ten Wurzel w aus $5 - 12i$:

(i) $|5-12i| = \sqrt{25+144} = 13$ und $\arg(5-12i) = \arctan(-12/5) \approx -1.18$
ergibt : $w^2 = 13(\cos(-1.18) + i\sin(-1.18))$. Moivre ergibt:

$$w = \sqrt{13}\,(\cos(-0.59) + i\sin(-0.59)) = \underline{3-2i}.$$

(ii) Es geht auch folgendermaßen:
Man macht den **Ansatz** $w = u + iv$. Dann gilt, falls $v \neq 0$ ist:
$w^2 = u^2 - v^2 + 2uvi = 5 - 12i \iff u^2 - v^2 = 5\ ,\ 2uv = -12$
$\iff u = -\frac{6}{v}\ ,\ u^2 = \frac{36}{v^2}\ ,\ \frac{36}{v^2} - v^2 = 5 \iff u = \frac{-6}{v}\ ,\ v^4 + 5v^2 - 36 = 0.$
Dies ist eine reelle biquadratische Gleichung mit den Löungen:
$v^2 = -\frac{5}{2} \pm \sqrt{\frac{25}{4} + 36} = -\frac{5}{2} + \frac{13}{2} = 4$, wobei das '−' entfällt, da v^2 reell und folglich nicht negativ ist. Man schließt weiter:
$\iff u = -\frac{6}{v}\ ,\ v_{1,2} = \pm 2 \iff u_{1,2} = \mp 3\ ,\ v_{1,2} = \pm 2$
$\iff \underline{w_1 = -3 + 2i}\ ,\ \underline{w_2 = 3 - 2i}.$
Da *eine* Lösung von $w^2 = 5 - 12i$ gesucht ist, nehme man w_1 *oder* w_2:
Mit $w = w_2$ erhält man folgende Lösungen der quadratischen Gleichung (∗):

$$z_{1,2} = \frac{1}{2} + 2i \pm \frac{1}{2}w = \frac{1}{2} + 2i \pm \frac{1}{2}(3-2i)\text{ , also } \underline{\underline{z_1 = 2+i}} \text{ und } \underline{\underline{z_2 = -1+3i}}.$$

Probe: $z_1 + z_2 = 2 + i - 1 + 3i = 1 + 4i$ und $z_1\, z_2 = (2+i)(-1+3i) = -5 + 5i$
z_1 und z_2 sind also (Vieta) die Lösungen der quadratischen Gleichung (∗).

Da $z_{1,2} \neq 1 + 4i$ gilt, sind z_1 und z_2 genau die komplexen Zahlen, die obige Gleichung erfüllen.

4.28 *Man bestimme alle Nullstellen des Polynoms* $z^6 + (2-6i)z^3 - 11 - 2i$:

Um $z^6 + (2-6i)z^3 - 11 - 2i = 0$ zu lösen, setzt man $x := z^3$ und erhält die quadratische Gleichung $x^2 + (2-6i)x - 11 - 2i = 0$ mit den Lösungen

$$x_{1,2} = -1 + 3i \pm \sqrt{(1-3i)^2 + 11 + 2i} = -1 + 3i \pm \sqrt{3-4i}\,.$$

Berechnung *einer* 2-ten Wurzel w aus $3-4i$:

$|3-4i| = 5$, $\arg(3-4i) = \arctan(-4/3) \approx -0.93 \approx -53^0$ (4. Quadrant!)

$\Longrightarrow \quad w^2 = 5(\cos(-0.93) + i\sin(-0.93))$

$\Longrightarrow \quad w = \sqrt{5}\,(\cos(-0.93/2) + i\sin(-0.93/2)) = 2 - i$

$\Longrightarrow \quad x_{1,2} = -1 + 3i \pm (2-i) \quad \Longrightarrow \quad \underline{x_1 = 1 + 2i}$, $\underline{x_2 = -3 + 4i}$.

Wir hatten $x := z^3$ gesetzt. Die Nullstellen obigen Polynoms sind also die 3-ten Wurzeln aus $1 + 2i$ und aus $-3 + 4i$.

(i) Berechnung der 3-ten Wurzeln aus $\underline{x_1 = 1 + 2i}$:

Die drei Wurzeln liegen auf dem Kreis vom Radius $\sqrt[6]{5}$ um den Nullpunkt.

$z_1^3 = 1 + 2i$ mit $|1 + 2i| = \sqrt{5}$, $\arg(1 + 2i) \approx 1.11 \approx 63^0$

$z_1^3 = \sqrt{5}\,(\cos 1.11 + i \sin 1.11)$. Moivre ergibt nun:

$$\begin{aligned} z_{1,1} &= \sqrt[6]{5}\,(\cos(\tfrac{1.11}{3} + 0\cdot\tfrac{2\pi}{3}) + \sin(\tfrac{1.11}{3} + 0\cdot\tfrac{2\pi}{3})) &\approx&\quad 1.22 + 0.47i,\\ z_{1,2} &= \sqrt[6]{5}\,(\cos(\tfrac{1.11}{3} + 1\cdot\tfrac{2\pi}{3}) + \sin(\tfrac{1.11}{3} + 1\cdot\tfrac{2\pi}{3})) &\approx&\quad -1.02 + 0.82i,\\ z_{1,3} &= \sqrt[6]{5}\,(\cos(\tfrac{1.11}{3} + 2\cdot\tfrac{2\pi}{3}) + \sin(\tfrac{1.11}{3} + 2\cdot\tfrac{2\pi}{3})) &\approx&\quad -0.20 - 1.29i. \end{aligned}$$

(ii) Berechnung der 3-ten Wurzeln aus $\underline{x_2 = -3 + 4i}$:

Die drei Wurzeln liegen auf dem Kreis vom Radius $\sqrt[3]{5}$ um den Nullpunkt.

$z_2^3 = -3 + 4i$ mit $|-3 + 4i| = 5$, $\arg(-3 + 4i) \approx -0.93 + \pi \approx 2.21 \approx 127^0$,

$z_2^3 = 5(\cos 2.21 + i \sin 2.21)$. Moivre ergibt nun:

$$\begin{aligned} z_{2,1} &= \sqrt[3]{5}\,(\cos(\tfrac{2.21}{3} + 0\cdot\tfrac{2\pi}{3} + \sin(\tfrac{2.21}{3} + 0\cdot\tfrac{2\pi}{3})) &\approx&\quad 1.26 + 1.15i,\\ z_{2,2} &= \sqrt[3]{5}\,(\cos(\tfrac{2.21}{3} + 1\cdot\tfrac{2\pi}{3} + \sin(\tfrac{2.21}{3} + 1\cdot\tfrac{2\pi}{3})) &\approx&\quad -1.63 + 0.52i,\\ z_{2,3} &= \sqrt[3]{5}\,(\cos(\tfrac{2.21}{3} + 2\cdot\tfrac{2\pi}{3} + \sin(\tfrac{2.21}{3} + 2\cdot\tfrac{2\pi}{3})) &\approx&\quad 0.36 - 1.67i. \end{aligned}$$

Das obige Polynom 6-ten Grades hat also folgende 6 Nullstellen:

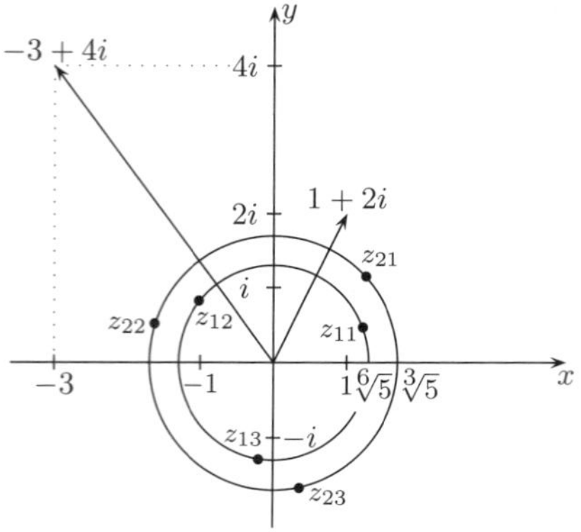

$z_{i,j}$	$x + iy$	φ	r
$z_{1,1}$	$1.22 + 0.47i$	21^0	$\sqrt[6]{5}$
$z_{1,2}$	$-1.02 + 0.82i$	141^0	$\sqrt[6]{5}$
$z_{1,3}$	$-0.20 - 1.29i$	261^0	$\sqrt[6]{5}$
$z_{2,1}$	$1.26 + 1.15i$	42^0	$\sqrt[3]{5}$
$z_{2,2}$	$-1.63 + 0.52i$	162^0	$\sqrt[3]{5}$
$z_{2,3}$	$0.36 - 1.67i$	282^0	$\sqrt[3]{5}$

4.7 Die komplexe Exponentialfunktion

Die komplexe Exponentialfunktion e^z ist folgendermaßen definiert [siehe auch **Fun**]:

$$e^z := \sum_{n=0}^{\infty} \frac{z^n}{n!} = 1 + \frac{z}{1!} + \frac{z^2}{2!} + \frac{z^3}{3!} + \cdots,$$

wobei die Reihe in der ganzen komplexen Ebene konvergiert. Wie für die reelle Exponentialfunktion gilt auch im Komplexen die wichtige Funktionalgleichung:

$$\boxed{e^{u+v} = e^u \cdot e^v}$$

Hieraus und aus der Eulerschen Formel $e^{iy} = \cos y + i \sin y$ folgt:

$$\boxed{e^z = e^{x+iy} = e^x \cdot e^{iy} = e^x(\cos y + i \sin y)}$$

$$\boxed{\text{speziell: } e^{2\pi i} = 1 \text{ und } e^{\pi i} = -1.}$$

4.29 *Man berechne* $Re(e^z)$, $Im(e^z)$, $|e^z|$, $\arg(e^z)$:

$z = x + iy$ und $e^z = e^x(\cos y + i \sin y) = e^x \cos y + ie^x \sin y)$.

$$\begin{aligned} \text{Re}(e^z) &= \text{Re}(e^x(\cos y + i \sin y)) = e^x \cos y, \\ \text{Im}(e^z) &= \text{Im}(e^x(\cos y + i \sin y)) = e^x \sin y, \end{aligned}$$

$|e^z| = |e^x \cdot e^{iy}| = e^x$, da $e^x > 0$ und $|e^{iy}| = 1$ ist [siehe 4.11].

$\arg(e^z) = \arg(e^x(\cos y + i \sin y)) = y$.

4.30 *Man bestimme alle z, für die gilt:*

(a) $e^z = 1$ (b) $e^z = -2$

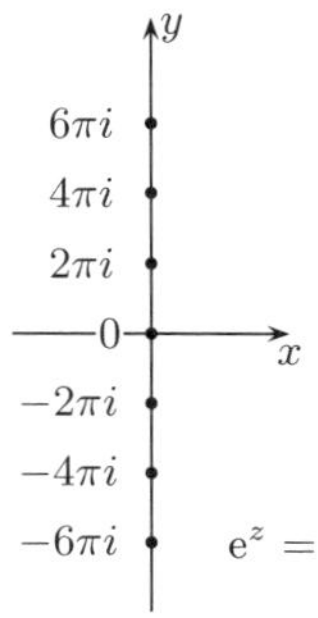

(a) $e^z = e^{x+iy} = e^x \cdot e^{iy} = e^x(\cos y + i \sin y) = 1$
$\iff x = 0,\ y = 2k\pi,\ k \in \mathbb{Z} \iff z = i2k\pi,\ k \in \mathbb{Z}$.

(b) $e^z = e^x(\cos y + i \sin y) = -2 = 2(-1)$
$\iff e^x = 2,\ \cos y + i \sin y = -1$
$\iff x = \ln 2,\ y = \pi + 2k\pi,\ k \in \mathbb{Z}$
$\iff z = \ln 2 + i(2k+1)\pi,\ k \in \mathbb{Z}$.

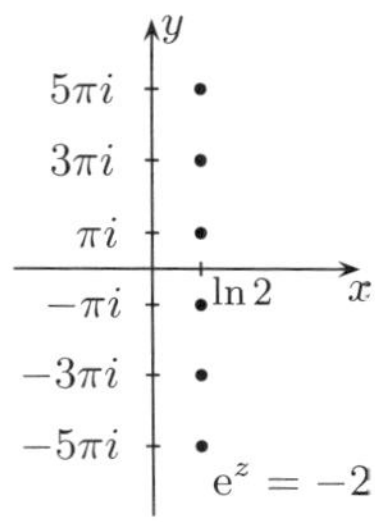

Bemerkung: Aus (a) sieht man, dass

$e^z = e^z \cdot 1 = e^z \cdot e^{i2k\pi} = e^{z+k(2\pi i)}$ für alle $k \in \mathbb{Z}$ ist.

Die komplexe Funktion e^z hat also die Periode $2\pi i$.

4.31 *Man berechne und skizziere folgende Teilmengen* $M \subseteq \mathbb{C}$ *und ihre Bilder* $\mathrm{e}^M := \{w \mid w = \mathrm{e}^z,\ \ z \in M\} \subseteq \mathbb{C}$ *unter der Abbildung* $w = \mathrm{e}^z$*:*

(a) $A = M = \{z \mid z = x + i\pi/4,\ \ x \in \mathbb{R}\}$
(b) $B = M = \{z \mid z = x + i4\pi/3,\ \ x \in \mathbb{R}\}$
(c) $C = M = \{z \mid z = -1 + i2\pi y,\ \ 0 \leq y < 1\}$
(d) $D = M = \{z \mid z = \ln 2 + i2\pi y,\ \ 0 \leq y < 1\}$
(e) $E = M = \{z \mid z = i2\pi y,\ \ 0 \leq y < 1\}$

(a) $z = x + i\pi/4 \Longrightarrow \mathrm{e}^z = \mathrm{e}^{x+i\pi/4} = \mathrm{e}^x \cdot \mathrm{e}^{i\pi/4}$
$\Longrightarrow \mathrm{e}^A = \{w \mid w = \mathrm{e}^x \cdot \mathrm{e}^{i\pi/4},\ x \in \mathbb{R}\}$.
Durchläuft x alle reelle Zahlen, so durchläuft (die reelle Funktion) e^x alle *positiven* reellen Zahlen! e^A besteht also aus allen *positiven* Vielfachen von $\mathrm{e}^{i\pi/4}$. e^A ist also die Halbgerade ohne Nullpunkt mit dem Steigungswinkel $\pi/4$.

(b) Ebenso erhält man:
$\mathrm{e}^B = \{w \mid w = \mathrm{e}^x \cdot \mathrm{e}^{i4\pi/3},\ x \in \mathbb{R}\}$ ist die Halbgerade ohne Nullpunkt mit dem Steigungswinkel $4\pi/3$ bzw. $-2\pi/3$.

(c) $z = -1 + i2\pi y \Longrightarrow \mathrm{e}^z = \mathrm{e}^{-1} \cdot \mathrm{e}^{i2\pi y},\ 0 \leq y < 1$
$\Longrightarrow |\mathrm{e}^z| = \mathrm{e}^{-1},\ \arg(\mathrm{e}^z) = 2\pi y,\ 0 \leq y < 1$, d.h. $0 \leq 2\pi y < 2\pi$
$\Longrightarrow \mathrm{e}^C$ ist der Kreis um den Nullpunkt vom Radius e^{-1}.

(d) Ebenso:
e^D ist der Kreis um den Nullpunkt vom Radius $\mathrm{e}^{\ln 2} = 2$.
e^E ist der Kreis um den Nullpunkt vom Radius $\mathrm{e}^0 = 1$, der Einheitskreis.

Beachte: Es ist $\mathrm{e}^{2\pi i} = \mathrm{e}^0 = 1$.

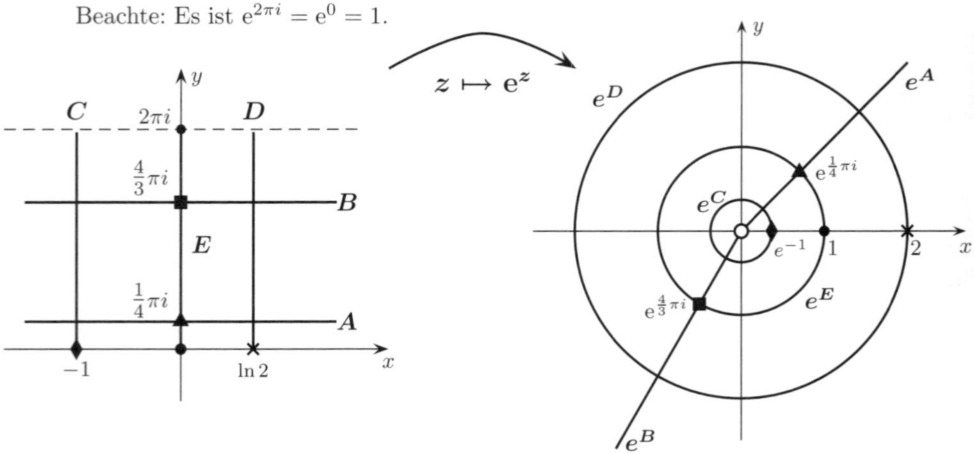

Bemerkung: Der **Periodenstreifen** $\{z \mid z = x + iy,\ x \in \mathbb{R},\ 0 \leq y < 2\pi\}$ wird durch die Funktion e^z auf die ganze komplexe Ebene ohne Nullpunkt ("gelochte Ebene") abgebildet! Dabei werden Parallelen zur x–Achse auf Halbgeraden und Parallelen zur y–Achse auf Kreise abgebildet.

4.8 Die komplexe Logarithmusfunktion

So, wie die reelle Funktion $\sin x$ im Intervall $-\pi/2 \leq x \leq \pi/2$ alle ihre Funktionswerte genau einmal annimmt und man sich deshalb bei der Definition der Umkehrfunktion[1] $\arcsin x$ von $\sin x$ auf diesen Teil von $\sin x$ beschränkt, so beschränkt man sich bei der Umkehrung der Funktion e^z auf den Periodenstreifen $\{z \mid 0 \leq \operatorname{Im}(z) < 2\pi\}$, in dem die komplexe Exponentialfunktion e^z alle ihre Funktionswerte genau einmal annimmt [siehe auch **Fun**].

Ist $z = re^{i\varphi}$, $r > 0$, also z aus der gelochten Ebene, so gilt:

$$z = re^{i\varphi} = e^{\ln r} \cdot e^{i\varphi} \cdot 1 = e^{\ln r} \cdot e^{i\varphi} \cdot e^{i2k\pi} = e^{\ln r + i(\varphi + 2k\pi)} = e^w.$$

Beschränkt man w auf den Periodenstreifen, d.h.

$$w = \ln r + i(\varphi + 2k\pi), \quad r > 0, \quad 0 \leq \varphi < 2\pi, \quad k = 0,$$

so ist durch $z = e^w = e^{\ln r + i\varphi}$, $r > 0$, $0 \leq \varphi < 2\pi$ eine bijektive Abbildung des Periodenstreifens auf die gelochte Ebene gegeben.

Man definiert als Umkehrfunktion[2] $\ln z$ von e^z:

$\ln z := w$, falls $z = e^w$ aus der gelochten Ebene und w aus dem Periodenstreifen ist. Dann gilt also:

$$\boxed{w = \ln z = \ln(r \cdot e^{i\varphi}) = \ln r + i\varphi, \text{ mit } r > 0, \quad 0 \leq \varphi < 2\pi}$$

4.32 *Man berechne* $\ln z$ *für :*

(a) $z = \sqrt{2} + i\sqrt{2}$. (b) $z = 2 - i2\sqrt{3}$. (c) $z = -3$. (d) $z = 2$.
(e) $z = -\frac{1}{2e} + \frac{1}{2e}\sqrt{3}\,i$.

(a) $r = |z| = 2, \quad \varphi = \pi/4 \Longrightarrow z = 2e^{i\pi/4} = e^{\ln 2 + i\pi/4}$, mit $2 > 0, \quad 0 \leq \pi/4 < 2\pi$
$\Longrightarrow \ln z = \underline{\underline{\ln 2 + i\pi/4}}$.

(b) $r = |z| = 4, \quad \varphi = -\pi/3 + 2k\pi$. Für $k = 1$ gilt $\varphi = 5\pi/3$ und $0 \leq 5\pi/3 < 2\pi$.
$\Longrightarrow z = 4e^{i5\pi/3}$, mit $4 > 0, \quad 0 \leq 5\pi/3 < 2\pi \Longrightarrow \ln z = \underline{\underline{\ln 4 + i5\pi/3}}$.

(c) $r = |z| = 3, \quad \varphi = \pi \Longrightarrow z = 3e^{i\pi} \Longrightarrow \ln z = \underline{\underline{\ln 3 + i\pi}}$.

(d) $r = |z| = 2, \quad \varphi = 0 \Longrightarrow z = 2 \Longrightarrow \ln z = \underline{\underline{\ln 2}}$.

Für positive reelle z stimmt $\ln z$ mit dem reellen Logarithmus $\ln x$ überein!

(e) $r = |z| = |\frac{1}{e}(-1/2 + i\sqrt{3}/2)| = \frac{1}{e}, \quad \tan\varphi = -\sqrt{3}$, 2. Quadr. $\Longrightarrow \varphi = 2\pi/3$
$\Longrightarrow z = \frac{1}{e}e^{i2\pi/3}$, mit $\frac{1}{e} > 0, \quad 0 \leq 2\pi/3 < 2\pi$
$\Longrightarrow \ln z = \ln\frac{1}{e} + i2\pi/3 = \underline{\underline{-1 + i2\pi/3}}$.

[1] häufig "Hauptwert des Arcussinus" genannt
[2] häufig "Hauptwert des Logarithmus" genannt

4.33 *Für welche z gilt* $e^z = \sqrt{2} + i\sqrt{2}$?

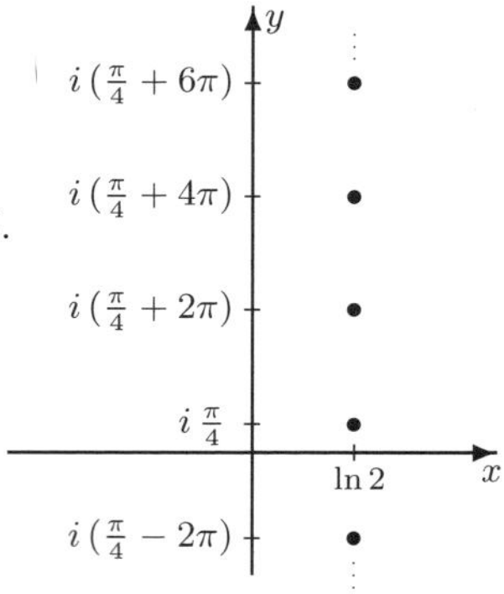

$z = \ln(\sqrt{2} + i\sqrt{2}) + i2k\pi$, $k \in \mathbf{Z}$. Also
$z = \ln 2 + i\pi/4 + i2k\pi = \ln 2 + i(\pi/4 + 2k\pi)$, $k \in \mathbf{Z}$.
Oder wie in [4.30]: $z = x + iy$

$$
\begin{aligned}
& e^z = e^{x+iy} = e^x e^{iy} = \sqrt{2} + i\sqrt{2} \\
\Longrightarrow \quad & = 2e^{i\pi/4} = e^{\ln 2} e^{i\pi/4} \cdot 1 \\
& = e^{\ln 2} e^{i\pi/4} e^{i2k\pi} = e^{\ln 2} e^{i(\pi/4+2k\pi)}
\end{aligned}
$$

$\Longrightarrow z = \underline{\underline{\ln 2 + i(\pi/4 + 2k\pi)}}$, $k \in \mathbf{Z}$.

4.9 Aufgaben

4.34 *Man berechne* $Re(z)$, $Im(z)$, $|z|$, $\arg(z)$, $\overline{z}$, $\frac{1}{z}$, z^2, $\frac{z}{\overline{z}}$ *für folgende komplexe Zahlen* z: $z = 1+i$, $z = -3$, $z = 2i$, $z = 2e^{-i\pi/3}$, $z = ie^{i\pi}$, $z = i+e^{i\pi}$.

4.35 *Für folgende komplexe Zahlen* z, w *berechne man:*
$z + w$, $z \cdot w$, z/w, $\overline{z} \cdot w$, $w/\overline{z}$.

z	$1-i$	$2e^{i2\pi/3}$	$4e^{-i\pi/6}$	$ie^{i\pi}$
w	$1+i$	$2e^{i\pi/6}$	$-2\sqrt{3}+2i$	$i+e^{i\pi}$

4.36 *Für* $z = -i^{23} + 3i^{14}$ *und* $w = 2i^5 - i^{24}$ *berechne man:*
$z + w$, $z \cdot w$, z/w, $\overline{z} \cdot w$, $w/\overline{z}$.

4.37 *Für* $u = -3 + 4i$, $v = -1 + i$, $w = i + e^{i\pi}$ *berechne man:*
$a = |(-1 + 2i)u + \overline{u}v|$, $b = u^3 + (1 + i)u^2 + (3 - 2i)u - 111 - 19i$, $c = (\overline{w})^{-4}$.

4.38 *Für welche reellen Zahlen* a, b *gilt* $2a - 3bi - a(1 + i) + 5b + 3 - i = 0$?

4.39 *Man berechne die Polarkoordinaten folgender komplexer Zahlen:*
$3\sqrt{3} + 3i$, $-2 - 2i$, 5, -3, $-2i$.

4.40 *Für* $0 \leq \alpha < \pi$ *berechne man die Polarkoordinaten von* $i + \sin 2\alpha - i\cos 2\alpha$.

4.41 *Zu den gegebenen Polarkoordinaten* r, φ *von* z *berechne man* z *in kartesischer Darstellung:*

r	2	4	6	2	4	6
φ	225^0	$11\pi/6$	-210^0	$-9\pi/6$	2205^0	$-101\pi/6$

4.42 *Für welche* z *gilt* $z^2(1 + i) = z(1 - i)$?

4.43 *Man berechne:* $a = \frac{i+i^2+i^3+i^4+i^5}{1+i}$, $b = \frac{5}{3-4i} + \frac{10}{4+3i}$.

4.44 *Man berechne* z *aus:*

(a) $2-9i = (1-2i)(z-3+4i)$ (b) $\frac{3-2i}{z} = 5+i$ (c) $\frac{1+i}{z} + \frac{20}{4+3i} = 3-i$

4.45 *Für* $u = -3 + 2i, \; v = 2 + i, \; w = \frac{1}{2}(1 - i\sqrt{3})$ *berechne man:*

$a = |2u - 3v|, \quad b = 3iuv - v(\overline{u} + 2w^2), \quad c = |\frac{uv^2+w^2}{v+2\overline{w}^3}|$

und mit dem (komplexen) HORNERschema $d = u^3 - (i+1)u^2 + 10iu + 3 - i$:

4.46 *Man berechne* $a = (1+i)^{-5}$ *und* $b = (1+\sqrt{3}\,i)^3(1+i)^{-7}$.

4.47 *Man berechne und skizziere die Menge, vgl. [4.18]*
$A = \{z_n \mid z_n = (\frac{\sqrt{3}+i}{2})^n, \; n \in \mathbf{Z}\}$.

4.48 *Zu* $z = 2\mathrm{e}^{i\pi/4}$ *und* $w = i - 1$ *berechne man* $u = \frac{z^{-3}\overline{w}^2}{\overline{z}^2 w^{-3}}$.

4.49 *Man löse folgende Gleichungen:*
(a) $z^3 = 4\sqrt{2}\,(-1+i)$ (b) $z^5 = -1$ (c) $z^4 = 1 + \sqrt{3}\,i$.

4.50 *Man löse folgende quadratische Gleichungen:*
(a) $z^2 + 2z + 2i = -1$ (b) $iz^2 + (1-2i)z - 2 = 0$

4.51 *Für welche* z *gilt* $z^3 + iz^2 + z - 2iz - 2 + i = 0$*? Hinweis: 1 ist Lösung.*

4.52 *Man löse:* $6z^4 - 25z^3 + 32z^2 + 3z - 10 = 0$.
Hinweis: Es gibt zwei rationale Lösungen.

4.53 *Man gebe die komplexe und die reelle Zerlegung folgender Polynome an:*
(a) $z^3 - 2z - 4$. (b) $2z^4 - 3z^3 - 7z^2 - 8z + 6$.
(c) $x^3 + x^2 + x + 1$. (d) $z^{10} - 2z^5 + 2$, *nur komplexe Zerlegung!*

4.54 *Man skizziere folgende Punktmengen in der komplexen Ebene:*
Wie üblich ist $z = x + iy = r\mathrm{e}^{i\varphi}$.
$A = \{z \mid x = 2\}$, $B = \{z \mid y = -1\}$, $C = \{z \mid x = 2y + 1\}$,
$D = \{z \mid y = \frac{1}{x+1}\}$, $E = \{z \mid r = 2\}$, $F = \{z \mid \varphi = -\frac{\pi}{4}\}$,
$G = \{z \mid r = \varphi + 1, \; -1 \le \varphi \le \pi\}$, $H = \{z \mid \varphi = 2\pi r, \; 0 \le r \le 2\}$.

4.55 *Für welche komplexen Zahlen* z *gilt:*
(a) $\mathrm{e}^z = -\mathrm{e}$, (b) $\mathrm{e}^z = -2$, (c) $\mathrm{e}^z = i$,
(d) $\mathrm{e}^z = \frac{1+i}{\sqrt{2}}$, (e) $\mathrm{e}^z = a + bi, \; a, b \in \mathbb{R}$.

4.56 *Man skizziere folgende Teilmengen von* $\mathbb{C}$:
$A = \{z \mid z = -1 + 2i + t\mathrm{e}^{i\varphi}, \; t \in \mathbb{R}\}$, *Gerade,*
$B = \{z \mid z = 2 + i + 3\mathrm{e}^{it}, \; t \in \mathbb{R}\}$, *Kreis,*
$C = \{z \mid z = (3+2i)\mathrm{e}^{t} + (3-2i)\mathrm{e}^{-t}, \; t \in \mathbb{R}\}$, *Hyperbel,*
$D = \{z \mid z = 6\cosh t + i4\sinh t, \; t \in \mathbb{R}\}$, *Hyperbel,*
$E = \{z \mid z = \sqrt{2}^{\,t}\mathrm{e}^{it\pi/4}, \; t \in \mathbb{R}\}$, *logarithmische Spirale, vgl.* [4.16], [4.17],
$F = \{z \mid z = \frac{\pi}{t}\mathrm{e}^{it}, \; 0 < t \in \mathbb{R}\}$, *hyperbolische Spirale.*

Spiralen und ebene Kurven siehe auch **F+H**, S.120 ff.

4.10 Lösungen

4.34

z	$1+i$	-3	$2i$	$2\mathrm{e}^{-i\pi/3}$	$i\mathrm{e}^{i\pi}$	$i+\mathrm{e}^{i\pi}$
z				$1-\sqrt{3}\,i$	$-i$	$-1+i$
$\mathrm{Re}(z)$	1	-3	0	1	0	-1
$\mathrm{Im}(z)$	1	0	2	$-\sqrt{3}$	-1	1
$\lvert z\rvert$	$\sqrt{2}$	3	2	2	1	$\sqrt{2}$
$\arg(z)$	$\pi/4$	π	$\pi/2$	$-\pi/3$	$3\pi/2$	$3\pi/4$
$\overline{z}$	$1-i$	-3	$-2i$	$1+\sqrt{3}\,i$	i	$-1-i$
$\frac{1}{z}=\frac{\overline{z}}{\lvert z\rvert^2}$	$(1-i)/2$	$-1/3$	$-i/2$	$(1+i\sqrt{3}\,)/4$	i	$-(1+i)/2$
z^2	$2i$	9	-4	$-2(1+\sqrt{3}\,i)$	-1	$-2i$
$\frac{z}{\overline{z}}=\frac{z^2}{\lvert z\rvert^2}$	i	1	-1	$-(1+\sqrt{3}\,i)/2$	-1	$-i$

4.35

z	$1-i$	$2\mathrm{e}^{i2\pi/3}=-1+\sqrt{3}\,i$	$4\mathrm{e}^{-i\pi/6}=2\sqrt{3}-2i$	$i\mathrm{e}^{i\pi}=-i$
w	$1+i$	$2\mathrm{e}^{i\pi/6}=\sqrt{3}+i$	$-2\sqrt{3}+2i=4\mathrm{e}^{i5\pi/6}$	$i+\mathrm{e}^{i\pi}=-1+i$
$z+w$	2	$-1+\sqrt{3}+(1+\sqrt{3}\,)i$	0	-1
$z\cdot w$	2	$-2\sqrt{3}+2i$	$16\mathrm{e}^{i2\pi/3}=-8+8\sqrt{3}\,i$	$1+i$
z/w	$-i$	i	-1	$(-1+i)/2$
$\overline{z}\cdot w$	$2i$	$-4i$	-16	$-1-i$
$w/\overline{z}$	1	$-\sqrt{3}/2+i/2$	$=\frac{wz}{\lvert z\rvert^2}=(-1+\sqrt{3}\,i)/2$	$1+i$

4.36 Da $i^4=1$ ist, gilt:
$i^{23}=i^3=-i,\ \ i^{14}=i^2=-1,\ \ i^{10}=i^2=-1,$ und $i^{-5}=i^{-1}=i^3=-i.$
Also ist $z=-3+i$ und $w=-1+2i$ und folglich:
$z+w=-4+3i,\ \ zw=1-7i,\ \ z/w=1+i,\ \ \overline{z}w=5-5i,\ \ w/\overline{z}=(1-7i)/10.$

4.37 $a=\lvert(-1+2i)(-3+4i)+(-3-4i)(-1+i)\rvert=\lvert-5-10i+7+i\rvert=\lvert 2-9i\rvert=\sqrt{85}\approx\underline{\underline{9.22}}.$

HORNER:

	1	$1+i$	$3-2i$	$-111-19i$	
$-3+4i$		$-3+4i$	$-14-23i$	$133+31i$	
	1	$-2+5i$	$-11-25i$	$\underline{\underline{22+12i}}$	$=b.$

$w=i+\mathrm{e}^{i\pi}=-1+i=\sqrt{2}\,\mathrm{e}^{i3\pi/4}$
$\Longrightarrow(\overline{w})^{-4}=(\sqrt{2}\,\mathrm{e}^{-i3\pi/4})^{-4}=\frac{1}{4}\mathrm{e}^{i3\pi}=\frac{1}{4}\mathrm{e}^{i\pi}\cdot\mathrm{e}^{2\pi}=\underline{\underline{-\frac{1}{4}}}.$

4.38 $2a-3bi-a(1+i)+5b=-3+i$
$\Longrightarrow(2a-a+5b)+(-3b-a)i=a+5b+(-3b-a)i=-3+i$

Koeffizientenvergleich $\Longrightarrow \begin{array}{rcr} a+5b & = & -3 \\ -a-3b & = & 1 \end{array} \Longrightarrow \begin{array}{rcr} a & = & 2 \\ b & = & -1 \end{array}.$

4.39

z	$3\sqrt{3}+3i$	$-2-2i$	5	-3	$-2i$
r	6	$2\sqrt{2}$	5	3	2
φ	$\pi/6$	$5\pi/4$	0	π	$3\pi/2$

4.40 $z = i + \sin 2\alpha - i\cos 2\alpha,\ 0 \leq \alpha < \pi \Longrightarrow$

$$|z| = \sqrt{\sin^2 2\alpha + (1-\cos 2\alpha)^2} = \sqrt{2}\sqrt{1-\cos 2\alpha} = 2|\sin\alpha| = 2\sin\alpha$$

$\tan\varphi = \frac{1-\cos 2\alpha}{\sin 2\alpha}$, $1-\cos 2\alpha \geq 0 \Longrightarrow z$ im 1. oder 2. Quadr.$\Longrightarrow 0 \leq \varphi < \pi$

$$= \frac{1-(\cos^2\alpha - \sin^2\alpha)}{2\sin\alpha\cos\alpha} = \frac{\sin\alpha}{\cos\alpha} = \tan\alpha \Longrightarrow \arg(z) = \varphi = \alpha.$$

4.41

r	2	4	6	2	4	6
φ	225^0 $5\pi/4$	$11\pi/6$	-210^0 $5\pi/6$	$-9\pi/6$ $\pi/2$	2205^0 $6\cdot 2\pi + \pi/4$	$-101\pi/6$ $-18\pi + 7\pi/6$
z	$-\sqrt{2}-\sqrt{2}\,i$	$2\sqrt{3}-2i$	$-3\sqrt{3}+3i$	$2i$	$2\sqrt{2}+2\sqrt{2}\,i$	$-3\sqrt{3}-3i$

4.42 $z = 0$ und $z = \frac{1-i}{1+i} = -i.$

4.43 $a = \frac{1}{2}(1+i)$, $b = \frac{1}{5}(11-2i).$

4.44 (a) $z = 7-5i,$ (b) $z = \frac{1}{2}(1-i),$ (c) $z = \frac{1}{5}(3-4i).$

4.45 $a = \sqrt{145}$, $b = 3-\sqrt{3}+i(-16+2\sqrt{3})$

$$c = \left|\frac{(-3+2i)(3+4i)-\frac{1}{2}(1+i\sqrt{3})}{2+i-2}\right| = |(-3+2i)(3+4i)-\tfrac{1}{2}(1+i\sqrt{3})|$$

$$= |-17-6i-\tfrac{1}{2}-\tfrac{1}{2}\sqrt{3}\,i| = |-17{,}5-(6+\tfrac{1}{2}\sqrt{3})i| \approx \underline{18.8}.$$

HORNER:

	1	$-1-i$	$10i$	$3-i$	
		$-3+2i$	$10-11i$	$-28+23i$	
$-3+2i$	1	$-4+i$	$10-i$	$\underline{\underline{-25+22i}}$	$=d$

4.46 $a = \frac{1}{8}(-1+i)$, $b = -\frac{1}{2}(1+i).$

4.47 A ist die Menge der 12–ten Einheitswurzeln, siehe [4.21] !

4.48 $z = 2e^{i\pi/4}$, $w = \sqrt{2}\,e^{i3\pi/4} \Longrightarrow$

$$u = \frac{2^{-3}e^{-i3\pi/4}2e^{-i3\pi/2}}{2^2e^{-i\pi/2}\sqrt{2}^{-3}e^{-i9\pi/4}} = 2^{(-3+1-2+3/2)}e^{i\pi(3/4-3/2+\pi/2+9/4)} = \frac{\sqrt{2}}{8}e^{i\pi/2} = \underline{\underline{\frac{\sqrt{2}}{8}i}}.$$

4.49 (a) $z = 8e^{3\pi/4} \Longrightarrow z_k = 2e^{(\pi/4 + k\cdot 2\pi/3)}\ ,\quad k = 0, 1, 2$
$z_0 = \sqrt{2} + i\sqrt{2}\ ,\quad z_1 \approx -1.93 + 0.52i\ ,\quad z_2 \approx 0.52 - 1.93i.$

(b) $z = e^{i\pi} \Longrightarrow z_k = e^{i(\pi/5 + k\cdot 2\pi/5)} = e^{i\pi(1+2k)/5}\ ,\quad k = 0, 1, 2, 3, 4$

$$\begin{array}{lllllllll} z_0 & = & \cos 36^0 & + & i\sin 36^0 & \approx & 0.81 & + & i\,0.59 & = & \overline{z_4} \\ z_1 & = & \cos 108^0 & + & i\sin 108^0 & \approx & -0.31 & + & i\,0.96 & = & \overline{z_3} \\ z_2 & = & \cos 180^0 & + & i\sin 180^0 & = & -1 & & & & \\ z_3 & = & \cos 252^0 & + & i\sin 252^0 & \approx & -0.31 & - & i\,0.96 & = & \overline{z_1} \\ z_4 & = & \cos 324^0 & + & i\sin 324^0 & \approx & 0.81 & - & i\,0.59 & = & \overline{z_0} \end{array}$$

(c) $z^4 = 1 + \sqrt{3}\,i = 2e^{i\pi/3} \quad\Longrightarrow\quad z_k = \sqrt[4]{2}\,e^{i(\pi/12 + k\cdot 2\pi/4)},\ k = 0, 1, 2, 3$
$z_0 = \sqrt[4]{2}\,e^{i\pi/12} = \sqrt[4]{2}\,(\cos 15^0 + i\sin 15^0) \approx 1.15 + 0.31i.$

Die vier Lösungen liegen auf dem Ursprungskreis mit dem Radius $\sqrt[4]{2}$.

Mit den 4–ten Einheitswurzeln $(1, i, -1, -i)$ erhält man:

$$\begin{array}{lllll} z_0 & = & 1z_0 & \approx & 1.15 + 0.31i \\ z_1 & = & iz_0 & \approx & -0.31 + 1.15i \\ z_2 & = & -1z_0 & \approx & -1.15 - 0.31i \\ z_3 & = & -iz_0 & \approx & 0.31 - 1.15i \end{array}$$

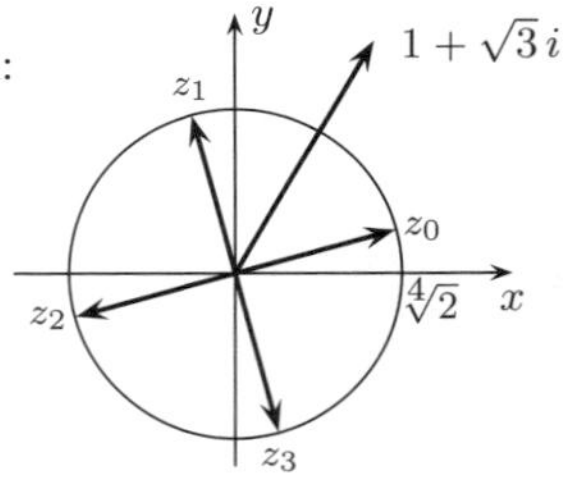

4.50 (a) $z_1 = -i\ ,\quad z_2 = -2 + i$ (b) $z_1 = 2\ ,\quad z_2 = i.$

4.51 $z^3 + iz^2 + z - 2iz - 2 + i = (z-1)(z^2 + (1+i)z + 2 - i).$ [HORNER]
$z^2 + (1+i)z + 2 - i = 0 \Longrightarrow z_2 = i\ ,\quad z_3 = -1 - 2i.$

4.52 Die Teiler von -10 sind: $\pm1, \pm2, \pm5, \pm10$.
Die Teiler von 6 sind :$\pm1, \pm2, \pm3, \pm6$.
Ist die (gekürzte) rationale Zahl $\frac{p}{q}$ eine Lösung, so muss p ein Teiler von -10 und q ein Teiler von 6 sein.
Es kommen also für $\frac{p}{q}$ folgende Brüche in Frage:
$\pm1,\ \pm\frac{1}{2},\ \pm\frac{1}{3},\ \pm\frac{1}{7},\ \pm2,\ \pm\frac{2}{3},\ \pm5,\ \pm\frac{5}{2},\ \pm\frac{5}{3},\ \pm\frac{5}{6},\ \pm10,\ \pm\frac{10}{3}.$
Durch Probieren findet man $z_1 = -\frac{1}{2}$ und $z_2 = \frac{2}{3}$.
Mit HORNER oder Division durch $(2z+1)(3z-2)$ erhält man:
$6z^4 - 25z^3 + 32z^2 + 3z - 10 = (2z+1)(3z-2)(z^2 - 4z + 5) = 0,$
also $z_{3,4} = 2 \pm \sqrt{4-5} = 2 \pm i.$

4.53 (a) $z^3 - 2z - 4 = (z-2)(z^2 + 2z + 2) = (z-2)(z+1-i)(z+1+i).$
(b) $(z-3)(2z-1)(z^2 + 2z + 2) = (z-3)(2z-1)(z+1-i)(z+1+i).$
(c) $x^3 + x^2 + x + 1 = \dfrac{x^4 - 1}{x - 1} = (x+1)(x^2+1) = (x+1)(x-i)(x+i).$
(d) $(z^5)^2 - 2z^5 + 2 = 0 \Longrightarrow z^5 = 1 \pm i.$

Mit $\operatorname{cis}\varphi := \cos\varphi + i\sin\varphi$ erhält man alle zehn Nullstellen – und damit die komplexe Linearfaktor-Zerlegung – in der Form:

$$\sqrt[10]{2}\,\operatorname{cis}\left(\pm\tfrac{\pi}{20} + \tfrac{2k\pi}{5}\right) \quad \text{für } k = 0, 1, 2, 3, 4.$$

4.54

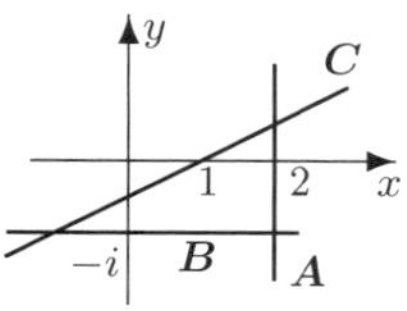

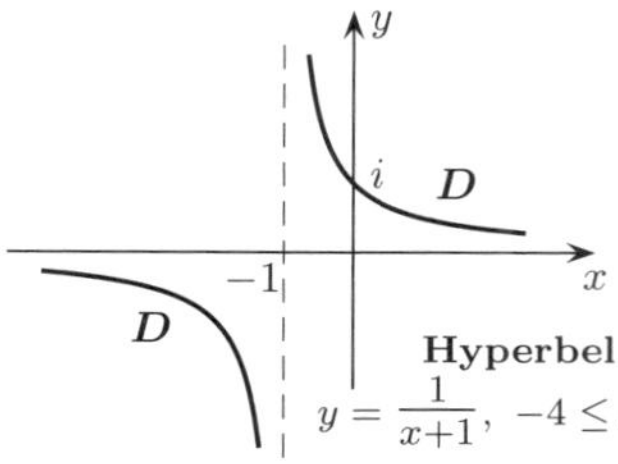

Hyperbel
$y = \frac{1}{x+1}, \ -4 \le x \le 2$

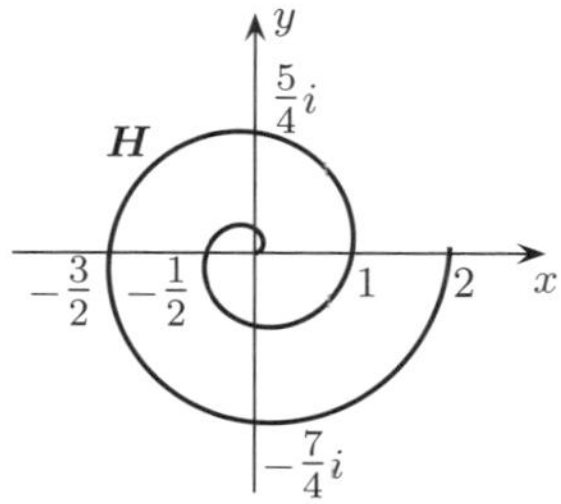

archimedische Spirale
$r(\varphi) = \frac{\varphi}{2\pi}, \ 0 \le \varphi \le 4\pi$

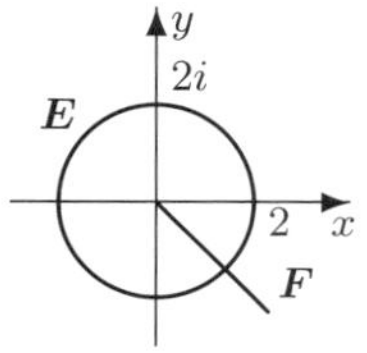

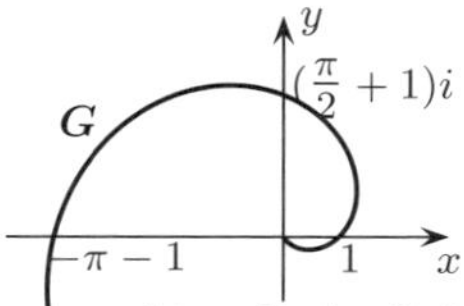

archimedische Spirale
$r(\varphi) = \varphi + 1, \ -1 \le \varphi \le \frac{5}{4}\pi$

$G: \ r = \varphi + 1$ und $H: \ r = \frac{1}{2\pi}\varphi$ sind archimedische Spiralen, vgl. [17.7].

4.55 (a) $z = 1 + (2n+1)\pi i$. (b) $= \ln 2 + (2n+1)\pi i$.
(c) $z = (4n+1)\pi i/2$. (d) $z = (8n+1)\pi i/4$.
(e) $z = \ln|a+bi| + i\arg(a+bi) + 2n\pi i, \quad n \in \mathbb{Z}$.

4.56 ***A*** ist die **Gerade** durch $-1+2i$ mit dem Steigungswinkel φ.

B ist der **Kreis** um $2+i$ mit dem Radius 3.

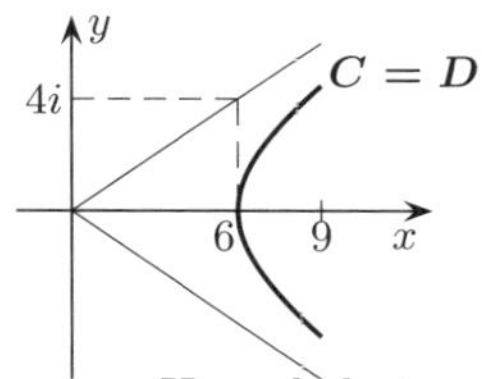

Hyperbelast
$\frac{x^2}{6^2} - \frac{y^2}{4^2} = 1, \ 6 \le x \le 9$

C = D ist die **Hyperbel** (genauer Hyperbelast) mit den Halbachsen $a = 6$ und $b = 4$:

$$z = (3+2i)\mathrm{e}^t + (3-2i)\mathrm{e}^{-it} = 6\frac{\mathrm{e}^t + \mathrm{e}^{-t}}{2} + 4i\frac{\mathrm{e}^t - \mathrm{e}^{-t}}{2}$$
$$= 6\cosh t + 4i\sinh t =: x + iy$$
$$\Longrightarrow \quad \frac{x^2}{6^2} - \frac{y^2}{4^2} = 1, \ 6 \le x.$$

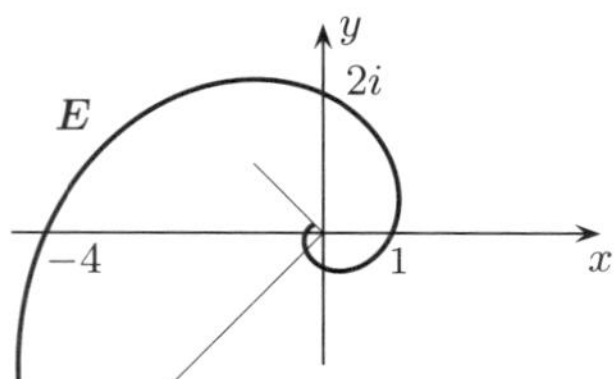

logarithmische Spirale
$r(\varphi) = 4^{\varphi/\pi}, \ -\frac{5}{4}\pi \le \varphi \le \frac{5}{4}\pi$

E ist die **logarithmische Spirale**:
siehe auch [4.16], [4.17], [18.4]:
$z = \sqrt{2}^{\,t}\mathrm{e}^{it\pi/4} = \sqrt{2}^{\,t}(\cos\frac{\pi}{4}t + i\sin\frac{\pi}{4}t)$.
Polarkordinaten: $\varphi = \frac{\pi}{4}t$,
also $r(\varphi) = \sqrt{2}^{\,4\varphi/\pi} = 4^{\varphi/\pi} = \mathrm{e}^{\varphi\ln 4/\pi}, \ \varphi \in \mathbb{R}$.

F ist die **hyperbolische Spirale**:
$z = \frac{\pi}{t}\mathrm{e}^{it} = \frac{\pi}{t}(\cos t + i\sin t), \ 0 < t$.
Polarkoordinaten: $\varphi = t$, also $r(\varphi) = \frac{\pi}{\varphi}, \ 0 < \varphi$.

$$\lim_{\varphi\to 0+} x(\varphi) = \pi \lim_{\varphi\to 0+} \frac{\cos\varphi}{\varphi} = \infty$$
$$\lim_{\varphi\to 0+} y(\varphi) = \pi \lim_{\varphi\to 0+} \frac{\sin\varphi}{\varphi} = \pi.$$

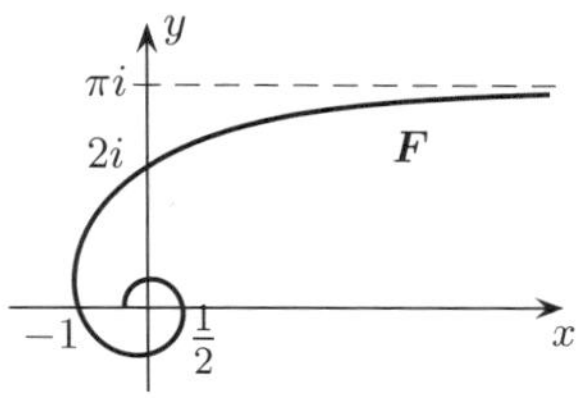

hyperbolische Spirale
$r(\varphi) = \frac{\pi}{\varphi}, \ 0 < \varphi \le 3\pi$

Spiralen und ebene Kurven siehe auch **F+H**, S.120 ff.

5 Vektorrechnung

5.1 Rechnen mit Vektoren

Zur vertiefenden Wiederholung siehe auch **EM 1**.

Einige der in Physik und Technik auftretenden Messgrößen, wie etwa Temperatur, Dichte oder Leistung, sind eindeutig bestimmt durch Angabe einer einzigen Zahl. Zur Beschreibung anderer Messgrößen, wie etwa Kraft, Drehmoment oder Geschwindigkeit, ist es notwendig, außer ihrem Betrag auch ihre Richtung anzugeben. Größen, die durch Betrag und Richtung bestimmt sind, lassen sich gut durch *Richtungspfeile* im Raum veranschaulichen. Ein *Vektor* ist definiert als Klasse aller Richtungspfeile, die gleiche Richtung und Länge besitzen. Ein Richtungspfeil mit eben dieser Länge und Richtung, angetragen in irgendeinem Punkt des Raumes, *repräsentiert* diesen Vektor.

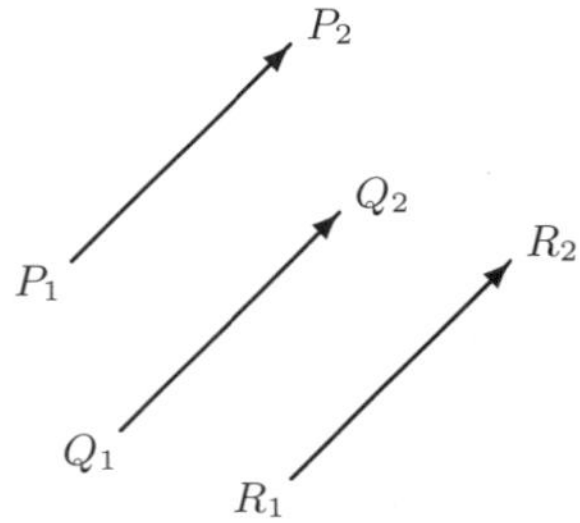

Die drei Richtungspfeile $\overline{P_1P_2}, \overline{Q_1Q_2}, \overline{R_1R_2}$ sind Repräsentanten eines Vektors $\vec{a}$. Um nicht z.B. von dem in P_1 angetragenen Repräsentanten des Vektors $\vec{a}$ sprechen zu müssen, wird auch ein einziger Richtungspfeil als Vektor bezeichnet, und man kann nun von $\vec{a}$ – angetragen in P_1 – sprechen. In diesem Sinn ist ein Vektor nur durch Länge und Richtung bestimmt, sein Anfangspunkt ist beliebig.

In den Anwendungen tritt jedoch der Begriff Vektor auch mit anderer Bedeutung auf: In der Mechanik kann bei einem Kraftvektor auch der Anfangspunkt von Interesse sein und Kraftvektoren gleicher Länge und Richtung, aber mit verschiedenen Anfangspunkten, müssen unterschieden werden.

Addition von Vektoren

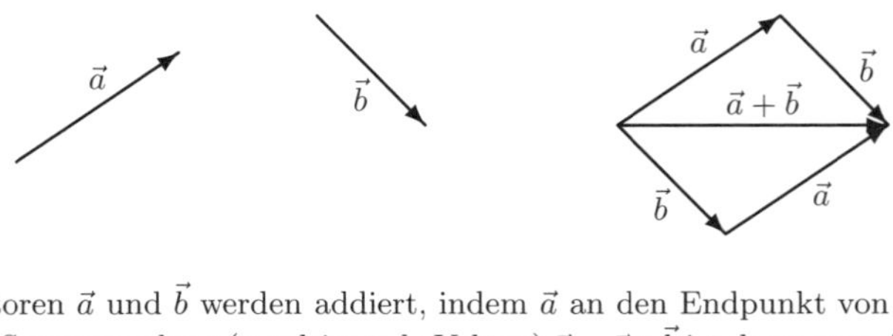

Zwei Vektoren $\vec{a}$ und $\vec{b}$ werden addiert, indem $\vec{a}$ an den Endpunkt von $\vec{b}$ angetragen wird. Der Summenvektor (resultierende Vektor) $\vec{c} = \vec{a}+\vec{b}$ ist dann vom Anfangspunkt von $\vec{b}$ zum Endpunkt von $\vec{a}$ gerichtet. Die Rollen von $\vec{a}$ und $\vec{b}$ sind vertauschbar, es kann auch $\vec{b}$ an den Endpunkt von $\vec{a}$ angeheftet werden, und $\vec{a}+\vec{b}$ ist dann vom Anfangspunkt von $\vec{a}$ zum Endpunkt von $\vec{b}$ gerichtet (Kräfteparallelogramm).

In der Vektorrechnung ist es üblich, eine reelle Zahl als **Skalar** zu bezeichnen.

Multiplikation von Vektoren mit einem Skalar

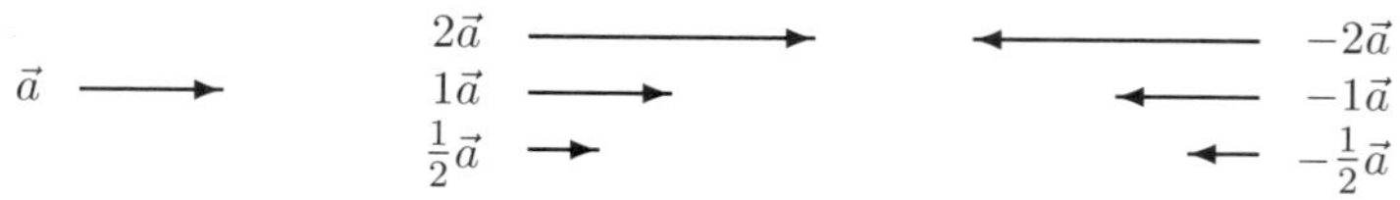

Ist $\vec{a}$ ein Vektor und $c \in \mathbb{R}$ ein Skalar, so ist $c\vec{a}$ der Vektor, der die $|c|$–fache Länge von $\vec{a}$ hat, und dieselbe Richtung, falls $c > 0$, die entgegengesetzte Richtung, falls $c < 0$ ist.

Für $c = 0$ ergibt sich der Vektor der Länge Null, der **Nullvektor**: $\vec{0}$.
Statt $-1\vec{a}$ schreibt man kurz $-\vec{a}$.

Wie bei reellen Zahlen dürfen Klammern ausmultipliziert werden:
$c, d \in \mathbb{R} \Longrightarrow (c+d)\vec{a} = c\vec{a} + d\vec{a}$ und $c(\vec{a}+\vec{b}) = c\vec{a} + c\vec{b}$.

5.1 *Es ist z.B.* $(2+3)\vec{a} = 5\vec{a} = 2\vec{a} + 3\vec{a}$ *und* $2(\vec{a}+\vec{b}) = 2\vec{a} + 2\vec{b}$.

Die zeichnerische Darstellung des zweiten Beispiels:

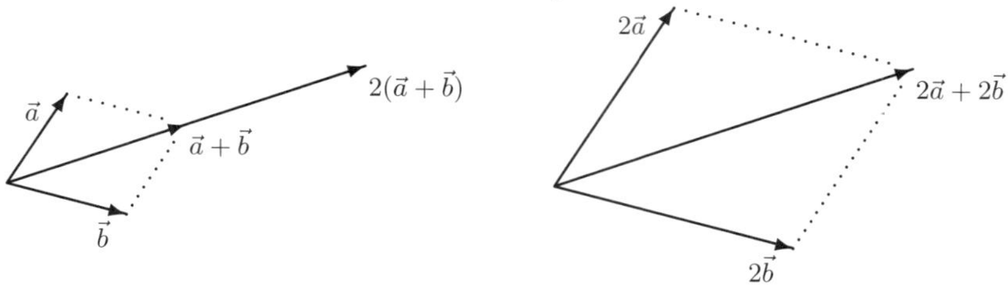

5.2 Vektoren in Koordinatendarstellung

Im Raum sei ein rechtwinkliges Koordinatensystem gegeben. Vektoren, deren Anfangspunkt im Nullpunkt liegt, heißen **Ortsvektoren**. Ist $A = (a_1, a_2, a_3)$ ein Punkt des Raumes, so lässt sich der Ortsvektor $\vec{a} = \overline{OA}$ beschreiben durch die Angabe der Koordinaten des Punktes A: $\vec{a} = \overline{OA} = (a_1, a_2, a_3)$.
a_1 , a_2 , a_3 heißen die **Koordinaten** des Vektors.

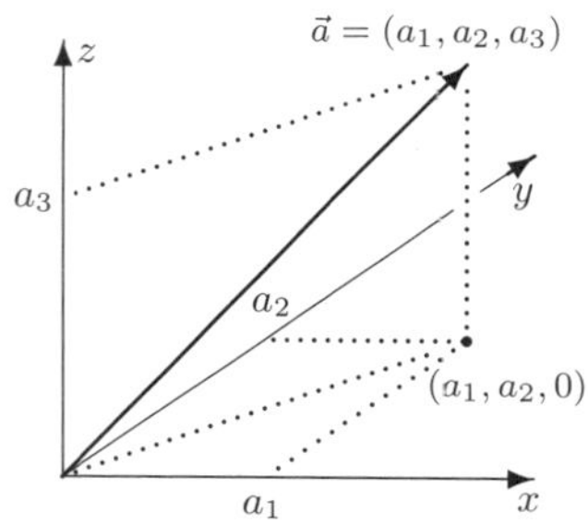

Man schreibt $\vec{a}$ als

Zeilenvektor oder **Spaltenvektor**:

$$\vec{a} = (a_1, a_2, a_3) = \begin{pmatrix} a_1 \\ a_2 \\ a_3 \end{pmatrix}.$$

$\vec{0} = (0,0,0)$ heißt **Nullvektor**.

Da nach unserer Festlegung der Anfangspunkt eines Vektors beliebig ist, kann jeder Vektor im Raum auf diese Weise dargestellt werden, indem sein Anfangspunkt in den Nullpunkt gelegt wird.

Rechnen mit Vektoren

Gleichheit: $\vec{a} = \vec{b} \iff \begin{array}{l} a_1 = b_1 \\ a_2 = b_2 \\ a_3 = b_3. \end{array}$

Addition: $\vec{a} + \vec{b} = \begin{pmatrix} a_1 \\ a_2 \\ a_3 \end{pmatrix} + \begin{pmatrix} b_1 \\ b_2 \\ b_3 \end{pmatrix} = \begin{pmatrix} a_1 + b_1 \\ a_2 + b_2 \\ a_3 + b_3 \end{pmatrix}.$

Multiplikation mit einem Skalar: $c \cdot \vec{a} = c \cdot \begin{pmatrix} a_1 \\ a_2 \\ a_3 \end{pmatrix} = \begin{pmatrix} ca_1 \\ ca_2 \\ ca_3 \end{pmatrix}.$

Gleichheit und Addition von Vektoren sowie Multiplikation eines Vektors mit einem Skalar sind **koordinatenweise** definiert.

5.2 $\vec{a} = (2, -3, 1)$, $\vec{b} = (1, 0, -2)$. *Man berechne* $\vec{a} + \vec{b}$, $-3\vec{a}$, $3\vec{a} - 2\vec{b}$.

$\vec{a} + \vec{b} = (2, -3, 1) + (1, 0, -2) = \underline{(3, -3, -1)}$, $\quad -3\vec{a} = -3(2, -3, 1) = \underline{(-6, 9, -3)}$,
$3\vec{a} - 2\vec{b} = 3(2, -3, 1) - 2(1, 0, -2) = \underline{(4, -9, 7)}$.

Betrag eines Vektors

Der **Betrag** eines Vektors $\vec{a}$ ist seine Länge: $|\vec{a}| = \sqrt{a_1^2 + a_2^2 + a_3^2}$.

Rechenregeln:

$|\vec{a}| = |-\vec{a}|$

$|c \cdot \vec{a}| = |c| \cdot |\vec{a}|$

$|\vec{a} + \vec{b}| \leq |\vec{a}| + |\vec{b}|$ **(Dreiecksungleichung)**

$|\vec{a} - \vec{b}| = |\vec{b} - \vec{a}|$ ist der **Abstand** der Endpunkte von $\vec{a}$ und $\vec{b}$ (siehe auch Seite 140).

Ein Vektor der Länge 1 heißt **Einheitsvektor**.
Der Einheitsvektor in Richtung $\vec{a}$ ist für $\vec{a} \neq 0$: $\vec{a}_0 = \frac{1}{|\vec{a}|} \cdot \vec{a}$.

5.3

(a) *Man berechne den Abstand der Endpunkte von* $\vec{a} = (8, -2, -4)$ *und* $\vec{b} = (5, 4, -6)$.

(b) $P = (-1, 2, 4)$, $Q = (3, -1, 2)$. *Gesucht ist die Länge des Vektors* $\overrightarrow{PQ}$.

(c) *Der Endpunkt von* $\vec{x}$ *liegt genau dann auf der Kugel vom Radius* r *um* $\vec{a}$, *wenn* $|\vec{x} - \vec{a}| = r$ *ist.*

(a) $|\vec{a} - \vec{b}| = |(8, -2, -4) - (5, 4, -6)| = |(3, -6, 2)| = \sqrt{9 + 36 + 4} = \underline{\underline{7}}$.

(b) Zunächst muss $\overrightarrow{PQ}$ ermittelt werden: $\overrightarrow{OP} + \overrightarrow{PQ} = \overrightarrow{OQ}$, also ist
$\overrightarrow{PQ} = \overrightarrow{OQ} - \overrightarrow{OP} = (3, -1, 2) - (-1, 2, 4) = (4, -3, -2)$
$\Longrightarrow |\overrightarrow{PQ}| = \sqrt{16 + 9 + 4} \approx \underline{\underline{5.4}}$.

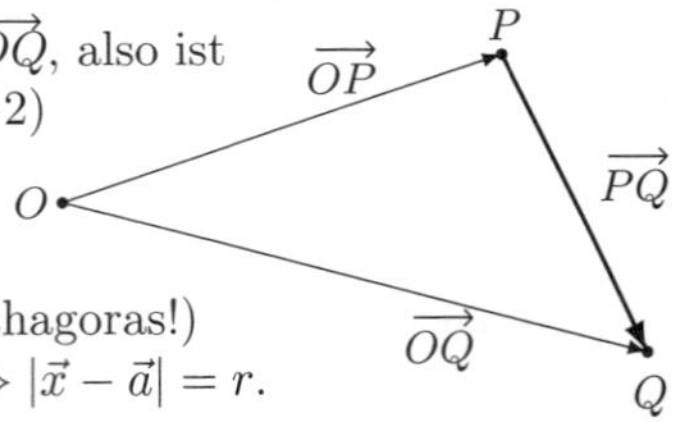

(c) $\vec{x}$ liegt auf der Kugel vom Radius r um $\vec{a}$
$\iff (x_1 - a_1)^2 + (x_2 - a_2)^2 + (x_3 - a_3)^2 = r^2$, (Pythagoras!)
$\iff \sqrt{(x_1 - a_1)^2 + (x_2 - a_2)^2 + (x_3 - a_3)^2} = r \iff |\vec{x} - \vec{a}| = r$.

5.4 *Man berechne den Einheitsvektor $\vec{a}_0$ in Richtung $\vec{a} = (-2, 1, 2)$.*

$\vec{a}_0 = \frac{1}{|\vec{a}|} \cdot \vec{a} = \frac{1}{3}(-2, 1, 2) = \underline{\underline{(\frac{-2}{3}, \frac{1}{3}, \frac{2}{3})}}.$

Den Übergang von $\vec{a}$ zum Einheitsvektor $\vec{a}_0 = \frac{1}{|\vec{a}|} \cdot \vec{a}$ nennt man **Normierung** von $\vec{a}$. Der Vektor $\vec{a}_0$ heißt *normiert* (d.h. von der Länge 1).

5.5 *Man berechne den Einheitsvektor in Richtung der Winkelhalbierenden von $\vec{a} = (1, -4, 1)$ und $\vec{b} = (-1, 0, 1)$.*

Zunächst ist irgendein Vektor in Richtung der Winkelhalbierenden zu bestimmen: Statt $\vec{b}$ betrachtet man den zu $\vec{a}$ gleichlangen Vektor $\vec{b}'$.
Dann ist $\vec{d} = \vec{a} + \vec{b}'$ Diagonale in einem Rhombus und daher Winkelhalbierende:

$\vec{b}' = |\vec{a}|\vec{b}_0 = \frac{|\vec{a}|}{|\vec{b}|}\vec{b} = \frac{\sqrt{18}}{\sqrt{2}}(-1, 0, 1) = 3(-1, 0, 1).$

Also ist $\vec{d} = (1, -4, 1) + 3(-1, 0, 1) = (-2, -4, 4)$.

Normierung ergibt: $\vec{d}_0 = \frac{\vec{d}}{|\vec{d}|} = \frac{1}{6}(-2, -4, 4) = \underline{\underline{\frac{1}{3}(-1, -2, 2)}}.$

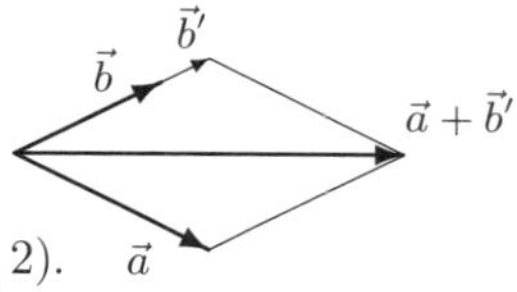

5.3 Linear abhängig, linear unabhängig, lineare Hülle

Wichtig sind die **Einheitsvektoren** $\vec{\imath} = (1, 0, 0)$, $\vec{\jmath} = (0, 1, 0)$, $\vec{k} = (0, 0, 1)$ in Richtung der positiven Koordinatenachsen des $\mathbb{R}^3$. Mit ihrer Hilfe schreibt man:

$$\vec{a} = (a_1, a_2, a_3) = a_1\vec{\imath} + a_2\vec{\jmath} + a_3\vec{k}$$

Jeder Vektor $\vec{a} \in \mathbb{R}^3$ lässt sich als Linearkombination der Vektoren $\vec{\imath}, \vec{\jmath}, \vec{k}$ darstellen. So ist etwa $(-2, 1, 4) = -2\vec{\imath} + \vec{\jmath} + 4\vec{k}$.

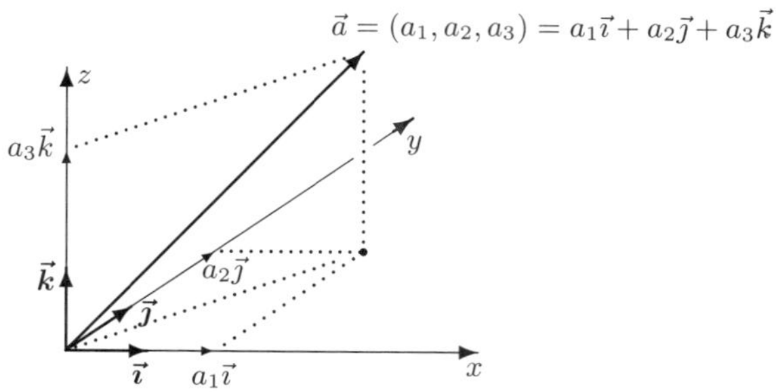

wichtige Sätze

Dreiecksungleichung	5.12	Seitenhalbierende	5.59
Cauchy–Schwarz–Ungleich.	5.12	Winkelhalbierende (Inkreis)	5.119
Pythagoras	5.64, 5.66	Mittelsenkrechte (Umkreis)	5.60
Höhensatz (Euklid)	5.63	Höhenschnittpunkt	5.61
Thalessatz	5.62	Eulersche Gerade	5.65
Cosinussatz, Sinussatz	5.66	Feuerbachkreis	5.65
Kathetensatz	5.64	Tetraeder	5.59

Linearkombination

Sind $\vec{a}_1, \ldots, \vec{a}_m \in \mathbb{R}^n$, dann nennt man $\vec{x} \in \mathbb{R}^n$ **Linearkombination** der Vektoren $\vec{a}_1, \ldots, \vec{a}_m$, wenn es reelle Zahlen $x_1, \ldots, x_m$ gibt mit

$$\vec{x} = x_1\vec{a}_1 + \ldots + x_m\vec{a}_m.$$

Die **lineare Hülle** von $\vec{a}_1, \ldots, \vec{a}_m$ ist die Menge

$$L(\vec{a}_1, \ldots, \vec{a}_m) := \{\vec{x} \in \mathbb{R}^n \mid \exists x_1, \ldots, x_m \in \mathbb{R},\ \vec{x} = x_1\vec{a}_1 + \ldots + x_m\vec{a}_m\}$$

aller Linearkombinationen der Vektoren $\vec{a}_1, \ldots, \vec{a}_m$.

Die Vektoren $\vec{a}_1, \ldots, \vec{a}_m$ heißen **linear unabhängig**, wenn sich der Nullvektor nur "trivial" als Linearkombination von ihnen darstellen lässt, d.h. wenn gilt:

$$\vec{0} = x_1\vec{a}_1 + \ldots + x_m\vec{a}_m \implies x_1 = \ldots = x_m = 0.$$

Vektoren heißen **linear abhängig**, wenn sie nicht linear unabhängig sind.

- Zwei Vektoren sind genau dann linear abhängig, wenn sie auf einer Geraden liegen, d.h. **kollinear** sind.
- Drei Vektoren sind genau dann linear abhängig, wenn sie auf einer Ebene liegen, d.h. **komplanar** sind.
- Mehr als drei Vektoren im Raum $\mathbb{R}^3$ sind stets linear abhängig.

Die Vektoren $\vec{a}, \vec{b}, \vec{c}$ sind genau dann linear unabhängig, wenn sich jeder Vektor $\vec{x} \in \mathbb{R}^3$ *eindeutig* als Linearkombination $\vec{x} = x\vec{a} + y\vec{b} + z\vec{c}$ darstellen lässt.
Drei Vektoren mit dieser Eigenschaft heißen **Basis** des Raumes $\mathbb{R}^3$.
So sind z.B. die drei Einheitsvektoren $\vec{i}, \vec{j}, \vec{k}$ in Richtung der Koordinatenachsen eine Basis des Raumes $\mathbb{R}^3$, man nennt sie die **kanonische Basis** des $\mathbb{R}^3$.

5.6 *Man untersuche auf lineare Unabhängigkeit und berechne die lineare Hülle* $L(\vec{a}, \vec{b})$*:*
(a) $\vec{a} = (-1, 2, 1),\ \vec{b} = (2, -4, -2)$.
(b) $\vec{a} = (1, 1, -1),\ \vec{b} = (-2, 0, 1),\ \vec{c} = (2, 1, -3)$.

(a) $(-1, 2, 1) = -\frac{1}{2}(2, -4, -2) \implies$ die Vektoren sind linear abhängig: Sie liegen auf einer Geraden G, bzw. $\vec{0} = (-1, 2, 1) + \frac{1}{2}(2, -4, -2)$ ist eine nichttriviale Darstellung des Nullvektors. $L(\vec{a}, \vec{b}) = L(\vec{a}) = L(\vec{b}) = G$ mit $G:\ \vec{x} = \mu(-1, 2, 1)$.

(b) Die Vektorgleichung $x(1, 1, -1) + y(-2, 0, 1) + z(2, 1, -3) = (0, 0, 0)$ ergibt folgendes LGS (lineares Gleichungssystem):
(Ausführliches zum Thema LGS siehe Kapitel 11, Seite 244 ff.)

x	y	z		
1	−2	2	0	1
1	0	1	0	
−1	[1]	−3	0	2
[1]	0	1	0	1
−1	0	−4	0	1
0	0	[-3]	0	

$\Longrightarrow$

$z = 0$, $x = 0$, $y = 0$.

Das LGS ist nur trivial lösbar.

Der Nullvektor lässt sich nur trivial aus den drei Vektoren kombinieren.

Die drei Vektoren sind linear unabhängig!

Die drei Vektoren bilden eine Basis des $\mathbb{R}^3$.

$L(\vec{a}, \vec{b}, \vec{c}) = \mathbb{R}^3$.

5.7 *Lässt sich der Vektor $(5, -5, 2)$ aus folgenden Vektoren linear kombinieren? Man gebe ggf. alle Möglichkeiten an!*

(a) $\vec{a} = (-1, 0, 2),\ \vec{b} = (1, 2, 0),\ \vec{c} = (0, 2, 2),\ \vec{d} = (-1, 2, 4)$.

(b) $\vec{a} = (2, 0, 1),\ \vec{b} = (0, 1, 1),\ \vec{c} = (1, -1, 1)$.

(c) $\vec{a} = (1, 2, -2),\ \vec{b} = (1, -3, 2),\ \vec{c} = (2, -1, 0)$.

Die Fragestellung führt auf LGSe:

(a) $x_1(-1, 0, 2) + x_2(1, 2, 0) + x_3(0, 2, 2) + x_4(-1, 2, 4) = (5, -5, 2)$.

x_1	x_2	x_3	x_4		
[−1]	1	0	−1	5	2
0	2	2	2	−5	
2	0	2	4	2	1
0	[2]	2	2	−5	1
0	2	2	2	12	−1
0	0	0	0	−17	

$\Longrightarrow$

Die letzte Zeile ergibt einen Widerspruch, das LGS ist also unlösbar.

$(5, -5, 2)$ ist nicht Linearkombination der vier Vektoren!

$(5, -5, 2)$ liegt nicht in der linearen Hülle der vier Vektoren.

Da $L(\vec{a}, \vec{b}, \vec{c}, \vec{d}) \neq \mathbb{R}^3$ ist, sind keine drei der vier Vektoren linear unabhängig. Andererseits sieht man, dass jeweils zwei der vier Vektoren linear unabhängig sind, da kein Vektor Vielfaches eines anderen Vektors ist, also gilt:

$L(\vec{a}, \vec{b}, \vec{c}, \vec{d}) = L(\vec{a}, \vec{b}) = L(\vec{a}, \vec{c}) = \cdots = \{\vec{x} \in \mathbb{R}^3 \mid \vec{x} = \lambda\vec{a} + \mu\vec{c};\ \lambda, \mu \in \mathbb{R}\}$, ist eine Ebene im $\mathbb{R}^3$, siehe Seite 145.

(b) $x(2, 0, 1) + y(0, 1, 1) + z(1, -1, 1) = (5, -5, 2)$.

Dieses LGS hat die eindeutig bestimmte Lösung $x = 1,\ y = -2,\ z = 3$.
$(5, -5, 2)$ lässt sich auf genau eine Weise als Linearkombination der drei Vektoren darstellen: $1(2, 0, 1) - 2(0, 1, 1) + 3(1, -1, 1) = (5, -5, 2)$.

$L(\vec{a}, \vec{b}, \vec{c}) = \mathbb{R}^3$. $\vec{a}, \vec{b}, \vec{c}$ bilden eine Basis des $\mathbb{R}^3$.

(c) $x(1, 2, -2) + y(1, -3, 2) + z(2, -1, 0) = (5, -5, 2)$ führt auf das LGS:

x	y	z		
1	1	2	5	1
2	−3	$\boxed{-1}$	−5	2
− 2	2	0	2	
5	−5	0	−5	2
− 2	$\boxed{2}$	0	2	5
0	0	0	0	

$\Longrightarrow$

Das LGS ist mehrdeutig lösbar:
$x = r \Longrightarrow y = 1 + r\ ,\ z = 2 - r.$

Jedes $r \in \mathbb{R}$ liefert eine mögliche Linearkombination, zum Beispiel:

$r = 0 \Longrightarrow x = 0, y = 1, z = 2$ also:
$1(1, -3, 2) + 2(2, -1, 0) = (5, -5, 2)$

$r = 2 \Longrightarrow x = 2, y = 3, z = 0$ also:
$2(1, 2 - 2) + 3(1, -3, 2) = (5, -5, 2).$

$\vec{a}, \vec{b}, \vec{c}$ sind also linear abhängig.

Da $\vec{a}, \vec{b}$ linear unabhängig sind, ist $(\vec{a}, \vec{b})$ eine Basis von $L(\vec{a}, \vec{b})$.

$L(\vec{a}, \vec{b}) :\ \vec{x} = \mu\vec{a} + \nu\vec{b}$ ist eine Ebene durch den Nullpunkt im $\mathbb{R}^3$, (Seite 145).

Es sei $\mathcal{V}$ ein Vektorraum über $\mathbb{R}$ (siehe z.B. Wille **LA 1**).

Sind $\vec{v}_1, \ldots, \vec{v}_n \in \mathcal{V}$, dann heißt $(\vec{v}_1, \ldots, \vec{v}_n)$ ein **Erzeugendensystem** von $\mathcal{V}$, wenn sich jeder Vektor $\vec{v} \in \mathcal{V}$ aus $\vec{v}_1, \ldots, \vec{v}_n$ linear kombinieren lässt.

$(\vec{v}_1, \ldots, \vec{v}_n)$ heißt eine *Basis* von $\mathcal{V}$, wenn sich jeder Vektor $\vec{v} \in \mathcal{V}$ aus $\vec{v}_1, \ldots, \vec{v}_n$ eindeutig linear kombinieren lässt. Es gilt:

> $B \subseteq \mathcal{V}$ ist eine Basis von $\mathcal{V}$
> $\Longleftrightarrow$
> B ist ein linear unabhängiges Erzeugendensystem von $\mathcal{V}$.

5.8 *Im (dreidimensionalen) Vektorraum $\mathcal{P}$ der Polynome höchstens zweiten Grades sind $(1, x, x^2)$ und $(x, 1 - 2x, x^2 + x + 1)$ Basen.*

Es ist $\mathcal{P} = \{a_0 + a_1x + a_2x^2 \mid a_i \in \mathbb{R}\}$.

(1) Die Polynome $1, x, x^2$ bilden ein Erzeugendensystem von $\mathcal{P}$.
Sie sind auch linear unabhängig, denn das Nullpolynom lässt sich nur trivial aus ihnen kombinieren:
Gilt $a_0 + a_1x + a_2x^2 = 0$ für alle $x \in \mathbb{R}$, so ist diese Gleichung speziell für $x = 0,\ x = 1,\ x = -1$ erfüllt.
Einsetzen dieser Werte liefert ein LGS für $a_0,\ a_1,\ a_2$:

$$a_0 + a_1x + a_2x^2 = 0 \Longrightarrow \begin{array}{ll} (x = 0) & a_0 = 0 \\ (x = 1) & a_0 + a_1 + a_2 = 0 \\ (x = -1) & a_0 - a_1 + a_2 = 0 \end{array} \Longrightarrow a_0 = a_1 = a_2 = 0.$$

Also bilden die drei Polynome $1, x, x^2$ eine Basis von $\mathcal{P}$.

(2) Ebenso sieht man, dass auch $(x, 1 - 2x, x^2 + x + 1)$ eine Basis von $\mathcal{P}$ ist.

Oder: Da sich die Elemente der Basis $(1, x, x^2)$ aus $(x, 1 - 2x, x^2 + x + 1)$ linear kombinieren lassen, z.B. gilt $x^2 = -3 \cdot x - 1 \cdot (1 - 2x) + 1 \cdot (x^2 + x + 1)$, ist $(x, 1 - 2x, x^2 + x + 1)$ ein Erzeugendensystem und sogar eine Basis, da $\mathcal{P}$ die Dimension 3 hat (siehe z.B. Wille **LA 1**).

Die Funktionen $f: \mathbb{R} \longrightarrow \mathbb{R}$ bilden einen (unendlich dimensionalen) Vektorraum.

5.9 *Man untersuche auf lineare Unabhängigkeit:*

(a) e^x, e^{-x}, (b) $e^x, e^{-x}, \cos x$, (c) $e^x, e^{-x}, \cosh x$.

(a) $ae^x + be^{-x} = 0 \Longrightarrow \begin{array}{ll} (x=0) & a+b = 0 \\ (x=1) & ae + b\frac{1}{e} = 0 \end{array} \Longrightarrow a = b = 0,$ also sind e^x, e^{-x} linear unabhängig.

(b) Ebenso sieht man, dass $e^x, e^{-x}, \cos x$ linear unabhängig sind.

(c) $(e^x, e^{-x}, \cosh x)$ sind linear abhängig: $\frac{1}{2}e^x + \frac{1}{2}e^{-x} - \cosh x = 0.$

5.4 Skalarprodukt

Sind $\vec{a}, \vec{b}$ vom Nullvektor verschieden, so bezeichnet $\sphericalangle(\vec{a}, \vec{b})$ den von den Vektoren $\vec{a}, \vec{b}$ eingeschlossenen Winkel φ mit $0 \leq \varphi \leq \pi$.
Zahlen heißen in der Vektorrechnung **Skalare.**

Das **Skalarprodukt** $\vec{a} \cdot \vec{b}$ zweier Vektoren $\vec{a}$ und $\vec{b}$ ist die Zahl (Skalar):

$$\vec{a} \cdot \vec{b} := \begin{cases} |\vec{a}| \cdot |\vec{b}| \cdot \cos\varphi, & \text{falls } \vec{a}, \vec{b} \neq \vec{0}, \\ 0, & \text{falls } \vec{a} = \vec{0} \text{ oder } \vec{b} = \vec{0}. \end{cases}$$

Geometrische Interpretation:

$$\vec{a} \cdot \vec{b} = |\vec{a}| \cdot |\vec{b}| \cdot \cos\varphi = |\vec{a}| \cdot \cos\varphi \cdot |\vec{b}|$$

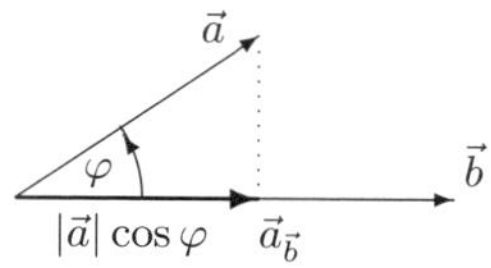

Die Zahl $\vec{a} \cdot \vec{b}$ ergibt sich also folgendermaßen:
Projiziert man den Vektor $\vec{a}$ auf die durch $\vec{b}$ bestimmte Gerade, so erhält man einen Vektor $\vec{a}_{\vec{b}}$ (Projektion von $\vec{a}$ auf die Richtung von $\vec{b}$, siehe unten) der "Länge" $|\vec{a}| \cos\varphi$. Multipliziert man diese "Länge" – die negativ ist, falls $\pi/2 < \varphi \leq \pi$ gilt – mit dem Betrag von $\vec{b}$, so erhält man die Zahl $\vec{a} \cdot \vec{b}$.
Aus Symmetriegründen ($\vec{a} \cdot \vec{b} = \vec{b} \cdot \vec{a}$) kann man natürlich auch $\vec{b}$ auf die durch $\vec{a}$ bestimmte Gerade projizieren. Man sieht:

$$\vec{a} \cdot \vec{b} \begin{cases} > 0 \iff 0 \leq \varphi < \frac{\pi}{2} \\ = 0 \iff \vec{a} = \vec{0} \vee \vec{b} = \vec{0} \vee \varphi = \frac{\pi}{2} \\ < 0 \iff \frac{\pi}{2} < \varphi \leq \pi \end{cases}$$

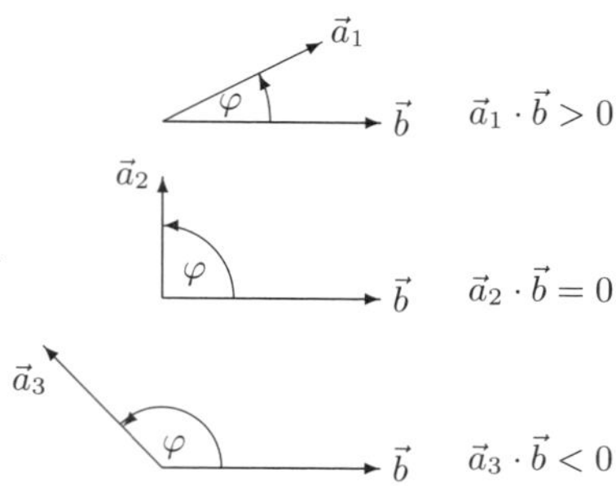

5.10 $\vec{a} = (2,0,0)$, $\vec{b} = (1,0,1)$, $\vec{c} = (-2,2,0)$. *Man berechne* $\vec{a}\cdot\vec{b}$ *und* $\vec{a}\cdot\vec{c}$.

$\sphericalangle(\vec{a},\vec{b}) = 45^0$, da $\vec{a}$ auf der x–Achse und $\vec{b}$ auf der Winkelhalbierenden der x,z–Ebene liegt! $\Longrightarrow \vec{a}\cdot\vec{b} = |\vec{a}|\cdot|\vec{b}|\cdot\cos 45^0 = 2\sqrt{2}\,\frac{1}{2}\sqrt{2} = \underline{\underline{2}}$

$\sphericalangle(\vec{a},\vec{c}) = 135^0 \Longrightarrow \vec{a}\cdot\vec{c} = |\vec{a}|\cdot|\vec{c}|\cdot\cos 135^0 = 2\cdot 2\sqrt{2}\cdot(-\frac{1}{2}\sqrt{2}\,) = \underline{\underline{-4}}$.

Im allgemeinen lässt sich $\varphi = \sphericalangle(\vec{a},\vec{b})$ nicht so einfach ablesen. Man kann jedoch das Skalarprodukt $\vec{a}\cdot\vec{b}$ aus den Koordinaten von $\vec{a}$ und $\vec{b}$ berechnen und erhält so eine Möglichkeit, $\cos\varphi$ und damit φ zu berechnen:

Skalarprodukt

$$\vec{a}\cdot\vec{b} = \begin{pmatrix} a_1 \\ a_2 \\ a_3 \end{pmatrix} \cdot \begin{pmatrix} b_1 \\ b_2 \\ b_3 \end{pmatrix} = a_1b_1 + a_2b_2 + a_3b_3 = |\vec{a}|\cdot|\vec{b}|\cdot\cos\sphericalangle(\vec{a},\vec{b})$$

Rechenregeln

(1)	$\vec{a}\cdot\vec{b} = \vec{b}\cdot\vec{a}$	Kommutativgesetz
(2)	$(r\vec{a})\cdot\vec{b} = r(\vec{a}\cdot\vec{b}) = \vec{a}\cdot(r\vec{b})$ für $r\in\mathbb{R}$	
(3)	$\vec{a}\cdot(\vec{b}+\vec{c}) = \vec{a}\cdot\vec{b} + \vec{a}\cdot\vec{c}$	Distributivgesetz
(4)	$\vec{a}\cdot\vec{a} = \vec{a}^2 = |\vec{a}|^2 \geq 0$	

Wichtige Eigenschaften:

Winkel[1] zwischen $\vec{a},\vec{b}$: $\cos\sphericalangle(\vec{a},\vec{b}) = \frac{\vec{a}\cdot\vec{b}}{|\vec{a}|\cdot|\vec{b}|} = \frac{a_1b_1+a_2b_2+a_3b_3}{\sqrt{a_1^2+a_2^2+a_3^2}\,\sqrt{b_1^2+b_2^2+b_3^2}}$

Senkrechtstehen[1] von $\vec{a},\vec{b}$: $\vec{a}\perp\vec{b} \Longleftrightarrow \vec{a}\cdot\vec{b} = 0$

Länge von $\vec{a}$: $|\vec{a}| = \sqrt{\vec{a}\cdot\vec{a}} = \sqrt{\vec{a}^2} = \sqrt{a_1^2+a_2^2+a_3^2}$

Cauchy–Schwarzsche Ungleichung: $|\vec{a}\cdot\vec{b}| \leq |\vec{a}|\cdot|\vec{b}|$ [5.12]

Dreiecksungleichung: $|\vec{a}+\vec{b}| \leq |\vec{a}| + |\vec{b}|$ [5.12]

5.11 (a) *Gesucht ist der Winkel zwischen den Vektoren* $(2,-1,3)$ *und* $(1,2,-1)$.
(b) $(\vec{x}-\vec{x}_0)^2 = r^2$ *beschreibt die Kugel vom Radius* $r>0$ *um* $\vec{x}_0$.

(a) $\cos\varphi = \frac{(2,-1,3)\cdot(1,2,-1)}{|(2,-1,3)|\cdot|(1,2,-1)|} = \frac{-3}{\sqrt{14}\,\sqrt{6}} \approx -0.327 \Longrightarrow \varphi \approx \underline{\underline{109.11^0}}$.

(b) $(\vec{x}-\vec{x}_0)^2 \overset{(4)}{=} |\vec{x}-\vec{x}_0|^2 = r^2 \Longleftrightarrow |\vec{x}-\vec{x}_0| = r$
$\Longleftrightarrow \vec{x}$ liegt auf der Kugel vom Radius $r>0$ um $\vec{x}_0$, siehe [5.3].

[1]Nur sinnvoll für $\vec{a},\vec{b}\neq\vec{0}$.

5.12 *Mit Hilfe der Rechenregeln für das Skalarprodukt beweise man die Cauchy–Schwarzsche Ungleichung und die Dreiecksungleichung!*

Weil $|\cos\varphi| \leq 1$ ist für alle $\varphi \in \mathbb{R}$, gelten folgende Abschätzungen:

(a) $|\vec{a}\cdot\vec{b}| = \big||\vec{a}|\cdot|\vec{b}|\cdot\cos\sphericalangle(\vec{a},\vec{b})\big| = |\vec{a}|\cdot|\vec{b}|\cdot|\cos\sphericalangle(\vec{a},\vec{b})| \leq |\vec{a}|\cdot|\vec{b}|.$

(b) $|\vec{a}+\vec{b}| \leq |\vec{a}| + |\vec{b}| \iff |\vec{a}+\vec{b}|^2 \leq (|\vec{a}|+|\vec{b}|)^2$, letzteres ist richtig, da

$$\begin{aligned} |\vec{a}+\vec{b}|^2 = {} & (\vec{a}+\vec{b})^2 = \vec{a}^2 + \vec{b}^2 + 2\vec{a}\vec{b} = |\vec{a}|^2 + |\vec{b}|^2 + 2|\vec{a}|\cdot|\vec{b}|\cos\varphi \\ & \leq |\vec{a}|^2 + |\vec{b}|^2 + 2|\vec{a}|\cdot|\vec{b}|\cdot|\cos\varphi| \leq |\vec{a}|^2 + |\vec{b}|^2 + 2|\vec{a}|\cdot|\vec{b}| = (|\vec{a}|+|\vec{b}|)^2. \end{aligned}$$

5.13 (a) *Es sei $\vec{a} = (1,2,3)$ und $\vec{b} = (1,6,5)$.*
Man bestimme $r \in \mathbb{R}$ so, dass $\vec{c} = \vec{b} + r\vec{a}$ senkrecht auf $\vec{a}$ steht.

(b) *Es seien $\vec{a} = (1,0,1)$, $\vec{b} = (1,1,1)$, $\vec{c} = (-1,2,3)$.*
Man bestimme $r, s \in \mathbb{R}$ so, dass $\vec{n} := \vec{c} + r\vec{a} + s\vec{b}$ senkrecht auf der von $\vec{a}$ und $\vec{b}$ aufgespannten Ebene E steht.

(a)
$$\begin{aligned} & \vec{a} \perp (\vec{b} + r\vec{a}) \iff \vec{a}\cdot(\vec{b}+r\vec{a}) = 0 \iff \vec{a}\cdot\vec{b} + r\vec{a}^2 = 0 \\ & \iff r = -\frac{\vec{a}\cdot\vec{b}}{\vec{a}^2} = -\frac{(1,2,3)(1,6,5)}{(1,2,3)^2} = \underline{-2} \\ & \iff \vec{c} = \vec{b} - 2\vec{a} = \underline{\underline{(-1,2,-1)}}. \end{aligned}$$

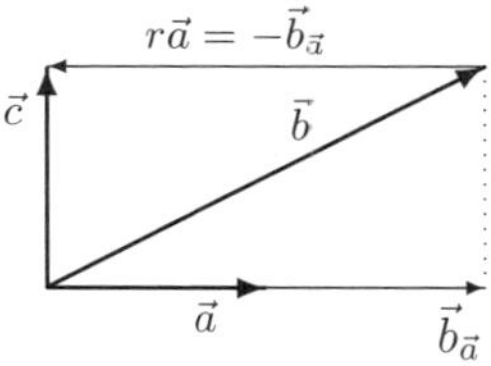

Probe: $(-1,2,-1)\cdot(1,2,3) = 0$, also $\vec{c} \perp \vec{a}$.

$\vec{c}$ ist $\vec{b}$ vermindert um die Projektion $\vec{b}_{\vec{a}}$ von $\vec{b}$ auf die Richtung von $\vec{a}$ (S. 131)!

(b) Die Gleichung $\vec{c} + r\vec{a} + s\vec{b} = \vec{n}$ wird skalar mit $\vec{a}$ und $\vec{b}$ multipliziert:

$$\left.\begin{array}{l} \vec{a}\cdot\vec{c} + r\,\vec{a}^2 + s\,\vec{a}\cdot\vec{b} = 0 \implies 2 + 2r + 2s = 0 \\ \vec{b}\cdot\vec{c} + r\,\vec{b}\cdot\vec{a} + s\,\vec{b}^2 = 0 \implies 4 + 2r + 3s = 0 \end{array}\right. \implies \text{Lösung dieses LGS ist } \underline{r = 1},\ \underline{s = -2}.$$

$\vec{n} = \vec{c} + \vec{a} - 2\vec{b} = \underline{\underline{(-2,0,2)}}$ steht senkrecht auf E. Probe: $\vec{n}\vec{a} = \vec{n}\vec{b} = 0$.

Senkrecht aufeinanderstehende Vektoren nennt man auch **orthogonal**.

In obigem Beispiel sind sowohl $\vec{a}, \vec{b}$ als auch $\vec{a}, \vec{c}$ linear unabhängig, also Basen der linearen Hülle $L = L(\vec{a},\vec{b}) = L(\vec{a},\vec{c})$.

$\vec{a}, \vec{c}$ sind orthogonal.

Man nennt $(\vec{a},\vec{c})$ eine **Orthogonalbasis** von L.

$\frac{\vec{a}}{|\vec{a}|}, \frac{\vec{b}}{|\vec{b}|}$ sind orthogonal und normiert (= Einheitsvektoren).

Man nennt $(\frac{\vec{a}}{|\vec{a}|}, \frac{\vec{b}}{|\vec{b}|})$ eine **Orthonormalbasis** von L.

Das Ersetzen der Basis $(\vec{a},\vec{b})$ durch eine Orthogonalbasis $(\vec{a},\vec{c})$ von L, nennt man **Orthogonalisierung** (Seite 130: Schmidtsches Orthogonalisierungsverfahren).

Schmidtsches Orthogonalisierungsverfahren

Ist $L = L(\vec{a}_1, \dots, \vec{a}_m)$ die lineare Hülle der m Vektoren $\vec{a}_1, \dots, \vec{a}_m \in \mathbb{R}^n$, so lässt sich schrittweise eine **orthogonale Basis** $(\vec{b}_1, \dots, \vec{b}_k)$ von L gewinnen:

Ist $\vec{a}_1 \neq \vec{0}$ (sonst nehme man einen anderen Vektor), so setzt man:

$\vec{b}_1 := \vec{a}_1$. Ist $\vec{a}_2 \notin L(\vec{a}_1) = L(\vec{b}_1)$, so setzt man:

$\vec{b}_2 := \vec{a}_2 - \frac{\vec{a}_2 \cdot \vec{b}_1}{\vec{b}_1^2}\vec{b}_1$. Ist $\vec{a}_3 \notin L(\vec{a}_1, \vec{a}_2) = L(\vec{b}_1, \vec{b}_2)$, so setzt man:

$\vec{b}_3 := \vec{a}_3 - \frac{\vec{a}_3 \cdot \vec{b}_1}{\vec{b}_1^2}\vec{b}_1 - \frac{\vec{a}_3 \cdot \vec{b}_2}{\vec{b}_2^2}\vec{b}_2$, usw.

Allgemein setzt man: $\vec{b}_{l+1} := \vec{a}_{l+1} - \frac{\vec{a}_{l+1} \cdot \vec{b}_1}{\vec{b}_1^2}\vec{b}_1 - \dots - \frac{\vec{a}_{l+1} \cdot \vec{b}_l}{\vec{b}_l^2}\vec{b}_l$.

Das Verfahren bricht ab, wenn $L(\vec{a}_1, \dots, \vec{a}_m) = L(\vec{b}_1, \dots, \vec{b}_k)$ ist, wenn man also keinen Vektor $\vec{a}_{k+1}$ mehr findet, der nicht in $L(\vec{b}_1, \dots, \vec{b}_k)$ liegt.

Aus der **Orthogonalbasis** $(\vec{b}_1, \dots, \vec{b}_k)$ erhält man durch Normieren eine **Orthonormalbasis** $\left(\frac{\vec{b}_1}{|\vec{b}_1|}, \dots, \frac{\vec{b}_k}{|\vec{b}_k|}\right)$.

5.14 *Man bestimme eine Orthonormalbasis von* $L = L(\vec{a}_1, \dots, \vec{a}_5)$ *für*
$\vec{a}_1 = (1, -2, 0, -1, 0)$, $\vec{a}_2 = (1, -7, -1, -3, -2)$, $\vec{a}_3 = (1, 3, 1, 1, 2)$,
$\vec{a}_4 = (3, 0, 2, -3, 1)$, $\vec{a}_5 = (-4, 4, 0, 0, -3)$.

Schmidtsches Orthogonalisierungsverfahren:

$\underline{\vec{b}_1 = \vec{a}_1 = (1, -2, 0, -1, 0)}$. $\vec{a}_2 \notin L(\vec{b}_1)$, also

$$\vec{b}_2^* = \vec{a}_2 - \frac{\vec{a}_2 \cdot \vec{b}_1}{\vec{b}_1^2}\vec{b}_1 = (1, -7, -1, -3, -2) - \tfrac{18}{6}(1, -2, 0, -1, 0) = (-2, -1, -1, 0, -2).$$

Mit $\vec{b}_2^*$ ist auch $-\vec{b}_2^*$ orthogonal zu $\vec{b}_1$, also nimmt man $\underline{\vec{b}_2 = (2, 1, 1, 0, 2)}$.

$\vec{a}_3 \in L(\vec{b}_1, \vec{b}_2)$, da das LGS $x\vec{b}_1 + y\vec{b}_2 = \vec{a}_3$ lösbar ist $(x = -1, y = 1)$.
$\vec{a}_4 \notin L(\vec{b}_1, \vec{b}_2)$, da das LGS $x\vec{b}_1 + y\vec{b}_2 = \vec{a}_4$ unlösbar ist, also

$$\vec{b}_3 := \vec{a}_4 - \frac{\vec{a}_4 \cdot \vec{b}_1}{\vec{b}_1^2}\vec{b}_1 - \frac{\vec{a}_4 \cdot \vec{b}_2}{\vec{b}_2^2}\vec{b}_2 = \vec{a}_4 - \tfrac{6}{6}\vec{b}_1 - \tfrac{10}{10}\vec{b}_2 \Longrightarrow \underline{\vec{b}_3 = (0, 1, 1, -2, -1)}.$$

$\vec{a}_5 \in L(\vec{b}_1, \vec{b}_2, \vec{b}_3)$, da das LGS $x\vec{b}_1 + y\vec{b}_2 + z\vec{b}_3 = \vec{a}_5$ lösbar ist durch $(-2, -1, 1)$.

Das Verfahren bricht ab: $L(\vec{a}_1, \dots, \vec{a}_5) = L(\vec{b}_1, \vec{b}_2, \vec{b}_3)$.

$(\vec{b}_1, \vec{b}_2, \vec{b}_3)$ ist eine **Orthogonalbasis** von L,

$\underline{\left(\frac{1}{\sqrt{6}}\vec{b}_1, \frac{1}{\sqrt{10}}\vec{b}_2, \frac{1}{\sqrt{7}}\vec{b}_3\right)}$ ist eine **Orthonormalbasis** von L.

Projektion, Komponente

Die (senkrechte) **Projektion** von $\vec{b}$ auf die Richtung von $\vec{a}$ ist der Vektor $\vec{b}_{\vec{a}}$:

$$\vec{b}_{\vec{a}} := |\vec{b}| \cdot \cos \sphericalangle(\vec{a},\vec{b}) \cdot \vec{a}_0 = \frac{|\vec{b}|}{|\vec{a}|} \cdot \cos \sphericalangle(\vec{a},\vec{b}) \cdot \vec{a} = \frac{\vec{a}\cdot\vec{b}}{\vec{a}^2} \cdot \vec{a}$$

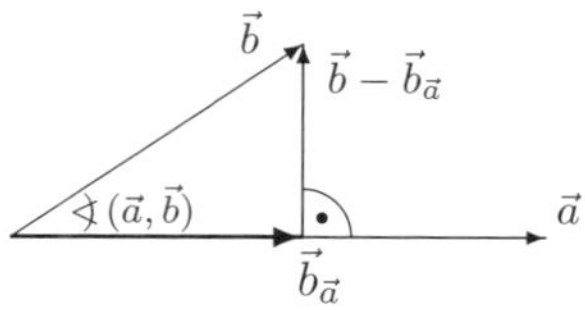

Die Zahl $|\vec{b}| \cdot \cos \sphericalangle(\vec{a},\vec{b}) = \frac{\vec{b}\cdot\vec{a}}{|\vec{a}|}$ heißt **Komponente** von $\vec{b}$ in Richtung $\vec{a}$.

Die **Komponente** von $\vec{b}$ in Richtung $\vec{a}$ ist gleich $\pm|\vec{b}_{\vec{a}}|$, je nachdem, ob der Winkel $\sphericalangle(\vec{a},\vec{b})$ unter oder über 90^0 liegt.

Die **Projektion** $\vec{b}_{\vec{a}}$ ist der Vektor, dessen Endpunkt der Fußpunkt des Lotes vom Endpunkt von $\vec{b}$ auf die durch $\vec{a}$ bestimmte Gerade durch den Nullpunkt ist; siehe auch Fußpunkt des Lotes, Seite 141.

Der Vektor $\vec{b} - \vec{b}_{\vec{a}}$ steht senkrecht auf $\vec{a}$, siehe Orthogonalisierungsverfahren!

.15 *Es sei $\vec{a} = (1, 6, -5)$ und $\vec{b} = (1, -2, 3)$.*
Man berechne die Projektion $\vec{b}_{\vec{a}}$, ihre Länge $|\vec{b}_{\vec{a}}|$, sowie die Komponente von $\vec{b}$ in Richtung $\vec{a}$.

Projektion $\vec{b}_{\vec{a}}$: $\quad \vec{b}_{\vec{a}} = \frac{\vec{a}\vec{b}}{\vec{a}^2} \cdot \vec{a} = \frac{-26}{62} \cdot (1, 6, -5) \approx \underline{-0,42 \cdot (1, 6, -5)}$.

Länge der Projektion: $\quad |\vec{b}_{\vec{a}}| \approx |-0,42 \cdot (1, 6, -5)| = 0,42 \cdot |(1, 6, -5)| \approx \underline{3.30}$.

Komponente von $\vec{b}$ in Richtung $\vec{a}$: $\quad |\vec{b}| \cdot \cos \sphericalangle(\vec{a},\vec{b}) = \frac{\vec{b}\cdot\vec{a}}{|\vec{a}|} = \frac{-26}{\sqrt{62}} \approx \underline{-3.30}$.

Die Begriffe *Projektion, Komponente* werden auch in anderer Bedeutung benutzt!

.16 *Es sei $\vec{a}$ ein Vektor der Länge 6 in Richtung von $(1, 1, z)$. Seine Komponente in Richtung von $(1, 2, 2)$ habe die Länge 4.*
Man berechne $\vec{a}$, sowie den Winkel φ zwischen $\vec{a}$ und der x, y–Ebene.

Für den Einheitsvektor $\vec{a}_0$ in Richtung $\vec{a}$ gilt:

$\vec{a}_0 = \frac{1}{\sqrt{1+1+z^2}}(1, 1, z)$. Dann ist $\vec{a} = |\vec{a}|\vec{a}_0 = \frac{6}{\sqrt{2+z^2}}(1, 1, z)$.

Die Komponente von $\vec{a}$ in Richtung $(1, 2, 2)$ ist 4, also:

$$\frac{\vec{a}\cdot(1,2,2)}{|(1,2,2)|} = \frac{6}{\sqrt{2+z^2}\,\sqrt{9}}(1, 1, z) \cdot (1, 2, 2) = \frac{2}{\sqrt{2+z^2}}(3 + 2z) = 4.$$

Hieraus berechnet man: $\quad z = -\frac{1}{12}$, also

$$\vec{a} = \frac{6}{\sqrt{2+\frac{1}{144}}}(1, 1, -\tfrac{1}{12}) = \frac{72}{17}(1, 1, -\tfrac{1}{12}) = \underline{\underline{\frac{6}{17}(12, 12, -1)}}.$$

Für den Winkel φ zwischen $\vec{a}$ und der x,y–Ebene ergibt sich:

$\varphi = \sphericalangle\big((12,12,-1),(1,1,0)\big)$

$\Longrightarrow \cos\varphi = \frac{(12,12,-1)\cdot(1,1,0)}{|(12,12,-1)|\cdot|(1,1,0)|} \approx 0,9983 \Longrightarrow \varphi \approx \underline{\underline{3.37^0}}.$

5.17 *Die Mittelsenkrechten eines Dreiecks O,A,B schneiden sich in einem Punkt M. Man stelle $\vec{m}$ als Linearkombination von $\vec{a}$ und $\vec{b}$ dar.*
M ist der Mittelpunkt des Umkreises des Dreiecks.

(1) Berechnung der Mittelsenkrechten (Geraden) $M_{\vec{a}}$ und $M_{\vec{b}}$:

$\vec{b} - \lambda\vec{a} \perp \vec{a} \Longleftrightarrow \lambda\vec{a} = \vec{b}_{\vec{a}} \Longleftrightarrow \lambda = \frac{\vec{a}\vec{b}}{\vec{a}^2}$ (Projektion, Seite 131).

Für die beiden Mittelsenkrechten erhält man:

$M_{\vec{a}}: \ \vec{x} = \frac{1}{2}\vec{a} + r(\vec{b} - \frac{\vec{a}\vec{b}}{\vec{a}^2}\vec{a}),$

$M_{\vec{b}}: \ \vec{x} = \frac{1}{2}\vec{b} + s(\vec{a} - \frac{\vec{a}\vec{b}}{\vec{b}^2}\vec{b}).$

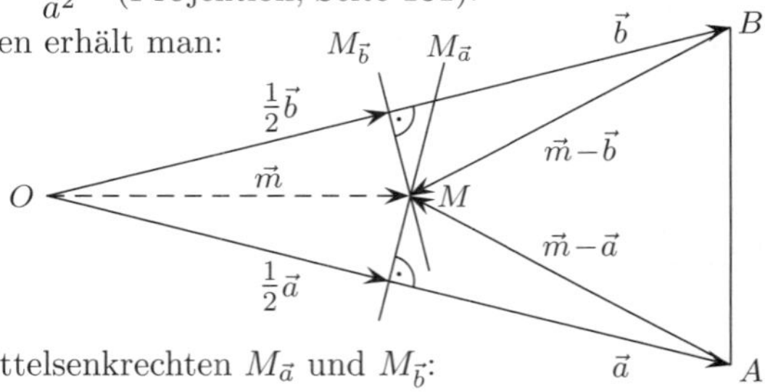

(2) Schnittpunkt M der beiden Mittelsenkrechten $M_{\vec{a}}$ und $M_{\vec{b}}$:

$M := M_{\vec{a}} \cap M_{\vec{b}}$. Gleichsetzen ergibt

$\frac{1}{2}\vec{a} + r(\vec{b} - \frac{\vec{a}\vec{b}}{\vec{a}^2}\vec{a}) = \frac{1}{2}\vec{b} + s(\vec{a} - \frac{\vec{a}\vec{b}}{\vec{b}^2}\vec{b}) \Longrightarrow (\frac{1}{2} - r\frac{\vec{a}\vec{b}}{\vec{a}^2} - s)\cdot\vec{a} = (\frac{1}{2} - s\frac{\vec{a}\vec{b}}{\vec{b}^2} - r)\cdot\vec{b}.$

Da $\vec{a}$ und $\vec{b}$ linear unabhängig sind folgt $\frac{1}{2} - r\frac{\vec{a}\vec{b}}{\vec{a}^2} - s = 0$ und $\frac{1}{2} - s\frac{\vec{a}\vec{b}}{\vec{b}^2} - r = 0.$

(3) Aus diesem LGS für r und s folgt schließlich: $r = \cdots = \frac{1}{2}\frac{\vec{a}^2\vec{b}^2 - \vec{a}\vec{b}\,\vec{a}^2}{\vec{a}^2\vec{b}^2 - (\vec{a}\vec{b})^2}.$

Aus $\vec{m} = \frac{1}{2}\vec{a} + r(\vec{b} - \frac{\vec{a}\vec{b}}{\vec{a}^2}\vec{a})$ erhält man:

$\underline{\vec{m} = \frac{1}{2}\frac{\vec{a}^2\vec{b}^2 - \vec{a}\vec{b}\,\vec{b}^2}{\vec{a}^2\vec{b}^2 - (\vec{a}\vec{b})^2}\cdot\vec{a} + \frac{1}{2}\frac{\vec{a}^2\vec{b}^2 - \vec{a}\vec{b}\,\vec{a}^2}{\vec{a}^2\vec{b}^2 - (\vec{a}\vec{b})^2}\cdot\vec{b},}$ $\quad \vec{m}$ als LK der Vektoren $\vec{a},\vec{b}$.

(4) Um zu beweisen, dass auch die dritte Mittelsenkrechte durch M geht, zeigt man (nach etwas Rechnerei): $(\frac{\vec{a}+\vec{b}}{2} - \vec{m})(\vec{a} - \vec{b}) = \cdots = 0.$

(5) M ist Mittelpunkt des Umkreises, da die Abstände von M zu den Eckpunkten des Dreiecks gleich sind:

$|\vec{m}|^2 = |\frac{1}{2}\vec{a}|^2 + |\vec{m} - \frac{1}{2}\vec{a}|^2 = |\vec{m} - \vec{a}|^2$ (Pythagoras), also $|\vec{m}| = |\vec{m} - \vec{a}|$.

Analog gilt $|\vec{m}| = |\vec{m} - \vec{b}|$, also ist M Mittelpunkt des Umkreises.

5.5 Vektorprodukt

Man sagt, die drei Vektoren $\vec{a}, \vec{b}, \vec{c} \in \mathbb{R}^3$ bilden in dieser Reihenfolge ein *Rechtssystem*, wenn man sie in dieser Reihenfolge dem gespreizten Daumen, Zeigefinger, Mittelfinger der *rechten Hand* zuordnen kann: Rechte–Hand–Regel, Rechtsschraube.

Sind $\vec{a}, \vec{b}$ linear unabhängig – d.h. liegen $\vec{a}, \vec{b}$ nicht auf einer Geraden –, definiert man das **Vektorprodukt** $\vec{a} \times \vec{b}$ als den Vektor mit folgenden drei Eigenschaften:

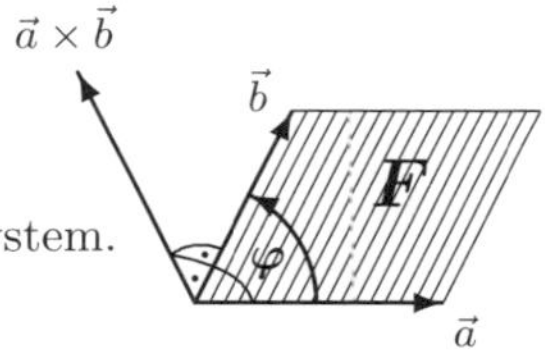

(1) $\vec{a} \times \vec{b}$ steht senkrecht auf $\vec{a}$ und $\vec{b}$.

(2) $\vec{a}, \vec{b}, \vec{a} \times \vec{b}$ bilden in dieser Reihenfolge ein Rechtssystem.

(3) $|\vec{a} \times \vec{b}| = |\vec{a}| \cdot |\vec{b}| \cdot \sin\varphi$ mit $\varphi = \sphericalangle(\vec{a}, \vec{b})$

Sind $\vec{a}, \vec{b}$ linear abhängig, so definiert man $\vec{a} \times \vec{b} := \vec{0}$. So ist das Vektorprodukt für alle Vektoren des (dreidimensionalen) Raumes erklärt.

Geometrische Interpretation:

Die Länge des Vektorprodukts $|\vec{a} \times \vec{b}| = |\vec{a}| \cdot |\vec{b}| \cdot \sin\varphi$ ist die Fläche F des von $\vec{a}$ und $\vec{b}$ aufgespannten Parallelogramms:

$F = |\vec{a}| \cdot h \;,\quad h = |\vec{b}| \cdot \sin\varphi$ also:

$F = |\vec{a}| \cdot |\vec{b}| \cdot \sin\varphi = |\vec{a} \times \vec{b}|$

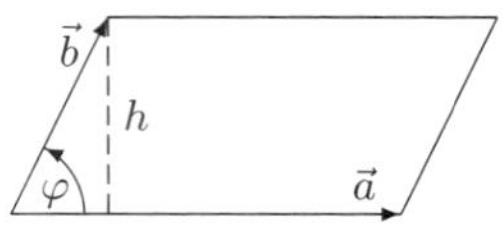

5.18 *Für $\vec{a} = (2, -1, 3)$ und $\vec{b} = (1, 2, -1)$ berechne man $\vec{a} \times \vec{b}$.*

Zunächst bestimmt man alle Vektoren $\vec{x} = (x, y, z)$, die auf $\vec{a}, \vec{b}$ senkrecht stehen:

$$\begin{matrix} (x,y,z) \cdot (2,-1,3) = 0 \\ (x,y,z) \cdot (1,2,-1) = 0 \end{matrix} \iff \begin{matrix} 2x - y + 3z = 0 \\ 1x + 2y - 1z = 0 \end{matrix} \overset{\text{siehe LGS}}{\iff} \begin{pmatrix} x \\ y \\ z \end{pmatrix} = r \begin{pmatrix} -1 \\ 1 \\ 1 \end{pmatrix}.$$

$$|\vec{x}| = |\vec{a}| \cdot |\vec{b}| \cdot \sin\varphi = \sqrt{14}\,\sqrt{6} \cdot \sin\varphi, \text{ mit } \cos\varphi = \frac{-3}{\sqrt{14}\,\sqrt{6}}.$$

$$\Longrightarrow \sin\varphi = \sqrt{1 - \cos^2\varphi} = \sqrt{\frac{75}{14 \cdot 6}} \Longrightarrow |\vec{x}| = 5\sqrt{3}\,.$$

Damit erhält man zwei Vektoren, die auf $\vec{a}, \vec{b}$ senkrecht stehen und die geforderte Länge haben: $\vec{x}_{1,2} = \pm 5(-1, 1, 1)$.

Ein Rechtssystem bilden $\vec{a}, \vec{b}, \vec{x}_1$.

Also erfüllt $\vec{x}_1$ alle Bedingungen, die an das Vektorprodukt $\vec{a} \times \vec{b}$ gestellt werden, und es ist: $\vec{a} \times \vec{b} = \underline{\underline{5(-1, 1, 1)}}$.

Das ist recht mühsam! Es geht viel einfacher: Wie beim Skalarprodukt kann man das Vektorprodukt $\vec{a} \times \vec{b}$ aus den Komponenten von $\vec{a}$ und $\vec{b}$ berechnen:

Vektorprodukt

$$\vec{a} \times \vec{b} = \begin{pmatrix} a_1 \\ a_2 \\ a_3 \end{pmatrix} \times \begin{pmatrix} b_1 \\ b_2 \\ b_3 \end{pmatrix} = \begin{pmatrix} a_2 b_3 - a_3 b_2 \\ a_3 b_1 - a_1 b_3 \\ a_1 b_2 - a_2 b_1 \end{pmatrix}$$

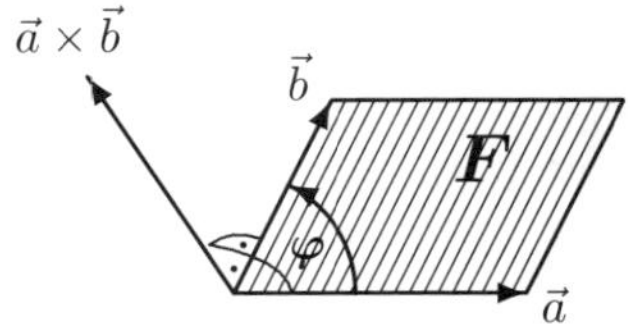

$$|\vec{a} \times \vec{b}| = |\vec{a}| \cdot |\vec{b}| \cdot \sin \sphericalangle(\vec{a}, \vec{b})$$

Eigenschaften

(1) $\vec{a} \times \vec{b}$ steht **senkrecht** auf $\vec{a}$ und $\vec{b}$.

(2) $|\vec{a} \times \vec{b}| = |\vec{a}| \cdot |\vec{b}| \cdot \sin \varphi =$ **Flächeninhalt** F des von $\vec{a}$ und $\vec{b}$ aufgespannten Parallelogramms.

(3) $\vec{a}$, $\vec{b}$, $\vec{a} \times \vec{b}$ bilden in dieser Reihenfolge ein **Rechtssystem**.

Rechenregeln

(4) $\vec{a} \times \vec{b} = -(\vec{b} \times \vec{a})$

(5) $\vec{a} \times \vec{b} = \vec{0} \iff \vec{a}, \vec{b}$ sind linear abhängig.

(6) $(\lambda \vec{a}) \times \vec{b} = \vec{a} \times (\lambda \vec{b}) = \lambda(\vec{a} \times \vec{b})$

(7) $\vec{a} \times (\vec{b} + \vec{c}) = \vec{a} \times \vec{b} + \vec{a} \times \vec{c}$

mehrfache Produkte

(8) $\vec{a} \cdot (\vec{b} \times \vec{c}) = (\vec{a} \times \vec{b}) \cdot \vec{c} = <\vec{a}, \vec{b}, \vec{c}>$ **Spatprodukt (Determinante)**

(9) $\left. \begin{array}{l} \vec{a} \times (\vec{b} \times \vec{c}) = (\vec{a} \cdot \vec{c})\, \vec{b} - (\vec{a} \cdot \vec{b})\, \vec{c} \\ (\vec{a} \times \vec{b}) \times \vec{c} = (\vec{a} \cdot \vec{c})\, \vec{b} - (\vec{b} \cdot \vec{c})\, \vec{a} \end{array} \right\}$ **Entwicklungssatz**

(10) $\vec{a} \times (\vec{b} \times \vec{c}) + \vec{b} \times (\vec{c} \times \vec{a}) + \vec{c} \times (\vec{a} \times \vec{b}) = \vec{0}$ **Grassmann–Identität**

(11) $(\vec{a} \times \vec{b}) \cdot (\vec{c} \times \vec{d}) = (\vec{a} \cdot \vec{c})(\vec{b} \cdot \vec{d}) - (\vec{a} \cdot \vec{d})(\vec{b} \cdot \vec{c})$ **Lagrange–Identität**
speziell: $(\vec{a} \times \vec{b})^2 = \vec{a}^2 \vec{b}^2 - (\vec{a} \cdot \vec{b})^2$

Vektorprodukt aus 2 Vektorprodukten

(12) $(\vec{a} \times \vec{b}) \times (\vec{c} \times \vec{d}) = <\vec{a}, \vec{c}, \vec{d}> \vec{b} - <\vec{b}, \vec{c}, \vec{d}> \vec{a} = <\vec{a}, \vec{b}, \vec{d}> \vec{c} - <\vec{a}, \vec{b}, \vec{c}> \vec{d}$
speziell: $(\vec{a} \times \vec{b}) \times (\vec{b} \times \vec{c}) = <\vec{a}, \vec{b}, \vec{c}> \vec{b}$

Berechnung des Vektorprodukts

$$\vec{a} \times \vec{b} = \begin{pmatrix} a_1 \\ a_2 \\ a_3 \end{pmatrix} \times \begin{pmatrix} b_1 \\ b_2 \\ b_3 \end{pmatrix} = \begin{vmatrix} \vec{\imath} & a_1 & b_1 \\ \vec{\jmath} & a_2 & b_2 \\ \vec{k} & a_3 & b_3 \end{vmatrix}$$

Entwickelt man diese symbolische Determinante nach der ersten Spalte, so erhält man:

$$= \vec{\imath} \begin{vmatrix} a_2 & b_2 \\ a_3 & b_3 \end{vmatrix} - \vec{\jmath} \begin{vmatrix} a_1 & b_1 \\ a_3 & b_3 \end{vmatrix} + \vec{k} \begin{vmatrix} a_1 & b_1 \\ a_2 & b_2 \end{vmatrix}$$

$$= \vec{\imath}\,(a_2 b_3 - a_3 b_2) + \vec{\jmath}\,(a_3 b_1 - a_1 b_3) + \vec{k}\,(a_1 b_2 - a_2 b_1)$$

$$= (a_2 b_3 - a_3 b_2\,,\ a_3 b_1 - a_1 b_3\,,\ a_1 b_2 - a_2 b_1)$$

5.19 *Für $\vec{a} = (2,-1,3)$ und $\vec{b} = (1,2,-1)$ berechne man $\vec{a}\times\vec{b}$, die Fläche F des von $\vec{a}$ und $\vec{b}$ aufgespannten Parallelogramms, den Winkel $\alpha = \sphericalangle(\vec{a},\vec{b})$ zwischen $\vec{a}$ und $\vec{b}$, sowie alle $\vec{x}\in\mathbb{R}^3$ mit $\vec{a}\times\vec{x} = \vec{a}\times\vec{b}$.*

$$\begin{pmatrix}2\\-1\\3\end{pmatrix}\times\begin{pmatrix}1\\2\\-1\end{pmatrix} = \left(\begin{vmatrix}-1 & 2\\ 3 & -1\end{vmatrix}, -\begin{vmatrix}2 & 1\\ 3 & -1\end{vmatrix}, \begin{vmatrix}2 & 1\\ -1 & 2\end{vmatrix}\right) = \underline{\underline{\begin{pmatrix}-5\\5\\5\end{pmatrix}}}, \quad F = \left|\begin{pmatrix}-5\\5\\5\end{pmatrix}\right| = \underline{\underline{5\sqrt{3}}}.$$

$$\alpha = \sphericalangle(\vec{a},\vec{b}) = \arccos\frac{\vec{a}\cdot\vec{b}}{|\vec{a}|\,|\vec{b}|} = \arccos\frac{-3}{\sqrt{14}\sqrt{6}} \approx \underline{109.1^0}.$$

$$\vec{a}\times\vec{x} = \vec{a}\times\vec{b} \iff \vec{a}\times(\vec{x}-\vec{b}) = \vec{0} \iff \vec{x}-\vec{b} = r\vec{a} \iff \underline{\underline{\vec{x} = \vec{b}+r\vec{a},\ r\in\mathbb{R}}}\text{ (Gerade)}.$$

5.20 *Man berechne einen zu $\vec{a} = (-1,3,-2)$ und $\vec{b} = (1,0,2)$ senkrechten Vektor der Länge $4\sqrt{5}$.*

Anschaulich ist klar, dass es zwei solche Vektoren gibt: Einen in Richtung von $\vec{a}\times\vec{b}$ und einen in die entgegengesetzte Richtung.

$$\vec{a}\times\vec{b} = \begin{pmatrix}-1\\3\\-2\end{pmatrix}\times\begin{pmatrix}1\\0\\2\end{pmatrix} = \begin{pmatrix}6\\0\\-3\end{pmatrix} = 3\begin{pmatrix}2\\0\\-1\end{pmatrix} \text{ und } |\vec{a}\times\vec{b}| = 3|(2,0,-1)| = 3\sqrt{5}$$

$$\Longrightarrow \vec{x}_{1,2} = \pm 4\sqrt{5}\,\frac{3(2,0,-1)}{3\sqrt{5}} = \underline{\underline{\pm 4(2,0,-1)}}.$$

5.21 *Man berechne die Fläche F des durch die drei Punkte $P_1 = (2,3,1)$, $P_2 = (0,2,3)$ und $P_3 = (1,2,2)$ gegebenen Dreiecks.*

Mit $\vec{a} := \overline{P_1P_2} = (-2,-1,2)$ und $\vec{b} := \overline{P_1P_3} = (-1,-1,1)$ ergibt sich

$\Longrightarrow \vec{a}\times\vec{b} = (1,0,1)$ und $|\vec{a}\times\vec{b}| = |(1,0,1)| = \sqrt{2}$.

Also beträgt die Parallelogrammfläche $\sqrt{2}$ und die Dreiecksfläche $\underline{\underline{F = \frac{1}{2}\sqrt{2}}}$.

5.22 *Für $\vec{a} = (1,2,-1)$, $\vec{b} = (-1,2,-3)$, $\vec{c} = (0,1,2)$ berechne man:*

$$\vec{u} = (\vec{a}\times\vec{b})\times\vec{c} \quad , \quad \vec{v} = \vec{a}\times(\vec{b}\times\vec{c}) \quad , \quad w = (\vec{a}\times\vec{b})\cdot(\vec{a}\times\vec{c}).$$

$\vec{a}\times\vec{b} = (-4,4,4)$, $\vec{a}\times\vec{c} = (5,-2,1)$, $\vec{b}\times\vec{c} = (7,2,-1)$ ergibt:

$\vec{u} = (-4,4,4)\times(0,1,2) = \underline{\underline{(4,8,-4)}}$, $\quad \vec{v} = (1,2,-1)\times(7,2,-1) = \underline{\underline{(0,-6,-12)}}$,

$w = (-4,4,4)\cdot(5,-2,1) = \underline{\underline{-24}}$.

Mit der Lagrange–Identität berechnet man die Zahl w, ohne die Vektorprodukte zu berechnen: $\quad w = (\vec{a}\times\vec{b})\cdot(\vec{a}\times\vec{c}) = \vec{a}^2\cdot\vec{b}\vec{c} - \vec{a}\vec{c}\cdot\vec{a}\vec{b} = 6(-4) - 0\cdot 6 = \underline{\underline{-24}}$.

5.23 *Man beweise die Lagrange–Identität*

$$(\vec{a}\times\vec{b})\cdot(\vec{c}\times\vec{d}) = (\vec{a}\cdot\vec{c})\,(\vec{b}\cdot\vec{d}) - (\vec{a}\cdot\vec{d})\,(\vec{b}\cdot\vec{c}).$$

$$\begin{aligned}
(\vec{a}\times\vec{b})\cdot(\vec{c}\times\vec{d}) &= <\vec{a}\times\vec{b},\vec{c},\vec{d}> && \text{(Spatprodukt, Seite 136)}\\
&= <\vec{c},\vec{d},\vec{a}\times\vec{b}> && \text{(zyklische Vertauschung)}\\
&= \vec{c}\cdot(\vec{d}\times(\vec{a}\times\vec{b})) && \text{(Spatprodukt)}\\
&= \vec{c}\cdot\big((\vec{d}\cdot\vec{b})\vec{a} - (\vec{d}\cdot\vec{a})\vec{b}\big) && \text{(Entwicklungssatz, Seite 134)}\\
&= (\vec{d}\cdot\vec{b})\,(\vec{c}\cdot\vec{a}) - (\vec{d}\cdot\vec{a})\,(\vec{c}\cdot\vec{b}) && \text{(Rechenregel (3), Skalarprodukt)}\\
&= (\vec{a}\cdot\vec{c})\,(\vec{b}\cdot\vec{d}) - (\vec{a}\cdot\vec{d})\,(\vec{b}\cdot\vec{c}) && \text{(Rechenregel (1), Skalarpr. S. 128)}
\end{aligned}$$

5.6 Spatprodukt

Das *Spatprodukt* dreier Vektoren $<\vec{a},\vec{b},\vec{c}>:=\vec{a}\cdot(\vec{b}\times\vec{c})$ ist eine Zahl. Sie ist definiert als Kombination aus Skalar– und Vektorprodukt. Auch das Spatprodukt dreier Vektoren lässt sich einfach aus den Komponenten der Vektoren berechnen, es ist die folgende Determinante:

Spatprodukt

$$
\begin{aligned}
<\vec{a},\vec{b},\vec{c}> &= \begin{vmatrix} a_1 & b_1 & c_1 \\ a_2 & b_2 & c_2 \\ a_3 & b_3 & c_3 \end{vmatrix} = \det(\vec{a},\vec{b},\vec{c}) \\
&= \vec{a}\cdot(\vec{b}\times\vec{c}) = (\vec{a}\times\vec{b})\cdot\vec{c} = \vec{b}\cdot(\vec{c}\times\vec{a}) = (\vec{b}\times\vec{c})\cdot\vec{a} \\
&= <\vec{b},\vec{c},\vec{a}> = <\vec{c},\vec{a},\vec{b}>
\end{aligned}
$$

zyklische Vertauschungen ändern das Spatprodukt nicht!

$$= a_1b_2c_3 + a_2b_3c_1 + a_3b_1c_2 - a_3b_2c_1 - a_2b_1c_3 - a_1b_3c_2$$

Regel von **Sarrus** (siehe Seite 183)

Eigenschaften

$$<\vec{a},\vec{b},\vec{c}> \begin{cases} >0 \iff \vec{a},\vec{b},\vec{c} \text{ bilden ein } \textbf{Rechtssystem}. \\ =0 \iff \vec{a},\vec{b},\vec{c} \text{ sind } \textbf{linear abhängig}, \text{ (liegen in einer Ebene)} \\ <0 \iff \vec{a},\vec{b},\vec{c} \text{ bilden ein } \textbf{Linkssystem}. \end{cases}$$

$<\vec{a},\vec{b},\vec{c}> =$ **orientiertes Volumen** (= Volumen mit Vorzeichen) des von den drei Vektoren $\vec{a},\vec{b},\vec{c}$ aufgespannten **Spats**,

$|<\vec{a},\vec{b},\vec{c}>| =$ **Volumen** des von $\vec{a},\vec{b},\vec{c}$ aufgespannten **Spats**,

$\frac{1}{6}|<\vec{a},\vec{b},\vec{c}>| =$ **Volumen** des von $\vec{a},\vec{b},\vec{c}$ aufgespannten **Tetraeders**.

$\vec{a},\vec{b},\vec{c}$ linear abhängig $\iff <\vec{a},\vec{b},\vec{c}>=0 \iff \vec{a},\vec{b},\vec{c}$ liegen in einer Ebene.

Durch Vertauschen der Spalten in der Determinante sieht man:

$<\vec{a},\vec{b},\vec{c}>=<\vec{b},\vec{c},\vec{a}>=<\vec{c},\vec{a},\vec{b}>=-<\vec{a},\vec{c},\vec{b}>=-<\vec{c},\vec{b},\vec{a}>=-<\vec{b},\vec{a},\vec{c}>$

Eine *zyklische Vertauschung* ändert den Wert des Spatproduktes also nicht!

5.24 *Man berechne das Volumen V des von $\vec{a}=(1,2,3)$, $\vec{b}=(-2,1,3)$ und $\vec{c}=(-1,0,-3)$ aufgespannten Spats.*

$$V = |<\vec{a},\vec{b},\vec{c}>| = \left|\begin{vmatrix} 1 & -2 & -1 \\ 2 & 1 & 0 \\ 3 & 3 & -3 \end{vmatrix}\right| = |-18| = \underline{\underline{18}}.$$

5.25 *Man untersuche, ob $\vec{a}=(1,2,3)$, $\vec{b}=(-2,1,3)$ und $\vec{c}=(-1,3,6)$ in einer Ebene liegen.*

$$<\vec{a},\vec{b},\vec{c}> = \begin{vmatrix} 1 & -2 & -1 \\ 2 & 1 & 3 \\ 3 & 3 & 6 \end{vmatrix} = 0 \implies$$ $\vec{a},\vec{b},\vec{c}$ sind linear abhängig und liegen somit in einer Ebene.

5.26 *Man berechne das Volumen des Tetraeders mit den Eckpunkten:*
$P_1 = (1,0,2)$, $P_2 = (2,3,4)$, $P_3 = (2,1,1)$, $P_4 = (6,3,2)$.

$$\vec a := \overline{P_1P_2} = (2,3,4) - (1,0,2) = (1,3,2)$$
$$\vec b := \overline{P_1P_3} = (2,1,1) - (1,0,2) = (1,1,-1)$$
$$\vec c := \overline{P_1P_4} = (6,3,2) - (1,0,2) = (5,3,0)$$
$$< \vec a, \vec b, \vec c >= \begin{vmatrix} 1 & 1 & 5 \\ 3 & 1 & 3 \\ 2 & -1 & 0 \end{vmatrix} = -16 \Longrightarrow V_{\text{Spat}} = 16 \quad \text{und} \quad V_{\text{Tetr.}} = \frac{1}{6}16 \approx \underline{\underline{2.67}}.$$

5.7 Geraden im Raum

Ist $\vec b \neq \vec 0$ und durchläuft der Parameter t die reellen Zahlen, so liegen die Endpunkte von $t \cdot \vec b$ auf der durch $\vec b$ bestimmten Geraden.

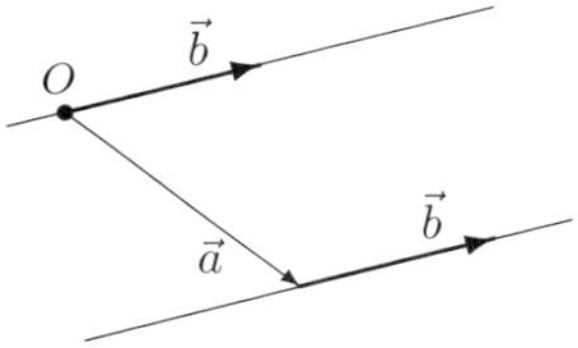

$G: \ \vec x = t \cdot \vec b$ — ist eine Gleichung der durch den Nullpunkt gehenden Geraden mit der Richtung $\vec b$.

$G': \ \vec x = \vec a + t \cdot \vec b$ — ist eine Gleichung der zur obigen Geraden parallelen Geraden, die durch den Endpunkt von $\vec a$ verläuft.

Parameterdarstellung der Geraden

durch den Endpunkt von $\vec a$ mit der Richtung von $\vec b \neq \vec 0$:

$$\boldsymbol{G: \ \vec x = \vec a + t \cdot \vec b, \ t \in \mathbb{R}.}$$

Zwei Geraden G_1, G_2 sind genau dann **parallel**, wenn ihre Richtungsvektoren $\vec b_1, \vec b_2$ linear abhängig sind.

$$G_1 \parallel G_2 \quad \Longleftrightarrow \quad \exists \lambda \neq 0 \text{ mit } \vec b_1 = \lambda \vec b_2.$$

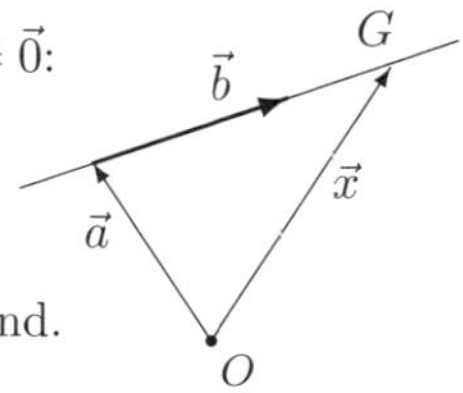

5.27 *Liegen die beiden Punkte $P_1 = (1,2,10)$, $P_2 = (3,8,4)$ auf der Geraden $G: \ \vec x = (1,0,2) + t(1,4,1)$?*

Läge P_1 auf G, so gäbe es einen Parameterwert t_1, für den $(1,2,10) = (1,0,2) + t_1(1,4,1)$ ist. Komponentenvergleich liefert:

$1 = 1 + t_1, 2 = 4t_1, 10 = 2 + t_1$.

Dieses LGS ist unlösbar, also liegt P_1 nicht auf G.

P_2 liegt auf G, da das entsprechende LGS lösbar ist ($t_2 = 2$).

5.28 *Die beiden Geraden* $\begin{array}{l} G_1: \ \vec{x} = (-2,1,-4) + r(-1,1,-2) \\ G_2: \ \vec{x} = (1,-2,2) + s(2,-2,4) \end{array}$ *sind gleich!*

Das LGS $(1,-2,2) = (-2,1,-4) + r(-1,1,-2)$ ist lösbar mit $r = -3$, also liegt $(1,-2,2)$ auf G_1. Weiter ist $(2,-2,4) = -2(-1,1,-2)$. Also sind die Richtungsvektoren der beiden Geraden linear abhängig. Zwei Geraden, die bei gleicher Richtung einen Punkt gemeinsam haben, sind gleich.

Parameterdarstellung der Geraden

durch zwei Punkte P_1 und P_2:

$G: \ \vec{x} = \vec{p}_1 + t \cdot (\vec{p}_2 - \vec{p}_1)$ mit $t \in \mathbb{R}$.

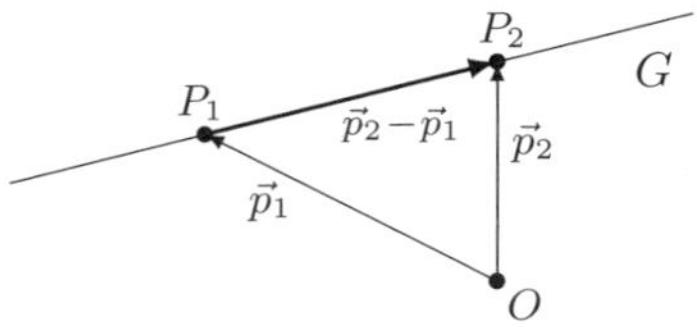

Schnittpunkt zweier Geraden

$G_1: \ \vec{x} = \vec{a}_1 + r \cdot \vec{b}_1$
$G_2: \ \vec{x} = \vec{a}_2 + s \cdot \vec{b}_2$

Zwei Geraden schneiden sich genau dann, wenn es einen Vektor $\vec{x}_0$ gibt, dessen Endpunkt sowohl auf G_1 als auch auf G_2 liegt.

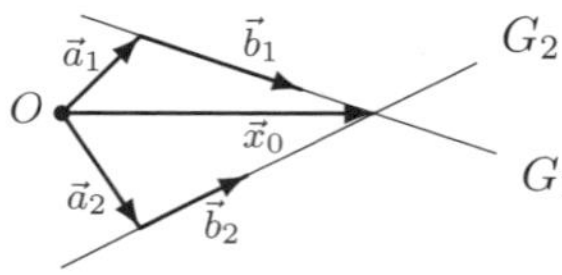

Durch Gleichsetzen der Geradengleichungen erhält man ein LGS für r, s:

$$\vec{a}_1 + r \cdot \vec{b}_1 = \vec{a}_2 + s \cdot \vec{b}_2 \quad \text{oder} \quad r \cdot \vec{b}_1 - s \cdot \vec{b}_2 = \vec{a}_2 - \vec{a}_1.$$

Beim Lösen dieses LGS sind folgende drei Fälle möglich:

	Das LGS hat	Die Geraden	Schnittmenge:
1.	keine Lösung	schneiden sich nicht	$\emptyset$
2.	genau eine Lös. r_0, s_0	schneiden sich im Endpunkt von $\vec{x}_0 = \vec{a}_1 + r_0 \cdot \vec{b}_1 = \vec{a}_2 + s_0 \cdot \vec{b}_2$	$\{\vec{x}_0\}$
3.	unendl. viele Lös.	sind identisch	$G_1 = G_2$

5.29 *Man bestimme die Schnittmenge von jeweils zwei der drei Geraden:*

$G_1: \ \vec{x} = (1,-2,1) + r(2,-3,1)$,

$G_2: \ \vec{x} = (3,-3,4) + s(-2,5,1)$,

$G_3: \ \vec{x} = (2,0,1) + t(4,-10,-2)$.

$\boxed{G_1 \cap G_2}$ $(1,-2,1)+r(2,-3,1)=(3,-3,4)+s(-2,5,1)$. Ordnen ergibt:

$$r(2,-3,1)-s(-2,5,1)=(2,-1,3)$$

Koordinatenvergleich liefert das LGS

r	s	
2	2	2
−3	−5	−1
1	−1	3

mit der Lösung $r=2$, $s=-1$.

G_1 und G_2 schneiden sich folglich im Endpunkt von
$\vec{x}_0=(1,-2,1)+2(2,-3,1)=(3,-3,4)-1(-2,5,1)=(5,-8,3)$.
$G_1 \cap G_2 = \underline{\underline{\{(5,-8,3)\}}}$.

$\boxed{G_2 \cap G_3}$ Gleichsetzen der Gleichungen von G_2 und G_3 liefert das LGS

s	t	
−2	−4	1
5	10	−3
1	2	3

Dieses LGS ist unlösbar.
Die Geraden schneiden sich nicht.
$G_2 \cap G_3 = \underline{\underline{\emptyset}}$.

Da die Richtungsvektoren von G_2, G_3 linear abhängig sind, sind die Geraden parallel.

$\boxed{G_1 \cap G_3}$ Man erhält wieder ein unlösbares LGS, $G_1 \cap G_3 = \underline{\underline{\emptyset}}$.
G_1 und G_3 schneiden sich nicht und sind nicht parallel, solche Geraden nennt man *windschief*.

Schnittwinkel zweier sich schneidender Geraden $G_1: \ \vec{x}=\vec{a}_1+t\cdot\vec{b}_1$, $G_2: \ \vec{x}=\vec{a}_2+t\cdot\vec{b}_2$

Der Winkel φ mit $0 \le \varphi \le \frac{\pi}{2}$ zwischen zwei sich schneidenden Geraden ist der Winkel zwischen ihren Richtungsvektoren, falls dieser kleiner oder gleich $\frac{\pi}{2}$ ist, sonst π minus diesem Winkel. Es gilt:

$$\cos\varphi = \left|\frac{\vec{b}_1\cdot\vec{b}_2}{|\vec{b}_1|\cdot|\vec{b}_2|}\right| \quad \text{mit} \quad \varphi = \sphericalangle(\vec{b}_1\,,\,\pm\vec{b}_2)^* = \sphericalangle(G_1,G_2).$$

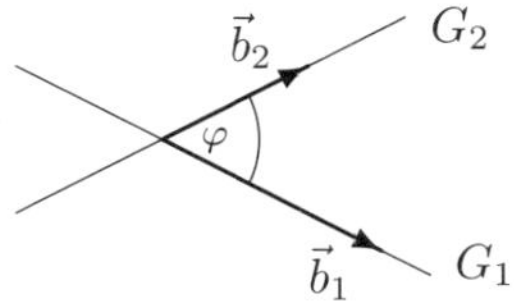

*) $\pm\,\vec{b}_2$ so wählen, dass $\vec{b}_1\cdot\vec{b}_2>0$ ist.

5.30 *Man berechne ggf. den Schnittwinkel der folgenden beiden Geraden:*
$G_1: \ \vec{x}=(1,-2,1)+r(2,-3,1)$ und $G_2: \ \vec{x}=(3,-3,4)+s(-2,5,1)$.
Die beiden Geraden schneiden sich, siehe [5.29]

$$\cos\varphi = \left|\frac{(2,-3,1)\cdot(-2,5,1)}{|(2,-3,1)|\cdot|(-2,5,1)|}\right| = \left|\frac{-18}{\sqrt{14}\sqrt{30}}\right| \approx 0.8783 \Longrightarrow \varphi \approx \underline{\underline{28.56^0}}.$$

Da das Skalarprodukt der Richtungsvektoren -18, also negativ ist, ist der Winkel zwischen den Richtungsvektoren größer als 90^0, er beträgt $\arccos(-0.8783)=151.44^0$. Der Schnittwinkel der Geraden ist $180^0-151.44^0=28.56^0$.

5.31 *Man bestimme die Geraden durch $P=(-2,-5,2)$, die die Gerade $G:\vec{x}=(-1,-3,1)+t(1,0,1)$ unter 30^0 schneiden.*

$\vec{p}-\vec{x}=(-1,-2,1)-t(1,0,1)=(-1-t,-2,1-t)$.

Die Geraden schneiden sich genau dann unter 30^0, wenn der Winkel zwischen $\vec{p}-\vec{x}$ und dem Richtungsvektor $(1,0,1)$ von G 30^0 oder 150^0 beträgt (siehe Schlussbemerkung in der vorigen Aufgabe).

$\sphericalangle\big(\vec{p}-\vec{x}\,,\,(1,0,1)\big)=30^0$ oder 150^0, mit $\cos 30^0=\frac{1}{2}\sqrt{3}$, $\cos 150^0=-\frac{1}{2}\sqrt{3}$.

$$\Longrightarrow \quad (\vec{p}-\vec{x})\cdot(1,0,1)=|\vec{p}-\vec{x}|\cdot|(1,0,1)|\cdot(\pm\tfrac{1}{2}\sqrt{3}\,)$$

$$-2t=\sqrt{2t^2+6}\,\sqrt{2}\,(\pm\tfrac{1}{2}\sqrt{3}\,)$$

$$4t^2=(2t^2+6)\cdot\frac{6}{4}=3t^2+9,\ \text{also:}$$

$t_{1,2}=\pm 3$, also erhält man folgende zwei Punkte auf G:

$\vec{x}_1=(-1,-3,1)-3(1,0,1)=(-4,-3,-2)$, $\quad\vec{p}-\vec{x}_1=(2,-2,4)$,

$\vec{x}_2=(-1,-3,1)+3(1,0,1)=(2,-3,4)$, $\quad\vec{p}-\vec{x}_2=(-4,-2,-2)$.

Also gibt es zwei Geraden durch P, die G unter 30^0 schneiden:

$G_1:\vec{x}=(-2,-5,2)+r(2,-2,4)$ und $G_2:\vec{x}=(-2,-5,2)+s(-4,-2,-2)$.

Abstand Punkt – Punkt

$d=|\overline{PQ}|=|\overline{QP}|=|\vec{q}-\vec{p}|=|\vec{p}-\vec{q}|$

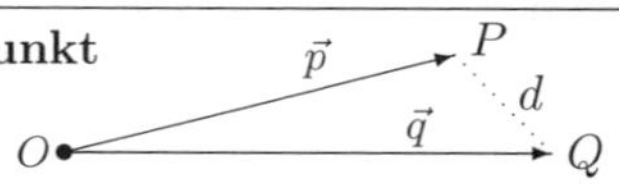

Abstand Punkt – Gerade

$P\,,\quad \overline{OP}=\vec{p}$

$G:\quad \vec{x}=\vec{a}+t\cdot\vec{b}$

$$d=\frac{|\vec{b}\times(\vec{p}-\vec{a})|}{|\vec{b}|}=\frac{\text{Fläche des Parallelogramms}}{\text{Länge der Grundlinie}}$$

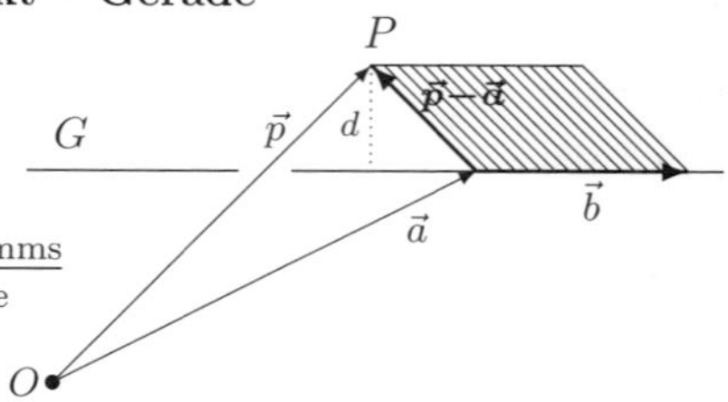

5.32 *Man berechne den Abstand vom Punkt $P=(5,-8,3)$*
(a) *zum Punkt $Q=(2,0,1)$,*
(b) *zur Geraden $G:\ \vec{x}=(2,0,1)+t(2,-5,-1)$.*

(a) $|\overline{PQ}|=|(2,0,1)-(5,-8,3)|=|(-3,8,-2)|=\sqrt{77}\approx\underline{\underline{8.77}}$.

(b) $\vec{p}-\vec{a}=(5,-8,3)-(2,0,1)=(3,-8,2)$,

$$\vec{b}\times(\vec{p}-\vec{a})=\begin{pmatrix}2\\-5\\-1\end{pmatrix}\times\begin{pmatrix}3\\-8\\2\end{pmatrix}=\begin{vmatrix}\vec{\imath}&2&3\\ \vec{\jmath}&-5&-8\\ \vec{k}&-1&2\end{vmatrix}=\begin{pmatrix}-18\\-7\\-1\end{pmatrix},$$

$$\Longrightarrow d=\frac{|(-18,-7,-1)|}{|(2,-5,-1)|}=\frac{\sqrt{374}}{\sqrt{30}}\approx\underline{\underline{3.53}}.$$

Fußpunkt des Lotes
Spiegelpunkt
Lotgerade
Abstand
} **von Punkt – Gerade**

$P\ ,\ \overline{OP} = \vec{p}$

$G:\ \vec{x} = \vec{a} + t \cdot \vec{b}$

Der Fußpunkt $\vec{x}_0$ des Lotes von P auf G ist durch zwei Angaben bestimmt:

(1) Der Endpunkt von $\vec{x}_0$ liegt auf G, also gibt es einen Parameterwert t_0, so dass $\vec{x}_0 = \vec{a} + t_0\vec{b}$ ist.

(2) Das Lot $\vec{x}_0 - \vec{p}$ steht senkrecht auf $\vec{b}$, d.h. $(\vec{x}_0 - \vec{p}) \cdot \vec{b} = 0$ oder $\vec{x}_0 \cdot \vec{b} = \vec{p} \cdot \vec{b}$.

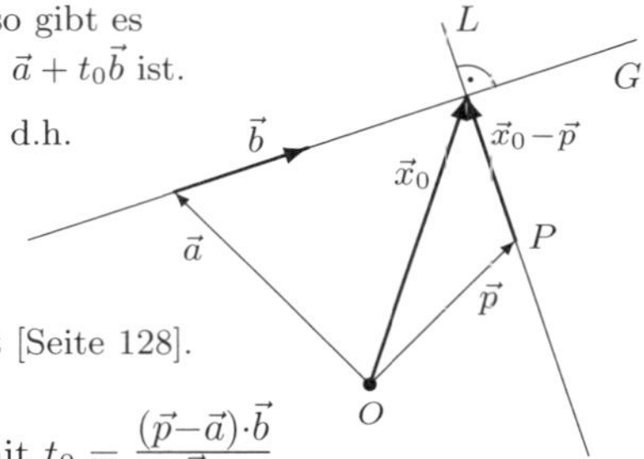

Multipliziert man $\vec{x}_0 = \vec{a} + t_0\vec{b}$ mit $\vec{b}$ und setzt man $\vec{x}_0 \cdot \vec{b} = \vec{p} \cdot \vec{b}$, so erhält man $\vec{x}_0 \cdot \vec{b} = \vec{p} \cdot \vec{b} = \vec{a} \cdot \vec{b} + t_0\vec{b}^2$, wobei $\vec{b}^2 = |\vec{b}|^2$ ist [Seite 128]. Auflösen nach t_0 ergibt:

Fußpunkt: $\vec{x}_0 = \vec{a} + t_0 \cdot \vec{b}$ mit $t_0 = \dfrac{(\vec{p}-\vec{a})\cdot\vec{b}}{\vec{b}^2}$

Spiegelpunkt: $\vec{p}\,' = 2\vec{x}_0 - \vec{p}$, siehe auch Seite 153.

Lot: $\vec{x}_0 - \vec{p}$

Lotgerade: $L:\ \vec{x} = \vec{p} + s \cdot (\vec{x}_0 - \vec{p})$

Abstand P zu G: $d = |\vec{x}_0 - \vec{p}|$

$d = \dfrac{|\vec{b}\times(\vec{p}-\vec{a})|}{|\vec{b}|}$ (Abstand Punkt – Gerade, Seite 140)

5.33 *Man berechne den Fußpunkt des Lotes, das Lot, den Abstand sowie die Lotgerade für* $P = (2, 5, -1)$ *und* $G:\ \vec{x} = (2, 0, 1) + t(2, -1, 2)$.

$t_0 = \dfrac{(0,5,-2)\cdot(2,-1,2)}{(2,-1,2)^2} = \dfrac{(0,5,-2)\cdot(2,-1,2)}{|(2,-1,2)|^2} = \dfrac{-9}{9} = -1$. Also erhält man:

Fußpunkt: $\vec{x}_0 = (2, 0, 1) - 1(2, -1, 2) = \underline{(0, 1, -1)}$.

Lot: $\vec{x}_0 - \vec{p} = (0, 1, -1) - (2, 5, -1) = \underline{(-2, -4, 0)}$.

Abstand P zu G: $d = |\vec{x}_0 - \vec{p}| = |(-2, -4, 0)| = \underline{2\sqrt{5}}$.

Lotgerade: $L:\ \vec{x} = (2, 5, -1) + s(-2, -4, 0)$ oder natürlich
$L:\ \underline{\vec{x} = (2, 5, -1) + s(1, 2, 0)}$.

5.34 *Man berechne den Winkel* φ *zwischen dem Vektor* $\vec{c}$ *und der von den Vektoren* $\vec{a}$ *und* $\vec{b}$ *aufgespannten Ebene* E, *wenn die Winkel* $\alpha := \sphericalangle(\vec{a}, \vec{c})$, $\beta := \sphericalangle(\vec{b}, \vec{c})$ *und* $\gamma := \sphericalangle(\vec{a}, \vec{b})$ *gegeben sind.*

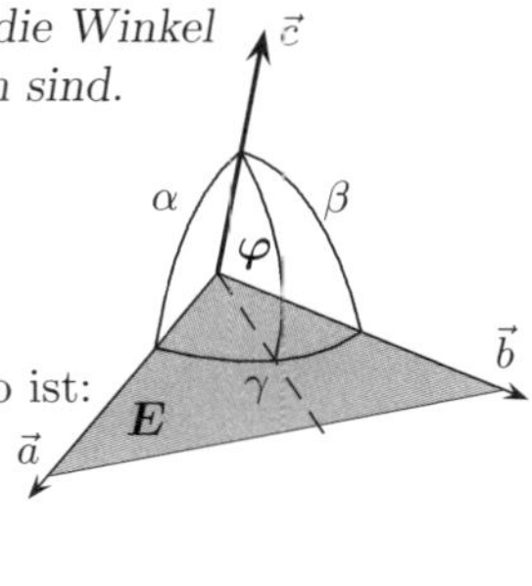

$\vec{a}, \vec{b}, \vec{c}$ seien Einheitsvektoren. Also gilt:

$|\vec{a}| = |\vec{b}| = |\vec{c}| = 1$, $\vec{a}^2 = \vec{b}^2 = \vec{c}^2 = 1$ und

$\vec{a}\vec{c} = \cos\alpha$, $\vec{b}\vec{c} = \cos\beta$, $\vec{a}\vec{b} = \cos\gamma$.

Stellt man $\vec{c}$ als Linearkombination von $\vec{a}, \vec{b}, \vec{a} \times \vec{b}$ dar, so ist:

$$\vec{c} = r\vec{a} + s\vec{b} + t(\vec{a} \times \vec{b}).$$

Multiplikation mit $\vec{a}$ bzw. $\vec{b}$ ergibt das LGS:

$$\begin{array}{l}\cos\alpha = r + s\cos\gamma\\ \cos\beta = r\cos\gamma + s\end{array} \Longrightarrow r = \frac{\cos\alpha - \cos\beta\cos\gamma}{\sin^2\gamma}\,,\; s = \frac{\cos\beta - \cos\alpha\cos\gamma}{\sin^2\gamma}.$$

$r\vec{a} + s\vec{b}$ und $t(\vec{a}\times\vec{b})$ stehen senkrecht aufeinander und es ist $|\vec{c}| = 1$, also:

$\cos\varphi = |r\vec{a} + s\vec{b}| = \sqrt{(r\vec{a} + s\vec{b})^2} = \sqrt{r^2 + 2rs\cos\gamma + s^2} = \ldots$ ergibt:

$$\cos\varphi = \frac{1}{\sin\gamma}\sqrt{\cos^2\alpha + \cos^2\beta - 2\cos\alpha\cos\beta\cos\gamma}\,.$$

Abstand zweier paralleler Geraden

Man erhält ihn, indem man den Abstand d eines beliebigen Punktes der einen Geraden zur anderen Geraden bestimmt.

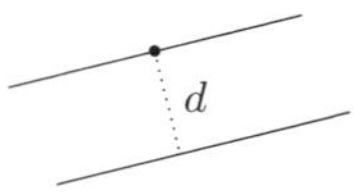

5.35 *Man bestimme den Abstand der Geraden $G_1 : \vec{x} = (0,1,-2) + r(1,1,-3)$ und $G_2 : \vec{x} = (0,1,2) + s(-1,-1,3)$.*

$$d = d(G_1, G_2) = \frac{|(1,1,-3)\times(0,0,4)|}{|(1,1,-3)|} = \frac{|(4,-4,0)|}{\sqrt{11}} = 4\sqrt{\frac{2}{11}} \approx \underline{\underline{1.706}}.$$

Abstand nicht paralleler Geraden

$G_1 : \; = \vec{a}_1 + t\cdot\vec{b}_1$

$G_2 : \; = \vec{a}_2 + t\cdot\vec{b}_2$

Der Abstand ist die Höhe des Spats, der von den Vektoren $\vec{a}_2 - \vec{a}_1$, $\vec{b}_1$, $\vec{b}_2$ aufgespannt wird.

$$\begin{aligned}\text{Abstand} &= d(G_1, G_2)\\ &= \frac{|<\vec{a}_2 - \vec{a}_1\,, \vec{b}_1\,, \vec{b}_2>|}{|\vec{b}_1\times\vec{b}_2|}\\ &= \text{Höhe des Spats}\\ &= \frac{\text{Volumen des Spats}}{\text{Grundfläche des Spats}}\end{aligned}$$

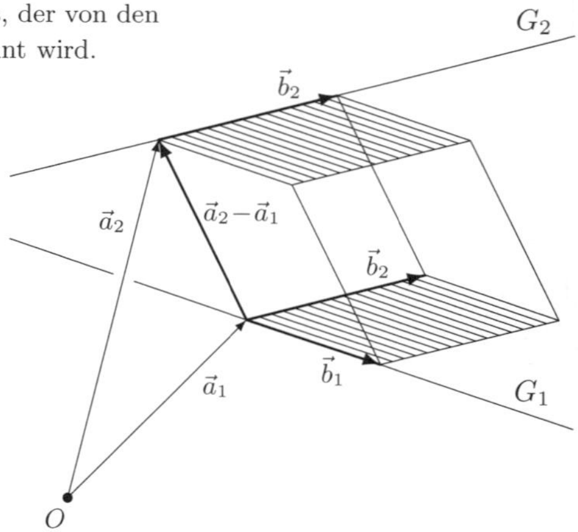

Schneiden sich G_1 und G_2, so liegen $\vec{a}_2 - \vec{a}_1$, $\vec{b}_1$, $\vec{b}_2$ in einer Ebene, ihr Spatprodukt und somit der Abstand von G_1 und G_2 ist 0.

Schneiden sich die nicht parallelen Geraden nicht, so heißen sie **windschief**.

$$G_1, G_2 \;\; \textbf{windschief} \;\; \Longleftrightarrow \;\; < \vec{a}_2 - \vec{a}_1\,, \vec{b}_1\,, \vec{b}_2 > \neq 0.$$

Windschiefe Geraden

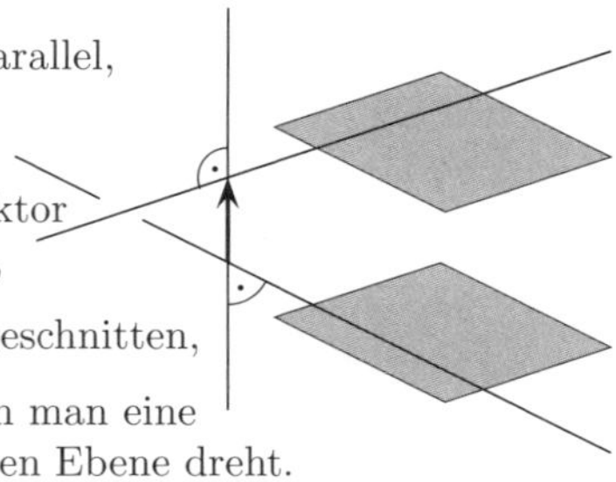

- haben keinen Schnittpunkt und sind nicht parallel,
- liegen in verschiedenen parallelen Ebenen,
- haben genau einen kürzesten Verbindungsvektor (dieser steht auf beiden Geraden senkrecht!),
- werden von genau einer Geraden senkrecht geschnitten,
- *entstehen* aus zwei parallelen Geraden, indem man eine in der zu einer Verbindungsstrecke senkrechten Ebene dreht.

5.36 *Gegeben sind die beiden Geraden* $\begin{array}{l} G_1: \ \vec{x} = (3,-2,3) + r(1,2,-1) \\ G_2: \ \vec{x} = (-1,2,-3) + s(1,0,3) \end{array}$

(a) *Man zeige: G_1 und G_2 sind windschief.*

(b) *Man berechne ihren Abstand $d(G_1, G_2)$.*

(c) *Man gebe die beiden parallelen Ebenen E_1 bzw. E_2 an, in denen G_1 bzw. G_2 liegen.*

(d) *Man berechne die Gerade L, die G_1 und G_2 senkrecht schneidet, sowie die beiden Punkte P_1 auf G_1 und P_2 auf G_2 mit kürzestem Abstand.*

(a) G_1, G_2 sind windschief, da $< \vec{a}_2 - \vec{a}_1 \, , \, \vec{b}_1 \, , \, \vec{b}_2 > = \begin{vmatrix} -4 & 1 & 1 \\ 4 & 2 & 0 \\ -6 & -1 & 3 \end{vmatrix} = -28 \neq 0.$

Oder: G_1 und G_2 sind nicht parallel, da $(1,2,-1)$ und $(1,0,3)$ linear unabhängig sind. Sie haben keinen Schnittpunkt, da das entstehende LGS ... keine Lösung hat.

(b) $$d = \frac{| < \vec{a}_2 - \vec{a}_1 \, , \, \vec{b}_1 \, , \, \vec{b}_2 > |}{|\vec{b}_1 \times \vec{b}_2|} = \frac{\left| \begin{vmatrix} -4 & 1 & 1 \\ 4 & 2 & 0 \\ -6 & -1 & 3 \end{vmatrix} \right|}{\left| \begin{pmatrix} 1 \\ 2 \\ -1 \end{pmatrix} \times \begin{pmatrix} 1 \\ 0 \\ 3 \end{pmatrix} \right|} = \frac{|-28|}{\left| \begin{pmatrix} 6 \\ -4 \\ -2 \end{pmatrix} \right|} = \frac{28}{2\sqrt{14}} = \underline{\underline{\sqrt{14}}}.$$

(c) G_1 liegt in $E_1: \ \vec{x} = (3,-2,3) + r(1,2,-1) + s(1,0,3)$.
G_2 liegt in $E_2: \ \vec{x} = (-1,2,-3) + r(1,2,-1) + s(1,0,3)$. Es gilt $E_1 \| E_2$.

(d) L lässt sich leicht aus P_1 und P_2 berechnen, oder auch aus P_1 und $\vec{b}_1 \times \vec{b}_2$, da $\vec{b}_1 \times \vec{b}_2$ ja ein Richtungsvektor von L ist.

Man betrachtet den geschlossenen Streckenzug:

$\vec{a}_1 + r_0 \vec{b}_1 + t_0 (\vec{b}_1 \times \vec{b}_2) - s_0 \vec{b}_2 - \vec{a}_2 = \vec{0}.$

Aus dieser einen Vektorgleichung lassen sich die drei Unbekannten r_0, s_0, t_0 berechnen:

Das LGS $r_0\vec{b}_1 - s_0\vec{b}_2 + t_0(\vec{b}_1 \times \vec{b}_2) = -\vec{a}_1 + \vec{a}_2$ ist eindeutig lösbar:

$$\begin{pmatrix} 1 & -1 & 6 \\ 2 & 0 & -4 \\ -1 & -3 & -2 \end{pmatrix} \cdot \begin{pmatrix} r_0 \\ s_0 \\ t_0 \end{pmatrix} = \begin{pmatrix} -4 \\ 4 \\ -6 \end{pmatrix} \Longrightarrow \begin{array}{l} r_0 = 1 \\ s_0 = 2 \\ t_0 = -\frac{1}{2} \end{array}$$

Man erhält also: $P_1 = \vec{a}_1 + r_0\vec{b}_1 = (3,-2,3) + 1(1,2,-1) = (4,0,2)$.
$P_2 = \vec{a}_2 + s_0\vec{b}_2 = (-1,2,-3) + 2(1,0,3) = (1,2,3)$.

Also: $L: \ \vec{x} = \vec{p}_1 + r(\vec{p}_2 - \vec{p}_1) = (4,0,2) + r(-3,2,1)$,
oder auch $L: \ \vec{x} = \vec{p}_1 + s(\vec{b}_1 \times \vec{b}_2) = (4,0,2) + s(6,-4,-2)$.

5.37 *Es seien G_1 und G_2 windschiefe Geraden.*

Durch welche Punkte P des Raumes gibt es genau eine, keine bzw. unendlich viele Geraden, die sowohl G_1 als auch G_2 schneiden?

Es seien E_1 und E_2 die zwei verschiedenen parallelen Ebenen, in denen G_1 bzw. G_2 liegen, (siehe windschiefe Geraden Seite 143).

1. Fall: $P \notin E_1 \cup E_2$: Behauptung: Es gibt genau eine Gerade, die sowohl ...

Es seien: F_1 : die Ebene, die P und G_1 enthält.
F_2 : die Ebene, die P und G_2 enthält.

Jede gesuchte Gerade liegt sowohl in F_1 als auch in F_2, also in $F_1 \cap F_2$.

Bleibt zu zeigen:

(a) F_1 und F_2 schneiden sich in einer Geraden G mit $P \in G$.

(b) Diese Schnittgerade G schneidet G_1 und G_2.

(a) $F_1 \neq F_2$, sonst lägen G_1 und G_2 in einer Ebene, wären also nicht windschief.

Verschiedene Ebenen F_1, F_2 mit gemeinsamem Punkt P schneiden sich in einer Geraden $G := F_1 \cap F_2$ (Schnittgerade) und es ist $P \in G$.

Als gesuchte Gerade kommt also nur G in Frage. Dass G tatsächlich G_1 und G_2 schneidet, sieht man so:

(b) Die Geraden G und G_1 liegen in der Ebene F_1 und sind nicht parallel – sonst lägen in F_2 die Gerade G_2 und die zu G_1 parallele Gerade G, es wäre also $F_2 = E_2$, im Widerspruch zu $P \in F_2$ und $P \notin E_2$.
Also schneiden sich G und G_1 in genau einem Punkt P_1.

Ebenso schneiden sich die Geraden G und G_2 in genau einem Punkt P_2.

Also ist G die (einzige) Gerade durch P, die die windschiefen Geraden G_1 und G_2 schneidet.

Fall: $P \in E_1 \cup E_2$ und $P \notin G_1 \cup G_2$:

Jede Gerade durch P, die G_1 schneidet, liegt in E_1.
Es gibt also keine Gerade durch P, die G_1 und G_2 schneidet.

Fall: $P \in G_1 \cup G_2$:

Es gibt unendlich viele Geraden durch P, die G_1 und G_2 schneiden.

5.8 Ebenen im Raum

Sind $\vec{b}$ und $\vec{c}$ linear unabhängig und durchlaufen die Parameter r und s die reellen Zahlen, so liegen die Endpunkte der Vektoren $r \cdot \vec{b} + s \cdot \vec{c}$ auf der von $\vec{b}$ und $\vec{c}$ aufgespannten Ebene.

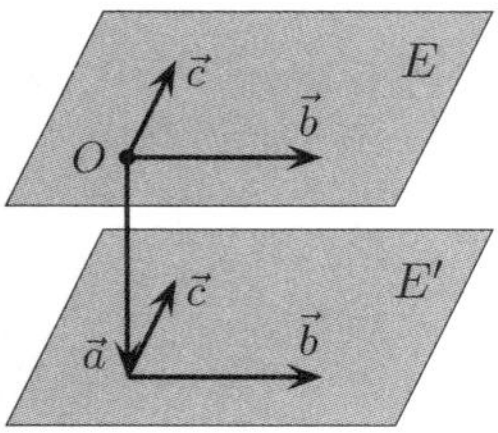

$E: \ \vec{x} = r \cdot \vec{b} + s \cdot \vec{c}$ — ist eine Gleichung der von $\vec{b}$ und $\vec{c}$ aufgespannten Ebene durch den Nullpunkt.

$E': \ \vec{x} = \vec{a} + r \cdot \vec{b} + s \cdot \vec{c}$ — ist eine Gleichung der zur obigen Ebene parallelen Ebene, die durch den Endpunkt von $\vec{a}$ verläuft.

Parameterdarstellung der Ebene

durch den Endpunkt von $\vec{a}$, aufgespannt von den beiden linear unabhängigen Vektoren $\vec{b}$ und $\vec{c}$:

$$E: \ \vec{x} = \vec{a} + r \cdot \vec{b} + s \cdot \vec{c} \quad \text{mit } r, s \in \mathbb{R}.$$

5.38 (a) *Man gebe eine Parametredarstellung der Ebene, die den Punkt $P = (3, -3, 4)$ und die Gerade $G: \ \vec{x} = (2, -1, 1) + r(0, 1, 2)$ enthält.*

(b) *Liegt der Punkt $(0, 1, 1)$ auf der Ebene $E: \ \vec{x} = (2, -1, 1) + r \cdot (1, 1, 1) + s \cdot (0, 1, 2)$?*

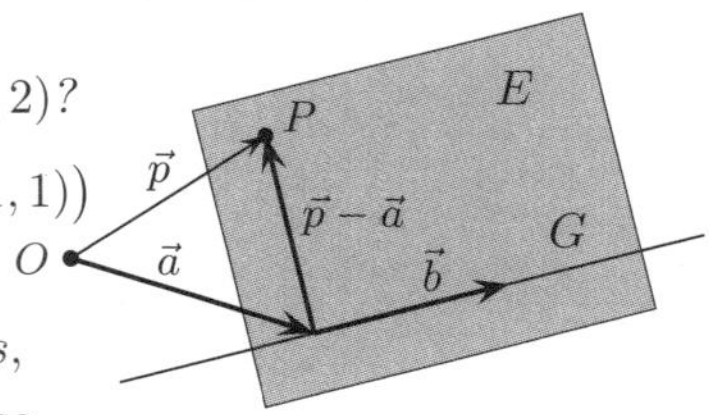

(a) $E: \ \vec{x} = (2, -1, 1) + r(0, 1, 2) + s\big((3, -3, 4) - (2, -1, 1)\big)$
$\vec{x} = (2, -1, 1) + r(0, 1, 2) + s(1, -2, 3)$

(b) Wenn der Punkt auf der Ebene liegt, gibt es r und s, so dass $(0, 1, 1) = (2, -1, 1) + r(1, 1, 1) + s(0, 1, 2)$ also $(-2, 2, 0) = r(1, 1, 1) + s(0, 1, 2)$ ist. Koordinatenvergleich liefert das LGS:

$$\begin{aligned} r \quad &= -2 \\ r + s &= \ \ 2 \\ r + 2s &= \ \ 0 \end{aligned}$$

Dieses LGS ist offensichtlich unlösbar.
Der Punkt $(0, 1, 1)$ liegt nicht auf der Ebene E.

Drei Punkte, die nicht auf einer Geraden liegen, bestimmen eine Ebene:

Parameterdarstellung der Ebene

durch **drei Punkte** P_1, P_2, P_3, die nicht auf einer Geraden liegen:

$$E: \quad \vec{x} = \vec{p}_1 + r \cdot (\vec{p}_2 - \vec{p}_1) + s \cdot (\vec{p}_3 - \vec{p}_1) \quad \text{mit } r, s \in \mathbb{R}.$$

5.39 *Man bestimme eine Parameterdarstellung der Ebene durch die Punkte* $P_1 = (2, 1, -3)$, $P_2 = (-1, 3, -4)$, $P_3 = (1, 2, 3)$.

$P_2 - P_1 = (-1, 3, -4) - (2, 1, -3) = (-3, 2, -1)$ ebenso: $P_3 - P_1 = (-1, 1, 6)$.

Also: $E: \ \vec{x} = (2, 1-, 3) + r(-3, 2, -1) + s(-1, 1, 6)$.

Durch Vertauschen von P_1, P_2, P_3 erhält man andere Darstellungen, die jedoch die gleiche Ebene beschreiben.

Ein Vektor heißt senkrecht (*orthogonal, normal*) zu einer Ebene, wenn er senkrecht auf allen Vektoren steht, die in der Ebene liegen, wenn er also insbesondere senkrecht auf den Richtungsvektoren $\vec{b}$ und $\vec{c}$ der Ebene steht.

Ein zu einer Ebene senkrechter Vektor heißt **Normalenvektor** der Ebene.

Aus einer Parameterdarstellung der Ebene

$$E: \quad \vec{x} = \vec{a} + r\vec{b} + s\vec{c}, \text{ mit } r, s \in \mathbb{R}$$

erhält man sofort einen Normalenvektor, nämlich $\vec{b} \times \vec{c}$. Jeder andere Normalenvektor ist ein Vielfaches davon, hat also die Form $t(\vec{b} \times \vec{c}),\ t \neq 0$.

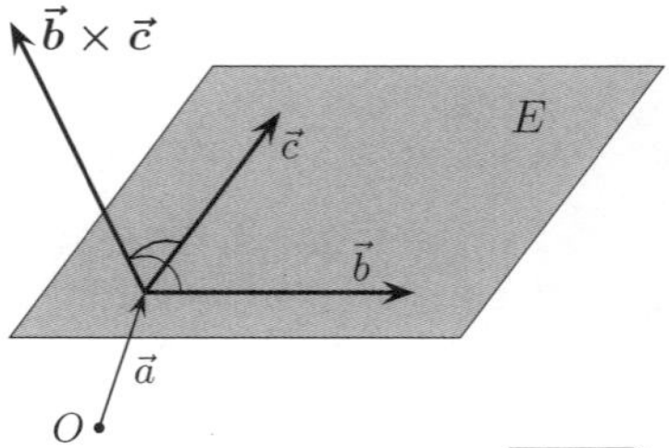

5.40 *Man bestimme die beiden Normaleneinheitsvektoren der Ebene* $E: \ \vec{x} = (3, 2, 1) + r(1, 1, 1) + s(2, 0, 1)$.

$$\vec{b} \times \vec{c} = \begin{pmatrix} 1 \\ 1 \\ 1 \end{pmatrix} \times \begin{pmatrix} 2 \\ 0 \\ 1 \end{pmatrix} = \begin{pmatrix} 1 \\ 1 \\ -2 \end{pmatrix}$$ ist Normalenvektor der Länge $\sqrt{6}$.

Also sind $\vec{n}_{1,2} = \pm \frac{1}{\sqrt{6}}(1, 1, -2)$ die gesuchten Normaleneinheitsvektoren.

5.41 *Ist* $\vec{a} = (1, 2, 1)$ *normal zu* $E: \ \vec{x} = (1, 3, 1) + r(1, 2, -1) + s(1, 1, 1)$?

Nein, denn $\vec{a}$ ist kein Vielfaches von $\vec{n} = (1, 2, -1) \times (1, 1, 1) = (3, -2, -1)$.
Einfacher geht es so: $\vec{a}$ müsste senkrecht zu den Richtungsvektoren sein.
Das ist wegen $\vec{a} \cdot (1, 2, -1) = 4 \neq 0$ nicht der Fall!

Die Lösungsmenge der Gleichung $ax + by + cz = d$ ist eine zweiparametrige Lösungsschar, also eine Ebene, falls nicht $a = b = c = 0$ ist, siehe auch [12.10].

Mit dem Skalarprodukt kann man es so sagen:

Die Gleichung $ax + by + cz = d$ lösen heißt:

- Alle Vektoren $\vec{x} = (x, y, z)$ zu bestimmen, deren *Skalarprodukt* mit dem festen Vektor (a, b, c) gleich der Zahl d ist.
- Alle Vektoren zu berechnen, die – auf die Richtung von (a, b, c) projiziert – den gleichen Vektor $\vec{x}_0$ ergeben.

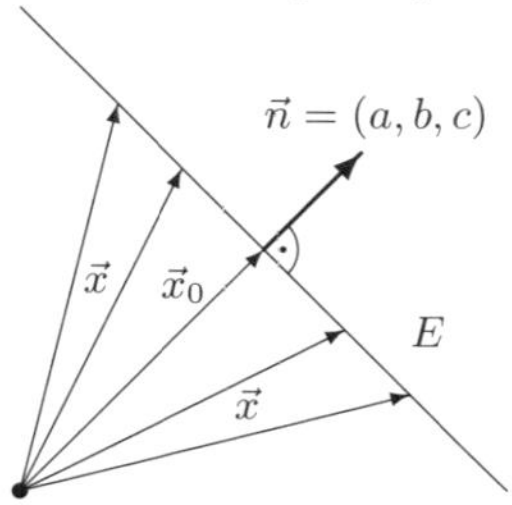

Koordinatendarstellung der Ebene

$$E: \begin{array}{ll} ax + by + cz & = d \\ \vec{n} \cdot \vec{x} & = d \end{array} \quad \text{mit} \quad \begin{array}{l} \vec{n} = (a, b, c) \neq (0, 0, 0) \\ \vec{n} = (a, b, c) \text{ ist } \textbf{Normalenvektor} \text{ von } E. \end{array}$$

Zwei Ebenen E_1, E_2 sind genau dann **parallel**, wenn ihre Normalenvektoren $\vec{n}_1, \vec{n}_2$ linear abhängig sind.

$$E_1 \parallel E_2 \iff \exists \lambda \neq 0 \text{ mit } \vec{n}_1 = \lambda \vec{n}_2.$$

5.42 *Liegt der Punkt* $(5, -3, 4)$ *auf der Ebene* $E: \; 3x + 6y + z = 3$ *?*

Nein, denn $3 \cdot 5 + 6 \cdot (-3) + 4 = 1 \neq 3$.

5.43 (a) *Man bestimme eine Gleichung der Ebene E durch den Punkt $(3, 2, 1)$, die senkrecht ist zu $(2, -3, 4)$.*

(b) *Man bestimme eine Gleichung der Ebene E durch die Punkte $(1, 5, 1)$ und $(4, 3, -1)$, die parallel zur y–Achse verläuft.*

(a) $\vec{n} = (2, -3, 4)$ ist ein Normalenvektor der gesuchten Ebene E. Damit kennt man die *linke Seite* der Ebenengleichung $E: \; 2x - 3y + 4z$.

Die *rechte Seite* bestimmt man so, dass $\vec{x}_0 = (3, 2, 1)$ die Gleichung erfüllt, d.h. aus $d = \vec{n} \cdot \vec{x}_0 = 2 \cdot 3 - 3 \cdot 2 + 4 \cdot 1 = 4$ erhält man: $E: \begin{array}{ll} \vec{n} \cdot \vec{x} & = \vec{n} \cdot \vec{x}_0 \\ 2x - 3y + 4z & = 4. \end{array}$

(b) Eine zur y–Achse parallele Ebene hat die Koordinatendarstellung $ax + cz = d$.

Einsetzen der Punkte ergibt:

$1a + 1c = d, \; 4a - 1c = d$. Es folgt $a = \frac{2}{5}d, \; c = \frac{3}{5}d$.

Eine Ebenendarstellung ist $\underline{E: \; 2x + 3y = 5}$.

Da man grundsätzlich zwei Möglichkeiten hat, eine Ebene darzustellen, interessiert es, diese beiden Darstellungen ineinander zu überführen:

Umformung
von Ebenendarstellungen

Parameterdarstellung in Koordinatendarstellung

Parameterdarstellung		Koordinatendarstellung
$\vec{x} = \vec{a} + r \cdot \vec{b} + s \cdot \vec{c}$	$\longrightarrow$ Multiplikation mit $\vec{n} = \vec{b} \times \vec{c} = (a, b, c)$	$\vec{n} \cdot \vec{x} = \vec{n} \cdot \vec{a} =$ $ax + by + cz = d$

Man multipliziert die Parameterdarstellung mit einem Vektor $\vec{n}$, der auf den Richtungsvektoren $\vec{b}$ und $\vec{c}$ senkrecht steht (**Normalenvektor**), z.B. mit $\vec{n} = \vec{b} \times \vec{c}$.

Koordinatendarstellung in Parameterdarstellung

Koordinatendarstellung		Parameterdarstellung
$ax + by + cz = d$	$\longrightarrow$ Lösen des LGS, 1 Gleichung, 3 Unbekannte	$\vec{x} = \vec{a} + r \cdot \vec{b} + s \cdot \vec{c}$

Man löst das LGS $ax + by + cz = d$.
Z.B., indem man, falls $a \neq 0$ ist, $y = r$ und $z = s$ setzt und nach x auflöst.

Das Ergebnis schreibt man vektoriell: $\vec{x} = \begin{pmatrix} x \\ y \\ z \end{pmatrix} = \begin{pmatrix} d/a \\ 0 \\ 0 \end{pmatrix} + r \begin{pmatrix} -b/a \\ 1 \\ 0 \end{pmatrix} + s \begin{pmatrix} -c/a \\ 0 \\ 1 \end{pmatrix}$

und erhält die Ebene in Parameterform, siehe z.B. [5.45].

5.44 *Man bestimme eine Koordinatendarstellung der Ebene* $E : \vec{x} = (2, 5, -1) + r(4, 0, -3) + s(-1, 1, 1)$.

$$\vec{n} = \vec{b} \times \vec{c} = \begin{pmatrix} 4 \\ 0 \\ -3 \end{pmatrix} \times \begin{pmatrix} -1 \\ 1 \\ 1 \end{pmatrix} = \begin{pmatrix} 3 \\ -1 \\ 4 \end{pmatrix} \qquad \text{ist ein Normalenvektor von } E.$$

Multiplikation der Parameterdarstellung mit $\vec{n} = (3, -1, 4)$ ergibt:

$$\vec{n} \cdot \vec{x} = \vec{n} \cdot (2, 5, -1) + r \underbrace{\vec{n} \cdot (4, 0, -3)}_{=0} + s \underbrace{\vec{n} \cdot (-1, 1, 1)}_{=0}$$

$$\vec{n} \cdot \vec{x} = \vec{n} \cdot (2, 5, -1)$$

$E: \quad 3x - y + 4z = -3$ (Koordinatenform).

5.45 *Man bestimme eine Parameterdarstellung von* $E : 2x - 3z = 4$.

Das LGS hat eine zweiparametrige Lösung:
Setzt man $y = r$ und $z = s$, so erhält man: $x = \frac{1}{2}(4 + 3s) = 2 + 1.5s$. Also

$$\begin{aligned} x &= 2 + 0r + 1.5s \\ y &= 0 + 1r + 0s \\ z &= 0 + 0r + 1s \end{aligned}, \text{ vektoriell geschrieben: } E : \vec{x} = \begin{pmatrix} 2 \\ 0 \\ 0 \end{pmatrix} + r \begin{pmatrix} 0 \\ 1 \\ 0 \end{pmatrix} + s \begin{pmatrix} 1.5 \\ 0 \\ 1 \end{pmatrix}.$$

Ist in der Koordinatendarstellung der Ebenengleichung $E : \vec{n} \cdot \vec{x} = d$ der Normalenvektor $\vec{n}$ ein **Einheitsvektor** und ist $d \geq 0$, so spricht man von der **HESSEschen Normalform** (HNF) der Ebenengleichung. (Die Bedingung $d \geq 0$ wird vielfach nicht gestellt, dann gibt es natürlich zwei HESSEsche Normalformen.)

5.46 *Man bestimme die HESSEsche Normalform der Ebene $E : x-y+2z = -5$.*

$\vec{n} = (1, -1, 2)$ ist ein Normalenvektor von E der Länge $\sqrt{6}$. Also sind $\pm\frac{1}{\sqrt{6}}\vec{n}$ die Normaleneinheitsvektoren von E. Division der Ebenengleichung durch $-\sqrt{6}$ liefert die HESSEsche Normalform:

$$E: \quad -\tfrac{1}{\sqrt{6}}x + \tfrac{1}{\sqrt{6}}y - \tfrac{2}{\sqrt{6}}z = \tfrac{5}{\sqrt{6}} \quad \text{(HNF)}.$$

HESSEsche Normalform

Ist $E : \vec{n}\vec{x} = d$ Ebenengleichung in HNF, also ($|\vec{n}| = 1,\ d \geq 0$), so gilt:

1) d ist der **Abstand** der Ebene zum Nullpunkt.

2) $\vec{n}$ ist **Normalenvektor** von E und zeigt vom Ursprung zu E hin.

Umformung

Koordinatendarstellung in HESSEsche Normalform:

Man dividiert die Koordinatenform $ax + by + cz = d$ durch den Betrag $\sqrt{a^2 + b^2 + c^2}$ des Normalenvektors $\vec{n} = (a, b, c)$ und macht ggf. die rechte Seite durch Multiplikation der Gleichung mit -1 positiv.

Parameterdarstellung in HESSEsche Normalform:

1. Parameterdarstellung in Koordinatendarstellung umformen.
2. Koordinatendarstellung in HESSEsche Normalform umformen.

5.47 *Es sei $E : \vec{x} = (2, 5, -1) + r(4, 0, -3) + s(-1, 1, 1)$.*
Man bestimme die HESSEsche Normalform von E sowie den Abstand von E zum Nullpunkt.

$E : 3x - y + 4z = -3$ ist eine Koordinatenform von E.
Hierbei ist $\vec{n} = (3, -1, 4)$ und $|\vec{n}| = |(3, -1, 4)| = \sqrt{26}$.

$E : -\dfrac{3}{\sqrt{26}}x + \dfrac{1}{\sqrt{26}}y - \dfrac{4}{\sqrt{26}}z = \dfrac{3}{\sqrt{26}}$ ist die HESSEform von E.

Der Abstand der Ebene zum Nullpunkt beträgt $d = \dfrac{3}{\sqrt{26}}$.

Abstand Punkt – Ebene

Ist $E : \vec{n}\vec{x} = d$ (HNF: $|\vec{n}| = 1, d \geq 0$) und P Endpunkt des Vektors $\vec{p}$, so ist

$A = |\vec{n} \cdot \vec{p} - d|$ der **Abstand** von P zu E.

$$\text{Ist } \begin{Bmatrix} \vec{n}\cdot\vec{p} > d \\ \vec{n}\cdot\vec{p} = d \\ \vec{n}\cdot\vec{p} < d \end{Bmatrix}, \text{ liegt } P \begin{cases} \text{auf der anderen Seite von } E \text{ wie der Nullpunkt,} \\ \text{auf der Ebene } E, \\ \text{auf der gleichen Seite von } E \text{ wie der Nullpunkt.} \end{cases}$$

5.48 *Man berechne den Abstand A von $P = (2, -2, 3)$ zu $E : 2x - y + 2z = 6$.*

$|(2, -1, 2)| = \sqrt{9} = 3 \Longrightarrow \vec{n} = (\frac{2}{3}, -\frac{1}{3}, \frac{2}{3}) \Longrightarrow E : \frac{2}{3}x - \frac{1}{3}y + \frac{2}{3}z = 2$ (HNF).

$\vec{n} \cdot \vec{p} = (\frac{2}{3}, -\frac{1}{3}, \frac{2}{3}) \cdot (2, -2, 3) = 4 \Longrightarrow A = |\vec{n} \cdot \vec{p} - d| = |4 - 2| = \underline{\underline{2}}$.

5.49 *Man berechne den Abstand vom Punkt $P = (0, 2, 2)$ zur Ebene $E : \ \vec{x} = (1, 2, -3) + r(2, 0, -1) + s(-3, 2, 0)$. Auf welcher Seite der Ebene liegt P?*

Umformung der Parameterdarstellung in die HNF:

$$\vec{n} = (2, 0, -1) \times (-3, 2, 0) = (2, 3, 4) \Rightarrow E : (2, 3, 4)(x, y, z) = (2, 3, 4)(1, 2, -3) = -4$$

also $E : 2x + 3y + 4z = -4$ und in HNF, $E : -\frac{2}{\sqrt{29}}x - \frac{3}{\sqrt{29}}y - \frac{4}{\sqrt{29}}z = \frac{4}{\sqrt{29}}$.

$\vec{n} \cdot \vec{p} = -\frac{1}{\sqrt{29}}(2, 3, 4) \cdot (0, 2, 2) = -\frac{14}{\sqrt{29}} < \frac{4}{\sqrt{29}} = d$.

Also ist $A = |\vec{n} \cdot \vec{p} - d| = \frac{1}{\sqrt{29}}|-14 - 4| = \underline{\underline{\frac{18}{\sqrt{29}}}}$ der Abstand von P zu E, und wegen $\vec{n} \cdot \vec{p} < d$ liegt P auf der gleichen Seite von E wie der Nullpunkt.

Schnittpunkt Gerade – Ebene $G : \ \vec{x} = \vec{a} + t\vec{b}$, $E : \ \vec{n} \cdot \vec{x} = d$

Sind G und E nicht parallel, d.h. gilt $\vec{n} \cdot \vec{b} \neq 0$,
dann gilt für den **Durchstoßpunkt** $\vec{x}_0$: $\vec{x}_0 = \vec{a} + t_0\vec{b}$ und $\vec{n} \cdot \vec{x}_0 = d$.
Multiplizieren der ersten Gleichung mit $\vec{n}$ und Auflösen nach t_0 ergibt:

Durchstoßpunkt: $\vec{x}_0 = \vec{a} + t_0\vec{b}$ mit $t_0 = \frac{d - \vec{n}\cdot\vec{a}}{\vec{n}\cdot\vec{b}}$, falls $\vec{n} \cdot \vec{b} \neq 0$, also $G \nparallel E$.

5.50 *Man berechne ggf. den Schnittpunkt von $G : \vec{x} = (-1, 4, -2) + t(1, -1, -2)$ und $E : \vec{x} = (2, 5, -1) + r(4, 0, -3) + s(-1, 1, 1)$.*

Natürlich kann man das LGS

$$\begin{pmatrix} -1 \\ 4 \\ -2 \end{pmatrix} + t \begin{pmatrix} 1 \\ -1 \\ -2 \end{pmatrix} = \begin{pmatrix} 2 \\ 5 \\ -1 \end{pmatrix} + r \begin{pmatrix} 4 \\ 0 \\ -3 \end{pmatrix} + s \begin{pmatrix} -1 \\ 1 \\ 1 \end{pmatrix} \text{ also }$$

r	s	t	
−4	1	1	3
0	−1	−1	1
3	−1	−2	1

lösen.

Einfacher ist es, E in Koordinatenform umzuwandeln und den Schnittpunkt wie oben beschrieben zu berechnen:
$E: 3x - y + 4z = -3$, siehe [5.47], also $t_0 = \frac{-3-(3,-1,4)(-1,4,-2)}{(3,-1,4)(1,-1,-2)} = -3$. Durchstoßpunkt: $\vec{x}_0 = \vec{a} + t_0\vec{b} = (-1,4,-2) - 3(1,-1,-2) = \underline{\underline{(-4,7,4)}}$.

Schnittwinkel zweier sich schneidender Ebenen $\quad E_1: \vec{n}_1 \cdot \vec{x} = d_1$, $\quad E_2: \vec{n}_2 \cdot \vec{x} = d_2$

Der Winkel φ zwischen zwei sich schneidenden Ebenen ist der Winkel zwischen ihren Normalenvektoren[1]:

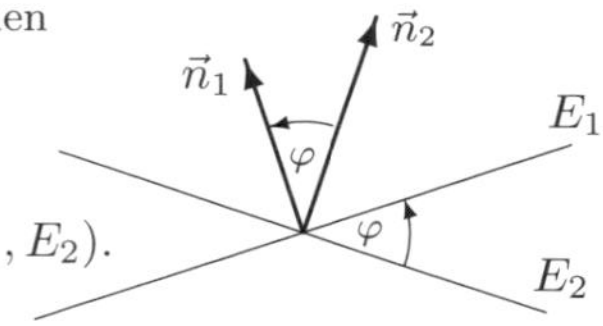

$$\cos\varphi = \frac{\vec{n}_1 \cdot \vec{n}_2}{|\vec{n}_1| \cdot |\vec{n}_2|} \quad \text{mit} \quad \varphi = \sphericalangle(\vec{n}_1\,,\, \pm\vec{n}_2)^1 = \sphericalangle(E_1, E_2).$$

[1] Man wählt die Normalenvektoren so, dass $0 \le \varphi \le \frac{\pi}{2}$ ist.

5.51 *Unter welchem Winkel schneiden sich folgende Ebenen?*
$E_1: \vec{x} = (1,2,3) + r(0,-1,2) + s(1,2,0)$, $\qquad E_2: x + y + 2z = 3$.

Normalenvektoren der Ebenen sind $\vec{n}_1 = (0,-1,2) \times (1,2,0) = (-4,2,1)$,
$\vec{n}_2 = (1,1,2)$.

Für den Winkel φ ergibt sich $\cos\varphi = \frac{(-4,2,1)(1,1,2)}{\sqrt{21}\,\sqrt{6}} = 0 \implies \underline{\underline{\varphi = 90^0}}$.

5.52 *Unter welchem Winkel α schneiden sich zwei Höhen eines regelmäßigen Tetraeders?*

Da der gesuchte Winkel unabhängig von der Kantenlänge ist, betrachtet man ein regelmäßiges Tetraeder der Kantenlänge 1.

Es bieten sich drei unterschiedliche Lösungsansätze an:

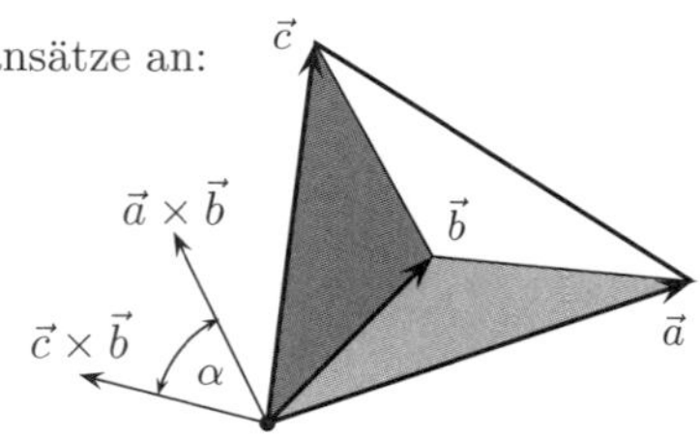

(a) Die Höhen sind Normalen der Seitenflächen, also berechnet man den Winkel zwischen zwei Seiten–Normalen:

$$(\vec{a} \times \vec{b}) \cdot (\vec{c} \times \vec{b}) = |\vec{a} \times \vec{b}| \cdot |\vec{c} \times \vec{b}| \cdot \cos\alpha$$

$$(\vec{a} \times \vec{b}) \cdot (\vec{c} \times \vec{b}) = (\vec{a} \cdot \vec{c})\, \vec{b}^2 - (\vec{a} \cdot \vec{b})\,(\vec{b} \cdot \vec{c}) \qquad \text{, Lagrange–Identität, [5.23])}$$
$$= \frac{1}{2} \cdot 1 - \frac{1}{2} \cdot \frac{1}{2} = \underline{\frac{1}{4}}.$$

$$|\vec{a} \times \vec{b}| \cdot |\vec{c} \times \vec{b}| \cdot \cos\alpha = |\vec{a}| \cdot |\vec{b}| \cdot \sin\frac{\pi}{3} \cdot |\vec{c}| \cdot |\vec{b}| \cdot \sin\frac{\pi}{3} \cdot \cos\alpha$$
$$= \left(\tfrac{1}{2}\sqrt{3}\,\right)^2 \cos\alpha = \underline{\frac{3}{4}\cos\alpha}$$

Also gilt: $\quad \frac{1}{4} = \frac{3}{4}\cos\alpha \implies \cos\alpha = \frac{1}{3} \implies \underline{\underline{\alpha \approx 70.53^0}}$.

(b) Die Höhen schneiden sich im Schwerpunkt des Tetraeders (warum?).
Sind $\vec{a}_1$, $\vec{a}_2$, $\vec{a}_3$, $\vec{a}_4$ vom Schwerpunkt ausgehende *Einheitsvektoren* in Richtung der Tetraederecken, so gilt folglich:

$\vec{a}_1 + \vec{a}_2 + \vec{a}_3 + \vec{a}_4 = \vec{0}$. Multiplikation mit $\vec{a}_1$ liefert:

$\vec{a}_1 \cdot (\vec{a}_1 + \vec{a}_2 + \vec{a}_3 + \vec{a}_4) = \vec{a}_1^2 + \vec{a}_1\vec{a}_2 + \vec{a}_1\vec{a}_3 + \vec{a}_1\vec{a}_4 = 0.$

Nun ist $\vec{a}_1^2 = |\vec{a}_1|^2 = 1$ und aus Symmetriegründen gilt:

$\vec{a}_1\vec{a}_2 = \vec{a}_1\vec{a}_3 = \vec{a}_1\vec{a}_4 = |\vec{a}_1| \cdot |\vec{a}_2| \cdot \cos \sphericalangle(\vec{a}_1, \vec{a}_2) = \cos \sphericalangle(\vec{a}_1, \vec{a}_2),$

also folgt: $1{+}3\cos \sphericalangle(\vec{a}_1, \vec{a}_2) = 0 \Longrightarrow \cos \sphericalangle(\vec{a}_1, \vec{a}_2) = -\frac{1}{3} \Longrightarrow \underline{\sphericalangle(\vec{a}_1, \vec{a}_2) \approx 109.47^0}.$

Offensichtlich ist $\alpha = 180^0 - \sphericalangle(\vec{a}_1, \vec{a}_2) \Longrightarrow \underline{\underline{\alpha \approx 70.53^0}}.$

(c) elementargeometrische Lösung:

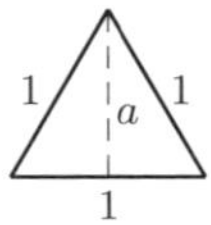

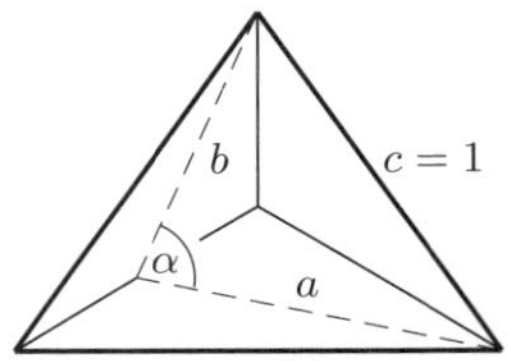

Der Winkel α zwischen zwei Höhen ist der Winkel zwischen zwei Seitenflächen. Die Seitenflächen sind gleichseitige Dreiecke. Für deren Höhen gilt

$$a = b = \sqrt{1 - (\tfrac{1}{2})^2} = \tfrac{1}{2}\sqrt{3}\,.$$

α berechnet man mit dem Cosinussatz (Seite 159): $c^2 = a^2 + b^2 - 2ab\cos\alpha$

$1 = \frac{3}{4} + \frac{3}{4} - 2\frac{1}{2}\sqrt{3}\,\frac{1}{2}\sqrt{3}\,\cos\alpha \Longrightarrow \cos\alpha = \frac{1}{3} \Longrightarrow \underline{\underline{\alpha \approx 70.53^0}}.$

Fußpunkt des Lotes
Lotgerade **von Punkt – Ebene**
Abstand

$P\ ,\ \overline{OP} = \vec{p}$

$E:\ \vec{n} \cdot \vec{x} = d$

Der Fußpunkt des Lotes $\vec{x}_0$ von P auf E ist durch zwei Angaben bestimmt:

(1) Der Endpunkt von $\vec{x}_0$ liegt in der Ebene E, also ist $\vec{n} \cdot \vec{x}_0 = d$.

(2) Der Endpunkt von $\vec{x}_0$ liegt auf der Lotgeraden $L : \vec{x} = \vec{p} + t\vec{n}$, also gibt es einen Parameterwert t_0, so dass $\vec{x}_0 = \vec{p} + t_0\vec{n}$ ist.

Multipliziert man $\vec{x}_0 = \vec{p} + t_0\vec{n}$ mit $\vec{n}$, erhält man $\vec{n} \cdot \vec{x}_0 = d = \vec{n} \cdot \vec{p} + t_0\vec{n}^2$.
Auflösen nach t_0 ergibt:

Fußpunkt:	$\vec{x}_0 = \vec{p} + t_0 \cdot \vec{n}$ mit $t_0 = \dfrac{d - \vec{n}\cdot\vec{p}}{\vec{n}^2}$
Lot:	$\vec{x}_0 - \vec{p}$
Lotgerade:	$L:\ \vec{x} = \vec{p} + t \cdot \vec{n}$
Abstand P zu E:	$d = \lvert\vec{x}_0 - \vec{p}\rvert$

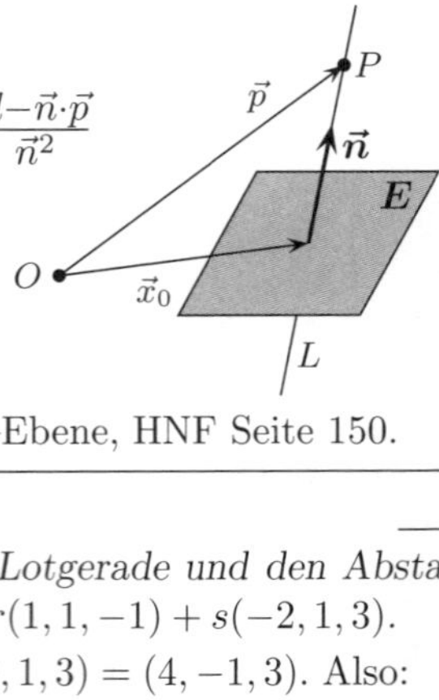

siehe auch: Abstand Punkt–Ebene, HNF Seite 150.

5.53 *Man berechne den Fußpunkt des Lotes, die Lotgerade und den Abstand von $P = (9, -2, 5)$ bzgl. $E : \vec{x} = (1, 0, -1) + r(1, 1, -1) + s(-2, 1, 3)$.*

Ein Normalenvektor von E ist $\vec{n} = (1, 1, -1) \times (-2, 1, 3) = (4, -1, 3)$. Also:

Koordinatenform: $E: 4x - y + 3z = 1.$

Lotgerade: $L: \vec{x} = (9, -2, 5) + t(4, -1, 3).$

Fußpunkt $\vec{x}_0$ des Lotes: $t_0 = \dfrac{1-(9,-2,5)(4,-1,3)}{(4,-1,3)^2} = -\frac{52}{26} = -2$

$\Longrightarrow \vec{x}_0 = (9, -2, 5) - 2(4, -1, 3) = \underline{\underline{(1, 0, -1)}}.$

Lot: $\vec{x}_0 - \vec{p} = (1, 0, -1) - (9, -2, 5) = \underline{\underline{(-8, 2, -6)}}.$

Abstand P zu E: $d = |(-8, 2, -6)| = \underline{\underline{2\sqrt{26}}}.$

Spiegelung: Punkt P an **Gerade** $G: \vec{x} = \vec{a} + t\vec{b}$ / **Ebene** $E: \vec{n} \cdot \vec{x} = d$

Für den Spiegelpunkt P' gilt:

$$\boxed{\vec{p}\,' = 2\vec{x}_0 - \vec{p}}$$

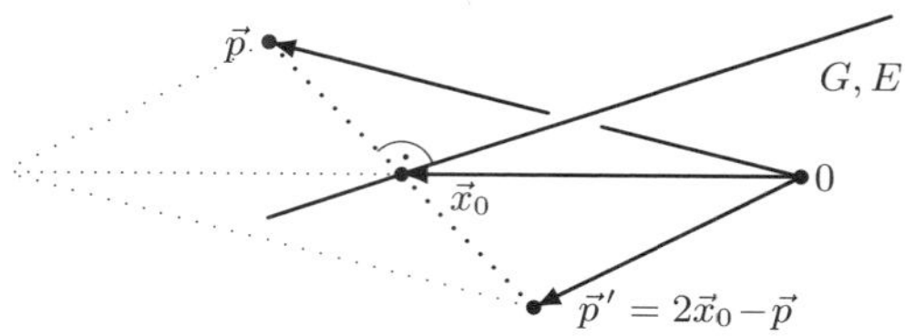

Dabei ist $\vec{x}_0$ der Fußpunkt des Lotes von P auf G bzw. E:

G Gerade (Seite 141): $\vec{x}_0 = \vec{a} + t_0\vec{b}$ mit $t_0 = \dfrac{(\vec{p}-\vec{a})\cdot\vec{b}}{\vec{b}^2}.$

E Ebene (Seite 152): $\vec{x}_0 = \vec{p} + t_0\vec{n}$ mit $t_0 = \dfrac{d-\vec{n}\cdot\vec{p}}{\vec{n}^2}.$

.54 *Man spiegele* (a) $P = \begin{pmatrix} 0 \\ 2 \\ -6 \end{pmatrix}$ an $G: \vec{x} = \begin{pmatrix} 1 \\ -2 \\ 1 \end{pmatrix} + t\begin{pmatrix} 1 \\ 2 \\ -3 \end{pmatrix}.$

(b) $P = \begin{pmatrix} 10 \\ -1 \\ 3 \end{pmatrix}$ an $E: \vec{x} = \begin{pmatrix} 2 \\ -2 \\ 3 \end{pmatrix} + r\begin{pmatrix} 1 \\ 3 \\ -1 \end{pmatrix} + s\begin{pmatrix} 0 \\ 1 \\ 2 \end{pmatrix}.$

(a) Fußpunkt des Lotes von P auf G ist $\vec{x}_0 = (3, 2, -5).$
$\Longrightarrow \vec{p}\,' = 2\vec{x}_0 - \vec{p} = 2(3, 2, -5) - (0, 2, -6) = \underline{(6, 2, -4)}.$

(b) $\vec{n}_E = \begin{pmatrix} 1 \\ 3 \\ -1 \end{pmatrix} \times \begin{pmatrix} 0 \\ 1 \\ 2 \end{pmatrix} = \begin{pmatrix} 7 \\ -2 \\ 1 \end{pmatrix} \Longrightarrow E: 7x - 2y + 1 = 21, \; t_0 = \frac{21-75}{54} = -1.$

$\vec{x}_0 = \vec{p} + t_0\vec{n} = \begin{pmatrix} 10 \\ -1 \\ 3 \end{pmatrix} - \begin{pmatrix} 7 \\ -2 \\ 1 \end{pmatrix} = \begin{pmatrix} 3 \\ 1 \\ 2 \end{pmatrix} \Longrightarrow \vec{p}\,' = 2\begin{pmatrix} 3 \\ 1 \\ 2 \end{pmatrix} - \begin{pmatrix} 10 \\ -1 \\ 3 \end{pmatrix} = \underline{\begin{pmatrix} -4 \\ 3 \\ 1 \end{pmatrix}}.$

Spiegelung der Geraden G an der Ebene E

Man spiegelt G an E, indem man zwei Punkte von G an E spiegelt und die Gerade G' durch diese beiden Spiegelpunkte bestimmt.

5.55 *Man spiegele die Gerade $G : \vec{x} = (-1,4,-2) + t(1,-1,-2)$ an der Ebene $E : \vec{x} = (2,5,-1) + r(4,0,-3) + s(-1,1,1)$.*

G und E schneiden sich im Durchstoßpunkt $\vec{d} = (-4,7,4)$, siehe [5.50].

Dieser Punkt ist ein Fixpunkt, d.h. er geht beim Spiegeln in sich über.
Nun braucht man nur noch einen anderen Punkt von G an E zu spiegeln:

Spiegelung von $P = (-1,4,-2)$ an $E:\ 3x - y + 4z = -3$:

$t_0 = \cdots = \frac{-3+15}{26} = \frac{6}{13} \implies \vec{x}_0 = (-1,4,-2) + \frac{6}{13}(3,-1,4) = \frac{1}{13}(5,46,-2)$
$\implies \vec{p}\,' = \frac{2}{13}(5,46,-2) - (-1,4,-2) = \underline{\frac{1}{13}(23,40,22)}.$

$$\begin{aligned} \text{Gespiegelte Gerade:}\quad G' :\quad \vec{x} &= \vec{d} + t(\vec{p}\,' - \vec{d}) \\ &= (-4,7,4) + \tfrac{1}{13}t(23+52\,,\,40-91\,,\,22-52) \\ &= \underline{\underline{(-4,7,4) + \tilde{t}(75,-51,-30)}}. \end{aligned}$$

Abstand zweier paralleler Ebenen

ist der Abstand eines beliebigen Punktes der einen Ebene zur anderen Ebene.

Praktisches Vorgehen (Ebenen mit gleichem $\vec{n}$ darstellen!):

$$\begin{aligned} E_1 &: \vec{n}\cdot x = d_1 \\ E_2 &: \vec{n}\cdot x = d_2 \end{aligned} \implies d = d(E_1,E_2) = \frac{|d_1 - d_2|}{|\vec{n}|} = \text{Abstand der Ebenen } E_1,\ E_2.$$

Schnittmenge zweier Ebenen

Die Schnittmenge zweier Ebenen erhält man, indem man ein LGS löst.
Sind die Ebenen nicht parallel, so ist die Schnittmenge eine Gerade.

Am einfachsten ist es, wenn beide Ebenen in Koordinatendarstellung gegeben sind. Ist eine oder sind beide in Parameterdarstellung gegeben, so formt man diese zweckmäßigerweise in Koordinatendarstellung um!

5.56 *Man bestimme die Schnittmenge der Ebenen E_1 und E_2:*

(a) $E_1 : \vec{x} = (0,1,1) + r(2,0,3) + s(1,2,1)$
$E_2 : -6x + y + 4z = 5,$

(b) $E_1 : \vec{x} = (1,-1,2) + r(2,3,0) + s(1,-2,1)$
$E_2 : \vec{x} = (2,1,0) + u(1,2,0) + v(0,2,1).$

(a) (1) Einsetzen von $E_1 :\ \vec{x} = (2r+s, 1+2s, 1+3r+s)$ in E_2 ergibt:

$-6(2r+s) + (1+2s) + 4(1+3r+s) = 5 \implies 5 = 5,$ Diese Gleichung ist für alle r, s richtig, die Ebenen sind gleich: $E_1 = E_2 = E_1 \cap E_2$.

(2) E_1 in Koordinatendarstellung umwandeln ergibt:

$\vec{n} = (2,0,3) \times (1,2,1) = (-6,1,4) \implies E_1 : -6x + y + 4z = 5.$
Man sieht, die Ebenen sind gleich: $E_1 = E_2 = E_1 \cap E_2$.

(b) (1) Gleichsetzen führt auf ein LGS:

r	s	u	v		
2	1	−1	0	1	
3	−2	−2	−2	2	1
0	1	0	[-1]	−2	−2
2	1	[-1]	0	1	2
3	−4	−2	0	6	−1
[1]	6	0	0	−4	

Das LGS hat eine einparametrige Lösungsschar (Parameter ist t):

$s = t$
$r = -4 - 6t$
$u = -1 + 2(-4 - 6t) + t = -9 - 11t$
$v = 2 + t$

r, s in E_1 eingesetzt ergibt:

$G := E_1 \cap E_2 : \quad \vec{x} = (1, -1, 2) + (-4 - 6t)(2, 3, 0) + t(1, -2, 1),$
$\underline{\vec{x} = (-7, -13, 2) + t(-11, -20, 1).}$

(2) Einfacher ist es, E_1 und E_2 in Koordinatenform zu bringen:

$\vec{n}_{E_1} = (2, 3, 0) \times (1, -2, 1) = (3, -2, -7) \implies E_1 : 3x - 2y - 7z = -9,$
$\vec{n}_{E_2} = (1, 2, 0) \times (0, 2, 1) = (2, -1, 2) \implies E_2 : 2x - y + 2z = 3.$

$E_1 \cap E_2$ ist die Lösungsmenge des LGS:

x	y	z	
3	−2	−7	−9
2	−1	2	3

$$\implies \begin{matrix} x = 15 - 11r \\ y = 27 - 20r \\ z = r \end{matrix} \implies G : \vec{x} = \begin{pmatrix} 15 \\ 27 \\ 0 \end{pmatrix} + r \begin{pmatrix} -11 \\ -20 \\ 1 \end{pmatrix}.$$

Also: $G := E_1 \cap E_2 : \quad \underline{\vec{x} = (15, 27, 0) + r(-11, -20, 1).}$

Die Ergebnisse stimmen überein: $r = 2 \implies P = (-7, -13, 2) \in G.$

5.9 Vektorielle Beweise

.57 *Die Seitenmitten eines beliebigen Vierecks bilden ein Parallelogramm.*

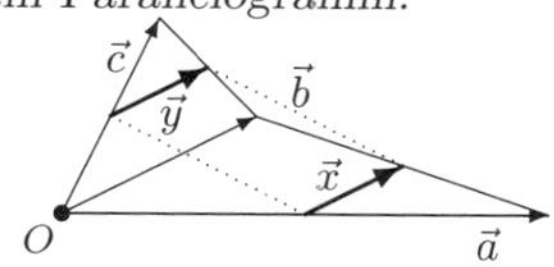

Legt man den Nullpunkt in eine Ecke des Vierecks, so gilt für zwei gegenüberliegende Seiten (siehe Skizze):
$\vec{x} = \frac{1}{2}\vec{a} + \frac{1}{2}(\vec{b} - \vec{a}) = \frac{1}{2}\vec{b}$ und $\vec{y} = \frac{1}{2}\vec{c} + \frac{1}{2}(\vec{b} - \vec{c}) = \frac{1}{2}\vec{b}.$

Sind bei einem beliebig im Raum gelegenen Viereck zwei gegenüberliegende Seiten $\vec{x}$ und $\vec{y}$ (als Vektoren) gleich, so ist es ein Parallelogramm.

.58 (a) *Ein Viereck ist ein Parallelogramm* $\iff$ *die Diagonalen halbieren sich.*
(b) *Parallelogramm ist Rhombus* $\iff$ *Diagonalen sind Winkelhalbierende.*

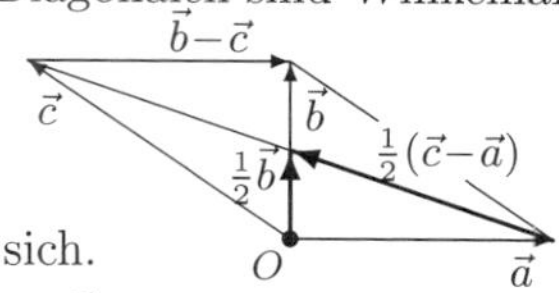

(a) Viereck ist Parallelogramm
$\iff \vec{a} = \vec{b} - \vec{c} \iff \vec{a} + \vec{c} = \vec{b}$
$\iff \vec{a} + \frac{1}{2}(\vec{c} - \vec{a}) = \frac{1}{2}\vec{a} + \frac{1}{2}\vec{c} = \frac{1}{2}\vec{b}$
$\iff$ Die Diagonalen des Vierecks halbieren sich.

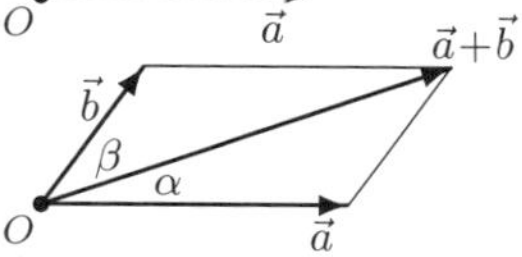

(b) $\vec{a} \cdot (\vec{a} + \vec{b}) = |\vec{a}||\vec{a} + \vec{b}| \cos\alpha \iff \cos\alpha = \frac{\vec{a}^2 + \vec{a}\cdot\vec{b}}{|\vec{a}+\vec{b}||\vec{a}|}$

$\vec{b} \cdot (\vec{a} + \vec{b}) = |\vec{b}||\vec{a} + \vec{b}| \cos\beta \iff \cos\beta = \frac{\vec{b}^2 + \vec{a}\cdot\vec{b}}{|\vec{a}+\vec{b}||\vec{b}|}$

Parallelogramm ist Rhombus $\iff |\vec{a}| = |\vec{b}| \iff \vec{a}^2 = \vec{b}^2 \overset{(*)}{\iff} \cos\alpha = \cos\beta \iff$
$\iff \alpha = \beta \ (0 < \alpha, \beta < 180^0) \iff$ die Diagonalen sind Winkelhalbierende.

(*) "$\Longleftarrow$" $\cos\alpha = \cos\beta \iff \frac{|\vec{a}|^2 + \vec{a}\cdot\vec{b}}{|\vec{a}+\vec{b}|\,|\vec{a}|} = \frac{|\vec{b}|^2 + \vec{a}\cdot\vec{b}}{|\vec{a}+\vec{b}|\,|\vec{b}|} \iff |\vec{a}|\,(|\vec{b}|^2 + \vec{a}\cdot\vec{b}) = |\vec{b}|\,(|\vec{a}|^2 + \vec{a}\cdot\vec{b})$

$\iff \vec{a}\cdot\vec{b}\,(|\vec{a}| - |\vec{b}|) = |\vec{a}||\vec{b}|\,(|\vec{a}| - |\vec{b}|) \iff |\vec{a}| = |\vec{b}|$, da $\sphericalangle(\vec{a}, \vec{b}) \neq 0.$ "$\Longrightarrow$" klar.

5.59 (a) *Der Mittelpunkt S (geometrische Schwerpunkt) der durch $\vec{a}, \vec{b}$ gegebenen Strecke ist das arithmetische Mittel $\vec{s} = \frac{1}{2}(\vec{a} + \vec{b})$.*

(b) *Die Seitenhalbierenden des von den Eckpunkten der Vektoren $\vec{a}, \vec{b}, \vec{c}$ gebildeten Dreiecks schneiden sich in einem Punkt. Der Schnittpunkt S (geometrischer Schwerpunkt des Dreiecks) ist das arithmetische Mittel $\vec{s} = \frac{1}{3}(\vec{a} + \vec{b} + \vec{c})$ und teilt die Seitenhalbierenden im Verhältnis 2 : 1.*

(c) *Die Schwerelinien des von den Eckpunkten der Vektoren $\vec{a}, \vec{b}, \vec{c}, \vec{d}$ gebildeten Tetraeders schneiden sich in einem Punkt. Der Schnittpunkt S (geometrischer Schwerpunkt des Tetraeders) ist das arithmetische Mittel $\vec{s} = \frac{1}{4}(\vec{a}_1 + \vec{a}_2 + \vec{a}_3 + \vec{a}_4)$ und teilt die Schwerelinien im Verhältnis 3 : 1.*

Im Folgenden wird nicht zwischen Punkt und Vektor bzw. Gerade und Strecke unterschieden.

(a) $\vec{s} = \vec{a} + \frac{1}{2}(\vec{b} - \vec{a}) = \underline{\frac{1}{2}(\vec{a} + \vec{b})}$.

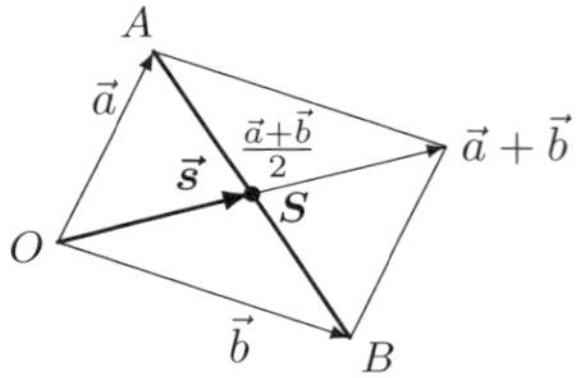

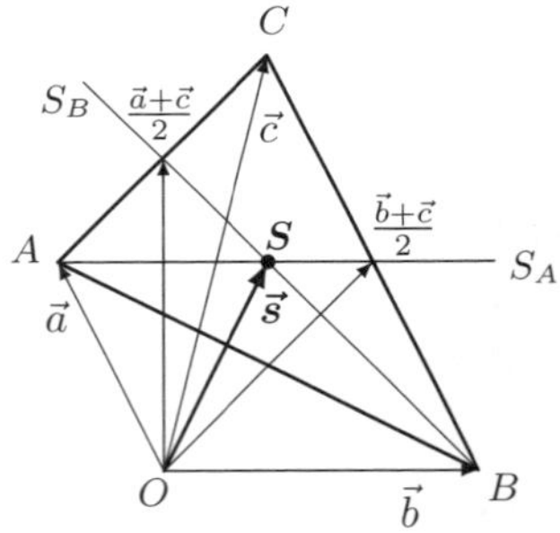

(b) Schnittpunkt der Seitenhalbierenden S_A und S_B:

S_A : $\vec{x} = \vec{a} + r(\frac{\vec{b}+\vec{c}}{2} - \vec{a})$

S_B : $\vec{x} = \vec{b} + s(\frac{\vec{a}+\vec{c}}{2} - \vec{b})$. Gleichsetzen ergibt:

$\vec{a} + r(\frac{\vec{b}+\vec{c}}{2} - \vec{a}) = \vec{b} + s(\frac{\vec{a}+\vec{c}}{2} - \vec{b}) \iff (\frac{r}{2} + s - 1)(\vec{b} - \vec{a}) + (\frac{r}{2} - \frac{s}{2})(\vec{c} - \vec{a}) = \vec{0}$

$\iff \frac{r}{2} + s - 1 = 0$, $\frac{r}{2} - \frac{s}{2} = 0$, ($\vec{b} - \vec{a}$, $\vec{c} - \vec{a}$ sind lin. unabh.) $\iff r = s = \frac{2}{3}$.

Also schneiden sich S_A und S_B in $\vec{s} = \vec{a} + \frac{2}{3}(\frac{\vec{b}+\vec{c}}{2} - \vec{a}) = \underline{\frac{1}{3}(\vec{a} + \vec{b} + \vec{c})}$.

Analog schneiden sich S_A und S_C in $\vec{s}$ und wegen $\vec{s} = \vec{a} + \frac{2}{3}(\frac{\vec{b}+\vec{c}}{2} - \vec{a})$ teilt $\vec{s}$ die Seitenhalbierende $\frac{\vec{b}+\vec{c}}{2} - \vec{a}$ im Verhältnis $\frac{2}{3} : \frac{1}{3}$ also 2 : 1.

(c) Schnittpunkt der Schwerelinien S_A und S_B (Gerade durch einen Eckpunkt des Tetraeders und den Schwerpunkt des gegenüberliegenden Dreiecks):

S_A : $\vec{x} = \vec{a} + r(\frac{\vec{b}+\vec{c}+\vec{d}}{3} - \vec{a})$, S_B : $\vec{x} = \vec{b} + s(\frac{\vec{a}+\vec{c}+\vec{d}}{3} - \vec{b})$.

Gleichsetzen ergibt: $\vec{a} + r(\frac{\vec{b}+\vec{c}+\vec{d}}{3} - \vec{a}) = \vec{b} + s(\frac{\vec{a}+\vec{c}+\vec{d}}{3} - \vec{b})$.

Hieraus gewinnt man eine Darstellung von $\vec{0}$ als Linearkombination der linear unabhängigen Vektoren $(\vec{b} - \vec{a}), (\vec{c} - \vec{a}), (\vec{d} - \vec{a})$, setzt ihre Koeffizienten gleich 0 und erhält $r = s = \frac{3}{4}$.

Also schneiden sich S_A und S_B in $\vec{s} = \vec{a} + \frac{3}{4}(\frac{\vec{b}+\vec{c}+\vec{d}}{3} - \vec{a}) = \underline{\frac{1}{4}(\vec{a} + \vec{b} + \vec{c} + \vec{d})}$.

Analog schneiden sich je zwei andere Schwerelinien in $\vec{s} = \vec{a} + \frac{3}{4}(\frac{\vec{b}+\vec{c}+\vec{d}}{3} - \vec{a})$ und $\vec{s}$ teilt die Schwerelinie $(\frac{\vec{b}+\vec{c}+\vec{d}}{3} - \vec{a})$ im Verhältnis $\frac{3}{4} : \frac{1}{4}$ also 3 : 1.

5.60 *Die Mittelsenkrechten eines Dreiecks schneiden sich in einem Punkt M, dem Mittelpunkt des Umkreises.*

(a) Ist der Endpunkt M von $\vec{m}$ der Schnittpunkt der beiden Mittelsenkrechten

$$\begin{matrix} M_{\vec{a}}: & \vec{a}\cdot\vec{x} = \vec{a}\cdot\frac{1}{2}\vec{a} & \text{also} & \vec{a}\cdot\vec{m} = \frac{1}{2}\vec{a}^2 \\ M_{\vec{b}}: & \vec{b}\cdot\vec{x} = \vec{b}\cdot\frac{1}{2}\vec{b} & & \vec{b}\cdot\vec{m} = \frac{1}{2}\vec{b}^2 \end{matrix},$$

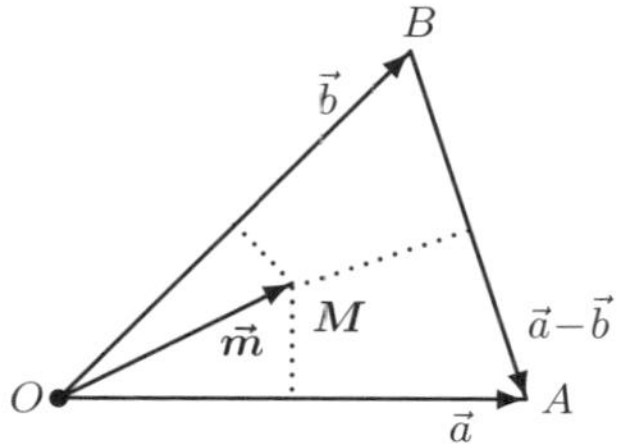

so folgt durch Subtraktion der beiden Gleichungen

$$(\vec{a}-\vec{b})\cdot\vec{m} = \tfrac{1}{2}(\vec{a}^2-\vec{b}^2) = (\vec{a}-\vec{b})\cdot\tfrac{1}{2}(\vec{a}+\vec{b}).$$

Also liegt M auch auf der dritten Mittelsenkrechten.

$$M_{\vec{a}-\vec{b}}:\ (\vec{a}-\vec{b})\cdot\vec{x} = (\vec{a}-\vec{b})\cdot\tfrac{1}{2}(\vec{a}+\vec{b}).$$

(b) M ist Mittelpunkt des Umkreises, da die Abstände zu den Ecken gleich sind:

$$\begin{matrix} \vec{a}\cdot\vec{m} = \frac{1}{2}\vec{a}^2 \\ \vec{b}\cdot\vec{m} = \frac{1}{2}\vec{b}^2 \end{matrix} \iff \begin{matrix} -2\vec{a}\cdot\vec{m}+\vec{a}^2 = 0 \\ -2\vec{b}\cdot\vec{m}+\vec{b}^2 = 0 \end{matrix} \iff \begin{matrix} \vec{m}^2-2\vec{a}\cdot\vec{m}+\vec{a}^2 = \vec{m}^2 \\ \vec{m}^2-2\vec{b}\cdot\vec{m}+\vec{b}^2 = \vec{m}^2 \end{matrix}$$

$$\iff (\vec{m}-\vec{a})^2 = \vec{m}^2 = (\vec{m}-\vec{b})^2 \iff |\vec{m}-\vec{a}| = |\vec{m}| = |\vec{m}-\vec{b}|.$$

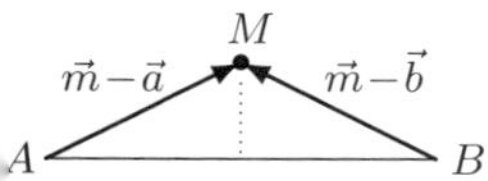

Man sieht auch ohne Rechnung: M ist Mittelpunkt des Umkreises, da $|\vec{m}-\vec{a}| = |\vec{m}-\vec{b}|$ ist (Satz des Pythagoras).

5.61 *Die Höhen eines Dreiecks schneiden sich in einem Punkt H.*

Ist der Endpunkt H des Vektors $\vec{h}$ der Schnittpunkt der beiden Höhen H_A und H_B, so ist $(\vec{a}-\vec{h}) \perp \vec{b}$ und $(\vec{b}-\vec{h}) \perp \vec{a}$. Also gilt:

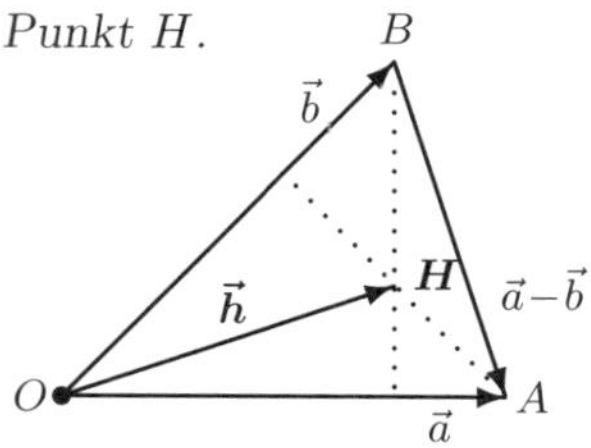

$(\vec{a}-\vec{h})\cdot\vec{b} = 0$ und $(\vec{b}-\vec{h})\cdot\vec{a} = 0$

$\iff \vec{h}\cdot\vec{a} = \vec{h}\cdot\vec{b} \iff \vec{h}\cdot(\vec{a}-\vec{b}) = 0 \iff \vec{h} \perp (\vec{a}-\vec{b}).$

Also geht auch die dritte Höhe durch H.

5.62 **Satz des THALES** *"Jeder Winkel im Halbkreis ist ein rechter Winkel."*

Spezialfall des **Umfangswinkelsatz** (**F+H**, S. 21)

Die Endpunkte von $\vec{a}$ und $\vec{b}$ liegen auf einem Kreis um den Nullpunkt

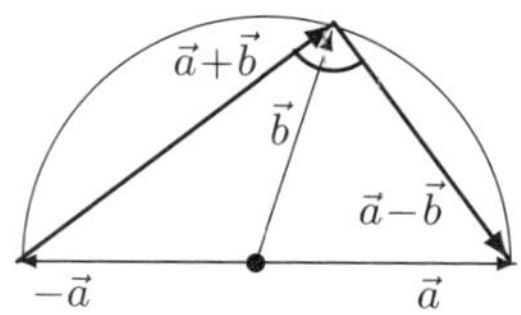

$\iff |\vec{a}| = |\vec{b}| \iff \vec{a}^2 = \vec{b}^2 \iff (\vec{a}+\vec{b})\cdot(\vec{a}-\vec{b}) = 0$

$\iff \vec{a}+\vec{b}$ und $\vec{a}-\vec{b}$ stehen senkrecht aufeinander.

5.63 **Höhensatz des EUKLID** $\quad h^2 = pq.$

Das Quadrat über der Höhe eines rechtwinkligen Dreiecks ist gleich dem Rechteck gebildet aus den beiden Hypothenusenabschnitten.

Zu zeigen ist $pq = h^2$, also $|\vec{a}-\vec{h}|\,|\vec{h}-\vec{b}| = |\vec{h}|^2$.

$(\vec{a}-\vec{h})\cdot(\vec{h}-\vec{b}) = |\vec{a}-\vec{h}|\,|\vec{h}-\vec{b}|\cos 0 = |\vec{a}-\vec{h}|\,|\vec{h}-\vec{b}|,$

$(\vec{a}-\vec{h})\cdot(\vec{h}-\vec{b}) = \vec{a}\cdot\vec{h}-\vec{a}\cdot\vec{b}-\vec{h}^2+\vec{h}\cdot\vec{b} = \vec{h}^2 = |\vec{h}|^2,$

da $\vec{a}\cdot\vec{h} = \vec{b}\cdot\vec{h} = \vec{h}^2$ und $\vec{a}\cdot\vec{b} = 0$ ist.

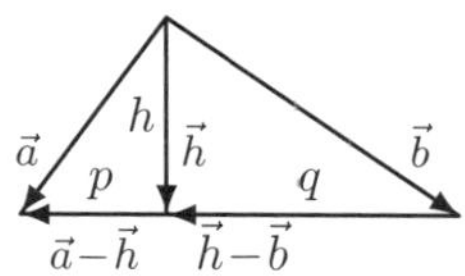

5.64 **Kathetensatz** $\quad a^2 = pc.$ *Das Quadrat über der Kathete eines rechtwinkligen Dreiecks ist gleich dem Rechteck gebildet aus der Hypothenuse und dem anliegenden Hypothenusenabschnitt.*

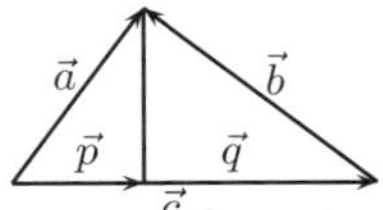

Zu zeigen ist $a^2 = pc$: Setze $a := |\vec a|$, $c := |\vec c|$, $p := |\vec p|$, so ist $\quad a^2 = \vec a^2 = \vec a \cdot \vec c = \vec p \cdot \vec c = pc.$

Pythagoras $\quad \mathbf{a^2 + b^2 = c^2}.$

Aus $a^2 = pc$ und $b^2 = qc$ (Kathetensatz) folgt $a^2 + b^2 = pc + qc \overset{\vec c}{=} (p+q)c = c^2.$

5.65 (a) **Eulersche Gerade:** *Der Schnittpunkt H der Höhen, der Schnittpunkt S der Seitenhalbierenden und der Schnittpunkt M der Mittelsenkrechten (sowie der Mittelpunkt F des Feuerbachkreises, siehe (b)) eines Dreiecks liegen auf einer Geraden. S teilt $\overline{HM}$ im Verhältnis $2:1$.*

(b) **Feuerbachkreis:** *Die Seitenmitten, die Mitten der 'oberen Höhenabschnitte' und die Höhenfußpunkte eines Dreiecks liegen auf einem Kreis mit Mittelpunkt $\vec f = \frac{1}{2}(\vec h - \vec m)$ und halbem Umkreisradius als Radius.*

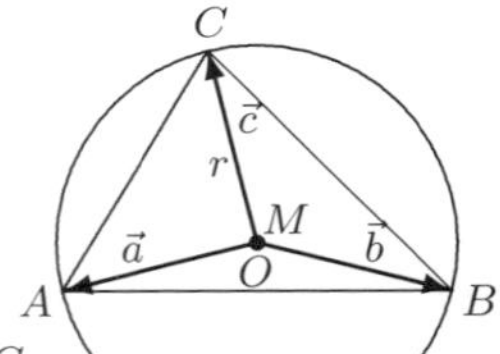

Umkreis

Zweckmäßigerweise legt man den Nullpunkt in den Schnittpunkt der Mittelsenkrechten (= Mittelpunkt des Umkreises), also $O = M$, d.h. $\vec 0 = \vec m$. Dann ist $|\vec a| = |\vec b| = |\vec c| = r$ (Umkreisradius), also $\vec a^2 = \vec b^2 = \vec c^2$.

(a) $\vec s = \frac{1}{3}(\vec a + \vec b + \vec c)$, $\quad$ [siehe 5.59 (a)].

$\vec h = \vec a + \vec b + \vec c$ ist Höhenschnittpunkt, denn $(\vec h - \vec a) \perp (\vec b - \vec c)$, da

$(\vec h - \vec a) \cdot (\vec b - \vec c) = (\vec b + \vec c) \cdot (\vec b - \vec c) = \vec b^2 - \vec c^2 = 0$ ist.

Wegen $\vec s = \frac{1}{3}\vec h$ liegen M, S, H auf einer Geraden und S teilt $\overline{HM}$ im Verhältnis $2:1$.

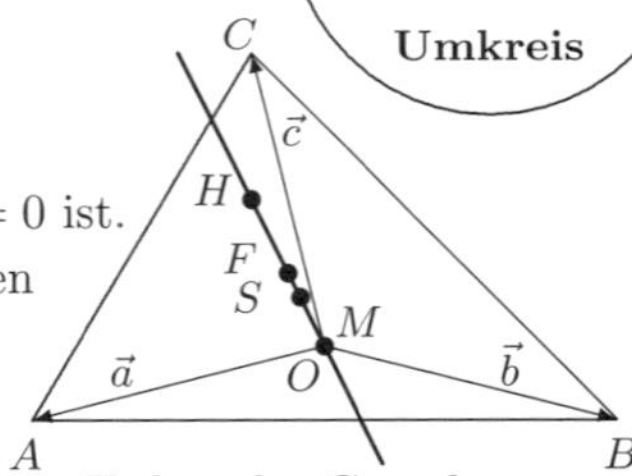

Eulersche Gerade

$\vec s = \frac{1}{3}(\vec h - \vec m)$, $\quad \vec f = \frac{1}{2}(\vec h - \vec m)$

$\vec m = \vec 0$, also $\vec s = \frac{1}{3}\vec h$, $\quad \vec f = \frac{1}{2}\vec h$

(b) Aus $\vec m = \vec 0$, also $M = O$ folgt $\vec f = \frac{1}{2}(\vec h - \vec m) = \frac{1}{2}\vec h = \frac{1}{2}(\vec a + \vec b + \vec c)$.

<u>Seitenmitte:</u> $\quad |\vec f - \frac{1}{2}(\vec b + \vec c)| = \frac{1}{2}|\vec a| = \frac{r}{2}.$

<u>Mitte des oberen Höhenabschnitts:</u>

$|\vec f - \frac{1}{2}(\vec a + \vec h)| = |\frac{1}{2}\vec h - \frac{1}{2}(\vec a + \vec h)| = \frac{1}{2}|\vec a| = \frac{r}{2}.$

<u>Höhenfußpunkt:</u>

Es ist $\vec f = \frac{1}{2}\vec h = \frac{1}{2}(\frac{1}{2}(\vec a + \vec h) + \frac{1}{2}(\vec b + \vec c))$ und folglich ist die Verbindung der Seitenmitte $\frac{1}{2}(\vec b + \vec c)$ mit der zugehörigen Mitte des oberen Höhenabschnitts $\frac{1}{2}(\vec a + \vec h)$ ein Kreisdurchmesser.
Am Höhenfußpunkt P ist ein rechter Winkel und nach dem THALES–Satz (siehe 5.62) liegt der Höhenfußpunkt auf dem Kreis.
Beweise für die übrigen sechs Punkte analog!

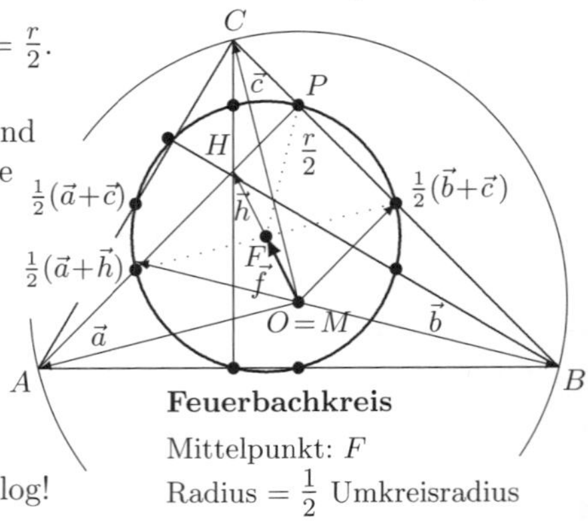

Feuerbachkreis

Mittelpunkt: F

Radius $= \frac{1}{2}$ Umkreisradius

Sinussatz

$$\frac{\sin\alpha}{a} = \frac{\sin\beta}{b} = \frac{\sin\gamma}{c}$$

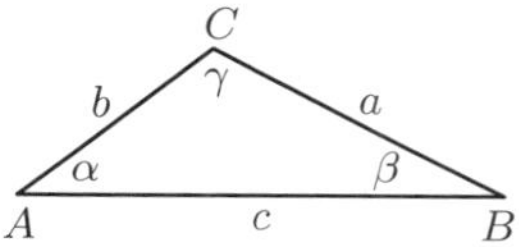

Cosinussatz

$$c^2 = a^2 + b^2 - 2ab\cos\gamma$$

speziell für $\gamma = 90^0$:

$c^2 = a^2 + b^2$ **Pythagoras**

.66 *Im Dreieck gelten Cosinussatz (speziell: Pythagoras) und Sinussatz.*

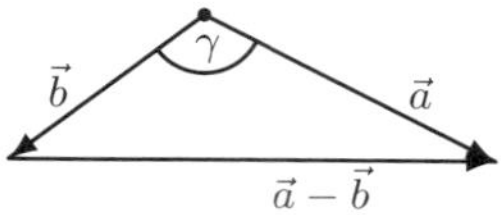

$(\vec{a}-\vec{b})^2 = \vec{a}^2 - 2\vec{a}\vec{b} + \vec{b}^2$. Da $|\vec{x}|^2 = \vec{x}^2$ ist, folgt:

$$|\vec{a}-\vec{b}|^2 = |\vec{a}|^2 + |\vec{b}|^2 - 2|\vec{a}||\vec{b}|\cos\sphericalangle(\vec{a},\vec{b}).$$

Setzt man $a := |\vec{a}|$, $b := |\vec{b}|$, $c := |\vec{a}-\vec{b}|$ und $\gamma := \sphericalangle(\vec{a},\vec{b})$, so erhält man den **Cosinussatz**: $c^2 = a^2 + b^2 - 2ab\cos\gamma$. Für $\gamma = 90^0$, $\cos\gamma = 0$ ergibt sich der

Satz des Pythagoras: $\boldsymbol{a^2 + b^2 = c^2}$

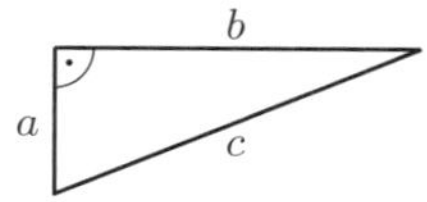

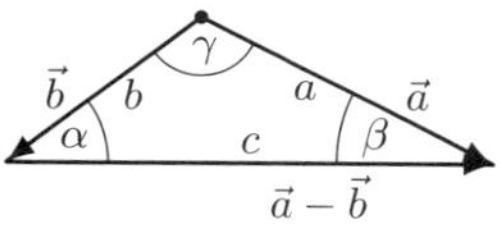

Sinussatz :

$$\frac{\sin\alpha}{a} = \frac{\sin\beta}{b} = \frac{\sin\gamma}{c} \iff \frac{\sin\alpha}{|\vec{a}|} = \frac{\sin\beta}{|\vec{b}|} = \frac{\sin\gamma}{|\vec{a}-\vec{b}|}$$

$$\iff |\vec{a}-\vec{b}|\cdot|\vec{b}|\sin\alpha = |\vec{a}-\vec{b}|\cdot|\vec{a}|\sin\beta = |\vec{a}|\cdot|\vec{b}|\sin\gamma.$$

$|\vec{a}|\cdot|\vec{b}|\sin\gamma$ ist die Fläche des von den Vektoren $\vec{a},\vec{b}$ aufgespannten Parallelogramms [S.133]. $\vec{b},\vec{a}-\vec{b}$ bzw. $\vec{a},\vec{a}-\vec{b}$ bzw. $\vec{a},\vec{b}$ spannen aber gleich große Parallelogramme auf. Also ist die letzte Aussage offensichtlich richtig!

5.10 Aufgaben

67 *Man spiegele den Punkt* $P = (1,2,1)$ *an der Geraden* $G : \vec{x} = (3,2,1) + t(2,1,2)$.

68 *Man gebe eine Koordinatendarstellung der Ebene* E *an, die parallel zur* y*-Achse liegt und* $P_1 = (1,2,1)$ *und* $P_2 = (0,3,2)$ *enthält.*

69 *Man bestimme den Abstand der beiden Geraden* $G_1 : \vec{x} = (1,3,4) + r(-4,2,-4)$ *und* $G_2 : \vec{x} = (-5,3,1) + s(6,-3,6)$.

70 *Gesucht ist der Abstand derjenigen Ebene* E *vom Nullpunkt, die* $P = (5,5,7)$ *und* $G : \vec{x} = (6,8,8) + t(-1,7,3)$ *enthält.*

71 *Gesucht ist der Einheitsvektor in Richtung der Seitenhalbierenden vom Nullpunkt aus in dem von* P_1, P_2, P_3 *gebildeten Dreieck. Es ist* $P_1 = (2,-1,-3)$, $P_2 = (-1,3,3)$, $P_3 = (0,0,0)$.

72 *Man berechne den Schnittpunkt der Seitenhalbierenden in dem von den Punkten* $P = (0,1,2)$, $Q = (1,2,0)$, $R = (1,1,1)$ *gebildeten Dreieck.*

73 $\vec{a},\vec{b},\vec{c}$ *seien Einheitsvektoren und es sei:*
$\sphericalangle(\vec{a},\vec{b}) = 60^0$, $\sphericalangle(\vec{a},\vec{c}) = 90^0$, $\sphericalangle(\vec{b},\vec{c}) = 45^0$. *Man berechne* $\sphericalangle(\vec{a}+\sqrt{3}\,\vec{c},\ \vec{a}-2\vec{b})$.

74 *Man zeige:* $(\vec{a}+r\vec{b})\times\vec{b} = \vec{a}\times\vec{b}$.
Welcher Satz über ebene Flächeninhalte wird hierdurch dargestellt?

5.75 *Es sei* $\vec{a} = (a, 2, 5)$, $\vec{b} = (0, b, -2)$, $\vec{c} = (6, 3a, 0)$. *Für welche Paare* (a, b)
(1) stehen $\vec{a}, \vec{b}, \vec{c}$ paarweise senkrecht aufeinander?
(2) liegen $\vec{a}, \vec{b}, \vec{c}$ in einer Ebene?

5.76 *Es sei* $< \vec{a}, \vec{b}, \vec{c} >= 3$. *Man berechne* $< \vec{a} + \vec{c}, \vec{b}, \vec{a} - \vec{c} >$.

5.77 *Man stelle* $\vec{a} = (20, 15, 6)$ *als Linearkombination der Vektoren* $\vec{a}_1 = (5, 2, 4)$, $\vec{a}_2 = (2, -7, -6)$ *und* $\vec{a}_3 = (3, 1, -2)$ *dar.*

5.78 *Es sei* $\vec{a} = (5, 7, -2)$, $\vec{b} = (3, 1, 2)$ *und* $\vec{c} = (4, -6, -11)$.
Man berechne $\vec{u} = (\vec{a}\vec{b})\vec{c}$ *und* $\vec{v} = \vec{a}(\vec{b}\vec{c})$.

5.79 *Man bestimme einen Vektor* $\vec{a}$ *mit:* $|\vec{a}| = \sqrt{26}$, $\vec{a} \perp (5, 1, 7)$ *und* $\vec{a} \perp (6, -9, 5)$.

5.80 $E : 2x + 3y + 6z = 24$ *schneidet das durch* $P_0 = (0, 0, 0)$, $P_1 = (0, 4, 0)$, $P_2 = (6, 0, 0)$, $P_3 = (0, 0, 5)$ *gebildete Tetraeder.*
Man berechne die Volumina der Teilkörper.

5.81 *Man berechne eine Gleichung der Mittelsenkrechten der Strecke* $\overline{P_1P_2}$, *wenn* $P_1 = (5, -2)$ *und* $P_2 = (-2, 7)$ *ist.*

5.82 $G_1 : \vec{x} = \vec{a}_1 + r\vec{b}_1$ *und* $G_2 : \vec{x} = \vec{a}_2 + s\vec{b}_2$ *seien zwei Geraden.*
Man charakterisiere vektoriell:
(a) $G_1 \parallel G_2$ (b) $G_1 \perp G_2$ (c) $G_1 \equiv G_2$
(d) G_1 *und* G_2 *schneiden sich in genau einem Punkt.*

5.83 *Es sei* $G_1 : \vec{x} = (-2, 6, 4) + r(1, 2, 3)$ *und* $G_2 : \vec{x} = (-10, 6, 16) + s(1, -3, -4)$.
Gesucht sind die Punkte kürzester Entfernung und ihr Abstand.

5.84 *Man bestimme den Abstand der beiden Geraden*
$G_1 : \vec{x} = (3, 2, -4) + r(2, 14, 5)$ *und* $G_2 : \vec{x} = (5, 16, 1) + s(-3, -21, -\frac{15}{2})$.

5.85 *Gesucht ist eine Koordinatenform der Ebene durch die Punkte*
$P_1 = (3, 4, 3)$, $P_2 = (-4, 5, 2)$ *und* $P_3 = (6, -2, -2)$.

5.86 *Es sei* $E_1 : 2x - y + 3z = 4$ *und* $E_2 : x + y + z = 1$.
Man berechne die Schnittgerade und ihren Abstand vom Nullpunkt.

5.87 *Man berechne ggf. den Schnittpunkt der beiden Geraden*
$G_1 : \vec{x} = (3, 1, 1) + r(2, -3, -10)$ *und* $G_2 : \vec{x} = (-2, 3, 15) + s(14, 7, -14)$.

5.88 *Es sei* $E : 2x + 3y + 2 = 4z$ *und* $G : \vec{x} = (-2, 8, 5) + t(5, -1, 2)$.
Man berechne den Durchstoßpunkt und den Winkel zwischen G und E.

5.89 $P_1 = (0, 0, 0)$, $P_2 = (2, 4, 6)$, $P_3 = (1, 4, -2)$ *bilden ein Dreieck.*
Man berechne den Schnittpunkt der Mittelsenkrechten der Seite $\overline{P_1P_2}$ *und der Höhe von* P_1 *auf die Seite* $\overline{P_2P_3}$ *des Dreiecks.*

5.90 *Gesucht ist eine Koordinatendarstellung der Ebene, die* $(1, 2, 5)$ *enhält und auf der* x*–Achse senkrecht steht.*

5.91 *Wo durchstoßen die Koordinatenachsen die Ebene* $3x + y - 4z = 7$?

5.92 *Man bestimme den Fußpunkt des Lotes, die Lotgerade und den Abstand des Punktes* $P = (1, 3, 2)$ *bzgl. der Ebene* $E : 3x + 2y + z = 5$.

5.93 *Es seien* $G_1 : \vec{x} = (4, 3, 0) + r(1, 0, 1)$ *und* $G_2 : \vec{x} = (-2, 5, -4) + s(2, -1, 1)$.
Man berechne Schnittpunkt und den Schnittwinkel von G_1 *und* G_2, *sowie die Ebene E in Koordinatenform, die* G_1 *und* G_2 *enthält.*

5.94 *Gesucht ist die Menge aller Punkte, die von* $P_1 = (1, 2, 2)$ *und* $P_2 = (3, 6, 6)$ *den gleichen Abstand haben.*

.95 Es sei $G_1 : \vec{x} = (5,0,0) + r(-2,1,0)$ und $G_2 : \vec{x} = (0,-1,0) + s(1,3,0)$. Durch den Schnittpunkt P der beiden Geraden wird eine Gerade G senkrecht zu $E : 5x - 3y + 4z = 49$ gelegt. Wo durchstößt die Gerade G die Ebene E und wie weit sind Schnittpunkt P und Durchstoßpunkt Q voneinander entfernt?

.96 Die Gerade durch $(1,3,7)$ und $(2,4,6)$ durchstößt $E_1 : x + 2y + z = 24$ in P_1 und $E_2 : x - y + z = 5$ in P_2. Man berechne den Abstand von P_1 und P_2 sowie den von E_1 und E_2 eingeschlossenen Winkel.

.97 Es sei $G_1 : \vec{x} = (0,6,0) + r(-4,3,-1)$ und $G_2 : \vec{x} = (5,-2,1) + s(2,-3,2)$. Welche Vektoren $\vec{n}$ sind zu G_1 und G_2 normal?
Welche Ebene E, die senkrecht zu $\vec{n}$ ist, enthält die Gerade G_1?

.98 $P = (1,2,3)$ wird an der Geraden $G : x = y = z$ gespiegelt.
Man bestimme den Spiegelpunkt Q und die Ebene E durch P, Q, O.

.99 Man bestimme die Ebene E, die den Nullpunkt und die Schnittgerade der Ebenen $E_1 : x + 4y + 2z = 2$ und $E_2 : x - 2y - z = -2$ enthält.
Wo liegt der Fußpunkt des Lotes von $(6,12,18)$ auf E?

100 G sei die Gerade durch $P = (1,4,-2)$ und $Q = (3,2,-3)$. Die Gerade H gehe durch P, schneide die x,y–Ebene nicht und stehe senkrecht auf G.

(1) Man bestimme die G und H enthaltende Ebene E und ihre Winkel α, β, γ mit den Koordinatenachsen.

(2) Man bestimme eine Gleichung der G enthaltenden Ebene F, die senkrecht auf E steht.

101 $P_0 = (0,0,0)$, $P_1 = (3,0,4)$, $P_2 = (4,3,-1)$, $P_3 = (0,5,2)$ seien die Eckpunkte eines Tetraeders. Man berechne:

(1) Die Längen der Seiten,
(2) Die Winkel des Dreiecks $P_1P_2P_3$,
(3) Die Oberfläche und das Volumen des Tetraeders.

102 Man bestimme das Volumen des Spats, dessen Kanten die Längen 1,2 und 4 haben und bei dem die drei Winkel an einer Ecke je 60^0 betragen.

103 Man berechne die Fläche des Dreiecks mit den Eckpunkten $(2,3,-6), (6,4,4), (3,7,4)$.

104 Man bestimme die Ebene E, die den Punkt $(2,1,-1)$ enthält und auf der x– bzw. z–Achse Abschnitte der Länge 2 bzw. 1 abschneidet.

105 Man bestimme den Kosinus desjenigen Winkels zwischen den beiden Ebenen $x - y + z = 1$ und $2x - y + z = -2$, in dessen Winkelraum der Nullpunkt liegt.

106 Man bestimme eine Gleichung von E, die durch $(1,1,1)$ und $(2,2,2)$ geht und senkrecht auf der Ebene $x + y - z = 0$ steht.

107 Liegen $(2,1,1)$ und $(2,1,3)$ auf derselben Seite von $E : x + 2y - z = 2$?

108 Man bestimme das Volumen eines Tetraeders aus den Gleichungen seiner vier begrenzenden Ebenen: $x + y + z = 1, x - y = 1, x - z = 1, z = 2$.

109 Man suche die Ebene, die von den Ebenen $x + y - 2z = 1$ und $x + y - 2z = -3$ gleich weit entfernt ist.

110 Auf der Schnittgeraden der Ebenen $x + y + z = 2$ und $x + 2y - z = 1$ suche man denjenigen Punkt P, der von den Ebenen $x + 2y + z = -1$ und $x + 2y + z = 3$ gleichen Abstand hat.

5.111 *In der Gleichung $x+y+cz=0$ wähle man c so, dass durch die x–Achse nur eine Ebene gelegt werden kann, die mit der gegebenen Ebene einen Winkel von 330^0 bildet.*

5.112 *Man suche die Ebene, die von $x+y-z=-1$ doppelt so weit entfernt ist wie von der Ebene $x+y-z=1$ und nicht zwischen diesen beiden Ebenen liegt.*

5.113 *Man spiegele den Punkt $(-1,2,0)$ an der Ebene $x+2y-z=-1$.*

5.114 *Es sei $P_1=(1,2,-1)$ und $P_2=(-1,2,1)$.
Auf der Strecke $\overline{P_1P_2}$ ist ein Punkt P so zu bestimmen, dass $\overline{P_1P}=2\overline{PP_2}$ ist.*

5.115 *Gesucht ist die Gerade, die in der Ebene $x+y+z=-1$ liegt und auf der Schnittgeraden der Ebenen $y-z=-1$ und $x+2z=0$ senkrecht steht.*

5.116 *Man berechne das Volumen des von den Vektoren $\vec{a},\vec{b},\vec{c}$ gebildeten Spats bei gegebenen Winkeln $\alpha=\sphericalangle(\vec{a},\vec{c})$, $\beta=\sphericalangle(\vec{b},\vec{c})$, $\gamma=\sphericalangle(\vec{a},\vec{b})$ und Längen $|\vec{a}|,|\vec{b}|,|\vec{c}|$.*

5.117 *Man bestimme das Volumen des Spats, dessen Kanten die Längen $1,1,2$ haben und bei dem die drei Winkel an einer Ecke $120^0,150^0,60^0$ betragen.*

5.118 *Von einem Tetraeder kennt man die Winkel $30^0,45^0,60^0$ zwischen den drei Kanten der Längen $2,3,4$ an einer Ecke. Berechne das Volumen des Tetraeders.*

5.119 *Die Winkelhalbierenden eines Dreiecks schneiden sich in einem Punkt.
Der Schnittpunkt ist der Mittelpunkt des Inkreises.*

5.120 *Es seien* $\begin{array}{l} G_1:\vec{x}=(1,-1,2)+r(1,2,-3) \\ G_2:\vec{x}=(-4,1,1)+s(2,-3,2) \end{array}$ *und* $P=(-10,4,11)$.
Man bestimme ggf. alle Geraden durch P, die G_1 und G_2 schneiden.

5.121 *Zu den beiden windschiefen Geraden
$G_1:\ \vec{x}=(1,1,0)+r(1,1,1)$ und $G_2:\ \vec{x}=(0,0,1)+s(1,0,1)$
bestimme man eine Gerade G, die von G_1 und G_2 gleichen Abstand $d>0$ hat.*

5.122 *Jedes Tetraeder lässt sich in einen Spat einbetten, dessen Volumen das Dreifache des Tetraedervolumens ist.*

5.11 Lösungen

5.67 Lotfußpunkt: $\vec{x}_0=\frac{1}{9}(19,14,1)$. Spiegelpunkt: $\vec{q}=\vec{p}+2(\vec{x}_0-\vec{p})=\frac{1}{9}(29,10,-7)$.

5.68 Parallel zur y–Achse: $E: ax+cz=d$.

$$\begin{array}{lll} \vec{p}_1\in E & \Longrightarrow & a+c=d \\ \vec{p}_2\in E & \Longrightarrow & 2c=d. \end{array} \quad \text{Setze } c=1 \Longrightarrow \begin{array}{l} a=1 \\ d=2 \end{array} \Longrightarrow E: x+z=2.$$

5.69 $G_1 \parallel G_2$, Abstand $(1,3,4)$ zu G_2 = Abstand $G_1,G_2=3$.

5.70 $E:\vec{x}=(6,8,8)+r\big((5,5,7)-(6,8,8)\big)+s(-1,7,3)$
$E:\vec{x}=(6,8,8)+r(-1,-3,-1)+s(-1,7,3)$ (Parameterform)
$E: x-2y+5z=30$ (Koordinatenform) $\Longrightarrow d=\dfrac{30}{\sqrt{30}}=\sqrt{30}\,.$

5.71 $\vec{e}=\dfrac{\vec{p}_1+\vec{p}_2}{|\vec{p}_1+\vec{p}_2|}=\dfrac{1}{\sqrt{5}}(1,2,0)$. **5.72** $S=\frac{1}{3}(2,4,3)$.

5.73 $$\cos\varphi=\frac{(\vec{a}+\sqrt{3}\,\vec{c})(\vec{a}-2\vec{b})}{|\vec{a}+\sqrt{3}\,\vec{c}|\,|\vec{a}-2\vec{b}|}=\frac{-\sqrt{6}}{2\sqrt{3}}=-\frac{1}{2}\sqrt{2}\Longrightarrow\varphi=\frac{3}{4}\pi.$$

5.74 $(\vec{a}+r\vec{b})\times\vec{b}=\vec{a}\times\vec{b}+r\vec{b}\times\vec{b}=\vec{a}\times\vec{b}$, weil $r\vec{b}\times\vec{b}=0$ ist.
Parallelogramme gleicher Grundlinie und Höhe haben gleiche Flächen!

.75 (1) $(a,b) = (0,5)$ (2) $(a,b) = \left(r, \frac{1}{5}(r^2-4)\right)$, r beliebig.

.76 $< \vec{a}+\vec{c}, \vec{b}, \vec{a}-\vec{c} >$
$= < \vec{a}, \vec{b}, \vec{a} > + < \vec{c}, \vec{b}, \vec{a} > + < \vec{a}, \vec{b}, -\vec{c} > + < \vec{c}, \vec{b}, -\vec{c} >$
$= 0 - < \vec{a}, \vec{b}, \vec{c} > - < \vec{a}, \vec{b}, \vec{c} > + 0 = -2 < \vec{a}, \vec{b}, \vec{c} > = -6.$

.77 $\vec{a} = 2\vec{a}_1 - \vec{a}_2 + 4\vec{a}_3.$ **5.78** $\vec{u} = 18(4,-6,-11)$, $\vec{v} = -16(5,7,-2)$.

79 $\vec{a}_{1,2} = \pm(4,1,-3).$ **5.80** $V_1 = \frac{4}{9}$, $V_2 = 19\frac{5}{9}$ und $V_{\text{Tetr.}} = 20$.

81 $M : \vec{x} = \frac{1}{2}(3,5) + t(9,7)$, oder $M : 7x - 9y = -12$.

82
$$\begin{aligned}
G_1 \parallel G_2 &\iff \vec{b}_1, \vec{b}_2 \text{ lin. abh.} \iff \vec{b}_1 \times \vec{b}_2 = \vec{0}. \\
G_1 \perp G_2 &\iff \vec{b}_1 \perp \vec{b}_2 \iff \vec{b}_1 \cdot \vec{b}_2 = 0. \\
G_1 \equiv G_2 &\iff \vec{b}_1, \vec{b}_2 \text{ lin. abh. und } \vec{a}_1 \in G_2 \\
&\iff \vec{b}_1 \times \vec{b}_2 = \vec{0} \wedge \vec{b}_1 \times (\vec{a}_2 - \vec{a}_1) = \vec{0}. \\
G_1 \cap G_2 = \{\vec{x}_0\} &\iff < \vec{a}_2 - \vec{a}_1, \vec{b}_1, \vec{b}_2 > = 0 \wedge \vec{b}_1 \times \vec{b}_2 \neq \vec{0}.
\end{aligned}$$

83 $P_1 = \frac{1}{75}(-374, 2, -372)$, $P_2 = \frac{1}{75}(-442, -474, -32)$, $d = \frac{68}{15}\sqrt{3}$.

84 $G_1 \equiv G_2 \Longrightarrow d = 0.$ **5.85** $E : 11x + 38y - 39z = 68.$

86 $G : \vec{x} = (-1,0,2) + t(-4,1,3)$, $d = \sqrt{\frac{15}{13}}$. **5.87** $\frac{1}{8}(6,35,98)$.

88 $P = (8,6,9)$, $\varphi = |90^0 - \sphericalangle(\vec{n}, \vec{b})| \approx 1.94^0$. **5.89** $S = \frac{14}{57}(8, 26, -1)$.

90 $E : x = 1.$ **5.91** $x_0 = \frac{7}{3}$, $y_0 = 7$, $z_0 = -\frac{7}{4}$.

92 $F = \frac{1}{7}(-2, 15, 11)$, $L : \vec{x} = (1,3,2) + t(3,2,1)$, $d = \frac{3}{7}\sqrt{14}$.

93 $P = (2,3,-2)$, $\varphi = 30^o$, $E : x + y - z = 7$. **5.94** $E : x + 2y + 2z = 18$.

95 $G : \vec{x} = (1,2,0) + t(5,-3,4)$, $Q = (6,-1,4)$, $d = 5\sqrt{2}$.

96 $d = 5\sqrt{3}$, $\varphi = 90^o$. **5.97** $\vec{n} = r(1,2,2), r \neq 0$, $E : x + 2y + 2z = 12$.

98 $Q = (3,2,1)$, $E : x - 2y + z = 0$. **5.99** $E : 2x + 2y + z = 0$, $F = (-6, 0, 12)$.

100 (1) $E : x - y + 4z = -11$, $\vec{n} = (1,-1,4) \Longrightarrow \alpha = 19{,}47^o$, $\beta = \gamma = 76{,}37^o$.
(2) $F : x + y = 5$.

101 (1) $\overline{OP_1} = 5$, $\overline{OP_2} = \sqrt{26}$, $\overline{OP_3} = \sqrt{29}$, $\overline{P_1P_2} = \sqrt{35}$, $\overline{P_2P_3} = \sqrt{29}$, $\overline{P_1P_3} = \sqrt{38}$.
(2) $\sphericalangle(P_3P_1P_2) \approx 52.90^o$, $\sphericalangle(P_1P_2P_3) \approx 65.92^o$, $\sphericalangle(P_2P_3P_1) \approx 61.18^o$.
(3) $F = 51.595$, $V = 18.833$.

102 Elementargeometrische Lösung:

Die Höhe in einem gleichseitigen Dreieck (Kantenlänge 1) beträgt: $\frac{1}{2}\sqrt{3}$.

Die Höhe in einem gleichseitigen Tetraeder (Kantenlänge 1) beträgt: $\frac{1}{3}\sqrt{6}$.
Also gilt für das Volumen eines regelmäßigen Spats (Kantenlänge 1), bei dem die drei Winkel an einer Ecke je 60^0 betragen: $V_0 = \frac{1}{2}\sqrt{3}\,\frac{1}{3}\sqrt{6} = \frac{1}{2}\sqrt{2}$.
Für das Volumen des entsprechenden Spats der Kantenlängen 1,2,4 gilt:
$V = 1 \cdot 2 \cdot 4 \cdot \frac{1}{2}\sqrt{2} = 4\sqrt{2}$.

Andere Lösungsmöglichkeit, siehe [5.116]. ($\alpha = \beta = \gamma = 60^0$).

5.103 $F = \frac{45}{2}$. **5.104** $E: x + 2y + 2z = 2$. **5.105** $\cos\varphi = \frac{2}{3}\sqrt{2}$.

5.106 $E: x - y = 0$. **5.107** Nein! **5.108** $V = 6$. **5.109** $E: x + y - 2z = -1$.

5.110 $P = (3, -1, 0)$. **5.111** $c = \pm\sqrt{2}$. **5.112** $E: x + y - z = 3$.

5.113 $P = \frac{1}{3}(-7, -2, 4)$. **5.114** $\vec{p} = \vec{p_1} + \frac{2}{3}(\vec{p_2} - \vec{p_1}) = \frac{1}{3}(-1, 6, 1)$.

5.115 Geraden $G_a : \vec{x} = \frac{1}{3}(a - 1, 0, -a - 2) + t(0, 1, -1), a$ beliebig.

5.116 $V = | < \vec{a}, \vec{b}, \vec{c} > | = |(\vec{a} \times \vec{b}) \cdot \vec{c}| = |\vec{a} \times \vec{b}| \cdot |\vec{c}| \cos\varphi = |\vec{a}| \cdot |\vec{b}| \cdot \sin\gamma \cdot |\vec{c}| \cdot \cos\varphi$, wobei φ der Winkel zwischen $\vec{a} \times \vec{b}$ und $\vec{c}$ ist. Es ist $\varphi = 90^0 - \psi$, wobei ψ der Winkel zwischen $\vec{c}$ und der durch $\vec{a}$ und $\vec{b}$ bestimmten Ebene ist.

Nach 5.34 gilt: $\cos\psi = \frac{1}{\sin\gamma}\sqrt{\cos^2\alpha + \cos^2\beta - 2\cos\alpha\cos\beta\cos\gamma}$.

Man erhält: $V = |\vec{a}| \cdot |\vec{b}| \cdot |\vec{c}| \cdot \sin\gamma \cdot \cos(90^0 - \psi) = |\vec{a}| \cdot |\vec{b}| \cdot |\vec{c}| \cdot \sin\gamma \cdot \sin\psi$

Setzt man $\sin\psi = \sqrt{1 - \cos^2\psi}$ und für $\cos\psi$ obige Formel ein, so erhält man:

$$V_{\text{Spat}} = |\vec{a}| \cdot |\vec{b}| \cdot |\vec{c}| \cdot \sqrt{1 - \cos^2\alpha - \cos^2\beta - \cos^2\gamma + 2\cos\alpha\cos\beta\cos\gamma}\,.$$

5.117 $V_{\text{Spat}} = \sqrt{\sqrt{3} - 1} \approx 0.86$, siehe [.116].

5.118 $V_{\text{Tetra.}} = \frac{1}{6}V_{\text{Spat}} = 2\sqrt{\sqrt{6} - 2} \approx 1.34$, siehe [5.116].

5.119 Man schneidet zunächst zwei Winkelhalbierende:

$W_1 : \vec{x} = r\left(\frac{\vec{a}}{|\vec{a}|} + \frac{\vec{b}}{|\vec{b}|}\right)$ und $W_2 : \vec{x} = \vec{a} + s\left(\frac{\vec{b}-\vec{a}}{|\vec{b}-\vec{a}|} - \frac{\vec{a}}{|\vec{a}|}\right)$. Gleichsetzen und Zusammenfassen ergibt: $\underbrace{\left(\frac{r_0}{|\vec{a}|} + \frac{s_0}{|\vec{a}|} + \frac{s_0}{|\vec{b}-\vec{a}|} - 1\right)}_{=0} \cdot \vec{a} + \underbrace{\left(\frac{r_0}{|\vec{b}|} - \frac{s_0}{|\vec{b}-\vec{a}|}\right)}_{=0} \cdot \vec{b} = \vec{0}$.

Da $\vec{a}, \vec{b}$ linear unabhängig sind, müssen die Koeffizienten gleich 0 sein. Man erhält ein LGS für r_0 und s_0 mit den Lösungen:

$r_0 = \frac{|\vec{a}| \cdot |\vec{b}|}{|\vec{a}| + |\vec{b}| + |\vec{a}-\vec{b}|}$ und $s_0 = \frac{|\vec{a}| \cdot |\vec{a}-\vec{b}|}{|\vec{a}| + |\vec{b}| + |\vec{a}-\vec{b}|}$. Im Nenner steht der Umfang des Dreicks, deshalb sei $U := |\vec{a}| + |\vec{b}| + |\vec{a} - \vec{b}|$ und somit:

$$r_0 = \frac{1}{U}|\vec{a}| \cdot |\vec{b}| \quad \text{und} \quad s_0 = \frac{1}{U}|\vec{a}| \cdot |\vec{a} - \vec{b}|.$$

Schneidet man analog die Winkelhalbierenden W_1 und W_3, so erhält man r_0 wie oben und $t_0 = \frac{1}{U}|\vec{b}| \cdot |\vec{a} - \vec{b}|$. Also schneiden sich W_1, W_2 und W_1, W_3 im gleichen Punkt, also schneiden sich W_1, W_2, W_3 in dem Punkt:

Schnittpunkt der Winkelhalbierenden: $\vec{s} = r_0\left(\frac{\vec{a}}{|\vec{a}|} + \frac{\vec{b}}{|\vec{b}|}\right) = \frac{1}{U}(|\vec{b}|\vec{a} + |\vec{a}|\vec{b})$.

Bleibt zu zeigen, dass S Mittelpunkt des Inkreises ist:

Dazu betrachtet man die Abstände von S zu den Dreiecksseiten:

$G_1 : \vec{x} = r\vec{a}$, $G_2 : \vec{x} = s\vec{b}$, $G_3 : \vec{x} = \vec{a} + t(\vec{b} - \vec{a})$ und erhält:.

$d_1 = \frac{|\vec{a} \times (\vec{s} - \vec{0})|}{|\vec{a}|} = \frac{1}{U}\frac{|\vec{a} \times (|\vec{b}|\vec{a} + |\vec{a}|\vec{b})}{|\vec{a}|} = \frac{1}{U}|\vec{a} \times \vec{b}|$, (siehe Seite 140).

Es zeigt sich, dass $d_1 = d_2 = d_3$ ist. Also ist S Mittelpunkt des Inkreises und sein Radius: $\quad R = \frac{1}{U}|\vec{a} \times \vec{b}| = \frac{2\times\text{Fläche des Dreiecks}}{\text{Umfang des Dreiecks}}$.

.120 Jede Gerade durch P, die G_1 schneidet, liegt in der Ebene F, die P und G_1 enthält ($P \notin G_1$!):

$F : \vec{x} = (1, -1, 2) + r(1, 2, -3) + t(-11, 5, 9)$,
oder in Koordinatenform
$F : 11x + 8y + 9z = 21$.

Schnittmenge von F und G_2 (G_2 in F einsetzen):

$11(-4 + 2s) + 8(1 - 3s) + 9(1 + 2s) = 21 \Longrightarrow 16s = 48 \Longrightarrow s = 3.$

Also schneiden sich F und G_2 im Punkt $P_2 = (2, -8, 7)$.

Sei G die Gerade durch P und P_2, also :

$G : \vec{x} = (-10, 4, 11) + t(12, -12, -4)$ oder $G : \vec{x} = (-10, 4, 11) + t(3, -3, -1)$.

Bleibt zu zeigen, dass G auch G_1 schneidet. G und G_1 liegen in einer Ebene, nämlich F, und sind nicht parallel. Der Schnittpunkt wird berechnet:

$$G \cap G_1 : \begin{array}{l} \vec{x} = (-10, 4, 11) + t(3, -3, -1) \\ \vec{x} = (1, -1, 2) + r(1, 2, -3) \end{array} \quad \text{Gleichsetzen} \Longrightarrow r = t = 3.$$

Also schneiden sich G und G_1 im Punkt $P_1 = (-1, -5, 8)$.

G ist die einzige Gerade durch P, die G_1 und G_2 schneidet.

Allgemeine Lösung des Problems, ob es eine Gerade durch einen Punkt gibt, die zwei windschiefe Geraden schneidet, siehe 5.37.

121 G_1 und G_2 liegen in den parallelen Ebenen $E_1 :\ x - z = 1$ und $E_2 :\ x - z = -1$, deren Abstand $d(E_1, E_2) = \sqrt{2}$ beträgt.
$E :\ x - z = 0$ liegt mitten zwischen E_1 und E_2. Alle Geraden in E haben gleichen Abstand $d = \frac{1}{2}\sqrt{2}$ von E_1 und E_2
und somit von G_1 und G_2.
$G :\ \vec{x} = t(1, 1, 1)$ liegt in E und ist folglich eine gesuchte Gerade.

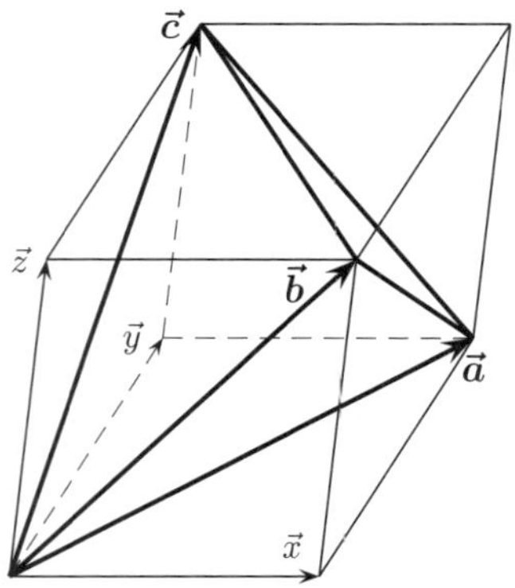

122 Wird das Tetraeder T von $\vec{a}, \vec{b}, \vec{c}$ gebildet, so ist T in dem von

$$\begin{array}{lcl} \vec{x} = \frac{1}{2}(\vec{a} + \vec{b} - \vec{c}) & & \vec{a} = \vec{x} + \vec{y} \\ \vec{y} = \frac{1}{2}(\vec{a} - \vec{b} + \vec{c}) & \Longleftrightarrow & \vec{b} = \vec{x} + \vec{z} \\ \vec{z} = \frac{1}{2}(-\vec{a} + \vec{b} + \vec{c}) & & \vec{c} = \vec{y} + \vec{z} \end{array}$$

gebildeten Spat S enthalten. Sein Volumen ist:

$$\begin{aligned} &|\vec{x}, \vec{y}, \vec{z}| = \\ &= |\tfrac{1}{2}(\vec{a} - \vec{b} + \vec{c}), \tfrac{1}{2}(\vec{a} + \vec{b} - \vec{c}), \tfrac{1}{2}(-\vec{a} + \vec{b} + \vec{c})| \\ &= \tfrac{1}{8}|(\vec{a} - \vec{b} + \vec{c}), (\vec{a} + \vec{b} - \vec{c}), (-\vec{a} + \vec{b} + \vec{c})| \\ &= \tfrac{1}{8}\big(|\vec{a}, \vec{b}, \vec{c}| + |\vec{a}, -\vec{c}, \vec{b}| + |-\vec{b}, \vec{a}, \vec{c}| + |-\vec{b}, -\vec{c}, -\vec{a}| + |\vec{c}, \vec{a}, \vec{b}| + |\vec{c}, \vec{b}, -\vec{a}|\big) \\ &= \tfrac{1}{8}\big(|\vec{a}, \vec{b}, \vec{c}| + |\vec{a}, \vec{b}, \vec{c}| + |\vec{a}, \vec{b}, \vec{c}| - |\vec{a}, \vec{b}, \vec{c}| + |\vec{a}, \vec{b}, \vec{c}| + |\vec{a}, \vec{b}, \vec{c}|\big) \\ &= \tfrac{1}{8}\big(4|\vec{a}, \vec{b}, \vec{c}|\big) = \tfrac{1}{2}|\vec{a}, \vec{b}, \vec{c}|\big) = \tfrac{1}{2} \cdot 6 \cdot V_{\text{Tet}} = 3 \cdot V_{\text{Tet}} \end{aligned}$$

6 Matrizen

6.1 Bezeichnungen

Eine (m,n)–Matrix A ist ein rechteckiges Zahlenschema, das aus $m \cdot n$ Zahlen – *Elemente* genannt – besteht, die in m *Zeilen* (Zeilenvektoren) und n *Spalten* (Spaltenvektoren) angeordnet sind:

$$A = \begin{pmatrix} a_{11} & \cdots & a_{1n} \\ \vdots & & \vdots \\ a_{m1} & \cdots & a_{mn} \end{pmatrix} = (a_{ij}), \quad \begin{matrix} 1 \le i \le m \\ 1 \le j \le n \end{matrix} .$$

Das Element a_{ij} steht in der i–ten Zeile und in der j–ten Spalte.
i heißt *Zeilenindex* und j heißt *Spaltenindex*,
m heißt *Zeilenzahl* und n heißt *Spaltenzahl* der Matrix A.

6.1

$A = \begin{pmatrix} 1 & -1 \\ 2 & 3 \\ -4 & 5 \end{pmatrix}$ ist eine $(3,2)$–Matrix aus 3 Zeilen und 2 Spalten, es ist z.B. $a_{21} = 2,\ a_{12} = -1$, die zweite Zeile (der zweite Zeilenvektor) ist $(2,3)$.

$B = (1\ -1\ 2)$ ist eine $(1,3)$–Matrix[4] aus 1 Zeile und 3 Spalten.

$C = \begin{pmatrix} 2 & 3 \\ -1 & 5 \end{pmatrix}$ ist eine (quadratische) $(2,2)$–Matrix.

$D = \begin{pmatrix} 1 & 3 & 0 \\ 3 & -2 & -4 \\ 0 & -4 & 0 \end{pmatrix}$ ist eine (symmetrische) $(3,3)$–Matrix.

$O = \begin{pmatrix} 0 & 0 & 0 \\ 0 & 0 & 0 \end{pmatrix}$ ist die $(2,3)$–Nullmatrix.

Sind alle Elemente von A gleich 0, so heißt A eine **Nullmatrix**, Bez.[5]: O.
Ist $A = (a_{ij})$ eine (m,n)–Matrix , so heißt die (n,m)–Matrix $A^\top := (a_{ji})$ die zu A *transponierte* oder *gespiegelte* Matrix. Es ist $(A^\top)^\top = A$.
$A^\top$ geht aus A durch Vertauschen der Zeilen mit den Spalten hervor.

6.2

Zu A, B, C, D, O des vorigen Beispiels bilde man die Transponierten:

$$A^\top = \begin{pmatrix} 1 & -1 \\ 2 & 3 \\ -4 & 5 \end{pmatrix}^\top = \begin{pmatrix} 1 & 2 & -4 \\ -1 & 3 & 5 \end{pmatrix}, \quad B^\top = (1,-1,2)^\top = \begin{pmatrix} 1 \\ -1 \\ 2 \end{pmatrix},$$

$$C^\top = \begin{pmatrix} 2 & -1 \\ 3 & 5 \end{pmatrix}, \quad D^\top = \begin{pmatrix} 1 & 3 & 0 \\ 3 & -2 & -4 \\ 0 & -4 & 0 \end{pmatrix} = D, \quad O^\top = \begin{pmatrix} 0 & 0 \\ 0 & 0 \\ 0 & 0 \end{pmatrix}.$$

[4] Statt $(1\ -1\ 2)$ schreibt man auch $(1,-1,2)$.
[5] Gehen Zeilenzahl m und Spaltenzahl n nicht aus dem Zusammenhang hervor, müssen sie angegeben werden!

6.2 Rechnen mit Matrizen

Vektoren sind spezielle Matrizen!

Zur vertiefenden Wiederholung siehe auch **EM 1**.

Wie bei Vektoren (Stichwort: *koordinatenweise*) definiert man Gleichheit, Multiplikation mit Zahlen und Addition für Matrizen:

Rechnen mit Matrizen

Sind $A = (a_{ij})$ und $B = (b_{ij})$ zwei (m, n)–Matrizen, so gilt:

Gleichheit	$A = B \iff a_{ij} = b_{ij}$ für $\begin{array}{l} i = 1, \ldots, m \\ j = 1, \ldots, n. \end{array}$
Multiplikation mit Skalar	$c \cdot A = c \cdot (a_{ij}) = (c \cdot a_{ij})$, für $c \in \mathbb{R}$.
Addition	$A + B = (a_{ij}) + (b_{ij}) = (a_{ij} + b_{ij})$.
Transponieren	$(A + B)^{\top} = A^{\top} + B^{\top}, \quad A^{\top\top} = A$.

.3

$$A = \begin{pmatrix} 1 & -2 & 3 \\ 0 & 2 & 1 \end{pmatrix}, \; B = \begin{pmatrix} 0 & 1 & -1 \\ 2 & 0 & 3 \end{pmatrix}.$$

Man berechne $C = 2A - 3B + A + 2B$ *und* $D = -B + 3A$.

$$C = 2\begin{pmatrix} 1 & -2 & 3 \\ 0 & 2 & 1 \end{pmatrix} - 3\begin{pmatrix} 0 & 1 & -1 \\ 2 & 0 & 3 \end{pmatrix} + \begin{pmatrix} 1 & -2 & 3 \\ 0 & 2 & 1 \end{pmatrix} + 2\begin{pmatrix} 0 & 1 & -1 \\ 2 & 0 & 3 \end{pmatrix}$$

$$= \begin{pmatrix} 2 & -4 & 6 \\ 0 & 4 & 2 \end{pmatrix} + \begin{pmatrix} 0 & -3 & 3 \\ -6 & 0 & -9 \end{pmatrix} + \begin{pmatrix} 1 & -2 & 3 \\ 0 & 2 & 1 \end{pmatrix} + \begin{pmatrix} 0 & 2 & -2 \\ 4 & 0 & 6 \end{pmatrix} = \underline{\begin{pmatrix} 3 & -7 & 10 \\ -2 & 6 & 0 \end{pmatrix}}.$$

$$D = -\begin{pmatrix} 0 & 1 & -1 \\ 2 & 0 & 3 \end{pmatrix} + 3\begin{pmatrix} 1 & -2 & 3 \\ 0 & 2 & 1 \end{pmatrix} = \underline{\begin{pmatrix} 3 & -7 & 10 \\ -2 & 6 & 0 \end{pmatrix}}.$$

Folgende Umformungen[6] sind erlaubt:

$$C = 2A - 3B + A + 2B = 2A + A - 3B + 2B = 3A - B = -B + 3A = D.$$

Produkt von Matrizen

Es sei $A = (a_{ij})$ eine $(m,\boldsymbol{n})$–Matrix und $B = (b_{jk})$ eine $(\boldsymbol{n}, r)$–Matrix.

$A \cdot B = (c_{ik})$ ist die (m, r)–Matrix, mit $c_{ik} = \sum\limits_{j=1}^{n} a_{ij} \cdot b_{jk}$, für $\begin{array}{l} i = 1, \ldots, m, \\ k = 1, \ldots, r. \end{array}$

c_{ik} ist also das *Skalarprodukt* der i–ten Zeile von A mit der k–ten Spalte von B. Es muss also die *Spaltenzahl* von A mit der *Zeilenzahl* von B übereinstimmen: A und B müssen zueinander passen!

[6] Benutzt werden: Assoziativ– und Kommutativgesetz der Addition, Distributivgesetze.

6.4 *Man bilde das Matrizenprodukt $A \cdot B$ der Matrizen*

$$A = \begin{pmatrix} 1 & -1 & 2 \\ 3 & -2 & 4 \end{pmatrix} \text{ und } B = \begin{pmatrix} 1 & 2 & 11 & 4 \\ -2 & 3 & 0 & 2 \\ 3 & 1 & 4 & 0 \end{pmatrix}.$$

Multipliziert man die $(2, \mathbf{3})$–Matrix A mit der $(\mathbf{3}, 4)$–Matrix B, so erhält man die $(2, 4)$–Matrix AB:

Schema:

	B
A	AB

	$\underbrace{\begin{pmatrix} 1 & 2 & \mathbf{11} & 4 \\ -2 & 3 & \mathbf{0} & 2 \\ 3 & 1 & \mathbf{4} & 0 \end{pmatrix}}_{B}$
$\underbrace{\begin{pmatrix} 1 & -1 & 2 \\ \mathbf{3} & \mathbf{-2} & \mathbf{4} \end{pmatrix}}_{A}$	$\underbrace{\begin{pmatrix} 9 & 1 & 19 & 2 \\ 19 & 4 & \mathbf{49} & 8 \end{pmatrix}}_{AB}$

Man erhält z.B.: $c_{23} = \mathbf{49}$ als Skalarprodukt des 2. Zeilenvektors von A mit dem 3. Spaltenvektor von B: $c_{23} = 3 \cdot 11 - 2 \cdot 0 + 4 \cdot 4 = 49$.

Rechenregeln für Matrizen

$A + B$	$=$	$B + A$	Kommutativität der Addition
$A + O$	$=$	$O + A = A$	Nullmatrix
AE	$=$	$EA = A$	Einheitsmatrix
$A(B + C)$	$=$	$AB + AC$	Distributivgesetz
$A(BC)$	$=$	$(AB)C =: ABC$	Assoziativgesetz
$(AB)^\top$	$=$	$B^\top A^\top$	Transponierte des Produkts
$(AB)^{-1}$	$=$	$B^{-1}A^{-1}$	Inverse des Produkts

Im obigen Beispiel lässt sich AB bilden; aber das Matrizenprodukt BA existiert nicht, da B und A nicht zueinander passen: Die Spaltenzahl 4 von B ist *nicht* gleich der Zeilenzahl 2 von A.
Aber selbst wenn man AB und BA bilden kann, ist im Allgemeinen $AB \neq BA$:

Im Allgemeinen: $AB \neq BA$. Das Matrizenprodukt ist nicht kommutativ !

6.5 *Man berechne AB und BA:* (a) $A = \begin{pmatrix} 2 & -1 \\ 0 & 3 \end{pmatrix}$ *und* $B = \begin{pmatrix} 1 & 1 \\ 0 & 1 \end{pmatrix}$,

(b) $A = (1, 2, -1)$ *und* $B = \begin{pmatrix} 3 \\ 0 \\ -2 \end{pmatrix}$.

(a) $$AB = \begin{pmatrix} 2 & -1 \\ 0 & 3 \end{pmatrix} \cdot \begin{pmatrix} 1 & 1 \\ 0 & 1 \end{pmatrix} = \begin{pmatrix} 2 & 1 \\ 0 & 3 \end{pmatrix}$$

$$BA = \begin{pmatrix} 1 & 1 \\ 0 & 1 \end{pmatrix} \cdot \begin{pmatrix} 2 & -1 \\ 0 & 3 \end{pmatrix} = \begin{pmatrix} 2 & 2 \\ 0 & 3 \end{pmatrix}, \quad \text{also } AB \neq BA.$$

(b)

$$\begin{array}{c|c} & \begin{pmatrix} 3 \\ 0 \\ -2 \end{pmatrix} \\ \hline (1\ \ 2\ \ -1) & (\ 5\ ) \end{array} \implies AB = (5) \quad \text{ist } (1,1)\text{–Matrix.}$$

$$\begin{array}{c|c} & (\ 1 \quad 2 \quad -1\ ) \\ \hline \begin{pmatrix} 3 \\ 0 \\ -2 \end{pmatrix} & \begin{pmatrix} 3 & 6 & -3 \\ 0 & 0 & 0 \\ -2 & -4 & 2 \end{pmatrix} \end{array} \implies BA = \begin{pmatrix} 3 & 6 & -3 \\ 0 & 0 & 0 \\ -2 & -4 & 2 \end{pmatrix} \quad \text{ist } (3,3)\text{–Matrix.}$$

6.6

$$A = \begin{pmatrix} 6 & 3 \\ 4 & 2 \\ 2 & 1 \end{pmatrix}, \; B = \begin{pmatrix} 3 & -2 & -5 \\ -2 & 1 & 4 \end{pmatrix}, \textit{ berechne: } AB,\ BA,\ (AB)^\top,\ (BA)^\top.$$

$$AB = \begin{pmatrix} 12 & -9 & -18 \\ 8 & -6 & -12 \\ 4 & -3 & -6 \end{pmatrix} \qquad BA = \begin{pmatrix} 0 & 0 \\ 0 & 0 \end{pmatrix} = O$$

$$(AB)^\top = \begin{pmatrix} 12 & 8 & 4 \\ -9 & -6 & -3 \\ -18 & -12 & -6 \end{pmatrix} \qquad (BA)^\top = \begin{pmatrix} 0 & 0 \\ 0 & 0 \end{pmatrix} = O$$

6.7

Gegeben: Matrix $A = \begin{pmatrix} 0 & -1 \\ 1 & 0 \end{pmatrix}$ *und Polynom* $p(x) = 2x^4 - 3x^2 + x + 4$.
Man berechne die Potenzen A^2, A^3, A^4 *und die Matrix* $p(A)$.
Siehe auch Seite 173 *und Seite* 174[6.15].

Mit dem Schema der vorigen Seite berechnen wir die Potenzen von A:

$$\begin{array}{c|c|c|c} & \overset{A}{\begin{pmatrix} 0 & -1 \\ 1 & 0 \end{pmatrix}} & \overset{A}{\begin{pmatrix} 0 & -1 \\ 1 & 0 \end{pmatrix}} & \overset{A}{\begin{pmatrix} 0 & -1 \\ 1 & 0 \end{pmatrix}} \\ \hline \underset{A}{\begin{pmatrix} 0 & -1 \\ 1 & 0 \end{pmatrix}} & \underset{A^2}{\begin{pmatrix} -1 & 0 \\ 0 & -1 \end{pmatrix}} & \underset{A^3}{\begin{pmatrix} 0 & 1 \\ -1 & 0 \end{pmatrix}} & \underset{A^4}{\begin{pmatrix} 1 & 0 \\ 0 & 1 \end{pmatrix}} \end{array} \implies \begin{aligned} A^2 &= -E, \\ A^3 &= -A, \\ A^4 &= E. \end{aligned}$$

$$\begin{aligned} p(A) &= 2A^4 - 3A^2 + A + 4E \\ &= 2\begin{pmatrix} 1 & 0 \\ 0 & 1 \end{pmatrix} - 3\begin{pmatrix} -1 & 0 \\ 0 & -1 \end{pmatrix} + \begin{pmatrix} 0 & -1 \\ 1 & 0 \end{pmatrix} + 4\begin{pmatrix} 1 & 0 \\ 0 & 1 \end{pmatrix} = \underline{\underline{\begin{pmatrix} 9 & -1 \\ 1 & 9 \end{pmatrix}}}. \end{aligned}$$

Bemerkung: Ist $A \neq O$ und gibt es eine Matrix $B \neq O$ mit $AB = O$,
so heißt A **Nullteiler**, genauer heißt A linker und B ein rechter Nullteiler.

Für quadratische Matrizen gilt:

$$A \text{ ist Nullteiler} \iff \det A = 0 \iff A \text{ hat nicht vollen Rang.}$$

6.3 Rang einer Matrix

Eine (m,n)–Matrix besteht aus $\begin{matrix} m \text{ Zeilenvektoren} & \vec{a}_1,\ldots,\vec{a}_m \\ n \text{ Spaltenvektoren} & \vec{b}_1,\ldots,\vec{b}_n \end{matrix}$.

$$A = \begin{pmatrix} a_{11} & \cdots & a_{1j} & \cdots & a_{1n} \\ \vdots & & & & \vdots \\ a_{i1} & \cdots & a_{ij} & \cdots & a_{in} \\ \cdots & & & & \cdots \\ a_{m1} & \cdots & a_{mj} & \cdots & a_{mn} \end{pmatrix} = \begin{pmatrix} \vec{a}_1 \\ \cdots \\ \vec{a}_i \\ \cdots \\ \vec{a}_m \end{pmatrix} = (\vec{b}_1,\ldots,\vec{b}_j,\ldots,\vec{b}_n).$$

z.B. ist: $\vec{a}_i = (a_{i1},\ldots,a_{in})$ und $b_j = \begin{pmatrix} a_{1j} \\ \vdots \\ a_{mj} \end{pmatrix}$

Die $\begin{matrix} m \text{ Zeilenvektoren} & \vec{a}_1,\ldots,\vec{a}_m \\ n \text{ Spaltenvektoren} & \vec{b}_1,\ldots,\vec{b}_n \end{matrix}$ spannen einen Unterraum des $\begin{matrix} \mathbb{R}^n \\ \mathbb{R}^m \end{matrix}$ auf.

Die Dimensionen dieser beiden Unterräume sind (merkwürdigerweise) gleich. Man nennt sie den *Rang* der Matrix.

Rang einer Matrix

Der Rang der Matrix A ist die Dimension des von den Zeilenvektoren (bzw. Spaltenvektoren) aufgespannten Unterraums. Bezeichnung: $\operatorname{rg} A$.

A und $A^\top$ haben gleichen Rang: $\operatorname{rg} A = \operatorname{rg} A^\top$.

6.8 *Man bestimme die Ränge folgender Matrizen:*

$$A = \begin{pmatrix} -2 & 0 & 0 & 0 \\ 0 & 3 & 0 & 2 \\ 0 & 0 & 0 & 1 \\ 0 & 0 & 0 & 0 \end{pmatrix}, \ B = \begin{pmatrix} 1 & 2 & 3 & 4 \\ 0 & 0 & 1 & 2 \\ 0 & 0 & 0 & 1 \end{pmatrix}, \ C = \begin{pmatrix} 1 & 2 & 1 \\ 0 & 1 & 1 \\ 0 & 2 & 2 \end{pmatrix}.$$

Die Matrix A hat **Zeilenstufenform**:

$$\begin{pmatrix} -2 & 0 & 0 & 0 \\ 0 & 3 & 0 & 2 \\ 0 & 0 & 0 & 1 \\ 0 & 0 & 0 & 0 \end{pmatrix} = \begin{pmatrix} \star & & & \\ 0 & \star & & \\ 0 & 0 & 0 & \star \\ 0 & 0 & 0 & 0 \end{pmatrix}$$

dabei sind die Stufenränder $*$ Zahlen $\neq 0$. Unter den Stufen stehen nur Nullen. Ansonsten können beliebige Zahlen stehen.

Man sieht: Die ersten drei Zeilenvektoren sind linear unabhängig und die (vier) Zeilenvektoren spannen einen dreidimensionalen Unterraum des $\mathbb{R}^4$ auf, also gilt: $\underline{\operatorname{rg} A = 3}$.

Auch B hat Zeilenstufenform (3 Stufen!), also gilt: $\underline{\operatorname{rg} B = 3}$.

C hat nicht Zeilenstufenform; aber man sieht, dass die ersten beiden Zeilen linear unabhängig sind und die dritte Zeile von ihnen linear abhängig ist, d.h. sich aus ihnen linear kombinieren lässt:

$(0,2,2) = 0 \cdot (1,2,1) + 2 \cdot (0,1,1)$. Also gilt: $\underline{\operatorname{rg} C = 2}$.

Hat eine Matrix nicht Zeilenstufenform (analog: Spaltenstufenform), so lässt sich ihr Rang im Allgemeinen nicht so einfach ablesen.
Man kann jedoch jede Matrix – *ohne ihren Rang zu ändern* – auf Zeilenstufenform bringen und dann ihren Rang (= Anzahl der Stufen) ablesen:

Bestimmung des Ranges einer Matrix

Folgende Zeilenumformungen (analog: Spaltenumformungen) ändern den Rang einer Matrix nicht:

1.) Vertauschen von Zeilen.
2.) Multiplikation einer Zeile mit einer Zahl $\neq 0$.
3.) Addition eines Vielfachen einer Zeile zu einer anderen Zeile.

Mittels dieser **elementaren Umformungen** bringt man die Matrix auf Zeilenstufenform und liest ihren Rang (= Anzahl der Stufen) ab.

6.9 *Mittels elementarer Umformungen bestimme man die Ränge der Matrizen:*

$$A = \begin{pmatrix} 1 & -2 & 2 \\ 1 & 0 & 1 \\ -1 & 1 & -3 \end{pmatrix}, \qquad B = \begin{pmatrix} -1 & 2 & 5 & 0 \\ 2 & 0 & -2 & 4 \\ 1 & -3 & -7 & -1 \\ 3 & 1 & -1 & 7 \end{pmatrix}$$

			Regie	
1	−2	2	−1	1
1	0	1	1	
−1	1	−3		1
1	−2	2		
0	2	−1	1	
0	−1	−1	2	
1	−2	2		
0	2	−1		
0	0	−3		

$\Longrightarrow$ $\underline{\operatorname{rg} A = 3}$

					Regie	
−1	2	5	0	2	1	3
2	0	−2	4	1		
1	−3	−7	−1		1	
3	1	−1	7			1
−1	2	5	0			
0	4	8	4	1	7	
0	−1	−2	−1	4		
0	7	14	7		−4	
−1	2	5	0			
0	4	8	4			
0	0	0	0			
0	0	0	0			

$\Longrightarrow$ $\underline{\operatorname{rg} B = 2}$

Es sind dies die elementaren Umformungen, die man beim

Gaußschen Eliminationsverfahren, (Seite 245)

benutzt, um z.B. das LGS $A\vec{x} = \vec{b}$ zu lösen, vergl. [11.1], [11.2].

Die Regie(–anweisungen) sind senkrecht zu lesen: Z.B. liefert bei A das -1-fache der ersten Zeile addiert zum 1-fachen der zweiten Zeile die Zeile $0 \quad 2 \quad -1$.

6.10 *Man bestimme die Ränge der Matrizen A und B in Abhängigkeit von dem Parameter a:*

$$A = \begin{pmatrix} 1 & -2 & -2 \\ 1 & 1 & a \\ 2 & a-1 & -2 \end{pmatrix}, \quad B = \begin{pmatrix} 1 & -2 & -2 & 0 \\ 1 & 1 & a & 2 \\ 2 & a-1 & -2 & 2 \end{pmatrix} = (A, \vec{b}), \quad \text{mit } \vec{b} = \begin{pmatrix} 0 \\ 2 \\ 2 \end{pmatrix}.$$

$$B = \begin{pmatrix} 1 & -2 & -2 & 0 \\ 1 & 1 & a & 2 \\ 2 & a-1 & -2 & 2 \end{pmatrix} \to \begin{pmatrix} 1 & -2 & -2 & 0 \\ 0 & 3 & a+2 & 2 \\ 0 & a+3 & 2 & 2 \end{pmatrix} \to \begin{pmatrix} 1 & -2 & -2 & 0 \\ 0 & 3 & a+2 & 2 \\ 0 & 0 & a(a+5) & 2a \end{pmatrix}$$

Man liest ab: (vgl. 6.20) $\operatorname{rg} A = \begin{cases} 3, & a \neq 0, -5 \\ 2, & a = 0 \text{oder } a = -5 \end{cases}$ und $\operatorname{rg} B = \begin{cases} 3, & a \neq 0 \\ 2, & a = 0 \end{cases}.$

6.11 $A = \begin{pmatrix} 1 & 2 \\ -2 & -4 \end{pmatrix}, \quad B = \begin{pmatrix} 2 & -4 \\ -1 & 2 \end{pmatrix}.$ *Man bestimme: $\operatorname{rg} A$, $\operatorname{rg} B$, $\operatorname{rg} AB$, $\operatorname{rg} BA$.*

$\operatorname{rg} A = \operatorname{rg} B = 1$, da die Zeilenvektoren linear abhängig sind.

$AB = O \Longrightarrow \operatorname{rg} AB = 0$, $BA = \begin{pmatrix} 10 & 20 \\ -5 & -10 \end{pmatrix} \Longrightarrow \operatorname{rg} BA = 1.$

$$\boxed{\operatorname{rg} AB \leq \min\{\operatorname{rg} A, \operatorname{rg} B\}}$$

6.4 Quadratische Matrizen

Die (m, n)–Matrix A heißt **quadratisch**, wenn $m = n$ ist.

Ist A eine quadratische (n, n)–Matrix, so heißen $a_{11}, a_{22}, \ldots, a_{nn}$ die **Diagonalelemente** von A, kurz **Diagonale** oder Hauptdiagonale von A.

Die Summe der Diagonalelemente heißt die **Spur** von A: $\boxed{\operatorname{spur}(A) := a_{11} + a_{22} + \ldots + a_{nn}}$

6.12 $A = \begin{pmatrix} -1 & 2 & -3 \\ 2 & 1 & -1 \\ 1 & 0 & 3 \end{pmatrix}$ ist eine dreireihige quadratische Matrix mit der Diagonalen $-1, 1, 3$ und $\operatorname{spur} A = -1 + 1 + 3 = 3$.

Eine **Diagonalmatrix** ist eine quadratische Matrix, in der außerhalb der Diagonalen nur Nullen stehen: $a_{ij} = 0$ für $i \neq j$.

Eine **Einheitsmatrix**[7] ist eine Diagonalmatrix, deren sämtliche Diagonalelemente 1 sind: $a_{ij} = \begin{cases} 1 & , \text{für } i = j \\ 0 & , \text{für } i \neq j \end{cases}$

Eine quadratische Matrix $A = (a_{ij})$ heißt

symmetrisch	$\Longleftrightarrow$	$A^\top = A$	$\Longleftrightarrow$	$a_{ij} = a_{ji}$
schiefsymmetrisch	$\Longleftrightarrow$	$A^\top = -A$	$\Longleftrightarrow$	$a_{ij} = -a_{ji}$
orthogonal	$\Longleftrightarrow$	$A^\top = A^{-1}$	$\Longleftrightarrow$	$A = (\vec{a}_1, \ldots, \vec{a}_n)$ ist **kartesische** Basis, Seite 180.

[7] Geht die Zeilenzahl nicht aus dem Zusammenhang hervor, ist sie anzugeben!

6.13 $\begin{pmatrix} 1 & 0 \\ 0 & -3 \end{pmatrix}$, $\begin{pmatrix} 2 & 0 & 0 \\ 0 & 0 & 0 \\ 0 & 0 & -3 \end{pmatrix}$ sind Diagonalmatrizen.

(1), $\begin{pmatrix} 1 & 0 \\ 0 & 1 \end{pmatrix}$, $\begin{pmatrix} 1 & 0 & 0 \\ 0 & 1 & 0 \\ 0 & 0 & 1 \end{pmatrix}$, ... sind Einheitsmatrizen, Bez.[15]: E.

$\begin{pmatrix} 1 & -1 & 0 \\ -1 & 0 & 3 \\ 0 & 3 & 2 \end{pmatrix}$ ist eine symmetrische Matrix.

$\begin{pmatrix} 0 & -2 & 1 \\ 2 & 0 & 0 \\ -1 & 0 & 0 \end{pmatrix}$ ist eine schiefsymmetrische Matrix.

Merke:

Ist A schiefsymmetrisch, so sind alle Diagonalelemente gleich 0.

Jede quadratische Matrix A lässt sich in eine Summe aus einer *symmetrischen* und einer *schiefsymmetrischen* Matrix zerlegen (vgl.: gerade, ungerade Funktionen, Seite 32):

Zerlegung der quadratischen Matrix A

in symmetrische + schiefsymmetrische Matrix

$$A = \tfrac{1}{2}(A + A^\top) + \tfrac{1}{2}(A - A^\top).$$

$A + A^\top$ ist symmetrisch, da $(A + A^\top)^\top = A^\top + A^{\top\top} = A^\top + A = A + A^\top$ ist.
$A - A^\top$ ist schiefsymmetrisch, da $(A - A^\top)^\top = A^\top - A = -(A - A^\top)$ ist.

6.14 *Man stelle* $\begin{pmatrix} 1 & 2 \\ 3 & 4 \end{pmatrix}$ *als Summe aus einer symmetrischen und einer schiefsymmetrischen Matrix dar.*

$\begin{pmatrix} 1 & 2 \\ 3 & 4 \end{pmatrix}^\top = \begin{pmatrix} 1 & 3 \\ 2 & 4 \end{pmatrix}$, $A = \frac{1}{2}(A + A^\top) + \frac{1}{2}(A - A^\top)$ ergibt:

$$\begin{aligned} \begin{pmatrix} 1 & 2 \\ 3 & 4 \end{pmatrix} &= \frac{1}{2}\left(\begin{pmatrix} 1 & 2 \\ 3 & 4 \end{pmatrix} + \begin{pmatrix} 1 & 3 \\ 2 & 4 \end{pmatrix}\right) + \frac{1}{2}\left(\begin{pmatrix} 1 & 2 \\ 3 & 4 \end{pmatrix} - \begin{pmatrix} 1 & 3 \\ 2 & 4 \end{pmatrix}\right) \\ &= \begin{pmatrix} 1 & 5/2 \\ 5/2 & 4 \end{pmatrix} + \begin{pmatrix} 0 & -1/2 \\ 1/2 & 0 \end{pmatrix}. \end{aligned}$$

Quadratische Matrizen lassen sich in Polynome einsetzen. Man setzt:

$$A^n := \underbrace{A \cdots A}_{\text{n-mal}} \quad \text{und} \quad A^0 := E.$$

Ist $f(x) = a_0 + a_1 x + \cdots + a_n x^n$ ein Polynom und ist A eine quadratische (n, n)–Matrix, so ist $f(A)$ die (n, n)–Matrix $f(A) := a_0 E + a_1 A + \cdots + a_n A^n$.

6.15 *Für $f(x) = 2x^3 + x^2 - x + 3$, $g(x) = x^2 - 3x + 2$ und $A = \begin{pmatrix} 1 & -1 \\ 0 & 2 \end{pmatrix}$ berechne man $f(A)$ und $g(A)$.*

$$A^2 = \begin{pmatrix} 1 & -1 \\ 0 & 2 \end{pmatrix} \cdot \begin{pmatrix} 1 & -1 \\ 0 & 2 \end{pmatrix} = \begin{pmatrix} 1 & -3 \\ 0 & 4 \end{pmatrix}, \quad A^3 = \ldots = \begin{pmatrix} 1 & -7 \\ 0 & 8 \end{pmatrix}$$

$$\begin{aligned} f(A) &= 2A^3 + A^2 - A + 3E \\ &= 2\begin{pmatrix} 1 & -7 \\ 0 & 8 \end{pmatrix} + \begin{pmatrix} 1 & -3 \\ 0 & 4 \end{pmatrix} - \begin{pmatrix} 1 & -1 \\ 0 & 2 \end{pmatrix} + 3\begin{pmatrix} 1 & 0 \\ 0 & 1 \end{pmatrix} = \begin{pmatrix} 5 & -16 \\ 0 & 21 \end{pmatrix}. \end{aligned}$$

$$g(A) = A^2 - 3A + 2E = \begin{pmatrix} 1 & -3 \\ 0 & 4 \end{pmatrix} - 3\begin{pmatrix} 1 & -1 \\ 0 & 2 \end{pmatrix} + 2\begin{pmatrix} 1 & 0 \\ 0 & 1 \end{pmatrix} = \begin{pmatrix} 0 & 0 \\ 0 & 0 \end{pmatrix} = O.$$

$g(x)$ ist das charakteristische Polynom von A, also ist $g(A) = O$, siehe Seite 209.

äquivalente Matrizen

Die (n, n)–Matrizen A, B heißen **äquivalent**, wenn sie gleichen Rang haben.

A äquivalent B $\iff$ $\operatorname{rg} A = \operatorname{rg} B$ $\iff$ es gibt invertierbare Matrizen Z, S mit $ZAS = B$

6.16 *Die Matrix $A = \begin{pmatrix} 1 & 2 & 1 \\ 0 & 1 & 1 \\ 0 & 2 & 2 \end{pmatrix}$ hat den Rang 2, siehe [6.8].*

Man bestimme invertierbare Z, S, so dass $ZAS = \begin{pmatrix} 1 & 0 & 0 \\ 0 & 1 & 0 \\ 0 & 0 & 0 \end{pmatrix}$ ist.

Zunächst überführt man A durch **Zeilenumformungen** (Matrix Z) in die Matrix ZA, in der unter der Hauptdiagonalen nur Nullen stehen.
Dann überführt man ZA durch **Spaltenumformungen** (Matrix S) in die Matrix ZAS, in der auch über der Hauptdiagonalen nur Nullen stehen und deren Hauptdiagonalelemente 1 oder 0 sind.

						A			**E**			
						1	2	1	1	0	0	
						0	1	1	0	1	0	−2
ZAS						0	2	2	0	0	1	1
1	0	0	1	0	0	1	2	1	1	0	0	
0	1	0	0	1	1	0	1	1	0	1	0	***Z***
0	0	0	0	0	0	0	0	0	0	−2	1	
1	−2	1	1	−2	−1	1	0	0	***E***			
0	1	−1	0	1	0	0	1	0				
0	0	1	0	0	1	0	0	1				
S				−1	1	−2	1					
						−1		1				

Schema:

	A	E
ZAS	ZA	Z
S	E	

A bringt man durch **Zeilenumformungen** (Matrix Z) und **Spaltenumformungen** (Matrix S) auf die Normalform $ZAS = \begin{pmatrix} 1 & 0 & 0 \\ 0 & 1 & 0 \\ 0 & 0 & 0 \end{pmatrix}$.

6.17 *Sind A und B äquivalent, so gibt es invertierbare Matrizen Z, S mit $ZAS = B$.*

A und B haben den gleichen Rang, also die gleiche Normalform N.

Gemäß [6.16] bestimmt man invertierbare Matrizen Z_1, S_1 bzw. Z_2, S_2 mit $Z_1AS_1 = N = Z_2BS_2 \Longrightarrow Z_2^{-1}Z_1AS_1S_2^{-1} = B$, also $Z = \underline{Z_2^{-1}Z_1}$ und $S = \underline{S_1S_2^{-1}}$.

6.5 Inverse Matrix

inverse Matrix

Sind A, B quadratische (n,n)–Matrizen und ist $AB = E$, so heißen A und B **invers** zueinander.

Man schreibt $B = A^{-1}$ und es gilt $AA^{-1} = A^{-1}A = E$.

$$\begin{aligned} A^{-1} \text{ existiert} \quad &\Longleftrightarrow \quad |A| \neq 0 \Longleftrightarrow A \text{ hat vollen Rang } n, \\ &\Longleftrightarrow \quad \text{die Zeilenvektoren von } A \text{ sind linear unabhängig,} \\ &\Longleftrightarrow \quad \text{die Zeilenvektoren von } A \text{ bilden Basis des } \mathbb{R}^n. \end{aligned}$$

$$(AB)^{-1} = B^{-1}A^{-1}, \quad (A^{-1})^{-1} = A, \quad (A^{-1})^\top = (A^\top)^{-1}, \quad \det A^{-1} = \frac{1}{\det A}.$$

A^{-1} berechnet man mit dem Gaußschen Algorithmus, siehe [6.18].

A^{-1} für zweireihige Matrizen, siehe Seite 177.

Für orthogonale Matrizen und folglich für Drehmatrizen gilt $A^{-1} = A^\top$.

Wenn A^{-1} existiert, heißt A **invertierbar** oder **regulär** sonst **singulär**.

6.18

$$A = \begin{pmatrix} 3 & 1 \\ 5 & 2 \end{pmatrix}, \quad B = \begin{pmatrix} 1 & -2 & 2 \\ 1 & 0 & 1 \\ -1 & 1 & -3 \end{pmatrix}, \quad C = \begin{pmatrix} 1 & 0 & 2 \\ -1 & 1 & 0 \\ 1 & 1 & 4 \end{pmatrix}.$$

Man berechne ggf. die inversen Matrizen A^{-1}, B^{-1}, C^{-1}.

Der Gaußsche Algorithmus (elementare Umformungen) ergibt:

$$\begin{array}{l|rr|rr|l} A = & 3 & 1 & 1 & 0 & \\ & 5 & 2 & 0 & 1 & = E \\ \hline & 3 & 1 & 1 & 0 & \\ & 0 & 1 & -5 & 3 & \\ \hline & 3 & 0 & 6 & -3 & \\ & 0 & 1 & -5 & 3 & \\ \hline E = & 1 & 0 & 2 & -1 & \\ & 0 & 1 & -5 & 3 & = A^{-1} \end{array}$$

$$\begin{array}{l|rrr|rrr|l} & 1 & -2 & 2 & 1 & 0 & 0 & \\ B = & 1 & 0 & 1 & 0 & 1 & 0 & = E \\ & -1 & 1 & -3 & 0 & 0 & 1 & \\ \hline & 1 & -2 & 2 & 1 & 0 & 0 & \\ & 0 & 2 & -1 & -1 & 1 & 0 & \\ & 0 & -1 & -1 & 1 & 0 & 1 & \\ \hline & 1 & 0 & 1 & 0 & 1 & 0 & \\ & 0 & 2 & -1 & -1 & 1 & 0 & \\ & 0 & 0 & -3 & 1 & 1 & 2 & \\ \hline & 3 & 0 & 0 & 1 & 4 & 2 & \\ & 0 & 6 & 0 & -4 & 2 & -2 & \\ & 0 & 0 & -3 & 1 & 1 & 2 & \\ \hline & 1 & 0 & 0 & 1 & 4 & 2 & \\ E = & 0 & 1 & 0 & -2 & 1 & -1 & \cdot\frac{1}{3} = B^{-1} \\ & 0 & 0 & 1 & -1 & -1 & -2 & \end{array}$$

Um A^{-1} zu bestimmen, ist die Matrizengleichung $AX = E = \begin{pmatrix} 1 & 0 \\ 0 & 1 \end{pmatrix}$ zu lösen:

Die beiden LGSe $A\vec{x}_1 = \begin{pmatrix} 1 \\ 0 \end{pmatrix}$ und $A\vec{x}_2 = \begin{pmatrix} 0 \\ 1 \end{pmatrix}$ werden simultan mit dem Gaußschen Algorithmus gelöst, siehe auch [6.20], [6.21].

Dann löst $X = (\vec{x}_1, \vec{x}_2)$ die Gleichung $AX = E$, also ist $X = A^{-1}$.

$$C = \left(\begin{array}{rrr|rrr} 1 & 0 & 2 & 1 & 0 & 0 \\ -1 & 1 & 0 & 0 & 1 & 0 \\ 1 & 1 & 4 & 0 & 0 & 1 \end{array}\right) = E$$

$$\begin{array}{rrr|rrr} 1 & 0 & 2 & 1 & 0 & 0 \\ 0 & 1 & 2 & 1 & 1 & 0 \\ 0 & 1 & 2 & -1 & 0 & 1 \\ \hline 1 & 0 & 2 & 1 & 0 & 0 \\ 0 & 1 & 2 & 1 & 1 & 0 \\ 0 & 0 & 0 & -2 & -1 & 1 \end{array}$$

C lässt sich durch elementare Umformungen nicht in E überführen (da die Zeilenvektoren linear abhängig sind). Der Gaußsche Algorithmus führt auf einen Widerspruch.

C^{-1} existiert nicht.

6.19 *Man löse die Matrizengleichung $A \cdot X = B$:*

$$A = \begin{pmatrix} 1 & 2 & -4 \\ 2 & 5 & -9 \\ -1 & 1 & 2 \end{pmatrix} \text{ und } B = \begin{pmatrix} -4 & 3 & -4 \\ -10 & 8 & -10 \\ -1 & 2 & 0 \end{pmatrix}.$$

Falls A invertierbar ist gilt: $A \cdot X = B \iff X = A^{-1} \cdot B$.

$$A = \left(\begin{array}{rrr|rrr} 1 & 2 & -4 & -4 & 3 & -4 \\ 2 & 5 & -9 & -10 & 8 & -10 \\ -1 & 1 & 2 & -1 & 2 & 0 \end{array}\right) = B$$

$$\begin{array}{rrr|rrr} 1 & 2 & -4 & -4 & 3 & -4 \\ 0 & 1 & -1 & -2 & 2 & -2 \\ 0 & 3 & -2 & -5 & 5 & -4 \\ \hline 1 & 0 & -2 & 0 & -1 & 0 \\ 0 & 1 & -1 & -2 & 2 & -2 \\ 0 & 0 & 1 & 1 & -1 & 2 \end{array}$$

$$E = \left(\begin{array}{rrr|rrr} 1 & 0 & 0 & 2 & -3 & 4 \\ 0 & 1 & 0 & -1 & 1 & 0 \\ 0 & 0 & 1 & 1 & -1 & 2 \end{array}\right) = A^{-1}B = X$$

also $X = \begin{pmatrix} 2 & -3 & 4 \\ -1 & 1 & 0 \\ 1 & -1 & 2 \end{pmatrix}.$

Falls A nicht invertierbar ist, gibt es keine oder unendlich viele Lösungen der Matrizengleichung $A \cdot X = B$, siehe [11.26].

Inverse einer $(2,2)$–Matrix

Eine $(2,2)$–Matrix A , mit $\det A = |A| \neq 0$, wird invertiert, indem man

1.) die Elemente der Hauptdiagonalen vertauscht,
2.) die beiden anderen Elemente mit -1 multipliziert,
3.) die entstehende Matrix mit $\frac{1}{|A|}$ multipliziert ($\det A = |A|$ siehe 183).

$$A = \begin{pmatrix} a & b \\ c & d \end{pmatrix} \implies A^{-1} = \frac{1}{\det A}\begin{pmatrix} d & -b \\ -c & a \end{pmatrix}$$

6.20

$$A = \begin{pmatrix} 3 & 1 \\ 5 & 2 \end{pmatrix}, \quad B = \begin{pmatrix} -1 & 3 \\ -2 & 2 \end{pmatrix}, \quad C = \begin{pmatrix} 1 & 1 \\ 0 & 1 \end{pmatrix}, \quad D = \begin{pmatrix} 0 & 1 \\ 1 & 0 \end{pmatrix}.$$

(a) *Man berechne ggf. die Matrizen* A^{-1}, B^{-1}, C^{-1}, D^{-1}, $(AB)^{-1}$, $(BA)^{-1}$.

(b) *Man berechne* X *aus* $AX^\top((B^\top)^{-1}C)^{-1} = D^\top$.

(a) $A = \begin{pmatrix} 3 & 1 \\ 5 & 2 \end{pmatrix}$, $|A| = 1 \implies A^{-1} = \begin{pmatrix} 2 & -1 \\ -5 & 3 \end{pmatrix}$.

$B = \begin{pmatrix} -1 & 3 \\ -2 & 2 \end{pmatrix}$, $|B| = 4 \implies B^{-1} = \frac{1}{4}\begin{pmatrix} 2 & -3 \\ 2 & -1 \end{pmatrix}$.

Ebenso: $C^{-1} = \begin{pmatrix} 1 & -1 \\ 0 & 1 \end{pmatrix}$ und $D^{-1} = \begin{pmatrix} 0 & 1 \\ 1 & 0 \end{pmatrix} = D$.

$AB = \begin{pmatrix} -5 & 11 \\ -9 & 19 \end{pmatrix}$, $|AB| = |A||B| = 4 \implies (AB)^{-1} = \frac{1}{4}\begin{pmatrix} 19 & -11 \\ 9 & -5 \end{pmatrix}$.

$BA = \begin{pmatrix} 12 & 5 \\ 4 & 2 \end{pmatrix}$, $|BA| = |B||A| = 4 \implies (BA)^{-1} = \frac{1}{4}\begin{pmatrix} 2 & -5 \\ -4 & 12 \end{pmatrix}$.

oder: $(AB)^{-1} = B^{-1}A^{-1} = \frac{1}{4}\begin{pmatrix} 2 & -3 \\ 2 & -1 \end{pmatrix}\begin{pmatrix} 2 & -1 \\ -5 & 3 \end{pmatrix} = \frac{1}{4}\begin{pmatrix} 19 & -11 \\ 9 & -5 \end{pmatrix}$.

(b)
$$\begin{aligned} AX^\top((B^\top)^{-1}C)^{-1} &= D^\top \\ X^\top((B^\top)^{-1}C)^{-1} &= A^{-1}D^\top \\ X^\top &= A^{-1}D^\top(B^\top)^{-1}C \\ X &= [A^{-1}D^\top(B^\top)^{-1}C]^\top \\ X &= [(A^{-1}D^\top)((B^\top)^{-1}C)]^\top \\ X &= [(B^\top)^{-1}C]^\top[(A^{-1}D^\top)]^\top \\ X &= C^\top B^{-1}D(A^{-1})^\top \end{aligned}$$

Hier wurde benutzt:

$$\begin{aligned} (A^{-1})^{-1} &= A \\ (A^\top)^\top &= A \\ (A^{-1})^\top &= (A^\top)^{-1} \\ (AB)^\top &= B^\top A^\top \\ (AB)^{-1} &= B^{-1}A^{-1} \end{aligned}$$

$$\begin{aligned} X &= \left(\begin{pmatrix} 1 & 0 \\ 1 & 1 \end{pmatrix}\frac{1}{4}\begin{pmatrix} 2 & -3 \\ 2 & -1 \end{pmatrix}\right)\left(\begin{pmatrix} 0 & 1 \\ 1 & 0 \end{pmatrix}\begin{pmatrix} 2 & -5 \\ -1 & 3 \end{pmatrix}\right) \\ &= \frac{1}{4}\begin{pmatrix} 2 & -3 \\ 4 & -4 \end{pmatrix}\begin{pmatrix} -1 & 3 \\ 2 & -5 \end{pmatrix} = \frac{1}{4}\begin{pmatrix} -8 & 21 \\ -12 & 32 \end{pmatrix} = \underline{\underline{\begin{pmatrix} -2 & 5.25 \\ -3 & 8 \end{pmatrix}}}. \end{aligned}$$

6.6 Matrizen und Basen

Sind $\vec{a}_1, \vec{a}_2, \vec{a}_3 \in \mathbb{R}^3$, so versteht man unter

$$A = (\vec{a}_1, \vec{a}_2, \vec{a}_3) = \begin{pmatrix} a_{11} & a_{12} & a_{13} \\ a_{21} & a_{22} & a_{23} \\ a_{31} & a_{32} & a_{33} \end{pmatrix}$$

1. die **Matrix** A, die $\vec{a}_1, \vec{a}_2, \vec{a}_3$ als Spaltenvektoren hat.
2. die **geordnete Menge** der drei Vektoren $(\vec{a}_1, \vec{a}_2, \vec{a}_3)$.

In diesem Sinne ist

$E = \begin{pmatrix} 1 & 0 & 0 \\ 0 & 1 & 0 \\ 0 & 0 & 1 \end{pmatrix}$ die **Einheitsmatrix** und

$E = (\vec{\imath}, \vec{\jmath}, \vec{k}) = \left(\begin{pmatrix} 1 \\ 0 \\ 0 \end{pmatrix}, \begin{pmatrix} 0 \\ 1 \\ 0 \end{pmatrix}, \begin{pmatrix} 0 \\ 0 \\ 1 \end{pmatrix} \right)$ die **kanonische Basis** aus den drei Einheitsvektoren $\vec{\imath}, \vec{\jmath}, \vec{k}$ (siehe Seite 123).

Ist $A = (\vec{a}_1, \vec{a}_2, \vec{a}_3)$, so gelten folgende Äquivalenzen:

$\vec{a}_1, \vec{a}_2, \vec{a}_3$ bilden eine Basis des $\mathbb{R}^3$. $\iff$ A ist eine Basis des $\mathbb{R}^3$.
$\iff$ $\vec{a}_1, \vec{a}_2, \vec{a}_3$ sind linear unabhängig. $\iff$ A hat (vollen) Rang 3.
$\iff$ $\vec{a}_1, \vec{a}_2, \vec{a}_3$ erzeugen den $\mathbb{R}^3$. $\iff$ $\det A \neq 0 \iff A^{-1}$ existiert
$\iff$ Jeder Vektor $\vec{v} \in \mathbb{R}^3$ lässt sich eindeutig aus $\vec{a}_1, \vec{a}_2, \vec{a}_3$ linear kombinieren, d.h. es gibt eindeutig bestimmte x, y, z mit:

$$\vec{a}_1 x + \vec{a}_2 y + \vec{a}_3 z = \vec{v} \text{ , d.h. } (\vec{a}_1, \vec{a}_2, \vec{a}_3) \cdot \begin{pmatrix} x \\ y \\ z \end{pmatrix} = \vec{v} \text{ , d.h. } A\vec{x} = \vec{v} \text{ .}$$

$\iff$ Das LGS $A\vec{x} = \vec{v}$ ist für jedes $\vec{v} \in \mathbb{R}^3$ eindeutig lösbar: $\vec{x} = A^{-1}\vec{v}$.

6.21

Es seien $\vec{a}_1,\ \vec{a}_2,\ \vec{a}_3 \in \mathbb{R}^3$ *mit* $\vec{a}_1 = \begin{pmatrix} 1 \\ 1 \\ -1 \end{pmatrix}$, $\vec{a}_2 = \begin{pmatrix} -2 \\ 0 \\ 1 \end{pmatrix}$, $\vec{a}_3 = \begin{pmatrix} 2 \\ 1 \\ -3 \end{pmatrix}$

(a) *Man zeige:* $A = (\vec{a}_1, \vec{a}_2, \vec{a}_3)$ *ist eine Basis des* $\mathbb{R}^3$.

(b) *Man schreibe* $\vec{x}$ *mit* $\vec{x} = 2\vec{a}_1 + 4\vec{a}_2 - 6\vec{a}_3$ *als Matrizenprodukt und berechne* $\vec{x}$.

(c) *Man stelle* $\begin{pmatrix} -3 \\ 6 \\ -9 \end{pmatrix}$ *als Linearkombination von* $\vec{a}_1,\ \vec{a}_2,\ \vec{a}_3$ *dar.*

(a) In [6.9] wurde gezeigt, dass die Matrix $A = \begin{pmatrix} 1 & -2 & 2 \\ 1 & 0 & 1 \\ -1 & 1 & -3 \end{pmatrix}$ den Rang 3 hat.

Die drei Spaltenvektoren $\vec{a}_1,\ \vec{a}_2,\ \vec{a}_3$ sind also linear unabhängig und bilden somit eine Basis des $\mathbb{R}^3$.

(b) $$\vec{x} = 2\vec{a}_1 + 4\vec{a}_2 - 6\vec{a}_3 = 2\begin{pmatrix}1\\1\\-1\end{pmatrix} + 4\begin{pmatrix}-2\\0\\1\end{pmatrix} - 6\begin{pmatrix}2\\1\\-3\end{pmatrix} = \begin{pmatrix}1 & -2 & 2\\1 & 0 & 1\\-1 & 1 & -3\end{pmatrix}\cdot\begin{pmatrix}2\\4\\-6\end{pmatrix} = \underline{\underline{\begin{pmatrix}-18\\-4\\20\end{pmatrix}}}.$$

(c) $$x\begin{pmatrix}1\\1\\-1\end{pmatrix} + y\begin{pmatrix}-2\\0\\1\end{pmatrix} + z\begin{pmatrix}2\\1\\-3\end{pmatrix} = \begin{pmatrix}-3\\6\\-9\end{pmatrix} \iff \begin{pmatrix}1 & -2 & 2\\1 & 0 & 1\\-1 & 1 & -3\end{pmatrix}\begin{pmatrix}x\\y\\z\end{pmatrix} = \begin{pmatrix}-3\\6\\-9\end{pmatrix}$$

$$\begin{pmatrix}x\\y\\z\end{pmatrix} = \begin{pmatrix}1 & -2 & 2\\1 & 0 & 1\\-1 & 1 & -3\end{pmatrix}^{-1}\begin{pmatrix}-3\\6\\-9\end{pmatrix} \overset{[6.18]}{=} \frac{1}{3}\begin{pmatrix}1 & 4 & 2\\-2 & 1 & -1\\-1 & -1 & -2\end{pmatrix}\begin{pmatrix}-3\\6\\-9\end{pmatrix} = \underline{\underline{\begin{pmatrix}1\\7\\5\end{pmatrix}}}.$$

6.22 *Es seien* $\vec{a}_1 = \begin{pmatrix}2\\-1\\3\end{pmatrix}$, $\vec{a}_2 = \begin{pmatrix}-1\\3\\2\end{pmatrix}$, $\vec{a}_3 = \begin{pmatrix}-7\\11\\0\end{pmatrix}$ *und* $\vec{b} = \begin{pmatrix}12\\-16\\4\end{pmatrix}$, $\vec{c} = \begin{pmatrix}-6\\10\\3\end{pmatrix}$.

(a) *Man zeige, dass* $A = (\vec{a}_1, \vec{a}_2, \vec{a}_3)$ *keine Basis des* $\mathbb{R}^3$ *ist.*

(b) *Man stelle ggf.* $\vec{b}$ *bzw.* $\vec{c}$ *als Linearkombination von* $\vec{a}_1$, $\vec{a}_2$, $\vec{a}_3$ *dar.*

(a) Es wird der Rang von A durch elementare Zeilenumformungen ermittelt:

Man erkennt:

Der Rang von A ist nur 2.
A ist daher keine Basis !

$A =$

			Regie	
2	−1	−7	1	−3
−1	3	11	2	
3	2	0		2
2	−1	−7		
0	5	15	$\frac{1}{5}$	$\frac{1}{5}$
0	7	21		$-\frac{1}{7}$
2	−1	−7		
0	1	3		
0	0	0		

(b) $x_1\vec{a}_1 + x_2\vec{a}_2 + x_3\vec{a}_3 = A\vec{x}$. Es sind also die beiden LGSe $A\vec{x} = \vec{b}$ und $A\vec{x} = \vec{c}$ zu lösen. Dies kann simultan erledigt werden:

			$\vec{b}$	$\vec{c}$	Regie	
2	−1	−7	12	−6	1	−3
−1	3	11	−16	10	2	
3	2	0	4	3		2
0	5	15	−20	14	$\frac{1}{5}$	
0	7	21	−28	24	$-\frac{1}{7}$	
0	0	0	0	$-\frac{22}{35}$		

Zunächst zu $\vec{b}$:

Aus $0x_3 = 0$ folgt $x_3 = t$ beliebig.
$7x_2 + 21t = -28 \quad \Rightarrow x_2 = -4 - 3t$
$2x_1 - (-4-3t) - 7t = 12 \Rightarrow x_1 = 4 + 2t$

Für jedes $t \in \mathbb{R}$ gilt also:
$\vec{b} = (4+2t)\vec{a}_1 - (4+3t)\vec{a}_2 + t\vec{a}_3.$

Nun zu $\vec{c}$:

Aus $0x_3 = -\frac{22}{35}$ ergibt sich ein Widerspruch.
$\vec{c}$ ist nicht aus $\vec{a}_1, \vec{a}_2, \vec{a}_3$ linear zu kombinieren!

6.7 Orthogonale Matrizen, kartesische Basen

orthogonale Matrizen, kartesische Basen

Sind $\vec{a}_1, \vec{a}_2, \vec{a}_3 \in \mathbb{R}^3$ und ist $A = (\vec{a}_1, \vec{a}_2, \vec{a}_3)$, so heißt

A **orthogonale Matrix**
$(\vec{a}_1, \vec{a}_2, \vec{a}_3)$ **kartesische Basis** $\iff A^\top = A^{-1} \iff AA^\top = E.$

A orthogonal $\iff$ Die Spalten (Zeilen) $\vec{a}_1, \vec{a}_2, \vec{a}_3$ von A bilden eine Basis aus drei paarweise aufeinander senkrecht stehenden Einheitsvektoren (**kart. Basis, Orthonormalbasis**).

Eigenschaften orthogonaler Matrizen

A orthogonal $\implies$ $A^{-1}, A^\top$ orthogonal $(A^{-1} = A^\top)$,
$\implies$ $\det A = \pm 1$.
A, B orthogonal $\implies$ AB orthogonal.

orthogonale Matrizen A mit $\det A = 1$ heißen **Drehmatrizen**.

6.23 *Man zeige mittels folgender Rechenregeln*

$$(AB)^\top = B^\top A^\top,\ (A^\top)^\top = A,\ (AB)^{-1} = B^{-1}A^{-1},\ (A^{-1})^{-1} = A :$$

(a) *Ist A orthogonal, so ist* $\det A = \pm 1$.
(b) *Das Produkt orthogonaler Matrizen ist orthogonal.*
(c) *Die Inverse einer orthogonalen Matrix ist orthogonal.*

(a) Aus $\det A = \det A^\top$ und dem Determinantenmultiplikationssatz folgt:
$AA^\top = E \implies$
$1 = \det E = \det(AA^\top) = \det A \det A^\top = (\det A)^2 = 1 \implies \det A = \pm 1.$

(b) $(AB)^\top = B^\top A^\top = B^{-1}A^{-1} = (AB)^{-1} \implies AB$ orthogonal.

(c) A orthogonal $\implies (A^{-1})^\top = (A^\top)^\top = A = (A^{-1})^{-1} \implies A^{-1}$ orthogonal.

Für Experten: Die n–reihigen orthogonalen Matrizen bilden eine Gruppe.

6.24 *Für folgende orthogonale Matrizen berechne man ihre Determinanten und ihre Inversen!*

$$A = \begin{pmatrix} \frac{1}{2} & -\frac{1}{2}\sqrt{3} \\ \frac{1}{2}\sqrt{3} & \frac{1}{2} \end{pmatrix},\ B = \begin{pmatrix} \cos\alpha & -\sin\alpha \\ \sin\alpha & \cos\alpha \end{pmatrix},\ C = \frac{1}{\sqrt{6}} \begin{pmatrix} \sqrt{2} & 0 & -2 \\ \sqrt{2} & -\sqrt{3} & 1 \\ \sqrt{2} & \sqrt{3} & 1 \end{pmatrix}.$$

Es ist $\det A = 1, \quad \det B = \cos^2\alpha + \sin^2\alpha = 1, \quad \det C = \cdots = -1.$

Die Matrizen sind **orthogonal**, da ihre Spalten (Zeilen) Basen aus paarweise aufeinander senkrecht stehenden Einheitsvektoren bilden (Nachrechnen!), bzw., da die Produkte mit ihren Transponierten E ergeben.

Die Inversen dieser Matrizen sind also ihre Transponierten!

Da die Matrizen orthogonal sind, sind die Transponierten die Inversen:

$$A^{-1} = A^\top = \begin{pmatrix} \frac{1}{2} & \frac{1}{2}\sqrt{3} \\ -\frac{1}{2}\sqrt{3} & \frac{1}{2} \end{pmatrix} = \frac{1}{2}\begin{pmatrix} 1 & \sqrt{3} \\ -\sqrt{3} & 1 \end{pmatrix}$$

Inverse von $(2,2)$–Matrizen siehe auch Seite 177.

$$B^{-1} = B^\top = \begin{pmatrix} \cos\alpha & \sin\alpha \\ -\sin\alpha & \cos\alpha \end{pmatrix}, \quad C^{-1} = C^\top = \frac{1}{\sqrt{6}}\begin{pmatrix} \sqrt{2} & \sqrt{2} & \sqrt{2} \\ 0 & -\sqrt{3} & \sqrt{3} \\ -2 & 1 & 1 \end{pmatrix}$$

6.8 Koordinatenvektoren

Jeder Vektorraum hat eine Basis. Jede Basis des $\mathbb{R}^3$ besteht aus 3 linear unabhängigen Vektoren und umgekehrt bilden 3 linear unabhängige Vektoren des $\mathbb{R}^3$ eine Basis des $\mathbb{R}^3$.

Ist $B = (\vec{b}_1, \vec{b}_2, \vec{b}_3)$ eine Basis des $\mathbb{R}^3$, so lässt sich jeder Vektor $\vec{x} \in \mathbb{R}^3$ *eindeutig* als Linearkombination aus den $\vec{b}_i$ ausdrücken:

$$\vec{x} = x_1\vec{b}_1 + x_2\vec{b}_2 + x_3\vec{b}_3 = (\vec{b}_1, \vec{b}_2, \vec{b}_3)\begin{pmatrix} x_1 \\ x_2 \\ x_3 \end{pmatrix} =: B\vec{x}_B.$$

Man nennt x_1, x_2, x_3 die **Koordinaten** von $\vec{x}$ bezüglich der Basis B und den Vektor $\vec{x}_B := \begin{pmatrix} x_1 \\ x_2 \\ x_3 \end{pmatrix}$ den **Koordinatenvektor** von $\vec{x}$ bezüglich der Basis B.

So wird ein und derselbe Vektor durch verschiedene Koordinatenvektoren dargestellt, je nachdem, auf welche Basis sich seine Koordinaten beziehen.
Ist keine Basis angegeben, so beziehen sich die Koordinaten auf die kanonische Basis E.

6.25 *Man bestimme die Koordinatenvektoren von* $\vec{x} = \vec{x}_E = \begin{pmatrix} 1 \\ -2 \end{pmatrix}$ *bezüglich der Basen (siehe Seite 178)*

$$A = \begin{pmatrix} 0 & 1 \\ 3 & -1 \end{pmatrix}, \quad B = \begin{pmatrix} 1 & -1 \\ -1 & 2 \end{pmatrix}, \quad C = \frac{1}{2}\begin{pmatrix} 1 & -\sqrt{3} \\ \sqrt{3} & 1 \end{pmatrix}.$$

A, B, C sind Basen des $\mathbb{R}^2$, da ihre Spaltenvektoren linear unabhängig sind!

Um den Koordinatenvektor $\vec{x}_A = \begin{pmatrix} x_1 \\ x_2 \end{pmatrix}$ zu bestimmen,

muss man das LGS $x_1\vec{a}_1 + x_2\vec{a}_2 = \vec{x}$, d.h $A\vec{x}_A = \vec{x}$ lösen. Man berechnet:

$$\vec{x}_A = A^{-1}\vec{x} = -\frac{1}{3}\begin{pmatrix} -1 & -1 \\ -3 & 0 \end{pmatrix}\begin{pmatrix} 1 \\ -2 \end{pmatrix} = -\frac{1}{3}\begin{pmatrix} 1 \\ -3 \end{pmatrix} = \underline{\underline{\begin{pmatrix} -\frac{1}{3} \\ 1 \end{pmatrix}}}.$$

Tatsächlich ist $-\frac{1}{3} \cdot \begin{pmatrix} 0 \\ 3 \end{pmatrix} + 1 \cdot \begin{pmatrix} 1 \\ -1 \end{pmatrix} = \begin{pmatrix} 1 \\ -2 \end{pmatrix}$.

Man sieht ohne Rechnung:

$$B = \begin{pmatrix} 1 & -1 \\ -1 & 2 \end{pmatrix} = (\vec{b}_1, \vec{b}_2) \Longrightarrow \vec{x} = -\vec{b}_2 \Longrightarrow \underline{\underline{\vec{x}_B = \begin{pmatrix} 0 \\ -1 \end{pmatrix}}}.$$

$$\vec{x}_C = C^{-1}\vec{x} = \tfrac{1}{2}\begin{pmatrix} 1 & \sqrt{3} \\ -\sqrt{3} & 1 \end{pmatrix}\begin{pmatrix} 1 \\ -2 \end{pmatrix} = \underline{\underline{\tfrac{1}{2}\begin{pmatrix} 1-2\sqrt{3} \\ -\sqrt{3}-2 \end{pmatrix}}}.$$

Siehe auch Koordinatentransformation Seite 198:

$\vec{x}_A = M_A^E \vec{x}_E = A^{-1}\vec{x}_E = \cdots.$

6.26 *Es sei V der Vektorraum der Polynome vom Grad ≤ 2 und $p_1, p_2, p_3 \in V$ mit $p_1(x) = x^2 + x + 3$, $p_2(x) = -x^2 + 2x + 1$, $p_3(x) = 2x^2 + x - 1$.*

(a) *Man zeige, dass $P := (p_1, p_2, p_3)$ eine Basis von V ist.*

(b) *Man bestimme den Koordinatenvektor von $q(x) = -3x^2 - 3x + 8$ bzgl. der Basis P.*

(a) Es sei $\alpha \cdot p_1(x) + \beta \cdot p_2(x) + \gamma \cdot p_3(x) = 0$ für gewisse Zahlen α, β, γ.

$\Longrightarrow \quad (\alpha - \beta + 2\gamma)x^2 + (\alpha + 2\beta + \gamma)x + (3\alpha + \beta - \gamma) = 0$

Diese Gleichung gilt für jedes $x \in \mathbb{R}$, also ist notwendig (Koeffizientenvergleich):

$$\begin{aligned} \alpha - \beta + 2\gamma &= 0 \\ \alpha + 2\beta + \gamma &= 0 \\ 3\alpha + \beta - \gamma &= 0 \end{aligned} \quad \Longleftrightarrow \quad \begin{pmatrix} 1 & -1 & 2 \\ 1 & 2 & 1 \\ 3 & 1 & -1 \end{pmatrix}\begin{pmatrix} \alpha \\ \beta \\ \gamma \end{pmatrix} = \begin{pmatrix} 0 \\ 0 \\ 0 \end{pmatrix}$$

Dieses LGS hat die eindeutige Lösung: $(\alpha, \beta, \gamma) = (0, 0, 0)$.

p_1, p_2, p_3 sind also linear unabhängig (Seite 124) und bilden folglich eine Basis des dreidimensionalen Vektorraums V.

(b) Es ist q als Linearkombination von p_1, p_2, p_3 darzustellen:

Es sei $\alpha \cdot p_1(x) + \beta \cdot p_2(x) + \gamma \cdot p_3(x) = q(x)$ für gewisse Zahlen α, β, γ.

$\Longrightarrow \quad (\alpha - \beta + 2\gamma)x^2 + (\alpha + 2\beta + \gamma)x + (3\alpha + \beta - \gamma) = -3x^2 - 3x + 8$

Diese Gleichung gilt für jedes $x \in \mathbb{R}$, also ist notwendig (Koeffizientenvergleich):

$$\begin{aligned} \alpha - \beta + 2\gamma &= -3 \\ \alpha + 2\beta + \gamma &= -3 \\ 3\alpha + \beta - \gamma &= 8 \end{aligned} \quad \Longleftrightarrow \quad \begin{pmatrix} 1 & -1 & 2 \\ 1 & 2 & 1 \\ 3 & 1 & -1 \end{pmatrix}\begin{pmatrix} \alpha \\ \beta \\ \gamma \end{pmatrix} = \begin{pmatrix} -3 \\ -3 \\ 8 \end{pmatrix}$$

Dieses LGS hat die eindeutige Lösung: $(\alpha, \beta, \gamma) = (2, -1, -3)$.

Also ist $q = 2p_1 - 1p_2 - 3p_3$ und

der Koordinatenvektor von q bezüglich P ist folglich $\underline{(2, -1, -3)}$.

7 Determinanten

7.1 Entwicklung nach Zeilen und Spalten

Zur vertiefenden Wiederholung siehe auch **EM 1**.

Jeder quadratischen Matrix ist eine Zahl – ihre *Determinante* – zugeordnet.

Sie wird zunächst für zweireihige Matrizen definiert. Die Determinante beliebiger Matrizen wird auf zweireihige Determinanten zurückgeführt.

Determinante einer (2,2)–Matrix

$$A = \begin{pmatrix} a & b \\ c & d \end{pmatrix} \Longrightarrow \det A = |A| = \begin{vmatrix} a & b \\ c & d \end{vmatrix} := ad - bc.$$

7.1 *Man berechne die Determinante folgender Matrizen:*

$$A = \begin{pmatrix} -2 & 0 \\ 2 & -1 \end{pmatrix},\ B = \begin{pmatrix} 1 & 0 \\ -1 & -1 \end{pmatrix},\ C = \begin{pmatrix} 1 & -2 \\ -1 & 2 \end{pmatrix}.$$

$$\det A = \begin{vmatrix} -2 & 0 \\ 2 & -1 \end{vmatrix} = (-2)(-1) - 0 \cdot 2 = 2$$

$$\det B = \begin{vmatrix} 1 & 0 \\ -1 & -1 \end{vmatrix} = 1(-1) - 0(-1) = -1$$

$$\det C = \begin{vmatrix} 1 & -2 \\ -1 & 2 \end{vmatrix} = 1 \cdot 2 - (-2)(-1) = 0$$

Dreireihige Determinanten berechnet man auch mit der Regel von SARRUS:

Determinante einer (3,3)–Matrix, Regel von SARRUS

$$\det A = \begin{vmatrix} a_1 & b_1 & c_1 \\ a_2 & b_2 & c_2 \\ a_3 & b_3 & c_3 \end{vmatrix} = a_1b_2c_3 + a_2b_3c_1 + a_3b_1c_2 - c_1b_2a_3 - c_2b_3a_1 - c_3b_1a_2.$$

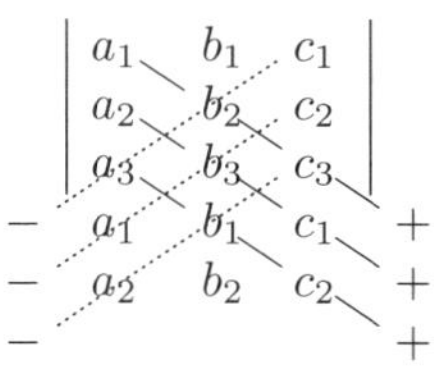

Merkregel:

Man schreibt die ersten beiden Zeilen unter die Determinante und *addiert* die drei Dreierprodukte längs der durchgezogenen Linien und *subtrahiert* die drei Dreierprodukte längs der gestrichelten Linien.

7.2 *Man berechne die Determinanten:* $\begin{vmatrix} 1 & 2 & 3 \\ 1 & -2 & 0 \\ -1 & 2 & -1 \end{vmatrix}, \quad \begin{vmatrix} 2 & 1 & 0 \\ 3 & 0 & 1 \\ 1 & 0 & 3 \end{vmatrix}, \quad \begin{vmatrix} -3 & 2 & 3 \\ 0 & 2 & 2 \\ 0 & 0 & -1 \end{vmatrix}.$

$$\begin{vmatrix} 1 & 2 & 3 \\ 1 & -2 & 0 \\ -1 & 2 & -1 \end{vmatrix} \begin{matrix} \\ \\ \\ 1 & 2 & 3 \\ 1 & -2 & 0 \end{matrix} = 1(-2)(-1) + 1 \cdot 2 \cdot 3 + (-1)2 \cdot 0 \\ -3(-2)(-1) - 0 \cdot 2 \cdot 1 - (-1)2 \cdot 1 = \underline{\underline{4}}$$

$$\begin{vmatrix} 2 & 1 & 0 \\ 3 & 0 & 1 \\ 1 & 0 & 3 \end{vmatrix} = 2 \cdot 0 \cdot 3 + 3 \cdot 0 \cdot 0 + 1 \cdot 1 \cdot 1 \\ -0 \cdot 0 \cdot 1 - 1 \cdot 0 \cdot 2 - 3 \cdot 1 \cdot 3 = \underline{\underline{-8}}$$

$$\begin{vmatrix} -3 & 2 & 3 \\ 0 & 2 & 2 \\ 0 & 0 & -1 \end{vmatrix} = (-3)2(-1) = \underline{\underline{6}}.$$

Ist A eine (obere) **Dreiecksmatrix**, so ist ihre Determinante das Produkt der Diagonalelemente!

Determinante einer (n,n)–Matrix

$$A = (a_{ij}) \Longrightarrow \quad \det A \ = \ |A| \ = \ \sum_{j=1}^{n} (-1)^{1+j} a_{1j} \det A_{1j}.$$

Dieses Vorgehen nennt man **Entwickeln** von $\det A$ nach der 1. Zeile.

Dabei entsteht die Matrix A_{1j} aus der Matrix A durch *Streichen* der 1–ten Zeile und j–ten Spalte.

7.3 *Man berechne die Determinante der Matrix* $A = \begin{pmatrix} 1 & 2 & 3 \\ 1 & -2 & 0 \\ -1 & 2 & -1 \end{pmatrix}.$

Um $\det A$ zu bestimmen, berechnet man zunächst
die drei **Streichungsdeterminanten** $\det A_{1j} = |A_{1j}|$ für $j = 1, 2, 3$:
A_{1j} entsteht aus A durch *Streichen* der 1–ten Zeile und j–ten Spalte:

$$A_{11} = \begin{pmatrix} 1 & 2 & 3 \\ 1 & -2 & 0 \\ -1 & 2 & -1 \end{pmatrix} = \begin{pmatrix} -2 & 0 \\ 2 & -1 \end{pmatrix} \Longrightarrow |A_{11}| = \begin{vmatrix} -2 & 0 \\ 2 & -1 \end{vmatrix} = 2$$

$$A_{12} = \begin{pmatrix} 1 & 2 & 3 \\ 1 & -2 & 0 \\ -1 & 2 & -1 \end{pmatrix} = \begin{pmatrix} 1 & 0 \\ -1 & -1 \end{pmatrix} \Longrightarrow |A_{12}| = \begin{vmatrix} 1 & 0 \\ -1 & -1 \end{vmatrix} = -1$$

$$A_{13} = \begin{pmatrix} 1 & 2 & 3 \\ 1 & -2 & 0 \\ -1 & 2 & -1 \end{pmatrix} = \begin{pmatrix} 1 & -2 \\ -1 & 2 \end{pmatrix} \Longrightarrow |A_{13}| = \begin{vmatrix} 1 & -2 \\ -1 & 2 \end{vmatrix} = 0$$

Also gilt: $$\begin{aligned}|A| &= \sum_{j=1}^{3} (-1)^{1+j} a_{1j} |A_{1j}| \\ &= (-1)^{1+1} \cdot 1 \cdot |A_{11}| + (-1)^{1+2} \cdot 2 \cdot |A_{12}| + (-1)^{1+3} \cdot 3 \cdot |A_{13}| \\ &= |A_{11}| - 2|A_{12}| + 3|A_{13}| \\ &= 1 \cdot 2 - 2(-1) + 3 \cdot 0 = \underline{\underline{4}}.\end{aligned}$$

Im vorigen Beispiel wurde $|A|$ durch *Entwickeln nach der 1. Zeile* berechnet. Ebensogut hätte man nach der i–ten Zeile (oder nach der j–ten Spalte) entwickeln können:

LAPLACEscher Entwicklungssatz

$$\det A = \det(a_{ij}) = \underbrace{\sum_{j=1}^{n} (-1)^{i+j} a_{ij} \det A_{ij}}_{\text{Entwicklung nach der } i\text{–ten Zeile}} = \underbrace{\sum_{i=1}^{n} (-1)^{i+j} a_{ij} \det A_{ij}}_{\text{Entwicklung nach der } j\text{–ten Spalte}}$$

wobei A_{ij} die $(n-1, n-1)$ –Matrix ist, die aus A durch *Streichen* der i–ten Zeile und j–ten Spalte hervorgeht.

$(-1)^{i+j} \det A_{ij}$ heißt **algebraisches Komplement** zu a_{ij}.

Die auftretenden Vorzeichen $(-1)^{i+j}$ sind *schachbrettartig* verteilt: $$\begin{vmatrix} + & - & + & - & \cdots \\ - & + & - & + & \cdots \\ + & - & + & - & \cdots \\ - & + & - & + & \cdots \\ & & \cdots & & \end{vmatrix}.$$

.4 *Man berechne* $$\begin{vmatrix} 1 & 2 & 3 & 0 \\ 0 & 1 & 2 & -2 \\ -1 & -1 & 3 & 2 \\ 1 & 1 & 2 & 0 \end{vmatrix}.$$

Zweckmäßigerweise entwickelt man nach der 4–ten Spalte:

$$\begin{vmatrix} 1 & 2 & 3 & 0 \\ 0 & 1 & 2 & -2 \\ -1 & -1 & 3 & 2 \\ 1 & 1 & 2 & 0 \end{vmatrix} = -0 \begin{vmatrix} 0 & 1 & 2 \\ -1 & -1 & 3 \\ 1 & 1 & 2 \end{vmatrix} + (-2) \begin{vmatrix} 1 & 2 & 3 \\ -1 & -1 & 3 \\ 1 & 1 & 2 \end{vmatrix} - 2 \begin{vmatrix} 1 & 2 & 3 \\ 0 & 1 & 2 \\ 1 & 1 & 2 \end{vmatrix} + 0 \begin{vmatrix} 1 & 2 & 3 \\ 0 & 1 & 2 \\ -1 & -1 & 3 \end{vmatrix}$$

Die Aufgabe wird in [7.5] gelöst.

Um die 4–reihige Determinante zu berechnen, muss man also bis zu vier 3–reihige Determinanten berechnen. Jede 3–reihige Determinante entwickelt man in drei 2–reihige Determinanten. Insgesamt hat man also bis zu zwölf 2–reihige Determinanten zu bestimmen. Zweckmäßigerweise entwickelt man also nach Zeilen bzw. Spalten, in denen *möglichst viele* Nullen stehen !

Es geht jedoch noch einfacher, wenn man folgende Eigenschaften der Determinante ausnutzt:

7.2 Elementare Umformungen

Eigenschaften der Determinante

Die **elementaren Umformungen** einer Matrix (siehe Seite 171) wirken sich folgendermaßen auf ihre Determinante aus:

1.) Vertauscht man zwei Zeilen (Spalten), so ändert sich das Vorzeichen der Determinante.

2.) Multipliziert man eine Zeile (Spalte) mit der Zahl a, so multipliziert sich die Determinante mit a.

3.) Addition eines Vielfachen einer Zeile (Spalte) zu einer anderen Zeile (Spalte) ändert den Wert der Determinante nicht.

4.) Multilinearität: $|a\vec{a}, b\vec{b} + c\vec{c}| = ab|\vec{a}, \vec{b}| + ac|\vec{a}, \vec{c}|$.

Berechnung der Determinante

Durch Addition eines Vielfachen einer Zeile (Spalte) zu einer anderen Zeile (Spalte) erzeugt man in einer Spalte (Zeile) möglichst viele Nullen und entwickelt nach dieser Spalte (Zeile).

Eigenschaften der Determinante

$\big($$A, B$ sind n–reihige quadratische Matrizen.$\big)$

$\det A \cdot B = \det A \cdot \det B$ **Determinanten–Multiplikationssatz**

$$\det A^\top = \det A, \quad \det A^{-1} = \frac{1}{\det A}, \quad \det(\alpha \cdot A) = \alpha^n \cdot \det A.$$

$\det A \neq 0 \iff$ die Zeilen (Spalten) von A sind linear unabhängig.
$\iff$ die Zeilen (Spalten) von A sind eine Basis des $\mathbb{R}^n$.
$\iff$ $\operatorname{rg} A = n$.
$\iff$ A hat vollen Rang n.
$\iff$ A^{-1} existiert, A ist invertierbar, regulär.
$\iff$ $A\vec{x} = \vec{b}$ ist eindeutig lösbar durch: $\vec{x} = A^{-1}\vec{b}$.
$\iff$ 0 ist nicht Eigenwert von A (siehe Seite 209/210).

7.5 (a) *Man berechne die Determinante aus [7.4].*

(b) *Es seien $\vec{a}, \vec{b}, \vec{c} \in \mathrm{IR}^3$. Berechne $|2\vec{a}, 2\vec{b}, 2\vec{c}|$ und $|\vec{a}, \vec{a} - 2\vec{b}, \vec{a} - 3\vec{b} - \vec{c}|$.*

(a)
$$\begin{vmatrix} 1 & 2 & 3 & 0 \\ 0 & 1 & 2 & -2 \\ -1 & -1 & 3 & 2 \\ 1 & 1 & 2 & 0 \end{vmatrix} = \begin{vmatrix} 1 & 2 & 3 & 0 \\ 0 & 1 & 2 & -2 \\ -1 & 0 & 5 & 0 \\ 1 & 1 & 2 & 0 \end{vmatrix}$$
Addition der 2–ten Zeile zur 3–ten Zeile ändert den Wert der Determinante nicht!

$$= +(-2) \begin{vmatrix} 1 & 2 & 3 \\ -1 & 0 & 5 \\ 1 & 1 & 2 \end{vmatrix}$$
Entwicklung nach der 4–ten Spalte!

$$= -2 \begin{vmatrix} 1 & 2 & 8 \\ -1 & 0 & 0 \\ 1 & 1 & 7 \end{vmatrix}$$
Addition des 5–fachen der 1–ten Spalte zur 3–ten Spalte ändert die Determinante nicht!

$$= -2(-(-1)) \begin{vmatrix} 2 & 8 \\ 1 & 7 \end{vmatrix}$$
Entwicklung nach der 2–ten Zeile!

$$= -2(2 \cdot 7 - 8 \cdot 1)$$
2–reihige Determinante, Seite 183!

$$= \underline{\underline{-12}}$$

(b) Die Determinante ist multilinear: $|a\vec{a}, b\vec{b}| = ab|\vec{a}, \vec{b}|$ und $|\vec{a}, \vec{b} + \vec{c}| = |\vec{a}, \vec{b}| + |\vec{a}, \vec{c}|$:
$|2\vec{a}, 2\vec{b}, 2\vec{c}| = \underline{\underline{2^3|\vec{a}, \vec{b}, \vec{c}|}}$ und $|\vec{a}, \vec{a} - 2\vec{b}, \vec{a} - 3\vec{b} - \vec{c}| = (-2)(-1)|\vec{a}, \vec{b}, \vec{c}| = \underline{\underline{2|\vec{a}, \vec{b}, \vec{c}|}}$.

7.3 Flächenberechnung, Orientierung

Sind $\vec{a}_1, \ldots, \vec{a}_n \in \mathrm{IR}^n$ und ist $A = (\vec{a}_1, \ldots, \vec{a}_n)$, so ist

$\det A$ das **orientierte Volumen** und
$|\det A|$ das **Volumen** des von den Vektoren $\vec{a}_1, \ldots, \vec{a}_n$

aufgespannten **Parallelepipeds** (Spats).

Sind $\vec{a}_1, \vec{a}_2, \vec{a}_3 \in \mathrm{IR}^3$, so ist $\det A = < \vec{a}_1, \vec{a}_2, \vec{a}_3 >$ das **Spatprodukt** der drei Vektoren, siehe Seite 136.

Für $\vec{a}_1, \vec{a}_2 \in \mathrm{IR}^2$ hat $\det(\vec{a}_1, \vec{a}_2)$, was Orientierung, Fläche des Parallelogramms und lineare Abhängigkeit betrifft, die analogen Eigenschaften.

.6 *Man untersuche auf lin. Unabhängigkeit, Orientierung und berechne die Fläche des von $\vec{a}_1 = (1, -2)$ und $\vec{a}_2 = (-3, -1)$ aufgespannten Dreiecks.*

$$|(\vec{a}_1, \vec{a}_2)| = \begin{vmatrix} 1 & -3 \\ -2 & -1 \end{vmatrix} = -7 \quad \Longrightarrow$$

(1) $\vec{a}_1, \vec{a}_2$ sind linear unabhängig.

(2) $\vec{a}_1, \vec{a}_2$ folgen mathematisch negativ aufeinander.

(3) Die Fläche des Dreiecks ist $\frac{1}{2}||\vec{a}_1, \vec{a}_2|| = \underline{\underline{3.5}}$.

7.4 Cramersche Regel

Cramersche Regel

Ist A eine quadratische (n,n)–Matrix mit $|A| \neq 0$, so ist das LGS $A\vec{x} = \vec{b}$ eindeutig lösbar. Für die Lösung $\vec{x} = (x_1, \ldots, x_n)$ gilt

$$x_i = \frac{|A_i|}{|A|}, \text{ für } i = 1, \ldots, n,$$

wobei A_i die (n,n)–Matrix ist, die aus A entsteht, indem man die i–te Spalte von A durch $\vec{b}$ ersetzt.

7.7 *Man löse das LGS* $\begin{pmatrix} -1 & 8 & 3 \\ 2 & 4 & -1 \\ -2 & 1 & 2 \end{pmatrix} \vec{x} = \begin{pmatrix} 2 \\ 1 \\ -1 \end{pmatrix}$.

Ist $|A| \neq 0$, so besitzt das LGS eine eindeutig bestimmte Lösung, die mit der Cramerschen Regel zu berechnen ist:

$$|A| = \begin{vmatrix} -1 & 8 & 3 \\ 2 & 4 & -1 \\ -2 & 1 & 2 \end{vmatrix} = 5 \neq 0, \qquad |A_1| = \begin{vmatrix} 2 & 8 & 3 \\ 1 & 4 & -1 \\ -1 & 1 & 2 \end{vmatrix} = 25,$$

$$|A_2| = \begin{vmatrix} -1 & 2 & 3 \\ 2 & 1 & -1 \\ -2 & -1 & 2 \end{vmatrix} = -5, \qquad |A_3| = \begin{vmatrix} -1 & 8 & 2 \\ 2 & 4 & 1 \\ -2 & 1 & -1 \end{vmatrix} = 25.$$

Man erhält: $x_1 = \frac{|A_1|}{|A|} = 5, \;\; x_2 = \frac{|A_2|}{|A|} = -1, \;\; x_3 = \frac{|A_3|}{|A|} = 5,$

also die Lösung $\underline{\underline{\vec{x} = (5, -1, 5)}}$.

7.8 *Man löse das LGS*

$$\begin{aligned} 2x + 2y &= -2 \\ x + 4y &= -13. \end{aligned}$$

Das LGS lautet in Matrizenschreibweise $\begin{pmatrix} 2 & 2 \\ 1 & 4 \end{pmatrix} \vec{x} = \begin{pmatrix} -2 \\ -13 \end{pmatrix}$.

$|A| = \begin{vmatrix} 2 & 2 \\ 1 & 4 \end{vmatrix} = 6$. Da $|A| \neq 0$ ist, besitzt das LGS eine eindeutig bestimmte Lösung, die mit der Cramerschen Regel zu berechnen ist:

$$|A_1| = \begin{vmatrix} -2 & 2 \\ -13 & 4 \end{vmatrix} = 18, \quad |A_2| = \begin{vmatrix} 2 & -2 \\ 1 & -13 \end{vmatrix} = -24.$$

Man erhält: $x = \frac{|A_1|}{|A|} = 3$ und $y = \frac{|A_2|}{|A|} = -4$, also $\underline{\underline{\vec{x} = (3, -4)}}$.

Abgesehen davon, dass sich die Cramersche Regel nur bei eindeutig lösbaren quadratischen LGSen anwenden lässt, ist die Berechnung der Determinanten lästig.

Das **Gaußsche Eliminationsverfahren** (Seite 245) ist vorzuziehen!

8 Lineare Abbildungen und Matrizen

8.1 Lineare Abbildungen und Matrizen

Zum Begriff des Vektorraums, insbesondere des $\mathbb{R}^n$ siehe **LA 1,2**.

Drehungen, Spiegelungen oder Projektionen, die den Nullpunkt festlassen, sind lineare Abbildungen des Raumes $\mathbb{R}^3$ bzw. der Ebene $\mathbb{R}^2$.
Translationen lassen den Nullpunkt i.A. nicht fest und sind folglich nicht linear!

lineare Abbildung

Eine Abbildung $\varphi : \mathbb{R}^m \to \mathbb{R}^n$ heißt **linear**,
wenn für alle $\vec{x}, \vec{y} \in \mathbb{R}^m$ und alle $r \in \mathbb{R}$ gilt:

$$\begin{array}{lrcl} (1) & \varphi(\vec{x}+\vec{y}) & = & \varphi(\vec{x}) + \varphi(\vec{y}) \\ (2) & \varphi(r\cdot\vec{x}) & = & r\cdot\varphi(\vec{x}) \\ (3) & \varphi(\vec{0}) & = & \vec{0} \quad [\text{folgt aus (2)}] \end{array}$$

$$\operatorname{Kern}\varphi := \varphi^{-1}(\{\vec{0}\}) = \{\vec{x} \in \mathbb{R}^m \mid \varphi(\vec{x}) = \vec{0}\} \subseteq \mathbb{R}^m$$

$$\operatorname{Bild}\varphi := \varphi(\mathbb{R}^m) = \{\vec{y} \in \mathbb{R}^n \mid \exists\, \vec{x} \in \mathbb{R}^m,\ \varphi(\vec{x}) = \vec{y}\} \subseteq \mathbb{R}^n$$

Kern–Bild–Satz: $\quad m = \dim \operatorname{Kern}\varphi + \dim \operatorname{Bild}\varphi$

.1 *Es sei* $\varphi : \mathbb{R}^3 \to \mathbb{R}^3$ *linear und* $\varphi(\vec{\imath}) = -\vec{\jmath},\ \varphi(\vec{\jmath}) = 2\vec{\imath} + \vec{k},\ \varphi(\vec{k}) = \vec{0}$.
Man berechne $\varphi(\vec{x})$ *für* $\vec{x} = (-3, -1, 2)$ *sowie* $\operatorname{Kern}\varphi$ *und* $\operatorname{Bild}\varphi$ *und verifiziere den Kern–Bild–Satz.*

(1) $\varphi(\vec{x}) = \varphi(-3\vec{\imath} - 1\vec{\jmath} + 2\vec{k}) \overset{(1)}{=} \varphi(-3\vec{\imath}) + \varphi(-1\vec{\jmath}) + \varphi(2\vec{k}) \overset{(2)}{=} -3\varphi(\vec{\imath}) - \varphi(\vec{\jmath}) + 2\varphi(\vec{k})$
$= 3\vec{\jmath} - 2\vec{\imath} - \vec{k} + \vec{0} = -2\vec{\imath} + 3\vec{\jmath} - \vec{k} = \underline{\underline{(-2, 3, -1)}}.$

Eine lineare Abbildung ist also festgelegt, wenn die Bilder der Basisvektoren bekannt sind, da sich jeder Vektor linear aus der Basis kombinieren und sich sein Bild wegen (1) und (2) aus den Bildern der Basis berechnen lässt!

(2) $\vec{x} = x\vec{\imath} + y\vec{\jmath} + z\vec{k} \in \operatorname{Kern}\varphi \iff \varphi(\vec{x}) = x\varphi(\vec{\imath}) + y\varphi(\vec{\jmath}) + z\varphi(\vec{k}) = 2y\vec{\imath} - x\vec{\jmath} + y\vec{k} = \vec{0}.$
$\vec{\imath}, \vec{\jmath}, \vec{k}$ sind linear unabhängig, also sind alle Koeffizienten gleich 0:

$2y = -x = y = 0 \iff x = y = 0$, also ist $\operatorname{Kern}\varphi :\ \vec{x} = r\begin{pmatrix}0\\0\\1\end{pmatrix}$ Gerade im $\mathbb{R}^3$.

(3) $\operatorname{Bild}\varphi$ wird erzeugt von $\varphi(\vec{\imath}), \varphi(\vec{\jmath}), \varphi(\vec{k})$, also von $-\vec{\jmath}$ und $2\vec{\imath} + \vec{k}$:

$\operatorname{Bild}\varphi :\ \vec{x} = r\begin{pmatrix}0\\-1\\0\end{pmatrix} + s\begin{pmatrix}2\\0\\1\end{pmatrix}$ ist eine Ebene im $\mathbb{R}^3$.

(4) Kern–Bild–Satz: $\quad \dim\ \operatorname{Kern}\varphi + \dim\ \operatorname{Bild}\varphi = 1 + 2 = 3 = m.$

8.2 *Es sei* $M = \begin{pmatrix} 1 & -1 & -2 \\ 2 & 0 & 3 \end{pmatrix}$ *und* $\varphi : \mathbb{R}^3 \to \mathbb{R}^2$ *mit* $\varphi(\vec{x}) = M \cdot \vec{x}$.

(1) *Man zeige, dass* φ *linear ist und berechne* $\varphi(1,2,3)$, $\varphi(-3,-7,2)$.

(2) *Man berechne* Kern φ, Bild φ *und verifiziere den Kern–Bild–Satz.*

(1) $$\left.\begin{array}{l} \varphi(\vec{x}+\vec{y}) = M(\vec{x}+\vec{y}) = M\vec{x} + M\vec{y} = \varphi(\vec{x}) + \varphi(\vec{y}) \\ \varphi(r\vec{x}) = Mr\vec{x} = rM\vec{x} = r\varphi(\vec{x}),\ \varphi(\vec{0}) = M\vec{0} = \vec{0} \end{array}\right\} \Longrightarrow \varphi \text{ ist linear.}$$

$$\varphi(1,2,3) = \begin{pmatrix} 1 & -1 & -2 \\ 2 & 0 & 3 \end{pmatrix} \begin{pmatrix} 1 \\ 2 \\ 3 \end{pmatrix} = \begin{pmatrix} -7 \\ 11 \end{pmatrix},$$

$$\varphi(-3,-7,2) = \begin{pmatrix} 1 & -1 & -2 \\ 2 & 0 & 3 \end{pmatrix} \begin{pmatrix} -3 \\ -7 \\ 2 \end{pmatrix} = \begin{pmatrix} 0 \\ 0 \end{pmatrix}.$$

(2) $\varphi(\vec{x}) = \vec{0} \Longleftrightarrow M\vec{x} = \vec{0}$. Dieses LGS hat die Lösung: Kern φ : $\vec{x} = r \begin{pmatrix} -3 \\ -7 \\ 2 \end{pmatrix}$.
Kern φ ist ein 1–dimensionaler Unterraum des $\mathbb{R}^3$.

Bild $\varphi = \varphi(\mathbb{R}^3)$ wird erzeugt von $\varphi(\vec{e}_1), \varphi(\vec{e}_2), \varphi(\vec{e}_3)$.
Die kanonische Basis $(\vec{\imath}, \vec{\jmath}, \vec{k})$ bezeichnet man auch mit $E = (\vec{e}_1, \vec{e}_2, \vec{e}_3)$.

$$\varphi(\vec{e}_1) = \begin{pmatrix} 1 & -1 & -2 \\ 2 & 0 & 3 \end{pmatrix} \begin{pmatrix} 1 \\ 0 \\ 0 \end{pmatrix} = \begin{pmatrix} 1 \\ 2 \end{pmatrix}, \text{ ebenso } \varphi(\vec{e}_2) = \begin{pmatrix} -1 \\ 0 \end{pmatrix},\ \varphi(\vec{e}_3) = \begin{pmatrix} -2 \\ 3 \end{pmatrix}.$$

Bild φ ist der von den Spalten von M erzeugte Unterraum des $\mathbb{R}^2$: Bild $\varphi = \mathbb{R}^2$.

Kern–Bild–Satz: $\dim \text{Kern}\,\varphi + \dim \text{Bild}\,\varphi = 1 + 2 = 3$.

Der Begriff der linearen Abbildung lässt sich auf allgemeine Vektorräume (z.B. Vektorräume von Funktionen, Polynomen,...) übertragen:

8.3 (a) $V = \{s\mathrm{e}^x + t\mathrm{e}^{-x} \mid s,t \in \mathbb{R}\}$ *ist ein zweidimensionaler VR (vgl. 5.9).*
Man zeige: $\delta : V \to V$ *mit* $\delta(f) = f'$ *(Ableitung!) ist linear.*
Man bestimme Kern δ *und* Bild δ *und verifiziere den Kern–Bild–Satz.*

(b) $P = \{a + bx + cx^2 \mid a,b,c \in \mathbb{R}\}$ *ist ein dreidimens. VR (vgl. 5.8).*
Man bestimme Kern φ *und* Bild φ *für* $\varphi(p) := p'(0) + p''(0)$.

(a) $$\left.\begin{array}{l} \delta(f+g) = (f+g)' = f' + g' = \delta(f) + \delta(g) \\ \delta(rf) = (rf)' = rf' = r\delta(f), \quad \delta(0) = 0' = 0 \text{ (Nullfunktion)} \end{array}\right\} \Longrightarrow \delta \text{ ist linear.}$$

Kern $\delta = \{f \in V \mid f' \equiv 0\} = \{0\}$, wobei $0 = 0\mathrm{e}^x + 0\mathrm{e}^{-x}$ die Nullfunktion ist.

Bild $\delta = V$. Kern–Bild–Satz: $\dim \text{Kern}\,\varphi + \dim \text{Bild}\,\varphi = 0 + 2 = 2$.

(b) $\varphi : P \to P$ und $\varphi(p) = p'(0) + p''(0) = b + 2c = 0 \Longleftrightarrow b = -2c$, also
Kern $\varphi = \{a - 2cx + cx^2 \mid a,c \in \mathbb{R}\} = \{a + c(-2x + x^2) \mid a,c \in \mathbb{R}\}$ ist ein 2–dimensionaler VR, also $\dim \text{Kern}\,\varphi = 2$ und nach dem Kern–Bild–Satz: $\dim \text{Bild}\,\varphi = 3 - 2 = 1$.
$\varphi(bx) = b \Longrightarrow$ Bild φ ist der 1–dimensionale Raum der konstanten Polynome.

lineare Abbildungen und Matrizen

Ist M eine **(n,m)–Matrix**, so ist

$$\varphi_M : \begin{array}{ccc} \mathbb{R}^m & \to & \mathbb{R}^n \\ \vec{x} & \mapsto & M\vec{x} \end{array}, \text{ also } \varphi_M(\vec{x}) = M\vec{x}, \quad \text{eine } \textbf{lineare Abbildung}.$$

Jede Matrix bestimmt eine lineare Abbildung.
Umgekehrt gehört zu jeder linearen Abbildung eine Matrix:

Ist $\varphi : \mathbb{R}^m \to \mathbb{R}^n$ linear und ist

$$M = M(\varphi) = \big(\varphi(\vec{e}_1)_E, \cdots, \varphi(\vec{e}_m)_E\big)$$

die (n,m)–Matrix, deren m Spalten aus den E–Koordinatenvektoren $\varphi(\vec{e}_i)_E$ der m kanonischen Basisvektoren $\vec{e}_i$ des $\mathbb{R}^m$ bestehen, so ist

$$\varphi = \varphi_M, \text{ d.h. } \varphi(\vec{x}) = \varphi_M(\vec{x}) = M\vec{x}.$$

Vorsicht: M ist *eine* zu φ gehörige Matrix. Die zu φ gehörenden Matrizen hängen von den Basen A des $\mathbb{R}^m$ und B des $\mathbb{R}^n$ ab und werden mit $M_B^A(\varphi)$ bezeichnet (siehe Seite 194). Für obige Matrix gilt: $M(\varphi) = M_E^E(\varphi)$.

(n,m)–Matrizen, die die gleiche lineare Abbildung beschreiben, heißen **äquivalent**.
(n,m)–Matrizen sind genau dann **äquivalent**, wenn sie gleichen Rang haben.

Normalform äquivalenter Matrizen, siehe Seite 174.

.4 *Man bestimme die Abbildungsmatrix $M(\varphi)$ zur linearen Abbildung φ aus 8.1 und berechne mit ihr $\varphi(-3,-1,2)$.*

Es ist $E = (\vec{\imath}, \vec{\jmath}, \vec{k})$ die kanonische Basis der $\mathbb{R}^3$.

$$\varphi(\vec{\imath}) = -\vec{\jmath} \Longrightarrow \varphi(\vec{\imath})_E = \begin{pmatrix} 0 \\ -1 \\ 0 \end{pmatrix}. \quad \text{Ebenso: } \varphi(\vec{\jmath})_E = \begin{pmatrix} 2 \\ 0 \\ 1 \end{pmatrix}, \ \varphi(\vec{k})_E = \begin{pmatrix} 0 \\ 0 \\ 0 \end{pmatrix}.$$

$$M(\varphi) = \begin{pmatrix} 0 & 2 & 0 \\ -1 & 0 & 0 \\ 0 & 1 & 0 \end{pmatrix} \Longrightarrow \varphi(-3,-1,2) = \begin{pmatrix} 0 & 2 & 0 \\ -1 & 0 & 0 \\ 0 & 1 & 0 \end{pmatrix} \begin{pmatrix} -3 \\ -1 \\ 2 \end{pmatrix} = \underline{\underline{\begin{pmatrix} -2 \\ 3 \\ -1 \end{pmatrix}}}.$$

.5 *Man bestimme die Abbildungsmatrix $M(\psi)$ für $\psi : \mathbb{R}^3 \to \mathbb{R}^2$ mit $\psi(x,y,z) = (2x - z, x + 2y - 3z)$.*

Bezüglich der kan. Basen $E_3 = (\vec{\imath}_3, \vec{\jmath}_3, \vec{k}_3)$ des $\mathbb{R}^3$ bzw. $E_2 = (\vec{\imath}_2, \vec{\jmath}_2)$ des $\mathbb{R}^2$ gilt:

$$\begin{array}{lll} \psi(\vec{\imath}_3) = 2\vec{\imath}_2 + \vec{\jmath}_2 & \Rightarrow \psi(\vec{\imath}_3)_{E_2} = & \begin{pmatrix} 2 \\ 1 \end{pmatrix} \\ \psi(\vec{\jmath}_3) = 0\vec{\imath}_2 + 2\vec{\jmath}_2 & \Rightarrow \psi(\vec{\jmath}_3)_{E_2} = & \begin{pmatrix} 0 \\ 2 \end{pmatrix} \\ \psi(\vec{k}_3) = -\vec{\imath}_2 - 3\vec{\jmath}_2 & \Rightarrow \psi(\vec{k}_3)_{E_2} = & \begin{pmatrix} -1 \\ -3 \end{pmatrix} \end{array} \Longrightarrow M(\psi) = M_{E_2}^{E_3}(\psi) = \underline{\underline{\begin{pmatrix} 2 & 0 & -1 \\ 1 & 2 & -3 \end{pmatrix}}}.$$

8.6 *Zu $V = \{s\mathrm{e}^x + t\mathrm{e}^{-x} \mid s,t \in \mathbb{R}\}$ mit der Basis $E = (\vec{e}_1, \vec{e}_2) = (\mathrm{e}^x, \mathrm{e}^{-x})$ und der Abbildung $\delta : V \to V$ mit $\delta(f) = f'$ (siehe 8.3) bestimme man $M(\delta)$.*

$(\mathrm{e}^x)' = \mathrm{e}^x \Longrightarrow \delta(\mathrm{e}^x)_E = (\mathrm{e}^x)_E = \begin{pmatrix}1\\0\end{pmatrix}$ und $\delta(\mathrm{e}^{-x})_E = (-\mathrm{e}^{-x})_E = \begin{pmatrix}0\\-1\end{pmatrix}$.

Damit gilt für die Abbildungsmatrix: $M = M(\delta) = \begin{pmatrix}1 & 0\\0 & -1\end{pmatrix}$.

8.7 *Es sei $\delta : \mathbb{R}^2 \to \mathbb{R}^2$ die Drehung der Ebene um den Winkel α. Man bestimme $M(\delta)$:*

Ist δ die Drehung der Ebene (mathematisch positiv = links herum = gegen den Uhrzeigersinn !) um den Winkel α, dann entnimmt man der u.a. Skizze:

$\delta(\vec{e}_1) = \cos\alpha\vec{e}_1 + \sin\alpha\vec{e}_2$ und $\delta(\vec{e}_2) = -\sin\alpha\vec{e}_1 + \cos\alpha\vec{e}_2$. Koordinatenvektoren:

$\delta(\vec{e}_1)_E = \begin{pmatrix}\cos\alpha\\ \sin\alpha\end{pmatrix}$ und $\delta(\vec{e}_2)_E = \begin{pmatrix}-\sin\alpha\\ \cos\alpha\end{pmatrix}$. Also $M(\delta) = \begin{pmatrix}\cos\alpha & -\sin\alpha\\ \sin\alpha & \cos\alpha\end{pmatrix}$.

Orthogonale Abbildungen der Ebene (Drehung, Spiegelung)

Für die **orthogonale Abbildung** φ mit $\varphi(\vec{x}) = M \cdot \vec{x}$ und $\boldsymbol{M^{-1} = M^\top}$ besteht die Alternative

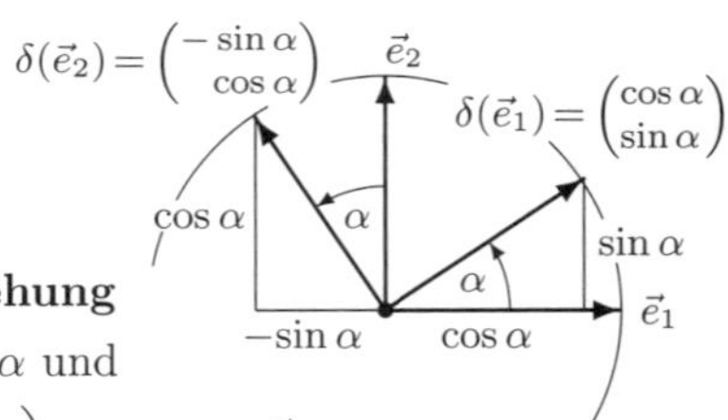

(1) det $M = 1$. Dann ist $\delta = \varphi$ eine **Drehung** um den Ursprung um einen Winkel α und

Drehmatrix $M = \begin{pmatrix}\cos\alpha & -\sin\alpha\\ \sin\alpha & \cos\alpha\end{pmatrix}$

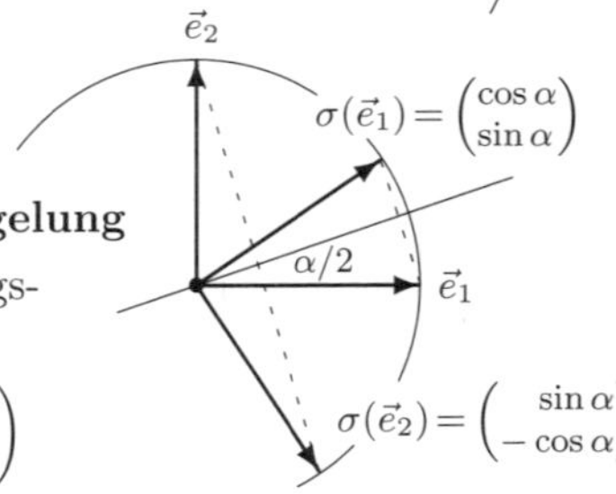

(2) det $M = -1$. Dann ist $\sigma = \varphi$ eine **Spiegelung** an einer Ursprungsgeraden mit Steigungswinkel $\alpha/2$ und

Spiegelmatrix $M = \begin{pmatrix}\cos\alpha & \sin\alpha\\ \sin\alpha & -\cos\alpha\end{pmatrix}$

8.8 *Man untersuche folgende Matrizen (Drehung, Spiegelung, Drehstreckung):*

$A = \frac{\sqrt{2}}{2}\begin{pmatrix}-1 & -1\\ 1 & -1\end{pmatrix}$, $B = \begin{pmatrix}0 & 1\\ 1 & 0\end{pmatrix}$, $C = \begin{pmatrix}1 & -1\\ 1 & 1\end{pmatrix}$.

<u>A ist Drehmatrix</u>: A ist orthogonal, da die Spalten von A senkrecht aufeinanderstehende Einheitsvektoren sind. Außerdem ist det $A = (\frac{\sqrt{2}}{2})^2 \begin{vmatrix}-1 & -1\\ 1 & -1\end{vmatrix} = 1$.

Aus $\cos\alpha = -\frac{\sqrt{2}}{2}$ und $\sin\alpha = \frac{\sqrt{2}}{2}$ folgt: $\alpha = 135^0$, also ist A Drehung um $\frac{3}{4}\pi$.

<u>B ist Spiegelmatrix:</u> B ist orthogonal mit $\det B = -1$.

$B = \begin{pmatrix} \cos\frac{\pi}{2} & \sin\frac{\pi}{2} \\ \sin\frac{\pi}{2} & -\cos\frac{\pi}{2} \end{pmatrix}$ ist Matrix der Spiegelung an der Geraden $y = x$.

<u>C ist Drehstreckung</u> (Kombination von Drehung um $\frac{\pi}{4}$ mit Streckung um $\sqrt{2}$): Die Spalten von C sind orthogonal mit der gemeinsamen Länge $\sqrt{2}$. C ist nicht orthogonal: $C = \sqrt{2}\begin{pmatrix} \cos\frac{\pi}{4} & \sin\frac{\pi}{4} \\ -\sin\frac{\pi}{4} & \cos\frac{\pi}{4} \end{pmatrix}$ ist Matrix einer Drehstreckung:

Jeder Vektor der Ebene wird um 45^0 gedreht und um den Faktor $\sqrt{2}$ gestreckt!

orthogonale Abbildungen

Die zu einer orthogonalen (m,m)–Matrix M gehörende lineare Abbildung $\varphi: \mathbb{R}^m \to \mathbb{R}^m$ mit $\varphi(\vec{x}) = M\vec{x}$ heißt **orthogonal**.

Zur Erinnerung (Seite 172):

M orthogonale Matrix $\Leftrightarrow$ M kartesische Basis $\Leftrightarrow M^\top = M^{-1} \Leftrightarrow MM^\top = E$
$\Longleftrightarrow$ Die Spalten von M bilden Basis aus paarweise orthog. Einheitsvektoren.

Eigenschaften orthogonaler Abbildungen

Die orthogonale Abbildung φ ist

(1) ist **längentreu**, d.h. $|\varphi(\vec{x})| = |\vec{x}|$,

(2) ist **winkeltreu**, d.h. $\sphericalangle(\varphi(\vec{x}), \varphi(\vec{y})) = \sphericalangle(\vec{x}, \vec{y})$,

(3) sie überführt *kartesische* Basen in *kartesische* Basen.
Genauer: Ist A kartesische Basis, so ist $\varphi(A) = (\varphi(\vec{a}_1), \ldots, \varphi(\vec{a}_m))$ genau dann kartesische Basis, wenn φ orthogonal ist.

.9 *Mittels der Eigenschaften orthogonaler Matrizen (Seite 180) beweise man die Eigenschaften* (1), (2), (3) *orthogonaler Abbildungen.*

1) Wegen $|\vec{a}| = \sqrt{\vec{a}^2}$ und $\vec{a}\cdot\vec{b} = \vec{a}^\top\vec{b}$ (Skalarprodukt, Seite 127) und $M^\top M = E$:

$|\varphi(\vec{x})| = |M\vec{x}| = \sqrt{(M\vec{x})^2} = \sqrt{(M\vec{x})^\top M\vec{x}} = \sqrt{\vec{x}^\top M^\top M\vec{x}} = \sqrt{\vec{x}^\top\vec{x}} = \sqrt{\vec{x}^2} = |\vec{x}|$.

2) $\cos\sphericalangle(\varphi(\vec{x}), \varphi(\vec{y})) = \dfrac{\varphi(\vec{x})^\top\varphi(\vec{y})}{|\varphi(\vec{x})|\cdot|\varphi(\vec{y})|} = \dfrac{\vec{x}^\top M^\top M\vec{y}}{|\vec{x}|\cdot|\vec{y}|} = \dfrac{\vec{x}^\top\vec{y}}{|\vec{x}|\cdot|\vec{y}|} = \cos\sphericalangle(\vec{x}, \vec{y})$.

Da $0 \leq \sphericalangle(\vec{x}, \vec{y}) \leq \pi \quad \Longrightarrow \quad \sphericalangle(\varphi(\vec{x}), \varphi(\vec{y})) = \sphericalangle(\vec{x}, \vec{y})$.

3) A ist genau dann kartesische Basis, wenn A orthogonale Matrix ist!

Zu zeigen ist also: A orthogonal $\Longrightarrow$ (MA orth. $\Longleftrightarrow$ M orth.)

Da das Produkt orthogonaler Matrizen und die Inverse einer orthogonalen Matrix orthogonal sind, gilt:

A orth. und MA orth. $\Longrightarrow A^{-1}$ und MA orth. $\Longrightarrow MAA^{-1} = M$ orth.
A orth. und M orth. $\Longrightarrow MA$ orth.

8.2 Abbildungsmatrix $M_B^A(\varphi)$

Ist φ eine lineare Abbildung zwischen Vektorräumen mit den Basen A bzw. B, so lässt sich φ durch eine Matrix beschreiben, die natürlich von A und B abhängt:

Abbildungsmatrix $M_B^A(\varphi)$

Ist φ eine lineare Abbildung des $\mathbb{R}^m$ mit der Basis $A = (\vec{a}_1, \ldots, \vec{a}_m)$ in den $\mathbb{R}^n$ mit der Basis $B = (\vec{b}_1, \ldots, \vec{b}_n)$, kurz:

Ist $\varphi : \mathbb{R}_A^m \longrightarrow \mathbb{R}_B^n$ linear, dann gilt

$$\begin{aligned} \varphi(\vec{x})_B &= M_B^A(\varphi) \cdot \vec{x}_A \quad \text{, mit} \\ M_B^A(\varphi) &= \big(\varphi(\vec{a}_1)_B, \ldots, \varphi(\vec{a}_m)_B\big) \end{aligned}$$

Man erhält den B–Koordinatenvektor $\varphi(\vec{x})_B$ des Bildes $\varphi(\vec{x})$, indem man den A–Koordinatenvektor $\vec{x}_A$ von $\vec{x}$ von links mit der Matrix $M_B^A(\varphi)$ multipliziert.

$M_B^A(\varphi)$ ist die (n, m)–Matrix, deren m Spalten die B–Koordinatenvektoren der Bilder der m Basisvektoren von A sind.

Merke: Die Spalten von $M_B^A(\varphi)$ sind die durch φ abgebildeten und durch B ausgedrückten Basisvektoren von A ! $\quad M_B^A(\varphi)$

Ist φ invertierbar, so gilt: $\quad \boxed{M_A^B(\varphi^{-1}) = M_B^A(\varphi)^{-1}}$

8.10 *Es sei $\varphi : \mathbb{R}^3 \to \mathbb{R}^2$ die Projektion des $\mathbb{R}^3$ auf die (x, y)–Ebene. Ferner sei $A = \begin{pmatrix} 1 & 1 & 0 \\ 2 & 0 & 0 \\ 3 & 4 & 2 \end{pmatrix}$ Basis des $\mathbb{R}^3$ und $B = \begin{pmatrix} 1 & 2 \\ 1 & 1 \end{pmatrix}$ Basis des $\mathbb{R}^2$.*

Man bestimme $M_B^A(\varphi)$.

$$A = \begin{pmatrix} 1 & 1 & 0 \\ 2 & 0 & 0 \\ 3 & 4 & 2 \end{pmatrix} = (\vec{a}_1, \vec{a}_2, \vec{a}_3) \iff \vec{a}_1 = \begin{pmatrix} 1 \\ 2 \\ 3 \end{pmatrix}, \ \vec{a}_2 = \begin{pmatrix} 1 \\ 0 \\ 4 \end{pmatrix}, \ \vec{a}_3 = \begin{pmatrix} 0 \\ 0 \\ 2 \end{pmatrix}.$$

$$\varphi(\vec{a}_1)_E = \begin{pmatrix} 1 \\ 2 \end{pmatrix} = x \begin{pmatrix} 1 \\ 1 \end{pmatrix} + y \begin{pmatrix} 2 \\ 1 \end{pmatrix} \Longrightarrow x = 3, y = -1 \Longrightarrow \varphi(\vec{a}_1)_B = \begin{pmatrix} 3 \\ -1 \end{pmatrix},$$

$$\varphi(\vec{a}_2)_E = \begin{pmatrix} 1 \\ 0 \end{pmatrix} = x \begin{pmatrix} 1 \\ 1 \end{pmatrix} + y \begin{pmatrix} 2 \\ 1 \end{pmatrix} \Longrightarrow x = -1, y = 1 \Longrightarrow \varphi(\vec{a}_2)_B = \begin{pmatrix} -1 \\ 1 \end{pmatrix},$$

$$\varphi(\vec{a}_3)_E = \begin{pmatrix} 0 \\ 0 \end{pmatrix} = x \begin{pmatrix} 1 \\ 1 \end{pmatrix} + y \begin{pmatrix} 2 \\ 1 \end{pmatrix} \Longrightarrow x = 0, y = 0 \quad \Longrightarrow \varphi(\vec{a}_3)_B = \begin{pmatrix} 0 \\ 0 \end{pmatrix}.$$

Also erhält man: $\quad M_B^A(\varphi) = \big(\varphi(\vec{a}_1)_B, \varphi(\vec{a}_2)_B, \varphi(\vec{a}_3)_B\big) = \begin{pmatrix} 3 & -1 & 0 \\ -1 & 1 & 0 \end{pmatrix}.$

Eine andere Möglichkeit $\varphi(\vec{a}_i)_B$ zu berechnen entnehme man 8.20.

.11 *Gegeben sei folgende* **axonometrische Darstellung** *des Raumes: Die x–Achse wird im Winkel α zur u–Achse gezeichnet. Die y–Achse wird um den Faktor k gekürzt und im Winkel β zur u–Achse gezeichnet. Die z–Achse wird in Richtung der v–Achse gezeichnet.*
Sei $\varphi:\ \mathbb{R}^3 \to \mathbb{R}^2$ die zugehörige lineare Abbildung (Projektion).

(a) *Man bestimme $M(\varphi)$ und* Kern φ.

(b) *Man setze (siehe Skizze)*
$\alpha = -14.04^0,\ \beta = 45^0,\ k = 0.75$
und berechne die Bilder der Ecken des Einheitswürfels.

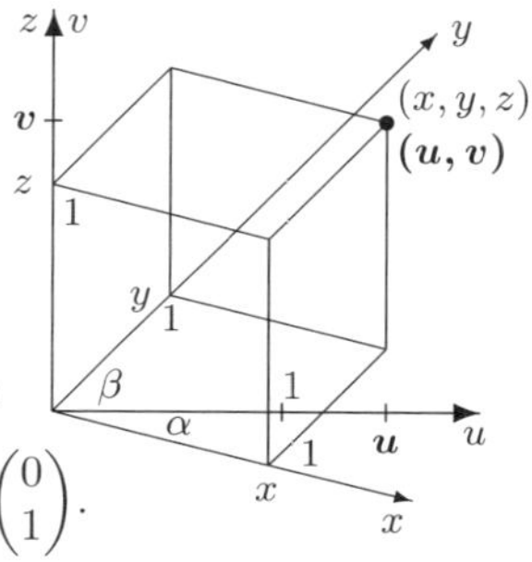

(a) Mit den kanonischen Basen in $\mathbb{R}^3$ und $\mathbb{R}^2$ erhält man

$$\varphi\begin{pmatrix}1\\0\\0\end{pmatrix} = \begin{pmatrix}\cos\alpha\\ \sin\alpha\end{pmatrix},\quad \varphi\begin{pmatrix}0\\1\\0\end{pmatrix} = k\begin{pmatrix}\cos\beta\\ \sin\beta\end{pmatrix},\quad \varphi\begin{pmatrix}0\\0\\1\end{pmatrix} = \begin{pmatrix}0\\1\end{pmatrix}.$$

Für die Abbildungsmatrix erhält man also $M(\varphi) = \begin{pmatrix}\cos\alpha & k\cos\beta & 0\\ \sin\alpha & k\sin\beta & 1\end{pmatrix}$,

$$\text{d.h. } \varphi(\begin{pmatrix}x\\y\\z\end{pmatrix}) = \begin{pmatrix}u\\v\end{pmatrix} = \begin{pmatrix}\cos\alpha & k\cos\beta & 0\\ \sin\alpha & k\sin\beta & 1\end{pmatrix}\begin{pmatrix}x\\y\\z\end{pmatrix} = \begin{pmatrix}x\cos\alpha + yk\cos\beta\\ x\sin\alpha + yk\sin\beta + z\end{pmatrix}.$$

Kern φ (Ursprungsgerade im $\mathbb{R}^3$): $\quad M(\varphi)\begin{pmatrix}x\\y\\z\end{pmatrix} = \begin{pmatrix}u\\v\end{pmatrix} = \begin{pmatrix}0\\0\end{pmatrix} \iff$

$$\begin{aligned} x\cos\alpha + yk\cos\beta &= 0\\ x\sin\alpha + yk\sin\beta + z &= 0\end{aligned} \quad\overset{\text{LGS}}{\underset{\text{lösen}}{\Longrightarrow}}\quad \begin{pmatrix}x\\y\\z\end{pmatrix} = t\begin{pmatrix}-k\cos\beta\\ \cos\alpha\\ -k\sin(\beta-\alpha)\end{pmatrix},\ t\in\mathbb{R}.$$

b) Mit $M(\varphi) = \begin{pmatrix}\cos(-14.04^0) & 0.75\cos 45^0 & 0\\ \sin(-14.04^0) & 0.75\sin 45^0 & 1\end{pmatrix} = \begin{pmatrix}0.97 & 0.53 & 0\\ -0.24 & 0.53 & 1\end{pmatrix}$ erhält man:

Würfelecken im (x,y,z)–Raum								Bilder in der (u,v)–Ebene							
0	1	0	0	1	1	0	1	0	0.97	0.53	0	1.50	0.97	0.53	1.50
0	0	1	0	1	0	1	1	0	−0.24	0.53	1	0.29	0.76	1.53	1.29
0	0	0	1	0	1	1	1								

12 *Es sei $V = \{se^x + te^{-x} \mid s,t\in\mathbb{R}\}$ und $\delta: V\to V$ mit $\delta(f) = f'$. Zu den Basen $E = (e^x, e^{-x})$, $A = (\cosh x, \sinh x)$, $B = (e^x, \cosh x)$, siehe* [8.6], *berechne man $M_E^E(\delta)$, $M_B^A(\delta)$, $M_A^A(\delta)$, $M_B^B(\delta)$ und $\big(\delta(2\sinh x - \cosh x)\big)_B$. Man bestimme ggf. $M_A^B(\delta^{-1})$ und $\big(\delta^{-1}(2\sinh x - \cosh x)\big)_A$.*

$$M_E^E(\delta) = \big(\delta(e^x)_E, \delta(e^{-x})_E\big) = \begin{pmatrix}1 & 0\\ 0 & -1\end{pmatrix} = M(\delta), \text{ siehe [8.6]}.$$

$$M_B^A(\delta) = \big(\delta(\cosh x)_B, \delta(\sinh x)_B\big) = \big((\sinh x)_B, (\cosh x)_B\big) = \begin{pmatrix}1 & 0\\ -1 & 1\end{pmatrix}.$$

Ebenso erhält man: $\underline{\underline{M_A^A(\delta) = \begin{pmatrix} 0 & 1 \\ 1 & 0 \end{pmatrix}}}$ und $\underline{\underline{M_B^B(\delta) = \begin{pmatrix} 1 & 1 \\ 0 & -1 \end{pmatrix}}}$.

$\big(\delta(2\sinh x - \cosh x)\big)_B = M_B^A(\delta)(2\sinh x - \cosh x)_A = \begin{pmatrix} 1 & 0 \\ -1 & 1 \end{pmatrix}\begin{pmatrix} -1 \\ 2 \end{pmatrix} = \underline{\underline{\begin{pmatrix} -1 \\ 3 \end{pmatrix}}}$.

Man verifiziert: $(2\sinh x - \cosh x)' = 2\cosh x - \sinh x$
$= 2\cosh x - (\mathrm{e}^x - \cosh x) = -\mathrm{e}^x + 3\cosh x$

$\Longrightarrow \quad \big(\delta(2\sinh x - \cosh x)\big)_B = \begin{pmatrix} -1 \\ 3 \end{pmatrix}$.

δ ist invertierbar, da z.B. $M_E^E(\delta) = \begin{pmatrix} 1 & 0 \\ 0 & -1 \end{pmatrix}$ invertierbar ist.

$M_A^B(\delta^{-1}) = M_B^A(\delta)^{-1} = \begin{pmatrix} 1 & 0 \\ -1 & 1 \end{pmatrix}^{-1} = \underline{\underline{\begin{pmatrix} 1 & 0 \\ 1 & 1 \end{pmatrix}}}$.

$2\sinh x - \cosh x = 2\mathrm{e}^x - 3\cosh x \quad \Longrightarrow \quad (2\sinh x - \cosh x)_B = \begin{pmatrix} 2 \\ -3 \end{pmatrix}$

$\Longrightarrow \quad \big(\delta^{-1}(2\sinh x - \cosh x)\big)_A = M_A^B(\delta^{-1})(2\sinh x - \cosh x)_B$
$= \begin{pmatrix} 1 & 0 \\ 1 & 1 \end{pmatrix}\begin{pmatrix} 2 \\ -3 \end{pmatrix} = \underline{\underline{\begin{pmatrix} 2 \\ -1 \end{pmatrix}}}$.

Man verifiziert: $\int (2\sinh x - \cosh x)\,dx = 2\cosh x - \sinh x$

$\Longrightarrow \quad \big(\delta^{-1}(2\sinh x - \cosh x)\big)_A = \begin{pmatrix} 2 \\ -1 \end{pmatrix}$.

8.13 *Man bestimme die Matrix $M(\sigma)$ der linearen Abbildung σ, die die Spiegelung des $\mathbb{R}^2$ (mit kanonischer Basis E) an der Geraden $G:\ x + y = 0$ beschreibt, und berechne $\sigma(1,2)$.*

(a)(1) $\sigma(\vec{e}_1) = -\vec{e}_2 \Longrightarrow \sigma(\vec{e}_1)_E = \begin{pmatrix} 0 \\ -1 \end{pmatrix}$, $\sigma(\vec{e}_2) = -\vec{e}_1 \Longrightarrow \sigma(\vec{e}_2)_E = \begin{pmatrix} -1 \\ 0 \end{pmatrix}$,

also: $\underline{\underline{M(\sigma) = M_E^E(\sigma) = \begin{pmatrix} 0 & -1 \\ -1 & 0 \end{pmatrix}}}$ in den Spalten von $M(\sigma)$ stehen die Bilder der Basisvektoren!

(2) Mit den Formeln von Seite 203: $M(\sigma) = E - 2\vec{n}\vec{n}^\top$ oder $M(\sigma) = 2\vec{a}\vec{a}^\top - E$.

$\vec{n} = \frac{1}{\sqrt{2}}\begin{pmatrix} 1 \\ 1 \end{pmatrix}$ ist ein Normaleneinheitsvektor der Geraden G , also

$M(\sigma) = E - 2\vec{n}\vec{n}^\top = E - \frac{2}{\sqrt{2}}\begin{pmatrix} 1 \\ 1 \end{pmatrix}\frac{1}{\sqrt{2}}(1,1) = \begin{pmatrix} 1 & 0 \\ 0 & 1 \end{pmatrix} - \begin{pmatrix} 1 & 1 \\ 1 & 1 \end{pmatrix} = \underline{\underline{\begin{pmatrix} 0 & -1 \\ -1 & 0 \end{pmatrix}}}$.

(3) Oder: $G:\ r\vec{a},\ r \in \mathbb{R}$ mit $\vec{a} = \frac{1}{\sqrt{2}}\begin{pmatrix} -1 \\ 1 \end{pmatrix} \quad \Longrightarrow \quad M(\sigma) = 2\vec{a}\,\vec{a}^\top - E = \underline{\underline{\begin{pmatrix} 0 & -1 \\ -1 & 0 \end{pmatrix}}}$.

(4) Mittels Tabelle von Seite 197: Spiegelung an der Geraden $G:\ y = -x$.

(b) Man erhält: $\sigma(1,2) = \big(\sigma(1,2)\big)_E = M_E^E(\sigma)\cdot\begin{pmatrix} 1 \\ 2 \end{pmatrix} = \begin{pmatrix} 0 & -1 \\ -1 & 0 \end{pmatrix}\begin{pmatrix} 1 \\ 2 \end{pmatrix} = \underline{\underline{\begin{pmatrix} -2 \\ -1 \end{pmatrix}}}$.

8.14 *Es sei* $\delta: \mathbb{R}^2 \to \mathbb{R}^2$ *die Drehung um den Nullpunkt, die* $(-\sqrt{3}, -1)$ *auf die negative Richtung der* x*–Achse abbildet.*

(a) *Man bestimme eine Matrix von* δ, (b) *Man berechne* $\delta(-2,1)$.

$\delta: \mathbb{R}^2 \to \mathbb{R}^2$ ist die Drehung des $\mathbb{R}^2$ um -30^0, d.h. um $-\frac{1}{6}\pi$.

Da *eine bel.* Matrix von δ gesucht ist, kann man die Basen A und B frei wählen:

a)(1) Basen: $A = B = E = (\vec{e}_1, \vec{e}_2)$. Zu bestimmen ist $M_E^E(\delta)$:

$$\big(\delta(\vec{e}_1)\big)_E = \begin{pmatrix} \cos(-30^0) \\ \sin(-30^0) \end{pmatrix} = \frac{1}{2}\begin{pmatrix} \sqrt{3} \\ -1 \end{pmatrix}, \qquad \big(\delta(\vec{e}_2)\big)_E = \begin{pmatrix} -\sin(-30^0) \\ \cos(-30^0) \end{pmatrix} = \frac{1}{2}\begin{pmatrix} 1 \\ \sqrt{3} \end{pmatrix}.$$

$$\Longrightarrow \quad M_E^E(\delta) = \Big(\big(\delta(\vec{e}_1)\big)_E, \big(\delta(\vec{e}_2)\big)_E\Big) = \underline{\underline{\frac{1}{2}\begin{pmatrix} \sqrt{3} & 1 \\ -1 & \sqrt{3} \end{pmatrix}}}.$$

Oder: Untenstehende Tabelle für $\alpha = -\frac{\pi}{6}$.

(2) Basen: $A = (\vec{a}_1, \vec{a}_2) = \begin{pmatrix} -\sqrt{3} & -1 \\ -1 & \sqrt{3} \end{pmatrix}$, $B = E = (\vec{e}_1, \vec{e}_2)$, gesucht $M_E^A(\delta)$:

$$\big(\delta(\vec{a}_1)\big)_E = \begin{pmatrix} -2 \\ 0 \end{pmatrix}, \quad \big(\delta(\vec{a}_2)\big)_E = \begin{pmatrix} 0 \\ 2 \end{pmatrix} \quad \Longrightarrow \quad \underline{\underline{M_E^A(\delta) = \begin{pmatrix} -2 & 0 \\ 0 & 2 \end{pmatrix}}}.$$

(3) Basen: $A = E$, $B = \big(\delta(\vec{e}_1), \delta(\vec{e}_2)\big)$, dann ist natürlich $\underline{\underline{M_B^E(\delta) = E}}$.

b)(1) Mittels $M_E^E(\delta)$: Der Koordinatenvektor $(-2,1)_E$ ist natürlich $\begin{pmatrix} -2 \\ 1 \end{pmatrix}$:

$$\big(\delta(-2,1)\big)_E = M_E^E(\delta)(-2,1)_E = \frac{1}{2}\begin{pmatrix} \sqrt{3} & 1 \\ -1 & \sqrt{3} \end{pmatrix}\begin{pmatrix} -2 \\ 1 \end{pmatrix} = \underline{\underline{\frac{1}{2}\begin{pmatrix} -2\sqrt{3}+1 \\ 2+\sqrt{3} \end{pmatrix}}}.$$

(2) Mittels $M_E^A(\delta)$: Die Berechnung des Koordinatenvektors $(-2,1)_A =: \begin{pmatrix} x \\ y \end{pmatrix}$ führt auf ein LGS, vgl. [5.7]:

$$\text{LGS: } \begin{pmatrix} -2 \\ 1 \end{pmatrix} = x\begin{pmatrix} -\sqrt{3} \\ -1 \end{pmatrix} + y\begin{pmatrix} -1 \\ \sqrt{3} \end{pmatrix} \Rightarrow \cdots \Rightarrow (-2,1)_A = \begin{pmatrix} x \\ y \end{pmatrix} = \frac{1}{4}\begin{pmatrix} 2\sqrt{3}-1 \\ 2+\sqrt{3} \end{pmatrix}.$$

$$\Longrightarrow \quad \big(\delta(-2,1)\big)_E = M_E^A(\delta)(-2,1)_A = \begin{pmatrix} -2 & 0 \\ 0 & 2 \end{pmatrix}\frac{1}{4}\begin{pmatrix} 2\sqrt{3}-1 \\ 2+\sqrt{3} \end{pmatrix} = \underline{\underline{\frac{1}{2}\begin{pmatrix} -2\sqrt{3}+1 \\ 2+\sqrt{3} \end{pmatrix}}}.$$

Abbildungsmatrizen spezieller Abbildungen der Ebene

Spiegelung an		**Drehung** um		**Projektion** auf	
Gerade mit Steig-∢ $\frac{\alpha}{2}$	$\begin{pmatrix} \cos\alpha & \sin\alpha \\ \sin\alpha & -\cos\alpha \end{pmatrix}$	α	$\begin{pmatrix} \cos\alpha & -\sin\alpha \\ \sin\alpha & \cos\alpha \end{pmatrix}$	x–Achse	$\begin{pmatrix} 1 & 0 \\ 0 & 0 \end{pmatrix}$
x–Achse	$\begin{pmatrix} 1 & 0 \\ 0 & -1 \end{pmatrix}$	45^0	$\frac{1}{2}\sqrt{2}\begin{pmatrix} 1 & -1 \\ 1 & 1 \end{pmatrix}$	y–Achse	$\begin{pmatrix} 0 & 0 \\ 0 & 1 \end{pmatrix}$
y–Achse	$\begin{pmatrix} -1 & 0 \\ 0 & 1 \end{pmatrix}$	60^0	$\frac{1}{2}\begin{pmatrix} 1 & -\sqrt{3} \\ \sqrt{3} & 1 \end{pmatrix}$	Gerade $y = x$	$\frac{1}{2}\begin{pmatrix} 1 & 1 \\ 1 & 1 \end{pmatrix}$
Gerade $y = ax$	$\frac{1}{1+a^2}\begin{pmatrix} 1-a^2 & 2a \\ 2a & a^2-1 \end{pmatrix}$	90^0	$\begin{pmatrix} 0 & -1 \\ 1 & 0 \end{pmatrix}$	Gerade $y = ax$	$\frac{1}{1+a^2}\begin{pmatrix} 1 & a \\ a & a^2 \end{pmatrix}$

Die Abbildungsmatrizen beziehen sich auf die kanonische Basis E.

8.15 *Man bestimme die Abbildungsmatrix $M(\sigma)$ bezüglich der Basis $E = (\vec{e}_1, \vec{e}_2, \vec{e}_3)$ der Spiegelung σ des $\mathbb{R}^3$ an der Ebene $S:\ x - y + 2z = 0$, sowie die Bilder von $(-3,3,6)$ und $(-2,2,-4)$.*

Die Spalten der Abbildungsmatrix $M(\sigma) = M_E^E(\sigma)$ sind die E–Koordinatenvektoren der gespiegelten Basisvektoren: $M(\sigma) = \big(\sigma(\vec{e}_1)_E, \sigma(\vec{e}_2)_E, \sigma(\vec{e}_3)_E\big)$
Man erhält (Spiegelung eines Punktes an einer Ebene, siehe Seite 153):

$$\sigma(\vec{e}_1)_E = \tfrac{1}{3}\begin{pmatrix} 2\\ 1\\ -2\end{pmatrix},\quad \sigma(\vec{e}_2)_E = \tfrac{1}{3}\begin{pmatrix} 1\\ 2\\ 2\end{pmatrix},\quad \sigma(\vec{e}_3)_E = \tfrac{1}{3}\begin{pmatrix} -2\\ 2\\ -1\end{pmatrix}$$ sind die Spalten

der Abbildungsmatrix. Also gilt $$M(\sigma) = \tfrac{1}{3}\begin{pmatrix} 2 & 1 & -2\\ 1 & 2 & 2\\ -2 & 2 & -1\end{pmatrix}.$$

$$\sigma(-3,3,6) = \tfrac{1}{3}\begin{pmatrix} 2 & 1 & -2\\ 1 & 2 & 2\\ -2 & 2 & -1\end{pmatrix}\begin{pmatrix} -3\\ 3\\ 6\end{pmatrix} = \begin{pmatrix} -5\\ 5\\ 2\end{pmatrix}.$$ Statt $\sigma(-3,3,6)_E$ schreibt man kurz $\sigma(-3,3,6)$, da E die kanonische Basis ist !

$$\sigma(-2,2,-4) = \tfrac{1}{3}\begin{pmatrix} 2 & 1 & -2\\ 1 & 2 & 2\\ -2 & 2 & -1\end{pmatrix}\begin{pmatrix} -2\\ 2\\ -4\end{pmatrix} = -\begin{pmatrix} -2\\ 2\\ -4\end{pmatrix},$$ klar, da $(-2,2,-4)$ senkrecht auf S steht.

Siehe auch [8.22 (b)].

8.3 Abbildungsmatrix $M_B^A(\mathrm{id})$

Ist speziell $n = m$ und $\varphi = \mathrm{id}$ die identische Abbildung, d.h. $\varphi(\vec{x}) = \mathrm{id}(\vec{x}) = \vec{x}$ für alle $\vec{x} \in \mathbb{R}^m$, so sind die Spalten der Abbildungsmatrix $M_B^A(\mathrm{id})$ die B–Koordinatenvektoren der Basis A: $M_B^A(\mathrm{id}) = (\vec{a}_{1B}, \ldots, \vec{a}_{mB})$, und man erhält:

Koordinatentransformationsmatrix $M_B^A(\mathrm{id})$

Sind A, B Basen des $\mathbb{R}^m$, so gilt für die Koordinatenvektoren:

$$\vec{x}_B = M_B^A(\mathrm{id}) \cdot \vec{x}_A$$

$$M_B^A(\mathrm{id}) = (\vec{a}_{1B}, \ldots, \vec{a}_{mB})$$
$$M_A^B(\mathrm{id}) = M_B^A(\mathrm{id})^{-1}$$

A–Koordinaten gehen durch Multiplikation mit $M_B^A(\mathrm{id})$ in B–Koordinaten über!

Ist speziell $B = E$, so ist:

$$M_E^A(\mathrm{id}) = A \qquad\qquad \vec{x}_E = A\vec{x}_A$$
und
$$M_A^E(\mathrm{id}) = M_E^A(\mathrm{id})^{-1} = A^{-1} \qquad\qquad \vec{x}_A = A^{-1}\vec{x}_E$$

A–Koordinaten gehen durch Multiplikation mit A in E–Koordinaten über!
E–Koordinaten gehen durch Multiplikation mit A^{-1} in A–Koordinaten über!

8.16 $A = \begin{pmatrix} -\sqrt{3} & -1 \\ -1 & \sqrt{3} \end{pmatrix}$ *und* $E = \begin{pmatrix} 1 & 0 \\ 0 & 1 \end{pmatrix}$ *seien Basen des* $\mathbb{R}^2$.

Für die Vektoren $\vec{x}, \vec{y} \in \mathbb{R}^2$, *mit* $\vec{x}_E = \begin{pmatrix} -\sqrt{3} \\ -1 \end{pmatrix}$ *und* $\vec{y}_A = \begin{pmatrix} -2 \\ 3 \end{pmatrix}$, *berechne man* $\vec{x}_A$ *und* $\vec{y}_E$.

$$\vec{x}_A = A^{-1}\vec{x}_E = -\tfrac{1}{4}\begin{pmatrix} \sqrt{3} & 1 \\ 1 & -\sqrt{3} \end{pmatrix}\begin{pmatrix} -\sqrt{3} \\ -1 \end{pmatrix} = -\tfrac{1}{4}\begin{pmatrix} -4 \\ 0 \end{pmatrix} = \underline{\underline{\begin{pmatrix} 1 \\ 0 \end{pmatrix}}}$$

$$\vec{y}_E = A\vec{y}_A = \begin{pmatrix} -\sqrt{3} & -1 \\ -1 & \sqrt{3} \end{pmatrix}\begin{pmatrix} -2 \\ 3 \end{pmatrix} = \underline{\underline{\begin{pmatrix} 2\sqrt{3}-3 \\ 2+3\sqrt{3} \end{pmatrix}}}, \text{ vergleiche [8.14 (2)].}$$

8.17 *Man berechne* $\varphi(\vec{a}_i)_B$ *aus [8.10] mittels* $M_B^E(\mathrm{id})$:

$$M_E^B(\mathrm{id}) = B = \begin{pmatrix} 1 & 2 \\ 1 & 1 \end{pmatrix} \Longrightarrow M_B^E(\mathrm{id}) = B^{-1} = \tfrac{1}{-1}\begin{pmatrix} 1 & -2 \\ -1 & 1 \end{pmatrix} = \underline{\underline{\begin{pmatrix} -1 & 2 \\ 1 & -1 \end{pmatrix}}}$$

$$\Longrightarrow \varphi(\vec{a}_i)_B = M_B^E(\mathrm{id})\varphi(\vec{a}_i)_E = B^{-1}\varphi(\vec{a}_i)_E = \begin{pmatrix} -1 & 2 \\ 1 & -1 \end{pmatrix}\varphi(\vec{a}_i)_E.$$

$$\begin{pmatrix} -1 & 2 \\ 1 & -1 \end{pmatrix}(\varphi(\vec{a}_1)_E, \varphi(\vec{a}_2)_E, \varphi(\vec{a}_3)_E) = \begin{pmatrix} -1 & 2 \\ 1 & -1 \end{pmatrix}\begin{pmatrix} 1 & 1 & 0 \\ 2 & 0 & 0 \end{pmatrix} = \begin{pmatrix} 3 & -1 & 0 \\ -1 & 1 & 0 \end{pmatrix}$$

$$\Longrightarrow \varphi(\vec{a}_1)_B = \underline{\underline{\begin{pmatrix} 3 \\ -1 \end{pmatrix}}}, \quad \varphi(\vec{a}_2)_B = \underline{\underline{\begin{pmatrix} -1 \\ 1 \end{pmatrix}}}, \quad \varphi(\vec{a}_3)_B = \underline{\underline{\begin{pmatrix} 0 \\ 0 \end{pmatrix}}}.$$

8.4 Nacheinanderausführen lin. Abbildungen, $M_C^A(\psi\circ\varphi)$

Nacheinanderausführen linearer Abbildungen

Multiplikation von Matrizen

Das **Nacheinanderausführen** linearer Abbildungen φ und ψ ergibt wieder eine lineare Abbildung $\psi\circ\varphi$, deren Matrix das **Produkt** der Matrizen von ψ und von φ ist. Die Reihenfolge ist zu beachten:

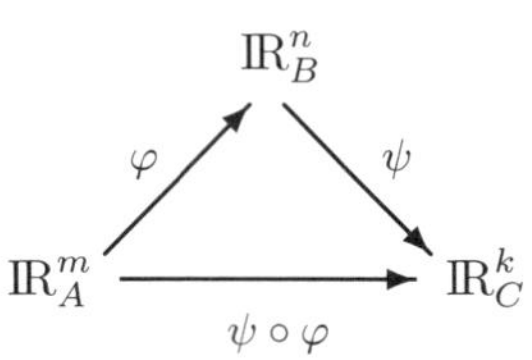

$$\begin{aligned} \varphi, \psi \text{ linear} &\Longrightarrow \psi\circ\varphi \text{ linear} \\ (\psi\circ\varphi)(\vec{x}) &= \psi(\varphi(\vec{x})) \\ M_C^A(\psi\circ\varphi) &= M_C^B(\psi)\, M_B^A(\varphi) \\ (\psi\circ\varphi)(\vec{x})_C &= M_C^B(\psi)\, M_B^A(\varphi)\, \vec{x}_A \end{aligned}$$

8.18 *Es sei σ die Spiegelung des $\mathbb{R}^2$ an der Geraden $y = x$ und δ die Drehung des $\mathbb{R}^2$ um 90^0. Man bestimme $M(\sigma)$, $M(\delta)$, $M(\sigma \circ \delta)$, $M(\delta \circ \sigma)$, sowie $\sigma \circ \delta(1, -2)$ und $\delta \circ \sigma(1, -2)$.*

$$\sigma(\vec{\imath}) = \vec{\jmath} \quad , \ \sigma(\vec{\jmath}) = \vec{\imath} \quad \Longrightarrow \quad M(\sigma) = \begin{pmatrix} 0 & 1 \\ 1 & 0 \end{pmatrix},$$

$$\delta(\vec{\imath}) = \vec{\jmath} \quad , \ \delta(\vec{\jmath}) = -\vec{\imath} \quad \Longrightarrow \quad M(\delta) = \begin{pmatrix} 0 & -1 \\ 1 & 0 \end{pmatrix}.$$

$$\left.\begin{array}{rcl} \sigma \circ \delta(\vec{\imath}) &=& \sigma(\delta(\vec{\imath})) = \sigma(\vec{\jmath}) = \vec{\imath} \\ \sigma \circ \delta(\vec{\jmath}) &=& \sigma(\delta(\vec{\jmath})) = \sigma(-\vec{\imath}) = -\vec{\jmath} \end{array}\right\} \Longrightarrow \quad M(\sigma \circ \delta) = \begin{pmatrix} 1 & 0 \\ 0 & -1 \end{pmatrix},$$

$$\left.\begin{array}{l} \delta \circ \sigma(\vec{\imath}) = \delta(\sigma(\vec{\imath})) = \delta(\vec{\jmath}) = -\vec{\imath} \quad pt \\ \delta \circ \sigma(\vec{\jmath}) = \delta(\sigma(\vec{\jmath})) = \delta(\vec{\imath}) = \vec{\jmath} \end{array}\right\} \Longrightarrow \quad M(\delta \circ \sigma) = \begin{pmatrix} -1 & 0 \\ 0 & 1 \end{pmatrix}.$$

Man sieht: $\sigma \circ \delta \neq \delta \circ \sigma$, was auch anschaulich klar ist !

Oder: $M(\sigma \circ \delta) = M(\sigma)M(\delta) = \begin{pmatrix} 0 & 1 \\ 1 & 0 \end{pmatrix}\begin{pmatrix} 0 & -1 \\ 1 & 0 \end{pmatrix} = \begin{pmatrix} 1 & 0 \\ 0 & -1 \end{pmatrix}$ und

$$M(\delta \circ \sigma) = M(\delta)\,M(\sigma) = \begin{pmatrix} 0 & -1 \\ 1 & 0 \end{pmatrix}\begin{pmatrix} 0 & 1 \\ 1 & 0 \end{pmatrix} = \begin{pmatrix} -1 & 0 \\ 0 & 1 \end{pmatrix}.$$

Insbesondere ist:

$$\sigma \circ \delta(1, -2) = \begin{pmatrix} 1 & 0 \\ 0 & -1 \end{pmatrix}\begin{pmatrix} 1 \\ -2 \end{pmatrix} = \underline{\underline{\begin{pmatrix} 1 \\ 2 \end{pmatrix}}}, \quad \delta \circ \sigma(1, -2) = \begin{pmatrix} -1 & 0 \\ 0 & 1 \end{pmatrix}\begin{pmatrix} 1 \\ -2 \end{pmatrix} = \underline{\underline{\begin{pmatrix} -1 \\ -2 \end{pmatrix}}}.$$

8.19 *Es seien:* $\varphi : \mathbb{R}^3 \to \mathbb{R}^3$ *die Abbildung aus [8.1], [8.4]*
$\psi : \mathbb{R}^3 \to \mathbb{R}^2$ *die Abbildung aus [8.5]*
$\sigma : \mathbb{R}^2 \to \mathbb{R}^2$ *die Abbildung aus [8.13]*

Man berechne $M(\sigma \circ \psi \circ \varphi)$ und $\sigma \circ \psi \circ \varphi(1, 2, 3)$.

Alle Räume haben die kanonische Basis. Es ist:

$$\begin{aligned} M(\sigma \circ \psi \circ \varphi) &= M(\sigma)M(\psi)M(\varphi) \\ &= \begin{pmatrix} 0 & -1 \\ -1 & 0 \end{pmatrix}\begin{pmatrix} 2 & 0 & -1 \\ 1 & 2 & -3 \end{pmatrix}\begin{pmatrix} 0 & 2 & 0 \\ -1 & 0 & 0 \\ 0 & 1 & 0 \end{pmatrix} \\ &= \underline{\underline{\begin{pmatrix} 2 & 1 & 0 \\ 0 & -3 & 0 \end{pmatrix}}}. \end{aligned}$$

$$\sigma \circ \psi \circ \varphi(1, 2, 3) = \begin{pmatrix} 2 & 1 & 0 \\ 0 & -3 & 0 \end{pmatrix}\begin{pmatrix} 1 \\ 2 \\ 3 \end{pmatrix} = \underline{\underline{\begin{pmatrix} 4 \\ -6 \end{pmatrix}}}.$$

Abbildungsmatrix bei Basiswechsel, $M_{B'}^{A'}(\varphi)$

Ist φ eine lineare Abbildung

des $\mathbb{R}^m$ mit den Basen A und A' in
den $\mathbb{R}^n$ mit den Basen B und B', kurz:

Ist $\varphi: \mathbb{R}^m_{A,A'} \longrightarrow \mathbb{R}^n_{B,B'}$ linear,

dann gilt für die Matrix $M_{B'}^{A'}(\varphi)$, die φ bzgl. der Basen A', B' beschreibt:

$$\boxed{M_{B'}^{A'}(\varphi) = M_{B'}^{B}(\mathrm{id})\, M_B^A(\varphi)\, M_A^{A'}(\mathrm{id})}$$

$$\varphi(\vec{x})_{B'} = M_{B'}^{A'}(\varphi)\,\vec{x}_{A'} = \underbrace{M_{B'}^{B}(\mathrm{id})\; \underbrace{M_B^A(\varphi)\; \underbrace{M_A^{A'}(\mathrm{id})\,\vec{x}_{A'}}_{\vec{x}_A}}_{\varphi(\vec{x})_B}}_{\varphi(\vec{x})_{B'}}$$

8.20 *Man bestimme* $M_B^A(\varphi)$ *aus* [8.10], [8.17].

$$M_B^A(\varphi) = M_B^E(\mathrm{id})\, M_E^E(\varphi)\, M_E^A(\mathrm{id}) = B^{-1}\begin{pmatrix} 1 & 0 & 0 \\ 0 & 1 & 0 \end{pmatrix} A$$

$$= \begin{pmatrix} -1 & 2 \\ 1 & -1 \end{pmatrix}\begin{pmatrix} 1 & 0 & 0 \\ 0 & 1 & 0 \end{pmatrix}\begin{pmatrix} 1 & 1 & 0 \\ 2 & 0 & 0 \\ 3 & 4 & 2 \end{pmatrix} = \underline{\underline{\begin{pmatrix} 3 & -1 & 0 \\ -1 & 1 & 0 \end{pmatrix}}}.$$

Natürlich ist $M_B^A(\varphi) = \big((\varphi(\vec{a}_1))_B, (\varphi(\vec{a}_2))_B, (\varphi(\vec{a}_3))_B\big)$, vergleiche [8.17].

8.5 Abbildungsmatrix bei spezieller Basis $M_A^A(\varphi)$

Viele Abbildungsprobleme der linearen Algebra lassen sich bezüglich geschickt gewählter Basen besonders einfach und übersichtlich darstellen.

Wählt man bei der Bestimmung von $M_{B'}^{A'}(\varphi)$

speziell $m = n,\ A = B,\ A' = B' = E$ (kanonische Basis), so ergibt sich:

$$M_E^E(\varphi) = M_E^A(\mathrm{id})\, M_A^A(\varphi)\, M_A^E(\mathrm{id}).$$

Nun ist aber $M_E^A(\mathrm{id}) = (\vec{a}_{1E}, \ldots, \vec{a}_{mE}) = A$ und $M_A^E(\mathrm{id}) = A^{-1}$.

Setzt man zur Abkürzung $M(\varphi) := M_E^E(\varphi)$ (wie früher), so erhält man:

Abbildungsmatrix bei spezieller Basis: $M_A^A(\varphi)$

Ist φ eine lineare Abbildung des $\mathbb{R}^m$ in sich und A eine Basis vom $\mathbb{R}^m$, so gilt:

(1) $M(\varphi) = A\,M_A^A(\varphi)\,A^{-1}$

(2) $M_A^A(\varphi) = A^{-1}\,M(\varphi)\,A$

Diese beiden Formeln benutzt man in folgenden Fällen:

(1) Gesucht ist $M(\varphi)$ (bezüglich der kanonischen Basis E).

Bezüglich einer *geschickt* gewählten Basis A (möglichst kartesisch, damit $A^{-1} = A^\top$ ist, siehe Seite 180) lässt sich $M_A^A(\varphi)$ *leicht* angeben, z.B. wenn φ Drehung (Seite 206) oder Spiegelung [8.22] ist.

(2) Gesucht ist eine Basis A (z.B. aus Eigenvektoren, Jordan–Basis), bezüglich der $M_A^A(\varphi)$ besonders einfache Gestalt hat (z.B. Diagonalform, Jordansche Normalform siehe **LA II**).

(m,m)–Matrizen, die die gleiche lineare Abbildung beschreiben, heißen *ähnlich*.

(m,m)–Matrizen sind genau dann *ähnlich*, wenn sie gleiche Jordanform haben.

M, N sind *ähnlich* $\Longleftrightarrow$ es gibt eine invertierbare Matrix A , mit $M = A\,N\,A^{-1}$.

8.21 *Es sei $\varphi : \mathbb{R}^2 \to \mathbb{R}^2$ die durch $\varphi(1,2) = 3\cdot(1,2)$ und $\varphi(-1,3) = -2(-1,3)$ gegebene lineare Abbildung. Man bestimme $M(\varphi)$, sowie $\varphi(0,5)$.*

Gesucht ist $M(\varphi)$.

Man sucht zunächst eine Basis A, bzgl. der sich $M_A^A(\varphi)$ leicht angeben lässt. Da $(2,2)$–Matrizen leicht zu invertieren sind (siehe Seite 177), ist es nicht nötig, A kartesisch zu wählen!

$A = \begin{pmatrix} 1 & -1 \\ 2 & 3 \end{pmatrix}$ ist Basis des $\mathbb{R}^2$ und $A^{-1} = \frac{1}{5}\begin{pmatrix} 3 & 1 \\ -2 & 1 \end{pmatrix}$.

Offensichtlich ist $M_A^A(\varphi) = \begin{pmatrix} 3 & 0 \\ 0 & -2 \end{pmatrix}$ und man erhält:

$$M(\varphi) = A\,M_A^A(\varphi)\,A^{-1} = \begin{pmatrix} 1 & -1 \\ 2 & 3 \end{pmatrix}\begin{pmatrix} 3 & 0 \\ 0 & -2 \end{pmatrix}\frac{1}{5}\begin{pmatrix} 3 & 1 \\ -2 & 1 \end{pmatrix} = \underline{\underline{\begin{pmatrix} 1 & 1 \\ 6 & 0 \end{pmatrix}}}.$$

$\varphi(0,5) = \begin{pmatrix} 1 & 1 \\ 6 & 0 \end{pmatrix}\begin{pmatrix} 0 \\ 5 \end{pmatrix} = \underline{\underline{\begin{pmatrix} 5 \\ 0 \end{pmatrix}}}$ oder: $(0,5) = (1,2) + (-1,3)$ ist Lin.–Komb. von $(1,2), (-1,3)$, also

$\varphi(0,5) = \varphi\big((1,2) + (-1,3)\big) = \varphi(1,2) + \varphi(-1,3) = 3(1,2) - 2(-1,3) = \underline{\underline{(5,0)}}.$

Spiegelung σ des Raumes an Ebene/Gerade durch O			
an Ebene S (Gerade S im $\mathbb{R}^2$)	$S: \vec{n}\cdot\vec{x}=0,\ \lvert\vec{n}\rvert=1$ — $\vec{n}$ Normaleneinheitsvektor von S	$M(\sigma_S) = E-2\vec{n}\vec{n}^\top$	[8.22] [8.13]
an Gerade G (im $\mathbb{R}^3$ oder $\mathbb{R}^2$)	$G: \vec{x}=r\vec{a},\ \lvert\vec{a}\rvert=1$ — $\vec{a}$ Richtungseinheitsvektor von G	$M(\sigma_G) = 2\vec{a}\vec{a}^\top-E$	[8.18]

$\left.\begin{array}{l} M^2 = E \\ M = M^\top \end{array}\right\} \Longrightarrow$ M ist Spiegelmatrix an $\begin{array}{l}\text{Ebene,}\\ \text{Gerade,}\end{array}$ falls $\begin{array}{l}\operatorname{Spur} M = 1\\ \operatorname{Spur} M = -1\end{array}$ ist.

Projektion des Raumes auf Ebene/Gerade durch O siehe **F+H**, Seite 64

8.22 (a) *Man beweise obige Formel* $M(\sigma_S) = E - 2\vec{n}\vec{n}^\top$.

(b) *Es sei* σ *die Spiegelung des* $\mathbb{R}^3$ *an der Ebene* $S:\ x - y + 2z = 0$.

(1) *Mittels obiger Formel bestimme man* $M(\sigma)$, *vgl. [8.15].*

(2) *Mittels geeigneter Basis* A *bestimme man* $M(\sigma) = A\,M_A^A(\sigma)\,A^{-1}$.

(a) Schreibt man das Skalarprodukt in Matrizenschreibweise ($\vec{x}$ ist Spaltenvektor!) – also $\vec{x}\cdot\vec{y} = \vec{x}^\top\vec{y} = \vec{y}^\top\vec{x}$ – und benutzt die Assoziativität des Matrizenproduktes $(AB)C = A(BC)$, so erhält man aus der Formel für die Spiegelung an einer Ebene (Seite 153, speziell mit $d = 0$, $|\vec{n}| = 1$):

$$\vec{p}\,' = \sigma(\vec{p}) = 2\vec{x}_0 - \vec{p} = 2(\vec{p} - (\vec{n}\cdot\vec{p})\vec{n}) - \vec{p} = \vec{p} - 2(\vec{n}\cdot\vec{p})\vec{n} = \vec{p} - 2\vec{n}(\vec{n}\cdot\vec{p})$$
$$= \vec{p} - 2\vec{n}(\vec{n}^\top\vec{p}) = E\vec{p} - 2(\vec{n}\vec{n}^\top)\vec{p} = (E - 2\vec{n}\vec{n}^\top)\vec{p}.$$

Also $\underline{M(\sigma) = E - 2\vec{n}\vec{n}^\top}$.

(b) (1) $$\vec{n} = \frac{1}{\sqrt{6}}\begin{pmatrix}1\\-1\\2\end{pmatrix} \Longrightarrow M(\sigma) = E - 2\cdot\frac{1}{6}\begin{pmatrix}1\\-1\\2\end{pmatrix}(1,-1,2) = E - \frac{1}{3}\begin{pmatrix}1&-1&2\\-1&1&-2\\2&-2&4\end{pmatrix}$$
$$\Longrightarrow \underline{M(\sigma) = \frac{1}{3}\begin{pmatrix}2&1&-2\\1&2&2\\-2&2&-1\end{pmatrix}}.$$

(2) $\vec{s}_1 = (1,-1,2)$ ist ein Normalenvektor der Ebene $S \Longrightarrow \sigma(\vec{s}_1) = -\vec{s}_1$,
$\vec{s}_2 = (1,1,0)$ liegt in der Ebene $S \Longrightarrow \sigma(\vec{s}_2) = \vec{s}_2$,
$\vec{s}_3 = \vec{s}_1 \times \vec{s}_2 = (-2,2,2)$ liegt in der Ebene $S \Longrightarrow \sigma(\vec{s}_3) = \vec{s}_3$.

Diese drei Vektoren $\vec{s}_1, \vec{s}_2, \vec{s}_3$ bieten sich als Basis an.

Normiert man sie und schreibt $\vec{a}_i := \frac{1}{|\vec{s}_i|}\vec{s}_i$ als Spalten von A, erhält man:

$$A := (\vec{a}_1, \vec{a}_2, \vec{a}_3) = \begin{pmatrix}\frac{1}{\sqrt{6}} & \frac{1}{\sqrt{2}} & -\frac{1}{\sqrt{3}}\\ -\frac{1}{\sqrt{6}} & \frac{1}{\sqrt{2}} & \frac{1}{\sqrt{3}}\\ \frac{2}{\sqrt{6}} & 0 & \frac{1}{\sqrt{3}}\end{pmatrix} = \frac{1}{\sqrt{6}}\begin{pmatrix}1&\sqrt{3}&-\sqrt{2}\\-1&\sqrt{3}&\sqrt{2}\\2&0&\sqrt{2}\end{pmatrix}.$$

A ist orthogonal (die Spaltenvektoren sind paarweise aufeinander senkrecht stehende Einheitsvektoren!), also gilt: $A^{-1} = A^\top$.

Man sieht sofort: $$M_A^A(\sigma) = \left(\sigma(\vec{a}_1)_A, \sigma(\vec{a}_2)_A, \sigma(\vec{a}_3)_A\right) = \begin{pmatrix}-1&0&0\\0&1&0\\0&0&1\end{pmatrix}.$$

$$M(\sigma) = A\,M_A^A(\sigma)\,A^{-1} \quad \text{, wobei } A^{-1} = A^\top \text{ ist.}$$

$$= \frac{1}{\sqrt{6}}\begin{pmatrix} 1 & \sqrt{3} & -\sqrt{2} \\ -1 & \sqrt{3} & \sqrt{2} \\ 2 & 0 & \sqrt{2} \end{pmatrix}\begin{pmatrix} -1 & 0 & 0 \\ 0 & 1 & 0 \\ 0 & 0 & 1 \end{pmatrix}\frac{1}{\sqrt{6}}\begin{pmatrix} 1 & -1 & 2 \\ \sqrt{3} & \sqrt{3} & 0 \\ -\sqrt{2} & \sqrt{2} & \sqrt{2} \end{pmatrix}$$

$$= \cdots = \frac{1}{3}\begin{pmatrix} 2 & 1 & -2 \\ 1 & 2 & 2 \\ -2 & 2 & -1 \end{pmatrix} \text{, ein dritter Lösungsweg siehe [8.15].}$$

8.23 *Es sei $\delta : \mathbb{R}^3 \to \mathbb{R}^3$ die Drehung um den Winkel $-\frac{\pi}{6}$ um die Achse $\vec{a} = (-2, 1, 2)$. Man bestimme die Matrix $M(\delta)$.*

(1) Man sucht zunächst eine *geeignete* Basis A, bzgl. der sich $M_A^A(\delta)$ leicht angeben lässt, andere Möglichkeit siehe [8.26]:

$\vec{a}_1 = \frac{1}{3}\begin{pmatrix} -2 \\ 1 \\ 2 \end{pmatrix}$ ist ein Einheitsvektor in Richtung der Drehachse.

$\vec{a}_2 = \frac{1}{\sqrt{2}}\begin{pmatrix} 1 \\ 0 \\ 1 \end{pmatrix}$ ist ein Einheitsvektor senkrecht zu $\vec{a}_1$.

Setzt man $\vec{a}_3 = \vec{a}_1 \times \vec{a}_2$, dann ist $A = (\vec{a}_1, \vec{a}_2, \vec{a}_3)$ eine kartesische Basis:

$$A := \begin{pmatrix} -\frac{2}{3} & \frac{1}{\sqrt{2}} & \frac{1}{3\sqrt{2}} \\ \frac{1}{3} & 0 & \frac{4}{3\sqrt{2}} \\ \frac{2}{3} & \frac{1}{\sqrt{2}} & -\frac{1}{3\sqrt{2}} \end{pmatrix} = \frac{1}{3\sqrt{2}}\begin{pmatrix} -2\sqrt{2} & 3 & 1 \\ \sqrt{2} & 0 & 4 \\ 2\sqrt{2} & 3 & -1 \end{pmatrix}$$

A ist kartesische Basis, A orthogonale Matrix, d.h. $A^{-1} = A^\top$

A ist eine *geeignete* Basis, denn $M_A^A(\delta)$ ist leicht anzugeben (siehe Skizze):

$\delta(\vec{a}_1) = \vec{a}_1,\ \ \delta(\vec{a}_2) = \cos\alpha \cdot \vec{a}_2 + \sin\alpha \cdot \vec{a}_3,\ \ \delta(\vec{a}_3) = -\sin\alpha\,\vec{a}_2 + \cos\alpha\,\vec{a}_3 \implies$

$$M_A^A(\delta) = \begin{pmatrix} 1 & 0 & 0 \\ 0 & \cos\alpha & -\sin\alpha \\ 0 & \sin\alpha & \cos\alpha \end{pmatrix} = \begin{pmatrix} 1 & 0 & 0 \\ 0 & \frac{1}{2}\sqrt{3} & \frac{1}{2} \\ 0 & -\frac{1}{2} & \frac{1}{2}\sqrt{3} \end{pmatrix} = \frac{1}{2}\begin{pmatrix} 2 & 0 & 0 \\ 0 & \sqrt{3} & 1 \\ 0 & -1 & \sqrt{3} \end{pmatrix}.$$

(2) $M(\delta) = M_E^E(\delta) = A\,M_A^A(\delta)\,A^{-1}$, wobei $A^{-1} = A^\top$ ist, da A kartesische Basis:

$$= \frac{1}{3\sqrt{2}}\begin{pmatrix} -2\sqrt{2} & 3 & 1 \\ \sqrt{2} & 0 & 4 \\ 2\sqrt{2} & 3 & -1 \end{pmatrix} \cdot \frac{1}{2}\begin{pmatrix} 2 & 0 & 0 \\ 0 & \sqrt{3} & 1 \\ 0 & -1 & \sqrt{3} \end{pmatrix} \cdot \frac{1}{3\sqrt{2}}\begin{pmatrix} -2\sqrt{2} & \sqrt{2} & 2\sqrt{2} \\ 3 & 0 & 3 \\ 1 & 4 & -1 \end{pmatrix}$$

$$= \frac{1}{18}\begin{pmatrix} 8 & 2 & -11 \\ -10 & 2 & -2 \\ -5 & 10 & 8 \end{pmatrix} + \frac{\sqrt{3}}{18}\begin{pmatrix} 5 & 2 & 4 \\ 2 & 8 & -2 \\ 4 & -2 & 5 \end{pmatrix}$$

$$\approx \begin{pmatrix} 0.926 & 0.304 & -0.226 \\ -0.363 & 0.881 & -0.304 \\ 0.107 & 0.363 & 0.926 \end{pmatrix}.$$

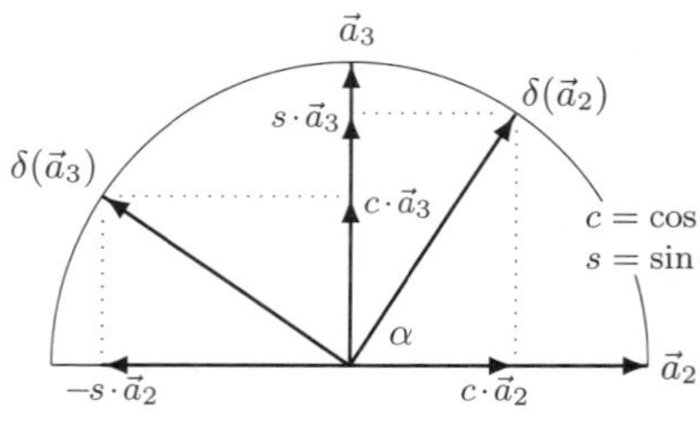

8.6 Drehungen und Drehmatrizen

Drehungen des Raumes und Drehmatrizen

A: Berechnung der Drehmatrix $M(\delta)$ bei gegebener Drehung δ

Ist $\delta : \mathbb{R}^3 \to \mathbb{R}^3$ die Drehung des Raumes um den Winkel α $(-\pi < \alpha \leq \pi)$ bzgl. der Achse $\vec{a}$ $(|\vec{a}| = 1)$, so berechnet man die Drehmatrix $M(\delta)$ wie folgt:

1.) Man wähle einen Einheitsvektor $\vec{b}$ senkrecht zu $\vec{a}$ $(|\vec{b}| = 1,\ \vec{a} \cdot \vec{b} = 0)$, dann ist $A := (\vec{a}, \vec{b}, \vec{a} \times \vec{b})$ kartesische Basis, also $A^{-1} = A^\top$ und

$$M_A^A(\delta) = \begin{pmatrix} 1 & 0 & 0 \\ 0 & \cos\alpha & -\sin\alpha \\ 0 & \sin\alpha & \cos\alpha \end{pmatrix} \quad \text{die Drehmatrix von } \delta \text{ bzgl. } A.$$

2.) Die gesuchte Drehmatrix ist:

$$M(\delta) = M_E^E(\delta) = A\, M_A^A(\delta)\, A^{-1} = A\, M_A^A(\delta)\, A^\top \text{ , also}$$

$$\boxed{M(\delta) = A\, M_A^A(\delta)\, A^\top}$$

Eine andere Möglichkeit, $M(\delta)$ zu berechnen, zeigt [8.25].

B: Berechnung von Drehachse $\vec{a}$ und Drehwinkel α bei gegebener Drehmatrix M

M Drehmatrix $\iff \det M = 1$ und $M^\top \cdot M = E$ (M orthogonal)

$\iff \det M = 1$ und die Spalten (Zeilen) von M sind paarweise orthogonale Einheitsvektoren.

1.) Die **Drehachse** $\vec{a}$ ist ein Eigenvektor zum Eigenwert 1 (siehe S. 209).

2.) Für den zu $\vec{a}$ gehörigen **Drehwinkel** α gilt

$$1 + 2\cos\alpha = \operatorname{spur} M, \text{ also } \boxed{\cos\alpha = \tfrac{1}{2}(\operatorname{spur} M - 1)}$$

Da $\cos\alpha = \cos(-\alpha)$ ist, erhält man so $\pm\alpha$ und muss sich für α oder $-\alpha$ entscheiden. Zunächst die Sonderfälle:

$\cos\alpha = 1 \Longrightarrow \alpha = 0$; dies ergibt sich nur, falls $M = E$ ist.
$\cos\alpha = -1 \Longrightarrow \alpha = \pi$.

Im Übrigen entscheidet man sich durch (geschicktes) Probieren:

Man wähle einen Vektor $\vec{b}$ senkrecht zu $\vec{a}$, also mit $\vec{a} \cdot \vec{b} = 0$, und berechne $M\vec{b}$. Dann gilt:

$$\det(\vec{a}, \vec{b}, M\vec{b}) > 0 \Longrightarrow 0 < \alpha < \pi \Longrightarrow \alpha = \arccos\tfrac{1}{2}(\operatorname{spur} M - 1)$$
$$\det(\vec{a}, \vec{b}, M\vec{b}) < 0 \Longrightarrow -\pi < \alpha < 0 \Longrightarrow \alpha = -\arccos\tfrac{1}{2}(\operatorname{spur} M - 1)$$

Damit ist der zur Drehachse $\vec{a}$ gehörige Drehwinkel α bestimmt.

8.24

$$M = \frac{1}{4}\begin{pmatrix} -2 & 0 & 2\sqrt{3} \\ 3 & -2 & \sqrt{3} \\ \sqrt{3} & 2\sqrt{3} & 1 \end{pmatrix}$$ *ist eine Drehmatrix. Man berechne Drehachse $\vec{a}$ und Drehwinkel α.*

Die Spalten von M haben die Länge 1 und stehen paarweise aufeinander senkrecht, z.B. ist $(-2, 3, \sqrt{3}) \cdot (0, -2, 2\sqrt{3}) = 0$. Also ist $M^\top M = E$, M ist orthogonal und 1 Eigenwert. Außerdem ist $\det M = 1$, also M eine Drehmatrix.

(1) Drehachse: Eigenvektor zum Eigenwert 1 bestimmen:

$(M - E)\vec{x} = \vec{0}$ ist ein LGS mit der Lösung $\vec{x} = r\begin{pmatrix} 1 \\ 1 \\ \sqrt{3} \end{pmatrix}$. (Nachrechnen!)

$\Longrightarrow$ Drehachse: $\underline{\vec{a} := (1, 1, \sqrt{3})}$.

(2) $\cos\alpha = \frac{1}{2}(\operatorname{spur} M - 1) = \frac{1}{2}(-\frac{3}{4} - 1) = -\frac{7}{8} \quad\Longrightarrow\quad \alpha = \pm\arccos\alpha \approx \pm 151^0$.

(3) $\vec{b} := \begin{pmatrix} 1 \\ -1 \\ 0 \end{pmatrix}$ ist senkrecht zu $\vec{a}$ und $M\vec{b} = \frac{1}{4}\begin{pmatrix} -2 \\ 5 \\ -\sqrt{3} \end{pmatrix}$.

$\det(\vec{b}, M\vec{b}, \vec{a}) = \frac{1}{4} \cdot \begin{vmatrix} 1 & -2 & 1 \\ -1 & 5 & 1 \\ 0 & -\sqrt{3} & \sqrt{3} \end{vmatrix} > 0$, also $\underline{\alpha \approx 151^0}$.

Bemerkung: Hätte man sich für die Drehachse $(-1, -1, -\sqrt{3})$ entschieden, hätte man natürlich den Drehwinkel $\alpha = -151^0$ erhalten!

8.25 *Es sei $\delta : \mathbb{R}^3 \to \mathbb{R}^3$*

die Drehung um den Winkel α um die Drehachse $\vec{a}$ mit $|\vec{a}| = 1$.

(1) *Man bestimme eine koordinatenfreie Darstellung von δ.*
Hinweis: Man stelle $\delta(\vec{x})$ als Linearkombination von $\vec{a}, \vec{x}, \vec{a} \times \vec{x}$, dar.

(2) *Man bestimme $M(\delta)$.*

(1) (a) Vorüberlegungen:

Ist $\vec{x}_{\vec{a}} = \vec{a}\vec{x} \cdot \vec{a}$ die Projektion von $\vec{x}$ auf die Richtung der Drehachse (s. Seite 131, $\vec{a}^2 = 1$), so gilt für die Projektion $\vec{x}_P$ von $\vec{x}$ auf die Normalenebene $P : \vec{a}\vec{x} = 0$ der Drehachse: $\vec{x}_P = \vec{x} - \vec{x}_{\vec{a}}$.

$\vec{a} \times \vec{x} = \vec{a} \times \vec{x}_P$, denn

$$\vec{a} \times \vec{x} = \vec{a} \times (\vec{x}_P + \vec{x}_{\vec{a}}) = \vec{a} \times \vec{x}_P + \underbrace{\vec{a} \times \vec{x}_{\vec{a}}}_{=\vec{0}} = \vec{a} \times \vec{x}_P.$$

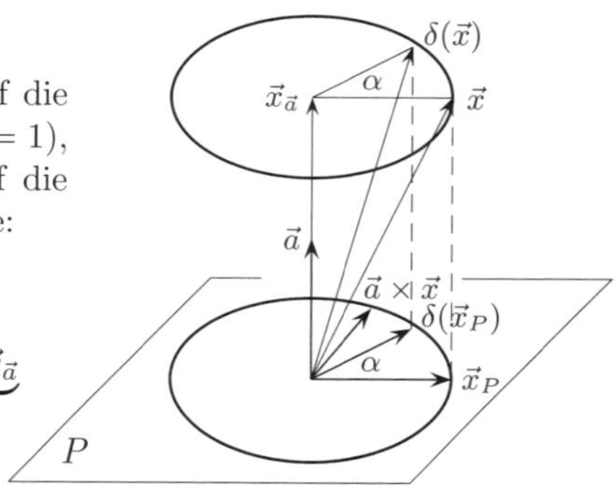

$|\vec{a} \times \vec{x}| = |\vec{x}_P|$, denn
$|\vec{a}| = 1, \ \sphericalangle(\vec{a}, \vec{x}_P) = 90^0 \Longrightarrow |\vec{a} \times \vec{x}| = |\vec{a} \times \vec{x}_P| = |\vec{a}| \cdot |\vec{x}_P| \cdot \sin 90^0 = |\vec{x}_P|$.

(b) Drehung von $\vec{x}_P$:

Da $\vec{x}_P$ und $\vec{a} \times \vec{x}$ gleiche Länge haben, in der Normalenebene aufeinander senkrecht stehen und da sich bei positivem α der Vektor $\vec{x}_P$ auf $\vec{a} \times \vec{x}$ zu bewegt, gilt (siehe Drehung in der Ebene um den Winkel α, Seite 193):

$\delta(\vec{x}_P) = \cos\alpha \cdot \vec{x}_P + \sin\alpha \cdot (\vec{a} \times \vec{x})$.

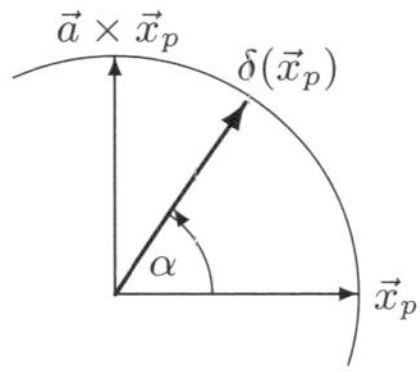

(c) Drehung von $\vec{x}$: Es ist $\vec{x} = \vec{x}_P + \vec{x}_{\vec{a}}$, also:

$$\begin{aligned}
\delta(\vec{x}) &= \delta(\vec{x}_P) + \delta(\vec{x}_{\vec{a}}) \\
&= \delta(\vec{x}_P) + \vec{x}_{\vec{a}} \quad \text{, da } \vec{x}_{\vec{a}} \text{ auf der Drehachse liegt.} \\
&= \cos\alpha \cdot \vec{x}_P + \sin\alpha \cdot (\vec{a} \times \vec{x}) + \vec{x}_{\vec{a}} \\
&= \cos\alpha \cdot (\vec{x} - \vec{x}_{\vec{a}}) + \sin\alpha \cdot (\vec{a} \times \vec{x}) + \vec{x}_{\vec{a}} \\
&= (1 - \cos\alpha)\vec{x}_{\vec{a}} + \cos\alpha \cdot \vec{x} + \sin\alpha \cdot (\vec{a} \times \vec{x})
\end{aligned}$$

Setzt man noch $\vec{x}_{\vec{a}} = \vec{a}\vec{x} \cdot \vec{a}$, so erhält man das Bild $\delta(\vec{x})$ – koordinatenfrei – als Linearkombination von $\vec{a}$, $\vec{x}$, $\vec{a} \times \vec{x}$:

$$\delta(\vec{x}) = (1 - \cos\alpha)\vec{a}\vec{x} \cdot \vec{a} + \cos\alpha \cdot \vec{x} + \sin\alpha \cdot (\vec{a} \times \vec{x}).$$

(2) $M(\delta) = \big(\delta(\vec{\imath})_E, \delta(\vec{\jmath})_E, \delta(\vec{k})_E\big)$. In den Spalten von $M(\delta) = M_E^E(\delta)$ stehen die E–Koordinaten der Bilder der kanonischen Basis $E = (\vec{\imath}, \vec{\jmath}, \vec{k})$

Sei $\vec{a} =: (a, b, c)$, dann ist $\vec{a}\vec{\imath} = a$, $\vec{a}\vec{\jmath} = b$, $\vec{a}\vec{k} = c$ und z.B.: $\vec{a}\vec{\imath} \cdot \vec{a} = a \cdot \vec{a} = \begin{pmatrix} a^2 \\ ab \\ ac \end{pmatrix}$

und man berechnet die Spalten von $M(\delta)$ aus obiger Formel:

$$\delta(\vec{\imath})_E = (1 - \cos\alpha) \cdot \begin{pmatrix} a^2 \\ ab \\ ac \end{pmatrix} + \cos\alpha \cdot \begin{pmatrix} 1 \\ 0 \\ 0 \end{pmatrix} + \sin\alpha \begin{pmatrix} 0 \\ c \\ -b \end{pmatrix},$$

$$\delta(\vec{\jmath})_E = (1 - \cos\alpha) \cdot \begin{pmatrix} ab \\ b^2 \\ bc \end{pmatrix} + \cos\alpha \cdot \begin{pmatrix} 0 \\ 1 \\ 0 \end{pmatrix} + \sin\alpha \begin{pmatrix} -c \\ 0 \\ a \end{pmatrix},$$

$$\delta(\vec{k})_E = (1 - \cos\alpha) \cdot \begin{pmatrix} ac \\ bc \\ c^2 \end{pmatrix} + \cos\alpha \cdot \begin{pmatrix} 0 \\ 0 \\ 1 \end{pmatrix} + \sin\alpha \begin{pmatrix} b \\ -a \\ 0 \end{pmatrix}.$$

Drehung des Raumes um den Winkel α um die Achse $\vec{a}$

Ist $\vec{a}$ ein Einheitsvektor, also $|\vec{a}| = 1$ und $\delta : \mathbb{R}^3 \to \mathbb{R}^3$ die Drehung um den Winkel α um die Achse $\vec{a}$, so lässt sich $\delta(\vec{x})$ folgendermaßen aus $\vec{a}$, $\vec{x}$ und $\vec{a} \times \vec{x}$ linear kombinieren:

$$\delta(\vec{x}) = (1 - \cos\alpha)\vec{a}\vec{x} \cdot \vec{a} + \cos\alpha \cdot \vec{x} + \sin\alpha \cdot (\vec{a} \times \vec{x})$$

Berechnung der Drehmatrix $M(\delta)$ bei gegebener Drehung δ.

Ist $\delta : \mathbb{R}^3 \to \mathbb{R}^3$ die Drehung des Raumes um den Winkel α $(-\pi < \alpha \leq \pi)$ und die Achse $\vec{a}$ $(|\vec{a}| = 1)$, so berechnet sich $M(\delta)$ folgendermaßen aus dem Winkel α und den Koordinaten des Einheitsvektors $\vec{a} = (a, b, c)$ (siehe S. 206):

$$M(\delta) = (1 - \cos\alpha)\begin{pmatrix} a^2 & ab & ac \\ ab & b^2 & bc \\ ac & bc & c^2 \end{pmatrix} + \cos\alpha \begin{pmatrix} 1 & 0 & 0 \\ 0 & 1 & 0 \\ 0 & 0 & 1 \end{pmatrix} + \sin\alpha \begin{pmatrix} 0 & -c & b \\ c & 0 & -a \\ -b & a & 0 \end{pmatrix}$$

Andere Möglichkeit, die Drehmatrix zu berechnen: Siehe Seite 205

Bestimmung von Drehwinkel und –Achse einer Drehmatrix: Siehe Seite 205.

8.26 (a) *Man berechne die Drehmatrix $M(\delta)$ der Drehung des $\mathbb{R}^3$ um den Winkel $-\frac{\pi}{6}$ um die Achse $\vec{a} = (-2, 1, 2)$, vgl. [8.23].*

(b) *Man berechne die Drehmatrix $M(\delta)$ der Drehung des $\mathbb{R}^3$ um den Winkel $\frac{2\pi}{3}$ um die Achse $\vec{a} = (1, 1, 1)$.*

(a) $|(-2, 1, 2)| = 3 \Longrightarrow \frac{1}{3}(-2, 1, 2)$ ist der Einheitsvektor in Richtung der Drehachse.

Bedenkt man $\cos(-\frac{\pi}{6}) = \frac{1}{2}\sqrt{3}$ und $\sin(-\frac{\pi}{6}) = -\frac{1}{2}$, so erhält man:

$M(\delta) =$

$$= (1 - \tfrac{1}{2}\sqrt{3})\tfrac{1}{9}\begin{pmatrix} 4 & -2 & -4 \\ -2 & 1 & 2 \\ -4 & 2 & 4 \end{pmatrix} + \tfrac{1}{2}\sqrt{3}\begin{pmatrix} 1 & 0 & 0 \\ 0 & 1 & 0 \\ 0 & 0 & 1 \end{pmatrix} - \tfrac{1}{2} \cdot \tfrac{1}{3}\begin{pmatrix} 0 & -2 & 1 \\ 2 & 0 & 2 \\ -1 & -2 & 0 \end{pmatrix}$$

$$= \frac{1}{18}\begin{pmatrix} 8 & 2 & -11 \\ -10 & 2 & -2 \\ -5 & 10 & 8 \end{pmatrix} + \frac{\sqrt{3}}{18}\begin{pmatrix} 5 & 2 & 4 \\ 2 & 8 & -2 \\ 4 & -2 & 5 \end{pmatrix} \approx \begin{pmatrix} 0.926 & 0.304 & -0.226 \\ -0.363 & 0.881 & -0.304 \\ 0.107 & 0.363 & 0.926 \end{pmatrix}$$

(b) Man sieht: Bei der Drehung geht die x–Achse in die y–Achse, diese in die z–Achse und die z–Achse in die x–Achse über.

Folglich: $M(\delta) = \begin{pmatrix} 0 & 0 & 1 \\ 1 & 0 & 0 \\ 0 & 1 & 0 \end{pmatrix}$

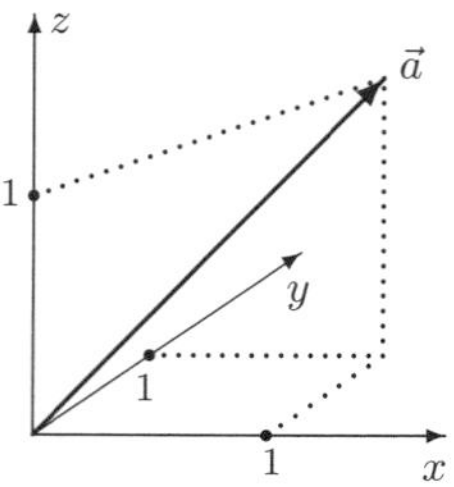

9 Eigenwerte, Eigenvektoren

9.1 Eigenwerte, Eigenvektoren, Eigenräume

Jede (m, m)–Matrix M lässt sich als Matrix $M(\varphi)$ einer linearen Abbildung φ des $\mathbb{R}^m$ in den $\mathbb{R}^m$ auffassen:

$$\text{Ist } \varphi(\vec{x}) := M\vec{x}, \text{ dann ist } M(\varphi) = M.$$

Von besonderem Interesse sind häufig Vektoren $\vec{x}$, die beim Abbilden ihre Richtung (bis auf das Vorzeichen) nicht ändern, d.h. in ein **Vielfaches** von sich, ihr λ–faches, übergehen, für die also gilt:

$$M\vec{x} = \lambda\vec{x} \quad \text{bzw.} \quad \varphi(\vec{x}) = \lambda\vec{x}.$$

Für den Nullvektor $\vec{0}$ gilt dies natürlich stets: $M\vec{0} = \varphi(\vec{0}) = \lambda\vec{0}$ für alle $\lambda \in \mathbb{R}$.

Vom Nullvektor verschiedene Vektoren $\vec{x}$, die obige Gleichung erfüllen, heißen **Eigenvektoren** zum **Eigenwert** λ von M bzw. φ.

Es ist $\lambda\vec{x} = \lambda E\vec{x}$ und folglich gilt:

$$M\vec{x} = \lambda\vec{x} \iff M\vec{x} - \lambda E\vec{x} = \vec{0} \iff (M - \lambda E)\vec{x} = \vec{0}.$$

λ ist Eigenwert von M bzw. φ, wenn das homogene LGS $(M - \lambda E)\vec{x} = \vec{0}$ nichttriviale Lösungen (= Eigenvektoren) hat. Dies ist genau dann der Fall, wenn $\det(M - \lambda E) = 0$ (**charakteristische Gleichung**) ist.
Die Determinante $\det(M - \lambda E)$ ist ein Polynom m–ten Grades in λ, heißt **charakteristisches Polynom** von M und wird mit $p_M(\lambda)$ bezeichnet. Setzt man M in $p_M(\lambda)$ ein (siehe Seite 174), so erhält man $p_M(M) = O$ (siehe auch Satz von **Cayley Hamilton**, "charakt. Polynom" und "Minimalpolynom" **LA I, II**).

Die Nullstellen des charakt. Polynoms $p_M(\lambda)$ sind die **Eigenwerte** von M.

Ist $M = \begin{pmatrix} a & b \\ c & d \end{pmatrix}$, so ist $M - \lambda E = \begin{pmatrix} a-\lambda & b \\ c & d-\lambda \end{pmatrix}$ und
$\det(M - \lambda E) = (a - \lambda)(d - \lambda) - bc$ ein Polynom 2–ten Grades.

.1 *Zu* $M = \begin{pmatrix} 1 & 3 \\ 0 & 2 \end{pmatrix}$
berechne man das charakteristische Polynom $p_M(\lambda)$ *sowie* $p_M(M)$.

$p_M(\lambda) = \det(M - \lambda E) = (1 - \lambda)(2 - \lambda) - 3 \cdot 0 = \underline{\lambda^2 - 3\lambda + 2}$.

Man rechnet leicht nach: $p_M(M) = M^2 - 3M + 2E = \underline{O}$ (Nullmatrix).

ähnliche Matrizen

Die (m, m)–Matrizen M, N heißen **ähnlich**:

$\iff$ M und N stellen die gleiche lineare Abbildung $\varphi: \mathbb{R}^m \to \mathbb{R}^m$ bezüglich evtl. verschiedener Basen des $\mathbb{R}^m$ dar.

$\iff$ es gibt eine invertierbare Matrix A mit $M = A^{-1}NA$.

Eigenwerte, Eigenvektoren

Es sei M eine (m,m)–Matrix und $\varphi : \mathbb{R}^m \to \mathbb{R}^m$ die zugehörige lineare Abbildung, also $\varphi(\vec{x}) = M\vec{x},\ M = M(\varphi)$.

Ist $\lambda \in \mathbb{R}$ eine Zahl und ist $\vec{x} \in \mathbb{R}^m$, $\underline{\vec{x} \neq \vec{0}}$, ein Vektor, so dass

$$M\vec{x} = \lambda\vec{x} \text{ bzw. } \varphi(\vec{x}) = \lambda\vec{x} \quad \text{oder} \quad (M - \lambda E)\vec{x} = \vec{0} \text{ bzw. } (\varphi - \lambda \mathrm{id})\vec{x} = \vec{0} \text{ ist,}$$

dann heißt:
λ : **Eigenwert** von M bzw. φ,
$\vec{x}$: **Eigenvektor** (zum Eigenwert λ) von M bzw. φ,

$p_M(\lambda) := p_\varphi(\lambda) := |M - \lambda E|$: **charakteristisches Polynom** von M bzw. φ, $p_M(\lambda) = p_\varphi(\lambda)$ ist ein Polynom m–ten Grades.

$V_\lambda := \{\vec{x} \in \mathbb{R}^m \mid M\vec{x} = \lambda\vec{x}\}$: **Eigenraum** zu λ.

λ **Eigenwert** von φ bzw. M $\iff$ λ **Nullstelle** von $p_\varphi(\lambda) = |M - \lambda E|$.

Ist λ k–fache Nullstelle von p_φ, dann heißt λ ein k–facher Eigenwert von M bzw. φ, und V_λ ist ein Untervektorraum des $\mathbb{R}^m$ mit $1 \leq \dim V_\lambda \leq k$.

- Eigenvektoren zu verschiedenen Eigenwerten sind linear unabhängig. •

9.2 *Man bestimme* spur, det *und* charakteristisches Polynom *der Matrizen:*

(a) $M = \begin{pmatrix} 1 & 3 \\ 0 & 2 \end{pmatrix},\ N = \begin{pmatrix} 2 & 2 \\ 0 & 1 \end{pmatrix}$,

(b) $P = \begin{pmatrix} 2 & 1 & -2 \\ 1 & 2 & 2 \\ -2 & 2 & -1 \end{pmatrix},\ Q = \begin{pmatrix} -3 & 0 & 0 \\ 0 & 3 & 0 \\ 0 & 0 & 3 \end{pmatrix},\ R = \begin{pmatrix} -3 & 0 & 0 \\ 0 & 3 & 1 \\ 0 & 0 & 3 \end{pmatrix}$.

(a) $\mathrm{spur}\, M = \mathrm{spur}\, N = 3$, (spur M = Summe der Hauptdiagonalelemente!)
$\det M = \det N = 2$, $p_M(\lambda) = p_N(\lambda) = \lambda^2 - 3\lambda + 2 = \lambda^2 - \mathrm{spur}\, M\, \lambda + \det M$.

Bemerkung: Ist $A = \begin{pmatrix} 2 & -5 \\ -1 & 3 \end{pmatrix}$, siehe [9.10], so ist $M = A^{-1}\, N\, A$,
d.h. M und N sind **ähnlich**, sie sind Matrizen der gleichen Abbildung φ:
Ist $M = M(\varphi) = M_E^E(\varphi)$, so ist $N = M_A^A(\varphi)$ und stellt φ bzgl. der Basis A dar.

(b) $\mathrm{spur}\, P = \mathrm{spur}\, Q = \mathrm{spur}\, R = 3$, $\det P = \det Q = \det R = -27$,
$p_P(\lambda) = p_Q(\lambda) = p_R(\lambda) = -\lambda^3 + 3\lambda^2 + 9\lambda - 27 = -\lambda^3 + \mathrm{spur}\, P\, \lambda^2 + 9\lambda + \det P$.

Man sieht: spur und det sind Koeffizienten des charakteristischen Polynoms.
Bemerkung: Ist σ die Abbildung und ist A die kartesische Basis aus [8.15], so ist $P = M(3\sigma)$ und $Q = M_A^A(3\sigma)$, P und Q sind also ähnlich.
Ähnliche Matrizen haben gleiches charakteristisches Polynom und gleiche spur und det (siehe 9.3); die Umkehrung jedoch ist falsch: Q und R sind nicht ähnlich (Begründung, Seite 213), obwohl sie gleiches charakteristisches Polynom – und folglich gleiche spur und det – haben.
spur, det und char. Polynom hängen nur von der linearen Abbildung φ und nicht von der Basis A ab, bzgl. der φ durch die Matrix $M_A^A(\varphi)$ dargestellt wird:

ähnliche Matrizen

haben gleiches charakteristisches Polynom, gleiche spur, det und Eigenwerte.

9.3 *Ähnliche Matrizen haben gleiches charakteristisches Polynom und folglich gleiche spur und det.*

Sind M und N ähnlich, so gibt es eine invertierbare Matrix A, so dass gilt:

$M = A^{-1}NA$ ist. Berechnung von A siehe [9.10].

Mit dem Determinanten–Multiplikationssatz (Seite 186) ergibt sich:

$$\begin{aligned} p_M(\lambda) &= \det(M - \lambda E) = \det(A^{-1}NA - \lambda A^{-1}A) = \det(A^{-1}(N - \lambda E)A) \\ &= \det A^{-1} \det(N - \lambda E) \det A = (\det A)^{-1} \det(N - \lambda E) \det A \\ &= \det(N - \lambda E) = p_N(\lambda) \end{aligned}.$$

Ist M eine (m,m)–Matrix, und $p_M(\lambda) = |M - \lambda E|$ ihr char. Polynom vom Grad m, so sieht man beim Berechnen der Determinante, dass – bis auf das Vorzeichen – $\operatorname{spur} M$ der Koeffizient von x^{m-1} und $\det M$ die Konstante des Polynoms ist.

Aus der Gleichheit der charakteristischen Polynome ähnlicher Matrizen folgt also die Gleichheit ihrer Spuren und Determinanten.

9.4 *Man bestimme Eigenwerte und Eigenräume von M und N aus [9.2].*

M: Eigenwerte von $M = \begin{pmatrix} 1 & 3 \\ 0 & 2 \end{pmatrix}$:

$$\det(M - \lambda E) = \begin{vmatrix} 1-\lambda & 3 \\ 0 & 2-\lambda \end{vmatrix} = \lambda^2 - 3\lambda + 2 = 0 \Longrightarrow \lambda_1 = 1,\ \lambda_2 = 2.$$

Eigenräume von M (die Eigenräume sind Lösungsmengen von LGSen):

$$\lambda_1 = 1: \quad (M - 1E)\vec{x} = \vec{0} \Longleftrightarrow \begin{pmatrix} 0 & 3 \\ 0 & 1 \end{pmatrix} \vec{x} = \vec{0}$$

$$\Longleftrightarrow \vec{x} \in V_1(M) = \underline{\{\vec{x} \in \mathbb{R}^2 \mid \vec{x} = r \begin{pmatrix} 1 \\ 0 \end{pmatrix}\}}.$$

$$\lambda_2 = 2: \quad (M - 2E)\vec{x} = \vec{0} \Longleftrightarrow \begin{pmatrix} -1 & 3 \\ 0 & 0 \end{pmatrix} \vec{x} = \vec{0}$$

$$\Longleftrightarrow \vec{x} \in V_2(M) = \underline{\{\vec{x} \in \mathbb{R}^2 \mid \vec{x} = s \begin{pmatrix} 3 \\ 1 \end{pmatrix}\}}.$$

N: Eigenwerte von $N = \begin{pmatrix} 2 & 2 \\ 0 & 1 \end{pmatrix}$: $\quad \lambda^2 - 3\lambda + 2 = 0 \Longrightarrow \lambda_1 = 1,\ \lambda_2 = 2.$

Eigenräume von N:

$$\lambda_1 = 1: \quad (N - 1E)\vec{x} = \vec{0} \Longleftrightarrow \begin{pmatrix} 1 & 2 \\ 0 & 0 \end{pmatrix} \vec{x} = \vec{0}$$

$$\Longleftrightarrow \vec{x} \in V_1(N) = \underline{\{\vec{x} \in \mathbb{R}^2 \mid \vec{x} = u \begin{pmatrix} 2 \\ -1 \end{pmatrix}\}}.$$

$$\lambda_2 = 2: \quad (N - 2E)\vec{x} = \vec{0} \Longleftrightarrow \begin{pmatrix} 0 & 2 \\ 0 & -1 \end{pmatrix} \vec{x} = \vec{0}$$

$$\Longleftrightarrow \vec{x} \in V_2(N) = \underline{\{\vec{x} \in \mathbb{R}^2 \mid \vec{x} = v \begin{pmatrix} 1 \\ 0 \end{pmatrix}\}}.$$

Die Eigenräume von M und N sind Geraden (1–dim. Unterräume) im $\mathbb{R}^2$. Damit sind die Eigenwerte und Eigenräume von M und N bestimmt.

9.5 *Man bestimme Eigenwerte und Eigenräume von P, Q und R aus [9.2].*

Eigenwerte: P, Q, R haben das gleiche charakteristische Polynom:

Beispielsweise ergibt sich für die Matrix P:

$$\begin{aligned}\det(P-\lambda E) &= \begin{vmatrix} 2-\lambda & 1 & -2 \\ 1 & 2-\lambda & 2 \\ -2 & 2 & -1-\lambda \end{vmatrix} \\ &= (2-\lambda)(2-\lambda)(-1-\lambda)-4-4-4(2-\lambda)-4(2-\lambda)-(-1-\lambda) \\ &= -\lambda^3+3\lambda^2+9\lambda-27=0 \implies \lambda_1=-3,\ \lambda_{2,3}=3.\end{aligned}$$

P: Eigenräume von $P = \begin{pmatrix} 2 & 1 & -2 \\ 1 & 2 & 2 \\ -2 & 2 & -1 \end{pmatrix}$:

$$\lambda_1=-3: \quad (P+3E)\vec{x}=\vec{0} \iff \begin{pmatrix} 5 & 1 & -2 \\ 1 & 5 & 2 \\ -2 & 2 & 2 \end{pmatrix}\vec{x}=\vec{0} \quad \text{(LGS lösen!)}$$

$$\iff \vec{x}\in V_{-3}(P): \ \underline{\vec{x}=r\begin{pmatrix}1\\-1\\2\end{pmatrix}}.$$

$$\lambda_{2,3}=3: \quad (P-3E)\vec{x}=\vec{0} \iff \begin{pmatrix} -1 & 1 & -2 \\ 1 & -1 & 2 \\ -2 & 2 & -4 \end{pmatrix}\vec{x}=\vec{0} \quad \text{(LGS lösen!)}$$

$$\iff \vec{x}\in V_{3}(P): \ \underline{\vec{x}=s\begin{pmatrix}1\\1\\0\end{pmatrix}+t\begin{pmatrix}-2\\0\\1\end{pmatrix}}.$$

Q: Ebenso erhält man für $Q = \begin{pmatrix} -3 & 0 & 0 \\ 0 & 3 & 0 \\ 0 & 0 & 3 \end{pmatrix}$:

$$V_{-3}(Q): \ \underline{\vec{x}=r\begin{pmatrix}1\\0\\0\end{pmatrix}} \text{ und } V_3(Q): \ \underline{\vec{x}=s\begin{pmatrix}0\\1\\0\end{pmatrix}+t\begin{pmatrix}0\\0\\1\end{pmatrix}}.$$

$V_{-3}(Q)$ ist eine Gerade (x–Achse) und $V_3(Q)$ ist eine Ebene (yz–Ebene).
Für P und Q ist die Dimension der Eigenräume gleich der Vielfachheit der Eigenwerte (geometrische Vielfachheit = algebraische Vielfachheit):

$$\dim V_{-3}(P)=\dim V_{-3}(Q)=1 \text{ und } \dim V_3(P)=\dim V_3(Q)=2.$$

R: Eigenräume von $R = \begin{pmatrix} -3 & 0 & 0 \\ 0 & 3 & 1 \\ 0 & 0 & 3 \end{pmatrix}$:

$$\lambda_1=-3: \quad (R+3E)\vec{x}=\vec{0} \iff \begin{pmatrix} 0 & 0 & 0 \\ 0 & 6 & 1 \\ 0 & 0 & 6 \end{pmatrix}\vec{x}=\vec{0}$$

$$\iff \vec{x}\in V_{-3}(R): \ \underline{\vec{x}=r\begin{pmatrix}1\\0\\0\end{pmatrix}}.$$

$$\lambda_{2,3} = 3: \quad (R - 3E)\vec{x} = \vec{0} \iff \begin{pmatrix} -6 & 0 & 0 \\ 0 & 0 & 1 \\ 0 & 0 & 0 \end{pmatrix} \vec{x} = \vec{0}$$

$$\iff \vec{x} \in V_3(R): \ \vec{x} = s \begin{pmatrix} 0 \\ 1 \\ 0 \end{pmatrix}.$$

Zwar ist 3 ein 2–facher Eigenwert von R; aber (nur) $\dim V_3(R) = 1 < 2$.

Bemerkung:

Aus [9.9] folgt: $Q = A^{-1}\, M_6\, A = A^{-1}\, P\, A$.
P und Q sind ähnlich, also sind ihre char. Polynome und außerdem ihre Eigenwerte und die Dimensionen ihrer Eigenräume gleich.
Da $2 = \dim V_3(Q) \neq \dim V_3(R) = 1$ ist, sind Q und R nicht ähnlich: Q und R können – was auch anschaulich klar ist – nicht Matrizen derselben linearen Abbildung sein!

9.6 *Man bestimme Eigenwerte und Eigenräume der Matrix* $M = \begin{pmatrix} -4 & 2 & -3 \\ 0 & -4 & -2 \\ -4 & 0 & -4 \end{pmatrix}$.

$$|M - \lambda E| = \begin{vmatrix} -4-\lambda & 2 & -3 \\ 0 & -4-\lambda & -2 \\ -4 & 0 & -4-\lambda \end{vmatrix} = \ldots = -\lambda^3 - 12\lambda^2 - 36\lambda = 0$$

$$\Longrightarrow \lambda_1 = 0, \ \lambda_{2,3} = -6$$

$$\lambda_1 = 0: \quad (M - 0E)\vec{x} = M\vec{x} = \vec{0} \iff \vec{x} \in V_0(M): \ \vec{x} = r \begin{pmatrix} 2 \\ 1 \\ -2 \end{pmatrix}.$$

0 ist genau dann Eigenwert von M, wenn das homogene LGS $M\vec{x} = \vec{0}$ nichttriviale Lösungen hat:

$$\lambda_{2,3} = -6\text{:}\ (M + 6E)\vec{x} = \begin{pmatrix} 2 & 2 & -3 \\ 0 & 2 & -2 \\ -4 & 0 & 2 \end{pmatrix} \vec{x} = \vec{0} \Leftrightarrow \vec{x} \in V_{-6}(M): \vec{x} = s \begin{pmatrix} 1 \\ 2 \\ 2 \end{pmatrix}.$$

Obwohl -6 ein 2–facher Eigenwert von M ist, ist $\dim V_{-6}(M) = 1$.

> **0** ist **Eigenwert** von M bzw. φ
> $\iff$ das LGS $M\vec{x} = \vec{0}$ hat nichttriviale Lösungen.
> $\iff$ $\operatorname{rang} M < m \iff \det M = 0 \iff \operatorname{Kern}\varphi \neq \{\vec{0}\}$.

9.7 *Sei* $V = \{s\mathrm{e}^x + t\mathrm{e}^{-x} \mid s, t \in \mathbb{R}\}$ *und* $\delta: V \to V$ *mit* $\delta(f) = f'$.

(a) *Man zeige, dass* $B = (\mathrm{e}^x, \mathrm{e}^{-x})$ *und* $C = (\cosh x, \sinh x)$ *Basen des Vektorraums* V *sind und bestimme* $M_B^C(\mathrm{id})$ *und* $M_C^B(\mathrm{id})$.

(b) *Man bestimme die (ähnlichen) Matrizen* $M_B^B(\delta)$ *und* $M_C^C(\delta)$, *sowie das char. Polynom* $p_\delta(\lambda)$, *die Eigenwerte und Eigenräume.*

(c) *Man bestimme eine Matrix* A *mit* $M_B^B(\delta) = A^{-1} M_C^C(\delta) A$.

V ist ein (zweidimensionaler) Vektorraum und δ ist linear, denn für die Ableitung gilt: $(f+g)' = f' + g'$ und $(rf)' = rf'$, $r \in \mathbb{R}$, siehe [8.3], [8.12].

(a) $(\mathrm{e}^x, \mathrm{e}^{-x})$ erzeugen V und sind linear unabh. [5.9], also eine Basis von V.
$\cosh x = \frac{1}{2}(\mathrm{e}^x + \mathrm{e}^{-x})$ und $\sinh x = \frac{1}{2}(\mathrm{e}^x - \mathrm{e}^{-x})$, also $M_B^C(\mathrm{id}) = \frac{1}{2}\begin{pmatrix} 1 & 1 \\ 1 & -1 \end{pmatrix}$.
Da $\mathrm{e}^x = \cosh x + \sinh x$ und $\mathrm{e}^{-x} = \cosh x - \sinh x$ ist, ist auch C eine Basis und
$M_C^B(\mathrm{id}) = \begin{pmatrix} 1 & 1 \\ 1 & -1 \end{pmatrix}$ oder $M_C^B(\mathrm{id}) = M_B^C(\mathrm{id})^{-1} = \begin{pmatrix} 1 & 1 \\ 1 & -1 \end{pmatrix}$ (s. Seite 177).

(b) $(\mathrm{e}^x)' = \mathrm{e}^x, \quad (\mathrm{e}^{-x})' = -\mathrm{e}^{-x} \quad \Longrightarrow \quad M_B^B(\delta) = \begin{pmatrix} 1 & 0 \\ 0 & -1 \end{pmatrix}$,

$(\cosh x)' = \sinh x, \quad (\sinh x)' = \cosh x \quad \Longrightarrow \quad M_C^C(\delta) = \begin{pmatrix} 0 & 1 \\ 1 & 0 \end{pmatrix}$.

$p_\delta(\lambda) = \begin{vmatrix} 1-\lambda & 0 \\ 0 & -1-\lambda \end{vmatrix} = \begin{vmatrix} -\lambda & 1 \\ 1 & -\lambda \end{vmatrix} = \lambda^2 - 1$, Eigenwerte: $\lambda_1 = 1, \ \lambda_2 = -1$.
$\delta(\mathrm{e}^x) = \mathrm{e}^x, \ \delta(\mathrm{e}^{-x}) = -\mathrm{e}^{-x} \implies \mathrm{e}^x$ bzw. e^{-x} sind Eigenvektoren zu 1 bzw. -1
und erzeugen die beiden Eigenräume: $V_1(\delta) : f = r\mathrm{e}^x$ und $V_{-1}(\delta) : f = r\mathrm{e}^{-x}$.

(c) Wegen $M_B^B(\delta) = M_B^C(\mathrm{id}) M_C^C(\delta) M_C^B(\mathrm{id})$ wähle $A = M_C^B(\mathrm{id}) = \begin{pmatrix} 1 & 1 \\ 1 & -1 \end{pmatrix}$.
Dann ist $A^{-1} = M_B^C(\delta) = \frac{1}{2}\begin{pmatrix} 1 & 1 \\ 1 & -1 \end{pmatrix}$ (siehe Seite 177) und man verifiziert:

$$\begin{aligned} A^{-1} M_C^C(\delta) A &= \tfrac{1}{2}\begin{pmatrix} 1 & 1 \\ 1 & -1 \end{pmatrix}\begin{pmatrix} 0 & 1 \\ 1 & 0 \end{pmatrix}\begin{pmatrix} 1 & 1 \\ 1 & -1 \end{pmatrix} \\ &= \tfrac{1}{2}\begin{pmatrix} 1 & 1 \\ -1 & 1 \end{pmatrix}\begin{pmatrix} 1 & 1 \\ 1 & -1 \end{pmatrix} = \tfrac{1}{2}\begin{pmatrix} 2 & 0 \\ 0 & -2 \end{pmatrix} = \begin{pmatrix} 1 & 0 \\ 0 & -1 \end{pmatrix} = M_B^B(\delta). \end{aligned}$$

9.8 *Man beweise:*
$M_A^A(\varphi)$ ist Diagonalmatrix $\iff A$ ist Basis aus Eigenvektoren von φ.

" $\Longrightarrow$ " Ist $A = (\vec{a}_1, \cdots, \vec{a}_m)$ und $M_A^A(\varphi) = \begin{pmatrix} d_1 & \cdots & 0 \\ \vdots & \ddots & \vdots \\ 0 & \cdots & d_m \end{pmatrix}$ Diagonalmatrix, so folgt:

$\Longrightarrow \ \varphi(\vec{a}_1) = d_1\vec{a}_1 + 0\vec{a}_2 + \cdots + 0\vec{a}_m = d_1\vec{a}_1, \quad \ldots \quad, \varphi(\vec{a}_m) = d_m\vec{a}_m$.
$\Longrightarrow \ \vec{a}_i$ ist Eigenvektor zum Eigenwert d_i für $i = 1, \ldots, m$.
$\Longrightarrow \ A = (\vec{a}_1, \ldots, \vec{a}_m)$ ist Basis aus Eigenvektoren von φ.

" $\Longleftarrow$ " Ist $A = (\vec{a}_1, \ldots, \vec{a}_m)$ Basis aus Eigenvektoren von φ, so gibt es
$d_1, \ldots, d_m \in \mathbb{R}$, mit $\varphi(\vec{a}_1) = d_1\vec{a}_1, \ \ldots \ , \varphi(\vec{a}_m) = d_m\vec{a}_m$.
Die Spalten von $M_A^A(\varphi)$ sind die A–Koordinatenvektoren der Bilder der Basisvektoren von A, also:

$$\begin{aligned} M_A^A(\varphi) &= \big(\varphi(\vec{a}_1)_A, \ldots, \varphi(\vec{a}_m)_A\big) \\ &= \big((d_1\vec{a}_1)_A, \ldots, (d_m\vec{a}_m)_A\big) \\ &= \begin{pmatrix} d_1 & \cdots & 0 \\ \vdots & \ddots & \vdots \\ 0 & \cdots & d_m \end{pmatrix}. \end{aligned}$$

9.2 Diagonalisierung, symmetrische Matrizen

Diagonalisierung einer Matrix M

Basis aus Eigenvektoren einer linearen Abbildung φ

Die Fragen

Lässt sich M diagonalisieren? Ist M einer Diagonalmatrix ähnlich?
Gibt es eine Matrix A, so dass $A^{-1}\,M\,A$ eine Diagonalmatrix ist?

bedeuten:

Gibt es eine Basis A des $\mathbb{R}^m$,
so dass $M_A^A(\varphi) = A^{-1}\,M(\varphi)\,A$ eine Diagonalmatrix ist?

Antwort: Ja, genau dann, wenn

- es eine Basis A des $\mathbb{R}^m$ aus Eigenvektoren von M bzw. φ gibt!
- $p_\varphi(\lambda)$ in Linearfaktoren zerfällt <u>und</u> es zu jedem k–fachen Eigenwert k linear unabhängige Eigenvektoren gibt, also $\dim V_\lambda = k$ ist. Dies gilt insbesondere, wenn die Eigenwerte paarweise verschieden sind.

Ist A Basis des $\mathbb{R}^m$ aus Eigenvektoren von M, dann gilt:

$M_A^A(\varphi) = A^{-1}\,M(\varphi)\,A =$ Diagonalmatrix, in deren Diagonale die Eigen–werte zu den entsprechenden Basisvektoren von A stehen.

Praktisches Vorgehen:

1.) char.Pol. $p_M(\lambda)$ bestimmen und Nullstellen (Eigenwerte) berechnen.
Zerfällt $p_M(\lambda)$ nicht in Linearfaktoren, d.h. hat es unter Berücksichtigung der Vielfachheiten nicht m (reelle) Nullstellen, gibt es keine Basis A aus Eigenvektoren, M ist nicht diagonalisierbar.

2.) Eigenräume zu den Eigenwerten bestimmen.
Ist λ ein k–facher Eigenwert und ist $\dim V_\lambda < k$, so gibt es keine Basis A aus Eigenvektoren, M ist nicht diagonalisierbar.

3.) Basen der Eigenräume bestimmen und hintereinanderschreiben ergibt eine gesuchte Basis A, so dass $A^{-1}M\,A$ Diagonalmatrix ist. In der Diagonalen stehen die Eigenwerte zu entsprechenden Eigenvektoren.

Symmetrische Matrix M

Jede symmetrische Matrix M ist diagonalisierbar !

Es gibt eine kartesische Basis A aus Eigenvektoren von M. A ist orthogonale Matrix, also $A^{-1} = A^\top$ und folglich $A^\top MA = A^{-1}MA$ Diagonalmatrix.

9.9 *Man untersuche, ob folgende Matrizen diagonalisierbar sind und gebe gegebenenfalls eine Basis A an, so dass $A^{-1}\,M\,A$ Diagonalmatrix ist.*

$$M_1 = \begin{pmatrix} 2 & 0 & 0 \\ 0 & 0 & 1 \\ 0 & -1 & 0 \end{pmatrix} \quad M_2 = \begin{pmatrix} -3 & 0 & 0 \\ 0 & 3 & 1 \\ 0 & 0 & 3 \end{pmatrix} \quad M_3 = \begin{pmatrix} -8 & 16 & -6 \\ -5 & 13 & -6 \\ -5 & 14 & -7 \end{pmatrix}$$

$$M_4 = \begin{pmatrix} 1 & -4 & 8 \\ -4 & 7 & 4 \\ 8 & 4 & 1 \end{pmatrix} \quad M_5 = \begin{pmatrix} 2 & 0 & 0 \\ 0 & -1 & 3 \\ 0 & 3 & -1 \end{pmatrix} \quad M_6 = \begin{pmatrix} 2 & 1 & -2 \\ 1 & 2 & 2 \\ -2 & 2 & -1 \end{pmatrix}$$

M_1 : $p_1(\lambda) = (2-\lambda)(\lambda^2+1) \Longrightarrow p_1(\lambda)$ zerfällt (in $\mathbb{R}$) nicht in Linearfaktoren, also ist M_1 nicht diagonalisierbar.

M_2 : $p_2(\lambda) = (-3-\lambda)(3-\lambda)^2$
3 ist 2–facher Eigenwert; aber $\dim V_3(M_2) = 3 - \operatorname{rang}(M_2 - 3E) = 1 < 2$, also ist M_2 nicht diagonalisierbar.

M_3 : $p_3(\lambda) = -\lambda^3 - 2\lambda^2 + 5\lambda + 6 = 0 \Longrightarrow \lambda_1 = -1, \;\; \lambda_2 = 2, \;\; \lambda_3 = -3$
Da die Eigenwerte paarweise verschieden sind, gibt es drei linear unabhängige Eigenvektoren, und man sieht schon jetzt, dass M_3 diagonalisierbar ist und es eine Basis A aus Eigenvektoren gibt mit

$$A^{-1}\,M_3\,A = \begin{pmatrix} -1 & 0 & 0 \\ 0 & 2 & 0 \\ 0 & 0 & -3 \end{pmatrix}.$$

Die LGSe $(M_3 - \lambda_i E)\vec{x} = \vec{0}, \;\; i = 1,2,3$ ergeben die Eigenvektoren

$$\vec{a}_1 = \begin{pmatrix} 2 \\ 2 \\ 3 \end{pmatrix}, \; \vec{a}_2 = \begin{pmatrix} 1 \\ 1 \\ 1 \end{pmatrix}, \; \vec{a}_3 = \begin{pmatrix} 2 \\ 1 \\ 1 \end{pmatrix} \Longrightarrow A = \begin{pmatrix} 2 & 1 & 2 \\ 2 & 1 & 1 \\ 3 & 1 & 1 \end{pmatrix}.$$

M_4: M_4 ist symmetrisch und folglich diagonalisierbar mit einer kartesischen Matrix aus Eigenvektoren:
$p_4(\lambda) = -\lambda^3 + 9\lambda^2 + 81\lambda - 729 = 0 \Longrightarrow \lambda_1 = -9, \;\; \lambda_{2,3} = 9.$

$$(M+9E)\vec{x} = \begin{pmatrix} 10 & -4 & 8 \\ -4 & 16 & 4 \\ 8 & 4 & 10 \end{pmatrix} \vec{x} = \vec{0} \Longrightarrow V_{-9} : \; \vec{x} = r \begin{pmatrix} 2 \\ 1 \\ -2 \end{pmatrix}$$

$$(M-9E)\vec{x} = \begin{pmatrix} -8 & -4 & 8 \\ -4 & -2 & 4 \\ 8 & 4 & -8 \end{pmatrix} \vec{x} = \vec{0} \Longrightarrow V_9 : \; \vec{x} = s \begin{pmatrix} 1 \\ 2 \\ 2 \end{pmatrix} + t \begin{pmatrix} -2 \\ 2 \\ -1 \end{pmatrix}$$

$$A = \frac{1}{3}\begin{pmatrix} 2 & 1 & -2 \\ 1 & 2 & 2 \\ -2 & 2 & -1 \end{pmatrix} \quad \begin{array}{l} \text{ist Basis aus Eigenvektoren!} \\ \left.\begin{array}{ll} A \text{ kartesisch} & \Longrightarrow A^\top = A^{-1} \\ A \text{ symmetrisch} & A^\top = A \end{array}\right\} \Longrightarrow A^{-1} = A, \end{array}$$

$$A^{-1}\, M_4\, A = A\, M_4\, A = \ldots = \begin{pmatrix} -9 & 0 & 0 \\ 0 & 9 & 0 \\ 0 & 0 & 9 \end{pmatrix} \text{ ist Diagonalmatrix.}$$

Man beachte: In der Diagonalen stehen die Eigenwerte, die zu den Basisvektoren (Spalten) von A gehören!

M_5: M_5 ist symmetrisch und folglich diagonalisierbar mit einer kartesischen Matrix aus Eigenvektoren:

$p_5(\lambda) = -\lambda^3 + 12\lambda - 16 = 0 \Longrightarrow \lambda_1 = -4, \;\; \lambda_{2,3} = 2$

Durch Lösen der entsprechenden LGSe erhält man folgende Eigenräume:

$$V_{-4}(M_5): \; \vec{x} = r \begin{pmatrix} 0 \\ 1 \\ -1 \end{pmatrix}, \quad V_2(M_5): \; \vec{x} = s \begin{pmatrix} 1 \\ 0 \\ 0 \end{pmatrix} + t \begin{pmatrix} 0 \\ 1 \\ 1 \end{pmatrix}$$

Ist die Dimension eines Eigenraumes größer als 1, kann man sich (um $A^{-1} = A^\top$ für orthogonale Matrizen auszunutzen) – evtl. mit dem SCHMIDTschen Orthogonalisierungsverfahren (Seite 130) – eine kartesische Basis A verschaffen. Hier sieht man jedoch sofort:

$$A = \frac{1}{\sqrt{2}} \begin{pmatrix} 0 & \sqrt{2} & 0 \\ 1 & 0 & 1 \\ -1 & 0 & 1 \end{pmatrix} \text{ ist eine kartesische Basis aus Eigenvektoren und}$$

$$A^{-1}\, M_5\, A = A^\top\, M_5\, A = \ldots = \begin{pmatrix} -4 & 0 & 0 \\ 0 & 2 & 0 \\ 0 & 0 & 2 \end{pmatrix} \text{ ist Diagonalmatrix.}$$

M_6: M_6 ist symmetrisch und folglich diagonalisierbar mittels einer kartesischen Matrix A aus Eigenvektoren. Aus [9.5] folgt ($M_6 = P$):

$$\begin{pmatrix} 1 \\ -1 \\ 2 \end{pmatrix} \text{ ist EV zum EW } -3, \quad \begin{pmatrix} 1 \\ 1 \\ 0 \end{pmatrix}, \begin{pmatrix} -2 \\ 0 \\ 1 \end{pmatrix} \text{ sind EVen zum (doppelten) EW 3.}$$

Bestimmung einer kartesischen Basis A aus Eigenvektoren:

Da Eigenvektoren von M_6 zu verschiedenen Eigenwerten orthogonal sind, ersetzt man $\begin{pmatrix} -2 \\ 0 \\ 1 \end{pmatrix}$ durch einen zu $\begin{pmatrix} 1 \\ 1 \\ 0 \end{pmatrix}$ senkrechten Eigenvektor zum EW 3:

SCHMIDTsches Orthogonalisierungsverfahren:

$$\left(\begin{pmatrix} 1 \\ 1 \\ 0 \end{pmatrix} + \lambda \begin{pmatrix} -2 \\ 0 \\ 1 \end{pmatrix}\right) \begin{pmatrix} 1 \\ 1 \\ 0 \end{pmatrix} = 0 \Longrightarrow \lambda = -\frac{(1{,}1{,}0)(1{,}1{,}0)}{(-2{,}0{,}1)(1{,}1{,}0)} = 1 \Longrightarrow \begin{pmatrix} -1 \\ 1 \\ 1 \end{pmatrix} \text{ ist EV.}$$

$$\Longrightarrow \begin{pmatrix} 1 \\ -1 \\ 2 \end{pmatrix}, \begin{pmatrix} 1 \\ 1 \\ 0 \end{pmatrix}, \begin{pmatrix} -1 \\ 1 \\ 1 \end{pmatrix} \text{ ist eine Orthogonalbasis aus EV. Normierung liefert:}$$

$A = \frac{1}{6}\begin{pmatrix} \sqrt{6} & 3\sqrt{2} & -2\sqrt{3} \\ -\sqrt{6} & 3\sqrt{2} & 2\sqrt{3} \\ 2\sqrt{6} & 0 & 2\sqrt{3} \end{pmatrix}$ ist eine kartesische Basis aus Eigenvektoren

und es gilt: $A^{-1} M_6\, A = A^T M_6\, A = \begin{pmatrix} -3 & 0 & 0 \\ 0 & 3 & 0 \\ 0 & 0 & 3 \end{pmatrix}$ ist Diagonalmatrix.

9.10 *Man zeige, dass M und N aus* [9.2] *ähnlich sind und bestimme eine Matrix A mit $M = A^{-1}NA$.*

Nach [9.2], [9.4] haben M und N die verschiedenen Eigenwerte 1 und 2.

M und N sind ähnlich, da beide der Diagonalmatrix $\begin{pmatrix} 1 & 0 \\ 0 & 2 \end{pmatrix}$ ähnlich sind.

$A_1 = \begin{pmatrix} 1 & 3 \\ 0 & 1 \end{pmatrix}$ ist Basis aus EV von M, also $A_1^{-1} M A_1 = \begin{pmatrix} 1 & 0 \\ 0 & 2 \end{pmatrix}$,

$A_2 = \begin{pmatrix} 2 & 1 \\ -1 & 0 \end{pmatrix}$ ist Basis aus EV von N, also $A_2^{-1} N A_2 = \begin{pmatrix} 1 & 0 \\ 0 & 2 \end{pmatrix}$.

$\Longrightarrow A_1^{-1} M A_1 = \begin{pmatrix} 1 & 0 \\ 0 & 2 \end{pmatrix} = A_2^{-1} N A_2$

$\Longrightarrow M = A_1 A_2^{-1} N A_2 A_1^{-1} = (A_2 A_1^{-1})^{-1} N (A_2 A_1^{-1})$.

Also leistet die Matrix $A := A_2 A_1^{-1}$ das Gewünschte: $A^{-1}NA = M$.

Man berechnet (Invertieren von $(2,2)$–Matrizen siehe Seite 177):

$A_1^{-1} = \begin{pmatrix} 1 & -3 \\ 0 & 1 \end{pmatrix}$ und $A = \begin{pmatrix} 2 & 1 \\ -1 & 0 \end{pmatrix}\begin{pmatrix} 1 & -3 \\ 0 & 1 \end{pmatrix} = \begin{pmatrix} 2 & -5 \\ -1 & 3 \end{pmatrix}$.

Probe: $A^{-1}NA = \begin{pmatrix} 3 & 5 \\ 1 & 2 \end{pmatrix}\begin{pmatrix} 2 & 2 \\ 0 & 1 \end{pmatrix}\begin{pmatrix} 2 & -5 \\ -1 & 3 \end{pmatrix} = \begin{pmatrix} 1 & 3 \\ 0 & 2 \end{pmatrix} = M.$

Symmetrische (n,n)–Matrizen

haben besonders schöne Eigenschaften: Ist M symmetrisch, so gilt:

1. Das charakteristische Polynom $p_M(\lambda)$ von M zerfällt in Linearfaktoren.
2. Eigenvektoren zu verschiedenen Eigenwerten sind nicht nur linear unabhängig, sondern sogar orthogonal !
3. Der $\mathbb{R}^n$ besitzt eine kartesische Basis A aus Eigenvektoren von M.
4. M ist diagonalisierbar:

   Ist A eine kartesische (d.h. orthonormale) Basis aus Eigenvektoren, d.h. ist A eine orthogonale Matrix, also $A^{-1} = A^\top$, so ist $A^\top MA = A^{-1}MA$ die Diagonalmatrix, in deren Diagonale die entsprechenden Eigenwerte stehen.

   Wählt man A so, dass zusätzlich $|A| = 1$ ist, ist A eine Drehmatrix und die Diagonalisierung wird durch eine Drehmatrix bewirkt.

10 Hauptachsentransformation

In diesem Abschnitt ist sorgfältig zwischen **Zeilen**– und **Spalten**vektoren zu unterscheiden: $\vec{x} = \begin{pmatrix} x \\ y \end{pmatrix}$ ist **Spalten**vektor und $\vec{x}^\top = (x, y)$ ist **Zeilen**vektor.

Eine **orthogonale Basis (OB)**
besteht aus paarweise aufeinander senkrechtstehenden Vektoren.

Eine **orthonormale Basis (ONB, kartesische Basis)**
besteht aus paarweise aufeinander senkrechtstehenden Einheitsvektoren.

Die Matrix A heißt **orthogonal** $\iff$ die Spalten bilden eine ONB $\iff A^\top A = e$.
Die Matrix A heißt **Drehmatrix** $\iff A$ ist orthogonal und $\det A = 1$.
Eine Matrix A ist also genau dann eine Drehmatrix wenn ihre Spalten eine positiv orientierte ONB bilden. Siehe auch Seiten 192, 193, 205

10.1 Kegelschnitte, Kurven zweiter Ordnung

Eine Gleichung der Form $\quad ax^2 + by^2 + 2cxy + g = 0$

z.B. $\quad 4x^2 + 4y^2 - 4xy - 6 = 0 \quad$ stellt einen

Kegelschnitt (**Kurve zweiter Ordnung**: Ellipse, Hyperbel, Parabel,…) in der Ebene dar. D.h. die Menge aller Punkte $(x, y) \in \mathbb{R}^2$, deren Koordinaten die Gleichung erfüllen, heißt ein Kegelschnitt (Kurve zweiter Ordnung).

$4x^2 + 4y^2 - 4xy - 6 = 0$ erweist sich als Ellipse, deren Achsen nicht in Richtung der Koordinatenachsen zeigen, weil gemischte Glieder (hier $-4xy$) vorkommen.

Substituiert man: $\begin{cases} x = \cos\alpha \cdot u - \sin\alpha \cdot v \\ y = \sin\alpha \cdot u + \cos\alpha \cdot v \end{cases}$

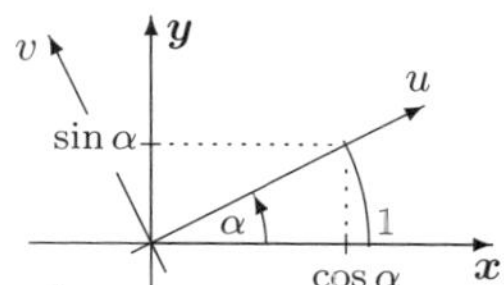

so erhält man nach kurzer Rechnung:

$$(4 - 4\cos\alpha\sin\alpha)u^2 + (4 + 4\cos\alpha\sin\alpha)v^2 + \overbrace{(-4\cos^2\alpha + 4\sin^2\alpha)}^{=0}uv - 6 = 0.$$

Wählt man α so, dass $-4\cos^2\alpha + 4\sin^2\alpha = 0$ ist, so stellt sich der Kegelschnitt im u, v–System ohne gemischte Glieder uv dar:

$-4\cos^2\alpha + 4\sin^2\alpha = -4\cos 2\alpha = 0$, (Additionstheoreme **U 1**)
$\iff \alpha = \frac{\pi}{4}$ (oder $\alpha = \frac{3\pi}{4}$).

Es gilt: $\cos\frac{\pi}{4} = \sin\frac{\pi}{4} = \frac{1}{2}\sqrt{2}$.

Substituiert man: $\begin{cases} x = \frac{1}{2}\sqrt{2}\,(u - v) \\ y = \frac{1}{2}\sqrt{2}\,(u + v) \end{cases}$, so erhält

man: $\quad 2u^2 + 6v^2 - 6 = 0 \quad$ oder $\quad \dfrac{u^2}{3} + \dfrac{v^2}{1} = 1$
und sieht: Der Kegelschnitt ist im u, v–System eine **Ellipse** (Seite 559) mit den Halbachsen $\sqrt{3}$ und 1.

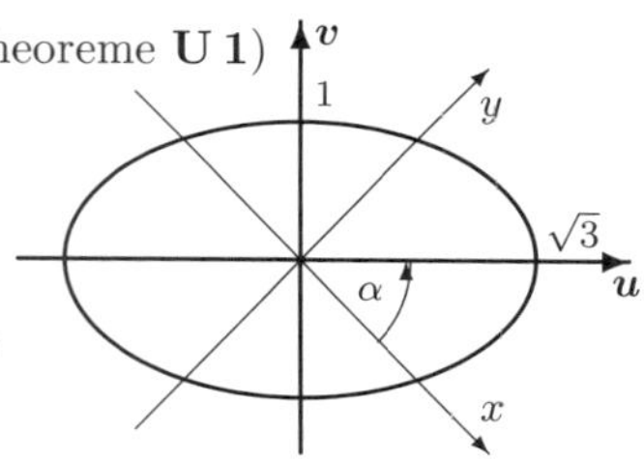

Ellipse
$4x^2 + 4y^2 - 4xy - 6 = 0$
$\frac{u^2}{3} + \frac{v^2}{1} = 1$

Was ist passiert?

Obige Substitution ist eine Koordinatentransformation: Nimmt man die kartesische Basis $A = (\vec{a}_1, \vec{a}_2) = \begin{pmatrix} \cos\alpha & -\sin\alpha \\ \sin\alpha & \cos\alpha \end{pmatrix} = \frac{1}{2}\sqrt{2}\begin{pmatrix} 1 & -1 \\ 1 & 1 \end{pmatrix}$ und nennt die A–Koordinaten u und v, setzt man also $\begin{pmatrix} x \\ y \end{pmatrix} = \vec{x}_E$ und $\begin{pmatrix} u \\ v \end{pmatrix} = \vec{x}_A$, so ist

$\begin{pmatrix} x \\ y \end{pmatrix} = A\begin{pmatrix} u \\ v \end{pmatrix}$, also $\begin{aligned} x &= \tfrac{1}{2}\sqrt{2}\,(u-v) \\ y &= \tfrac{1}{2}\sqrt{2}\,(u+v) \end{aligned}$

und $4x^2 + 4y^2 - 4xy - 6 = 0$ geht in $2u^2 + 6v^2 - 6 = 0$ über.

Das *alte* x, y–Koordinatensystem geht durch die **Drehung** (S. 192) um 45^0 in das *neue* u, v–System über.

Die Achsen der Ellipse zeigen in Richtung der u, v–Koordinatenachsen.

Diesen Vorgang nennt man **Hauptachsentransformation** !

Die Matrizenschreibweise verdeutlicht das Vorgehen und zeigt einen einfachen Weg, wie man zu der Basis A kommt. Insbesondere wird benutzt (S. 192):

- A Drehmatrix $\Longleftrightarrow$ A orthogonal mit $\det A = 1 \Longleftrightarrow A = \begin{pmatrix} \cos\alpha & -\sin\alpha \\ \sin\alpha & \cos\alpha \end{pmatrix}$.
- M symmetrisch $\Longrightarrow$ M ist durch Drehmatrix A diagonalisierbar (s. Seite 218).

(1) Die Gleichung $\quad ax^2 + by^2 + 2cxy + g = 0$

einer Kurve zweiter Ordnung (Kegelschnitt) schreibt sich in Matrizenschreibweise, wenn $\vec{x} = \begin{pmatrix} x \\ y \end{pmatrix}$ und $\vec{x}^\top = (x, y)$ und $M = \begin{pmatrix} a & c \\ c & b \end{pmatrix}$ die zugehörige *symmetrische* Matrix ist,

$$\begin{aligned} ax^2 + by^2 + 2cxy + g &= (x, y)\begin{pmatrix} a & c \\ c & b \end{pmatrix}\begin{pmatrix} x \\ y \end{pmatrix} + g = \vec{x}^\top M\vec{x} + g = 0, \\ 4x^2 + 4y^2 - 4xy - 6 &= (x, y)\begin{pmatrix} 4 & -2 \\ -2 & 4 \end{pmatrix}\begin{pmatrix} x \\ y \end{pmatrix} - 6 = 0. \end{aligned}$$

(2) Sind λ_1, λ_2 die (reellen, S. 218) Eigenwerte der symmetrischen Matrix M und ist

$A = (\vec{a}_1, \vec{a}_2) = \begin{pmatrix} \cos\alpha & -\sin\alpha \\ \sin\alpha & \cos\alpha \end{pmatrix}$ eine kartesische Basis aus Eigenvektoren von M mit $\det A = 1$, also eine Drehmatrix,

dann ist $\quad A^{-1} M\, A = A^\top M\, A = \begin{pmatrix} \lambda_1 & 0 \\ 0 & \lambda_2 \end{pmatrix}$ eine Diagonalmatrix.

(3) Setzt man $\vec{x} = A\vec{u}$, dann ist $\vec{x}^\top = (A\vec{u})^\top = \vec{u}^\top A^\top$ und es gilt:

$$\begin{aligned} ax^2 + by^2 + 2cxy + g &= \vec{x}^\top M\vec{x} + g = \vec{u}^\top (A^\top M A)\vec{u} + g \\ &= \vec{u}^\top \begin{pmatrix} \lambda_1 & 0 \\ 0 & \lambda_2 \end{pmatrix}\vec{u} + g = \lambda_1 u^2 + \lambda_2 v^2 + g = 0. \end{aligned}$$

Bezüglich der Basis A – also im u, v–System – stellt sich der Kegelschnitt in Hauptachsenform dar: Seine Achsen zeigen in die Richtungen der Koordinatenachsen (keine gemischten Glieder).

A ist Drehmatrix (kartesische Basis, $\det A = 1$), also $A = \begin{pmatrix} \cos\alpha & -\sin\alpha \\ \sin\alpha & \cos\alpha \end{pmatrix}$ und geht aus der Basis E durch die Drehung um den Winkel α hervor, den man aus den abgelesenen Werten $\cos\alpha$ und $\sin\alpha$ bestimmt!

Für $4x^2 + 4y^2 - 4xy - 6 = 0$ erhält man $M = \begin{pmatrix} 4 & -2 \\ -2 & 4 \end{pmatrix}$ und

$\lambda_1 = 2,\ \lambda_2 = 6, \quad A = \frac{1}{2}\sqrt{2}\begin{pmatrix} 1 & -1 \\ 1 & 1 \end{pmatrix}, \quad A^\top M\, A = \begin{pmatrix} 2 & 0 \\ 0 & 6 \end{pmatrix}, \quad \alpha = \frac{\pi}{4}.$

Hauptachsentransformation, praktisches Vorgehen

(Kurven zweiter Ordnung, Kegelschnitte)

$$\boxed{ax^2 + by^2 + 2cxy + g = 0}$$

Matrizenschreibweise

$$\vec{x}^\top \begin{pmatrix} a & c \\ c & b \end{pmatrix} \vec{x} + g = 0.$$

Man bestimmt:

(1) λ_1, λ_2 : Eigenwerte von $M = \begin{pmatrix} a & c \\ c & b \end{pmatrix}$.
λ_1, λ_2 sind Lösungen von $\lambda^2 - (a+b)\lambda + ab - c^2 = 0$.

(2) $\vec{a}_1, \vec{a}_2$: Eigenvektoren von M zu λ_1, λ_2, mit
$\vec{a}_1, \vec{a}_2$ normiert und positiv orientiert, d.h. $|A| > 0$. Es gilt dann
$\vec{a}_1^2 = \vec{a}_2^2 = 1$, da $|\vec{a}_1| = |\vec{a}_2| = 1$, außerdem $\vec{a}_1 \perp \vec{a}_2$, d.h. $\vec{a}_1 \cdot \vec{a}_2 = 0$.

(3) $A = (\vec{a}_1, \vec{a}_2) = \begin{pmatrix} \cos\alpha & -\sin\alpha \\ \sin\alpha & \cos\alpha \end{pmatrix}$
Drehmatrix aus Eigenvektoren von M, also $A^{-1} = A^\top$, $|A| = 1$.

(4) eventuell: Drehwinkel α von A. Es ist $\cos\alpha = \frac{1}{2}(a+b)$.

und setzt $\boxed{\vec{x} = A\vec{u}}$ und erhält:

$$\boxed{\lambda_1 u^2 + \lambda_2 v^2 + g = 0}$$

Matrizenschreibweise

$$\vec{u}^\top \begin{pmatrix} \lambda_1 & 0 \\ 0 & \lambda_2 \end{pmatrix} \vec{u} + g = 0.$$

$\vec{a}_1, \vec{a}_2$ sind die (normierten) Hauptachsen des Kegelschnitts und zeigen in Richtung der u, v–Koordinatenachsen!

Das x, y–System geht durch die Drehung um α in das u, v–System über!

$A^\top MA = A^{-1}MA = \begin{pmatrix} \lambda_1 & 0 \\ 0 & \lambda_2 \end{pmatrix}$ ist eine Diagonalisierung der symmetrischen Matrix M.

Klassifizierung dieser Kegelschnitte auf Seite 240.

Kreis, Ellipse, Hyperbel, Parabel siehe Seite 559–564!

10.1 *Für folgende Kurve zweiter Ordnung bestimme man Typ, Hauptachsen und Normalform:* $\boxed{36x^2 + 29y^2 - 24xy - 180 = 0}$

(1) Eigenwerte der symmetrischen Matrix $M = \begin{pmatrix} 36 & -12 \\ -12 & 29 \end{pmatrix}$:

$|M - \lambda E| = \ldots = \lambda^2 - 65\lambda + 900 = 0 \implies \underline{\lambda_1 = 20}, \ \underline{\lambda_2 = 45}.$

(2) Eigenräume von M: $V_{20} : \vec{x} = \mu \begin{pmatrix} 3 \\ 4 \end{pmatrix}$, $V_{45} : \vec{x} = \mu \begin{pmatrix} 4 \\ -3 \end{pmatrix}$

(3) Drehmatrix aus Eigenvektoren (Hauptachsen!) von M:
Bemerkung: Da M symmetrisch ist und die Eigenwerte verschieden sind, bilden die Eigenvektoren $\begin{pmatrix} 3 \\ 4 \end{pmatrix}$ und $\begin{pmatrix} 4 \\ -3 \end{pmatrix}$ eine orthogonale Basis (S. 218), deren Determinante allerdings negativ ist. Ersetzt man $\begin{pmatrix} 4 \\ -3 \end{pmatrix}$ durch $-\begin{pmatrix} 4 \\ -3 \end{pmatrix} = \begin{pmatrix} -4 \\ 3 \end{pmatrix}$ und normiert, so erhält man eine positiv orientierte orthonormale Basis, also die Drehmatrix $A = (\vec{a}_1, \vec{a}_2) = \frac{1}{5} \begin{pmatrix} 3 & -4 \\ 4 & 3 \end{pmatrix}$ mit $A^{-1} = A^\top$ und $\det A = 1$.

(4) Drehwinkel: $\cos\alpha = 0.6$ und $\sin\alpha = 0.8 \implies \underline{\alpha = 53.13^0}$.

<u>Hauptachsentransformation</u> $\vec{x} = A\vec{u}$:

$$\boxed{\vec{x} = A\vec{u}} \longrightarrow \boxed{20u^2 + 45v^2 - 180 = 0} \quad \text{oder} \quad \boxed{\frac{u^2}{3^2} + \frac{v^2}{2^2} = 1}$$

Es handelt sich um eine **Ellipse** mit den Halbachsen 3 und 2.

Hauptachsen: $\begin{pmatrix} 3 \\ 4 \end{pmatrix}$, $\begin{pmatrix} 4 \\ -3 \end{pmatrix}$ (nicht normiert).

Das x, y–System geht durch die Drehung um $\alpha = 53.13^0$ in das u, v–System über.

Siehe auch **Ellipse** Seite 559!

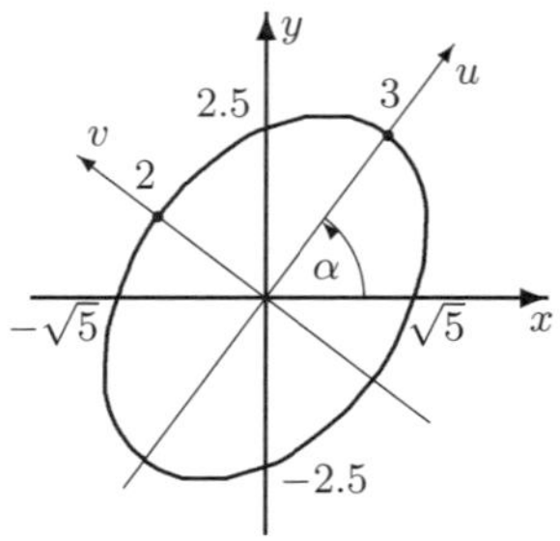

Ellipse
$36x^2 + 29y^2 - 24xy - 180 = 0$
$\frac{u^2}{9} + \frac{v^2}{4} = 1$

10.2 *Man bestimme Typ, Hauptachsen und Normalform des Kegelschnitts:*

$$\boxed{xy - 1 = 0}$$

$$M = \begin{pmatrix} 0 & \frac{1}{2} \\ \frac{1}{2} & 0 \end{pmatrix}, \quad \lambda_1 = \frac{1}{2}, \ \lambda_2 = -\frac{1}{2}, \quad A = \frac{1}{2}\sqrt{2}\begin{pmatrix} 1 & -1 \\ 1 & 1 \end{pmatrix}, \quad \alpha = 45^0.$$

<u>Hauptachsentransformation</u>

$\vec{x} = A\vec{u}$ liefert: $\dfrac{u^2}{2} - \dfrac{v^2}{2} = 1$, also eine gleichseitige **Hyperbel**.

Oder: $xy - 1 = 0 \iff y = \frac{1}{x}$ ist eine gebrochen rationale Funktion ohne Nullstellen mit Polstelle (1–ter Ordnung) bei $x_0 = 0$
und der Asymptoten $y = 0$ für $x \to \pm\infty$.

10.3 *Man klassifiziere die Kurve zweiter Ordnung* $\boxed{2x^2 + y^2 - 3xy = 0}$.

Wegen $g = 0$ kommen gemäß der Tabelle auf Seite 240 nur die *Entartungsfälle* Nullpunkt bzw. eine oder zwei Geraden in Betracht. Da die Koordinaten des Punktes $(1, 1)$ die Gleichung erfüllen, ist es nicht der Nullpunkt.

Es handelt sich also um eine oder zwei Ursprungsgeraden. Statt einer Koordinatentransformation ist der Ansatz $y_1 = ax, \ y_2 = bx$ zu empfehlen:

$0 = (y - ax)(y - bx) = abx^2 - (a + b)xy + y^2 = 2x^2 - 3xy + y^2$

$\Longrightarrow a = 1, \ b = 2$. Bei der Kurve zweiter Ordnung handelt es sich also um **zwei Geraden**: $\underline{y_1 = x}, \ \underline{y_2 = 2x}$.

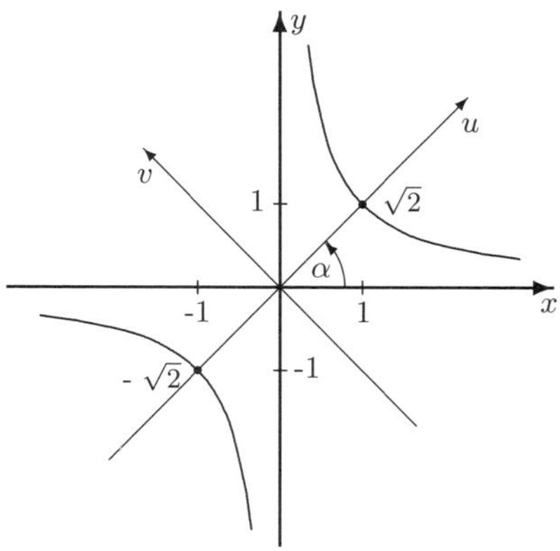

10.2 Hyperbel

$xy - 1 = 0$

$\dfrac{u^2}{2} - \dfrac{v^2}{2} = 1$

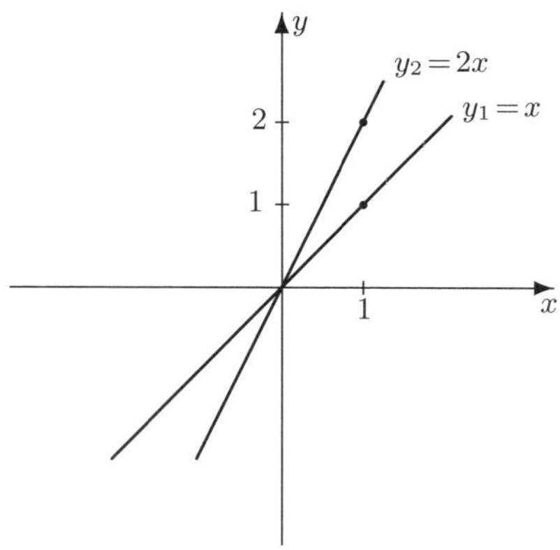

10.3 zwei Geraden

$y_1 = x$

$y_2 = 2x$

10.2 Quadriken, Flächen zweiter Ordnung

Man geht genau wie bei den Kegelschnitten vor:

Man schreibt die Quadrik mit Hilfe einer *symmetrischen* Matrix M, die man mittels einer *Drehmatrix* A (für die also $A^{-1} = A^\top$ ist) diagonalisiert.

Hauptachsentransformation, praktisches Vorgehen

(Flächen zweiter Ordnung, Quadriken)

$$\boxed{ax^2+by^2+cz^2+2dxy+2exz+2fyz+g=0}$$

Matrizenschreibweise:

$$\vec{x}^\top \begin{pmatrix} a & d & e \\ d & b & f \\ e & f & c \end{pmatrix} \vec{x} + g = 0.$$

Man bestimmt:

(1) $\lambda_1, \lambda_2, \lambda_3$: Eigenwerte von $M = \begin{pmatrix} a & d & e \\ d & b & f \\ e & f & c \end{pmatrix}$ (M ist symmetrisch!)

(2) $V_{\lambda_1} = L(\vec{a}_1), V_{\lambda_2} = L(\vec{a}_2),\ V_{\lambda_3} = L(\vec{a}_3)$: Eigenräume von M (Seite 210).

(3) $A = (\vec{a}_1, \vec{a}_2, \vec{a}_3)$ (evtl. normieren und positiv orientieren!)
Drehmatrix aus Eigenvektoren von M.

(4) evtl.: Drehachse $\vec{a}$ und Drehwinkel α von A.

und setzt $\boxed{\vec{x} = A\vec{u}}$ und erhält:

$$\boxed{\lambda_1 u^2 + \lambda_2 v^2 + \lambda_3 w^2 + g = 0}$$

Matrizenschreibweise:

$$\vec{u}^\top \begin{pmatrix} \lambda_1 & 0 & 0 \\ 0 & \lambda_2 & 0 \\ 0 & 0 & \lambda_3 \end{pmatrix} \vec{u} + g = 0.$$

$\vec{a}_1, \vec{a}_2, \vec{a}_3$ sind die (normierten) Hauptachsen und zeigen in Richtung der u, v, w–Koordinatenachsen!

Das x, y, z–System geht durch die Drehung A in das u, v, w–System über!

$$A^\top M A = A^{-1} M A = \begin{pmatrix} \lambda_1 & 0 & 0 \\ 0 & \lambda_2 & 0 \\ 0 & 0 & \lambda_3 \end{pmatrix}$$ ist eine **Diagonalisierung** der **symmetrischen** Matrix M.

Klassifizierung dieser Quadriken auf Seite 240.

10.4 *Für folgende Fläche zweiter Ordnung bestimme man Typ, Hauptachsen und Normalform. Außerdem bestimme man für die Drehung A des Koordinatensystems in Richtung der Hauptachsen die Drehachse und den Drehwinkel:*

$$\boxed{16x^2 + 9y^2 + 16z^2 + 40xz - 36 = 0}$$

(1) Eigenwerte von $M = \begin{pmatrix} 16 & 0 & 20 \\ 0 & 9 & 0 \\ 20 & 0 & 16 \end{pmatrix}$:

$|M - \lambda E| = \ldots = (\lambda^2 - 32\lambda - 1296)(9 - \lambda) = 0$

$\Longrightarrow \underline{\lambda_1 = 9}, \ \underline{\lambda_2 = 36}, \ \underline{\lambda_3 = -4}.$

(2) Eigenräume von M:

$V_9 : \vec{x} = \mu \begin{pmatrix} 0 \\ 1 \\ 0 \end{pmatrix}, \ V_{36} : \vec{x} = \mu \begin{pmatrix} 1 \\ 0 \\ 1 \end{pmatrix}, \ V_{-4} : \vec{x} = \mu \begin{pmatrix} 1 \\ 0 \\ -1 \end{pmatrix}.$

(3) Drehmatrix aus Eigenvektoren (Hauptachsen!) von M:

$A = (\vec{a}_1, \vec{a}_2, \vec{a}_3) = \frac{1}{2} \begin{pmatrix} 0 & \sqrt{2} & \sqrt{2} \\ 2 & 0 & 0 \\ 0 & \sqrt{2} & -\sqrt{2} \end{pmatrix}, \ A^{-1} = A^\top.$

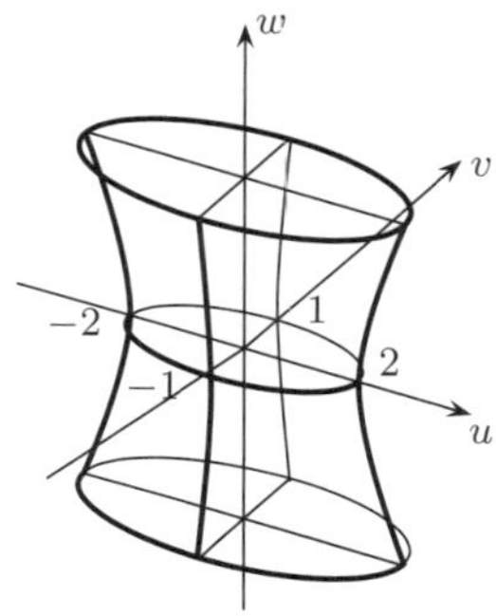

einschal. Hyperboloid

$\frac{u^2}{4} + \frac{v^2}{1} - \frac{w^2}{9} = 1$

A ist kartesische Basis, also orthogonale Matrix mit $\det A = 1$.

(4) Bestimmung von Drehachse und Drehwinkel der Drehmatrix A (Seite 205):

Drehachse: $\underline{\vec{a} = (1, 1, \sqrt{2} - 1)}$ ist EV zum EW 1 der Matrix A.

Drehwinkel: $\cos\alpha = \frac{1}{2}(\operatorname{spur} A - 1) = \frac{1}{2}(-\frac{1}{2}\sqrt{2} - 1) \Longrightarrow \alpha = \pm 148.6^0.$

Sei $\vec{b} := (1, -1, 0) \perp \vec{a} \Longrightarrow A\vec{b} = \frac{1}{2}(-\sqrt{2}, 2, -\sqrt{2}) \Longrightarrow \det(\vec{b}, A\vec{b}, \vec{a}) = \cdots > 0.$

Also gilt: Drehwinkel $\underline{\alpha = 148.6^0}$.

<u>Hauptachsentransformation</u> $\vec{x} = A\vec{u}$: $A^\top M A = \begin{pmatrix} 9 & 0 & 0 \\ 0 & 36 & 0 \\ 0 & 0 & -4 \end{pmatrix}.$

$$\boxed{\vec{x} = A\vec{u}} \longrightarrow \boxed{9u^2 + 36v^2 - 4w^2 - 36 = 0} \text{ oder } \boxed{\frac{u^2}{4} + \frac{v^2}{1} - \frac{w^2}{9} = 1}$$

Es handelt sich um ein **einschaliges Hyperboloid** (Tabelle Seite 240).

Hauptachsen (nicht normiert): $\begin{pmatrix} 0 \\ 1 \\ 0 \end{pmatrix}, \begin{pmatrix} 1 \\ 0 \\ 1 \end{pmatrix}, \begin{pmatrix} 1 \\ 0 \\ -1 \end{pmatrix}.$

10.5 *Für folgende Fläche zweiter Ordnung bestimme man Typ, Hauptachsen und Normalform in Abhängigkeit vom Parameter g.*

Was ergibt sich speziell für $g = -2, 0, 2$? $\boxed{-x^2 - y^2 + 2z^2 + 6xy + g = 0}$

Matrizenschreibweise: $\vec{x}^\top M \vec{x} + g = 0$, mit: $M = \begin{pmatrix} -1 & 3 & 0 \\ 3 & -1 & 0 \\ 0 & 0 & 2 \end{pmatrix}$.

(1) Eigenwerte von M:

$|M - \lambda E| = \ldots = (\lambda^2 + 2\lambda - 8)(2 - \lambda) = 0 \implies \underline{\lambda_{1,2} = 2}, \ \underline{\lambda_3 = -4}$.

(2) Eigenräume von M: $V_2: \quad \vec{x} = \mu \begin{pmatrix} 1 \\ 1 \\ 0 \end{pmatrix} + \nu \begin{pmatrix} 0 \\ 0 \\ 1 \end{pmatrix}$,

$$V_{-4}: \quad \vec{x} = \mu \begin{pmatrix} 1 \\ -1 \\ 0 \end{pmatrix}, \text{ da } \begin{pmatrix} 1 \\ 1 \\ 0 \end{pmatrix} \times \begin{pmatrix} 0 \\ 0 \\ 1 \end{pmatrix} = \begin{pmatrix} 1 \\ -1 \\ 0 \end{pmatrix}.$$

(3) Drehmatrix aus Eigenvektoren (Hauptachsen!) von M:

$$A = (\vec{a}_1, \vec{a}_2, \vec{a}_3) = \tfrac{1}{2}\sqrt{2} \begin{pmatrix} 1 & 0 & 1 \\ 1 & 0 & -1 \\ 0 & \sqrt{2} & 0 \end{pmatrix} \text{ und } A^{-1} = A^\top.$$

A ist kartesische Basis (= orthogonale Matrix) und $\det A > 0$.

<ins>Hauptachsentransformation</ins>

$\vec{x} = A\vec{u}$: $\quad A^\top M A = \begin{pmatrix} 2 & 0 & 0 \\ 0 & 2 & 0 \\ 0 & 0 & -4 \end{pmatrix}$.

$\boxed{\vec{x} = A\vec{u}}$

ergibt

$\boxed{2u^2 + 2v^2 - 4w^2 + g = 0}$

Hauptachsen (nicht normiert):

$\begin{pmatrix} 1 \\ 1 \\ 0 \end{pmatrix}, \begin{pmatrix} 0 \\ 0 \\ 1 \end{pmatrix}, \begin{pmatrix} 1 \\ -1 \\ 0 \end{pmatrix}$.

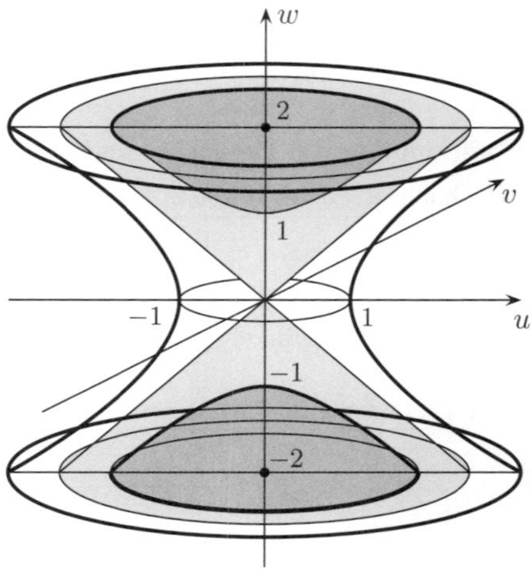

Man erhält in Abhängigkeit von g, siehe Tabelle Seite 240:

$$g \begin{cases} < 0 & \textbf{einschaliges Hyperboloid} & g = -2 : 2u^2 + 2v^2 - 4w^2 - 2 = 0, \\ = 0 & \textbf{elliptischer Doppelkegel} & g = 0 \ \ : 2u^2 + 2v^2 - 4w^2 \qquad = 0, \\ & \text{Asymptotenkegel} & \\ > 0 & \textbf{zweischaliges Hyperboloid} & g = 2 \ \ : 2u^2 + 2v^2 - 4w^2 + 2 = 0. \end{cases}$$

10.3 Kurven/Flächen zweiter Ordnung in allgemeiner Lage

Matrizenschreibweise

Jede Kurve/Fläche zweiter Ordnung schreibt man mit Matrizen folgendermaßen:

$$\vec{x}^\top M\vec{x} + 2\vec{m}^\top\vec{x} + m = 0.$$

Dabei ist für die **Kurve** $ax^2 + by^2 + 2cxy + 2dx + 2ey + m = 0$:

$$\vec{x} = \begin{pmatrix} x \\ y \end{pmatrix}, \quad M = \begin{pmatrix} a & c \\ c & b \end{pmatrix}, \quad \vec{m} = \begin{pmatrix} d \\ e \end{pmatrix}.$$

und für die **Fläche**

$$ax^2 + by^2 + cz^2 + 2dxy + 2exz + 2fyz + 2gx + 2hy + 2kz + m = 0:$$

$$\vec{x} = \begin{pmatrix} x \\ y \\ z \end{pmatrix}, \quad M = \begin{pmatrix} a & d & e \\ d & b & f \\ e & f & c \end{pmatrix}, \quad \vec{m} = \begin{pmatrix} g \\ h \\ k \end{pmatrix}.$$

0.6 *Man bestimme M, $\vec{m}$, m für folgende Kurven/Flächen zweiter Ordnung:*

(a) $36x^2 + 29y^2 - 24xy - 180 = 0,$

(b) $-\frac{7}{2}x^2 - \frac{7}{2}y^2 + 25xy + 30\sqrt{2}\,x - 66\sqrt{2}\,y - 252 = 0,$

(c) $x^2 + 6y^2 + z^2 + 2xz - 2\sqrt{2}\,x + 24y - 2\sqrt{2}\,z + 20 = 0,$

(d) $x^2 + 3y^2 - 2\sqrt{3}\,xy + (-4 + 3\sqrt{3}\,)x + (4\sqrt{3} + 3)y = -16,$

(e) $-50x^2 + 9y^2 + 16z^2 - 24yz - 200x - 10y + 55z + 25 = 0.$

a) $M = \begin{pmatrix} 36 & -12 \\ -12 & 29 \end{pmatrix}, \quad \vec{m} = \begin{pmatrix} 0 \\ 0 \end{pmatrix} = \vec{0}, \quad m = -180.$

b) $M = \frac{1}{2}\begin{pmatrix} -7 & 25 \\ 25 & -7 \end{pmatrix}, \quad \vec{m} = \begin{pmatrix} 15\sqrt{2} \\ -33\sqrt{2} \end{pmatrix}, \quad m = -252.$

c) $M = \begin{pmatrix} 1 & 0 & 1 \\ 0 & 6 & 0 \\ 1 & 0 & 1 \end{pmatrix}, \quad \vec{m} = \begin{pmatrix} -\sqrt{2} \\ 12 \\ -\sqrt{2} \end{pmatrix}, \quad m = 20.$

d) $M = \begin{pmatrix} 1 & -\sqrt{3} \\ -\sqrt{3} & 3 \end{pmatrix}, \quad 2\vec{m} = \begin{pmatrix} -4 + 3\sqrt{3} \\ 4\sqrt{3} + 3 \end{pmatrix}, \quad m = 16.$

e) $M = \begin{pmatrix} -50 & 0 & 0 \\ 0 & 9 & -12 \\ 0 & -12 & 16 \end{pmatrix}, \quad \vec{m} = \begin{pmatrix} -100 \\ -5 \\ \frac{55}{2} \end{pmatrix}, \quad m = 25.$

10.7 *Man schreibe folgende Kurven/Flächen zweiter Ordnung ohne Matrizen:*

(a) $\vec{x}^\top \begin{pmatrix} 36 & -12 \\ -12 & 29 \end{pmatrix} \vec{x} - 180 = 0,$

(b) $\vec{x}^\top \begin{pmatrix} 9 & 0 & 12 \\ 0 & 0 & 0 \\ 12 & 0 & 16 \end{pmatrix} \vec{x} + 10(1,2,-2)\vec{x} - 19 = 0.$

(a) $36x^2 + 29y^2 - 24xy - 180 = 0,$

(b) $9x^2 + 16z^2 + 24xz + 10x + 20y - 20z - 19 = 0.$

Ist $\vec{m} \neq \vec{0}$, kommen in der Gleichung also lineare Glieder vor, so kann man – etwas Routine vorausgesetzt – folgendermaßen vorgehen:

(1) Man beseitigt die gemischten Glieder durch Hauptachsentransformation. Ist λ doppelter Eigenwert, so wähle man $\vec{a}_2 \perp \vec{m}$!!!

(2) Durch evtl. quadratische Ergänzungen erhält man Normalformen, die man – notfalls mittels der Tabellen auf Seite 240 – identifiziert.

Dieses Vorgehen ist besonders für Kegelschnitte zu empfehlen, siehe [10.15].

Der im folgenden beschriebene Weg ist systematischer und erlaubt eine frühzeitige Unterscheidung zwischen Mittelpunkts–Kurven/Flächen und parabolischen Kurven–Flächen: Beim Vorliegen von Symmetriepunkten beseitigt man erst die linearen Glieder, bevor man die Hauptachsentransformation durchführt.

Symmetriepunkte einer Kurve/Fläche zweiter Ordnung

$$\vec{x}^\top M\vec{x} + 2\vec{m}^\top \vec{x} + m = 0$$

$\vec{s} \in \mathrm{IR}^{2|3}$ heißt **Symmetriepunkt** der Kurve/Fläche, wenn $\vec{s}$ Lösung des LGS $M\vec{s} = -\vec{m}$ ist.

Ist $\vec{s}$ ein Symmetriepunkt der Kurve/Fläche, so liegt mit dem Vektor $\vec{x}$ auch der an $\vec{s}$ gespiegelte Vektor $2\vec{s} - \vec{x}$ auf der Kurve/Fläche, siehe [10.21].

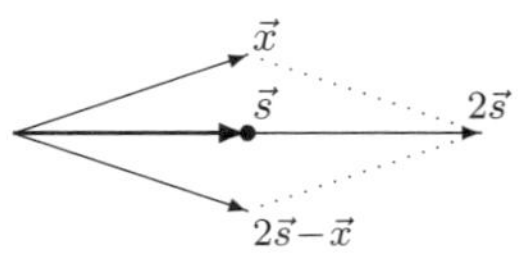

Die Lösungsmenge des LGS $M\vec{s} = -\vec{m}$ ist leer oder sie besteht aus genau einem Punkt (= Mittelpunkt der Kurve/Fläche) oder aus einer Geraden oder Ebene.

Die Kurve/Fläche zweiter Ordnung hat einen Symmetriepunkt $\vec{s}$:

$\iff$ das LGS $M\vec{s} = -\vec{m}$ ist lösbar

$\iff$ $\operatorname{rang} M = \operatorname{rang}(M, \vec{m})$

Sie hat genau einen Symmetriepunkt (= Mittelpunkt) $\iff$ $\det M \neq 0$.

.0.8 *Man bestimme die Menge S der Symmetriepunkte folgender Kurven/Flächen zweiter Ordnung:*

(a) $x^2 + 3y^2 - 2\sqrt{3}\,xy + (-4 + 3\sqrt{3}\,)x + (4\sqrt{3} + 3)y + 16 = 0$,

(b) $3x^2 + 3y^2 - 4z^2 + 10xy + 6\sqrt{2}\,x + 10\sqrt{2}\,y + 2 = 0$,

(c) $x^2 + 6y^2 + z^2 + 2xz - 2\sqrt{2}\,x + 24y - 2\sqrt{2}\,z + 20 = 0$.

(a)

s_1	s_2		Regie
1	$-\sqrt{3}$	$-\frac{1}{2}(-4+3\sqrt{3}\,)$	$\sqrt{3}$
$-\sqrt{3}$	3	$-\frac{1}{2}(4\sqrt{3}+3)$	1
0	0	-6	

Das LGS enthält einen Widerspruch!

Das LGS hat keine Lösung!

Die Kurve hat also keinen Symmetriepunkt, es ist eine Parabel, siehe [10.10].

(b)

s_1	s_2	s_3		Regie
3	5	0	$-3\sqrt{2}$	5
5	3	0	$-5\sqrt{2}$	-3
0	0	-4	0	
0	16	0	0	

$$\Longrightarrow \begin{aligned} s_3 &= 0 \\ s_2 &= 0 \\ s_1 &= -\sqrt{2} \end{aligned} \quad \Longrightarrow \vec{s} = \begin{pmatrix} -\sqrt{2} \\ 0 \\ 0 \end{pmatrix}.$$

Die Quadrik hat genau einen Symmetriepunkt, sie ist eine Fläche mit Mittelpunkt, ein einschaliges Hyperboloid, siehe [10.10].

(c)

s_1	s_2	s_3	
1	0	1	$\sqrt{2}$
0	6	0	-12
1	0	1	$\sqrt{2}$

$$\Longrightarrow \begin{aligned} s_3 &= \mu \\ s_2 &= -2 \\ s_1 &= \sqrt{2} - \mu \end{aligned} \quad \Longrightarrow \vec{s} = \begin{pmatrix} \sqrt{2} \\ -2 \\ 0 \end{pmatrix} + \mu \begin{pmatrix} -1 \\ 0 \\ 1 \end{pmatrix}.$$

Die Quadrik hat unendlich viele Symmetriepunkte. Die Symmetriepunkte liegen auf einer Geraden, nämlich der Achse des elliptischen Zylinders, [10.11] !

Parabeln, Paraboloide und parabolische Zylinder haben keinen Symmetriepunkt.

Ellipsen, Hyperbeln, Ellipsoide, Hyperboloide und Doppelkegel haben genau einen Symmetriepunkt (Mittelpunkt); während parallele Geraden, elliptische Zylinder, parallele Ebenen, ... unendlich viele Symmetriepunkte haben.

Kurven/Flächen mit Symmetriepunkt heißen auch *Mittelpunkts–Kurven/Flächen*, Kurven/Flächen ohne Symmetriepunkt heißen *parabolische Kurven/Flächen.*

Allgemeine Kurven/Flächen zweiter Ordnung liegen gedreht und verschoben in der Ebene bzw. im Raum. Um sie in **Normalform** darzustellen, betrachtet man sie in verschiedenen Koordinatensystemen, die durch Drehungen bzw. Verschiebungen auseinander hervorgehen. Man verabredet:

$\vec{r} = \begin{pmatrix} r \\ s \\ t \end{pmatrix}, \ \vec{u} = \begin{pmatrix} u \\ v \\ w \end{pmatrix}, \ \vec{x} = \begin{pmatrix} x \\ y \\ z \end{pmatrix}$ bezeichnen Vektoren in den verschiedenen Koordinatensystemen.

Hauptachsentransformation

Aufgabe: *Man bestimme Typ, Hauptachsen und Normalform der gegebenen Kurve/Fläche*

$$\vec{x}^\top M\vec{x} + 2\vec{m}^\top \vec{x} + m = 0.$$

Praktisches Vorgehen

Man bestimmt gegebenenfalls einen Symmetriepunkt (Seite 228), d.h. eine Lösung $\vec{s}$ des LGS $M\vec{s} = -\vec{m}$ und unterscheidet die beiden Fälle:

[A] Die Kurve/Fläche zweiter Ordnung hat einen Symmetriepunkt $\vec{s}$.

[B] Die Kurve/Fläche zweiter Ordnung hat keinen Symmetriepunkt. Dieser Fall wird auf Seite 235 behandelt.

Hauptachsentransformation

[A] **Kurve/Fläche zweiter Ordnung mit Symmetriepunkt**

$$\boxed{\vec{x}^\top M\vec{x} + 2\vec{m}^\top \vec{x} + m = 0}$$

Hierunter fallen z.B. alle Kurven/Flächen ohne lineare Glieder, für die also $\vec{m} = \vec{0}$ und folglich $\vec{s} = \vec{0}$ ein Symmetriepunkt (S. 228) ist.

Ist $\vec{s}$ ein **Symmetriepunkt**, also $M\vec{s} = -\vec{m}$, verschiebt man den Nullpunkt um $\vec{s}$, d.h. man setzt $\vec{x} = \vec{r} + \vec{s}$ in obige Gleichung ein, siehe [10.21]:

$$\boxed{\vec{x} = \vec{r} + \vec{s}} \longrightarrow \boxed{\vec{r}^\top M\vec{r} + g = 0} \quad \text{wobei} \quad \boxed{g = \vec{m}^\top \vec{s} + m} \quad \text{ist.}$$

Hauptachsentransformation: $\vec{r} = A\vec{u}$ eingesetzt in $\vec{r}^\top M\vec{r} + g = 0$ für Kurven siehe Seite 221 und für Flächen siehe Seite 224. Sie führt auf folgende Normalformen für Mittelpunkts–Kurven/Flächen zweiter Ordnung:

$$\boxed{\vec{r} = A\vec{u}} \longrightarrow \boxed{\lambda_1 u^2 + \lambda_2 v^2 + g = 0} \text{ bzw. } \boxed{\lambda_1 u^2 + \lambda_2 v^2 + \lambda_3 w^2 + g = 0}$$

Klassifizierung dieser Kurven/Flächen auf Seite 240.

10.9 *Für folgende Kurve zweiter Ordnung bestimme man Typ, Hauptachsen und Normalform:* $\boxed{-\frac{7}{2}x^2 - \frac{7}{2}y^2 + 25xy + 30\sqrt{2}\,x - 66\sqrt{2}\,y - 252 = 0}$

Matrizenschreibweise: $\vec{x}^\top M\vec{x} + 2\vec{m}^\top\vec{x} + m = 0$, mit:

$$M = \frac{1}{2}\begin{pmatrix} -7 & 25 \\ 25 & -7 \end{pmatrix}, \quad \vec{m} = \begin{pmatrix} 15\sqrt{2} \\ -33\sqrt{2} \end{pmatrix}, \quad m = -252.$$

Symmetriepunkte: Das LGS $M\vec{s} = -\vec{m}$ hat die Lösung $\vec{s} = \frac{1}{2}\sqrt{2}\begin{pmatrix} 5 \\ -1 \end{pmatrix}$.

Da $\vec{s}$ einzige Lösung ist, ist $\vec{s}$ der Mittelpunkt der Kurve:

Es ist $g = \vec{m}^\top\vec{s} + m = (15\sqrt{2}, -33\sqrt{2})\frac{1}{2}\sqrt{2}\begin{pmatrix} 5 \\ -1 \end{pmatrix} - 252 = 108 - 252 = -144$

und die Verschiebung des Nullpunktes um $\vec{s}$ ergibt: $\vec{r}^\top M\vec{r} - 144 = 0$

$$\boxed{\vec{x} = \vec{r} + \frac{1}{2}\sqrt{2}\begin{pmatrix} 5 \\ -1 \end{pmatrix}} \quad \longrightarrow \quad \boxed{-\frac{7}{2}r^2 - \frac{7}{2}s^2 + 25rs - 144 = 0}$$

Man führt nun die Hauptachsentransformation für Kurven (Seite 221) durch:

Eigenwerte von M:

$|M - \lambda E| = \ldots = \lambda^2 + 7\lambda - 144 = 0 \implies \underline{\lambda_1 = 9}, \ \underline{\lambda_2 = -16}.$

Eigenräume von M: $V_9 : \vec{x} = \mu\begin{pmatrix} 1 \\ 1 \end{pmatrix}$, $V_{-16} : \vec{x} = \mu\begin{pmatrix} 1 \\ -1 \end{pmatrix}$

Drehmatrix aus Eigenvektoren (Hauptachsen) von M:

Da $\begin{vmatrix} 1 & 1 \\ 1 & -1 \end{vmatrix} < 0$ ist, ersetzt man $\begin{pmatrix} 1 \\ -1 \end{pmatrix}$ durch $\begin{pmatrix} -1 \\ 1 \end{pmatrix}$.

$$A = (\vec{a}_1, \vec{a}_2) = \frac{1}{2}\sqrt{2}\begin{pmatrix} 1 & -1 \\ 1 & 1 \end{pmatrix} \implies A^{-1} = A^\top = \frac{1}{2}\begin{pmatrix} 1 & 1 \\ -1 & 1 \end{pmatrix}$$

Hauptachsentransformation $\vec{r} = A\vec{u}$, und $A^\top MA = \begin{pmatrix} 9 & 0 \\ 0 & -16 \end{pmatrix}$

$$\boxed{\vec{r} = A\vec{u}} \quad \longrightarrow \quad \boxed{9u^2 - 16v^2 - 144 = 0}$$

Die Kurve ist eine **Hyperbel**
(siehe Tabelle 240):

Hauptachsen: $\begin{pmatrix} 1 \\ 1 \end{pmatrix}$, $\begin{pmatrix} -1 \\ 1 \end{pmatrix}$,

A ist Drehung um 45^0.

Normalform: $9u^2 - 16v^2 - 144 = 0$

$$\frac{u^2}{16} - \frac{v^2}{9} = 1$$

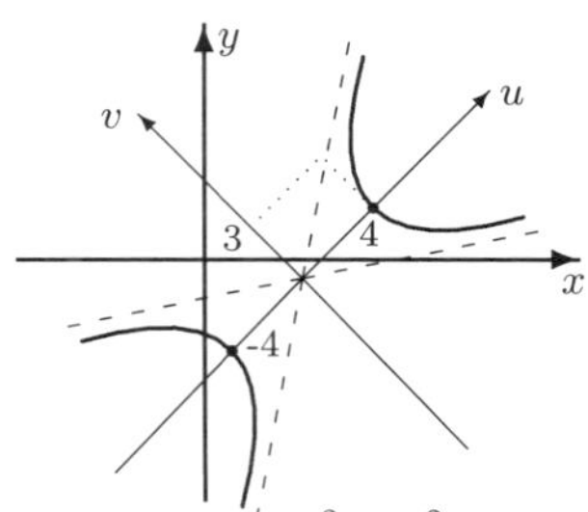

Hyperbel $\frac{u^2}{16} - \frac{v^2}{9} = 1$

Asymptoten: $v = \pm\frac{3}{4}u$

Nullpunkt des u, v–Systems ist $\vec{s} = \frac{1}{2}\sqrt{2}\begin{pmatrix}5\\-1\end{pmatrix} = \begin{pmatrix}3.54\\-0.71\end{pmatrix}$.

Wie auf Seite 228 bemerkt, kann man natürlich auch erst *drehen* und dann *verschieben*:

$$\boxed{\vec{x} = A\vec{r}} \longrightarrow \boxed{9r^2 - 16s^2 - 36r - 96s - 252 = 0}$$

$$\boxed{\vec{r} = \vec{u} + \begin{pmatrix}2\\-3\end{pmatrix}} \longrightarrow \boxed{9u^2 - 16v^2 - 144 = 0}$$

Nullpunkt des u, v–Systems ist $\vec{s} = A\begin{pmatrix}2\\-3\end{pmatrix} = \frac{1}{2}\sqrt{2}\begin{pmatrix}5\\-1\end{pmatrix} = \begin{pmatrix}3.54\\-0.71\end{pmatrix}$.

10.10 *Für folgende Fläche zweiter Ordnung bestimme man Typ, Hauptachsen und Normalform:* $\boxed{3x^2 + 3y^2 - 4z^2 + 10xy + 6\sqrt{2}\,x + 10\sqrt{2}\,y + 14 = 0}$

Matrizenschreibweise: $\vec{x}^\top M\vec{x} + 2\vec{m}^\top\vec{x} + m = 0$, mit

$$M = \begin{pmatrix}3 & 5 & 0\\5 & 3 & 0\\0 & 0 & -4\end{pmatrix}, \quad \vec{m} = \sqrt{2}\begin{pmatrix}3\\5\\0\end{pmatrix}, \quad m = 14.$$

Symmetriepunkte:

Das LGS $M\vec{s} = -\vec{m}$ hat genau die Lösung $\vec{s} = \begin{pmatrix}-\sqrt{2}\\0\\0\end{pmatrix}$. Rechnen oder [10.8(b)].

$\vec{s}$ ist der Mittelpunkt der Fläche. Verschiebung des Nullpunkts um $\vec{s}$, also $\vec{x} = \vec{r} + \vec{s}$ ergibt: $\vec{r}^\top M\vec{r} + g = 0$ mit $g = \vec{m}^\top\vec{s} + m = -6 + 14 = 8$:

$$\boxed{\vec{x} = \vec{r} + \vec{s}} \longrightarrow \boxed{3r^2 + 3s^2 - 4t^2 + 10rs + 8 = 0}$$

Eigenwerte von M:

$$|M - \lambda E| = \ldots = -(4+\lambda)(\lambda^2 - 6\lambda - 16) \Longrightarrow \underline{\lambda_1 = 8}, \underline{\lambda_2 = -2}, \underline{\lambda_3 = -4}.$$

Eigenräume von M: $V_8 : \vec{x} = \mu\begin{pmatrix}1\\1\\0\end{pmatrix}, \quad V_{-2} : \vec{x} = \mu\begin{pmatrix}1\\-1\\0\end{pmatrix}, \quad V_{-4} : \vec{x} = \mu\begin{pmatrix}0\\0\\1\end{pmatrix}$.

Drehmatrix aus Eigenvektoren von M:

$$A = (\vec{a}_1, \vec{a}_2, \vec{a}_3) = \frac{1}{2}\sqrt{2}\begin{pmatrix}1 & 1 & 0\\1 & -1 & 0\\0 & 0 & -\sqrt{2}\end{pmatrix}, \text{ } A \text{ ist kartesisch und } \det A > 0.$$

Hauptachsentransformation $\vec{r} = A\vec{u}$:

$$\vec{u}^\top A^\top M A\vec{u} + 8 = 0 \text{ und } A^\top M A = \begin{pmatrix} 8 & 0 & 0 \\ 0 & -2 & 0 \\ 0 & 0 & -4 \end{pmatrix} \text{ ist Diagonalmatrix:}$$

$$\boxed{\vec{r} = A\vec{u}} \quad \longrightarrow \quad \boxed{8u^2 - 2v^2 - 4w^2 + 8 = 0}$$

Die Fläche ist ein **einschaliges Hyperboloid** (Multiplikation der Gleichung mit -1 und Tabelle auf Seite 240):

Hauptachsen: $\begin{pmatrix} 1 \\ 1 \\ 0 \end{pmatrix}, \begin{pmatrix} 1 \\ -1 \\ 0 \end{pmatrix}, \begin{pmatrix} 0 \\ 0 \\ -1 \end{pmatrix}$

Normalform: $8u^2 - 2v^2 - 4w^2 + 8 = 0$ oder $\boxed{-\frac{u^2}{1} + \frac{v^2}{4} + \frac{w^2}{2} = 1}$

Nullpunkt des u, v, w–Systems ist $\vec{s} = \begin{pmatrix} \sqrt{2} \\ 0 \\ 0 \end{pmatrix}$ $\vec{s}$ ist der Mittelpunkt des Hyperboloids.

0.11 *Für folgende Fläche zweiter Ordnung bestimme man Typ, Hauptachsen und Normalform:* $\boxed{x^2 + 6y^2 + z^2 + 2xz - 2\sqrt{2}\,x + 24y - 2\sqrt{2}\,z + 20 = 0}$

Matrizenschreibweise: $\vec{x}^\top M\vec{x} + 2\vec{m}^\top\vec{x} + m = 0$, mit

$$M = \begin{pmatrix} 1 & 0 & 1 \\ 0 & 6 & 0 \\ 1 & 0 & 1 \end{pmatrix}, \quad 2\vec{m}^\top = (-2\sqrt{2}\,, 24, -2\sqrt{2}\,), \quad m = 20.$$

Symmetriepunkte:

Das LGS $M\vec{s} = -\vec{m}$ hat die Lösung $\vec{s} = \begin{pmatrix} \sqrt{2} \\ -2 \\ 0 \end{pmatrix} + \mu \begin{pmatrix} -1 \\ 0 \\ 1 \end{pmatrix}$, siehe [10.8(c)].

$\vec{s} = \begin{pmatrix} \sqrt{2} \\ -2 \\ 0 \end{pmatrix}$ ist ein Symmetriepunkt der Fläche. Verschiebung des Nullpunkts um $\vec{s}$, also $\vec{x} = \vec{r} + \vec{s}$ ergibt: $\vec{r}^\top M\vec{r} + g = 0$ mit $g = \vec{m}^\top\vec{s} + m = -6$:

$$\boxed{\vec{x} = \vec{r} + \vec{s}} \quad \longrightarrow \quad \boxed{r^2 + 6s^2 + t^2 + 2rt - 6 = 0}$$

Eigenwerte von M:

$|M - \lambda E| = \ldots = (\lambda^2 - 2\lambda)(6 - \lambda) \Longrightarrow \underline{\lambda_1 = 2}, \underline{\lambda_2 = 6}, \underline{\lambda_3 = 0}.$

Eigenräume von M: $V_2 : \vec{x} = \mu \begin{pmatrix} 1 \\ 0 \\ 1 \end{pmatrix}, \; V_6 : \vec{x} = \mu \begin{pmatrix} 0 \\ 1 \\ 0 \end{pmatrix}, \; V_0 : \vec{x} = \mu \begin{pmatrix} 1 \\ 0 \\ -1 \end{pmatrix}.$

Drehmatrix aus Eigenvektoren (Hauptachsen) von M:

$$A = (\vec{a}_1, \vec{a}_2, \vec{a}_3) = \frac{1}{2}\sqrt{2}\begin{pmatrix} 1 & 0 & -1 \\ 0 & \sqrt{2} & 0 \\ 1 & 0 & 1 \end{pmatrix}, \; A \text{ ist kartesisch und } \det A > 0.$$

Hauptachsentransformation $\vec{r} = A\vec{u}$:

$\vec{u}^\top A^\top M A \vec{u} - 6 = 0$ und $A^\top M A$ ist Diagonalmatrix aus Eigenwerten:

$$\boxed{\vec{r} = A\vec{u}} \quad \longrightarrow \quad \boxed{2u^2 + 6v^2 - 6 = 0}$$

Die Fläche ist ein **elliptischer Zylinder** mit der w–Achse als Zylinderachse (Tabelle Seite 240).

Hauptachsen: $\begin{pmatrix} 1 \\ 0 \\ 1 \end{pmatrix}, \begin{pmatrix} 0 \\ 1 \\ 0 \end{pmatrix}, \begin{pmatrix} -1 \\ 0 \\ 1 \end{pmatrix}$. Normalform: $\boxed{\frac{u^2}{3} + v^2 = 1}$.

Nullpunkt des u, v, w–Systems ist $\vec{s} = \begin{pmatrix} \sqrt{2} \\ -2 \\ 0 \end{pmatrix}$ im x, y, z–System.

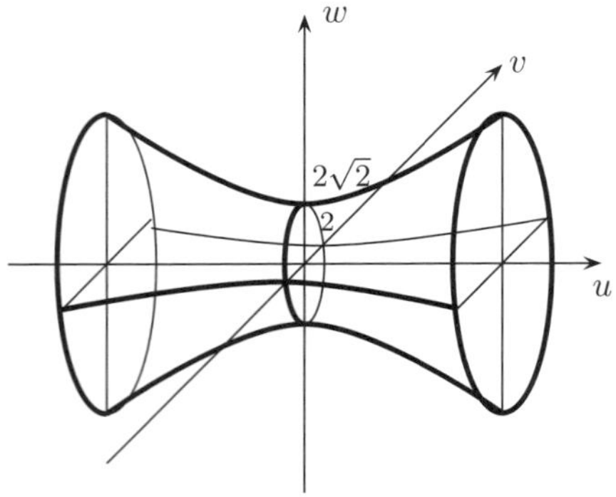

10.10 einschaliges Hyperboloid

$-u^2 + \frac{v^2}{4} + \frac{w^2}{8} = 1$

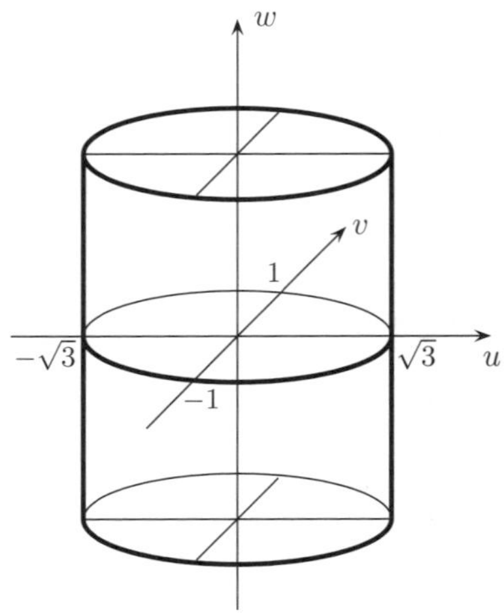

10.11 elliptischer Zylinder

$\frac{u^2}{3} + v^2 = 1$

Hauptachsentransformation

B Kurve/Fläche zweiter Ordnung ohne Symmetriepunkt

$$\boxed{\vec{x}^\top M\vec{x} + 2\vec{m}^\top\vec{x} + m = 0}$$

Die Kurve erweist sich immer als eine Parabel, während
die Fläche ein ellipt. oder hyperbol. Paraboloid oder ein parabolischer Zylinder ist.

(1) Man bestimmt die Eigenwerte von M:

(i) Da das LGS $M\vec{x} = -\vec{m}$ keine Lösung hat, ist $\det M = 0$, also 0 Eigenwert. Sei $\lambda_2 = 0$ (Kurve) bzw. $\lambda_3 = 0$ (Fläche).

(ii) Da M nicht die Nullmatrix ist, ist ein Eigenwert $\neq 0$. Sei $\lambda_1 \neq 0$.

(2) Man bestimmt
eine Drehmatrix A aus Eigenvektoren (Hauptachsen!) von M.
Achtung: Ist $\lambda_{2,3} = 0$, so wähle man $\vec{a}_2 \perp \vec{m}$, also $\vec{m}^\top\vec{a}_2 = 0$.

(3) **Hauptachsentransformation** (Drehung des Koordinatensystems):
$\vec{x} = A\vec{r}$ in obige Gleichung eingesetzt ergibt:

$\vec{r}^\top A^\top MA\vec{r} + 2\vec{m}^\top A\vec{r} + m = 0$, wobei $A^\top MA$ die Diagonalmatrix aus den Eigenwerten ist.

$$\boxed{\vec{x} = A\vec{r}}$$
$$\downarrow$$

$$\boxed{\lambda_1(r-r_0)^2 + p(s-s_0) = 0} \qquad \boxed{\lambda_1(r-r_0)^2 + \lambda_2(s-s_0)^2 + p(t-t_0) = 0}$$

$$\boxed{\boxed{p = 2\vec{m}^\top\vec{a}_2}} \text{ (Kurve)} \qquad \boxed{\boxed{p = 2\vec{m}^\top\vec{a}_3}} \text{ (Fläche)}$$

(4) Die Kurve ist eine Parabel.
Den Typ der parabolischen Fläche entnimmt man der Tabelle (S. 240).

(5) Hauptachsen sind $\vec{a}_1, \vec{a}_2$ (Kurve) und $\vec{a}_1, \vec{a}_2, \vec{a}_3$ (Fläche).

$$A = (\vec{a}_1, \vec{a}_2) = \begin{pmatrix} \cos\alpha & -\sin\alpha \\ \sin\alpha & \cos\alpha \end{pmatrix} \Longrightarrow \text{Drehwinkel } \alpha = \ldots$$

$A = (\vec{a}_1, \vec{a}_2, \vec{a}_3) \Longrightarrow$ Drehachse $\vec{a} = \ldots$, Drehwinkel $\alpha = \ldots$ (Seite 205).

Das x, y, z–Koordinatensystem geht durch die Drehung A in das r, s, t–Koordinatensystem über!

(6) Nach einer evtl. Verschiebung $\vec{r} = \vec{u} + \vec{r}_0$ des r, s, t–Koordinatensystems um $\vec{r}_0^\top = (r_0, s_0)$ (Kurve) bzw. $\vec{r}_0^\top = (r_0, s_0, t_0)$ (Fläche), erhält man die Normalformen für parabolische Kurven/Flächen zweiter Ordnung:

$$\boxed{\vec{r} = \vec{u} + \vec{r}_0} \longrightarrow \boxed{\lambda_1 u^2 + pv = 0} \text{ bzw. } \boxed{\lambda_1 u^2 + \lambda_2 v^2 + pw = 0}$$

Klassifizierung dieser Kurven/Flächen auf Seite 240.

10.12 *Für folgende Kurve zweiter Ordnung bestimme man Typ, Hauptachsen und Normalform:*

$$\boxed{x^2+3y^2-2\sqrt{3}\,xy+(-4+3\sqrt{3}\,)x+(4\sqrt{3}+3)y+16=0}$$

Matrizenschreibweise: $\vec{x}^\top M\vec{x}+2\vec{m}^\top\vec{x}+m=0$, mit:

$$M=\begin{pmatrix}1 & -\sqrt{3}\\ -\sqrt{3} & 3\end{pmatrix},\quad 2\vec{m}=\begin{pmatrix}-4+3\sqrt{3}\\ 4\sqrt{3}+3\end{pmatrix},\quad m=16.$$

Symmetriepunkte siehe [10.8(a)]:

Das LGS $M\vec{s}=-\vec{m}$ hat keine Lösung. Es handelt sich also um eine Parabel.

Eigenwerte von M: $|M-\lambda E|=\ldots=\lambda^2-4\lambda=0 \quad\Longrightarrow\quad \underline{\lambda_1=4},\ \underline{\lambda_2=0}$.

Eigenräume von M: $V_4:\vec{x}=\mu\begin{pmatrix}1\\ -\sqrt{3}\end{pmatrix}$, $V_0:\vec{x}=\mu\begin{pmatrix}\sqrt{3}\\ 1\end{pmatrix}$

Drehmatrix aus Eigenvektoren von M:

$$A=(\vec{a}_1,\vec{a}_2)=\tfrac{1}{2}\begin{pmatrix}1 & \sqrt{3}\\ -\sqrt{3} & 1\end{pmatrix}\Longrightarrow A^{-1}=A^\top=\tfrac{1}{2}\begin{pmatrix}1 & -\sqrt{3}\\ \sqrt{3} & 1\end{pmatrix}$$

A ist die Drehung um -60^0.

Hauptachsentransformation $\vec{x}=A\vec{r}$: $\vec{r}^\top A^\top MA\vec{r}+2\vec{m}^\top A\vec{r}+m=0$.

Dabei ist $A^\top MA=\begin{pmatrix}4 & 0\\ 0 & 0\end{pmatrix}$ und

$$2\vec{m}^\top A=(-4+3\sqrt{3}\,,4\sqrt{3}+3)\tfrac{1}{2}\begin{pmatrix}1 & \sqrt{3}\\ -\sqrt{3} & 1\end{pmatrix}=(-8,6)\text{ und } m=16.$$

Man erhält: $4r^2-8r+6s+16=4(r-1)^2+6(s+2)=0$

$\boxed{\vec{x}=A\vec{r}} \longrightarrow \boxed{4(r-1)^2+6(s+2)=0}$

$\boxed{\vec{r}=\vec{u}+\begin{pmatrix}1\\ -2\end{pmatrix}} \longrightarrow \boxed{4u^2+6v=0}$

Die Kurve ist eine **Parabel** (siehe Tabelle auf Seite 240):

Das (x,y)–System geht durch Drehung um $\alpha=-60^0$ in das (r,s)–System über.

Das (r,s)–System geht durch Verschiebung um $\begin{pmatrix}1\\ -2\end{pmatrix}$ in das (u,v)–System über.

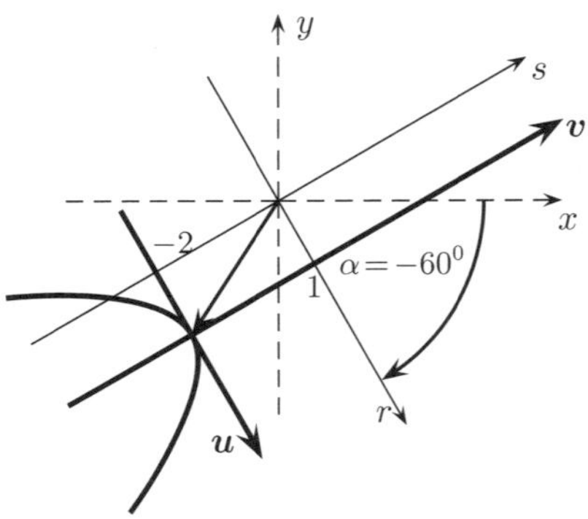

Hauptachsen: $\begin{pmatrix}1\\ -\sqrt{3}\end{pmatrix}$, $\begin{pmatrix}\sqrt{3}\\ 1\end{pmatrix}$.

A ist eine Drehung um -60^0.

Normalform: $4u^2+6v=0$ oder $\underline{v=-\tfrac{2}{3}u^2}$.

Nullpunkt des u, v–Systems ist $A\begin{pmatrix}1\\-2\end{pmatrix} = \frac{1}{2}\begin{pmatrix}1-2\sqrt{3}\\-\sqrt{3}-2\end{pmatrix} = \begin{pmatrix}-1.23\\-1.87\end{pmatrix}$.

Denn $\vec{x} = A\vec{r} = A(\vec{u} + \begin{pmatrix}1\\-2\end{pmatrix})$, $\vec{u} = \vec{0} \Longrightarrow \vec{x} = A\begin{pmatrix}1\\-2\end{pmatrix}$. Oder:

A–Koordinaten gehen durch Multiplikation mit A in E–Koordinaten über!

10.13 *Für folgende Fläche zweiter Ordnung bestimme man Typ, Hauptachsen und Normalform:*

$$\boxed{9x^2 + 16z^2 + 24xz + 10x + 20y - 20z + 21 = 0}$$

Matrizenschreibweise: $\vec{x}^\top M\vec{x} + 2\vec{m}^\top\vec{x} + m = 0$, mit:

$$M = \begin{pmatrix} 9 & 0 & 12\\ 0 & 0 & 0\\ 12 & 0 & 16 \end{pmatrix}, \quad 2\vec{m} = 10\begin{pmatrix}1\\2\\-2\end{pmatrix}, \quad m = 21.$$

Symmetriepunkte:

Das LGS $M\vec{s} = -\vec{m}$ hat offensichtlich (wegen der 2. Zeile von M) keine Lösung. Es handelt sich also um eine parabolische Fläche.

Eigenwerte von M: $|M - \lambda E| = \ldots = \lambda^2(25-\lambda) \quad \Longrightarrow \quad \lambda_1 = 25, \ \lambda_{2,3} = 0.$

Eigenräume von M: $V_{25} : \vec{x} = \mu\begin{pmatrix}3\\0\\4\end{pmatrix}$, $V_0 : \vec{x} = \mu\begin{pmatrix}0\\1\\0\end{pmatrix} + \nu\begin{pmatrix}4\\0\\-3\end{pmatrix}$

Drehmatrix aus Eigenvektoren von M:

$\vec{a}_1 = \frac{1}{5}\begin{pmatrix}3\\0\\4\end{pmatrix}$ ist ein normierter Eigenvektor zum Eigenwert 25.

Achtung: Da 0 doppelter Eigenwert ist, wählt man geschickterweise $\vec{a}_2 \perp \vec{m}$.

$(\mu\begin{pmatrix}0\\1\\0\end{pmatrix} + \nu\begin{pmatrix}4\\0\\-3\end{pmatrix})\begin{pmatrix}1\\2\\-2\end{pmatrix} = 0$, z.B. für $\mu = -5$, $\nu = 1$, also $\vec{a}_2 = \frac{1}{10}\sqrt{2}\begin{pmatrix}4\\-5\\-3\end{pmatrix}$.

Mit $\vec{a}_3 := \vec{a}_1 \times \vec{a}_2$ wird A eine kartesische Basis und $\det A > 0$.

$A = (\vec{a}_1, \vec{a}_2, \vec{a}_3) = \frac{1}{10}\sqrt{2}\begin{pmatrix} 3\sqrt{2} & 4 & 4\\ 0 & -5 & 5\\ 4\sqrt{2} & -3 & -3 \end{pmatrix}$ ist also eine Drehmatrix.

Hauptachsentransformation $\vec{x} = A\vec{r} \Longrightarrow \vec{r}^\top A^\top M A\vec{r} + 2\vec{m}^\top A\vec{r} + m = 0.$

$$A^\top M A = \begin{pmatrix} 25 & 0 & 0 \\ 0 & 0 & 0 \\ 0 & 0 & 0 \end{pmatrix} \text{ und } m = 21 \text{ und}$$

$$2\vec{m}^\top A = 10(1,2,-2)\tfrac{1}{10}\sqrt{2}\begin{pmatrix} 3\sqrt{2} & 4 & 4 \\ 0 & -5 & 5 \\ 4\sqrt{2} & -3 & -3 \end{pmatrix} = (-10, 0, 20\sqrt{2}\,).$$

Man erhält: $25r^2 - 10r + 20\sqrt{2}\,t + 21 = 25(r - \frac{1}{5})^2 + 20\sqrt{2}\,(t + \frac{1}{2}\sqrt{2}\,) = 0$:

$$\boxed{\vec{x} = A\vec{r}} \longrightarrow \boxed{25(r - \tfrac{1}{5})^2 + 20\sqrt{2}\,(t + \tfrac{1}{2}\sqrt{2}\,) = 0}$$

$$\boxed{\vec{r} = \vec{u} + (\tfrac{1}{5}, 0, -\tfrac{1}{2}\sqrt{2}\,)^\top} \longrightarrow \boxed{25u^2 + 20\sqrt{2}\,w = 0}$$

Die Fläche ist ein **parabolischer Zylinder** (siehe Tabelle auf Seite 240, Skizze nächste Seite).

Hauptachsen: $\begin{pmatrix} 3 \\ 0 \\ 4 \end{pmatrix}, \begin{pmatrix} 4 \\ -5 \\ -3 \end{pmatrix}, \begin{pmatrix} 4 \\ 5 \\ -3 \end{pmatrix}$

Normalform: $25u^2 + 20\sqrt{2}\,w = 0$ oder $\underline{w = -\frac{5}{8}\sqrt{2}\,u^2}$.

Nullpunkt des u, v, w–Systems ist $A\begin{pmatrix} \frac{1}{5} \\ 0 \\ -\frac{1}{2}\sqrt{2} \end{pmatrix} = \frac{1}{50}\begin{pmatrix} -14 \\ -25 \\ 23 \end{pmatrix} = \begin{pmatrix} -0.28 \\ -0.50 \\ 0.46 \end{pmatrix}$.

10.14 *Für folgende Fläche zweiter Ordnung bestimme man Typ, Hauptachsen und Normalform:*

$$\boxed{-50x^2 + 9y^2 + 16z^2 - 24yz - 200x - 10y + 55z + 25 = 0}$$

Matrizenschreibweise: $\vec{x}^\top M\vec{x} + 2\vec{m}^\top\vec{x} + m = 0$, mit:

$$M = \begin{pmatrix} -50 & 0 & 0 \\ 0 & 9 & -12 \\ 0 & -12 & 16 \end{pmatrix}, \quad 2\vec{m} = \begin{pmatrix} -200 \\ -10 \\ 55 \end{pmatrix}, \quad m = 25.$$

Symmetriepunkte: Das LGS $M\vec{s} = -\vec{m}$ ist unlösbar. Es handelt sich also um eine parabolische Fläche.

Eigenwerte von M:

$|M - \lambda E| = \ldots = (-50 - \lambda)(\lambda^2 - 25\lambda) \quad \Longrightarrow \quad \underline{\lambda_1 = 25}, \ \underline{\lambda_2 = -50}, \ \underline{\lambda_3 = 0}.$

Eigenräume von M: $V_{25} : \vec{x} = \mu\begin{pmatrix} 0 \\ 3 \\ -4 \end{pmatrix}, \ V_{-50} : \vec{x} = \mu\begin{pmatrix} 1 \\ 0 \\ 0 \end{pmatrix}, \ V_0 : \vec{x} = \mu\begin{pmatrix} 0 \\ 4 \\ 3 \end{pmatrix}.$

Drehmatrix aus Eigenvektoren von M:

$$A = (\vec{a}_1, \vec{a}_2, \vec{a}_3) = \frac{1}{5}\begin{pmatrix} 0 & 5 & 0 \\ 3 & 0 & -4 \\ -4 & 0 & -3 \end{pmatrix}$$ ist kartesische Basis (= orthogonale Matrix und $\det A > 0$).

Hauptachsentransformation $\vec{x} = A\vec{r} \Longrightarrow \vec{r}^\top A^\top M A\vec{r} + 2\vec{m}^\top A\vec{r} + m = 0.$

Dabei ist $A^\top M A = \begin{pmatrix} 25 & 0 & 0 \\ 0 & -50 & 0 \\ 0 & 0 & 0 \end{pmatrix}$ und

$$2\vec{m}^\top A = (-200, -10, 55)\,\frac{1}{5}\begin{pmatrix} 0 & 5 & 0 \\ 3 & 0 & -4 \\ -4 & 0 & -3 \end{pmatrix} = (-50, -200, -25) \text{ und } m = 25.$$

Man erhält:

$$25r^2 - 50s^2 - 50r - 200s - 25t + 25 = 25(r-1)^2 - 50(s+2)^2 - 25t + 200 = 0$$

$$\boxed{\vec{x} = A\vec{r}} \longrightarrow \boxed{25(r-1)^2 - 50(s+2)^2 - 25(t-8) = 0}$$

$$\boxed{\vec{r} = \vec{u} + (1, -2, 8)^\top} \longrightarrow \boxed{25u^2 - 50v^2 - 25w = 0}$$

Die Fläche ist ein **hyperbolisches Paraboloid** (Sattelfläche).

Hauptachsen: $\begin{pmatrix} 0 \\ 3 \\ -4 \end{pmatrix}, \begin{pmatrix} 1 \\ 0 \\ 0 \end{pmatrix}, \begin{pmatrix} 0 \\ -4 \\ -3 \end{pmatrix}$ Normalform: $25u^2 - 50v^2 - 25w = 0$, oder $w = u^2 - 2v^2$.

Nullpunkt des u, v, w–Systems ist $A\begin{pmatrix} 1 \\ -2 \\ 8 \end{pmatrix} = \frac{1}{5}\begin{pmatrix} -10 \\ -29 \\ -28 \end{pmatrix} = \begin{pmatrix} -2 \\ -5.8 \\ -5.6 \end{pmatrix}$.

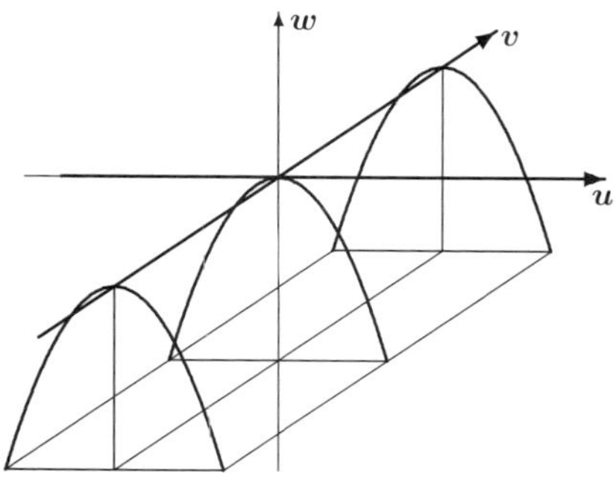

10.13
parabolischer Zylinder
$w = -\frac{5}{8}\sqrt{2}\,u^2$

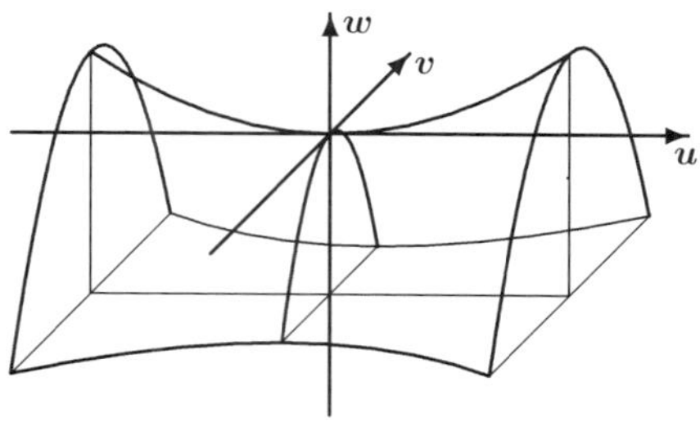

10.14
hyperbolisches Paraboloid
Sattelfläche
$w = u^2 - 2v^2$

10.4 Klassifizierung, Kurven/Flächen zweiter Ordnung

A Kurven/Flächen mit Symmetriepunkt

$$\boldsymbol{\lambda_1 u^2 + \lambda_2 v^2 + g = 0} \qquad \boldsymbol{\lambda_1 u^2 + \lambda_2 v^2 + \lambda_3 w^2 + g = 0}$$

mit $g = \vec{m}^\top \vec{s} + m$, siehe Seite 228, 230.

Ist M nicht die Nullmatrix, ist ein Eigenwert (λ_1) ungleich Null! Durch evtl. Multiplikation der Gleichung mit -1 erreicht man, dass $\lambda_1 > 0$ ist:

λ_1	λ_2	g	Typ der **Kurve**
+	+	+	leere Menge
+	+	0	Nullpunkt
+	+	−	Ellipse *
+	−	±	Hyperbel *
+	−	0	zwei Geraden durch O *
+	0	+	leere Menge
+	0	0	v–Achse
+	0	−	zwei Geraden ‖ zur v–Achse

λ_1	λ_2	λ_3	g	Typ der **Fläche**
+	+	+	+	leere Menge
+	+	+	0	Nullpunkt
+	+	+	−	Ellipsoid *
+	+	−	+	zweischaliges Hyperboloid *
+	+	−	0	elliptischer Doppelkegel * w–Achse ist Kegelachse
+	+	−	−	einschaliges Hyperboloid *
+	+	0	+	leere Menge
+	+	0	0	w–Achse
+	+	0	−	elliptischer Zylinder
+	−	0	±	hyperbolischer Zylinder
+	−	0	0	zwei Ebenen durch die w–Achse
+	0	0	+	leere Menge
+	0	0	0	v, w–Ebene
+	0	0	−	zwei Ebenen ‖ zur v, w–Ebene

Symbolik:

+	bedeutet	> 0
−	bedeutet	< 0
±	bedeutet	$\neq 0$
0	bedeutet	$= 0$

* Kurven/Flächen mit genau einem Symmetriepunkt (= Mittelpunkt)

B Kurve/Fläche ohne Symmetriepunkt

$$\boldsymbol{\lambda_1 u^2 + p v = 0} \qquad \boldsymbol{\lambda_1 u^2 + \lambda_2 v^2 + p w = 0}$$

mit $p = 2\vec{m}^\top \vec{a}_2$ (S.235) mit $p = 2\vec{m}^\top \vec{a}_3$ (S.235)

Da die Kurve/Fläche keinen Symmetriepunkt hat, ist $p \neq 0$, (sonst wäre $\vec{s} = \vec{0}$ ein Symmetriepunkt!)

λ_1	p	Typ der **Kurve**
+	±	Parabel

λ_1	λ_2	p	Typ der **Fläche**
+	+	±	elliptisches Paraboloid
+	−	±	hyperbolisches Paraboloid, Sattelfläche
+	0	±	parabolischer Zylinder

10.5 Aufgaben

Für folgende Quadriken bestimme man Typ, Hauptachsen und Normalform:

10.15 $45x^2 + 8y^2 + 45z^2 - 54xz + 54\sqrt{2}\,x - 32y + 54\sqrt{2}\,z + 122 = 0.$

10.16 $\frac{8}{5}x^2 + \frac{9}{10}y^2 + \frac{5}{2}z^2 - \frac{12}{5}xy + \frac{12}{5}xz - \frac{9}{5}yz + (-\frac{8}{5}\sqrt{2} - \frac{3}{5})x + (\frac{6}{5}\sqrt{2} - \frac{4}{5})y + 2\sqrt{2}\,z + 3 = 0.$

10.17 $x^2 + 3y^2 - 2\sqrt{3}\,xy - 8 = 0.$ **10.18** $2x^2 - 2xy + y^2 - 4y + 9 = 0.$

10.19 $3x^2 - 4xy + 4y^2 - 8x + 8 = 0.$ **10.20** $4x^2 - 12xy + 9y^2 + 4x - 6y + 1 = 0.$

10.21 *Es sei* $\vec{x}^\top M\vec{x} + 2\vec{m}^\top\vec{x} + m = 0$ *eine Quadrik mit Symmetriepunkt* $\vec{s}$, *d.h.* $M\vec{s} = -\vec{m}$ *(siehe Seite 230). Man zeige:*

(a) *Mit* $\vec{x}$ *liegt auch* $2\vec{s} - \vec{x}$ *auf der Quadrik.*
(b) *Die Translation* $\vec{x} = \vec{r} + \vec{s}$ *führt auf* $\vec{r}^\top M\vec{r} + g = 0$, *mit* $g := \vec{m}^\top\vec{s} + m$.

10.6 Lösungen

10.15 Matrizenschreibweise: $\vec{x}^\top M\vec{x} + 2\vec{m}^\top\vec{x} + m = 0$, mit:

$$M = \begin{pmatrix} 45 & 0 & -27 \\ 0 & 8 & 0 \\ -27 & 0 & 45 \end{pmatrix}, \quad \vec{m} = \begin{pmatrix} 27\sqrt{2} \\ -16 \\ 27\sqrt{2} \end{pmatrix}, \quad m = 122.$$

Wie auf Seite 228 bemerkt, kann man *erst* die Hauptachsentransformation durchführen und *anschließend* eine Verschiebung des Ursprungs vornehmen:

Eigenwerte von M:

$$|M - \lambda E| = \ldots = (\lambda^2 - 90\lambda - 1296)(8 - \lambda) = 0 \quad\Longrightarrow\quad \underline{\lambda_1 = 8},\ \underline{\lambda_2 = 18},\ \underline{\lambda_3 = 72}.$$

Eigenräume von M: $V_8 : \vec{x} = \mu\begin{pmatrix} 0 \\ 1 \\ 0 \end{pmatrix}, \quad V_{18} : \vec{x} = \mu\begin{pmatrix} 1 \\ 0 \\ 1 \end{pmatrix}, \quad V_{72} : \vec{x} = \mu\begin{pmatrix} -1 \\ 0 \\ 1 \end{pmatrix}$

Drehmatrix (Hauptachsen) : $A = \frac{1}{2}\sqrt{2}\begin{pmatrix} 0 & 1 & 1 \\ \sqrt{2} & 0 & 0 \\ 0 & 1 & -1 \end{pmatrix}.$

<u>Hauptachsentransformation</u> $\vec{x} = A\vec{r} \longrightarrow \vec{r}^\top A^\top MA\vec{r} + 2\vec{m}^\top A\vec{r} + m = 0.$

$$A^\top MA = \begin{pmatrix} 8 & 0 & 0 \\ 0 & 18 & 0 \\ 0 & 0 & 72 \end{pmatrix} \text{ und } 2\vec{m}^\top A = \ldots = (-32, 108, 0).$$

$$8r^2 + 18s^2 + 72t^2 - 32r + 108s + 122 = 8(r-2)^2 + 18(s+3)^2 + 72t^2 - 72 = 0.$$

Nun die Verschiebung des Nullpunkts: $\vec{r} = \vec{u} + (2, -3, 0)^\top$ ergibt

$$\begin{pmatrix} u \\ v \\ w \end{pmatrix} = \begin{pmatrix} r-2 \\ s+3 \\ t \end{pmatrix} \longrightarrow 8u^2 + 18v^2 + 72w^2 - 72 = 0 \text{ oder } \underline{\underline{\frac{u^2}{9} + \frac{v^2}{4} + \frac{w^2}{1} = 1.}}$$

Die Quadrik ist ein **Ellipsoid** (siehe Tabelle auf Seite 240).

$$\frac{u^2}{9}+\frac{v^2}{4}+\frac{w^2}{1}=1$$

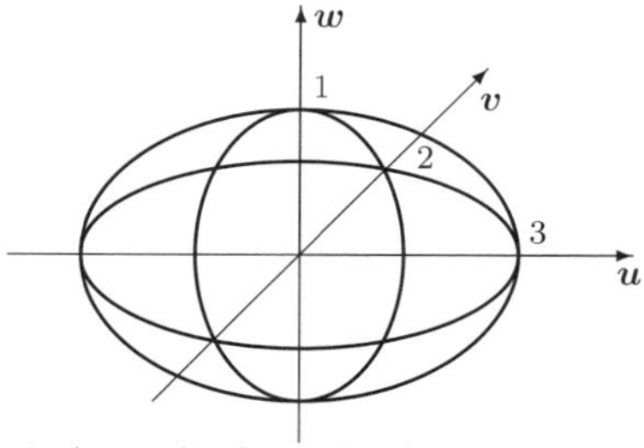

Hauptachsen im (x,y,z)–System sind: $(0,1,0)$, $(1,0,1)$, $(1,0,-1)$.

Nullpunkt des u,v,w–Systems ist der Punkt $(2,-3,0)$ im r,s,t–System, bzw. der Punkt $A(2,-3,0)^\top=\frac{1}{2}(-3\sqrt{2}\,,4,-3\sqrt{2}\,)$ im x,y,z–System.

10.16 Matrizenschreibweise: $\vec{x}^\top M\vec{x}+2\vec{m}^\top\vec{x}+m=0$, mit:

$$M=\begin{pmatrix}1.6 & -1.2 & 1.2\\ -1.2 & 0.9 & -0.9\\ 1.2 & -0.9 & 2.5\end{pmatrix},\quad 2\vec{m}=\begin{pmatrix}-1.6\sqrt{2}-0.6\\ 1.2\sqrt{2}-0.8\\ 2\sqrt{2}\end{pmatrix},\quad m=3.$$

Das LGS $M\vec{s}=-\vec{m}$ hat keine Lösung. Es handelt sich also um eine parabolische Fläche. Hauptachsentransformation ergibt:

Eigenwerte von M:

$|M-\lambda E|=\ldots=-(\lambda^2-5\lambda+4)\lambda=0 \quad\Longrightarrow\quad \underline{\lambda_1=1},\ \underline{\lambda_2=4},\ \underline{\lambda_3=0}.$

Eigenräume von M: $V_1:\vec{x}=\mu\begin{pmatrix}-4\\3\\5\end{pmatrix}$, $V_4:\vec{x}=\mu\begin{pmatrix}4\\-3\\5\end{pmatrix}$, $V_0:\vec{x}=\mu\begin{pmatrix}3\\4\\0\end{pmatrix}$

Drehmatrix (Hauptachsen) : $A=\frac{1}{10}\sqrt{2}\begin{pmatrix}-4 & 4 & 3\sqrt{2}\\ 3 & -3 & 4\sqrt{2}\\ 5 & 5 & 0\end{pmatrix}.$

<u>Hauptachsentransformation</u> $\vec{x}=A\vec{r}\longrightarrow\vec{r}^\top A^\top MA\vec{r}+2\vec{m}^\top A\vec{r}+m=0.$

$A^\top MA=\begin{pmatrix}1&0&0\\0&4&0\\0&0&0\end{pmatrix}$ und $2\vec{m}^\top A=\ldots=(4,0,-1).$

$r^2+4s^2+4r-t+3=(r+2)^2+4s^2-(t+1)=0$, Verschieb. des Nullpunkts:

$$\vec{r}=\vec{u}+\begin{pmatrix}-2\\0\\-1\end{pmatrix},\ \text{also}\ \begin{pmatrix}u\\v\\w\end{pmatrix}=\begin{pmatrix}r+2\\s\\t+1\end{pmatrix}\quad\longrightarrow\quad \underline{\underline{u^2+4v^2-w=0}}.$$

Die Quadrik ist ein **elliptisches Paraboloid** (siehe Tabelle auf Seite 240):

Hauptachsen sind: $(-4,3,5)$, $(4,-3,5)$, $(3,4,0)$.

Nullpunkt des u,v,w–Systems ist der Punkt $(-2,0,-1)$ im r,s,t–System, bzw. der Punkt $A(-2,0,-1)^\top=\frac{1}{5}(-4\sqrt{2}-3,3\sqrt{2}-4,5\sqrt{2}\,)$ im x,y,z–System.

10.17 $M=\begin{pmatrix}1 & -\sqrt{3}\\ -\sqrt{3} & 3\end{pmatrix}$, $\lambda_1=4$, $\lambda_2=0$, $A=\frac{1}{2}\begin{pmatrix}1 & \sqrt{3}\\ -\sqrt{3} & 1\end{pmatrix}\Longrightarrow$

$4u^2-8=0\ \Longrightarrow\ u^2=2\ \Longrightarrow\ \underline{\underline{u=\pm\sqrt{2}}}$ **zwei parallele Geraden**.

10.18 $M = \begin{pmatrix} 2 & -1 \\ -1 & 1 \end{pmatrix}$, $\vec{m} = \begin{pmatrix} 0 \\ -2 \end{pmatrix}$, $M\vec{s} = -\vec{m}$ hat die Lösung

$\vec{s} = \begin{pmatrix} 2 \\ 4 \end{pmatrix}$ (Symmetriepunkt), $g = (0, -2)\begin{pmatrix} 2 \\ 4 \end{pmatrix} + 9 = 1.$

$\vec{x} = \vec{r} + \vec{s} \longrightarrow 2r^2 - 2rs + s^2 + 1 = 0$

Eigenwerte von M: $\lambda_{1,2} = \frac{3}{2} \pm \frac{1}{2}\sqrt{5} \Longrightarrow \lambda_{1,2} > 0,\ g > 0$: **leere Menge**.

10.19 $M = \begin{pmatrix} 3 & -2 \\ -2 & 4 \end{pmatrix}$, $\vec{m} = \begin{pmatrix} -4 \\ 0 \end{pmatrix}$, $\vec{s} = \begin{pmatrix} 2 \\ 1 \end{pmatrix}$, $g = (-4, 0)\begin{pmatrix} 2 \\ 1 \end{pmatrix} + 8 = 0.$

$\vec{x} = \vec{r} + \vec{s} \longrightarrow 3r^2 - 4rs + 4s^2 = 0$

Eigenwerte von M: $\lambda_{1,2} = \frac{7}{2} \pm \frac{1}{2}\sqrt{17} \Longrightarrow \lambda_{1,2} > 0,\ g = 0.$

Nullpunkt im r, s–System, **Punkt** $\vec{s}^\top = (2, 1)$ im x, y–System.

10.20 $M = \begin{pmatrix} 4 & -6 \\ -6 & 9 \end{pmatrix}$, $\vec{m} = \begin{pmatrix} 2 \\ -3 \end{pmatrix}$, $m = 1$, $\vec{s} = \begin{pmatrix} -1 \\ -1 \end{pmatrix} + \mu\begin{pmatrix} 3 \\ 2 \end{pmatrix}$,

$g = (2, -3)\begin{pmatrix} -1 \\ -1 \end{pmatrix} + 1 = 0$. Subst.: $\vec{x} = \vec{r} + \vec{s}$ ergibt $4r^2 - 12rs + 9s^2 = 0$

Man sieht: Es ist $(2r - 3s)^2 = 0$, also $2r = 3s$ und dies ist eine Gerade.

Oder: $\begin{pmatrix} 2 \\ -3 \end{pmatrix}$ ist Eigenvektor zu $\lambda_1 = 13$ und $\begin{pmatrix} 3 \\ 2 \end{pmatrix}$ ist Eigenvektor zu $\lambda_2 = 0$.

	$u = 0$		(u, v)–System,
$\vec{r} = A\vec{u} \longrightarrow 13u^2 = 0$, also	$2r - 3s = 0$	**eine Gerade** im	(r, s)–System,
	$2x - 3y + 1 = 0$		(x, y)–System.

0.21 $\vec{x}$ liegt auf der Quadrik $\Longleftrightarrow \vec{x}^\top M\vec{x} + 2\vec{m}^\top\vec{x} + m = 0.$
$\vec{s}$ ist Symmetriepunkt $\Longleftrightarrow M\vec{s} = -\vec{m} \Longleftrightarrow \vec{s}^\top M = \vec{s}^\top M^\top = (M\vec{s})^\top = -\vec{m}^\top.$
$\vec{a}^\top\vec{b} = \vec{a}\cdot\vec{b} = \vec{b}\cdot\vec{a} = \vec{b}^\top\vec{a}$, (Skalarprodukt '$\cdot$' ist kommutativ (siehe Seite 128)).
Das Matrizenprodukt ist assoziativ und distributiv (siehe Seite 168).

(a) $(2\vec{s} - \vec{x})$ liegt auf der Quadrik, da $(2\vec{s} - \vec{x})^\top M(2\vec{s} - \vec{x}) + 2\vec{m}^\top(2\vec{s} - \vec{x}) + m =$
$= 4\vec{s}^\top M\vec{s} - 2\vec{s}^\top M\vec{x} - 2\vec{x}^\top M\vec{s} + \vec{x}^\top M\vec{x} + 4\vec{m}^\top\vec{s} - 2\vec{m}^\top\vec{x} + m =$
$= -4\vec{s}^\top\vec{m} + 2\vec{m}^\top\vec{x} + 2\vec{x}^\top\vec{m} - 2\vec{m}^\top\vec{x} - m + 4\vec{s}^\top\vec{m} - 2\vec{x}^\top\vec{m} + m = 0.$
Also liegt mit $\vec{x}$ auch $(2\vec{s} - \vec{x})$ auf der Quadrik.

(b) $\vec{x} = \vec{r} + \vec{s} \Longrightarrow \vec{x}^\top = \vec{r}^\top + \vec{s}^\top$. Also
$\vec{x}^\top M\vec{x} + 2\vec{m}^\top\vec{x} + m = 0 \Longrightarrow (\vec{r}^\top + \vec{s}^\top)M(\vec{r} + \vec{s}) + 2\vec{m}^\top(\vec{r} + \vec{s}) + m = 0.$
Klammern auflösen ergibt:
$\vec{r}^\top M\vec{r} + \vec{s}^\top M\vec{s} + \vec{r}^\top M\vec{s} + \vec{s}^\top M\vec{r} + 2\vec{m}^\top\vec{r} + 2\vec{m}^\top\vec{s} + m = 0$
Da $\vec{s}^\top M\vec{r} \in \mathbb{R}$ und M symmetrisch ist, gilt:
$\vec{s}^\top M\vec{r} = (\vec{s}^\top M\vec{r})^\top = \vec{r}^\top M^\top\vec{s} = \vec{r}^\top M\vec{s}.$
$M\vec{s} = -\vec{m} \Longrightarrow \vec{r}^\top M\vec{r} - \vec{s}^\top\vec{m} - \vec{r}^\top\vec{m} - \vec{r}^\top\vec{m} + 2\vec{m}^\top\vec{r} + 2\vec{m}^\top\vec{s} + m = 0.$
$\vec{s}^\top\vec{m} \in \mathbb{R} \Longrightarrow \vec{s}^\top\vec{m} = (\vec{s}^\top\vec{m})^\top = \vec{m}^\top\vec{s}$, ebenso $\vec{r}^\top\vec{m} = (\vec{r}^\top\vec{m})^\top = \vec{m}^\top\vec{r}$,
also $\vec{r}^\top M\vec{r} + \vec{m}^\top\vec{s} + m = 0$. Mit $g := \vec{m}^\top\vec{s} + m$ erhält man $\vec{r}^\top M\vec{r} + g = 0.$

11 Lineare Gleichungssysteme

Zur vertiefenden Wiederholung siehe auch **EM 1**.

Ein **lineares Gleichungssystem** (LGS) ist ein System von m linearen Gleichungen mit n Variablen $x_1, x_2, \ldots, x_n$:

$$\begin{array}{ccccccccc} a_{11}x_1 & + & a_{12}x_2 & + & \cdots & + & a_{1n}x_n & = & b_1 \\ a_{21}x_1 & + & a_{22}x_2 & + & \cdots & + & a_{2n}x_n & = & b_2 \\ \vdots & & \vdots & & & & \vdots & & \vdots \\ a_{m1}x_1 & + & a_{m2}x_2 & + & \cdots & + & a_{mn}x_n & = & b_m \end{array}$$

Die a_{ik} heißen die Koeffizienten des LGS.
Benutzt man die Matrizenschreibweise und setzt:

$$A := \begin{pmatrix} a_{11} & \cdots & a_{1n} \\ \vdots & & \vdots \\ a_{m1} & \cdots & a_{mn} \end{pmatrix} \qquad \vec{x} := \begin{pmatrix} x_1 \\ \vdots \\ x_n \end{pmatrix} \qquad \vec{b} := \begin{pmatrix} b_1 \\ \vdots \\ b_m \end{pmatrix},$$

so schreibt sich obiges LGS in Matrizenform kurz: $A\vec{x} = \vec{b}$.

Das Produkt der $(\boldsymbol{m}, n)$–Matrix A mit der $(n, \mathbf{1})$–Matrix $\vec{x}$ ist die $(\boldsymbol{m}, \mathbf{1})$–Matrix $\vec{b}$.

Die Matrix A / $(A, \vec{b})$ heißt **einfache** / **erweiterte** Matrix des LGS.

11.1

Ist $$A = \begin{pmatrix} -1 & 8 & 3 \\ 2 & 4 & -1 \\ 0 & 5 & 1 \\ -3 & 9 & 5 \end{pmatrix} \qquad \vec{x} = \begin{pmatrix} x_1 \\ x_2 \\ x_3 \end{pmatrix} \qquad \vec{b} = \begin{pmatrix} 2 \\ 1 \\ 0 \\ 1 \end{pmatrix},$$

so ist $$A\vec{x} = \vec{b} \iff \begin{array}{ccccccc} -x_1 & + & 8x_2 & + & 3x_3 & = & 2 \\ 2x_1 & + & 4x_2 & - & x_3 & = & 1 \\ & + & 5x_2 & + & x_3 & = & 0 \\ -3x_1 & + & 9x_2 & + & 5x_3 & = & 1 \end{array}$$

Das LGS $A\vec{x} = \vec{b}$ heißt **homogen**, wenn $\vec{b} = \vec{0}$; d.h. $\vec{b}$ der Nullvektor ist und sonst **inhomogen**. Ein homogenes LGS ist immer lösbar: Es hat stets die triviale Lösung $\vec{x} = \vec{0}$; d.h. $x_1 = \ldots = x_n = 0$.

Bezeichnet man mit $\vec{a}_1, \ldots, \vec{a}_n$ die Spaltenvektoren von A, also $A = (\vec{a}_1, \ldots, \vec{a}_n)$, so ist $A\vec{x} = \vec{b} \iff x_1\vec{a}_1 + \ldots + x_n\vec{a}_n = \vec{b}$. Das bedeutet:

Das LGS $A\vec{x} = \vec{b}$ ist lösbar

$\iff$ $\vec{b}$ ist Linearkombination der Spaltenvektoren von A.

$\iff$ $\vec{b}$ ist aus der linearen Hülle $L(\vec{a}_1, \ldots, \vec{a}_n)$, siehe Seite 124.

$\iff$ $\mathrm{rg}\,(\vec{a}_1, \ldots, \vec{a}_n) = \mathrm{rg}\,(\vec{a}_1, \ldots, \vec{a}_n, \vec{b})$

Lösbarkeit linearer Gleichungssysteme

$A\vec{x} = \vec{b}$ **lösbar** $\iff$ $\operatorname{rg} A = \operatorname{rg}(A, \vec{b})$
Rang der einfachen = Rang der erweiterten Matrix.

$A\vec{x} = \vec{b}$ **eindeutig** lösbar $\iff$ $\operatorname{rg} A = \operatorname{rg}(A, \vec{b}) = n$.

Mit dem im folgenden beschriebenen Gaußschen Eliminationsverfahren kann man nicht nur diese Ränge bestimmen und damit die Frage beantworten, *ob ein LGS lösbar ist*, sondern gegebenenfalls *sämtliche Lösungen eines LGS angeben.*

Außerdem lässt sich dieses Verfahren leicht zu einem für numerische Rechnungen wichtigen Verfahren ausbauen (Pivot-Verfahren, siehe geeignete Programme).

11.1 Gaußsches Eliminationsverfahren

Ein gegebenes LGS wird mittels elementarer Umformungen in ein einfacher zu lösendes LGS umgeformt, das genau die gleichen Lösungen hat.

Elementare Umformungen:

- Multiplikation einer Gleichung mit einem Faktor $\lambda \neq 0$,
- Addition einer Gleichung zu einer anderen,
- Vertauschen zweier Zeilen,
- Addition des μ–fachen einer Zeile zu dem λ–fachen ($\lambda \neq 0$) einer anderen Zeile.

Natürlich darf man auch Spalten von A vertauschen, wenn man dabei die Variablen umbenennt.

Um Schreibarbeit zu sparen und die Übersicht zu behalten, empfiehlt sich z.B. folgendes Verfahren:

Gaußsches Eliminationsverfahren

Man betrachtet nur das Koeffizientenschema, also die erweiterte Matrix $(A, \vec{b})$. In A sucht man eine Spalte mit möglichst vielen Nullen und einer möglichst *einfachen* Zahl $\neq 0$. Diese wird markiert und mit ihrer Hilfe werden in der entsprechenden Spalte mittels elementarer Umformungen Nullen erzeugt. Man benutzt also *eine* Gleichung, um in den übrigen eine Variable zu *eliminieren.* Dieses Verfahren setzt man fort, bis man ein hinreichend einfaches LGS erhält, z.B. bis man die Matrix (evtl. nach Spaltenvertauschungen) auf **Zeilenstufenform** gebracht hat (Seite 170).

11.2 *Man löse das LGS aus Beispiel* [11.1]

x_1	x_2	x_3		Regie[1]		
$\boxed{-1}$	8	3	2	2	0	3
2	4	−1	1	1		
0	5	1	0		1	
−3	9	5	1			−1
0	20	5	5	1		
0	5	$\boxed{1}$	0	−5		4
0	15	4	5			−1
0	−5	0	5	1		
0	$\boxed{5}$	0	−5	1		
0	0	0	0			

Man wählt die erste Spalte und markiert $\boxed{-1}$. Aus dieser markierten Gleichung wird später x_1 berechnet! Mittels der -1 erzeugt man Nullen in der ersten Spalte, d.h. man eliminiert x_1 aus den drei restlichen Gleichungen. Das alte LGS ist nun ersetzt durch die markierte Gleichung und die drei neuen Gleichungen:

Wieder markiert man ein Element $\boxed{1}$, mit dem man in der betreffenden Spalte Nullen erzeugt.

Nun noch $\boxed{5}$ markieren, und noch eine Null durch Addition der beiden Gleichungen erzeugen.

Diese Gleichung ist für alle (x_1, x_2, x_3) erfüllt und wird weggelassen.

Das ursprüngliche LGS ist nun ersetzt durch die drei markierten Gleichungen, ausgeschrieben:

$$\begin{aligned} -x_1+8x_2+3x_3 &= 2 \\ 5x_2+x_3 &= 0 \\ 5x_2 &= -5 \end{aligned}$$

Man kann nun noch eine Spaltenvertauschung vornehmen und erhält ein LGS mit gleicher Lösungsmenge wie das alte LGS, das jedoch einfacher zu lösen ist:

$$\begin{aligned} -x_1+3x_3+8x_2 &= 2 &&\Longrightarrow\quad x_1 = -2+3x_3+8x_2 = \underline{\underline{5}} \\ x_3+5x_2 &= 0 &&\Longrightarrow\quad x_3 = -5x_2 = \underline{\underline{5}} \\ 5x_2 &= -5 &&\Longrightarrow\quad x_2 = \underline{\underline{-1}} \end{aligned}$$

"Rückwärtseinsetzen"

In Matrizenschreibweise:

$$A\vec{x}=\vec{b} \Longleftrightarrow \begin{pmatrix} -1 & 8 & 3 \\ 2 & 4 & -1 \\ 0 & 5 & 1 \\ -3 & 9 & 5 \end{pmatrix} \begin{pmatrix} x_1 \\ x_2 \\ x_3 \end{pmatrix} = \begin{pmatrix} 2 \\ 1 \\ 0 \\ 1 \end{pmatrix} \Longleftrightarrow \vec{x} = \begin{pmatrix} x_1 \\ x_2 \\ x_3 \end{pmatrix} = \begin{pmatrix} 5 \\ -1 \\ 5 \end{pmatrix}.$$

Dieses LGS hat die eindeutig bestimmte Lösung $\underline{\underline{\vec{x} = (5, -1, 5)}}$.[2]

Da die elementaren Umformungen den Rang einer Matrix nicht ändern, gilt:

$$\text{rg}\, A = \text{rg} \begin{pmatrix} -1 & 8 & 3 \\ 0 & 5 & 1 \\ 0 & 5 & 0 \\ 0 & 0 & 0 \end{pmatrix} = \text{rg} \begin{pmatrix} -1 & 8 & 3 & 2 \\ 0 & 5 & 1 & 0 \\ 0 & 5 & 0 & -5 \\ 0 & 0 & 0 & 0 \end{pmatrix} = \text{rg}\,(A, \vec{b}) = \underline{\underline{3}}$$

Diese Rangbetrachtungen interessieren uns jedoch im Augenblick nicht, wir wollen LGSe lösen:

[1] Die angezeigten elementaren Umformungen dürften sich selbst erklären.

[2] Vektoren schreiben wir hier als Spalten oder Zeilen!

11.3 *Man löse das LGS*

$$\begin{array}{rcrcrcl} x & + & 2y & + & z & = & 3 \\ x & - & y & - & z & = & 1 \\ 3x & + & 3y & + & z & = & 8 \end{array}$$

x	y	z		Regie	
1	2	$\boxed{1}$	3	1	−1
1	−1	−1	1	1	
3	3	1	8		1
2	$\boxed{1}$	0	4	−1	
2	1	0	5	1	
0	0	0	1		

Die letzte Gleichung ausgeschrieben:
$0x + 0y + 0z = 1$ Widerspruch!

Das LGS hat keine Lösung!

Manchmal ist folgende Variante zweckmäßig, z.B. wenn man das LGS $A\vec{x} = \vec{b}$ bei *gleicher* Matrix A für *verschiedene* $\vec{b}$ lösen will:

11.4 *Man löse das LGS aus Beispiel* [11.1]

x_1	x_2	x_3		Regie		
$\boxed{-1}$	8	3	2	2	0	3
2	4	−1	1	1		
0	5	1	0		1	
−3	9	5	1			−1
−1	8	3	2	−1		
0	20	5	5		−1	
0	5	$\boxed{1}$	0	3	5	4
0	15	4	5			−1
1	7	0	−2	5		
0	5	0	−5		1	
0	5	1	0			1
0	$\boxed{5}$	0	−5	−7	−1	−1
5	0	0	25	1/5		
0	0	0	0			
0	0	1	5			
0	5	0	−5	1/5		
1	0	0	5			
0	0	0	0			
0	0	1	5			
0	1	0	−1			

Durch elementare Umformungen wird das LGS schrittweise durch einfachere äquivalente LGSe ersetzt:

Bei dieser Variante werden alle Gleichungen – die markierten und die neuen – notiert.

Aus diesem LGS lassen sich x_1, x_2, x_3 leicht berechnen; aber man vereinfacht weiter, indem man weiter Nullen erzeugt:

Dieses LGS lässt sich nicht mehr vereinfachen. Man liest ab:

$$\Longrightarrow \begin{array}{l} x_1 = 5 \\ x_2 = -1 \\ x_3 = 5 \end{array} \Longrightarrow \vec{x} = \begin{pmatrix} 5 \\ -1 \\ 5 \end{pmatrix}.$$

11.5

Es seien $A = \begin{pmatrix} 1 & 2 & -3 \\ -1 & 1 & 2 \\ 0 & -3 & 2 \end{pmatrix}$, $\vec{b}_1 = \begin{pmatrix} -2 \\ 1 \\ 2 \end{pmatrix}$, $\vec{b}_2 = \begin{pmatrix} -4 \\ 7 \\ 0 \end{pmatrix}$.

Man löse die LGSe $A\vec{x}_1 = \vec{b}_1$ *und* $A\vec{x}_2 = \vec{b}_2$.

x	y	z	$\vec{b}_1$	$\vec{b}_2$	Regie	
$\boxed{1}$	2	−3	−2	−4	1	
−1	1	2	1	7	1	
0	−3	2	2	0		
1	2	−3	−2	−4	1	
0	3	$\boxed{-1}$	−1	3	−3	2
0	−3	2	2	0		1
1	−7	0	1	−13	3	
0	3	−1	−1	3		−1
0	$\boxed{3}$	0	0	6	7	1
3	0	0	3	3	1/3	
0	0	1	1	3		
0	3	0	0	6	1/3	
1	0	0	1	1		
0	0	1	1	3	← Vertauschen der 2. und 3. Zeile	
0	1	0	0	2	←	
1	0	0	1	1		
0	1	0	0	2		
0	0	1	1	3		
			$\vec{x}_1$	$\vec{x}_2$		

Aus den letzten drei Gleichungen ergibt sich, dass das LGS eindeutig lösbar ist und:

$$\vec{x}_1 = \begin{pmatrix} 1 \\ 0 \\ 1 \end{pmatrix} \quad \text{und} \quad \vec{x}_2 = \begin{pmatrix} 1 \\ 2 \\ 3 \end{pmatrix}.$$

Probe:

$$\begin{pmatrix} 1 & 2 & -3 \\ -1 & 1 & 2 \\ 0 & -3 & 2 \end{pmatrix} \begin{pmatrix} 1 \\ 0 \\ 1 \end{pmatrix} = \begin{pmatrix} -2 \\ 1 \\ 2 \end{pmatrix} = \vec{b}_1$$

$$\begin{pmatrix} 1 & 2 & -3 \\ -1 & 1 & 2 \\ 0 & -3 & 2 \end{pmatrix} \begin{pmatrix} 1 \\ 2 \\ 3 \end{pmatrix} = \begin{pmatrix} -4 \\ 7 \\ 0 \end{pmatrix} = \vec{b}_2$$

Mit $B := (\vec{b}_1, \vec{b}_2) = \begin{pmatrix} -2 & -4 \\ 1 & 7 \\ 2 & 0 \end{pmatrix}$, lautet die obige Aufgabe in Matrizenform: *Man löse die Matrizengleichung* $AX = B$.

<u>Lösung:</u> $X = (\vec{x}_1, \vec{x}_2) = A^{-1}B = \begin{pmatrix} 1 & 1 \\ 0 & 2 \\ 1 & 3 \end{pmatrix}$.

11.6

$$A = \begin{pmatrix} -2 & 2 & 2 & 4 \\ 1 & 0 & 5 & 2 \\ -1 & 2 & 5 & 4 \\ 3 & -2 & 3 & 0 \end{pmatrix}$$

Besitzt A eine Inverse A^{-1} *?*

Wenn ja, berechne man sie!

Um die Matrizengleichung $AX = E$ zu lösen, benutzt man das Gaußsche Eliminationsverfahren wie im vorigen Beispiel mit kleinen formalen Änderungen:

$$
\begin{array}{r|cccc|cccc|l}
 & \vec{a}_1 & \vec{a}_2 & \vec{a}_3 & \vec{a}_4 & \vec{e}_1 & \vec{e}_2 & \vec{e}_3 & \vec{e}_4 & \\ \hline
 & -2 & 2 & 2 & 4 & 1 & 0 & 0 & 0 & \\
A = & \boxed{1} & 0 & 5 & 2 & 0 & 1 & 0 & 0 & = E \\
 & -1 & 2 & 5 & 4 & 0 & 0 & 1 & 0 & \\
 & 3 & -2 & 3 & 0 & 0 & 0 & 0 & 1 & \\ \hline
 & 1 & 0 & 5 & 2 & 0 & 1 & 0 & 0 & \\
 & 0 & \boxed{2} & 12 & 8 & 1 & 2 & 0 & 0 & \\
 & 0 & 2 & 10 & 6 & 0 & 1 & 1 & 0 & \\
 & 0 & 2 & 12 & 6 & 0 & 3 & 0 & -1 & \\ \hline
 & 1 & 0 & 5 & 2 & 0 & 1 & 0 & 0 & \\
 & 0 & 2 & 12 & 8 & 1 & 2 & 0 & 0 & \\
 & 0 & 0 & \boxed{2} & 2 & 1 & 1 & -1 & 0 & \\
 & 0 & 0 & 0 & 2 & 1 & -1 & 0 & 1 & \\ \hline
 & 2 & 0 & 0 & -6 & -5 & -3 & 5 & 0 & \\
 & 0 & 2 & 0 & -4 & -5 & -4 & 6 & 0 & \\
 & 0 & 0 & 2 & 2 & 1 & 1 & -1 & 0 & \\
 & 0 & 0 & 0 & \boxed{2} & 1 & -1 & 0 & 1 & \\ \hline
 & 2 & 0 & 0 & 0 & -2 & -6 & 5 & 3 & \\
\rightarrow & 0 & 2 & 0 & 0 & \mathbf{-3} & \mathbf{-6} & \mathbf{6} & \mathbf{2} & \\
 & 0 & 0 & 2 & 0 & 0 & 2 & -1 & -1 & \\
 & 0 & 0 & 0 & 2 & 1 & -1 & 0 & 1 & \\ \hline
 & 1 & 0 & 0 & 0 & -1 & -3 & \frac{5}{2} & \frac{3}{2} & \\
E = & 0 & 1 & 0 & 0 & -\frac{3}{2} & -3 & 3 & 1 & = A^{-1} \\
 & 0 & 0 & 1 & 0 & 0 & 1 & -\frac{1}{2} & -\frac{1}{2} & \\
 & 0 & 0 & 0 & 1 & \frac{1}{2} & -\frac{1}{2} & 0 & \frac{1}{2} & \\ \hline
 & & & & & \vec{x}_1 & \vec{x}_2 & \vec{x}_3 & \vec{x}_4 &
\end{array}
$$

Die *Regie* benötigt man nicht, sie ist teilweise im System enthalten. Da *oben rechts* die Einheitsmatrix E steht, gibt z.B. die fettgedruckte Zeile an, mit welchen elementaren Umformungen man aus den Zeilen von A die $\rightarrow$ nebenstehende Zeile bekommt:

$$
\begin{array}{rl}
\mathbf{-3} & (-2,\ 2,2,4) \\
\mathbf{-6} & (\ 1,\ 0,5,2) \\
\mathbf{6} & (-1,\ 2,5,4) \\
\mathbf{2} & (\ 3,-2,3,0) \\ \hline
\rightarrow & (\ 0,\ 2,0,0)
\end{array}
$$

Zunächst *eine* Diagonalform herstellen und die eventuell nötige Bruchrechnung bis zum Schluss verschieben!

A ist invertierbar und
$$
A^{-1} = \begin{pmatrix} -1 & -3 & \frac{5}{2} & \frac{3}{2} \\ -\frac{3}{2} & -3 & 3 & 1 \\ 0 & 1 & -\frac{1}{2} & -\frac{1}{2} \\ \frac{1}{2} & -\frac{1}{2} & 0 & \frac{1}{2} \end{pmatrix} = \frac{1}{2} \begin{pmatrix} -2 & -6 & 5 & 3 \\ -3 & -6 & 6 & 2 \\ 0 & 2 & -1 & -1 \\ 1 & -1 & 0 & 1 \end{pmatrix}.
$$

Ist eine Matrix nicht invertierbar, so kommt man durch die elementaren Umformungen auf einen Widerspruch!

11.7

Man berechne ggf. die Inverse der Matrix $A = \begin{pmatrix} 4 & 3 & 2 \\ 3 & -1 & -5 \\ 1 & 1 & 1 \end{pmatrix}$.

$\vec{a}_1$	$\vec{a}_2$	$\vec{a}_3$	$\vec{e}_1$	$\vec{e}_2$	$\vec{e}_3$
4	3	2	1	0	0
3	−1	−5	0	1	0
$\boxed{1}$	1	1	0	0	1
0	$\boxed{-1}$	−2	1	0	−4
0	−4	−8	0	1	−3
1	1	1	0	0	1
0	−1	−2	1	0	−4
0	0	0	−4	1	13
1	1	1	0	0	1

$\Longrightarrow$ Widerspruch!
A ist nicht invertierbar!

Neben eindeutig lösbaren und unlösbaren LGSen gibt es auch solche, die mehrere Lösungen haben:

11.8

Man löse das LGS

$$\begin{array}{rcrcrcr} 2x & + & y & + & z & = & 1 \\ 4x & + & y & + & 2z & = & 0 \\ 2x & & & + & z & = & -1. \end{array}$$

x	y	z		
2	$\boxed{1}$	1	1	1
4	1	2	0	−1
2	0	1	−1	
− 2	0	−1	1	1
2	0	$\boxed{1}$	−1	1
0	0	0	0	

Das LGS wird durch die markierten Gleichungen ersetzt:

$$\begin{array}{rcrcrcr} 2x & + & y & + & z & = & 1 \\ 2x & & & + & z & = & -1 \end{array}$$

Aus der letzten markierten Gleichung wollten wir z ausrechnen. z ist jedoch nicht eindeutig bestimmt, sondern hängt von x ab.

Setzt man $x = t$ ($t \in \mathbb{R}$ beliebig, heißt *Parameter*), so wird $z = -1 - 2t$.
Setzt man nun x und z in die erste Gleichung ein, so erhält man:

$y = 1 - 2x - z = 1 - 2t - (-1 - 2t) = 2$. Also

$x = t$
$y = 2$
$z = -1 - 2t$

in vektorieller Schreibweise: $\vec{x} = \begin{pmatrix} x \\ y \\ z \end{pmatrix} = \begin{pmatrix} 0 \\ 2 \\ -1 \end{pmatrix} + t \begin{pmatrix} 1 \\ 0 \\ -2 \end{pmatrix}, \quad t \in \mathbb{R}.$

Mögliche Interpretationen:

Das obige LGS könnte sich aus verschiedenen Aufgaben ergeben, z.B.:

1. *Man löse das LGS !*

Das LGS ist lösbar; aber nicht eindeutig lösbar! Es gibt unendlich viele Lösungen. Jede Lösung hat die Form $(t, 2, -1-2t)$, wobei t eine beliebige reelle Zahl ist.

2. *Lässt sich der Vektor* $(1, 0, -1)$ *aus den drei Vektoren* $(2, 4, 2)$, $(1, 1, 0)$, $(1, 2, 1)$ *linear kombinieren?*

Wenn ja, gebe man alle Möglichkeiten an.

Der Vektor $(1, 0, -1)$ lässt sich auf unendlich viele Möglichkeiten aus den drei Vektoren linear kombinieren!

$$x\begin{pmatrix}2\\4\\2\end{pmatrix}+y\begin{pmatrix}1\\1\\0\end{pmatrix}+z\begin{pmatrix}1\\2\\1\end{pmatrix}=\begin{pmatrix}1\\0\\-1\end{pmatrix} \iff \begin{matrix}x=t\\ y=2\\ z=-1-2t\end{matrix}\quad,\quad t\in\mathbb{R}.$$

3. *Man berechne den Schnitt der drei Ebenen:*

$$\begin{array}{llrcrcrcr} E_1 & : & 2x & + & y & + & z & = & 1\\ E_2 & : & 4x & + & y & + & 2z & = & 0\\ E_3 & : & 2x & & & + & z & = & -1 \end{array}$$

Die Ebenen schneiden sich in der Geraden $g:\ \vec{x}=\begin{pmatrix}0\\2\\-1\end{pmatrix}+t\begin{pmatrix}1\\0\\-2\end{pmatrix}$, $t\in\mathbb{R}$.

1.9 *Man löse das LGS* $A\vec{x}=\vec{b}$*, mit* $A=\begin{pmatrix}1&-3&5&-2\\-2&6&-10&4\\3&-1&3&-10\\1&-1&2&-3\end{pmatrix}$, $\vec{b}=\begin{pmatrix}-1\\2\\-19\\-5\end{pmatrix}$.

x_1	x_2	x_3	x_4		Regie		
[1]	−3	5	−2	−1	2	3	1
−2	6	−10	4	2	1		
3	−1	3	−10	−19		−1	
1	−1	2	−3	−5			−1
0	0	0	0	0			
0	−8	12	4	16	1		
0	−2	3	[1]	4	−4		
0	0	0	0	0			

Das alte LGS ist durch die beiden markierten Gleichungen zu ersetzen!

Aus $-2x_2+3x_3+x_4=4$ sollte x_4 berechnet werden:

Man führt zwei Parameter ein:

$x_2=s$, $x_3=t$ und erhält:

$x_4=4+2s-3t.$

Die erste markierte Gleichung ergibt:

$$\begin{aligned} x_1 &= -1+3s-5t+2(4+2s-3t)\\ &= 7+7s-11t \end{aligned}$$

Die allgemeine Lösung: In vektorieller Schreibweise:

$$\begin{aligned} x_1 &= 7 + 7s - 11t \\ x_2 &= s \\ x_3 &= t \\ x_4 &= 4 + 2s - 3t \end{aligned} \iff \vec{x} = \begin{pmatrix} x_1 \\ x_2 \\ x_3 \\ x_4 \end{pmatrix} = \begin{pmatrix} 7 \\ 0 \\ 0 \\ 4 \end{pmatrix} + s \begin{pmatrix} 7 \\ 1 \\ 0 \\ 2 \end{pmatrix} + t \begin{pmatrix} -11 \\ 0 \\ 1 \\ -3 \end{pmatrix}.$$

Man sagt: Das LGS hat eine *zweiparametrige* Lösungsschar.

Beim Lösen linearer Gleichungssysteme sind folgende drei Fälle möglich:

Das LGS ist
- **nicht** lösbar (enthält einen Widerspruch). z.B. [11.3]
- **eindeutig** lösbar. z.B. [11.2]
- **mehrdeutig** lösbar (es hat unendlich viele Lösungen). z.B. [11.8]

11.10 *Man löse das LGS* $2x - 5y + 3z = -3$.

Dieses LGS besteht nur aus einer Gleichung ! Man führt zwei Parameter ein: $y = r$, $z = s$ und erhält: $x = -3/2 + 5/2\,r - 3/2\,s$.

Damit erhält man die Lösungsgesamtheit in vektorieller Schreibweise:

$$\vec{x} = \begin{pmatrix} -3/2 \\ 0 \\ 0 \end{pmatrix} + r \begin{pmatrix} 5/2 \\ 1 \\ 0 \end{pmatrix} + s \begin{pmatrix} -3/2 \\ 0 \\ 1 \end{pmatrix}.$$

Das LGS (eine Gleichung) stellt eine Ebene in *Koordinatenform* dar, die man in eine *Parameterform* überführt hat, (vgl. Seite 148). Diese ist nicht eindeutig bestimmt: Eine andere ist z.B.: (für $r = 1$, $s = 0$ erhält man $\vec{x} = (1,1,0)$)

$$\vec{x} = \begin{pmatrix} 1 \\ 1 \\ 0 \end{pmatrix} + r \begin{pmatrix} 5 \\ 2 \\ 0 \end{pmatrix} + s \begin{pmatrix} -3 \\ 0 \\ 2 \end{pmatrix}.$$

Geometrische Interpretation:

Jede Gleichung $ax + by + cz = d$ mit $(a,b,c) \neq (0,0,0)$ eines LGS von drei Variablen beschreibt eine Ebene im $\mathbb{R}^3$. Die Lösungen des LGS sind diejenigen Punkte, die allen Ebenen des LGS gemeinsam angehören.

Dabei sind folgende drei Fälle möglich:

Die **Ebenen** haben		Das **LGS** hat
keinen Punkt gemeinsam	$\iff$	*keine* Lösung
genau einen Punkt gemeinsam	$\iff$	*genau eine* Lösung
mehrere Punkte gemeinsam	$\iff$	*unendlich viele* Lösungen.

11.2 Lineare Gleichungssysteme mit Parameter

Treten in dem Koeffizientenschema eines LGSs Parameter auf, so führt man das Gaußsche Eliminationsverfahren wie üblich durch und muss eventuell eine Fallunterscheidung vornehmen.

1.11 *Für welche $a \in \mathbb{R}$ hat nebenstehendes LGS keine, genau eine, mehrere Lösungen? Man gebe gegebenenfalls sämtliche Lösungen an.*

$$\begin{aligned} x + 2y + z &= 1 \\ x + y + 2z &= 1 \\ 2x + 3y + 3z &= a \end{aligned}$$

x	y	z		Regie	
[1]	2	1	1	1	2
1	1	2	1	−1	
2	3	3	a		−1
0	[1]	−1	0	1	
0	1	−1	$2-a$	−1	
0	0	0	$a-2$		

Fallunterscheidung:

<u>1. Fall:</u> $a \neq 2$: LGS unlösbar

<u>2. Fall:</u> $a = 2$: $z = r \Longrightarrow y = r$ und

$x = 1 - 2y - z = 1 - 3r$

$$\vec{x} = \begin{pmatrix} 1 \\ 0 \\ 0 \end{pmatrix} + r \begin{pmatrix} -3 \\ 1 \\ 1 \end{pmatrix}.$$

1.12 *Für welche $p \in \mathbb{R}$ hat das LGS $A\vec{x} = \vec{b}$ keine, genau eine, mehrere Lösungen. Man gebe gegebenenfalls sämtliche Lösungen an.*

$$A = \begin{pmatrix} 1 & 1 & 1 \\ 0 & p-1 & p \\ 2 & 3-p & 3 \end{pmatrix}, \quad \vec{b} = \begin{pmatrix} 2 \\ 2p-1 \\ 7 \end{pmatrix}.$$

x	y	z		Regie
[1]	1	1	2	2
0	$p-1$	p	$2p-1$	
2	$3-p$	3	7	−1
0	$p-1$	p	$2p-1$	1
0	$p-1$	[-1]	−3	p
0	p^2-1	0	$-1-p$	

Die letzte Zeile lautet:

$(p^2 - 1) \cdot y = -(p+1)$

Beachtet man $p^2 - 1 = (p-1)(p+1)$, so ergibt sich aus der letzten Zeile die Fallunterscheidung:

1. Fall: $p^2 - 1 \neq 0 \Longleftrightarrow p \neq \pm 1$
2. Fall: $p = 1$
3. Fall: $p = -1$

1. Fall: $p \neq \pm 1$. Es gibt genau eine Lösung, die natürlich von p abhängt:

$$y = \frac{1}{1-p} \Longrightarrow z = 3 - \frac{1-p}{1-p} = 2 \Longrightarrow x = -\frac{1}{1-p}, \text{ also } \vec{x} = \frac{1}{1-p}\begin{pmatrix} -1 \\ 1 \\ 2(1-p) \end{pmatrix}.$$

2. Fall: $p = 1$: $\boxed{0\ 0\ 0 \mid -2}$ LGS unlösbar!

3. Fall: $p = -1$:

$$\left[\begin{array}{ccc|c} \boxed{1} & 1 & 1 & 2 \\ 0 & -2 & \boxed{-1} & -3 \\ 0 & 0 & 0 & 0 \end{array}\right] \Longrightarrow \begin{array}{l} y = r \\ z = 3 - 2r \\ x = 2 - y - z = -1 + r \end{array} \Longrightarrow \vec{x} = \begin{pmatrix} -1 \\ 0 \\ 3 \end{pmatrix} + r \begin{pmatrix} 1 \\ 1 \\ -2 \end{pmatrix}.$$

Durch Einbringen eines Parameters in ein LGS können also *alle drei Fälle* auftreten, die beim Lösen eines LGS möglich sind. Naturgemäß finden sich solche Aufgaben häufig in Klausuren.

Nun noch ein Beispiel mit zwei Parametern, drei Parameter siehe [11.24].

11.13 (a)

$$\begin{array}{rcrcrcr} bx & & & - & az & = & 1 \\ ax & + & y & + & bz & = & 1 \\ x & - & ay & & & = & -1 \\ & & by & - & z & = & -1 \end{array}$$

Für welche Wertepaare $(a, b) \in \mathbb{R}^2$ hat das LGS keine, genau eine, mehr als eine Lösung? Man gebe ggf. sämtliche Lösungen an!

(b)

$$\begin{array}{rcl} ax + z &=& 0 \\ ay + w &=& 1 \\ x + az &=& 0 \\ y + aw &=& 1 \end{array}$$

Für welche Werte $a \in \mathbb{R}$ hat das LGS keine, genau eine, mehr als eine Lösung? Man gebe ggf. sämtliche Lösungen an!

(a)

x	y	z		Regie	
b	0	$-a$	1	1	
a	1	b	1		1
$\boxed{1}$	$-a$	0	-1	$-b$	$-a$
0	b	-1	-1		
0	ab	$-a$	$1+b$	1	
0	$1+a^2$	b	$1+a$		1
0	b	$\boxed{-1}$	-1	$-a$	b
0	0	0	$1+a+b$	$\Longrightarrow$ Widerspruch, falls $1+a+b \neq 0$.	
0	$\boxed{1+a^2+b^2}$	0	$1+a-b$		

Notwendig für die Lösbarkeit ist also $1 + a + b = 0$, d.h. $b = -1 - a$.

Die drei markierten Gleichungen ergeben mit $b = -1 - a$:

x	y	z	
$\boxed{1}$	$-a$	0	-1
0	$-1-a$	$\boxed{-1}$	-1
$[0$	$2+2a+2a^2$	0	$2+2a]$
0	$\boxed{1+a+a^2}$	0	$1+a$

Wegen $1 + a + a^2 \neq 0$ ist dieses LGS eindeutig lösbar !

$$y = \frac{2+2a}{2+2a+2a^2} = \frac{1+a}{1+a+a^2}$$

$$z = 1-(1+a)y = \frac{-a}{1+a+a^2} \qquad \text{also:} \quad \vec{x} = \frac{1}{1+a+a^2}\begin{pmatrix} -1 \\ 1+a \\ -a \end{pmatrix}.$$

$$x = -1 + ay = -\frac{1}{1+a+a^2}$$

Ergebnis:
- Ist $1 + a + b \neq 0$, so ist das LGS nicht lösbar.
- Ist $1 + a + b = 0$, so ist das LGS eindeutig lösbar mit der oben angegebenen Lösung.

(b)

x	y	z	w		Regie
a	0	1	0	0	-1
0	a	0	1	1	
$\boxed{1}$	0	a	0	0	a
0	1	0	a	1	
0	0	a^2-1	0	0	
0	a	0	1	1	-1
0	$\boxed{1}$	0	a	1	a
0	0	$\boxed{a^2-1}$	0	0	
0	0	0	$\boxed{a^2-1}$	$a-1$	

1. Fall: $a = -1 \implies 0w = -2$, Widerspruch: LGS hat keine Lösung.

2. Fall: $a = 1 \implies 0w = 0 \implies w = t$ beliebig
$\implies 0z = 0 \implies z = s$ beliebig
$\implies y = 1 - t$
$\implies x = -s$

$\vec{x} = (-s, 1-t, s, t) = (0, 1, 0, 0) + s(-1, 0, 1, 0) + t(0, -1, 0, 1)$
ist zweiparametrige Lösungsschar.

3. Fall: $a \neq \pm 1 \implies (a^2 - 1)w = a - 1 \implies w = \frac{1}{a+1}$
$\implies (a^2 - 1)z = 0 \implies z = 0$
$\implies y = 1 - \frac{a}{a+1} = \frac{1}{a+1}$
$\implies x = 0$

$\vec{x} = \frac{1}{a+1}(0, 1, 0, 1)$ ist eindeutig bestimmte Lösung.

11.3 Aufgaben

Man löse folgende LGSe

11.14
$$\begin{array}{rcrcrcl} -x & + & 8y & + & 3z & = & 2 \\ 2x & + & 4y & - & z & = & 1 \\ -2x & + & y & + & 2z & = & -1 \end{array}$$

11.15
$$\begin{array}{rcrcrcrcl} 2x & + & 4y & + & 11z & - & 9w & = & -22 \\ -x & + & 3y & - & 5z & + & 2w & = & 1 \\ -x & + & 5y & + & 8z & + & w & = & -3 \\ 4x & - & 2y & + & 5z & - & 13w & = & -24 \end{array}$$

11.16 *Man löse die LGSe*
$$\begin{pmatrix} 1 & 2 & 3 & 4 \\ 3 & 2 & 3 & 4 \\ 3 & 4 & 6 & 8 \end{pmatrix} \vec{x} = \begin{pmatrix} 0 \\ 0 \\ 0 \end{pmatrix} \text{ und } \begin{pmatrix} 1 & 2 & 3 & 4 \\ 3 & 2 & 3 & 4 \\ 3 & 4 & 6 & 8 \end{pmatrix} \vec{x} = \begin{pmatrix} 1 \\ -1 \\ 1 \end{pmatrix}.$$

11.17 *Für welche $a \in \mathbb{R}$ besitzt das LGS eine unendliche Lösungsschar? Wie lautet sie?*
$$\begin{array}{rcrcrcl} ax & + & 5y & + & 4z & = & a+1 \\ (a-1)x & - & y & - & 3z & = & a-2 \\ 2ax & + & 3y & - & 2z & = & 2a-1 \end{array}$$

11.18
$$A = \begin{pmatrix} 2 & 2 & 0 & 3 \\ 1 & 3 & 2 & 3 \\ 2 & 0 & -8 & 6 \end{pmatrix}$$
Zeige: Das LGS $A\vec{x} = \vec{b}$ ist für alle $\vec{b} \in \mathbb{R}^3$ lösbar ! Für $\vec{b} = (1, 1, -4)$ gebe man alle Lösungen an !

Für welche reellen Parameter ($a, b, c, d, e \in \mathbb{R}$) besitzen folgende LGSe keine, genau eine, mehrere Lösungen? Man gebe ggf. alle Lösungen an!

11.19
$$\begin{array}{rcrcrcl} ax & & & & & = & 0 \\ 2x & + & ay & - & z & = & 2 \\ x & + & y & + & (a-2)z & = & 2a \end{array}$$

11.20
$$\begin{array}{rcrcrcl} x & - & 2y & - & 2z & = & 0 \\ x & + & y & + & bz & = & 2 \\ 2x & + & (b-1)y & - & 2z & = & 2 \end{array}$$

11.21
$$\begin{array}{rcrcrcl} cx & + & 3y & + & 5z & = & 10 \\ & & y & + & 5z & = & 6 \\ 2x & + & cy & & & = & 4 \end{array}$$

11.22
$$\begin{array}{rcrcrcl} x & + & y & + & z & = & 1 \\ 2x & + & 3y & + & dz & = & 3 \\ 3x & + & (4-d)y & + & z & = & 1 \\ x & + & dy & + & 3z & = & 3 \end{array}$$

11.23
$$\begin{array}{rcrcrcl} x & + & 2y & - & 4z & = & 2 \\ ex & - & 2y & + & 4z & = & 2e \\ -2x & + & y & + & (e+4)z & = & 10 \\ -x & + & 3y & + & ez & = & -e^2+13 \end{array}$$

11.24
$$\begin{array}{rcrcrcl} ax & - & by & & & = & 0 \\ cx & & & + & bz & = & 0 \\ & & cy & + & az & = & 0 \end{array}$$

11.25 *Nur für Experten: Man löse das LGS über den Körpern $\mathbb{Z}_2$, $\mathbb{Z}_3$ (siehe* **LA***) und $\mathbb{R}$:*
$$\begin{array}{rcrcrcl} x & + & y & + & z & = & 2 \\ x & + & 2y & + & 3z & = & 3 \\ x & + & 2y & - & 3z & = & 1 \end{array}$$

11.26
$$A = \begin{pmatrix} 2 & -2 & 0 \\ 3 & 0 & 1 \\ 0 & 4 & -2 \end{pmatrix}, \quad B = \begin{pmatrix} 1 & -2 & -2 \\ 1 & 1 & 0 \\ 2 & -1 & -2 \end{pmatrix}, \quad C = \begin{pmatrix} 0 & 1 \\ 0 & 2 \\ 0 & 3 \end{pmatrix}.$$
Man löse ggf. die Matrizengleichungen $AX = C$ bzw. $BX = C$.

11.27 *Man bestimme ein Polynom p höchstens 2–ten Grades, das durch die Punkte $(-1, 7)$, $(0, 2)$, $(3, -1)$ geht, (vgl. [3.9]: Lösung nach Lagrange bzw. Newton).*

11.4 Lösungen

11.14 $\vec{x} = \begin{pmatrix} 5 \\ -1 \\ 5 \end{pmatrix}$ Cramersche Regel, S.188

Regel, S.188

11.15 $\vec{x} = \begin{pmatrix} x \\ y \\ z \\ w \end{pmatrix} = \begin{pmatrix} -7 \\ -2 \\ 0 \\ 0 \end{pmatrix} + r \begin{pmatrix} 7 \\ 1 \\ 0 \\ 2 \end{pmatrix}$

11.16 $\vec{x}_1 = r \begin{pmatrix} 0 \\ -3 \\ 2 \\ 0 \end{pmatrix} + s \begin{pmatrix} 0 \\ -2 \\ 0 \\ 1 \end{pmatrix}$, $\vec{x}_2 = \begin{pmatrix} -1 \\ 1 \\ 0 \\ 0 \end{pmatrix} + r \begin{pmatrix} 0 \\ -3 \\ 2 \\ 0 \end{pmatrix} + s \begin{pmatrix} 0 \\ -2 \\ 0 \\ 1 \end{pmatrix}$.

11.17 Genau für $a = 2$ unendlich viele Lösungen: $\vec{x} = \frac{1}{11} \begin{pmatrix} 0 \\ 9 \\ -3 \end{pmatrix} + s \begin{pmatrix} 11 \\ -10 \\ 7 \end{pmatrix}$.

11.18

x	y	z	w		Regie
2	2	0	3	1	
1	3	$\boxed{2}$	3	1	2
[2	0	−8	6	−4]	
1	0	−4	3	−2	1
2	2	0	3	1	−1
[3	6	0	9	0]	
$\boxed{1}$	2	0	3	0	2
0	$\boxed{2}$	0	3	−1	

Aus den drei markierten Gleichungen. ergibt sich, dass das LGS für jede rechte Seite – d.h. für jedes $\vec{b} \in \mathbb{R}^3$ – lösbar ist!

speziell:

$$\vec{x} = \frac{1}{4} \begin{pmatrix} 4 \\ -2 \\ 3 \\ 0 \end{pmatrix} + r \begin{pmatrix} 0 \\ -6 \\ 3 \\ 4 \end{pmatrix}$$

11.19 Für $a \neq 0$ erhält man:

x	y	z		Regie
a	0	0	0	
2	a	-1	2	1
1	$\boxed{1}$	$a-2$	$2a$	$-a$
$\boxed{a}$	0	0	0	$2-a$
$2-a$	0	$-1-a^2+2a$	$2-2a^2$	$-a$
[0	0	$a+a^3-2a^2$	$2a^3-2a$]	
[0	0	$a(a-1)^2$	$2a(a^2-1)$]	
0	0	$(a-1)^2$	$2(a^2-1)$	

<u>$a \neq 0, 1$</u>: genau eine Lösung:

$$\vec{x} = \frac{1}{a-1} \begin{pmatrix} 0 \\ 4 \\ 2(a+1) \end{pmatrix}.$$

<u>$a = 1$</u>: unendlich viele Lösungen:

$$\vec{x} = \begin{pmatrix} 0 \\ 2 \\ 0 \end{pmatrix} + r \begin{pmatrix} 0 \\ 1 \\ 1 \end{pmatrix}.$$

<u>$a = 0$</u>: unendlich viele Lösungen:

$$\vec{x} = \begin{pmatrix} 0 \\ -4 \\ -2 \end{pmatrix} + r \begin{pmatrix} 1 \\ 3 \\ 2 \end{pmatrix}.$$

11.20 $\underline{b \neq 0, -5}$: eindeutige Lösung: $\vec{x} = \frac{2}{b+5}\begin{pmatrix} 4 \\ 1 \\ 1 \end{pmatrix}$.

$\underline{b = 0}$: unendlich viele Lösungen: $\vec{x} = \begin{pmatrix} 2 \\ 0 \\ 1 \end{pmatrix} + r\begin{pmatrix} -2 \\ 2 \\ -3 \end{pmatrix}$.

$\underline{b = -5}$: keine Lösung!

11.21 $\underline{c \neq 2, -2}$: eindeutige Lösung: $\vec{x} = \frac{1}{5(c+2)}\begin{pmatrix} 20 \\ 20 \\ 6c+8 \end{pmatrix}$.

$\underline{c = 2}$: unendlich viele Lösungen: $\vec{x} = \begin{pmatrix} 1 \\ 1 \\ 1 \end{pmatrix} + r\begin{pmatrix} 5 \\ -5 \\ 1 \end{pmatrix}$.

$\underline{c = -2}$: keine Lösung!

11.22 $\underline{d \neq 0, 3}$: eindeutige Lösung: $\vec{x} = \frac{1}{d}\begin{pmatrix} d-3 \\ 2 \\ 1 \end{pmatrix}$.

$\underline{d = 3}$: unendlich viele Lösungen: $\vec{x} = \begin{pmatrix} 0 \\ 1 \\ 0 \end{pmatrix} + r\begin{pmatrix} 0 \\ -1 \\ 1 \end{pmatrix}$.

$\underline{d = 0}$: keine Lösung!

11.23 $\underline{e \neq 1, -1}$: keine Lösung!

$\underline{e = 1}$: eindeutige Lösung: $\vec{x} = \begin{pmatrix} 2 \\ 4 \\ 2 \end{pmatrix}$.

$\underline{e = -1}$: unendlich viele Lösungen: $\vec{x} = \frac{1}{5}\begin{pmatrix} -18 \\ 14 \\ 0 \end{pmatrix} + r\begin{pmatrix} 2 \\ 1 \\ 1 \end{pmatrix}$.

11.24 $\underline{(a, b, c) = (0, 0, 0)}$: Jedes $\vec{x} \in \mathbb{R}^3$ ist Lösung.

$\underline{(a, b, c) \neq (0, 0, 0)}$: z.B. $a \neq 0$ (Die übrigen Fälle werden analog behandelt!):

x	y	z		Regie
$\boxed{a}$	$-b$	0	0	c
c	0	b	0	$-a$
0	c	a	0	
0	$-bc$	$-ab$	0	1
0	c	$\boxed{a}$	0	b
0	0	0	0	

$$y = r$$
$$z = -\frac{c}{a}r$$
$$x = \frac{b}{a}r$$

$$\vec{x} = r\begin{pmatrix} b/a \\ 1 \\ -c/a \end{pmatrix} = s\begin{pmatrix} b \\ a \\ -c \end{pmatrix}.$$

1.25

$\mathbb{Z}_2$:

x	y	z	
1	$\boxed{1}$	1	0
$\boxed{1}$	0	1	1
[1	0	1	1]

$$z = r \qquad x = 1 + r \qquad y = x + z = 1$$

$$\vec{x} = \begin{pmatrix} 1 \\ 1 \\ 0 \end{pmatrix} + r \begin{pmatrix} 1 \\ 0 \\ 1 \end{pmatrix},$$

unendlich viele Lösungen!

$\mathbb{Z}_3$:

x	y	z		Regie
1	1	$\boxed{1}$	2	
$\boxed{1}$	2	0	0	2
1	2	0	1	1
0	0	0	1	

unlösbar!

$\mathrm{I\!R}$: $\vec{x} = \frac{1}{3}\begin{pmatrix} 4 \\ 1 \\ 1 \end{pmatrix}$, eindeutige Lösung!

1.26 Es sind jeweils zwei lineare Gleichungssysteme zu lösen:

$AX = C$ hat eine eindeutige Lösung:

x	y	z			Regie
2	−2	0	0	1	
3	0	$\boxed{1}$	2	0	2
0	4	−2	2	1	1
2	$\boxed{-2}$	0	0	1	
6	4	0	6	1	
$\boxed{10}$	0	0	6	3	

$$x_1 = \tfrac{6}{10}, \qquad x_2 = \tfrac{3}{10}$$
$$y_1 = \tfrac{6}{10}, \qquad y_2 = \tfrac{-2}{10}$$
$$z_1 = \tfrac{2}{10}, \qquad z_2 = -\tfrac{-9}{10}$$

$$X = \frac{1}{10}\begin{pmatrix} 6 & 3 \\ 6 & -2 \\ 2 & -9 \end{pmatrix}.$$

Da A invertierbar ist, kann man auch A^{-1} berechnen. Es ist $X = A^{-1}B$.

$BX = C$ hat unendlich viele Lösungen (zweiparametrige Lösungsschar):

x	y	z			Regie	
$\boxed{1}$	−2	−2	0	1	−1	−2
1	1	0	2	0	1	
2	−1	−2	2	1		1
0	$\boxed{3}$	2	2	−1		
[0	3	2	2	−1]		

$$z_1 = 3r, \qquad z_2 = 3s$$
$$y_1 = \tfrac{2}{3} - 2r, \qquad y_2 = -\tfrac{1}{3} - 2s$$
$$x_1 = \tfrac{4}{3} + 2r, \qquad x_2 = \tfrac{1}{3} + 2s$$

$$X(r,s) = \begin{pmatrix} \frac{4}{3} + 2r & \frac{1}{3} + 2s \\ \frac{2}{3} - 2r & -\frac{1}{3} - 2s \\ 3r & 3s \end{pmatrix}.$$

.27 Ansatz $p(x) = a_2x^2 + a_1x + a_0$, Punkte einsetzen und LGS lösen ergibt:

$$\begin{array}{rcl} p(-1) &=& 7 \\ p(0) &=& 2 \\ p(3) &=& -1 \end{array} \iff \begin{array}{rcl} a_2 - a_1 + a_0 &=& 7 \\ a_0 &=& 2 \\ 9a_2 + 3a_1 + a_0 &=& -1 \end{array} \iff \begin{pmatrix} a_2 \\ a_1 \\ a_0 \end{pmatrix} = \begin{pmatrix} 1 \\ -4 \\ 2 \end{pmatrix}.$$

Also ist $p(x) = x^2 - 4x + 2$ das gesuchte Polynom, vgl. [3.9].

12 Differentialrechnung

12.1 Differenzierbarkeit

Zur vertiefenden Wiederholung siehe auch **EM 2**.

Differenzierbarkeit in einem Punkt

Es sei I ein offenes Intervall und $x_0 \in I$. Eine Funktion $f : I \to \mathbb{R}$ heißt *im Punkt* x_0 *differenzierbar*, wenn

$$\lim_{x \to x_0} \frac{f(x)-f(x_0)}{x-x_0} =: f'(x_0) \quad \text{existiert.}$$

Dieser Grenzwert $f'(x_0)$ heißt *Ableitung* von f in x_0.

Ist $y = f(x)$, so sind folgende Bezeichnungen für die Ableitung von f im Punkt x_0 üblich: $y'(x_0) = f'(x_0) = \frac{df}{dx}(x_0) = \frac{dy}{dx}(x_0)$.

Äquivalent zu der obigen Definition der Differenzierbarkeit ist:

Differenzierbarkeit in einem Punkt

Es sei I ein offenes Intervall und $x_0 \in I$. Eine Funktion $f : I \to \mathbb{R}$ heißt *im Punkt* x_0 *differenzierbar*, wenn es eine Zahl $f'(x_0)$ gibt, so dass

$$\lim_{x \to x_0} \frac{f(x)-f(x_0)-f'(x_0)(x-x_0)}{x-x_0} = 0 \quad \text{ist.}$$

Die Zahl $f'(x_0)$ heißt *Ableitung* von f in x_0.

$T:\ y = f(x_0) + f'(x_0)(x - x_0)$ ist die Gerade mit der Steigung $f'(x_0)$ durch den Punkt $\big(x_0, f(x_0)\big)$. Sie heißt **Tangente** an f in x_0 oder in $\big(x_0, f(x_0)\big)$.

Tangente

f ist in x_0 differenzierbar $\iff$ f hat im Punkt $\big(x_0, f(x_0)\big)$ eine Tangente.

Gleichung der **Tangente** an f im Punkt $\big(x_0, f(x_0)\big)$	$T:\ y = f(x_0) + f'(x_0)(x - x_0)$.

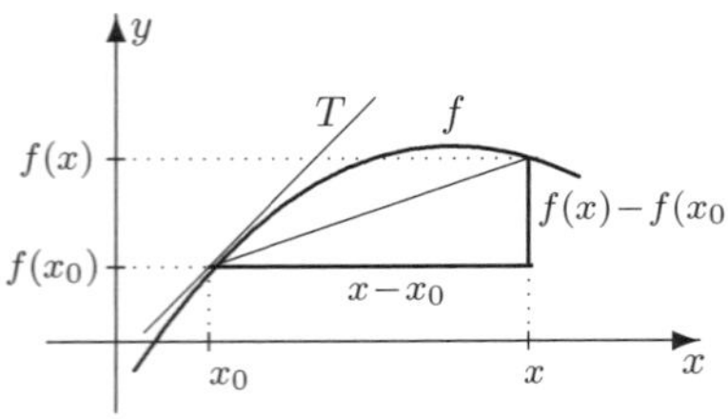

Geometrische Interpretation:

Für $x \neq x_0$ ist $\frac{f(x)-f(x_0)}{x-x_0}$ die Steigung der Sekante durch die Punkte $\big(x_0, f(x_0)\big)$ und $\big(x, f(x)\big)$, also die Durchschnittssteigung von f zwischen x_0 und x.

Ist f in x_0 differenzierbar, so ist die Tangentensteigung $f'(x_0) = \frac{dy}{dx}(x_0)$ in x_0 der Grenzwert der Sekantensteigungen für $x \to x_0$.

12.1 *Man bestimme ggf. die Ableitungen $f'(x_0)$ folgender Funktionen:*

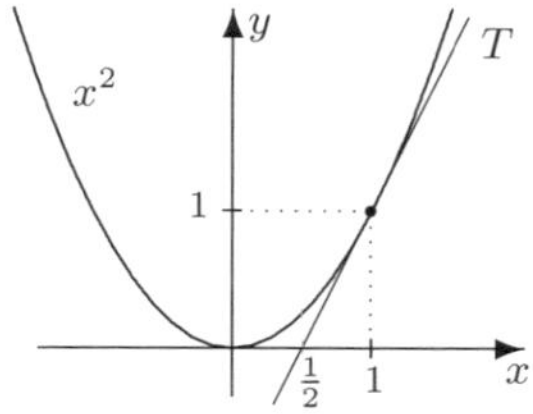

(1) $f(x) = x^2$, $x_0 = 1$

$$\lim_{x\to x_0} \frac{f(x)-f(x_0)}{x-x_0} = \lim_{x\to 1} \frac{x^2-1}{x-1} = \lim_{x\to 1} \frac{(x-1)(x+1)}{x-1}$$
$$= \lim_{x\to 1}(x+1) = 2 \Longrightarrow \underline{f'(1) = 2}.$$

(2) $f(x) = \begin{cases} x \cdot \sin\frac{1}{x} & , x \neq 0 \\ 0 & , x = 0 \end{cases}$, $\quad x_0 = 0$

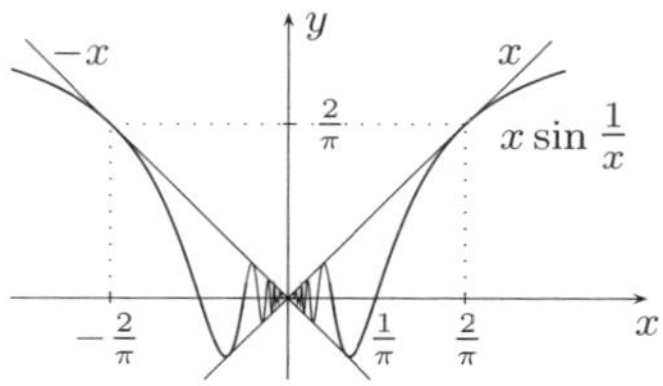

f ist in 0 stetig, [1.50].
f ist in 0 nicht differenzierbar, denn
$$\lim_{x\to x_0} \frac{f(x)-f(x_0)}{x-x_0} = \lim_{x\to 0} \frac{f(x)-f(0)}{x-0}$$
$= \lim_{x\to 0} \sin\frac{1}{x}$ ex. nicht, siehe [1.49].

(3) $f(x) = \begin{cases} x^2 \cdot \sin\frac{1}{x} & , x \neq 0 \\ 0 & , x = 0 \end{cases}$, $\quad x_0 = 0$

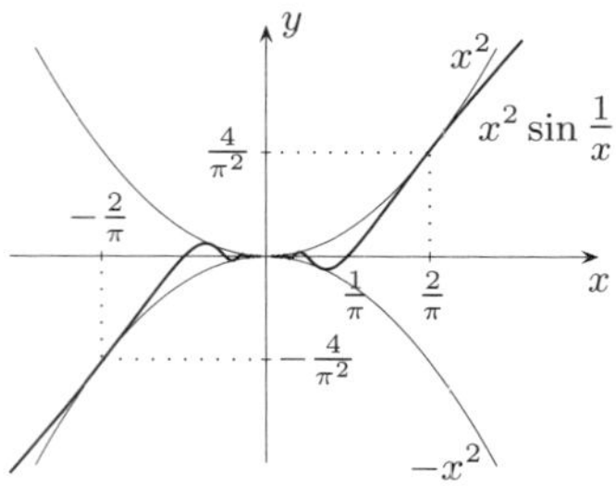

f ist in 0 differenzierbar:
$$\lim_{x\to x_0} \frac{f(x)-f(x_0)}{x-x_0} = \lim_{x\to 0} \frac{f(x)-f(0)}{x-0}$$
$= \lim_{x\to 0} x\sin\frac{1}{x} = 0 \Longrightarrow \underline{f'(0) = 0}$, siehe [1.50].
Die x–Achse ($y = 0$)
ist Tangente an f im Punkt $(0, 0)$.

Setzt man $h := x - x_0$, so gilt $\displaystyle\lim_{x\to x_0} \frac{f(x)-f(x_0)}{x-x_0} = \lim_{h\to 0} \frac{f(x_0+h)-f(x_0)}{h}$.

12.2 *Man berechne die Ableitung von $f(x) = \dfrac{1}{x-2}$ in $x_0 = 1$.*

$$\lim_{h\to 0} \frac{f(x_0+h)-f(x_0)}{h} = \lim_{h\to 0} \frac{\frac{1}{1+h-2} - \frac{1}{1-2}}{h} = \lim_{h\to 0} \frac{h}{h(h-1)} = \lim_{h\to 0} \frac{1}{h-1} = -1 = \underline{f'(1)}.$$

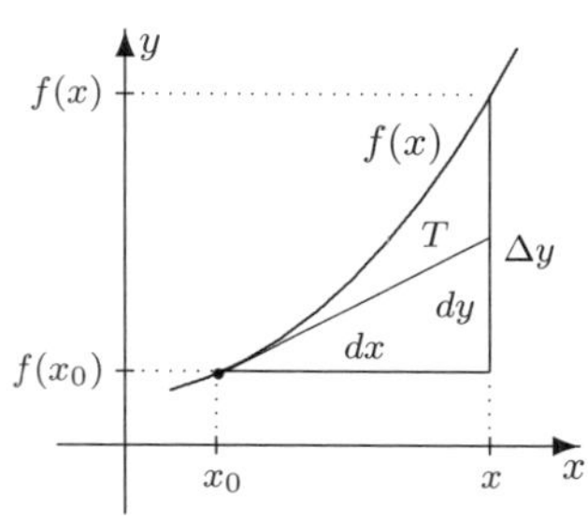

Ist $dx = x - x_0$ ein *Zuwachs* von x, so ist die Zahl
$dy = f'(x_0)\,dx$ der *Zuwachs* der Tangente und
$\Delta y = f(x) - f(x_0)$ der *Zuwachs* von $y = f(x)$.

Für genügend kleine dx sieht man dy als *Näherung* für den Zuwachs Δy von f an:

Man ersetzt also f in der Nähe von x_0 durch die Tangente in x_0:

totales Differential
$dy = f'(x_0)\,dx = f'(x_0)(x - x_0)$ heißt *totales Differential* von f bei x_0.
$\Delta y = f(x) - f(x_0) \approx dy = f'(x_0)\,dx$ oder $f(x) \approx f(x_0) + f'(x_0)(x - x_0)$

12.3 *Man bestimme eine Näherung von* $\ln 3$:

Mit $y = \ln x$, $x_0 = e$ und $x = 3$ ergibt sich:

$$y'(x_0) = \frac{1}{e} = \frac{dy}{dx} \implies dy = \frac{1}{e} \cdot dx = \frac{1}{e}(3 - e)$$

$$\ln 3 \approx \ln e + dy = 1 + \tfrac{3}{e} - 1 = \tfrac{3}{e} \approx \underline{1.10}.$$

Zu einer Näherung gehört natürlich eine Abschätzung des Fehlers, d.h. eine Angabe über die Güte der Näherung. Ersetzt man eine Funktion durch ihre Tangente, so spricht man von *linearer Approximation*. Dabei handelt es sich um den Anfang der *Taylorentwicklung*.
Taylorentwicklung und Fehlerabschätzung siehe Seite 354.

Differenzierbarkeit in einem Intervall:

Es sei I ein offenes Intervall und $f : I \to \mathbb{R}$.

f heißt auf I differenzierbar, wenn f in jedem Punkt von I differenzierbar ist. Die Funktion $y' = f'(x)$, die jedem $x \in I$ die Ableitung $f'(x)$ zuordnet, heißt (erste) **Ableitung** von f.

12.4 *Man bestimme die Ableitung* $f'(x)$ *von* $f(x) = x^2$.

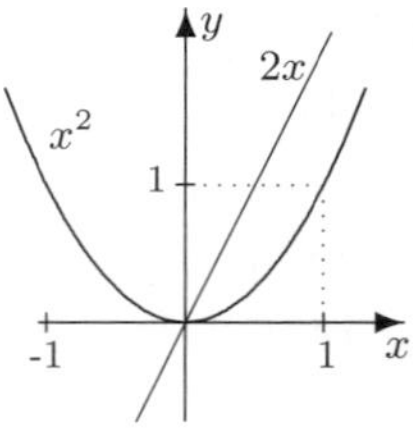

$$\lim_{x\to x_0} \frac{x^2 - x_0^2}{x - x_0} = \lim_{x\to x_0} \frac{(x-x_0)(x+x_0)}{x-x_0} = \lim_{x\to x_0} (x + x_0) = \underline{2x_0}.$$

Die Ableitung an einer beliebigen Stelle $x_0 \in \mathbb{R}$ ist also $2x_0$.

Für alle $x \in \mathbb{R}$ gilt also: Die Ableitung von $f(x) = x^2$ ist $\underline{f'(x) = 2x}$.

Die Funktion f heißt **stückweise glatt**, wenn f und f' bis auf höchstens *endlich* viele Stellen stetig sind.

12.5 *Man zeige, dass folgende Funktionen* f *in* $]-2, 1[$ *stückweise glatt sind:*

(1) $f(x) = |x|$

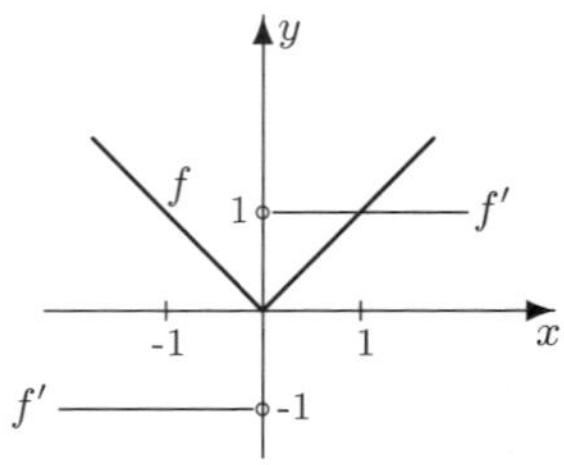

$f(x) = |x|$ ist stetig für alle $x \in \mathbb{R}$ und

$$f'(x) = \begin{cases} -1 & \text{für } x < 0 \\ 1 & \text{für } x > 0 \end{cases} \quad \text{ist stetig für } x \neq 0.$$

f und f' sind bis auf endlich viele Stellen stetig und $f(x) = |x|$ ist somit auf $\mathbb{R}$ und folglich im Intervall $]-2, 1[$ stückweise glatt.

(2)
$$f(x) = \begin{cases} \frac{1}{2} & \text{für} \quad -2 < x < -1 \\ x^2 & \text{für} \quad -1 \le x \le 0 \\ \frac{1}{2}x & \text{für} \quad 0 < x < 1 \end{cases}$$

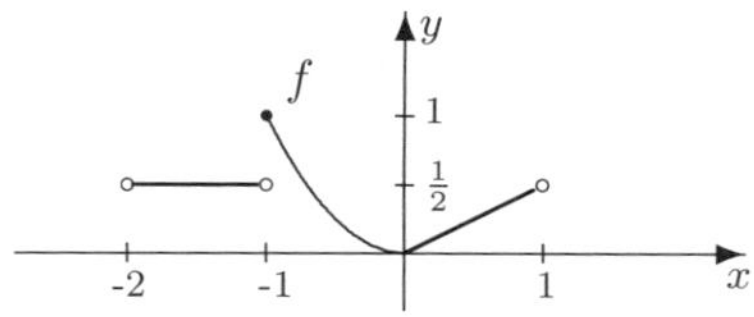

f ist bis auf die Stelle $x_0 = -1$ stetig!

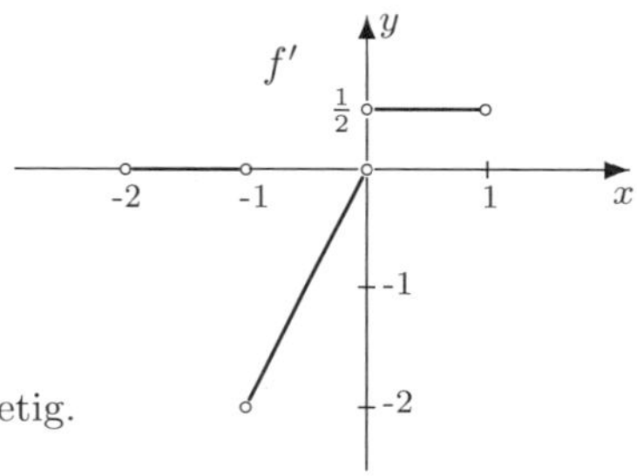

$$f'(x) = \begin{cases} 0 & \text{für} \quad -2 < x < -1 \\ 2x & \text{für} \quad -1 < x < 0 \\ \frac{1}{2} & \text{für} \quad 0 < x < 1 \end{cases}$$

In -1 und 0 existieren die Ableitungen nicht.
Bis auf die Stellen -1 und 0 sind f und f' stetig.
Also ist f stückweise glatt.

Der Begriff der Differenzierbarkeit ist hier nur für offene Intervalle erklärt, er lässt sich z.B. auf abgeschlossene Intervalle verallgemeinern. Man untersucht dann in den Randpunkten die *rechts*– bzw. *linksseitigen* Grenzwerte und spricht von *rechts*– bzw. *linksseitigen* Halbtangenten:

2.6 *Man differenziere $f(x) = \sqrt{x(2-x)^3}$ in $x_0 = 0$ und $x_1 = 2$.*

Es ist $x(2-x)^3 \ge 0 \iff 0 \le x \le 2$.
Also ist f nur für $0 \le x \le 2$ definiert, 0 und 2 sind folglich Randpunkte.

$$\lim_{x \to 0^+} \frac{f(x)-f(0)}{x-0} = \lim_{x \to 0^+} \frac{\sqrt{x(2-x)^3}}{x} = \lim_{x \to 0^+} \frac{\sqrt{(2-x)^3}}{\sqrt{x}} = \underline{\underline{\infty}}$$

$$\lim_{x \to 2^-} \frac{f(x)-f(2)}{x-2} = \lim_{x \to 2^-} \frac{\sqrt{x(2-x)^3}}{x-2}$$
$$= \lim_{x \to 2^-} -\sqrt{x} \cdot \sqrt{\frac{(2-x)^3}{(2-x)^2}} = \lim_{x \to 2^-} -\sqrt{x} \cdot \sqrt{2-x} = \underline{\underline{0}}$$

f ist also in 0 nicht (rechtsseitig) differenzierbar und hat dort keine Halbtangente $T(x)$, zumindest keine, die sich als Funktion von x schreiben lässt.
In 2 ist f linksseitig differenzierbar, die Halbtangente hat die Steigung 0.

12.2 Rechnen mit differenzierbaren Funktionen

Die elementaren Funktionen sind an allen Stellen differenzierbar, an denen sie definiert sind. Die wichtigsten Ableitungen findet man z.B. auf der Umschlagseite **F 4** oder ausführlich in **F+H**. Man sollte die Ableitungen der wichtigsten elementaren Funktionen – etwa die in der kleinen Tabelle auf **F 4** – kennen.
Beim Differenzieren geht man selten auf die Definition zurück, sondern man benutzt folgende Differentiationsregeln, um kompliziertere Funktionen zu differenzieren:

Differentiationsregeln

$(u+v)'$	$=$	$u'+v'$	**Summenregel**
$(ru)'$	$=$	ru'	Vorziehen eines konst. Faktors $r \in \mathbb{R}$
$(u \cdot v)'$	$=$	$u' \cdot v + u \cdot v'$	**Produktregel**
$\left(\frac{u}{v}\right)'$	$=$	$\frac{u' \cdot v - u \cdot v'}{v^2}$	**Quotientenregel,** $v(x) \neq 0$

Sind $y = y(x)$ und $x = x(t)$ differenzierbar, dann gilt:

$$\frac{dy}{dt} = \frac{dy}{dx} \cdot \frac{dx}{dt} = y'(x(t)) \cdot x'(t) \qquad \textbf{Kettenregel}$$

12.7 *Man differenziere:*

(1) $y = x^3 + 2x^2 + 4$ Summenregel, Vorziehen eines konstanten Faktors:
$y' = (x^3 + 2x^2 + 4)' = (x^3)' + (2x^2)' + (4)' = \underline{3x^2 + 4x}$.

(2) $y = x \ln x$ Produktregel:
$y' = (x)' \ln x + x(\ln x)' = \ln x + x\frac{1}{x} = \underline{1 + \ln x}$.

(3) $y = 2x^2 e^x \sin x$

Produktregel: $(uvw)' = u'vw + uv'w + uvw'$

$y' = \underline{4xe^x \sin x + 2x^2 e^x \sin x + 2x^2 e^x \cos x}$.

(4) $y = \tan x$ Quotientenregel:

$$y' = (\tan x)' = \left(\frac{\sin x}{\cos x}\right)' = \frac{(\sin x)' \cos x - \sin x (\cos x)'}{\cos^2 x}$$
$$= \frac{\cos^2 x + \sin^2 x}{\cos^2 x} = \underline{1 + \tan^2 x} = \underline{\frac{1}{\cos^2 x}}.$$

12.8 *Man differenziere mit der Kettenregel:*

(1) $y = (t^3 - 1)^2$. Da $y = x^2$ und $x = t^3 - 1$ differenzierbar sind, ist:

$$\frac{dy}{dt} = \frac{dy}{dx}\frac{dx}{dt} = 2x\, 3t^2 = 2(t^3 - 1)\, 3t^2 = \underline{6t^2(t^3 - 1)}.$$

(2) $y = e^{\cos t}$.

$y = e^x$ und $x = \cos t \implies \frac{dy}{dt} = \frac{dy}{dx}\frac{dx}{dt} = e^x(-\sin t) = \underline{-\sin t\, e^{\cos t}}$.

Mit etwas Routine kann man auf diese Substitutionen verzichten. Man differenziert (z.B.) von "außen nach innen", d.h. zuerst die "äußere Funktion" usw., bis man schließlich bei der unabhängigen Variablen angekommen ist.

(3) $y = \cos\ln\tan\sqrt{x^2+1}$

$$\begin{aligned} y' &= (\cos\ln\tan\sqrt{x^2+1}\,)' \\ &= -\sin\ln\tan\sqrt{x^2+1}\cdot(\ln\tan\sqrt{x^2+1}\,)' \\ &= -\sin\ln\tan\sqrt{x^2+1}\cdot\frac{1}{\tan\sqrt{x^2+1}}\cdot(\tan\sqrt{x^2+1}\,)' \\ &= -\sin\ln\tan\sqrt{x^2+1}\cdot\frac{1}{\tan\sqrt{x^2+1}}\cdot\frac{1}{\cos^2\sqrt{x^2+1}}\cdot(\sqrt{x^2+1}\,)' \\ &= -\sin\ln\tan\sqrt{x^2+1}\cdot\frac{1}{\tan\sqrt{x^2+1}}\cdot\frac{1}{\cos^2\sqrt{x^2+1}}\cdot\frac{1}{2\sqrt{x^2+1}}\cdot(x^2+1)' \\ &= -\sin\ln\tan\sqrt{x^2+1}\cdot\frac{1}{\tan\sqrt{x^2+1}}\cdot\frac{1}{\cos^2\sqrt{x^2+1}}\cdot\frac{1}{2\sqrt{x^2+1}}\cdot 2x \end{aligned}$$

Daher der Name *Kettenregel !*

Hat man die Kettenregel einmal verstanden, kann man das Ergebnis natürlich ohne Zwischenschritte hinschreiben.

(4) $y = a^{2x}$, $a > 0$ Umformen mittels der e–Funktion : $\boxed{a^b = e^{b\ln a}}$

$y = e^{2x\ln a} \implies y' = e^{2x\ln a}(2x\ln a)' = e^{2x\ln a}2\ln a = \underline{a^{2x}2\ln a}$.

(5) $y = x^x$, $x > 0$ siehe auch [12.29].

$y = e^{x\ln x} \implies y' = e^{x\ln x}(x\ln x)' = \underline{x^x(1+\ln x)}$, siehe 12.7(2).

Differentiation von Umkehrfunktionen

Ist $y = f(x)$ eine umkehrbare differenzierbare Funktion und ist $f'(x) \neq 0$, dann ist die Umkehrfunktion $x = g(y)$ differenzierbar und es gilt:

$$g'(y) = \frac{1}{f'(g(y))} \quad \text{oder} \quad \frac{dx}{dy} = \frac{1}{\frac{dy}{dx}}, \quad \text{für } f'(x) \neq 0.$$

$$g''(y) = \frac{-f''(g(y))}{(f'(g(y)))^3}$$ (Differentiation von g' nach y mit Kettenregel).

2.9 *$f(x) = x + e^x$ besitzt als streng monotone Funktion eine Umkehrfunktion g. Man bestimme $g'(1)$ und $g''(1)$.*

Wegen $f(0) = 1$ ist $g(1) = 0$,
außerdem gilt $f'(x) = 1 + e^x$ und $f''(x) = e^x$, also $f'(0) = 2$ und $f''(0) = 1$.

$$g'(1) = \frac{1}{f'(g(1))} = \frac{1}{f'(0)} = \underline{\frac{1}{2}},$$

$$g''(1) = \frac{-f''(g(1))}{(f'(g(1)))^2}g'(1) = \frac{-f''(g(1))}{(f'(g(1)))^2}\frac{1}{f'(g(1))} = \frac{-f''(g(1))}{(f'(g(1)))^3} = \frac{-f''(0)}{(f'(0))^3} = \underline{-\frac{1}{8}}.$$

12.10 *Man differenziere die Umkehrfunktion von $y = x^2$, $x > 0$:*

$$y = f(x) = x^2 \implies x = g(y) = \sqrt{y} \implies g'(y) = \frac{1}{f'(g(y))} = \frac{1}{2x} = \underline{\frac{1}{2\sqrt{y}}},$$

oder: $\dfrac{dx}{dy} = \dfrac{1}{\frac{dy}{dx}} = \dfrac{1}{2x} = \underline{\dfrac{1}{2\sqrt{y}}}.$

Die Ableitung von $y = \sqrt{x}$ ist also $y' = \dfrac{1}{2\sqrt{x}}$.

Es ist halt üblich, x als unabhängige Variable zu wählen!

12.11 *Man differenziere* (a) $y = \arccos x$, $-1 < x < 1$,
(b) $y = \arctan x$.

(a) Es ist $0 \leq \arccos x \leq \pi$.
Für $y = \arccos x$ ist also $\sin y \geq 0$, d.h. $\sin y = +\sqrt{1 - \cos^2 y}$.

$$x = \cos y \implies \frac{dx}{dy} = -\sin y \implies \frac{dy}{dx} = \frac{-1}{\sin y} = \frac{-1}{\sqrt{1-\cos^2 y}} = \underline{\frac{-1}{\sqrt{1-x^2}}}.$$

(b) $x = \tan y \implies \dfrac{dy}{dx} = \dfrac{1}{\frac{dx}{dy}} = \dfrac{1}{1+\tan^2 y} = \dfrac{1}{1+\tan^2 \arctan x} = \underline{\dfrac{1}{1+x^2}}.$

12.3 Höhere Ableitungen

Ist $y = f(x)$ eine differenzierbare Funktion und ist ihre Ableitung $y' = f'(x)$ ebenfalls differenzierbar, dann heißt f *zweimal differenzierbar.* Man schreibt:
$y'' := f''(x) := (f'(x))'$ und nennt f'' *zweite Ableitung von* f.

Man setzt $f^{(0)} := f, \quad f^{(1)} = f'$
und $f^{(n+1)} := (f^{(n)})'$, falls $f^{(n)}$ existiert und differenzierbar ist.

$f^{(n)}$ heißt die *n–te Ableitung* von f, Bezeichnung $y^{(n)} = f^{(n)}(x) = \dfrac{d^n f}{dx^n} = \dfrac{d^n y}{dx^n}$.

12.12 *Man berechne die jeweils angegebenen Ableitungen:*

(1) $y = x^3 + 2x^2$, y'' ? $\quad y' = 3x^2 + 4x$, $\underline{y'' = 6x + 4}$.

(2) $y = \sin x$, $y^{(4)}$? $\quad y' = \cos x$, $y'' = -\sin x$, $y^{(3)} = -\cos x$, $\underline{y^{(4)} = \sin x}$.

(3) $y = \dfrac{1}{1-x}$, $y^{(n)}$?

$y = (1 - x)^{-1} \implies y' = (1 - x)^{-2},\ y'' = 2(1 - x)^{-3},\ y^{(3)} = 2 \cdot 3(1 - x)^{-4}$.

Vermutung: $\underline{y^{(n)} = n!(1 - x)^{-(n+1)}}$. Beweis durch vollständige Induktion:

Für $n = 1$ ist die Aussage richtig, denn $y' = 1!(1 - x)^{-(1+1)} = (1 - x)^{-2}$.

Ist $y^{(n)} = n!(1 - x)^{-(n+1)}$, so gilt

$y^{(n+1)} = (y^{(n)})' = -(n + 1)n!(1 - x)^{-(n+2)}(-1) = (n + 1)!(1 - x)^{-(n+2)}$.

Also gilt für alle n: $\underline{y^{(n)} = n!(1 - x)^{-(n+1)}}$.

12.4 Implizites Differenzieren

Durch $f(x,y) = 0$ kann **implizit** eine Funktion $y = h(x)$ gegeben sein (siehe auch **F+H**).

Beispielsweise ist durch $x^2 + y^2 + 1 = 0$ keine Funktion $y = h(x)$ gegeben!

Um die Steigung oder eine Gleichung der Tangente einer implizit gegebenen Kurve in einem Kurvenpunkt (x_0, y_0) zu bestimmen, braucht man nicht nach y aufzulösen, siehe auch Seite 389 ff.

.2.13 *Für die Kurve $x^2+y^2 = 5$ berechne man Steigung und Tangente im Punkt $(x_0, y_0) = (1, 2)$:*

Man differenziert beide Seiten der Gleichung $x^2 + y(x)^2 = 5$ mit der Kettenregel:

$2x + 2yy' = 0 \implies y' = -\frac{x}{y}$ für $y \neq 0 \implies$ in $(1,2)$ gilt $\underline{y'(1) = -\frac{1}{2}}$.

Tangente an $f(x,y) = 0$ im Punkt $(x_0, y_0) = (1, 2)$:

$T(x) = y_0 + y'(x_0)(x - x_0) = 2 - \frac{1}{2}(x-1) = -\frac{1}{2}x + \frac{5}{2}$.

Gesuchte Tangente: $T: \underline{y = -\frac{1}{2}x + \frac{5}{2}}$.

2.14 (a) *Durch $f(x,y) = x^y - y^x - x + y = 0$ ist in einer Umgebung des Punktes $(2,1)$ implizit eine Funktion $y = h(x)$ mit $h(2) = 1$ gegeben. Man berechne $h'(2)$.*

(b) *Durch $yx = y^x$ wird in einer Umgebung von $(2,2)$ implizit y als Funktion von x beschrieben (ohne Beweis). Man berechne $y'(2)$.*

(a) $f(x, h(x)) = x^{h(x)} - h(x)^x - x + h(x) = 0$. Differenzieren mittels Kettenregel:

$x^{h(x)}\left(h'(x)\ln x + \frac{h(x)}{x}\right) - h(x)^x\left(\ln h(x) + \frac{x}{h(x)}h'(x)\right) - 1 + h'(x) = 0$

$h(2) = 1 \implies 2(h'(2)\ln 2 + \frac{1}{2}) - (\ln 1 + \frac{2}{1}h'(2)) - 1 + h'(2) = 0 \implies \underline{h'(2) = 0}.$

Eine einfachere Lösung siehe [15.104].

(b) Implizites Differenzieren (Kettenregel!) von $yx = y^x = e^{x\ln y}$ nach x ergibt:

$y'x + y = y^x(\ln y + x\frac{y'}{y}) \iff y' = \frac{-y+y^x \ln y}{x(1-y^{x-1})}$.

Für $x = 2$ und $y = 2$ erhält man nun $y'(2) = \frac{-2+4\ln 2}{2(1-2)} = \underline{1 - \ln 4}$.

2.15 *Man bestimme $y'(0)$ und $y''(0)$ für die durch $y + xe^y = 2$ gegebene, durch $(0,2)$ verlaufende Kurve $y(x)$.*

$y' + e^y + xe^y y' = 0$, Einsetzen $(x = 0,\ y = 2) \implies \underline{y'(0) = -e^2}$.

Nochmaliges Differenzieren (Produktregel und Kettenregel) ergibt:

$y'' + e^y y' + e^y y' + xe^y(y')^2 + xe^y y'' = 0$.

Einsetzen $(x = 0,\ y = 2,\ y' = -e^2) \implies \underline{y''(0) = 2e^4}$.

12.5 Extremwerte von Funktionen einer Veränderlichen

Eine Menge $U(a)$ von reellen Zahlen heißt *Umgebung* der reellen Zahl a, wenn es ein offenes Intervall gibt, das a enthält und ganz in $U(a)$ liegt.

Eine Menge $U(\infty)$ von reellen Zahlen heißt *Umgebung* von ∞, wenn es ein $s \in \mathbb{R}$ gibt, mit $(s, \infty) \subseteq U(\infty)$. Analog sind Umgebungen von $-\infty$ erklärt.

Folgende Mengen sind Umgebungen der 0:

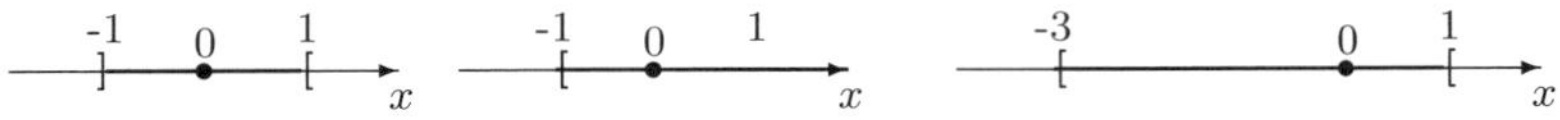

$-1 < x < 1$ $\quad$ $-1 \leq x$ $\quad$ $-3 \leq x < 1$

Ist die Funktion $y = f(x)$ in dem Bereich $B \subseteq \mathbb{R}$ definiert, so hat f an der Stelle $x_0 \in B$ einen **absoluten Extremwert** $f(x_0)$,

$$\text{wenn} \quad \begin{matrix} f(x_0) \geq f(x) & \text{(absolutes Maximum)} \\ f(x_0) \leq f(x) & \text{(absolutes Minimum)} \end{matrix} \quad \text{ist für alle } x \in B.$$

f hat bei $x_0 \in B$ einen **relativen Extremwert** $f(x_0)$, wenn es eine Umgebung $U(x_0)$ gibt, so dass f bei x_0 einen absoluten Extremwert im Bereich $B \cap U(x_0)$ besitzt.

Jeder absolute Extremwert ist auch ein relativer Extremwert !

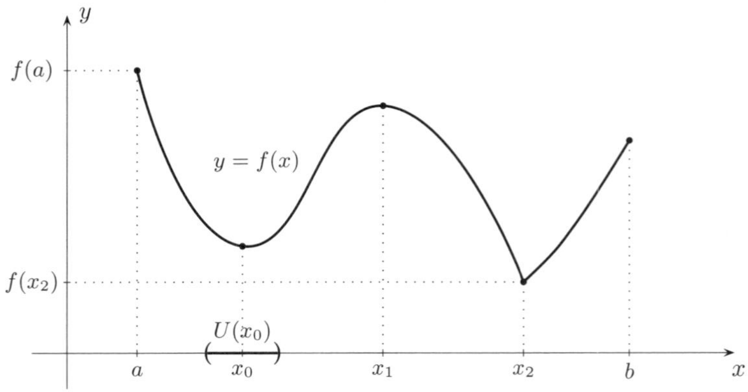

relative und absolute Extremwerte von $y = f(x)$, $a \leq x \leq b$

lies: f hat bei a ein absolutes Maximum, ein sogenanntes Randextremum.
f hat bei x_0 ein relatives Minimum,
f hat bei x_1 ein relatives Maximum,
f hat bei x_2 ein absolutes Minimum,
f hat bei b ein relatives Maximum, ein Randextremum.

Extremwerte

Extremwerte von f können nur in Punkten x auftreten, in denen

[1] $f'(x) = 0$ ist (kritische Punkte, stationäre Punkte) oder

[2] f nicht differenzierbar ist (z.B. Randpunkte).

praktisches Vorgehen:

[1] $f'(x) = 0$: Nullstellen der ersten Abl. bestimmen (kritische Punkte).

Untersuchung der kritischen Punkte $\boldsymbol{x_0}$:

(a) <u>ohne höhere Ableitungen</u>:

Wechselt f' in x_0 das Vorzeichen, so liegt dort ein *Extremum*, und zwar:

wechselt f' bei x_0 von $\begin{matrix} + \text{ nach } - \\ - \text{ nach } + \end{matrix}$, so liegt bei x_0 ein $\begin{matrix} \text{rel. Max.} \\ \text{rel. Min.} \end{matrix}$

wechselt f' bei x_0 nicht das Vorz.[2], so liegt dort ein *Horizontalwendepunkt*.

(b) <u>mit höheren Ableitungen</u>:

Ist die n–te Ableitung die *erste* Abl., die bei x_0 *nicht* verschwindet, also

$f'(x_0) = \cdots = f^{(n-1)}(x_0) = 0$ aber $f^{(n)}(x_0) \neq 0$, dann gilt:

$$n \text{ gerade} \implies f \text{ Extremwert bei } x_0 : \begin{cases} f^{(n)}(x_0) < 0 \implies \text{rel. Max.} \\ f^{(n)}(x_0) > 0 \implies \text{rel. Min.} \end{cases}$$

$$n \text{ ungerade} \implies f \text{ Horizontalwendepunkt bei } x_0.$$

(c) <u>Satz von Weierstraß oder andere Überlegungen</u>, [2.17], [12.18].

[2] Punkte, in denen f nicht differenzierbar ist, (z.B. Randpunkte) müssen extra betrachtet werden.
Man vergleiche z.B. die Funktionswerte der Größe nach.

2.16 Nicht jede Funktion nimmt auf einem Intervall Extremwerte an:

$y = \dfrac{1}{x}$ ist auf dem *offenen* Intervall $(0, 1)$ *stetig* und sogar *differenzierbar*, aber nicht beschränkt und hat dort weder Maximum noch Minimum.

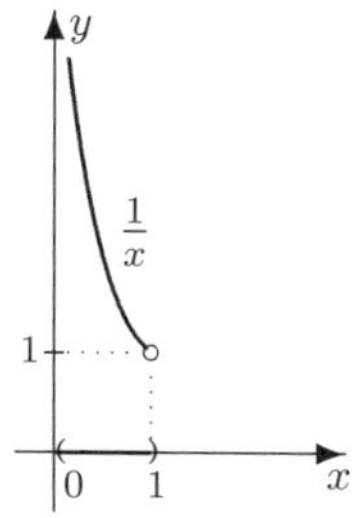

$$y = \begin{cases} 1 & , \text{ für } -1 \leq x \leq 0 \\ x & , \text{ für } \quad 0 < x < 2 \\ 1 & , \text{ für } \quad 2 \leq x \leq 3 \end{cases}$$

ist zwar auf dem *kompakten* Intervall $[-1, 3]$ *beschränkt*, hat aber dort weder ein Maximum noch ein Minimun!

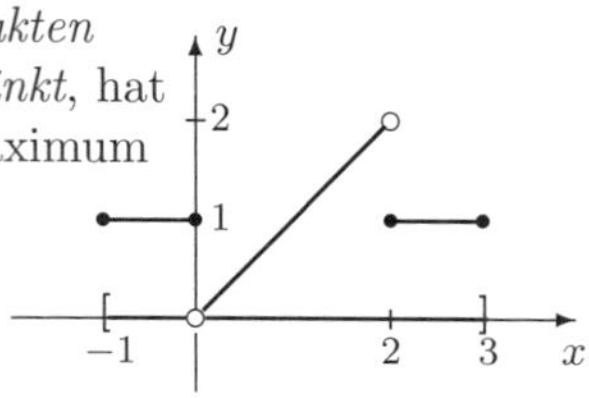

[2] d.h. ist $f'(x) \geq 0$ (bzw. ≤ 0) in einer Umgebung $U(x_0)$

> **Satz von Weierstraß**
>
> Jede auf einem **kompakten** Intervall $[a, b]$ **stetige** Funktion hat dort ein **absolutes Maximum** und ein **absolutes Minimum**.

Diesen wichtigen Satz kann man z.B. folgendermaßen benutzen:

12.17 (a) *Man untersuche* $f(x) = x\,e^x$ *im Intervall* $[-\frac{1}{2}, 1]$ *auf Extremwerte.*

(b) *Man untersuche* $y = x^3 - 3x - 2$ *im Intervall* $[-\frac{3}{2}, 3]$ *auf Extremwerte.*

(a) $f'(x) = (x+1)e^x = 0 \iff x = -1.$

Da $-1 \notin [-\frac{1}{2}, 1]$ ist, hat f in $[-\frac{1}{2}, 1]$ *keine* kritischen Punkte! Extremwerte können also höchstens am Rand auftreten.

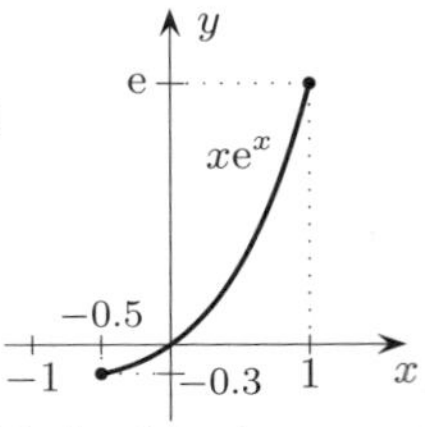

Da f auf dem *kompakten* Intervall $[-\frac{1}{2}, 1]$ *stetig* ist, muss f – nach Weierstraß – sowohl ein Maximum als auch ein Minimum haben.

Da $f(-\frac{1}{2}) < 0 < f(1)$ ist, liegt bei $-\frac{1}{2}$ das Minimum und bei 1 das Maximum.

Andere Überlegung:

$f'(x) = (x+1)e^x > 0$ für alle $x \in [-\frac{1}{2}, 1]$

$\implies$ f monoton wachsend auf $[-\frac{1}{2}, 1]$ $\implies$ Min. bei $-\frac{1}{2}$ und Max. bei 1.

(b) $y = x^3 - 3x - 2$ ist in $[-\frac{3}{2}, 3]$ differenzierbar und

$$y' = 3x^2 - 3 = 3(x+1)(x-1) = 0 \iff \begin{array}{l} x_1 = -1 \\ x_2 = 1. \end{array}$$

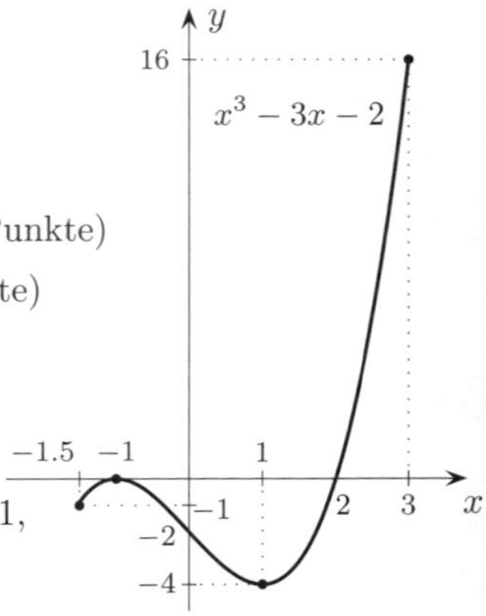

Extremwerte möglich bei:
[1] $-1\,, 1$ (kritische Punkte)
[2] $-\frac{3}{2}\,, 3$ (Randpunkte)

(i) Da $-1, 1$ einfache Nullstellen von y' sind, wechselt y' dort das Vorzeichen und es liegen dort Extremwerte:

$$\text{bei } \begin{array}{c} -1 \\ 1 \end{array} \text{ von } \begin{array}{c} + \\ - \end{array} \text{ nach } \begin{array}{c} - \\ + \end{array}, \text{ also } \begin{array}{l} \text{Maximum bei } -1, \\ \text{Minimum bei } 1. \end{array}$$

(ii) In diesem Fall führt die Untersuchung von y'' schneller zum Ziel:

$$y'' = 6x \implies \begin{array}{lll} y''(-1) < 0 & \implies & \text{Maximum bei } -1. \\ y''(1) > 0 & \implies & \text{Minimum bei } 1. \end{array}$$

Nach Weierstraß nimmt y auf dem kompakten Intervall $[-\frac{3}{2}, 3]$ ein abs. Max. und ein abs. Min. an. Vergleich der Funktionswerte an den möglichen Stellen

$y(-\frac{3}{2}) = -\frac{7}{8} = -0.875, \quad y(-1) = 0, \quad y(1) = -4, \quad y(3) = 16$ liefert:

Extremwerte:
Maxima bei: -1 , 3 , wobei abs. Max. bei 3 ist, mit $y(3) = 16$.
Minima bei: $-\frac{3}{2}$, 1 , wobei abs. Min. bei 1 ist, mit $y(1) = -4$.

12.18 *Welcher Punkt auf dem Parabelstück $y = 3x - x^2,\ 0 \le x \le 3$, hat maximalen Abstand vom Nullpunkt $(0,0)$?*

Ein Punkt auf dem Parabelstück hat die Koordinaten $(x, 3x - x^2),\ 0 \le x \le 3$.
Für seinen Abstand zum Nullpunkt gilt $d(x) = \sqrt{x^2 + (3x - x^2)^2}\,,\ 0 \le x \le 3$.
d ist für $0 < x < 3$ differenzierbar und $d'(x) = \frac{2x + 2(3x - x^2)(3 - 2x)}{2\sqrt{x^2 + (3x - x^2)^2}}$.

Extremwerte möglich bei
[1] $d'(x) = 0 \iff \cdots\ x_1 = 2,\ x_2 = 2.5$ (krit. Punkte),
[2] $x_0 = 0,\ x_3 = 3$ (Randpunkte).

$d(0) = 0$		$x_0 = 0$	abs. Min.
$d(2) \approx 2.83$	$\Longrightarrow$	$x_1 = 2$	rel. Max.
$d(2.5) \approx 2.80$		$x_2 = 2.5$	rel. Min.
$d(3) = 3$		$x_3 = 3$	abs. Max

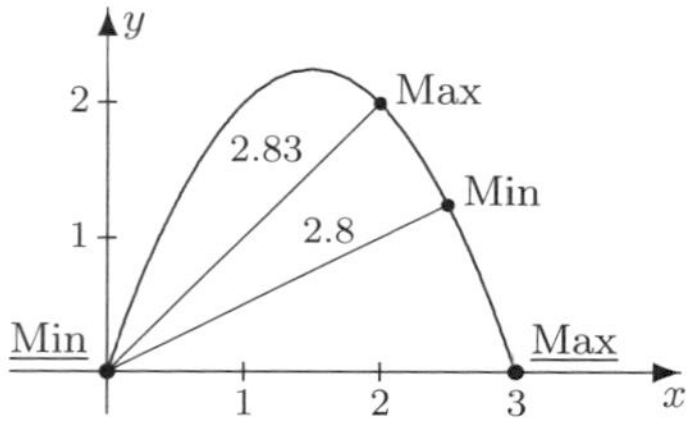

2.19 *Aus einem Draht der Länge L forme man einen Kreis und ein Quadrat so, dass die Summe der Flächeninhalte möglichst groß wird.*

Aus dem Teil der Länge x werde das Quadrat geformt:

$F_1 = \left(\frac{x}{4}\right)^2 = \frac{x^2}{16} \quad (0 \le x \le L)$

Aus dem Teil der Länge $L - x$ werde der Kreis geformt:

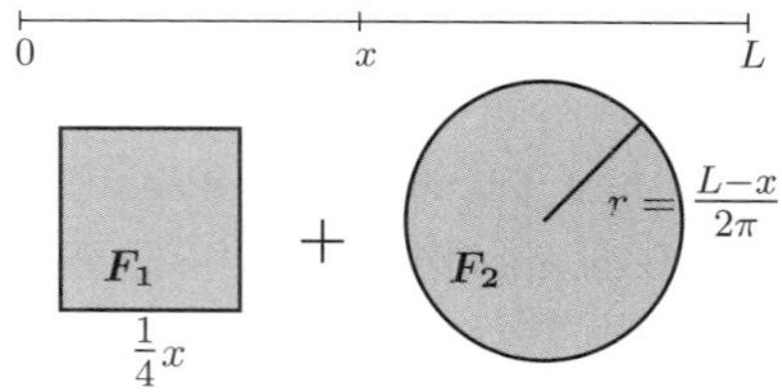

$F_2 = \pi r^2$, mit Umfang $= 2\pi r = L - x$

$\Longrightarrow \quad r = \frac{L - x}{2\pi} \quad \Longrightarrow \quad F_2 = \frac{(L - x)^2}{4\pi}$.

Flächensumme: $\quad F(x) = F_1(x) + F_2(x) = \underline{\frac{x^2}{16} + \frac{(L - x)^2}{4\pi}}, \quad (0 \le x \le L)$.

Gesucht ist das absolute Maximum von F auf dem kompakten Intervall $[0, L]$:

$F'(x) = \frac{x}{8} + \frac{x - L}{2\pi} = 0 \quad \Longrightarrow \quad x_0 = \frac{4L}{4 + \pi}$

x_0 ist nicht das gesuchte Maximum:

$F''(x_0) > 0 \quad \Longrightarrow \quad$ Minimum bei x_0.

Nach Weierstraß muss es ein abs. Maximum von F in $[0, L]$ geben. Es wird also am Rand angenommen:

$F(0) = \frac{L^2}{4\pi} > \frac{L^2}{16} = F(L) \Longrightarrow$ <u>abs. Max. bei 0</u>.

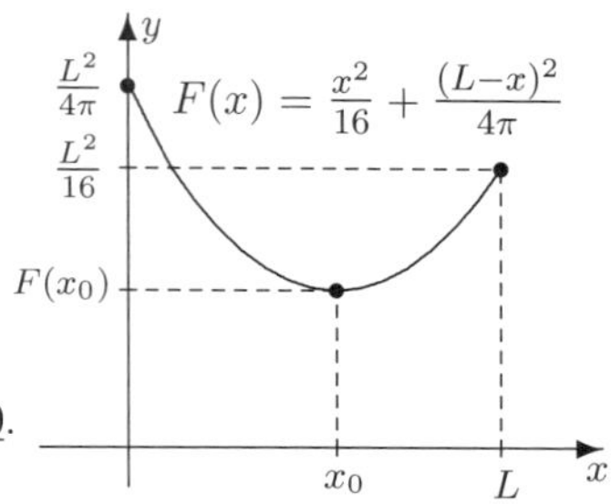

Der gesamte Draht muss also für den Kreis verwandt werden! (klar!)

12.20 *Man berechne die Extrema von $y = f(x) = |2\sin x| - |\cos 2x|$ auf $[0, \pi]$.*

(1) Symmetrieeigenschaften ausnutzen: $x = \dfrac{\pi}{2}$ ist Symmetrieachse !

Denn: $$\begin{aligned} f(\tfrac{\pi}{2} - x) &= |2\sin(\tfrac{\pi}{2} - x)| - |\cos 2(\tfrac{\pi}{2} - x)| \\ &= |2\sin(\tfrac{\pi}{2} + x)| - |\cos 2(\tfrac{\pi}{2} + x)| = f(\tfrac{\pi}{2} + x). \end{aligned}$$

$\Longrightarrow$ (i) Bei $\pi/2$ liegt aus Symmetriegründen ein Extremwert.
(ii) Man braucht f nur im Intervall $[0, \pi/2]$ zu untersuchen.

(2) Betragstriche beseitigen (siehe Seite 48): Beachte: $\cos 2x = \cos^2 x - \sin^2 x$

$$y = \begin{cases} 2\sin x - \cos 2x & \text{, für } 0 < x < \frac{\pi}{4} \\ 2\sin x + \cos 2x & \text{, für } \frac{\pi}{4} < x < \frac{\pi}{2} \end{cases} \Rightarrow y' = \begin{cases} (1 + 2\sin x) 2\cos x & \text{, für } 0 < x < \frac{\pi}{4} \\ (1 - 2\sin x) 2\cos x & \text{, für } \frac{\pi}{4} < x < \frac{\pi}{2} \end{cases}$$

Bei $\frac{\pi}{4}$ ist y nicht differenzierbar, denn ($[\frac{0}{0}]$ und l'Hospital siehe Seite 273):

$$\lim_{x\to\pi/4^-} \frac{2\sin x - \cos 2x - \sqrt{2}}{x - \frac{\pi}{4}} \overset{[\frac{0}{0}]}{=} \lim_{x\to\pi/4^-} \frac{2\cos x + 2\sin 2x}{1} = \underline{\sqrt{2} + 2},$$

$$\lim_{x\to\pi/4^+} \frac{2\sin x + \cos 2x - \sqrt{2}}{x - \frac{\pi}{4}} \overset{[\frac{0}{0}]}{=} \lim_{x\to\pi/4^+} \frac{2\cos x - 2\sin 2x}{1} = \underline{\sqrt{2} - 2}.$$

(3) Nullstellen der Ableitung berechnen:

$$y' \text{ ist } \begin{cases} > 0 & \text{, für } 0 < x < \frac{\pi}{4} \\ \text{nicht def.} & \text{, für } x = \frac{\pi}{4} \\ < 0 & \text{, für } \frac{\pi}{4} < x < \frac{\pi}{2} \end{cases} \Longrightarrow y \text{ ist mon. } \begin{matrix} \text{zu.} \\ \text{ab.} \end{matrix} \text{ für } \begin{matrix} 0 < x < \frac{\pi}{4} \\ \frac{\pi}{4} < x < \frac{\pi}{2} \end{matrix}.$$

(4) Stellen untersuchen, an denen Extremwerte möglich sind:

Im Intervall $[0, \frac{\pi}{2}]$ hat y' keine Nullstellen. Extremwerte sind also nur an Stellen möglich, wo y nicht differenzierbar ist, d.h. am Rand bei $0, \frac{\pi}{2}$ und bei $\frac{\pi}{4}$:
Aus dem *Vorzeichenverhalten* von y' und der sich daraus ergebenden *Monotonieeigenschaft* von y folgt: rel. Maximum bei $\frac{\pi}{4}$, rel. Minima bei $0, \frac{\pi}{2}$.
Vergleich der Funktionswerte: $f(0) = -1$, $f(\frac{\pi}{4}) = \sqrt{2}$, $f(\frac{\pi}{2}) = 1$.

Zusammenfassung: Die Extrema der Funktion

$y = |2\sin x| - |\cos 2x|$ auf dem Inervall $[0, \pi]$

liegen bei

$\frac{\pi}{4}$, $\frac{3}{4}\pi$	(abs. Maxima)	$f(\frac{\pi}{4}) = f(\frac{3}{4}\pi) = \sqrt{2}$,
0 , π	(abs. Minima)	$f(0) = f(\pi) = -1$,
$\frac{\pi}{2}$	(rel. Minimum)	$f(\frac{\pi}{2}) = 1$.

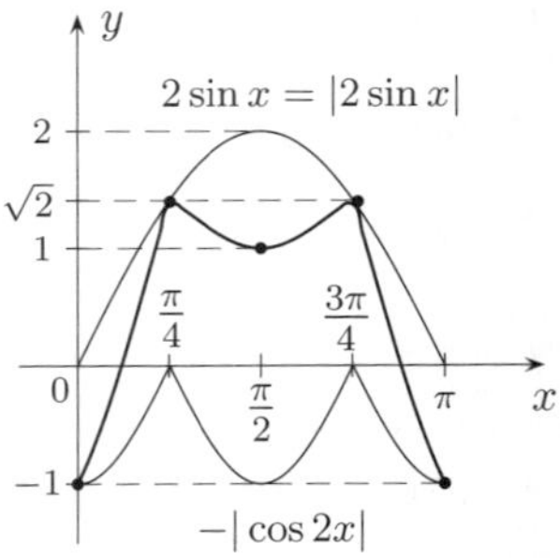

12.6 Grenzwertbestimmung, unbestimmte Ausdrücke

Eine Regel für das Rechnen mit Grenzwerten lautet:

Der **Grenzwert** eines **Quotienten** ist gleich dem Quotienten der Grenzwerte:

$$\lim_{x\to x_0} \frac{f(x)}{g(x)} = \frac{\lim\limits_{x\to x_0} f(x)}{\lim\limits_{x\to x_0} g(x)} ,$$

wenn $\lim\limits_{x\to x_0} f(x)$ und $\lim\limits_{x\to x_0} g(x)$ existieren und $\lim\limits_{x\to x_0} g(x) \neq 0$ ist.

Als **unbestimmten Ausdruck** bezeichnet man z.B. den Grenzwert

$$\lim_{x\to 0} \tfrac{\sin x}{x} ,$$

unbestimmt deshalb, weil für $x \to 0$ *sowohl* der Zähler $f(x) = \sin x$ *als auch* der Nenner $g(x) = x$ den Grenzwert 0 hat.

Einen solchen unbestimmten Ausdruck bezeichnet man symbolisch mit $\left[\frac{0}{0}\right]$.

Die unbestimmten Ausdrücke sind:

unbestimmte Ausdrücke

$$\left[\frac{0}{0}\right], \quad \left[\frac{\infty}{\infty}\right] \quad \text{sowie} \quad [0\cdot\infty], \quad [0^0], \quad [1^\infty], \quad [\infty^0], \quad [\infty-\infty].$$

Eine Möglichkeit, unbestimmte Ausdrücke zu berechnen, liefert die

Regel von L'Hospital.

Sie hilft evtl. in den folgenden zwei Fällen beim Berechnen von $\lim\limits_{x\to x_0} \dfrac{f(x)}{g(x)}$:

- $\lim\limits_{x\to x_0} f(x) = 0$ und $\lim\limits_{x\to x_0} g(x) = 0$ symbolisch $\left[\frac{0}{0}\right]$ •
- $\lim\limits_{x\to x_0} f(x) = \pm\infty$ und $\lim\limits_{x\to x_0} g(x) = \pm\infty$ symbolisch $\left[\frac{\infty}{\infty}\right]$ •

12.21 $\lim\limits_{x\to 0} \dfrac{\sin x}{x}$, $\lim\limits_{x\to 0} \dfrac{\sin x^2}{x}$, $\lim\limits_{x\to 0} \dfrac{\sin x}{x^2}$ *sind unbest. Ausdrücke der Form* $\left[\frac{0}{0}\right]$.

$\lim\limits_{x\to 1} \dfrac{\ln x}{x-1}$ $\left[\frac{0}{0}\right]$, $\lim\limits_{x\to\infty} \dfrac{x}{\sinh x}$ $\left[\frac{\infty}{\infty}\right]$, $\lim\limits_{x\to\infty} \dfrac{3x+10}{6x-25}$ $\left[\frac{\infty}{\infty}\right]$.

Regel von l'Hospital

Sind f und g in einer Umgebung[a] von x_0 differenzierbar

und ist $\lim\limits_{x\to x_0} \dfrac{f(x)}{g(x)}$ von der Form $\left[\frac{0}{0}\right]$ bzw. $\left[\frac{\infty}{\infty}\right]$, dann ist

$$\lim_{x\to x_0} \frac{f(x)}{g(x)} = \lim_{x\to x_0} \frac{f'(x)}{g'(x)},$$ falls der letzte Grenzwert[b] existiert!

[a]Umgebung von ∞ und $-\infty$ siehe Seite 268.

[b]Diese Regel gilt auch für einseitige Grenzwerte, siehe Seite 35.

12.22 *Man berechne die unbestimmten Ausdrücke des letzten Beispiels.*

$$\lim_{x\to 0}\frac{\sin x}{x} \overset{\left[\frac{0}{0}\right]}{=} \lim_{x\to 0}\frac{\cos x}{1} = \underline{\underline{1}} \quad , \quad \lim_{x\to 0}\frac{\sin x^2}{x} \overset{\left[\frac{0}{0}\right]}{=} \lim_{x\to 0}\frac{2x\cos x^2}{1} = \underline{\underline{0}}.$$

$$\lim_{x\to 0}\frac{\sin x}{x^2} \overset{\left[\frac{0}{0}\right]}{=} \lim_{x\to 0}\frac{\cos x}{2x} = \begin{cases} \infty & , \text{ für } x\to 0^+ \\ -\infty & , \text{ für } x\to 0^- \end{cases} \Longrightarrow \lim_{x\to 0}\frac{\sin x}{x^2} \text{ ex. nicht!}$$

$$\lim_{x\to 1}\frac{\ln x}{x-1} \overset{\left[\frac{0}{0}\right]}{=} \lim_{x\to 1}\frac{\frac{1}{x}}{1} = \underline{\underline{1}} \quad , \quad \lim_{x\to\infty}\frac{x}{\sinh x} \overset{\left[\frac{\infty}{\infty}\right]}{=} \lim_{x\to\infty}\frac{1}{\cosh x} = \underline{\underline{0}}.$$

$$\lim_{x\to\infty}\frac{3x+10}{6x-25} \overset{\left[\frac{\infty}{\infty}\right]}{=} \lim_{x\to\infty}\frac{3}{6} = \underline{\underline{\frac{1}{2}}}, \quad \text{oder: } \lim_{x\to\infty}\frac{3x+10}{6x-25} = \lim_{x\to\infty}\frac{3+\frac{10}{x}}{6-\frac{25}{x}} = \underline{\underline{\frac{1}{2}}}.$$

Achtung: Man vergewissere sich, dass die Voraussetzungen erfüllt sind. Sonst passiert beispielsweise folgendes:

$$\lim_{x\to 0}\frac{x}{e^x} = \lim_{x\to 0}x \cdot \lim_{x\to 0}\frac{1}{e^x} = 0\cdot 1 = \underline{\underline{0}}. \qquad \text{l'Hospital ???} \quad \lim_{x\to 0}\frac{1}{e^x} = 1.$$

Erhält man – nachdem man l'Hospital auf einen unbestimmten Ausdruck angewendet hat – wieder einen unbestimmten Ausdruck, so wendet man l'Hospital noch einmal an, usw.

12.23 *Man berechne:* $\lim_{x\to\infty}\frac{3x^3}{e^x}$, $\lim_{x\to\infty}\frac{\pi/2-\arctan x}{e^{-x}}$, $\lim_{x\to 0^+}\frac{\cot x}{\ln x}$.

$$\lim_{x\to\infty}\frac{3x^3}{e^x} \overset{\left[\frac{\infty}{\infty}\right]}{=} \lim_{x\to\infty}\frac{9x^2}{e^x} \overset{\left[\frac{\infty}{\infty}\right]}{=} \lim_{x\to\infty}\frac{18x}{e^x} \overset{\left[\frac{\infty}{\infty}\right]}{=} \lim_{x\to\infty}\frac{18}{e^x} = \underline{\underline{0}}.$$

Nach n–maligem Anwenden von l'Hospital erhält man: $\lim_{x\to\infty}\frac{x^n}{e^x} = 0$, für alle $n \in \mathbb{N}$. Dies zeigt, dass die e – Funktion schneller als jede Potenz von x wächst.

$$\lim_{x\to\infty}\frac{\pi/2-\arctan x}{e^{-x}} \overset{\left[\frac{0}{0}\right]}{=} \lim_{x\to\infty}\frac{-\frac{1}{1+x^2}}{-e^{-x}} = \lim_{x\to\infty}\frac{e^x}{1+x^2} \overset{\left[\frac{\infty}{\infty}\right]}{=} \lim_{x\to\infty}\frac{e^x}{2x} \overset{\left[\frac{\infty}{\infty}\right]}{=} \lim_{x\to\infty}\frac{e^x}{2} = \underline{\underline{\infty}}.$$

Wieder hat sich die e – Funktion durchgesetzt! $\lim_{x\to 0^+}\frac{\cot x}{\ln x} \overset{\left[\frac{\infty}{\infty}\right]}{=} -\lim_{x\to 0^+}\frac{x}{\sin^2 x} \overset{\left[\frac{0}{0}\right]}{=}$

$$-\lim_{x\to 0^+}\frac{1}{2\sin x\cos x} = \underline{\underline{-\infty}}.$$

Abspalten bekannter Grenzwerte

Oft wendet man vorteilhaft folgende Grenzwertregel an:

Der **Grenzwert** eines **Produktes** ist gleich dem Produkt der Grenzwerte.

$$\lim_{x\to x_0} f(x)\cdot g(x) = \lim_{x\to x_0} f(x)\cdot \lim_{x\to x_0} g(x) \quad ,$$

wenn beide Grenzwerte $\lim_{x\to x_0} f(x)$ und $\lim_{x\to x_0} g(x)$ existieren!

Mit dieser Regel lassen sich "*bekannte Grenzwerte abspalten*" und Ausdrücke erheblich vereinfachen!

12.24 *Man spalte bekannte Grenzwerte ab:*

(a) $\lim\limits_{x\to 0}\frac{\tan x}{x}=\lim\limits_{x\to 0}\frac{1}{\cos x}\cdot\frac{\sin x}{x}=\lim\limits_{x\to 0}\frac{1}{\cos x}\cdot\lim\limits_{x\to 0}\frac{\sin x}{x}=1\cdot 1=\underline{\underline{1}}.$

(b)
$$\begin{aligned}\lim_{x\to 1}\frac{2\tan\frac{\pi}{2}x}{3\cot(1-x)} &= \lim_{x\to 1}\frac{2\sin\frac{\pi}{2}x}{3\cos\frac{\pi}{2}x}\cdot\frac{\sin(1-x)}{\cos(1-x)}\\ &= \frac{2}{3}\lim_{x\to 1}\frac{\sin\frac{\pi}{2}x}{\cos(1-x)}\cdot\lim_{x\to 1}\frac{\sin(1-x)}{\cos\frac{\pi}{2}x},\qquad \lim_{x\to 1}\frac{\sin\frac{\pi}{2}x}{\cos(1-x)}=\underline{1},\\ &= \frac{2}{3}\lim_{x\to 1}\frac{\sin(1-x)}{\cos\frac{\pi}{2}x}\overset{\left[\frac{0}{0}\right]}{=}\frac{2}{3}\lim_{x\to 1}\frac{-\cos(1-x)}{-\frac{\pi}{2}\sin\frac{\pi}{2}x} = \underline{\underline{\frac{4}{3\pi}}}.\end{aligned}$$

Wenden Sie mal l'Hospital auf $\lim\limits_{x\to 1}\frac{2\tan\frac{\pi}{2}x}{3\cot(1-x)}$ an !?

12.25 *Manchmal führt l'Hospital nicht (direkt) zum Ziel:*

(a) $\lim\limits_{x\to\infty}\frac{\sinh x}{\cosh x}\overset{\left[\frac{\infty}{\infty}\right]}{=}\lim\limits_{x\to\infty}\frac{\cosh x}{\sinh x}\overset{\left[\frac{\infty}{\infty}\right]}{=}\lim\limits_{x\to\infty}\frac{\sinh x}{\cosh x}$?

Hier hilft der Rückgang auf die Definition von $\sinh x$ und $\cosh x$:

$$\lim_{x\to\infty}\frac{\sinh x}{\cosh x}\overset{\text{def}}{=}\lim_{x\to\infty}\frac{e^x-e^{-x}}{e^x+e^{-x}}=\lim_{x\to\infty}\frac{1-e^{-2x}}{1+e^{-2x}}=\underline{\underline{1}}.$$

(b) $\lim\limits_{x\to\infty}\frac{e^{1/x}-1}{\frac{\arctan x}{x}}$ l'Hospital ? Nicht zu empfehlen !

Besser: Bekannte Grenzwerte abspalten und eventuell Substituieren :

$$\begin{aligned}\lim_{x\to\infty}\frac{e^{1/x}-1}{\frac{\arctan x}{x}} &= \lim_{x\to\infty}\frac{e^{1/x}-1}{1/x}\cdot\lim_{x\to\infty}\frac{1}{\arctan x},\qquad \lim_{x\to\infty}\arctan x=\underline{\frac{\pi}{2}},\\ &= \lim_{x\to\infty}\frac{e^{1/x}-1}{1/x}\cdot\frac{2}{\pi}\overset{(\frac{1}{x}=y)}{=}\frac{2}{\pi}\lim_{y\to 0+}\frac{e^y-1}{y}\overset{\left[\frac{0}{0}\right]}{=}\frac{2}{\pi}\lim_{y\to 0+}\frac{e^y}{1}=\underline{\underline{\frac{2}{\pi}}}.\end{aligned}$$

Oft ist es einfacher, den Grenzwert mittels **Potenzreihen** (**F+H**) zu berechnen!
Die wichtigsten Potenzreihen findet man hinten auf der Umschlagseite **F 3**

12.26 *Man berechne den Grenzwert* $\lim\limits_{x\to 0}\frac{\cos x-\sqrt{1-x^2}}{x^4}$.

(a) Lösung mit l'Hospital: *viermaliges* Anwenden von l'Hospital ergibt:

$\lim\limits_{x\to 0}\frac{\cos x-\sqrt{1-x^2}}{x^4}=\cdots=\underline{\underline{\frac{1}{6}}}$, macht keinen Spaß, aber:

(b) Lösung mit Potenzreihen: (Man erkennt den Grenzwert sofort!)

$$\lim_{x\to 0}\frac{\cos x-\sqrt{1-x^2}}{x^4} \overset{\text{def}}{=} \lim_{x\to 0}\frac{(1-\frac{1}{2}x^2+\frac{1}{4!}x^4\mp\cdots)-(1-\frac{1}{2}x^2-\frac{1}{8}x^4-\cdots)}{x^4}$$

$$= \lim_{x\to 0}\frac{\frac{1}{6}x^4+\cdots}{x^4} = \underline{\underline{\frac{1}{6}}}.$$

12.27 *Man berechne den Grenzwert* $\lim\limits_{x\to 0}\frac{x\sin 2x}{\sinh^2 x}$

(a) Lösung mit l'Hospital:

$$\lim_{x\to 0}\frac{x\sin 2x}{\sinh^2 x} \overset{[\frac{0}{0}]}{=} \lim_{x\to 0}\frac{\sin 2x+2x\cos 2x}{2\cosh x\sinh x} \overset{[\frac{0}{0}]}{=} \lim_{x\to 0}\frac{4\cos 2x-4x\sin 2x}{2(\sinh^2 x+\cosh^2 x)} = \frac{4}{2} = \underline{\underline{2}},$$

$$\text{oder} \quad = \lim_{x\to 0}\frac{x}{\sinh x}\cdot\lim_{x\to 0}\frac{\sin 2x}{\sinh x} \overset{[\frac{0}{0}]}{=} \lim_{x\to 0}\frac{1}{\cosh x}\cdot\lim_{x\to 0}\frac{2\cos 2x}{\cosh x} = \underline{\underline{2}}.$$

(b) Lösung mit Potenzreihen:

$$\lim_{x\to 0}\frac{x\sin 2x}{\sinh^2 x} \overset{\text{def}}{=} \frac{x(2x-\frac{1}{3!}(2x)^3\pm\cdots)}{(x+\frac{1}{3!}x^3+\cdots)(x+\frac{1}{3!}x^3+\cdots)}$$

$$= \lim_{x\to 0}\frac{2x^2+x^4(-\frac{4}{3}\pm\cdots)}{x^2+x^3(\frac{1}{3}x+\cdots)} = \lim_{x\to 0}\frac{2+x^2(-\frac{4}{3}\pm\cdots)}{1+x(\frac{1}{3}x+\cdots)} = \underline{\underline{2}}.$$

Bis jetzt haben wir nur unbestimmte Ausdrücke $\left[\frac{0}{0}\right]$ und $\left[\frac{\infty}{\infty}\right]$ behandelt. Die anderen unbestimmten Ausdrücke lassen sich auf diese zurückführen:

unbestimmte Ausdrücke

$\left[\frac{0}{0}\right]$, $\left[\frac{\infty}{\infty}\right]$ l'Hospital, siehe obige Beispiele.

$$[0\cdot\infty] \longrightarrow \begin{cases} \left[\frac{\infty}{\frac{1}{0}}\right] = \left[\frac{\infty}{\infty}\right] \\ \left[\frac{0}{\frac{1}{\infty}}\right] = \left[\frac{0}{0}\right] \end{cases}$$ und l'Hospital, siehe [12.28].

Die folgenden Exponentialausdrücke werden natürlich mit der e–Funktion umgeformt : $\boxed{a^b = e^{b\ln a}}$.

$[0^0] \longrightarrow [e^{0\cdot\ln 0}] \longrightarrow e^{[0\cdot\infty]} \longrightarrow \ldots$ siehe [12.29]

$[1^\infty] \longrightarrow [e^{\infty\cdot\ln 1}] \longrightarrow e^{[\infty\cdot 0]} \longrightarrow \ldots$ siehe [12.30]

$[\infty^0] \longrightarrow [e^{0\cdot\ln\infty}] \longrightarrow e^{[0\cdot\infty]} \longrightarrow \ldots$ siehe [12.31]

$[\infty-\infty] \longrightarrow \begin{cases}\text{Hauptnenner?}\\ \text{Erweitern?}\end{cases} \longrightarrow \ldots$ siehe [12.32], [12.33].

12.28 $\lim\limits_{x\to 0^+} x\ln x \quad [0\cdot\infty]$

$$= \lim_{x\to 0^+} \frac{\ln x}{\frac{1}{x}} \overset{\left[\frac{\infty}{\infty}\right]}{=} \lim_{x\to 0^+} \frac{\frac{1}{x}}{-\frac{1}{x^2}} = \lim_{x\to 0^+}(-x) = \underline{\underline{0}}.$$

12.29 $\lim\limits_{x\to 0^+} x^x \quad \left[0^0\right].$ *Man setzt:* $\boxed{\exp(x) := \mathrm{e}^x}$

$$= \lim_{x\to 0^+} \mathrm{e}^{x\ln x} = \lim_{x\to 0^+} \exp(x\ln x) \overset{*}{=} \exp(\lim_{x\to 0^+} x\ln x) = \mathrm{e}^0 = \underline{\underline{1}}.$$

$*$ **Merke**: Ist f stetig, so dürfen f und lim vertauscht werden: $\lim\limits_{x\to x_0} f(x) = f(\lim\limits_{x\to x_0} x) = f(x_0).$

12.30 $\lim\limits_{x\to\infty} (1-\frac{2}{x})^{3x} \quad \left[1^\infty\right]$

$$= \lim_{x\to\infty} \mathrm{e}^{3x\ln(1-2/x)} = \lim_{x\to\infty} \exp(3x\ln(1-2/x))$$

$$\overset{*}{=} \exp(\lim_{x\to\infty} 3x\ln(1-2/x) = \underline{\underline{\mathrm{e}^{-6}}}, \quad \text{denn:}$$

$$\lim_{x\to\infty} 3x\ln(1-\tfrac{2}{x}) = 3\lim_{x\to\infty} \frac{\ln(1-\frac{2}{x})}{\frac{1}{x}} \overset{(\frac{1}{x}=y)}{=} 3\lim_{y\to 0^+} \frac{\ln(1-2y)}{y} \overset{\left[\frac{0}{0}\right]}{=} 3\lim_{y\to 0^+} \frac{-2}{1-2y} = -6.$$

12.31 $\lim\limits_{x\to\infty} (\mathrm{e}^{3x}-5x)^{x^{-1}} \quad \left[\infty^0\right]$

$$= \lim_{x\to\infty} \mathrm{e}^{x^{-1}\ln(\mathrm{e}^{3x}-5x)} \overset{*}{=} \exp\left(\lim_{x\to\infty} \frac{\ln(\mathrm{e}^{3x}-5x)}{x}\right) = \underline{\underline{\mathrm{e}^3}}\ \text{, weil}$$

$$\lim_{x\to\infty} \frac{\ln(\mathrm{e}^{3x}-5x)}{x} \overset{\left[\frac{\infty}{\infty}\right]}{=} \lim_{x\to\infty} \frac{3\mathrm{e}^{3x}-5}{\mathrm{e}^{3x}-5x} = \lim_{x\to\infty} \frac{3-\frac{5}{\mathrm{e}^{3x}}}{1-\frac{5x}{\mathrm{e}^{3x}}} = \frac{3}{1} = 3 \ \text{ist.}$$

12.32 $\lim\limits_{x\to 0} (\frac{1}{x}-\frac{\sin x}{x^2}) \quad [\infty-\infty]$ *"Hauptnenner"*

$$= \lim_{x\to 0} \frac{x-\sin x}{x^2} \overset{\left[\frac{0}{0}\right]}{=} \lim_{x\to 0} \frac{1-\cos x}{2x} \overset{\left[\frac{0}{0}\right]}{=} \lim_{x\to 0} \frac{\sin x}{2} = \underline{\underline{0}}, \text{ oder Pot.–Reihen!}$$

12.33 $\lim\limits_{x\to\infty} \left(\sqrt{x^2+x-1}-\sqrt{x^2+5}\right) \quad [\infty-\infty]$ *"Erweitern"*: $a-b=\frac{a^2-b^2}{a+b}.$

$$= \lim_{x\to\infty} \frac{x^2+x-1-(x^2+5)}{\sqrt{x^2+x-1}+\sqrt{x^2+5}} = \lim_{x\to\infty} \frac{x-6}{\sqrt{x^2+x-1}+\sqrt{x^2+5}}$$

$$\overset{\left[\frac{\infty}{\infty}\right]}{=} \lim_{x\to\infty} \frac{1}{\frac{2x+1}{2\sqrt{x^2+x-1}}+\frac{2x}{2\sqrt{x^2+5}}} \qquad \text{l'Hospital ??? Nein, sondern:}$$

$$\lim_{x\to\infty} \frac{x-6}{\sqrt{x^2+x-1}+\sqrt{x^2+5}} = \lim_{x\to\infty} \frac{1-\frac{6}{x}}{\sqrt{1+\frac{1}{x}-\frac{1}{x^2}}+\sqrt{1+\frac{5}{x^2}}} = \underline{\underline{\frac{1}{2}}}.$$

12.34 *Es sei* $f(x) = \begin{cases} x^x & , \quad x > 0 \\ 1 & , \quad x = 0 \end{cases}$.

Man zeige, dass f stetig ist, untersuche f auf Extremwerte und Monotonie und bestimme die Tangente in 1, sowie die Halbtangente in 0.

(1) Stetigkeit:

$f(x) = e^{x \ln x}$ ist für $x > 0$ stetig (Produkt und Einsetzen stetiger Funktionen!).
$\lim\limits_{x\to 0+} f(x) = \lim\limits_{x\to 0+} x^x = 1 = f(0)$, siehe [12.29]. Also ist f auch für $x = 0$ stetig.

(2) Extremwerte, Monotonie:

$f'(x) = x^x(1 + \ln x) = 0 \iff 1 + \ln x = 0 \iff x = \frac{1}{e}$, [12.8(5)].
Bei $x_0 = \frac{1}{e}$ liegt ein Minimum, da f' dort von $-$ nach $+$ wechselt (Seite 269).
f ist für $0 \le x \le \frac{1}{e}$ monoton fallend und für $\frac{1}{e} \le x$ monoton wachsend.
Also liegt bei 0 ein rel. Maximum mit $f(0) = 1$ und bei $\frac{1}{e}$ das absolute Minimum mit $f(\frac{1}{e}) = e^{-1/e} \approx 0.69$.

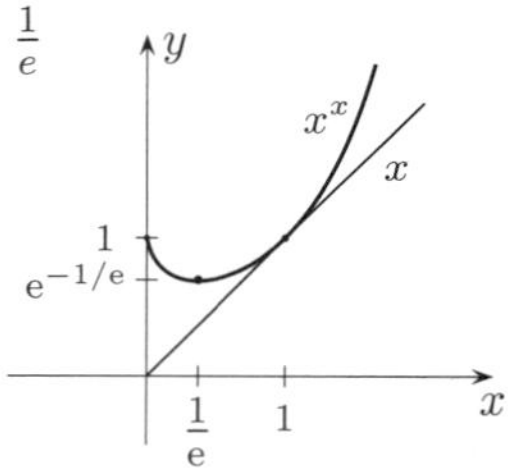

(3) Tangenten:

$f'(1) = 1,\ f(1) = 1 \Longrightarrow$ Tangente bei 1 ist $\underline{y = x}$.

$$\lim_{x\to 0+} \frac{x^x - 1}{x} = \lim_{x\to 0+} x^x(1 + \ln x) = \lim_{x\to 0+} (1 + \ln x) = -\infty \text{ , da } \lim_{x\to 0+} x^x = 1.$$

$\Longrightarrow$ Die Halbtangente bei 0 ist ein Teil der y–Achse: $\underline{x = 0,\ y \le 1}$.

12.7 Näherungsweise Nullstellenbestimmung

Die Nullstellen der Funktion f oder die Lösungen der Gleichung $f(x) = 0$ lassen sich nur selten (z.B. bei einer quadratischen Gleichung) exakt angeben. Man ist auf Näherungsverfahren angewiesen.
Das bekannteste ist wohl das folgende von NEWTON angegebene Verfahren:

Newtonsches Näherungsverfahren

$$\boldsymbol{x_{n+1} = x_n - \frac{f(x_n)}{f'(x_n)}}$$

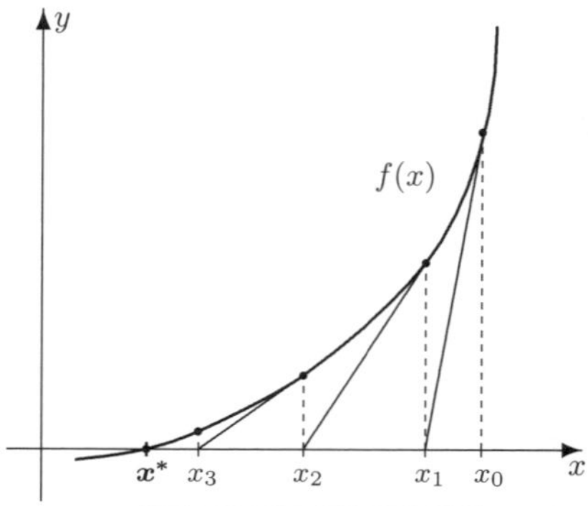

$$x_{n+1} = x_n - \frac{f(x_n)}{f'(x_n)}$$

Ausgehend von einer (möglichst guten, aus einer Skizze abgelesenen) Ausgangsnäherung x_0 der Nullstelle $x^\star$ ersetzt man die Funktion f durch ihre Tangente im Punkte $(x_0, f(x_0))$ und nimmt deren Nullstelle als verbesserte Näherung x_1 usw.:

Die Folge (x_n) konvergiert gegen $x^\star$, wenn die Ausgangsnäherung x_0 genügend nahe bei $x^\star$ liegt und $f''(x) \ne 0$ ist in einem offenen Intervall, das $x^\star$ enthält.

Iterationsverfahren $x_{n+1} = \varphi(x_n)$

Ist $f(x^\star) = 0$ und lässt sich die Gleichung $f(x) = 0$ auf die Form $x = \varphi(x)$ bringen, wobei $|\varphi'(x)| < 1$ ist in einer Umgebung der Nullstelle $x^\star$, dann konvergiert die von einer (hinreichend gut aus einer Skizze abzulesenden) Ausgangsnäherung x_0 ausgehende Folge (x_n) mit $\boxed{x_{n+1} = \varphi(x_n)}$ gegen $x^\star$.

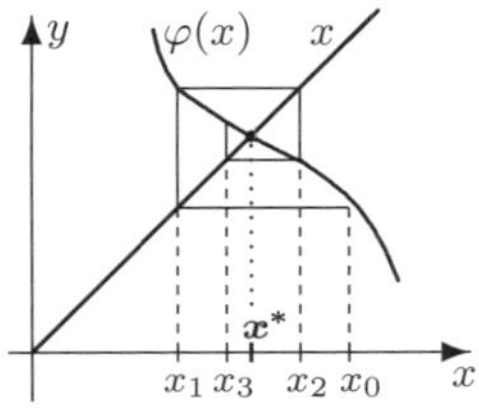

12.35 *Man berechne die Lösung der Gleichung $x = \cos x$ für $x > 0$ mit dem Iterationsverfahren auf zwei Stellen nach dem Komma.*

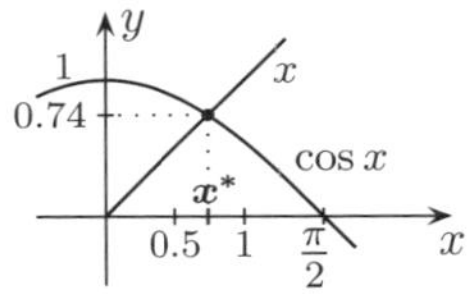

Aus der Skizze ersieht man, dass die einzige Lösung $x^\star$ zwischen 0.5 und 1 liegt.

$x = \cos x =: \varphi(x)$

$\Longrightarrow \ \varphi'(x) = -\sin x$ und $|\varphi'(x)| = |-\sin x| = \sin x < 1$ für $0.5 < x < 1$.

Also sind die Voraussetzungen des Iterationsverfahrens (mit dem Startwert $x_0 = 0.7$) erfüllt und der Taschenrechner liefert:

$x_1 = \cos 0.7 \approx 0.765$ $\quad x_4 = \cos x_3 \approx 0.731$

$x_2 = \cos x_1 \approx 0.721$ $\quad x_5 = \cos x_4 \approx 0.744$

$x_3 = \cos x_2 \approx 0.751$ $\quad x_6 = \cos x_5 \approx 0.735$

Als Näherungswert erhält man $x^* \approx \underline{0.74}$.

12.36 *Man berechne die Lösung der Gleichung $x - 1 = \tanh x$ mit dem Iterationsverfahren auf drei Stellen nach dem Komma.*

$x = 1 + \tanh x =: \varphi(x)$

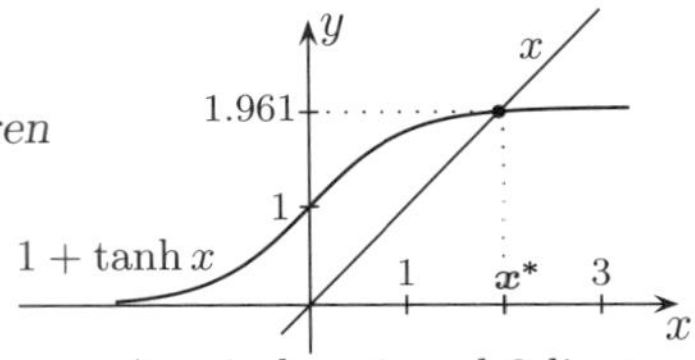

Aus der Skizze ersieht man, dass die einzige Lösung $x^\star$ zwischen 1 und 3 liegt.

$\varphi'(x) = \dfrac{1}{\cosh^2 x}$. Für $1 < x$ gilt: $|\varphi'(x)| = \left|\dfrac{1}{\cosh^2 x}\right| < \dfrac{1}{\cosh^2 1} < 1$.

Also sind die Voraussetzungen des Iterationsverfahrens (mit dem Startwert $x_0 = 3$) erfüllt und der Taschenrechner liefert:

$x_1 = 1 + \tanh 3 \approx 1.99505$

$x_2 = 1 + \tanh x_1 \approx 1.96368$

$x_3 = 1 + \tanh x_2 \approx 1.96137$

$x_4 = 1 + \tanh x_3 \approx 1.96119$ Also $x^* \approx \underline{1.961}$.

12.8 Aufgaben

Man differenziere:

2.37 $y = (\sqrt{x} + 1)\left(\dfrac{1}{\sqrt{x}} - 1\right)$ **12.38** $y = \dfrac{1-x^3}{1+x^3}$ **12.39** $y = \sin(\sin x)$

2.40 $y = \dfrac{x^2+x-1}{x^3+1}$ **12.41** $y = \cos^2 \dfrac{1-\sqrt{x}}{1+\sqrt{x}}$ **12.42** $y = \arctan^2 \dfrac{1}{x}$

2.43 $y = \ln^4(\sin x)$ **12.44** $y = \dfrac{x^3+2^x}{e^x}$ **12.45** $y = \dfrac{\ln x}{1+x^2}$

2.46 $y = (\ln x)^x$ **12.47** $y = x e^{-x}$ **12.48** $y = x^x$

12.49 $y = (x^2-1)(x^2-4)(x^2-9)$, $y' = ?$

12.50 $y = \frac{1}{x+2} + \frac{3}{x^2+1}$, $y'(0) = ?$

12.51 $y = \sqrt{\frac{x+1}{x-1}}$, $y'(2) = ?$

12.52 $x = \mathrm{e}^{\arcsin y}$, $\frac{dy}{dx} = ?$

12.53 $x^2 + \sin(xy^2) - \pi^2 = 0,\ P = (\pi, 1),\quad y'(\pi) = ?$

Man berechne die Grenzwerte:

12.54 $\lim\limits_{x\to 0} \frac{\sin x - \arctan x}{x^2 \ln(1+x)}$

12.55 $\lim\limits_{x\to 0} (\sin^{-2} x - x^{-2})$

12.56 $\lim\limits_{x\to 0} \frac{3^x - 2^x}{x}$

12.57 $\lim\limits_{x\to 0} (\cot x - \frac{1}{x})$

12.58 $\lim\limits_{x\to 0+} \left(\frac{1}{x}\right)^{\tan x}$

12.59 $\lim\limits_{x\to 0+} x^{\sin x}$

12.60 *Lässt sich die Funktion* $f(x) = \left(\mathrm{e}^{1/x} + \mathrm{e}^{-1/x}\right)^x$ *an der Stelle* $x_0 = 0$ *stetig ergänzen?*

12.61 *Man berechne ggf. die Ableitungen von* $f(x) = |x^3 + x^2 - x - 1|$ *in* $x_0 = -1$ *und* $x_1 = 1$*:*

12.62 *Man bestimme das Verhältnis von Radius* r *und Höhe* h *eines Zylinders gegebenen Inhalts, wenn die Oberfläche minimal ist.*

12.63 *Man bestimme die absoluten und die relativen Extrema von* $y = |x^2 + 2x| + |x| - (2x + x^2)$, *für* $-3 \le x \le 1$.

12.64 *Zwei Masten von je 27m Höhe stehen auf gleichmäßig ansteigendem Gelände; ihre waagerechte Entfernung beträgt 200m, ihr Höhenunterschied 15m. Die Spitzen der Masten sind durch Leitungen verbunden. Die in der Spitze A des tiefer gelegenen Mastes an die Leitung gelegte Tangente trifft den zweiten Mast im Punkt C, der 9m tiefer liegt als A.*

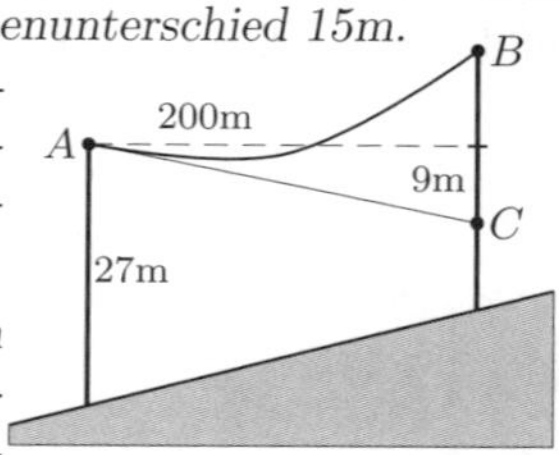

In welchem Punkt kommt die Leitung dem Boden am nächsten, wenn man sie näherungsweise als Parabel (statt cosh–Funktion, Kettenlinie) mit senkrechter Achse auffasst?

12.65 (a) *Man bestimme die Extremwerte von* $y = \arctan \frac{x^2-1}{x^2+1}$.

(b) *Für welchen Wert von* $a > 0$ *wird der Grenzwert* $\lim\limits_{x\to a} \frac{\mathrm{e}^{-x} \ln \frac{x}{a}}{\sin \frac{x-a}{a^2}}$ *maximal?*

12.66 *Man bestimme die absoluten Extrema von*

$y = x^3 - 3x^2 - 9|x-1| + 11$, *für* $0 \le x \le 4$.

12.67 *Man bestimme bis auf drei Stellen nach dem Komma genau:*

(a) Die Nullstellen von $y = x^3 - 2x^2 - 2x - 7$.

(b) Die positive Nullstelle von $y = 5\sin x - 4x$.

(c) Die Nullstelle zwischen 1 und 2 von $y = x^4 - 2x^2 + 4x - 8$.

(d) Die Nullstelle von $y = \mathrm{e}^{-x} - x$ (auf sechs Stellen).

12.68 *Eine 400m–Laufbahn, bestehend aus zwei parallelen Geraden mit zwei angesetzten Halbkreisen, soll so angelegt werden, dass der Inhalt des Rechtecks zwischen den Geraden möglichst groß wird.*

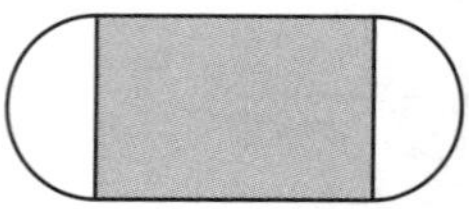

Wie lang sind die Geraden, wie groß ist das Rechteck?

2.69 *Die Kosten für den verbrauchten Strom einer Elektrolokomotive sind proportional zum Quadrat der gefahrenen Geschwindigkeit und bei einer Geschwindigkeit von 50 km/h betragen sie 100 Euro/h.*
Weitere Kosten von 400 Euro entstehen pro Stunde unabhängig von der gefahrenen Geschwindigkeit.
Bei welcher Geschwindigkeit sind die Kosten pro gefahrenen km minimal und wie hoch sind die Kosten dann?

2.70 *Ein Massenpunkt bewegt sich mit konstanter Geschwindigkeit v_1 bzw. v_2 im Medium M_1 bzw. M_2 (siehe Skizze). Zeige: Er kommt am schnellsten von P nach Q, wenn er dem Weg PAQ folgt, wobei $A = (x, 0)$ so liegt, dass*
$v_2 \sin\varphi_1 = v_1 \sin\varphi_2$ *bzw.* $\frac{v_1}{\sin\varphi_1} = \frac{v_2}{\sin\varphi_2}$.

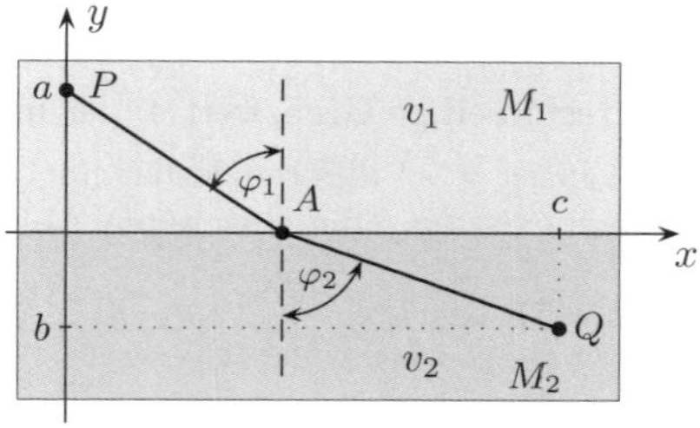

2.71 *Unter – evtl. teilweiser – Benutzung einer Mauer der Länge L und 100m Draht zäune man ein rechteckiges Grundstück so ein, dass der Flächeninhalt F möglichst groß wird.*

(a) *Man diskutiere $L = 20$, $L = 33.\overline{3}$, $L = 40$, $L = 50$ und $L = 70$.*

(b) *Bei welchen Mauerlängen L wird die gesamte Mauer benötigt?*

(c) *Man skizziere $F_{max}(L)$, den maximalen Flächeninhalt in Abhängigkeit von der Mauerlänge L.*

12.9 Lösungen

Für die Ableitungen erhält man:

2.37 $-\frac{1}{2}x^{-1/2}(1+\frac{1}{x})$ **12.38** $\frac{-6x^2}{(1+x^3)^2}$ **12.39** $\cos(\sin x)\cos x$

2.40 $\frac{1+2x+3x^2-2x^3-x^4}{(x^3+1)^2}$ **12.41** $\frac{\sin\left(2\frac{1-\sqrt{x}}{1+\sqrt{x}}\right)}{\sqrt{x}\,(1+\sqrt{x}\,)^2}$ **12.42** $-\frac{2\arctan\frac{1}{x}}{1+x^2}$

2.43 $4\cot x \ln^3(\sin x)$ **12.44** $\frac{2^x(\ln 2-1)+3x^2-x^3}{e^x}$ **12.45** $\frac{1+x^2-2x^2\ln x}{x(1+x^2)^2}$

2.46 $(\ln x)^x\left(\frac{1}{\ln x}+\ln(\ln x)\right)$ **12.47** $\frac{1-x}{e^x}$ **12.48** $x^x(1+\ln x)$

2.49 $y' = 2x[(x^2-4)(x^2-9)+(x^2-1)(x^2-9)+(x^2-1)(x^2-4)]$.

2.50 $y' = \frac{-1}{(x+2)^2} - \frac{6x}{(x^2+1)^2} \quad , \quad y'(0) = -\frac{1}{4}$.

2.51 $y' = -\sqrt{\frac{x-1}{x+1}}\,\frac{1}{(x-1)^2} \quad , \quad y'(2) = -\sqrt{\frac{1}{3}}$.

.52 $y = \sin(\ln x) \Longrightarrow y' = \frac{dy}{dx} = \frac{\cos(\ln x)}{x}$.

.53 $2x + \cos(xy^2)\cdot(y^2+2xyy') = 0,\ x = \pi,\ y = 1 \Longrightarrow y'(\pi) = \frac{2\pi-1}{2\pi}$.

Für die Grenzwerte erhält man:

.54 $\frac{1}{6}$ **12.55** $\frac{1}{3}$ **12.56** $\ln\frac{3}{2}$ **12.57** 0 **12.58** 1 **12.59** 1

12.60 Nein, denn $\lim\limits_{x\to 0^+} f(x) = e^1$, $\lim\limits_{x\to 0^-} f(x) = e^{-1} \Longrightarrow \lim\limits_{x\to 0} f(x)$ existiert nicht.

12.61
$$\lim_{x\to -1} \frac{f(x)-f(x_0)}{x-x_0} = \lim_{x\to -1} \frac{|x^3+x^2-x-1|}{x+1} = \lim_{x\to -1} \frac{|x+1|}{x+1}|x^2-1| = \lim_{x\to -1}(x+1)|x-1| = 0.$$

$\lim\limits_{x\to 1} \frac{f(x)-f(x_0)}{x-x_0} = \lim\limits_{x\to 1} \frac{|x^3+x^2-x-1|}{x-1} = \lim\limits_{x\to 1} \frac{|x-1|}{x-1}|x^2+2x+1|$ existiert nicht, da der rechtsseitige Grenzwert 4, der linksseitige Grenzwert jedoch -4 ist:

f ist in $x_0 = -1$ differenzierbar mit $f'(-1) = 0$ und f ist in $x_1 = 1$ nicht diff–bar, jedoch existieren die einseitigen Ableitungen $f'_+(1) = 4$ und $f'_-(1) = -4$.

12.62 $V = \pi r^2 h \Longrightarrow h = \dfrac{V}{\pi r^2}$, $O(r,h) = 2\pi r^2 + 2\pi r h \Longrightarrow O(r) = 2\pi r^2 + 2\pi r \dfrac{V}{\pi r^2}$.

Es gilt: $O'(r) = 0 \Longleftrightarrow r_0 = \sqrt[3]{\dfrac{V}{2\pi}}$, also ist $\dfrac{r}{h} = \dfrac{\sqrt[3]{\frac{V}{2\pi}}}{\dfrac{V}{\pi\sqrt[3]{\left(\frac{V}{2\pi}\right)^2}}} = \dfrac{1}{2}$.

12.63
$$y = \begin{cases} -x & , -3 \le x \le -2 \\ -2x^2-5x, & -2 \le x \le 0 \\ x & , \ 0 \le x \le 1 \end{cases} \Longrightarrow \begin{array}{ll} x_0 = -\frac{5}{4} & \text{abs. Max. mit } f(-\frac{5}{4}) = \frac{25}{8}, \\ x_1 = -2 & \text{rel. Min. mit } f(-2) = 2, \\ x_2 = 0 & \text{abs. Min. mit } f(0) = 0. \end{array}$$

12.64 Die Leitung beschreibt näherungsweise eine Parabel. Man macht also den Ansatz:

$y = ax^2+bx+c$		$y(0) = 27$	$\Longrightarrow$	$c = 27$,
und erhält als Ableitung	also:	$y'(0) = -\frac{9}{200}$	$\Longrightarrow$	$b = -\frac{9}{200}$,
$y' = 2ax+b$		$y(200) = 42$	$\Longrightarrow$	$a = 6\cdot 10^{-4}$.

$y = 6\cdot 10^{-4}x^2 - \frac{9}{200}x + 27$ ist also die gesuchte Parabel.
Zu berechnen ist die Stelle x_0, an der die Tangente an die Parabel parallel zu der Geraden $y = \frac{15}{200}x$ (Boden) ist. Also: $y'(x) = \frac{15}{200} \Longleftrightarrow x_0 = 100$ (Min.).
Mitten zwischen den Masten kommt die Leitung dem Boden am nächsten! Den exakten Verlauf der Leitung beschreibt die cosh–Funktion [S. 88] (Kettenlinie)!

12.65 (a) $y' = 0 \Longleftrightarrow x_0 = 0$, $f(0) = -\frac{\pi}{4}$, Min., da y' bei 0 VZW von + nach −.

(b) $g(a) := \lim\limits_{x\to a} \dfrac{e^{-x}\ln\frac{x}{a}}{\sin\frac{x-a}{a^2}} \overset{\left[\frac{0}{0}\right]}{=} \lim\limits_{x\to a} \dfrac{-e^{-x}\ln\frac{x}{a} + e^{-x}\frac{1}{x}}{\frac{1}{a^2}\cos\frac{x-a}{a^2}} = \dfrac{a}{e^a}$.

Wo wird $g(a) = \frac{a}{e^a}$ für $a > 0$ maximal? $g'(a) = \dfrac{e^a - ae^a}{e^{2a}} = 0 \Longleftrightarrow \underline{a = 1}$.
$a = 1$ ist Maximum, da $g(a) \ge 0$ und $g(a) = 0$, $\lim\limits_{a\to\infty} g(a) = 0$ ist.

12.66 Extremwerte möglich bei: 0 (Randp.), 1 (nicht diff–bar), 3 ($y' = 0$), 4 (Randp.)
$f(0) = 2$, $f(1) = 9$, $f(3) = -7$, $f(4) = 0$.
Also: absolutes Maximum bei 1 und absolutes Minimum bei 3.

12.67 (a) 3.268, (b) 1.131, (c) 1.612, (d) 0.567143 (Iterat-Verf: $x_0 = 1$, $x_{n+1} = e^{-x_n}$).

2.68 $400 = 2a + 2\pi r \Longrightarrow a = 200 - \pi r, \quad F(a,r) = 2ra \quad \Longrightarrow \quad F(r) = 2r(200 - \pi r).$
$\frac{dF}{dr} = 400 - 4\pi r = 0 \Longrightarrow r_0 = \frac{100}{\pi} = 31.8 \ , \ a_0 = 100 \ , \ F_0 = 6366.2.$
Die Gerade ist 100 m lang und das Rechteck 6366.2 m^2 groß.

2.69 Kosten K pro gefahrenem km bei Geschwindigkeit v:
$$K(v) = \frac{\frac{1}{25}v^2+400}{v} = \frac{1}{25}v + \frac{400}{v} \Longrightarrow K'(v) = \frac{1}{25} - \frac{400}{v^2} = 0 \Longrightarrow v_0 = 100.$$
Bei Tempo 100 km/h sind die Kosten minimal, nämlich 8 Euro/km.

2.70 $T(x) = \frac{\sqrt{a^2+x^2}}{v_1} + \frac{\sqrt{b^2+(c-x)^2}}{v_2}$ ist die Zeit, die der Massenpunkt in Abhängigkeit von $A = (x, 0)$ von P nach Q benötigt.
$$T'(x) = 0 \iff \frac{x}{v_1\sqrt{a^2+x^2}} = \frac{c-x}{v_2\sqrt{b^2+(c-x)^2}}$$
$$\iff v_2\frac{x}{\sqrt{a^2+x^2}} = v_1\frac{c-x}{\sqrt{b^2+(c-x)^2}} \iff v_2 \sin\varphi_1 = v_1 \sin\varphi_2.$$

2.71
$$x \le L \Longrightarrow 100 = 2a + x \Longrightarrow a = 50 - \frac{x}{2}$$
$$L \le x \Longrightarrow 100 = 2a + 2x - L \Longrightarrow a = 50 - x + \frac{L}{2}$$

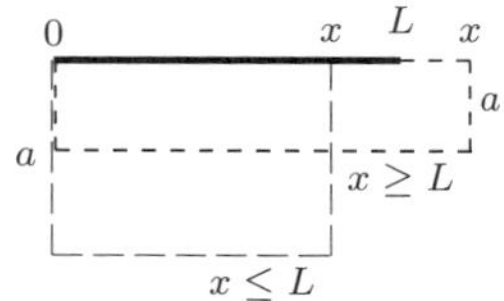

$$F(x) = \begin{cases} x(50 - \frac{x}{2}) \\ x(50 - x + \frac{L}{2}) \end{cases} \text{ und } F'(x) = \begin{cases} 50 - x \\ 50 + \frac{L}{2} - 2x \end{cases} \text{ für } \begin{cases} 0 < x < L\,, \\ L < x < 50 + \frac{L}{2}\,. \end{cases}$$

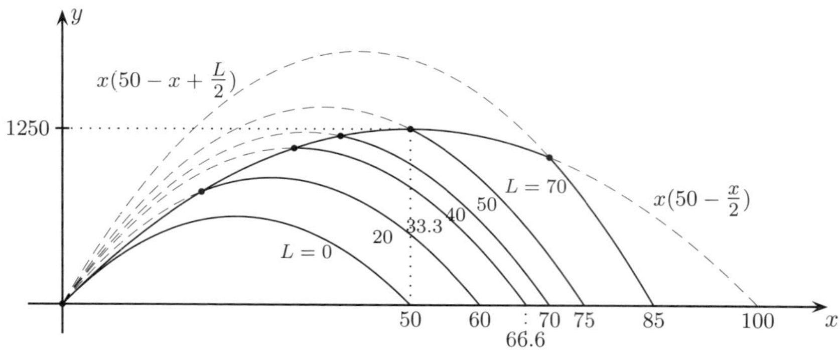

Gesucht ist das absolute Maximum von F auf $[0\,,\,50 + \frac{L}{2}]$. F ist aus zwei nach unten geöffneten Parabeln zusammengesetzt, wobei die zweite Parabel noch von L abhängt!
Am Rand des Intervalls ist $F(0) = F(50 + \frac{L}{2}) = 0$, weshalb die Randpunkte als absolute Maxima nicht in Betracht kommen.
Das gesuchte abs. Max. kann also nur an einer kritischen Stelle ($F' = 0$) oder an einer Stelle liegen, wo F nicht differenzierbar ist. Für letztere kommt natürlich nur $x = L$ in Betracht, da dort die Parabeln zusammengesetzt sind:

(a)

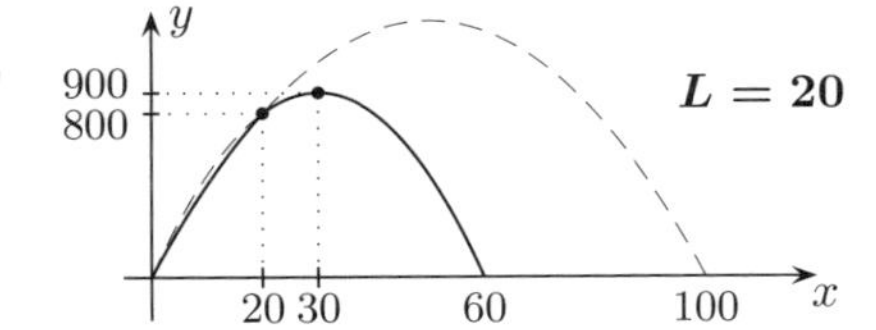

$F'(x) = 0 \Longleftrightarrow x_0 = 30$
F bei $x_1 = L = 20$ nicht diff–bar.
$900 = F(30) > F(20) = 800$
$\Longrightarrow x_{max} = 30$, $\underline{F(30) = 900}$.

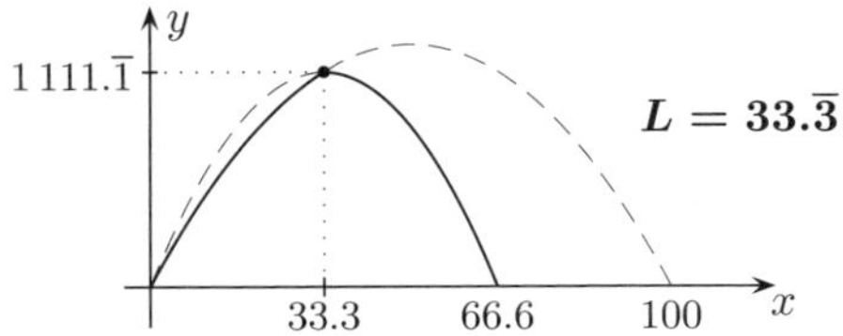

$F'(x) \neq 0$ für $0 \leq x \leq 50 + \frac{L}{2} = 66.\overline{6}$
F bei $x_1 = L = 33.\overline{3}$ nicht diff–bar.
$\Longrightarrow x_{\max} = 33.\overline{3}$, $\underline{F(33.\overline{3}) = 1\,111.\overline{1}}$.

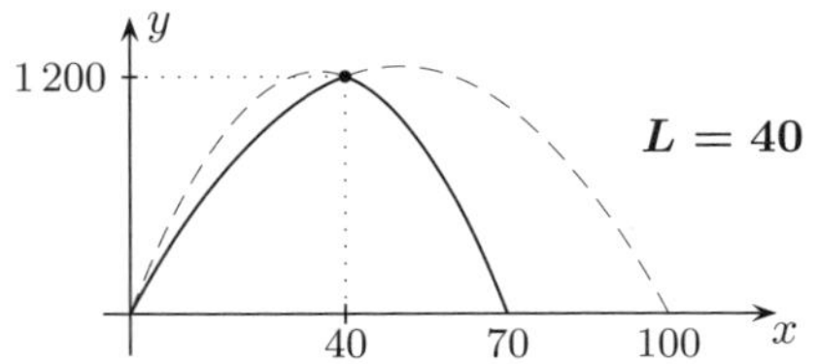

$F'(x) \neq 0$ für $0 \leq x \leq 50 + \frac{L}{2} = 70$
F bei $x_1 = L = 40$ nicht diff–bar.
$\Longrightarrow x_{\max} = 40$, $\underline{F(40) = 1\,200}$.

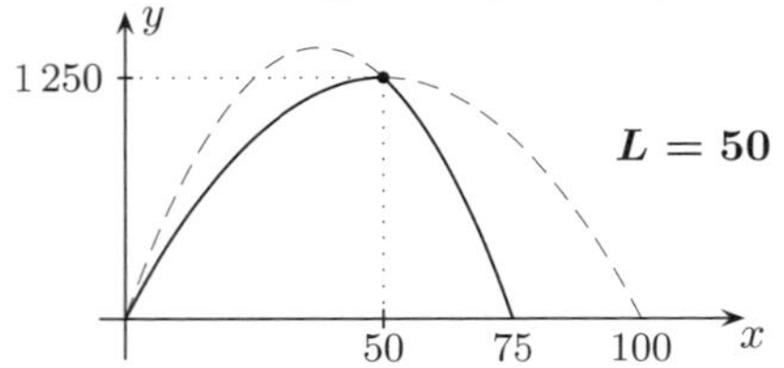

$F'(x) \neq 0$ für $0 \leq x \leq 50 + \frac{L}{2} = 75$
F bei $x_1 = L = 50$ nicht diff–bar.
$\Longrightarrow x_{\max} = 50$, $\underline{F(50) = 1\,250}$.

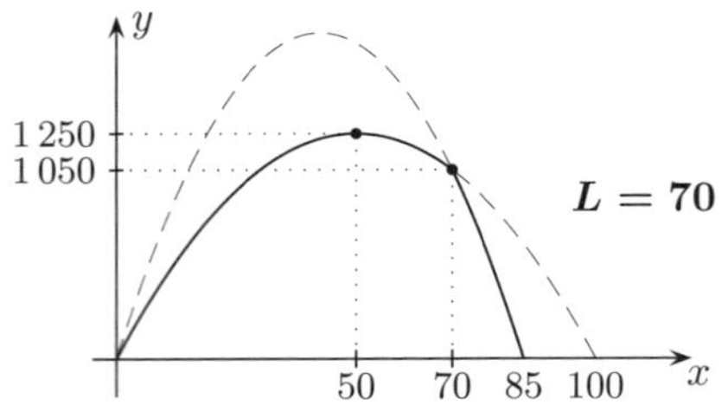

$F'(x) = 0 \Longleftrightarrow x_0 = 50$
F bei $x_1 = L = 70$ nicht diff–bar.
$1\,250 = F(50) > F(70) = 1\,050$
$\Longrightarrow x_{\max} = 50$, $\underline{F(50) = 1\,250}$.

(b) Aus dem Verlauf der beiden Parabeln erkennt man:
Ist $L \leq 33.\overline{3}$, so ist das Rechteck ein Quadrat!
Ist $L \leq 50$, so wird die gesamte Mauer benötigt.
Ist $L \geq 50$, so werden 50 m der Mauer benötigt und $F_{\max}(L) = 1250\,m^2$.

(c)
$$x_{\max}(L) = \begin{cases} \frac{1}{2}(50 + \frac{L}{2}) & , \quad 0 \leq L \leq \frac{100}{3}, \\ L & , \quad \frac{100}{3} \leq L \leq 50, \\ 50 & , \quad 50 \leq L. \end{cases}$$

$$F_{\max}(L) = \begin{cases} \frac{1}{16}(100 + L)^2 & , \quad 0 \leq L \leq \frac{100}{3}, \\ \frac{1}{2}L(100 - L) & , \quad \frac{100}{3} \leq L \leq 50, \\ 1250 & , \quad 50 \leq L. \end{cases}$$

13 Integralrechnung

13.1 Das unbestimmte Integral

13.1.1 Rechnen mit unbestimmten Integralen

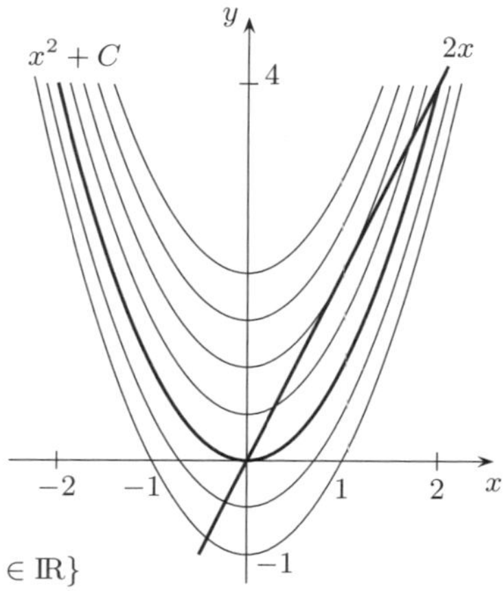

Ist $F'(x) = f(x)$, so heißt $F(x)$ eine **Stammfunktion** von $f(x)$. Ist F eine Stammfunktion von f, so erhält man alle Stammfunktionen von f, wenn man eine beliebige Konstante C zu F addiert.

$f(x) = 2x$
$F(x) = x^2$
$\{x^2 + C \mid C \in \mathbb{R}\}$
= Menge aller Stammfunktionen von $f(x) = 2x$.

Die Menge aller Stammfunktionen von $f(x)$, das heißt die Menge aller Funktionen, die $f(x)$ als Ableitung besitzen, nennt man das

unbestimmte Integral[1] von $f(x)$: $\int f(x)\,dx = F(x) + C$, mit $F'(x) = f(x)$.

3.1 Weil $(x^2)' = 2x$ ist, ist $F(x) = x^2$ eine Stammfunktion von $f(x) = 2x$ und es ist $\int 2x\,dx = x^2 + C,\ C \in \mathbb{R}$ die Menge aller Stammfunktionen.

Das heißt: Jede Funktion, deren Ableitung $2x$ ist, hat die Form $x^2 + C$.

Umkehrung der Differential– und Integraloperation

$$\int \frac{d\,F(x)}{dx}\,dx = F(x) + C \qquad \frac{d}{dx}\int f(x)\,dx = f(x)$$

$$\int F'(x)\,dx = F(x) + C \qquad \left(\int f(x)\,dx\right)' = f(x)$$

3.2 *Durch Differenzieren bestätigt man:*

$$\int \frac{dx}{1+x^2} = \arctan x + C, \qquad \int \frac{dx}{x} = \ln|x| + C, \qquad \int \frac{dx}{2\sqrt{x}} = \sqrt{x} + C.$$

Jede stetige Funktion besitzt eine Stammfunktion (Hauptsatz der Differential– und Integralrechnung!); dennoch ist es oft schwierig (und manchmal unmöglich, z.B. bei $\int \frac{e^x}{x}\,dx$), eine solche durch bekannte Funktionen auszudrücken.

Die **Integrale**, die man in diesem **REPETITORIUM** benötigt, findet man

- fast alle auf der hinteren Umschlagseite **F4**,
- alle in **F+H**.

[1]Diese Schreibweise ist üblich! Da $\int f(x)dx$ die Menge aller Stammfunktionen ist, müsste man korrekt schreiben: $\int f(x)\,dx = \{F(x) + C \mid C \in \mathbb{R}\}$, F eine Funktion mit $F' = f$.

Unbestimmte Integrale löst man, indem man sie durch geschickte Umformungen auf bekannte Integrale zurückführt. Grundintegrale siehe **F4** oder **F+H**. Zum Umformen benutzt man folgende Regeln (vgl. die entsprechenden Differentiationsregeln):

Vorziehen eines konstanten Faktors

$$\int a \cdot f(x)\,dx = a \cdot \int f(x)\,dx$$

Integral der Summe gleich Summe der Integrale

$$\int (f(x) + g(x) - h(x))\,dx \quad = \quad \int f(x)\,dx + \int g(x)\,dx - \int h(x)\,dx$$

13.3 $\int (x^2+1)^5\,dx$, *Binomialkoeffizienten siehe Seite 46*

$$= \int (x^{10} + 5x^8 + 10x^6 + 10x^4 + 5x^2 + 1)\,dx$$

$$= \int x^{10}\,dx + 5\int x^8\,dx + 10\int x^6\,dx + 10\int x^4\,dx + 5\int x^2\,dx + \int dx$$

$$= \underline{\underline{\frac{x^{11}}{11} + \frac{5x^9}{9} + \frac{10x^7}{7} + \frac{10x^5}{5} + \frac{5x^3}{3} + x + C.}}$$

13.4 $\int (5\sin x - \frac{3}{x} + \frac{4}{1+x^2})\,dx$

$$= 5\int \sin x\,dx - 3\int \frac{dx}{x} + 4\int \frac{dx}{1+x^2} = \underline{\underline{-5\cos x - 3\ln|x| + 4\arctan x + C.}}$$

Hierüberhinaus hat man zwei wesentliche Hilfsmittel, Integrale zu knacken:

- Substitution
- partielle Integration

Zur vertiefenden Wiederholung siehe auch **EM 2**.

13.1.2 Integration durch Substitution

Substitutionsregel

$$\int f(x)\,dx = \int f(g(t))\,g'(t)\,dt \qquad \underline{\text{Subst.:}} \quad \begin{array}{r} x = g(t) \\ dx = g'(t)\,dt \end{array}$$

vergleiche Seite 264: **Kettenregel** des Differenzierens

Ist $y = f(x)$ stetig, $x = g(t)$ stetig differenzierbar und umkehrbar mit der Umkehrfunktion $t = g^{-1}(x)$, so gilt

$g' = \frac{1}{(g^{-1})'}$ für die Ableitungen $g' = \frac{dx}{dt}$ und $(g^{-1})' = \frac{dt}{dx}$, also $\frac{dx}{dt} = \frac{1}{\frac{dt}{dx}}$.

Man kann folglich dx

aus der Ableitung $g'(t) = \frac{dx}{dt}$ oder aus der Ableitung $g^{-1\prime}(x) = \frac{dt}{dx}$ berechnen.

13.5 $\int (2-3x)^4\,dx$ Subst.: $2-3x = g^{-1}(x) = t$ oder $x = g(t) = -\frac{t-2}{3}$

$-3 = g^{-1\prime} = \frac{dt}{dx}$, $\quad dx = -\frac{1}{3}dt$ $\qquad \frac{dx}{dt} = g' = -\frac{1}{3}$, $\quad dx = -\frac{1}{3}dt$

$$= \int t^4\left(-\frac{1}{3}\right)dt$$
$$= -\frac{1}{3}\int t^4 dt$$
$$= -\frac{1}{15}t^5 + C = \underline{\underline{-\frac{1}{15}(2-3x)^5 + C.}}$$

13.6 $\int 3x^2 e^{x^3}\,dx$ Subst.: $x^3 = t$, $\quad 3x^2\,dx = dt$

$$= \int e^t dt$$
$$= e^t + C = \underline{\underline{e^{x^3} + C}}.$$

13.7 $\int 2x \cot x^2\,dx$ Subst.: $x^2 = t$, $\quad 2x\,dx = dt$

$$= \int \cot t\,dt$$

Subst.: $\sin t = u$, $\quad \cos t\,dt = du$

$$= \int \frac{\cos t}{\sin t}\,dt$$
$$= \int \frac{du}{u} = \ln|u| + C = \ln|\sin t| + C$$
$$= \underline{\underline{\ln|\sin x^2| + C}}.$$

13.8 $\int \frac{dx}{(2+x)\sqrt{1+x}}$ Subst.: $\sqrt{1+x} = t$, $\quad 1+x = t^2$, $\quad dx = 2t\,dt$

$$= \int \frac{2\,dt}{1+t^2} = 2\arctan t + C$$
$$= \underline{\underline{2\arctan\sqrt{1+x} + C}}.$$

13.9 $\int \frac{dx}{a^x + a^{-x}}$, $a > 0,\ a \neq 1$ Subst.: $a^x = t$, $\quad e^{x\ln a} = t$, $\quad a^x \ln a\,dx = dt$

$$= \frac{1}{\ln a}\int \frac{\frac{1}{t}\,dt}{t+\frac{1}{t}}$$
$$= \frac{1}{\ln a}\int \frac{dt}{t^2+1} = \frac{1}{\ln a}\arctan t + C = \underline{\underline{\frac{1}{\ln a}\arctan a^x + C}}.$$

Ableitung des Nenners im Zähler

$$\int \frac{f'(x)}{f(x)}\,dx = \ln|f(x)| + C \qquad \text{Subst.:}\quad f(x) = t,\quad f'(x)\,dx = dt$$

Hinweis: Entnimmt man ein Integral einer Formelsammlung, so ersetzt man ggf. immer $\ln f(x)$ durch $\ln|f(x)|$.

13.10 $\int \tan x\,dx = \int \frac{\sin x}{\cos x}\,dx = -\int \frac{-\sin x}{\cos x}\,dx = \underline{\underline{-\ln|\cos x| + C}},$ *(siehe* **F4***).*

In **F+H** findet man dagegen: $\int \tan x\,dx = -\ln(\cos x).$

Die Betragstriche setzt man aus dem im folgenden Beispiel erläuterten Grund:

13.11 $\int \frac{dx}{x-1} = \underline{\underline{\ln|x-1| + C.}}$

Hier sind Integrand $\frac{1}{x-1}$ und rechte Seite $\ln|x-1| + C$ beide für $x \neq 1$ erklärt und es gilt dort $(\ln|x-1| + C)' = \frac{1}{x-1}$, wie man durch Rechnung (Fallunterscheidung zur Beseitigung der Betragstriche: $x > 1$, $x < 1$) bestätigt!
Entnimmt man dagegen **F+H** $\int \frac{dx}{x-1} = \ln(x-1) + C$, so ist die rechte Seite nur für $x > 1$ erklärt; während der Integrand $\frac{1}{x-1}$ für alle $x \neq 1$ erklärt ist.

13.1.3 Partielle Integration

partielle Integration $\int u'v\,dx = uv - \int uv'\,dx$

vergleiche Seite 264 oder **F4**: **Produktregel** des Differenzierens

13.12 $\underset{u'\cdot v}{\int 9x^2 \cdot \ln|x|\,dx} = \underset{u\cdot v}{3x^3 \cdot \ln|x|} - \underset{u\cdot v'}{\int 3x^3 \cdot \frac{1}{x}\,dx} = \underline{\underline{3x^3 \ln|x| - x^3 + C.}}$

13.13 $\int \ln x\,dx = \underset{u'\cdot v}{\int 1 \cdot \ln x\,dx} = \underset{u\cdot v}{x \cdot \ln x} - \underset{u\cdot v'}{\int x \cdot \frac{1}{x}\,dx} = \underline{\underline{x(-1 + \ln x) + C}}.$

13.14 $\int \frac{1}{\cos^2 x} \cdot x\,dx = \tan x \cdot x - \int \tan x \cdot 1\,dx = \underline{\underline{x \tan x + \ln|\cos x| + C}}.$

13.15 *Die partielle Integration lässt sich auch folgendermaßen benutzen:*

$\int e^x \sin x\,dx$ zweimalige Anwendung der part. Integration ...

$$= e^x \sin x - \int e^x \cos x\,dx = e^x \sin x - e^x \cos x - \int e^x \sin x\,dx$$

Also gilt: $\underline{\int e^x \sin x\,dx = e^x \sin x - e^x \cos x - \int e^x \sin x\,dx.}$

Diese Gleichung liefert: $\int e^x \sin x\,dx = \underline{\underline{\frac{1}{2}e^x(\sin x - \cos x) + C.}}$

Weitere Beispiele zur partiellen Integration auf Seite 304.

13.1.4 Integration rationaler Funktionen (Partialbruchzerlegung)

Häufig gelingt es, durch Substitutionen Integrale rationaler Funktionen zu erhalten. Dann ist man praktisch fertig; denn diese lassen sich elementar lösen, d.h. durch geeignete Umformungen auf bekannte Integrale—wie sie z.B. in **F4** oder **F+H** stehen—zurückführen. Stichwort: **Partialbruchzerlegung**

Diese Umformungen können allerdings zeitraubend sein!

Rationale Funktionen lassen sich immer integrieren. Mittels der Partialbruchzerlegung (PBZ Seite 68 ff) führt man die unbestimmten Integrale rationaler Funktionen auf folgende Grundintegrale zurück:

Integration von Partialbrüchen

$$\left.\begin{aligned} \int \frac{dx}{x-a} &= \ln|x-a| \\ \int (x-a)^n\,dx &= \frac{(x-a)^{n+1}}{n+1} \quad \text{für} \quad n \neq -1 \\ \int \frac{dx}{(x-a)^k} &= \frac{(x-a)^{-k+1}}{-k+1} \quad \text{für} \quad k \neq 1 \end{aligned}\right\} \quad \text{Umschlagseite } \mathbf{F4} \text{ oder } \mathbf{F+H}$$

$$\int \frac{dx}{(x^2+px+q)^n} \quad \text{und} \quad \int \frac{x\,dx}{(x^2+px+q)^n} \qquad \mathbf{F+H}$$

13.16 *Man integriere folgende Partialbrüche (Umschlagseite* **F4***):*

(a) $\int \frac{dx}{x^2+3x+5}$ **F4**: $X = x^2+3x+5$

$a=1,\ b=3,\ c=5,\ \Delta = 4ac-b^2 = 11.$

$$= \frac{2}{\sqrt{11}} \arctan \frac{2x+3}{\sqrt{11}} + C.$$

(b) $\int \frac{dx}{x^2+3x-1}$ **F4**: $X = x^2+3x-1$

$a=1,\ b=3,\ c=-1,\ \Delta = 4ac-b^2 = -13.$

$$= \frac{1}{\sqrt{13}} \ln\left|\frac{2x+3-\sqrt{13}}{2x+3+\sqrt{13}}\right| + C = \begin{cases} -\frac{2}{\sqrt{13}} \operatorname{artanh} \frac{2x+3}{\sqrt{13}} + C, & \text{für } |2x+3| < \sqrt{13}, \\ -\frac{2}{\sqrt{13}} \operatorname{arcoth} \frac{2x+3}{\sqrt{13}} + C, & \text{für } |2x+3| > \sqrt{13}. \end{cases}$$

(c) $\int \frac{dx}{(x^2+2x+3)^3}$ **F4**: $X = x^2+2x+3,\ a=1,\ b=2,\ c=3,\ \Delta=8.$

$$= \frac{2x+2}{8}\left(\frac{1}{2(x^2+2x+3)^2} + \frac{3}{8(x^2+2x+3)}\right) + \frac{6}{64}\int \frac{dx}{x^2+2x+3}, \qquad \mathbf{F4}$$

$$= \frac{x+1}{32}\left(\frac{4}{(x^2+2x+3)^2} + \frac{3}{x^2+2x+3}\right) + \frac{3}{32}\left(\frac{2}{\sqrt{8}} \arctan \frac{2x+2}{\sqrt{8}}\right) + C$$

$$= \frac{x+1}{32}\left(\frac{4}{(x^2+2x+3)^2} + \frac{3}{x^2+2x+3}\right) + \frac{3\sqrt{2}}{64} \arctan \frac{x+1}{\sqrt{2}} + C.$$

(d) $\int \frac{dx}{(1+x^2)^2} = \frac{1}{2}\left(\frac{x}{1+x^2} + \arctan x\right) + C,$ siehe [13.125].

13.17 *Man integriere folgende rationalen Funktionen mittels PBZ*

$$\int \frac{x^3-2x^2+x+5}{x^2-1}\,dx$$

aber $\int \frac{x^4\,dx}{x^5-1}$ nicht PBZ !	
sondern:	$\int \frac{f'}{f}\,dx = \ln\lvert f\rvert + C,$ **F4**
	$\int \frac{x^4\,dx}{x^5-1} = \underline{\frac{1}{5}\ln\lvert x^5-1\rvert + C}$

(1) Durchdividieren:
$$\frac{x^3-2x^2+x+5}{x^2-1} = \underline{x-2+\frac{2x+3}{x^2-1}}.$$

(2) Nullstellen des Nenners: $x^2-1=0 \implies x_1=1\ ,\ x_2=-1.$

(3) Ansatz der Partialbrüche: $\frac{2x+3}{(x-1)(x+1)} = \frac{A}{x-1}+\frac{B}{x+1}.$

(4) Bestimmung der Koeffizienten :
Die Zuhaltemethode ergibt unmittelbar: $\underline{A=\frac{5}{2}}\ ,\ \underline{B=-\frac{1}{2}}.$

(5) Integration:
$$\int \frac{x^3-2x^2+x+5}{x^2-1}\,dx = \int (x-2)\,dx + \frac{5}{2}\int\frac{dx}{x-1} - \frac{1}{2}\int\frac{dx}{x+1}$$
$$= \underline{\underline{\frac{x^2}{2}-2x+\frac{5}{2}\ln\lvert x-1\rvert - \frac{1}{2}\ln\lvert x+1\rvert + C.}}$$

13.18 $\int \frac{(2x+1)\,dx}{x^4+3x^3+4x^2+3x+1}$

(1) Durchdividieren: Entfällt, da Integrand schon echt gebrochen!

(2) Nullstellen des Nenners:
$x^4+3x^3+4x^2+3x+1=0 \implies \underline{x_1=-1}$ (Probieren)
$(x^4+3x^3+4x^2+3x+1):(x+1) = x^3+2x^2+2x+1$
$x^3+2x^2+2x+1=0 \implies \underline{x_2=-1}$ (Probieren)
$(x^3+2x^2+2x+1):(x+1) = x^2+x+1$
$x^2+x+1=0 \implies \underline{x_{3,4}=-\frac{1}{2}\pm\frac{\sqrt{3}}{2}i}$ (nicht reell)
x^2+x+1 ist also (in $\mathbb{R}$) unzerlegbar!

<u>Faktorzerlegung des Nenners:</u> $\frac{(2x+1)}{x^4+3x^3+4x^2+3x+1} = \frac{2x+1}{(x^2+x+1)(x+1)^2}.$

(3) Ansatz der Partialbrüche: $\frac{2x+1}{(x^2+x+1)(x+1)^2} = \frac{Ax+B}{x^2+x+1}+\frac{C_1}{x+1}+\frac{C_2}{(x+1)^2}.$

(4) Koeffizienten bestimmen: Die Zuhaltemethode liefert zunächst nur $\underline{C_2=-1}$
$$\frac{2x+1}{(x^2+x+1)(x+1)^2}+\frac{1}{(x+1)^2} = \frac{x^2+3x+2}{(x^2+x+1)(x+1)^2} = \frac{Ax+B}{x^2+x+1}+\frac{C_1}{x+1}$$
Kürzen durch $x+1$ (Probe!) ergibt: $x^2+3x+2=(x+2)(x+1)$
$$\frac{x+2}{(x^2+x+1)(x+1)} = \frac{Ax+B}{x^2+x+1}+\frac{C_1}{x+1} \quad \text{(Zuhaltemethode!)} \implies \underline{C_1=1}$$
$$\frac{x+2}{(x^2+x+1)(x+1)}-\frac{1}{x+1} = \frac{-x^2+1}{(x^2+x+1)(x+1)} = \frac{-x+1}{x^2+x+1} = \frac{Ax+B}{x^2+x+1}.$$
Koeffizientenvergleich liefert nun: $\underline{A=-1}\ ,\ \underline{B=1}.$

(5) Integration:

$$\int \frac{(2x+1)\,dx}{x^4+3x^3+4x^2+3x+1} = \int \frac{-x+1}{x^2+x+1}\,dx + \int \frac{dx}{x+1} - \int \frac{dx}{(x+1)^2}, \text{ wobei}$$

$$\begin{aligned}\int \frac{-x+1}{x^2+x+1}\,dx &= -\int \frac{x\,dx}{x^2+x+1} + \int \frac{dx}{x^2+x+1} \\ &= -\frac{1}{2}\ln|x^2+x+1| + \frac{1}{2}\int \frac{dx}{x^2+x+1} + \int \frac{dx}{x^2+x+1} \\ &= -\frac{1}{2}\ln|x^2+x+1| + \frac{3}{2}\int \frac{dx}{x^2+x+1} \\ &= \underline{-\frac{1}{2}\ln|x^2+x+1| + \sqrt{3}\arctan\frac{2x+1}{\sqrt{3}} + C.}\end{aligned}$$

$\int \frac{dx}{x+1} = \underline{\ln|x+1| + C}$ und $\int \frac{dx}{(x+1)^2} = \underline{\frac{-1}{x+1} + C,}$ also erhält man:

$$\int \frac{(2x+1)\,dx}{x^4+3x^3+4x^2+3x+1} = \underline{\underline{-\frac{1}{2}\ln|x^2+x+1| + \sqrt{3}\arctan\frac{2x+1}{\sqrt{3}} + \ln|x+1| + \frac{1}{x+1} + C.}}$$

3.19 $\int \frac{x^3-x^2-7x+11}{x^3-2x^2-5x+6}\,dx$

(1) Durchdividieren: $\frac{x^3-x^2-7x+11}{x^3-2x^2-5x+6} = 1 + \frac{x^2-2x+5}{x^3-2x^2-5x+6}.$

(2) Nullstellen des Nenners: Probieren $\Longrightarrow \underline{x_1 = 1}$

$(x^3-2x^2-5x+6):(x-1) = x^2-x-6 = 0 \Longrightarrow \underline{x_2 = 3}$ und $\underline{x_3 = -2}.$

Faktorzerlegung des Nenners: $\frac{x^2-2x+5}{x^3-2x^2-5x+6} = \frac{x^2-2x+5}{(x-1)(x-3)(x+2)}.$

(3) Ansatz der Partialbrüche: $\frac{x^2-2x+5}{(x-1)(x-3)(x+2)} = \frac{A}{x-1} + \frac{B}{x-3} + \frac{C}{x+2}.$

(4) Bestimmung der Koeffizienten : Zuhaltemethode: $\underline{A = -\frac{2}{3}}$, $\underline{B = \frac{4}{5}}$, $\underline{C = \frac{13}{15}}.$

(5) Integration:

$$\begin{aligned}\int \frac{x^3-x^2-7x+11}{x^3-2x^2-5x+6}\,dx &= \int dx - \int \frac{\frac{2}{3}\,dx}{x-1} + \int \frac{\frac{4}{5}\,dx}{x-3} + \int \frac{\frac{13}{15}\,dx}{x+2} \\ &= \underline{\underline{x - \frac{2}{3}\ln|x-1| + \frac{4}{5}\ln|x-3| + \frac{13}{15}\ln|x+2| + C.}}\end{aligned}$$

3.20 $\int \frac{12\,dx}{e^x \sinh x(e^{2x}-4)}$ Subst.: $\left| \begin{array}{l} e^x = t \\ e^x\,dx = dt \end{array}\right.$, mit $\sinh x = \frac{e^x-e^{-x}}{2} = \frac{t^2-1}{2t}$

$$= \int \frac{12\,dt}{t^2\frac{(t^2-1)}{2t}(t^2-4)}$$

PBZ unmittelbar mit Zuhaltemethode!

$$= \int \frac{24\,dt}{t(t-1)(t+1)(t-2)(t+2)} = \int \left(\frac{6}{t} - \frac{4}{t-1} - \frac{4}{t+1} + \frac{1}{t-2} + \frac{1}{t+2}\right) dt$$

$$= 6\ln|t| - 4\ln|t-1| - 4\ln|t+1| + \ln|t-2| + \ln|t+2| + C$$

$$= \underline{\underline{6x + \ln\left|\frac{e^{2x}-4}{(e^{2x}-1)^4}\right| + C.}}$$

13.1.5 Integration einiger nicht rationaler Funktionen

Anders als bei den rationalen Funktionen gibt es keine allgemeingültige Methode, die unbestimmten Integrale nicht rationaler Funktionen zu berechnen.
In manchen Fällen lässt sich der Integrand durch geschicktes Substituieren rational machen und dann mittels **PBZ** integrieren.
Im Folgenden bezeichnet $R(u,v)$ eine rationale Funktion der Veränderlichen u und v, d.h. u und v sind nur durch die vier Grundrechenarten $(+,-,\cdot,:)$ verknüpft, wie z.B. $R(u,v) = u\frac{(u^2-2uv^3)(2u-3uv)}{3uv+v^2-u^2v^4} + \frac{3+u}{u^2+2uv}$.

Wurzel wegsubstituieren!

$$\int R(x, \sqrt[m]{\frac{px+q}{rx+s}})\,dx \qquad \underline{\text{Subst.:}} \quad \boxed{\sqrt[m]{\frac{px+q}{rx+s}} = t} \qquad x = \frac{st^m-q}{p-rt^m}, \quad dx = mt^{m-1}\frac{sp-rq}{(p-rt^m)^2}\,dt$$

13.21 $\int \frac{dx}{\sqrt[3]{x}\,(\sqrt[3]{x}+1)}$ Subst.: $\sqrt[3]{x} = t$, $x = t^3$, $dx = 3t^2\,dt.$ Es ist $\sqrt[m]{\frac{px+q}{rx+s}} = \sqrt[3]{x}$, $m=3$, $p=s=1$, $q=r=0$.

$$= \int \frac{3t^2\,dt}{t(t+1)} = 3\int \frac{t\,dt}{t+1} = \cdots \textbf{ F+H} \ldots \text{ oder einfacher:}$$

$$= 3\int \frac{t+1-1}{t+1}\,dt = 3\int dt - 3\int \frac{dt}{t+1} = 3t - 3\ln|t+1| + C = \underline{\underline{3\sqrt[3]{x} - 3\ln|\sqrt[3]{x}+1| + C}}$$

13.22 $\int \frac{1}{x}\sqrt{\frac{1-x}{1+x}}\,dx$ Subst.: $\sqrt{\frac{1-x}{1+x}} = t \implies x = \frac{1-t^2}{1+t^2}$, $\frac{1-x}{1+x} = t^2$, $dx = \frac{-4t\,dt}{(1+t^2)^2}$

$$= \int \frac{1+t^2}{1-t^2}\,t\,\frac{-4t}{(1+t^2)^2}\,dt$$

$$= \int \frac{-4t^2\,dt}{(1-t^2)(1+t^2)} = \int \frac{4t^2\,dt}{(t^2-1)(t^2+1)} \quad \text{PBZ ergibt:}$$

$$= \int \frac{4t^2\,dt}{(t-1)(t+1)(t^2+1)} = \int (\frac{1}{t-1} - \frac{1}{t+1} + \frac{2}{t^2+1})\,dt$$

$$= \ln|t-1| - \ln|t+1| + 2\arctan t + C = \ln\left|\frac{t-1}{t+1}\right| + 2\arctan t + C$$

$$= \ln\left|\frac{\sqrt{1-x}-\sqrt{1+x}}{\sqrt{1-x}+\sqrt{1+x}}\right| + 2\arctan\sqrt{\frac{1-x}{1+x}} + C,$$

mittels $\tan\frac{\alpha}{2} = \frac{1-\cos\alpha}{1+\cos\alpha}$, **F+H** und Umformungen des ln erhält man:

$$= \underline{\underline{\arccos x - \ln\frac{1+\sqrt{1-x^2}}{x} + C.}}$$

13.23 $\int \sqrt[3]{\frac{x+1}{x-1}}\,dx$ Subst.: $\sqrt[3]{\frac{x+1}{x-1}} = t \implies x = \frac{t^3+1}{t^3-1}$, $\quad \frac{x+1}{x-1} = t^3 \qquad dx = -6\frac{t^2\,dt}{(t^3-1)^2}$

$$= \int t\cdot(-6\frac{t^2\,dt}{(t^3-1)^2}) = -6\int \frac{t^3}{(t^3-1)^2}\,dt.$$

PBZ und Integration ergeben nach mühsamer Rechnung:

$$= \frac{2t}{t^3-1} + \frac{1}{3}\ln\left|\frac{t^3-1}{(t-1)^3}\right| + \frac{2}{\sqrt{3}}\arctan\frac{2t+1}{\sqrt{3}} + C.$$

Nun setzt man noch $t = \sqrt[3]{\frac{x+1}{x-1}}$ und hat das Integral gelöst!

Wurzel wegsubstituieren!

$$\int R\left(x, \left(\frac{px+q}{rx+s}\right)^k, \left(\frac{px+q}{rx+s}\right)^\ell\right)dx$$

Subst.: $\boxed{\sqrt[m]{\frac{px+q}{rx+s}} = t}$

x, dx, siehe Seite 292.

k, ℓ rationale Zahlen

m = Hauptnenner der Brüche k, ℓ

3.24 $\int \frac{dx}{\sqrt{\frac{x+1}{2}} + \sqrt[3]{\frac{x+1}{2}}}$ $\frac{px+q}{rx+s} = \frac{x+1}{2}$, $\quad k = \frac{1}{2}$, $\ell = \frac{1}{3}$, also $m = 6$.

Subst.: $\frac{x+1}{2} = t^6 \implies x = 2t^6 - 1 \implies dx = 12t^5\,dt$

$$= 12\int \frac{t^5\,dt}{t^3+t^2}$$

$$= 12\int \frac{t^3\,dt}{t+1} = 12\int (t^2 - t + 1 - \frac{1}{1+t})\,dt = 4t^3 - 6t^2 + 12t - 12\ln|t+1| + C$$

$$= 4\sqrt{\frac{x+1}{2}} - 6\sqrt[3]{\frac{x+1}{2}} + 12\sqrt[6]{\frac{x+1}{2}} - 12\ln\left(\sqrt[6]{\frac{x+1}{2}} + 1\right) + C.$$

3.25 $\int \frac{\sqrt{x}\,dx}{6\sqrt[3]{x}+6}$ $\frac{px+q}{rx+s} = x$, $\quad k = \frac{1}{2}$, $\ell = \frac{1}{3}$, also $m = 6$.

Subst.: $x = t^6$, $\quad dx = 6t^5\,dt$

$$= \int \frac{t^3 6t^5\,dt}{6(t^2+1)}$$

$$= \int \frac{t^8\,dt}{t^2+1}$$ Durchdividieren ergibt:

$$= \int (t^6 - t^4 + t^2 - 1 + \frac{1}{t^2+1})\,dt = \frac{1}{7}t^7 - \frac{1}{5}t^5 + \frac{1}{3}t^3 - t + \arctan t + C$$

$$= \frac{1}{7}x\sqrt[6]{x} - \frac{1}{5}\sqrt[6]{x^5} + \frac{1}{3}\sqrt[6]{x^3} - \sqrt[6]{x} + \arctan\sqrt[6]{x} + C.$$

Wurzeln sind beim Integrieren äußerst unangenehm! Manchmal gelingt das Wegsubstituieren von Wurzeln nur auf vermeintlichen Umwegen.
Beim folgenden Beispiel sind bis zu drei Schritte nötig, um endlich einen rationalen Integranden zu erhalten:

	Beispiel (siehe 13.32):
$\int R(x, \sqrt{ax^2+bx+c})\,dx$	$\displaystyle\int \frac{\sqrt{-x^2+2x}}{x-1}\,dx$
$\Downarrow$ **(1)**	$\Downarrow$ **(1)** $(u = x-1)$
$\int R(u, \sqrt{u^2+1})\,du$ $\int R(u, \sqrt{u^2-1})\,du$ $\int R(u, \sqrt{1-u^2})\,du$	$\displaystyle\int \frac{\sqrt{1-u^2}}{u}\,du$
$\Downarrow$ **(2)**	$\Downarrow$ **(2)** $(\sin v = u)$
$\int R(\sin v, \cos v)\,dv$ $\int R(e^v, \sinh v, \cosh v)\,dv$	$\displaystyle\int \frac{\cos^2 v}{\sin v}\,dv$
$\Downarrow$ **(3)**	$\Downarrow$**(3)** $(t = \cos v)$
$\int R(t)\,dt$	$\displaystyle\int \frac{t^2\,dt}{t^2-1}$, PBZ $\cdots$

(1) Durch quadratische Ergänzung und Substitution wird ax^2+bx+c $(a \neq 0)$ auf eine der drei Formen zurückgeführt:

$$\boxed{\begin{matrix} k\cdot(u^2+1) \\ k\cdot(u^2-1) \\ k\cdot(1-u^2) \end{matrix}}$$, wobei k eine reelle Konstante ist!

13.26 $\int \sqrt{2x^2+4x-2}\;dx = \underline{\underline{\int 2\sqrt{2}\,\sqrt{u^2-1}\;du}}$, denn

$$\begin{aligned} 2x^2+4x-2 &= 2(x^2+2x+1)-4 = 2(x+1)^2-4 = 4\Big(\frac{(x+1)^2}{2}-1\Big) \\ &= 4\Big(\Big(\frac{x+1}{\sqrt{2}}\Big)^2-1\Big) \qquad \underline{\text{Subst.:}}\quad \frac{x+1}{\sqrt{2}} = u \\ &\qquad\qquad\qquad\qquad\qquad\qquad\quad dx = \sqrt{2}\,du \\ &= 4(u^2-1),\ \ k=4. \quad \text{Lösung des Integrals: 13.34.} \end{aligned}$$

(2) Man hat nun eines der folgenden drei Integrale erhalten und beseitigt die Wurzeln mittels der beiden Formeln $\boxed{\cos^2 t + \sin^2 t = 1}$ oder $\boxed{\cosh^2 t - \sinh^2 t = 1}$

$\int R(u, \sqrt{u^2+1})\,du$	<u>Subst.:</u>	$u = \sinh t$	$u^2+1 = \cosh^2 t,$	$du = \cosh t\,dt$
$\int R(u, \sqrt{u^2-1})\,du$	<u>Subst.:</u>	$u = \cosh t$	$u^2-1 = \sinh^2 t,$	$du = \sinh t\,dt$
$\int R(u, \sqrt{1-u^2})\,du$	<u>Subst.:</u>	$u = \sin t$	$1-u^2 = \cos^2 t,$	$du = \cos t\,dt$

(3) Durch diese Substitutionen werden die Integranden rationale Funktionen in den Argumenten $\sinh t$, $\cosh t$ oder $\sin t$, $\cos t$.
Oft lässt sich dann eine Stammfunktion sofort angeben. Andernfalls sind Methoden anzuwenden, die im Folgenden besprochen werden:

Trigonometrische Funktionen

Generalsubstitution

$\int R(\sin x, \cos x)\, dx$ Subst.: $\boxed{\tan\frac{x}{2} = t}$ $\sin x = \frac{2t}{1+t^2}$, $\cos x = \frac{1-t^2}{1+t^2}$, $dx = \frac{2\,dt}{1+t^2}$

Die Substitution $\tan\frac{x}{2} = t$ (Generalsubstitution!) führt zwar immer zum Ziel, in einigen Sonderfällen sind folgende Substitutionen einfacher:

Sonderfälle

(**C**) $R(-\sin x, \cos x) = -R(\sin x, \cos x)$ Subst.: $\boxed{\cos x = t}$ $-\sin x\, dx = dt$
R ist ungerade in $\sin x$.

(**S**) $R(\sin x, -\cos x) = -R(\sin x, \cos x)$ Subst.: $\boxed{\sin x = t}$ $\cos x\, dx = dt$
R ist ungerade in $\cos x$.

(**T**) $R(-\sin x, -\cos x) = R(\sin x, \cos x)$ Subst.: $\boxed{\tan x = t}$ $\sin^2 x = \frac{t^2}{1+t^2}$, $dx = \frac{dt}{1+t^2}$, $\cos^2 x = \frac{1}{1+t^2}$

Hyperbelfunktionen

$\int R(e^x, \sinh x, \cosh x)\, dx$ Subst.: $\boxed{e^x = t}$ $\sinh x = \frac{t^2-1}{2t}$, $\cosh x = \frac{t^2+1}{2t}$, $dx = \frac{dt}{t}$

Diese Substitutionen machen in den angegebenen Fällen den Integranden rational in t, so dass die unbestimmten Integrale mittels PBZ gelöst werden können.

3.27 *Man zeige:*

Aus $\tan\frac{x}{2} = t$ *folgt:* $\sin x = \frac{2t}{1+t^2}$, $\cos x = \frac{1-t^2}{1+t^2}$, $dx = \frac{2\,dt}{1+t^2}$.

$$\sin 2x = 2\sin x\cos x = \frac{2\sin x\cos x}{\cos^2 x+\sin^2 x} = \frac{2\frac{\sin x}{\cos x}}{1+\frac{\sin^2 x}{\cos^2 x}} = \frac{2\tan x}{1+\tan^2 x}$$

$$\Longrightarrow \quad \sin x = \frac{2\tan\frac{x}{2}}{1+\tan^2\frac{x}{2}} = \underline{\frac{2t}{1+t^2}}.$$

$$\cos 2x = \cos^2 x - \sin^2 x = \frac{\cos^2 x-\sin^2 x}{\cos^2 x+\sin^2 x} = \frac{1-\tan^2 x}{1+\tan^2 x}$$

$$\Longrightarrow \quad \cos x = \frac{1-\tan^2\frac{x}{2}}{1+\tan^2\frac{x}{2}} = \underline{\frac{1-t^2}{1+t^2}}.$$

$$\tan\frac{x}{2} = t \Longrightarrow \frac{x}{2} = \arctan t \Longrightarrow x = 2\arctan t \Longrightarrow dx = \underline{\frac{2\,dt}{1+t^2}}.$$

13.28 *Man berechne das unbestimmte Integral* $\displaystyle\int \frac{\sin x \cos x}{1-\sin x}\,dx.$

In diesem Fall ist $R(\sin x, \cos x) = \dfrac{\sin x \cos x}{1-\sin x}$. Subst.: $\tan\frac{x}{2}$ ist möglich!

Besser ist jedoch $\sin x = t$, weil der Integrand ungerade in $\cos x$ ist, denn es ist:

$$R(\sin x, -\cos x) = \frac{\sin x(-\cos x)}{1-\sin x} = -\frac{\sin x \cos x}{1-\sin x} = -R(\sin x, \cos x).$$

$$\int \frac{\sin x \cos x}{1-\sin x}\,dx \qquad \underline{\text{Subst.:}} \qquad \begin{array}{c}\sin x = t\\ \cos x\,dx = dt\end{array}$$

$$= -\int \frac{t-1}{t-1}\,dt - \int \frac{dt}{t-1} = -t - \ln|t-1| + C = \underline{\underline{-\sin x - \ln|\sin x - 1| + C}}.$$

13.29 *Man berechne* $\displaystyle\int \frac{dx}{\sin x \cos x}$. *Man hat folgende 4 Lösungsmöglichkeiten:*

(1) Die Substitution $\boxed{\tan\frac{x}{2} = t}$ ist möglich; aber umständlich:

$$\int \frac{dx}{\sin x \cos x} \qquad \underline{\text{Subst.:}} \quad \left|\begin{array}{ll}\tan\frac{x}{2} = t & \sin x = \frac{2t}{1+t^2}\\ dx = \frac{2\,dt}{1+t^2} & \cos x = \frac{1-t^2}{1+t^2}\end{array}\right.$$

$$= \int \frac{2\,dt}{(1+t^2)\frac{2t}{1+t^2}\,\frac{1-t^2}{1+t^2}} = \int \frac{(1+t^2)\,dt}{t(1-t^2)} = -\int \frac{(1+t^2)\,dt}{t(t-1)(t+1)} = \cdots \text{ PBZ } \cdots.$$

(2) Besser ist $\boxed{\cos x = t}$, weil der Integrand ungerade in $\sin x$ ist:

$$\int \frac{dx}{\sin x \cos x} \quad \underline{\text{Subst.:}} \quad \cos x = t \ , \ -\sin x dx = dt$$

$$= -\int \frac{-\sin x\,dx}{\sin^2 x \cos x} = -\int \frac{-\sin x\,dx}{(1-\cos^2 x)\cos x} = -\int \frac{dt}{(1-t^2)t} = \cdots \text{ PBZ } \cdots.$$

(3) Noch besser ist $\boxed{\tan x = t}$, weil R unter den Sonderfall (T) fällt:

$$R(-\sin x, -\cos x) = \frac{1}{(-\sin x)(-\cos x)} = \frac{1}{\sin x \cos x} = R(\sin x, \cos x)$$

$$\int \frac{dx}{\sin x \cos x} \qquad \underline{\text{Subst.:}} \quad \tan x = t \quad \frac{dx}{\cos^2 x} = dt$$

$$= \int \frac{dx}{\frac{\sin x}{\cos x}\cos^2 x} = \int \frac{dt}{t} = \ln|t| + C = \underline{\underline{\ln|\tan x| + C}}.$$

(4) Benutzt man $\sin 2x = 2\sin x \cos x$, ist auch $\boxed{\cos 2x = t}$ also Fall (C) möglich:

$$= -\int \frac{dt}{1-t^2} = -\int \left(\frac{\frac{1}{2}}{1-t} + \frac{\frac{1}{2}}{1+t}\right) dt$$

$$= \ln\sqrt{\frac{1-t}{1+t}} + C = \ln\sqrt{\frac{1-\cos 2x}{1+\cos 2x}} + C = \underline{\underline{\ln|\tan x| + C}}.$$

13.30 $$\int \frac{\sin^2 x + \sin x}{\cos^2 x + \cos x}\,dx = \int R(\sin x, \cos x)\,dx \qquad \underline{\textit{Subst.:}}\ \tan\frac{x}{2} = t$$

Hier ist nur diese Substitution möglich, weil keine der Voraussetzungen für (C), (S), (T) erfüllt ist. Durch sie erhält man:

$$\underline{\text{Subst.:}}\ \left|\ \begin{aligned} \tan\tfrac{x}{2} &= t \\ x &= 2\arctan t & \sin x &= \tfrac{2t}{1+t^2} \\ dx &= \tfrac{2dt}{1+t^2} & \cos x &= \tfrac{1-t^2}{1+t^2} \end{aligned}\right.$$

$$\int \frac{\sin^2 x + \sin x}{\cos^2 x + \cos x}\,dx = 2\int \frac{t^3+2t^2+t}{(1-t)(1+t)(1+t^2)}\,dt \quad \text{Kürzen und PBZ ergibt:}$$
$$= 2\int \frac{t(1+t)}{(1-t)(1+t^2)}\,dt = -2\int\Big(\frac{1}{t-1} + \frac{1}{1+t^2}\Big)\,dt$$
$$= -2\ln|t-1| - 2\arctan t + C = \underline{\underline{-2\ln|\tan\frac{x}{2} - 1| - x + C}}\,.$$

13.31 *Man berechne* (a) $\displaystyle\int \frac{\sinh x + \cosh x}{e^x \cosh x}\,dx$ *und* (b) $\displaystyle\int \frac{dx}{\sinh x}$.

(a) $$\int \frac{\sinh x + \cosh x}{e^x \cosh x}\,dx = \int R(e^x, \sinh x, \cosh x)\,dx \qquad \underline{\text{Subst.:}}\ \left|\ \begin{aligned} e^x &= t \\ dx &= \frac{dt}{t} \\ \sinh x &= \frac{t^2-1}{2t} \\ \cosh x &= \frac{t^2+1}{2t} \end{aligned}\right.$$
$$= \int \frac{\frac{t^2-1}{2t} + \frac{t^2+1}{2t}}{t^2\frac{t^2+1}{2t}}\,dt$$
$$= 2\int \frac{dt}{1+t^2} = 2\arctan t + C$$
$$= \underline{\underline{2\arctan e^x + C}}\,.$$

Einfacher:

$$\sinh x + \cosh x = e^x \quad \text{und} \quad \int \frac{\sinh x + \cosh x}{e^x \cosh x}\,dx = \int \frac{dx}{\cosh x} = 2\int \frac{dt}{1+t^2} = \ldots$$

(b) $$\int \frac{dx}{\sinh x} = \int \frac{2t}{t^2-1}\,\frac{dt}{t} \qquad \underline{\text{Subst.:}}\ \left|\ \begin{aligned} e^x &= t \\ dx &= \frac{dt}{t} \\ \sinh x &= \frac{t^2-1}{2t} \end{aligned}\right.$$
$$= \int\Big(\frac{1}{t-1} + \frac{-1}{t+1}\Big)\,dt$$
$$= \ln|t-1| - \ln|t+1| + C$$
$$= \ln\Big|\frac{e^x-1}{e^x+1}\Big| + C$$
$$= \ln\Big|\frac{\frac{1}{2}(e^{x/2}-e^{-x/2})}{\frac{1}{2}(e^{x/2}+e^{-x/2})}\Big| + C$$
$$= \ln\Big|\frac{\sinh x/2}{\cosh x/2}\Big| + C$$
$$= \underline{\underline{\ln\big|\tanh\tfrac{x}{2}\big| + C}} =$$

auch möglich:

$$\underline{\text{Subst.:}}\ \left|\ \begin{aligned} \cosh x &= t \\ \tfrac{dx}{\sinh x} &= \tfrac{dt}{t^2-1} = \tfrac{1}{2}\big(\tfrac{dt}{t-1} - \tfrac{dt}{t+1}\big) \end{aligned}\right.$$

das ergibt:

$$\underline{\underline{\tfrac{1}{2}\ln\tfrac{\cosh x-1}{\cosh x+1} + C}} = \underline{\underline{-\text{arcoth}\,(\cosh x) + C}}.$$

13.32 *Man berechne* $I = \int \frac{\sqrt{-x^2+2x}}{x-1}\,dx.$

$$\int \frac{\sqrt{-x^2+2x}}{x-1}\,dx = \int R(x, \sqrt{ax^2+bx+c}\,)\,dx \quad \text{mit} \quad a=-1,\ b=2,\ c=0.$$

(1) Umformung: $-x^2+2x = -x^2+2x-1+1 = -(x-1)^2+1$ Subst.: $\left|\begin{array}{r} x-1=u \\ dx=du \end{array}\right.$

$$\Longrightarrow \quad \underline{I = \int \frac{\sqrt{1-u^2}}{u}\,du.}$$

(2) Beseitigung der Wurzel: $\frac{\sqrt{1-u^2}}{u} = R(u, \sqrt{1-u^2})$. Subst.: $\left|\begin{array}{r} u=\sin v \\ du=\cos v\,dv \end{array}\right.$

$$\Longrightarrow \quad \underline{I = \int \frac{\cos^2 v}{\sin v}\,dv.}$$

(3) Der Integrand ist ungerade in $\sin v$:

$$R(-\sin v, \cos v) = \frac{\cos^2 v}{-\sin v} = -\frac{\cos^2 v}{\sin v} = -R(\sin v, \cos v)$$

$I = \int \frac{\cos^2 v}{\sin v}\,dv$ Subst.: $\left|\begin{array}{c} \cos v = t \\ -\sin v\,dv = dt \end{array}\right.$, $\sin^2 v = 1-t^2$, liefert:

$$I = \int \frac{\cos^2 v(-\sin v\,dv)}{-\sin^2 v} = \int \frac{t^2\,dt}{t^2-1}$$

$$= \int \left(1+\tfrac{1}{t^2-1}\right)dt = t + \int \frac{dt}{(t-1)(t+1)} = t + \tfrac{1}{2}\int \left(\frac{1}{t-1} - \frac{1}{t+1}\right)dt$$

$= \underline{t + \tfrac{1}{2}\ln\left|\tfrac{t-1}{t+1}\right| + C.}$ Rücksubstitution: $t = \cos v = \sqrt{1-\sin^2 v} = \sqrt{1-u^2} = \sqrt{-x^2+2x}$

$$= \sqrt{-x^2+2x} + \tfrac{1}{2}\ln\left|\frac{\sqrt{-x^2+2x}-1}{\sqrt{-x^2+2x}+1}\right| + C$$

$$= \underline{\underline{\sqrt{-x^2+2x} - \ln\frac{1+\sqrt{-x^2+2x}}{x-1} + C.}}$$

13.33 *Man berechne* $\int \sqrt{2x^2+4x-2}\,dx.$

Umformung des Integranden, siehe auch [13.26]:

$$\sqrt{2x^2+4x-2} = \sqrt{2(x^2+2x+1)-4} = 2\sqrt{\tfrac{x^2+2x+1}{2}-1} = 2\sqrt{\left(\tfrac{x+1}{\sqrt{2}}\right)^2-1}\,.$$

$$\int \sqrt{2x^2+4x-2}\,dx = 2\int \sqrt{\left(\tfrac{x+1}{\sqrt{2}}\right)^2 - 1}\,dx \qquad \underline{\text{Subst. 1:}}\ \left|\ \begin{aligned} \tfrac{x+1}{\sqrt{2}} &= u \\ dx &= \sqrt{2}\,du \end{aligned}\right.$$

$$= 2\sqrt{2}\int \sqrt{u^2-1}\,du \qquad \underline{\text{Subst. 2:}}\ \left|\ \begin{aligned} u &= \cosh v \\ du &= \sinh v\,dv \end{aligned}\right.$$

$$= 2\sqrt{2}\int \sinh^2 v\,dv \quad \text{(siehe auch unten)} \qquad \underline{\text{Subst. 3:}}\ \left|\ \begin{aligned} e^v &= t \\ e^v\,dv &= dt \end{aligned}\right.$$

$$= \frac{\sqrt{2}}{2}\int \frac{t^4-2t^2+1}{t^3}\,dt = \frac{\sqrt{2}}{2}\int \left(t - \frac{2}{t} + \frac{1}{t^3}\right)dt = \underline{\frac{\sqrt{2}}{2}\left(\frac{t^2}{2} - 2\ln|t| - \frac{1}{2t^2}\right) + C.}$$

Rücksubstitution:

$$\begin{aligned} t &= \mathrm{e}^v = \mathrm{e}^{\operatorname{arcosh} u} = \mathrm{e}^{\operatorname{arcosh}\frac{x+1}{\sqrt{2}}} = \tfrac{1}{\sqrt{2}}\left(x+1+\sqrt{x^2+2x-1}\right), \text{ siehe [3.41]} \\ t^2 &= x^2+2x+(x+1)\sqrt{x^2+2x-1} \\ \tfrac{1}{t^2} &= x^2+2x-(x+1)\sqrt{x^2+2x-1} \end{aligned}$$

$\ln|t| = \operatorname{arcosh}\frac{x+1}{\sqrt{2}}$. Man erhält nach mühsamer Rechnung:

$$\int \sqrt{2x^2+4x-2}\,dx = \underline{\underline{\frac{x+1}{\sqrt{2}}\sqrt{x^2+2x-1} - \sqrt{2}\operatorname{arcosh}\frac{x+1}{\sqrt{2}} + C.}}$$

Diese Substitutionen führen immer zum Ziel.
Oft gibt es elegantere Wege, die zu übersichtlicheren Ergebnissen führen!

Bei der Lösung des obigen Integrals $\int \sinh^2 v\,dv$ benutzen wir folgende trigonometrische Formeln, siehe Umschlagseite **F1** oder **F+H**:

(1) $\sinh v = \sqrt{\cosh^2 v - 1}$, wegen $\cosh^2 v - \sinh^2 v = 1$

(2) $\sinh 2v = 2\sinh v \cosh v$, **F1** oder **F+H**

(3) $\sinh v = \pm\sqrt{\frac{1}{2}(\cosh 2v - 1)}$, **F1** oder **F+H**

$$2\sqrt{2}\int \sinh^2 v\,dv \overset{(3)}{=} \sqrt{2}\int (\cosh 2v - 1)\,dv = \sqrt{2}\left(\frac{\sinh 2v}{2} - v\right) + C$$

$$\overset{(2)}{=} \sqrt{2}\left(\sinh v\cosh v - v\right) + C \overset{(1)}{=} \sqrt{2}\left(\sqrt{\cosh^2 v - 1}\,\cosh v - v\right) + C.$$

Rücksubstitution: $\cosh v = u = \dfrac{x+1}{\sqrt{2}} \implies \cosh^2 v - 1 = \frac{1}{2}(x^2+2x-1).$

$$= \sqrt{2}\left(\frac{\sqrt{x^2+2x-1}}{\sqrt{2}}\,\frac{x+1}{\sqrt{2}} - \operatorname{arcosh}\frac{x+1}{\sqrt{2}}\right) + C$$

$$= \underline{\underline{\frac{x+1}{\sqrt{2}}\sqrt{x^2+2x-1} - \sqrt{2}\operatorname{arcosh}\frac{x+1}{\sqrt{2}} + C.}}$$

Mit $\operatorname{arcosh} x = \ln\left(x + \sqrt{x^2-1}\right)$, siehe Umschlagseite **F 1**, ergibt sich:

$$= \underline{\underline{\frac{x+1}{\sqrt{2}}\sqrt{x^2+2x-1} - \sqrt{2}\,\ln\left(x+1+\sqrt{x^2+2x-1}\right) + K}} \text{ (mit } K = C + \tfrac{\sqrt{2}}{2}\ln 2\text{).}$$

13.2 Das bestimmte Integral

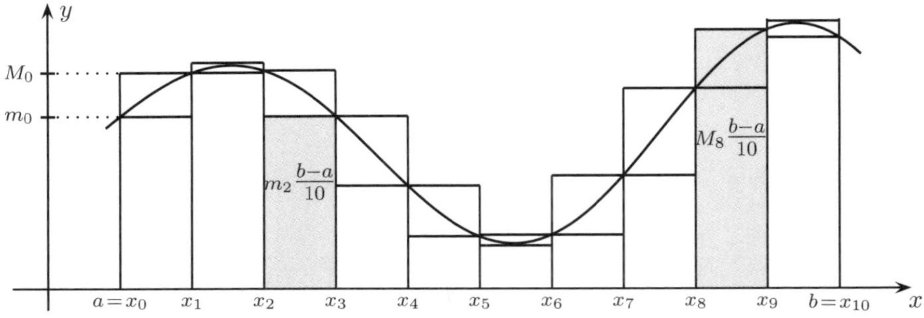

Es sei $y = f(x)$ eine auf dem Intervall $[a,b]$ stetige Funktion. Teilt man das Intervall $[a,b]$ in n gleiche Teilintervalle $[x_i, x_{i+1}]$ der Länge $(b-a)/n$ (im obigen Beispiel ist $n = 10$), so besitzt f in jedem Teilintervall
sowohl ein **absolutes Maximum** M_i als auch ein **absolutes Minimum** m_i.

In $[x_i, x_{i+1}]$ ist also stets: $\quad m_i \leq f(x) \leq M_i$.
Man bildet nun **Obersummen** $\boldsymbol{S_n}$ und **Untersummen** $\boldsymbol{s_n}$:

$$S_n = M_0\frac{b-a}{n} + M_1\frac{b-a}{n} + \cdots + M_{n-1}\frac{b-a}{n} = \sum_{i=0}^{n-1} M_i\frac{b-a}{n}.$$

$$s_n = m_0\frac{b-a}{n} + m_1\frac{b-a}{n} + \cdots + m_{n-1}\frac{b-a}{n} = \sum_{i=0}^{n-1} m_i\frac{b-a}{n}.$$

Ist $f(x) \geq 0$ für alle $x \in [a,b]$, so sind S_n und s_n geometrisch gesehen Summen von Flächeninhalten von Rechtecken und lassen sich als Inhalte der unter einer Treppenkurve gelegenen Fläche deuten. Die zu S_n gehörige Treppenkurve verläuft oberhalb und die zu s_n gehörige Treppenkurve unterhalb der Kurve $y = f(x)$.

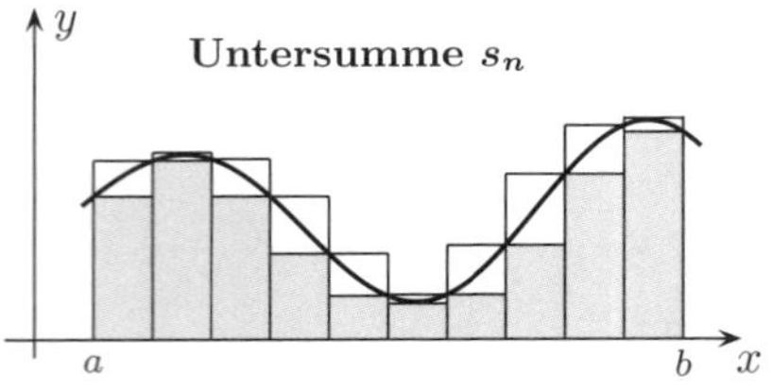

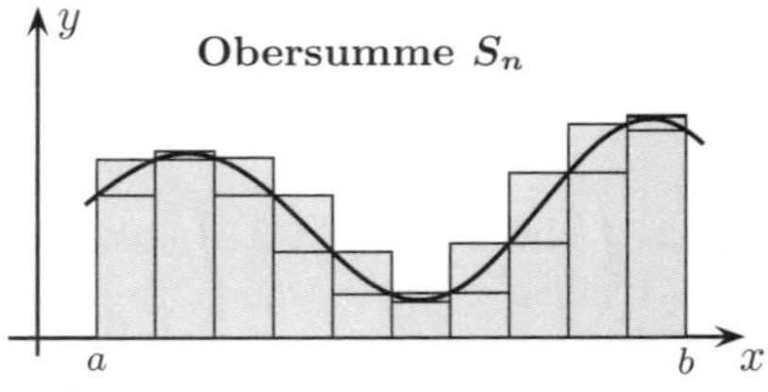

Verfeinert man die Einteilung des Intervalls $[a,b]$ in Teilintervalle, indem man $n \to \infty$ gehen lässt, gehen die Längen der Teilintervalle $[x_i, x_{i+1}]$ gegen 0. Ist f stetig, so haben die Folgen (S_n) und (s_n) einen gemeinsamen Grenzwert I.

$$\lim_{n\to\infty} S_n = \lim_{n\to\infty} s_n = I$$

Dieser gemeinsame Grenzwert I von (S_n) und (s_n) heißt:

Das **bestimmte Integral** von a bis b der Funktion $f(x)$:

Bezeichnung

$$I = \int_a^b f(x)\,dx.$$

Bestimmte Integrale findet man in **F+H**.

Ist $f(x)$ im Intervall $[a, b]$ nicht negativ, so ist das bestimmte Integral $\int_a^b f(x)\,dx$ der **Flächeninhalt** des von der Kurve $f(x)$, der x–Achse und den beiden Geraden $x = a$, $x = b$ begrenzten Gebietes in der x, y–Ebene (ausführlich Seite 304–306): Zur vertiefenden Wiederholung siehe auch **EM 2**.

Ist $f(x) \geq 0$ auf $[a, b]$, so gilt

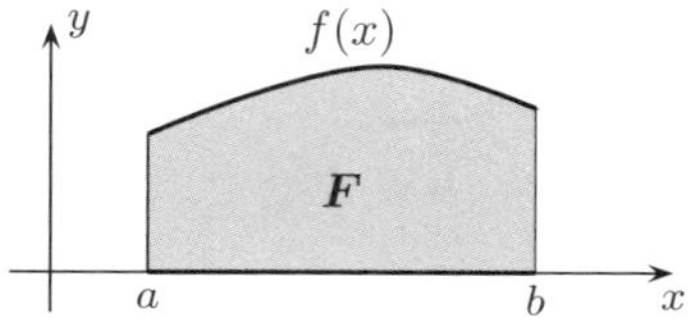

Flächeninhalt $F = \int_a^b f(x)\,dx$

Ist $f(x) \geq g(x)$ auf $[a, b]$, so gilt

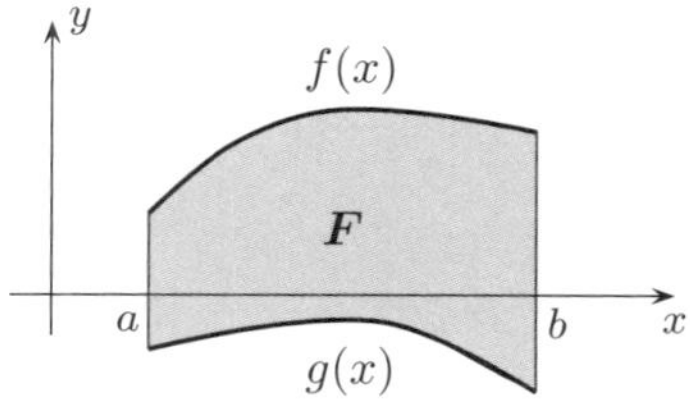

Flächeninhalt $F = \int_a^b \big(f(x) - g(x)\big)\,dx$

13.2.1 Hauptsatz der Differential– und Integralrechnung

Um bestimmte Integrale zu berechnen, greift man selten auf die Definition zurück, man berechnet also <u>nicht</u> die Grenzwerte $\lim_{n\to\infty} S_n$ bzw. $\lim_{n\to\infty} s_n$ (das wäre viel zu mühsam), sondern man benutzt folgenden Satz, der die Berechnung **bestimmter** Integrale auf die Berechnung **unbestimmter** Integrale (Aufsuchen von Stammfunktionen) zurückführt:

Hauptsatz der Differential– und Integralrechnung

Ist $F(x)$ *eine* Stammfunktion der stetigen Funktion $f(x)$, also $F'(x) = f(x)$, so gilt:

$$\int_a^b f(x)\,dx = \Big[F(x)\Big]_a^b = F(b) - F(a)$$

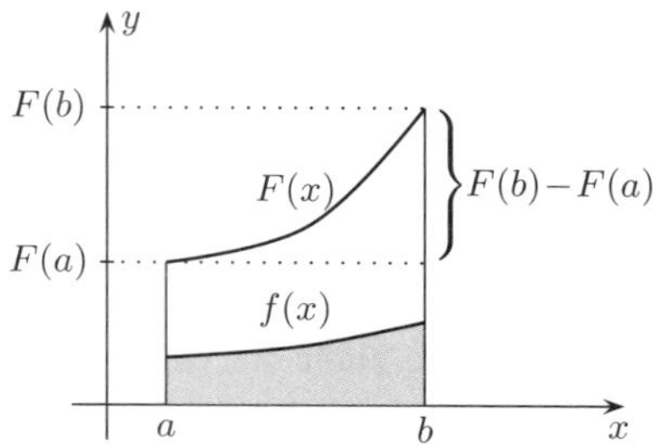

3.34 $\displaystyle\int_1^3 x^2\,dx = \left[\frac{x^3}{3}\right]_1^3 = 9 - \frac{1}{3} = \underline{\underline{\frac{26}{3}}}$, $\displaystyle\int_0^\pi \sin x\,dx = [-\cos x]_0^\pi = 1 - (-1) = \underline{\underline{2}}.$

3.35 $\displaystyle\int_0^1 -e^x\,dx = \Big[-e^x\Big]_0^1 = \underline{\underline{-e+1}}$, $\displaystyle\int_1^e -\frac{1}{x}\,dx = \Big[-\ln|x|\Big]_1^e = -\ln e = \underline{\underline{-1}}.$

$f(x)$ heißt auf $[a, b]$ **stückweise stetig**, wenn $[a, b]$ sich so in endlich viele Teilintervalle zerlegen lässt, dass f in ihnen jeweils mit einer auf dem Teilintervall stetigen Funktion übereinstimmt.

$\displaystyle\int_a^b f(x)\,dx$ ist die Summe der bestimmten Integrale über die Teilintervalle!

13.36 *Man skizziere f und berechne* $\int_1^9 f(x)\,dx$:

$$f(x) = \begin{cases} 1\,, & \text{für } 1 \le x \le 2 \\ 2\,, & \text{für } 2 < x \le 4 \\ -1\,, & \text{für } 4 < x \le 5 \\ 1\,, & \text{für } 5 < x \le 7 \\ x-7\,, & \text{für } 7 < x \le 8 \\ -x+9\,, & \text{für } 8 < x \le 9 \end{cases}$$

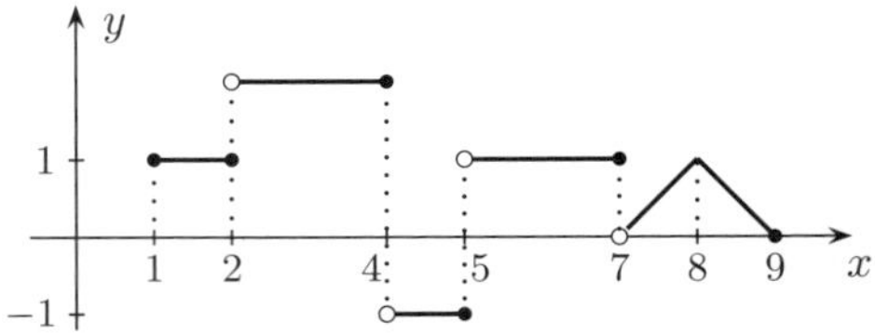

$f(x)$ ist auf $[1,9]$ stückweise stetig!

$$\int_1^9 f(x)\,dx$$

$$= \int_1^2 1\,dx + \int_2^4 2\,dx + \int_4^5 (-1)\,dx + \int_5^7 1\,dx + \int_7^8 (x-7)\,dx + \int_8^9 (-x+9)\,dx$$

$$= \Big[x\Big]_1^2 + \Big[2x\Big]_2^4 + \Big[-x\Big]_4^5 + \Big[x\Big]_5^7 + \Big[\frac{x^2}{2} - 7x\Big]_7^8 + \Big[-\frac{x^2}{2} + 9x\Big]_8^9$$

$$= 1 + 4 + (-1) + 2 + \tfrac{1}{2} + \tfrac{1}{2} = \underline{\underline{7}}.$$

13.37 *Man skizziere f und berechne* $\int_1^9 f(x)\,dx$:

$$f(x) = \begin{cases} \frac{1}{2}\,, & \text{für } -3 \le x \le -1 \\ x^2-1\,, & \text{für } -1 < x \le 1 \\ -x+3\,, & \text{für } 1 < x \le 3 \end{cases}$$

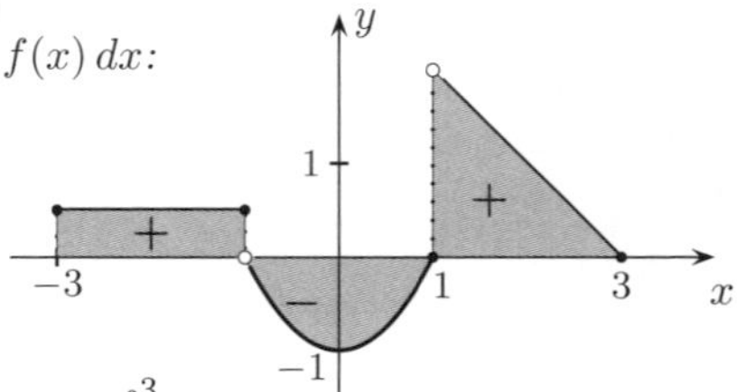

$$\int_{-3}^3 f(x)\,dx = \int_{-3}^{-1} \tfrac{1}{2}\,dx + \int_{-1}^1 (x^2-1)\,dx + \int_1^3 (-x+3)\,dx$$

$$= \Big[\frac{x}{2}\Big]_{-3}^{-1} + \Big[\frac{x^3}{3} - x\Big]_{-1}^1 + \Big[-\frac{x^2}{2} + 3x\Big]_1^3 = 1 - \frac{4}{3} + 2 = \underline{\underline{\frac{5}{3}}}.$$

Zum Flächeninhalt des Gebietes zwischen f und der x–Achse siehe Seite 304 ff.

Rechenregeln für das bestimmte Integral

$$\int_a^b f(x)\,dx = \int_a^c f(x)\,dx + \int_c^b f(x)\,dx$$ Zerlegung des Integrationsintervalls.

$$\int_a^b f(x)\,dx = -\int_b^a f(x)\,dx$$ Vertauschen der Grenzen.

$$\left.\begin{aligned} \int_a^b \big(f(x)+g(x)\big)\,dx &= \int_a^b f(x)\,dx + \int_a^b g(x)\,dx \\ \int_a^b c\cdot f(x)\,dx &= c\cdot \int_a^b f(x)\,dx \end{aligned}\right\}$$ Linearität des Integrals.

13.38

$$\int_1^2 \left(3x^2 - \frac{15}{(x-3)^2} + \frac{5}{x}\right) dx = 3\int_1^2 x^2\,dx - 15\int_1^2 \frac{dx}{(x-3)^2} + 5\int_1^2 \frac{dx}{x}\,dx$$

$$= 3\left[\frac{x^3}{3}\right]_1^2 - 15\left[\frac{-1}{x-3}\right]_1^2 + 5\Big[\ln|x|\Big]_1^2 = (8-1) - 15(1-\tfrac{1}{2}) + 5\ln 2$$

$$= \underline{\underline{-\frac{1}{2} + 5\ln 2}} \approx 2.966.$$

13.2.2 Integration durch Substitution, partielle Integration

Substitutionsregel

$$\int_a^b f(x)\,dx = \int_{g^{-1}(a)}^{g^{-1}(b)} f\big(g(t)\big)\cdot g'(t)\,dt, \quad \left|\begin{array}{c} x = g(t) \\ dx = g'(t)\,dt \end{array}\right| \begin{array}{r} g^{-1}(x) = t \\ (g^{-1})'(x)\,dx = dt \end{array}$$

13.39 $\int_0^2 2xe^{x^2}\,dx$ Subst.: $\left|\begin{array}{l} g^{-1}(x) = x^2 = t \\ \quad 2x\,dx = dt \end{array}\right.$ und $\begin{array}{l} 0 \le x \le 2 \\ 0 \le t \le 4 \end{array}$

$$= \int_{g^{-1}(0)}^{g^{-1}(2)} e^t\,dt = \int_0^4 e^t\,dt = \Big[e^t\Big]_0^4 = \underline{\underline{e^4 - 1}}.$$

Das Mitsubstituieren der Grenzen

- läuft x zwischen 0 und 2, so läuft $t = x^2$ zwischen 0 und 4.
- erspart ein Zurücksubstituieren von t.

Will man die Grenzen nicht mitsubstituieren, so löst man zunächst das unbestimmte Integral und setzt hinterher die Grenzen ein:

$$\int 2xe^{x^2}\,dx = \int e^t\,dt = e^t + C = \underline{e^{x^2} + C} \Longrightarrow \int_0^2 2xe^{x^2}\,dx = \Big[e^{x^2}\Big]_0^2 = \underline{\underline{e^4 - 1}}.$$

3.40 *Man berechne das bestimmte Integral* $\displaystyle\int_0^{\pi/2} \frac{\cos^3 x}{1-\sin x}\,dx.$

Der Integrand ist eine rationale Funktion in $\sin x$ und $\cos x$:
$R(\sin x, \cos x) = \dfrac{\cos^3 x}{1-\sin x}$. Der Integrand ist ungerade in $\cos x$, denn
$R(\sin x, -\cos x) = \dfrac{-\cos^3 x}{1-\sin x} = -R(\sin x, \cos x)$, also (siehe Seite 295):

$\displaystyle\int_0^{\pi/2} \frac{\cos^3 x}{1-\sin x}\,dx$ Subst.: $\left|\begin{array}{l} g^{-1}(x) = \sin x = t \\ \quad \cos x\,dx = dt \end{array}\right.$, $\begin{array}{l} g^{-1}(\pi/2) = 1 \\ g^{-1}(0) = 0 \end{array}$

$$= \int_0^1 \frac{1-t^2}{1-t}\,dt = \int_0^1 (1+t)\,dt = \left[t + \frac{t^2}{2}\right]_0^1 = \underline{\underline{\frac{3}{2}}}.$$

An der oberen Grenze $\frac{\pi}{2}$ ist der Integrand $\dfrac{\cos^3 x}{1-\sin x}$ nicht erklärt. Das Integral ist an der oberen Grenze nur *scheinbar* uneigentlich [siehe Seite 315], da $\displaystyle\lim_{x\to\frac{\pi}{2}} \frac{\cos^3 x}{1-\sin x} = 0$ ist.

partielle Integration	$\int_a^b u' \cdot v\,dx = \Big[u \cdot v\Big]_a^b - \int_a^b u \cdot v'\,dx$

13.41 $$\int_0^1 \underset{u' \cdot v}{e^x \cdot x}\,dx = \Big[e^x \cdot x\Big]_0^1 - \int_0^1 e^x\,dx \quad , \text{ dabei ist: } \begin{matrix} u' = e^x, & v = x \\ u = e^x, & v' = 1 \end{matrix}$$
$$= \Big[e^x \cdot x\Big]_0^1 - \Big[e^x\Big]_0^1 = \underline{\underline{1}}.$$

13.42 $$\int_0^{\pi/4} \underset{v \cdot u'}{x^2 \cdot \sin x}\,dx = \Big[-x^2 \cos x\Big]_0^{\pi/4} + \int_0^{\pi/4} 2x\cos x\,dx$$
$$= \Big[-x^2 \cos x\Big]_0^{\pi/4} + \Big[2x \sin x\Big]_0^{\pi/4} - \int_0^{\pi/4} 2\sin x\,dx$$
$$= \Big[-x^2 \cos x\Big]_0^{\pi/4} + \Big[2x \sin x\Big]_0^{\pi/4} + \Big[2\cos x\Big]_0^{\pi/4}$$
$$= -\frac{\pi^2}{16} \cdot \frac{1}{2}\sqrt{2} + \frac{\pi}{2} \cdot \frac{1}{2}\sqrt{2} + \sqrt{2} - 2 \approx \underline{\underline{0.09}}.$$

Faustregel: Die kompliziertere Funktion wird differenziert, es sei denn, es ist ihr egal – wie z.B. e^x, $\sin x$, $\cosh x, \cdots$.

Man benutzt auch folgende Symbolik:

"↑" = Integrieren (Aufleiten), "↓" = Differenzieren (Ableiten):

13.43 $$\int_1^e \underset{\uparrow}{x}\ \underset{\downarrow}{\ln x}\,dx = \Big[\tfrac{1}{2}x^2 \ln x\Big]_1^e - \tfrac{1}{2}\int_1^e x^2 \tfrac{1}{x}\,dx = \tfrac{e^2}{2} - \tfrac{1}{4}\Big[x^2\Big]_1^e$$
$$= \tfrac{e^2}{2} - \tfrac{1}{4}e^2 + \tfrac{1}{4} = \underline{\underline{\tfrac{1}{4}(e^2+1)}}.$$

13.2.3 Flächenberechnung

Flächeninhalt

Bezeichnet F den Flächeninhalt der zwischen der Kurve $y = f(x)$, der x–Achse und den Geraden $x = a$ und $x = b$ gelegenen Fläche, so gilt:

$$F = \int_a^b f(x)\,dx \quad , \text{ wenn } f(x) \geq 0 \text{ auf } [a,b]$$

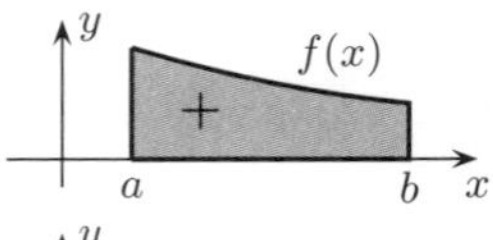

$$F = -\int_a^b f(x)\,dx \quad , \text{ wenn } f(x) \leq 0 \text{ auf } [a,b]$$

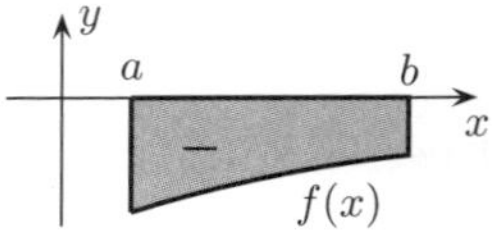

Flächenberechnungen siehe auch Seite 487, 505, 511 ff.

Schwerpunkt

Bezeichnet $S = (x_s, y_s)$ den Schwerpunkt der zwischen der Kurve $y = f(x) \geq 0$, der x–Achse und den Geraden $x = a$ und $x = b$ gelegenen Fläche, so gilt:

$$S = (x_s, y_s) \text{ mit } x_s = \frac{\int_a^b x f(x)\,dx}{\int_a^b f(x)\,dx}, \quad y_s = \frac{\int_a^b f^2(x)\,dx}{2\int_a^b f(x)\,dx}$$

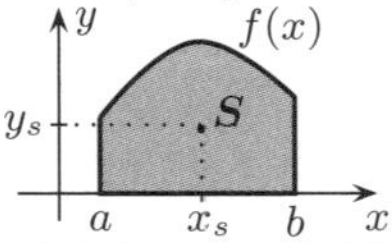

Schwerpunktberechnung von Flächen siehe auch Seite 492, 519.

13.44 *Man berechne Flächeninhalt F und Schwerpunkt $S = (x_s, y_s)$ der Fläche*

(a) *des Viertelkreises vom Radius R.*

(b) *zwischen der Kurve $y = x^2$ und den Geraden $x = -1$, $x = 2$, $y = 0$.*

(a) Zu berechnen ist die Fläche zwischen der Kurve $y = \sqrt{R^2 - x^2}$ der x–Achse und der y–Achse:

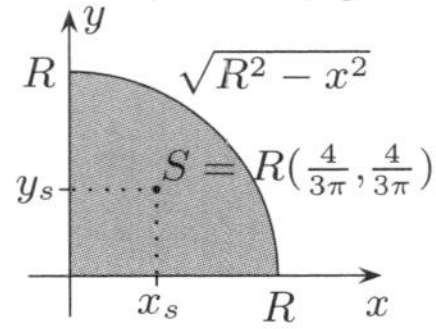

$$F = \int_0^R \sqrt{R^2 - x^2}\,dx = \underline{\underline{\tfrac{\pi}{4}R^2}}, \text{ Fläche des Viertelkreises!}$$

$$x_s = \frac{1}{F}\int_0^R x\sqrt{R^2 - x^2}\,dx = \frac{1}{F}\left[-\frac{1}{3}(R^2 - x^2)^{3/2}\right]_0^R = \frac{4}{\pi R^2}\cdot\frac{R^3}{3} = \frac{4}{3\pi}R.$$

Aus Symmetriegründen ist $x_S = y_S$, also $\underline{\underline{S = R(\frac{4}{3\pi}, \frac{4}{3\pi})}}$.

(b) Es ist $f(x) = x^2$, $a = -1$, $b = 2$ und $f(x) \geq 0$ auf $[-1, 2]$. Man erhält für Flächeninhalt F und Schwerpunkt $S = (x_S.y_S)$

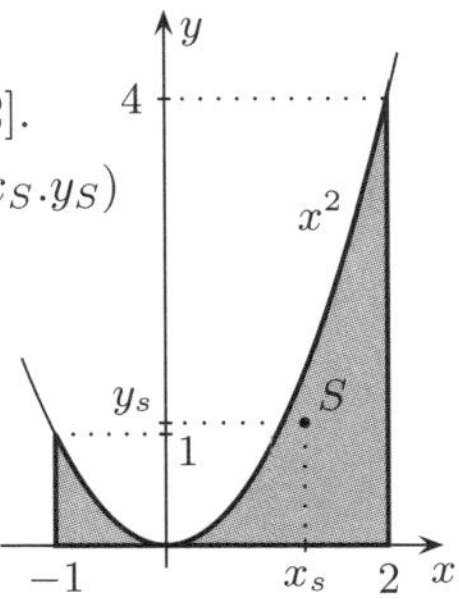

$$F = \int_{-1}^2 x^2\,dx = \left[\frac{x^3}{3}\right]_{-1}^2 = \frac{8}{3} + \frac{1}{3} = 3.$$

$$x_s = \frac{1}{3}\int_{-1}^2 x^3\,dx = \frac{5}{4}, \; y_s = \frac{1}{6}\int_{-1}^2 x^4\,dx = \frac{11}{10},$$

also $\underline{\underline{F = 3}}$ und $\underline{\underline{S = (\frac{5}{4}, \frac{11}{10})}}$.

13.45 *Man berechne Flächeninhalt F und Schwerpunkt $S = (x_s, y_s)$ der Fläche zwischen der Kurve $y = \cos x$ und der x–Achse $(\pi/2 \leq x \leq 3\pi/2)$.*

Es ist $f(x) = \cos x$, $a = \pi/2$, $b = 3\pi/2$ und $f(x) \leq 0$ auf $[\pi/2, 3\pi/2]$.

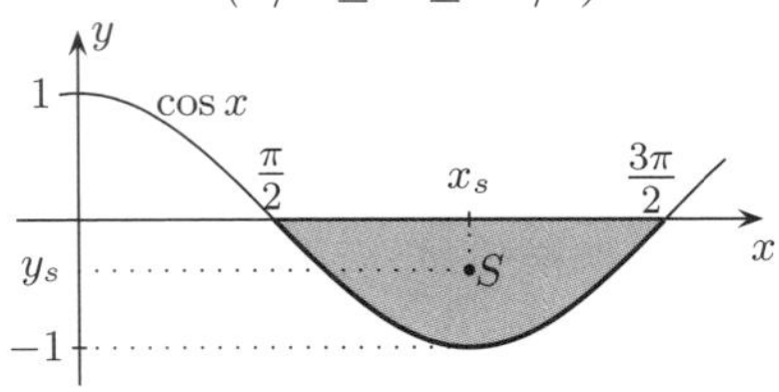

$$\int_{\pi/2}^{3\pi/2} \cos x\,dx = \Big[\sin x\Big]_{\pi/2}^{3\pi/2} = \underline{\underline{-2}},$$

F unterhalb der x–Achse, also $\underline{\underline{F = 2}}$.

$$x_S = \frac{1}{-2}\int_{\pi/2}^{3\pi/2} x\cos x\,dx \overset{(F4)}{=} \frac{1}{-2}\Big[\cos x + x\sin x\Big]_{\pi/2}^{3\pi/2} = \pi \quad \text{(Symmetrie!)},$$

$$y_S = \frac{1}{2\cdot(-2)}\int_{\pi/2}^{3\pi/2} \cos^2 x\,dx \overset{(F4)}{=} -\frac{1}{4}\left[\frac{1}{2}x + \frac{1}{4}\sin 2x\right]_{\pi/2}^{3\pi/2} = -\frac{1}{8}\pi, \quad \underline{\underline{S = (\pi, -\tfrac{\pi}{8})}}.$$

Nimmt $f(x)$ auf $[a,b]$ sowohl positive als auch negative Werte an, so teilt man – um die Fläche zwischen Kurve und x-Achse zu berechnen – das Intervall $[a,b]$ so in (endlich viele) Teilintervalle ein, dass $f(x)$ auf ihnen jeweils von einerlei Vorzeichen ist. Dazu muss man die Nullstellen von $f(x)$ berechnen!

13.46 *Man berechne den Inhalt der zwischen der Kurve $y=(x-1)^3$, der x–Achse und den Geraden $x=0$ und $x=3$ gelegenen Fläche.*

Im Intervall $[0,3]$ hat $f(x)$ eine Nullstelle bei 1 und sonst keine!
Da $f(x)\leq 0$ im Intervall $[0,1]$ und $f(x)\geq 0$ im Intervall $[1,3]$ ist, ergibt sich für den gesuchten Flächeninhalt F: $F=-\int_0^1+\int_1^3$.

$$\begin{aligned} F &= -\int_0^1 (x-1)^3\,dx + \int_1^3 (x-1)^3\,dx \\ &= -\left[\frac{1}{4}(x-1)^4\right]_0^1 + \left[\frac{1}{4}(x-1)^4\right]_1^3 \\ &= -(0-\frac{1}{4}) + (4-0) = \underline{\underline{\frac{17}{4}}}. \end{aligned}$$

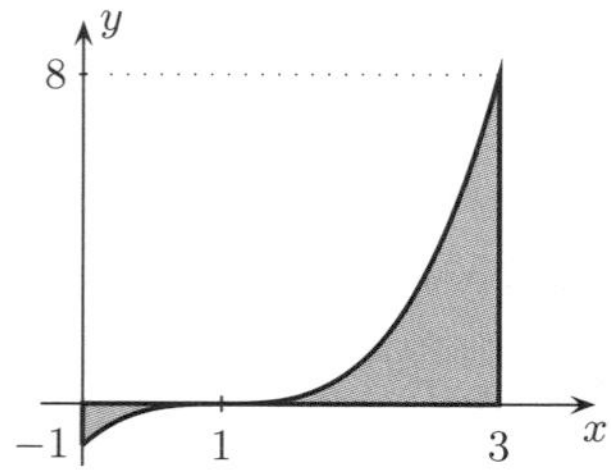

Wenn man über die Nullstelle hinwegintegriert, so erhält man nicht den Flächeninhalt F, sondern das bestimmte Integral I der Funktion $f(x)$ von 0 bis 3:

$$I=\int_0^3 (x-1)^3\,dx=\left[\frac{1}{4}(x-1)^4\right]_0^3=4-\frac{1}{4}=\underline{\underline{\frac{15}{4}}}.$$

In diesem Beispiel ist also $F\neq I$.

13.47 *Die Fläche $\boldsymbol{F}$ ist nicht zu verwechseln mit dem bestimmten Integral $\boldsymbol{I}$:*

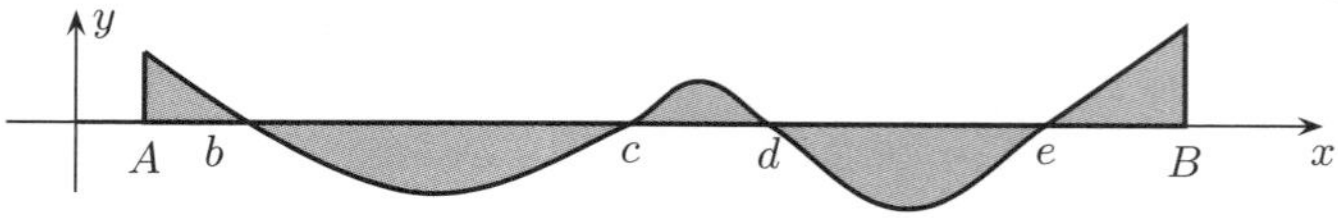

$$\boldsymbol{F}=+\int_A^b-\int_b^c+\int_c^d-\int_d^e+\int_e^B \quad \text{aber} \quad \boldsymbol{I}=+\int_A^b+\int_b^c+\int_c^d+\int_d^e+\int_e^B.$$

13.48 *Man berechne die Fläche zwischen $f(x)=\sin x\cos x$, der x–Achse und den Geraden $x=0$ und $x=2\pi$.*

Die Nullstellen von
$f(x)=\sin x\cos x=\frac{1}{2}\sin 2x$
im Intervall $[0,2\pi]$ sind:
$0,\ \frac{1}{2}\pi,\ \pi,\ \frac{3}{2}\pi,\ 2\pi.$

Aus *Symmetriegründen* ist:

$$F=4\int_0^{\pi/2} f(x)\,dx.$$

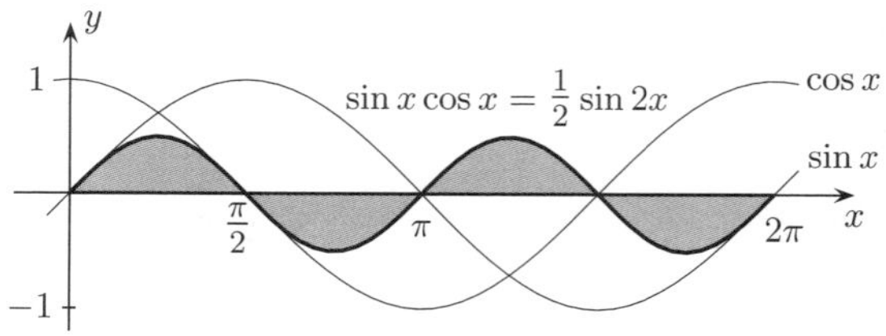

Um die Grenzen nicht mitsubstituieren zu müssen, löst man zunächst das unbestimmte Integral:

$$\int \sin x \cos x \, dx \qquad \underline{\text{Subst.:}} \quad \left| \begin{array}{c} \sin x = t \\ \cos x \, dx = dt \end{array} \right.$$

$$= \int t \, dt = \frac{t^2}{2} + C = \underline{\frac{\sin^2 x}{2} + C} \quad \text{oder} \quad \sin x \cos x = \tfrac{1}{2} \sin 2x, \ldots$$

$$F = \frac{1}{2} \left[\sin^2 x\right]_0^{\pi/2} - \frac{1}{2} \left[\sin^2 x\right]_{\pi/2}^{\pi} + \frac{1}{2} \left[\sin^2 x\right]_{\pi}^{3\pi/2} - \frac{1}{2} \left[\sin^2 x\right]_{3\pi/2}^{2\pi} = \underline{\underline{2}}.$$

Oder aus Symmetriegründen kurz: $F = 4 \int_0^{\pi/2} \sin x \cos x \, dx = \cdots = \underline{\underline{2}}.$

Dagegen ist $I = \int_0^{2\pi} \sin x \cos x \, dx = \underline{\underline{0}}$, aus Symmetriegründen!

13.49 *Welche der bestimmten Integrale aus* 13.34–13.42 *sind Flächeninhalte zwischen den entsprechenden Kurven, der x–Achse und den Geraden $x = a$ und $x = b$?*

(34) $F = \frac{26}{3}$, $F = 2$. (39) $F = e^4 - 1$. (40) $F = 3/2$.
(41) $F = 1$. (42) $F \approx 0.09$.

Welche Flächeninhalte erhält man in den übrigen Beispielen?

(35) $F = e - 1$, $F = 1$. (36) $F = 9$. (37) $F = 13/3$.

In 13.38 ist die Bestimmung der Nullstellen des Integranden schwierig. Es gibt mindestens eine Nullstelle zwischen 1 und 2, weil der im Intervall $[1, 2]$ *stetige* Integrand bei 1 positiv und bei 2 negativ ist. Mit dem Nullstellenprogramm aus **BP** erhält man $x_1 \approx 1.97$ als einzige Nullstelle zwischen 1 und 2, und für F:

$$F = \int_1^{1.97} \left(3x^2 - \frac{15}{(x-3)^2} + \frac{5}{x}\right) dx - \int_{1.97}^{2} \left(3x^2 - \frac{15}{(x-3)^2} + \frac{5}{x}\right) dx \approx \underline{\underline{2.979}}.$$

Oft lassen sich Flächeninhalte als Summe oder Differenz von bestimmten Integralen darstellen:

13.50 *Welchen Flächeninhalt F hat das durch folgende Ungleichungen beschriebene Gebiet?*

$$y \geq x^2,$$
$$y \leq x.$$

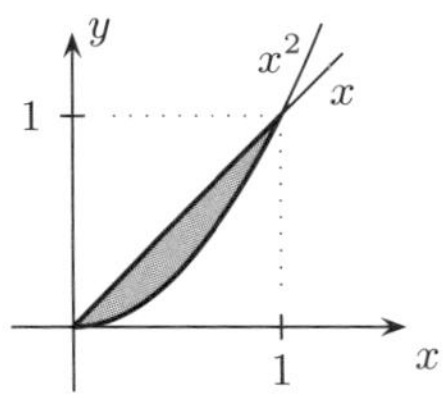

Die beiden Kurven schneiden sich bei $a = 0$ und $b = 1$.
Der Flächeninhalt F ist die Differenz zweier Flächeninhalte, die sich durch bestimmte Integrale berechnen lassen:

$$F = \int_0^1 x \, dx - \int_0^1 x^2 \, dx = \left[\frac{x^2}{2}\right]_0^1 - \left[\frac{x^3}{3}\right]_0^1 = \frac{1}{2} - \frac{1}{3} = \underline{\underline{\frac{1}{6}}}.$$

13.51 *Welchen Flächeninhalt hat das durch die Ungleichungen*
$0 \le x \le \pi/2$ *und* $\tan x \le y \le \sin 2x$ *beschriebene Gebiet?*

Die beiden Kurven schneiden sich im Intervall $[0, \pi/2]$ nur bei $a = 0$ und $b = \pi/4$.
Im Intervall $[\pi/4, \pi/2)$ ist $\tan x \ge \sin 2x$.
Für den Flächeninhalt erhält man also:

$$\begin{aligned} F &= \int_0^{\pi/4} \sin 2x\, dx - \int_0^{\pi/4} \tan x\, dx \\ &= \Big[-\frac{1}{2}\cos 2x\Big]_0^{\pi/4} - \Big[-\ln|\cos x|\Big]_0^{\pi/4} \\ &= \frac{1}{2} - (-\ln\frac{\sqrt{2}}{2}) = \frac{1}{2} + \ln\sqrt{2} - \ln 2 \\ &= \frac{1}{2}(1 - \ln 2) \approx \underline{\underline{0.15}}. \end{aligned}$$

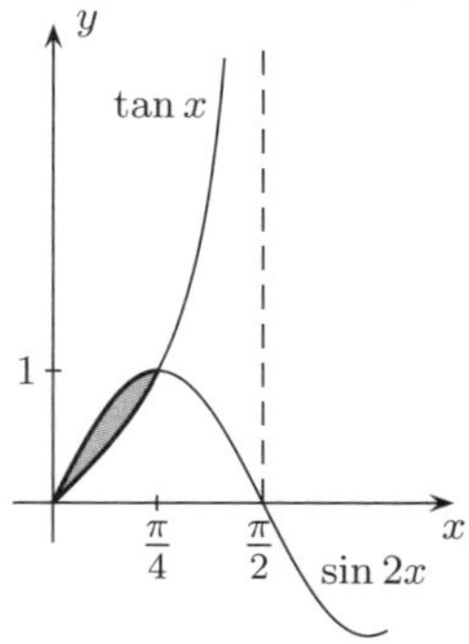

13.2.4 Das bestimmte Integral als Funktion seiner oberen Grenze

Fasst man die obere Grenze b in dem bestimmten Integral $\int_a^b f(x)\, dx$ als Variable auf, so ist $\int_a^b f(x)\, dx$ eine Funktion der oberen Grenze.

Geometrische Deutung:

Ist $f(x) \ge 0$, so bezeichnet $\int_a^b f(x)\, dx$ den Flächeninhalt der schraffierten Fläche.
Dieser Flächeninhalt, d.h. $\int_a^b f(x)\, dx$, hängt natürlich von b ab!
Es ist üblich, die variable obere Grenze mit x zu bezeichnen und die Integrationsvariable in t umzubenennen. Ist $F' = f$, so gilt:

$$\boxed{\int_a^x f(t)\, dt = \Big[F(t)\Big]_a^x = F(x) - F(a)}$$

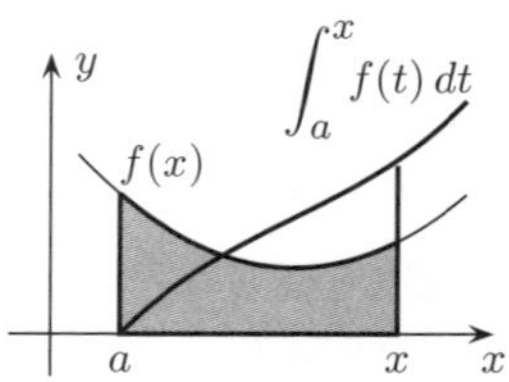

Weil $\int_a^x f(t)\, dt = F(x) + C$ ist, ist $\int_a^x f(t)\, dt$ *eine* Stammfunktion von $f(x)$, und zwar gerade *die* Stammfunktion von $f(x)$, die bei a eine Nullstelle hat; denn natürlich ist $\int_a^a f(t)\, dt = 0$.

Stammfunktion einer stetigen Funktion

Ist f stetig, so ist $\displaystyle\int_a^x f(t)\, dt$ differenzierbar mit $\displaystyle\Big(\int_a^x f(t)\, dt\Big)' = f(x)$

$\displaystyle\int_a^x f(t)\, dt$ ist für **stetiges** f also eine **Stammfunktion** von f.

Jede stetige Funktion f hat zwar eine Stammfunktion, nämlich $\int_a^x f(t)\, dt$; diese lässt sich jedoch nicht immer durch elementare Funktionen ausdrücken, z.B. $\int_a^x \frac{e^t}{t}\, dt$.
Näheres in **F+H** Seite 115–124.

13.52 $\int_1^x 2t\,dt = \left[t^2\right]_1^x = \underline{\underline{x^2 - 1}}.$

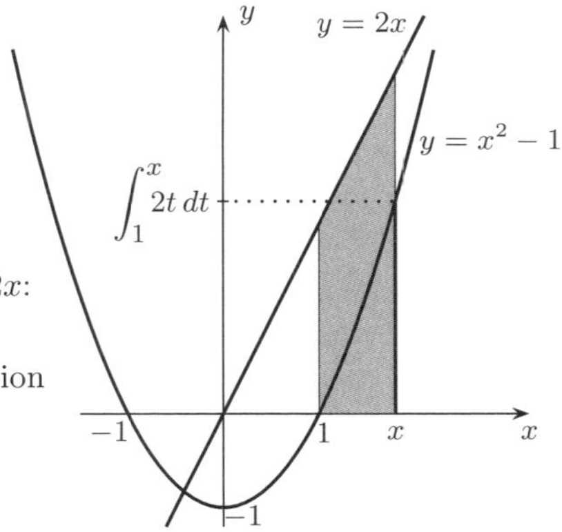

Geometrische Veranschaulichung:

Die Parabeln $F(x) = x^2 + C$ sind **sämtliche** Stammfunktionen von $f(x) = 2x$:

$y = \int_1^x 2t\,dt = x^2 - 1$ ist **die** Stammfunktion von $2x$, die bei 1 eine Nullstelle hat!

13.53 *Welche Stammfunktion $G(x)$ von $f(x) = 6x^2 + 6x - 18$ hat bei -2 eine Nullstelle?*

$$G(x) = \int_{-2}^x (6t^2 + 6t - 18)\,dt = \left[2t^3 + 3t^2 - 18t\right]_{-2}^x = \underline{\underline{2x^3 + 3x^2 - 18x - 32}}.$$

> Sucht man zu der gegebenen Funktion $y = f(x)$
>
> die Stammfunktion, die durch den Punkt (x_0, y_0) geht,
>
> so berechnet man das unbestimmte Integral $\int f(x)\,dx = F(x) + C$
> und berechnet die Konstante C aus der Gleichung $y_0 = F(x_0) + C$

13.54 *Welche Stammfunktion von $f(x) = 6x^2 - 2x^{-1} + 1$ hat bei 1 den Wert 7, d.h. welche Stammfunktion geht durch den Punkt $(1, 7)$?*

$$\begin{aligned} \int (6x^2 - 2x^{-1} + 1)\,dx &= 2x^3 - 2\ln|x| + x + C \\ 7 &= 2 + 0 + 1 + C \implies \underline{C = 4}. \end{aligned}$$

Die Stammfunktion von $f(x)$, die durch den Punkt $(1, 7)$ geht, ist
$\underline{\underline{F(x) = 2x^3 - 2\ln|x| + x + 4}}.$

13.55 *Man berechne für den bei 0 eingespannten Balken der Länge L mit der gegebenen konstanten Belastung $q(x) = 2$ die Querkraft $Q(x)$ und das Biegemoment $M(x)$.*

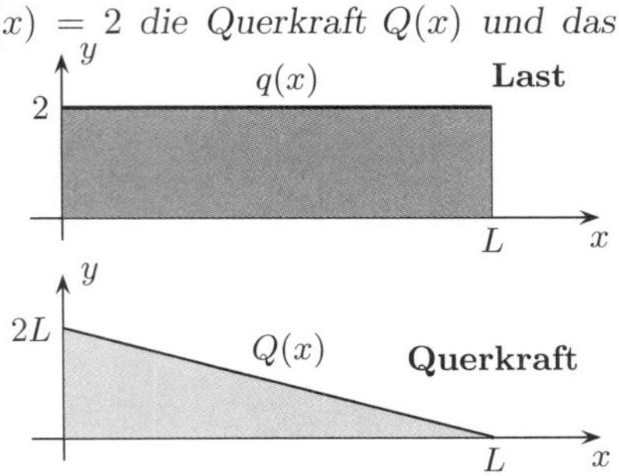

$$q(x) = 2$$

$$Q(x) = -\int_0^x q(t)\,dt + C$$

$$Q(x) = -\int_0^x 2\,dt + C$$

$$Q(x) = -2x + C.$$

C so bestimmen, dass $Q(L) = 0$ ist: $Q(L) = -2L + C = 0 \implies \underline{C = 2L}.$
$\underline{\underline{Q(x) = -2x + 2L}}$ ist *die* Stammfunktion von $-q(x)$, die bei L eine Nullstelle hat!

$$M(x) = \int_0^x Q(t)\,dt + D$$
$$M(x) = \int_0^x (-2t + 2L)\,dt + D$$
$$M(x) = -x^2 + 2Lx + D.$$

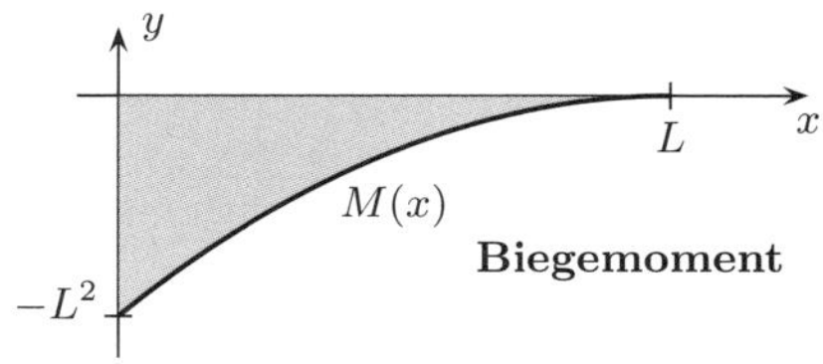

D so bestimmen, dass $M(L) = 0$ ist:

$M(L) = -L^2 + +2L^2 + D = 0 \implies \underline{D = -L^2}.$

$\underline{\underline{M(x) = -x^2 + 2Lx - L^2}}$

ist *die* Stammfunktion von $Q(x)$, die bei L eine Nullstelle hat!

13.56 *Man berechne für den eingespannten Balken der Länge L mit der gegebenen Belastung $q(x)$ (Skizze!) Querkraft $Q(x)$ und Biegemoment $M(x)$.*

$$q(x) = -\frac{h}{L}x + h$$
$$Q(x) = -\int_0^x q(t)\,dt + C$$
$$Q(x) = \int_0^x (\frac{h}{L}t - h)\,dt + C$$
$$Q(x) = \frac{h}{2L}x^2 - hx + C$$

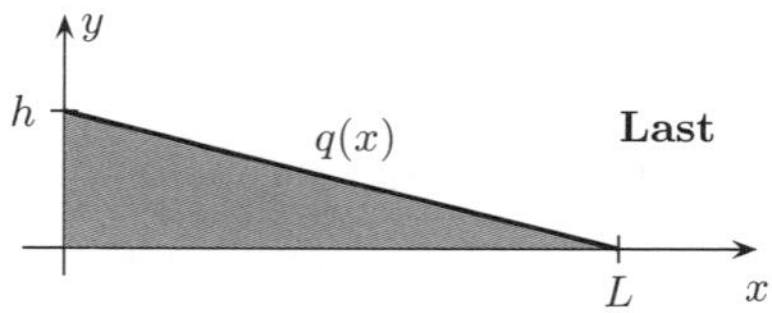

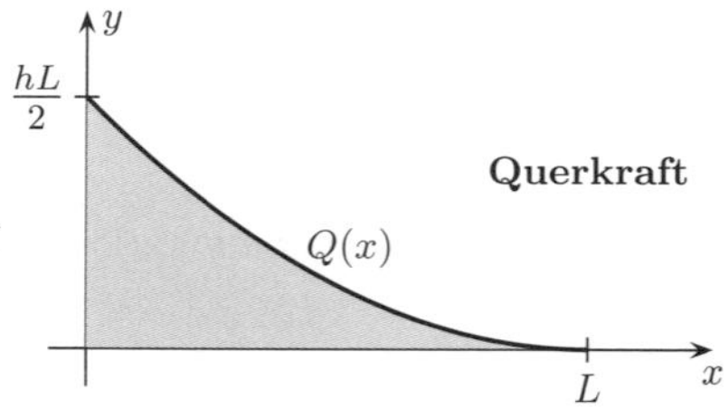

C so bestimmen, dass $Q(L) = 0$ ist:

$Q(L) = \frac{h}{2}L - hL + C = 0 \implies \underline{C = \frac{hL}{2}}.$

Also ist $\underline{\underline{Q(x) = \frac{h}{2L}x^2 - hx + \frac{hL}{2}}}.$

$$M(x) = \int_0^x Q(t)\,dt + D$$
$$M(x) = \int_0^x (\frac{h}{2L}t^2 - ht + \frac{hL}{2})\,dt + D$$
$$M(x) = \frac{h}{6L}x^3 - \frac{h}{2}x^2 + \frac{hL}{2}x + D.$$

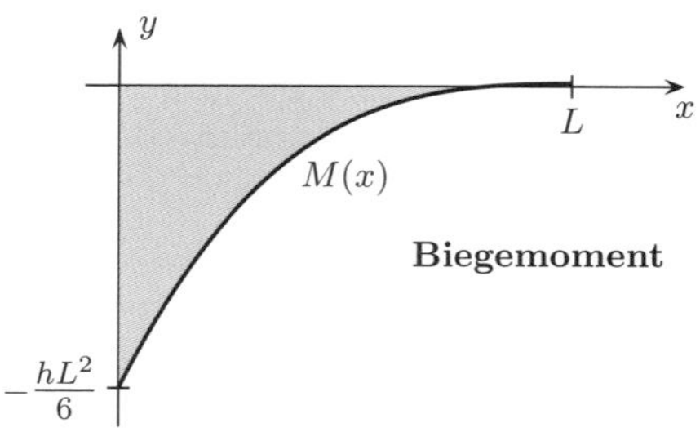

D so bestimmen, dass $M(L) = 0$ ist:

$M(L) = \frac{h}{6}L^2 - \frac{h}{2}L^2 + \frac{h}{2}L^2 + D = 0$

$\implies \underline{D = -\frac{1}{6}hL^2}.$

Also ist $\underline{\underline{M(x) = \frac{h}{6L}x^3 - \frac{h}{2}x^2 + \frac{hL}{2}x - \frac{1}{6}hL^2}}.$

13.3 Uneigentliche Integrale

Bei der Definition des bestimmten Integrals wurde vorausgesetzt, dass der Integrand $f(x)$ (stückweise) stetig und folglich beschränkt und das Integrationsintervall beschränkt ist.
Lässt man diese Voraussetzungen teilweise fallen, kommt man zum Begriff des uneigentlichen Integrals.
Man unterscheidet zwei Typen:

- Typ I Integrale mit unbeschränkten Integrationsintervallen
- Typ II Integrale mit unbeschränkten Integranden

(I) Integrale mit **unbeschränkten Integrationsintervallen** der Form:

(1)	$[a, \infty)$	z.B.	$\int_1^{\infty} \frac{1}{x}\, dx$	siehe [13.58]
(2)	$(-\infty, b]$	z.B.	$\int_{-\infty}^{-2} \frac{1}{x^2}\, dx$	siehe [13.59]
(3)	$(-\infty, \infty)$	z.B.	$\int_{-\infty}^{\infty} x e^{-x^2}\, dx$	siehe [13.60]

(II) Integrale, deren **Integrand** $f(x)$ am Rand oder im Innern des Integrationsintervalls $[a, b]$ an (mindestens) einer Stelle **unbeschränkt** ist:

(1)	uneigentlich an der oberen Grenze	z.B.	$\int_1^2 \frac{dx}{(x-2)^2}$	siehe [13.64]
(2)	uneigentlich an der unteren Grenze	z.B.	$\int_1^2 \frac{dx}{\sqrt{x-1}}$	siehe [13.64]
(3)	uneigentlich an beiden Grenzen	z.B.	$\int_{-1}^1 \frac{-2x\, dx}{\sqrt{1-x^2}}$	siehe [13.65]
(4)	uneigtl. an einer Stelle im Innern	z.B.	$\int_{-1}^8 \frac{dx}{\sqrt[3]{x}}$	siehe [13.66]

Ist $\int_a^b f(x)\, dx$ an mehreren (aber nur endlich vielen) Stellen in $[a, b]$ uneigentlich, so lässt sich $\int_a^b f(x)\, dx$ als Summe uneigentlicher Integrale dieser vier Typen schreiben:

$$\int_a^b = \int_a^0 + \int_0^c + \int_c^d + \int_d^b$$

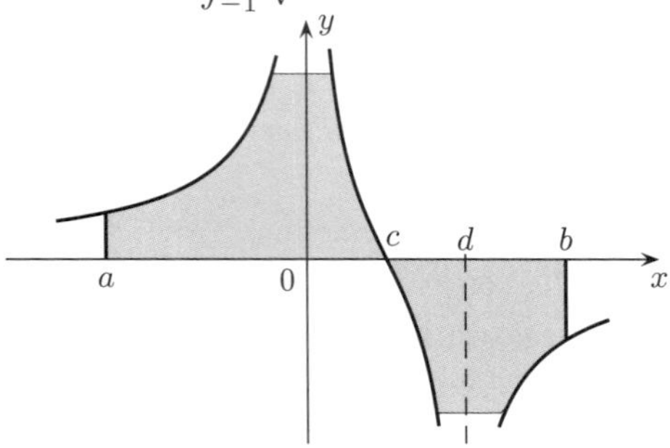

13.57 *Man zerlege das uneigentliche Integral* $\displaystyle\int_0^{\pi} \frac{dx}{\sin^2 x \cos x}$.

Der Nenner $\sin^2 x \cos x$ des Integranden hat im Intervall $[0, \pi]$ Nullstellen bei $0, \pi/2, \pi$. Der Integrand ist dort nicht beschränkt und das Integral folglich bei $0, \pi/2, \pi$ uneigentlich. Wir erhalten folgende Zerlegung:

$$\underbrace{\int_0^{\pi} \frac{dx}{\sin^2 x \cos x}}_{0,\ \pi/2,\ \pi} = \underbrace{\int_0^{\pi/2} \frac{dx}{\sin^2 x \cos x}}_{0,\ \pi/2} + \underbrace{\int_{\pi/2}^{\pi} \frac{dx}{\sin^2 x \cos x}}_{\pi/2,\ \pi}$$

uneigentlich bei: $0,\ \pi/2,\ \pi$ — $0,\ \pi/2$ — $\pi/2,\ \pi$

Uneigentliche Integrale werden als Grenzwerte von bestimmten Integralen definiert und wie diese zur Flächenberechnung benutzt. Nur handelt es sich diesmal um Flächen, die sich ins Unendliche erstrecken und deshalb keinen endlichen Flächeninhalt zu haben brauchen. Existiert der entspechende Grenzwert, so heißt das uneigentliche Integral **konvergent** und sonst **divergent**.
Wie beim bestimmten Integral erscheinen Flächen unter der x–Achse mit *negativem* Vorzeichen. Deshalb muss man bei Flächeninhaltsberechnungen die Stellen beachten, wo der Integrand sein Vorzeichen wechselt.

Uneigentliche Integrale vom Typ I

(unbeschränkte Integrationsintervalle)

$[a, \infty)$ $\quad \displaystyle\int_a^{\infty} f(x)\,dx := \lim_{b\to\infty} \int_a^b f(x)\,dx$

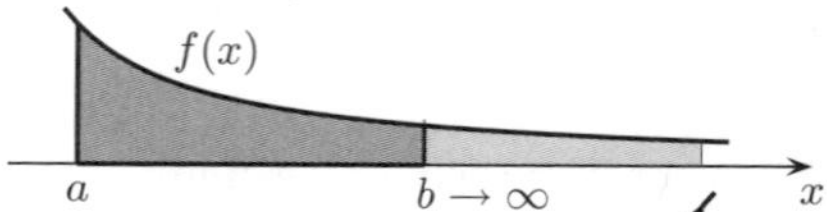

$(-\infty, b]$ $\quad \displaystyle\int_{-\infty}^{b} f(x)\,dx := \lim_{a\to-\infty} \int_a^b f(x)\,dx$

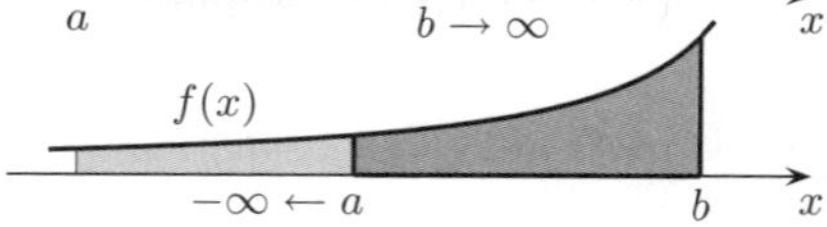

$(-\infty, \infty)$ $\quad \displaystyle\int_{-\infty}^{\infty} f(x)\,dx := \int_{-\infty}^{a} f(x)\,dx + \int_a^{\infty} f(x)\,dx$, falls die Integrale endlich sind!

13.58 *Konvergiert das uneigentliche Integral* $\displaystyle\int_1^{\infty} \frac{dx}{x}$*?*

$$\int_1^{\infty} \frac{dx}{x} = \lim_{b\to\infty} \int_1^b \frac{dx}{x} = \lim_{b\to\infty} \Big[\ln|x|\Big]_1^b = \lim_{b\to\infty} \ln b = \underline{\underline{\infty}}.$$

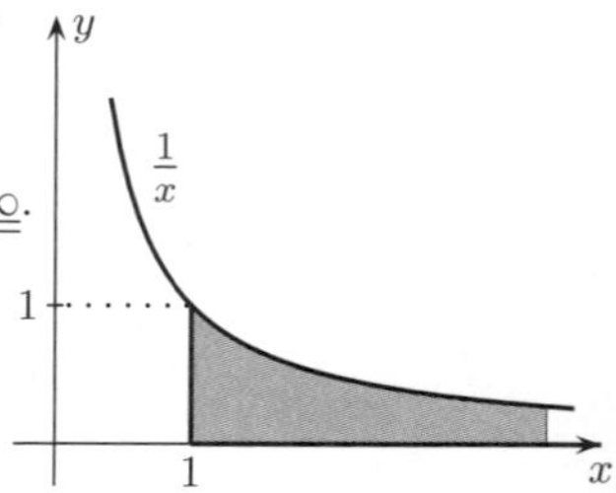

Das uneigentliche Integral vom Typ I divergiert!
Der Flächeninhalt der Fläche zwischen Kurve, x–Achse und Gerade $x = 1$ ist unendlich!

13.59 $\displaystyle\int_{-\infty}^{-\frac{1}{2}} \frac{dx}{x^2} = \lim_{a\to-\infty} \int_a^{-\frac{1}{2}} \frac{dx}{x^2} = \lim_{a\to-\infty} \left[-\frac{1}{x}\right]_a^{-\frac{1}{2}} = \lim_{a\to-\infty} (2+\frac{1}{a}) = \underline{\underline{2}}.$

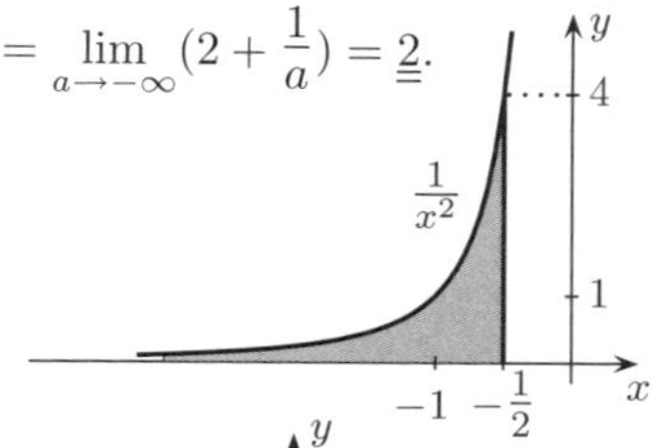

Das uneigentliche Integral vom Typ I konvergiert und ist 2.
Weil $1/x^2 \geq 0$ für $x \leq -2$ ist, ist der Flächeninhalt zwischen Kurve, negativer x–Achse und Gerade $x = -\frac{1}{2}$ ebenfalls 2.

13.60 *Man berechne* $\displaystyle\int_{-\infty}^{\infty} xe^{-x^2}dx$, *sowie die Fläche F zwischen der Kurve und x–Achse.*

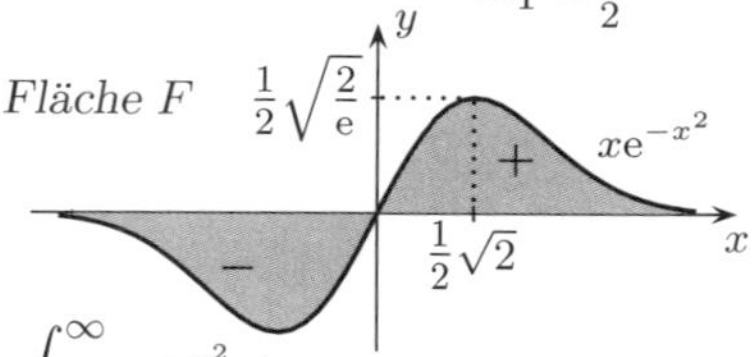

$$\int_{-\infty}^{\infty} xe^{-x^2}\,dx \;=^{1}\; \int_{-\infty}^{0} xe^{-x^2}\,dx \;+\; \int_0^{\infty} xe^{-x^2}\,dx$$

$$= \lim_{a\to-\infty} \int_a^0 xe^{-x^2}\,dx + \lim_{b\to\infty} \int_0^b xe^{-x^2}\,dx.$$

Berechnung der Grenzwerte:

$$\lim_{a\to-\infty} \int_a^0 xe^{-x^2}\,dx = \lim_{a\to-\infty} \left[-\frac{1}{2}e^{-x^2}\right]_a^0 = \lim_{a\to-\infty} \left(-\frac{1}{2}+\frac{1}{2}e^{-a^2}\right) = \underline{\underline{-\frac{1}{2}}},$$

$$\lim_{b\to\infty} \int_0^b xe^{-x^2}\,dx = \lim_{b\to\infty} \left[-\frac{1}{2}e^{-x^2}\right]_0^b = \lim_{b\to\infty} \left(-\frac{1}{2}e^{-b^2}+\frac{1}{2}\right) = \underline{\underline{\frac{1}{2}}}.$$

Die Grenzwerte existieren, also erhält man: $\displaystyle\int_{-\infty}^{\infty} xe^{-x^2}\,dx = -\frac{1}{2}+\frac{1}{2} = \underline{\underline{0}}.$

Für die Fläche erhält man $\displaystyle F = -\int_{-\infty}^{0} xe^{-x^2}\,dx + \int_0^{\infty} xe^{-x^2}\,dx = \frac{1}{2}+\frac{1}{2} = \underline{\underline{1}}.$

$\displaystyle\int_{-\infty}^{\infty} f(x)\,dx$ heißt **absolut konvergent**, wenn $\displaystyle\int_{-\infty}^{\infty} |f(x)|\,dx$ konvergiert.

3.61 $\displaystyle\int_{-\infty}^{\infty} xe^{-x^2}\,dx$ ist absolut konvergent; denn es gilt:

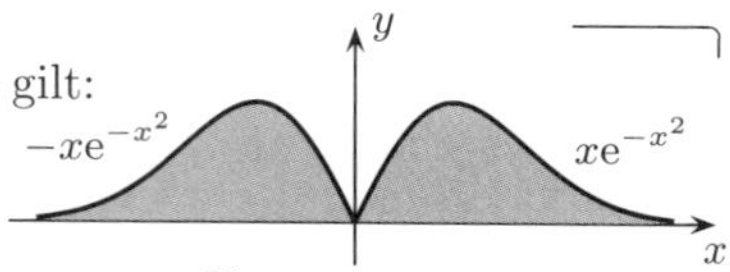

$$\int_{-\infty}^{\infty} |xe^{-x^2}|\,dx = \int_{-\infty}^{\infty} |x|e^{-x^2}\,dx = \int_{-\infty}^{0} -xe^{-x^2}\,dx + \int_0^{\infty} xe^{-x^2}\,dx = \frac{1}{2}+\frac{1}{2} = \underline{\underline{1}}.$$

Die Fläche zwischen der Kurve $|xe^{-x^2}|$ und der x–Achse ist 1.

$|xe^{-x^2}|$ ist eine gerade Funktion, also: $\displaystyle\int_{-\infty}^{\infty} |xe^{-x^2}|\,dx = 2\int_0^{\infty} |xe^{-x^2}|\,dx = 1.$

[1] Statt $\int_{-\infty}^{\infty} = \int_{-\infty}^{0} + \int_0^{\infty}$ geht auch jede andere Zerlegung $\int_{-\infty}^{\infty} = \int_{-\infty}^{c} + \int_c^{\infty}$, $c \in \mathbb{R}$.

Wie für Reihen gilt: Ist ein uneigentliches Integral absolut konvergent, so ist es auch konvergent, [13.62 (1)] ! Die Umkehrung ist im Allgemeinen falsch[2] :

$$\int_1^\infty \frac{\sin x}{x}\,dx \text{ konvergiert, [13.124]; aber } \int_1^\infty \left|\frac{\sin x}{x}\right| dx \text{ divergiert, [13.62].}$$

Ist nur gefragt, ob ein uneigentliches Integral vom Typ I konvergiert oder divergiert, so kann man oft folgendes *hinreichende* Kriterium benutzen:

Konvergenzkriterium für uneigentliche Integrale vom Typ I

Ist $f(x) \geq 0$ (für $x \geq x_0$) und existiert $\int_a^b f(x)\,dx$ für jedes $b > a$, so ist

$\boldsymbol{\int_a^\infty f(x)\,dx}$ **konvergent**, wenn $\lim\limits_{x\to\infty} x^s f(x)$ für ein $s > 1$ existiert. **divergent**, wenn $\lim\limits_{x\to\infty} x f(x) \neq 0$ ist oder nicht existiert.

13.62 *Konvergieren oder divergieren die folgenden uneigentlichen Integrale?*

(1) $\int_1^\infty \frac{\sin x}{x^2}\,dx$ konvergiert, weil $\int_1^\infty \frac{|\sin x|}{x^2}\,dx$ konvergiert, denn es ist

$\lim\limits_{x\to\infty} x^{1.5}\frac{|\sin x|}{x^2} = \lim\limits_{x\to\infty}\frac{|\sin x|}{x^{0.5}} = 0,\ (s = 1.5 > 1)$. Oder: $0 \leq \frac{|\sin x|}{x^2} \leq \frac{1}{x^2}, \cdots$.

(2) $\int_1^\infty \frac{dx}{\sqrt{x}}$ divergiert, weil $\lim\limits_{x\to\infty} x\frac{1}{\sqrt{x}} = \lim\limits_{x\to\infty}\sqrt{x} = \infty \neq 0$ ist.

(3) $\int_1^\infty \left|\frac{\sin x}{x}\right| dx$ div., weil $\lim\limits_{x\to\infty} x\left|\frac{\sin x}{x}\right| = \lim\limits_{x\to\infty}|\sin x|$ nicht ex. (also $\neq 0$ ist).

(4) $\int_1^\infty \frac{1}{x}\sin\frac{1}{x}\,dx$ konv., weil $\lim\limits_{x\to\infty} x^2\frac{1}{x}\sin\frac{1}{x} \overset{(\frac{1}{x}=y)}{=} \lim\limits_{y\to 0+}\frac{\sin y}{y} = 1,\ (s = 2 > 1)$.

Oder: Für $1 \leq x < \infty$ gilt

$$\begin{aligned} & 0 \leq \sin\frac{1}{x} \leq \frac{1}{x} \\ \Longrightarrow\ & 0 \leq \frac{1}{x}\sin\frac{1}{x} \leq \frac{1}{x^2} \\ \Longrightarrow\ & 0 \leq \int_1^\infty \frac{1}{x}\sin\frac{1}{x}\,dx \leq \int_1^\infty \frac{dx}{x^2} = \left[-\frac{1}{x}\right]_1^\infty = 1. \end{aligned}$$

Uneigentliche Integrale der Form $\int_{-\infty}^b f(x)\,dx$ behandelt man analog, indem man die Grenzwerte $\lim\limits_{x\to-\infty} x^s f(x)$ und $\lim\limits_{x\to-\infty} x f(x)$ untersucht!

13.63 $\int_{-\infty}^0 \frac{dx}{x^2+x+5}$ ist konvergent, weil $\lim\limits_{x\to-\infty}\frac{x^{1.5}}{x^2+x+5} = 0$ ist $(s = 1.5 > 1)$.

[2] vgl. konvergente Reihen, die nicht absolut konvergieren, z.B. $\sum_{n=1}^\infty \frac{(-1)^n}{n} = -\ln 2$.

Uneigentliche Integrale vom Typ II

(unbeschränkte Integranden)

$\int_a^b f(x)\,dx$ ist an der **oberen** Grenze uneigentlich:

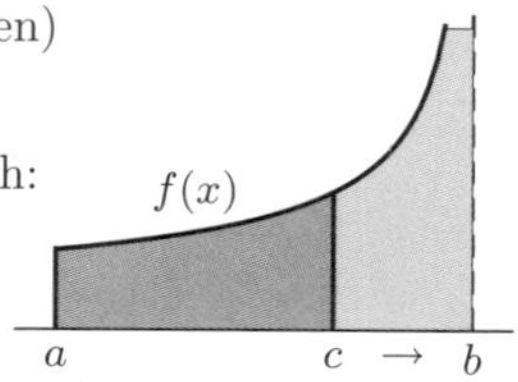

$$\int_a^b f(x)\,dx := \lim_{c\to b^-} \int_a^c f(x)\,dx$$

$\int_a^b f(x)\,dx$ ist an der **unteren** Grenze uneigentlich:

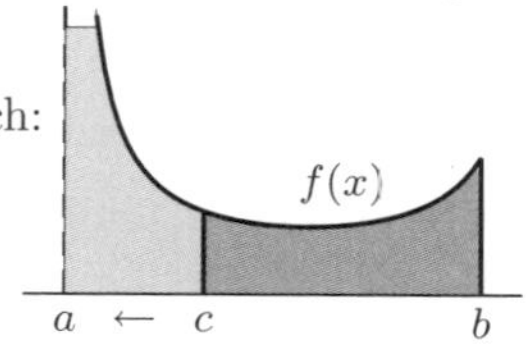

$$\int_a^b f(x)\,dx := \lim_{c\to a^+} \int_c^b f(x)\,dx$$

linksseitiger– bzw. rechtsseitiger Grenzwert siehe Seite 35.

13.64 *Berechne die Integrale* (a) $\int_1^2 \frac{dx}{(x-2)^2}$, (b) $\int_1^2 \frac{dx}{\sqrt{x-1}}$, (c) $\int_1^2 \frac{dx}{1-x}$.

(a) $$\int_1^2 \frac{dx}{(x-2)^2} = \lim_{c\to 2^-} \int_1^c \frac{dx}{(x-2)^2} = \lim_{c\to 2^-} \left[-\frac{1}{x-2}\right]_1^c$$
$$= \lim_{c\to 2^-} \left(-\frac{1}{c-2} - 1\right) = \underline{\underline{\infty}}.$$

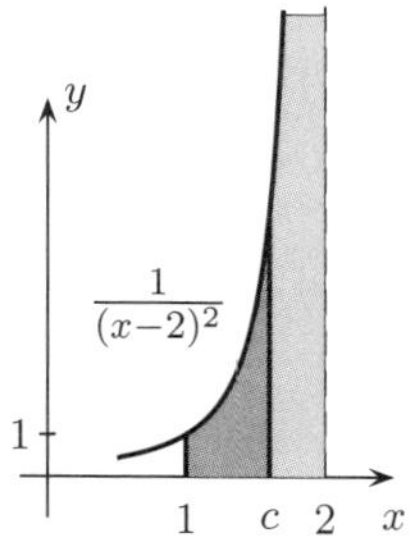

Das an der oberen Grenze uneigentliche Integral *divergiert*! Der Flächeninhalt des von der Kurve, der x–Achse, den Geraden $x = 1$ und $x = c$ begrenzten Gebietes wird für $c \to 2$ unendlich groß!

(b) $$\int_1^2 \frac{dx}{\sqrt{x-1}} = \lim_{c\to 1^+} \int_c^2 \frac{dx}{\sqrt{x-1}} = \lim_{c\to 1^+} \left[2\sqrt{x-1}\right]_c^2$$
$$= \lim_{c\to 1^+} (2 - 2\sqrt{c-1}\,) = \underline{\underline{2}}.$$

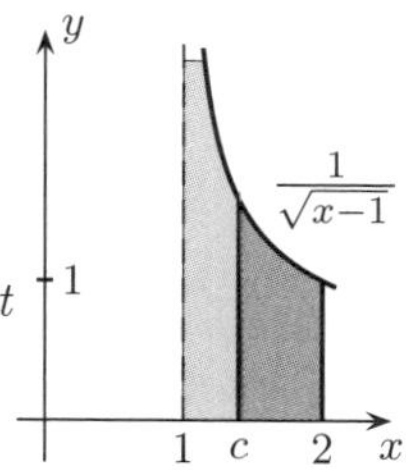

Das an der unteren Grenze uneigentliche Integral *konvergiert* und ist gleich 2. Da $f(x)$ in dem Intervall $(1, 2]$ positiv ist, ist der Flächeninhalt dieses sich ins Unendliche erstreckenden Gebietes gleich 2.

(c) $$\int_1^2 \frac{dx}{1-x} = \lim_{c\to 1^+} \int_c^2 \frac{dx}{1-x} = -\lim_{c\to 1^+} \Big[\ln|1-x|\Big]_c^2$$
$$= \lim_{c\to 1^+} (-\ln|1-c|) = \underline{\underline{-\infty}}.$$

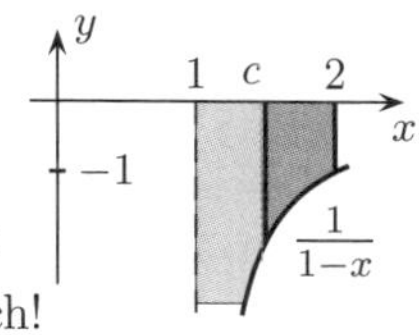

Das an der unteren Grenze uneigentliche Integral *divergiert*. Der (unter der x–Achse) liegende Flächeninhalt ist unendlich!

Integrale, die an der unteren und an der oberen Grenze uneigentlich sind, stellt man als Summe zweier Integrale dar, von denen das eine nur an der unteren und das andere nur an der oberen Grenze uneigentlich ist:

$\int_a^b f(x)\,dx$ ist an der oberen und an der unteren Grenze uneigentlich:

$$\int_a^b f(x)\,dx = \int_a^c f(x)\,dx + \int_c^b f(x)\,dx$$

Dabei ist c beliebig aus (a,b).

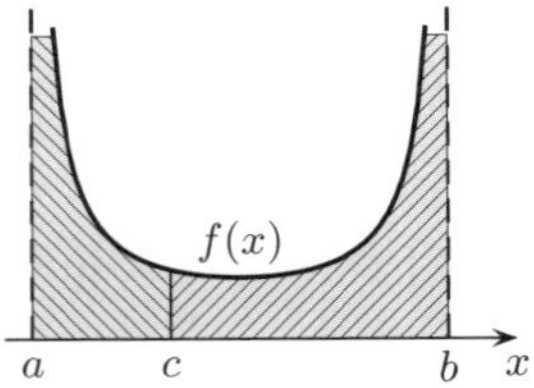

13.65
$$\int_{-1}^{1} \frac{-2x\,dx}{\sqrt{1-x^2}} = \int_{-1}^{0} \frac{-2x\,dx}{\sqrt{1-x^2}} + \int_{0}^{1} \frac{-2x\,dx}{\sqrt{1-x^2}}$$
$$= \lim_{a\to -1^+} \int_a^0 \frac{-2x\,dx}{\sqrt{1-x^2}} + \lim_{b\to 1^-} \int_0^b \frac{-2x\,dx}{\sqrt{1-x^2}}.$$

Auch hier kann statt 0 irgendein $c \in (-1,1)$ genommen werden!

Um Schreibarbeit zu sparen, löst man zunächst das unbestimmte Integral:

$$\int \frac{-2x}{\sqrt{1-x^2}}\,dx = \int \frac{dt}{\sqrt{t}} = 2\sqrt{t} = \underline{2\sqrt{1-x^2}}, \qquad \underline{\text{Subst.:}} \quad \begin{array}{c} 1-x^2 = t \\ -2x\,dx = dt \end{array}$$

$$\Longrightarrow \quad \lim_{a\to -1^+} \int_a^0 \frac{-2x\,dx}{\sqrt{1-x^2}} = \lim_{a\to -1^+} \left[2\sqrt{1-x^2}\right]_a^0 = \lim_{a\to -1^+} \left(2 - 2\sqrt{1-a^2}\right) = \underline{2},$$

$$\Longrightarrow \quad \lim_{b\to 1^-} \int_0^b \frac{-2x\,dx}{\sqrt{1-x^2}} = \lim_{b\to 1^-} \left[2\sqrt{1-x^2}\right]_0^b = \lim_{b\to 1^-} \left(2\sqrt{1-b^2} - 2\right) = \underline{-2},$$

Also: $$\int_{-1}^{1} \frac{-2x\,dx}{\sqrt{1-x^2}} = 2 - 2 = \underline{\underline{0}}.$$

Beachtet man, dass die Funktion bei 0 ihr Vorzeichen wechselt, die eine Fläche also unter der x–Achse liegt, so erhält man als Flächeninhalt F der Fläche zwischen Kurve, x–Achse und Asymptoten:

$$F = \int_{-1}^{0} \frac{-2x\,dx}{\sqrt{1-x^2}} - \int_{0}^{1} \frac{-2x\,dx}{\sqrt{1-x^2}} = 2 - (-2) = \underline{\underline{4}}.$$

Integrale, die an einer Stelle im Innern des Integrationsintervalls uneigentlich sind, zerlegt man in eine Summe von zwei uneigentlichen Integralen, so dass das eine nur an der oberen und das andere nur an der unteren Grenze uneigentl. ist:

$\int_a^b f(x)\,dx$ ist an einer Stelle c im Innern des Integrationsintervalls uneigentlich:

$$\int_a^b f(x)\,dx \;=\; \int_a^c f(x)\,dx \;+\; \int_c^b f(x)\,dx$$

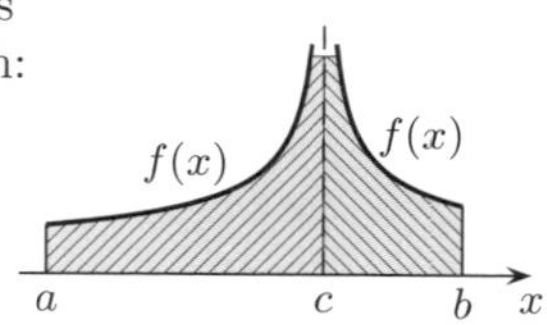

13.66 $\displaystyle\int_{-1}^{8} \frac{dx}{\sqrt[3]{x}} = \int_{-1}^{0} \frac{dx}{\sqrt[3]{x}} + \int_{0}^{8} \frac{dx}{\sqrt[3]{x}}$, ist uneigentlich bei $0 \in (-1, 8)$

$$\int_{-1}^{0} \frac{dx}{\sqrt[3]{x}} = \lim_{b\to 0-} \int_{-1}^{b} \frac{dx}{\sqrt[3]{x}} = \lim_{b\to 0-} \left[\frac{3}{2}x^{2/3}\right]_{-1}^{b} = \lim_{b\to 0-} \left(\frac{3}{2}b^{2/3} - \frac{3}{2}\right) = \underline{-\frac{3}{2}},$$

$$\int_{0}^{8} \frac{dx}{\sqrt[3]{x}} = \lim_{a\to 0+} \int_{a}^{8} \frac{dx}{\sqrt[3]{x}} = \lim_{a\to 0+} \left[\frac{3}{2}x^{2/3}\right]_{a}^{8} = \lim_{a\to 0+} \left(6 - \frac{3}{2}a^{2/3}\right) = \underline{6},$$

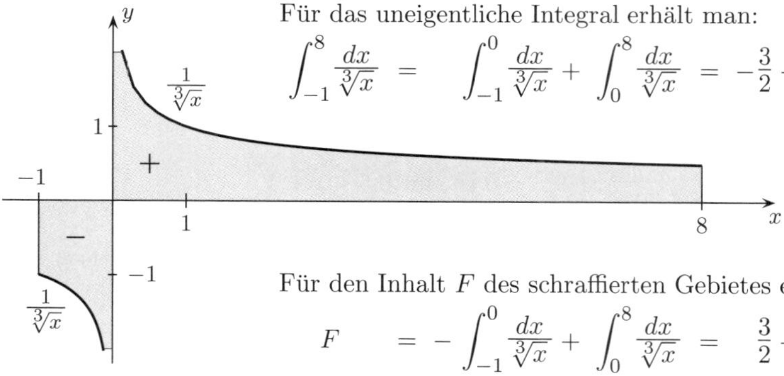

Für das uneigentliche Integral erhält man:

$$\int_{-1}^{8} \frac{dx}{\sqrt[3]{x}} = \int_{-1}^{0} \frac{dx}{\sqrt[3]{x}} + \int_{0}^{8} \frac{dx}{\sqrt[3]{x}} = -\frac{3}{2} + 6 = \underline{\underline{\frac{9}{2}}}.$$

Für den Inhalt F des schraffierten Gebietes erhält man:

$$F = -\int_{-1}^{0} \frac{dx}{\sqrt[3]{x}} + \int_{0}^{8} \frac{dx}{\sqrt[3]{x}} = \frac{3}{2} + 6 = \underline{\underline{\frac{15}{2}}}.$$

Ist ein Integral an mehreren – aber nur endlich vielen – Stellen des Integrationsintervalles uneigentlich, so kann man es als Summe von uneigentlichen Integralen der hier besprochenen Typen darstellen!

Ist nur gefragt, ob ein uneigentliches Integral vom Typ II konvergiert oder divergiert, so kann man oft folgendes *hinreichende* Kriterium benutzen:

Konvergenzkriterium für uneigentliche Integrale vom Typ II

Ist $f(x) \geq 0$ und ist $\int_a^b f(x)\,dx$ an der oberen Grenze uneigentlich

und existiert $\int_a^c f(x)\,dx$ für jedes $a < c < b$, so ist

$\boldsymbol{\int_a^b f(x)\,dx}$ **konvergent**, wenn $\lim_{x\to b^-} (b-x)^s f(x)$ für ein $s < 1$ existiert.
divergent , wenn $\lim_{x\to b^-} (b-x) f(x) \neq 0$ ist.

13.67 $\displaystyle\int_0^1 \frac{\sin^2 x}{\sqrt{1-x}}\,dx$, ist an der oberen Grenze uneigentlich und *konvergiert*, weil

$$\lim_{x\to 1^-}(1-x)^s\frac{\sin^2 x}{\sqrt{1-x}} = \lim_{x\to 1^-}(1-x)^{s-0.5}\sin^2 x = 0 \text{ ist, für } 0.5 < s < 1.$$

13.68 $\displaystyle\int_{-1}^1 \frac{dx}{1-x}$ ist an der oberen Grenze uneigentlich und *divergiert*, weil

$$\lim_{x\to 1^-}(1-x)\frac{1}{1-x} = 1 \neq 0 \text{ ist.}$$

Integrale, die an der *unteren* Grenze uneigentlich sind werden analog behandelt:

13.69 $\displaystyle\int_0^1 \frac{\sin^2 x}{x^3}$ ist an der unteren Grenze uneigentlich und *divergiert*, weil

$$\lim_{x\to 0^+} x\frac{\sin^2 x}{x^3} = \lim_{x\to 0^+}\left(\frac{\sin x}{x}\right)^2 = 1 \neq 0 \text{ ist.}$$

13.70 $\displaystyle\int_0^{\pi/2} \frac{dx}{\sqrt{\sin x}}$ ist an der unteren Grenze uneigentlich und *konvergiert*, weil

$$\lim_{x\to 0^+}\frac{x^s}{\sqrt{\sin x}} = \lim_{x\to 0^+}\sqrt{\frac{x}{\sin x}}\,x^{s-0.5} = 0 \text{ ist, für } 0.5 < s < 1.$$

13.71 *Man untersuche auf Konvergenz:* (a) $\displaystyle\int_0^1 \ln x\,dx$, (b) $\displaystyle\int_{-2}^0 e^{1/(1+x)}\,dx$.

(a) $$\int_0^1 \ln x\,dx = \lim_{a\to 0^+}\int_a^1 \ln x\,dx = \lim_{a\to 0^+}\Big[x\ln x - x\Big]_a^1 \text{ , part. Integrat. oder } \mathbf{F4},$$

$$= \lim_{a\to 0^+}(-1 - a\ln a + a) = \underline{\underline{-1}} \text{ , da } \lim_{x\to 0^+} x\ln x = 0, \quad \text{l'Hospital oder [12.28].}$$

(b) $\displaystyle\int_{-2}^0 e^{1/(1+x)}\,dx$ ist bei -1 uneigentlich, also: $\displaystyle\int_{-2}^0 = \int_{-2}^{-1} + \int_{-1}^0.$

$\displaystyle\int_{-2}^{-1} e^{1/(1+x)}\,dx$ ist nicht uneigentlich, weil $\displaystyle\lim_{x\to -1^-} e^{1/(1+x)} = 0$ ist.

$\displaystyle\int_{-1}^0 e^{1/(1+x)}\,dx$ ist an der unteren Grenze uneigentlich und divergiert nach dem Konvergenzkriterium für uneigentliche Integrale vom Typ II (Seite 317):

$$\lim_{x\to -1^+}(1+x)e^{1/(1+x)} = \lim_{x\to -1^+}\frac{e^{1/(1+x)}}{1/(1+x)} = \lim_{z\to\infty}\frac{e^z}{z} = \infty, \quad \text{l'Hospital } \left[\frac{\infty}{\infty}\right]$$

Also ist das uneigentliche Integral $\displaystyle\int_{-2}^0 e^{1/(1+x)}\,dx$ ebenfalls divergent!

13.4 Aufgaben

3.72 $\int (2x-5)^5\,dx$ **13.73** $\int \frac{8x^2\,dx}{(2x-3)^3}$ **13.74** $\int \frac{9\,dx}{x(2x-3)^2}$

3.75 $\int \frac{6x\,dx}{(2x-1)(x+1)}$ **13.76** $\int \frac{x\,dx}{1-\sin x}$ **13.77** $\int 4x\cos 2x\,dx$

3.78 $\int 2x\ln(x^2-1)\,dx$ **13.79** $\int \frac{dx}{x\sqrt{x}}$ **13.80** $\int 15\sqrt{x\sqrt{x\sqrt{x}}}\,dx$

3.81 $\int 2x\ln^2 x\,dx$ **13.82** $\int \frac{\cos x}{\sin^6 x}\,dx$ Subst.: $\sin x = t$

3.83 $\int \frac{x-\cos x\sin x}{x^2+\cos^2 x}\,dx$, $x^2+\cos^2 x = t$ **13.84** $\int \frac{25x\,dx}{\sqrt{16-25x^2}}$

3.85 $\int 2x^3\sin x^2\,dx$ **[F+H]**, $x^2 = t$ oder partiell **13.86** $\int \frac{e^x+1}{e^x-1}\,dx$

3.87 $\int e^x(1-3x+x^2)\,dx$, partiell **13.88** $\int \frac{dx}{\sqrt{1-x^2}\arcsin x}$

3.89 $\int \frac{dx}{x\ln 2x}$, $\int \frac{f'}{f}\,dx = \cdots$ **13.90** $\int \frac{\sin x\,dx}{\sqrt{2+\cos x}}$

3.91 $\int \frac{3\sqrt{\tan x}}{\cos^2 x}\,dx$ **13.92** $\int \frac{\sin 2x\,dx}{3+\sin^2 x}$ **13.93** $\int \frac{\cos x+\sin x}{\cos x\sin x}\,dx$

3.94 $\int \frac{2x^2\,dx}{(x-1)(x-2)(x-3)}$ **13.95** $\int \frac{x^5+1}{x^6+x^4}\,dx$ **13.96** $\int \frac{2x^4\,dx}{x^3-6x^2+11x-6}$

3.97 $\int \frac{x^6+16}{x^4-4}\,dx$ **13.98** $\int \arcsin x\,dx$ **13.99** $\int \frac{dx}{x^4+1}$

3.100 $\int_0^1 \sqrt[5]{x^6}\,dx$ **13.101** $\int_0^1 \frac{dx}{x^2+1}$ **13.102** $\int_0^{\pi/3} \tan x\,dx$

3.103 *Man berechne den Inhalt der von der Kurve* $y = \frac{\ln(\ln x)}{x\ln x}$, *der* x*–Achse und den Geraden* $x = e$ *und* $x = e^2$ *eingeschlossenen Fläche! (Subst.:* $\ln x = t$*)*

3.104 *Wie groß ist der Inhalt der von den Kurven* $y = ax^2$, $y = \sqrt{9-x^2}$ *und der* x*–Achse eingeschlossenen Fläche, wenn* a *so gewählt wird, dass sich die Kurven auf der Geraden* $y = \sqrt{5}$ *schneiden?*

3.105 *Man berechne den Inhalt der von den Kurven* $y = \frac{x^2}{\sqrt{x+4}}$ *und* $y = \frac{x}{\sqrt{x^2+4}}$ *eingeschlossenen Fläche.*

3.106 *Man berechne den Inhalt der von der Kurve* $y = x\sin x^2$, *der* x*–Achse und den Geraden* $x = 0$ *und* $x = \sqrt{\pi}$ *eingeschlossenen Fläche!*

3.107 *Man berechne den Inhalt der von der Kurve* $y = \cosh x\cos x$, *der* x*–Achse und den Geraden* $x = \pi/2$ *und* $x = -\pi/2$ *eingeschlossenen Fläche!*
Hinweis: partielle Integration und Symmetrie beachten!

.108 *Man berechne den Flächeninhalt der Figur, die von den Parabeln* $y = x^2$ *und* $y^2 = x$ *begrenzt wird.*

13.109 *Man berechne den Inhalt der Fläche zwischen den Kurven* $y = \frac{1}{1-|x|}$ *und* $y = 2$.

13.110 *In welchem Verhältnis wird die Fläche zwischen den Koordinatenachsen und der Kurve* $y = \cos x$ *im Intervall* $0 \le x \le \pi/2$ *durch die Kurve* $y = e^{-x} \cos x$ *geteilt?*

13.111 $\displaystyle\int_3^\infty \frac{dx}{x^2-1}$ **13.112** $\displaystyle\int_{-1}^0 \frac{dx}{x^2}$ **13.113** $\displaystyle\int_0^1 \frac{dx}{\sqrt{1-x}}$

13.114 $\displaystyle\int_{-1}^0 \frac{dx}{\sqrt{1-x^2}}$ **13.115** $\displaystyle\int_{-1}^1 \frac{dx}{x^2-1}$ **13.116** $\displaystyle\int_{-1}^1 \frac{dx}{x^2}$

13.117 *Wie groß ist der Inhalt der von der Kurve* $y = \frac{1}{x^2} e^{-1/x}$ *und der positiven* x*–Achse begrenzten Fläche?*

13.118 *Ist der Flächeninhalt zwischen der Kurve* $y = \frac{\ln x}{1+x^3}$, $x \ge 1$ *und der* x*–Achse endlich oder unendlich ?*

13.119 *Wie groß ist der Flächeninhalt zwischen der Kurve* $y = \frac{1}{x^2+16}$ *und der positiven* x*–Achse?*

13.120 *Ist der Flächeninhalt zwischen der Kurve* $y = \frac{1}{x\sqrt{1-x^3}}$, *der* x*–Achse und den Geraden* $x = a$ *mit* $0 \le a < 1$ *und* $x = 1$ *endlich oder unendlich ?*

13.121 *Wie groß ist der Flächeninhalt zwischen der Kurve* $y = \frac{\arctan x}{1+x^2}$ *und der positiven* x*–Achse?*
In welchem Verhältnis wird die Fläche von der Geraden $x = 1$ *geteilt?*

13.122 *Man berechne das uneigentliche Integral* $\displaystyle\int_0^\infty \frac{\ln x}{1+x^2}\,dx$.

13.123 *Man berechne das uneigentliche Integral* $\displaystyle\int_1^\infty \frac{\ln x}{x^2}\,dx$.

13.124 *Das uneigentliche Integral* $\displaystyle\int_1^\infty \frac{\sin x}{x}\,dx$ *konvergiert !*

13.125 *Man berechne* $\displaystyle\int \frac{dx}{(x^2+1)^2}$ *ohne Formelsammlung.*

Bestimmte Integrale und **uneigentliche Integrale**
• findet man in **F+H** •

13.5 Lösungen

Die Konstante C ist bei allen unbestimmten Integralen zu ergänzen!

13.72 $\frac{1}{12}(2x-5)^6$

13.73 $\ln|2x-3| - \frac{6}{2x-3} - \frac{9}{2(2x-3)^2}$

13.74 $\ln\left|\frac{x}{2x-3}\right| - \frac{3}{2x-3}$

13.75 $\ln|2x-1| + 2\ln|x+1|$

13.76 $\frac{x\cos x}{1-\sin x} + \ln(1-\sin x)$

13.77 $\cos 2x + 2x\sin 2x$

13.78 $(x^2-1)\ln(x^2-1) - x^2 + 1$

13.79 $-\frac{2}{\sqrt{x}}$

13.80 $8x\sqrt[8]{x^7}$

13.81 $x^2(\ln^2 x - \ln x + \frac{1}{2})$

13.82 $\frac{-1}{5\sin^5 x}$

13.83 $\frac{1}{2}\ln(x^2+\cos^2 x)$

13.84 $-\sqrt{16-25x^2}$

13.85 $\sin x^2 - x^2\cos x^2$

13.86 $-x + 2\ln|e^x - 1|$

13.87 $e^x(x^2-5x+6)$

13.88 $\ln|\arcsin x|$

13.89 $\ln|\ln 2x|$

13.90 $-2\sqrt{\cos x + 2}$

13.91 $2\tan x\sqrt{\tan x}$

13.92 $\ln(\sin^2 x + 3)$

13.93 $\ln\frac{(1-\cos x)(1+\sin x)}{\sin x\cdot\cos x}$

13.94 $\ln|x-1| - 8\ln|x-2| + 9\ln|x-3|$

13.95 $-\frac{1}{3x^3} + \frac{1}{x} + \frac{1}{2}\ln(x^2+1) + \arctan x$

13.96 $x^2 + 12x + \ln|x-1| - 32\ln|x-2| + 81\ln|x-3|$

13.97 $\frac{x^3}{3} + \frac{3}{\sqrt{2}}\ln\left|\frac{x-\sqrt{2}}{x+\sqrt{2}}\right| - \sqrt{2}\arctan\frac{x}{\sqrt{2}}$

13.98 partiell: $x\arcsin x + \sqrt{1-x^2}$

13.99 Nullstellen des Nenners: (vergleiche Seite 104, 107)

$$\begin{aligned} x^4+1 &= (x-x_1)(x-x_2)(x-x_3)(x-x_4) \\ &= (x^2-\sqrt{2}\,x+1)(x^2+\sqrt{2}\,x+1) \end{aligned} \qquad \begin{aligned} x_1 &= \tfrac{\sqrt{2}}{2}(1+i) & x_3 &= \tfrac{\sqrt{2}}{2}(-1+i) \\ x_2 &= \tfrac{\sqrt{2}}{2}(1-i) & x_4 &= \tfrac{\sqrt{2}}{2}(-1-i) \end{aligned}$$

Partialbruchzerlegung: $\frac{1}{1+x^4} = \frac{-1/4\sqrt{2}\,x+1/2}{x^2-\sqrt{2}\,x+1} + \frac{1/4\sqrt{2}\,x+1/2}{x^2+\sqrt{2}\,x+1}$

Berechnung der Integrale: **F4** oder **F+H**

13.100 $\frac{5}{11}$ **13.101** $\frac{\pi}{4}$ **13.102** $\ln 2$

13.103 $F = \int_e^{e^2}\frac{\ln(\ln x)}{x\ln x}\,dx$ Subst.: $\ln x = t, \quad \frac{1}{x}\,dx = dt$

$F = \int_1^2 \frac{\ln t}{t}\,dt$ Subst.: $\ln t = z, \quad \frac{1}{t}\,dt = dz$

$$F = \int_0^{\ln 2} z\,dz = \left[\frac{z^2}{2}\right]_0^{\ln 2} = \underline{\underline{\frac{1}{2}\ln^2 2}} \approx 0.24.$$

13.104 Schnittpunkte der Kurve $y = \sqrt{9 - x^2}$ mit der Geraden $y = \sqrt{5}$:

$\sqrt{5} = \sqrt{9 - x^2} \implies x_1 = 2 \, , \, x_2 = -2 \implies S_1 = (2, \sqrt{5}) \, , \, S_2 = (-2, \sqrt{5})$.

a so bestimmen, dass $y = ax^2$ durch S_1 und S_2 geht:

$\sqrt{5} = a(\pm 2)^2 \implies \underline{a = \frac{1}{4}\sqrt{5}}$.

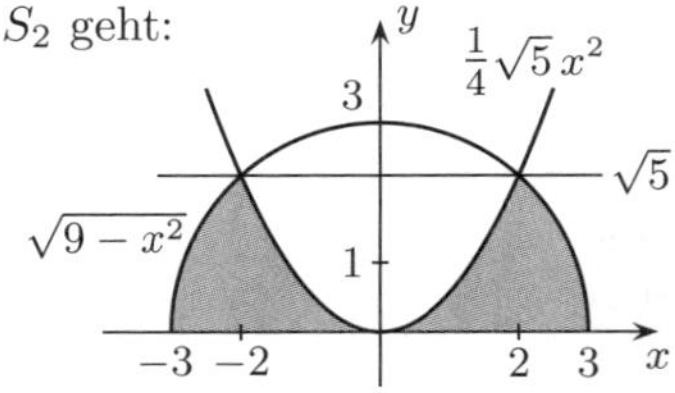

Infolge der Symmetrie der Fläche gilt:

$$F = 2 \int_0^2 \frac{\sqrt{5}}{4} x^2 \, dx + 2 \int_2^3 \sqrt{9 - x^2} \, dx$$

$$= \frac{\sqrt{5}}{2} \left[\frac{x^3}{3}\right]_0^2 + \left[\frac{x}{2}\sqrt{9 - x^2} + \arcsin\frac{x}{3}\right]_2^3 \approx \underline{\underline{6.1}}$$, siehe **F4**.

13.105 Die Kurven schneiden sich bei $x_0 = 0$ und $x_1 = 1$.

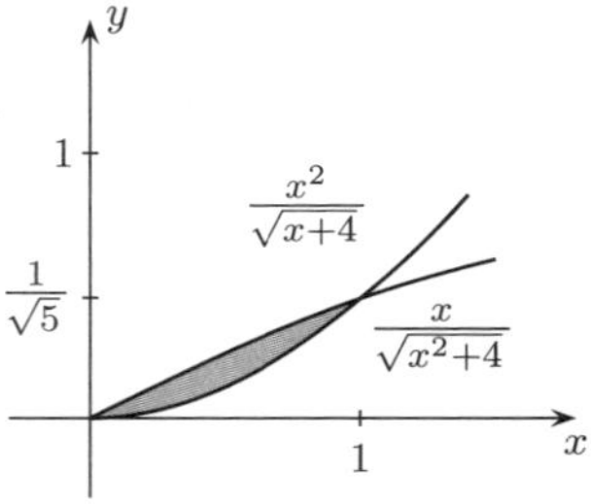

$$F = \int_0^1 \frac{x \, dx}{\sqrt{x^2+4}} - \int_0^1 \frac{x^2 \, dx}{\sqrt{x+4}}$$

$$= \left[\sqrt{x^2 + 4}\right]_0^1 - \left[\frac{2(3x^2 - 16x + 128)\sqrt{x+4}}{15}\right]_0^1$$

$$= \sqrt{5} - 2 - \frac{46}{3}\sqrt{5} + \frac{4 \cdot 128}{15}$$

$$= -\frac{43}{3}\sqrt{5} + \frac{482}{15} \approx \underline{\underline{0.08}}.$$

13.106 $F = \int_0^{\sqrt{\pi}} x \sin x^2 \, dx$ $\qquad$ Subst.: $\quad x^2 = t$, $\; 2x \, dx = dt$

$$= \frac{1}{2} \int_0^{\pi} \sin t \, dt = \left[-\frac{1}{2}\cos t\right]_0^{\pi} = \underline{\underline{1}}.$$

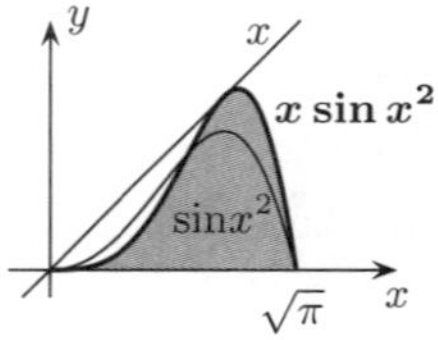

13.107 $F = \int_{-\pi/2}^{\pi/2} \cosh x \cos x \, dx$,

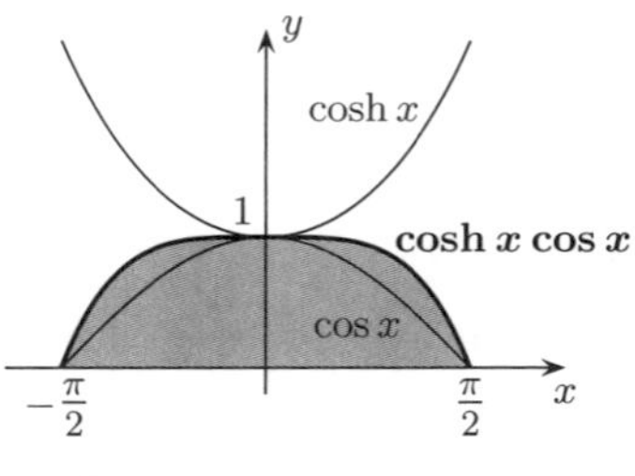

Partielle Integration ergibt:

$$\int \cosh x \cos x \, dx$$

$$= \sinh x \cos x + \int \sinh x \sin x \, dx$$

$$= \sinh x \cos x + \cosh x \sin x - \int \cosh x \cos x \, dx$$

$$= \frac{1}{2}(\sinh x \cos x + \cosh x \sin x) + C$$

$f(x) = \cosh x \cos x$ ist eine gerade Funktion, d.h. $f(-x) = f(x)$, also

$$F = \int_{-\pi/2}^{\pi/2} \cosh x \cos x \, dx = 2 \int_0^{\pi/2} \cosh x \cos x \, dx \text{ und}$$

$$F = 2 \int_0^{\pi/2} \cosh x \cos x \, dx = \left[\sinh x \cos x + \cosh x \sin x\right]_0^{\pi/2} = \underline{\underline{\cosh\frac{\pi}{2}}} \approx 2.51.$$

3.108 $F = \int_0^1 \sqrt{x}\,dx - \int_0^1 x^2\,dx$

$= \left[\frac{2}{3}x^{3/2}\right]_0^1 - \left[\frac{1}{3}x^3\right]_0^1 = \underline{\underline{\frac{1}{3}}}.$

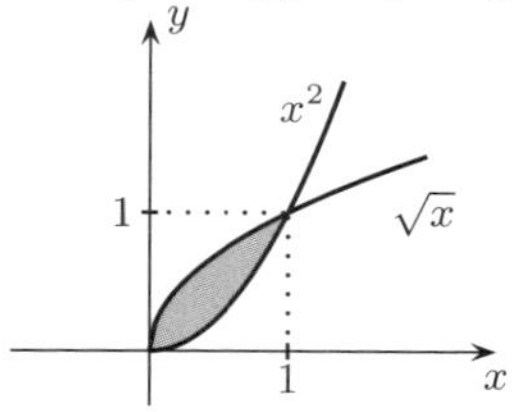

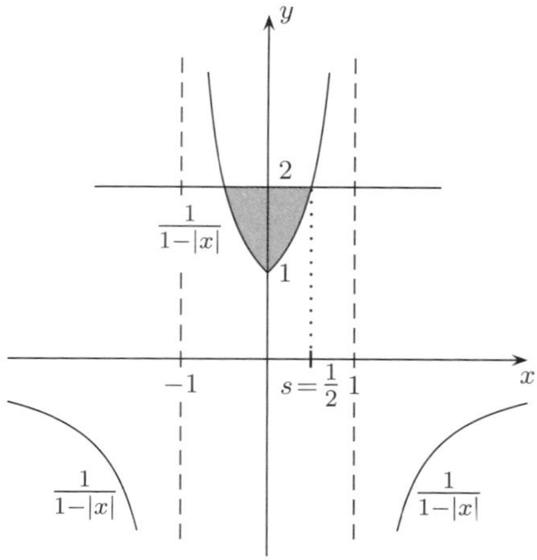

3.109 $F = \int_{-s}^{s} 2\,dx - \int_{-s}^{s} \frac{dx}{1-|x|}$

$$y = \frac{1}{1-|x|} = \begin{cases} \frac{1}{1-x} & \text{, für } x \geq 0,\ x \neq 1 \\ \frac{1}{1+x} & \text{, für } x \leq 0,\ x \neq -1 \end{cases}$$

$= \int_{-s}^{s} \left(2 - \frac{1}{1-|x|}\right) dx$

$= 2 \int_{0}^{s} \left(2 - \frac{1}{1-|x|}\right) dx$, denn $y = \frac{1}{1-|x|}$ ist eine gerade Funktion, liegt also symmetrisch zur y–Achse!

Berechnung von s:

$\frac{1}{1-|x|} = 2 \iff 1 = 2 - 2|x| \iff \frac{1}{2} = |x| \iff x = \frac{1}{2}$ oder $x = -\frac{1}{2}$, also $\underline{s = \frac{1}{2}}$.

$F = 2 \int_0^{1/2} \left(2 - \frac{1}{1-|x|}\right) dx$

$= 2 \int_0^{1/2} \left(2 - \frac{1}{1-x}\right) dx$, weil $|x| = x$ ist für $x \geq 0$

$= 2 \left[2x + \ln|1-x|\right]_0^{1/2} = 2\left(1 + \ln\frac{1}{2}\right) = \underline{\underline{2(1 - \ln 2)}} \approx 0.61.$

3.110 $F_1 = \int_0^{\pi/2} e^{-x} \cos x\,dx$ Skizze nächste Seite, partielle Integration liefert:

$= \left[-e^{-x}\cos x\right]_0^{\pi/2} - \int_0^{\pi/2} e^{-x}\sin x\,dx$

$= \left[-e^{-x}\cos x\right]_0^{\pi/2} + \left[-e^{-x}\sin x\right]_0^{\pi/2} - \int_0^{\pi/2} e^{-x}\cos x\,dx$

$= \frac{1}{2}\left[-e^{-x}\cos x + e^{-x}\sin x\right]_0^{\pi/2} = \underline{\underline{\frac{1}{2}\left(e^{-\pi/2}+1\right)}} \approx 0.604.$

$$F_2 = \int_0^{\pi/2} \cos x\,dx - F_1 = \Big[\sin x\Big]_0^{\pi/2} - F_1 = 1 - \frac{1}{2}\big(e^{-\pi/2}+1\big) = \underline{\underline{\frac{1}{2}\big(1-e^{-\pi/2}\big)}} \approx 0.396.$$

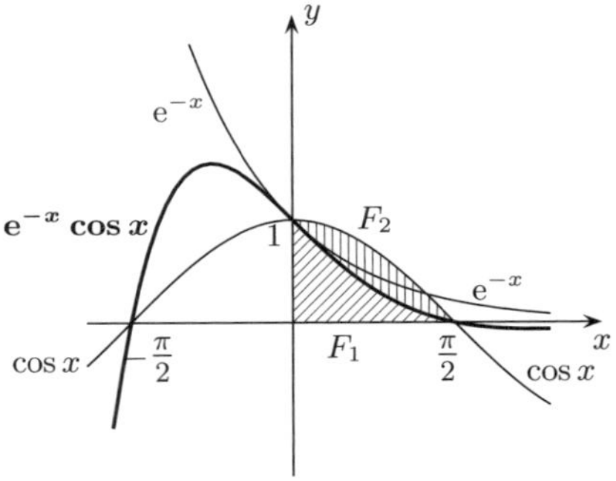

$$\frac{F_1}{F_2} = \frac{1+e^{-\pi/2}}{1-e^{-\pi/2}} = \underline{\underline{\frac{\cosh \pi/4}{\sinh \pi/4}}} \approx 1.53.$$

13.111 $\displaystyle\int_3^\infty \frac{dx}{x^2-1} = \lim_{b\to\infty} \int_3^b \frac{dx}{x^2-1} = \lim_{b\to\infty} - \left[\frac{1}{2}\ln\frac{x+1}{x-1}\right]_3^b$

$\displaystyle = \lim_{b\to\infty}\big(-\frac{1}{2}\ln\frac{b+1}{b-1} + \frac{1}{2}\ln 2\big)$

$\displaystyle = \underline{\underline{\frac{1}{2}\ln 2}}$, weil $\displaystyle\lim_{b\to\infty}\ln\frac{b+1}{b-1} = 0$ ist!

13.112 $\displaystyle\int_{-1}^0 \frac{dx}{x^2} = \lim_{b\to 0^-}\int_{-1}^b \frac{dx}{x^2} = \lim_{b\to 0^-}\left[-\frac{1}{x}\right]_{-1}^b = \lim_{b\to 0^-} -\frac{1}{b} - 1 = \underline{\underline{\infty}}.$

13.113 $\displaystyle\int_0^1 \frac{dx}{\sqrt{1-x}} = \lim_{b\to 1^-}\int_0^b \frac{dx}{\sqrt{1-x}} = \lim_{b\to 1^-}\left[-2\sqrt{1-x}\right]_0^b = \lim_{b\to 1^-}(-2\sqrt{1-b}+2) = \underline{\underline{2}}.$

13.114 $\displaystyle\int_{-1}^0 \frac{dx}{\sqrt{1-x^2}} = \lim_{a\to -1^+}\int_a^0 \frac{dx}{\sqrt{1-x^2}} = \lim_{a\to -1^+}\Big[\arcsin x\Big]_a^0$ (siehe **F4**)

$\displaystyle = \lim_{a\to -1^+}(\arcsin a) = \arcsin(-1) = \underline{\underline{\pi/2}}.$

13.115 $\displaystyle\int_{-1}^1 \frac{dx}{x^2-1} = \int_{-1}^0 \frac{dx}{x^2-1} + \int_0^1 \frac{dx}{x^2-1}$

$\displaystyle\int_{-1}^0 \frac{dx}{x^2-1} = \lim_{a\to -1^+}\int_a^0 \frac{dx}{x^2-1} = \lim_{a\to -1^+}\frac{1}{2}\left[\ln\left|\frac{x-1}{x+1}\right|\right]_a^0$

$\displaystyle = \lim_{a\to -1^+}\big(-\frac{1}{2}\ln\left|\frac{a-1}{a+1}\right|\big) = \underline{\underline{-\infty}}.$

Ebenso erhält man: $\displaystyle\int_0^1 \frac{dx}{x^2-1} = \underline{\underline{-\infty}}.$

Das uneigentliche Integral $\displaystyle\int_{-1}^1 \frac{dx}{x^2-1}$ divergiert also!

3.116 $\displaystyle\int_{-1}^{1}\frac{dx}{x^2}=\int_{-1}^{0}\frac{dx}{x^2}+\int_{0}^{1}\frac{dx}{x^2}=2\int_{0}^{1}\frac{dx}{x^2}=\underline{\underline{\infty}}$, also divergent, vergl. [13.64].

3.117 $\displaystyle F=\int_0^\infty\frac{1}{x^2}e^{-1/x}\,dx$ ist nur an der oberen Grenze uneigentlich, denn

$$\lim_{x\to0+}\frac{e^{-1/x}}{x^2}\overset{(1/x=z)}{=}\lim_{z\to\infty}z^2e^{-z}=\lim_{z\to\infty}\frac{z^2}{e^z}=0\quad\text{(l'Hospital).}$$

$$F=\int_0^\infty\frac{1}{x^2}e^{-1/x}\,dx\ .\ \underline{\text{Subst.:}}\quad \frac{1}{x}=t,\quad -\frac{1}{x^2}=dt$$

$$=-\int_\infty^0 e^{-t}\,dt$$

$$=\Big[e^{-t}\Big]_\infty^0=\underline{\underline{1}}.$$

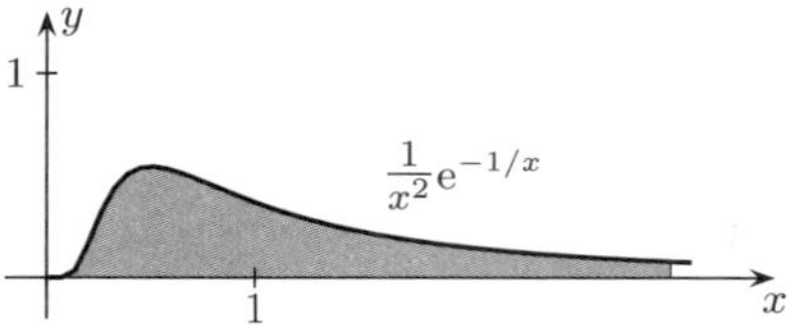

3.118 $\displaystyle F=\int_1^\infty\frac{\ln x}{1+x^3}\,dx$

Weil $x>\ln x$ ist für $x\geq1$, gilt: $\displaystyle\lim_{x\to\infty}\frac{x^s\ln x}{1+x^3}<\lim_{x\to\infty}\frac{x^{s+1}}{1+x^3}=\underline{\underline{0}},\quad s<2.$

Also konvergiert das uneigentliche Integral und F ist endlich!

3.119 $\displaystyle F=\int_0^\infty\frac{dx}{x^2+16}=\lim_{b\to\infty}\int_0^b\frac{dx}{x^2+16}=\lim_{b\to\infty}\frac{1}{4}\left[\arctan\frac{x}{4}\right]_0^b=\underline{\underline{\frac{\pi}{8}}}.$

3.120 $\displaystyle F=\int_a^1\frac{dx}{x\sqrt{1-x^3}}$. Wir unterscheiden die Fälle $a>0$ und $a=0$:

$\boxed{a>0}$

In diesem Fall ist $\displaystyle\int_a^1\frac{dx}{x\sqrt{1-x^3}}$ nur an der oberen Grenze uneigentlich.

Wegen $\sqrt{1-x^3}=\sqrt{1-x}\,\sqrt{1+x+x^2}$ gilt:

$$\lim_{x\to1}\frac{(1-x)^s}{x\sqrt{1-x^3}}=\lim_{x\to1}\frac{(1-x)^{s-1/2}}{x\sqrt{1+x+x^2}}=0\ ,\ \text{für}\ \ 1>s>1/2.$$

Demnach ist $\int_a^1$ für $a>0$ *konvergent* und der Flächeninhalt F_1 zwischen der Kurve, der x–Achse und den Geraden $x=a$ und $x=1$ ist *endlich*!

$\boxed{a=0}$

In diesem Fall ist $\displaystyle\int_0^1\frac{dx}{x\sqrt{1-x^3}}$ an der oberen und an der unteren Grenze uneigentlich.

$$F=\int_0^1 \frac{dx}{x\sqrt{1-x^3}}=\int_0^c \frac{dx}{x\sqrt{1-x^3}}+\int_c^1 \frac{dx}{x\sqrt{1-x^3}}\quad , \quad c\in(0,1)$$

$\displaystyle\int_0^c \frac{dx}{x\sqrt{1-x^3}}$ ist divergent, weil $\displaystyle\lim_{x\to 0}\frac{x}{x\sqrt{1-x^3}}=1$ ist.

Deshalb ist auch $\int_0^1$ *divergent*, also F unendlich!

Zusammenfassend ergibt sich:

Ist $a\geq 0$, so ist der Flächeninhalt zwischen der Kurve, der x–Achse und den Geraden $x=1$ und $x=a$ für $a>0$ endlich und für $a=0$ unendlich.

13.121 $\displaystyle F_1=\int_0^\infty \frac{\arctan x}{1+x^2}\,dx=\lim_{b\to\infty}\left[\frac{1}{2}\arctan^2 x\right]_0^b=\underline{\underline{\frac{\pi^2}{8}}}$

$\displaystyle F_2=\int_0^1 \frac{\arctan x}{1+x^2}\,dx=\underline{\underline{\frac{\pi^2}{32}}}\implies F_2:F_1=1:4\quad\text{und}\quad F_2:(F_2-F_1)=1:3.$

Also wird die Fläche zwischen der Kurve und der positiven x–Achse durch die Gerade $x=1$ im Verhältnis 1 : 3 geteilt!

13.122 $\displaystyle\int_0^\infty \frac{\ln x}{1+x^2}\,dx$ ist uneigentlich bei 0 und ∞, also $\displaystyle\int_0^\infty=\int_0^1+\int_1^\infty$

$\displaystyle\int_0^1 \frac{\ln x}{1+x^2}\,dx$ ist *konvergent*, da $\displaystyle\lim_{x\to 0+}\frac{(-x)^s\ln x}{1+x^2}=0$ z.B. für $s=1/3<1$.

$\displaystyle\int_1^\infty \frac{\ln x}{1+x^2}\,dx$ ist *konvergent*, da $\displaystyle\lim_{x\to\infty}\frac{x^s\ln x}{1+x^2}=0$ z.B. für $s=1,5>1$.

$$\begin{aligned}\int_0^\infty \frac{\ln x}{1+x^2}\,dx&=\int_0^1 \frac{\ln x}{1+x^2}\,dx+\int_1^\infty \frac{\ln x}{1+x^2}\,dx \qquad \underline{\text{Subst.:}}\quad x=\frac{1}{t}\ ,\ dx=-\frac{dt}{t^2}\\&=\int_0^1 \frac{\ln x}{1+x^2}\,dx+\int_1^0 \frac{-\ln t}{1+1/t^2}\left(-\frac{dt}{t^2}\right)\\&=\int_0^1 \frac{\ln x}{1+x^2}\,dx-\int_0^1 \frac{\ln t}{1+t^2}\,dt=\underline{\underline{0}}.\end{aligned}$$

13.123 $\displaystyle\int_1^\infty \frac{\ln x}{x^2}\,dx=\int_0^\infty \frac{te^t}{e^{2t}}\,dt \qquad \underline{\text{Subst.:}}\quad x=e^t\ ,\ dx=e^t\,dt.$

$\displaystyle=\int_0^\infty \frac{t}{e^t}\,dt=-\left[\frac{t+1}{e^t}\right]_0^\infty=1,$ da $\displaystyle\lim_{b\to\infty}\frac{b+1}{e^b}=0$, Integral z.B. **F4**.

Bemerkung:

$\displaystyle\int_0^\infty \frac{te^t}{e^{2t}}\,dt=\int_0^\infty e^{-t}t^{2-1}\,dt=\Gamma(2)=\underline{\underline{1}},$ Gammafunktion Γ siehe **F+H**.

13.124 *Zeige:* (a) $\int_0^\infty \frac{\sin x}{x}\,dx$ *ist konvergent,* (b) $\int_0^\infty \left|\frac{\sin x}{x}\right| dx$ *ist divergent.*

(a) Aufspalten ergibt $\int_0^\infty = \int_0^1 + \int_1^\infty$. Dabei existiert $\underline{\int_0^1 \frac{\sin x}{x}\,dx}$, da der Integrand bei $x = 0$ stetig ergänzbar ist, denn $\lim\limits_{x\to 0} \frac{\sin x}{x} = 1$, siehe [12.22].

Partielle Integration liefert $\int_1^\infty \frac{\sin x}{x}\,dx = \left[-\frac{\cos x}{x}\right]_1^\infty - \int_1^\infty \frac{\cos x}{x^2}\,dx$.

$\left[-\frac{\cos x}{x}\right]_1^\infty = \cos 1$ und wegen $\left|\frac{\cos x}{x^2}\right| \le \frac{1}{x^2}$ und $\int_1^\infty \frac{1}{x^2}\,dx = \left[-\frac{1}{x}\right]_1^\infty = 1$

konv. $\int_1^\infty \frac{\cos x}{x^2}\,dx$ und damit $\underline{\int_1^\infty \frac{\sin x}{x}\,dx}$.

Also konvergiert auch $\int_0^\infty \frac{\sin x}{x}\,dx$. Hinweis: $\int_0^\infty \frac{\sin x}{x}\,dx = \frac{\pi}{2}$, z.B. **Ana 1**.

(b) $$\int_0^{n\pi} \left|\frac{\sin x}{x}\right| dx = \sum_{k=1}^{n} \int_{(k-1)\pi}^{k\pi} \left|\frac{\sin x}{x}\right| dx.$$ Da $0 < x \le k\pi \Longrightarrow \frac{1}{x} \ge \frac{1}{k\pi}$ folgt

$$\ge \sum_{k=1}^{n} \frac{1}{k\pi} \int_{(k-1)\pi}^{k\pi} |\sin x|\,dx = \sum_{k=1}^{n} \frac{1}{k\pi} \int_0^\pi \sin x\,dx = \frac{2}{\pi}\sum_{k=1}^{n}\frac{1}{k}.$$

Nun ist die harmonische Reihe $\sum\limits_{k=1}^{\infty} \frac{1}{k}$ divergent (S.338) und aus der Abschätzung

$\int_0^\infty \left|\frac{\sin x}{x}\right| dx \ge \int_0^{n\pi} \left|\frac{\sin x}{x}\right| dx \ge \frac{2}{\pi}\sum\limits_{k=1}^{n}\frac{1}{k}$ folgt die Divergenz von $\int_0^\infty \left|\frac{\sin x}{x}\right| dx$.

13.125 $$\int \frac{dx}{(x^2+1)^2} = \int \frac{x^2+1-x^2}{(x^2+1)^2}\,dx = \int \frac{dx}{x^2+1} - \int \frac{x^2\,dx}{(x^2+1)^2} = \arctan x - \frac{1}{2}\int x\frac{2x\,dx}{(x^2+1)^2}.$$

$\left(\text{partielle Integration! Beachte: } \int \frac{2x}{(x^2+1)^2}\,dx = \int \frac{f'}{f^2}\,dx = \frac{-1}{f} = \frac{-1}{x^2+1}\right)$

$$\int \frac{dx}{(x^2+1)^2} = \arctan x - \frac{1}{2}\left(x\frac{-1}{x^2+1} - \int \frac{-1}{x^2+1}\,dx\right) = \underline{\underline{\frac{1}{2}\arctan x + \frac{1}{2}\frac{x}{x^2+1} + C}}.$$

Oder: $$\int \frac{dx}{(x^2+1)^2} = \int \underbrace{\frac{1}{2x}}_{u}\,\underbrace{\frac{2x}{(x^2+1)^2}}_{v'}\,dx = \underbrace{\frac{-1}{2x(x^2+1)}}_{uv} - \int \underbrace{\frac{1}{2x^2(x^2+1)}}_{u'v}\,dx,$$

partielle Integration und PBZ: $\frac{1}{x^2(x^2+1)} = \frac{1}{x^2} - \frac{1}{x^2+1}$ führen auch zum Ziel.

14 Folgen und Reihen

14.1 Zahlenfolgen

Zur vertiefenden Wiederholung siehe auch **EM 2**.

14.1 *Beispiele für Zahlenfolgen (siehe auch 14.2, 14.3, 14.4)*

	Zahlenfolge	**Bildungsgesetz**
(a)	$\sqrt{1}, \sqrt{2}, \sqrt{3}, \sqrt{4}, \ldots$	$a_n = \sqrt{n},\ n \in \mathbb{N}$
(b)	$4, 4, 4, 4, \ldots$	$a_n = 4,\ n \in \mathbb{N}$
(c)	$1, \frac{1}{2}, \frac{1}{3}, \frac{1}{4}, \ldots$	$a_n = \frac{1}{n},\ n \in \mathbb{N}$
(d)	$2, \frac{2}{3}, \frac{2}{9}, \frac{2}{27}, \ldots$	$a_n = 2(\frac{1}{3})^{n-1},\ n \in \mathbb{N}$ [14.9]
(e)	$\frac{1}{3}, \frac{2}{5}, \frac{3}{7}, \frac{4}{9}, \ldots$	$a_n = \frac{n}{2n+1},\ n \in \mathbb{N}$ [14.5]
(f)	$1, -2, 4, -8, 16, \ldots$	$a_n = (-2)^n,\ n = 0, 1, 2, 3, \ldots$ [14.9]
(g)	$1, 2 + \frac{1}{2}, 1, 2 + \frac{1}{3}, 1, 2 + \frac{1}{4}, 1, \ldots$	$a_n = \begin{cases} 1 & , n \text{ ungerade} \\ 2 + \frac{2}{n+2} & , n \text{ gerade} \end{cases}$
(h)	$1, 1, 2, 3, 5, 8, \ldots$	$a_1 = a_2 = 1,\ a_{n+2} = a_n + a_{n+1}$ [14.14]

In einer Folge $a_1, a_2, a_3, \ldots$, kurz (a_n), heißen die Zahlen a_n die *Glieder* der Folge. Die Formel $\boxed{a_n = f(n)}$ heißt **Bildungsgesetz** der Folge.

Die Folge (a_n) heißt:

- nach $\begin{matrix}\text{oben}\\ \text{unten}\end{matrix}$ **beschränkt**, wenn es eine Zahl S (Schranke genannt) gibt, so dass für alle Folgenglieder $a_n \begin{smallmatrix}\leq\\ \geq\end{smallmatrix} S$ gilt.
- **beschränkt**, wenn es eine Zahl S gibt, so dass für alle Glieder $|a_n| \leq S$ gilt.
- **monoton** $\begin{matrix}\text{wachsend}\\ \text{fallend}\end{matrix}$, wenn für alle Folgenglieder $a_{n+1} \begin{smallmatrix}\geq\\ \leq\end{smallmatrix} a_n$ gilt.
- **alternierend**, wenn $a_n \cdot a_{n+1} < 0$ ist für alle $n \in \mathbb{N}$, wenn also benachbarte Folgenglieder verschiedene Vorzeichen haben.

14.2 *Es werden die Folgen aus* 14.1 *betrachtet:*

(a) nach unten beschränkt, nicht beschränkt schlechthin, monoton wachsend. (da sogar $a_{n+1} > a_n$ gilt, wird präzisiert : *streng monoton wachsend*)
(b) beschränkt, monoton wachsend und monoton fallend,
(c) beschränkt, streng monoton fallend,
(d) beschränkt, streng monoton fallend,
(e) beschränkt, streng monoton wachsend, da $a_n = \frac{1}{2+\frac{1}{n}} \implies a_{n+1} > a_n$,
(f) nicht beschränkt, alternierend,
(g) beschränkt,
(h) nicht beschränkt, monoton wachsend, streng monoton wachsend ab a_2.

Eine Zahl h heißt Häufungswert (HW) der Folge (a_n), wenn für unendlich viele n die Folgenglieder a_n *beliebig nahe* an der Zahl h liegen. Beachtet man, dass $|a-b|$ den Abstand der Zahlen a und b angibt, kann man dies so formulieren:

Eine Zahl h heißt **Häufungswert** der Folge (a_n), falls es zu jeder Zahl $\varepsilon > 0$ unendlich viele Indices n gibt, für die $|h - a_n| < \varepsilon$ gilt.

Man kann ∞ (und analog $-\infty$) als uneigentlichen Häufungswert definieren:

∞ ist *uneigentlicher Häufungswert* von (a_n), falls es zu jeder Zahl $S \in \mathbb{R}$ unendlich viele n gibt mit $a_n \geq S$.

Satz von Bolzano-Weierstraß

Jede beschränkte Zahlenfolge in $\mathbb{R}$ (oder in $\mathbb{C}$) besitzt einen Häufungswert.

14.3 *Es werden die Folgen aus [14.1] betrachtet:*

(a)	∞ ist uneigentlicher HW,	(e)	$\frac{1}{2}$ ist HW, siehe [14.5],
(b)	4 ist HW,	(f)	∞ und $-\infty$ sind uneigentliche HW,
(c)	0 ist HW,	(g)	1 und 2 sind HW,
(d)	0 ist HW,	(h)	∞ ist uneigentlicher HW.

Der *kleinste* Häufungswert einer Folge (a_n) wird mit $\underline{\lim}\, a_n$ (lies: Limes inferior), der *größte* Häufungswert mit $\overline{\lim}\, a_n$ (lies: Limes superior) bezeichnet.

Eine Zahl g heißt Grenzwert der Folge (a_n), wenn die Folgenglieder *schließlich* beliebig nahe an der Zahl g liegen. Präziser: Eine Zahl g heißt Grenzwert der Folge (a_n), wenn es zu jeder (beliebig kleinen) Zahl $\varepsilon > 0$ ein Folgenglied gibt, so dass für alle darauffolgenden Glieder gilt : $|g - a_n| < \varepsilon$. Kürzer :

Eine Zahl g heißt **Grenzwert** der Folge (a_n), wenn es zu jedem $\varepsilon > 0$ einen Index $n_0 = n_0(\varepsilon)$ gibt, so dass für alle $n \geq n_0$ gilt : $|g - a_n| < \varepsilon$.
Ist g Grenzwert der Folge (a_n), so schreibt man: $g = \lim\limits_{n\to\infty} a_n$.

Gelesen: g ist der Limes von a_n für n gegen unendlich.

Schreibweisen: $g = \lim\limits_{n\to\infty} a_n$ oder $a_n \underset{n\to\infty}{\longrightarrow} g$ oder $a_n \longrightarrow g$.

Eine Folge heißt **konvergent**, wenn sie einen Grenzwert besitzt, andernfalls **divergent**. Eine Folge, deren Grenzwert 0 ist, heißt **Nullfolge**.

Jede konvergente Folge ist beschränkt.

14.4 *Es werden die Folgen aus [14.1] betrachtet:*

(a)	div., da unbeschränkt,	(e)	konv. mit Grenzwert $\frac{1}{2}$, [14.5, 14.8],
(b)	konv. mit Grenzwert 4,	(f)	div., da nicht beschränkt,
(c)	konv. mit Grenzwert 0,	(g)	div., da es zwei Häufungswerte gibt,
(d)	konv. mit Grenzwert 0,	(h)	div., da unbeschränkt.

Um die Divergenz bei (a) oder (h) von der Divergenz bei (f) oder (g) zu unterscheiden, kann man sagen:

(a_n) ist *bestimmt divergent* gegen den *uneigentlichen Grenzwert* ∞, falls es zu jeder Zahl $S \in \mathbb{R}$ einen Index n_0 gibt, so dass für alle $n \geq n_0$ gilt : $a_n \geq S$.

14.5 *Man zeige, dass* $\lim\limits_{n\to\infty}\frac{n}{2n+1}=\frac{1}{2}$ *ist, siehe auch* [14.8 (a)].

Sei $\varepsilon>0$. Für den Abstand gilt: $|g-a_n|=|\frac{1}{2}-\frac{n}{2n+1}|=|\frac{2n+1-2n}{2(2n+1)}|=\frac{1}{2(2n+1)}<\varepsilon$

Die letzte Ungleichung gilt genau dann, wenn $n>\frac{1}{2}(\frac{1}{2\varepsilon}-1)$ ist. Ist dann n_0 eine natürliche Zahl größer als $\frac{1}{2}(\frac{1}{2\varepsilon}-1)$, so gilt $|a_n-g|<\varepsilon$ für jedes $n\geq n_0$.

Hinweis: Zum Vereinfachen darf man hier nach oben abschätzen — aber mit Gefühl, die Nullfolgeneigenschaft darf nicht zerstört werden:

$|g-a_n|=\frac{1}{2(2n+1)}<\frac{1}{2n}<\frac{1}{n}<\varepsilon$. Die letzte Ungleichung gilt genau dann, wenn $n>\frac{1}{\varepsilon}$ ist. ist. Ist dann n_0 eine natürliche Zahl größer als $\frac{1}{\varepsilon}$, etwa $n_0=[\frac{1}{\varepsilon}]+1$, so gilt $|a_n-g|<\varepsilon$ für jedes $n\geq n_0$.

Merke: Man braucht nicht zu gegebenem $\varepsilon>0$ das *günstigste* n_0 zu suchen! Es reicht, *ein* n_0 anzugeben!

14.6 *Man zeige, dass* $a_n=\sqrt{n+1}-\sqrt{n-1}$ *Nullfolge ist.*

Sei $\varepsilon>0$. Es wird der Abstand $|a_n-g|=|a_n-0|=|a_n|$ betrachtet:

$$\begin{aligned}|a_n-g| &= \sqrt{n+1}-\sqrt{n-1}=\frac{(\sqrt{n+1}-\sqrt{n-1})(\sqrt{n+1}+\sqrt{n-1})}{\sqrt{n+1}+\sqrt{n-1}}\\ &= \frac{2}{\sqrt{n+1}+\sqrt{n-1}}\leq\frac{2}{\sqrt{n+1}}\leq\frac{2}{\sqrt{n}}\ \text{(siehe obigen Hinweis!)}\end{aligned}$$

Nun gilt $\frac{2}{\sqrt{n}}<\varepsilon$ genau dann, wenn $n>\frac{4}{\varepsilon^2}$ ist.

Ist dann n_0 eine natürliche Zahl größer als $\frac{4}{\varepsilon^2}$, etwa $n_0=[\frac{4}{\varepsilon^2}]+1$, so gilt $|a_n-g|<\varepsilon$ für jedes $n\geq n_0$.
Also ist 0 der Grenzwert und die Folge eine Nullfolge.

Einfacher mit Rechenregeln für Grenzwerte (nächste Seite)
und $(a-b)(a+b)=a^2-b^2$, siehe auch [14.8 (h)]:

$$a_n=\sqrt{n+1}-\sqrt{n-1}=\frac{(\sqrt{n+1}-\sqrt{n-1})(\sqrt{n+1}+\sqrt{n-1})}{\sqrt{n+1}+\sqrt{n-1}}=\frac{2}{\sqrt{n+1}+\sqrt{n-1}}\longrightarrow 0.$$

Die beiden letzten Aufgaben wurden durch "Rückgang" auf die Definition des Grenzwertes (vorige Seite) gelöst. Einfacher wird es, wenn man Rechenregeln für Grenzwerte (nächste Seite) benutzen kann, siehe [14.8].

Zusammenhang zwischen Häufungswert und Grenzwert

- Jeder Grenzwert ist Häufungswert.
- Ist h *einziger* Häufungswert der *beschränkten* Folge (a_n), so ist h Grenzwert von (a_n).
- Eine Folge mit mehr als einem Häufungswert ist divergent.
- h ist Häufungswert von (a_n) genau dann, wenn es eine gegen h konvergente *Teilfolge* von (a_n) gibt.

14.7 *Man gebe eine divergente Folge mit genau einem Häufungswert an.*

Ein Beispiel ist $1,\frac{1}{2},2,\frac{2}{3},3,\frac{3}{4},4,\frac{4}{5},5,\ldots$ Der einzige Häufungswert ist 1.
Es gibt eine gegen 1 konvergente Teilfolge und eine unbeschränkte Teilfolge!

Folgende Grenzwerte sollte man kennen:

$\sqrt[n]{a} \to 1$ [14.56]	$(1+\frac{1}{n})^n \to \mathrm{e}$ [14.13]	$\frac{1}{n}\sqrt[n]{n!} \to \frac{1}{\mathrm{e}}$	$\binom{a}{n} \to 0,\ a > -1$
$\sqrt[n]{n} \to 1$ [14.56]	$(1+\frac{x}{n})^n \to \mathrm{e}^x$	$\frac{a^n}{n!} \to 0$	$\frac{a^n}{n^k} \to \infty \begin{cases} a > 1 \\ k \text{ fest} \end{cases}$
$\sqrt[n]{n!} \to \infty$ [14.56]	$(1-\frac{x}{n})^n \to \mathrm{e}^{-x}$	$\frac{n^n}{n!} \to \infty$	$\frac{a^n}{n^k} \to 0 \begin{cases} \lvert a\rvert \le 1 \\ k \text{ fest} \end{cases}$

Beweise in **Ana 1**, siehe auch [14.13, 14.56]

Rechenregeln für Grenzwerte

$$\begin{matrix} a_n & \longrightarrow & a \\ b_n & \longrightarrow & b \end{matrix} \quad \Longrightarrow \quad \begin{cases} a_n \pm b_n \longrightarrow a \pm b & \\ a_n \cdot b_n \longrightarrow a \cdot b & \\ \dfrac{a_n}{b_n} \longrightarrow \dfrac{a}{b} & \text{für } b_n \neq 0\ ,\ b \neq 0 \\ a_n^{b_n} \longrightarrow a^b & \text{für } a_n > 0\ ,\ a > 0 \\ a_n^c \longrightarrow a^c & \text{für } a_n > 0\ ,\ a > 0,\ c \in \mathbb{R} \end{cases}$$

$a_n \longrightarrow a \quad \Longrightarrow \quad \frac{a_1+\cdots+a_n}{n} \longrightarrow a$, arithmetisches Mittel

$a_n \longrightarrow a,\ a_n > 0 \quad \Longrightarrow \quad \sqrt[n]{a_1 \cdots a_n} \longrightarrow a$, geometrisches Mittel

Quetschlemma: $a_n, b_n \to a$ und $a_n \le x_n \le b_n$ für $n \ge n_0 \implies x_n \longrightarrow a$

$$\begin{matrix} a_n & \le & x_n & \le & b_n \\ \searrow & & \downarrow & & \swarrow \\ & & a & & \end{matrix}$$

Siehe auch **unbestimmte Ausdrücke**, Seite 273 ff.

4.8 *Beispiele zum Anwenden der Rechenregeln:*

(a) $\frac{n}{2n+1} = \frac{1}{2+\frac{1}{n}} \longrightarrow \frac{1}{2}$

(b) $\frac{n}{2n+1} + \sqrt[n]{n} \longrightarrow \frac{1}{2} + 1 = \frac{3}{2}$.

(c) $(1+\frac{2}{n})^n \cdot \sqrt[n]{17} \longrightarrow \mathrm{e}^2 \cdot 1 = \mathrm{e}^2$.

(d) $\frac{n}{\sqrt[n]{n!}} = \frac{1}{\frac{\sqrt[n]{n!}}{n}} \longrightarrow \frac{1}{\frac{1}{\mathrm{e}}} = \mathrm{e}$.

(e) $\frac{\frac{n}{2n+1}}{(1-\frac{2}{n})^n} \longrightarrow \frac{\frac{1}{2}}{\mathrm{e}^{-2}} = \frac{\mathrm{e}^2}{2}$.

(f) $(\frac{2n}{5n+1})^{-1} \longrightarrow (\frac{2}{5})^{-1} = \frac{5}{2}$.

(g) $(1-\frac{1}{n^2})^n \to 1$, denn $(1-\frac{1}{n^2})^n = (1-\frac{1}{n})^n(1+\frac{1}{n})^n \longrightarrow \mathrm{e}^{-1}\cdot\mathrm{e}^1 = 1$.

(h) $a_n = \sqrt{n^2+3n+1} - \sqrt{n^2+2n} \longrightarrow$? Erweitern: $a - b = \frac{a^2-b^2}{a+b}$ ergibt:

$$a_n = \frac{n+1}{\sqrt{n^2+3n+1}+\sqrt{n^2+2n}} = \frac{1+\frac{1}{n}}{\sqrt{1+\frac{3}{n}+\frac{1}{n^2}}+\sqrt{1+\frac{2}{n}}} \longrightarrow \frac{1+0}{\sqrt{1+0+0}+\sqrt{1+0}} = \frac{1}{2}.$$

(i) $\sqrt[n]{3^n+5^n} \longrightarrow 5$, weil $5 = \sqrt[n]{5^n} \le \sqrt[n]{3^n+5^n} \le \sqrt[n]{2\cdot 5^n} = \sqrt[n]{2}\cdot 5 \longrightarrow 5$.

(j) $\frac{n+\sin n}{3n+1} \longrightarrow \frac{1}{3}$, weil $\frac{n-1}{3n+1} \le \frac{n+\sin n}{3n+1} \le \frac{n+1}{3n+1}$ ist, ((i),(j) Quetschlemma).

(k) $\frac{n}{2^n} \longrightarrow 0$. Für $n \ge 5$ gilt $n^2 < 2^n$ siehe [1.13], also $0 < \frac{n}{2^n} < \frac{1}{n}$.
Aus $\frac{1}{n} \longrightarrow 0$ folgt $\frac{n}{2^n} \longrightarrow 0$ (Quetschlemma).

Geht in dem Ausdruck $a_n^{b_n}$, $a_n \longrightarrow 1$, $b_n \longrightarrow \infty$, so entsteht ein **unbestimmter Ausdruck** vom Typ $[1^\infty]$ (Seite 273 ff).

Auf keinen Fall folgere man: $(1+\frac{1}{n})^n \overset{?}{\longrightarrow} 1^n \longrightarrow 1$. Dies ist falsch !!!

Ein spezieller Folgentyp ist besonders wichtig: Die Folge $1, q, q^2, q^3, \ldots$ mit dem Bildungsgesetz $a_n = q^n$ heißt geometrische Folge mit dem Faktor q. Natürlich ist die Folge für $q=-1$ divergent und für $q=1$ konvergent. Wichtig ist:

> Die **geometrische Folge** $a_n = q^n$ ist für $|q| < 1$ eine Nullfolge, $|q| > 1$ divergent.
>
> *Beispiele*: $(\frac{1}{2})^n$ und $(\frac{-2}{3})^n$ sind Nullfolgen, $(-2)^n$ ist divergent.

> Ist $a_n = \frac{P(n)}{Q(n)}$, wobei P und Q Polynome sind, sieht man das Konvergenzverhalten nach dem Kürzen durch die höchste Potenz von n im Nenner.

14.9 *Man untersuche auf Konvergenz:*

$$a_n = \frac{2n^2+2n+4}{4n^4+3}\ , \qquad b_n = \frac{3n^2+n+1}{4n^2+5}\ , \qquad c_n = \frac{2n^2+1}{4n+1}.$$

$$a_n = \frac{2n^2+2n+4}{4n^4+3} = \frac{\frac{2}{n^2}+\frac{2}{n^3}+\frac{4}{n^4}}{4+\frac{3}{n^4}}\ , \quad \frac{2}{n^2}, \frac{2}{n^3}, \ldots \longrightarrow 0, \text{ also } a_n \longrightarrow \frac{0+0+0}{4+0} = \underline{\underline{0}}.$$

$$b_n = \frac{3n^2+n+1}{4n^2+5} = \frac{3+\frac{1}{n}+\frac{1}{n^2}}{4+\frac{5}{n^2}} \longrightarrow \frac{3+0+0}{4+0} = \underline{\underline{\frac{3}{4}}}.$$

$$c_n = \frac{2n^2+1}{4n+1} = \frac{2n+\frac{1}{n}}{4+\frac{1}{n}} \quad \begin{matrix}\text{Zähler} & \longrightarrow & \infty \\ \text{Nenner} & \longrightarrow & 4\end{matrix} \quad \Longrightarrow \quad a_n \longrightarrow \frac{\infty}{4} = \underline{\underline{\infty}}.$$

Der Zähler divergiert, der Nenner konvergiert gegen 4.
Die Folge ist nicht beschränkt, also divergent.

Für die Untersuchung **rekursiver Folgen** sind zwei Sätze bedeutsam:

> **Monotoniekriterium**
>
> Jede <u>*monotone*</u> und <u>*beschränkte*</u> Folge ist konvergent.

> **Konvergenzkriterium von Cauchy**
>
> Die Folge (a_n) konvergiert genau dann, wenn es zu jedem $\varepsilon > 0$ ein $n_0 \in \mathbb{N}$ gibt, so dass für alle $n, m \geq n_0$ gilt: $|a_n - a_m| < \varepsilon$. (Krit. ohne Grenzwert!)

Aus dem Bildungsgesetz einer konvergenten rekursiven Folge läßt sich häufig der Grenzwert einfach bestimmen [14.10, 14.11, 14.12].

Manchmal ist es vorteilhaft, die rekursive Folge in explizite Form zu bringen!

14.10 *Man zeige die Konvergenz folgender rekursiv gegebenen Folgen* (a_n) *und berechne ihren Grenzwert:*

(a) $a_1 = 1,\ a_{n+1} = \sqrt{1+a_n}$ [Monotoniekriterium]

(b) $a_1 = 4,\ a_{n+1} = \sqrt{3+a_n}$ [Monotoniekriterium]

(c) $a_1 = 0,\ a_2 = 1,\ a_{n+2} = \frac{1}{2}(a_{n+1}+a_n)$ [Cauchy–Krit.] [explizite Form]

(a) $a_1 = 1,\ a_{n+1} = \sqrt{1 + a_n}$ [**Monotoniekriterium**]:

(i) Der Folgenanfang: $1, \sqrt{2}, \sqrt{1+\sqrt{2}}, \ldots$ Vermutung: **monoton wachsend**. Beweis durch vollständige Induktion, vgl. 1.57:
$a_1 < a_2$ und $a_n < a_{n+1} \Longrightarrow a_{n+1} = \sqrt{a_n + 1} < \sqrt{a_{n+1} + 1} = a_{n+2}$.

(ii) Die Folge ist **beschränkt**: $a_n < 2$. Beweis durch vollständige Induktion:
$a_1 = 1 < 2$ und $a_n < 2 \Longrightarrow a_{n+1} = \sqrt{1 + a_n} < \sqrt{1+2} = \sqrt{3} < 2$.
Als monotone und beschränkte Folge ist (a_n) konvergent.

(iii) Ist a **Grenzwert** von (a_n), so gilt $a_{n+1} \to a$ und $\sqrt{1 + a_n} \to \sqrt{1+a}$.
Aus der Rekursionsformel erhält man also durch Grenzbetrachtung die Gleichung $a = \sqrt{1+a}$ und daraus $a^2 - a - 1 = 0$, d.h. $a = \frac{1}{2} \pm \frac{1}{2}\sqrt{5}$. Da $a_n \geq 0$ ist, gilt $a \geq 0$ und man erhält die Lösung $\underline{\underline{a = \frac{1}{2}(1+\sqrt{5})}}$, vgl. [3.49, 14.58] goldener Schnitt.

(b) Nach [1.57 (b)] ist (a_n) monoton fallend und offensichtlich durch 0 nach unten beschränkt, also konvergent. Für den Grenzwert a folgt aus der Rekursionsformel $a = \sqrt{3 + a}$, also $a^2 - a - 3 = 0$, d.h. $a = \frac{1}{2} \pm \frac{1}{2}\sqrt{13}$.
Wegen $a_n > 0$ also $\underline{\underline{a = \frac{1}{2}(1 + \sqrt{13})}}$.

(c) $a_1 = 0,\ a_2 = 1,\ a_{n+2} = \frac{1}{2}(a_{n+1} + a_n)$, also $a_3 = \frac{1}{2},\ a_4 = \frac{3}{4},\ a_5 = \frac{5}{8},\ a_6 = \frac{11}{16}, \ldots$
Der *Trick*, den eventuellen Grenzwert aus der Rekursionsformel direkt auszurechenen, klappt hier nicht.

(1) Konvergenznachweis mittels **Konvergenzkriterium von Cauchy**:
Es wird zunächst der Abstand zweier aufeinanderfolgender Glieder betrachtet:
$|a_{n+2} - a_{n+1}| = |\frac{1}{2}(a_{n+1} + a_n) - a_{n+1}| = \frac{1}{2}|a_{n+1} - a_n|$.
Diese Umformung $n-$mal wiederholend, erhält man $|a_{n+2} - a_{n+1}| = (\frac{1}{2})^{n+1}$.
Es wird die Cauchybedingung mit $m > n$, etwa $m = n + k$ geprüft:

$$\begin{aligned}
|a_{n+k} - a_n| &= |a_{n+k} - a_{n+k-1} + a_{n+k-1} - a_{n+k-2} \cdots + a_{n+1} - a_n| \\
&\leq |a_{n+k} - a_{n+k-1}| + |a_{n+k-1} - a_{n+k-2}| \cdots + |a_{n+1} - a_n| \\
&\leq \tfrac{1}{2^{n+k-1}} + \tfrac{1}{2^{n+k-2}} + \cdots + \tfrac{1}{2^n} = \tfrac{1}{2^n}\left(\tfrac{1}{2^{k-1}} + \tfrac{1}{2^{k-2}} + \cdots + 1\right) \\
&= q^n(1 + q + q^2 + \cdots + q^{k-1}) \text{, wobei } q = \tfrac{1}{2} \text{ ist} \\
&\leq q^n(1 + q + q^2 + \cdots) = q^n \sum_{k=0}^{\infty} q^k = \tfrac{q^n}{1-q} = (\tfrac{1}{2})^{n-1} \text{ (geo. Reihe!)}
\end{aligned}$$

Zu gegebenem $\varepsilon > 0$ wird die Zahl n_0 so gewählt, dass $(\frac{1}{2})^{n_0} < \varepsilon$ ist. Dann gilt $|a_n - a_m| < \varepsilon$ für alle $n, m > n_0$ und der Satz von Cauchy sichert die Konvergenz. Wir wissen nun, daß die Folge konvergiert, können aber den Grenzwert noch nicht angeben. Es geht einfacher und man erhält mehr:

(2) In diesem Beispiel kann man die Folgenglieder **explizit** angeben und so gelingt es, den Grenzwert (und damit natürlich die Konvergenz) der Folge zu bestimmen: Schreibt man $a_{n+2} = \frac{1}{2}(a_{n+1} + a_n) = a_{n+1} - \frac{1}{2}(a_{n+1} - a_n)$, so haben die Folgenglieder die Form $a_1 = 0,\ a_2 = 1,\ a_3 = 1 - \frac{1}{2},\ a_4 = 1 - \frac{1}{2} + \frac{1}{4},\ a_5 = 1 - \frac{1}{2} + \frac{1}{4} - \frac{1}{8}, \ldots$.
Die Folgenglieder a_n sind also endliche geometrische Reihen (siehe S. 337), d.h.

$$a_n = \sum_{k=0}^{n-2}(-\tfrac{1}{2})^k \text{ für } n = 2, 3, \ldots, \text{ also } a_n = \frac{1-(-\frac{1}{2})^{n-1}}{1-(-\frac{1}{2})} = \tfrac{2}{3}\left(1 - (-\tfrac{1}{2})^{n-1}\right) \to \underline{\underline{\tfrac{2}{3}}}.$$

14.11 *Man zeige, dass die durch* $a_1 = 1$, $a_{n+1} = \frac{2+a_n}{1+a_n}$, $n \in \mathbb{N}$, *rekursiv gegebene Folge konvergiert gegen den Grenzwert* $\sqrt{2}$.

(1) *durch Rückgang auf die Grenzwertdefinition,*

(2) *durch eine Variante des Monotoniekriterium (monotone Teilfolgen).*

Wenn die Folge gegen a konvergiert, dann gilt $a = \frac{2+a}{1+a}$ (Grenzbetrachtung in der Rekursionsformel). Dies ergibt $a^2 = 2$ d.h. $a = \pm\sqrt{2}$. Da $a_n > 0$ gilt:
Wenn die Folge konvergiert, *dann* gegen $\sqrt{2}$.

(1) Rückgang auf die Definition (Seite 329): Wir betrachten den Abstand $|a_{n+1} - \sqrt{2}\,|$:

$$|a_{n+1} - \sqrt{2}\,| = |\tfrac{2+a_n}{1+a_n} - \sqrt{2}\,| = |\tfrac{2+a_n-\sqrt{2}\,(1+a_n)}{1+a_n}| = |\tfrac{a_n-\sqrt{2}-\sqrt{2}\,a_n+2}{1+a_n}|$$
$$= |\tfrac{1-\sqrt{2}}{1+a_n}(a_n - \sqrt{2}\,)| \leq \tfrac{1}{2}|a_n - \sqrt{2}\,|, \text{ da } |\tfrac{1-\sqrt{2}}{1+a_n}| \leq |1 - \sqrt{2}\,| \leq \tfrac{1}{2}.$$

Diese Abschätzung $n-$mal wiederholend, erhält man:
$|a_{n+1} - \sqrt{2}\,| \leq (\frac{1}{2})^n |a_1 - \sqrt{2}\,| \leq (\frac{1}{2})^n \cdot \frac{1}{2} = (\frac{1}{2})^{n+1}$.

Wählt man zu gegebenem $\varepsilon > 0$ die Zahl n_0 so, dass $(\frac{1}{2})^{n_0} < \varepsilon$ (d.h. $n_0 > -\frac{\ln \varepsilon}{\ln 2}$) ist, so gilt für alle $n \geq n_0$, dass $|a_n - \sqrt{2}\,| \leq (\frac{1}{2})^n \leq (\frac{1}{2})^{n_0} < \varepsilon$ ist.

Somit ist (a_n) konvergent mit dem Grenzwert $\sqrt{2}$, d.h. $\underline{\underline{\lim_{n\to\infty} a_n = \sqrt{2}}}$.

(2) Das Monotoniekriterium lässt sich zunächst nicht anwenden, da (a_n) nicht monoton ist. Man kann (a_n) jedoch in zwei monotone Teilfolgen zerlegen:
Die Teilfolge (a_{2n}) ist monoton fallend und die Folge (a_{2n+1}) monoton wachsend:

$$a_{n+2} < a_n \iff a_{n+2} = \frac{2+\frac{2+a_n}{1+a_n}}{1+\frac{2+a_n}{1+a_n}} = \frac{4+3a_n}{3+2a_n} < a_n \iff 4 < 2a_n^2 \iff \sqrt{2} < a_n.$$

Da $1 = a_1 < \sqrt{2} < a_2 = \frac{3}{2}$ ist (a_{2n}) mon. fallend und (a_{2n+1}) mon. wachsend.
Beide Folgen sind beschränkt, da für alle $x > 0$ gilt $1 < \frac{2+x}{1+x} < 2$, also konvergent.
Die Rekursionsformel $a_{n+2} = \frac{4+3a_n}{3+2a_n}$ ergibt $g = \frac{4+3g}{3+2g}$, $g > 0$, also $\underline{\underline{g = \sqrt{2}}}$.

14.12 *Für feste* $k \in \mathbb{N}$, $a > 0$ *sei die Folge* (a_n) *rekursiv definiert durch:*

$a_1 > 0$ *(beliebiger Startwert),* $a_{n+1} = \frac{1}{k}\big((k-1)a_n + \frac{a}{a_n^{k-1}}\big)$.

Die Folge (a_n) *konvergiert gegen* $\sqrt[k]{a}$ *! (HERONsches Wurzelziehen)*

Speziell: $a_n \to \sqrt{2}$ *für* $a_1 = 1$, $a_{n+1} = \frac{1}{2}(a_n + \frac{2}{a_n})$.

(1) $a_{n+1}^k \geq a$, weil $a_{n+1} = \dfrac{1}{k}\big((k-1)a_n + \frac{a}{a_n^{k-1}}\big) \geq \sqrt[k]{a_n^{k-1}\frac{a}{a_n^{k-1}}} = \sqrt[k]{a}$, denn das arithmetisches Mittel von k Zahlen ist $\geq$ dem geometrische Mittel (siehe S. 22)!

(2) (a_n) ist monoton fallend für $n \geq 2$, da
$$a_{n+1} = \frac{1}{k}\big((k-1)a_n + \frac{a}{a_n^{k-1}}\big) \leq a_n \iff (k-1)a_n + \frac{a}{a_n^{k-1}} \leq ka_n \iff a \leq a_n^k.$$

(3) (a_n) ist also monoton fallend und durch 0 nach unten beschränkt, folglich konvergent. Aus der Rekursionsformel von (a_n) ergibt sich für den Grenzwert g der Folge (a_n): $g = \dfrac{1}{k}\big((k-1)g + \frac{a}{g^{k-1}}\big)$. Auflösen nach g ergibt $\underline{\underline{g = \sqrt[k]{a}}}$.

14.13 *Man zeige, dass die Folgen $a_n = (1+\frac{1}{n})^n$ und $b_n = (1+\frac{1}{n})^{n+1}$ monoton und beschränkt sind und gegen den gleichen Grenzwert konvergieren.*
(Der gemeinsame Grenzwert ist die Eulersche Zahl $e = 2.71828182\ldots$)

(1) (a_n) ist (streng) monoton wachsend.
$$a_n < a_{n+1} \iff (1+\tfrac{1}{n})^n = (\tfrac{n+1}{n})^n = (\tfrac{n+1}{n})^{n+1}\tfrac{n}{n+1} < (\tfrac{n+2}{n+1})^{n+1} = (1+\tfrac{1}{n+1})^{n+1}$$
$$\iff \tfrac{n}{n+1} = 1 - \tfrac{1}{n+1} < \left(\tfrac{n(n+2)}{(n+1)^2}\right)^{n+1} = \left(1 - \tfrac{1}{(n+1)^2}\right)^{n+1}.$$
Letztere Ungleichung folgt aus der Bernoulli–Ungleichung (Seite 48):
$0 \neq -\frac{1}{(n+1)^2} \geq -1$, also $\left(1-\frac{1}{(n+1)^2}\right)^{n+1} > 1 - \frac{1}{n+1}$.

(2) (b_n) ist (streng) monoton fallend. Beweis analog zu (1):
$$b_n < b_{n-1} \iff (1+\tfrac{1}{n})^{n+1} = (\tfrac{n+1}{n})^{n+1} < (\tfrac{n}{n-1})^n = (1+\tfrac{1}{n-1})^n$$
$$\iff \tfrac{n+1}{n} = 1 + \tfrac{1}{n} < \left(\tfrac{n^2}{(n-1)(n+1)}\right)^n = \left(1+\tfrac{1}{n^2-1}\right)^n.$$
Letztere Ungleichung folgt – nach einer kleinen Abschätzung – wieder aus der Bernoulli–Ungleichung (Seite 48): $\left(1+\frac{1}{n^2-1}\right)^n > \left(1+\frac{1}{n^2}\right)^n > 1+\frac{1}{n}$.

(3) Es gilt $a_n \leq b_n$, da $b_n = a_n(1+\frac{1}{n})$ ist. Also gilt $2 = a_1 \leq a_n \leq b_n \leq b_1 = 4$. Beide Folgen sind also beschränkt und monoton (2) und folglich konvergent.

(4) $b_n - a_n = \frac{1}{n}a_n \to 0$, da $a_n \leq 4$ ist. Die Grenzwerte beider Folgen sind also gleich.

14.14 *Die Fibonacci–Folge (a_n) ist rekursiv def. durch $a_0 = a_1 = 1$, $a_{n+2} = a_n + a_{n+1}$.*
(a) *Man bestimme eine explizite Darstellung der Fibonacci–Folge.*
(b) *Man zeige: $\lim\limits_{n\to\infty} \frac{a_n}{a_{n+1}} = \frac{1}{2}(\sqrt{5}-1)$, vergleiche [3.49, 14.58] goldener Schnitt.*

(a) Die rekursiven Folgen (x_n) mit $x_0 = a,\ x_1 = b,\ x_{n+2} = x_n + x_{n+1},\ a, b \in \mathbb{R}$ bilden einen 2–dimensionalen Vektorraum V über $\mathbb{R}$. Die geometrische Folge (q^n) erfüllt das gleiche Rekursionsgesetz wie (a_n), liegt also in V
$$\iff q^{n+2} = q^n + q^{n+1} \iff q^2 - q - 1 = 0 \iff q_{1,2} = \tfrac{1}{2}(1 \pm \sqrt{5}).$$
Also gilt $(q_1^n), (q_2^n) \in V$. Da die Folgen $(q_1^n), (q_2^n)$ linear unabhäng sind, bilden sie eine Basis von V und (a_n) lässt sich aus ihnen linear kombinieren:
$(1, 1, 2, 3, 5, 8, \ldots) = r(1, q_1, q_1^2, q_1^3, \ldots) + s(1, q_2, q_2^2, q_2^3, \ldots)$
$\iff 1 = r + s,\ 1 = rq_1 + sq_2 = r\frac{1}{2}(1+\sqrt{5}) + s\frac{1}{2}(1-\sqrt{5})$, LGS für r, s lösen,
$\iff r = \frac{1}{2}(\frac{1}{\sqrt{5}} + 1),\ s = \frac{1}{2}(\frac{1}{\sqrt{5}} - 1)$. Man erhält folgende explizite Darstellung:
$a_n = rq_1^n + sq_2^n = \underline{\underline{\frac{1}{\sqrt{5}}\left((\frac{1+\sqrt{5}}{2})^{n+1} - (\frac{1-\sqrt{5}}{2})^{n+1}\right)}}$. Da $\left|\frac{1-\sqrt{5}}{2}\right| < 1$ und folglich

(b) $\lim\limits_{n\to\infty}\left(\frac{1-\sqrt{5}}{2}\right)^n = 0$ ist, folgt $\lim\limits_{n\to\infty}\frac{a_n}{a_{n+1}} = \frac{2}{1+\sqrt{5}} = \frac{2(1-\sqrt{5})}{(1+\sqrt{5})(1-\sqrt{5})} = \underline{\underline{\frac{1}{2}(\sqrt{5}-1)}}$.

14.2 Numerische Reihen

Der Begriff der **unendlichen Reihe** $\sum\limits_{k=0}^{\infty} a_k$ wird folgendermaßen verwendet:

Die endl. Summen $s_n := \sum\limits_{k=0}^{n} a_k$ heißen **Partialsummen** der unendl. Reihe $\sum\limits_{k=0}^{\infty} a_k$.

Die unendliche **Reihe** $\sum\limits_{k=0}^{\infty}$ ist definiert als **Folge der Partialsummen** (s_n).

Reihen der Form $\sum\limits_{k=1}^{\infty}, \sum\limits_{k=2}^{\infty}$ usw. werden analog definiert. Z.B. meint man mit $\sum\limits_{k=1}^{\infty} k$ die Folge 1, 1+2, 1+2+3, 1+2+3+4, ..., also die Folge $1, 3, 6, 10, \cdots$.

Konvergiert ihre Partialsummenfolge, heißt die Reihe $\sum\limits_{k=0}^{\infty} a_k$ **konvergent**, andernfalls **divergent**. Z.B. ist obige Reihe $\sum\limits_{k=1}^{\infty} k$ divergent.

Im Konvergenzfall versteht man unter der Reihe $\sum\limits_{k=0}^{\infty} a_k$ auch den **Grenzwert** der Partialsummenfolge, also eine Zahl:

$$\boxed{\sum_{k=0}^{\infty} a_k := \lim_{n\to\infty} s_n = \lim_{n\to\infty} \sum_{k=0}^{n} a_k}$$

Die Frage nach der Konvergenz einer Reihe ist einfach zu beantworten, wenn sich die Partialsummen $s_n = a_0 + a_1 + \cdots + a_n$ als Funktion von n ausdrücken lassen:

14.15 *Man bestimme zu folgenden Reihen die Folge der Partialsummen, untersuche sie auf Konvergenz und bestimme ggf. ihren Grenzwert.*

(a) $\sum\limits_{k=1}^{\infty} k$. Für die Folge (s_n) der Partialsummen erhält man:

$$s_n = 1 + 2 + 3 + \cdots + n = \frac{n(n+1)}{2} \longrightarrow \infty \implies \text{die Reihe divergiert.}$$

(b) $\sum\limits_{k=1}^{\infty} \frac{1}{k(k+1)}$. Partialbruchzerlegung: $\frac{1}{k(k+1)} = \frac{1}{k} - \frac{1}{k+1}$. Somit gilt:

$$\begin{aligned} s_n = \sum_{k=1}^{n} \frac{1}{k(k+1)} &= \sum_{k=1}^{n} \left(\frac{1}{k} - \frac{1}{k+1}\right) \\ &= \frac{1}{1} + \frac{1}{2} + \frac{1}{3} + \cdots + \frac{1}{n} - \left(\frac{1}{2} + \frac{1}{3} + \cdots + \frac{1}{n+1}\right) = 1 - \frac{1}{n+1}. \end{aligned}$$

Also $\sum\limits_{k=1}^{\infty} \frac{1}{k(k+1)} = \lim\limits_{n\to\infty} s_n = \lim\limits_{n\to\infty} (1 - \frac{1}{n+1}) = \underline{\underline{1}}$. Reihe konvergiert gegen 1.

(c) $\sum\limits_{k=1}^{\infty} \frac{3}{k^2+5k+4}$ PBZ: $\frac{3}{k^2+5k+4} = \frac{3}{(k+1)(k+4)} = \frac{1}{k+1} - \frac{1}{k+4}$, siehe [3.15 (b)]

$$\begin{aligned} s_n = \sum_{k=1}^{n} \frac{3}{k^2+5k+4} &= \sum_{k=1}^{n} \left(\frac{1}{k+1} - \frac{1}{k+4}\right) = \sum_{k=1}^{n} \frac{1}{k+1} - \sum_{k=1}^{n} \frac{1}{k+4} \\ &= \frac{1}{2} + \frac{1}{3} + \frac{1}{4} + \cdots + \frac{1}{n+1} - \left(\frac{1}{5} + \frac{1}{6} + \cdots + \frac{1}{n+4}\right) \\ &= \frac{1}{2} + \frac{1}{3} + \frac{1}{4} - \left(\frac{1}{n+2} + \frac{1}{n+3} + \frac{1}{n+4}\right). \text{ Man erhält:} \end{aligned}$$

$$\lim_{n\to\infty} s_n = \sum_{k=1}^{\infty} \frac{3}{k^2+5k+4} = \frac{1}{2} + \frac{1}{3} + \frac{1}{4} - (0+0+0) = \underline{\underline{\frac{13}{12}}}.$$

Aus

$$\begin{array}{rl} s_n = & 1+q+\cdots+q^n \\ - \quad qs_n = & \quad q+\cdots+q^n+q^{n+1} \\ \hline s_n(1-q) = & 1-q^{n+1}, \end{array}$$

folgt durch Multiplikation mit q Subtraktion ergibt also $s_n = \frac{1-q^{n+1}}{1-q} = \frac{q^{n+1}-1}{q-1}$, für $q \neq 1$.

Das ist die Summenformel für die endliche geometrische Reihe:

endliche geometrische Reihe

$$1+q+q^2+q^3+\cdots+q^n = \sum_{k=0}^{n} q^k = \frac{q^{n+1}-1}{q-1}, \text{ für } q \neq 1$$

14.16 *Man berechne* $\sum_{k=2}^{6} 2^k$.

$$\sum_{k=2}^{6} 2^k = 2^2+2^3+2^4+2^5+2^6 = 2^2 \cdot \sum_{k=0}^{4} 2^k = 4\frac{2^5-1}{2-1} = 4 \cdot 31 = \underline{\underline{124}}.$$

Hier wurde der erste Summand ausgeklammert – eine andere Möglichkeit ist :

$$\sum_{k=2}^{6} 2^k = \sum_{k=0}^{6} 2^k - (2^0+2^1) = \frac{2^7-1}{2-1} - 3 = \frac{128-1}{2-1} - 3 = \underline{\underline{124}}.$$

Für $|q| < 1$ gilt $q^n \longrightarrow 0$, so dass $\frac{q^n-1}{q-1} \longrightarrow \frac{1}{1-q}$ gilt für $|q| < 1$. Daraus folgt:

geometrische Reihe

Die geometrische Reihe $\sum_{k=0}^{\infty} q^k$ konvergiert genau dann, wenn $|q| < 1$ ist.

$$1+q+q^2+q^3+\cdots = \sum_{k=0}^{\infty} q^k = \frac{1}{1-q}, \text{ für } |q| < 1.$$

14.17 *Man berechne die Grenzwerte folgender geometrischer Reihen:*

(a) $\sum_{k=0}^{\infty} \frac{1}{2^k}$, (b) $\sum_{k=0}^{\infty} \frac{(-1)^k 5}{3^{k+1}}$, (c) $\sum_{k=2}^{\infty} \frac{4 \cdot 2^{k+1}}{3^k}$, (d) $\sum_{k=3}^{\infty} \frac{3^{2k-2} 5^{-k+1}}{2^{k-2}}$, (e) $\sum_{k=4}^{\infty} x^{2k}$.

(a) $\sum_{k=0}^{\infty} \frac{1}{2^k} = \sum_{k=0}^{\infty} (\frac{1}{2})^k = \frac{1}{1-\frac{1}{2}} = \underline{\underline{2}}$. (b) $\sum_{k=0}^{\infty} \frac{(-1)^k 5}{3^{k+1}} = \frac{5}{3} \sum_{k=0}^{\infty} (-\frac{1}{3})^k = \frac{5}{3} \frac{1}{1+\frac{1}{3}} = \underline{\underline{\frac{5}{4}}}$.

(c) $\sum_{k=2}^{\infty} \frac{4 \cdot 2^{k+1}}{3^k} = 8 \sum_{k=2}^{\infty} (\frac{2}{3})^k = 8 \cdot (\frac{2}{3})^2 \cdot \sum_{k=0}^{\infty} (\frac{2}{3})^k = \frac{32}{9} \frac{1}{1-\frac{2}{3}} = \underline{\underline{\frac{32}{3}}}$.

(d) $\sum_{k=3}^{\infty} \frac{3^{2k-2} 5^{-k+1}}{2^{k-2}} = \frac{5 \cdot 2^2}{3^2} \sum_{k=3}^{\infty} \left(\frac{9}{2 \cdot 5}\right)^k = \frac{5 \cdot 2^2}{3^2} \left(\frac{9}{2 \cdot 5}\right)^3 \sum_{k=0}^{\infty} \left(\frac{9}{2 \cdot 5}\right)^k = \frac{9^2}{2 \cdot 5^2} 10 = \underline{\underline{\frac{81}{5}}}$.

(e) $\sum_{k=4}^{\infty} x^{2k} = x^{2 \cdot 4} \sum_{k=0}^{\infty} (x^2)^k = \underline{\underline{x^8 \frac{1}{1-x^2}}}$, für $|x| < 1$.

harmonische Reihe

Die harmonische Reihe $\sum_{k=1}^{\infty} \frac{1}{k^a}$ konvergiert genau dann, wenn $a > 1$ ist.

14.18 (a) Die Reihe $\sum_{k=1}^{\infty} \frac{1}{k} = 1 + \frac{1}{2} + \frac{1}{3} + \frac{1}{4} + \cdots$ ist divergent, denn die Reihe $\sum_{k=1}^{\infty} \frac{1}{k}$ ist eine harmonische Reihe, mit $a = 1$ und also divergent.

Die **Divergenz der harmonischen Reihe** $\sum_{k=1}^{\infty} \frac{1}{k}$ erkennt man auch direkt:

$$1 + \frac{1}{2} + \underbrace{\frac{1}{3} + \frac{1}{4}}_{\geq 2 \cdot \frac{1}{4} = \frac{1}{2}} + \underbrace{\frac{1}{5} + \cdots + \frac{1}{8}}_{\geq 4 \cdot \frac{1}{8} = \frac{1}{2}} + \underbrace{\frac{1}{9} + \cdots + \frac{1}{16}}_{\geq 8 \cdot \frac{1}{16} = \frac{1}{2}} + \underbrace{\frac{1}{17} + \cdots + \frac{1}{32}}_{\geq 16 \cdot \frac{1}{32} = \frac{1}{2}} + \cdots.$$ Es folgt

$\sum_{k=1}^{\infty} \frac{1}{k} = \infty$. Siehe auch Verdichtungssatz (S. 341) oder Integralkriterium (S. 343).

(b) $\sum_{k=1}^{\infty} \frac{1}{k^2} = \frac{1}{1} + \frac{1}{4} + \frac{1}{9} + \frac{1}{16} + \cdots$ konv. harm. Reihe, $a = 2 > 1$, $\left(\sum_{k=1}^{\infty} \frac{1}{k^2} = \frac{\pi^2}{6}, \right.$ **[F3]**$\left. \right)$.

notwendiges Kriterium

Notwendig dafür, dass $\sum_{k=1}^{\infty} a_k$ konvergiert, ist $\lim_{k \to \infty} a_k = 0$.

Eine Reihe kann also nur dann konvergieren, wenn die Glieder eine Nullfolge bilden.

14.19 *Man zeige: Die Reihe* $\sum_{k=1}^{\infty} (1 + \frac{1}{k})^k$ *ist divergent.*

Die Summanden sind keine Nullfolge; sondern $\lim_{k \to \infty} a_k = \lim_{k \to \infty} (1 + \frac{1}{k})^k = \mathrm{e}$, **[F3]**.

Die *Umkehrung* des letzten Satzes im Kasten ist falsch!
Es gibt *divergente* Reihen, deren Summanden eine *Nullfolge* bilden.

Standardbeispiel: harmonische Reihe mit ($a = 1$): $\sum_{k=1}^{\infty} \frac{1}{k}$ ist divergent, aber $\frac{1}{k} \to 0$.

Rechenregeln für konvergente Reihen

Sind $\sum_{k=1}^{\infty} a_k = a$, $\sum_{k=1}^{\infty} b_k = b$ **konvergente** Reihen und ist $r \in \mathbb{R}$, so gilt:

$$\sum_{k=1}^{\infty} (a_k + b_k) = \sum_{k=1}^{\infty} a_k + \sum_{k=1}^{\infty} b_k = a + b \qquad \textbf{(Addition)}$$

$$\sum_{k=1}^{\infty} r \cdot a_k = r \cdot \sum_{k=1}^{\infty} a_k = r \cdot a \qquad \textbf{(Multiplikation mit } \boldsymbol{r}\textbf{)}$$

Eine Reihe heißt **alternierend**, falls $a_k \cdot a_{k+1} < 0$ ist für alle $k \in \mathbb{N}$, falls also benachbarte Glieder verschiedene Vorzeichen haben.

Leibnizkriterium

Eine **alternierende Reihe** $\sum_{k=1}^{\infty}(-1)^k a_k$, $(a_k > 0)$, ist konvergent, wenn (a_k) eine **monotone Nullfolge** ist.

14.20 *Man untersuche folgende alternierende Reihen auf Konvergenz:*

(a) $\sum_{k=1}^{\infty} \frac{(-1)^{k-1}}{k} = 1-\frac{1}{2}+\frac{1}{3}-\frac{1}{4}+\cdots$ konverg., da $(a_k) = \left(\frac{1}{k}\right)$ monotone Nullfolge ist.

Bemerkung: Wegen des Abelschen Grenzwertsatzes [**F+H, Ana 1**] folgt aus der Konvergenz dieser Reihe und weil $\ln(1+x) = x - \frac{1}{2}x^2 + \frac{1}{3}x^3 - \frac{1}{4}x^4 \pm \cdots$ für $|x| < 1$ ist, dass die Reihe gegen $\ln 2$ konvergiert!

(b) $\sum_{k=1}^{\infty} \frac{(-1)^k}{\sqrt{k}}$ konvergiert, da $(a_k) = \left(\frac{1}{\sqrt{k}}\right)$ eine monotone Nullfolge ist.

(c) $\sum_{n=1}^{\infty}(-1)^{n+1} a_n$ mit $a_n = \begin{cases} \frac{1}{k} & \text{für } n = 2k-1 \\ \frac{1}{k^2} & \text{für } n = 2k \end{cases}$ Das Leibnizkriterium ist nicht anwendbar, da (a_n) nicht monoton ist!

Tatsächlich divergiert die Reihe nach dem Minorantenkriterium (Seite 340):
Im Konvergenzfall wäre Klammersetzen erlaubt und man erhielte:

$$\sum_{n=1}^{\infty}(-1)^{n+1} a_n = \left(\frac{1}{1} - \frac{1}{1}\right) + \left(\frac{1}{2} - \frac{1}{2^2}\right) + \left(\frac{1}{3} - \frac{1}{3^2}\right) + \left(\frac{1}{4} - \frac{1}{4^2}\right) \pm \cdots$$
$$= \frac{1}{2^2} + \frac{2}{3^2} + \frac{3}{4^2} + \cdots \geq \frac{1}{2}\left(\frac{1}{2} + \frac{1}{3} + \frac{1}{4} + \cdots\right) = \infty.$$

Cauchyprodukt

Das Cauchyprodukt der Reihen $\sum_{k=0}^{\infty} a_k$ und $\sum_{k=0}^{\infty} b_k$ ist die Reihe $\sum_{k=0}^{\infty} c_k$,

wobei die c_k definiert sind durch: $c_k = \sum_{i=0}^{k} a_i \cdot b_{k-i}$. Ausgeschrieben:

$$\left(\sum_{k=0}^{\infty} a_k\right) \cdot \left(\sum_{k=0}^{\infty} b_k\right) = \sum_{k=0}^{\infty} c_k = \sum_{k=0}^{\infty}\left(\sum_{i=0}^{k} a_i \cdot b_{k-i}\right)$$
$$= a_0 b_0 + (a_0 b_1 + a_1 b_0) + (a_0 b_2 + a_1 b_1 + a_2 b_0) + (a_0 b_3 + a_1 b_2 + \cdots) + \cdots$$

absolut konvergente Reihen

Eine Reihe $\sum_{k=0}^{\infty} a_k$ heißt **absolut konvergent**, falls $\sum_{k=0}^{\infty} |a_k|$ konvergiert.

Sind $\sum_{k=0}^{\infty} a_k = a$ und $\sum_{k=0}^{\infty} b_k = b$ **absolut konvergente** Reihen, so gilt

für das **Cauchyprodukt**: $$\sum_{k=0}^{\infty}\left(\sum_{i=0}^{k} a_i b_{k-i}\right) = a \cdot b$$

14.21 *Man berechne das Cauchyprodukt* $\sum_{k=0}^{\infty} x^k \cdot \sum_{k=0}^{\infty} x^k$ *für* $|x| < 1$.

Die geometrische Reihe $\sum_{k=0}^{\infty} x^k = \frac{1}{1-x}$ ist für $|x| < 1$ absolut konvergent. Es ist

$$\sum_{k=0}^{\infty} x^k \cdot \sum_{k=0}^{\infty} x^k = \sum_{k=0}^{\infty} c_k = \left(\frac{1}{1-x}\right)^2 \text{ mit } c_k = \sum_{i=0}^{k} x^i x^{k-i} = \sum_{i=0}^{k} x^k = (k+1) \cdot x^k.$$

Für $|x| < 1$ gilt für das Cauchyprodukt, vergleiche [14.33 (a)]

$$\left(\sum_{k=0}^{\infty} x^k\right)^2 = \sum_{k=0}^{\infty} x^k \cdot \sum_{k=0}^{\infty} x^k = \sum_{k=0}^{\infty} (k+1) \cdot x^k = 1 + 2x + 3x^2 + \cdots = \frac{1}{(1-x)^2}.$$

Jede absolut konvergente Reihe ist konvergent aber nicht umgekehrt:
$1 - \frac{1}{2} + \frac{1}{3} - \frac{1}{4} + \frac{1}{5} - \frac{1}{6} + \cdots = \ln 2$ [14.20] ist konvergent, aber nicht absolut konv., da die harmonische Reihe $1 + \frac{1}{2} + \frac{1}{3} + \frac{1}{4} + \frac{1}{5} + \frac{1}{6} + \cdots$ divergiert [14.18].

14.22 *Man untersuche folgende Reihen auf (absolute) Konvergenz:*

(a) $\sum_{k=1}^{\infty} \frac{(-1)^{k+1}}{k^2} = 1 - \frac{1}{4} + \frac{1}{9} - \frac{1}{16} + \cdots$ ist <u>absolut konvergent</u>,

da die Reihe der Beträge $\sum_{k=1}^{\infty} \frac{1}{k^2}$ konvergiert (harmonische Reihe, $a = 2$).

(b) $\sum_{k=1}^{\infty} \frac{(-1)^{k+1}}{k} = 1 - \frac{1}{2} + \frac{1}{3} - \frac{1}{4} + \cdots$ ist <u>konvergent</u> (Leibnizkriterium),

aber nicht <u>absolut konvergent</u>, da die Reihe der Beträge $\sum_{k=1}^{\infty} \frac{1}{k}$ divergiert (harmonische Reihe, $a = 1$).

Majorantenkriterium

Die Reihe $\sum_{k=1}^{\infty} x_k$ ist **absolut konvergent**, wenn es eine konvergente Reihe $\sum_{k=1}^{\infty} a_k$ mit positiven Summanden gibt, so dass $|x_k| \le a_k$ für alle $k \in \mathbb{N}$ gilt[1].

Minorantenkriterium

Die Reihe $\sum_{k=1}^{\infty} x_k$ mit pos. Summanden ist **divergent**, wenn es eine div. Reihe $\sum_{k=1}^{\infty} a_k$ mit positiven Summanden gibt, so dass $a_k \le x_k$ für alle $k \in \mathbb{N}$ gilt[1].

[1] es reicht natürlich, wenn die Bedingung ab einem gewissen $k_0 \in \mathbb{N}$ erfüllt ist.

14.23 *Man untersuche folgende Reihen auf Konvergenz:*

(a) $\sum\limits_{k=1}^{\infty} \frac{(-1)^k k}{k^3+1}$. Abschätzung nach *oben*: $|\frac{(-1)^k k}{k^3+1}| = \frac{k}{k^3+1} < \frac{k}{k^3} = \frac{1}{k^2}$.

Da $\sum\limits_{k=1}^{\infty} \frac{1}{k^2}$ konvergiert, ist die gegebene Reihe absolut konvergent (Maj.–Krit.).

(b) $\sum\limits_{k=1}^{\infty} \frac{\sin k+\cos^2 k}{k^3}$. Es ist $|\frac{\sin k+\cos^2 k}{k^3}| \le \frac{2}{k^3} = 2 \cdot \frac{1}{k^3}$. Da die Reihe $\sum\limits_{k=1}^{\infty} \frac{1}{k^3}$ konvergiert (harmon. Reihe, $a = 3 > 1$), ist die gegebene Reihe konv. (Maj.–Krit.).

(c) $\sum\limits_{k=1}^{\infty} \frac{1}{\sqrt{k(k+1)}}$ (siehe auch [14.26 (b)]. Abschätzung nach *unten*:

$\frac{1}{\sqrt{k(k+1)}} > \frac{1}{\sqrt{(k+1)(k+1)}} = \frac{1}{k+1}$. Da $\sum\limits_{k=1}^{\infty} \frac{1}{k+1}$ divergiert (harm. Reihe), ist die gegebene Reihe divergent (Minoranten–Kriterium).

(d) $\sum\limits_{k=1}^{\infty} \frac{2k+1}{3k^2+4k-1}$. Es ist $\frac{2k+1}{3k^2+4k-1} > \frac{2k}{3k^2+4k} = \frac{2}{3k+4} > \frac{2}{4k+4} = \frac{1}{2} \cdot \frac{1}{k+1}$.

Da $\sum\limits_{k=1}^{\infty} \frac{1}{k+1}$ divergiert, ist die gegebene Reihe divergent (Minoranten–Kriterium).

Verdichtungskriterium

Ist (x_k) eine monoton fallende Nullfolge, so sind die beiden Reihen

$\sum\limits_{k=1}^{\infty} x_k$ und $\sum\limits_{k=1}^{\infty} 2^k x_{2^k}$ entweder beide konvergent oder beide divergent.

(1) $\sum\limits_{k=1}^{\infty} \frac{1}{k}$ (harmon. Reihe) divergiert, weil $\sum\limits_{k=1}^{\infty} \frac{2^k}{2^k} = \sum\limits_{k=1}^{\infty} 1 = 1+1+1+\cdots$ div!

(2) $\sum\limits_{k=2}^{\infty} \frac{1}{k \ln k}$ divergiert, weil $\sum\limits_{k=2}^{\infty} \frac{2^k}{2^k \ln 2^k} = \frac{1}{\ln 2} \sum\limits_{k=2}^{\infty} \frac{1}{k}$ (harmon. Reihe) divergiert!

(3) $\sum\limits_{k=2}^{\infty} \frac{1}{k \ln^2 k}$ konv., weil $\sum\limits_{k=2}^{\infty} \frac{2^k}{2^k (\ln 2^k)^2} = \frac{1}{\ln^2 2} \sum\limits_{k=2}^{\infty} \frac{1}{k^2}$ (harmon. Reihe) konvergiert!

siehe auch Integralkriterium, Seite 343!

Quotienten–Kriterium	$\lim\limits_{k\to\infty} \left|\frac{x_{k+1}}{x_k}\right| \begin{matrix} < \\ > \end{matrix} 1 \Longrightarrow \sum\limits_{k=1}^{\infty} x_k$ ist	absolut konvergent. divergent.
Wurzel–Kriterium	$\lim\limits_{k\to\infty} \sqrt[k]{|x_k|} \begin{matrix} < \\ > \end{matrix} 1 \Longrightarrow \sum\limits_{k=1}^{\infty} x_k$ ist	absolut konvergent. divergent.

Die Reihe konvergiert sogar, falls $\overline{\lim\limits_{k\to\infty}} \left|\frac{x_{k+1}}{x_k}\right| < 1$ oder $\overline{\lim\limits_{k\to\infty}} \sqrt[k]{|x_k|} < 1$ ist.

Sind diese Grenzwerte = 1, sagen diese Kriterien nichts aus!

14.24 *Man untersuche folgende Reihen auf Konvergenz:*

(a) $\sum\limits_{k=1}^{\infty} \frac{1}{k\sqrt[k]{k}}$ <u>div.</u> (Verdicht.-Krit.): $\sum\limits_{k=1}^{\infty} \frac{2^k}{2^k\sqrt[2^k]{2^k}} = \sum\limits_{k=1}^{\infty} 2^{-\frac{k}{2^k}}$. Aus $\frac{k}{2^k} \to 0$ [14.8] folgt $2^{-k/2^k} \to 1$. Die Glieder bilden keine Nullfolge (notw. Krit. S. 338).

(b) $\sum\limits_{k=1}^{\infty} \frac{k^2}{2^k}$ <u>konv.</u> (Q–Krit.): $|\frac{x_{k+1}}{x_k}| = \frac{(k+1)^2}{2^{k+1}} \cdot \frac{2^k}{k^2} = \frac{k^2+2k+1}{2k^2} \to \frac{1}{2} < 1$.

(c) $\sum\limits_{k=1}^{\infty} \frac{(-2)^k}{k^2}$ <u>div.</u> (Q–Krit.): $|\frac{x_{k+1}}{x_k}| = |\frac{(-2)^{k+1}}{(k+1)^2}\frac{k^2}{(-2)^k}| = \frac{2k^2}{k^2+2k+1} \to 2 > 1$.
Oder: Die Reihe divergiert, da ihre Glieder keine Nullfolge bilden (notwendiges Krit.).

(d) $\sum\limits_{k=1}^{\infty} \frac{1}{2k+1}$ keine Aussage des Q–Krit., denn $|\frac{x_{k+1}}{x_k}| = \frac{2k+1}{2k+3} \longrightarrow 1$.
$\frac{1}{2k+1} > \frac{1}{2} \cdot \frac{1}{k+1} \implies$ Reihe <u>div.</u> (Minorantenkriterium).

(e) $\sum\limits_{k=1}^{\infty} (\frac{k}{k+2})^{2k^2}$ <u>konv.</u> (W–Krit.): $\sqrt[k]{|x_k|} = (\frac{k}{k+2})^{2k} = \frac{1}{(1+\frac{2}{k})^{2k}} \to \frac{1}{\mathrm{e}^4} < 1$.

(f) $\sum\limits_{k=1}^{\infty} (2+\frac{1}{k})^k$ <u>div.</u> (W–Krit.), denn $\sqrt[k]{|x_k|} = 2 + \frac{1}{k} \longrightarrow 2 > 1$.

(g) $\sum\limits_{k=1}^{\infty} (\frac{k}{k-1})^{2k}$ keine Aussage des W–Krit., denn $\sqrt[k]{|x_k|} = (\frac{k}{k-1})^2 \longrightarrow 1$.

Wegen $(\frac{k}{k-1})^{2k} = \left(\frac{1}{(1-\frac{1}{k})^k}\right)^2 \longrightarrow (\frac{1}{\mathrm{e}^{-1}})^2 = \mathrm{e}^2$ ist die Folge der Summanden keine Nullfolge, die gegebene Reihe ist daher <u>divergent</u>.

(h) $\sum\limits_{k=1}^{\infty} 2^{(-1)^k-k}$: Das Quotientenkriterium versagt; denn die Folge
$\frac{x_{k+1}}{x_k} = \frac{2^{(-1)^{k+1}-(k+1)}}{2^{(-1)^k-k}} = \frac{1}{2}4^{(-1)^{k+1}}$ ist div., Häufungswerte sind 2 und $\frac{1}{8}$.
Wurzelkriterium: $\sqrt[k]{|x_k|} = 2^{\frac{1}{k}((-1)^k-k)} \to 2^{-1} = \frac{1}{2} < 1 \implies$ Reihe <u>konvergiert.</u>

(i) $\sum\limits_{k=1}^{\infty} x_k$ mit $x_k = \begin{cases} 2^{-k} & , k \text{ gerade} \\ 3^{-k} & , k \text{ ungerade} \end{cases}$

Quot.–Krit.: $\frac{x_{k+1}}{x_k} = \begin{cases} \frac{1}{2}(\frac{3}{2})^k & , n \text{ gerade} \\ \frac{1}{3}(\frac{2}{3})^k & , n \text{ ungerade} \end{cases} \implies \lim\limits_{k\to\infty} |\frac{x_{k+1}}{x_k}|$ ex. nicht.
Wurzelkriterium: $\overline{\lim\limits_{k\to\infty}} \sqrt[k]{|x_k|} = \frac{1}{2} < 1 \implies$ Reihe <u>konvergiert.</u>
Einfacher mit Majoranten–Kriterium: $\sum\limits_{k=1}^{\infty} (\frac{1}{2})^k$ ist konvergente Majorante.

> Ist das Quotientenkriterium anwendbar, so auch das Wurzelkriterium!
> Die Umkehrung ist falsch, siehe Beispiele (h) und (i) !

Grenzwertkriterium

Sind (a_k), (b_k) Folgen mit $a_k, b_k > 0$ und $\boxed{0 < \lim_{k\to\infty} \frac{a_k}{b_k} < \infty}$, so gilt

$$\sum_{k=1}^{\infty} a_k \text{ konvergent} \iff \sum_{k=1}^{\infty} b_k \text{ konvergent}$$

Die Voraussetzung $a_k, b_k > 0$ ist wesentlich! Siehe [14.60]

14.25 *Man untersuche folgende Reihen auf Konvergenz:*

(a) $\displaystyle\sum_{k=1}^{\infty} \frac{\sqrt{k+4}}{2k^2-2k+1}$ [14.26 (a)] (b) $\displaystyle\sum_{k=1}^{\infty} \frac{k+2^k}{k2^k+k^3}$

(a) Zähler bzw. Nenner legen einen Vergleich mit $b_k = \frac{\sqrt{k}}{k^2} = \frac{1}{k^{3/2}}$ nahe:

$$\frac{\sqrt{k+4}}{2k^2-2k+1} \cdot \frac{1}{b_k} = \frac{\sqrt{k+4}}{2k^2-2k+1} \cdot \frac{k^2}{\sqrt{k}} = \sqrt{1+\frac{4}{k}} \cdot \frac{k^2}{2k^2-2k+1} \longrightarrow \frac{1}{2}.$$

Die Reihe konv., da die harmon. Reihe $\displaystyle\sum_{k=1}^{\infty} b_k = \sum_{k=1}^{\infty} \frac{1}{k^{1.5}}$ konvergiert, Seite 338.

(b) $\displaystyle\frac{k+2^k}{k2^k+k^3} = \frac{1+\frac{k}{2^k}}{k+\frac{k^3}{2^k}}$, also $b_k = \frac{1}{k}$ und $\displaystyle\frac{k+2^k}{k2^k+k^3} \cdot \frac{1}{b_k} = \frac{k+2^k}{k2^k+k^3} \cdot k = \frac{1+\frac{k}{2^k}}{1+\frac{k^2}{2^k}} \longrightarrow 1.$

Da $\displaystyle\sum_{k=1}^{\infty} b_k = \sum_{k=1}^{\infty} \frac{1}{k}$ (harmon. Reihe) divergiert, ist die gegebene Reihe div.!

Integralkriterium

Ist $f(x) > 0$ und monoton fallend auf $[m, \infty)$, dann haben die Reihe $\displaystyle\sum_{k=m}^{\infty} f(k)$ und das uneigentliche Integral $\displaystyle\int_m^{\infty} f(x)\,dx$ dasselbe Konvergenzverhalten:

$$\sum_{k=m}^{\infty} f(k) \text{ konvergiert} \iff \int_m^{\infty} f(x)\,dx \text{ konvergiert.}$$

(1) $\displaystyle\sum_{k=1}^{\infty} \frac{1}{k}$ (harmon. Reihe) divergiert, weil $\displaystyle\int_1^{\infty} \frac{dx}{x} = \Big[\ln x\Big]_1^{\infty} = \infty.$

(2) $\displaystyle\sum_{k=2}^{\infty} \frac{1}{k\ln k}$ divergiert, weil $\displaystyle\int_2^{\infty} \frac{dx}{x\ln x} = \int_{\ln 2}^{\infty} \frac{dt}{t} = \Big[\ln t\Big]_{\ln 2}^{\infty} = \infty.$

(3) $\displaystyle\sum_{k=2}^{\infty} \frac{1}{k\ln^2 k}$ konvergiert, weil $\displaystyle\int_2^{\infty} \frac{dx}{x\ln^2 x} = \int_{\ln 2}^{\infty} \frac{dt}{t^2} = \Big[-\frac{1}{t}\Big]_{\ln 2}^{\infty} = \frac{1}{\ln 2}.$

siehe auch Verdichtungskriterium, Seite 341!

.4.26 *Man untersuche folgende Reihen auf Konvergenz:*

(a) $\displaystyle\sum_{k=1}^{\infty} \frac{\sqrt{k+4}}{2k^2-2k+1}$ [14.25 (a)] (b) $\displaystyle\sum_{k=1}^{\infty} \frac{1}{\sqrt{k(k+1)}}$ [14.23 (c)]

(a) $f(x) = \dfrac{\sqrt{x+4}}{2x^2-2x+1}$ ist für $x \geq 1$ monoton fallend, ($f'(x) < 0$ für $x \geq 1$).

Die Reihe $\displaystyle\sum_{k=1}^{\infty} \frac{\sqrt{k+4}}{2k^2-2k+1}$ konvergiert, denn das uneigentliche Integral

$\int_1^\infty \frac{\sqrt{x+4}}{2x^2-2x+1}\,dx$ konvergiert, weil $\lim\limits_{x\to\infty} \frac{x^{3/2}\sqrt{x+4}}{2x^2-2x+1} = \frac{1}{2}$ ist [siehe Seite 314].

(b) Die Reihe $\sum\limits_{k=1}^{\infty} \frac{1}{\sqrt{k(k+1)}}$ divergiert, denn das uneigentliche Integral

$\int_1^\infty \frac{1}{\sqrt{x(x+1)}}\,dx$ divergiert, weil $\lim\limits_{x\to\infty} \frac{x}{\sqrt{x(x+1)}} = 1 \neq 0$ ist [siehe Seite 314].

14.3 Potenzreihen

Potenzreihen

sind Reihen der Form

$$a_0 + a_1(x-x_0) + a_2(x-x_0)^2 + a_3(x-x_0)^3 + \cdots = \sum_{n=0}^{\infty} a_n(x-x_0)^n$$

$a_0, a_1, a_2, \cdots$ heißen ihre **Koeffizienten**, x_0 heißt ihr **Entwicklungspunkt**.

Potenzreihen und dargestellte Funktionen: Umschlagseite **F 3** oder **F+H**.

14.27 *Man gebe Entwicklungspunkte und Koeffizienten der Potenzreihen an:*

(a) $(x-1) - \frac{1}{2}(x-1)^2 + \frac{1}{3}(x-1)^3 - \frac{1}{4}(x-1)^4 + \cdots$
ist eine Potenzreihe mit Entwicklungspunkt $x_0 = 1$
und den Koeffizienten $a_0 = 0, a_1 = 1, \cdots, a_n = (-1)^{n+1}\frac{1}{n}$ für $n \geq 1$.

(b) $1 + x + \frac{1}{2!}x^2 + \frac{1}{3!}x^3 + \frac{1}{4!}x^4 + \cdots$
ist eine Potenzreihe mit dem Entwicklungspunkt $x_0 = 0$
und den Koeffizienten $a_n = \frac{1}{n!}$ für $n \in \mathbb{N}_0$.

(c) $4x^3 - 2x + 3$ ist eine Potenzreihe mit dem Entwicklungspunkt $x_0 = 0$
und den Koeffizienten $a_0 = 3$, $a_1 = -2$, $a_2 = 0$, $a_3 = 4$, $a_n = 0$ für $n \geq 4$.

Der **Konvergenzbereich** einer Potenzreihe ist die Menge aller Zahlen, die man für x einsetzen kann, so dass die entstehende numerische Reihe konvergiert.

14.28 *Zum Konvergenzbereich von* $1 + x + x^2 + x^3 + \cdots = \sum\limits_{n=0}^{\infty} x^n$ *gehört sicher die Zahl* $\frac{1}{2}$, *da die Reihe* $\sum\limits_{n=0}^{\infty} (\frac{1}{2})^n$ *konvergiert, aber nicht die Zahl* -2, *da die Reihe* $\sum\limits_{n=0}^{\infty} (-2)^n$ *divergiert.*

Aus der Formel für die Partialsummen $S_k = \sum\limits_{n=0}^{k} x^n = \frac{1-x^{k+1}}{1-x}$ für $x \neq 1$

ersieht man sofort: Die Folge der Partialsummen konvergiert genau für $|x| < 1$.

Die Potenzreihe $\sum\limits_{n=0}^{\infty} x^n$ hat den Konvergenzbereich $K = \{x \mid -1 < x < 1\}$.

Konvergenzbereich von Potenzreihen

Für den Konvergenzbereich von Potenzreihen $\sum_{n=0}^{\infty} a_n(x-x_0)^n$ bestehen innerhalb von $\mathbb{R}$ nur folgende drei Möglichkeiten:

(a) Die Reihe konvergiert nur im Entwicklungspunkt x_0. [14.29 (a)]
(b) Die Reihe konvergiert für alle $x \in \mathbb{R}$. [14.29 (b,c)]
(c) Die Reihe konvergiert
für alle x aus einem endlichen, offenen Intervall $(x_0 - r, x_0 + r)$
und höchstens noch in den beiden Randpunkten $x_0 - r, x_0 + r$.
Dabei sind drei Fälle möglich:

Die Reihe konvergiert in beiden Randpunkten. [14.63 (c)]
Die Reihe konvergiert in genau einem Randpunkt. [14.36]
Die Reihe konvergiert in keinem Randpunkt. [14.29 (d,e)]

r heißt **Konvergenzradius** von $\sum_{n=0}^{\infty} a_n(x-x_0)^n$ und wird bestimmt durch:

$$\frac{1}{r} = \lim_{n\to\infty} \sqrt[n]{|a_n|} \quad \text{oder} \quad \frac{1}{r} = \lim_{n\to\infty} \left|\frac{a_{n+1}}{a_n}\right|,$$

falls diese Grenzwerte existieren.

Existiert $\lim_{n\to\infty} \sqrt[n]{|a_n|}$ nicht, so ist $\frac{1}{r} = \overline{\lim_{n\to\infty}} \sqrt[n]{|a_n|}$ ($\overline{\lim}$ Seite 329).

Der Fall **(a)** folgt aus $\lim_{n\to\infty} \sqrt[n]{|a_n|} = \infty$. Dann ist $r = 0$.

Der Fall **(b)** folgt aus $\lim_{n\to\infty} \sqrt[n]{|a_n|} = 0$. Dann ist $r = \infty$.

14.29 *Man bestimme den Konvergenzbereich folgender Potenzreihen.*

(a) $x + 4x^2 + 27x^3 + 256x^4 + \cdots = \sum_{n=1}^{\infty} n^n x^n$.

$\lim_{n\to\infty} \sqrt[n]{|a_n|} = \lim_{n\to\infty} n = \infty$. Also ist $r = 0$ und der Konvergenzbereich enthält nur den Entwicklungspunkt 0.

(b) $1 + \frac{2}{1}x + \frac{4}{2}x^2 + \frac{8}{6}x^3 + \frac{16}{24}x^4 + \cdots = \sum_{n=0}^{\infty} \frac{2^n}{n!}x^n$

$\lim_{n\to\infty} \sqrt[n]{|a_n|} = \lim_{n\to\infty} \frac{2}{\sqrt[n]{n!}} = 0$, da $\sqrt[n]{n!} \to \infty$, siehe Seite 331.
Damit ist $r = \infty$ und der Konvergenzbereich ist ganz $\mathbb{R}$.

(c) $\sum_{n=1}^{\infty} \frac{2^{n-1}}{n^{n+1}} x^n$

$$\lim_{n\to\infty} \sqrt[n]{|a_n|} = \lim_{n\to\infty} \sqrt[n]{\frac{2^n}{2nn^n}} = \lim_{n\to\infty} \frac{1}{\sqrt[n]{2}\,\sqrt[n]{n}}\,\frac{2}{n} = \frac{1}{1\cdot 1} \cdot 0 = 0, \text{ [14.56]}.$$

Also ist der Konvergenzradius $r = \infty$ und der Konvergenzbereich ist ganz $\mathbb{R}$.

(d) $\sum_{n=0}^{\infty} n^2 5^n (x-2)^n$

$\lim_{n\to\infty} \sqrt[n]{|a_n|} = \lim_{n\to\infty} \sqrt[n]{n^2 5^n} = \lim_{n\to\infty} 5\sqrt[n]{n^2} = 5 \lim_{n\to\infty} (\sqrt[n]{n})^2 = 5.$

Der Konvergenzradius ist $r = \frac{1}{5}$.

Um den genauen Konvergenzbereich zu bestimmen, müssen die **Randpunkte** x_1 und x_2 des Konvergenzbereichs extra untersucht werden: $x_1 = 2 - \frac{1}{5} = \frac{9}{5}$ sowie $x_2 = 2 + \frac{1}{5} = \frac{11}{5}$.

In x_1 erhält man die numerische Reihe $\sum_{n=0}^{\infty} n^2 5^n (-\frac{1}{5})^n = \sum_{n=0}^{\infty} (-1)^n n^2$ und in x_2 die Reihe $\sum_{n=0}^{\infty} n^2$. Beide Reihen divergieren, ihre Glieder bilden keine Nullfoge!

Die Reihe konvergiert in keinem Randpunkt!

Der Konvergenzbereich ist das offene Intervall $(\frac{9}{5}, \frac{11}{5})$.

(e) $\sum_{n=0}^{\infty} (2-\frac{1}{n})^n x^n$, $\lim_{n\to\infty} \sqrt[n]{|a_n|} = \lim_{n\to\infty} (2-\frac{1}{n}) = 2$. Daher ist $r = \frac{1}{2}$.

In $x_1 = \frac{1}{2}$ ergibt sich die Reihe $\sum_{n=0}^{\infty} (1-\frac{1}{2n})^n$. Die Reihe divergiert, da die Summanden keine Nullfolge bilden (sie konvergieren gegen $e^{-\frac{1}{2}}$).

Ebenso ergibt sich die Divergenz im Randpunkt $x_2 = -\frac{1}{2}$.

Auch diese Reihe konvergiert in keinem Randpunkt.

Konvergenzbereich ist daher das offene Intervall $(-\frac{1}{2}, \frac{1}{2})$.

(f) $\sum_{n=0}^{\infty} \frac{n^2}{n^3+1} x^n$ konvergiert genau für $-1 \le x < 1$, also in genau einem Randpunkt!

Wir unterscheiden drei Fälle:

$|x| < 1$: Wegen $\frac{n^2}{n^3+1} \le 1$ ist die geometr. Reihe $\sum_{n=0}^{\infty} |x|^n$ konvergente Majorante!

$x = -1$: Da $\frac{n^2}{n^3+1}$ eine monotone Nullfolge ist, konvergiert die alternierende Reihe $\sum_{n=0}^{\infty} \frac{n^2}{n^3+1}(-1)^n$ nach dem Leibniz–Kriterium (Seite 331)!

$x = 1$: Wegen $\frac{n^2}{n^3+1} \ge \frac{n^2}{n^3+n^3} = \frac{1}{2n}$ ist die harmon. Reihe $\frac{1}{2}\sum_{n=0}^{\infty} \frac{1}{n}$ div. Minorante!

Ordnet man jeder Zahl x des Konvergenzbereichs den Wert der Reihe $\sum_{n=0}^{\infty} a_n (x-x_0)^n$ zu, so ist eine Funktion $f(x)$ definiert: $f(x) := \sum_{n=0}^{\infty} a_n (x-x_0)^n$.

Sie heißt **die durch die Potenzreihe dargestellte Funktion**.

Eine solche Funktion ist stets **beliebig oft differenzierbar** und es gilt:

$$f^{(n)}(x_0) = n!\, a_n$$

$$f'(x) = \sum_{n=1}^{\infty} n a_n (x-x_0)^{n-1} \text{ und } f''(x) = \sum_{n=2}^{\infty} n(n-1) a_n (x-x_0)^{n-2}.$$

geometrische Reihe [Seite 337, **F3**]	**binomische Reihe, $0 \neq r$** [Seite 47, **F3**]
$\sum\limits_{n=0}^{\infty} x^n = \frac{1}{1-x}$, für $\|x\| < 1$.	$\sum\limits_{n=0}^{\infty} \binom{r}{n} x^n = (1+x)^r$, für $\|x\| < 1$.

14.30 *Welche Funktion wird durch folgende Potenzreihen dargestellt?*

(a) $\sum\limits_{n=0}^{\infty} \frac{(-2)^n}{3^{n+1}} x^n$, (b) $\sum\limits_{n=1}^{\infty} (-\frac{1}{3})^{n+2} x^{n+1}$.

(a) $f(x) := \sum\limits_{n=0}^{\infty} \frac{(-2)^n}{3^{n+1}} x^n = \frac{1}{3} \sum\limits_{n=0}^{\infty} (-\frac{2x}{3})^n$, mit $z = -\frac{2x}{3}$, also :

$= \frac{1}{3} \sum\limits_{n=0}^{\infty} z^n = \frac{1}{3} \frac{1}{1-z}$ für $|z| < 1$, also für $|-\frac{2x}{3}| < 1$; d.h. $|x| < \frac{3}{2}$:

$= \frac{1}{3} \frac{1}{1-(-\frac{2x}{3})} = \frac{1}{3+2x}$ für $-\frac{3}{2} < x < \frac{3}{2}$.

(b) $f(x) := \sum\limits_{n=1}^{\infty} (-\frac{1}{3})^{n+2} x^{n+1} = \frac{x}{9} \sum\limits_{n=1}^{\infty} (-\frac{x}{3})^n = \frac{x}{9}(-\frac{x}{3}) \sum\limits_{n=0}^{\infty} (-\frac{x}{3})^n$

$= -\frac{x^2}{27} \frac{1}{1-(-\frac{x}{3})}$ für $|-\frac{x}{3}| < 1$

$= -\frac{x^2}{27+9x}$ für $|x| < 3$.

14.31 *Man stelle als Potenzreihe um x_0 dar :*

(a) $\sin 5x,\ x_0 = 0$ (b) $e^{2x^2},\ x_0 = 0$ (c) $\frac{x-1}{x+1},\ x_0 = 2$.

Reihen für $\sin x$ und e^x siehe Umschlagseite **F3**.

(a) $\sin 5x = \sum\limits_{n=0}^{\infty} \frac{(-1)^n}{(2n+1)!} (5x)^{2n+1} = \sum\limits_{n=0}^{\infty} \frac{(-1)^n 5^{2n+1}}{(2n+1)!} x^{2n+1}$

$= 5x - \frac{5^3}{3!} x^3 + \frac{5^5}{5!} x^5 - \cdots$ für alle $x \in \mathbb{R}$.

(b) $e^{2x^2} = \sum\limits_{n=0}^{\infty} \frac{1}{n!} (2x^2)^n = \sum\limits_{n=0}^{\infty} \frac{2^n}{n!} x^{2n}$

$= 1 + \frac{2}{1!} x^2 + \frac{4}{2!} x^4 + \frac{8}{3!} x^6 + \cdots$ für alle $x \in \mathbb{R}$.

(c) $\frac{x-1}{x+1} = \frac{x+1-2}{x+1} = 1 - \frac{2}{x+1} = 1 - \frac{2}{3+(x-2)} = 1 - \frac{2}{3} \frac{1}{1+\frac{x-2}{3}} = 1 - \frac{2}{3} \frac{1}{1-(-\frac{x-2}{3})}$

Man erhält mit der geometr. Reihe $\frac{1}{1-z} = \sum\limits_{n=0}^{\infty} z^n$, $|z| < 1$, hier: $z = -\frac{x-2}{3}$:

$$\frac{x-1}{x+1} = 1 - \frac{2}{3} \frac{1}{1-(-\frac{x-2}{3})} = 1 - \frac{2}{3} \sum_{n=0}^{\infty} \frac{(-1)^n}{3^n} (x-2)^n = \frac{1}{3} - \sum_{n=1}^{\infty} \frac{2(-1)^n}{3^{n+1}} (x-2)^n$$

Der Konvergenzbereich der Reihe und damit der Definitionsbereich von f ist $|\frac{x-2}{3}| < 1 \iff |x-2| < 3 \iff -1 < x < 5$.

Rechnen mit Potenzreihen

$$f(x)=\sum_{n=0}^{\infty}a_nx^n \quad \text{und} \quad g(x)=\sum_{n=0}^{\infty}b_nx^n$$

$$f(x)\pm g(x) = \sum_{n=0}^{\infty}(a_n\pm b_n)x^n = a_0\pm b_0+(a_1\pm b_1)x+(a_2\pm b_2)x^2+\cdots$$

(Addition / Subtraktion der Koeffizienten, [14.32 (a)])

$$f(x)\cdot g(x) = \sum_{n=0}^{\infty}c_nx^n \text{ mit } c_n=\sum_{k=0}^{n}a_kb_{n-k}$$
$$= a_0b_0+(a_0b_1+a_1b_0)x+(a_0b_2+a_1b_1+a_2b_0)x^2+\cdots$$

(**Cauchyprodukt**, [14.32 (b)])

$$\frac{f(x)}{g(x)} = \sum_{n=0}^{\infty}c_nx^n \iff \sum_{n=0}^{\infty}a_nx^n=\Big(\sum_{n=0}^{\infty}b_nx^n\Big)\Big(\sum_{n=0}^{\infty}c_nx^n\Big)$$

(Ansatz mit unbestimmten Koeffizienten. Die c_n werden nach Multiplikation durch Koeffizientenvergl. bestimmt.)

(Oder: Division der Reihen, vgl. Polynomdivision mit der "Schulmethode", Seite 61, 68, [14.32 (c)(ii)])

$$f\big(g(x)\big) = \sum_{n=0}^{\infty}a_n\big(g(x)\big)^n=\sum_{n=0}^{\infty}a_n\Big(\sum_{k=0}^{\infty}b_kx^k\Big)\Big)^n$$

(Einsetzen von Potenzreihen ineinander, [14.32 (d,e,f)])

14.32 *Man bestimme die Potenzreihendarstellung um $x_0=0$ bis zum angegebenen Summanden von:*

(a) $\sin x+\cos x$, (b) $\sin x\cdot e^x$, *bis* c_6x^6, (c) $\frac{e^x}{1+\cos 2x}$, *bis* c_4x^4,

(d) $e^{\sin x}$, *bis* c_5x^5, (e) $\frac{1}{\sqrt{2-3x}}$, *bis* c_3x^3, (f) $\sqrt{1+e^x}$, *bis* c_3x^3.

(a) $\sin x+\cos x=\sum\limits_{n=0}^{\infty}\frac{(-1)^n}{(2n+1)!}x^{2n+1}+\sum\limits_{n=0}^{\infty}\frac{(-1)^n}{(2n)!}x^{2n}$

$=1+x-\frac{1}{2!}x^2-\frac{1}{3!}x^3+\frac{1}{4!}x^4+\frac{1}{5!}x^5\pm\cdots$ für $x\in\mathbb{R}$. Allgemein ergibt das :

$$=\sum_{n=0}^{\infty}\frac{a_n}{n!}x^n \quad \text{mit} \quad a_n=\begin{cases}(-1)^{n/2} & \text{für } n \text{ gerade}\\ (-1)^{(n-1)/2} & \text{für } n \text{ ungerade}\end{cases}, \quad x\in\mathbb{R}.$$

(b) $\sin x\cdot e^x$ bis zum Summanden c_6x^6:

$\sin x\cdot e^x=(x-\frac{1}{3!}x^3+\frac{1}{5!}x^5-\cdots)(1+x+\frac{1}{2!}x^2+\frac{1}{3!}x^3+\frac{1}{4!}x^4+\frac{1}{5!}x^5+\frac{1}{6!}x^6+\cdots)$

$=x+x^2+(\frac{1}{2!}-\frac{1}{3!})x^3+(\frac{1}{3!}-\frac{1}{3!})x^4+(\frac{1}{4!}-\frac{1}{3!2!}+\frac{1}{5!})x^5+(\frac{1}{5!}-\frac{1}{3!3!}+\frac{1}{5!})x^6+\cdots$

$=x+x^2+\frac{1}{3}x^3-\frac{1}{30}x^5-\frac{1}{90}x^6+\cdots$, für $x\in\mathbb{R}$.

Ermittlung der Koeffizienten der Produktreihe mit Multiplikationstafel:

b_n \ a_n	0	1	0	$-1/3!$	0	$1/5!$	0
1	0	1	0	$-1/3!$	0	$1/5!$	0
1	0	1	0	$-1/3!$	0	$1/5!$	·
$1/2!$	0	$1/2!$	0	$-1/(2!3!)$	0	·	·
$1/3!$	0	$1/3!$	0	$-1/(3!3!)$	·	·	·
$1/4!$	0	$1/4!$	0	·	·	·	·
$1/5!$	0	$1/5!$	·	·	·	·	·
$1/6!$	0	·	·	·	·	·	·

Die c_n ergeben sich als Summen der Zahlen in den Diagonalen :

$c_0 = 0$

$c_1 = 0 + 1$

$\vdots$

$c_6 = 0 + \frac{1}{5!} + 0 - \frac{1}{3!3!} + 0 + \frac{1}{5!} + 0$

(c) $\frac{e^x}{1+\cos 2x}$ bis zum Summanden c_4x^4:

(i) Ansatz : $\frac{e^x}{1+\cos 2x} = \sum\limits_{n=0}^{\infty} c_n x^n \implies e^x = (1+\cos 2x) \cdot \sum\limits_{n=0}^{\infty} c_n x^n$ mit

$1 + \cos 2x = 1 + (1 - \frac{1}{2!}(2x)^2 + \frac{1}{4!}(2x)^4 + \cdots) = 2 - 2x^2 + \frac{2}{3}x^4 \cdots$ und

$$e^x = (1+\cos 2x) \cdot \sum_{n=0}^{\infty} c_n x^n$$
$$= (2 - 2x^2 + \tfrac{2}{3}x^4 + \cdots)(c_0 + c_1x + c_2x^2 + c_3x^3 + c_4x^4 + \cdots) = 2c_0 + 2c_1x$$
$$+2c_2x^2 + 2c_3x^3 + 2c_4x^4 + \cdots - 2c_0x^2 - 2c_1x^3 - 2c_2x^4 + \cdots + \tfrac{2}{3}c_0x^4 + \cdots$$
$$= 2c_0 + 2c_1x + (2c_2 - 2c_0)x^2 + (2c_3 - 2c_1)x^3 + (2c_4 - 2c_2 + \tfrac{2}{3}c_0)x^4 + \cdots$$

Ein Koeffizientenvergleich dieser Reihe mit der Exponentialreihe
$e^x = 1 + x + \frac{1}{2}x^2 + \frac{1}{6}x^3 + \frac{1}{24}x^4 + \cdots$ ergibt ein lineares Gleichungssystem:

$$\begin{aligned} 2c_0 &= 1 \\ 2c_1 &= 1 \\ 2c_2 - 2c_0 &= 1/2 \\ 2c_3 - 2c_1 &= 1/6 \\ 2c_4 - 2c_2 + \tfrac{2}{3}c_0 &= 1/24 \end{aligned}$$

Dieses lin. Gleichungssystem hat die Lösung: $c_0 = \frac{1}{2},\ c_1 = \frac{1}{2},\ c_2 = \frac{3}{4},\ c_3 = \frac{7}{12},\ c_4 = \frac{29}{48}$. Da $\frac{\pi}{2}$ die kleinste positive Polstelle (= Nullst. von $1 + \cos 2x$) der Funktion ist, erhält man:

$$\frac{e^x}{1+\cos 2x} = \underline{\underline{\frac{1}{2} + \frac{1}{2}x + \frac{3}{4}x^2 + \frac{7}{12}x^3 + \frac{29}{48}x^4 + \cdots}}, \quad \text{für } |x| < \frac{\pi}{2}.$$

(ii) Division (Schulmethode, nur bis c_2x^2): $\frac{e^x}{1+\cos 2x} = \frac{1+x+\frac{1}{2}x^2+\frac{1}{6}x^3+\frac{1}{24}x^4+\cdots}{2-2x^2+\frac{2}{3}x^4\pm\cdots}$,

$$\begin{array}{rl} & (1 + x + \frac{1}{2}x^2 + \frac{1}{6}x^3 + \frac{1}{24}x^4 + \cdots) : (2 - 2x^2 + \frac{2}{3}x^4 \pm \cdots) \\ (-) & \underline{1 \qquad\quad - x^2 \qquad\qquad + \frac{1}{3}x^4 + \cdots} \\ & \quad x + \frac{3}{2}x^2 + \frac{1}{6}x^3 - \frac{7}{24}x^4 + \cdots \qquad = \underline{\underline{\frac{1}{2} + \frac{1}{2}x + \frac{3}{4}x^2 + \cdots}} \\ (-) & \quad \underline{x \qquad\qquad\quad - x^3 \qquad\quad + \cdots} \\ & \qquad \frac{3}{2}x^2 + \frac{7}{6}x^3 - \frac{7}{24}x^4 + \cdots \end{array}$$

(d) $e^{\sin x}$ bis zum Summanden c_5x^5:

Hier muss eine Potenzreihe (die von $\sin x$) in eine andere (die von e^x) eingesetzt werden. Man setzt $z = \sin x$ in die Reihe von e^z ein :

$e^z = 1 + z + \frac{1}{2}z^2 + \frac{1}{6}z^3 + \frac{1}{24}z^4 + \frac{1}{120}z^5 + \cdots$, wobei:

$z = x - \frac{1}{6}x^3 + \frac{1}{120}x^5 + \cdots \quad z^2 = x^2 - \frac{1}{3}x^4 + \cdots \quad z^3 = x^3 - \frac{1}{2}x^5 + \cdots$

$z^4 = x^4 + \cdots \quad z^5 = x^5 + \cdots$

Es werden hier nicht mehr Glieder berücksichtigt, da die folgenden Summanden x in höherer als der 5.Potenz enthalten. Somit ist:

$$\begin{aligned} e^{\sin x} &= 1 + (x - \tfrac{1}{6}x^3 + \tfrac{1}{120}x^5 + \cdots) + \tfrac{1}{2}(x^2 - \tfrac{1}{3}x^4 + \cdots) + \tfrac{1}{6}(x^3 - \tfrac{1}{2}x^5 + \cdots) \\ &\quad + \tfrac{1}{24}(x^4 + \cdots) + \tfrac{1}{120}(x^5 + \cdots) + \cdots \quad \text{Zusammengefasst also:} \\ &= 1 + x + \tfrac{1}{2}x^2 - \tfrac{1}{8}x^4 - \tfrac{1}{15}x^5 + \cdots, \quad x \in \mathbb{R}. \end{aligned}$$

(e) $\dfrac{1}{\sqrt{2-3x}}$ bis zum Summanden c_3x^3:

Wegen $\dfrac{1}{\sqrt{2-3x}} = (2-3x)^{-\frac{1}{2}} = 2^{-\frac{1}{2}}(1 - \frac{3x}{2})^{-\frac{1}{2}}$ ist die Binomialreihe

$$(1+x)^\alpha = \sum_{n=0}^{\infty} \binom{\alpha}{n} x^n = 1 + \alpha x + \binom{\alpha}{2} x^2 + \binom{\alpha}{3} x^3 + \cdots \quad \text{für } |x| < 1$$

mit $\alpha = -\frac{1}{2}$ zu verwenden:

$$\begin{aligned} \frac{1}{\sqrt{2-3x}} &= 2^{-\frac{1}{2}}(1 - \tfrac{3x}{2})^{-\frac{1}{2}} \\ &= \tfrac{1}{\sqrt{2}}(1 - \tfrac{1}{2}(-\tfrac{3x}{2}) + \tbinom{-1/2}{2}(-\tfrac{3x}{2})^2 + \tbinom{-1/2}{3}(-\tfrac{3x}{2})^3 + \cdots) \\ &= \tfrac{1}{\sqrt{2}}(1 + \tfrac{3}{4}x + \tfrac{27}{32}x^2 + \tfrac{135}{128}x^3 + \cdots), \text{ für } |-\tfrac{3x}{2}| < 1, \text{ also für } |x| < \tfrac{2}{3}. \end{aligned}$$

(f) $\sqrt{1+e^x}$ bis zum Summanden c_3x^3:

$e^x = 1 + x + \frac{1}{2}x^2 + \frac{1}{6}x^3 + \cdots, \quad x \in \mathbb{R}$ [**F3**],

$\sqrt{1+z} = (1+z)^{1/2} = \sum_{n=0}^{\infty} \binom{1/2}{n} z^n = 1 + \frac{1}{2}z - \frac{1}{8}z^2 + \frac{1}{16}z^3 \mp \cdots, \quad |z| \le 1$ [**F3**].

Die naheliegende Subst. $z = e^x$ führt wegen $z(0) = 1 \ne 0$ nicht weiter, also

$$\sqrt{1+e^x} = \sqrt{2 + (e^x - 1)} = \sqrt{2}\sqrt{1 + \tfrac{e^x-1}{2}}, \quad \text{mit} \quad z := \tfrac{e^x-1}{2}$$

$$= \sqrt{2}\sqrt{1+z} = \sqrt{2}\sum_{n=0}^{\infty} \binom{1/2}{n} z^n = \sqrt{2}\left(1 + \tfrac{1}{2}z - \tfrac{1}{8}z^2 + \tfrac{1}{16}z^3 \mp \cdots\right) \text{ für } |z| \le 1.$$

Nun ist $z = \frac{1}{2}x + \frac{1}{4}x^2 + \frac{1}{12}x^3 + \cdots$, $z^2 = \frac{1}{4}x^2 + \frac{1}{4}x^3 + \cdots$, $z^3 = \frac{1}{8}x^3 + \cdots$, also

$$= \sqrt{2}\left(1 + \tfrac{1}{2}(\tfrac{x}{2} + \tfrac{x^2}{4} + \tfrac{x^3}{12} + \cdots) - \tfrac{1}{8}(\tfrac{x^2}{4} + \tfrac{x^3}{4} + \cdots) + \tfrac{1}{16}(\tfrac{x^3}{8} + \cdots) + \cdots\right)$$

$$\sqrt{1+e^x} = \sqrt{2}\left(1 + \tfrac{1}{4}x + \tfrac{3}{32}x^2 + \tfrac{7}{384}x^3 + \cdots\right) \quad \text{für } |\tfrac{e^x-1}{2}| \le 1, \quad \text{also für } x \le \ln 3.$$

Differentiation und Integration von Potenzreihen

Ist	$f(x) = \sum_{n=0}^{\infty} a_n x^n$	für $\lvert x\rvert < r$,
so gilt:	$f'(x) = \sum_{n=1}^{\infty} a_n n x^{n-1} = \sum_{n=0}^{\infty} a_{n+1}(n+1)x^n$	für $\lvert x\rvert < r$,
und	$\int f(x)\,dx = \sum_{n=0}^{\infty} \frac{a_n}{n+1} x^{n+1} + c$	für $\lvert x\rvert < r$,

Potenzreihen dürfen **summandenweise** differenziert und integriert werden.
Der Konvergenzradius bleibt dabei unverändert.
Die Integrationskonstante bestimmt man ggf. durch Einsetzen (z.B. $x = 0$).

4.33 *Man entwickle in eine Potenzreihe um 0:*
(a) $f(x) = \frac{1}{(1-x)^2}$, (b) $g(x) = \ln(1-2x)$, (c) $h(x) = \arctan x$.

(a) Benutzt wird: (1) $f(x) = \frac{1}{(1-x)^2} = \left(\frac{1}{1-x}\right)'$

(2) $\frac{1}{1-x} = \sum_{n=0}^{\infty} x^n$ für $|x| < 1$ (geometrische Reihe)

(3) Potenzreihen werden summandenweise differenziert.

$$f(x) = \frac{1}{(1-x)^2} \overset{(1)}{=} \left(\frac{1}{1-x}\right)' \overset{(2)}{=} \left(\sum_{n=0}^{\infty} x^n\right)' \overset{(3)}{=} \sum_{n=0}^{\infty} (x^n)' = \sum_{n=0}^{\infty} n x^{n-1} = \sum_{n=0}^{\infty} (n+1)x^n$$
$$= 1 + 2x + 3x^2 + 4x^3 + \cdots \quad \text{für } |x| < 1, \text{ vgl. [14.21].}$$

(b) Benutzt wird: (1) $g'(x) = \big(\ln(1-2x)\big)' = \frac{-2}{1-2x}$

(2) $\frac{-2}{1-2x} = -2\sum_{n=0}^{\infty} (2x)^n$ für $|2x| < 1$ (geometrische Reihe)

(3) Potenzreihen werden summandenweise integriert.

$$g'(x) \overset{(1)}{=} \frac{-2}{1-2x} \overset{(2)}{=} -2\sum_{n=0}^{\infty} (2x)^n \text{ für } |2x| < 1. \text{ Unbestimmte Integration ergibt:}$$

$$g(x) \overset{(3)}{=} -2\sum_{n=0}^{\infty} \frac{(2x)^{n+1}}{2(n+1)} + c = -\sum_{n=0}^{\infty} \frac{2^{n+1}}{n+1} x^{n+1} + c \text{ für } |x| < \tfrac{1}{2}.$$

Nun noch die Integrationskonst. c bestimmen: Einsetzen $x = 0$ liefert $c = 0$. Also:

$$\ln(1-2x) = -\sum_{n=0}^{\infty} \frac{2^{n+1}}{n+1} x^{n+1} = -(2x + 2x^2 + \tfrac{8}{3}x^3 + 4x^4 + \cdots), \quad \text{für } |x| < \tfrac{1}{2}.$$

(c) $h'(x) = \frac{1}{1+x^2} = \sum_{n=0}^{\infty} (-x^2)^n = \sum_{n=0}^{\infty} (-1)^n x^{2n}$, für $|-x^2| < 1$, also $|x| < 1$.

$\Longrightarrow h(x) = \sum_{n=0}^{\infty} (-1)^n \frac{1}{2n+1} x^{2n+1} + C$, $\quad h(0) = \arctan 0 = 0 \Longrightarrow C = 0$.

$\Longrightarrow h(x) = \arctan x = \sum_{n=0}^{\infty} (-1)^n \frac{1}{2n+1} x^{2n+1}$, für $|x| < 1$, (siehe auch **F3**).

14.34 *Man bestimme Konvergenzbereich und dargestellte Funktion:*

(a) $\sum_{n=1}^{\infty} \frac{3^n}{n} x^n$ (b) $\sum_{n=1}^{\infty} 5nx^{n-1}$

(a) $f(x) := \sum_{n=1}^{\infty} \frac{3^n}{n} x^n$. Gliedweise Differentiation ergibt:

$$f'(x) = \sum_{n=1}^{\infty} 3^n x^{n-1} = 3 \sum_{n=1}^{\infty} (3x)^{n-1} = 3 \sum_{n=0}^{\infty} (3x)^n = 3 \frac{1}{1-3x}.$$

Dies gilt für $|3x| < 1$, d.h. für $|x| < \frac{1}{3}$.
Aus $f'(x) = \frac{3}{1-3x}$ erhält man durch Integration $f(x) = -\ln|1-3x| + c$.
Der Wert der Reihe bei $x = 0$ ist 0, also $f(0) = 0$. Das ergibt $c = 0$.

Die dargestellte Funktion ist $f(x) = \sum_{n=1}^{\infty} \frac{3^n}{n} x^n = -\ln(1-3x)$, für $|x| < \frac{1}{3}$.

Die Betragstriche sind hier entbehrlich, da $1 - 3x > 0$ für $|x| < \frac{1}{3}$ ist.

(b) $\sum_{n=1}^{\infty} 5nx^{n-1} = 5 \sum_{n=1}^{\infty} (x^n)'$

$$= 5(\sum_{n=1}^{\infty} x^n)' = 5(\sum_{n=0}^{\infty} x^n - 1)' = 5(\frac{1}{1-x} - 1)' = \frac{5}{(1-x)^2}.$$

Der Konvergenzbereich ist $-1 < x < 1$.

Merke:

Ist f $\begin{matrix}\textit{gerade}\\ \textit{ungerade}\end{matrix}$, hat die Potenzreihendarst. von f nur $\begin{matrix}\textit{gerade}\\ \textit{ungerade}\end{matrix}$ Potenzen.

14.35 *Man entwickle* $f(x) = \dfrac{e^{x^2}}{\cos x}$ *um 0 bis zum Summanden* $c_5 x^5$.

f ist gerade, da $f(-x) = f(x)$ ist.
Also werden im Ansatz nur die geraden Potenzen berücksichtigt:

$f(x) = \dfrac{e^{x^2}}{\cos x} =: \sum\limits_{n=0}^{\infty} c_{2n} x^{2n}$, daraus folgt:

$$\begin{aligned} e^{x^2} &= \Big(\sum_{n=0}^{\infty} c_{2n} x^{2n}\Big) \cdot \cos x \\ &= (c_0 + c_2 x^2 + c_4 x^4 + \cdots) \cdot (1 - \tfrac{1}{2} x^2 + \tfrac{1}{24} x^4 \mp \cdots) \\ &= c_0 + (c_2 - \tfrac{1}{2} c_0) x^2 + (c_4 - \tfrac{1}{2} c_2 + \tfrac{1}{24} c_0) x^4 + \cdots \end{aligned}$$ Andererseits ist:

$e^{x^2} = 1 + x^2 + \frac{1}{2} x^4 + \frac{1}{6} x^6 + \cdots$ und Koeffizientenvergleich ergibt:

$c_0 = 1 \quad , \quad c_2 = \frac{3}{2} \quad , \quad c_4 = \frac{29}{24}$.

Da die benutzten Reihen für alle $x \in \mathbb{R}$ konvergieren, gilt

$\dfrac{e^{x^2}}{\cos x} = 1 + \frac{3}{2} x^2 + \frac{29}{24} x^4 + \cdots$ für alle $x \in \mathbb{R}$.

14.36 *Man entwickle* $\ln(1+x)$ *um 0 und bestimme den Konvergenzbereich.*

$$\ln(1+x)' = \frac{1}{1+x} = \sum_{n=0}^{\infty} (-1)^n x^n \quad \text{für } |x| < 1$$

$$\ln(1+x) = \sum_{n=0}^{\infty} (-1)^n \frac{x^{n+1}}{n+1} + c \;,\quad \ln 1 = 0 \Longrightarrow c = 0$$

$$= -\sum_{n=1}^{\infty} \frac{(-x)^n}{n} = x - \frac{x^2}{2} + \frac{x^3}{3} - \frac{x^4}{4} \pm \cdots$$

Diese Entwicklung gilt zunächst nur für $|x| < 1$.

Bleiben die Randpunkte $x_0 = -1$ und $x_1 = 1$ zu untersuchen:

$x_0 = -1$: die harmonische Reihe $\sum \frac{1}{n}$ ist divergent.

$x_1 = 1$: die alternierende Reihe $\sum \frac{(-1)^{(n+1)}}{n}$ ist konvergent (Leibniz–Krit.).

Dass nun $\ln 2 = -\sum\limits_{n=1}^{\infty} \dfrac{(-1)^n}{n} = \sum\limits_{n=1}^{\infty} \dfrac{(-1)^{(n+1)}}{n} = 1 - \dfrac{1}{2} + \dfrac{1}{3} - \dfrac{1}{4} \pm \cdots$ ist, folgt aus dem Abelschen Grenzwertsatz, siehe **Ana 1**.

Es gilt also $\ln(1+x) = -\sum\limits_{n=1}^{\infty} \dfrac{(-x)^n}{n} = \sum\limits_{n=0}^{\infty} (-1)^n \dfrac{x^{n+1}}{n+1}$ für $-1 < x \leq 1$.

14.4 Taylorreihen

Ist f eine im Punkt x_0 hinreichend oft differenzierbare Funktion, ordnet man ihr das *Taylorpolynom* $T_n(x)$ zu:

Taylorpolynom n-ten Grades von f bei x_0

$$\begin{aligned} T_n(x) &= \sum_{k=0}^{n} \frac{f^{(k)}(x_0)}{k!}(x-x_0)^k \\ &= f(x_0) + \frac{f'(x_0)}{1!}(x-x_0) + \frac{f''(x_0)}{2!}(x-x_0)^2 + \cdots + \frac{f^{(n)}(x_0)}{n!}(x-x_0)^n \end{aligned}$$

T_n ist als ein Polynom anzusehen, das die Funktion f in einer Umgebung von x_0 annähert. Im Punkt x_0 ist $T_n(x_0) = f(x_0)$.

14.37 *Man berechne das Taylorpolynom n-ten Grades von $f(x) = e^{2x}$ für $x_0 = 1$.*

$$\begin{array}{rcccrcl} f(x) &=& e^{2x} &\to& f(1) &=& e^2 \\ f'(x) &=& 2e^{2x} &\to& f'(1) &=& 2e^2 \\ f''(x) &=& 4e^{2x} &\to& f''(1) &=& 4e^2 \\ && \dots &&& \dots & \\ \end{array}$$

$$f^{(k)}(x) = 2^k e^{2x} \quad \to \quad f^{(k)}(1) = 2^k e^2$$

$$T_n(x) = e^2 + 2e^2(x-1) + 2e^2(x-1)^2 + \tfrac{4}{3}e^2(x-1)^3 + \cdots + \tfrac{2^n}{n!}e^2(x-1)^n.$$

T_0 ist die horizontale Gerade $y = f(x_0)$.

T_1 ist die Gerade $y = f(x_0) + f'(x_0)(x-x_0)$, das ist die Tangente.

T_2 ist die durch den Punkt $(x_0, f(x_0))$ verlaufende Näherungsparabel

$$y = f(x_0) + f'(x_0)(x-x_0) + \tfrac{1}{2}f''(x_0)(x-x_0)^2 \quad (f''(x_0) \neq 0 \text{ vorausgesetzt}).$$

u.s.w.

Die Differenz zwischen der Funktion f und dem Näherungspolynom T_n ist das Restglied R_n.

Restglied: $R_n(x) := f(x) - T_n(x)$

Satz von Taylor

Ist f in einer Umgebung von x_0 hinreichend oft differenzierbar, so gilt :

$$\begin{aligned} f(x) &= f(x_0) + \frac{f'(x_0)}{1!}(x-x_0) + \frac{f''(x_0)}{2!}(x-x_0)^2 + \cdots + \frac{f^{(n)}(x_0)}{n!}(x-x_0)^n + R_n(x) \\ &= T_n(x) + R_n(x), \qquad \text{wobei} \end{aligned}$$

$$R_n(x) = \frac{f^{(n+1)}(\xi)}{(n+1)!}(x-x_0)^{n+1} \quad \text{(Restglieddarstellung von Lagrange)}$$

ist für eine zwischen x und x_0 gelegene Zahl ξ.

Die wesentliche Aussage des Satzes ist die Formel für das Restglied.
Da man aber über ξ nur weiß, dass es zwischen x und x_0 liegt, wird man $R_n(x)$ nicht tatsächlich berechnen, sondern nur abschätzen können.

Gilt $\lim\limits_{n\to\infty} R_n(x) = 0$ in einer Umgebung $U(x_0)$, so

- wird die Abweichung zwischen $f(x)$ und Näherung $T_n(x)$ in $U(x_0)$ beliebig klein,
- konvergiert die Folge $(T_n(x))$ der Taylorpol. für jedes $x \in U(x_0)$ gegen $f(x)$.

Man sagt: f wird in $U(x_0)$ durch seine **Taylorreihe** dargestellt.

Ist f in $U(x_0)$ unendlich oft differenzierbar, so nennt man

$$\sum_{k=0}^{\infty} \frac{f^{(k)}(x_0)}{k!}(x-x_0)^k = f(x_0) + \frac{f'(x_0)}{1!}(x-x_0) + \frac{f''(x_0)}{2!}(x-x_0)^2 + \cdots$$

Taylorreihe von f bei x_0

Es gilt: $f(x) = \sum\limits_{k=0}^{\infty} \frac{f^{(k)}(x_0)}{k!}(x-x_0)^k \iff \lim\limits_{n\to\infty} R_n(x) = 0.$

f wird durch ihre Taylorreihe dargestellt $\iff$ R_n verschwindet für $n \to \infty$.

Es kann vorkommen, dass

1.) die Taylorreihe nicht im ganzen Definitionsbereich von f konvergiert.

Beispiel: $f(x) = \frac{1}{1+x^2} = \sum\limits_{n=0}^{\infty}(-1)^n x^{2n}$ konvergiert nur für $|x| < 1$.

2.) die Taylorreihe (überall) konvergiert, aber für $x \neq x_0$ nicht gegen $f(x)$.

Beispiel: $f(x) = \begin{cases} e^{-1/x^2} & , \ x \neq 0 \\ 0 & , \ x = 0 \end{cases}$

Wegen $f^{(k)}(0) = 0$ für alle k ist die Taylorreihe um 0 die Nullfunktion.

4.38 *Für $f(x) = xe^x$ und $x_0 = 0$ gebe man das n-te Taylorpolynom an und untersuche, ob f durch seine Taylorreihe dargestellt wird.*

$$\begin{aligned}
f(x) &= xe^x \to f(0) = 0 \\
f'(x) &= (1+x)e^x \to f'(0) = 1 \\
f''(x) &= (2+x)e^x \to f''(0) = 2 \\
&\cdots \qquad \cdots \\
f^{(k)}(x) &= (k+x)e^x \to f^{(k)}(0) = k.
\end{aligned}$$

$$\begin{aligned} f(x) &= \frac{1}{1!}x + \frac{2}{2!}x^2 + \frac{3}{3!}x^3 + \cdots + \frac{n}{n!}x^n + R_n(x) \\ &= x + x^2 + \frac{1}{2!}x^3 + \cdots + \frac{1}{(n-1)!}x^n + \frac{(n+1+\xi)e^\xi}{(n+1)!}x^{n+1}, \end{aligned}$$

$|R_n(x)| = |x e^\xi \frac{x^n}{n!} + \xi e^\xi \frac{x^{n+1}}{(n+1)!}| \le a \cdot \frac{x^n}{n!} + b \cdot \frac{x^{n+1}}{(n+1)!}$, a, b fest $\Rightarrow \lim_{n\to\infty} R_n(x) = 0$

Die Funktion $f(x) = xe^x$ wird daher für alle $x \in \mathbb{R}$ durch ihre Taylorreihe um 0 dargestellt :

$$f(x) = xe^x = \sum_{n=1}^{\infty} \frac{1}{(n-1)!}x^n.$$

Potenzreihen und Taylorentwicklung

Bei gleichem Entwicklungspunkt x_0 stimmen Potenzreihenentwicklung und Taylorreihenentwicklung einer Funktion f überein.

Sofern möglich, benutzt man daher für Taylorreihenentwicklungen nicht die Definition, sondern lieber bereits bekannte Potenzreihendarstellungen.

14.39 *Man bestimme die Taylorreihe von $f(x) = xe^x$ für $x_0 = 0$.*

$e^x = \sum_{n=0}^{\infty} \frac{1}{n!}x^n \Longrightarrow xe^x = \sum_{n=0}^{\infty} \frac{1}{n!}x^{n+1} = \sum_{n=1}^{\infty} \frac{1}{(n-1)!}x^n$ Siehe [14.38].

14.40 *Man bestimme die Taylorreihe von $f(x) = e^x \sin x$ für $x_0 = 0$*
(a) *nach Definition* (b) *bekannte Reihen benutzend:*

(a)

$$\begin{aligned} f(x) &= e^x \sin x & &\rightarrow & f(0) &= 0 \\ f'(x) &= e^x(\sin x + \cos x) & &\rightarrow & f'(0) &= 1 \\ f''(x) &= 2e^x \cos x & &\rightarrow & f''(0) &= 2 \\ f^{(3)}(x) &= 2e^x(\cos x - \sin x) & &\rightarrow & f^{(3)}(0) &= 2 \\ f^{(4)}(x) &= -4e^x \sin x = -4f(x) & &\rightarrow & f^{(4)}(0) &= 0 \\ & \cdots & & \cdots & & \\ f^{(4k)}(x) &= (-4)^k \cdot f(x) = (-4)^k e^x \sin x & &\rightarrow & f^{(4k)}(0) &= 0 \\ f^{(4k+1)}(x) &= (-4)^k e^x(\sin x + \cos x) & &\rightarrow & f^{(4k+1)}(0) &= (-4)^k \\ f^{(4k+2)}(x) &= (-4)^k 2e^x \cos x & &\rightarrow & f^{(4k+2)}(0) &= 2(-4)^k \\ f^{(4k+3)}(x) &= (-4)^k 2e^x(\cos x - \sin x) & &\rightarrow & f^{(4k+3)}(0) &= 2(-4)^k \end{aligned}$$

Taylorreihe: $\sum_{n=0}^{\infty} \frac{a_n}{n!}x^n$ mit $a_n = \begin{cases} 0, & \text{für } n = 4k, \\ (-4)^k, & \text{für } n = 4k+1, \\ 2(-4)^k, & \text{für } n = 4k+2 \text{ oder } n = 4k+3. \end{cases}$

$$\begin{aligned} \sum_{n=0}^{\infty} \frac{a_n}{n!}x^n &= x + x^2 + \tfrac{2}{3!}x^3 - \tfrac{4}{5!}x^5 - \tfrac{8}{6!}x^6 - \tfrac{8}{7!}x^7 + \tfrac{16}{9!}x^9 + \cdots \\ &= x + x^2 + \tfrac{1}{3}x^3 - \tfrac{1}{30}x^5 - \tfrac{1}{90}x^6 - \cdots \end{aligned}$$

(b) siehe [14.32 (b)].

> Die Taylorreihe eines **Polynoms** an der Stelle x_0
> ist die
> Umordnung des Polynoms nach Potenzen von $(x - x_0)$.
> (Hornerschema, Seite 66 !)

14.41 *Man entwickle* $f(x) = 2x^3 - 1$ *in eine Taylorreihe um* $x_0 = 2$.

	2	0	0	−1
$x=2$		4	8	16
	2	4	8	15
$x=2$		4	16	
	2	8	24	
$x=2$		4		
	2	12		
$x=2$				
	2			

Die Umordnung des Polynoms $2x^3 - 1$ nach Potenzen von $(x-2)$ ergibt:
$f(x) = 15 + 24(x-2) + 12(x-2)^2 + 2(x-2)^3$.
Siehe HORNER–Schema, Seite 66.

Auch im folgenden Fall kann man sich das Ausrechnen der einzelnen Koeffizienten mit der Formel $a_n = \frac{f^{(n)}(x_0)}{n!}$ ersparen:

> Bei der Taylorentwicklung **rationaler Funktionen** mache man eine Partialbruchentwicklung und versuche so umzuformen, dass folgende Taylorreihen für $|z| < 1$ verwendet werden können:
>
> $$\frac{1}{1-z} = \sum_{n=0}^{\infty} z^n, \qquad \frac{1}{1+z} = \sum_{n=0}^{\infty} (-1)^n z^n, \qquad \frac{1}{(1-z)^2} = \sum_{n=0}^{\infty} (n+1) z^n.$$

4.42 *Man entwickle in eine Taylorreihe:*

(a) $f(x) = \frac{5x-1}{x^2-1}$ *um* $x_0 = 0$,

(b) $f(x) = \frac{2x^2-11}{x^3-3x^2+4}$ *um* $x_0 = 1$.

(a)
$$\begin{aligned} \frac{5x-1}{x^2-1} &= \frac{5x-1}{(x-1)(x+1)} = \frac{2}{x-1} + \frac{3}{x+1} \quad \text{(PBZ)}, \\ &= -2\frac{1}{1-x} + 3\frac{1}{1-(-x)} = -2\sum_{n=0}^{\infty} x^n + 3\sum_{n=0}^{\infty} (-x)^n \quad \text{(geom. Reihe, S. 337)}, \\ &= \sum_{n=0}^{\infty} (-2 + 3(-1)^n) x^n, \quad \text{für } |x| < 1. \end{aligned}$$

(b)
$$\begin{aligned}
\frac{2x^2-11}{x^3-3x^2+4} &= \frac{-1}{x+1}+\frac{3}{x-2}+\frac{-1}{(x-2)^2}\\
&= \frac{-1}{2+(x-1)}+\frac{3}{-1+(x-1)}+\frac{-1}{(-1+(x-1))^2}\\
&= -\frac{1}{2}\frac{1}{1+\frac{x-1}{2}}-3\frac{1}{1-(x-1)}-\frac{1}{(1-(x-1))^2}\\
&= -\frac{1}{2}\sum_{n=0}^{\infty}(-\tfrac{x-1}{2})^n-3\sum_{n=0}^{\infty}(x-1)^n-\sum_{n=0}^{\infty}(n+1)(x-1)^n
\end{aligned}$$

im Bereich $|-\frac{x-1}{2}|<1$ und $|x-1|<1$, also für $|x-1|<1$.

$$\begin{aligned}
&= \sum_{n=0}^{\infty}\big(-\tfrac{1}{2}(-\tfrac{1}{2})^n-3-(n+1)\big)(x-1)^n\\
&= \sum_{n=0}^{\infty}\big((-\tfrac{1}{2})^{n+1}-n-4\big)(x-1)^n\\
&= -\frac{9}{2}-\frac{19}{4}(x-1)-\frac{49}{8}(x-1)^2-\cdots \quad \text{für } 0<x<2.
\end{aligned}$$

14.43 *Man berechne die Taylorreihe von $f(x)=\cos x$ für $x_0=\frac{\pi}{6}$*

(a) *nach Definition*

(b) *unter Benutzung des Additionstheorems und bekannter Reihen:*

(a)
$$\begin{array}{rclcrcl}
f(x) &=& \cos x &\rightarrow& f(\frac{\pi}{6}) &=& \sqrt{3}/2\\
f'(x) &=& -\sin x &\rightarrow& f'(\frac{\pi}{6}) &=& -1/2\\
f''(x) &=& -\cos x &\rightarrow& f''(\frac{\pi}{6}) &=& -\sqrt{3}/2\\
f^{(3)}(x) &=& \sin x &\rightarrow& f^{(3)}(\frac{\pi}{6}) &=& 1/2\\
f^{(4)}(x) &=& \cos x = f(x) &\rightarrow& f^{(4)}(\frac{\pi}{6}) &=& \sqrt{3}/2
\end{array}$$

$$\cos x=\sum_{n=0}^{\infty}\frac{a_n}{2n!}(x-\frac{\pi}{6})^n \quad \text{mit} \quad a_n=\begin{cases}\sqrt{3} & \text{, für } n=4k\\ -1 & \text{, für } n=4k+1\\ -\sqrt{3} & \text{, für } n=4k+2\\ 1 & \text{, für } n=4k+3\end{cases}$$

$$=\frac{\sqrt{3}}{2}-\frac{1}{2}(x-\frac{\pi}{6})-\frac{\sqrt{3}}{4}(x-\frac{\pi}{6})^2+\frac{1}{2\cdot 3!}(x-\frac{\pi}{6})^3+\frac{\sqrt{3}}{2\cdot 4!}(x-\frac{\pi}{6})^4+\cdots$$

(b)
$$\begin{aligned}
\cos x=\cos(\tfrac{\pi}{6}+(x-\tfrac{\pi}{6})) &= \cos\tfrac{\pi}{6}\cos(x-\tfrac{\pi}{6})-\sin\tfrac{\pi}{6}\sin(x-\tfrac{\pi}{6})\\
&= \tfrac{1}{2}\sqrt{3}\,\cos(x-\tfrac{\pi}{6})-\tfrac{1}{2}\sin(x-\tfrac{\pi}{6})
\end{aligned}$$

$$\tfrac{1}{2}\sqrt{3}\,\cos(x-\tfrac{\pi}{6})=\tfrac{1}{2}\sqrt{3}\left(1-\tfrac{1}{2!}(x-\tfrac{\pi}{6})^2+\tfrac{1}{4!}(x-\tfrac{\pi}{6})^4-\tfrac{1}{6!}(x-\tfrac{\pi}{6})^6+\cdots\right)$$

$$\tfrac{1}{2}\sin(x-\tfrac{\pi}{6})=\tfrac{1}{2}\left((x-\tfrac{\pi}{6})-\tfrac{1}{3!}(x-\tfrac{\pi}{6})^3+\tfrac{1}{5!}(x-\tfrac{\pi}{6})^5-\cdots\right)$$

$$\cos x=\tfrac{1}{2}\sqrt{3}-\tfrac{1}{2}(x-\tfrac{\pi}{6})-\tfrac{1}{2\cdot 2!}\sqrt{3}\,(x-\tfrac{\pi}{6})^2+\tfrac{1}{2\cdot 3!}(x-\tfrac{\pi}{6})^3+\cdots$$

Reihendarstellungen kann man verwenden, um **unbestimmte Ausdrücke** der Form $[\frac{0}{0}]$ zu berechnen (anstatt l'Hospital zu benutzen).

14.44 *Man bestimme* a) $\lim\limits_{x\to 0}\frac{\sin x}{x}$ b) $\lim\limits_{x\to 0}\frac{\cos 2x-\cos 5x}{3\sin^2 x}$

(a) $\lim\limits_{x\to 0}\frac{1}{x}(x-\frac{1}{3!}x^3+\cdots)=\lim\limits_{x\to 0}(1-\frac{1}{3!}x^2+\cdots)=1.$

(b) $\lim\limits_{x\to 0}\frac{(1-\frac{4}{2!}x^2+\cdots)-(1-\frac{25}{2!}x^2+\cdots)}{3x^2-x^4+\cdots}=\lim\limits_{x\to 0}\frac{\frac{-4+25}{2!}x^2+\cdots}{3x^2-x^4+\cdots}=\frac{-4+25}{2!3}=\frac{7}{2}.$

Reihen werden benutzt, um Funktionswerte von Funktionen, die als Reihen gegeben sind, zu berechnen.

14.45 *Man berechne* $\sqrt[5]{267.3}$ *mit einer Abweichung von höchstens* $5\cdot 10^{-5}$.

$\sqrt[5]{267.3}=[243(1+\frac{1}{10})]^{1/5}=3(1+\frac{1}{10})^{1/5}.$

Gesucht ist der Funktionswert der Funktion $3(1+x)^{1/5}$, an der Stelle $x=\frac{1}{10}$.

$3(1+\frac{1}{10})^{1/5}=3[1+\binom{1/5}{1}\frac{1}{10}+\binom{1/5}{2}(\frac{1}{10})^2+\binom{1/5}{3}(\frac{1}{10})^3+\cdots+R_n(\frac{1}{10})].$

Um festzustellen, wieviele Glieder man für die verlangte Genauigkeit berücksichtigen muss, betrachtet man das Restglied:

$$R_n(\tfrac{1}{10})=\binom{1/5}{n+1}(\tfrac{1}{10})^{n+1}(1+\xi)^{\frac{1}{5}-(n+1)}\text{ mit } 0<\xi<\tfrac{1}{10}.$$

Wegen $(1+\xi)^{\frac{1}{5}-(n+1)}\le 1$ erhält man für $n=3$:

$|3R_3(\frac{1}{10})|\le|3\cdot\frac{1}{5}(-\frac{4}{5})(-\frac{9}{5})(-\frac{14}{5})\frac{1}{4!}\frac{1}{10^4}|\le 1.2\cdot 10^{-5}<5\cdot 10^{-5}.$

Der Näherungswert ist

$3\cdot T_3(\frac{1}{10})=3(1+\frac{1}{5}\frac{1}{10}-\frac{4}{2!\cdot 25\cdot 100}+\frac{4\cdot 9}{3!\cdot 125\cdot 1000})=3.057744.$

Wegen $R_3(\frac{1}{10})<0$ und $|3R_3(\frac{1}{10})|<1.2\cdot 10^{-5}$ ist:

$$3.057732<\sqrt[5]{267.3}<3.057744$$

14.5 Fourierreihen

Eine Funktion f heißt **periodisch** mit der Periode $p \neq 0$, wenn gilt:

$$f(x+p) = f(x) \quad \text{für alle} \quad x \in \mathbb{R}$$

14.46 $f(x) = \tan x$ *hat die Perioden* $\cdots, -2\pi, -\pi, \pi, 2\pi, \cdots$, *also* $k \cdot \pi$ *mit* $k \in \mathbb{Z}$

Meist meint man mit **die Periode** die kleinste positive Periode (sofern vorhanden). So hat die tan–Funktion *die Periode* π.

14.47 *Man bestimme die kleinste positive Periode von :*
a) $f(x) = \sin(3\pi x)$ b) $g(x) = \cos(ax+b)$ c) $h(x) = \sin^2 5x$

(a) $f(x+p) = \sin(3\pi(x+p)) = \sin(3\pi x + 3\pi p) = \sin(3\pi x) = f(x)$
$\Longleftrightarrow 3\pi p = 2k\pi, \ k \in \mathbb{Z}$, denn das sind die Perioden der sin–Funktion.
Also ist $p = \frac{2}{3}k$ mit $k \in \mathbb{Z}$ und die kleinste positive Periode von f ist $p = \frac{2}{3}$.

(b) $\cos(a(x+p)+b) = \cos(ax+b+ap) = \cos(ax+b) \Longleftrightarrow ap = 2k\pi$.
Die kleinste positive Periode von g ist $p = 2\pi/a$.

(c) $\sin^2 5x = \frac{1}{2}(1 - \cos 10x)$
$\cos 10x$ und damit auch $\sin^2 5x$ hat als kleinste positive Periode $p = \frac{2\pi}{10} = \frac{\pi}{5}$.

Eine p-periodische Funktion f ist eindeutig bestimmt durch ihr Verhalten auf einem beliebigen Intervall der Länge p.

Ist f p-periodisch und integrierbar. Dann wird definiert :

Fourierkoeffizienten

$$a_n = \frac{2}{p}\int_0^p f(x)\cos\frac{2\pi}{p}nx\,dx \qquad b_n = \frac{2}{p}\int_0^p f(x)\sin\frac{2\pi}{p}nx\,dx$$

Fourierreihe von f

$$F(x) = \frac{a_0}{2} + \sum_{n=1}^{\infty}\left(a_n\cos\frac{2\pi}{p}nx + b_n\sin\frac{2\pi}{p}nx\right)$$

$$= \frac{a_0}{2} + a_1\cos\frac{2\pi}{p}x + b_1\sin\frac{2\pi}{p}x + a_2\cos\frac{2\pi}{p}2x + b_2\sin\frac{2\pi}{p}2x + a_3\cos\frac{2\pi}{p}3x + \cdots$$

siehe auch **F+H**.

14.48 *Man skizziere die angegebene Funktion und berechne ihre Fourierreihe.*

(a) $f(x) = \pi - x$ für $0 \le x < \pi$, $f(x+\pi) = f(x)$,

(b) $g(x) = x$ für $0 \le x \le 1$, $g(x) = 1$ für $1 \le x < 2$ und $g(x+2) = g(x)$.

(a) $f(x) = \pi - x$ für $0 \le x < \pi$, $f(x+\pi) = f(x)$.

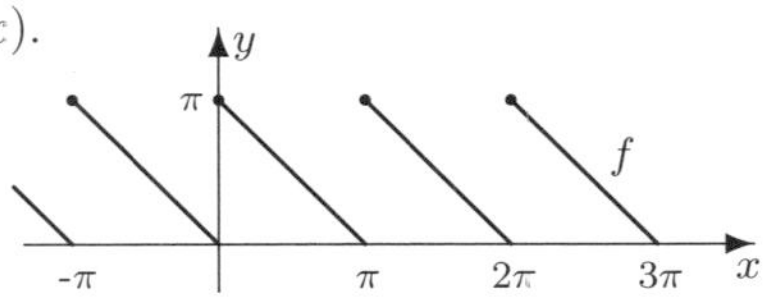

$$a_0 = \frac{2}{\pi}\int_0^{\pi} (\pi - x)\,dx = \frac{2}{\pi}\left[\pi x - \frac{1}{2}x^2\right]_0^{\pi} = \pi$$

$$= \frac{2}{\pi} \cdot \text{Fläche unter der Kurve}$$

$$a_n = \frac{2}{\pi}\int_0^{\pi} (\pi - x)\cos 2nx\,dx = 2\int_0^{\pi} \cos 2nx\,dx - \frac{2}{\pi}\int_0^{\pi} x\cos 2nx\,dx$$

$$= \left[\frac{1}{n}\sin 2nx - \frac{\cos 2nx}{2\pi n^2} - \frac{x\sin 2nx}{\pi n}\right]_0^{\pi} = 0$$

$$b_n = \frac{2}{\pi}\int_0^{\pi} (\pi - x)\sin 2nx\,dx = \frac{2}{\pi}\left[\frac{-\pi\cos 2nx}{2n} - \frac{\sin 2nx}{4n^2} + \frac{x\cos 2nx}{2n}\right]_0^{\pi} = \frac{1}{n}.$$

Die Fourierreihe von f lautet:

$$F(x) = \underline{\frac{\pi}{2} + \sin 2x + \frac{1}{2}\sin 4x + \frac{1}{3}\sin 6x + \cdots} = \frac{\pi}{2} + \sum_{n=1}^{\infty} \frac{1}{n}\sin 2nx.$$

(b) $g(x) = x$ für $0 \le x \le 1$, $g(x) = 1$ für $1 \le x < 2$ und $g(x+2) = g(x)$

$$a_0 = \int_0^2 f(x)\,dx = \frac{3}{2} \quad \text{(keine Rechnung notwendig: Fläche unter der Kurve!)}$$

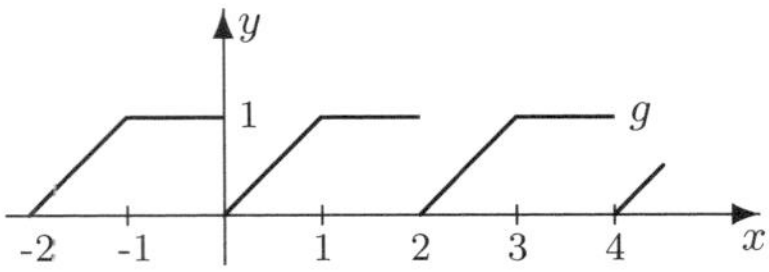

$$a_n = \int_0^2 f(x)\cos\pi nx\,dx$$

$$= \int_0^1 x\cos\pi nx\,dx + \int_1^2 \cos\pi nx\,dx$$

$$= \left[\frac{\cos\pi nx}{n^2\pi^2} + \frac{x\sin\pi xn}{n\pi}\right]_0^1 + \left[\frac{\sin\pi nx}{n\pi}\right]_1^2 = \frac{\cos\pi n}{n^2\pi^2} - \frac{1}{n^2\pi^2} = \frac{(-1)^n - 1}{n^2\pi^2}$$

$$b_n = \int_0^2 f(x)\sin\pi nx\,dx = \int_0^1 x\sin\pi nx\,dx + \int_1^2 \sin\pi nx\,dx$$

$$= \left[\frac{\sin\pi nx}{n^2\pi^2} - \frac{x\cos\pi xn}{n\pi}\right]_0^1 + \left[\frac{-\cos\pi nx}{n\pi}\right]_1^2 = -\frac{\cos\pi n}{n\pi} - \frac{\cos 2n\pi}{n\pi} + \frac{\cos\pi n}{n\pi} = -\frac{1}{n\pi}.$$

Die Fourierreihe von g lautet :

$$G(x) = \underline{\frac{3}{4} - \frac{2}{\pi^2}\cos\pi x - \frac{1}{\pi}\sin\pi x - \frac{1}{2\pi}\sin 2\pi x - \frac{2}{3^2\pi^2}\cos 3\pi x - \frac{1}{3\pi}\sin 3\pi x - \cdots}$$

$$= \frac{3}{4} + \sum_{n=1}^{\infty}\left(\frac{(-1)^n - 1}{n^2\pi^2}\cos\pi nx - \frac{1}{n\pi}\sin\pi nx\right).$$

Berechnung der Fourierkoeffizienten

$$f \text{ gerade} \Longrightarrow b_n = 0 \qquad f \text{ ungerade} \Longrightarrow a_n = 0$$

Beim Berechnen der Fourierkoeffizienten ist der Anfangspunkt des Integrationsintervalls (der Länge p) beliebig (für b_n gilt Entsprechendes).

$$a_n = \frac{2}{p}\int_0^p f(x)\cos\frac{2\pi}{p}nx\,dx = \frac{2}{p}\int_{x_0}^{x_0+p} f(x)\cos\frac{2\pi}{p}nx\,dx$$

14.49 *Man skizziere die angegebene Funktion und berechne ihre Fourierreihe :*

$$f(x) = \begin{cases} 0\ , \text{ für } -2 \le x < -1 \\ 2\ , \text{ für } -1 \le x < \ \ 1 \\ 0\ , \text{ für } \ \ \ 1 \le x < \ \ 2 \end{cases}$$

$f(x+4) = f(x)$
d.h. f wird periodisch fortgesetzt!

$a_0 = 2 \ (= \frac{2}{4}\cdot\text{Fläche})$

Die Periode beträgt 4. Zweckmäßigerweise wird im Folgenden nicht von 0 bis 4, sondern von -1 bis 3 integriert:

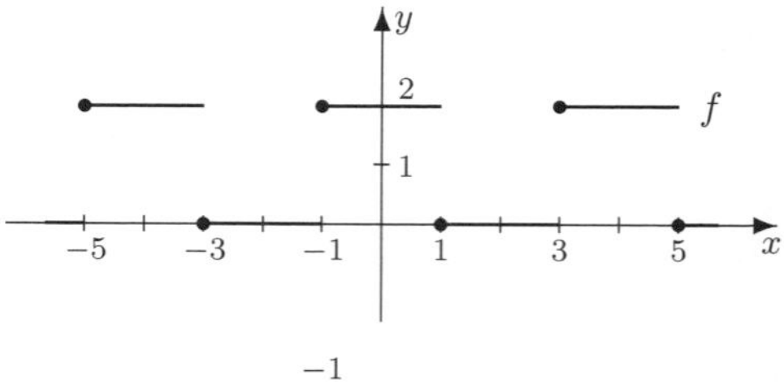

$$a_n = \frac{1}{2}\int_{-1}^{3} f(x)\cos\frac{\pi}{2}nx\,dx$$

$$= \frac{1}{2}\int_{-1}^{1} 2\cos\frac{\pi}{2}nx\,dx + \frac{1}{2}\int_{1}^{3} 0\,dx$$

$$= \left[\frac{2}{n\pi}\sin\frac{n\pi}{2}x\right]_{-1}^{1} = \frac{4}{n\pi}\sin\frac{n\pi}{2} = \frac{4}{n\pi}\begin{cases} 0 & \text{, falls } n \text{ gerade} \\ (-1)^k & \text{, falls } n = 2k+1 \end{cases}$$

$b_n = 0$, da f gerade ist. Die Fourierreihe von f lautet:

$$F(x) = \underline{1 + \frac{4}{\pi}(\cos\frac{\pi}{2}x - \frac{1}{3}\cos\frac{3\pi}{2}x + \frac{1}{5}\cos\frac{5\pi}{2}x - \cdots)}$$

$$= 1 + \frac{4}{\pi}\sum_{n=0}^{\infty}\frac{(-1)^n}{2n+1}\cos\frac{2n+1}{2}\pi x.$$

In vielen Fällen kann man die in **F+H** angegebenen Fourierentwicklungen verwenden:

14.50 *Man berechne die Fourierreihen mittels der in* **F+H** *angegebenen Fourierentwicklungen:*

a) $f(x) = \pi - x$ *für* $0 \le x \le \pi$ b) $g(x) = 2\cos x$ *für* $-\frac{\pi}{2} \le x \le \frac{\pi}{2}$

(a) **F+H** liefert die Fourierentwicklung von

$y = x$ für $0 \le x < 2\pi$: $\quad y = \pi - 2(\frac{\sin x}{1} + \frac{\sin 2x}{2} + \frac{\sin 3x}{3} + \cdots).$

Aus dieser Funktion entsteht f durch Spiegelung an der y–Achse und Stauchung in x– und y–Richtung mit dem Faktor 2.

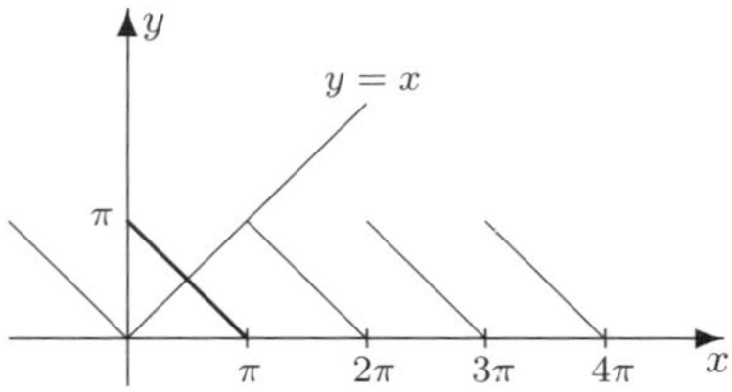

Man ersetzt also in dieser Reihe x durch $-2x$ und y durch $2F$ und erhält :

$$2F = \pi - 2\left(\frac{\sin(-2x)}{1} + \frac{\sin(-4x)}{2} + \frac{\sin(-6x)}{3} + \cdots\right)$$

$$\underline{F = \frac{\pi}{2} + \frac{\sin 2x}{1} + \frac{\sin 4x}{2} + \frac{\sin 6x}{3} + \cdots)} = \frac{\pi}{2} + \sum_{n=1}^{\infty} \frac{\sin 2nx}{n}, \text{ vgl. [14.48 (a)].}$$

(b) **F+H** liefert die Fourierentwicklung von $y = |\sin x|$,für $-\pi \leq x < \pi$:

$$y = \frac{2}{\pi} - \frac{4}{\pi}\left(\frac{\cos 2x}{1{\cdot}3} + \frac{\cos 4x}{3{\cdot}5} + \frac{\cos 6x}{5{\cdot}7} + \cdots\right).$$

Aus dieser Funktion entsteht g durch Verschiebung um $\frac{\pi}{2}$ nach rechts und Streckung in y–Richtung mit dem Faktor 2.

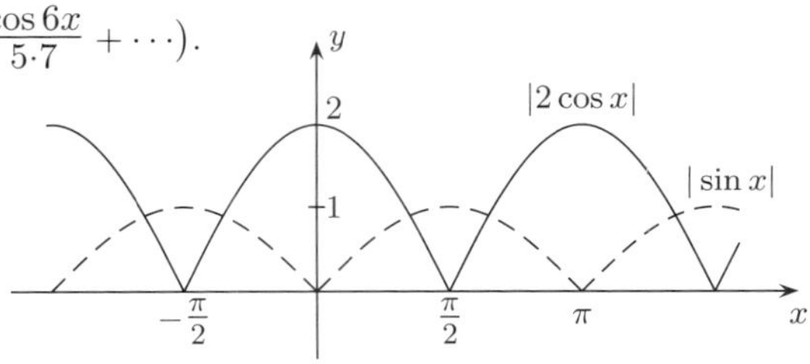

Man ersetzt also in dieser Reihe x durch $x - \frac{\pi}{2}$ und y durch $\frac{1}{2}G$ und erhält:

$$\frac{G}{2} = \frac{2}{\pi} - \frac{4}{\pi}\left(\frac{\cos 2(x+\frac{\pi}{2})}{1{\cdot}3} + \frac{\cos 4(x+\frac{\pi}{2})}{3{\cdot}5} + \frac{\cos 6(x+\frac{\pi}{2})}{5{\cdot}7} + \ldots\right)$$

Additionstheorem (Umschlagseite **F 1** oder **F+H**) ergibt:
$\cos 2n(x + \frac{\pi}{2}) = \cos 2nx \cdot \cos \pi n - \sin 2nx \cdot \sin \pi n = (-1)^n \cos 2nx$. Also:

$$\frac{G}{2} = \frac{2}{\pi} - \frac{4}{\pi}\left(-\frac{\cos 2x}{1{\cdot}3} + \frac{\cos 4x}{3{\cdot}5} - \frac{\cos 6x}{5{\cdot}7} \pm \ldots\right)$$

$$\underline{G = \frac{4}{\pi} - \frac{8}{\pi}\left(-\frac{\cos 2x}{1{\cdot}3} + \frac{\cos 4x}{3{\cdot}5} - \frac{\cos 6x}{5{\cdot}7} \pm \ldots\right)} = \frac{4}{\pi} - \frac{8}{\pi}\sum_{n=1}^{\infty} \frac{(-1)^n \cos 2nx}{(2n-1)(2n+1)}.$$

14.51 *Sind m , n natürliche Zahlen, so gilt:*

$$\int_0^p \sin \tfrac{2\pi}{p} nx \cos \tfrac{2\pi}{p} mx \, dx = 0$$

$$\int_0^p \sin \tfrac{2\pi}{p} nx \sin \tfrac{2\pi}{p} mx \, dx = \int_0^p \cos \tfrac{2\pi}{p} nx \cos \tfrac{2\pi}{p} mx \, dx = \begin{cases} 0 & \text{für } n \neq m \\ \frac{p}{2} & \text{für } n = m \end{cases}$$

Hieraus ersieht man: Die Fourierreihe der *endlichen trigonometrischen Summe*

$$T(x) = \sum_{k=0}^{n} \left(\alpha_k \cos \tfrac{2\pi}{p} kx + \beta_k \sin \tfrac{2\pi}{p} kx\right) \quad \text{ist wieder } T(x).$$

Weitere Beispiele, siehe **F+H**.

Zusammenhang zwischen Funktion und Fourierreihe

Ist f periodisch mit der Periode p und stückweise glatt (Seite 262) in $[-\frac{p}{2}, \frac{p}{2}]$, so konvergiert ihre Fourierreihe F und zwar gegen:

$$\begin{cases} f(x_0) & \text{, wenn } f \text{ in } x_0 \text{ stetig ist} \\ \frac{1}{2}\big(\lim\limits_{x \to x_0^-} f(x) + \lim\limits_{x \to x_0^+} f(x)\big) & \text{, wenn } f \text{ in } x_0 \text{ unstetig ist.} \end{cases}$$

Die Fourierreihe stellt also eine stückweise glatte Funktion in ihren Stetigkeitsstellen dar, während sie in den Unstetigkeitsstellen gegen das **arithmetische Mittel** von links– und rechtsseitigem Grenzwert konvergiert.

So ist etwa in [14.48 (a)]:

$\lim\limits_{x \to 0^-} f(x) = 0, \quad \lim\limits_{x \to 0^+} f(x) = \pi$, also $F(0) = \frac{1}{2}(0 + \pi) = \frac{1}{2}\pi$.

Auf diese Weise lassen sich numerische Reihen berechnen:

14.52 *Man berechne unter Benutzung obiger Beispiele folgende Reihen:*

(a) $\sum\limits_{n=0}^{\infty} \frac{1}{(2n+1)^2} = 1 + \frac{1}{3^2} + \frac{1}{5^2} + \frac{1}{7^2} + \cdots,$

(b) $\sum\limits_{n=0}^{\infty} \frac{(-1)^n}{2n+1} = 1 - \frac{1}{3} + \frac{1}{5} - \frac{1}{7} + \cdots.$

(a) $G(x) = \frac{3}{4} + \sum\limits_{n=1}^{\infty} \Big(\frac{(-1)^n - 1}{n^2\pi^2} \cos \pi n x - \frac{1}{n\pi} \sin \pi n x\Big), \quad [14.48\,(b)]$

$$\Longrightarrow G(0) = \frac{3}{4} + \sum_{n=1}^{\infty} \frac{(-1)^n - 1}{n^2\pi^2} = \frac{1}{2}\big(\lim_{x \to 0^-} g(x) + \lim_{x \to 0^+} g(x)\big) = \frac{1}{2}$$

$$\Longrightarrow \sum_{n=1}^{\infty} \frac{(-1)^n - 1}{n^2\pi^2} = -\frac{2}{\pi^2} \sum_{n=0}^{\infty} \frac{1}{(2n+1)^2} = \frac{1}{2} - \frac{3}{4} = -\frac{1}{4}$$

$$\Longrightarrow \sum_{n=0}^{\infty} \frac{1}{(2n+1)^2} = \underline{1 + \frac{1}{3^2} + \frac{1}{5^2} + \frac{1}{7^2} + \cdots = \frac{\pi^2}{8}}.$$

(b) $F(x) = 1 + \frac{4}{\pi} \sum\limits_{n=0}^{\infty} \frac{(-1)^n}{2n+1} \cos \frac{2n+1}{2} \pi x, \quad [14.49].$

$$\Longrightarrow F(0) = 1 + \frac{4}{\pi} \sum_{n=0}^{\infty} \frac{(-1)^n}{2n+1} = f(0) = 2$$

$$\Longrightarrow \sum_{n=0}^{\infty} \frac{(-1)^n}{2n+1} = \underline{1 - \frac{1}{3} + \frac{1}{5} - \frac{1}{7} + \cdots = \frac{\pi}{4}}.$$

14.6 Aufgaben

14.53 *Man berechne die Häufungspunkte der Folge* $a_n = \frac{(-1)^n n^2}{(2n+3)^2}$.

14.54 *Für welche* x *ist* $\sum_{n=0}^{\infty} \tan^n x$ *konvergent und wie lautet der Grenzwert?*

14.55 *Man untersuche auf Konvergenz und bestimme ggf. den Grenzwert:*

a) $\sum_{n=4}^{\infty} \frac{-5}{n^2-n-6}$, b) $\sum_{n=1}^{\infty} \frac{2}{n^2+2n}$, c) $\sum_{n=0}^{\infty} 2^n x^{3n}$.

14.56 a) $\lim_{n\to\infty} \sqrt[n]{n} = 1$ *und folglich* $\lim_{n\to\infty} \sqrt[n]{a} = 1$, *für* $0 < a$.
b) $\lim_{n\to\infty} \sqrt[n]{n!} = \infty$. c) $\lim_{n\to\infty} q^n = 0$, *für* $|q| < 1$.

14.57 *Man untersuche auf Konvergenz und bestimme ggf. den Grenzwert:*

a) $a_n = \sqrt{n^2+n} - n$, b) $a_n = \frac{\sqrt[3]{27n+2} \cdot \sqrt[3]{n^2}}{\sqrt{16n^2-1}}$, c) $a_n = (1-\frac{2}{n})^{2n}$,
d) $a_n = \frac{2n^4-n}{3n^4+n^3+1}$, e) $a_n = \frac{2n^5+1}{3n^2+4}$, f) $a_n = \frac{6n+2}{n^3+5}$.

14.58 *Die rekursive Folge* $x_0 = 1$, $x_{n+1} = \frac{1}{1+x_n}$ *konvergiert gegen* $\frac{1}{2}(\sqrt{5}-1)$.
Siehe auch goldener Schnitt [3.49] und Fibonacci–Folge [14.14].

14.59 *Man untersuche folgende Reihen auf Konvergenz:*

a) $\sum_{n=0}^{\infty} \frac{(-1)^n}{(2n+1)!}$ b) $\sum_{n=0}^{\infty} \frac{2^{-2n+1}}{2n+1}$ c) $\sum_{n=1}^{\infty} \frac{1}{3n+1}$ d) $\sum_{n=1}^{\infty} \frac{1}{n^n}$ e) $\sum_{n=1}^{\infty} \frac{(n!)^2}{(2n)!}$

f) $\sum_{n=1}^{\infty} \frac{(-1)^n}{n e^n}$ g) $\sum_{n=0}^{\infty} \frac{2n}{3n^3+1}$ h) $\sum_{n=1}^{\infty} \frac{n-\sqrt{n}}{n^2+n}$ i) $\sum_{n=1}^{\infty} \frac{3^n n!}{n^n}$ j) $\sum_{n=1}^{\infty} \frac{\sin^n x}{n^2}$

14.60 *Konvergieren die Reihen* $\sum_{n=1}^{\infty} a_n = \sum_{n=1}^{\infty} \frac{(-1)^n}{\sqrt{n}}$ *und* $\sum_{n=1}^{\infty} b_n = \sum_{n=1}^{\infty} (\frac{1}{n} + \frac{(-1)^n}{\sqrt{n}})$?
Ist das Grenzwertkriterium (S. 343) anwendbar?

14.61 *Man untersuche das Cauchyprodukt* $\sum_{n=1}^{\infty} \frac{(-1)^n}{\sqrt{n}} \cdot \sum_{n=1}^{\infty} \frac{(-1)^n}{\sqrt{n}}$.

14.62 *Man bestimme den Konvergenzradius folgender Potenzreihen:*

a) $\sum_{n=1}^{\infty} (\sqrt{n})^n x^n$, b) $\sum_{n=0}^{\infty} \frac{3^n x^{3n}}{2}$, c) $\sum_{n=0}^{\infty} \frac{(2x)^n}{e^n}$, d) $\sum_{n=1}^{\infty} \frac{(-1)^n}{n e^n}(x+1)^n$.

14.63 *Man bestimme den Konvergenzbereich folgender Potenzreihen:*

a) $\sum_{n=0}^{\infty} x^n$, b) $\sum_{n=1}^{\infty} \frac{x^n}{n}$, c) $\sum_{n=1}^{\infty} \frac{x^n}{n^2}$.

14.64 *Man bestimme den Konvergenradius und die dargestellte Funktion:*
$1 + 2x + x^2 + 2x^3 + x^4 + 2x^5 + x^6 + 2x^7 + x^8 + \cdots$.

14.65 *Man entwickle in eine Potenzreihe um* $x_0 = 0$ *und berechne die ersten drei nicht verschwindenden Glieder von* $f(x) = \frac{x}{\sin x}$.

14.66 *Für die Funktion* f *mit* $f(0) = 1$, $f(x) = \frac{\sin x}{\arcsin x}$ *sonst, berechne man das Taylorpolynom* $T_2(x)$ *bzgl.* $x_0 = 0$.

14.67 *Durch Entwicklung des Integranden um $x_0 = 0$ bis a_6x^6 berechne man näherungsweise $\int_0^1 \ln\cos x\,dx$.*

14.68 *Man berechne die Taylorreihe von $f(x) = \frac{1}{1-\sin x}$ in $x_0 = 0$ bis a_5x^5.*

14.69 *Wie lauten die ersten beiden Glieder der Potenzreihe um $x_0 = 0$ von*

(a) $f(x) = \frac{e^{-x}\ln(1+x)}{x\sqrt{1-x}}$, (b) $f(x) = (\cos x)^{-4}$?

14.70 *Für welche x gilt: $\frac{1}{2}\ln x = \frac{x-1}{x+1} + \frac{1}{3}(\frac{x-1}{x+1})^3 + (\frac{x-1}{x+1})^5 + \cdots$?*

14.71 *Man bestimme die Taylorreihe von $f(x) = \cosh x \cdot \cos x$ in $x_0 = 0$.*

14.72 *Es sei $f(x) = \frac{\cosh^2 x-1}{x^2}$, $f(0) = 1$.*
Man gebe die Taylorformel mit Restglied an für $x_0 = 0$.

14.73 *Man berechne die Fourierreihe von:*

a) $f(x) = \sin x\cos^2(\frac{x}{2})$, b) $f(x) = \sin\pi x \cdot \cos^3(\frac{\pi x}{2})$,

c) $f(x) = 2x^2 - x^4$ für $-1 \le x \le 1$ und $f(x+2) = f(x)$,

d) $f(x) = \begin{cases} x + \frac{\pi}{2} & \text{für} \quad -\frac{\pi}{2} \le x \le \frac{\pi}{2} \\ \frac{3\pi}{2} - x & \text{für} \quad \frac{\pi}{2} \le x \le \frac{3}{2}\pi \end{cases}$, $f(x+2\pi) = f(x)$.

14.74 *Man nähere $f(x) = \displaystyle\int_0^x \frac{\sin t}{t}\,dt$ so durch ein Polynom $P(x)$ an, dass $|f(x) - P(x)| < 1/200$ ist für alle $x \in [-2, 2]$.*

14.75 *Man stelle $f(x) = \frac{5-2x}{x^2-5x+6}$ als Potenzreihe um $x_0 = 0$ dar.*

14.76 *Man berechne die Potenzreihenentwicklung von $f(x) = \ln\cos x$ um $x_0 = 0$ bis zum Glied mit x^6.*

14.77 *Ist $f(x) = \frac{e^x-1}{x}$ bei $x_0 = 0$ zu einer differenzierbaren Funktion $\tilde{f}$ ergänzbar?*

14.7 Lösungen

14.53 $a_{2n} \longrightarrow \frac{1}{4}$, $a_{2n+1} \longrightarrow -\frac{1}{4}$.

14.54 Für $|\tan x| < 1$, also für $x \in (-\frac{1}{4}\pi + k\pi, \frac{1}{4}\pi + k\pi)$. Grenzwert $= \frac{1}{1-\tan x}$.

14.55 a) $-\frac{137}{60}$, b) $\frac{3}{2}$, c) $\sum\limits_{n=0}^{\infty} 2^n x^{3n} = \frac{1}{1-2x^3}$ für $|x| < \frac{1}{2}\sqrt[3]{4}$.

14.56 a) $\sqrt[n]{n} \ge 1 \implies \exists$ Folge b_n mit $\sqrt[n]{n} = 1 + b_n$, $b_n \ge 0$.
$\sqrt[n]{n}$ konvergiert genau dann gegen 1, wenn b_n gegen 0 konvergiert:
$\sqrt[n]{n} = 1 + b_n \iff n = (1+b_n)^n = 1 + \binom{n}{1}b_n^1 + \binom{n}{2}b_n^2 + \cdots + \binom{n}{n}b_n^n$

$\implies n \ge \binom{n}{2}b_n^2 = \frac{n(n-1)}{2}b_n^2 \implies 1 \ge \frac{n-1}{2}b_n^2 \implies b_n \to 0 \implies \underline{\sqrt[n]{n} \to 1.}$

$1 \le a \implies 1 \le a < n$ für hinr. große $n \implies 1 \le \lim\limits_{n\to\infty} \sqrt[n]{a} \le \lim\limits_{n\to\infty} \sqrt[n]{n} = 1$, also $\lim\limits_{n\to\infty} \sqrt[n]{a} = 1$. Ist $0 < a \le 1$ so ist $1 \le \frac{1}{a}$ und $\lim\limits_{n\to\infty} \sqrt[n]{a} = (\lim\limits_{n\to\infty} \sqrt[n]{\frac{1}{a}})^{-1} = 1$.

b) Für $a > 0$ gilt $\sqrt[n]{a} \to 1$ [nach a)]: Ist $N \in \mathbb{N}$, so gilt für $n \to \infty$, $n > N$:
$\sqrt[n]{n!} = \sqrt[n]{N!}\,\sqrt[n]{(N+1)\cdots n} > \sqrt[n]{N!}\,\sqrt[n]{N^{n-N}} = \sqrt[n]{N!}\,\sqrt[n]{\frac{N^n}{N^N}} = N\sqrt[n]{\frac{N!}{N^N}} \to N$.
Für bel. $N \in \mathbb{N}$ und hinr. großes $n \in \mathbb{N}$ gilt also $\sqrt[n]{n!} > N - 1$, d.h. $\sqrt[n]{n!} \to \infty$.

c) Sei $\frac{1}{|q|} =: 1+p$. Wegen $|q| < 1$ ist $p > 0$. Mit der Bernoulli–Ungl. (S. 48) erhält man $\left(\frac{1}{|q|}\right)^n = (1+p)^n \geq 1+np$ und wegen $p > 0$ gilt $1+np \to \infty$. Also gilt $\left(\frac{1}{|q|}\right)^n = (1+p)^n \to \infty$, d.h. $|q|^n \to 0$ und folglich $\lim\limits_{n\to\infty} q^n = 0$.

14.57 a) $a_n = \frac{(\sqrt{n^2+n}-n)(\sqrt{n^2+n}+n)}{\sqrt{n^2+n}+n} = \frac{n}{n+\sqrt{n^2+n}} = \frac{1}{1+\sqrt{1+1/n}} \to \frac{1}{2}$, b) $a_n \to \frac{3}{4}$,

c) $a_n \to \mathrm{e}^{-4}$, d) $a_n \to \frac{2}{3}$, e) bestimmt diverg. ($a_n \to \infty$), f) $a_n \to 0$.

14.58 Für die *Fibonacci–Folge* (a_n), $a_0 = a_1 = 1$, $a_{n+2} = a_n + a_{n+1}$ [14.14] gilt

$$\frac{a_{n+1}}{a_{n+2}} = \frac{1}{\frac{a_{n+1}+a_n}{a_{n+1}}} = \frac{1}{1+\frac{a_n}{a_{n+1}}}.$$

Für die Folge $A_n := \frac{a_n}{a_{n+1}}$ gilt also $A_0 = 1$, $A_{n+1} = \frac{1}{1+A_n}$.

Die Folgen (x_n) und (A_n) genügen der gleichen Rekursion und haben den gleichen Anfang, sind also gleich und haben den gleichen Grenzwert:
Aus [14.14 (b)] folgt $\lim\limits_{n\to\infty} x_n = \lim\limits_{n\to\infty} A_n = \lim\limits_{n\to\infty} \frac{a_n}{a_{n+1}} = \underline{\frac{1}{2}(\sqrt{5}-1)}$.

Oder: Durch Induktion folgt $x_{2n-1} < x_{2n+1} < \frac{1}{2}(\sqrt{5}-1)) < x_{2n+2} < x_{2n}$, also beide Teilfolgen (x_{2n+1}) und (x_{2n}) monoton und beschränkt, also konvergent. Aus der Rekursionsformel $x_{n+2} = \frac{1}{1+x_{n+1}} = \frac{1+x_n}{2+x_n}$ folgt $\underline{g = \frac{1}{2}(\sqrt{5}-1)}$.

14.59 a) $\left|\frac{a_{n+1}}{a_n}\right| \to 0$, konv. (Q–Krit) b) $\sqrt[n]{|a_n|} \to \frac{1}{4}$, konv. (W–Krit)

c) $\frac{1}{3n+1} > \frac{1}{3}\frac{1}{n+1}$, div. (Minor.–Krit) d) $\sqrt[n]{|a_n|} \to 0$, konv. (W–Krit)

e) $\left|\frac{a_{n+1}}{a_n}\right| \to \frac{1}{4}$, konv. (Q–Krit) f) $\sqrt[n]{|a_k|} \to \mathrm{e}^{-1}$, konv. (W–Krit)

g) $\frac{2n}{3n^3+1} < \frac{2n}{3n^3} = \frac{2}{3n^2}$ konv. (Major.–Krit)

h) $\frac{n-\sqrt{n}}{n^2+n} = \frac{1-1/\sqrt{n}}{n+1} \geq \frac{1/2}{n+1}$ für hinr. großes n, da $\frac{1}{\sqrt{n}} \to 0$, div. (Minor.–Krit)

i) $\sqrt[n]{\frac{3^n n!}{n^n}} = 3\frac{\sqrt[n]{n!}}{n} \to \frac{3}{\mathrm{e}} > 1$, div. (W–Krit), j) $\left|\frac{\sin^n x}{n^2}\right| \leq \frac{1}{n^2}$, konv. (Maj.–Krit)

14.60 $\sum\limits_{n=1}^{\infty} a_n = \sum\limits_{n=1}^{\infty} \frac{(-1)^n}{\sqrt{n}}$ ist konvergent, Leibniz–Kriterium Seite 339 und [14.20].

$\sum\limits_{n=1}^{\infty} b_n = \sum\limits_{n=1}^{\infty} \left(\frac{1}{n} + \frac{(-1)^n}{\sqrt{n}}\right)$ ist divergent, da die harmonische Reihe divergiert.
Es ist $\lim\limits_{n\to\infty} \frac{a_n}{b_n} = 1$, aber $b_{2n+1} < 0$. Das Grenzwertkrit. ist nicht anwendbar.

14.61 Die Reihe $\sum\limits_{n=1}^{\infty} \frac{(-1)^n}{\sqrt{n}}$ ist konvergent, Leibniz–Krit. Seite 339 und [14.20], aber nicht abs. konvergent, div. harmon. Reihe, $\alpha = \frac{1}{2} \leq 1$, Seite 338. Das Cauchy–Produkt

$\sum\limits_{n=1}^{\infty} \frac{(-1)^n}{\sqrt{n}} \cdot \sum\limits_{n=1}^{\infty} \frac{(-1)^n}{\sqrt{n}} = \sum\limits_{n=0}^{\infty} \frac{(-1)^{n+1}}{\sqrt{n+1}} \cdot \sum\limits_{n=0}^{\infty} \frac{(-1)^{n+1}}{\sqrt{n+1}} =: \sum\limits_{n=0}^{\infty} c_n$ der beiden konv. Reihen ist div., da $|c_n| \geq 1$ ist und folglich $\lim\limits_{n\to\infty} c_n \neq 0$ ist, notw.–Krit., S.338:

Es ist nämlich $c_n = \sum\limits_{i=0}^{n} \frac{(-1)^{i+1}}{\sqrt{i+1}} \cdot \frac{(-1)^{n-i+1}}{\sqrt{n-i+1}} = \sum\limits_{i=0}^{n} \frac{(-1)^n}{\sqrt{(i+1)(n-i+1)}}$ und wegen

$\sqrt{(i+1)(n-i+1)} \leq \sqrt{(n+1)(n+1)} = n+1$ gilt $|c_n| \geq (n+1) \cdot \frac{1}{n+1} = 1$.

14.62 a) $r = 0$, b) $r = \frac{1}{\sqrt[3]{3}}$, c) $r = \frac{e}{2}$, d) $r = e$.

14.63 Wegen $\lim\limits_{n\to\infty} \sqrt[n]{1} = \lim\limits_{n\to\infty} \sqrt[n]{\frac{1}{n}} = \lim\limits_{n\to\infty} \sqrt[n]{\frac{1}{n^2}} = 1$ haben alle drei Reihen den Konvergenzradius 1. Untersuchen der Randpunkte mit den Kriterien von S. 338,339: $\sum\limits_{n=1}^{\infty} \frac{1}{n}$ divergiert und $\sum\limits_{n=1}^{\infty} \frac{(-1)^n}{n}$, $\sum\limits_{n=1}^{\infty} \frac{1}{n^2}$, $\sum\limits_{n=1}^{\infty} \frac{(-1)^n}{n^2}$ konvergieren, also gilt:

(a) $\sum\limits_{n=0}^{\infty} x^n$ konvergiert für $-1 < x < 1$, also in keinem Randpunkt.

(b) $\sum\limits_{n=1}^{\infty} \frac{x^n}{n}$ konvergiert für $-1 \le x < 1$, also in einem Randpunkt.

(c) $\sum\limits_{n=1}^{\infty} \frac{x^n}{n^2}$ konvergiert für $-1 \le x \le 1$, also in beiden Randpunkten.

14.64 $r = 1$, $1(1+2x) + x^2(1+2x) + x^4(1+2x) + x^6(1+2x) + \cdots = (1+2x)\frac{1}{1-x^2}$.

14.65 $\frac{x}{\sin x} = 1 + \frac{1}{6}x^2 + \frac{7}{360}x^4 + \cdots$. **14.66** $T_2(x) = 1 - \frac{1}{3}x^2$.

14.67 $\int_0^1 \ln\cos x \, dx \approx \int_0^1 (-\frac{x^2}{2} - \frac{x^4}{12} - \frac{x^6}{45})\, dx \approx -0.187$.

14.68 $\frac{1}{1-\sin x} = 1 + x + x^2 + \frac{5}{6}x^3 + \frac{2}{3}x^4 + \frac{61}{120}x^5 + \cdots$.

14.69 (a) $\frac{e^{-x}\ln(1+x)}{x\sqrt{1-x}} = \underline{1 - x + \cdots}$, (b) $(\cos x)^{-4} = 1 + 2x^2 + \cdots$.

14.70 $\frac{1}{2}\ln\frac{1+u}{1-u} = u + \frac{1}{3}u^3 + \frac{1}{5}u^5 + \cdots$ für $|u| < 1$.
Mit $x = \frac{1+u}{1-u}$ folgt $|u| = |\frac{x-1}{x+1}| < 1$, also $|x-1| < |x+1|$, also $x > 0$.

14.71 $\cosh x \cdot \cos x = \sum\limits_{n=0}^{\infty} \frac{(-4)^n}{(4n)!}x^{4n}$, $x \in \mathbb{R}$.

14.72 $\frac{\cosh^2 x - 1}{x^2} = 1 + \frac{1}{3}x^2 + \cdots + \frac{2^{2n-3}}{(2n-2)!}x^{2n-4} + \frac{2^{2n-1}\cosh 2\xi}{(2n)!}x^{2n-2}$, $0 \le \xi \le x$.

14.73 a) $\frac{1}{2}\sin x + \frac{1}{4}\sin 2x$, b) $\frac{1}{8}(2\sin\frac{\pi x}{2} + 3\sin\frac{3\pi x}{2} + \sin\frac{5\pi x}{2})$,

c) $\frac{1}{2}a_0 + \sum\limits_{k=1}^{\infty} a_k \cos k\pi x$ mit $a_0 = \frac{14}{15}$, $a_k = \frac{(-1)^k 48}{k^4\pi^4}$,

d) $\frac{\pi}{2} + \frac{4}{\pi}(\sin x - \frac{1}{9}\sin 3x + \frac{1}{25}\sin 5x \mp \cdots)$.

14.74 $T_3(x) = x - \frac{1}{18}x^3 + \frac{1}{600}x^5$ genügt, da $|f(x) - T_3(x)| \le \frac{2^7}{7\cdot 7!} < 0.5 \cdot 10^{-2}$.

14.75 $\frac{5-2x}{x^2-5x+6} = \sum\limits_{n=0}^{\infty} \left(\frac{1}{2^{n+1}} + \frac{1}{3^{n+1}}\right)x^n$, für $|x| < 2$.

14.76 $\ln\cos x = -\frac{1}{2}x^2 - \frac{1}{12}x^4 - \frac{1}{45}x^6 - \cdots$.

14.77 $\tilde{f}(x) = \frac{1}{x}(e^x - 1) = \frac{1}{x}\sum\limits_{n=1}^{\infty} \frac{x^n}{n!} = \sum\limits_{n=0}^{\infty} \frac{x^n}{(n+1)!} = 1 + \frac{x}{2!} + \frac{x^2}{3!} + \cdots$, für $x \ne 0$,

also $\underline{\tilde{f}(0) = 1}$ und $\underline{\tilde{f}'(0) = \frac{1}{2}}$, oder $\tilde{f}'(0) = \lim\limits_{x\to 0} \frac{\frac{e^x-1}{x} - 1}{x} = \lim\limits_{x\to 0} \frac{e^x - 1 - x}{x^2} \overset{[\frac{0}{0}]}{=} \cdots = \frac{1}{2}$.

15 Funktionen mehrerer Veränderlicher

15.1 Flächen im Raum, Niveaulinien, Blockbild

Eine reellwertige Funktion von mehreren Veränderlichen ist eine Abbildung $f : \mathbb{R}^n \to \mathbb{R}$, Funktionsgleichung: $w = f(x_1, \dots, x_n)$. Die x_i $(i = 1, 2, \dots, n)$ heißen unabhängige Veränderliche. Bei zwei bzw. drei Veränderlichen schreibt man gewöhnlich $z = f(x, y)$ bzw. $w = f(x, y, z)$.

Die im folgenden für Funktionen zweier Veränderlicher eingeführten Begriffe lassen sich leicht auf Funktionen mit drei und mehr Veränderlichen übertragen.

Im allgemeinen wird durch $z = f(x, y)$ eine **Fläche** im x, y, z–Raum beschrieben. Um eine Vorstellung der Fläche zu erhalten, betrachtet man zweckmäßigerweise Schnittkurven der Fläche mit gewissen Ebenen:

(a)	$z = f(x, y) = \text{const}$	*Höhenlinien* oder *Niveaulinien*
(b)	$x = \text{const}$	Schnitt mit der Ebene $x = \text{const}$
(c)	$y = \text{const}$	Schnitt mit der Ebene $y = \text{const}$
(d)	Blockbild	[15.2 (d)]

15.1 *Man skizziere die durch* $z = \frac{1}{x^2+y^2}$ *bestimmte Fläche.*

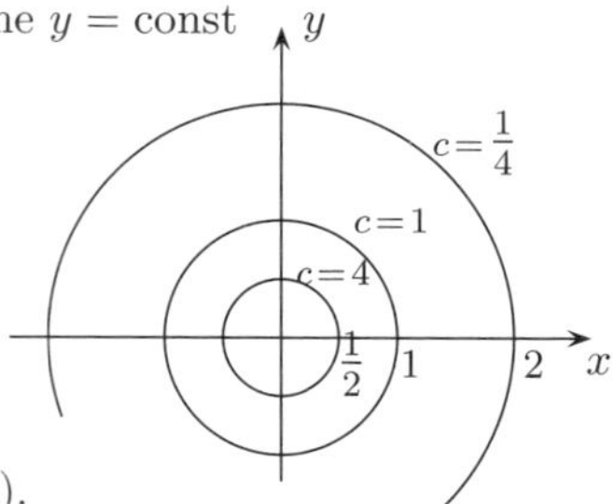

Höhenlinien
$x^2 + y^2 = \frac{1}{c}$

(a) Höhenlinien: $z = \frac{1}{x^2+y^2} = c > 0 \Longrightarrow x^2 + y^2 = \frac{1}{c}$.

Dies sind Kreise um $(0, 0)$ mit Radius $\sqrt{\frac{1}{c}}$ (Skizze).

(b) $x = 0$ (Schnitt mit der y, z–Ebene, $x = 0$) : $z = \frac{1}{y^2}$

(c) $y = 0$ (Schnitt mit der x, z–Ebene, $y = 0$) : $z = \frac{1}{x^2}$

Polarkoordinaten: $\begin{pmatrix} x = r\cos\varphi \\ y = r\sin\varphi \end{pmatrix} \Longrightarrow z = \frac{1}{x^2+y^2} = \frac{1}{r^2}$.

Die Fläche hängt nur von r, nicht von φ ab,
sie ist rotationssymmetrisch bezüglich der z–Achse!

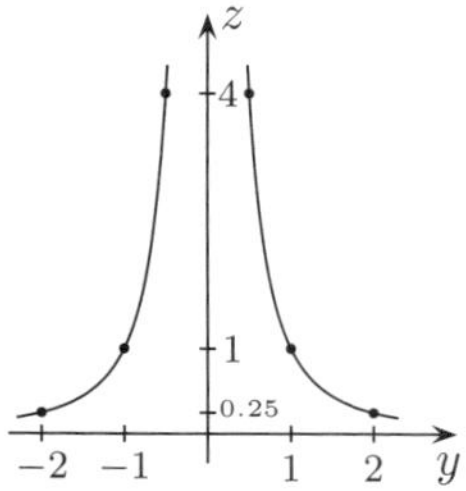

$z = \frac{1}{y^2}$

Schnitt mit Ebene $x = 0$

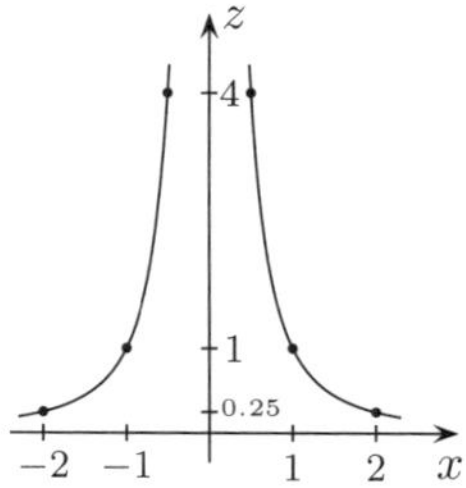

$z = \frac{1}{x^2}$

Schnitt mit Ebene $y = 0$

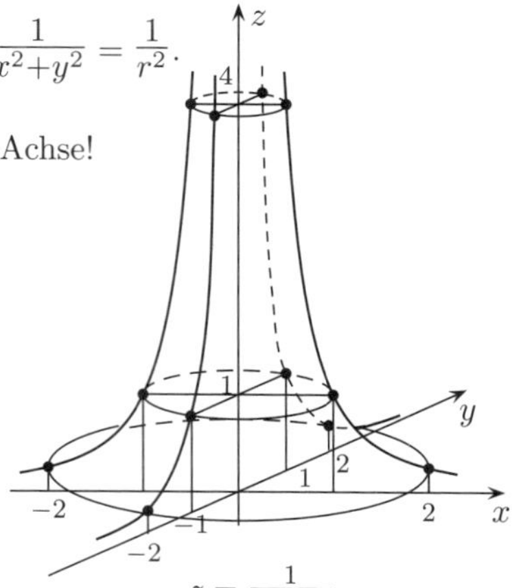

$z = \frac{1}{x^2+y^2}$

Rotationsfläche

15.2 *Man veranschauliche sich die durch* $z = \frac{y}{1+x^2}$ *gegebene Fläche.*

(a) $z = c$ (Höhenlinien)

$c = \frac{y}{1+x^2} \Rightarrow y = \underline{c(1+x^2)}$

(b) $x = c$

$z = f(c, y) = \underline{\frac{y}{1+c^2}}$

(c) $y = c$

$z = f(x, c) = \underline{\frac{c}{1+x^2}}$

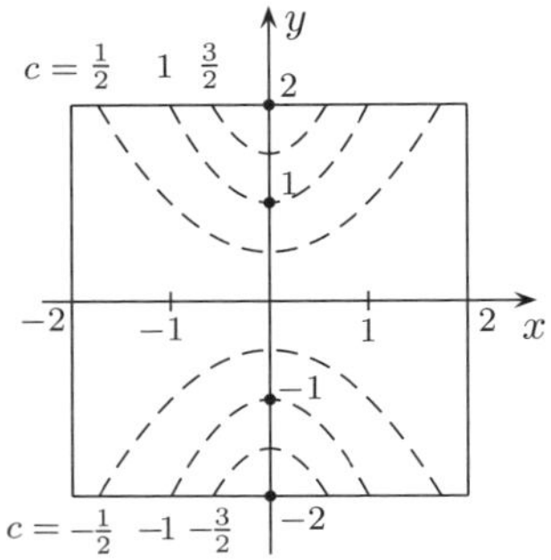

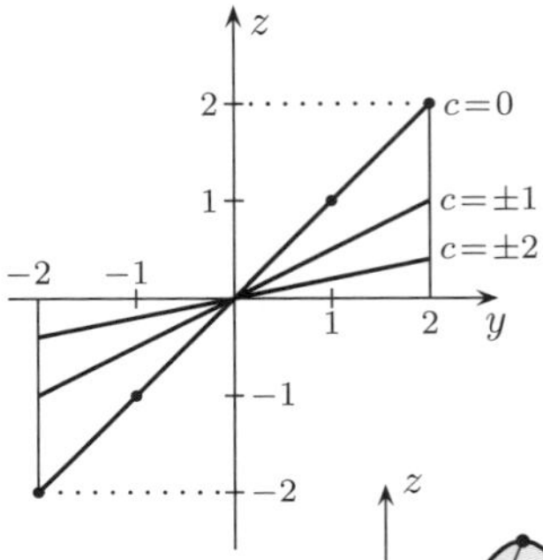

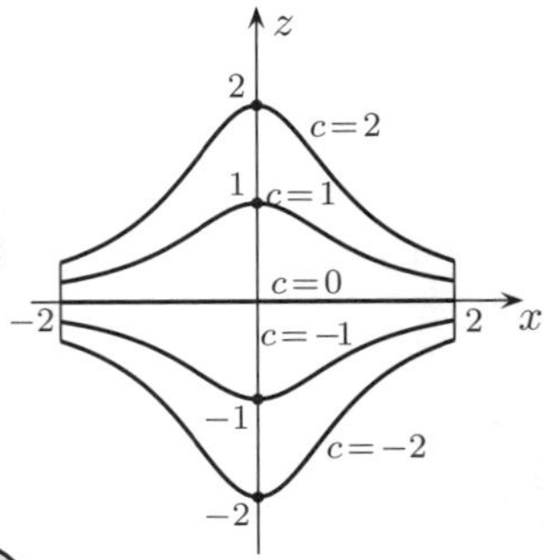

(d) Blockbild:

$z = \frac{y}{1+x^2}$

$-2 \le x \le 2$

$-2 \le y \le 2$

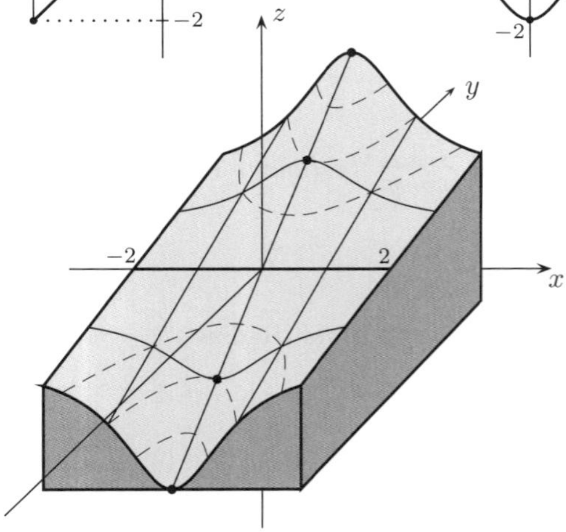

15.2 Stetigkeit

Wie in der Vektorrechnung setzt man:

Abstand zweier Punkte

$$|(x_1, y_1) - (x_2, y_2)| = \sqrt{(x_1 - x_2)^2 + (y_1 - y_2)^2}$$

Abstand der Punkte $P_1 = (x_1, y_1)$ und $P_2 = (x_2, y_2)$.

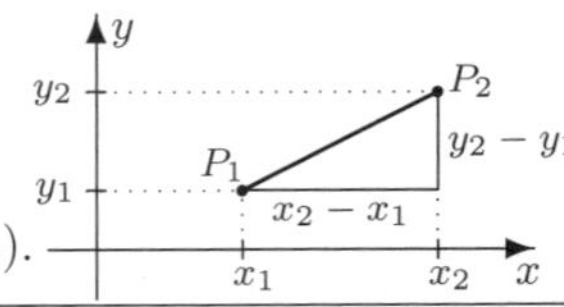

Wie bei Funktionen einer Veränderlichen definiert man:

Grenzwert von f bei $\vec{x}_0$

$$\lim_{(x,y)\to(x_0,y_0)} f(x, y) = a,$$

wenn für jedes $\varepsilon > 0$ ein $\delta > 0$ existiert, so dass $0 < |(x, y) - (x_0, y_0)| < \delta \Longrightarrow |f(x, y) - a| < \varepsilon$.

f hat bei $\vec{x}_0$ **keinen Grenzwert**, wenn sich bei Annäherung an $\vec{x}_0$ auf verschiedenen Kurven (z.B. Geraden) verschiedene oder keine Grenzwerte ergeben!

15.3 *Der Grenzwert* $\lim\limits_{(x,y)\to(0,0)} \frac{xy}{e^{x^2}-1}$ *existiert nicht.*

Nähert man sich dem Punkt $(0,0)$ auf den Wegen $y=0$ (x–Achse) bzw. $y=x$ (Winkelhalbierende), so ergeben sich unterschiedliche Grenzwerte:

$$y=0: \lim_{(x,0)\to(0,0)} f(x,0) = \lim_{x\to 0} 0 = 0$$

$$y=x: \lim_{(x,x)\to(0,0)} f(x,x) = \lim_{x\to 0} \frac{x^2}{e^{x^2}-1} \overset{\left[\frac{0}{0}\right]}{=} \lim_{x\to 0} \frac{2x}{2xe^{x^2}} = 1 , \quad \text{(l'Hospital)}$$

Stetigkeit

Die Funktion $f: \mathbb{R}^2 \to \mathbb{R}$ heißt im Punkt (x_0, y_0) **stetig**,
wenn $\lim\limits_{(x,y)\to(x_0,y_0)} f(x,y) = f(x_0,y_0)$ ist.

f heißt in einem Bereich $B \subseteq \mathbb{R}^2$ stetig,
wenn f in jedem Punkt von B stetig ist.

Für Grenzwerte und stetige Funktionen gelten die gleichen Rechengesetze wie bei Funktionen einer Veränderlichen, siehe Seite 37, 39.

15.4 *Die Funktionen* $z=x^2+y^2$, $z=4x^3y^2-3xy^3+2y+1$, $z=\cos xy$ *sind in ganz* $\mathbb{R}^2$ *stetig, da sie aus stetigen Funktionen zusammengesetzt sind.*

15.5 *Man zeige:*
$$f(x,y) = \begin{cases} \frac{1-\cos xy}{y} & \text{für } y \neq 0 \\ 0 & \text{für } y = 0 \end{cases}$$ *ist überall stetig.*

Für $y \neq 0$, d.h. außerhalb der x–Achse, ist f stetig als Quotient stetiger Funktionen.

Bleibt die Stetigkeit auf der x–Achse $(y=0)$ zu zeigen:

Behauptung: $\lim\limits_{(x,y)\to(x_0,0)} f(x,y) = 0.$

Dazu benutzen wir die Taylorreihe der cos–Funktion:

$\cos u = 1 - \frac{1}{2!}u^2 + \frac{1}{4!}u^4 \mp \cdots$

$$\Longrightarrow f(x,y) = \frac{1-(1-\frac{1}{2!}x^2y^2+\frac{1}{4!}x^4y^4\mp\cdots)}{y} = \frac{1}{2!}x^2y - \frac{1}{4!}x^4y^3 \pm \cdots$$

Also gilt: $\lim\limits_{(x,y)\to(x_0,0)} f(x,y) = 0 = f(x_0,0)$ und f ist überall stetig.

Gelegentlich ist es nützlich, für Grenzwertbestimmungen **Polarkoordinaten** zu verwenden, insbesondere bei rationalen Funktionen:

15.6 *Wo ist* $f(x,y)=\begin{cases} xy\frac{x^2-y^2}{x^2+y^2} & \text{für } (x,y)\neq(0,0) \\ 0 & \text{für } (x,y)=(0,0)\end{cases}$ *stetig?* [15.32]

Für $(x,y)\neq(0,0)$ ist f als Quotient von stetigen Funktionen stetig.
Bleibt f im Punkt $(0,0)$ zu untersuchen:

Polarkoordinaten: $\begin{pmatrix} x=r\cos\varphi \\ y=r\sin\varphi \end{pmatrix} \Longrightarrow f(x,y)=r^4\cos\varphi\sin\varphi\frac{\cos^2\varphi-\sin^2\varphi}{r^2}$.

$$|f(x,y)-f(0,0)|=|\tfrac{1}{2}r^2\sin2\varphi\cos2\varphi|\leq\tfrac{1}{2}r^2,\quad \begin{pmatrix}\sin2\varphi=2\sin\varphi\cos\varphi \\ \cos2\varphi=\cos^2\varphi-\sin^2\varphi\end{pmatrix}$$

$$\Longrightarrow \lim_{(x,y)\to(0,0)} f(x,y)=\lim_{r\to0}\tfrac{1}{2}r^2\sin2\varphi\cos2\varphi=0 \Longrightarrow f \text{ ist überall stetig.}$$

Vertauschung von Grenzprozessen

Achtung: Man muss sorgfältig folgende Grenzwerte unterscheiden:

$$A=\lim_{(x,y)\to(x_0,y_0)} f(x,y),\quad B=\lim_{x\to x_0}\big(\lim_{y\to y_0} f(x,y)\big),\quad C=\lim_{y\to y_0}\big(\lim_{x\to x_0} f(x,y)\big).$$

Existiert $A=\lim_{(x,y)\to(x_0,y_0)} f(x,y)$, so gilt $A=B=C$, [15.8],
Ist $B=C$, so braucht A nicht zu existieren, [15.10].

15.7 *Man untersuche* $f(x,y)=\frac{x^2-y^2}{x^2+y^2}$ *im Punkt* $(0,0)$ *auf obige drei Grenzwerte:*

$$B=\lim_{x\to0}\big(\lim_{y\to0}\frac{x^2-y^2}{x^2+y^2}\big)=\lim_{x\to0}\frac{x^2}{x^2}=1,\qquad C=\lim_{y\to0}\big(\lim_{x\to0}\frac{x^2-y^2}{x^2+y^2}\big)=\lim_{y\to0}\frac{-y^2}{y^2}=-1.$$

In jeder Umgebung von $(0,0)$ liegen also Punkte mit Funktionswerten in der Nähe von 1 und Punkte mit Funktionswerten in der Nähe von -1.
Der Grenzwert $A=\lim_{(x,y)\to(0,0)} f(x,y)$ existiert also nicht, f kann also im Nullpunkt nicht stetig ergänzt werden.

15.8 *Man untersuche* $f(x,y)=\frac{x^2+y^2}{\sqrt{x^2+y^2+1}-1}$ *im Nullpunkt auf obige drei Grenzwerte. Lässt sich* $f(x,y)$ *im Nullpunkt stetig ergänzen?*

Mit Polarkoordinaten erhält man:

$$A=\lim_{(x,y)\to(0,0)} f(x,y)=\lim_{r\to0}\frac{r^2}{\sqrt{r^2+1}-1}\overset{[\frac{0}{0}]}{=}\cdots=2,\quad \text{(l'Hospital)},$$

Da $A=2$ existiert, so gilt $B=C=2$.

$f(0,0):=2$ ist stetige Ergänzung von f im Nullpunkt.

Unstetigkeit von f im Punkt (x_0, y_0)

Die Funktion $z = f(x, y)$ ist bei (x_0, y_0) **unstetig**, falls es zu zwei verschiedenen Kurven (z.B. Geraden) durch (x_0, y_0) bei Annäherung an (x_0, y_0) verschiedene (oder keine) Grenzwerte gibt.

15.9 *Die Funktion* $f(x, y) = \dfrac{xy}{e^{x^2} - 1}$ *ist im Nullpunkt nicht stetig ergänzbar.*

Der Grenzwert $\lim\limits_{(x,y)\to(0,0)} f(x, y)$ existiert nicht, siehe [15.3].

15.10 *Die Funktion* $f(x, y) = \begin{cases} \dfrac{xy}{x^2+y^2} & \text{für } (x, y) \neq (0, 0) \\ 0 & \text{für } (x, y) = (0, 0) \end{cases}$ *ist im Nullpunkt unstetig.*

Annäherung auf der Geraden $y = 0$ (x–Achse): $B = \lim\limits_{x\to 0} f(x, 0) = 0$

Annäherung auf der Geraden $x = 0$ (y–Achse): $C = \lim\limits_{y\to 0} f(0, y) = 0$

Annäherung auf der Geraden $y = x$: $\lim\limits_{x\to 0} f(x, x) = \lim\limits_{x\to 0} \dfrac{x^2}{2x^2} = \frac{1}{2}$.

$A = \lim\limits_{(x,y)\to(0,0)} f(x, y)$ existiert also nicht, d.h. f ist unstetig in $(0, 0)$.

Einfacher mit Polarkoordinaten [**F 2**]:

$f(r\cos\varphi, r\sin\varphi) = \sin\varphi\cos\varphi = \frac{1}{2}\sin 2\varphi \implies \lim\limits_{r\to 0} f(r\cos\varphi, r\sin\varphi)$ exist. nicht.

15.3 Differenzierbarkeit

15.3.1 Partielle Ableitungen, Gradient

$z = f(x, y)$ heißt an der Stelle (x_0, y_0) **partiell** nach x differenzierbar, wenn die Funktion $F(x) = f(x, y_0)$ bei x_0 differenzierbar ist.
y wird beim Differenzieren nach x als Konstante betrachtet!
Entsprechend ist die partielle Ableitung nach y definiert:

$$\boldsymbol{z = f(x, y)}$$

$\dfrac{\partial z}{\partial x} = \dfrac{\partial f}{\partial x} = f_x = z_x$: **partielle Ableitung nach x**

$\dfrac{\partial z}{\partial y} = \dfrac{\partial f}{\partial y} = f_y = z_y$: **partielle Ableitung nach y**

Der Vektor $\operatorname{grad} f := (f_x, f_y)$ heißt **Gradient** von f.

Der **Gradient** $\operatorname{grad} f(\vec{x}_0) = (f_x(x_0, y_0), f_y(x_0, y_0))$ steht **senkrecht** auf der **Niveaulinie** $f(x, y) = f(x_0, y_0)$.

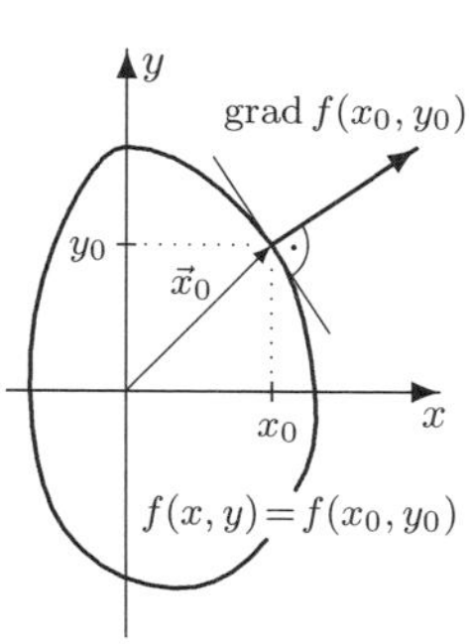

Gradient und Niveaulinie

15.11 *Man bestimme die partiellen Ableitungen von $f(x,y) = x^2y^3 + xy^2 + 2y$, den Gradienten von f an der Stelle (x,y) und an der Stelle $(0,1)$, sowie die Tangente T an die Niveaulinie L von f durch $(0,1)$.*

$$\begin{array}{l} f_x = 2xy^3 + y^2 \\ f_y = 3x^2y^2 + 2xy + 2 \end{array} \implies \begin{array}{l} \operatorname{grad} f(x,y) = \underline{(2xy^3 + y^2 \ , \ 3x^2y^2 + 2xy + 2)}, \\ \operatorname{grad} f(0,1) = \underline{(1,2)}. \end{array}$$

$f(0,1) = 2 \implies L:\ x^2y^3 + xy^2 + 2y = 2$ ist die Niveaulinie.

$\operatorname{grad} f(0,1) = (1,2) \perp T \implies \vec{t} = (-2,1)$ ist Richtungsvektor von T:

Tangente: $T:\ \vec{x} = (0,1) + r(-2,1)$ oder $T:\ x + 2y = 2$ oder $\underline{T:\ y = -\frac{1}{2}x + 1}$.

15.12 *Man bestimme ggf. die partiellen Ableitungen von f, $\operatorname{grad} f(x,y)$ sowie $\operatorname{grad} f(1,1)$ von* $f(x,y) = \begin{cases} \frac{x^2-y^2}{x^2+y^2} & \text{, für } (x,y) \neq (0,0) \\ 1 & \text{, für } (x,y) = (0,0) \end{cases}$.

$$f_x = \frac{2x(x^2+y^2) - 2x(x^2-y^2)}{(x^2+y^2)^2} = \frac{4xy^2}{(x^2+y^2)^2} \text{ für } (x,y) \neq (0,0)$$

$$f_y = \frac{-2y(x^2+y^2) - 2y(x^2-y^2)}{(x^2+y^2)^2} = \frac{-4x^2y}{(x^2+y^2)^2} \text{ für } (x,y) \neq (0,0)$$

Partielle Ableitungen im Nullpunkt $(0,0)$:

$f_x(0,0) = \big(f(x,0)\big)'_{x=0} = 0$, da $f(x,0) = 1$ ist.

$f_y(0,0) = \big(f(0,y)\big)'_{y=0}$ existiert nicht, da $f(0,y) = \begin{cases} -1, & y \neq 0 \\ 1, & y = 0 \end{cases}$ ist.

Betrachtet man $f_x(0,0)$ bzw. $f_y(0,0)$ als Richtungsableitungen (Seite 385), so sieht man:

$$f_x(0,0) = \frac{\partial f}{\partial(1,0)}(0,0) = \lim_{t\to 0} \frac{f\big(t(1,0)\big) - f(0,0)}{t} = \lim_{t\to 0} \frac{t^2t^{-2} - 1}{t} = 0$$

$f_y(0,0)$ existiert nicht, da

$$\frac{\partial f}{\partial(0,1)}(0,0) = \lim_{t\to 0} \frac{f\big(t(0,1)\big) - f(0,0)}{t} = \lim_{t\to 0} \frac{-t^2t^{-2} - 1}{t} = \lim_{t\to 0} \frac{-2}{t} \text{ nicht existiert.}$$

$$\operatorname{grad} f(x,y) = \begin{cases} \frac{4xy}{(x^2+y^2)^2}(y,-x), & \text{für } (x,y) \neq (0,0) \\ \text{existiert nicht} \ , & \text{für } (x,y) = (0,0) \end{cases}, \ \underline{\operatorname{grad} f(1,1) = (1,-1)}.$$

15.13 $f(x,y,z) = x\,\mathrm{e}^{y \sin xz}$

Man bestimme $\operatorname{grad} f(x,y,z)$, $\operatorname{grad} f(\frac{1}{2}\pi, 1, 1)$, *sowie die Tangentialebene E an die Niveaufläche $f(x,y,z) = f(\frac{1}{2}\pi,1,1)$ im Punkt $(\frac{1}{2}\pi,1,1)$.*

$\operatorname{grad} f(x,y,z) = (f_x, f_y, f_z) = \underline{\mathrm{e}^{y \sin xz}(1 + xyz\cos xz \ , \ x \sin xz \ , \ x^2 y \cos xz)}$,

$\operatorname{grad} f(\frac{1}{2}\pi,1,1) = \underline{\mathrm{e}(1, \frac{1}{2}\pi, 0)}$, völlig analog zu zwei Variablen!

Der Gradient steht senkrecht auf (ist normal zu) der Niveaufläche, also:

$E:\ \operatorname{grad} f(\frac{1}{2}\pi,1,1) \cdot (x,y,z) = \operatorname{grad} f(\frac{1}{2}\pi,1,1) \cdot (\frac{1}{2}\pi,1,1) \implies \underline{E:\ x + \frac{1}{2}\pi y = \pi}$.

15.3.2 Differenzierbarkeit, Ableitung (Gradient, Jacobi–Matrix)

Die im Folgenden für Spezialfälle erklärten Begriffe lassen sich unschwer verallgemeinern. Statt *differenzierbar* sagt man auch *vollständig* oder *total differenzierbar*, um den Unterschied zu *partiell differenzierbar* zu betonen.

Im folgenden ist f eine Funktion von zwei oder drei Veränderlichen:

$$f:\ \mathbb{R}^2 \to \mathbb{R},\ z = f(x,y) \quad \text{oder} \quad f:\ \mathbb{R}^3 \to \mathbb{R},\ w = f(x,y,z)$$

Differenzierbarkeit

Es sei $D \subseteq \mathbb{R}^2$ eine offene Menge und $(x_0, y_0) \in D$. Die Funktion $f: D \to \mathbb{R}$ heißt im Punkt (x_0, y_0) **differenzierbar**, wenn f in (x_0, y_0) partiell differenzierbar ist – also $f_x(x_0, y_0)$ und $f_y(x_0, y_0)$ existieren – und wenn gilt:

Differenzierbarkeitsbedingung

$$\lim_{(x,y)\to(x_0,y_0)} \frac{f(x,y)-f(x_0,y_0)-f_x(x_0,y_0)(x-x_0)-f_y(x_0,y_0)(y-y_0)}{|(x-x_0\,,\,y-y_0)|} = 0.$$

$$z = f(x_0,y_0) + f_x(x_0,y_0)(x-x_0) + f_y(x_0,y_0)(y-y_0)$$

ist **Tangentialebene** (Seite 383, 513) an f im Punkt $(x_0, y_0, f(x_0, y_0))$.

Entsteht f durch Einsetzen differenzierbarer Funktionen einer Veränderlichen ineinander, ist f im allgemeinen überall dort *differenzierbar*, wo f *definiert* ist.

Ist f in (x_0, y_0) **differenzierbar**, so ist f in (x_0, y_0) **stetig** !

15.14 (a) $f(x,y) = 2xe^{xy} + \dfrac{\ln y}{x-1}$ ist für $x \neq 1,\ y > 0$ differenzierbar.

(b) $f(x,y,z) = xy^2z^3 \sin xy^2z^3$ ist überall im $\mathbb{R}^3$ differenzierbar.

(c) $f(x,y) = \begin{cases} \dfrac{x^3y}{x^2+y^2}, & (x,y) \neq (0,0) \\ 0, & (x,y) = (0,0) \end{cases}$ f ist für $(x,y) \neq (0,0)$ als Quotient diff–barer Funktionen diff–bar.

(c) Die Funktion f ist im Nullpunkt gesondert zu untersuchen:

Ohne Rechnung sieht man:
Da $f(x,0) \equiv 0$ und $f(0,y) \equiv 0$ ist, gilt: $f_x(0,0) = f_y(0,0) = 0$:

Mittels Polarkoordinaten:

$$\lim_{(x,y)\to(0,0)} \frac{f(x,y)-0-0-0}{|(x,y)|} = \lim_{r\to 0} \frac{r^4 \cos^3\varphi \sin\varphi}{r^2 \cdot r} = 0 \Longrightarrow f \text{ ist in } (0,0) \text{ diff–bar.}$$

Ableitung: Gradient, Jacobi–Matrix

Ist $f:\ \mathbb{R}^3 \to \mathbb{R}$ partiell differenzierbar, so heißt der

Vektor $\boxed{\operatorname{grad} f(x_0,y_0,z_0) := \big(f_x(x_0,y_0,z_0)\,,\ f_y(x_0,y_0,z_0)\,,\ f_z(x_0,y_0,z_0)\big)}$

der **Gradient** von f an der Stelle $\vec{x}_0 = (x_0,y_0,z_0)$.

Ist f in $\vec{x}_0$ differenzierbar,
dann heißt $f'(\vec{x}_0) := \operatorname{grad} f(\vec{x}_0)$ die **Ableitung** von f an der Stelle $\vec{x}_0$.

Die vektorwertige Funktion $f = \begin{pmatrix} g \\ h \end{pmatrix} : \mathbb{R}^3 \to \mathbb{R}^2$ heißt differenzierbar, wenn alle Komponentenfunktionen $g, h : \mathbb{R}^3 \to \mathbb{R}$ differenzierbar sind, genauer:

Es sei $D \subseteq \mathbb{R}^3$ eine offene Menge und $\vec{x}_0 = (x_0,y_0,z_0) \in D$.

Die Funktion $f : D \to \mathbb{R}^2$, $f(x,y,z) = \begin{pmatrix} g(x,y,z) \\ h(x,y,z) \end{pmatrix}$ heißt im Punkt $\vec{x}_0$ **differenzierbar**, wenn $g : D \to \mathbb{R}$ und $h : D \to \mathbb{R}$ in $\vec{x}_0$ differenzierbar sind.

Die Matrix

$$\boxed{\mathcal{J}_f(x_0,y_0,z_0) := \begin{pmatrix} \operatorname{grad} g(x_0,y_0,z_0) \\ \operatorname{grad} h(x_0,y_0,z_0) \end{pmatrix} = \begin{pmatrix} g_x & g_y & g_z \\ h_x & h_y & h_z \end{pmatrix}(x_0,y_0,z_0)}$$

heißt **Jacobi–Matrix** von f an der Stelle (x_0,y_0,z_0).

Ist f in $\vec{x}_0$ differenzierbar,
dann heißt $f'(\vec{x}_0) := J_f(\vec{x}_0)$ die **Ableitung** von f an der Stelle $\vec{x}_0$.

15.15 *Man bestimme Gradient bzw. Jacobi–Matrix und ggf. die Ableitung von:*

(a) $f(x,y,z) = z\ln\big(1 + \frac{x^2}{1+y^2}\big)$, (b) $f(x,y) = \begin{pmatrix} x^2 e^y + x\cos y \\ xy^2 e^{xy^2} \end{pmatrix}$,

(c) $f(x_1,x_2,x_3,x_4) = \begin{pmatrix} x_1^2 + \sin x_2 \\ x_3 + e^{x_3x_4} \\ x_2x_3x_4 \end{pmatrix}$, (d) $f(x,y,z) = \begin{pmatrix} x\sin y\cos z \\ x\sin y\sin z \\ x\cos y \end{pmatrix}$.

Da alle Funktionen überall differenzierbar sind, erhält man die Ableitungen:

(a) $f' = \operatorname{grad} f = \Big(z\frac{2x}{1+x^2+y^2}\,,\ -z\frac{x^2 2y}{(1+x^2+y^2)(1+y^2)}\,,\ \ln(1+\frac{x^2}{1+y^2})\Big)$

(b) $f' = \mathcal{J}_f = \begin{pmatrix} 2xe^y + \cos y & x^2e^y - x\sin y \\ y^2e^{xy^2}(1+xy^2) & 2xye^{xy^2}(1+xy^2) \end{pmatrix}$ ist $(2,2)$–Matrix, da $f:\ \mathbb{R}^2 \to \mathbb{R}^2$.

(c) $f' = \mathcal{J}_f = \begin{pmatrix} 2x_1 & \cos x_2 & 0 & 0 \\ 0 & 0 & 1 + x_4e^{x_3x_4} & x_3e^{x_3x_4} \\ 0 & x_3x_4 & x_2x_4 & x_2x_3 \end{pmatrix}$ ist $(3,4)$–Matrix, da $f:\ \mathbb{R}^4 \to \mathbb{R}^3$.

(d) $f' = \mathcal{J}_f = \begin{pmatrix} \sin y \cos z & x \cos y \cos z & -x \sin y \sin z \\ \sin y \sin z & x \cos y \sin z & x \sin y \cos z \\ \cos y & -x \sin y & 0 \end{pmatrix}$, **Kugelkoordinaten, F2** $|\mathcal{J}_f| = x^2 \sin y$.

Vorsicht: Die Existenz der partiellen Ableitungen – also von Gradient bzw. Jacobischer Matrix – garantiert nicht, dass eine Funktion f differenzierbar ist (es sei denn, $y = f(x)$ ist eine Funktion einer Veränderlichen), nicht einmal, dass f stetig ist, wie folgendes Beispiel zeigt:

15.16 *Man untersuche die Funktion* $f(x, y) = \begin{cases} \frac{xy}{x^2+y^2} & \text{für } (x, y) \neq (0, 0) \\ 0 & \text{für } (x, y) = (0, 0) \end{cases}$

auf partielle und (vollständige) Differenzierbarkeit im Punkt $(0, 0)$.

$f_x(0, 0) = \lim\limits_{x \to 0} \frac{f(x,0)-f(0,0)}{x} = 0$ und $f_y(0, 0) = \lim\limits_{y \to 0} \frac{f(0,y)-f(0,0)}{y} = 0$.
Die partiellen Ableitungen existieren im Nullpunkt: $\operatorname{grad} f(0, 0) = (0, 0)$.
f ist in $(0, 0)$ nicht stetig [15.10], also auch nicht differenzierbar.

Satz über die vollständige Differenzierbarkeit

f ist (vollst.) **differenzierbar**, wenn die partiellen Ableitungen **stetig** sind.

Untersuchung auf Differenzierbarkeit

Bei der Untersuchung, ob die Funktion $f : D \to \mathbb{R}$ in $\vec{x}_0 = (x_0, y_0) \in D \subset \mathbb{R}^2$ differenzierbar ist, kann man folgendermaßen vorgehen:

Ist f in $\vec{x}_0$ stetig ? $\xrightarrow{\textbf{NEIN}}$ f nicht diff–bar.

↓ **JA**

Ist f in $\vec{x}_0$ partiell differenzierbar ? $\xrightarrow{\textbf{NEIN}}$ f nicht diff–bar.

↓ **JA**

Existieren die partiellen Ableitungen von f in einer Umgebung von $\vec{x}_0$ und sind sie in $\vec{x}_0$ stetig ? $\xrightarrow{\textbf{JA}}$ f diff–bar.

↓ **NEIN**

Ist $\lim\limits_{(x,y) \to (x_0,y_0)} \frac{f(x,y)-f(x_0,y_0)-f_x(x_0,y_0)(x-x_0)-f_y(x_0,y_0)(y-y_0)}{|(x-x_0,y-y_0)|} = 0$?

↓ **JA** — f diff–bar.

↓ **NEIN** — f nicht diff–bar.

15.17 *Man untersuche folgende Funktionen auf Differenzierbarkeit:*

$$f(x,y) = \begin{cases} \frac{x^2y}{x^2+y^2}, & (x,y) \neq (0,0) \\ 0, & (x,y) = (0,0) \end{cases}, \quad g(x,y) = \begin{cases} \frac{x^2y^2}{x^2+y^2}, & (x,y) \neq (0,0) \\ 0, & (x,y) = (0,0) \end{cases}$$

Da f und g aus diff–baren Funktionen zusammengesetzt sind und die Nenner für $(x,y) \neq (0,0)$ nicht Null sind, sind f und g für alle $(x,y) \neq (0,0)$ diff–bar.

Um die Differenzierbarkeit von f und g im Nullpunkt zu untersuchen, verwendet man vorteilhaft **Polarkoordinaten** [**F 2**]: $x = r\cos\varphi,\ y = r\sin\varphi$.

$$f(r\cos\varphi, r\sin\varphi) = \frac{r^3\cos^2\varphi\sin\varphi}{r^2} = r\cos^2\varphi\sin\varphi,$$
$$g(r\cos\varphi, r\sin\varphi) = \frac{r^4\cos^2\varphi\sin^2\varphi}{r^2} = r^2\cos^2\varphi\sin^2\varphi.$$

Ist f in $(0,0)$ stetig ? JA: $\lim\limits_{(x,y)\to(0,0)} f(x,y) = \lim\limits_{r\to 0} r\cos^2\varphi\sin\varphi = 0 = f(0,0)$.

Ist g in $(0,0)$ stetig ? JA: $\lim\limits_{(x,y)\to(0,0)} g(x,y) = \lim\limits_{r\to 0} r^2\cos^2\varphi\sin^2\varphi = 0 = g(0,0)$.

Ist f in $(0,0)$ partiell differenzierbar ? JA, $\underline{\operatorname{grad} f(0,0) = (0,0)}$, denn

$$f_x(0,0) = \lim_{(x,0)\to(0,0)} \frac{f(x,0)-f(0,0)}{x} = \lim_{x\to 0}\frac{0-0}{x} = 0, \text{ ebenso: } f_y(0,0) = 0.$$

Ist g in $(0,0)$ partiell differenzierbar ? JA, $\underline{\operatorname{grad} g(0,0) = (0,0)}$, analog.

Übrigens klar, da beide Funktionen konstant gleich 0 auf den Achsen sind!

Sind die partiellen Ableitungen von f in $(0,0)$ stetig ? NEIN, denn

$$f_x(x,y) = \begin{cases} \frac{2xy^3}{(x^2+y^2)^2}, & (x,y) \neq (0,0) \\ 0, & (x,y) = (0,0) \end{cases} \quad \text{und}$$

$$\lim_{(x,y)\to(0,0)} f_x(x,y) = \lim_{r\to 0}\frac{2r^4(\cos\varphi\sin^3\varphi)}{r^4} \text{ ex. nicht} \Longrightarrow f_x \text{ ist in } (0,0) \text{ nicht stetig.}$$

Um die Differenzierbarkeit von f im Nullpunkt zu untersuchen, geht man auf die Definition zurück: Ist $\boxed{\lim\limits_{(x,y)\to(0,0)} \frac{f(x,y)-f(0,0)-f_x(0,0)x-f_y(0,0)y}{|(x,y)|} = 0\ ?}$

$$\lim_{(x,y)\to(0,0)} \frac{\frac{x^2y}{x^2+y^2}-f(0,0)-0x-0y}{|(x,y)|} = \lim_{r\to 0}\frac{\frac{r^3\cos^2\varphi\sin\varphi}{r^2}}{r} = \lim_{r\to 0}\cos^2\varphi\sin\varphi.$$

Dieser Limes existiert nicht, f ist also im Nullpunkt nicht differenzierbar.

g ist im Nullpunkt differenzierbar, $\underline{g'(0,0) = \operatorname{grad} g(0,0) = (0,0)}$: Dazu zeigt man die Stetigkeit der partiellen Ableitungen oder geht auf die Definition zurück:

$$\lim_{(x,y)\to(0,0)} \frac{\frac{x^2y^2}{x^2+y^2}-\cdots}{|(x,y)|} = \lim_{r\to 0}\frac{r^4\cos^2\varphi\sin^2\varphi}{r^3} = \lim_{r\to 0} r\cos^2\varphi\sin^2\varphi = 0.$$

Die Ableitung $f'(\vec{x}_0)$ ist eine lineare Abbildung

Ist $f : \mathbb{R}^3 \to \mathbb{R}^2$, also $f(\vec{x}) = \begin{pmatrix} g(\vec{x}) \\ h(\vec{x}) \end{pmatrix}$ im Punkt $\vec{x}_0 = (x_0, y_0, z_0)$ differenzierbar, so ist die Ableitung $f'(\vec{x}_0) : \mathbb{R}^3 \to \mathbb{R}^2$ eine lineare Abbildung, die durch die Jacobi–Matrix $\mathcal{J}_f(\vec{x}_0)$ dargestellt wird:

$$\mathcal{J}_f(\vec{x}_0) = \begin{pmatrix} g_x & g_y & g_z \\ h_x & h_y & h_z \end{pmatrix}_{(\vec{x}_0)} = \begin{pmatrix} \operatorname{grad} g(\vec{x}_0) \\ \operatorname{grad} h(\vec{x}_0) \end{pmatrix} = \big(f_x(\vec{x}_0), f_y(\vec{x}_0), f_z(\vec{x}_0)\big).$$

- Die Zeilen der Jacobi–Matrix sind die Gradienten der Komponentenfunktionen.
- Die Spalten der Jacobi–Matrix sind Tangentenvektoren.
  z.B. ist $f_x(x_0, y_0, z_0) = \begin{pmatrix} g_x(x_0, y_0, z_0) \\ h_x(x_0, y_0, z_0) \end{pmatrix}$ **Tangentenvektor** an die Kurve $f(x, y_0, z_0) = \begin{pmatrix} g(x, y_0, z_0) \\ h(x, y_0, z_0) \end{pmatrix}$ (**Koordinatenlinie**).

15.18 *Sei $f : \mathbb{R}^3 \to \mathbb{R}^2$ mit $f(x,y,z) = \begin{pmatrix} u \\ v \end{pmatrix} = \begin{pmatrix} x + y + e^z \\ x^2 \sin y + z \end{pmatrix}$, $\vec{x}_0 = (1, \frac{\pi}{2}, 0)$. Man bestimme $\mathcal{J}_f(x,y,z)$ und $\mathcal{J}_f(1, \frac{\pi}{2}, 0)$. Man berechne und skizziere die Kurven $f(x, \frac{\pi}{2}, 0)$, $f(1, y, 0)$, $f(1, \frac{\pi}{2}, z)$ (Koordinatenlinien), sowie die Tangentenvektoren im Punkt $f(\vec{x}_0) = f(1, \frac{\pi}{2}, 0) = (2 + \frac{\pi}{2}, 1)$.*

$$\mathcal{J}_f(x,y,z) = \begin{pmatrix} 1 & 1 & e^z \\ 2x \sin y & x^2 \cos y & 1 \end{pmatrix} \quad \Longrightarrow \quad \mathcal{J}_f(1, \tfrac{\pi}{2}, 0) = \begin{pmatrix} 1 & 1 & 1 \\ 2 & 0 & 1 \end{pmatrix}$$

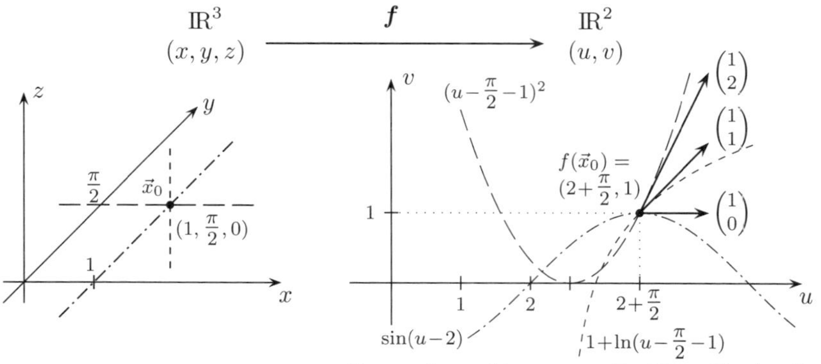

Tangentenvektoren an die Koordinatenlinien

$f(x, \frac{\pi}{2}, 0) = \begin{pmatrix} x + \frac{\pi}{2} + 1 \\ x^2 \end{pmatrix}$	$f(1, y, 0) = \begin{pmatrix} 2 + y \\ \sin y \end{pmatrix}$	$f(1, \frac{\pi}{2}, z) = \begin{pmatrix} 1 + \frac{\pi}{2} + e^z \\ 1 + z \end{pmatrix}$
$f_x(1, \frac{\pi}{2}, 0) = \begin{pmatrix} 1 \\ 2 \end{pmatrix}$	$f_y(1, \frac{\pi}{2}, 0) = \begin{pmatrix} 1 \\ 0 \end{pmatrix}$	$f_z(1, \frac{\pi}{2}, 0) = \begin{pmatrix} 1 \\ 1 \end{pmatrix}$
$v = (u - \frac{\pi}{2} - 1)^2$	$v = \sin(u - 2)$	$v = 1 + \ln(u - \frac{\pi}{2} - 1)$
$v'(2 + \frac{\pi}{2}) = 2.$	$v'(2 + \frac{\pi}{2}) = 0.$	$v'(2 + \frac{\pi}{2}) = 1.$

15.3.3 Kettenregel

Kettenregel : $w = f(x,y)$ bzw. $w = f(x,y,z)$

$w = f(x,y)$	
$x = x(t),\quad y = y(t)$ $w' = \dfrac{dw}{dt} = w_x x' + w_y y'$	$x = x(u,v),\quad y = y(u,v)$ $w_u = \dfrac{\partial w}{\partial u} = w_x x_u + w_y y_u$ $w_v = \dfrac{\partial w}{\partial v} = w_x x_v + w_y y_v$
Matrizenschreibweise: $w' = (w_x, w_y)\begin{pmatrix} x' \\ y' \end{pmatrix}$	Matrizenschreibweise: $(w_u, w_v) = (w_x, w_y)\begin{pmatrix} x_u & x_v \\ y_u & y_v \end{pmatrix}$

$w = f(x,y,z)$	
$x = x(t),\quad y = y(t),\quad z = z(t)$ $w' = \dfrac{dw}{dt} = w_x x' + w_y y' + w_z z'$	$x = x(u,v),\quad y = y(u,v),\quad z = z(u,v)$ $w_u = \dfrac{\partial w}{\partial u} = w_x x_u + w_y y_u + w_z z_u$ $w_v = \dfrac{\partial w}{\delta v} = w_x x_v + w_y y_v + w_z z_v$
Matrizenschreibweise: $w' = (w_x, w_y, w_z)\begin{pmatrix} x' \\ y' \\ z' \end{pmatrix}$	Matrizenschreibweise: $(w_u, w_v) = (w_x, w_y, w_z)\begin{pmatrix} x_u & x_v \\ y_u & y_v \\ z_u & z_v \end{pmatrix}$

15.19 *Man differenziere* (a) *mit der Kettenregel* (b) *nach Einsetzen:*

$$w = \frac{xy}{x^2+y^2} \quad \text{für } (x,y) \neq (0,0) \quad \textit{und} \quad \begin{array}{l} x = x(r,\varphi) = r\cos\varphi \\ y = y(r,\varphi) = r\sin\varphi \end{array}$$

$$\begin{array}{ll} w_x = \dfrac{y(x^2+y^2)-2x^2y}{(x^2+y^2)^2} = \dfrac{y(y^2-x^2)}{(x^2+y^2)^2} & x_r = \cos\varphi \qquad y_r = \sin\varphi \\ w_y = \dfrac{x(y^2+x^2)-2y^2x}{(x^2+y^2)^2} = \dfrac{x(x^2-y^2)}{(x^2+y^2)^2} & x_\varphi = -r\sin\varphi \qquad y_\varphi = r\cos\varphi \end{array}$$

(a) Mittels der **Kettenregel** ergibt sich nun:

$$w_r = \frac{r\sin\varphi(r^2\sin^2\varphi - r^2\cos^2\varphi)}{r^4}\cos\varphi + \frac{r\cos\varphi(r^2\cos^2\varphi - r^2\sin^2\varphi)}{r^4}\sin\varphi = \underline{0}$$

$$\begin{aligned} w_\varphi &= \frac{r\sin\varphi(r^2\sin^2\varphi - r^2\cos^2\varphi)}{r^4}(-r\sin\varphi) + \frac{r\cos\varphi(r^2\cos^2\varphi - r^2\sin^2\varphi)}{r^4}r\cos\varphi \\ &= \sin^2\varphi(\cos^2\varphi - \sin^2\varphi) + \cos^2\varphi(\cos^2\varphi - \sin^2\varphi) = \cos^2\varphi - \sin^2\varphi = \underline{\cos 2\varphi}. \end{aligned}$$

(b) **Einfacher** wird es, wenn man *erst* einsetzt und *dann* differenziert:

$$w\big(x(r,\varphi)\,,\,y(r,\varphi)\big) = \frac{r^2\cos\varphi\sin\varphi}{r^2} = \cos\varphi\sin\varphi = \frac{1}{2}\sin 2\varphi \Longrightarrow \begin{array}{l} w_r = 0 \\ w_\varphi = \cos 2\varphi. \end{array}$$

15.20 *Es sei* $f(t) := \displaystyle\int_{a(t)}^{b(t)} F(s)\,ds.$ *Man bestimme* $f'(t)$ *mittels Kettenregel.*

Für $f(x,y) = \displaystyle\int_x^y F(s)\,ds$ mit $x = a(t)$, $y = b(t)$ gilt $f_x = -F(x)$, $f_y = F(y)$, $x' = a'(t)$, $y' = b'(t)$. Also $f'(t) = f_x x' + f_y y' = \underline{-F(a(t))a'(t) + F(b(t))b'(t)}.$

15.21 *Es sei $w = f(x,y)$ und $x = r\cos\varphi$, $y = r\sin\varphi$ (Polarkoordinaten).*

Man zeige: $w_r^2 + \frac{1}{r^2}w_\varphi^2 = w_x^2 + w_y^2.$

$$w_r = w_x x_r + w_y y_r = w_x \cos\varphi + w_y \sin\varphi$$

$$w_\varphi = w_x x_\varphi + w_y y_\varphi = r(-w_x \sin\varphi + w_y \cos\varphi)$$

$$\Longrightarrow \quad w_r^2 + \frac{1}{r^2}w_\varphi^2 = (w_x\cos\varphi + w_y\sin\varphi)^2 + (-w_x\sin\varphi + w_y\cos\varphi)^2 = w_x^2 + w_y^2.$$

15.22 *Es sei* $w = \mathrm{e}^{xy^2}$, $\begin{matrix} x = t\cos t \\ y = t\sin t \end{matrix}$, *bestimme* $\frac{dw}{dt}$ *bei* $t_0 = \frac{\pi}{2}$. *archimed. Spirale* $r(t) = t$, [S. 119]

$$\begin{matrix} w_x = y^2\mathrm{e}^{xy^2} \\ w_y = 2xy\mathrm{e}^{xy^2} \end{matrix} \Longrightarrow \begin{matrix} w_x(x(\frac{\pi}{2}), y(\frac{\pi}{2})) = w_x(0, \frac{\pi}{2}) = \frac{\pi^2}{4} \\ w_y(x(\frac{\pi}{2}), y(\frac{\pi}{2})) = w_y(0, \frac{\pi}{2}) = 0 \end{matrix}$$

$$\begin{matrix} \frac{dx}{dt} = x' = \cos t - t\sin t \\ \frac{dy}{dt} = y' = \sin t + t\cos t \end{matrix} \Longrightarrow \begin{matrix} \frac{dx}{dt}(\frac{\pi}{2}) = x'(\frac{\pi}{2}) = -\frac{\pi}{2} \\ \frac{dy}{dt}(\frac{\pi}{2}) = y'(\frac{\pi}{2}) = 1 \end{matrix}$$

$$\frac{dw}{dt} = (w_x, w_y)\begin{pmatrix} x' \\ y' \end{pmatrix} = w_x x' + w_y y' \Longrightarrow \frac{dw}{dt}(\tfrac{\pi}{2}) = (\tfrac{\pi^2}{4}, 0)\begin{pmatrix} -\frac{\pi}{2} \\ 1 \end{pmatrix} = \underline{-\tfrac{\pi^3}{8}}.$$

Einfacher: Erst x, y als Funktionen von t einsetzen und dann direkt nach t differenzieren: $w(t) = \mathrm{e}^{t^3\cos t\sin^2 t} \Longrightarrow \frac{dw}{dt} = \mathrm{e}^{t^3\cos t\sin^2 t}(t^3\cos t\sin^2 t)'.$

Bedenkt man $(uvw)' = u'vw + uv'w + uvw'$, so ergibt sich:

$$\frac{dw}{dt} = \mathrm{e}^{t^3\cos t\sin^2 t}(3t^2\sin^2 t\cos t - t^3\sin^3 t + 2t^3\sin t\cos^2 t) \Longrightarrow \frac{dw}{dt}(\tfrac{\pi}{2}) = \underline{-\tfrac{\pi^3}{8}}.$$

---

allgemeine Kettenregel

$$\vec{y} = f(\vec{x}), \quad \vec{x} = g(\vec{t})$$

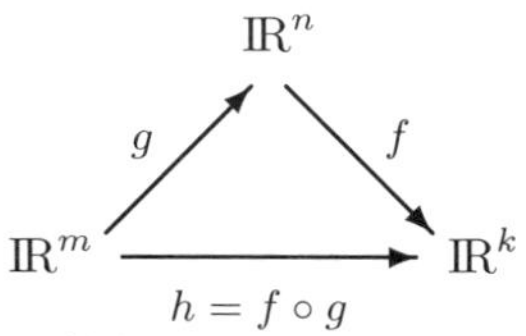

$$h(\vec{t}) = f(g(\vec{t})) = (f\circ g)(\vec{t})$$

$$h'(\vec{t}) = f'(g(\vec{t}))\cdot g'(\vec{t})$$

$$\mathcal{J}_h(\vec{t}) = \mathcal{J}_f(g(\vec{t}))\cdot\mathcal{J}_g(\vec{t})$$

Die Ableitung nacheinander ausgeführter differenzierbarer Funktionen ist das **Produkt** der entsprechenden **Jacobi–Matrizen**, so wie sich die Matrix nacheinander ausgeführter linearer Abbildungen als **Matrizenprodukt** ergibt (Seite 119).

Häufig einfacher: Erst die Funktionen ineinander einsetzen und dann differenzieren !

Differentiation der Umkehrfunktion

Ist $f : \mathbb{R}^n \longrightarrow \mathbb{R}^n$ mit $\det(\mathcal{J}_f(\vec{x}_0)) \neq 0$, so existiert die Umkehrfunktion f^{-1} in einer Umgebung von $f(\vec{x}_0)$ und es gilt dort

$$\mathcal{J}_{f^{-1}}(f(\vec{x})) = \big(\mathcal{J}_f(\vec{x})\big)^{-1}$$

15.23 (a) *Es sei* $f(x,y) = \mathrm{e}^{xy^2}$, $\vec{x} = g(t) = \begin{pmatrix} t\cos t \\ t\sin t \end{pmatrix}$ *und* $h(t) := f(g(t))$.
Man berechne $h'(\frac{\pi}{2})$ *mit der allgemeinen Kettenregel, vgl. [15.22].*

(b) *Zu* $f(r,\varphi) = \begin{pmatrix} r\cos\varphi \\ r\sin\varphi \end{pmatrix}$, $r \neq 0$ *berechne man die Ableitung* $\mathcal{J}_{f^{-1}}$ *der Umkehrfunktion* f^{-1} *in Polarkoordinaten und kartes. Koord.*

(a) $\vec{x}(\frac{\pi}{2}) = \begin{pmatrix} 0 \\ \pi/2 \end{pmatrix}$ und $f'(\vec{x}) = \operatorname{grad} f(\vec{x}) = \mathrm{e}^{xy^2}(y^2, 2xy) \Longrightarrow f'(g(\frac{\pi}{2})) = (\frac{\pi^2}{4}, 0)$,

$g'(t) = \begin{pmatrix} \cos t - t\sin t \\ \sin t + t\cos t \end{pmatrix} \Longrightarrow g'(\frac{\pi}{2}) = \begin{pmatrix} -\pi/2 \\ 1 \end{pmatrix}$.

Also: $h'(\frac{\pi}{2}) = f'(g(\frac{\pi}{2})) \cdot g'(\frac{\pi}{2}) = (\frac{\pi^2}{4}, 0) \cdot \begin{pmatrix} -\pi/2 \\ 1 \end{pmatrix} = \underline{-\frac{1}{8}\pi^3}$.

(b) $f(r,\varphi) = \begin{pmatrix} r\cos\varphi \\ r\sin\varphi \end{pmatrix} \Longrightarrow \mathcal{J}_f(r,\varphi) = \begin{pmatrix} \cos\varphi & -r\sin\varphi \\ \sin\varphi & r\cos\varphi \end{pmatrix}$ und $\det\big(\mathcal{J}_f(r,\varphi)\big) = r$

$$\Longrightarrow \mathcal{J}_{f^{-1}}(r\cos\varphi\,,\, r\sin\varphi) = \begin{pmatrix} \cos\varphi & -r\sin\varphi \\ \sin\varphi & r\cos\varphi \end{pmatrix}^{-1} = \underline{\frac{1}{r}\begin{pmatrix} r\cos\varphi & r\sin\varphi \\ -\sin\varphi & \cos\varphi \end{pmatrix}}$$

$$\mathcal{J}_{f^{-1}}(x\,,\,y) = \underline{\frac{1}{\sqrt{x^2+y^2}}\begin{pmatrix} x & y \\ -\frac{y}{\sqrt{x^2+y^2}} & \frac{x}{\sqrt{x^2+y^2}} \end{pmatrix}}.$$

15.24

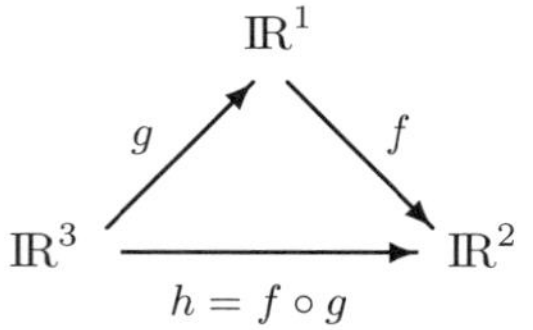

$x = g(\vec{t}) = \frac{1}{2}t_1 + 2t_2 + t_1 \ln t_3$

$f(x) = \begin{pmatrix} \cos x \\ \sin x \end{pmatrix}$, $\vec{t_0} = (\frac{\pi}{3}, 0, 1)$, $x_0 = \frac{\pi}{6}$.

Für $h(\vec{t}) = f(g(\vec{t}))$ *berechne man* $h'(\vec{t_0})$: (a) *allgemeine Kettenregel,* (b) *Einsetzen.*

(a) $g'(\vec{t}) = \operatorname{grad} g(t_1, t_2, t_3) = (\frac{1}{2} + \ln t_3, 2, \frac{t_1}{t_3})$
$g'(\vec{t_0}) = \operatorname{grad} g(\frac{\pi}{3}, 0, 1) = (\frac{1}{2}, 2, \frac{\pi}{3})$

und

$f'(x) = \mathcal{J}_f(x) = \begin{pmatrix} -\sin x \\ \cos x \end{pmatrix}$,

$f'(\frac{\pi}{6}) = \mathcal{J}_f(\frac{\pi}{6}) = \begin{pmatrix} -\frac{1}{2} \\ \frac{1}{2}\sqrt{3} \end{pmatrix}$.

$$h'(\tfrac{\pi}{3}, 0, 1) = f'(\tfrac{\pi}{6}) \cdot g'(\tfrac{\pi}{3}, 0, 1) = \mathcal{J}_f(\tfrac{\pi}{6}) \cdot \operatorname{grad} g(\tfrac{\pi}{3}, 0, 1)$$

$$= \begin{pmatrix} -\sin\frac{\pi}{6} \\ \cos\frac{\pi}{6} \end{pmatrix} \cdot (\tfrac{1}{2}, 2, \tfrac{\pi}{3}) = \begin{pmatrix} -\frac{1}{2} \\ \frac{1}{2}\sqrt{3} \end{pmatrix} \cdot (\tfrac{1}{2}, 2, \tfrac{\pi}{3}) = \underline{\begin{pmatrix} -\frac{1}{4} & -1 & -\frac{\pi}{6} \\ \frac{1}{4}\sqrt{3} & \sqrt{3} & \frac{\pi}{6}\sqrt{3} \end{pmatrix}}.$$

(b) Natürlich kann man auch Einsetzen und dann Differenzieren:

$$h(\vec{t}) = \begin{pmatrix} \cos(\frac{1}{2}t_1 + 2t_2 + t_1 \ln t_3) \\ \sin(\frac{1}{2}t_1 + 2t_2 + t_1 \ln t_3) \end{pmatrix} = \begin{pmatrix} h_1(\vec{t}) \\ h_2(\vec{t}) \end{pmatrix} \Longrightarrow h'(\tfrac{\pi}{3}, 0, 1) = \begin{pmatrix} \operatorname{grad} h_1(\vec{t_0}) \\ \operatorname{grad} h_2(\vec{t_0}) \end{pmatrix}.$$

15.3.4 Tangentialebene, totales Differential

Im Folgenden sei $z = f(x,y)$ eine Funktion von zwei Veränderlichen, also $\{(x,y,f(x,y)) \mid x,y \in \mathbb{R}\}$ eine **Fläche** im Raum.

Tangentialebene

f ist in $\vec{x}_0 = (x_0, y_0)$ differenzierbar.

$\Longleftrightarrow$

f hat in (x_0, y_0) eine Tangentialebene.

Gleichung der Tangentialebene E

an f bei (x_0, y_0), bzw. im Punkt $(x_0, y_0, f(x_0, y_0))$:

$\vec{n}_E := (\operatorname{grad} f, -1) = \big(f_x(x_0,y_0), f_y(x_0,y_0), -1\big)$	ist **Normalenvektor** von E und somit Normalenvektor der Fläche.

E: $\quad z = f(x_0,y_0) + f_x(x_0,y_0)(x - x_0) + f_y(x_0,y_0)(y - y_0)$

E: $\quad \vec{n}_E \cdot (x,y,z) = \vec{n}_E \cdot (x_0, y_0, f(x_0,y_0))$ (Koordinatenform).

E: $\quad \vec{x} = \begin{pmatrix} x_0 \\ y_0 \\ f(x_0,y_0) \end{pmatrix} + r \begin{pmatrix} 1 \\ 0 \\ f_x(x_0,y_0) \end{pmatrix} + s \begin{pmatrix} 0 \\ 1 \\ f_y(x_0,y_0) \end{pmatrix}$ (Parameterform).

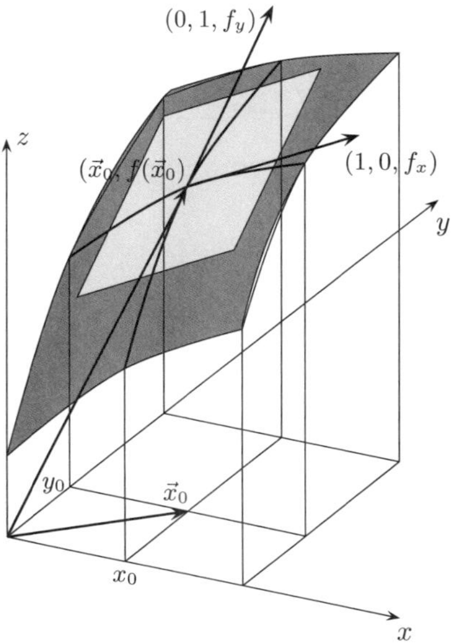

Tangentialebene
(Parameterform)
$\vec{x} = (x_0, y_0, f(x_0,y_0)) + r(1,0,f_x) + s(0,1,f_y)$

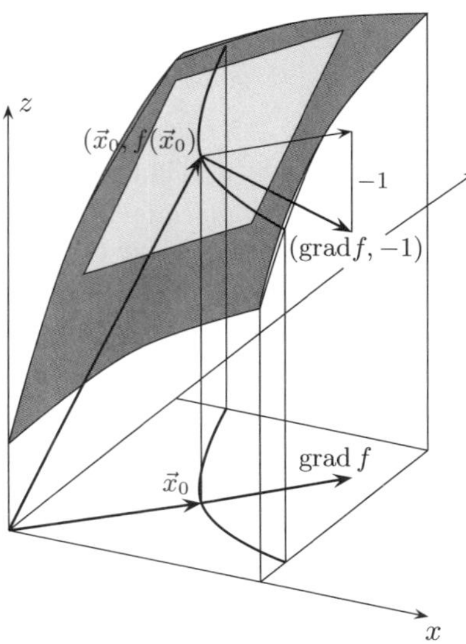

Tangentialebene
(Koordinatenform)
$\vec{n}_E \cdot (x,y,z) = \vec{n}_E \cdot (x_0, y_0, f(x_0,y_0))$

15.25 *Man bestimme die Tangentialebene E an $f(x,y)=\frac{y}{1+x^2}$ bei $\vec{x}_0=(1,2)$:*

$$f_x(x,y)=\frac{-2xy}{(1+x^2)^2},\quad f_y(x,y)=\frac{1}{1+x^2} \Longrightarrow f_x(1,2)=-1,\quad f_y(1,2)=\frac{1}{2} \Longrightarrow \operatorname{grad} f(1,2)=(-1,\tfrac{1}{2}),\quad \vec{n}_E=(-1,\tfrac{1}{2},-1)$$

$E:\ z=1-(x-1)+\frac{1}{2}(y-2) \Longleftrightarrow \underline{E:\ 2x-y+2z=2.}$

$E:\ (-1,\frac{1}{2},-1)(x,y,z)=(-1,\frac{1}{2},-1)(1,2,f(1,2)) \Longleftrightarrow E:\ -x+\frac{1}{2}y-z=-1.$

$E:\ \underline{\vec{x}=(1,2,1)+r(1,0,-1)+s(0,1,\frac{1}{2})}.$

totales Differential einer Funktion $z=f(x,y)$

$df := f_x(x_0,y_0)\,dx+f_y(x_0,y_0)\,dy$. Setzt man $dx=x-x_0,\ dy=y-y_0$, so:
$= f_x(x_0,y_0)\,(x-x_0)+f_y(x_0,y_0)\,(y-y_0)$
$= \operatorname{grad} f(x_0,y_0)\cdot(x-x_0\,,\,y-y_0)$ (Skalarprodukt)

df heißt **totales (vollständiges) Differential** von f bei (x_0,y_0).

Bei festem (x_0,y_0) ist $df=df(x,y)$ der Funktionszuwachs, wenn die Fläche f durch ihre Tangentialebene in (x_0,y_0) ersetzt wird.

f differenzierbar in (x_0,y_0) bedeutet, dass $\Delta f := f(x,y)-f(x_0,y_0)$ für genügend nahe bei (x_0,y_0) liegende (x,y) durch das totale Differential df "gut" angenähert wird.

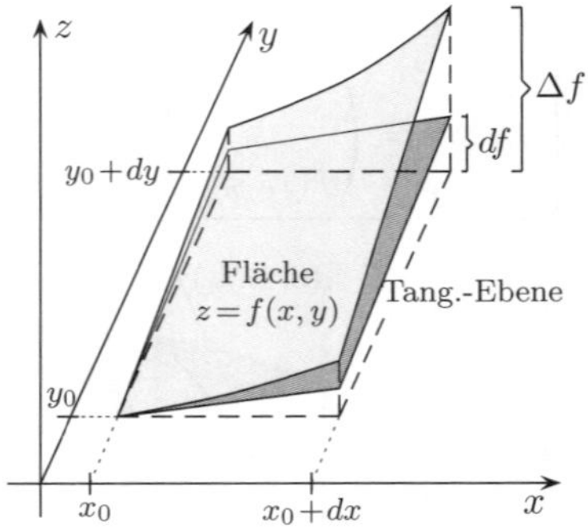

$\Delta f = f(x,y)-f(x_0,y_0)$

$\Delta f \approx df = f_x(x_0,y_0)(x-x_0)+f_y(x_0,y_0)(y-y_0).$

15.26 *Für $z=x^2y-3y$ berechne man:*

(a) *die Tangentialebene von z im Punkt $P_0=(x_0\,,\,y_0)=(4\,,\,3)$,*
(b) *Δz und dz für $P=(x\,,\,y)=(3.99\,,\,3.02)$,*
(c) *eine Näherung für $z(5.12\,,\,6.85)$.*

(a) $z_x=2xy\,,\ z_y=x^2-3 \Longrightarrow \operatorname{grad} z(4\,,\,3)=(24\,,\,13)$.
Eine Gleichung der Tangentialebene E ist also:
E: $z=z(4\,,\,3)+z_x(4\,,\,3)(x-4)+z_y(4\,,\,3)(y-3)=39+24(x-4)+13(y-3)$
$\Longrightarrow$ Gleichung von E in Koordinatenform: E: $24x+13y-z=96$.

(b) $\Delta z=z(3.99\,,\,3.02)-z(4\,,\,3)=3.99^2\cdot 3.02-3\cdot 3.02-39=\underline{0.018702}$
$dz=z_x(4\,,\,3)(3.99-4)+z_y(4\,,\,3)(3.02-3)=24(-0.01)+13\cdot 0.02=\underline{0.02}$

(c) $z(5\,,\,7)=154$, $\operatorname{grad} z(x_0\,,\,y_0)=(2x_0y_0\,,\,x_0^2-3) \Longrightarrow \operatorname{grad} z(5\,,\,7)=(70\,,\,22)$,
$dx=x-x_0=0.12\,,\quad dy=y-y_0=-0.15.$
$dz=\operatorname{grad} z(x_0,y_0)\cdot(dx,dy)=2x_0y_0\,dx+(x_0^2-3)\,dy=70\,dx+22\,dy=\underline{5.1}$
$z(5.12\,,\,6.85)\approx z(5\,,\,7)+dz=\underline{159.1}$. Exakter Wert: $z=159.01864$.

15.27 *Man bestimme dz für $z = \frac{1}{2}\ln(x^2+y^2)$.*

$$z_x = \frac{x}{x^2+y^2}\ ,\ z_y = \frac{y}{x^2+y^2} \implies dz = \frac{x\,dx+y\,dy}{x^2+y^2}.$$

15.4 Richtungsableitung

Die partiellen Ableitungen f_x und f_y sind die Ableitungen von f in $x-$ bzw. $y-$Richtung.

Die **Richtungsableitung** $\frac{\partial f}{\partial \vec{a}}(\vec{x}_0)$ von f an der Stelle $\vec{x}_0$ in Richtung des Vektors $\vec{a} \neq \vec{o}$ ist durch folgenden Grenzwert definiert:

$$\frac{\partial f}{\partial \vec{a}}(\vec{x}_0) := \lim_{t\to 0}\frac{f(\vec{x}_0+t\frac{\vec{a}}{|\vec{a}|})-f(\vec{x}_0)}{t}.$$

15.28

$$f(x,y) = \begin{cases} \frac{x^3-xy^2}{x^2+y^2}, & (x,y)\neq(0,0) \\ 0, & (x,y)=(0,0) \end{cases}$$

(a) *f ist in $(0,0)$ stetig und in alle Richtungen differenzierbar.*

(b) *f ist in $(0,0)$ nicht differenzierbar.*

(a) f ist in $(0,0)$ stetig, da $\lim\limits_{(x,y)\to(0,0)} f(x,y) = \lim\limits_{r\to 0}\frac{r^3\cos^3\varphi - r^3\cos\varphi\sin\varphi}{r^2} = 0 = f(0,0)$.

Die Richtungsableitung hängt nur von der Richtung von $\vec{a}$, nicht von seiner Länge ab, man ersetzt zweckmäßig $\vec{a}$ durch den Einheitsvektor $\vec{e} = \frac{1}{|\vec{a}|}\vec{a}$ in Richtung $\vec{a}$.
Jeder Einheitsvektor schreibt sich in der Form: $\vec{e}(\varphi) = (\cos\varphi, \sin\varphi),\ 0 \leq \varphi < 2\pi$.
Man erhält also alle Richtungsableitungen in $(0,0)$ durch Betrachtung von:

$$\frac{\partial f}{\partial \vec{e}}(0,0) = \lim_{t\to 0}\frac{f\big((0,0)+t(\cos\varphi,\sin\varphi)\big)-f(0,0)}{t} = \lim_{t\to 0}\frac{t^3(\cos^3\varphi-\cos\varphi\sin^2\varphi)}{t^3}$$
$$= \underline{\underline{\cos^3\varphi - \cos\varphi\sin^2\varphi}} = \text{ Ri-Abl. von } f \text{ in Richtung } \vec{e} = (\cos\varphi, \sin\varphi).$$

Die Funktion f ist also im Nullpunkt in alle Richtungen differenzierbar.

Z.B.: $\varphi = 0^0$: $\frac{\partial f}{\partial(1,0)}(0,0) = f_x(0,0) = 1$, $\quad\varphi = 45^0$: $\frac{\partial f}{\partial(1,1)}(0,0) = 0$,

$\varphi = 90^0$: $\frac{\partial f}{\partial(0,1)}(0,0) = f_y(0,0) = 0$, $\quad\varphi = 60^0$: $\frac{\partial f}{\partial(1,\sqrt{3})}(0,0) = -\frac{1}{4}$.

(b) Tangentenvektor an die Fläche f in $(0,0)$ in Richtung $\vec{e} = (\cos\varphi, \sin\varphi)$ ist

$$\vec{t}(\varphi) = (\cos\varphi, \sin\varphi, \cos^3\varphi - \cos\varphi\sin^2\varphi).$$

Wäre f in $(0,0)$ differenzierbar, müssten die Tangentenvektoren die Tangentialebene aufspannen. $\vec{t}(0) = (1,0,1)$, $\vec{t}(\frac{\pi}{4}) = (\frac{1}{2}\sqrt{2}, \frac{1}{2}\sqrt{2}, 0)$, $\vec{t}(\frac{\pi}{2}) = (0,1,0)$ sind Tangentenvektoren, die aber offensichtlich nicht in einer Ebene liegen #.

ODER: Wäre f im Nullpunkt differenzierbar, müsste gemäßfolgender Regel (nächste Seite) für die Richtungsableitung $\frac{\partial f}{\partial(1,\sqrt{3})}(0,0) = -\frac{1}{4}$ (s.o.) gelten:

$$\frac{\partial f}{\partial(1,\sqrt{3})}(0,0) = \operatorname{grad} f(0,0)\cdot\tfrac{1}{2}(1,\sqrt{3}) = (1,0)\cdot\tfrac{1}{2}(1,\sqrt{3}) = \frac{1}{2} \neq -\frac{1}{4}\ \#.$$

Richtungsableitung und Gradient

Ist $w = f(x,y)$ (oder $w = f(x,y,z)$ analog) in $\vec{x}_0$ **differenzierbar**, so ist die **Richtungsableitung** von f an der Stelle $\vec{x}_0 = (x_0, y_0)$ in Richtung $\vec{a} = (a_1, a_2)$ das **Skalarprodukt** von $\operatorname{grad} f(\vec{x}_0)$ mit dem Einheitsvektor $\frac{\vec{a}}{|\vec{a}|}$ in Richtung $\vec{a}$. Sie hängt nur von der Richtung, nicht von der Länge des Richtungsvektors ab:

$$\frac{\partial f}{\partial \vec{a}}(\vec{x}_0) \quad = \quad \operatorname{grad} f(\vec{x}_0) \cdot \frac{\vec{a}}{|\vec{a}|} \quad = \quad |\operatorname{grad} f(\vec{x}_0)| \cdot \cos \sphericalangle(\operatorname{grad} f(\vec{x}_0)\,,\, \vec{a})$$

	in Richtung des Gradienten	in Gegenrichtung des Gradienten	senkrecht zum Gradienten
Richtungsabl.	$\lvert\operatorname{grad} f(\vec{x}_0)\rvert$	$-\lvert\operatorname{grad} f(\vec{x}_0)\rvert$	0
Steigung	maximal	minimal	

Ist $w = f(x,y)$, so ist $\vec{t} = (a_1, a_2, \operatorname{grad} f(\vec{x}_0) \cdot \vec{a})$ ein **Tangentenvektor** an die Fläche f (d.h. Graph der Funktion f) im Punkt $(\vec{x}_0, f(\vec{x}_0))$ in Richtung $\vec{a}$. Speziell:

$$\vec{a} = (1,0) \Rightarrow \frac{\partial f}{\partial (1,0)}(\vec{x}_0) = \operatorname{grad} f(\vec{x}_0)\cdot(1,0) = f_x(x_0,y_0)\ ,\ \underline{\vec{t} = (1, 0, f_x(x_0,y_0))}$$

$$\vec{a} = (0,1) \Rightarrow \frac{\partial f}{\partial (0,1)}(\vec{x}_0) = \operatorname{grad} f(\vec{x}_0)\cdot(0,1) = f_y(x_0,y_0)\ ,\ \underline{\vec{t} = (0, 1, f_y(x_0,y_0))}$$

Die Richtungsableitung gibt die Steigung der Schnittkurve K der Fläche f und der Ebene $\vec{x} = (x_0, y_0, 0) + r(0,0,1) + s\vec{a}$ im Punkt $(x_0, y_0, f(x_0, y_0))$ an.

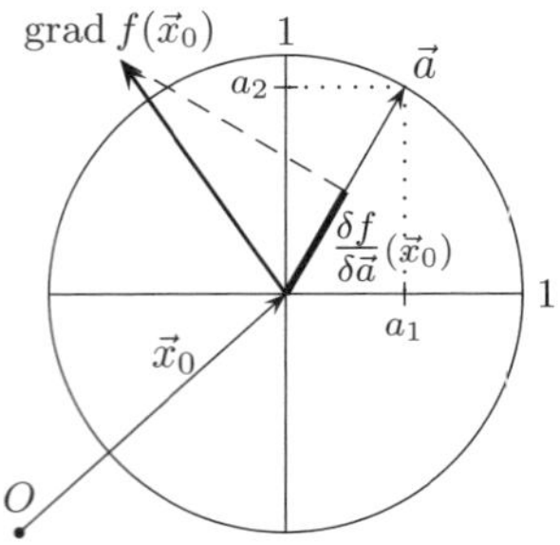

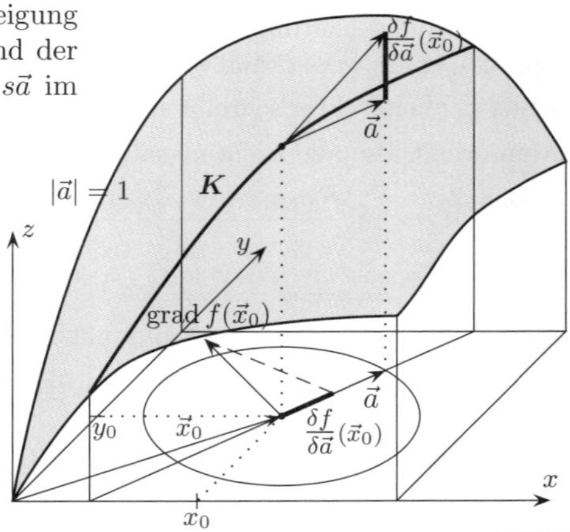

15.29 *Man bestimme die Richtungsableitung von $f(x,y,z) = x^3 + e^y \sin z$ im Punkt $(1, \ln 3, \frac{\pi}{3})$ in Richtung des Vektors $(3, -2, 6)$.*

$$\operatorname{grad} f(x,y,z) = \begin{pmatrix} 3x^2 \\ e^y \sin z \\ e^y \cos z \end{pmatrix} \Longrightarrow \operatorname{grad} f(1, \ln 3, \tfrac{\pi}{3}) = \begin{pmatrix} 3 \\ 3 \cdot \frac{1}{2}\sqrt{3} \\ \frac{3}{2} \end{pmatrix} = \frac{3}{2} \begin{pmatrix} 2 \\ \sqrt{3} \\ 1 \end{pmatrix}.$$

$\vec{a} = (3,-2,6) \Longrightarrow \frac{\vec{a}}{|\vec{a}|} = \frac{1}{7}(3,-2,6)$, man erhält also:

$$\frac{\partial f}{\partial \vec{a}}(\vec{x}_0) = \operatorname{grad} f(1, \ln 3, \tfrac{\pi}{3}) \cdot \frac{\vec{a}}{|\vec{a}|} = \frac{3}{2} \begin{pmatrix} 2 \\ \sqrt{3} \\ 1 \end{pmatrix} \cdot \frac{1}{7}(3,-2,6) = \underline{\underline{\frac{3}{14}(12 - 2\sqrt{3})}}.$$

15.30 $f(x,y) = \frac{y}{1+x^2}$, $\vec{x}_0 = (1,2)$, *Blockbild Seite 370.*
Man berechne die Richtungsableitung in $\vec{x}_0$ in Richtung $(3,4)$ und $(-1,1)$. In welchen Richtungen ist die Steigung maximal, minimal, gleich Null? Man bestimme die Tangentialebene E an f bei $(1,2)$, siehe [15.25], sowie die Tangente T an f bei $(1,2)$ in Richtung $(3,4)$.

(a) $\operatorname{grad} f(x,y) = \left(\frac{-2xy}{(1+x^2)^2}, \frac{1}{1+x^2}\right)$ $\underline{\underline{\operatorname{grad} f(1,2) = (-1, \frac{1}{2})}}$.

Einheitsvektoren in die betr. Richtungen sind $\frac{1}{5}(3,4)$ bzw. $\frac{1}{\sqrt{2}}(-1,1)$, also

$$\frac{\partial f}{\partial(3,4)}(1,2) = (-1, \tfrac{1}{2})\tfrac{1}{5}(3,4) = \underline{\underline{-\tfrac{1}{5}}}, \quad \frac{\partial f}{\partial(-1,1)}(1,2) = (-1, \tfrac{1}{2})\tfrac{1}{\sqrt{2}}(-1,1) = \underline{\underline{\tfrac{3}{4}\sqrt{2}}}.$$

(b) Für die Stelle $\vec{x}_0 = (1,2)$ gilt: In Richtung

$(-1, \frac{1}{2})$ ist die Steigung maximal: $\frac{\partial f}{\partial(-1,\frac{1}{2})}(1,2) = |(-1, \frac{1}{2})| = \underline{\frac{1}{2}\sqrt{5}}$,

$(1, -\frac{1}{2})$ ist die Steigung minimal: $\frac{\partial f}{\partial(1,-\frac{1}{2})}(1,2) = -|(-1, \frac{1}{2})| = \underline{-\frac{1}{2}\sqrt{5}}$,

$\pm(1,2)$ ist die Steigung Null: $\frac{\partial f}{\partial(1,2)}(1,2) = (-1, \frac{1}{2}) \cdot \frac{1}{2}\sqrt{5}\,(1,2) = \underline{0}$.

(c) Gleichung der Tangentialebene E an f im Punkt $(1,2,1)$:

Ein Normalenvektor von E ist $(\operatorname{grad} f(1,2), -1) = (-1, \frac{1}{2}, -1)$,also gilt:

$E: (-1, \frac{1}{2}, -1)(x,y,z) = (-1, \frac{1}{2}, -1)(1, 2, f(1,2)) = -1 \Longrightarrow \underline{E: \ 2x - y + 2z = 2}$.

(d) Gleichung der Tangente T an f im Punkt $(1,2,1)$ in Richtung $(3,4)$:

Tangentenvektor: $\vec{t} = \frac{1}{5}\big(3, 4, \operatorname{grad} f(1,2) \cdot (3,4)\big) = \frac{1}{5}(3,4,-1)$ und folglich

Tangente: $\underline{T: \ \vec{x} = (1,2,1) + r(3,4,-1)}$.

Oder: Die Tangente ist die Schnittgerade von Tangentialebene $E: \ 2x - y + 2z = 2$ und der Ebene $\vec{x} = (1,2,0) + s(3,4,0) + t(0,0,1)$:

Einsetzen ergibt: $2(1+3s) - (2+4s) + 2t = 2 \Longrightarrow t = 1 - s$

$T: \ \vec{x} = (1,2,0) + (1-s)(0,0,1) + s(3,4,0) = (1,2,0) + (0,0,1) + s(3,4,-1)$,
also Tangente $\underline{T: \ \vec{x} = (1,2,1) + s(3,4,-1)}$.

Stetig, partiell differenzierbar, differenzierbar [15.10] und [15.17]			
$f(x,y) =$ $f(0,0) =$	$\frac{xy}{x^2+y^2}$ 0	$\frac{x^2y}{x^2+y^2}$ 0	$\frac{x^2y^2}{x^2+y^2}$ 0
in $(0,0)$ ist f			
partiell diff-bar	ja	ja	ja
$\operatorname{grad} f(0,0) =$	$(0,0)$	$(0,0)$	$(0,0)$
stetig	nein	ja	ja
in alle Ri diff-bar	nein	ja	ja
differenzierbar	nein	nein	ja
$f'(0,0) =$			$\operatorname{grad} f(0,0) = (0,0)$

15.5 Partielle Ableitungen höherer Ordnung

Existieren die partiellen Ableitungen von $z = f(x,y)$, dann sind f_x und f_y Funktionen von x und y, die ihrerseits partielle Ableitungen besitzen können.
Man schreibt:

$$\frac{\partial}{\partial x}\left(\frac{\partial f}{\partial x}\right) := \frac{\partial^2 f}{\partial x^2} = f_{xx} \quad \text{und} \quad \frac{\partial}{\partial y}\left(\frac{\partial f}{\partial x}\right) := \frac{\partial^2 f}{\partial y \partial x} = f_{xy} \quad \text{usw.}$$

Analog sind die partiellen Ableitungen höherer Ordnung definiert.

Man beachte die Reihenfolge der Ableitungen!

$$\underline{\frac{\partial^4 f}{\partial y \partial x \partial y \partial y}} = \underline{\frac{\partial^4 f}{\partial y \partial x \partial y^2}} = \underline{f_{yyxy}},$$ lies: Man differenziert: 1. nach y, 2. nach y, 3. nach x, 4. nach y.

15.31 (a) *Es sei* $z = f(x,y) = x^3 y + \mathrm{e}^{xy^2}$. *Man berechne* f_{xx} , f_{yy} , f_{xy} , f_{yx}.
(b) *Man berechne* $w_{xx} + w_{yy} + w_{zz}$ *für* $w = \frac{1}{\sqrt{x^2+y^2+z^2}}$.

(a) $f_x = 3x^2 y + y^2 \mathrm{e}^{xy^2}$ $\quad f_{xx} = 6xy + y^4 \mathrm{e}^{xy^2}$ $\quad f_{xy} = 3x^2 + 2y\mathrm{e}^{xy^2}(1+xy^2)$
$f_y = x^3 + 2xy\mathrm{e}^{xy^2}$ $\quad f_{yy} = 2x\mathrm{e}^{xy^2}(1+2xy^2)$ $\quad f_{yx} = 3x^2 + 2y\mathrm{e}^{xy^2}(1+xy^2)$

(b) $w_x = -\frac{1}{2}(x^2+y^2+z^2)^{-3/2} \cdot 2x = -x(x^2+y^2+z^2)^{-3/2}$

$$w_{xx} = -(x^2+y^2+z^2)^{-3/2} + \frac{3}{2}(x^2+y^2+z^2)^{-5/2} \cdot 2x^2 = \frac{2x^2-y^2-z^2}{(x^2+y^2+z^2)^{5/2}}.$$

Aus Symmetriegründen gilt: $w_{yy} = \frac{2y^2-x^2-z^2}{(x^2+y^2+z^2)^{5/2}}$ und $w_{zz} = \frac{2z^2-x^2-y^2}{(x^2+y^2+z^2)^{5/2}}$.

Also erhält man: $\underline{w_{xx} + w_{yy} + w_{zz} = 0}$.

Vertauschbarkeitssatz

Sind f_{xy} und f_{yx} **stetig**, dann ist $f_{xy} = f_{yx}$.

Achtung: Es gilt nicht immer $f_{xy} = f_{yx}$, [15.32].

15.32

$$f(x,y) = \begin{cases} xy\frac{x^2-y^2}{x^2+y^2} & ,(x,y) \neq (0,0) \\ 0 & ,(x,y) = (0,0) \end{cases}.$$

Man berechne $f_{xy}(0,0)$ *und* $f_{yx}(0,0)$.

Da f auf den Achsen konstant 0 ist, gilt $f_x(0,0) = f_y(0,0) = 0$.
Partielles Differenzieren ergibt:

$$f_x(x,y) = \begin{cases} \frac{yx^4-y^5+4x^2y^3}{(x^2+y^2)^2} & ,\ \vec{x} \neq \vec{0} \\ 0 & ,\ \vec{x} = \vec{0} \end{cases} \qquad f_y(x,y) = \begin{cases} \frac{x^5-xy^4-4x^3y^2}{(x^2+y^2)^2} & ,\ \vec{x} \neq \vec{0} \\ 0 & ,\ \vec{x} = \vec{0} \end{cases}$$

$$\left.\begin{aligned} f_{xy}(0,0) &= \lim_{y\to 0} \frac{f_x(0,y)-f_x(0,0)}{y} = \lim_{y\to 0} \frac{-y^5}{y^5} = -1 \\ f_{yx}(0,0) &= \lim_{x\to 0} \frac{f_y(x,0)-f_y(0,0)}{x} = \lim_{x\to 0} \frac{x^5}{x^5} = 1 \end{aligned}\right\} \Longrightarrow f_{xy}(0,0) \neq f_{yx}(0,0).$$

15.6 Implizite Funktionen

15.6.1 Explizite, implizite Funktionen, lokale Auflösung

Alle auftretenden Funktionen seien stetig differenzierbar.

$z = h(x, y)$ ist eine **explizite** Darstellung der Funktion z als Funktion der zwei (unabhängigen) Variablen x und y. Wird durch die Gleichung $f(x, y, z) = 0$ die Variable z als Funktion von x und y definiert, so spricht man von einer **impliziten** Darstellung der Funktion z. Natürlich könnte durch die Gleichung $f(x, y, z) = 0$ auch x oder y als Funktion der übrigen Variablen definiert sein.

15.33 $z = -\frac{1}{2} + 2x - \frac{3}{2}y$ *ist eine explizite Darstellung der durch die Gleichung* $-4x + 3y + 2z + 1 = 0$ *implizit gegebenen Funktion* $z = h(x, y)$.

Die Darstellbarkeit als Funktion ist eine lokale Eigenschaft.

$M = \{(x, y) \mid y^2 - x^2 = 0\}$ ist in keiner Umgebung von $(0, 0)$ als Graph einer Funktion $y = f(x)$ darstellbar!

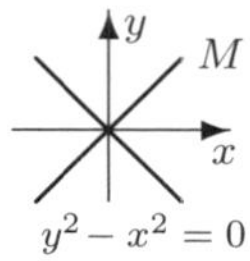

Außerhalb $(0, 0)$ ist y durch $y^2 - x^2 = 0$ implizit als Funktion von x gegeben. Es gibt zwei Auflösungsfunktionen:
$y^2 - x^2 = (y - x)(y + x) = 0 \iff \underline{y_1 = x}, \underline{y_2 = -x}$.

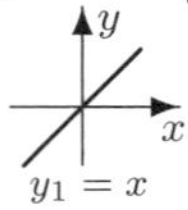

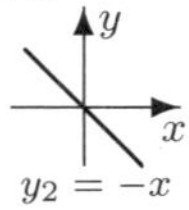

Oft – z.B. bei $xe^x + y \sin y - z \ln z = 0$, siehe [15.37] – ist eine formelmäßige Auflösung der Gleichung $f(x, y, z) = 0$ nach einer der Variablen nicht möglich!

Der **Hauptsatz für implizite Funktionen** sagt,
dass unter der Voraussetzung $f(x_0, y_0, z_0) = 0$ und $f_z(x_0, y_0, z_0) \neq 0$

- eine *lokale* Auflösungsfunktion $z = h(x, y)$ mit $z_0 = h(x_0, y_0)$ existiert (die häufig nicht explizit angegeben werden kann).
- für die Ableitung von $z = h(x, y)$ gilt: $h'(x_0, y_0) = -\frac{1}{f_z}(f_x, f_y)\,|_{(x_0, y_0, z_0)}$.

Ist $z = h(x, y)$ mit $z_0 = h(x_0, y_0)$ die lokale Auflösungsfunktion der durch $f(x, y, z) = 0$ implizit gegebenen Funktion z, so bedeutet "lokal", dass es eine – möglicherweise kleine – Umgebung $U(x_0, y_0)$ gibt, so dass für alle $(x, y) \in U(x_0, y_0)$ gilt: $f(x, y, h(x, y)) = 0$.

.5.34 $f(x, y) = x^2 - \frac{1}{2}xy^2 - \frac{1}{2}y^4 = 0$. *Man bestimme die lokale Auflösungsfunktion* $y = h(x)$ *mit* $1 = h(-\frac{1}{2})$, *sowie die Ableitung* $h'(-\frac{1}{2})$.

Es ist $f(-\frac{1}{2}, 1) = 0$ und $f_y = -xy - 2y^3$, also ist $f_y(-\frac{1}{2}, 1) = -\frac{3}{2} \neq 0$.

Folglich existiert *lokal* eine Funktion $y = h(x)$ mit $1 = h(-\frac{1}{2})$ und $f(x, h(x)) = 0$ für alle x aus einer hinreichend klein gewählten Umgebung $U_\varepsilon(-\frac{1}{2})$.

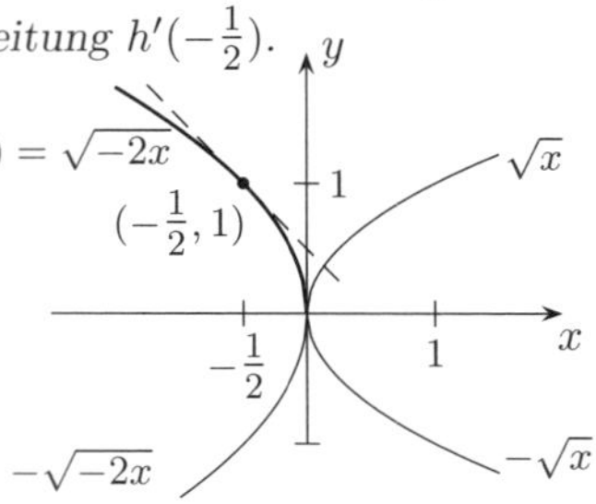

In diesem Beispiel lässt sich $y = h(x)$ explizit angeben:

$$y^4 + xy^2 - 2x^2 = 0 \Longrightarrow y_{1,2}^2 = -\frac{x}{2} \pm \sqrt{\frac{x^2}{4} + 2x^2} = -\frac{x}{2} \pm \frac{3}{2}x$$

$$\Longrightarrow \quad y_1^2 = x,\ y_2^2 = -2x,\ h(-\tfrac{1}{2}) = 1 \quad \Longrightarrow \quad \underline{y = y_2 = h(x) = \sqrt{-2x}}.$$

Die Ableitung $h'(-\frac{1}{2})$ kann man auf drei Arten berechnen:

(1) Die Auflösung $h(x)$ differenzieren: $h'(x) = \frac{-1}{\sqrt{-2x}} \quad \Longrightarrow \quad h'(-\frac{1}{2}) = \underline{\underline{-1}}.$

(2) Die Gleichung $x^2 - \frac{1}{2}xy^2 - \frac{1}{2}y^4 = 0$ implizit differenzieren (Kettenregel):

$$\Longrightarrow \quad 2x - \tfrac{1}{2}y^2 - xyy' - 2y^3y' = 0,\ x = -\tfrac{1}{2},\ y = 1 \quad \Longrightarrow \quad y'(-\tfrac{1}{2}) = h'(-\tfrac{1}{2}) = \underline{\underline{-1}}.$$

(3) Formel (siehe Kasten, Seite 391):

$$\begin{aligned} f_x &= 2x - \tfrac{1}{2}y^2 \\ f_y &= -xy - 2y^2 \end{aligned}, \quad \begin{aligned} f_x(-\tfrac{1}{2},1) &= -\tfrac{3}{2} \\ f_y(-\tfrac{1}{2},1) &= -\tfrac{3}{2} \end{aligned} \quad \Longrightarrow \quad h'(-\tfrac{1}{2}) = -\frac{f_x(-\frac{1}{2},1)}{f_y(-\frac{1}{2},1)} = \underline{\underline{-1}}.$$

15.6.2 Ableitung impliziter Funktionen

15.35 *Durch $f(x,y) = x^2 + y^2 - 5 = 0$ ist bei $(1,-2)$ implizit eine Funktion $y = h(x)$ mit $h(1) = -2$ gegeben. Man berechne $h'(1)$, sowie eine Gleichung der Tangente an h im Punkt $(1,-2)$.*

(1) Auflösung nach y liefert: $y_{1,2} = \pm\sqrt{5 - x^2}$.

$h(1) = -2 \quad \Longrightarrow \quad y = h(x) = -\sqrt{5 - x^2}$ ist die explizite Darstellung von y.

$$h'(x) = \frac{x}{\sqrt{5-x^2}} \quad \Longrightarrow \quad h'(1) = \underline{\underline{\frac{1}{2}}}.$$

Gleichung der Tangente:

(i) Gerade durch $(1,-2)$ mit Steigung $\frac{1}{2}$: $y = \frac{1}{2}x - \frac{5}{2}$.

(ii) $\operatorname{grad} f(1,-2) = (2,-4) \perp$ Niveaulinie (siehe Seite 374)

$(2,-4)(x,y) = (2,-4)(1,-2) \Longrightarrow T:\ 2x - 4y = 10 \Longrightarrow T:\ y = \frac{1}{2}x - \frac{5}{2}.$

(2) Implizites Differenzieren (Kettenregel) von $x^2 + y^2 - 5 = 0$ liefert: $2x + 2yy' = 0.$

$$\Longrightarrow \quad y' = -\frac{x}{y} \quad \Longrightarrow \quad y'(1) = -\frac{1}{y(1)} = \frac{-1}{-2} = \underline{\underline{\frac{1}{2}}}.$$ Tangente wie oben!

15.36 *Man berechne y' der durch $x - 3y + e^{xy^2} + 2 = 0$ implizit gegebenen Funktion $y = h(x)$ mit $1 = h(0)$.*

Wir können diese Gleichung nicht explizit nach y auflösen. Differenziert man beide Seiten der Gleichung implizit unter Benutzung von Ketten– und Produktregel, so ergibt sich:

$$\begin{aligned} 1 - 3y' + e^{xy^2}(xy^2)' &= 0 \\ 1 - 3y' + e^{xy^2}(y^2 + 2xyy') &= 0 \\ 1 + y^2e^{xy^2} + (-3 + 2xye^{xy^2})y' &= 0 \end{aligned} \quad \Longrightarrow \quad \underline{y' = -\frac{1+y^2e^{xy^2}}{-3+2xye^{xy^2}}}.$$

Man kann also die Ableitung y' der Auflösung an allen Stellen (x_0, y_0) berechnen, an denen $-3+2xye^{xy^2} \neq 0$ ist, *ohne* $y = h(x)$ *explizit* anzugeben: Z.B. erhält man für den Punkt $(0,1)$: $y'(0) = \frac{2}{3}$, die Ableitung der lokalen Auflösung $y = \underline{h(x)}$.

Satz über implizite Funktionen für $f(x, y) = 0$

Es sei $f : \mathbb{R}^2 \to \mathbb{R}$.

Durch $f(x, y) = 0$ mit $f(x_0, y_0) = 0$, $f_y(x_0, y_0) \neq 0$ ist in einer Umgebung von x_0 implizit eine Funktion $y = h(x)$ mit $y_0 = h(x_0)$ und $f(x, h(x)) = 0$ gegeben (lokale Auflösungsfunktion nach y):

Differenzieren von $f(x, y) = 0$ nach x (Kettenregel!) liefert: $f_x + f_y y' = 0$

$$\Longrightarrow \quad y'(x_0) = h'(x_0) = -\frac{f_x(x_0,y_0)}{f_y(x_0,y_0)} = -\frac{f_x}{f_y}(x_0, y_0), \quad \text{kurz:} \quad y' = -\frac{f_x}{f_y}.$$

Nochmaliges Differenzieren ergibt:

$$f_{xx} + f_{xy} \cdot y' + (f_{yx} + f_{yy} \cdot y') \cdot y' + f_y \cdot y'' = 0. \quad \text{Einsetzen } y' = -\frac{f_x}{f_y} \text{ ergibt:}$$

$$\Longrightarrow \quad y''(x_0) = h''(x_0) = -\frac{f_{xx}f_y^2 - 2f_x f_y f_{xy} + f_{yy} f_x^2}{f_y^3}(x_0, y_0),$$

wobei $f_{xx} = f_{xx}(x_0, y_0)$, $\cdots$ ist. Man nehme die part. Abl. von f bei (x_0, y_0)!

Bemerkung: Die Bedingung $f_y(x_0, y_0) \neq 0$ ist nur *hinreichend* für die lokale Auflösbarkeit von $f(x, y) = 0$ nach y: Die Gleichung $f(x, y) = x - y^3 = 0$ ist in $(0,0)$ sehr wohl nach y auflösbar: $y = h(x) = \sqrt[3]{x}$, obwohl $f_y(0,0) = 0$ ist.

15.37 *$f(x, y) = y + xe^y = 0$ ist wegen $f_y(0,0) = 1 \neq 0$ in einer Umgebung von $(0,0)$ nach y auflösbar mit einer Auflösungsfunktion $y = y(x)$.*

Man berechne $y'(0)$ und $y''(0)$.

Für die partiellen Ableitungen erhält man:

$$\begin{aligned}
f_x(x, y) &= e^y & &\Longrightarrow & f_x(0,0) &= 1\\
f_y(x, y) &= 1 + xe^y & &\Longrightarrow & f_y(0,0) &= 1\\
f_{xx}(x, y) &= 0 & &\Longrightarrow & f_{xx}(0,0) &= 0\\
f_{xy}(x, y) &= e^y & &\Longrightarrow & f_{xy}(0,0) &= 1\\
f_{yy}(x, y) &= xe^y & &\Longrightarrow & f_{yy}(0,0) &= 0
\end{aligned}$$

Aus den Ableitungsregeln des vorigen Kastens ergibt sich:

$$y'(0) = -\frac{f_x(0,0)}{f_y(0,0)} = -\frac{1}{1} = \underline{\underline{-1}},$$

$$y''(0) = -\frac{f_{xx}(0,0)f_y^2(0,0) - 2f_x(0,0)f_y(0,0)f_{xy}(0,0) + f_{yy}(0,0)f_x^2(0,0)}{f_y^3(0,0)} = -\frac{-2}{1} = \underline{\underline{2}}.$$

15.38 *$f(x,y)=(x^2+y^2)^2-2(x^2-y^2)+\frac{1}{4}=0$ ist bei $(\frac{\sqrt{6}}{4},\frac{\sqrt{2}}{4})$ nach x und nach y auflösbar! Man bestimme dort die Ableitungen der Auflösungsfunktionen.*

$$f_x(x,y)=4x(x^2+y^2)-4x \implies f_x(\tfrac{\sqrt{6}}{4},\tfrac{\sqrt{2}}{4})=-\tfrac{1}{2}\sqrt{6}$$
$$f_y(x,y)=4y(x^2+y^2)+4y \implies f_y(\tfrac{\sqrt{6}}{4},\tfrac{\sqrt{2}}{4})=\tfrac{3}{2}\sqrt{2}$$
$$\implies \operatorname{grad} f(\tfrac{\sqrt{6}}{4},\tfrac{\sqrt{2}}{4})=(-\tfrac{1}{2}\sqrt{6},\tfrac{3}{2}\sqrt{2}).$$

Da beide Komponenten von $\operatorname{grad} f(\frac{\sqrt{6}}{4},\frac{\sqrt{2}}{4})$ ungleich Null sind, ist $f(x,y)=0$ bei $(\frac{\sqrt{6}}{4},\frac{\sqrt{2}}{4})$ nach beiden Variablen auflösbar!

Ist $y=g(x)$ die lokale Auflösung nach y, so ist $g'(\frac{\sqrt{6}}{4})=-\frac{1}{\frac{3}{2}\sqrt{2}}(-\frac{1}{2}\sqrt{6})=\underline{\underline{\frac{1}{3}\sqrt{3}}}$.

Ist $x=h(y)$ die lokale Auflösung nach x, so ist $h'(\frac{\sqrt{2}}{4})=-\frac{1}{-\frac{1}{2}\sqrt{6}}\frac{3}{2}\sqrt{2}=\underline{\underline{\sqrt{3}}}$.

Oder: Ist $g'(x_0)\neq 0$, so ist $h'(y_0)=\frac{1}{g'(x_0)}$, also $h'(\frac{\sqrt{2}}{4})=\frac{1}{g'(\frac{\sqrt{6}}{4})}=\underline{\underline{\sqrt{3}}}$.

Satz über implizite Funktionen für $f(x_1,\ldots,x_n,y)=0$

Es sei $f:\mathbb{R}^{n+1}\to\mathbb{R}$.

Durch $f(\vec{x},y)=0$ mit $f(\vec{x}_0,y_0)=0$, $f_y(\vec{x}_0,y_0)\neq 0$ ist in einer Umgebung von $\vec{x}_0$ implizit eine Funktion $y=h(\vec{x})$ mit $y_0=h(\vec{x}_0)$ und $f(\vec{x},h(\vec{x}))=0$ gegeben (lokale Auflösungsfunktion nach y):

Für ihre Ableitung (den Gradienten) $h'(\vec{x}_0)=\operatorname{grad} h(\vec{x}_0)$ gilt:

$$h'(\vec{x}_0)=\operatorname{grad} h(\vec{x}_0)=-\frac{1}{f_y(\vec{x}_0,y_0)}f_{\vec{x}}(\vec{x}_0,y_0)$$
$$=-\frac{1}{f_y(\vec{x}_0,y_0)}\big(f_{x_1}(\vec{x}_0,y_0),\ldots,f_{x_n}(\vec{x}_0,y_0)\big).$$

speziell:

$f(x,y)=0$, $y=h(x)$ $\implies$ $h'=-\frac{1}{f_y}f_x$ [15.38]

$f(x,y,z)=0$, $z=h(x,y)$ $\implies$ $h'=\operatorname{grad} h=-\frac{1}{f_z}(f_x,f_y)$ [15.39]

15.39 *$f(x,y,z)=xe^x+y\sin y-z\ln z=0$ ist bei $(1,\pi,e)$ nach allen Variablen auflösbar.*

Für $y=h(x,z)$, bzw. $z=g(x,y)$ berechne man $h'(1,e)$, bzw $g'(1,\pi)$.

Eine formelmäßige Auflösung nach einer Variablen z.B. y ist uns nicht möglich.

$$f_x=(x+1)e^x \implies f_x(1,\pi,e)=2e\neq 0.$$
$$f_y=\sin y+y\cos y \implies f_y(1,\pi,e)=-\pi\neq 0 \implies \operatorname{grad} f(1,\pi,e)=(2e,-\pi,-2).$$
$$f_z=-(1+\ln z) \implies f_z(1,\pi,e)=-2\neq 0.$$

Da alle Komponenten von $\operatorname{grad} f(1,\pi,e)=(2e,-\pi,-2)$ ungleich Null sind, lässt sich die Gleichung $xe^x+y\sin y-z\ln z=0$ an der Stelle $(1,\pi,e)$ lokal nach allen drei Variablen auflösen.

Für die Auflösung $y = h(x,z)$ mit $\pi = h(1,e)$ und $f(x,h(x,z),z) = 0$ gilt:

$$h'(1,e) = \operatorname{grad} h(1,e) = (h_x, h_z) = -\frac{1}{f_y}(f_x, f_z) = \underline{\underline{\frac{1}{\pi}(2e,-2)}}.$$

Für die Auflösung $z = g(x,y)$ mit $e = g(1,\pi)$ und $f(x,y,g(x,y)) = 0$ gilt:

$$g'(1,\pi) = \operatorname{grad} g(1,\pi) = (g_x, g_y) = -\frac{1}{f_z}(f_x, f_y) = \underline{\underline{\frac{1}{2}(2e,-\pi)}}.$$

15.40 *Man berechne z_{xy} für die durch $F(x,y,z) = z^3 - xz - y = 0$ implizit gegebene Funktion $z = z(x,y)$.*

$$z_x = \frac{-F_x}{F_z} = \frac{z}{3z^2-x} \implies$$

$$z_{xy} = \frac{\partial}{\partial y}\left(\frac{z}{3z^2-x}\right) = \frac{\partial}{\partial z}\left(\frac{z}{3z^2-x}\right)\frac{\partial z}{\partial y} + \frac{\partial}{\partial x}\left(\frac{z}{3z^2-x}\right)\frac{\partial x}{\partial y} + \underbrace{\frac{\partial}{\partial y}\left(\frac{z}{3z^2-x}\right)}_{=0}\frac{\partial y}{\partial y}.$$

Da x, y unabhängige Variable sind, gilt: $\dfrac{\partial x}{\partial y} = 0$.

$$\frac{\partial}{\partial z}\left(\frac{z}{3z^2-x}\right) = \frac{-3z^2-x}{(3z^2-x)^2} \text{ und } \frac{\partial z}{\partial y} = z_y = \frac{-F_y}{F_z} = \frac{1}{3z^2-x} \implies \underline{z_{xy} = \frac{-3z^2-x}{(3z^2-x)^3}}.$$

Ist $f : \mathbb{R}^{n+m} \to \mathbb{R}^1$ und $w = f(\vec{x}, \vec{y}) = f(x_1, \ldots, x_n, y_1, \ldots, y_m)$, also $\vec{x} = (x_1, \ldots, x_n)$ und $\vec{y} = (y_1, \ldots, y_m)$, so ist die

partielle Ableitung $f_{\vec{y}}$ von f nach dem Vektor $\vec{y}$: $\boxed{f_{\vec{y}} := (f_{y_1}, \ldots, f_{y_m})}$.

Ist $f : \mathbb{R}^{n+m} \to \mathbb{R}^m$, wobei $f = \begin{pmatrix} f_1(\vec{x},\vec{y}) \\ \vdots \\ f_m(\vec{x},\vec{y}) \end{pmatrix}$ und $\vec{y} = (y_1, \cdots, y_m)$ ist, so sei:

$$f_{\vec{y}} := \frac{\partial(f_1 \ldots f_m)}{\partial(y_1 \ldots y_m)} := \begin{pmatrix} f_{1\vec{y}} \\ \vdots \\ f_{m\vec{y}} \end{pmatrix} = \begin{pmatrix} f_{1y_1} & \ldots & f_{1y_m} \\ \vdots & & \vdots \\ f_{my_1} & \ldots & f_{my_m} \end{pmatrix}$$

die (m,m)–Untermatrix der Jacobi–Matrix $\mathcal{J}_f$, die aus *den zu $y_1, \ldots, y_m$ gehörenden* Spalten von $\mathcal{J}_f$ gebildet wird. Ebenso ist $f_{\vec{x}}$ die (m,n)–Untermatrix von $\mathcal{J}_f$, die aus *den zu $x_1, \ldots, x_n$ gehörenden* Spalten von $\mathcal{J}_f$ gebildet wird.

Es ist also: $\mathcal{J}_f = (f_{\vec{x}}, f_{\vec{y}})$.

Beispiel:

$$f(x,y,u,v,w) = \begin{pmatrix} x - y + u^2 + 2w \\ xuw \\ xy + uv \end{pmatrix} \implies \mathcal{J}_f = \begin{pmatrix} 1 & -1 & 2u & 0 & 2 \\ uw & 0 & xw & 0 & xu \\ y & x & v & u & 0 \end{pmatrix}.$$

Ist $\vec{x} = (x,y)$ und $\vec{y} = (u,v,w)$, dann gilt:

$$f_{\vec{x}} = \begin{pmatrix} 1 & -1 \\ uw & 0 \\ y & x \end{pmatrix}, \quad f_{\vec{y}} = \begin{pmatrix} 2u & 0 & 2 \\ xw & 0 & xu \\ v & u & 0 \end{pmatrix} \quad \text{und} \quad \mathcal{J}_f = (f_{\vec{x}}, f_{\vec{y}}).$$

Satz über implizite Funktionen für $f(\vec{x},\vec{y})=\vec{0}$

Es sei $f:\mathbb{R}^{n+m}\to\mathbb{R}^m$.

Durch $f(\vec{x},\vec{y})=\vec{0}$ mit $f(\vec{x}_0,\vec{y}_0)=\vec{0}$ und invertierbarer (m,m)–Matrix

$$f_{\vec{y}}(\vec{x}_0,\vec{y}_0)=\frac{\partial(f_1\ldots f_m)}{\partial(y_1\ldots y_m)}=\begin{pmatrix} f_{1y_1} & \cdots & f_{1y_m}\\ \vdots & & \vdots\\ f_{my_1} & \cdots & f_{my_m}\end{pmatrix}$$ ist in einer Umgebung

von $\vec{x}_0$ implizit eine Funktion $\vec{y}=h(\vec{x})$ mit $\vec{y}_0=h(\vec{x}_0)$ und $f(\vec{x},h(\vec{x}))=\vec{0}$ gegeben (lokale Auflösungsfunktion nach $\vec{y}$):

Für ihre Ableitung (die Jacobi–Matrix) $h'(\vec{x}_0)=\mathcal{J}_h(\vec{x}_0)$ gilt:

$$h'(\vec{x}_0)=\mathcal{J}_h(\vec{x}_0)=\frac{\partial(h_1\ldots h_m)}{\partial(x_1\ldots x_n)}=-\big(f_{\vec{y}}(\vec{x}_0,\vec{y}_0)\big)^{-1}f_{\vec{x}}(\vec{x}_0,\vec{y}_0).$$

15.41 *Es sei $f:\mathbb{R}^{2+3}\to\mathbb{R}^3$ mit*

$$f(x_1,x_2,x_3,x_4,x_5)=\begin{pmatrix}f_1\\f_2\\f_3\end{pmatrix}=\begin{pmatrix}x_4+x_5-2e^{x_1x_5}\\ x_2-2x_3+2\sin x_2-\frac{\pi}{2}\\ x_1^2+x_5+2x_4-2\cos x_4\end{pmatrix}.$$

Ferner sei $\vec{x}=(x_1,x_2)\in\mathbb{R}^2$, $\vec{y}=(x_3,x_4,x_5)\in\mathbb{R}^3$, also $(\vec{x},\vec{y})\in\mathbb{R}^{2+3}$.
Für $\vec{a}=(0,\frac{\pi}{2})\in\mathbb{R}^2$ und $\vec{b}=(1,0,2)\in\mathbb{R}^3$ gilt $f(\vec{a},\vec{b})=\vec{0}$.

(a) *Man zeige, dass $f(\vec{x},\vec{y})=\vec{0}$ bei $(\vec{a},\vec{b})=(0,\frac{\pi}{2},1,0,2)$ nach $\vec{y}$ auflösbar ist und berechne für die Auflösungsfunktion $\vec{y}=h(\vec{x})$ die Ableitung $h'(\vec{a})=\mathcal{J}_h(\vec{a})$.*

(b) *Gesucht ist eine Gleichung der Tangentialebene an h im Punkt $\vec{b}=h(\vec{a})$.*

(a) $$\mathcal{J}_f(\vec{x},\vec{y})=\left(\begin{array}{cc|ccc} -2x_5e^{x_1x_5} & 0 & 0 & 1 & 1-2x_1e^{x_1x_5}\\ 0 & 1+2\cos x_2 & -2 & 0 & 0\\ 2x_1 & 0 & 0 & 2+2\sin x_4 & 1\end{array}\right)$$

$$=\big(f_{\vec{x}}(\vec{x},\vec{y})\,|\,f_{\vec{y}}(\vec{x},\vec{y})\big)$$

$$\mathcal{J}_f(\vec{a},\vec{b})=\left(\begin{array}{cc|ccc} -4 & 0 & 0 & 1 & 1\\ 0 & 1 & -2 & 0 & 0\\ 0 & 0 & 0 & 2 & 1\end{array}\right)=\big(f_{\vec{x}}(\vec{a},\vec{b})\,|\,f_{\vec{y}}(\vec{a},\vec{b})\big)$$

$$f_{\vec{y}}(\vec{a},\vec{b})=\begin{pmatrix}0&1&1\\-2&0&0\\0&2&1\end{pmatrix}\implies f_{\vec{y}}(\vec{a},\vec{b})^{-1}=\begin{pmatrix}0&-\frac{1}{2}&0\\-1&0&1\\2&0&-1\end{pmatrix}.$$

Also ist $f(\vec{x},\vec{y})=\vec{0}$ bei $(\vec{a},\vec{b})$ lokal nach $\vec{y}$ auflösbar: Ist $h:\mathbb{R}^2\to\mathbb{R}^3$ die Auflösung, also $\vec{y}=h(\vec{x})=\begin{pmatrix}h_1(\vec{x})\\h_2(\vec{x})\\h_3(\vec{x})\end{pmatrix}$ mit $\vec{b}=h(\vec{a})$, so lässt sich h nicht explizit angeben, für die Ableitung $h'(\vec{a})$ an der Stelle $\vec{a}$ erhält man jedoch:

$$h'(\vec{a})=\mathcal{J}_h(\vec{a})=-f_{\vec{y}}(\vec{a},\vec{b})^{-1}\cdot f_{\vec{x}}(\vec{a},\vec{b})$$

$$=-\begin{pmatrix}0&-\frac{1}{2}&0\\-1&0&1\\2&0&-1\end{pmatrix}\begin{pmatrix}-4&0\\0&1\\0&0\end{pmatrix}=\underline{\underline{\begin{pmatrix}0&\frac{1}{2}\\-4&0\\8&0\end{pmatrix}}}$$

$$=\begin{pmatrix}h_{1x_1}(0,\frac{\pi}{2})&h_{1x_2}(0,\frac{\pi}{2})\\h_{2x_1}(0,\frac{\pi}{2})&h_{2x_2}(0,\frac{\pi}{2})\\h_{3x_1}(0,\frac{\pi}{2})&h_{3x_2}(0,\frac{\pi}{2})\end{pmatrix}=\begin{pmatrix}\operatorname{grad}h_1(0,\frac{\pi}{2})\\\operatorname{grad}h_2(0,\frac{\pi}{2})\\\operatorname{grad}h_3(0,\frac{\pi}{2})\end{pmatrix}=\left(h_{x_1}(0,\tfrac{\pi}{2}),h_{x_2}(0,\tfrac{\pi}{2})\right).$$

(b) Durch $h:\mathbb{R}^2\to\mathbb{R}^3$ ist eine Fläche im $\mathbb{R}^3$ gegeben. Die Zeilen von $\mathcal{J}_h(\vec{a})$ sind die Gradienten der Komponenten von h, die Spalten sind die Tangentenvektoren in x_1– bzw. x_2–Richtung. Für die Tangentialebene an h im Punkt $\vec{b}=h(\vec{a})$ gilt:

$$E:\ \vec{x}=\vec{b}+r\cdot h_{x_1}(0,\tfrac{\pi}{2})+s\cdot h_{x_2}(0,\tfrac{\pi}{2}),\qquad r,s\in\mathbb{R}$$

$$E:\ \vec{x}=\begin{pmatrix}1\\0\\2\end{pmatrix}+r\begin{pmatrix}0\\-4\\8\end{pmatrix}+s\begin{pmatrix}\frac{1}{2}\\0\\0\end{pmatrix}\quad\text{oder:}\quad E:\ \vec{x}=\begin{pmatrix}1\\0\\2\end{pmatrix}+r\begin{pmatrix}0\\-1\\2\end{pmatrix}+s\begin{pmatrix}1\\0\\0\end{pmatrix}.$$

15.42 *Man zeige, dass das System*

$$\begin{aligned}e^{xz}-x^2+y^2-1&=0\\xy^3+x^2z+yz^2-1&=0\end{aligned}$$

in einer Umgebung von $(1,1,0)$ *nach* $\begin{pmatrix}y\\z\end{pmatrix}$ *auflösbar ist durch* $y=h_1(x)$ *,* $z=h_2(x)$. *Man berechne den Tangentenvektor* $\begin{pmatrix}h_1'(1)\\h_2'(1)\end{pmatrix}$.

$$\mathcal{J}_f(\vec{x})=\begin{pmatrix}ze^{xz}-2x&2y&xe^{xz}\\y^3+2xz&3xy^2+z^2&x^2+2yz\end{pmatrix}\implies\mathcal{J}_f(1,1,0)=\left(\begin{array}{r|rr}-2&2&1\\1&3&1\end{array}\right).$$

Wegen $\begin{vmatrix}2&1\\3&1\end{vmatrix}=-1\neq0$ gibt es eine lokale Auflösungsfunktion $\begin{pmatrix}y\\z\end{pmatrix}=\begin{pmatrix}h_1(x)\\h_2(x)\end{pmatrix}$

mit $\begin{pmatrix}h_1'(1)\\h_2'(1)\end{pmatrix}=-\begin{pmatrix}2&1\\3&1\end{pmatrix}^{-1}\begin{pmatrix}-2\\1\end{pmatrix}=-\frac{1}{-1}\begin{pmatrix}1&-1\\-3&2\end{pmatrix}\begin{pmatrix}-2\\1\end{pmatrix}=\underline{\underline{\begin{pmatrix}-3\\8\end{pmatrix}}}.$

15.7 Taylorentwicklung von w=f(x,y)

Ähnlich Funktionen einer Veränderlichen (Seite 354) können Funktionen mehrerer Veränderlichen, die in einer Umgebung des Punktes $\vec{x}_0$ alle Ableitungen besitzen, in Potenzreihen entwickelt werden:

Taylorentwicklung von $w = f(x,y)$ bei (x_0, y_0) mit Restglied

Taylorreihe von f bei (x_0, y_0) ist die Potenzreihe:

$$T(x,y) = \sum_{k=0}^{\infty} \tfrac{1}{k!}\big(\tfrac{\partial}{\partial x}\Delta x + \tfrac{\partial}{\partial y}\Delta y\big)^k f(x_0, y_0)$$

Taylorpolynom n–ten Grades von f bei (x_0, y_0) ist das Polynom:

$$T_n(x,y) = \sum_{k=0}^{n} \tfrac{1}{k!}\big(\tfrac{\partial}{\partial x}\Delta x + \tfrac{\partial}{\partial y}\Delta y\big)^k f(x_0, y_0)$$

Dabei ist $\Delta x = x - x_0$ und $\Delta y = y - y_0$. Speziell für $n = 0, 1, 2, 3$:

$$T_0(x,y) = f(x_0, y_0)$$

$$T_1(x,y) = f(x_0,y_0) + f_x(x_0,y_0)(x-x_0) + f_y(x_0,y_0)(y-y_0)$$ Tang.–Ebene an f in (x_0, y_0).

$$T_2(x,y) = f(x_0,y_0) + f_x(x_0,y_0)(x-x_0) + f_y(x_0,y_0)(y-y_0) + \tfrac{1}{2}\big(f_{xx}(x_0,y_0)\Delta x^2 + 2f_{xy}(x_0,y_0)\Delta x\Delta y + f_{yy}(x_0,y_0)\Delta y^2\big)$$

$$T_3(x,y) = T_2(x,y) + \tfrac{1}{6}\big(f_{xxx}\Delta x^3 + 3f_{xxy}\Delta x^2\Delta y + 3f_{xyy}\Delta x\Delta y^2 + f_{yyy}\Delta y^3\big)$$

partielle Ableitungen von f bei (x_0, y_0)!

Der Unterschied zwischen der Funktion $f(x,y)$ und dem n–ten Taylorpolynom $T_n(x,y)$ ist das **Restglied**: $R_n(x,y) := f(x,y) - T_n(x,y)$.
Es gibt ein p mit $0 < p < 1$, so dass gilt:

$$R_n(x,y) = \tfrac{1}{(n+1)!}\big(\tfrac{\partial}{\partial x}\Delta x + \tfrac{\partial}{\partial y}\Delta y\big)^{n+1} f(x_0 + p\Delta x, y_0 + p\Delta y)$$

f wird bei (x_0, y_0) durch die Taylorreihe dargestellt, wenn in einer Umgebung von (x_0, y_0) das Restglied R_n für $n \to \infty$ gegen Null geht.

Erläuterungen: $\big(\frac{\partial}{\partial x}\Delta x + \frac{\partial}{\partial y}\Delta y\big)^k$ ist ein Differentialoperator, der auf eine Funktion f anzuwenden ist. Die Potenz $\big(\frac{\partial}{\partial x}\Delta x + \frac{\partial}{\partial y}\Delta y\big)^k$ wird gemäß der Binomischen Formel (Seite 47) berechnet.

15.43 *Man berechne* $\big(\frac{\partial}{\partial x}\Delta x + \frac{\partial}{\partial y}\Delta y\big)^k$ *für* $k = 0, 1, 2, 3$.

$$\big(\tfrac{\partial}{\partial x}\Delta x + \tfrac{\partial}{\partial y}\Delta y\big)^0 = 1$$

$$\big(\tfrac{\partial}{\partial x}\Delta x + \tfrac{\partial}{\partial y}\Delta y\big)^1 = \tfrac{\partial}{\partial x}\Delta x + \tfrac{\partial}{\partial y}\Delta y$$

$$\big(\tfrac{\partial}{\partial x}\Delta x + \tfrac{\partial}{\partial y}\Delta y\big)^2 = \tfrac{\partial^2}{\partial x^2}\Delta x^2 + 2\tfrac{\partial^2}{\partial x\partial y}\Delta x\Delta y + \tfrac{\partial^2}{\partial y^2}\Delta y^2$$

$$\big(\tfrac{\partial}{\partial x}\Delta x + \tfrac{\partial}{\partial y}\Delta y\big)^3 = \tfrac{\partial^3}{\partial x^3}\Delta x^3 + 3\tfrac{\partial^3}{\partial x^2\partial y}\Delta x^2\Delta y + 3\tfrac{\partial^3}{\partial x\partial y^2}\Delta x\Delta y^2 + \tfrac{\partial^3}{\partial y^3}\Delta y^3$$

Dabei ist: $\Delta x^3 = (\Delta x)^3 = (x-x_0)^3$, $\Delta x^2\Delta y = (x-x_0)^2(y-y_0)$, $\cdots$

15.44 *Man berechne*

$$\left(\frac{\partial}{\partial x}\Delta x + \frac{\partial}{\partial y}\Delta y\right)^k f(1,2) \text{ für } f(x,y) = x^2 + 2xy + y^3 \text{ und } k = 0,1,2.$$

Es gilt
$f(1,2)=13,\ f_x(1,2)=6,\ f_y(1,2)=14,\ f_{xy}(1,2)=2,\ f_{xx}(1,2)=2,\ f_{yy}(1,2)=12$
und somit:

$$\left(\frac{\partial}{\partial x}\Delta x + \frac{\partial}{\partial y}\Delta y\right)^0 f(1,2) = f(1,2) = \underline{13}$$

$$\left(\frac{\partial}{\partial x}\Delta x + \frac{\partial}{\partial y}\Delta y\right)^1 f(1,2) = f_x(1,2)(x-1) + f_y(1,2)(y-2) = \underline{6(x-1) + 14(y-2)}$$

$$\begin{aligned}\left(\frac{\partial}{\partial x}\Delta x + \frac{\partial}{\partial y}\Delta y\right)^2 f(1,2) &= f_{xx}(1,2)(x-1)^2 + 2f_{xy}(1,2)(x-1)(y-2) + f_{yy}(1,2)(y-2)^2 \\ &= \underline{2(x-1)^2 + 4(x-1)(y-2) + 12(y-2)^2}\end{aligned}$$

- Setzt man $\vec{r}_0 = (x_0, y_0)$ und $\vec{r} = (x,y)$: Dann ist $(x_0 + p(x-x_0)\,,\, y_0 + p(y-y_0)) = \vec{r}_0 + p(\vec{r} - \vec{r}_0)$ mit $0 < p < 1$ ein Punkt auf der Geraden durch (x,y) und (x_0,y_0), zwischen diesen Punkten.

Bei der Berechnung des Restgliedes R_n bildet man folglich die durch $\left(\frac{\partial}{\partial x}\Delta x + \frac{\partial}{\partial y}\Delta y\right)^{n+1}$ beschriebenen partiellen Ableitungen in einem Punkt, von dem man nur weiß , dass er zwischen (x_0,y_0) und (x,y) liegt.

Benutzt wird die Taylorentwicklung zur näherungsweisen Bestimmung der Funktion $w = f(x,y)$. In den meisten Fällen begnügt man sich mit T_1 (Tangentialebene) und evtl. dem Restglied R_1, oder aber man ersetzt f durch T_2, d.h. man bricht die Entwicklung nach den quadratischen Gliedern ab:

15.45 *Man bestimme das Taylorpolynom zweiten Grades $T_2(x,y)$ von $f(x,y) = \cos xy + x\mathrm{e}^{y-1}$ an der Stelle $\vec{x}_0 = (\pi, 1)$.*

$$\begin{aligned} f(x,y) &= \cos xy + x\mathrm{e}^{y-1} & & & f(\pi,1) &= -1+\pi \\ f_x(x,y) &= -y\sin xy + \mathrm{e}^{y-1} & & & f_x(\pi,1) &= 1 \\ f_y(x,y) &= -x\sin xy + x\mathrm{e}^{y-1} & &\Longrightarrow & f_y(\pi,1) &= \pi \\ f_{xx}(x,y) &= -y^2\cos xy & & & f_{xx}(\pi,1) &= 1 \\ f_{xy}(x,y) &= -\sin xy - xy\cos xy + \mathrm{e}^{y-1} & & & f_{xy}(\pi,1) &= 1+\pi \\ f_{yy}(x,y) &= -x^2\cos xy + x\mathrm{e}^{y-1} & & & f_{yy}(\pi,1) &= \pi^2+\pi \end{aligned}$$

$$\begin{aligned} T_2(x,y) = {} & -1+\pi \\ & +1(x-\pi) + \pi(y-1) \\ & +\tfrac{1}{2!}\left(1(x-\pi)^2 + 2(1+\pi)(x-\pi)(y-1) + (\pi^2+\pi)(y-1)^2\right) \end{aligned}$$

$$T_2(x,y) = \underline{-1 + \tfrac{\pi}{2} + 2\pi^2 - 2\pi x - (\pi + 2\pi^2)y + \tfrac{1}{2}x^2 + (1+\pi)xy + \tfrac{1}{2}(\pi+\pi^2)y^2}.$$

Bei 3 Veränderlichen werden

Taylorpolynom, Restglied, Taylorreihe

entsprechend gebildet (vgl. Seite 396), z.B.:

$$T(x,y,z) = \sum_{k=0}^{\infty} \tfrac{1}{k!}\big(\frac{\partial}{\partial x}\Delta x + \frac{\partial}{\partial y}\Delta y + \frac{\partial}{\partial z}\Delta z\big)^k f(x_0,y_0,z_0).$$

15.46 *Es sei* $f(x,y,z) = \cos x \cdot \sin y \cdot e^z$.

(a) *Man bestimme das Taylorpolynom zweiten Grades* $T_2(x,y,z)$ *von* f *mit dem Entwicklungspunkt* $\vec{x}_0 = (0,0,0)$.

(b) *Man bestimme ein* $r > 0$, *so dass für* $|\vec{x}| < r$ *gilt:* $|f(x,y,z) - T_2(x,y,z)| < 10^{-5}$.

(a) $f = \cos x \cdot \sin y \cdot e^z \implies f(\vec{0}) = 0$

$$\begin{aligned} f_x &= -\sin x \sin y\, e^z & & f_x(\vec{0}) = 0 \\ f_y &= \cos x \cos y\, e^z & \implies & f_y(\vec{0}) = 1 \\ f_z &= \cos x \sin y\, e^z & & f_z(\vec{0}) = 0 \end{aligned}$$

$$\begin{aligned} f_{xx} &= -\cos x \sin y\, e^z & & f_{xx}(\vec{0}) = 0 \\ f_{xy} &= -\sin x \cos y\, e^z & \implies & f_{xy}(\vec{0}) = 0 \\ f_{xz} &= -\sin x \sin y\, e^z & & f_{xz}(\vec{0}) = 0 \end{aligned}$$

Ebenso ergibt sich: $f_{yx}(\vec{0}) = 0$ und $f_{zx}(\vec{0}) = 0$
$f_{yy}(\vec{0}) = 0$ $\quad f_{zy}(\vec{0}) = 1$
$f_{yz}(\vec{0}) = 1$ $\quad f_{zz}(\vec{0}) = 0$

$\implies T_2(x,y,z) = y + \frac{1}{2!}(yz + zy) = \underline{y + yz}.$

Einfacher ist es, die Taylorpolynome aus **bekannten Potenzreihen** (siehe **F3** oder **F+H**) zu berechnen, siehe [15.48] !

(b) Es ist $|f - T_2| = |R_2|$. Es gibt ein (ζ,η,θ) zwischen $(0,0,0)$ und (x,y,z), mit:

$$R_2(x,y,z) = \tfrac{1}{3!}\big(\frac{\partial}{\partial x}\Delta x + \frac{\partial}{\partial y}\Delta y + \frac{\partial}{\partial z}\Delta z\big)^3 f(\zeta,\eta,\theta).$$

$$\big(\frac{\partial}{\partial x}\Delta x + \frac{\partial}{\partial y}\Delta y + \frac{\partial}{\partial z}\Delta z\big)^3 f(\zeta,\eta,\theta) =$$

$$\big(\frac{\partial^3}{\partial x^3}x^3 + \frac{\partial^3}{\partial y^3}y^3 + \frac{\partial^3}{\partial z^3}z^3 + 3\frac{\partial^3}{\partial x^2\partial y}x^2y + 3\frac{\partial^3}{\partial x\partial y^2}xy^2 + \ldots\big)f(\zeta,\eta,\theta)$$

Es ist z.B.: $3\frac{\partial^3}{\partial y\partial x^2}f(\zeta,\eta,\theta)x^2y = f_{xxy}(\zeta,\eta,\theta)x^2y = 3(-\cos\zeta\cos\eta e^{\theta})x^2y.$

Die dritten partiellen Ableitungen an der Stelle (ζ,η,θ) sind alle von der Form $\sin/\cos\zeta \cdot \sin/\cos\eta \cdot e^{\theta}$ und folglich dem Betrage nach $\le e^{\theta} \le e^z$, also gilt:

$$\begin{aligned} |R_2(x,y,z)| &\le \tfrac{1}{3!}|x+y+z|^3 e^z \le \tfrac{1}{3!}(|x|+|y|+|z|)^3 e^z \\ &\le \tfrac{1}{3!}e^{1/100}(3\cdot 10^{-2})^3 \le \tfrac{9}{2}e^{1/100}10^{-6} < 10^{-5}\text{ , falls } |\vec{x}| < r = 10^{-2}. \end{aligned}$$

Benutzung bekannter Potenzreihen

Zur praktischen Berechnung von Taylorentwicklungen benutzt man vorteilhaft – mittels Umformungen und Substitutionen – bekannte Potenzreihenentwicklungen von Funktionen einer Veränderlichen (**F+H**).

Als besonders nützlich erweist sich wieder einmal die geometrische Reihe!

15.47 *Man bestimme das n–te Taylorpolynom von* $f(x,y) = \frac{1}{1+x+y}$ *im Nullpunkt. Für welche* $(x,y) \in \mathbb{R}^2$ *konvergiert* $T_n(x,y) \to f(x,y)$ *für* $n \to \infty$ *?*

Mit der geometrischen Reihe (siehe Seite 346) erhält man:

$$\begin{aligned}\frac{1}{1+x+y} &= \frac{1}{1-(-(x+y))} = \sum_{k=0}^{\infty}(-1)^k(x+y)^k, \qquad \text{für } |x+y|<1\\ &= 1-(x+y)+(x+y)^2-(x+y)^3 \pm \cdots\\ &= 1-x-y+x^2+2xy+y^2-x^3-3x^2y-3xy^2-y^3 \pm \cdots\end{aligned}$$

Die Berechnung der partiellen Ableitungen von f bei $(0,0)$ entfällt, ebenso die mühsame Abschätzung des Restgliedes $R_n(x,y)$.

Es ist $T_n(x,y) = \sum\limits_{k=0}^{n}(-1)^k(x+y)^k$ und $T_n(x,y) \underset{n\to\infty}{\longrightarrow} f(x,y)$ für $|x+y|<1$.

15.48 *Mittels bekannter Potenzreihen berechne man das Taylorpolynom dritten Grades* $T_3(x,y,z)$ *von* $f(x,y,z) = \cos x \sin y\, e^z$ *an der Stelle* $(0,0,0)$.

$f(x,y,z) = \cos x \sin y\, e^z = (1-\frac{1}{2}x^2+\ldots)(y-\frac{1}{6}y^3+\ldots)(1+z+\frac{1}{2}z^2+\ldots)$.

Ausmultiplizieren: $T_3(x,y,z) = y+yz-\frac{1}{2}x^2y+\frac{1}{2}yz^2-\frac{1}{6}y^3$, vgl. [15.46 (a)].

Das geht natürlich viel einfacher, als den Anfang der Taylorentwicklung mittels der partiellen Ableitungen hinzuschreiben.

Da die benutzten Potenzreihen ihre Funktionen in ganz $\mathbb{R}$ darstellen, weiß man außerdem, dass die Taylorentwicklung in ganz $\mathbb{R}^3$ die Funktion $f(x,y,z)$ darstellt, ohne sich mit der Abschätzung des Restgliedes herumplagen zu müssen!

15.8 Extremwerte einer Funktion mehrerer Veränderlicher

Die Begriffsbildungen bei Funktionen mehrerer Veränderlicher sind völlig analog zu denen einer Veränderlichen! Siehe Seite 268

Eine Menge $U(x_0,y_0)$ von Punkten der x,y–Ebene heißt *Umgebung* von (x_0,y_0), wenn es ein offenes Quadrat $Q: |x-x_0| < d$, $|y-y_0| < d$ gibt, das ganz in $U(x_0,y_0)$ liegt.

Die Funktion $w = f(x,y)$ hat in dem Bereich B der x,y–Ebene an der Stelle $(x_0,y_0) \in B$ einen *absoluten Extremwert* $f(x_0,y_0)$,

wenn $\begin{matrix} f(x_0,y_0) \geq f(x,y) & \text{(absolutes Maximum)} \\ f(x_0,y_0) \leq f(x,y) & \text{(absolutes Minimum)} \end{matrix}$ ist für alle $(x,y) \in B$.

f hat bei $(x_0, y_0) \in B$ einen *relativen Extremwert* $f(x_0, y_0)$, wenn es eine Umgebung $U(x_0, y_0)$ gibt, so dass f bei (x_0, y_0) einen absoluten Extremwert im Bereich $B \cap U(x_0, y_0)$ besitzt.

Jeder absolute Extremwert ist auch ein relativer Extremwert !

Extremwerte von w=f(x,y)

(Für $n > 2$ siehe [15.101] und **F+H**.)

Extremwerte von $w = f(x, y)$ können **nur** in Punkten auftreten, in denen

[A] die partiellen Ableitungen verschwinden, also $w_x = w_y = 0$ ist (**stationäre Punkte**). $\Longleftrightarrow \operatorname{grad} f = (0, 0)$.

oder

[B] die partiellen Ableitungen nicht existieren. Hierzu gehören speziell die **Randpunkte**.

praktisches Vorgehen:

[A]

1.) Man berechnet die **stationären Punkte**. $\Longleftrightarrow$ $\operatorname{grad} f = (0, 0)$.

2.) Für die stationären Punkte berechnet man:

$$D = \begin{vmatrix} w_{xx} & w_{xy} \\ w_{xy} & w_{yy} \end{vmatrix} = w_{xx}w_{yy} - w_{xy}^2$$

Determinante der **Hesse–Matrix**

3.)

$D > 0$ und $w_{xx} < 0$ (bzw. $w_{yy} < 0$)	$\Longrightarrow$	rel. **Maximum**
$D > 0$ und $w_{xx} > 0$ (bzw. $w_{yy} > 0$)	$\Longrightarrow$	rel. **Minimum**
$D < 0$		kein Extremwert (**Sattelpunkt**)
$D = 0$		muss gesondert untersucht werden.

[B]

1.) Man berechnet die **Randextremwerte**.

2.) Man untersucht die verbleibenden Punkte, für die die partiellen Ableitungen nicht existieren.

Muss man Punkte gesondert untersuchen, bedient man sich folgender Methoden, die auch bei stationären Punkten bisweilen schneller zum Ziel führen als die oben beschriebene Untersuchung von D:

(a)	Zeichnung der Höhenlinien $f(x, y) = f(x_0, y_0)$	[15.49]
(b)	Anwendung des Satzes von Weierstraß	[15.50]
(c)	direkte Berechnung von $f(x, y) - f(x_0, y_0)$ (evtl. mit Polarkoordinaten)	[15.50, 15.51]
(d)	Schnitt mit bestimmten Flächen	[15.50, 15.51]

Sind die *absolut* größten bzw. *absolut* kleinsten Funktionswerte von f gesucht, so betrachtet man die Funktionswerte an den Punkten, an denen f relative Extremwerte annimmt und bestimmt unter ihnen den *absolut* größten bzw. *absolut* kleinsten Funktionswert – falls es sie gibt!

Der Satz von Weierstraß sagt über die Existenz der absoluten Extremwerte:

Satz von Weierstraß

Jede auf einem **kompakten** Bereich **stetige** Funktion hat dort ein absolutes Maximum und ein absolutes Minimum.

Eine Teilmenge des $\mathbb{R}^n$ ist genau dann **kompakt**, wenn sie **beschränkt** und **abgeschlossen** ist. So sind z.B. Rechtecke, Kreise usw. (mit Rand!) kompakte Teilmengen des $\mathbb{R}^2$.

15.49 *Man bestimme die rel. und abs. Extremwerte von* $w = yx^2(4 - x - y)$ *im Dreieck, begrenzt durch die Geraden:* $x = 0$, $y = 0$, $x + y = 6$.

Zunächst die benötigten partiellen Ableitungen:

$w = 4x^2y - x^3y - x^2y^2$

$w_x = 8xy - 3x^2y - 2xy^2 = xy(8 - 3x - 2y)$, $w_y = 4x^2 - x^3 - 2x^2y = x^2(4 - x - 2y)$

$w_{xx} = 8y - 6xy - 2y^2$, $w_{yy} = -2x^2$, $w_{xy} = w_{yx} = 8x - 3x^2 - 4xy$

A 1.) Bestimmung der stationären Punkte:

Ist eine partielle Ableitung als Produkt darstellbar, setzt man die Faktoren einzeln Null und löst, falls möglich, jeweils nach x oder y auf. *Alle* Ergebnisse setzt man in die andere Gleichung ein.

$w_y = x^2(4 - x - 2y) = 0$, also $x^2 = 0$ oder $4 - x - 2y = 0$.
$x^2 = 0 \Longrightarrow x = 0$ braucht hier nicht weiter verfolgt zu werden, da nur Randpunkte herauskommen können.

$4 - x - 2y = 0 \Longrightarrow x = 4 - 2y$ eingesetzt in $w_x = xy(8 - 3x - 2y) = 0$ ergibt:

$(4 - 2y) \cdot y \cdot (8 - 12 + 6y - 2y) = 0$, Faktoren einzeln Null setzen:

$4 - 2y = 0$	$y = 0$	$-4 + 4y = 0$
↓	↓	↓
$y = 2$	$y = 0$	$y = 1$

Man setzt in $x = 4 - 2y$ ein und erhält die zugehörigen x–Werte:

↓	↓	↓
$x = 0$	$x = 4$	$x = 2$
↓	↓	↓
$\underline{(0, 2)}$	$\underline{(4, 0)}$	$\underline{(2, 1)}$

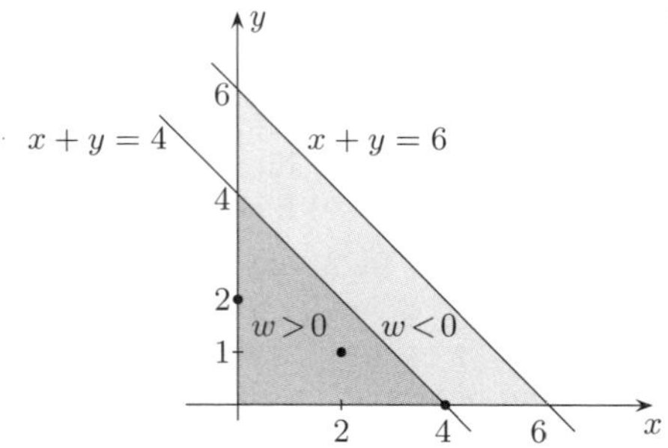

Die beiden ersten Punkte liegen auf dem Rand, sie werden später untersucht.

2.) Untersuchung des Punktes $(2, 1)$:

w verschwindet auf dem Rand des Dreiecks $x = 0$, $y = 0$, $x + y = 4$ und hat positive Werte im Innern, also existiert im Innern ein Maximum. Dafür kommt nur der Punkt $(2, 1)$ in Frage! Oder:

$D = w_{xx}w_{yy} - w_{xy}^2 = \big(2y(4 - x - y) - 4xy\big)(-2x^2) - \big(2x(4 - x - 2y) - x^2\big)^2$

$\Longrightarrow$ $D(2, 1) = 32 > 0$ und $w_{xx}(2, 1) = -6 < 0$ $\Longrightarrow$ rel. Maximum bei $(2, 1)$.

B Randextremwerte:

Man skizziert die Höhenlinie $w = x^2y(4 - x - y) = 0$,
also die Geraden (i) $x = 0$, (ii) $y = 0$, (iii) $x + y = 4$.

(1) Für $x = 0$ ist $w = f(0, y) = 0$.
Damit erkennt man aus der Skizze, dass für $(0, y)$ mit $0 \leq y < 4$ rel. Minima vorliegen und für $(0, y)$ mit $4 < y \leq 6$ rel. Maxima.
Bei $(4, 0)$ ist kein Extremwert, weil in jeder Umgebung $w > 0$ und $w < 0$ ist.

(2) Entsprechend sind für $y = 0$ bei $(x, 0)$ mit $0 \leq x < 4$ rel. Minima und bei $(x, 0)$ mit $4 < x \leq 6$ rel. Maxima.

(3) Für die Punkte auf der Gerade $x + y = 4$ gilt das Gleiche wie für den Punkt $(0, 4)$: Dort liegen keine Extremwerte, weil in jeder Umgebung $w > 0$ und $w < 0$ ist.

(4) Bleibt das Randstück $y = 6 - x$ mit $0 \leq x \leq 6$ zu untersuchen:
Man betrachtet $w = f(x, y)$ auf diesem Randstück:
$F(x) := f(x, 6 - x) = -2x^2(6 - x)$. Die Funktion $w = f(x, y)$ hat hier höchstens dort rel. Extremwerte, wo $F(x)$ welche hat. Man erhält die Punkte $(0, 6)$, $(6, 0)$ und $(4, 2)$.
$(0, 6)$ und $(6, 0)$ sind schon als rel. Maxima erkannt.
Bei $(4, 2)$ könnte ein rel. Minimum von $w = f(x, y)$ liegen. Da bei allen bereits erkannten rel. Minima die Funktionswert 0 sind, $f(4, 2) = -64$ gilt und w auf dem kompakten Bereich ein abs. Minimum hat, liegt dieses bei $(4, 2)$.

Unter den rel. Maxima sucht man die absol. und erhält $(2, 1)$ mit $f(2, 1) = 4$.

rel. Maxima:	$(0, y)$ für $4 < y \leq 6$ mit $f(0, y) = 0$, $(x, 0)$ für $4 < x \leq 6$ mit $f(x, 0) = 0$.
abs. Maximum	$(2, 1)$ mit $f(2, 1) = 4$.
rel. Minima:	$(0, y)$ für $0 \leq y < 4$ mit $f(0, y) = 0$, $(x, 0)$ für $0 \leq x < 4$ mit $f(x, 0) = 0$.
abs. Minimum	$(4, 2)$ mit $f(4, 2) = -64$.

15.50 *Man berechne die absoluten und die relativen Extrema von* $w = f(x, y) = x^4 + \frac{1}{2}y^2 + \cos(x^2 + y^2)$ *in der Kreisscheibe* $x^2 + y^2 \leq \frac{\pi}{2}$.

Aus Symmetriegründen braucht f nur im Viertelkreis des 1. Quadranten untersucht zu werden, denn es gilt: $f(x, y) = f(-x, y) = f(-x, -y) = f(x, -y)$.

Zunächst die benötigten partiellen Ableitungen:

$w = x^4 + \frac{1}{2}y^2 + \cos(x^2 + y^2) \Longrightarrow$

$w_x = 4x^3 - 2x\sin(x^2+y^2) = 2x(2x^2 - \sin(x^2+y^2))$
$w_y = y(1 - 2\sin(x^2+y^2)) = 2y(\frac{1}{2} - \sin(x^2+y^2))$
$w_{xx} = 12x^2 - 2\sin(x^2+y^2) - 4x^2\cos(x^2+y^2)$
$w_{yy} = 1 - 2\sin(x^2+y^2) - 4y^2\cos(x^2+y^2)$
$w_{xy} = w_{yx} = -4xy\cos(x^2+y^2)$.

A Berechnung und Untersuchung der stationären Punkte:

$$w_x = 0 \iff x = 0 \ \vee\ \sin(x^2+y^2) = 2x^2$$
$$w_y = 0 \iff y = 0 \ \vee\ \sin(x^2+y^2) = \frac{1}{2}$$

Für das gleichzeitige Verschwinden von w_x und w_y ergeben sich somit folgende vier Kombinationen:

$$\begin{array}{llll} x=0 & \wedge\ y=0 & \iff & (1)\\ x=0 & \wedge\ \sin(x^2+y^2)=\frac{1}{2} & \iff & (2)\\ \sin(x^2+y^2)=2x^2 & \wedge\ y=0 & \iff & (3)\\ \sin(x^2+y^2)=2x^2 & \wedge\ \sin(x^2+y^2)=\frac{1}{2} & \iff & (4)\end{array}$$

$$\begin{array}{lllll} (1) & \iff (x,y)=(0,0) & & & \\ (2) & \iff x=0\ \wedge\ \sin y^2=\frac{1}{2} & & \iff^1 & (x,y)=(0,\sqrt{\frac{\pi}{6}}\,)\\ (3) & \iff y=0\ \wedge\ \sin x^2=2x^2 & & \iff^1 & (x,y)=(0,0)\\ (4) & \iff \sin(x^2+y^2)=\frac{1}{2}\ \wedge\ 2x^2=\frac{1}{2} & & \iff^1 & (x,y)=(\frac{1}{2},\sqrt{\frac{\pi}{6}-\frac{1}{4}}\,)\end{array}$$

Man hat somit drei stationäre Punkte erhalten.

Die weitere Untersuchung mittels $D = w_{xx}w_{yy} - w_{xy}^2$ ergibt:

Punkt	w_{xx}	w_{yy}	w_{xy}	D	Ergebnis
$(0,0)$	0	1	0	$=0$	Kriterium versagt
$(0,\sqrt{\frac{\pi}{6}}\,)$	-1	$-\sqrt{3}\,\pi/3$	0	>0	rel. Max.
$(\frac{1}{2},\sqrt{\frac{\pi}{6}-\frac{1}{4}}\,)$	$2-\frac{1}{2}\sqrt{3}$	$\frac{1}{2}\sqrt{3}\,(1-2\pi/3)$	egal, da $w_{xx}w_{yy}<0$	<0	Sattelpunkt

Nun muss der Punkt $(0,0)$ gesondert untersucht werden:

Für $0 < |x| < \dfrac{1}{4}$ und $0 < |y| < \dfrac{1}{4}$ ist $x^2 + \frac{1}{2}y^2 < \frac{1}{2}$ und hieraus folgt:

$$\begin{aligned} f(x,y) - f(0,0) &= x^4 + \tfrac{1}{2}y^2 + \cos(x^2+y^2) - 1 = x^4 + \tfrac{1}{2}y^2 - 2\sin^2(\tfrac{x^2+y^2}{2})\\ &\geq x^4 + \tfrac{1}{2}y^2 - 2(\tfrac{x^2+y^2}{2})^2 = \tfrac{1}{2}x^4 + y^2(\tfrac{1}{2} - x^2 - \tfrac{1}{2}y^2) > 0\end{aligned}$$

Also ist $f(x,y) > f(0,0)$ und folglich liegt bei $(0,0)$ ein relatives Minimum!

[1]Man betrachtet nur den ersten Quadranten !

B Randextrema:

Betrachtet man den oberen Halbkreis $y = \sqrt{\frac{\pi}{2} - x^2}$, $-\sqrt{\frac{\pi}{2}} \leq x \leq \sqrt{\frac{\pi}{2}}$, so erhält man: $F(x) := f(x, \sqrt{\frac{\pi}{2} - x^2}\,) = x^4 + \frac{\pi}{4} - \frac{1}{2}x^2$.

Dies ist eine nach oben geöffnete Parabel 4. Ordnung, die symmetrisch zur y–Achse liegt, ihre Minima bei $x = \pm\dfrac{1}{2}$ und ihr Maximum bei $x = 0$ hat.

Ähnliche Überlegungen mit dem rechten Halbkreis $x = \sqrt{\frac{\pi}{2} - y^2}$ und $F(y) := f(\sqrt{\frac{\pi}{2} - y^2}\,, y)$ zeigen, dass Randextrema höchstens in den Randpunkten $(0, \sqrt{\frac{\pi}{2}}\,)$, $(\frac{1}{2}, \sqrt{\frac{\pi}{2} - \frac{1}{4}}\,)$, $(\sqrt{\frac{\pi}{2}}\,, 0)$ – und dazu symmetrischen Punkten – liegen können.

Für $(0, \sqrt{\frac{\pi}{2}}\,)$ und $(\sqrt{\frac{\pi}{2}}\,, 0)$ kommen deshalb nur <u>Randmaxima</u> und für $(\frac{1}{2}, \sqrt{\frac{\pi}{2} - \frac{1}{4}}\,)$ nur ein <u>Randminimum</u> in Frage:

- Untersuchung des Randpunktes $(\frac{1}{2}, \sqrt{\frac{\pi}{2} - \frac{1}{4}}\,)$:

Nach Weierstraß hat f auf der kompakten Kreisscheibe ein abs. Minimum. In Frage kommen nur die Punkte $(0, 0)$ (rel. Min., siehe oben) und $(\frac{1}{2}, \sqrt{\frac{\pi}{2} - \frac{1}{4}}\,)$. Da $f(0, 0) = 1$ und $f(\frac{1}{2}, \sqrt{\frac{\pi}{2} - \frac{1}{4}}\,) = \frac{\pi}{4} - \frac{1}{16} \approx 0.72$ ist, liegen bei $(\pm\frac{1}{2}, \pm\sqrt{\frac{\pi}{2} - \frac{1}{4}}\,)$ abs. Minima!

- Untersuchung des Randpunktes $(\sqrt{\frac{\pi}{2}}\,, 0)$:

Wie eben schließt man: f hat auf der Kreisscheibe ein abs. Maximum, für das nur $(0, \sqrt{\frac{\pi}{6}}\,)$ (rel. Max., siehe oben) und $(\sqrt{\frac{\pi}{2}}\,, 0)$ in Frage kommen. Es gilt $f(0, \sqrt{\frac{\pi}{6}}\,) = \frac{\pi}{12} + \frac{1}{2}\sqrt{3} \approx 1.13$ und $f(\sqrt{\frac{\pi}{2}}\,, 0) = \frac{\pi^2}{4} \approx 2.47$. Also liegen bei $(\pm\sqrt{\frac{\pi}{2}}\,, 0)$ abs. Maxima!

- Untersuchung des Randpunktes $(0, \sqrt{\frac{\pi}{2}}\,)$:

Schneidet man $w = f(x, y)$ mit der Ebene $x = 0$, also mit der y, w–Ebene, so erhält man $F(y) := f(0, y) = \frac{1}{2}y^2 + \cos y^2$. Da $F'(\sqrt{\frac{\pi}{2}}\,) = -\frac{\pi}{2} < 0$ ist, könnte bei $(0, \sqrt{\frac{\pi}{2}}\,)$ höchstens ein Randminimum sein, im Widerspruch zu obigen Überlegungen, wonach dort höchstens ein Randmaximum liegen könnte.

Zusammenfassend erhält man:

abs. Max.:	$(\pm\sqrt{\frac{\pi}{2}}\,,0)$	$f_{\max}=f(\pm\sqrt{\frac{\pi}{2}}\,,0)=\frac{1}{4}\pi^2\approx 2.47$
rel. Max.:	$(0,\pm\sqrt{\frac{\pi}{6}}\,)$	$f(0,\pm\sqrt{\frac{\pi}{6}}\,)=\frac{\pi}{12}+\frac{1}{2}\sqrt{3}\approx 1.13$
abs. Min.:	$(\pm\frac{1}{2},\pm\sqrt{\frac{\pi}{2}-\frac{1}{4}}\,)$	$f_{\min}=f(\pm\frac{1}{2},\pm\sqrt{\frac{\pi}{2}-\frac{1}{4}}\,)=\frac{\pi}{4}-\frac{1}{16}\approx 0.72$
rel. Min.:	$(0,0)$	$f(0,0)=1$

15.51 *Man untersuche $w=f(x,y)=(y-x^2)(y-2x^2)$ im Bereich $-1\le x\le 1,\ -1\le y\le 1$ auf Extrema.*

[A] Berechnung und Untersuchung der stationären Punkte:

$$\begin{aligned} w_x &= -2x(3y-4x^2)=0 \\ w_y &= \quad 2y-3x^2 \quad =0 \end{aligned} \iff x=y=0.$$

Also ist $(0,0)$ einziger stationärer Punkt.

$w_{xx}=-6y+24x^3,\ w_{xy}=-6x,\ w_{yy}=2 \implies D(0,0)=0$, Krit. versagt!

Was ist los im Punkt $(0,0)$?

Da die partiellen Ableitungen w_x, w_y stetig sind, ist f differenzierbar und die (x,y)–Ebene ist Tangentialebene im Nullpunkt.

Schnitt der Fläche mit den Ebenen $x=0,\ y=0,\ y=ax$ liefert:

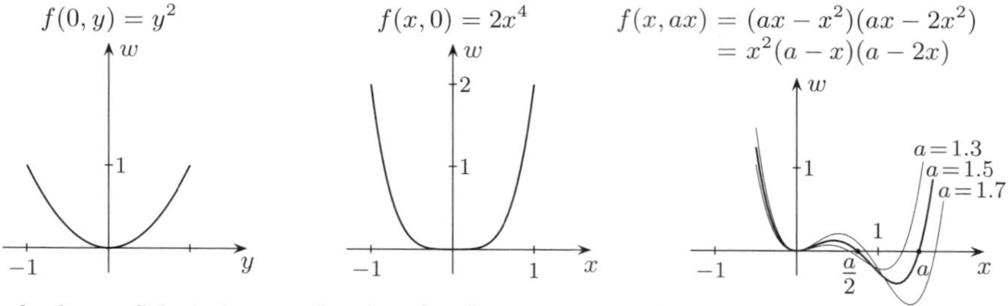

Jede dieser Schnittkurven hat bei $(0,0)$ ein Minimum!
Man könnte auf die Idee kommen, dass bei $(0,0)$ ein Minimum liegt!

Aber: Setzt man $y=\frac{3}{2}x^2$, erhält man: $f(x,\frac{3}{2}x^2)=-\frac{1}{4}x^4<0$ für $x\neq 0$.
Bei $(0,0)$ liegt also kein Minimum, sondern ein **Sattelpunkt**!

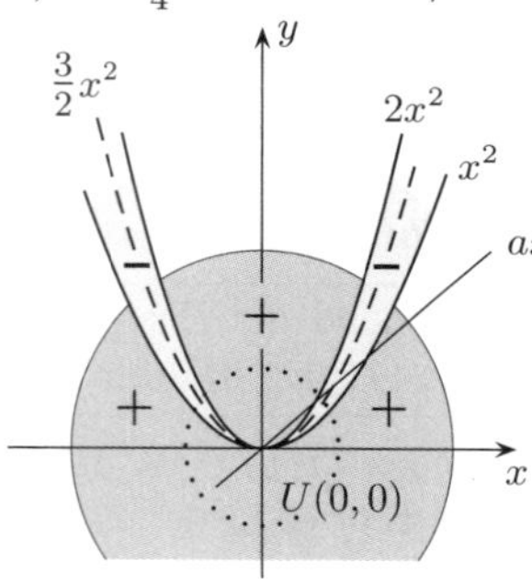

Letzteres sieht man auch, wenn man Gebiete betrachtet,

in denen $f(x,y)>f(0,0)=0$
bzw. $f(x,y)<f(0,0)=0$ ist:

$$\begin{aligned} f(x,y)=0 &\iff y=x^2\vee y=2x^2 \\ f(x,y)>0 &\iff y<x^2\vee y>2x^2 \\ f(x,y)<0 &\iff x^2<y<2x^2 \end{aligned}$$

Man sieht: In jeder Umgebung $U(0,0)$ von $(0,0)$ gibt es sowohl Punkte mit positiven als auch Punkte mit negativen Funktionswerten.
Bei $(0,0)$ ist also ein **Sattelpunkt** !

B Randextrema:

$f(\pm 1, y) = (y-1)(y-2)$

$g(x) := f(x,1)$
$= (1-x^2)(1-2x^2)$

$h(x) := f(x,-1)$
$= (1+x^2)(1+2x^2)$

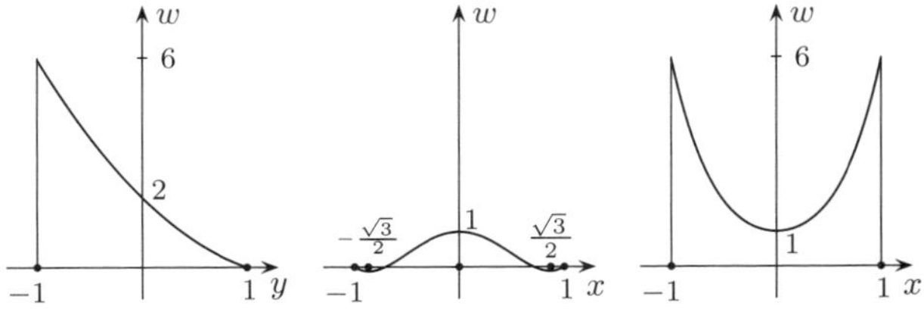

$f(\pm 1, y)$ $g(x) = f(x,1)$ $h(x) = f(x,-1)$

$g(x) = 1 - 3x^2 + 2x^4 \Longrightarrow g'(x) = -2x(3-4x^2) = 0 \Longrightarrow x_1 = 0,\ x_{2,3} = \pm\frac{1}{2}\sqrt{3}.$
$h(x) = 1 + 3x^2 + 2x^4 \Longrightarrow h'(x) = 2x(3+4x^2) = 0 \Longrightarrow x_1 = 0.$

Als Randextrema kommen also acht Punkte in Frage:

$(0,-1),\ (0,1),\ (-\frac{1}{2}\sqrt{3}, 1),\ (\frac{1}{2}\sqrt{3}, 1)$

und die vier Eckpunkte $(\pm 1, \pm 1)$:

abs. Max.: $(\pm 1, -1)$, $f_{\max} = f(\pm 1, -1) = 6$,
rel. Max.: $(0,1)$, $f(0,1) = 1$.
abs. Min.: $(\pm\frac{1}{2}\sqrt{3}, 1)$, $f_{\min} = f(\pm\frac{1}{2}\sqrt{3}, 1) = -\frac{1}{8}$.
Sattelpunkte: $(0,0)$, $(0,-1)$, $(\pm 1, 1)$.

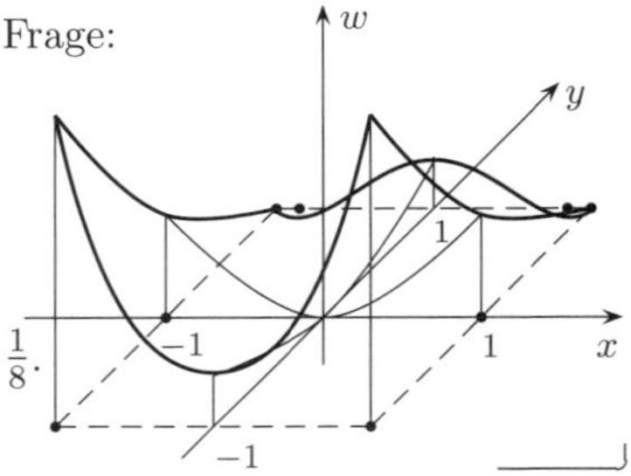

15.9 Extremwerte unter Nebenbedingungen

Soll ein Rechteck bei gegebenem Umfang von 20 cm möglichst großen Flächeninhalt f haben, so handelt es sich um eine (von der Schule bekannte) Extremwertaufgabe mit Nebenbedingung (NB).

$f(x,y) = x \cdot y$

NB: $2x + 2y = 20$
$0 \le x \le 10$

f ist eine Funktion der beiden Veränderlichen x und y, deren Maximum unter der Nebenbedingung $2x + 2y = 20$ mit $0 \le x \le 10$ gesucht ist [15.53].

Extrema mit Nebenbedingungen einer Funktion von zwei Veränderlichen:

Gesucht sind die Extrema von $z = f(x,y)$ für jene $(x,y) \in \mathbb{R}^2$, für die $G(x,y) = 0$ ist.

Die Punkte $(x,y) \in \mathbb{R}^2$ mit $G(x,y) = 0$ sind i.a. eine **Kurve** in der x,y–Ebene.

Die Punkte $(x,y,z) \in \mathbb{R}^3$ mit $z = f(x,y)$ und $G(x,y) = 0$ sind i.a. eine **Kurve** in der **Fläche** $z = f(x,y)$.

Gesucht sind die Punkte auf der Kurve $G(x,y) = 0$, in denen f einen Extremwert hat.

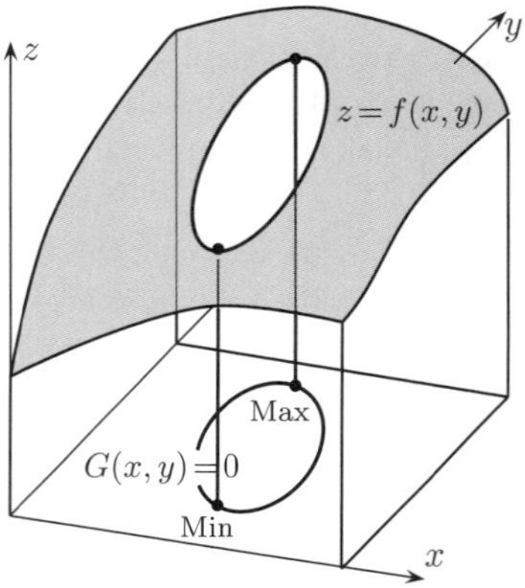

15.52 *Es sei* $z = f(x,y) = \sqrt{1-x^2-y^2}$. *Bestimme die Extrema von* f *unter der NB* $G(x,y) = (x-\frac{1}{2})^2 + y^2 - \frac{1}{16} = 0$, *siehe auch* [15.54].

Durch $z = f(x,y)$ wird die Kugelschale über der x,y–Ebene mit dem Radius 1 beschrieben. $G(x,y) = 0$ stellt den Kreis in der x,y–Ebene um den Punkt $(\frac{1}{2}, 0)$ mit dem Radius $\frac{1}{4}$ dar.

Anschaulich ist klar, dass das Maximum von f unter der NB im höchsten Punkt auf der Kugelfläche über der Kreislinie liegt, also bei $(\frac{1}{4}, 0)$. Das Minimum dagegen bei $(\frac{3}{4}, 0)$.

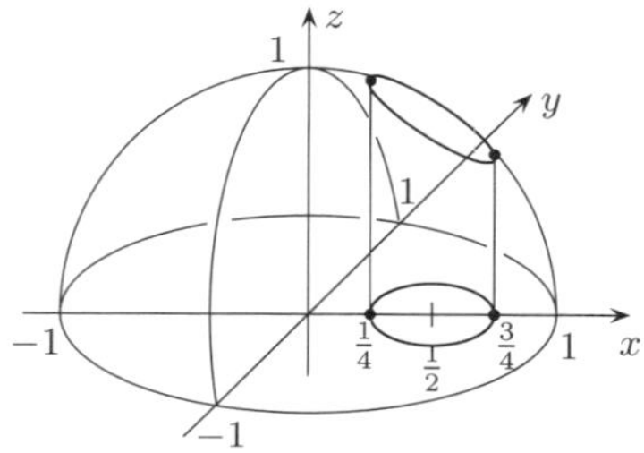

Bestimmung von Extrema unter Nebenbedingungen

(analog für drei oder mehr Variable)

1.) Einsetzen

Kann man die NB $G(x,y) = 0$ so in $w = f(x,y)$ einsetzen, dass eine Variable wegfällt, so braucht man nur noch eine Funktion einer Veränderlichen auf Extremwerte zu untersuchen (siehe Seite 269)!

2.) Verfahren von Lagrange

(a) $L(x,y,\lambda) := f(x,y) + \lambda G(x,y)$ heißt *Lagrangesche Hilfsfunktion.* Man sucht die (x,y), für die $L_x = L_y = L_\lambda = 0$ ist (notwendige Bed.).

(b) Unter den nach (a) bestimmten Punkten ermittelt man die Extrema.

15.53 *Welches Rechteck hat bei gegebenem Umfang* $U = 20$ *cm die größte Fläche* F*?*

$f(x,y) = x \cdot y$, NB: $\begin{array}{l} 2x + 2y = 20 \\ 0 \le x \le 10 \end{array}$

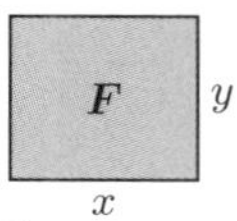

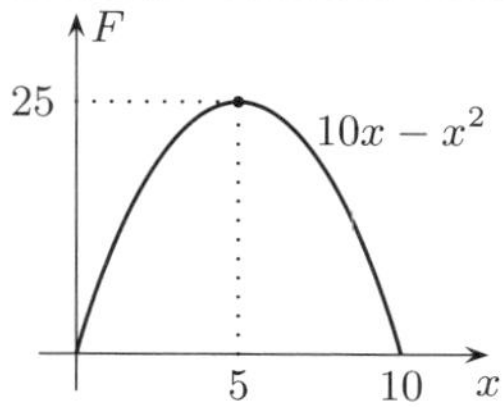

Aus der NB lässt sich y berechnen: $y = 10 - x$.

Einsetzen ergibt: $F(x) := f(x, 10-x) = x(10-x) = 10x - x^2$, $0 \le x \le 10$.

Das Maximum der Funktion $F(x) = 10x - x^2$ mit $0 \le x \le 10$ ist zu bestimmen: $F'(x) = 10 - 2x = 0 \Longrightarrow \underline{x = 5}$.

Da die Randstellen nicht als Maxima in Frage kommen ($F = 0$), hat das Rechteck für $x = y = 5$ cm (Quadrat!) maximalen Flächeninhalt $f(5,5) = 25$ cm^2.

15.54 *Man löse* [15.52] mit dem Verfahren von Lagrange.

Zwar lässt sich die NB nach y^2 auflösen und y^2 in $w = f(x,y)$ einsetzen (dabei Randextrema für $\frac{1}{4} \le x \le \frac{3}{4}$ beachten); dennoch verfahren wir nach **Lagrange**:

$L(x,y,\lambda) = \sqrt{1-x^2-y^2} + \lambda((x-\frac{1}{2})^2 + y^2 - \frac{1}{16})$. Sei $K := \dfrac{1}{\sqrt{1-x^2-y^2}}$:

$L_x = -xK + 2\lambda(x - \frac{1}{2}) = 0$
$L_y = -yK + 2\lambda y = y(2\lambda - K) = 0 \iff y = 0 \;\vee\; 2\lambda = K$
$L_\lambda = (x - \frac{1}{2})^2 + y^2 - \frac{1}{16} = 0$

Betrachtet man $L_y = 0 \iff y = 0$ oder $2\lambda = K$, so ergibt sich:

Für $2\lambda = K$ ist $L_x \neq 0$. Dies liefert also keine Lösung!

Für $y = 0$ folgt aus $L_\lambda = 0 : x^2 - x + \frac{3}{16} = 0 \Longrightarrow x = \frac{1}{4} \vee x = \frac{3}{4}$.
Durch Einsetzen in $L_x = 0$ kann man die λ bestimmen, für die $L_x = 0$ ist.

Extrema können also nur in den Punkten $(\frac{1}{4}, 0)$ und $(\frac{3}{4}, 0)$ auftreten.

Da es nach Weierstraß sowohl ein Maximum als auch ein Minimum geben muss , erhält man durch Vergleich der Funktionswerte $f(\frac{1}{4}, 0) > f(\frac{3}{4}, 0)$, dass bei $(\frac{1}{4}, 0)$ das Maximum und bei $(\frac{3}{4}, 0)$ das Minimum liegt.

Extrema einer Funktion von **drei** Veränderlichen unter einer Nebenbedingung werden analog behandelt: **Einsetzen** führt auf eine Funktion von **zwei** Veränderlichen, die mit den Methoden auf Seite 400 auf Extremwerte untersucht wird.

15.55 *Man untersuche f unter der Nebenbedingung NB auf Extrema:*

$f(x, y, z) = x^2 + y^2 + z^2$

$NB : x^2 + 2y^2 - z^2 = 4$ (einschaliges Hyperboloid).

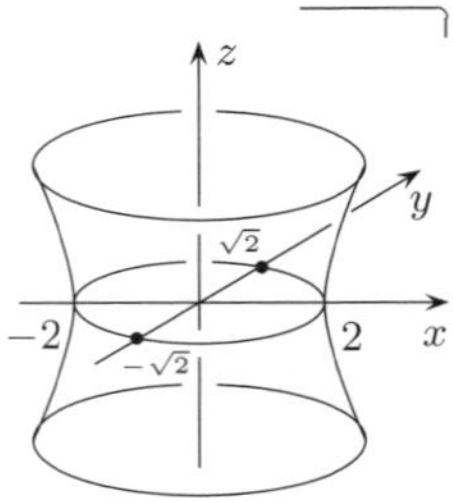

(1) **Anschauliche Lösung**: Für welche Punkte (x, y, z) des Hyperboloids ist das Quadrat des Abstands – und damit der Abstand – vom Nullpunkt extremal?
Man sieht (Skizze): $(0, \pm\sqrt{2}, 0)$ haben minimalen Abstand vom Nullpunkt!

(2) (Lösung mit **Lagrange**, siehe [15.109].

(3) **Einsetzen** von $z^2 = x^2 + 2y^2 - 4$ ergibt $g(x, y) = f(x, y, z(x, y)) = 2x^2 + 3y^2 - 4$, wobei $z^2(x, y)$ nur für $x^2 + 2y^2 \geq 4$ definiert ist, also außerhalb der Ellipse.

Berechnung der Extremwerte von $\underline{g(x, y) = 2x^2 + 3y^2 - 4, \text{ für } x^2 + 2y^2 \geq 4}$:

A Stationäre Punkte: $\operatorname{grad} g(x, y) = (4x, 6y) = (0, 0) \iff (x, y) = (0, 0)$.
Da $(0, 0)$ nicht im Definitionsgebiete von g liegt, hat g keine stationären Punkte!

B Randextremwerte: (Rand: $x^2 + 2y^2 = 4$ ist eine Ellipse!)
$x^2 + 2y^2 = 4 \iff y^2 = -\frac{1}{2}x^2 + 2$
$\Longrightarrow h(x) = g(x, y(x)) = \frac{1}{2}x^2 + 2$, für $-2 \leq x \leq 2$.

$h'(x) = x = 0 \iff x = 0 \Longrightarrow y = \pm\sqrt{2}$. Also $\underline{P_1 = (0, \sqrt{2})}$, $\underline{P_2 = (0, -\sqrt{2})}$.
Für die Randstellen $x = \pm 2$ erhält man $y = 0$. Also $\underline{P_3 = (2, 0)}$, $\underline{P_4 = (-2, 0)}$.

Randextremwerte von g können nur in P_1, P_2, P_3, P_4 auftreten!

$(0, \pm\sqrt{2}, 0)$ sind **absolute Minima** von f unter NB, mit $f(0, \pm\sqrt{2}, 0) = 2$.

$(\pm 2, 0, 0)$ mit $f(\pm 2, 0, 0) = 4$ sind **Sattelpunkte**! In jeder Umgebung von ihnen liegen Punkte $P = (x, y, z)$ des Hyperboloids mit $f(P) > 4$ bzw. $f(P) < 4$.

Das Verfahren von **Lagrange** geht für mehr als zwei Veränderliche analog:

15.56 *Man bestimme die absoluten Extrema von*
$f(x,y,z) = y^2 + 4z^2 - 4yz - 2xz - 2xy$
unter der Nebenbedingung NB: $G(x,y,z) = 2x^2 + 3y^2 + 6z^2 - 1 = 0$.

Mit dem Verfahren von Lagrange ergibt sich:

(a) $L(x,y,z,\lambda) = y^2 + 4z^2 - 4yz - 2xz - 2xy + \lambda(2x^2 + 3y^2 + 6z^2 - 1)$
$\qquad = (2z - y)^2 - 2x(y+z) + \lambda(2x^2 + 3y^2 + 6z^2 - 1).$

$L_x = -2(y+z) + 4\lambda x = 0 \qquad 2\lambda x = y + z$
$L_y = -2(2z - y) - 2x + 6\lambda y = 0 \qquad 2L_y + L_z = 0 \qquad -6x + 24\lambda^2 x = 0$
$L_z = 4(2z - y) - 2x + 12\lambda z = 0 \qquad -6x + 12\lambda(y+z) = 0$

$L_\lambda = 2x^2 + 3y^2 + 6z^2 - 1 = 0 \qquad$ (NB)

$-6x + 24\lambda^2 x = -6x(1 - 4\lambda^2) = 0 \iff \underline{x = 0}$ oder $\underline{\lambda = \pm\frac{1}{2}}$.

(1) $\lambda = \frac{1}{2}$: Es ist $x = y + z$, eingesetzt in $L_y = 0$ ergibt: $y = 2z$, also $x = 3z$.
Aus NB $L_\lambda = 0$ erhält man: $18z^2 + 12z^2 + 6z^2 = 1$, also $z = \pm\frac{1}{6}$.
Dies liefert die Punkte: $P_1 = (\frac{1}{2}, \frac{1}{3}, \frac{1}{6})$, $P_2 = (-\frac{1}{2}, -\frac{1}{3}, -\frac{1}{6})$.

(2) $\lambda = -\frac{1}{2}$: Dann ist $-x = y + z$ und man erhält wie eben: $z = \pm\frac{1}{6}$.
Dies liefert die Punkte: $P_3 = (-\frac{1}{2}, \frac{1}{3}, \frac{1}{6})$, $P_4 = (\frac{1}{2}, -\frac{1}{3}, -\frac{1}{6})$.

(3) $x = 0$: Aus $L_x = 0$ folgt $y = -z$. Aus $L_y = L_z = 0$ folgt $\lambda = -1$.
Nun ergibt sich aus der NB $y = \pm\frac{1}{3}$.
Dies liefert die Punkte: $P_5 = (0, -\frac{1}{3}, \frac{1}{3})$, $P_6 = (0, \frac{1}{3}, \frac{1}{3})$.

(b) Durch Betrachten der Funktionswerte in den in Frage kommenden Punkten ermittelt man die absoluten Extrema:
$f(P_1) = f(P_2) = -\frac{1}{2}$, $f(P_3) = f(P_4) = \frac{1}{2}$, $f(P_5) = f(P_6) = 1$.
Die stetige Funktion f nimmt auf der kompakten Menge $2x^2 + 3y^2 + 6z^2 = 1$ (Fläche eines Ellipsoides!) nach Weierstraß ihre absoluten Extremwerte an:
Die absoluten **Minima** liegen bei P_1 ,P_2; die absoluten **Maxima** bei P_5 ,P_6.

15.57 *Ein rechteckiger oben offener Behälter von 32m³ Inhalt soll so gebaut werden, dass seine Oberfläche minimal ist. Welche Abmessungen hat er?*

Sind x , y , z die Kantenlängen,
so ist die Oberfläche: $f(x,y,z) = xy + 2xz + 2yz$
NB: Volumen $= xyz = 32$.

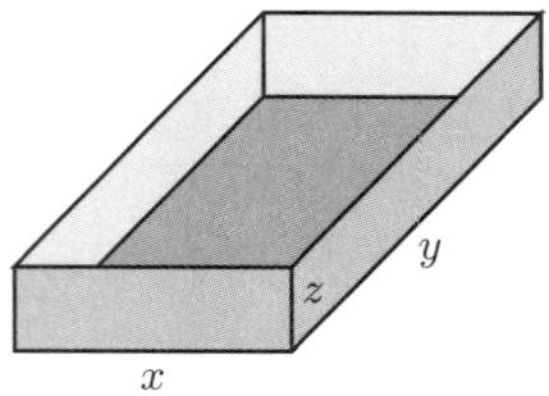

Lagrangesche Hilfsfunktion $L(x,y,z,\lambda)$:
$L(x,y,z,\lambda) = xy + 2xz + 2yz + \lambda(xyz - 32)$
$L_x = y + 2z + \lambda yz = 0$, $L_y = x + 2z + \lambda xz = 0$, $L_z = 2x + 2y + \lambda xy = 0$.
Beachtet man, dass $x, y, z \neq 0$ sein müssen, so erhält man aus den drei (nichtlinearen) Gleichungen und der NB die Kantenlängen: $x = y = 4$ und $z = 2$.

Das heißt: $f_{\min} = f(4,4,2) = 48\text{m}^2$.

Einsetzen der NB ist auch möglich:
$z = \frac{32}{xy} \Longrightarrow F(x,y) = f(x,y,\frac{32}{xy}) = xy + \frac{64}{y} + \frac{64}{x}$.
Gesucht ist das Minimum von $F(x,y)$: (siehe Seite 400)

$$\begin{array}{l} F_x = y - 64x^{-2} = 0 \\ F_y = x - 64y^{-2} = 0 \end{array} \Longrightarrow x^4 - 64x = 0 \Longrightarrow x = 0 \text{ oder } x = 4.$$

$x = 0$ kommt nicht in Frage, also $x = 4$ und damit $y = 4$.

$F_{xx} = 128x^{-3}$, $F_{xy} = F_{yx} = 1$, $F_{yy} = 128y^{-3}$

Also: $D(x,y) = 128^2x^3y^{-3} - 1 \Longrightarrow D(4,4) > 0 \Longrightarrow f$ hat Min. bei $(4,4)$.
Aus der NB berechnet man noch: $z = 2$.

15.58 *Man berechne den Abstand der Hyperbel $x^2 + 8xy + 7y^2 = 225$ vom Ursprung.*

Der Abstand eines Punktes (x,y) vom Ursprung ist $d(x,y) = \sqrt{x^2 + y^2}$.

Aus Monotoniegründen wird d genau dann minimal, wenn d^2 minimal wird. Damit vermeidet man die Wurzel!

Also ist das Minimum der Funktion $f(x,y) = (d(x,y))^2 = x^2 + y^2$ unter der NB $x^2 + 8xy + 7y^2 - 225 = 0$ gesucht, da wir nur Punkte der Hyperbel betrachten:

$L(x,y,\lambda) = x^2 + y^2 + \lambda(x^2 + 8xy + 7y^2 - 225)$

$$\begin{array}{lcl} L_x = 2x + 2\lambda x + 8\lambda y = 0 & \Longleftrightarrow & (1+\lambda)x + 4\lambda y = 0 \\ L_y = 2y + 8\lambda x + 14\lambda y = 0 & \Longleftrightarrow & 4\lambda x + (1+7\lambda)y = 0 \end{array}$$

Eliminiert man aus den beiden letzten Gleichungen x und bedenkt, dass $y \neq 0$ ist, so erhält man $9\lambda^2 - 8\lambda - 1 = 0$, also $\lambda = 1$ und $\lambda = -\frac{1}{9}$:

$\lambda = 1 \Longrightarrow x = -2y \Longrightarrow$ (NB) $-5y^2 = 225$. Widerspruch !

$\lambda = -\frac{1}{9} \Longrightarrow y = 2x \Longrightarrow$ (NB) $x^2 = 5$ und $y^2 = 20 \Longrightarrow d_{min} = \sqrt{x^2 + y^2} = 5.$

15.10 Differentiation und Integration

Ableitung nach der oberen (bzw. unteren) Grenze

Ist f stetig und $F(x) = \displaystyle\int_a^x f(t)\,dt$, so gilt $\dfrac{dF}{dx} = F'(x) = f(x)$.

Man differenziert also nach der oberen Grenze,
indem man diese in den stetigen Integranden f einsetzt!

Es ist $\displaystyle\int_a^b = -\int_b^a$. Also gilt analog $\dfrac{d}{dx}\displaystyle\int_x^b f(t)\,dt = -f(x)$.

Man diff. also nach der unteren Grenze, indem man diese in $-f$ einsetzt!

Jede stetige Funktion $f(x)$ hat also eine Stammfunktion, nämlich $F(x)$.

Siehe auch **Hauptsatz** der Differential– und Integralrechnung, Seite 301.

15.59 $F_1(x) = \int_0^x e^{3t^2}\,dt \Longrightarrow F_1'(x) = e^{3x^2}; \quad F_2(x) = \int_0^{x^2} e^{3t^2}\,dt \Longrightarrow F_2'(x) = e^{3x^4}2x.$

$$G(x) = \int_1^{\sin x} \ln t^2\,dt \quad\Longrightarrow\quad \begin{aligned} G'(x) &= \ln\sin^2 x\cdot(\sin x)' \quad \text{(Kettenregel)},\\ &= \ln\sin^2 x\cdot\cos x.\end{aligned}$$

$$H(x) = \int_{e^{3x}}^{-1} \cos 2t\,dt = -\int_{-1}^{e^{3x}} \cos 2t\,dt \quad\Longrightarrow\quad H'(x) = -\cos 2e^{3x}\cdot 3e^{3x}.$$

$$F(x,y) = \int_x^y f(t)\,dt \quad\Longrightarrow\quad F_x = -f(x)\;,\; F_y = f(y).$$

Ableitung nach Parameter im Integranden

Vertauschung von Differentiation und Integration

Ist f_x stetig, so gilt:

$$F(x) = \int_a^b f(x,t)\,dt \quad\Longrightarrow\quad \frac{dF}{dx} = F'(x) = \int_a^b f_x(x,t)\,dt.$$

Man differenziert nach einem Parameter des Integranden, indem man die stetige partielle Ableitung nach dem Parameter integriert.

15.60 *Man differenziere* $F(x) = \int_0^1 x\cos xt\,dt$:

Differenziert man gemäß obiger Regel erst unter dem Integralzeichen nach x, so erhält man:

$$F'(x) = \int_0^1 (\cos xt - xt\sin xt)\,dt = \cdots \quad \text{Einfacher ist:}$$

$$F'(x) = \left(\int_0^1 x\cos xt\,dt\right)' = \left(\Big[\sin xt\Big]_0^1\right)' = (\sin x)' = \underline{\cos x}.$$

15.61 *Man differenziere* $F(x) = \int_1^{\ln 2} \frac{e^{x^2 t}}{t}\,dt$:

Erst integrieren entfällt, da der Integrand $\frac{e^{x^2 t}}{t}$ nicht elementar nach t integrierbar ist. Also:

$$F'(x) = \int_1^{\ln 2} \frac{2xte^{x^2 t}}{t}\,dt = \int_1^{\ln 2} 2xe^{x^2 t}\,dt = \left[\frac{2}{x}e^{x^2 t}\right]_1^{\ln 2} = \underline{\frac{2}{x}(2^{x^2} - e^{x^2})}.$$

Das bestimmte Integral $\mathcal{F}(u,v,x) = \displaystyle\int_u^v f(x,t)\,dt$ hängt von u, v, x ab.

Sind u, v stetig differenzierbare Funktionen von x und sind die auftretenden Integranden stetig, so erhält man mittels obiger Regeln und der Kettenregel:

Differentiation unter dem Integralzeichen

Ist $\quad F(x) = \mathcal{F}\big(u,v,x\big) = \displaystyle\int_{u(x)}^{v(x)} f(x,t)\,dt, \quad$ so gilt:

$$\begin{aligned} F'(x) &= \mathcal{F}_u \cdot u' + \mathcal{F}_v \cdot v' + \mathcal{F}_x \qquad \text{(Kettenregel, Seite 380)} \\ &= -f\big(x,u(x)\big)\cdot u'(x) + f\big(x,v(x)\big)\cdot v'(x) + \int_{u(x)}^{v(x)} f_x(x,t)\,dt. \end{aligned}$$

15.62 *Man differenziere:* $F(x) = \displaystyle\int_{e^{3x}}^{\sin x} x^2 t\,dt.$

Es ist $\quad \mathcal{F}(u,v,x) = \displaystyle\int_u^v x^2 t\,dt$ mit $\quad \begin{array}{ll} u = u(x) = e^{3x} & u' = 3e^{3x} \\ v = v(x) = \sin x \quad \text{und} & v' = \cos x \\ f(x,t) = x^2 t & f_x = 2xt \end{array}$.

$$\begin{aligned} \text{Also gilt:}\quad F'(x) &= -x^2 e^{3x}\cdot 3e^{3x} + x^2\sin x\cdot\cos x + \int_{e^{3x}}^{\sin x} 2xt\,dt \\ &= -3x^2 e^{6x} + x^2\sin x\cos x + \Big[xt^2\Big]_{e^{3x}}^{\sin x} \\ &= -3x^2e^{6x} + x^2\sin x\cos x + x\sin^2 x - xe^{6x} \\ &= -xe^{6x}(3x+1) + x\sin x(x\cos x + \sin x) \end{aligned}$$

Hier kann man natürlich *erst* das Integral lösen und *dann* differenzieren:

$$F(x) = \int_{e^{3x}}^{\sin x} x^2 t\,dt = \frac{1}{2}x^2\Big[t^2\Big]_{e^{3x}}^{\sin x} = \frac{1}{2}x^2(\sin^2 x - e^{6x}) \Longrightarrow F'(x) = \cdots.$$

Das geht nicht immer, wie folgendes Beispiel zeigt:

15.63 *Man differenziere:* $F(x) = \displaystyle\int_{\cos x}^{\sin x} \frac{e^{xt}}{t}\,dt$

Der Integrand ist nicht elementar integrierbar (siehe **F+H**, S. 102, Nr. 171), also:

$$\begin{aligned} F'(x) &= -\frac{e^{x\cos x}}{\cos x}(-\sin x) + \frac{e^{x\sin x}}{\sin x}\cos x + \int_{\cos x}^{\sin x}\frac{te^{xt}}{t}\,dt \\ &= \underline{\underline{\frac{e^{x\sin x}(\sin x + x\cos x)}{x\sin x} - \frac{e^{x\cos x}(\cos x - x\sin x)}{x\cos x}}} \end{aligned}$$

$$\text{da}\quad \int_{\cos x}^{\sin x}\frac{te^{xt}}{t}\,dt = \int_{\cos x}^{\sin x} e^{xt}\,dt = \frac{1}{x}\Big[e^{xt}\Big]_{\cos x}^{\sin x} = \frac{1}{x}(e^{x\sin x} - e^{x\cos x}).$$

15.11 Aufgaben

15.64 $w = \begin{cases} \frac{x^3-y^3}{x^2+y^2} & \text{für} \quad (x,y) \neq (0,0) \\ 0 & \text{für} \quad (x,y) = (0,0) \end{cases}$ *ist überall stetig.*

15.65 $w = \begin{cases} e^{x/(x^2+y^2)} & \text{für} \quad (x,y) \neq (0,0) \\ 1 & \text{für} \quad (x,y) = (0,0) \end{cases}$ *ist unstetig in* $(0,0)$.

15.66 $f(x,y) = \dfrac{\sin(x^3+y^3)}{x^2+y^2}$ *ist in* $(0,0)$ *stetig ergänzbar.*

15.67 *Es sei* $f(x,y) = \dfrac{\sin(x^3+y^3)}{x^2+y^2}$ *für* $(x,y) \neq (0,0)$ *und* $f(0,0) = 0$.
f ist in $\mathbb{R}^2$ stetig, in $\mathbb{R}^2 \setminus \{(0,0)\}$ differenzierbar, im Punkt $(0,0)$ in alle Richtungen differenzierbar; aber im Punkt $(0,0)$ nicht differenzierbar.

Man berechne:

15.68 $\lim\limits_{(x,y)\to(0,0)} \dfrac{\sin(x^2+y^2)}{\sqrt{\sin(x^2+y^2)+1}-1}$, *vgl. [15.8].* **15.69** $\lim\limits_{(x,y)\to(2,1)} \dfrac{\sin(xy-2)}{\tan(3xy-6)}$.

15.70 $w = \ln(x + \sqrt{x^2+y^2})$; w_x, w_y? **15.71** $w = \arctan \frac{x}{y}$; w_x, w_y?

15.72 *Man bestimme die partiellen Ableitungen in* $(0,0)$ *von* $w = \dfrac{x\cos y - y\cos x}{1+\sin x+\sin y}$.

Man berechne das totale Differential: **15.73** $w = \dfrac{x+y}{x-y}$ **15.74** $w = \arctan xy$.

Man berechne mit Hilfe des Differentials eine Näherung von:

15.75 $\ln(\sqrt[3]{1.03} + \sqrt[4]{0.98} - 1)$ **15.76** $\sqrt[5]{(3.8)^2 + 2(2.1)^3}$

15.77 *Es sei* $w = f(x,y) = x^2y - 3y$. *Man berechne:*
(a) *die Schnittkurven von* $w = f(x,y)$ *mit den Ebenen* $x = 4$ *bzw.* $y = 3$,
(b) *die Tangentenvektoren dieser Kurven in* $(4, 3, f(4,3))$,
(c) *die Ebene, die von ihnen in diesem Punkt aufgespannt wird.*

15.78 $w = e^{x-2y}$, $x = \sin t$, $y = t^3$. *Man berechne* $\dfrac{dw}{dt}$.

15.79 $w = x^2 \ln y$, $x = \dfrac{u}{v}$, $y = 3u - 2v$. *Man berechne* w_u *und* w_v.

15.80 $w = f(x,y)$, $x = 2u - v$, $y = u + 2v$. *Man drücke* w_{xy} *durch* w_{uu}, w_{uv}, w_{vv} *aus. Hinweis: Man löse das lineare Gleichungssystem!*

15.81 $z^3 + 3xyz = 0$, *berechne* z_x, z_y. **15.82** $xe^y + ye^x - e^{xy} = 0$, *berechne* $\dfrac{dy}{dx}$.

15.83 $w = x^3y$, $x^5 + y = t$, $x^2 + y^3 = t^2$, *man berechne* $\dfrac{dw}{dt}$.
Hinweis: x und y sind als implizite Funktionen von t gegeben.
Man berechnet $\frac{dx}{dt}$ und $\frac{dy}{dt}$, indem man beide Seiten der definierenden Gleichungen nach t differenziert und das LGS löst!

15.84 $w = x^3 + axy^2$, *für welche* a *ist* $w_{xx} + w_{yy} = 0$?

15.85 $w = f(x, y)$, $u = x + y$, $v = x - y$.
Man zeige: Falls f_{xy} *stetig ist gilt:* $w_{xx} - w_{yy} = 4w_{uv}$.

Man berechne $\left(\frac{\partial}{\partial x}dx + \frac{\partial}{\partial y}dy\right)^2$ *von:*

15.86 $w = xy^2 - x^2y$ **15.87** $w = \ln(x - y)$ **15.88** $w = x\sin^2 y$

15.89 *Man berechne* $\left(\frac{\partial}{\partial x}dx + \frac{\partial}{\partial y}dy\right)^3$ *von* $w = \sin(2x + y)$ *bei* $(0, \pi)$, $(-\frac{\pi}{2}, \frac{\pi}{2})$.

15.90 $w = x^3 + y^2 - 6xy - 39x + 18y + 4$, *man berechne* $f(5,6) - f(5 + dx, 6 + dy)$.
Hinweis: Man bestimme die Taylorentwicklung in $(5, 6)$.

Man bestimme die Taylorentwicklung bis zu den quadratischen Gliedern:

15.91 $e^x \ln(1 + y)$, $(0,0)$ **15.92** $(1 - x - y + xy)^{-1}$, $(0,0)$ **15.93** $\sin xy$, $(1, \frac{\pi}{2})$

15.94 *Man ersetze* $w = y\ln(1 + e^x)$ *im Quadrat* $0 \le x \le 1$, $0 \le y \le 1$ *durch die Tangentialebene in* $(0,0)$ *und zeige: Der Fehler ist kleiner als 0,7.*

15.95 *Man bestimme die absoluten Extrema von* $w = x^2 - y^2$ *im Kreis* $x^2 + y^2 \le 4$.

15.96 *Man bestimme die absoluten Extrema von* $w = x^2 + 2xy - 4x + 8y$ *im Rechteck* $0 \le x \le 1$, $0 \le y \le 2$.

15.97 *Man bestimme die absoluten Extrema von* $w = e^{-x^2-y^2}(2x^2 + 3y^2)$ *im Kreis* $x^2 + y^2 \le 4$.

15.98 $P_1 = (1,0,1)$, $P_2 = (3,4,-2)$, $P_3 = (0,2,-1)$, $P_4 = (-1,0,0)$.
Man bestimme den Punkt P *in der* x, y*–Ebene, für den die Summe der Abstandsquadrate zu diesen Punkten minimal ist.*

15.99 *Man bestimme die Extrema von* $w = x^2 - \cos(y - x^2)$ *für* $x^2 \le 2\pi$, $|y| \le 2\pi$.

15.100 *Wo liegen die relativen Extrema von* $w = x^4 + y^4 - 2x^2 + 4xy - 2y^2$ *?*

15.101 *Man untersuche die durch* $f(x, y, z) = x^4 + 2y^2 + z^2 - y(2x^2 + 8) + 4z$ *gegebene Funktion auf relative Extremwerte.*

15.102 *Man bestimme die relativen Extrema von* $w = y^5 - x^2y^3 + x^2y - y^3$.
Hinweis: Höhenlinien zeichnen!

15.103 *Man bestimme die Extrema von* $w = xy$ *unter der NB* $x^2 + y^2 = 2$.

15.104 $f(x, y) = x^y - y^x - x + y = 0$ *lässt sich bei* $(2, 1)$ *lokal nach* y *auflösen. Für die Auflösungsfunktion* $y = h(x)$ *berechne man* $h'(2)$, *siehe auch* [12.14].

15.105 *Man bestimme die Extrema von* $w = x + y + z$
(a) *unter der NB* $\frac{1}{x} + \frac{1}{y} + \frac{1}{z} = 1$, (b) *unter der NB* $xyz = 1$.

15.106 *Man bestimme die äußeren Abmessungen einer rechtwinkligen offenen Schachtel mit gegebener Wandstärke* a *und gegebenem Inhalt* V, *so dass der Materialaufwand minimal ist.*

15.107 *Man skizziere die Fläche* $z = xy$.

15.108 *Man bestimme das* n*–te Taylorpolynom von* $f(x, y) = \sqrt{1 + x + y}$ *in* $(0, 0)$.
Für welche $(x, y) \in \mathbb{R}^2$ *konvergiert* $T_n(x, y) \to f(x, y)$ *für* $n \to \infty$ *?*

15.109 *Man löse 15.55 mittels der Lagrangeschen Hilfsfunktion.*

15.12 Lösungen

15.64 Polarkoordinaten: $\lim\limits_{r\to 0}\frac{r^3(\cos^3\varphi-\sin^3\varphi)}{r^2}=0=w(0,0)$.

15.65 Annäherung an $(0,0)$ auf positiver x–Achse: $y=0$, $\lim\limits_{x\to 0^+} e^{1/x}=\infty\neq 1$.

15.66 $|\sin\alpha|\leq|\alpha|\Longrightarrow$

$$\left|\frac{\sin(x^3+y^3)}{x^2+y^2}\right|\leq\frac{|x^3+y^3|}{x^2+y^2}=\frac{r^3}{r^2}|\cos^3\varphi+\sin^3\varphi|=r|\cos^3\varphi+\sin^3\varphi|$$

$\Longrightarrow \lim\limits_{(x,y)\to(0,0)}\frac{\sin(x^3+y^3)}{x^2+y^2}=0$. Also ist f durch $f(0,0):=0$ stetig ergänzbar.

15.67 $(x,y)\neq(0,0)$: Da f aus differenzierbaren Funktionen zusammengesetzt ist und der Nenner ungleich Null ist, ist f für alle $(x,y)\neq(0,0)$ differenzierbar.

$(x,y)=(0,0)$: $f_x(0,0)=\lim\limits_{(x,0)\to(0,0)}\frac{f(x,0)-f(0,0)}{x}=\lim\limits_{x\to 0}\frac{\sin x^3}{x^3}=1$,

ebenso: $f_y(0,0)=1$, also $\operatorname{grad} f(0,0)=(1,1)$.

Richtungsableitungen: Sei $\vec{e}:=(\cos\varphi,\sin\varphi)$, dann ist:

$f(t\cos\varphi,t\sin\varphi)=\frac{\sin\big(t^3(\cos^3\varphi+\sin^3\varphi)\big)}{t^2}$ und

$\frac{\partial f}{\partial\vec{e}}=\lim\limits_{t\to 0}\frac{\sin\big(t^3(\cos^3\varphi+\sin^3\varphi)\big)}{t^3}=\cos^3\varphi+\sin^3\varphi$.

Alle Richtungsableitungen existieren also:

Wäre f in $(0,0)$ differenzierbar, müssten sich die Richtungsableitungen mit $\operatorname{grad} f(0,0)=(1,1)$ berechnen:

$$\begin{aligned}\frac{\partial f}{\partial\vec{e}}&=\operatorname{grad} f(0,0)\cdot(\cos\varphi,\sin\varphi)\\&=(1,1)\cdot(\cos\varphi,\sin\varphi)=\cos\varphi+\sin\varphi\neq\cos^3\varphi+\sin^3\varphi\ \sharp.\end{aligned}$$

15.68 2 **15.69** $\frac{1}{3}$ **15.70** $w_x=(x^2+y^2)^{-1/2}$, $w_y=\frac{y}{x^2+y^2+x\sqrt{x^2+y^2}}$

15.71 $w_x=y(x^2+y^2)^{-1}$, $w_y=-x(x^2+y^2)^{-1}$ **15.72** $w_x=1$, $w_y=-1$

15.73 $dw=(-2y\,dx+2x\,dy)(x-y)^{-2}$ **15.74** $dw=(x\,dy+y\,dx)(1+x^2y^2)^{-1}$

15.75 0.005 **15.76** 2.01

15.77 (a) $\vec{f_1}(t)=(4,t,13t)$, Gerade! $\vec{f_2}(t)=(t,3,3t^2-9)$, Parabel!
(b) $\operatorname{grad} f(4,3)=(24,13)\Longrightarrow\vec{t_1}=0,1,13)$ und $\vec{t_2}=(1,0,24)$
(c) Tangentialebene in $(4,3,39)$: $24x+13y-z=96$

15.78 $\frac{dw}{dt}=\frac{dw}{dx}\frac{dx}{dt}+\frac{dw}{dy}\frac{dy}{dt}=e^{\sin t-2t^3}(\cos t-6t^2)$

15.79 Einsetzen: $w_u=2uv^{-2}\ln(3u-2v)+3u^2(v^{-2}(3u-2v)^{-1})$
$w_v=-2u^2v^{-3}\ln(3u-2v)-2u^2(v^{-2}(3u-2v)^{-1})$

15.80 $w_{xy}=\frac{1}{25}(2w_{uu}+3w_{uv}-2w_{vv})$ **15.81** $z_x=-yz(xy+z^2)^{-1}$
$z_y=-xz(xy+z^2)^{-1}$

15.82 $\frac{dy}{dx} = \frac{ye^{xy} - ye^x - e^y}{xe^y - e^x - xe^{xy}}$

15.83 $5x^4 \frac{dx}{dt} + \frac{dy}{dt} = 1$, $2x\frac{dx}{dt} + 3y^2\frac{dy}{dt} = 2t$, $\frac{dw}{dt} w_x \frac{dx}{dt} + w_y \frac{dy}{dt}$

$\Longrightarrow \frac{dw}{dt} 3x^2 y \frac{3y^2 - 2t}{15x^4y^2 - 2x} + x^3 \frac{10x^4 t - 2x}{15x^4y^2 - 2x}$

15.84 $a = -3$

15.85 $\begin{array}{l} x = \frac{1}{2}(u+v) \\ y = \frac{1}{2}(u-v) \end{array} \Longrightarrow \begin{array}{ll} x_u = \frac{1}{2} & x_v = \frac{1}{2} \\ y_u = \frac{1}{2} & y_v = -\frac{1}{2} \end{array} \Longrightarrow w - uv = \frac{1}{4}(w_{xx} - w_{yy})$

15.86 $-2y\,dx^2 + 4(y-x)\,dx\,dy + 2x\,dy^2$ **15.87** $(dx - dy)^2 (x-y)^{-2}$

15.88 $2\sin 2y\,dx\,dy + 2x\cos 2y\,dy^2$ **15.89** $(2\,dx + dy)^3$ und 0

15.90 $15\,dx^2 - 6\,dx\,dy + dy^2 + dx^3$ **15.91** $y + xy - \frac{1}{2}y^2$

15.92 $1 + x + y + x^2 + xy + y^2$

15.93 $1 - \frac{1}{8}\pi^2(x-1)^2 - \frac{1}{2}\pi(x-1)(y - \frac{\pi}{2}) - \frac{1}{2}(y - \frac{\pi}{2})^2$

15.94 $w_x(0,0) = 0$, $w_y(0,0) = \ln 2 \Longrightarrow$ Tangentialebene: $z = y \ln 2$.

$|y \ln(1 + e^x) - \ln 2| = y \ln \frac{1+e^x}{2} \leq 1 \ln \frac{1+e}{2} < 0.7$.

15.95 abs. Max. $f(2,0) = f(-2,0) = 4$, abs. Min. $f(0,2) = f(0,-2) = -4$

15.96 abs. Max. $f(1,2) = 17$, abs. Min. $f(1,0) = -3$

15.97 abs. Max. $f(0,1) = f(0,-1) = 3e^{-1}$, abs. Min. $f(1,0) = 12e^{-4}$

15.98 $P = (\frac{3}{4}, \frac{3}{2}, 0)$

15.99 abs. Max. $f(\pm\sqrt{2\pi}, \pm\pi) = 2\pi + 1$, abs. Min. $f(0,0) = f(0, \pm 2\pi) = -1$

15.100 kein rel. Maximum! rel. Min. bei $(\sqrt{2}, -\sqrt{2})$, $(-\sqrt{2}, \sqrt{2})$,

$(0,0)$ ist kein rel. Min., da $f(x,x) > 0$ aber $f(0,y) < 0$ für $|y| < \sqrt{2}$ ist.

15.101 $\operatorname{grad} f = \big(4x(x^2 - y), 4y - (2x^2 + 8), 2z + 4\big) = (0,0,0)$

$\Longleftrightarrow P_1 = (0, 2, -2)$, $P_{2,3} = (\pm 2, 4, -2)$, (stationäre Punkte).

Die stationären Punkte werden mit der Hesse–Matrix untersucht:

$$H(x,y,z) = \begin{pmatrix} 12x^2 - 4y & -4x & 0 \\ -4x & 4 & 0 \\ 0 & 0 & 2 \end{pmatrix}$$ siehe **F+H** unter Hesse–Matrix

$$H(0,2,-2) = \begin{pmatrix} -8 & 0 & 0 \\ 0 & 4 & 0 \\ 0 & 0 & 2 \end{pmatrix}$$ indefinit, da EW versch. Vorzeichen, also Sattelpunkt.

$$H(\pm 2, 4, -2) = \begin{pmatrix} 32 & \mp 8 & 0 \\ \mp 8 & 4 & 0 \\ 0 & 0 & 2 \end{pmatrix}$$ pos. definit, da alle Hauptunterdet. pos., also rel. Min.

5.102 rel. Min. bei $(0, \sqrt{\frac{3}{5}})$, rel. Max. bei $(0, -\sqrt{\frac{3}{5}})$.

5.103 abs. Max. $f(1,1) = f(-1,-1) = 1$, abs. Min. $f(-1,1) = f(1,-1) = -1$

5.104 $\operatorname{grad} f(x,y) = (f_x, f_y) = (yx^{y-1} - y^x \ln y - 1\ ,\ x^y \ln x - xy^{x-1} + 1)$,
$\operatorname{grad} f(2,1) = (0, 2\ln 2 - 1)$. Da $f_y(2,1) = 2\ln 2 - 1 \neq 0$ ist, ist obige Gleichung auflösbar und $h'(2) = -\frac{f_x(2,1)}{f_y(2,1)} = \underline{\underline{0}}$.

5.105 (a) NB nach z auflösen, einsetzen: $W(x,y) := w(x,y,1+\frac{x+y}{xy-x-y})$ auf Extremwerte untersuchen: $W_x = W_y = 0 \iff (x,y) = (1,1), (1,-1), (-1,1), (3,3)$. $D(x,y)$ für diese Punkte berechnen, Symmetrie ausnutzen, ergibt: rel. Minimum von w unter der NB bei $(3,3,3)$, mit $w(3,3,3) = 9$.

(b) Lagrange: $F(x,y,z,\lambda) = x + y + z + \lambda(xyz - 1)$;
$F_x = F_y = F_z = F_\lambda = 0 \iff x = y = z,\ x^3 = 1 \iff x = y = z = 1$.
Also ist $P = (1,1,1)$ der einzige kritische Punkt.
Die Niveauflächen von f sind die Ebenen $x + y + z = c$.
$x + y + z = 3$ ist Tangentialebene an $xyz = 1$ im Punkt $(1,1,1)$.
Man sieht: Bei $(1,1,1)$ liegt ein Minimum.
Oder: Einsetzen und $g(x,y) := f(x,y,\frac{1}{xy})$ auf Extremwerte untersuchen (S. 400).

5.106 Grundfläche ist Quadrat mit Seitenlänge $2a + \sqrt[3]{2V}$. Höhe ist halb so groß.

5.107 (a) Höhenlinien: $z = xy = c \Longrightarrow y = \frac{c}{x}$ Hyperbel, falls $c \neq 0$.

(b) $x = a \Longrightarrow z = ay$ Gerade (c) $y = b \Longrightarrow z = bx$ Gerade

Außerdem hat man: $y = x \Longrightarrow z = x^2$ und $y = -x \Longrightarrow z = -x^2$, Parabeln.

5.108 Mit der binomischen Reihe (siehe Seite 47) erhält man:
$$\sqrt{1+x+y} = (1+x+y)^{\frac{1}{2}} = \sum_{k=0}^{\infty} \binom{\frac{1}{2}}{k} (x+y)^k, \text{ für } |x+y| < 1.$$
Also ist $T_n(x,y) = \sum_{k=0}^{n} \binom{\frac{1}{2}}{k} (x+y)^k$ und $T_n(x,y) \to f(x,y)$ für $|x+y| < 1$.

5.109 $L(x,y,z,\lambda) = x^2 + y^2 + z^2 + \lambda(x^2 + 2y^2 - z^2 - 4)$.
$$\begin{array}{llcrcl}
(1) & L_x & = & 2x + 2\lambda x & = 0 & \iff & x = 0 \text{ oder } \lambda = -1\\
(2) & L_y & = & 2y + 4\lambda y & = 0 & \iff & y = 0 \text{ oder } \lambda = -\frac{1}{2}\\
(3) & L_z & = & 2z - 2\lambda z & = 0 & \iff & z = 0 \text{ oder } \lambda = 1\\
(4) & L_\lambda & = & x^2 + 2y^2 - z^2 - 4 & = 0 & &
\end{array}$$

$x = y = 0 \overset{(4)}{\Longrightarrow} z^2 = -4\ \sharp$. Die notwendige Bedingung ist also nur in den Punkten $(\pm 2, 0, 0)$ und $(0, \pm\sqrt{2}, 0)$ erfüllt. Wie in [15.55] sieht man, dass bei $(0, \pm\sqrt{2}, 0)$ absolute Minima und bei $(\pm 2, 0, 0)$ keine Extremwerte sind.

16 Differentialgleichungen

16.1 Explizite DGL 1. Ordnung

$\boldsymbol{y' = f(x, y)}$ heißt **explizite DGL 1. Ordnung.**

Isoklinen, Richtungsfeld

Ist f auf $G \subseteq \mathbb{R}^2$ definiert, wird durch $y' = f(x, y)$ jedem Punkt $(x, y) \in G$ eine Richtung zugeordnet und so auf G ein *Richtungsfeld* definiert.
Zum Skizzieren des Richtungsfeldes zeichnet man *Isoklinen*, das sind Kurven, auf denen $y' = f(x, y) = c$ konstant ist.

16.1 *Man skizziere das Richtungsfeld für* $\boxed{y' = -\frac{x}{y},\ y > 0}$.

Man setzt $-\frac{x}{y} = c$ und erhält als

Isoklinen: $\begin{cases} x = 0 & \text{, für } c = 0, \\ y = -\frac{1}{c} \cdot x & \text{, für } c \neq 0. \end{cases}$

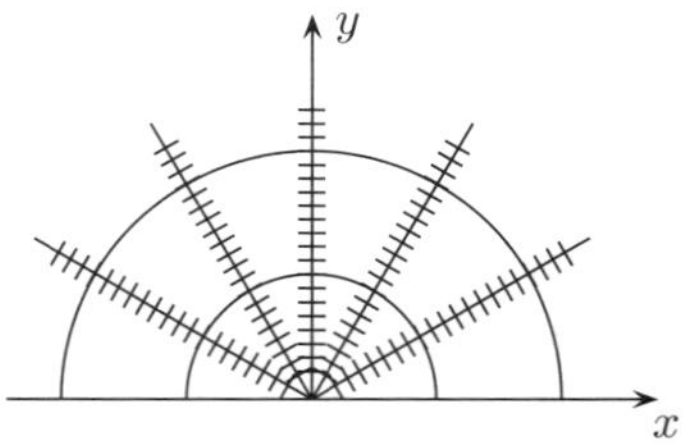

Lösungskurven "passen in das Richtungsfeld". Da hier die Richtungselemente senkrecht auf den Ursprungsgeraden (Isoklinen) stehen, wird man vermuten, dass die Halbkreisbögen Lösungen der DGL sind.

Es ist eher die Ausnahme als die Regel, dass man eine Anfangswertaufgabe

$$y' = f(x, y),\ y(x_0) = y_0$$

durch konkrete Angabe einer Lösungsfunktion $y = y(x)$ lösen kann. Wenn die hier vorgestellten Methoden nicht weiterhelfen, schaue man in "KAMKE, Differentialgleichungen – Lösungsmethoden und Lösungen".

DGL und Kurvenschar, orthogonale Trajektorien

Die Lösungsgesamtheit einer DGL ist i. allg. eine Kurvenschar. Umgekehrt lässt sich zu gegebener Kurvenschar möglicherweise eine DGL angeben, deren Lösungsgesamtheit die Schar enthält.

DGL einer Kurvenschar

(1) Die Kurvenschar wird mittels eines *Scharparameters* c beschrieben, z.B.: $F(x, y, c) = 0$.

(2) Differentiation nach x liefert eine zweite Gleichung.

(3) Elimination von c ergibt eine DGL für die Kurvenschar.

Hängt die Schar von mehreren Parametern ab, wird entsprechend oft differenziert.

16.2 *Man berechne die DGL der Kurvenschar* (a) $y = cx,\ c \in \mathbb{R}$,
(b) $y = c \sin x,\ c \in \mathbb{R}$.

(a) $y = cx,\ y' = c$, Elimination von c ergibt $y' = \frac{y}{x}$, DGL der Ursprungsgeraden.

(b) Differentiation ergibt $y' = c\cos x$, durch Elimination von c folgt $\underline{y' = \frac{\cos x}{\sin x} y}$. Die DGLn $y' = \frac{y}{x}$ und $y' = \frac{\cos x}{\sin x} y$ sind leicht durch T.d.V. (siehe Seite 426) lösbar.

16.3 *Man beschreibe die konzentrischen Kreise um* $(1, 2)$ *durch eine DGL.*

Wählt man den Kreisradius als Parameter c, lautet die Schar:
$(x-1)^2 + (y-2)^2 = c^2,\ c > 0$. Implizites Differenzieren und Kettenregel ergeben: $2(x-1) + 2(y-2)y' = 0$. Da diese Gleichung bereits c nicht enthält, entfällt das Eliminieren. Die gesuchte DGL ist

$$(y-2)y' + (x-1) = 0 \quad \text{oder} \quad \underline{y' = -\tfrac{x-1}{y-2}} \quad \text{für} \quad y \neq 2.$$

16.4 *Man beschreibe die Tangenten an* $y = x^2$ *durch eine DGL.*

Tangente in (c, c^2) an die Parabel ist $y = c^2 + 2c(x-c) = 2cx - c^2$.

Differentiation ergibt $y' = 2c$. Durch Elimination von c folgt $\underline{y = xy' - \frac{(y')^2}{4}}$.

Dies ist eine besondere implizite DGL, eine sogenannte Clairautsche DGL, sie wird in [16.92 (a)] gelöst.

Bilden die Kurven $U(x, y) = c$ die *Äquipotentiallinien* eines ebenen elektrischen Feldes, so sind die *Kraftlinien* dieses Feldes diejenigen Kurven, die die Äquipotentiallinien senkrecht schneiden.
Die Kraftlinien sind die *orthogonalen Trajektorien* der Äquipotentiallinien.

orthogonale Trajektorien einer Kurvenschar $\quad \boldsymbol{F(x, y, c) = 0}$

(1) Man bestimmt die DGL der Kurvenschar,
(2) y' wird durch $-\frac{dx}{dy}$ ersetzt,
(3) diese neue DGL wird gelöst.

isogonale Trajektorien einer Kurvenschar, siehe [16.119].

16.5 *Man bestimme die orthogonalen Trajektorien zur Schar der konzentrischen Kreise um* $(1, 2)$.

Die Kurvenschar ist $(x-1)^2 + (y-2)^2 = c^2,\ c > 0$,
Die DGL dieser Schar lautet $(y-2)y' + (x-1) = 0$, [16.3].

Ersetzen von y' durch $-\frac{dx}{dy}$ ergibt die DGL der orthogonalen Trajektorien:

$$-(y-2)\frac{dx}{dy} + (x-1) = 0 \quad \text{oder} \quad -(y-2) + (x-1)y' = 0.$$

Diese DGl wird für $y \neq 2$ und $x \neq 1$ durch T.d.V. gelöst:

$$\int \frac{dy}{y-2} = \int \frac{dx}{x-1} \iff \ln|y-2| = \ln|x-1| + \ln k,\ k > 0$$
$$\iff y = k(x-1) + 2,\ k \neq 0$$

Die orthogonalen Trajektorien sind die Geraden $y = k(x-1)+2,\ k \in \mathbb{R}$ und zusätzlich die Gerade $x = 1$, also die Geraden durch $(1,2)$.

16.6 *Man bestimme die orthogonalen Trajektorien der Ellipsenschar* $x^2 + 2y^2 = c,\ c > 0$.

Differentiation ergibt $2x + 4yy' = 0$, also $x + 2yy' = 0$.
Ersetzen von y' durch $-\frac{dx}{dy}$ liefert $x - 2y\frac{dx}{dy} = 0$.

Durch T.d.V. für $y \neq 0$ ($y = 0$ ist Lösung!) erhält man $\int \frac{dy}{y} = \int \frac{2dx}{x}$

und daraus $\ln|y| = 2\ln|x| + \ln k,\ k > 0$, also $y = kx^2,\ k \neq 0$.
Orthogonale Trajektorien sind die Parabeln $y = kx^2,\ k \neq 0$,
sowie die Geraden $x = 0$ und $y = 0$.

Die Frage nach Existenz und Eindeutigkeit von Lösungen einer Anfangswertaufgabe (AWA) $y' = f(x,y),\ y(x_0) = y_0$ wird durch die Sätze von Peano und Picard–Lindelöf geklärt:

Existenzsatz von Peano für die AWA $y' = f(x,y),\ y(x_0) = y_0$

$f(x,y)$ sei stetig auf dem Rechteck $R = \{(x,y) \big| |x-x_0| \leq a, |y-y_0| \leq b\}$.
Es sei $M := \max\{|f(x,y)| \big| (x,y) \in R\}$ (Maximum von $|f|$ auf R).

Dann existiert eine Lösung der AWA mindestens im Intervall $[x_0-\alpha, x_0+\alpha]$, wenn $\alpha := \min\{a, \frac{b}{M}\}$ ist.

16.7 $y' = x^2 + \tanh y,\ y(0) = 1$ *hat eine auf ganz* $\mathbb{R}$ *existierende Lösung.*

Es sei $R = \{(x,y) \big| |x| \leq a, |y-1| \leq b\}$.
Auf R wird $|f(x,y)|$ maximal im Punkt $(a, 1+b) \Longrightarrow M = a^2 + \tanh(1+b)$.
Wegen $|\tanh x| \leq 1$ ist $M \leq a^2 + 1$ und $\overline{\alpha} := \min\{a, \frac{b}{a^2+1}\} \leq \min\{a, \frac{b}{M}\} = \alpha$.

Für z.B. $a = b = 1$ erhält man $\overline{\alpha} = \min\{1, \frac{1}{2}\} = \frac{1}{2}$,
$a = 1, b = 2$: $\overline{\alpha} = \min\{1, 1\} = 1$.

Für a beliebig, $b = a(a^2+1)$ erhält man $\overline{\alpha} = \min\{a, a\} = a$.
Es existiert nach Peano eine Lösung auf *jedem* Intervall $[-a, a]$, also auf ganz $\mathbb{R}$.

16.8 *Man ermittle ein Existenzintervall der AWA* $\boxed{y' = \frac{x}{4}(1+y^2),\ y(0)=0}$.

Es sei $R = \{(x,y) \big| |x| \le a, |y| \le b\}$, so dass $M = \frac{a}{4}(1+b^2)$ und $\alpha = \min(a, \frac{4b}{a(1+b^2)})$ ist, z.B. für $a = b = 1$ folgt $\alpha = \min(1, \frac{4}{2}) = 1$. Dieser Wert soll nun verbessert werden. Für fest gewähltes b sei $\varphi_1(a) = a, \quad \varphi_2(a) = \frac{4b}{a(1+b^2)}$.

Im Schnittpunkt von φ_1 und φ_2 wird $\mathrm{Min}\big(\varphi_1(a), \varphi_2(a)\big)$ maximal!

$$a = \frac{4b}{a(1+b^2)} \iff a = 2\sqrt{\frac{b}{1+b^2}}\,.$$

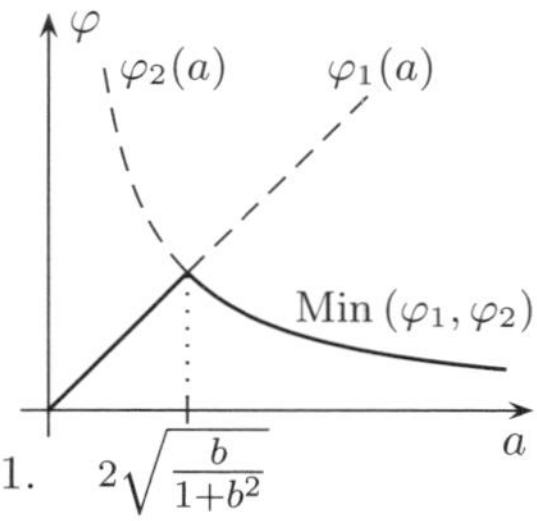

Für dieses a ist $\alpha = a = 2\sqrt{\frac{b}{1+b^2}}$.

Nun wird das Maximum von $\alpha = 2\sqrt{\frac{b}{1+b^2}}$ ermittelt:

α maximal $\iff \frac{\alpha^2}{4} = \frac{b}{1+b^2}$ maximal,

Extremwertaufgabe: $\left(\frac{b}{1+b^2}\right)' = \frac{1-b^2}{(1+b^2)^2} = 0 \overset{(b>0)}{\iff} b = 1.$

Somit ist $\alpha_{\max} = 2\sqrt{\frac{1}{1+1}} = \sqrt{2}$ und mindestens auf $[-\sqrt{2}, \sqrt{2}]$ hat die AWA eine Lösung.

Bemerkung: Die DGL kann leicht durch T.d.V. gelöst werden:
Die Lösung $y = \tan\frac{x^2}{8}$ der AWA existiert auf $(-2\sqrt{\pi}, 2\sqrt{\pi})$.

Minimallösung – Maximallösung der AWA $\boldsymbol{y' = f(x,y),\ y(x_0) = y_0}$

Ist f auf $G \subseteq \mathbb{R}^2$ stetig und $(x_0, y_0) \in G$, dann gilt:

(1) Es gibt eine auf einer Umgebung von x_0 definierte Lösung der AWA $y' = f(x,y),\ y(x_0) = y_0$.

(2) Jede Lösung lässt sich bis an den Rand von G fortsetzen.

(3) Es gibt eine *Minimallösung* $y_{\min}$ und eine *Maximallösung* $y_{\max}$, so dass für jede beliebige Lösung der AWA $y_{\min}(x) \le y(x) \le y_{\max}(x)$ gilt.

16.9 *Man bestimme alle Lösungen der AWA* $\boxed{y' = 2\sqrt{|y|},\ y(0) = 0}$.

$f(x,y) = 2\sqrt{|y|}$ ist in $G = \mathbb{R}^2$ stetig, die AWA also lösbar.
Offensichtlich ist $y \equiv 0$ eine Lösung.
Für beliebiges $\alpha, \beta \ge 0$ ist auch

$$y(x) = \begin{cases} -(x+\alpha)^2 & \text{für} \quad x \le -\alpha \\ 0 & \quad -\alpha \le x \le \beta \\ (x-\beta)^2 & \text{für} \quad x \ge \beta \end{cases}$$

eine Lösung.

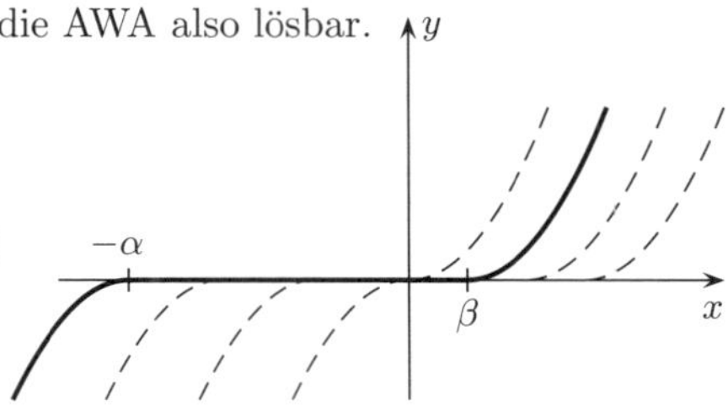

Minimallösung $y_{\min} = \begin{cases} -x^2, & x \leq 0 \\ 0, & x \geq 0 \end{cases}$, Maximallösung $y_{\max} = \begin{cases} 0, & x \leq 0 \\ x^2, & x \geq 0 \end{cases}$.

Durch jeden Punkt von $\{(x, y) \mid y_{\min}(x) \leq y \leq y_{\min}(x)\}$ verläuft eine Lösung der AWA.

Dieser Bereich heißt *Lösungstrichter* der AWA.

Lipschitzbedingung

f genügt in $G \subseteq \mathbb{R}^2$ einer **Lipschitzbedingung** bezüglich y

$:\Longleftrightarrow$

Es ex. $L \geq 0$ mit $|f(x, y_1) - f(x, y_2)| \leq L|y_1 - y_2|$, für alle $(x, y_1), (x, y_2) \in G$.

Hinreichende Bedingung:

Besitzt f eine in G **beschränkte** partielle Ableitung $f_y(x, y)$, so genügt f in G einer Lipschitzbedingung bzgl. y.

---

f genügt in $G \subseteq \mathbb{R}^2$ einer **lokalen Lipschitzbedingung** bzgl. y

$:\Longleftrightarrow$

Jeder Punkt von G besitzt eine Umgebung, in der f einer Lipschitzbedingung bzgl. y genügt.

Hinreichende Bedingung:

Besitzt f eine in G **stetige** partielle Ableitung $f_y(x, y)$, so genügt f in G einer lokalen Lipschitzbedingung bzgl. y.

16.10 *Es sei $f(x, y) = x^2 + y^2$. Man zeige: f genügt*

(a) *in $\mathbb{R}^2$ nicht (global) einer Lipschitzbedingung bzgl. y.*

(b) *in $\mathbb{R}^2$ lokal einer Lipschitzbedingung bzgl. y.*

(a) $\left|\frac{f(x,y_1)-f(x,y_2)}{y_1-y_2}\right| = |y_1 + y_2|$ ist auf $\mathbb{R}^2$ nicht nach oben beschränkt!

(b) $f_y(x, y) = 2y$ ist auf $\mathbb{R}^2$ stetig.

Ist $(x_0, y_0) \in \mathbb{R}^2$ und $R := \{(x, y) \ : \ |x - x_0| \leq a, \ |y - y_0| \leq b\}$ ein den Punkt (x_0, y_0) umgebendes Rechteck, so gilt auf R:

$\left|\frac{f(x,y_1)-f(x,y_2)}{y_1-y_2}\right| = |y_1 + y_2| \leq 2(b + |y_0|)$.

$L = 2(b + |y_0|)$ ist eine lokale Lipschitzkonstante im Rechteck R.

AWA $y' = f(x,y),\ y(x_0) = y_0$

Eindeutigkeitssatz von Picard–Lindelöf

f sei stetig auf $R = \{(x,y) \,\big|\, |x-x_0| \le a, |y-y_0| \le b\}$ und genüge auf R einer Lipschitzbedingung bzgl. y.

Es sei $M = \max\{|f(x,y)| \,\big|\, (x,y) \in R\}$, $\alpha = \min\{a, \frac{b}{M}\}$ und $I = [x_0-\alpha, x_0+\alpha]$.

Dann besitzt die AWA genau eine Lösung, die mindestens auf I definiert ist.

Diese eindeutig bestimmte Lösung y ergibt sich folgendermaßen:

Picard–Lindelöfsches Iterationsverfahren

Die Funktion $u_0(x)$ sei auf I stetig und verlaufe in R. Es sei

$$u_n(x) := y_0 + \int_{x_0}^{x} f(t, u_{n-1}(t))\,dt\ , \quad \text{für } n \in \mathbb{N}.$$

Die Funktionenfolge (u_n) konvergiert auf I gleichmäßig gegen die Lösung y.

Fehlerabschätzung: (L Lipschitzkonst. auf R)
$$|y(x) - u_n(x)| \le \frac{(\alpha L)^n}{n!} e^{\alpha L} \cdot \max_{x\in I} |u_1(x) - u_0(x)|.$$

16.11 *Man wende das Picard–Lindelöfsche Iterationsverfahren auf die AWA* $y' = 2xy,\ y(0) = 1$ *an.*

Es sei $R = \{(x,y) \,\big|\, |x| \le a,\ |y-1| \le b\}$.
Dann ist $M = 2a(1+b)$ und $\alpha = \min\big(a, \frac{b}{2a(1+b)}\big)$.
Bei festem b ist α maximal für $a = \sqrt{\frac{b}{2(1+b)}}$ mit $\alpha_{\max} = \sqrt{\frac{b}{2(1+b)}}$.
Weil $\alpha_{\max}$ für $b \to \infty$ monoton wachsend gegen $\frac{\sqrt{2}}{2}$ strebt, konvergiert das Iterationsverfahren auf $(-\frac{\sqrt{2}}{2}, \frac{\sqrt{2}}{2})$ gegen die eindeutig bestimmte Lösung der AWA.

Als Startfunktion wird der Anfangswert genommen:

$$u_0(x) = 1$$

$$u_1(x) = 1 + \int_0^x 2t \cdot 1\,dt = 1 + x^2$$

$$u_2(x) = 1 + \int_0^x 2t(1+t^2)\,dt = 1 + x^2 + \frac{1}{2}x^4$$

$$u_3(x) = 1 + \int_0^x 2t(1+t^2+\tfrac{1}{2}t^4)\,dt = 1 + x^2 + \frac{1}{2}x^4 + \frac{1}{6}x^6$$

Hier hören wir auf und schätzen den Fehler ab:

Auf dem Streifen $-\frac{\sqrt{2}}{2} < x < \frac{\sqrt{2}}{2} = \alpha$ ist $|f_y(x,y)| = |2x| \le \sqrt{2}$, so dass dort $L = \sqrt{2}$ als Lipschitzkonstante genommen wird: Mit $\alpha L = 1$ folgt:

$$|y(x) - u_3(x)| \le \frac{1}{3!}\mathrm{e} \cdot \max_{x \in I} |x^2| = \frac{1}{3!} \cdot \mathrm{e} \cdot \tfrac{1}{2} < \underline{\underline{0.23}}.$$

In diesem einfachen Beispiel sind die iterierten Funktionen u_n Partialsummen einer Potenzreihe. Man sieht – evtl. nach Berechnung von u_4, u_5

$$u_n = \sum_{k=0}^{n} \frac{x^{2k}}{k!} \qquad \text{Grenzfunktion ist } y(x) = \sum_{k=0}^{\infty} \frac{x^{2k}}{k!} = \mathrm{e}^{x^2}.$$

Man kann also die Lösung explizit angeben und nachträglich feststellen, dass das Iterationsverfahren sogar auf ganz $\mathbb{R}$ konvergiert.

$p(x,y) + q(x,y) \cdot y' = 0$ bzw. $p(x,y)\,dx + q(x,y)\,dy = 0$ **Exakte DGL**

Die DGL heißt **exakt**, falls es eine Funktion $F(x,y)$ gibt mit $F_x(x,y) = p(x,y)$ und $F_y(x,y) = q(x,y)$. F heißt **Stammfunktion**. Die Lösungen der DGL sind dann implizit durch $F(x,y) = c,\ c \in \mathbb{R}$ gegeben (Niveaulinien von F).

16.12 *Man löse die DGL* $\boxed{2x\,dx + 2y\,dy = 0}$, *also* $y' = -\frac{x}{y}$ *für* $y \neq 0$.

$F(x,y) = x^2 + y^2$ ist eine Stammfunktion, denn $F_x = 2x$ und $F_y = 2y$.
Die Lösungskurven sind die konzentrischen Kreise $x^2 + y^2 = c,\ c > 0$.

Sind $p = p(x,y)$ und $q = q(x,y)$ in dem einfach zusammenhängenden Gebiet G stetig differenzierbare Funktionen, so gilt:

$$p(x,y)\,dx + q(x,y)\,dy = 0 \text{ ist } \textbf{exakt} \quad \Longleftrightarrow \quad p_y = q_x.$$

Eine **Stammfunktion** F gewinnt man z.B. durch Integration aus $\begin{matrix} F_x = p, \\ F_y = q. \end{matrix}$

16.13 *Man löse die DGL* $\boxed{(2xy - 1)\,dx + (x^2 + 1)\,dy = 0}$.

Wegen $\dfrac{\partial}{\partial y}(2xy - 1) = 2x = \dfrac{\partial}{\partial x}(x^2 + 1)$ ist die DGL exakt.

Es gibt daher eine Funktion F mit $\operatorname{grad} F = (F_x, F_y) = (2xy - 1, x^2 + 1)$.

$F_x = 2xy - 1 \Longrightarrow F = x^2y - x + c(y)$. Differentiation nach y ergibt:
$F_y = x^2 + c'(y) = x^2 + 1 \Longleftrightarrow c'(y) = 1$. Hier bedeutet c' Ableitung nach y !

Mit $c(y) = y$ ergibt sich $F(x,y) = x^2y - x + y$.

Die Lösungen der exakten DGL sind $x^2y - x + y = c$, eine Auflösung nach y (explizite Darstellung) ist möglich: $\underline{y = \frac{c+x}{x^2+1}}$, $c \in \mathbb{R}$.

Integrierender Faktor (Eulerscher Multiplikator)

$\mu = \mu(x,y)$ heißt integrierender Faktor von $\boxed{p(x,y)\,dx + q(x,y)\,dy = 0}$, falls $(p \cdot \mu)\,dx + (q \cdot \mu)\,dy = 0$ eine exakte DGL ist.

Bedingung für μ: $p_y \cdot \mu + p \cdot \mu_y = q_x \cdot \mu + q \cdot \mu_x$.

Ansatz	Bedingung für μ
$\mu = \mu(x)$	$\frac{\mu'}{\mu} = \frac{p_y - q_x}{q}$ hängt nur von x ab!
$\mu = \mu(y)$	$\frac{\mu'}{\mu} = \frac{q_x - p_y}{p}$ hängt nur von y ab!
$\mu = \mu(x \cdot y)$	$\frac{\mu'}{\mu} = \frac{q_x - p_y}{xp - yq}$ hängt nur von xy ab!
$\mu = \mu(x + y)$	$\frac{\mu'}{\mu} = \frac{q_x - p_y}{p - q}$ hängt nur von $x + y$ ab!

16.14 *Man löse die DGL* $\boxed{(x-y)y^2\,dx + (1 - xy^2)\,dy = 0}$.

$p = (x-y)y^2,\ p_y = -3y^2 + 2xy, \quad q = 1 - xy^2,\ q_x = -y^2.$
Wegen $p_y \neq q_x$ ist die DGL nicht exakt.

1. Versuch: $\mu = \mu(x)$:
$\frac{p_y - q_x}{q} = \frac{-3y^2+2xy+y^2}{1-xy^2} = \frac{2xy-2y^2}{1-xy^2} = \frac{2y(x-y)}{1-xy^2}$, hängt *nicht nur* von x ab!

2. Versuch: $\mu = \mu(y)$:

$\frac{q_x - p_y}{p} = \frac{2y(y-x)}{(x-y)y^2} = -\frac{2}{y}$ hängt *nur* von y ab!

$\frac{\mu'}{\mu} = -\frac{2}{y} \Longrightarrow \ln|\mu| = -2\ln|y| + c$. Für $c = 0$ folgt $\mu(y) = \frac{1}{y^2}$.
$(x-y)\,dx + (y^{-2} - x)\,dy = 0$ ist eine exakte DGL.

Ist F Stammfunktion, so gilt $F_x = x - y \Longrightarrow F = \frac{1}{2}x^2 - xy + c(y)$.

Differentiation nach y: $F_y = -x + c'(y) = y^{-2} - x \Longleftrightarrow c'(y) = y^{-2}$.

Aus $c(y) = -\frac{1}{y}$ folgt $F(x,y) = \frac{1}{2}x^2 - xy - \frac{1}{y}$. Die Lösungen der DGL sind implizit gegeben durch $F(x,y) = c$ also: $\underline{\frac{1}{2}x^2 - xy - \frac{1}{y} = c}$, $c \in \mathbb{R}$.

16.15 *Man bestimme alle Lösungen der DGL* $\boxed{\frac{2}{y}\,dx + \frac{2}{x}\,dy = 0}$.

(1) Lösung durch T.d.V.: $y' = -\frac{x}{y} \Longrightarrow \int y\,dy = -\int x\,dx \Longrightarrow y^2 = -x^2 + c.$

(2) Lösung mit Eulerschem Multiplikator: $p = \frac{2}{y}$, $p_y = -\frac{2}{y^2}$, $q = \frac{2}{x}$, $q_x = -\frac{2}{x^2}$.
Wegen $p_y = -\frac{2}{y^2} \neq -\frac{2}{x^2} = q_x$ ist die DGL nicht exakt.

(1) $\frac{p_y - q_x}{q} = \frac{y^2 - x^2}{xy^2}$ ist nicht Funktion von x allein!

(2) $\frac{q_x - p_y}{p} = \frac{x^2 - y^2}{x^2 y}$ ist nicht Funktion von y allein!

(3) $\frac{q_x - p_y}{xp - yq} = \frac{1}{xy}$ ist nur Funktion von $z = xy$.

$\frac{\mu'}{\mu} = \frac{1}{z} \Longrightarrow \ln|\mu| = \ln|z| + c$. Für $c = 0$ folgt $\mu = z = xy$. Multiplikation ergibt die exakte DGL $2x\,dx + 2y\,dy = 0$ mit den Lösungen $\underline{x^2 + y^2 = c}$, $c \in \mathbb{R}$.

16.2 DGL mit getrennten Variablen

Eine DGL der Form $y' = f(x) \cdot g(y)$ nennt man DGL mit getrennten Variablen. Lösungen erhält man mit der Methode "Trennung der Veränderlichen", T.d.V.:

$$y' = \frac{dy}{dx} = f(x)g(y) \Longrightarrow \frac{dy}{g(y)} = f(x)\,dx \Longrightarrow \int \frac{dy}{g(y)} = \int f(x)\,dx.$$

$\boxed{y' = f(x)g(y)}$ **Trennung der Veränderlichen – T.d.V.**

Die Lösungsgesamtheit besteht aus allen

(1) Geraden $y = y_0$, falls $g(y_0) = 0$, also y_0 eine Nullstelle der Funktion $g(y)$ ist.

(2) Funktionen $y = y(x)$, die sich aus

$\int \frac{dy}{g(y)} = \int f(x)\,dx$, $g(y) \neq 0$ in impliziter Form ergeben.

16.16 *Man löse die DGL* $\boxed{y' = -2x(y^2 - y)}$ *durch T.d.V.*

Hier ist $f(x) = -2x$ und $g(y) = y^2 - y$.

(1) Nullstellen von $g(y)$: $y^2 - y = y(y-1) = 0 \Longrightarrow y_1 = 0,\ y_2 = 1$.
Die konstanten Funktionen $y_1 = 0$ und $y_2 = 1$ sind Lösungen. Man nennt sie auch *partikuläre* Lösungen.

(2) T.d.V. ergibt: $\frac{dy}{y(y-1)} = -2x\,dx \Longrightarrow \int \frac{dy}{y(y-1)} = \int -2x\,dx$.

$\int \frac{dy}{y(y-1)} = \ln\left|\frac{y-1}{y}\right|$ (PBZ, Seite 68, 69) und $\int -2x\,dx = -x^2$.

$\Longrightarrow \ln\left|\frac{y-1}{y}\right| = -x^2 + k$ In k ist die Integrationskonstante der linken Seite mit enthalten!

$\left|\frac{y-1}{y}\right| = e^{-x^2+k} = e^k e^{-x^2}$

$\frac{y-1}{y} = c \cdot e^{-x^2}$, wobei $c = \pm e^k$, also $c \neq 0$ ist.

Man kann nach y auflösen: $y = \frac{1}{1-ce^{-x^2}}$, $c \neq 0$.

Diese Lösungsschar liefert für $c = 0$ die partikuläre Lösung $y = 1$.

Die Gesamtlösung besteht also aus der Schar $y = \frac{1}{1-ce^{-x^2}}$, $c \in \mathbb{R}$ und der partikulären Lösung $y = 0$.

Bemerkung: Die Kurven der Schar ($c \neq 0$) münden in diesem Beispiel nicht in die partikulären Lösungen $y = 0$ oder $y = 1$ ein!

16.17 *Man löse die DGL* $\boxed{y' = -4x\sqrt{y-1}}$ für $y \geq 1$.

(1) $g(y) = \sqrt{y-1} = 0 \Longrightarrow y = 1$ ist Lösung.

(2) T.d.V.: $\int \frac{dy}{\sqrt{y-1}} = \int -4x\,dx \Longrightarrow 2\sqrt{y-1} = -2x^2 + 2c$

$\Longrightarrow \sqrt{y-1} = -x^2 + c$.

Hier wurde zweckmäßigerweise die Integrationskonstante $2c$ gewählt.
Da $\sqrt{y-1} \geq 0$ ist, muss $-x^2 + c \geq 0$, also $0 \leq x^2 \leq c$ sein. Es sind also nur Parameterwerte $c \geq 0$ zu betrachten:
Explizite Darstellung: $y = (-x^2 + c)^2 + 1,\ x^2 \leq c$.

Bemerkung:
Alle Kurven dieser Schar münden (bei $x = \pm\sqrt{c}$) in die Gerade $y = 1$ (partikuläre Lösung) ein !

Die Gesamtlösung besteht demnach aus der Schar ($c > 0$)

$$y = \begin{cases} 1 + (c - x^2)^2 & \text{für } |x| \leq \sqrt{c} \\ 1 & \text{für } |x| \geq \sqrt{c} \end{cases}$$

und der partikulären Lösung $y = 1$.

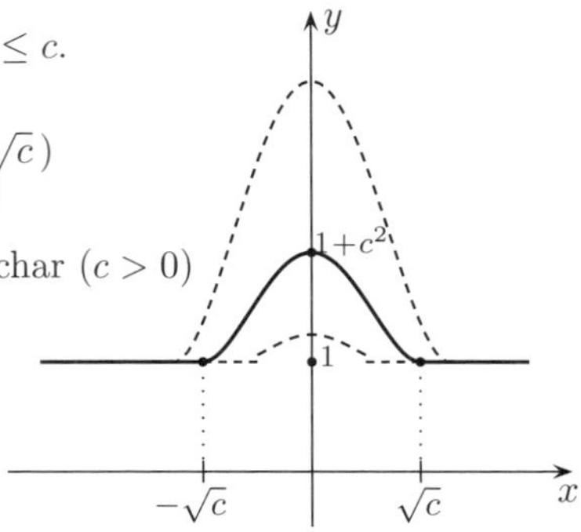

16.18 *Man löse die DGL* $\boxed{y' = -\frac{x}{y}}$ für $y \neq 0$.

(1) $g(y) = \frac{1}{y} \neq 0 \Longrightarrow$ partikuläre Lösungen gibt es hier nicht!

(2) T.d.V.: $\int y\,dy = -\int x\,dx \Longrightarrow \frac{1}{2}y^2 = -\frac{1}{2}x^2 + \frac{1}{2}c, y \neq 0$.

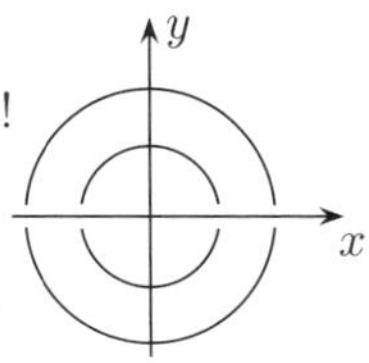

Gesamtlösung sind also die gelochten ($y \neq 0$) Kreise $x^2 + y^2 = c$, $c > 0$.

Auf eine DGL vom Typ $\boldsymbol{y' = f(x)g(y)}$ (T.d.V.) lassen sich zurückführen:

$\boxed{\boldsymbol{y' = f(\frac{y}{x})}}$ **Ähnlichkeits–DGL**

Ansatz: $z(x) = \dfrac{y(x)}{x}$, dann ist $y = zx$ und $y' = z'x + z$, [16.19 (a),(b)].

$\boxed{\boldsymbol{y' = f(ax + by + c)}}$

Ansatz: $z(x) = ax + b\,y(x) + c,\ z' = a + by'$, [16.20].

$\boxed{\boldsymbol{y' = f(\frac{ax+by+c}{dx+ey+f})}}$ Man betrachte die Geraden $G_1:\ ax + by + c = 0$ und $G_2:\ dx + ey + f = 0$.

Fall 1: G_1 und G_2 haben den Schnittpunkt (x_0, y_0):
Die Transformation $\xi = x - x_0,\ \eta = y - y_0,\ y' = \dfrac{d\eta}{d\xi}$
ergibt eine Ähnlichkeits–DGL: $\dfrac{d\eta}{d\xi} = \tilde{f}(\frac{\eta}{\xi})$, [16.19], [16.21(a)].

Fall 2: G_1 und G_2 sind parallel.
Division führt auf den Typ $y' = f(ax + by + c)$, [16.21(b)].

16.19 *Man löse die DGLn* (a) $\boxed{y' = \frac{y^2-x^2}{2xy}}$ (b) $\boxed{y' = \frac{x+y}{x-y}}$

(a) Es handelt sich um eine Ähnlichkeits–DGL: $y' = \dfrac{y^2-x^2}{2xy} = \frac{1}{2}(\frac{y}{x} - \frac{1}{\frac{y}{x}}) = f(\frac{y}{x})$.

$z = \dfrac{y}{x},\ y' = z'x + z \implies z'x + z = \frac{1}{2}(z - \frac{1}{z}) \implies z'x = -\frac{1}{2}\dfrac{z^2+1}{z}$.

T.d.V. ergibt: $\displaystyle\int \frac{2z}{z^2+1}\,dz = -\int \frac{1}{x}\,dx \implies \ln(z^2+1) = -\ln|x| + k$.

$\implies z^2 + 1 = \dfrac{c}{x} \implies \dfrac{y^2}{x^2} + 1 = \dfrac{c}{x}$

$\implies y^2 + x^2 - cx = 0.$

$\implies (x - \frac{1}{2}c)^2 + y^2 = (\frac{1}{2}c)^2.$

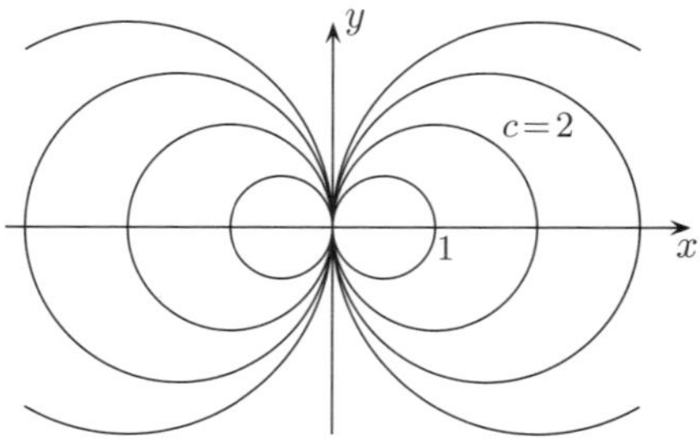

Lösungskurven sind **Kreise**
vom Radius $r = \frac{1}{2}|c|$
und Mittelpunkt $M = (\pm r, 0)$.

(b) Es handelt sich um eine Ähnlichkeits–DGL: $y' = \dfrac{x+y}{x-y} = \dfrac{1+\frac{y}{x}}{1-\frac{y}{x}}$.

Mit $z = \dfrac{y}{x}$ und $y' = z'x + z$ ergibt sich

$z'x + z = \dfrac{1+z}{1-z} \implies z' = \dfrac{dz}{dx} = \dfrac{1}{x}\dfrac{1+z^2}{1-z} \implies$ (T.d.V) $\displaystyle\int \frac{1-z}{1+z^2}\,dz = \int \frac{dx}{x}$

$\implies \arctan z - \frac{1}{2}\ln(1 + z^2) = \ln|x| + k$ [Integrale siehe **F4**], Rücksubstitution:

$\arctan\frac{y}{x} - \ln\sqrt{\frac{x^2+y^2}{x^2}} = \ln|x| + k \iff \underline{\arctan\frac{y}{x} = \ln\sqrt{x^2+y^2} + k}.$

Ein formelmäßiges Auflösen nach x oder y ist nicht möglich!
Mit Polarkoordinaten $x = r\cos\varphi,\ y = r\sin\varphi$ wird es übersichtlicher:

$\varphi = \ln|r| + k \implies \underline{r = ce^{\varphi},\ c \neq 0}$ **log. Spiralen**, siehe [4.18] und **F+H**.

Man kann die DGL $y' = \frac{x+y}{x-y}$ auch sofort auf Polarkoordinaten umschreiben:

$$\boxed{\begin{array}{l} x = r\cos\varphi \implies dx = dr\,\cos\varphi - r\sin\varphi\,d\varphi \\ y = r\sin\varphi \implies dy = dr\,\sin\varphi + r\cos\varphi\,d\varphi \end{array}}$$

Einsetzen in die DGL $y' = \frac{dy}{dx} = \frac{x+y}{x-y}$ ergibt $\frac{dr\sin\varphi + r\cos\varphi\,d\varphi}{dr\cos\varphi - r\sin\varphi\,d\varphi} = \frac{\cos\varphi+\sin\varphi}{\cos\varphi-\sin\varphi}$.

Ausmultiplizieren ergibt $\frac{dr}{d\varphi} = r \implies$ (T.d.V) $\int\frac{dr}{r} = \int d\varphi \iff \underline{r = ce^{\varphi},\ c \neq 0}.$

16.20 *Man löse die DGL* $\boxed{y' = \frac{1}{1+x-y}}$ *und berechne die speziellen Lösungen*

für (a) $y(0) = -1$, (b) $y(-1) = -1$.

$y' = \frac{1}{1+x-y} = f(ax+by+c)$. Der Ansatz: $z = 1+x-y,\ z' = 1-y'$ führt auf

$1 - z' = \frac{1}{z} \iff z' = 1 - \frac{1}{z} = \frac{z-1}{z}$. Man sieht: $z = 1$ ist Lösung.

T.d.V. ergibt $\int\frac{z}{z-1}\,dz = \int dx \implies z + \ln|z-1| = x + c.$

Rücksubstitution ergibt:

$z = 1 \implies 1+x-y = 1 \implies \underline{y = x}.$

$z \neq 1 \implies 1+x-y+\ln|x-y| = x+c \implies \underline{-y+\ln|x-y| = k},\ k \in \mathbb{R}.$

Die Gesamtlösung besteht aus der partikulären Lösung $y = x$ und
der Kurvenschar $-y+\ln|x-y| = k,\ k \in \mathbb{R}$.

(a) $y = x$ verläuft nicht durch $(0,-1)$.
Aus $x = 0,\ y = -1$ berechnet man für den Scharparameter $k = 1$.
Also ist $-y+\ln|x-y| = 1$, also $|x-y| = e^{1+y}$.
Da $z \neq 1$, also $y \neq x$ und $y(0) = -1 < 0$ ist, gilt stets $y(x) < x$.
Die Lösung der AWA ist $\underline{x = y + e^{1+y}}$.

(b) Durch $(-1,-1)$ verläuft nur die Lösung $\underline{y = x}$.

16.21 *Man löse die DGLn* (a) $\boxed{y' = \frac{y-2x+1}{y-1}}$ (b) $\boxed{y' = \frac{x-y+1}{y-x+1}}$

Die DGLn sind vom Typ $y' = \frac{ax+by+c}{dx+ey+f}$.

(a) Die beiden Geraden $y-2x+1 = 0$ und $y-1 = 0$ schneiden sich in $(1,1)$.
$\xi = x-1,\ \eta = y-1 \implies \frac{d\eta}{d\xi} = \frac{\eta+1-2(\xi+1)+1}{\eta} = \frac{\eta-2\xi}{\eta} = 1 - \frac{2}{\frac{\eta}{\xi}} = \tilde{f}(\frac{\eta}{\xi}).$

Der Ansatz $z = \frac{\eta}{\xi}$, $\frac{d\eta}{d\xi} = \frac{dz}{d\xi}\xi + z$ ergibt dann

$\frac{dz}{d\xi}\xi + z = 1 - \frac{2}{z} \iff \frac{dz}{d\xi}\xi = 1 - \frac{2}{z} - z = \frac{z-2-z^2}{z}$ und T.d.V. ergibt dann

$\int \frac{z\,dz}{z^2-z+2} = -\int \frac{d\xi}{\xi}$ und $\frac{1}{2}\ln(z^2-z+2) + \frac{1}{\sqrt{7}}\arctan\frac{1}{\sqrt{7}}(2z-1) = -\ln|\xi| + c.$

Schließlich ist noch $z = \frac{\eta}{\xi} = \frac{y-1}{x-1}$, $\xi = x-1$ zu setzen !

(b) Die beiden Geraden $x - y + 1 = 0$ und $y - x + 1 = 0$ sind parallel:
$y' = \frac{x-y+1}{y-x+1} = -1 + \frac{2}{y-x+1} = f(y-x+1)$. Man macht also den Ansatz:
$z = y - x + 1,\ z' = y' - 1 \implies z' + 1 = -1 + \frac{2}{z} \iff z' = \frac{2(1-z)}{z}.$
T.d.V. ergibt die Lösungsschar $-z - \ln|1-z| = 2x + c$ sowie $z = 1$.
Rücksubstitution ergibt die Schar $\underline{-y - \ln|x-y| = x + k}$, $k \in \mathbb{R}$ und $\underline{y = x}$.

16.3 Lineare DGL 1.Ordnung

$\boxed{y' + a(x)y = r(x)}$ **lineare DGL 1.Ordnung**

Die Gesamtlösung ist $\boxed{y = y_S + y_H}$. Dabei ist

- y_H die *Gesamtlösung* der homogenen DGL $y' + a(x)y = 0$ und
- y_S *eine* (spezielle) Lösung der inhomogenen DGL $y' + a(x)y = r(x)$.

(H) Berechnung von y_H :

(1) Raten einer Lösung $y_1 \not\equiv 0$ oder

(2) Formel : $y_H = c\mathrm{e}^{-A(x)}$, $A(x) = \int a(x)\,dx$ oder

(3) Berechnung einer Lösung y_1 mittels T.d.V.

Stets hat y_H die Form $y_H = c \cdot y_1,\ c \in \mathbb{R}$

(I) Berechnung von y_S :

(1) Raten einer Lösung.

(2) Formel : $y_S = \mathrm{e}^{-A(x)} \cdot \int r(x)\mathrm{e}^{A(x)}dx$.

(3) Variation der Konstanten: Der Ansatz $y_S(x) = c(x) \cdot y_1$ führt auf $c' = r(x)\mathrm{e}^{A(x)}$, wobei y_1 *eine* Lösung der hom. DGL ist.

Um die AWA $\boxed{y' + a(x)y = r(x),\ y(x_0) = y_0}$ zu lösen, passt man die Integrationskonstante c durch Einsetzen den Anfangsbedingung an oder benutzt $y(x) = \mathrm{e}^{-A(x)}\int_{x_0}^{x} r(t)\mathrm{e}^{A(t)}\,dt + y_0\mathrm{e}^{-A(x)}$ mit $A(x) = \int_{x_0}^{x} a(t)\,dt.$

16.22 *Man löse die lineare DGL* $\boxed{y' - \frac{y}{x} = 3x}$.

(H) Die homogene DGL lautet: $y' - \dfrac{y}{x} = 0$.
Die drei Lösungsmöglichkeiten ergeben:

(1) Raten: $y = x$ ist Lösung, also $y_H = cx,\ c \in \mathbb{R}$.
(2) Formel: $A(x) = \int -\frac{1}{x}\,dx = -\ln|x| \Longrightarrow y_H = c\mathrm{e}^{\ln|x|} = cx,\ c \in \mathbb{R}$.
(3) T.d.V.: Ist $y \not\equiv 0$, so gilt:

$$y' = \frac{y}{x} \iff \int \frac{dy}{y} = \int \frac{dx}{x} \iff \ln|y| = \ln|x| + k \iff |y| = \mathrm{e}^k|x|,\ k \in \mathbb{R}.$$

Mit der Abkürzung $\overline{k} := \pm\mathrm{e}^k$ folgt $y = \overline{k}x,\ \overline{k} \neq 0$.
Da $y \equiv 0$ Lösung ist, folgt $y = cx,\ c \in \mathbb{R}$.

(I) Die inhomogene DGL lautet: $y' - \dfrac{y}{x} = 3x$.
Die drei Lösungsmöglichkeiten ergeben:

(1) Raten: ?
(2) Formel: $y_S = x\int 3x\frac{1}{x}\,dx = 3x^2$.
(3) Ansatz (Variation der Konstanten): Setzt man $y_S = c(x)x,\ y' = c'x + c$ in die DGL ein, so fällt c heraus (Rechenkontrolle!) und für c' ergibt sich die (einfache) DGL $c' = 3$. Also ist $c(x) = 3x$ und $\underline{y_S = 3x^2}$.

Gesamtlösung : $y = y_S + y_H$ ergibt $\underline{\underline{y = 3x^2 + cx}},\ c \in \mathbb{R}$.

16.23 *Man bestimme alle Lösungen von* $\boxed{y' - \frac{x}{1+x^2}y = \sqrt{1+x^2}}$.

(H) Die homogene DGL lautet: $y' - \dfrac{x}{1+x^2}y = 0$. $y \equiv 0$ ist Lösung, T.d.V. ergibt:

$$\int \frac{dy}{y} = \int \frac{x}{1+x^2}\,dx \Longrightarrow \ln|y| = \tfrac{1}{2}\ln(1+x^2) + \ln k,\ k > 0 \ .$$
$$\Longrightarrow y = \pm k\sqrt{1+x^2}\,,\ k > 0$$

Da auch $y \equiv 0$ Lösung ist, gilt $\underline{y_H = c\sqrt{1+x^2}}\,,\ c \in \mathbb{R}$.

(I) Variation der Konstanten:
Es gibt eine spezielle Lösung der Form $y_S = c(x)\sqrt{1+x^2}$.
Dann ist (Produktregel) $y_S' = c'(x)\sqrt{1+x^2} + c(x)\dfrac{x}{\sqrt{1+x^2}}$.
Einsetzen in die inhomogene DGL ergibt:

$$c'(x)\sqrt{1+x^2} + \underbrace{c(x)\frac{x}{\sqrt{1+x^2}} - \frac{x}{1+x^2}c(x)\sqrt{1+x^2}}_{=0} = \sqrt{1+x^2}\,.$$

$c(x)$ muss herausfallen (Kontrolle)! Es folgt $c'(x) = 1 \Longrightarrow c(x) = x + a,\ a \in \mathbb{R}$.
Da nur eine Funktion gesucht ist, nimmt man $c(x) = x$ und erhält $\underline{y_S = x\sqrt{1+x^2}}$.
Lösungsgesamtheit ist $\underline{\underline{y = x\sqrt{1+x^2} + c\sqrt{1+x^2}}},\ c \in \mathbb{R}$.

16.24 *Man löse die AWA* $\boxed{y' + \frac{1}{2x}y = \sqrt{x}\sin x,\ y(\pi) = 2\sqrt{\pi}}$.

(H) Die homogene DGL ist $y' + \frac{1}{2x}y = 0,\ x > 0$.

$$\int \frac{dx}{2x} = \tfrac{1}{2}\ln x,\ x > 0 \Longrightarrow y_H = ce^{-\frac{1}{2}\ln x} \Longrightarrow y_H = c\frac{1}{\sqrt{x}},\ c \in \mathbb{R}.$$

(I) Variation der Konstanten, Ansatz: $y_S = c(x)\frac{1}{\sqrt{x}}$.

$c'(x) = \sqrt{x}\sin x e^{\frac{1}{2}\ln x} = x\sin x \Longrightarrow c(x) = \sin x - x\cos x$, **F 4**.

Also $\underline{y_S = (\sin x - x\cos x)\frac{1}{\sqrt{x}}}$.

Lösungsgesamtheit der DGL ist $\underline{y = (\sin x - x\cos x)\frac{1}{\sqrt{x}} + c\frac{1}{\sqrt{x}},\ c \in \mathbb{R}}$.

Einsetzen von $x = \pi,\ y = 2\sqrt{\pi}$ ergibt $2\sqrt{\pi} = \frac{c}{\sqrt{\pi}} + \pi\frac{1}{\sqrt{\pi}}$, also $c = \pi$.

Lösung der AWA ist $\underline{\underline{y = (\sin x - x\cos x)\frac{1}{\sqrt{x}} + \frac{\pi}{\sqrt{x}}}}$.

Bemerkungen:

Zu (H): Häufig sind hier Umformungen durchzuführen wie:
$\ln|y| = x - \frac{1}{2}\ln|x| + k \Longrightarrow y = c\frac{e^x}{\sqrt{|x|}}$.

Zu (I): Ist man sicher, $y_H = ce^{-A(x)}$ richtig berechnet zu haben, verzichtet man auf die Kontrolle "c fällt heraus" und benutzt $c(x) = \int r(x)e^{A(x)}\,dx$.

16.25 *Man löse die DGL* $\boxed{xy' + (2+2x)y = x^2 + 1}$.

Division durch x ergibt: $y' + \frac{2+2x}{x}y = x + \frac{1}{x}$.

Dies ist eine lineare DGL 1.Ordnung: $y' + a(x)y = r(x)$ mit $a(x) = \frac{2+2x}{x}$ und $r(x) = x + \frac{1}{x}$. Man erhält:

$$A(x) = \int \frac{2+2x}{x}\,dx = 2\ln|x| + 2x \Longrightarrow y_H = ce^{-A(x)} = ce^{-2\ln|x|-2x} = \underline{c\frac{e^{-2x}}{x^2}}.$$

$$c(x) = \int (x + \frac{1}{x})x^2e^{2x}\,dx = \tfrac{1}{8}(4x^3 - 6x^2 + 10x - 5)e^{2x}, \quad \textbf{F+H}.$$

$$\Longrightarrow \quad y_S = c(x)\frac{e^{-2x}}{x^2} = \underline{\tfrac{1}{8}(4x - 6 + \frac{10}{x} - \frac{5}{x^2})}.$$

$$\Longrightarrow \quad y = y_S + y_H = \underline{\underline{\tfrac{1}{8}(4x - 6 + \frac{10}{x} - \frac{5}{x^2}) + c\frac{e^{-2x}}{x^2}}}, \quad c \in \mathbb{R}.$$

16.26 *Ein beliebig dehnbares Gummiband auf der x–Achse ist bei $x = 0$ fest, während sich das freie Ende mit der konstanten Geschwindigkeit V entfernt. Zur Zeit $t = 0$ hat das Band die Länge L. Zu dieser Zeit fängt ein Käfer bei $x = 0$ an, mit der konstanten Geschwindigkeit v relativ zum Band auf diesem entlang zu krabbeln. Erreicht er das andere Ende und wenn ja, wann?*

$x(t)$ sei die x–Koordinate des Käfers zur Zeit t. Zu dieser Zeit ist das freie Ende des Bandes bei $X(t) = L + Vt$. Das Band wird gleichmäßig gedehnt. Die Geschwindigkeit des Bandstückchens bei $x = x(t)$ ist daher $\frac{x(t)}{X(t)}V$ und die Geschwindigkeit des Käfers über der x–Achse also $x'(t) = v + \frac{x(t)}{X(t)}V = v + \frac{V}{L+Vt}x(t)$.

$\boxed{x' - \frac{V}{L+Vt}\,x = v}$ ist eine inhomogene lineare DGL 1. Ordnung für $x = x(t)$.

(H) Die homogene DGL lautet: $x' - \frac{V}{L+Vt}\,x = 0$.

$$a(t) = -\frac{V}{L+Vt} \quad\Longrightarrow\quad A(t) = -\int \frac{V}{L+Vt}\,dt = -\ln(L+Vt).$$

Man erhält $x_H = c\,\mathrm{e}^{-A(t)} = c\,\mathrm{e}^{\ln(L+Vt)} = \underline{c\,(L+Vt)}$.

(I) Variation der Konstanten:

Ansatz $x_S = c(t)(L+Vt)$ mit $c'(t) = v\,\mathrm{e}^{A(t)} = v\,\mathrm{e}^{-\ln(L+Vt)} = \frac{v}{L+Vt}$

ergibt $c(t) = \int \frac{v}{L+Vt}dt = \frac{v}{V}\ln(L+Vt) \quad\Longrightarrow\quad x_S = \underline{\frac{v}{V}(L+Vt)\ln(L+Vt)}$.

Man erhält also $x = x_S + x_H = \underline{\frac{v}{V}(L+Vt)\ln(L+Vt) + c\,(L+Vt)}$, $c \in \mathbb{R}$.

Bestimmung der Konstanten c:

Da der Käfer zur Zeit $t = 0$ bei $x(0) = 0$ startet, erhält man $c = -\frac{v}{V}\ln L$.

Die x–Koordinate des Käfers ist also $x(t) = \underline{\underline{\frac{v}{V}(L+Vt)\ln\frac{L+Vt}{L}}}$.

Der Käfer $x(t)$ erreicht das freie Ende $X(t)$ zu einer gewissen Zeit t_0

$$\Longleftrightarrow\quad x(t_0) = X(t_0) \quad\Longleftrightarrow\quad \frac{v}{V}(L+Vt_0)\ln\frac{L+Vt_0}{L} = L + Vt_0.$$

Kürzen durch $(L+Vt_0) \neq 0$ ergibt $x(t_0) = X(t_0) \quad\Longleftrightarrow\quad \frac{v}{V}\ln\frac{L+Vt_0}{L} = 1$.

Nach t_0 auflösen: $\ln\frac{L+Vt_0}{L} = \frac{V}{v} \quad\Longleftrightarrow\quad \frac{L+Vt_0}{L} = \mathrm{e}^{V/v} \quad\Longleftrightarrow\quad t_0 = \underline{\underline{\frac{L}{V}(\mathrm{e}^{V/v} - 1)}}$.

Das Band hat zur Zeit $t_0 = \frac{L}{V}(\mathrm{e}^{V/v} - 1)$ die Länge $X(t_0) = \underline{\underline{L\mathrm{e}^{V/v}}}$.

Theoretisch erreicht der Käfer also immer das Ende des Gummibandes, auch wenn dort ein Rennwagen zieht! Zu beachten ist jedoch, dass $\mathrm{e}^{V/v}$ bei großem V/v eine unvorstellbar große Zahl ist!

Auf eine lineare DGL 1.Ordung lässt sich zurückführen:

$\boxed{\boldsymbol{y' + f(x)y = r(x) \cdot y^a,\ (a \neq 0, 1)}}$ **Bernoulli–DGL**

der Ansatz: $u = y^{1-a},\ u' = (1-a)y^{-a}y'$ führt auf

$\boxed{\boldsymbol{u' + (1-a)f(x)u = (1-a)r(x)}}$ **lineare DGL 1.Ord.**

16.27 *Man löse die Bernoulli–DGL* $\boxed{xy' - 4y = x^2y^3}$.

$y' - \frac{4}{x}y = xy^3$ ist eine Bernoulli–DGL mit $a = 3$.
$u = y^{1-3} = y^{-2},\ u' = -2y^{-3}y'$ eingesetzt ergibt eine
lineare DGL für u: $u' + \frac{8}{x}u = -2x \implies \underline{u = \frac{c}{x^8} - \frac{1}{5}x^2}$. Wegen $u = \frac{1}{y^2}$
erhält man als Lösung: $\underline{\underline{y = \pm\frac{\sqrt{5}\,x^4}{\sqrt{5c - x^{10}}}}}$ für $5c - x^{10} > 0$.

Auf eine lineare DGL 1.Ord. lässt sich zurückführen:

$\boxed{\boldsymbol{y' + f(x)y = r(x) + g(x)y^2}}$ **Riccati–DGL**

Hier wird vorausgesetzt, dass *eine* Lösung $v(x)$ bekannt ist !
Ansatz: $y = v + \frac{1}{u},\ y' = v' - \frac{u'}{u^2}$ führt auf

$\boxed{\boldsymbol{u' + (2vg - f)u = -g}}$ **lineare DGL 1.Ord.**

16.28 *Man löse die Riccati–DGL* $\boxed{y' = \frac{2}{x^2} - y^2}$.

(1) Eine Lösung ist – durch speziellen Ansatz– zu finden:
Nicht abwegig wäre der Ansatz $y = cx^a$.
Einsetzen führt auf $acx^{a-1} = 2x^{-2} - c^2x^{2a}$. Für $a = -1$ ergibt sich:
$(-c - 2 + c^2)x^{-2} = 0$, also $c^2 - c - 2 = 0,\quad c_1 = -1,\ c_2 = 2$.
$\underline{v(x) = -\frac{1}{x}}$ ist eine spezielle Lösung, ebenso $y = \frac{2}{x}$!

(2) Die Riccati–DGL wird auf eine lineare DGL 1.Ordnung zurückgeführt:
Ansatz: $y = v + \frac{1}{u} = -\frac{1}{x} + \frac{1}{u}$ und $y' = \frac{1}{x^2} - \frac{u'}{u^2}$ ergibt:
$\frac{1}{x^2} - \frac{u'}{u^2} = \frac{2}{x^2} - (-\frac{1}{x} + \frac{1}{u})^2 \implies u' + \frac{2}{x}u = 1$.
Als Lösungen dieser linearen DGL erhält man $u = cx^{-2} + \frac{1}{3}x = \underline{\frac{3c + x^3}{3x^2}}$.

(3) Gesamtlösung der Riccati–DGL:

Neben den speziellen Lösungen $\underline{\underline{y = -\frac{1}{x}}}$ und $\underline{\underline{y = \frac{2}{x}}}$

die Lösungsschar $y = -\frac{1}{x} + \frac{1}{u} = \underline{\underline{-\frac{1}{x} + \frac{3x^2}{3c+x^3}}}$, $c \in \mathbb{R}$,

wobei die spezielle Lösung $y = \frac{2}{x}$ für den Parameter $c = 0$ in der Lösungsschar enthalten ist.

16.4 Elementar integrierbare implizite DGLn 1.Ordnung

$\boldsymbol{x = g(y')}$ Typ "*ohne*" y	Subst.: $y' = t \implies$	Lösung in Parameterform: $x = g(t)$ und $y = \int t g'(t)\, dt$

16.29 *Man bestimme alle Lösungen der DGL* $\boxed{x = y' + \mathrm{e}^{y'}}$ *in Parameterform:*

$y' = t \implies x = g(t) = t + \mathrm{e}^t$.

$y' = \frac{dy}{dt} \cdot \frac{dt}{dx} = t \implies \frac{dy}{dt} = t \cdot \frac{dx}{dt} = t(1 + \mathrm{e}^t)$

$$\implies y = \int t(1 + \mathrm{e}^t)\, dt = \tfrac{1}{2}t^2 + (t-1)\mathrm{e}^t + c.$$

Lösung:

$\begin{pmatrix} x \\ y \end{pmatrix} = \begin{pmatrix} x(t) \\ y(t) \end{pmatrix} = \underline{\begin{pmatrix} t + \mathrm{e}^t \\ \frac{1}{2}t^2 + (t-1)\mathrm{e}^t + c \end{pmatrix}}$ Kurvenschar (c ist Scharparameter) in Parameterdarstellung (t ist Parameter).

$\boldsymbol{y = g(y')}$ Typ "*ohne*" x	Subst.: $y' = t \implies$	Lösung in Parameterform $x = \int \frac{g'(t)}{t}\, dt$ und $y = g(t)$ ggf. ist $y = g(0)$ eine spez. Lsg.

16.30 *Man bestimme alle Lösungen der DGL* $\boxed{y = y' + y'^3}$ *in Parameterform:*

$y' = t \implies y = g(t) = t + t^3$. Es ist $y' = \frac{dy}{dt} \cdot \frac{dt}{dx} = t$. Also gilt:

$$\implies \frac{dx}{dt} = \frac{1}{t} \cdot \frac{dy}{dt} = \frac{1+3t^2}{t} \implies x = \int \frac{1+3t^2}{t}\, dt = \ln|t| + \tfrac{3}{2}t^2 + c.$$

Lösung: $\begin{pmatrix} x \\ y \end{pmatrix} = \begin{pmatrix} x(t) \\ y(t) \end{pmatrix} = \underline{\begin{pmatrix} \ln|t| + \frac{3}{2}t^2 + c \\ t + t^3 \end{pmatrix}}$, sowie $\underline{y \equiv 0}$.

	$\boxed{\boldsymbol{y = xy' + g(y')}}$	**Clairautsche DGL**
Lösung:	**(a)** $\boldsymbol{y = cx + g(c)}$	Geradenschar
	(b) $\boldsymbol{\begin{pmatrix} x \\ y \end{pmatrix} = \begin{pmatrix} -g'(t) \\ -tg'(t) + g(t) \end{pmatrix}}$	*Einhüllende* der Geradenschar.

16.31 *Man zeige, dass sich die Lösungen der Clairautschen DGL in der oben angegebenen Weise darstellen lassen.*

Differenzieren der DGL $y = xy' + g(y')$ ergibt:

$$y' = y' + xy'' + g'(y')y'' \iff y''(x + g'(y')) = 0 \iff \begin{array}{l} y'' = 0 \text{ oder} \\ x + g'(y') = 0. \end{array}$$

$$\iff \begin{array}{ll} \text{(a)} & y = cx + b \overset{\text{DGL}}{\Longrightarrow} y = cx + g(c), \\ \text{(b)} & \begin{pmatrix} x \\ y \end{pmatrix} = \begin{pmatrix} -g'(y') \\ -g'(y')y' + g(y') \end{pmatrix} \overset{(y'=t)}{\Longrightarrow} \begin{pmatrix} x(t) \\ y(t) \end{pmatrix} = \begin{pmatrix} -g'(t) \\ -g'(t)t + g(t) \end{pmatrix}. \end{array}$$

16.32 *Man löse die Clairautsche DGL* $\boxed{y = xy' + \sqrt{1 + y'^2}}$.

Hier ist $g(t) = \sqrt{1 + t^2} \implies g'(t) = \frac{t}{\sqrt{1+t^2}}$

und man erhält die Lösungen:

(a) $y = cx + \sqrt{1 + c^2}$, $c \in \mathbb{R}$, <u>Geradenschar</u>.

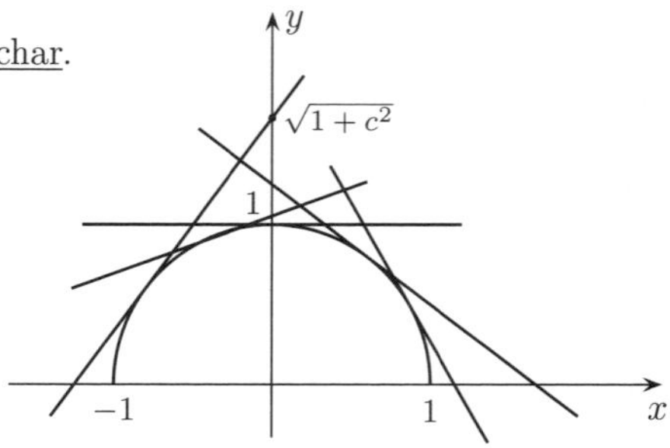

(b) $$x = -\frac{t}{\sqrt{1+t^2}}$$
$$y = -t\frac{t}{\sqrt{1+t^2}} + \sqrt{1 + t^2} = \frac{1}{\sqrt{1+t^2}}$$
$$\implies \underline{\begin{pmatrix} x(t) \\ y(t) \end{pmatrix} = \begin{pmatrix} -\frac{t}{\sqrt{1+t^2}} \\ \frac{1}{\sqrt{1+t^2}} \end{pmatrix}}.$$

Wegen $x^2 + y^2 = \frac{t^2}{1+t^2} + \frac{1}{1+t^2} = 1$ und $y > 0$ ist die Lösungskurve $\begin{pmatrix} x(t) \\ y(t) \end{pmatrix}$ der obere Halbkreis vom Radius 1.

Die Hesse–Form der Geraden $y = cx + \sqrt{1 + c^2}$ ist $\frac{1}{\sqrt{1+c^2}}(-c, 1) \cdot \begin{pmatrix} x \\ y \end{pmatrix} = 1$.
Alle diese Geraden haben also den Abstand 1 vom Nullpunkt und schneiden die y–Achse im Punkt $(0, \sqrt{1 + c^2})$. Sie sind folglich Tangenten an den oberen Halbkreis, der *Einhüllende* der Geradenschar ist.

$\boldsymbol{y = xf(y') + g(y')}$	**d'Alembertsche DGL**

Lösung: **(a)** für $f(c) = c$ erhält man die Geraden $y = f(c)x + g(c)$.

(b) Differenzieren und $y' = t,\ y'' = \frac{dt}{dx}$ ergibt:
$\frac{dx}{dt} + \frac{f'(t)}{f(t)-t}x = -\frac{g'(t)}{f(t)-t}$, eine lin. DGL 1.Ord. für $x(t)$.

Dann ist $y(t) = f(t)x(t) + g(t)$.

16.33 *Man löse die d'Alembertsche DGL* $\boxed{y = x(3 - 2y') + y'^2}$.

Hier ist $f(t) = 3 - 2t$ und $g(t) = t^2$.

(a) $f(t) = t \Longleftrightarrow 3 - 2t = t \Longleftrightarrow t = 1$. Also: Die Gerade $\underline{y = x + 1}$ ist Lösung.

(b) $\dot{x} + \frac{-2}{3-3t}x = -\frac{2t}{3-3t}$ ist lin. DGL 1.Ord. $\Longrightarrow x(t) = c(1-t)^{-2/3} + \frac{3}{5} + \frac{2}{5}t$.

$\Longrightarrow y(t) = \left(c(1-t)^{-2/3} + \frac{3}{5} + \frac{2}{5}t\right)(3 - 2t) + t^2 = c\frac{3-2t}{(1-t)^{2/3}} + \frac{9}{5} + \frac{1}{5}t^2$,

$$\Longrightarrow \begin{pmatrix} x \\ y \end{pmatrix} = \begin{pmatrix} x(t) \\ y(t) \end{pmatrix} = \underline{\frac{c}{(1-t)^{2/3}}\begin{pmatrix} 1 \\ 3-2t \end{pmatrix} + \frac{1}{5}\begin{pmatrix} 3+2t \\ 9+t^2 \end{pmatrix}}, \quad c \in \mathbb{R}.$$

16.5 Einige spezielle DGLn 2.Ordnung

$\boldsymbol{y'' = f(x, y')}$	• Subst.: $z = y',\ z' = y''$

16.34 *Man löse die DGL 2. Ordnung* $\boxed{y'' = (y')^{2/3}}$.

$z = y' \Longrightarrow z' = z^{2/3}$. Man sieht: $z = 0$ ist Lösung, d.h. $y = c,\ c \in \mathbb{R}$ ist Lösung.

$z \neq 0 \Longrightarrow \frac{dz}{z^{2/3}} = dx \Longrightarrow 3z^{1/3} = x + c \Longrightarrow z = \left(\frac{x+c}{3}\right)^3$.

Rücksubstitution ergibt $y = k$ bzw. $y = \int \left(\frac{x+c}{3}\right)^3 dx = \underline{\frac{3}{4}\left(\frac{x+c}{3}\right)^4 + d}$.

Es gibt zwei Lösungsscharen:

Eine einparametrige Schar: $y = c,\ c \in \mathbb{R}$,

Eine zweiparametrige Schar: $y = \frac{3}{4}\left(\frac{x+c}{3}\right)^4 + d,\ c, d \in \mathbb{R}$.

$y'' = f(y)$ •	Multiplikation mit $2y'$ und Integration: $(y')^2 = 2F(y)$, wobei $F' = f$ ist.

16.35 *Man löse die AWA* $y'' = 2\sinh 2y,\ \ y(0) = 0,\ \ y'(0) = 2$.

Multiplikation mit $2y'(x)$ und Integration ergibt

$(y'(x))^2 = 4\displaystyle\int \sinh 2y(x) \cdot y'(x)\,dx = 2\cosh 2y + c_1$.

$y'(0) = 2 \Longrightarrow 4 = 2 \cdot 1 + c_1 \Longrightarrow c_1 = 2$.

$\Longrightarrow y'(x) = \sqrt{2\cosh 2y + 2} = \sqrt{2(\sinh^2 y + \cosh^2 y + 1)} = 2\cosh y$.

T.d.V. $\Longrightarrow \dfrac{dy}{2\cosh y} = dx \Longrightarrow \arctan \mathrm{e}^y = x + c_2$, **F+H** Nr. 271.

$y(0) = 0 \Longrightarrow \arctan 1 = c_2 \Longrightarrow c_2 = \frac{\pi}{4}$.

$\arctan \mathrm{e}^y = x + \frac{\pi}{4} \Longrightarrow \underline{\underline{y = \ln(\tan(x + \frac{\pi}{4}))}}$ ist Lösung der AWA.

$y'' = f(y, y')$ •	Subst. $y' = t$ liefert die Lösung in Parameterdarstellung:
$\begin{matrix} x = \varphi(t) \\ y = \psi(t) \end{matrix}$, dabei ist	(1) $\dot{\psi}(t) = \dfrac{t}{f(\psi(t),t)}$, DGL für $\psi(t)$ (2) $\varphi(t) = \displaystyle\int \dfrac{dt}{f(\psi(t),t)}$.

16.36 *Man löse die AWA* $y'' = y \cdot y' + y'^2,\ \ y(1) = 0,\ \ y'(1) = -1$.

Man setzt $y' = t,\ x = \varphi(t),\ y = \psi(t)$. Die Anfangsbed. $y'(1) = -1$ ergibt: $x = 1 \Longrightarrow t = y' = -1 \Longrightarrow \varphi(-1) = 1,\ \psi(-1) = 0$.
Hier ist $f(y, y') = f(y, t) = yt + t^2$.

(1) $\dot{\psi} = \dfrac{t}{\psi \cdot t + t^2} = \dfrac{1}{t + \psi}$ ist vom Typ $y' = f(ax + by + c)$.

Subst. $z = t + \psi,\ \dot{z} = 1 + \dot{\psi}$ liefert $\dot{z} - 1 = \frac{1}{z} \Longleftrightarrow (*)\ \dfrac{dz}{dt} = \dfrac{1}{z} + 1 = \dfrac{z+1}{z}$:
Dies ist eine DGL mit getrennten Variablen. $z = -1$ ist eine Lösung.
Rücksubstitution ergibt $\psi(t) = -1 - t$. Diese Funktion genügt der Anfangsbedingung $\psi(-1) = 0$, sodass eine T.d.V. bei $(*)$ nicht mehr nötig ist!

(2) $f(\psi(t), t) = (-1 - t)t + t^2 = -t \Longrightarrow \varphi(t) = \displaystyle\int \frac{dt}{-t} = -\ln|t| + c$.

$\varphi(-1) = 1 \Longrightarrow c = 1 \Longrightarrow \varphi(t) = 1 - \ln|t|$.
Es ist $t(-1) = y'(-1) = -1$.

Für $t < 0$ ergibt sich damit die Lösung in Parameterform. $\begin{pmatrix} x \\ y \end{pmatrix} = \begin{pmatrix} 1 - \ln(-t) \\ -1 - t \end{pmatrix}$.

Elimination von t ist möglich:

$x = 1 - \ln(y + 1) \quad \Longrightarrow \quad \underline{\underline{y = -1 + \mathrm{e}^{1-x}}}$ ist Lösung der AWA.

16.6 Lineare DGL n–ter Ordnung

Eine lineare DGL hat die Form

$$y^{(n)} + a_{n-1}(x)y^{(n-1)} + \cdots + a_1(x)y' + a_0(x)y = r(x), \quad x \in I.$$

Die Funktion y und ihre Ableitungen treten nur in 1–ter Potenz (= linear) auf. Die **Koeffizientenfunktionen** $a_k(x)$ und die **Störfunktion** $r(x)$ sind auf dem Intervall I stetig.

Ist $r(x) \equiv 0$, so spricht man von einer **homogenen** linearen DGL n–ter Ordnung.

(H) Die Gesamtlösung der "zugehörigen homogenen" DGL

$$y^{(n)} + a_{n-1}(x)y^{(n-1)} + \cdots + a_1(x)y' + a_0(x)y = 0$$

ist ein n–dimensionaler linearer Raum (= Vektorraum). Es bedeutet *linear*, dass

(1) die Summe zweier Lösungen und
(2) das Vielfache einer Lösung
wieder eine Lösung ist.

Jeder Vektorraum hat eine Basis. Es gibt n **Basislösungen** der homogenen DGL $y_1, \ldots, y_n$, aus denen sich jede Lösung y_H linear kombinieren lässt:

$$y_H(x) = c_1y_1(x) + \cdots + c_ny_n(x), \quad c_k \in \mathbb{R}.$$

(I) Die Gesamtlösung der (inhomogenen) DGL ist ein n–dimensionaler affiner linearer Raum, den man erhält, indem man die Lösungsgesamtheit der zugehörigen homogenen DGL um **eine spezielle** Lösung y_S (affin) verschiebt:

$$\begin{aligned} y &= y_S + y_H \\ &= y_S(x) + c_1y_1(x) + \cdots + c_ny_n(x) \end{aligned}$$

Bemerkung:

(1) Die Hauptschwierigkeit beim Lösen linearer DGLn liegt darin, die homogene DGL zu lösen. Hat man eine Lösungsbasis $y_1, \ldots, y_n$ der homogenen DGL berechnet, kann man oft eine spezielle Lösung y_S der inhomogenen DGL durch **Variation der Konstanten** in der Form $y_S = c_1(x)y_1(x) + \cdots + c_n(x)y_n(x)$ angeben, siehe Seite 444 und [16.44, 16.45].

(2) Zu folgenden homogenen DGLn lässt sich eine Lösungsbasis angeben:

(a) Lineare DGL 1.Ordnung ($n = 1$), Seite 431.
(b) Lineare DGL mit konstanten Koeffizienten $a_k(x) = a_k \in \mathbb{R}$, Seite 448.
(c) Eulersche DGL, alle Koeff.–funkt. von der Form $a_k(x) = a_kx^k$, Seite 457.

(3) Ansonsten versucht man es mit speziellen Ansätzen (Seite 442) und Reduktionsverfahren (d'Alembert).

16.6.1 Homogene lineare DGL n–ter Ordnung

Lineare Unabhängigkeit von Funktionen

Die Funktionen $f_1, \ldots, f_n$ heißen *linear unabhängig* auf I, wenn sich die Nullfunktion nur "trivial" als Linearkombination von ihnen darstellen lässt, wenn

also gilt: $c_1 f_1(x) + \ldots + c_n f_n(x) \equiv 0$ auf $I \quad \Longrightarrow \quad c_1 = \ldots = c_n = 0.$

vergleiche: Lineare Unabhängigkeit von Vektoren, Seite 124.

16.37 *Lineare Abhängigkeit und lineare Unabhängigkeit von Funktionen:*

(1) $e^x, e^{-x}, \cos x$ sind auf jedem Intervall I linear unabhängig, [5.9].

(2) $1, x, x^2, x^3$ sind auf jedem Intervall I linear unabhängig: Da nur das Nullpolynom überall gleich Null ist, gilt $c_1 + c_2x + c_3x^3 + c_4x^3 \equiv 0 \Longrightarrow c_1 = c_2 = c_3 = c_4 = 0$.

(3) $e^x, e^{-x}, \cosh x$ sind auf jedem Intervall linear abhängig: $e^x + e^{-x} - 2\cosh x \equiv 0$.

(4) $f(x) = \begin{cases} x^2, & x \leq 0 \\ 0, & x > 0 \end{cases}, \quad g(x) = \begin{cases} 0, & x \leq 0 \\ x^2, & x > 0 \end{cases}.$

f, g sind auf $[0,1]$ linear abhängig; aber auf $[-1,1]$ linear unabhängig:

Auf $[0,1]$ gilt: $1 \cdot f_1 + 0 \cdot f_2 \equiv 0 \Longrightarrow f_1, f_2$ linear abhängig.

Auf $[-1,1]$ gilt:

$$c_1 f_1 + c_2 f_2 \equiv 0 \Longrightarrow \begin{array}{ll} (x=-1): & c_1 \cdot 1 + c_2 \cdot 0 = 0 \Longrightarrow c_1 = 0 \\ (x=1): & c_1 \cdot 0 + c_2 \cdot 1 = 0 \Longrightarrow c_2 = 0 \end{array}.$$

Also sind f_1, f_2 linear unabhängig.

Wronski Determinante

Sind $f_1, \ldots, f_n$ auf I $(n-1)$–mal differenzierbar, heißt

$$W(x) := \begin{vmatrix} f_1(x) & \cdots & f_n(x) \\ f_1'(x) & \cdots & f_n'(x) \\ \vdots & \cdots & \vdots \\ f_1^{(n-1)}(x) & \cdots & f_n^{(n-1)}(x) \end{vmatrix}$$

die **Wronski Determinante** von $f_1, \ldots, f_n$.

Gilt $W(x_1) \neq 0$ für **eine** Stelle $x_1 \in I$, so sind $f_1, \ldots, f_n$ linear unabhängig auf I.

16.38 $e^x, e^{-x}, \cos x$ *sind auf jedem Intervall I linear unabhängig.*

$$W(x) := \begin{vmatrix} e^x & e^{-x} & \cos x \\ e^x & -e^{-x} & -\sin x \\ e^x & e^{-x} & -\cos x \end{vmatrix} = e^x e^{-x} \begin{vmatrix} 1 & 1 & \cos x \\ 1 & -1 & -\sin x \\ 1 & 1 & -\cos x \end{vmatrix} = \ldots = 4\cos x.$$

In jedem Intervall gibt es eine Stelle x_1 mit $W(x_1) = 4\cos x_1 \neq 0$, also sind $e^x, e^{-x}, \cos x$ auf jedem Intervall I linear unabhängig.

Das Nichtverschwinden der Wronski Determinante an einer Stelle ist *hinreichend*; aber nicht *notwendig* für die lineare Unabhängigkeit:

16.39 *Die Funktionen f, g aus [16.37 (4)] sind auf $[-1, 1]$ linear unabhängig, obwohl ihre Wronski Determinante $\equiv 0$ ist.*

Für $x \leq 0$ gilt: $W(x) = \begin{vmatrix} f & g \\ f' & g' \end{vmatrix} = \begin{vmatrix} x^2 & 0 \\ 2x & 0 \end{vmatrix} = 0,$

für $x \geq 0$ gilt: $W(x) = \begin{vmatrix} f & g \\ f' & g' \end{vmatrix} = \begin{vmatrix} 0 & x^2 \\ 0 & 2x \end{vmatrix} = 0.$

Also ist $W(x) \equiv 0$ auf $[-1, 1]$; dennoch sind f, g dort linear unabhängig, da f kein Vielfaches von g ist.

Für Lösungen einer homogenen linearen DGL gilt jedoch:

Wronski Determinante der Lösungen einer hom. linearen DGL

Sind $y_1, \ldots, y_n$ auf I Lösungen der homogenen linearen DGL

$$\text{(H)} \quad y^{(n)} + a_{n-1}(x)y^{(n-1)} + \cdots + a_1(x)y' + a_0(x)y = 0,$$

so sind folgende Aussagen äquivalent:

(1) $y_1, \ldots, y_n$ sind auf I linear unabhängig, das heißt, sie bilden auf I eine Lösungsbasis (Fundamentalsystem) von (H).

(2) Es ist $W(x) \neq 0$ für ein (und damit für jedes) $x \in I$.

Die Wronski–Determinante $W(x)$ genügt der DGL (Liouville–Formel)

$$W'(x) = -a_{n-1} \cdot W(x) \text{ , sodass}$$

$$W(x) = W(x_0) \cdot \exp\Big(\int_{x_0}^{x} - a_{n-1}(t)\, dt \Big) \text{ ist für ein } x_0 \in I.$$

Kann man keine Lösungsbasis der homogenen DGL angeben, helfen evtl.

spezielle Ansätze:

Z.B: $y = c,\ y = ax + b,\ y = ax^2 + bx + c,\ y = \frac{a}{x}, \ldots,$ Potenzreihenansatz.

Tip: Ist die Summe der Koeffizientenfunktionen gleich Null, so ist e^x Lösung!

$$\sum_{k=0}^{n} a_k(x) \equiv 0 \Longrightarrow y = e^x \text{ ist eine Lösung.}$$

16.40 *Man löse die DGL* $\boxed{(x - x^2)y'' + x^2y' - xy = 0,\ x > 1}$.

Spezieller Ansatz? .Die Koeffizientensumme verschwindet:

$(x - x^2) + x^2 - x \equiv 0$, also hat man eine erste Lösung $\underline{y_1 = e^x}$.

Nun kann man mit dem d'Alembertschen Reduktionsverfahren (Seite 443) die Ordnung der DGL um 1 reduzieren und die entstehende lineare DGL 1.Ordnung wie oben behandelt lösen.

Oder: Der Ansatz $y = ax + b$ ergibt $(x - x^2)0 + x^2a - x(ax + b) = 0 \Longleftrightarrow b = 0$. Eine zweite Löung ist z.B. $\underline{y_2 = x}$.

Wronski Determinante von y_1, y_2: $W(x) = \begin{vmatrix} e^x & x \\ e^x & 1 \end{vmatrix} = e^x(1 - x) \neq 0$ für $x > 1$.

y_1, y_2 bilden also ein Fundamentalsystem (Lösungsbasis)
und Gesamtlösung ist: $\underline{y(x) = c_1e^x + c_2x},\ c_1, c_2 \in \mathbb{R}$ für $x > 1$.

16.41 *Man bestimme eine homogene lineare DGL 2. Ordnung mit der Lösungsbasis* $y_1 = e^x,\ y_2 = \cos 2x$.

$$L(y) := \begin{vmatrix} y & y_1 & y_2 \\ y' & y_1' & y_2' \\ y'' & y_1'' & y_2'' \end{vmatrix} = \begin{vmatrix} y & e^x & \cos 2x \\ y' & e^x & -2\sin 2x \\ y'' & e^x & -4\cos 2x \end{vmatrix} \text{ verschwindet für } \left\{ \begin{array}{c} y = y_1 \\ \text{und} \\ y = y_2 \end{array} \right. .$$

Entwicklung nach der 1. Spalte ergibt:

$y \cdot e^x(-4\cos 2x + 2\sin 2x) - y' \cdot e^x(-4\cos 2x - \cos 2x) + y'' \cdot e^x(-2\sin 2x - \cos 2x) = 0$.

Division durch $-e^x \neq 0$ und man hat eine gesuchte DGL:

$$y'' \cdot (2\sin 2x + \cos 2x) - y' \cdot 5\cos 2x + y \cdot (4\cos 2x - 2\sin 2x) = 0$$

Zusatz: Eine homogene lineare DGL 2. Ordnung mit konstanten Koeffizienten (Seite 448) und der Lösungsbasis $y_1 = e^x,\ y_2 = \cos 2x$ gibt es nicht, da – bei konstanten Koeffizienten – mit $\cos 2x$ auch $y_3 = \sin 2x$ eine Lösung ist. Lösungen der charakteristischen Gleichung (Seite 448) sind dann $\lambda_1 = 1,\ \lambda_{2,3} = \pm 2i$. Die charakteristische Gleichung lautet $(\lambda - 1)(\lambda^2 + 4) = \lambda^3 - \lambda^2 + 4\lambda - 4 = 0$ und Lösungsbasis der DGL $y''' - y'' + 4y' - 4y = 0$ ist:

$$\underline{y_1 = e^x},\ \underline{y_2 = \cos 2x} \text{ und } \underline{y_3 = \sin 2x}.$$

Das d'Alembertsche Reduktionsverfahren

y_1 sei eine Lösung der **homogenen linearen DGL** n–ter Ordnung

$$\boxed{a_n(x)y^{(n)} + a_{n-1}(x)y^{(n-1)} + \ldots + a_1(x)y' + a_0(x)y = 0}$$

Der **Produktansatz** $y(x) = y_1(x) \cdot u(x)$ führt nach der Substitution $z = u'$ auf eine homogene lineare DGL $(n-1)$–ter Ordnung für z.

Ist z eine Lösung der reduzierten DGL, so ist $y_2(x) = y_1(x) \int z(x)\,dx$, also $y_2 = y_1 u$ eine von y_1 linear unabhängige Lösung der ursprünglichen DGL.

Formel (für $n = 2$):
- Ist y_1 eine Lösung von $a_2(x)y'' + a_1(x)y' + a_0(x)y = 0$, so ist
- $y_2(x) = y_1(x) \displaystyle\int \frac{1}{y_1^2(x)} \mathrm{e}^{-\int \frac{a_1(x)}{a_2(x)}\,dx}\,dx$ und
- $y = c_1y_1 + c_2y_2$ die Gesamtlösung der DGL.

16.42 *Mit dem d'Alembertsches Reduktionsverfahren löse man die homogene lineare DGL 2. Ordnung* $\boxed{(1+x^2)y'' - 2xy' + 2y = 0}$

Man sieht, dass $\underline{y_1 = x}$ eine Lösung ist !

(a) Ansatz: $y(x) = x \cdot u(x) \implies y' = xu' + u,\ y'' = u''x + 2u'$, eingesetzt
$(1+x^2)(u''x + 2u') - 2x(u'x + u) + 2ux = 0$
$\iff u''(1+x^2)x + u'(2(1+x^2) - 2x^2) + u(\underbrace{-2x + 2x}_{=0}) = 0$, Rechenkontrolle.
$\iff u''(1+x^2)x + u' \cdot 2 = 0$, Typ "ohne" u, Seite 435. Für $z = u'$ ist also
$\boxed{z'(1+x^2)x + 2z = 0}$, eine homogene lin. DGL 1.Ord. für z. T.d.V. ergibt:
$z(x) = u'(x) = \frac{1+x^2}{x^2} = 1 + \frac{1}{x^2} \implies u(x) = x - \frac{1}{x} + c,\ c \in \mathbb{R}$.
$y_2 = y_1 \cdot u = (x - \frac{1}{x})x = \underline{x^2 - 1}$.
$y_2 = x^2 - 1$ ist eine von $y_1 = x$ linear unabhängige Lösung und Gesamtlösung der lin. DGL 2–ter Ordnung ist: $\underline{\underline{y = c_1x + c_2(x^2 - 1)}},\ c_1, c_2 \in \mathbb{R}$.

(b) Formel: Vorher die DGL durch $1 + x^2$ dividieren: $y'' - \frac{2x}{1+x^2}y' + \frac{2}{1+x^2}y = 0$.

$$\frac{a_1(x)}{a_2(x)} = -\frac{2x}{1+x^2} \implies -\int \frac{a_1(x)}{a_2(x)}\,dx = \ln(1+x^2) \text{ und}$$

$$y_2(x) = x \int \frac{1}{x^2}(1+x^2)\,dx = x \int (1 + \frac{1}{x^2})\,dx \implies \underline{y_2 = x^2 - 1}.$$

Auch so erhält man die Gesamtlösung $\underline{\underline{y = c_1x + c_2(x^2 - 1)}},\ c_1, c_2 \in \mathbb{R}$.

16.43 *Man löse die DGL* $\boxed{(2x-x^2)y''+(x^2-2)y'+2(1-x)y=0}$.

Die Koeffizientensumme ist Null:

$2x-x^2+x^2-2+2-2x\equiv 0 \Longrightarrow \underline{y_1=e^x}$ ist Lösung.

Reduktionsverfahren:

Der Ansatz $y=ue^x$ mit $y'=(u'+u)e^x$, $y''=(u''+2u'+u)e^x$ und $u'=z$ führt auf die hom. lin. DGL 1. Ordnung $z'(2x-x^2)-z(x^2-4x+2)=0$ für z.

Man erhält: $z=(2x-x^2)e^{-x} \overset{(u'=z)}{\Longrightarrow} u=\int(2x-x^2)e^{-x}\,dx=x^2e^{-x}$.

$\overset{(y=ue^x)}{\Longrightarrow} y_2=x^2e^{-x}e^x=x^2 \Longrightarrow \underline{y_2=x^2}$

Gesamtlösung der homogenen linearen DGL: $\underline{\underline{y=c_1e^x+c_2x^2}}$, $c_1,c_2\in\mathbb{R}$.

16.6.2 Inhomogene lineare DGL n–ter Ordnung

Die **allgemeine Lösung** (Lösungsgesamtheit) einer linearen DGL ist

$$y=y_S+y_H$$

Dabei ist y_H die Lösungsgesamtheit der homogenen DGL,
y_S eine Lösung der inhomogenen DGL:

Kennt man die Lösungen $y_H=c_1y_1+\cdots+c_ny_n$ der homogenen DGL, so lässt sich eine spezielle Lösung der inhomogenen DGL durch die Methode "Variation der Konstanten" berechnen:

Lineare DGL – Variation der Konstanten

$$\boxed{y^{(n)}+a_{n-1}(x)y^{(n-1)}+\ldots+a_0(x)y=r(x)}$$

Ist $y_1,\ldots,y_n$ eine Lösungsbasis der zugehörigen homogenen DGL, dann besitzt die inhomogene DGL eine spezielle Lösung

$$y_S=c_1(x)y_1+\ldots+c_n(x)y_n.$$

Die Ableitungen der Koeffizientenfunktionen $c_1',\ldots,c_n'$ bestimmt man aus dem LGS:

c_1'	c_2'	$\cdots$	c_n'	r. S.
y_1	y_2	$\cdots$	y_n	0
$\vdots$	$\vdots$		$\vdots$	$\vdots$
$y_1^{(n-1)}$	$y_2^{(n-1)}$	$\cdots$	$y_n^{(n-1)}$	$r(x)$

$c_1,\ldots,c_n$ erhält man durch Integration.

16.44 *Man löse die inhomogene lineare DGL:*

$$(2x - x^2)y'' + (x^2 - 2)y' + 2(1-x)y = x^2(2-x)^2 \mathrm{e}^x$$

(1) Lösung der homogenen DGL [16.43]: $\underline{y_H = c_1 \mathrm{e}^x + c_2 x^2}$.

(2) Spezielle Lösung der inh. DGL:

Ansatz (Variation der Konstanten): $y_S = c_1(x)\mathrm{e}^x + c_2(x)x^2$.

Vorsicht! Hier ist $r(x) = \frac{x^2(2-x)^2}{2x-x^2}\mathrm{e}^x = x(2-x)\mathrm{e}^x$.

c_1'	c_2'	rechte Seite	Regie
e^x	x^2	0	-1
e^x	$2x$	$x(2-x)\mathrm{e}^x$	1
0	$2x - x^2$	$x(2-x)\mathrm{e}^x$	

$$\Longrightarrow \quad c_2' = c_2'(x) = \frac{x(2-x)}{x(2-x)}\mathrm{e}^x = \mathrm{e}^x, \qquad c_1' = c_1'(x) = -x^2\mathrm{e}^x\mathrm{e}^{-x} = -x^2.$$

Integration ergibt: $c_1(x) = -\frac{1}{3}x^3$ und $c_2(x) = \mathrm{e}^x$.

Spezielle Lösung der inh. DGL: $y_S = -\frac{1}{3}x^3\mathrm{e}^x + \mathrm{e}^x x^2 = \underline{x^2\mathrm{e}^x(1-\frac{1}{3}x)}$.

(3) Gesamtlösung: $y = y_S + y_H = \underline{\underline{x^2\mathrm{e}^x(1-\frac{1}{3}x) + c_1\mathrm{e}^x + c_2x^2}}$.

16.45 *Man löse die lineare DGL:* $\boxed{y'' - 6y' + 9y = \frac{\mathrm{e}^{3x}}{x^2}}$

(1) Lösung der homogenen DGL [16.49]: $\underline{y_H = c_1\mathrm{e}^{3x} + c_2 x\mathrm{e}^{3x}}$.

(2) Ansatz (Variation der Konstanten): $y_S = c_1(x)\mathrm{e}^{3x} + c_2(x)x\mathrm{e}^{3x}$.

c_1'	c_2'	r. S.	Regie
e^{3x}	$x\mathrm{e}^{3x}$	0	-3
$3\mathrm{e}^{3x}$	$(1+3x)\mathrm{e}^{3x}$	$\frac{\mathrm{e}^{3x}}{x^2}$	1
0	e^{3x}	$\frac{\mathrm{e}^{3x}}{x^2}$	

$$\Longrightarrow \quad c_2' = \frac{1}{x^2} \Longrightarrow c_2 = -\frac{1}{x}, \qquad c_1' = -xc_2' = -\frac{1}{x} \Longrightarrow c_1 = -\ln|x|.$$

Spezielle Lösung: $y_S = -\ln|x|\mathrm{e}^{3x} - \frac{1}{x}x\mathrm{e}^{3x} = \underline{-\mathrm{e}^{3x}(1+\ln|x|)}$.

(3) Gesamtlösung:
$$y = y_S + y_H = -\mathrm{e}^{3x}(1+\ln|x|) + c_1\mathrm{e}^{3x} + c_2x\mathrm{e}^{3x}$$
$$= \underline{\underline{\mathrm{e}^{3x}(k_1 + k_2x - \ln|x|)}}, \text{ für } k_1, k_2 \in \mathbb{R}.$$

16.46 *Man löse die DGL* $\boxed{xy'' - (x+1)y' - 2(x-1)y = -2x^3,\ \ x > 0}$.

1. Lösungsmöglichkeit:

(1) Lösung der homogenen DGL :

Man erkennt schnell, dass kein Polynom ($\neq 0$) Lösung ist.

Der Ansatz $y = \mathrm{e}^{ax}$ führt auf $\mathrm{e}^{ax}\big(xa^2 - (x+1)a - 2(x-1)\big) = 0$, sodass $(a^2 - a - 2)x + 2 - a = 0$, also $a = 2$ ist. Damit ist $\underline{y_1 = \mathrm{e}^{2x}}$ eine erste Basislösung.

Reduktionsverfahren von d'Alembert (Produktansatz): $y = u(x)\mathrm{e}^{2x}$.

Dann ist $y' = (u' + 2u)\mathrm{e}^{2x}$ und $y'' = (u'' + 4u' + 4u)\mathrm{e}^{2x}$. Man setzt ein und erhält:

$$\begin{aligned} \mathrm{e}^{2x}\big(x(u'' + 4u' + 4u) - (x+1)(u' + 2u) - 2(x-1)u\big) &= 0 \\ \mathrm{e}^{2x}\big(u''x + u'(3x-1)\big) &= 0 \\ u''x + u'(3x-1) &= 0 \quad \text{mit } z := u' \text{ folgt} \\ z'x + z(3x-1) &= 0 \quad \text{T.d.V. ergibt} \end{aligned}$$

$\int \frac{dz}{z} = \int \frac{1-3x}{x}\,dx = \ln|x| - 3x + c$. Mit $c = 0$ erhält man weiter:

$$z = x\mathrm{e}^{-3x} \Longrightarrow u = \int x\mathrm{e}^{-3x}\,dx = -\tfrac{1}{9}(3x+1)\mathrm{e}^{-3x}.$$

Somit ist $\quad y_2 = u(x)\mathrm{e}^{2x} = \underline{-\tfrac{1}{9}(3x+1)\mathrm{e}^{-x}}$.

Lösungsgesamtheit der homogenen DGL: $\underline{y_H = c_1\mathrm{e}^{2x} + c_2(3x+1)\mathrm{e}^{-x}}$.

(2) Spezielle Lösung der inhomogenen DGL:

Ansatz (Variation der Konstanten): $y_S = c_1(x)\mathrm{e}^{2x} + c_2(x)(3x+1)\mathrm{e}^{-x}$.

Vorsicht! Hier ist $r(x) = \dfrac{-2x^3}{x} = -2x^2$.

c_1'	c_2'	r. S.	Regie
e^{2x}	$(3x+1)\mathrm{e}^{-x}$	0	-2
$2\mathrm{e}^{2x}$	$(2-3x)\mathrm{e}^{-x}$	$-2x^2$	1
0	$-9x\mathrm{e}^{-x}$	$-2x^2$	

$$\Longrightarrow \quad \begin{aligned} c_2' &= \tfrac{2}{9}x\mathrm{e}^{x}, \\ c_1' &= -(3x+1)\mathrm{e}^{-x}\tfrac{2}{9}x\mathrm{e}^{x}\mathrm{e}^{-2x} \\ &= \tfrac{2}{9}(-3x^2 - x)\mathrm{e}^{-2x}. \end{aligned}$$

Durch Integration erhält man:

$$c_1(x) = \frac{2}{9}\int(-3x^2 - x)\mathrm{e}^{-2x}\,dx = \frac{2}{9}(\tfrac{3}{2}x^2 + 2x + 1)\mathrm{e}^{-2x},$$

$$c_2(x) = \frac{2}{9}\int x\mathrm{e}^{x}\,dx = \frac{2}{9}(x-1)\mathrm{e}^{x}.$$

Spezielle Lösung: $y_S = \frac{2}{9}(\frac{3}{2}x^2 + 2x + 1)\mathrm{e}^{-2x}\mathrm{e}^{2x} + \frac{2}{9}(x-1)\mathrm{e}^{x}(3x+1)\mathrm{e}^{-x} = \underline{x^2}.$

(3) Gesamtlösung: $y = y_S + y_H = \underline{\underline{x^2 + c_1\mathrm{e}^{2x} + c_2(3x+1)\mathrm{e}^{-x}}}.$

2. Lösungsmöglichkeit:

Nach Kenntnis einer ersten Basislösung $y_1 = \mathrm{e}^{2x}$ soll nun der d'Alembertsche Produktansatz *direkt* in die *inhomogene* DGL eingesetzt werden:

$y = u(x)\mathrm{e}^{2x} \Longrightarrow \mathrm{e}^{2x}(u''x + u'(3x-1)) = -2x^3$. Mit $z = u'$ folgt:

$(\star)\quad z' + \dfrac{3x-1}{x}z = -2x^2\mathrm{e}^{-2x}.$

Die zugehörige homogene DGL wird wie in (1) gelöst: $z_H = kx\mathrm{e}^{-3x}$.

Variation der Konstanten ergibt:

$k'x\mathrm{e}^{-3x} = -2x^2\mathrm{e}^{-2x} \Longrightarrow k' = -2x\mathrm{e}^{x} \Longrightarrow k = -2(x-1)\mathrm{e}^{x} \Longrightarrow \underline{z_S = -2x(x-1)\mathrm{e}^{-2x}}.$

Gesamtlösung von $(\star)$ ist $z = -2x(x-1)\mathrm{e}^{-2x} + kx\mathrm{e}^{-3x}$.

$$u(x) = \int(-2x(x-1)\mathrm{e}^{-2x} + kx\mathrm{e}^{-3x})\,dx = x^2\mathrm{e}^{-2x} - \frac{1}{9}k(3x+1)\mathrm{e}^{-x}$$

$$\Longrightarrow y(x) = u(x)\mathrm{e}^{2x} = \underbrace{x^2}_{y_S} - \frac{1}{9}k\underbrace{(3x+1)\mathrm{e}^{-x}}_{\text{2. Basislsg. } y_2}.$$

Gesamtlösung: $y = y_S + c_1y_1 + c_2y_2 = \underline{\underline{x^2 + c_1\mathrm{e}^{2x} + c_2(3x+1)\mathrm{e}^{-x}}}.$

Einsetzen in die inhomogene DGL führt also deutlich schneller zum Ziel !

16.7 Lineare DGL mit konstanten Koeffizienten

Lineare DGLn mit konstanten Koeffizienten lassen sich relativ einfach lösen und fehlen in keiner Vordiplomklausur!

Die homogene lineare DGL mit konstanten Koeffizienten

$$\boxed{y^{(n)} + a_{n-1}y^{(n-1)} + \ldots + a_1 y' + a_0 y = 0} \quad \text{mit} \quad a_k \in \mathbb{R}.$$

Der Ansatz $y = \mathrm{e}^{\lambda x}$ führt auf die **charakteristische Gleichung**

$$\lambda^n + a_{n-1}\lambda^{n-1} + \ldots + a_1\lambda + a_0 = 0.$$

Jede k–fache Lösung der charakt. Gleichung liefert k Lösungen der DGL:

Lösungen der char. Gl.		Basislösungen der DGL
λ	1–fach reell	$\mathrm{e}^{\lambda x}$
λ	k–fach reell	$\mathrm{e}^{\lambda x},\ x\mathrm{e}^{\lambda x}, \ldots, x^{k-1}\mathrm{e}^{\lambda x},$
$\lambda = a \pm bi$	1–fach kompl.	$\mathrm{e}^{ax}\cos bx$ $\mathrm{e}^{ax}\sin bx$
$\lambda = a \pm bi$	k–fach kompl.	$\mathrm{e}^{ax}\cos bx,\quad x\mathrm{e}^{ax}\cos bx, \ldots\quad x^{k-1}\mathrm{e}^{ax}\cos bx$ $\mathrm{e}^{ax}\sin bx,\quad x\mathrm{e}^{ax}\sin bx, \ldots\quad x^{k-1}\mathrm{e}^{ax}\sin bx$

Man erhält so n linear unabhängige Funktionen $y_1, \ldots, y_n$.
Diese bilden eine **Lösungsbasis** der DGL. Die allgemeine Lösung ist:

$$y = c_1 y_1 + \ldots + c_n y_n, \quad c_k \in \mathbb{R}.$$

16.47 *Nullstellen der charakteristischen Gleichung und Basislösungen:*

Nullstellen der char. Gleichung	Basislösungen der homogenen DGL
$1,\ -2,\ 3$	$\mathrm{e}^{x},\ \mathrm{e}^{-2x},\ \mathrm{e}^{3x}$
$0,\ \sqrt{3},\ 1+\sqrt{2}$	$1,\ \mathrm{e}^{\sqrt{3}\,x},\ \mathrm{e}^{(1+\sqrt{2}\,)x}$
$0,\ 0,\ 2,\ 2,\ 2,$	$1,\ x,\ \mathrm{e}^{2x},\ x\mathrm{e}^{2x},\ x^2\mathrm{e}^{2x}$
$1,\ 2 \pm 3i$	$\mathrm{e}^{x},\ \mathrm{e}^{2x}\cos 3x,\ \mathrm{e}^{2x}\sin 3x$
$1 \pm 2i,\ 1 \pm 2i$	$\mathrm{e}^{x}\cos 2x,\ \mathrm{e}^{x}\sin 2x,\ x\mathrm{e}^{x}\cos 2x,\ x\mathrm{e}^{x}\sin 2x$
$0, 0, 0,\ \pm i, \pm i, \pm i$	$1, x, x^2,\ \cos x, \sin x, x\cos x, x\sin x, x^2\cos x, x^2\sin x$

16.48 *Man löse die homogene lineare DGL 3. Ordnung mit konstanten Koeffizienten* $\boxed{y''' - 2y'' - 5y' + 6y = 0}$.

$y''' - 2y'' - 5y' + 6y = 0$	DGL,
$\lambda^3 - 2\lambda^2 - 5\lambda + 6 = 0$	charakteristische Gleichung,
$\lambda_1 = 1, \quad \lambda_2 = -2, \quad \lambda_3 = 3$	Lösungen der charakteristischen Gleichung,
$y_1 = e^x, \quad y_2 = e^{-2x}, \quad y_3 = e^{3x}$	linear unabhängige Lösungen,
$\underline{y = c_1 e^x + c_2 e^{-2x} + c_3 e^{3x}}$	Gesamtlösung der DGL.

16.49 *Man löse die DGL* $\boxed{y'' - 6y' + 9y = 0}$,

(a) *allgemein,*
(b) *als AWA mit* $y(0) = 1,\ y'(0) = -1$.

(a) Es gilt $\lambda^2 - 6\lambda + 9 = (\lambda - 3)^2 = 0, \implies \lambda = 3$ ist doppelte Nullstelle.
Basislösungen sind: $y_1 = e^{3x},\ y_2 = xe^{3x}$.
Gesamtlösung ist: $\underline{y = c_1 e^{3x} + c_2 x e^{3x}}$.

(b) $y = c_1 e^{3x} + c_2 x e^{3x} \implies y' = 3c_1 e^{3x} + (c_2 + 3c_2 x) e^{3x}$.
$y(0) = 1 \iff c_1 = 1$
$y'(0) = -1 \iff 3c_1 + c_2 = -1$, also $\underline{c_1 = 1}$, $\underline{c_2 = -4}$.
Lösung der AWA ist also $\underline{y = e^{3x} - 4xe^{3x}}$.

16.50 *Man löse die hom. lin. DGL 4. Ord. mit konst. Koeff.* $\boxed{y'''' + y''' = 0}$.

Charakteristische Gleichung : $\lambda^4 + \lambda^3 = 0 \iff \lambda^3(\lambda + 1) = 0$.
$\implies \lambda = 0$ ist dreifache und $\lambda = -1$ einfache Nullstelle.
Basislösungen sind $y_1 = e^{0x} = 1,\ y_2 = x,\ y_3 = x^2,\ y_4 = e^{-x}$.
Gesamtlösung der DGL ist $\underline{y = c_1 + c_2 x + c_3 x^2 + c_4 e^{-x}}$.

16.51 *Man löse die DGL* $\boxed{y'''' - 2y''' + 2y'' - 2y' + y = 0}$.

Es ist $\lambda^4 - 2\lambda^3 + 2\lambda^2 - 2\lambda + 1 = (\lambda - 1)^2(\lambda^2 + 1)$.
$\implies \lambda = 1$ ist doppelte und $\lambda = \pm i$ sind einfache Nullstellen.
Basislösungen sind: $y_1 = e^x,\ y_2 = xe^x,\ y_3 = \cos x,\ y_4 = \sin x$.
Gesamtlösung ist: $\underline{y = c_1 e^x + c_2 x e^x + c_3 \cos x + c_4 \sin x}$.

16.52 *Man löse die DGL* $\boxed{y''' - 5y'' + 9y' - 5y = 0}$.

$\lambda^3 - 5\lambda^2 + 9\lambda - 5 = (\lambda - 1)(\lambda^2 - 4\lambda + 5) = 0$.
$\implies \lambda_1 = 1,\ \lambda_{2,3} = 2 \pm i$ sind einfache Nullstellen.
Basislösungen sind: $y_1 = e^x,\ y_2 = e^{2x}\cos x,\ y_3 = e^{2x}\sin x$.
Gesamtlösung ist: $\underline{y = c_1 e^x + c_2 e^{2x}\cos x + c_3 e^{2x}\sin x}$.

Die inhomogene lineare DGL mit konstanten Koeffizienten

$$\boxed{y^{(n)} + a_{n-1}y^{(n-1)} + \ldots + a_1 y' + a_0 y = r(x)} \quad \text{mit} \quad a_k \in \mathbb{R}.$$

$r(x)$ heißt **Störfunktion**. Man bestimmt zunächst die Lösungen y_H der zughörigen homogenen DGL, siehe Seite 448 und benötigt dann noch *eine* Lösung y_S der inhomogenen DGL, um die Gesamtlösung anzugeben:

$$y = y_S + y_H.$$

Berechnung einer speziellen Lösung y_S :

(1) **Variation der Konstanten** geht oft, siehe [16.45].

(2) **Spezieller Ansatz bei bestimmten Störfunktionen** (einfacher!):

Ist die Störfunktion vom Typ

$$r(x) = p(x)\mathrm{e}^{ax}\cos bx \quad \text{oder} \quad r(x) = p(x)\mathrm{e}^{ax}\sin bx, \text{ wobei}$$

a, b reelle Zahlen und $p(x)$ ein Polynom ist, so macht man folgenden **Ansatz**:

(a) Normalfall (keine **Resonanz**: $a \pm bi$ nicht Lösungen der char. Gl.):

$$y_S = q_1(x)\mathrm{e}^{ax}\cos bx + q_2(x)\mathrm{e}^{ax}\sin bx, \quad \textbf{Normalansatz}.$$

Dabei sind $q_1(x)$, $q_2(x)$ Polynome mit unbestimmten Koeffizienten vom gleichen Grad wie das Polynom $p(x)$ in der Störfunktion!

(b) Resonanzfall ($a \pm bi$ sind k–fache Lösungen der char. Gleichung):

Man multipliziert den Normalansatz mit x^k.

16.53 *Spezielle Störfunktionen und Ansätze, ohne Resonanz:*

Störfunktion	$a+bi$	Normalansatz (wenn keine Resonanz vorliegt)
x^2+1	0	Ax^2+Bx+C
$P(x)$	0	$Q(x)$, Grad Q = Grad P
$3x\mathrm{e}^{2x}$	2	$(Ax+B)\mathrm{e}^{2x}$
$P(x)\mathrm{e}^{2x}$	2	$Q(x)\mathrm{e}^{2x}$, Grad Q = Grad P
$4\sin 2x$	$2i$	$A\cos 2x + B\sin 2x$
$P(x)\sin 3x$	$3i$	$Q_1(x)\cos 3x + Q_2(x)\sin 3x$, Grad Q_1 = Grad Q_2 = Grad P
$5\cos 7x$	$7i$	$A\cos 7x + B\sin 7x$
$P(x)\cos 3x$	$3i$	$Q_1(x)\cos 3x + Q_2(x)\sin 3x$, Grad Q_1 = Grad Q_2 = Grad P
$8\mathrm{e}^{-2x}\cos 5x$	$-2+5i$	$A\mathrm{e}^{-2x}\cos 5x + B\mathrm{e}^{-2x}\sin 5x$
$x\mathrm{e}^{2x}\sin 3x$	$2+3i$	$(Ax+B)\mathrm{e}^{2x}\cos 3x + (Cx+D)\mathrm{e}^{2x}\sin 3x$

16.54 *Spezielle Störfunktionen und Ansätze, Resonanzfall:*

Störfunktion	$a+bi$	Nullst. der char. Gl.	Ansatz
x^2+1	0	$0,0,1$	$x^2(Ax^2+Bx+C)$
$3x\mathrm{e}^{2x}$	2	$0,1,2$	$x(Ax+B)\mathrm{e}^{2x}$
$4\sin 2x$	$2i$	$\pm 2i$	$x(A\sin 2x+B\cos 2x)$
$5\mathrm{e}^{-2x}\cos 5x$	$-2+5i$	$1,-2\pm 5i$	$x(A\mathrm{e}^{-2x}\sin 5x+B\mathrm{e}^{-2x}\cos 5x)$
$x\mathrm{e}^{2x}\sin 3x$	$2+3i$	$3,2\pm 3i$	$x(Ax+B)\mathrm{e}^{2x}\cos 3x+x(Cx+D)\mathrm{e}^{2x}\sin 3x$

Superposition

Ist die Störfunktion Summe von Funktionen, für die man spezielle Ansätze hat, ist der Ansatz die Summe der speziellen Ansätze. Dabei ist bei den jeweiligen Ansätzen die Resonanz zu beachten.

16.55 *Superposition: Spezieller Ansatz.*

Störfunktion, $r(x)$	$a+bi$	Nullst. der char. Gl.	Ansatz
$x+\sin x$	$\begin{cases}0\\ i\end{cases}$	$0,0,1$	$x^2(Ax+B)+D\sin x+E\cos x$
$\cosh x=\frac{1}{2}(\mathrm{e}^x+\mathrm{e}^{-x})$	± 1	$1,2,3$	$Ax\mathrm{e}^x+B\mathrm{e}^{-x}$
$\sin^2 x=\frac{1}{2}-\frac{1}{2}\cos 2x$	$\begin{cases}0\\ 2i\end{cases}$	$1,\pm 2i$	$A+x(B\sin 2x+C\cos 2x)$

16.56 *Man löse die DGL* $\boxed{y''-4y'+5y=5\mathrm{e}^x\cos x}$.

(1) $\lambda^2-4\lambda+5=0 \implies \lambda_{1,2}=2\pm i \implies \underline{y_H=c_1\mathrm{e}^{2x}\cos x+c_2\mathrm{e}^{2x}\sin x}.$

(2) $r(x)=5\mathrm{e}^x\cos x \implies a+bi=1+i \implies$ keine Resonanz.
Ansatz: $y_S=A\mathrm{e}^x\cos x+B\mathrm{e}^x\sin x$, Normalansatz!
$\implies y_S'=(A+B)\mathrm{e}^x\cos x+(-A+B)\mathrm{e}^x\sin x,$
$\implies y_S''=2B\mathrm{e}^x\cos x-2A\mathrm{e}^x\sin x.$ Einsetzen in die DGL ergibt:

$$2B\mathrm{e}^x\cos x-2A\mathrm{e}^x\sin x-4\big((A+B)\mathrm{e}^x\cos x+(-A+B)\mathrm{e}^x\sin x\big)$$
$$+5\big(A\mathrm{e}^x\cos x+B\mathrm{e}^x\sin x\big)=5\mathrm{e}^x\cos x$$

linke Seite: $=(A-2B)\mathrm{e}^x\cos x+(2A+B)\mathrm{e}^x\sin x$
rechte Seite: $=\quad 5\quad \mathrm{e}^x\cos x+\quad 0\quad \mathrm{e}^x\sin x$

Koeffizientenvergleich ergibt ein LGS für A, B:

$$\begin{matrix}A-2B=5\\ 2A+B=0\end{matrix} \implies \begin{matrix}A=1\\ B=-2\end{matrix} \implies \underline{y_S=\mathrm{e}^x\cos x-2\mathrm{e}^x\sin x}.$$

Der in diesem Beispiel noch erträgliche Rechenaufwand lässt sich durch tabellarisches Rechnen einschränken:

	$e^x \cos x$	$e^x \sin x$
$5y_S$	$5A$	$5B$
$-4y'_S$	$-4A-4B$	$4A-4B$
y''_S	$2B$	$-2A$
linke S.	$A-2B$	$2A+B$
rechte S.	5	0

Ansatz:

$y_S = Ae^x \cos x + Be^x \sin x,$

$y'_S = (A+B)e^x \cos x + (-A+B)e^x \sin x,$

$y''_S = 2Be^x \cos x - 2Ae^x \sin x.$

A, B sind so zu wählen, dass

$y''_S - 4y'_S + 5y_S = 5e^x \cos x$ ist.

Man berechnet die Koeffizienten von $e^x \cos x$ bzw. $e^x \sin x$ auf der linken Seite der DGL mittels der Tabelle und liest sie auf der rechten Seite ab.
Koeffizientenvergleich von linker und rechter Seite ergibt ein LGS für A, B:

$A-2B=5,\ 2A+B=0 \implies A=1,\ B=-2 \implies \underline{y_S = e^x \cos x - 2e^x \sin x}.$

(3) Gesamtlösung: $y = y_S + y_H$

$y = e^x \cos x - 2e^x \sin x + c_1 e^{2x} \cos x + c_2 e^{2x} \sin x$

$\underline{\underline{y = e^x(\cos x - 2\sin x) + e^{2x}(c_1 \cos x + c_2 \sin x)}},\ c_1, c_2 \in \mathbb{R}.$

16.57 *Man löse die AWA* $\boxed{y'' - y = -2x^2 + 8xe^x,\quad y(0)=1,\ y'(0)=3}$.

(1) $\lambda^2 - 1 = 0 \implies \lambda_{1,2} = \pm 1 \implies \underline{y_H = c_1 e^x + c_2 e^{-x}}.$

(2) Die Störfunktion ist Summe von Funktionen des speziellen Typs:

$r(x) = -2x^2 \implies a+bi = 0$, keine Resonanz, $\implies$ Ansatz $Ax^2 + Bx + C$.
$r(x) = 8xe^x \implies a+bi = 1$, 1–fache Resonanz, $\implies$ Ansatz $x(Dx+E)e^x$.

Summenansatz: $y_S = Ax^2 + Bx + C + Dx^2 e^x + Exe^x,$

$y''_S = 2A + Dx^2 e^x + (4D+E)xe^x + (2D+2E)e^x.$

	x^2	x	1	x^2e^x	xe^x	e^x
$-y_S$	$-A$	$-B$	$-C$	$-D$	$-E$	0
y''_S	0	0	$2A$	D	$4D+E$	$2D+2E$
l.S.	$-A$	$-B$	$2A-C$	0	$4D$	$2D+2E$
r.S.	-2	0	0	0	8	0

Es ergibt sich ein besonders einfaches LGS und man liest ab:
$A=2,\ B=0,\ C=4,\ D=2,\ E=-2$, also $\underline{y_S = 2x^2 + 4 + (2x^2 - 2x)e^x}.$

(3) Gesamtlösung der DGL: $\underline{\underline{y = 2x^2 + 4 + (2x^2 - 2x)e^x + c_1 e^x + c_2 e^{-x}}}.$

(4) $y' = 4x + (4x - 2 + 2x^2 - 2x)e^x + c_1 e^x - c_2 e^{-x}$, also
$y(0) = 4 + c_1 + c_2 = 1,\ y'(0) = -2 + c_1 - c_2 = 3 \implies \underline{c_1 = 1},\ \underline{c_2 = -4}.$
Lösung der AWA: $\underline{\underline{y = 2x^2 + 4 + (2x^2 - 2x)e^x + e^x - 4e^{-x}}}.$

16.58 *Man löse die DGL* $\boxed{y''' + y' = 6x^2 + 10 - 8x \sin x}$.

(1) $\lambda^3 + \lambda = \lambda(\lambda^2 + 1) = 0 \implies \lambda_1 = 0,\ \lambda_{2,3} = \pm i$
$\implies \underline{y_H = c_1 + c_2 \cos x + c_3 \sin x}.$

(2) Die Störfunktion ist Summe von Funktionen des speziellen Typs:

$r(x) = 6x^2 + 10 \implies a+bi = 0$, 1–fache Resonanz$\implies$ Ansatz: $x(Ax^2 + Bx + C)$.

$r(x) = -8x \sin x \Longrightarrow a + bi = i$, 1–fache Resonanz,

$\Longrightarrow$ Ansatz: $x\big((Dx+E)\sin x + (Fx+G)\cos x\big)$.

Summenansatz: $y_S = Ax^3+Bx^2+Cx+Dx^2\sin x+Ex\sin x+Fx^2\cos x+Gx\cos x$.

Nach (richtigem) tabellarischem Rechnen erhält man:

(3) Gesamtlösung: $\underline{\underline{y = 2x^3 - 2x + 2x^2\sin x + 6x\cos x + c_1 + c_2\cos x + c_3\sin x}}$.

Diese Aufgaben löst man leicht mit dem Programm *DGL* aus **BP**, Seite 91.

Ein *Umweg* über das Komplexe kann die Rechnung manchmal erheblich verkürzen:

Zur Erinnerung :	Realteil von $z = x + iy$:	$\mathrm{Re}(z) = \mathrm{Re}(x+iy) = x$
(siehe Seite 93)	Imaginärteil von $z = x + iy$:	$\mathrm{Im}(z) = \mathrm{Im}(x+iy) = y$
	$\mathrm{e}^{u+iv} = \mathrm{e}^u(\cos v + i\sin v)$.	

16.59 *Man löse die DGL* $\boxed{y''' - 2y'' + 5y' = 40\mathrm{e}^x \sin 2x}$.

(1) $\lambda^3 - 2\lambda^2 + 5\lambda = \lambda(\lambda^2 - 2\lambda + 5) = 0 \Longrightarrow \lambda_1 = 0,\ \lambda_{2,3} = 1 \pm 2i$

$\Longrightarrow \underline{y_H = c_1 + c_2\mathrm{e}^x\cos 2x + c_3\mathrm{e}^x\sin 2x}$.

(2) Die rechte Seite (Störfunktion) der DGL ist Imaginärteil der Funktion $40\mathrm{e}^{(1+2i)x}$:

$$r(x) = 40\mathrm{e}^x\sin 2x = \mathrm{Im}(40\mathrm{e}^{(1+2i)x}).$$

Man ändert die DGL in $\boxed{y''' - 2y'' + 5y' = 40\mathrm{e}^{(1+2i)x}}$

löst diese DGL und nimmt anschließend den Imaginärteil der Lösung!

$s := 1 + 2i$ ist 1–fache Lösung der char. Gleichung, d.h. 1–fache Resonanz!

Ansatz: $Y_S = x(A\mathrm{e}^{sx})$

$\Longrightarrow Y_S' = (sAx + A)\mathrm{e}^{sx},\ Y_S'' = (s^2Ax + 2sA)\mathrm{e}^{sx},\ Y_S''' = (s^3Ax + 3s^2A)\mathrm{e}^{sx}$.

	$x\mathrm{e}^{sx}$	e^{sx}
$5Y_S'$	$5sA$	$5A$
$-2Y_S''$	$-2s^2A$	$-4sA$
Y_S'''	s^3A	$3s^2A$
l.S.	0	$(3s^2 - 4s + 5)A$
r.S.	0	40

Da s Lösung der charakteristischen Gleichung ist, gilt

$$s^3 - 2s^2 + 5s = 0.$$

Der Koeffizient von $x\mathrm{e}^{sx}$ auf der linken Seite ist also gleich 0.

$s = 1 + 2i \Longrightarrow 3s^2 - 4s + 5 = 3(-3+4i) - 4(1+2i) + 5 = -8 + 4i$.

$\Longrightarrow$ Gleichung für A: $(-8+4i)A = 40 \Longrightarrow A = \dfrac{40}{-8+4i} = -4 - 2i$.

Also $Y_S = (-4-2i)x\mathrm{e}^{(1+2i)x} = (-4-2i)x(\mathrm{e}^x\cos 2x + i\mathrm{e}^x\sin 2x)$

$= 2x\mathrm{e}^x\big(\sin 2x - 2\cos 2x - i(\cos 2x + 2\sin 2x)\big)$.

Eine spezielle Lösung der ursprünglichen DGL ist

$y_S = \mathrm{Im}(Y_S) = \underline{-2x\mathrm{e}^x(\cos 2x + 2\sin 2x)}$.

(3) Gesamtlösung: $\underline{\underline{y = -2x\mathrm{e}^x(\cos 2x + 2\sin 2x) + c_1 + c_2\mathrm{e}^x\cos 2x + c_3\mathrm{e}^x\sin 2x}}$.

16.8 Schwingungs–DGL

Die homogene Schwingungs–DGL

Die Schwingungs–DGL ist eine lineare DGL mit konstanten Koeffizienten. Sie erscheint in der Mechanik (Federschwingung) als $m \cdot \ddot{x} + \beta \cdot \dot{x} + c \cdot x = 0$,

und in der Elektrotechnik (Schwingkreis) als $L \cdot \frac{d^2}{dt^2} I + R \cdot \frac{d}{dt} I + \frac{1}{C} \cdot I = 0$.

16.60 *Man löse die DGL $y'' + 2ky' + \omega_0^2 y = 0$ mit $k \geq 0$, $\omega_0 > 0$ des gedämpften harmonischen Oszillators.*

Charakteristische Gleichung: $\lambda^2 + 2k\lambda + \omega_0^2 = 0 \Longrightarrow \lambda_{1,2} = -k \pm \sqrt{k^2 - \omega_0^2}$.

Fall 1: $k > \omega_0$, **starke Dämpfung** (Kriechfall):

λ_1, λ_2 sind reell, negativ und verschieden voneinander.
Die Lösungsgesamtheit ist daher

$$\underline{y(x) = c_1 e^{\lambda_1 x} + c_2 e^{\lambda_2 x}}, \quad c_1, c_2 \in \mathbb{R}.$$

$y(x)$ und $y'(x)$ haben höchstens eine Nullstelle und es gilt $\lim\limits_{x \to \infty} y(x) = 0$.

> Beispiel: $y'' + 3y' + 2y = 0$
>
> Also $k = \frac{3}{2}$, $\omega_0 = \sqrt{2}$ und $\lambda^2 + 3\lambda + 2 = 0$, char. Gleichung $\Longrightarrow \underline{\lambda_1 = -1}$, $\underline{\lambda_2 = -2}$,
>
> führt auf die allgemeine Lösung $\underline{y(x) = c_1 e^{-x} + c_2 e^{-2x}}$, $c_1, c_2 \in \mathbb{R}$.

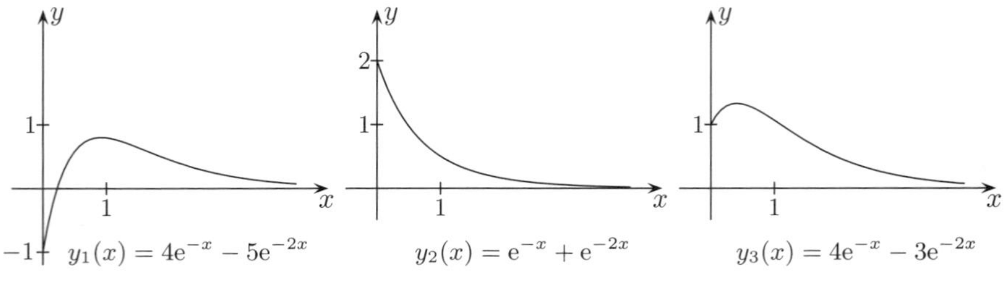

aperiodische Bewegungen

Fall 2: $k = \omega_0$, **aperiodischer Grenzfall**, immer noch starke Dämpfung:

Nun ist $\lambda_1 = \lambda_2 = -k < 0$ und die Lösungsgesamtheit

$$\underline{y(x) = c_1 e^{-kx} + c_2 x e^{-kx}}, \quad c_1, c_2 \in \mathbb{R}.$$

Der Bewegungsverlauf entspricht demjenigen von Fall 1.
Schwingungsfähige Systeme kommen unter sonst gleichen Bedingungen dann am schnellsten zur Ruhe, wenn der aperiodische Grenzfall vorliegt.
Dies benutzt man beim Bau von Messgeräten.

Fall 3: $k < \omega_0$, **schwache Dämpfung**:

$\lambda_{1,2}$ sind konjugiert komplex: $\lambda_{1,2} = -k \pm \omega_1 i$ mit $\omega_1 = \sqrt{\omega_0^2 - k^2}$, so dass gilt:

$$y(x) = \mathrm{e}^{-kx}(c_1 \cos\omega_1 x + c_2 \sin\omega_1 x)$$
$$\underline{y(x) = A\mathrm{e}^{-kx}\sin(\omega_1 x + \varphi).}$$

A und φ berechnet man aus c_1, c_2 (Überlagerung von Schwingungen Seite 80): $A = \sqrt{c_1^2 + c_2^2}$ und $\tan\varphi = \dfrac{c_1}{c_2}$. Man spricht im Fall $k > 0$ von einer gedämpften harmonischen Schwingung, obwohl kein periodischer Vorgang vorliegt.

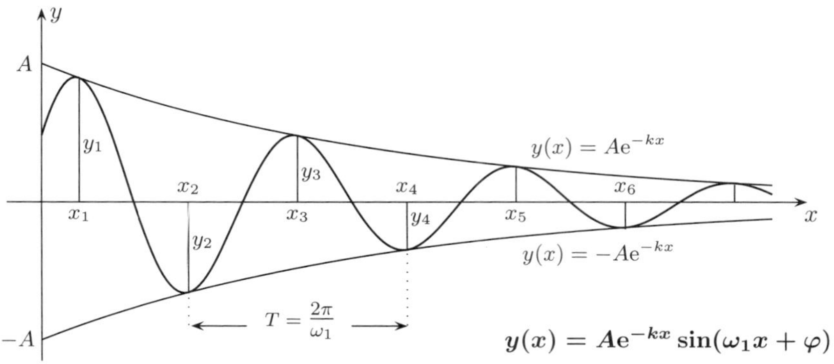

Die Kreisfrequenz $\omega_1 = \sqrt{\omega_0^2 - k^2}$ der gedämpften Schwingung ist für $k \neq 0$ kleiner als die Eigenfrequenz ω_0 der ungedämpften Schwingung.

Die **Schwingungsdauer** ist $\quad T = \dfrac{2\pi}{\sqrt{\omega_0^2 - k^2}}$.

Das Verhältnis aufeinanderfolgender Amplituden ist konstant:

Das **Dämpfungsverhältnis** ist $\quad \dfrac{y_n}{y_{n+2}} = \dfrac{y(x_n)}{y(x_{n+2})} = \mathrm{e}^{kT}$.

Erzwungene Schwingung, Resonanz

16.61 *Man löse (bei schwacher Dämpfung) die inhomogene Schwingungs–DGL*

$$\boxed{y'' + 2ky' + \omega_0^2 y = F\cos\omega x}.$$

Die Lösungsgesamtheit der zugehörigen homogenen DGL ist im Fall schwacher Dämpfung $(k < \omega_0)$:

$$\underline{y_H = A\mathrm{e}^{-kx}\sin(\omega_1 x + \varphi)} \text{ mit } \omega_1 = \sqrt{\omega_0^2 - k^2}, \text{ siehe [16.60].}$$

Zu bestimmen bleibt eine spezielle Lösung der inhomogenen DGL. Physikalische Beobachtung zeigt: Nach Durchlaufen des Einschwingvorgangs (im stationären Zustand) schwingt das System mit der Frequenz ω der erregenden Kraft (im mechanischen Fall). Dies macht den Ansatz $y_S = a\sin\omega x + b\cos\omega x$ plausibel.

Weniger mühsam ist eine komplexe Rechnung:

Da $F\cos\omega x = \operatorname{Re}(F\mathrm{e}^{i\omega x})$ ist, macht man für eine spezielle Lösung der DGL

$$\boxed{y'' + 2ky' + \omega_0^2 y = F\mathrm{e}^{i\omega x}} \quad \text{den Ansatz:} \quad y_S = C\mathrm{e}^{i\omega x}.$$

Einsetzen in die inhomogene DGL ergibt (da $\mathrm{e}^{i\omega x} \neq 0$ für alle $x \in \mathbb{R}$)

$$-\omega^2 C\mathrm{e}^{i\omega x} + 2ki\omega C\mathrm{e}^{i\omega x} + \omega_0^2 C\mathrm{e}^{i\omega x} = F\mathrm{e}^{i\omega x} \iff C(\omega_0^2 - \omega^2 + 2ki\omega) = F.$$

(i) Fall: $\omega_0^2 - \omega^2 + 2ki\omega \neq 0$, d.h. $\omega_0^2 \neq \omega^2$ oder $k \neq 0$.

$$\implies C = \frac{F}{\omega_0^2-\omega^2+2ki\omega} = \frac{F(\omega_0^2-\omega^2)}{(\omega_0^2-\omega^2)^2+4k^2\omega^2} - i\frac{2k\omega F}{(\omega_0^2-\omega^2)^2+4k^2\omega^2}.$$

$$\implies \operatorname{Re}(C\mathrm{e}^{i\omega x}) = \frac{F(\omega_0^2-\omega^2)}{(\omega_0^2-\omega^2)^2+4k^2\omega^2}\cos\omega x + \frac{2k\omega F}{(\omega_0^2-\omega^2)^2+4k^2\omega^2}\sin\omega x.$$

$$\implies \underline{y_S = \frac{F}{\sqrt{(\omega_0^2-\omega^2)^2+4k^2\omega^2}}\cos(\omega x + \beta)} \quad \text{mit} \quad \tan\beta = \frac{2k\omega}{\omega_0^2-\omega^2}.$$

Die Frequenz ω der speziellen Lösung y_S ist dieselbe die der Anregung $F\cos\omega x$, ist aber für $k > 0$ phasenverschoben.

Die Amplitude von y_S unterscheidet sich von der Amplitude F der Anregung um den Verstärkungsfaktor $V(\omega) = \dfrac{1}{\sqrt{(\omega_0^2-\omega^2)^2+4k^2\omega^2}}$.

Dieser wird maximal $V_{\max} = V(\omega^*) = \frac{1}{2k\omega_1}$ mit $\omega_1^2 = \omega_0^2 - k^2$ für die Frequenz $\omega^* = \sqrt{\omega_0^2 - 2k^2} = \sqrt{\omega_1^2 - k^2}$ im Fall $0 < k < \frac{1}{\sqrt{2}}\omega_0$, siehe [16.118].

Die Lösungsgesamtheit der inhomogenen Schwingungs–DGL ist also

$$y = y_S + y_H = \underline{\underline{\frac{F}{\sqrt{(\omega_0^2-\omega^2)^2+4k^2\omega^2}}\cos(\omega x + \beta) + A\mathrm{e}^{-kx}\sin(\omega_1 x + \varphi).}}$$

Wegen $\lim\limits_{x\to\infty} y_H(x) = \lim\limits_{x\to\infty} A\mathrm{e}^{-kx}\sin(\omega_1 x + \varphi) = 0$ wird die Bewegung im stationären Zustand durch die spezielle Lösung y_S beschrieben.

(ii) Fall: $\omega_0^2 = \omega^2$ und $k = 0$, **Resonanzfall**: Dieser Fall ist also bei sinusförmiger Anregung $F\cos\omega x$ nur beim ungedämpften Oszillator möglich.

Der Ansatz[1] $y_S = Cx\mathrm{e}^{i\omega_0 x}$ führt nach Einsetzen in die DGL auf $2Ci\omega_0 = F$, also auf $C = -\frac{F}{2\omega_0}i$ und daher ist $\quad y_S = \operatorname{Re}(Cx\mathrm{e}^{i\omega_0 x}) = \underline{\frac{F}{2\omega_0}x\sin\omega_0 x.}$

Die Lösungsgesamtheit ist $\quad \underline{\underline{y = \frac{F}{2\omega_0}x\sin\omega_0 x + c_1\cos\omega_0 x + c_2\sin\omega_0 x.}}$

Die spezielle Lösung $y_S = \frac{F}{2\omega_0}x\sin\omega_0 x$ sorgt dafür, dass die Ausschläge für $x \to \infty$ (zumindest theoretisch) beliebig groß werden (Resonanzkatastrophe).

[1]Wiederum physikalisch plausibel: Die Amplitude wächst linear mit der Zeit!

16.9 Eulersche DGL

Die homogene Eulersche DGL

$$x^n y^{(n)} + a_{n-1}x^{n-1}y^{(n-1)} + \ldots + a_1 x y' + a_0 y = 0 \quad \text{mit } x > 0,\ a_k \in \mathbb{R}.$$

Die Subst.: $x = \mathrm{e}^t$, $u(t) = y(\mathrm{e}^t)$ führt die DGL in eine homogene lineare DGL mit konstanten Koeffizienten über. Mit der Kettenregel berechnet man z.B.

$$x \cdot y' = \dot{u} \qquad x^3 \cdot y''' = \dddot{u} - 3\ddot{u} + 2\dot{u}$$
$$x^2 \cdot y'' = \ddot{u} - \dot{u} \qquad x^4 \cdot y'''' = \ddddot{u} - 6\dddot{u} + 11\ddot{u} - 6\dot{u}$$

16.62 *Man löse die homogene Eulersche DGL* $\boxed{x^2y'' - xy' + 2y = 0,\ x > 0}$.

Substitution: $x = \mathrm{e}^t\,,\ u(t) = y(\mathrm{e}^t)$

$\Longrightarrow\ \ddot{u} - \dot{u} - \dot{u} + 2u = \ddot{u} - 2\dot{u} + 2u = 0$, hom. lin. DGL 2. Ord. mit konst. Koeff.

Charakteristische Gleichung: $\lambda^2 - 2\lambda + 2 = 0 \Longrightarrow \lambda_{1,2} = 1 \pm i$.

Lösung der hom. lin. DGL: $u(t) = c_1\mathrm{e}^t\cos t + c_2\mathrm{e}^t\sin t$, Rücksubst. ergibt

Lösung der Eulerschen DGL: $\underline{y(x) = c_1 x\cos(\ln x) + c_2 x\sin(\ln x)}$.

16.63 *Man löse die homogene Eulersche DGL 4. Ordnung:*

$$\boxed{x^4y'''' + 6x^3y''' + 5x^2y'' - xy' + y = 0,\ x > 0}$$

Substitution: $x = \mathrm{e}^t,\ u(t) = y(\mathrm{e}^t)$

$\Longrightarrow\ \ddddot{u} - 6\dddot{u} + 11\ddot{u} - 6\dot{u} + 6(\dddot{u} - 3\ddot{u} + 2\dot{u}) + 5(\ddot{u} - \dot{u}) - \dot{u} + u = \ddddot{u} - 2\ddot{u} + u = 0.$

Charakteristische Gleichung: $(\lambda^2 - 1)^2 = 0 \Longrightarrow \lambda_{1,2} = 1, \lambda_{3,4} = -1$.

Lösung der hom. lin. DGL: $u = c_1\mathrm{e}^t + c_2 t\mathrm{e}^t + c_3\mathrm{e}^{-t} + c_4 t\mathrm{e}^{-t}$

Lösung der Eulerschen DGL: $\underline{y = c_1 x + c_2 x\ln x + c_3\frac{1}{x} + c_4\frac{1}{x}\ln x}$.

Ein alternativer Lösungsweg benutzt den Ansatz $y = x^\lambda$:

Einsetzen und Division durch x^λ ergibt die charakteristische Gleichung für λ.

Zur einfachen reellen Lösung λ gehört $y = x^\lambda$ als Basislösung.
Zur einf. kompl. Lösung $\lambda = \alpha \pm i\beta$ gehören $y_1 = x^\alpha\cos(\beta\ln x)$, $y_2 = x^\alpha\sin(\beta\ln x)$.

Bei mehrfachen Lösungen erhält man die noch fehlenden Basislösungen, indem man die vorhandenen Lösungen entsprechend oft mit $\ln x$ multipliziert.

16.10 Potenzreihenansatz

Potenzreihenansatz

Ist eine Lösung einer DGL (AWA) in eine Potenzreihe entwickelbar, erhält man die Koeffizienten durch:

(1) **Einsetzen** von $y = \sum\limits_{k=0}^{\infty} a_k(x - x_0)^k$ in die DGL,

oder

(2) Wiederholtes **Differenzieren** der DGL
und Verwendung von $a_k = \frac{1}{k!} y^{(k)}(x_0)$.

16.64 *Man löse folgende AWA durch Potenzreihenansatz:*

$$\boxed{(1+x)y'' + 2y = x^2,\ y(0) = y'(0) = 1}$$

Wegen der Anfangsbedingung nimmt man den Entwicklungspunkt $x_0 = 0$.

(1) Ansatz: $y = \sum\limits_{k=0}^{\infty} a_k x^k \Longrightarrow y' = \sum\limits_{k=0}^{\infty} k a_k x^{k-1},\ y'' = \sum\limits_{k=0}^{\infty} k(k-1) a_k x^{k-2}$.

Einsetzen: $(1+x)\sum\limits_{k=0}^{\infty} k(k-1)a_k x^{k-2} + 2\sum\limits_{k=0}^{\infty} a_k x^k =$

$$= \underbrace{\sum_{k=0}^{\infty} k(k-1)a_k x^{k-2}}_{n:=k-2} + \underbrace{\sum_{k=0}^{\infty} k(k-1)a_k x^{k-1}}_{n:=k-1} + \underbrace{\sum_{k=0}^{\infty} 2a_k x^k}_{n:=k}$$

$$= \sum_{n=0}^{\infty}(n+2)(n+1)a_{n+2}x^n + \sum_{n=1}^{\infty}(n+1)n a_{n+1}x^n + \sum_{n=0}^{\infty} 2a_n x^n$$

$$= 2a_0 + 2a_2 + \sum_{n=1}^{\infty}\big((n+2)(n+1)a_{n+2} + n(n+1)a_{n+1} + 2a_n\big)x^n \stackrel{!}{=} x^2$$

Ein Koeffizientenvergleich ergibt:

$$\begin{aligned}
n = 0 &: & 2a_0 + 2a_2 &= 0\\
n = 1 &: & 6a_3 + 2a_2 + 2a_1 &= 0\\
n = 2 &: & 12a_4 + 6a_3 + 2a_2 &= 1\\
n \geq 3 &: & (n+2)(n+1)a_{n+2} + n(n+1)a_{n+1} + 2a_n &= 0
\end{aligned}$$

Die Anfangsbedingung ergibt: $a_0 = y(0) = 1,\ a_1 = y'(0) = 1$ und daher

$2 + 2a_2 = 0 \Longrightarrow a_2 = -1$

$6a_3 - 2 + 2 = 0 \Longrightarrow a_3 = 0$ und für $n \geq 3$: $a_{n+2} = \dfrac{-2a_n - n(n+1)a_{n+1}}{(n+2)(n+1)}$.

$12a_4 - 2 = 1 \Longrightarrow a_4 = \frac{1}{4}$

Mit der *Rekursionsformel* für a_{n+2} berechnet man die weiteren Koeffizienten:

Weiter z.B.: $a_5 = \dfrac{-2\cdot 0 - 12\cdot\frac{1}{4}}{5\cdot 4} = -\frac{3}{20}$.

Der Reihenanfang lautet: $\underline{y = 1 + x - x^2 + \frac{1}{4}x^4 - \frac{3}{20}x^5 + \cdots}$.

(2) Wiederholtes **Differenzieren** der DGL:

$a_0 = y(0) = 1,\ a_1 = y'(0) = 1$ folgt aus der Anfangsbedingung.

$x = 0$ in DGL $\Longrightarrow y''(0) + 2y(0) = 0 \Longrightarrow y''(0) = -2.$

Differenzieren der DGL $\Longrightarrow y'' + (1+x)y''' + 2y' = 2x,$

$x = 0$ einsetzen $\Longrightarrow -2 + y'''(0) + 2 = 0 \Longrightarrow y'''(0) = 0.$

Wiederum Differenzieren $\Longrightarrow y''' + y''' + (1+x)y^{(4)} + 2y'' = 2,$

$x = 0$ einsetzen $y^{(4)}(0) - 4 = 2 \Longrightarrow y^{(4)}(0) = 6.$

Wiederum Differenzieren $\Longrightarrow 2y^{(4)} + y^{(4)} + (1+x)y^{(5)} + 2y''' = 0,$

$x = 0$ einsetzen $18 + y^{(5)}(0) = 0 \Longrightarrow y^{(5)}(0) = -18.$

Aus $a_k = \dfrac{1}{k!}y^{(k)}(0)$ folgt: $a_0 = 1,\ a_1 = 1,\ a_2 = -1,\ a_3 = 0,\ a_4 = \frac{1}{4},\ a_5 = -\frac{3}{20}$

Der Reihenanfang lautet: $\underline{y = 1 + x - x^2 + \frac{1}{4}x^4 - \frac{3}{20}x^5 + \cdots}$.

16.65 *Durch Potenzreihenansatz löse man die AWA*

$$\boxed{x^2y'' + y' - 6y = -6x - 4, \quad y(1) = 10,\ y'(1) = 20}.$$

Ansatz: $y = \sum\limits_{k=0}^{\infty} a_k(x-1)^k$ mit $a_0 = y(1) = 10,\ a_1 = y'(1) = 20.$

$$\Longrightarrow \quad y' = \sum_{k=0}^{\infty} k a_k (x-1)^{k-1}, \quad y'' = \sum_{k=0}^{\infty} k(k-1)a_k(x-1)^{k-2}.$$

Die in der DGL auftretenden Funktionen sind ebenfalls als Reihen um $x_0 = 1$ darzustellen. Das ist hier einfach (ggf. Hornerschema Seite 66 benutzen!):

$x^2 = (x-1)^2 + 2(x-1) + 1$ und $-6x - 4 = -6(x-1) - 10.$

Einsetzen ergibt mit der Abkürzung $z := x - 1$:

$$(z^2 + 2z + 1)\sum_{k=0}^{\infty} k(k-1)a_k z^{k-2} + \sum_{k=0}^{\infty} k a_k z^{k-1} - 6\sum_{k=0}^{\infty} a_k z^k =$$

$$\underbrace{\sum_{k=0}^{\infty} k(k-1)a_k z^k}_{n=k} + \underbrace{\sum_{k=0}^{\infty} 2k(k-1)a_k z^{k-1}}_{n=k-1} + \underbrace{\sum_{k=0}^{\infty} k(k-1)a_k z^{k-2}}_{n=k-2} + \underbrace{\sum_{k=0}^{\infty} k a_k z^{k-1}}_{n=k-1} \underbrace{-6\sum_{k=0}^{\infty} a_k z^k}_{n=k}$$

$$= \sum_{n=2}^{\infty} n(n-1)a_n z^n + \sum_{n=1}^{\infty} 2(n+1)na_{n+1}z^n + \sum_{n=0}^{\infty} (n+2)(n+1)a_{n+2}z^n$$

$$+ \sum_{n=0}^{\infty} (n+1)a_{n+1}z^n - 6\sum_{n=0}^{\infty} a_n z^n$$

$$= 2a_2 + a_1 - 6a_0 + (6a_2 + 6a_3 - 6a_1)z$$

$$+ \sum_{n=2}^{\infty} \big((n^2-n-6)a_n + (2n^2+3n+1)a_{n+1} + (n+2)(n+1)a_{n+2}\big) \cdot z^n$$

$$\overset{!}{=} -10 - 6z.$$

Ein Koeffizientenvergleich ergibt:

$$\begin{aligned}
n = 0 &: \quad 2a_2 + a_1 - 6a_0 = -10, \\
n = 1 &: \quad 6a_2 + 6a_3 - 6a_1 = -6 \iff a_2 + a_3 - a_1 = -1, \\
n \geq 2 &: \quad (n^2-n-6)a_n + (2n^2+3n+1)a_{n+1} + (n+2)(n+1)a_{n+2} = 0.
\end{aligned}$$

Mit $a_0 = 10,\ a_1 = 20$ erhält man: $\begin{array}{ll} 2a_2 - 40 & = -10 \Longrightarrow a_2 = 15 \\ 15 + a_3 - 20 = & -1 \Longrightarrow a_3 = 4 \end{array}$

Rekursionsformel für $n \geq 2$: $a_{n+2} = \dfrac{-(n^2-n-6)a_n - (2n^2+3n+1)a_{n+1}}{(n+1)(n+2)}$.

Das heißt: Für $\begin{array}{l} n = 2 \\ n = 3 \end{array}$ folgt $\begin{array}{l} a_4 = \dfrac{4 \cdot 15 - 15 \cdot 4}{3 \cdot 4} = 0, \\ a_5 = \dfrac{-0 \cdot a_3 - 28 \cdot 0}{4 \cdot 5} = 0. \end{array}$

Aus der Rekursionsformel ergibt sich weiter: $a_6 = a_7 = a_8 = \ldots = 0$.

Die Potenzreihe bricht ab! Durch Einsetzen bestätigt man,

dass tatsächlich $y = 10 + 20(x-1) + 15(x-1)^2 + 4(x-1)^3$,

also $\underline{y = 1 + 2x + 3x^2 + 4x^3}$ Lösung der AWA ist.

16.11 DGL–Systeme

Ein DGL–System mit Anfangsbedingung (AWA), z.B.

$$\boxed{\begin{array}{ll} {y_1}' = 2xy_1 + y_1y_2 \\ {y_2}' = \ y_1 + y_2 e^{xy_2} \end{array}, \quad \begin{array}{l} y_1(x_0) = y_{10} \\ y_2(x_0) = y_{20} \end{array}}$$

lässt sich vektoriell bequem darstellen: Mit $\vec{y} = \begin{pmatrix} y_1 \\ y_2 \end{pmatrix}$ und

$$\vec{y}\,' = \begin{pmatrix} {y_1}' \\ {y_2}' \end{pmatrix} = \vec{f}(x,\vec{y}) = \begin{pmatrix} f_1(x,y_1,y_2) \\ f_2(x,y_1,y_2) \end{pmatrix} = \begin{pmatrix} 2xy_1 + y_1y_2 \\ y_1 + y_2 e^{xy_2} \end{pmatrix}, \quad \vec{y}_0 = \begin{pmatrix} y_{10} \\ y_{20} \end{pmatrix}$$

lautet die AWA einfach: $\boxed{\vec{y}\,' = \vec{f}(x,\vec{y}), \quad \vec{y}(x_0) = \vec{y}_0}$

Sätze über Existenz und Eindeutigkeit (Seite 420, 423) lassen sich nahezu wörtlich auf Systeme übertragen.

Äquivalenz

einer DGL n–ter Ordnung mit einem System 1–ter Ordnung

Die DGL n–ter Ordnung

$\boxed{y^{(n)} = f(x,y,y',\ldots,y^{(n-1)})}$ $\quad y(x_0) = \eta_0,\ y'(x_0) = \eta_1, \ldots, y^{(n-1)}(x_0) = \eta_{n-1}$

ist äquivalent zum System von n DGLn 1–ter Ordnung:

$\boxed{\vec{y}\,' = \vec{f}(x,\vec{y})}$ $\quad \vec{y}(x_0) = \vec{y}_0$. Dabei ist:

$$\vec{y} = \begin{pmatrix} y_1 \\ y_2 \\ \vdots \\ y_n \end{pmatrix} = \begin{pmatrix} y \\ y' \\ \vdots \\ y^{(n-1)} \end{pmatrix}, \quad \vec{f}(x,\vec{y}) = \begin{pmatrix} y_2 \\ y_3 \\ \vdots \\ f(x,y_1,\ldots,y_n) \end{pmatrix}, \quad \vec{y}_0 = \begin{pmatrix} \eta_0 \\ \eta_1 \\ \vdots \\ \eta_{n-1} \end{pmatrix}.$$

16.66 *Man stelle ein zur AWA* $\boxed{y'' = xy' + y^2,\ y(0) = y'(0) = 1}$ *äquivalentes System auf und wende das Picardsche Iterationsverfahren an.*

$$\begin{array}{l} y_1 = y \\ y_2 = y' \end{array} \Longrightarrow \begin{array}{l} {y_1}' = y' = y_2 \\ {y_2}' = y'' = xy' + y^2 = xy_2 + y_1^2 \end{array}$$

$$\Longrightarrow \vec{y}\,' = \vec{f}(x,\vec{y}) = \begin{pmatrix} y_2 \\ xy_2 + y_1^2 \end{pmatrix}, \quad \vec{y}(0) = \vec{y}_0 = \begin{pmatrix} 1 \\ 1 \end{pmatrix}.$$

Iterationsverfahren (vergl. Seite 423): $\boxed{\vec{y}_n(x) = \vec{y}_0 + \int_{x_0}^{x} \vec{f}\big(t, \vec{y}_{n-1}(t)\big)\, dt}$.

$$\vec{y}_0(x) = \begin{pmatrix}1\\1\end{pmatrix}$$

$$\vec{y}_1(x) = \begin{pmatrix}1\\1\end{pmatrix} + \int_0^x \begin{pmatrix}1\\1+t\end{pmatrix} dt = \begin{pmatrix}1\\1\end{pmatrix} + \begin{pmatrix}x\\x+\frac{1}{2}x^2\end{pmatrix} = \begin{pmatrix}1+x\\1+x+\frac{1}{2}x^2\end{pmatrix}$$

$$\vec{y}_2(x) = \begin{pmatrix}1\\1\end{pmatrix} + \int_0^x \begin{pmatrix}1+t+\frac{1}{2}t^2\\t(1+t+\frac{1}{2}t^2)+(1+t)^2\end{pmatrix} dt = \begin{pmatrix}1+x+\frac{1}{2}x^2+\frac{1}{6}x^3\\1+x+\frac{3}{2}x^2+\frac{2}{3}x^3+\frac{1}{8}x^4\end{pmatrix}.$$

Hier wird abgebrochen: $u(x) = 1+x+\frac{1}{2}x^2+\frac{1}{6}x^3$ ist als Näherung für die Lösung der AWA anzusehen. Der Fehler wird hier nicht untersucht.

16.12 Lineare Systeme

Ein lineares DGL–System 1–ter Ordnung hat die Form

$$\text{(I)} \quad \boxed{\vec{y}\,' = A(x)\vec{y} + \vec{r}}$$

mit einer auf einem Intervall I stetigen (n,n)–Koeffizientenmatrix $A(x) = \big(a_{ij}(x)\big)$ und Störfunktion $\vec{r}(x)$. Jede AWA mit $\vec{y}(x_0) = \vec{y}_0$ für $x_0 \in I$ ist eindeutig lösbar.

Die Lösungsgesamtheit der "zugehörigen homogenen" DGL

$$\text{(H)} \quad \boxed{\vec{y}\,' = A(x)\vec{y}}$$

ist ein n–dimensionaler Vektorraum. Es gibt n Basislösungen $\vec{y}_1, \ldots, \vec{y}_n$ von (H) und jede Lösung $\vec{y}_H$ von (H) lässt sich als Linearkombination der $\vec{y}_k$ darstellen:

$$\vec{y}_H(x) = c_1\vec{y}_1(x) + \ldots + c_n\vec{y}_n(x).$$

Man fasst n Lösungen zu einer Lösungsmatrix $Y = (\vec{y}_1, \ldots, \vec{y}_n)$ zusammen.

Mit $\vec{c} = \begin{pmatrix}c_1\\\vdots\\c_n\end{pmatrix}$ gilt dann: $\vec{y}_H = (\vec{y}_1, \ldots, \vec{y}_n) \cdot \begin{pmatrix}c_1\\\vdots\\c_n\end{pmatrix} = Y \cdot \vec{c}$.

Die Lösungsgesamtheit von (I) ist – wie bei linearen DGLn – die Summe einer speziellen Lösung von (I) und der Lösungsgesamtheit von (H):

$$\begin{aligned}\vec{y}(x) &= \vec{y}_S(x) + \vec{y}_H(x)\\ &= \vec{y}_S(x) + Y(x)\cdot\vec{c}\\ &= \vec{y}_S(x) + c_1\vec{y}_1(x) + \ldots + c_n\vec{y}_n(x).\end{aligned}$$

Homogene lineare Systeme, Wronski–Determinante

Sind $\vec{f}_1(x), \ldots, \vec{f}_n(x)$ Vektorfunktionen, so heißt $W(x) = |\vec{f}_1(x), \vec{f}_2(x), \ldots, \vec{f}_n(x)|$ **Wronski–Determinante** von $\vec{f}_1, \ldots, \vec{f}_n$.

> $\vec{f}_1, \ldots, \vec{f}_n$ sind auf einem Intervall I linear unabhängig, falls ihre Wronski–Determinante $W(x) \neq 0$ für (mindestens) ein $x \in I$ ist.

16.67 *Man untersuche auf lineare Unabhängigkeit:* $\vec{y}_1 = \begin{pmatrix} e^x \\ e^{-x} \end{pmatrix}$, $\vec{y}_2 = \begin{pmatrix} \cosh x \\ \sinh x \end{pmatrix}$.

$$W(x) = \begin{vmatrix} e^x & \cosh x \\ e^{-x} & \sinh x \end{vmatrix} = \ldots = \cosh 2x.$$

Ist I ein Intervall, so ist $W(x) \neq 0$ für (mindestens) ein $x \in I$, also sind $\vec{y}_1, \vec{y}_2$ auf jedem Intervall linear unabhängig.

Die Bedingung $W(x) \neq 0$ ist hinreichend aber nicht notwendig für die lineare Unabhängigkeit, wie folgendes Beispiel zeigt:

16.68 $\vec{y}_1 = \begin{pmatrix} 1 \\ x \end{pmatrix}$, $\vec{y}_2 = \begin{pmatrix} x \\ x^2 \end{pmatrix}$ *sind linear unabhängig, jedoch ist* $W(x) = 0$.

$$W(x) = |\vec{y}_1, \vec{y}_2| = \begin{vmatrix} 1 & x \\ x & x^2 \end{vmatrix} = 0;$$ dennoch sind $\vec{y}_1, \vec{y}_2$ linear unabhängig:

$$a\vec{y}_1 + b\vec{y}_2 = a\begin{pmatrix} 1 \\ x \end{pmatrix} + b\begin{pmatrix} x \\ x^2 \end{pmatrix} = \begin{pmatrix} a + bx \\ ax + bx^2 \end{pmatrix} \equiv \begin{pmatrix} 0 \\ 0 \end{pmatrix} \Longrightarrow a = b = 0.$$

Für Lösungen eines homogenen linearen DGL–Systems ist die Bedingung, dass die Wronski–Determinante $W(x) \neq 0$ ist, jedoch notwendig und hinreichend:

> **Wronski Determinante der Lösungen einer hom. linearen DGL**
>
> Sind $\vec{y}_1, \ldots, \vec{y}_n$ Lösungen des hom. DGL–Systems $\boxed{\vec{y}\,' = A(x)\vec{y}}$, so gilt:
>
> $$\vec{y}_1, \ldots, \vec{y}_n \text{ sind Basislösung der DGL} \iff W(x) \neq 0 \text{ für ein } x \in I.$$
>
> Die Wronski–Determinante $W(x)$ genügt der DGL
>
> $$W'(x) = \operatorname{spur}\big(A(x)\big) \cdot W(x) \text{ , so dass}$$
> $$W(x) = W(x_0) \cdot \exp\Big(\int_{x_0}^{x} \operatorname{spur}\big(A(t)\big)\, dt\Big) \text{ ist für ein } x_0 \in I.$$

16.69 *Man bestimme ein homogenes lineares DGL–System $\vec{y}\,' = A(x)\vec{y}$, das $\vec{y}_1 = \begin{pmatrix} 1 \\ x \end{pmatrix}$ und $\vec{y}_2 = \begin{pmatrix} x \\ x^2 + x \end{pmatrix}$ als Basislösung hat.*

$\vec{y}_1, \vec{y}_2$ genügen einer DGL $\vec{y}\,' = A(x)\vec{y} \iff (\vec{y}_1{}', \vec{y}_2{}') = A(\vec{y}_1, \vec{y}_2),\ A = A(x)$

$$\iff \begin{pmatrix} 0 & 1 \\ 1 & 2x+1 \end{pmatrix} = A \begin{pmatrix} 1 & x \\ x & x^2 + x \end{pmatrix}$$

$$\iff A = \begin{pmatrix} 0 & 1 \\ 1 & 2x+1 \end{pmatrix} \cdot \begin{pmatrix} 1 & x \\ x & x^2+x \end{pmatrix}^{-1}, \text{ für } \det \begin{pmatrix} 1 & x \\ x & x^2+x \end{pmatrix} = x \neq 0.$$

$$\iff A = \begin{pmatrix} 0 & 1 \\ 1 & 2x+1 \end{pmatrix} \cdot \frac{1}{x} \begin{pmatrix} x^2+x & -x \\ -x & 1 \end{pmatrix} = \underline{\begin{pmatrix} -1 & \frac{1}{x} \\ -x & 1+\frac{1}{x} \end{pmatrix}}.$$

Das homogene lineare DGL–System mit der o.a. Basislösung lautet:

$$\vec{y}\,' = A\vec{y} \iff \begin{pmatrix} y_1' \\ y_2' \end{pmatrix} = A \begin{pmatrix} y_1 \\ y_2 \end{pmatrix} \iff \begin{matrix} y_1{}' = -y_1 + \frac{1}{x} y_2 \\ y_2{}' = -x y_1 + (1 + \frac{1}{x}) y_2 \end{matrix}$$

Die Lösungsgesamtheit ist ein 2–dimensionaler Vektorraum.

Wegen $W(x) = \begin{vmatrix} 1 & x \\ x & x^2+x \end{vmatrix} = x$ sind $\vec{y}_1, \vec{y}_2$ linear unabhängig und bilden ein Fundamentalsystem (Basislösung) der DGL $\vec{y}\,' = A\vec{y}$ auf Intervallen I mit $0 \notin I$.

Gesamtlösung ist dort:

$$\vec{y} = c_1 \begin{pmatrix} 1 \\ x \end{pmatrix} + c_2 \begin{pmatrix} x \\ x^2 + x \end{pmatrix}, \quad c_1, c_2 \in \mathbb{R}.$$

D'Alembertsches Reduktionsverfahren für Systeme

$\boxed{\vec{y}\,' = A\vec{y}}$ homogenes lineares DGL–System 1–ter Ordnung.

(1) $\vec{y}_1$ sei eine Lösung.

(2) **Ansatz** $\vec{y}_2(x) = s(x)\vec{y}_1(x) + \vec{z}(x)$ mit
$s(x)$: reelle Funktion,
$z(x) := \big(z_1(x), z_2(x), \ldots, z_n(x)\big)$.
In $\vec{z}$ ist eine Koordinate als 0 zu wählen,
für die die entsprechende Koordinate bei $\vec{y}_1$ nicht verschwindet,
also z.B. $\vec{z} = (0, z_2, \ldots, z_n)$, falls $y_{11}(x) \not\equiv 0$ ist.

(3) Einsetzen von $\vec{y}_2$ in die DGL ergibt $s'\vec{y}_1 + \vec{z}\,' = A\vec{z}$.

Mittels der 1. Koordinate wird s' in den übrigen eliminiert und es bleibt ein DGL–System $(n-1)$–ter Ordnung für $(z_2, \ldots, z_n)$.

Findet man eine Lösung, bestimmt man $s(x)$ durch Integration und erhält schließlich $\vec{y}_2$, eine von $\vec{y}_1$ linear unabhängige Lösung.

16.70 $\boxed{\vec{y}\,' = \begin{pmatrix} x & -x^2 \\ 1 & 2x \end{pmatrix} \frac{1}{x^2}\vec{y}, \quad x > 0}$

Man zeige, dass $\vec{y}_1 = \begin{pmatrix} x^2 \\ -x \end{pmatrix}$ *eine Lösung ist und ermittle eine Lösungsbasis der DGL.*

(1) $\vec{y}_1\,' = \begin{pmatrix} 2x \\ -1 \end{pmatrix} \overset{!}{=} \begin{pmatrix} x & -x^2 \\ 1 & 2x \end{pmatrix} \frac{1}{x^2} \begin{pmatrix} x^2 \\ -x \end{pmatrix} = \begin{pmatrix} x+x \\ 1-2 \end{pmatrix} = \begin{pmatrix} 2x \\ -1 \end{pmatrix} \Longrightarrow \vec{y}_1$ ist Lösung.

(2) Reduktionsverfahren: Ansatz $\vec{y}_2(x) = s(x)\begin{pmatrix} x^2 \\ -x \end{pmatrix} + \begin{pmatrix} 0 \\ z(x) \end{pmatrix}$.

(3) Einsetzen: $s'(x)\begin{pmatrix} x^2 \\ -x \end{pmatrix} + \begin{pmatrix} 0 \\ z'(x) \end{pmatrix} = \begin{pmatrix} -z \\ \frac{2}{x}z \end{pmatrix}$.

Die erste Koordinate ergibt $s'(x) = -\frac{1}{x^2}z$.

Die zweite Koordinate liefert damit $z'(x) = \frac{2}{x}z - \frac{1}{x}z = \frac{1}{x}z$.

Das reduzierte System ist also die DGL $\boxed{z' = \frac{1}{x}z}$.

T.d.V. liefert eine Lösung: $z = x$.

Man berechnet nun $s'(x) = -\frac{1}{x^2}x = -\frac{1}{x} \Longrightarrow s(x) = -\ln x$ und erhält

$\underline{\vec{y}_2(x) = \begin{pmatrix} -x^2 \ln x \\ x\ln x + x \end{pmatrix}}$.

$\vec{y}_1, \vec{y}_2$ ist eine Lösungsbasis, die Lösungsgesamtheit lautet:

$\vec{y} = c_1\vec{y}_1 + c_2\vec{y}_2 = (\vec{y}_1, \vec{y}_2)\begin{pmatrix} c_1 \\ c_2 \end{pmatrix} = \underline{\underline{\begin{pmatrix} x^2 & -x^2\ln x \\ -x & x\ln x + x \end{pmatrix}\begin{pmatrix} c_1 \\ c_2 \end{pmatrix}}}, \quad c_1, c_2 \in \mathbb{R}$.

Inhomogene lineare DGL–Systeme

Die Lösungsgesamtheit eines linearen DGL–Systems $\vec{y}\,' = A(x)\vec{y} + \vec{r}(x)$ ist

$$\vec{y} = \vec{y}_S + \vec{y}_H$$

Dabei ist $\vec{y}_H$ die Lösungsgesamtheit des homogenen DGL–Systems,

$\vec{y}_S$ eine Lösung des inhomogenen DGL–Systems:

Kennt man die Lösungen $\vec{y}_H = c_1\vec{y}_1 + \cdots + c_n\vec{y}_n$ des homogenen DGL–Systems, so lässt sich eine spezielle Lösung des inhomogenen DGL–Systems $\vec{y}_S$ durch die Methode "Variation der Konstanten" berechnen:

Lineares DGL–System : Variation der Konstanten

$$\boxed{\vec{y}\,' = A\vec{y} + \vec{r}}$$

Ist die Gesamtlösung des zugehörigen homogenen Systems gegeben durch

$$\vec{y}_H = c_1\vec{y}_1 + \ldots + c_n\vec{y}_n = Y\begin{pmatrix} c_1 \\ \vdots \\ c_n \end{pmatrix}, \quad \text{mit Lösungsmatrix } Y = (\vec{y}_1, \ldots, \vec{y}_n)$$

dann gibt es eine spezielle Lösung des inhom. DGL–Systems von der Form

$$\vec{y}_S = c_1(x)y_1 + \ldots + c_n(x)y_n = Y\begin{pmatrix} c_1(x) \\ \vdots \\ c_n(x) \end{pmatrix}$$

Man ersetzt also die Konstanten $c_1, \ldots, c_n$ in $\vec{y}_H$ durch Funktionen $c_1(x), \ldots, c_n(x)$.

Die Ableitungen der Koeffizientenfunkt. $c_1', \ldots, c_n'$ bestimmt man aus dem LGS:

$$Y\begin{pmatrix} c_1' \\ \vdots \\ c_n' \end{pmatrix} = \vec{r}, \quad c_1, \ldots, c_n \text{ erhält man durch Integration.}$$

16.71 *Man löse das inhomogene lineare DGL–System:*

$$\boxed{\vec{y}\,' = \begin{pmatrix} x & -x^2 \\ 1 & 2x \end{pmatrix}\frac{1}{x^2}\vec{y} + \begin{pmatrix} x^2 \\ \frac{1}{x} \end{pmatrix}, \quad x > 0}.$$

(H) $Y = \begin{pmatrix} x^2 & -x^2\ln x \\ -x & x(1+\ln x) \end{pmatrix}$ ist Fundamentalmatrix (Lösungsbasis) und

$\vec{y}_H = Y\begin{pmatrix} c_1 \\ c_2 \end{pmatrix} = c_1\begin{pmatrix} x^2 \\ -x \end{pmatrix} + c_2\begin{pmatrix} -x^2\ln x \\ x(1+\ln x) \end{pmatrix}$ ist Gesamtlösung des zugehörigen hom. DGL–Systems, [16.70].

(I) Der Ansatz $\vec{y}_S = Y \cdot \begin{pmatrix} c_1(x) \\ c_2(x) \end{pmatrix} = c_1(x) \begin{pmatrix} x^2 \\ -x \end{pmatrix} + c_2(x) \begin{pmatrix} -x^2 \ln x \\ x(1+\ln x) \end{pmatrix}$

führt auf folgendes LGS für $\vec{c}\,'(x) = \begin{pmatrix} c_1'(x) \\ c_2'(x) \end{pmatrix}$:

c_1'	c_2'	$\vec{r}(x)$	Regie
x^2	$-x^2 \ln x$	x^2	$\cdot 1$
$-x$	$x(1+\ln x)$	$\frac{1}{x}$	$\cdot x$
0	x^2	x^2+1	

$$\Longrightarrow \quad c_2' = 1 + \tfrac{1}{x^2}, \quad c_1' = 1 + (1 + \tfrac{1}{x^2}) \ln x.$$

Integration liefert: $c_2 = x - \frac{1}{x}, \quad c_1 = (x - \frac{1}{x}) \ln x - \frac{1}{x}$.

$$\Longrightarrow \vec{y}_S = (\vec{y}_1, \vec{y}_2) \begin{pmatrix} c_1 \\ c_2 \end{pmatrix}$$

$$= \left((x - \tfrac{1}{x}) \ln x - \tfrac{1}{x}\right) \begin{pmatrix} x^2 \\ -x \end{pmatrix} + (x - \tfrac{1}{x}) \begin{pmatrix} -x^2 \ln x \\ x(1+\ln x) \end{pmatrix} = \begin{pmatrix} -x \\ x^2 \end{pmatrix}$$

Gesamtlösung: $\vec{y} = \vec{y}_S + \vec{y}_H = \underline{\begin{pmatrix} -x \\ x^2 \end{pmatrix} + c_1 \begin{pmatrix} x^2 \\ -x \end{pmatrix} + c_2 \begin{pmatrix} -x^2 \ln x \\ x(1+\ln x) \end{pmatrix}}$.

16.72 *Man löse das System* $\boxed{\vec{y}\,' = \frac{1}{2x} \begin{pmatrix} -1 & \frac{1}{x} \\ x & 1 \end{pmatrix} \vec{y} + \begin{pmatrix} x \\ x^2 \end{pmatrix}, \quad x > 0}$.

Hinweis: $\underline{\vec{y}_1 = \begin{pmatrix} 1 \\ x \end{pmatrix}}$ *ist eine Lösung des homogenen Systems.*

<u>1. Lösungsmöglichkeit:</u>

(a) Bestimmung einer zweiten Basislösung (d'Alembertsches Reduktionsverfahren):

Ansatz: $\vec{y} = s(x) \begin{pmatrix} 1 \\ x \end{pmatrix} + \begin{pmatrix} 0 \\ z(x) \end{pmatrix}$. Einsetzen in die <u>homogene</u> DGL ergibt

$$s'(x) \begin{pmatrix} 1 \\ x \end{pmatrix} + \begin{pmatrix} 0 \\ z'(x) \end{pmatrix} = \frac{1}{2x} \begin{pmatrix} \frac{1}{x} z(x) \\ z(x) \end{pmatrix}.$$

$$\left.\begin{array}{lrl} (i) & s'(x) = & \frac{1}{2x^2} z(x) \\ (ii) & s'(x)x + z'(x) = & \frac{1}{2x} z(x) \end{array}\right\} \Longrightarrow z'(x) = \frac{1}{2x} z(x) - \frac{1}{2x} z(x) = 0.$$

Eine Lösung ist $\underline{z(x) = 1}$. Aus (i) folgt dann $s'(x) = \frac{1}{2x^2} \Longrightarrow s(x) = -\frac{1}{2x}$.

$$\Longrightarrow \vec{y} = -\frac{1}{2x} \begin{pmatrix} 1 \\ x \end{pmatrix} + \begin{pmatrix} 0 \\ 1 \end{pmatrix} = \begin{pmatrix} -\frac{1}{2x} \\ -\frac{1}{2} + 1 \end{pmatrix} = -\frac{1}{2} \begin{pmatrix} \frac{1}{x} \\ -1 \end{pmatrix}, \text{ sei } \underline{\vec{y}_2 = \begin{pmatrix} \frac{1}{x} \\ -1 \end{pmatrix}}.$$

$Y = (\vec{y}_1, \vec{y}_2) = \begin{pmatrix} 1 & \frac{1}{x} \\ x & -1 \end{pmatrix}$ ist eine Fundamentalmatrix des zugehörigen homogenen Systems.

(b) Bestimmung einer speziellen Lösung durch Variation der Konstanten:

Ansatz: $\vec{y}_S = c_1(x)\begin{pmatrix}1\\x\end{pmatrix} + c_2(x)\begin{pmatrix}\frac{1}{x}\\-1\end{pmatrix}$ führt auf das LGS für c_1', c_2':

c_1'	c_2'	$\vec{r}(x)$	Regie
1	$\frac{1}{x}$	x	x
x	-1	x^2	1
$2x$	0	$2x^2$	

$\Longrightarrow \quad c_1' = x, \; c_2' = 0 \quad \Longrightarrow \quad c_1(x) = \frac{1}{2}x^2, \; c_2(x) = 0$

$$\Longrightarrow \vec{y}_S = \frac{1}{2}x^2\begin{pmatrix}1\\x\end{pmatrix} = \frac{1}{2}\begin{pmatrix}x^2\\x^3\end{pmatrix}$$

Man erhält die Gesamtlösung: $\underline{\underline{\vec{y} = \frac{1}{2}\begin{pmatrix}x^2\\x^3\end{pmatrix} + c_1\begin{pmatrix}1\\x\end{pmatrix} + c_2\begin{pmatrix}\frac{1}{x}\\-1\end{pmatrix}}}$.

2. Lösungsmöglichkeit:

Nach Kenntnis einer ersten Basislösung $\vec{y}_1 = \begin{pmatrix}1\\x\end{pmatrix}$ des homogenen Systems soll nun der d'Alembertsche Reduktionsansatz in die inhomogene DGL eingesetzt werden, vergleiche [16.46]:

$$s'(x)\begin{pmatrix}1\\x\end{pmatrix} + \begin{pmatrix}0\\z'(x)\end{pmatrix} = \frac{1}{2x}\begin{pmatrix}\frac{1}{x}z(x)\\z(x)\end{pmatrix} + \begin{pmatrix}x\\x^2\end{pmatrix}.$$

$$\left.\begin{array}{ll}(i) & s'(x) = \frac{1}{2x^2}z(x) + x\\ (ii) & s'(x)x + z'(x) = \frac{1}{2x}z(x) + x^2\end{array}\right\} \Longrightarrow z'(x) = \frac{1}{2x}z(x) + x^2 - (\frac{1}{2x}z(x) + x^2) = 0.$$

$\Longrightarrow \underline{z(x) = k}$, k beliebig.

Aus (i) folgt dann $s'(x) = \frac{k}{2x^2} + x \quad \Longrightarrow \quad s(x) = -\frac{k}{2x} + \frac{1}{2}x^2$.

$$\Longrightarrow \vec{y} = (-\frac{k}{2x} + \frac{1}{2}x^2)\begin{pmatrix}1\\x\end{pmatrix} + \begin{pmatrix}0\\k\end{pmatrix} = -\frac{1}{2}k\begin{pmatrix}\frac{1}{x}\\-1\end{pmatrix} + \frac{1}{2}\begin{pmatrix}x^2\\x^3\end{pmatrix}.$$

Man erhält also $-\frac{1}{2}k\begin{pmatrix}\frac{1}{x}\\-1\end{pmatrix}$ als zweite Basislösung und $\frac{1}{2}\begin{pmatrix}x^2\\x^3\end{pmatrix}$ als spezielle Lösung. Dies ist weniger aufwendig, als (a) und (b) abzuarbeiten.

16.13 Lineare Systeme mit konstanten Koeffizienten

16.13.1 Homogene lineare Systeme mit konstanten Koeffizienten

Homogenes lineares System mit konstanten Koeffizienten

(H) $\boxed{\vec{y}\,' = A \cdot \vec{y}}$ $\quad A = (a_{ij})$ ist (n, n)–Matrix.

Der **Ansatz** $\vec{y} = \vec{c}\mathrm{e}^{\lambda x}$

führt auf $(A - \lambda E)\vec{c} = \vec{0}$, d.h. λ ist Eigenwert und $\vec{c} \neq \vec{0}$ Eigenvektor von A.

Ist λ k–facher Eigenwert von A, gibt es k zugehörige Basislösungen von (H).

Fall 1: Der zu λ gehörige Eigenraum ist k–dimensional mit Basisvektoren $\vec{c}_1, \ldots, \vec{c}_k$.
Basislösungen von (H) sind $\quad \vec{c}_1\mathrm{e}^{\lambda x}, \ldots, \vec{c}_k\mathrm{e}^{\lambda x}$.

Fall 2: Der zu λ gehörige Eigenraum ist nur l–dimensional mit $l < k$ und Basisvektoren $\vec{c}_1, \ldots, \vec{c}_l$.
Die fehlenden Basislösungen von (H) erhält man durch den Ansatz

$$\vec{y} = \vec{p}(x)\mathrm{e}^{\lambda x} \text{ mit } \vec{p}(x) = \begin{pmatrix} p_1(x) \\ \vdots \\ p_n(x) \end{pmatrix}, \quad \begin{array}{l} p_1, \ldots, p_n \\ \text{Polynome vom Grad } k - l. \end{array}$$

Bei komplexem Eigenwert $\lambda = a + bi$ rechnet man komplex. Real– und Imaginärteil einer komplexen Basislösung sind reelle Basislösungen.

16.73 *Man löse das homogene DGL–System* $\boxed{\vec{y}\,' = \begin{pmatrix} 3 & 2 \\ 2 & 3 \end{pmatrix} \vec{y}}$

Charakt. Gleichung: $\begin{vmatrix} 3-\lambda & 2 \\ 2 & 3-\lambda \end{vmatrix} = \lambda^2 - 6\lambda + 5 = (\lambda - 1)(\lambda - 5) = 0.$

$\Longrightarrow \quad \lambda_1 = 1, \ \lambda_2 = 5$ sind die Eigenwerte.

Eigenvektor zu $\lambda_1 = 1$: $\begin{pmatrix} 2 & 2 \\ 2 & 2 \end{pmatrix} \vec{c} = \vec{0} \quad \Longrightarrow \quad \underline{\vec{c}_1 = \begin{pmatrix} -1 \\ 1 \end{pmatrix}}$ ist EV.

Eigenvektor zu $\lambda_2 = 5$: $\begin{pmatrix} -2 & 2 \\ 2 & -2 \end{pmatrix} \vec{c} = \vec{0} \quad \Longrightarrow \quad \underline{\vec{c}_2 = \begin{pmatrix} 1 \\ 1 \end{pmatrix}}$ ist EV.

Lösungsbasis von (H) ist $\underline{\vec{y}_1 = \begin{pmatrix} -1 \\ 1 \end{pmatrix} \mathrm{e}^{x}}, \ \underline{\vec{y}_2 = \begin{pmatrix} 1 \\ 1 \end{pmatrix} \mathrm{e}^{5x}}.$

Lösung der DGL : $\underline{\underline{\vec{y} = c_1 \begin{pmatrix} -1 \\ 1 \end{pmatrix} \mathrm{e}^{x} + c_2 \begin{pmatrix} 1 \\ 1 \end{pmatrix} \mathrm{e}^{5x} = \begin{pmatrix} -c_1\mathrm{e}^{x} + c_2\mathrm{e}^{5x} \\ c_1\mathrm{e}^{x} + c_2\mathrm{e}^{5x} \end{pmatrix}}}, c_i \in \mathbb{R}.$

16.74 *Man löse das DGL–System* $\boxed{\vec{y}\,' = \begin{pmatrix} -3 & 1 \\ -4 & 1 \end{pmatrix} \vec{y}}$

Char. Gleichung ist $\lambda^2 + 2\lambda + 1 = 0 \implies \lambda_1 = -1$ ist zweifacher Eigenwert.
Der Eigenraum zu $\lambda_1 = -1$, d.h. die Lösung des LGS
$(A+E)\vec{c} = \begin{pmatrix} -2 & 1 \\ -4 & 2 \end{pmatrix} \vec{c} = \vec{0}$ ist eindimensional. Ein Basisvektor ist $\vec{c}_1 = \begin{pmatrix} 1 \\ 2 \end{pmatrix}$.

Die zu $\vec{c}_1$ gehörige Basislösung der DGL ist $\underline{\vec{y}_1 = \begin{pmatrix} 1 \\ 2 \end{pmatrix} \mathrm{e}^{-x}}$.

Eine weitere Basislösung ergibt der Ansatz $\vec{y} = (\vec{a}x + \vec{b})\mathrm{e}^{-x}$.
Einsetzen in die DGL $\vec{y}\,' = A\vec{y}$ liefert $(\vec{a} - \vec{a}x - \vec{b})\mathrm{e}^{-x} = A(\vec{a}x + \vec{b})\mathrm{e}^{-x}$.
Ein Koeffizientenvergleich ergibt $-\vec{a} = A\vec{a}$ d.h. $(A+E)\vec{a} = \vec{0}$, und $(A+E)\vec{b} = \vec{a}$.
Nach der ersten Gleichung ist $\vec{a}$ ein Eigenvektor von A zum Eigenwert -1.
Man kann $\vec{a} = \vec{c}_1 = \begin{pmatrix} 1 \\ 2 \end{pmatrix}$ nehmen.

Die zweite Gleichung $\begin{pmatrix} -2 & 1 \\ -4 & 2 \end{pmatrix} \vec{b} = \begin{pmatrix} 1 \\ 2 \end{pmatrix}$ ist dann für z.B. $\vec{b} = \begin{pmatrix} -1 \\ -1 \end{pmatrix}$ erfüllt.

Als zweite Basislösung erhält man $\underline{\vec{y}_2 = (\begin{pmatrix} 1 \\ 2 \end{pmatrix} x + \begin{pmatrix} -1 \\ -1 \end{pmatrix})\mathrm{e}^{-x} = \begin{pmatrix} x-1 \\ 2x-1 \end{pmatrix} \mathrm{e}^{-x}}$.

Die Gesamtlösung ist also $\underline{\underline{\vec{y} = c_1 \begin{pmatrix} 1 \\ 2 \end{pmatrix} \mathrm{e}^{-x} + c_2 \begin{pmatrix} x-1 \\ 2x-1 \end{pmatrix} \mathrm{e}^{-x}}}$, $c_i \in \mathbb{R}$.

16.75 *Man löse das DGL–System* $\boxed{\vec{y}\,' = \begin{pmatrix} 2 & 0 \\ 0 & 2 \end{pmatrix} \vec{y}}$

Die charakteristische Gleichung ist $\begin{vmatrix} 2-\lambda & 0 \\ 0 & 2-\lambda \end{vmatrix} = (2-\lambda)^2 = 0$.
Eigenwert ist $\lambda_{1,2} = 2$ (zweifach!).
Eigenvektoren zu $\lambda = 2$: $(A - 2E)\vec{c} = \begin{pmatrix} 0 & 0 \\ 0 & 0 \end{pmatrix} \vec{c} = \vec{0}$.

Der Eigenraum ist 2–dim. mit $\vec{c}_1 = \begin{pmatrix} 1 \\ 0 \end{pmatrix}$, $\vec{c}_2 = \begin{pmatrix} 0 \\ 1 \end{pmatrix}$ als Basis.

Basislösungen des DGL–Systems sind $\underline{\vec{y}_1 = \begin{pmatrix} 1 \\ 0 \end{pmatrix} \mathrm{e}^{2x}}$, $\underline{\vec{y}_2 = \begin{pmatrix} 0 \\ 1 \end{pmatrix} \mathrm{e}^{2x}}$.

Die Gesamtlösung ist $\underline{\underline{\vec{y} = c_1 \begin{pmatrix} 1 \\ 0 \end{pmatrix} \mathrm{e}^{2x} + c_2 \begin{pmatrix} 0 \\ 1 \end{pmatrix} \mathrm{e}^{2x} = \begin{pmatrix} c_1 \\ c_2 \end{pmatrix} \mathrm{e}^{2x}}}$, $c_i \in \mathbb{R}$.

16.76 *Man löse das DGL–System* $\boxed{\vec{y}\,' = \begin{pmatrix} 3 & -5 \\ 2 & 1 \end{pmatrix} \vec{y}}$

Die charakteristische Gleichung ist $\begin{vmatrix} 3-\lambda & -5 \\ 2 & 1-\lambda \end{vmatrix} = \lambda^2 - 4\lambda + 13 = 0.$

Die Eigenwerte sind $\lambda_{1,2} = 2 \pm 3i$.

Bestimmung eines komplexen Eigenvektors zu $\lambda = 2 + 3i$:

$\begin{pmatrix} 1-3i & -5 \\ 2 & -1-3i \end{pmatrix} \vec{c} = \vec{0}$. Die Zeilen sind linear abhängig! Aus der ersten Zeile folgt: $(1-3i)c_1 - 5c_2 = 0 \Longrightarrow \vec{c} = \begin{pmatrix} c_1 \\ c_2 \end{pmatrix} = \begin{pmatrix} 5 \\ 1-3i \end{pmatrix}$ ist Eigenvektor und

$$\begin{pmatrix} 5 \\ 1-3i \end{pmatrix} e^{(2+3i)x} = (\begin{pmatrix} 5 \\ 1 \end{pmatrix} + \begin{pmatrix} 0 \\ -3 \end{pmatrix} i) e^{2x} (\cos 3x + i \sin 3x)$$
$$= (\begin{pmatrix} 5 \\ 1 \end{pmatrix} \cos 3x + \begin{pmatrix} 0 \\ 3 \end{pmatrix} \sin 3x) e^{2x} + i(\begin{pmatrix} 0 \\ -3 \end{pmatrix} \cos 3x + \begin{pmatrix} 5 \\ 1 \end{pmatrix} \sin 3x) e^{2x}$$

ist eine komplexe Lösung des DGL–Systems.

Real– und Imaginärteil der komplexen Lösung sind reelle Basislösungen.

$\underline{\vec{y}_1 = (\begin{pmatrix} 5 \\ 1 \end{pmatrix} \cos 3x + \begin{pmatrix} 0 \\ 3 \end{pmatrix} \sin 3x)\, e^{2x}}$ und $\underline{\vec{y}_2 = (\begin{pmatrix} 0 \\ -3 \end{pmatrix} \cos 3x + \begin{pmatrix} 5 \\ 1 \end{pmatrix} \sin 3x)\, e^{2x}}$.

Gesamtlösung: $\underline{\underline{\vec{y} = (c_1 \begin{pmatrix} 5\cos 3x \\ \cos 3x + 3\sin 3x \end{pmatrix} + c_2 \begin{pmatrix} 5 \sin 3x \\ -3\cos 3x + \sin 3x \end{pmatrix}) e^{2x}}}$, $c_i \in \mathbb{R}$.

Es sei $\vec{y}\,' = A\vec{y}$ ein DGL–System[1] mit einer konstanten (3, 3)–Matrix A.

Die folgenden Beispiele behandeln die unterschiedlichen Möglichkeiten, die sich aus der Art der Eigenwerte und den Dimensionen der zugehörigen Eigenräume ergeben:

Eigenwerte von A	Dimension der Eigenräume	behandelt in	auf Seite
$\lambda_1,\ \lambda_2,\ \lambda_3$	1, 1, 1	[16.77]	472
$\lambda_1,\ \lambda_{2,3} \in \mathbb{R}$	1, 2	[16.78]	472
$\lambda_1,\ \lambda_{2,3} \in \mathbb{R}$	1, 1	[16.79]	473
$\lambda_{1,2,3}$	3	[16.114]	482, 484
$\lambda_{1,2,3}$	2	[16.80]	473
$\lambda_{1,2,3}$	1	[16.81]	474
$\lambda_1,\ \lambda_{2,3} \in \mathbb{C}$	1, 1, 1	[16.82]	475

[1] Statt DGL–System sagt man auch kurz DGL.

16.77 *Man löse das DGL–System* $\boxed{\vec{y}\,' = \begin{pmatrix} 7 & -3 & 21 \\ 2 & -1 & 6 \\ -1 & 0 & -3 \end{pmatrix} \vec{y}}$

Die charakteristische Gleichung von A lautet:

$$|A - \lambda E| = \begin{vmatrix} 7-\lambda & -3 & 21 \\ 2 & -1-\lambda & 6 \\ -1 & 0 & -3-\lambda \end{vmatrix} = -\lambda^3 + 3\lambda^2 - 2\lambda = \lambda(\lambda-1)(\lambda-2) = 0$$

$\lambda_1 = 0,\ \lambda_2 = 1,\ \lambda_3 = 2$ sind einfache Eigenwerte.
Die zugehörigen Eigenräume sind folglich eindimensional und man erhält:

$$\lambda_1 = 0 : (A - 0E)\vec{c} = \vec{0} \quad \Longrightarrow \quad \vec{c} = \begin{pmatrix} -3 \\ 0 \\ 1 \end{pmatrix} \text{ ist ein Eigenvektor zum EW 0.}$$

$$\lambda_2 = 1 : (A - 1E)\vec{c} = \vec{0} \quad \Longrightarrow \quad \vec{c} = \begin{pmatrix} -4 \\ -1 \\ 1 \end{pmatrix} \text{ ist ein Eigenvektor zum EW 1.}$$

$$\lambda_3 = 2 : (A - 2E)\vec{c} = \vec{0} \quad \Longrightarrow \quad \vec{c} = \begin{pmatrix} -15 \\ -4 \\ 3 \end{pmatrix} \text{ ist ein Eigenvektor zum EW 2.}$$

Lösungsbasis der DGL: $\underline{\vec{y}_1 = \begin{pmatrix} -3 \\ 0 \\ 1 \end{pmatrix}}$, $\underline{\vec{y}_2 = \begin{pmatrix} -4 \\ -1 \\ 1 \end{pmatrix} e^x}$, $\underline{\vec{y}_3 = \begin{pmatrix} -15 \\ -4 \\ 3 \end{pmatrix} e^{2x}}$.

Die Gesamtlösung ist $\underline{\underline{\vec{y} = c_1\vec{y}_1 + c_2\vec{y}_2 + c_3\vec{y}_3}}$, $c_i \in \mathbb{R}$.

16.78 *Man löse das DGL–System* $\boxed{\vec{y}\,' = \begin{pmatrix} 0 & 4 & -3 \\ 1 & -3 & 3 \\ 1 & -4 & 4 \end{pmatrix} \vec{y}}$

Char. Gleichung: $-\lambda^3 + \lambda^2 + \lambda - 1 = 0 \Longrightarrow$ Eigenwerte: $\lambda_1 = -1,\ \lambda_{2,3} = 1$.

Eigenvektor zu $\lambda_1 = -1$ ist $\vec{c}_1 = \begin{pmatrix} -1 \\ 1 \\ 1 \end{pmatrix}$, Basislösung ist $\underline{\vec{y}_1 = \begin{pmatrix} -1 \\ 1 \\ 1 \end{pmatrix} e^{-x}}$.

Eigenvektoren zu $\lambda_{2,3} = 1$: Der zugehörige Eigenraum ist 2–dimensional mit Basisvektoren $\vec{c}_2 = \begin{pmatrix} 4 \\ 1 \\ 0 \end{pmatrix}$, $\vec{c}_3 = \begin{pmatrix} -3 \\ 0 \\ 1 \end{pmatrix}$.

Zugehörige Basislösungen: $\underline{\vec{y}_2 = \begin{pmatrix} 4 \\ 1 \\ 0 \end{pmatrix} e^x}$, $\underline{\vec{y}_3 = \begin{pmatrix} -3 \\ 0 \\ 1 \end{pmatrix} e^x}$.

Die Gesamtlösung ist $\underline{\underline{\vec{y} = c_1\vec{y}_1 + c_2\vec{y}_2 + c_3\vec{y}_3}}$, $c_i \in \mathbb{R}$.

16.79 *Man löse das DGL–System* $\boxed{\vec{y}\,' = \begin{pmatrix} 2 & 2 & 9 \\ 1 & 0 & 3 \\ 0 & -1 & -1 \end{pmatrix} \vec{y}}$

Char. Gleichung: $-\lambda^3 + \lambda^2 + \lambda - 1 = 0 \implies$ Eigenwerte: $\lambda_1 = -1,\ \lambda_{2,3} = 1$.

Eigenwert	Basis des Eigenraumes	Basislösungen der DGL
$\lambda_1 = -1$	$\vec{c}_1 = \begin{pmatrix} -3 \\ 0 \\ 1 \end{pmatrix}$	$\vec{y}_1 = \begin{pmatrix} -3 \\ 0 \\ 1 \end{pmatrix} e^{-x}$
$\lambda_{2,3} = 1$	$\vec{c}_2 = \begin{pmatrix} -5 \\ -2 \\ 1 \end{pmatrix}$	$\vec{y}_2 = \begin{pmatrix} -5 \\ -2 \\ 1 \end{pmatrix} e^{x}$

Der zu $\lambda_{2,3} = 1$ gehörige Eigenraum hat nur die Dimension 1 und man erhält nur eine Basislösung.

Eine weitere Basislösung erhält man durch den Ansatz $\vec{y} = (\vec{a}x + \vec{b})e^x$:

Einsetzen in die DGL $\vec{y}\,' = A\vec{y}$ liefert $(\vec{a} + \vec{b} + \vec{a}x)e^x = A(\vec{a}x + \vec{b})e^x$.

Ein Koeffizientenvergleich ergibt $\vec{a} = A\vec{a}$ d.h. $(A - E)\vec{a} = \vec{0}$, und $(A - E)\vec{b} = \vec{a}$. Nach der ersten Gleichung ist $\vec{a}$ ein Eigenvektor von A zum Eigenwert 1.

Man kann $\vec{a} = \vec{c}_2 = \begin{pmatrix} -5 \\ -2 \\ 1 \end{pmatrix}$ nehmen.

Die zweite Gleichung $\begin{pmatrix} 1 & 2 & 9 \\ 1 & -1 & 3 \\ 0 & -1 & -2 \end{pmatrix} \vec{b} = \begin{pmatrix} -5 \\ -2 \\ 1 \end{pmatrix}$ ist für z.B. $\vec{b} = \begin{pmatrix} -3 \\ -1 \\ 0 \end{pmatrix}$ erfüllt.

Als weitere Basislösung erhält man also $\underline{\vec{y}_3 = \left(\begin{pmatrix} -5 \\ -2 \\ 1 \end{pmatrix} x + \begin{pmatrix} -3 \\ -1 \\ 0 \end{pmatrix}\right)e^x = \begin{pmatrix} -5x - 3 \\ -2x - 1 \\ x \end{pmatrix} e^x}$.

Gesamtlösung : $\underline{\underline{\vec{y} = c_1 \begin{pmatrix} -3 \\ 0 \\ 1 \end{pmatrix} e^{-x} + c_2 \begin{pmatrix} -5 \\ -2 \\ 1 \end{pmatrix} e^x + c_3 \begin{pmatrix} -5x - 3 \\ -2x - 1 \\ x \end{pmatrix} e^x}}$, $c_i \in \mathbb{R}$.

16.80 *Man löse das DGL–System* $\boxed{\vec{y}\,' = \begin{pmatrix} -2 & 3 & -3 \\ -5 & 6 & -5 \\ -2 & 2 & -1 \end{pmatrix} \vec{y}}$

Charakt. Gleichung: $-\lambda^3 + 3\lambda^2 - 3\lambda + 1 = 0 \implies$ Eigenwerte: $\lambda_{1,2,3} = 1$.

1 ist 3–facher Eigenwert. Der zugehörige Eigenraum ist nur 2–dimensional mit Basis $\vec{c}_1 = \begin{pmatrix} 1 \\ 1 \\ 0 \end{pmatrix}$, $\vec{c}_2 = \begin{pmatrix} -1 \\ 0 \\ 1 \end{pmatrix}$ und Basislösungen $\underline{\vec{y}_1 = \begin{pmatrix} 1 \\ 1 \\ 0 \end{pmatrix} e^x}$, $\underline{\vec{y}_2 = \begin{pmatrix} -1 \\ 0 \\ 1 \end{pmatrix} e^x}$.

Eine weitere Basislösung erhält man durch den Ansatz $\vec{y} = (\vec{a}x + \vec{b})e^x$.

Einsetzen in die DGL $\vec{y}\,' = A\vec{y}$ liefert $(\vec{a} + \vec{b} + \vec{a}x)e^x = A(\vec{a}x + \vec{b})e^x$. Ein Koeffizientenvergleich ergibt $\vec{a} = A\vec{a}$ und $(A - E)\vec{b} = \vec{a}$. Nach der ersten Gleichung ist $\vec{a}$ ein Eigenvektor von A zum Eigenwert 1. Man hat $\vec{a}$ als Linearkombination von $\vec{c}_1$ und $\vec{c}_2$ zu nehmen: $\vec{a} = r_1\vec{c}_1 + r_2\vec{c}_2 = \begin{pmatrix} r_1 - r_2 \\ r_1 \\ r_2 \end{pmatrix}$.

Die zweite Gleichung $\begin{pmatrix} -3 & 3 & -3 \\ -5 & 5 & -5 \\ -2 & 2 & -2 \end{pmatrix} \vec{b} = \begin{pmatrix} r_1 - r_2 \\ r_1 \\ r_2 \end{pmatrix}$ ist nur lösbar,

falls $\frac{r_1 - r_2}{3} = \frac{r_1}{5} = \frac{r_2}{2}$ gilt. Man kann $r_1 = 5,\ r_2 = 2$ wählen.

Es folgt zunächst $\vec{a} = \begin{pmatrix} 3 \\ 5 \\ 2 \end{pmatrix}$ und dann z.B. $\vec{b} = \begin{pmatrix} -1 \\ 0 \\ 0 \end{pmatrix}$.

Als weitere Basislösung erhält man also $\vec{y}_3 = (\begin{pmatrix} 3 \\ 5 \\ 2 \end{pmatrix} x + \begin{pmatrix} -1 \\ 0 \\ 0 \end{pmatrix})e^x = \begin{pmatrix} 3x - 1 \\ 5x \\ 2x \end{pmatrix} e^x$.

Lösung: $\vec{y} = (c_1 \begin{pmatrix} 1 \\ 1 \\ 0 \end{pmatrix} + c_2 \begin{pmatrix} -1 \\ 0 \\ 1 \end{pmatrix} + c_3 \begin{pmatrix} 3x - 1 \\ 5x \\ 2x \end{pmatrix})\, e^x\ ,\quad c_i \in \mathbb{R}$.

16.81 *Man löse das DGL–System* $\boxed{\vec{y}\,' = \begin{pmatrix} 2 & 0 & 1 \\ 1 & 0 & 0 \\ -1 & 1 & 1 \end{pmatrix} \vec{y}}$

Char. Gleichung: $-\lambda^3 + 3\lambda^2 - 3\lambda + 1 = 0 \quad \Longrightarrow \quad$ Eigenwerte: $\lambda_{1,2,3} = 1$.

Der zugehörige Eigenraum ist 1–dimensional mit Basisvektor $\vec{c}_1 = \begin{pmatrix} -1 \\ -1 \\ 1 \end{pmatrix}$ und

zugehöriger Basislösung $\vec{y}_1 = \begin{pmatrix} -1 \\ -1 \\ 1 \end{pmatrix} e^x$.

Weitere Basislösungen erhält man durch den Ansatz $\vec{y} = (\vec{a}x^2 + \vec{b}x + \vec{c})e^x$.

Einsetzen in die DGL $\vec{y}\,' = A\vec{y} \Longrightarrow (\vec{a}x^2 + (\vec{b} + 2\vec{a})x + \vec{b} + \vec{c})e^x = A(\vec{a}x^2 + \vec{b}x + \vec{c})e^x$.

Ein Koeffizientenvergleich ergibt $\vec{a} = A\vec{a}$ und $(A - E)\vec{b} = 2\vec{a}$ und $(A - E)\vec{c} = \vec{b}$.

(i) Zunächst wählt man $\vec{a} = \vec{0}$ als Lösung der 1. Gleichung $\vec{a} = A\vec{a}$.

Die 2. Gleichung $\begin{pmatrix} 1 & 0 & 1 \\ 1 & -1 & 0 \\ -1 & 1 & 0 \end{pmatrix} \vec{b} = 2\vec{a} = \begin{pmatrix} 0 \\ 0 \\ 0 \end{pmatrix}$ hat z.B. $\vec{b} = \begin{pmatrix} -1 \\ -1 \\ 1 \end{pmatrix}$ als Lösung.

Die 3. Gleichung $\begin{pmatrix} 1 & 0 & 1 \\ 1 & -1 & 0 \\ -1 & 1 & 0 \end{pmatrix} \vec{c} = \begin{pmatrix} -1 \\ -1 \\ 1 \end{pmatrix}$ hat z.B. $\vec{c} = \begin{pmatrix} -1 \\ 0 \\ 0 \end{pmatrix}$ als Lösung.

Eine zweite Basislösung ist somit $\underline{\vec{y}_2 = (\begin{pmatrix} -1 \\ -1 \\ 1 \end{pmatrix} x + \begin{pmatrix} -1 \\ 0 \\ 0 \end{pmatrix}) \mathrm{e}^x = \begin{pmatrix} -x-1 \\ -x \\ x \end{pmatrix} \mathrm{e}^x}$.

(ii) Dann wählt man $\vec{a} = \vec{c}_1 = \begin{pmatrix} -1 \\ -1 \\ 1 \end{pmatrix}$ als Lösung der 1. Gleichung $\vec{a} = A\vec{a}$.

Die 2. Gleichung $\begin{pmatrix} 1 & 0 & 1 \\ 1 & -1 & 0 \\ -1 & 1 & 0 \end{pmatrix} \vec{b} = \begin{pmatrix} -2 \\ -2 \\ 2 \end{pmatrix}$ hat z.B. $\vec{b} = \begin{pmatrix} -2 \\ 0 \\ 0 \end{pmatrix}$ als Lösung.

Die 3. Gleichung $\begin{pmatrix} 1 & 0 & 1 \\ 1 & -1 & 0 \\ -1 & 1 & 0 \end{pmatrix} \vec{c} = \begin{pmatrix} -2 \\ 0 \\ 0 \end{pmatrix}$ hat z.B. $\vec{c} = \begin{pmatrix} -2 \\ -2 \\ 0 \end{pmatrix}$ als Lösung.

Dritte Basislösung: $\underline{\vec{y}_3 = (\begin{pmatrix} -1 \\ -1 \\ 1 \end{pmatrix} x^2 + \begin{pmatrix} -2 \\ 0 \\ 0 \end{pmatrix} x + \begin{pmatrix} -2 \\ -2 \\ 0 \end{pmatrix}) \mathrm{e}^x = \begin{pmatrix} -x^2-2x-2 \\ -x^2-2 \\ x^2 \end{pmatrix} \mathrm{e}^x}$.

Lösung: $\underline{\underline{\vec{y} = (c_1 \begin{pmatrix} -1 \\ -1 \\ 1 \end{pmatrix} + c_2 \begin{pmatrix} -x-1 \\ -x \\ x \end{pmatrix} + c_3 \begin{pmatrix} -x^2-2x-2 \\ -x^2-2 \\ x^2 \end{pmatrix}) \mathrm{e}^x}}, \quad c_i \in \mathbb{R}$.

16.82 *Man löse das DGL–System* $\boxed{\vec{y}\,' = \begin{pmatrix} 1 & -1 & -3 \\ -5 & 6 & -15 \\ -1 & 2 & -1 \end{pmatrix} \vec{y}}$

Char. Gl.: $-\lambda^3 + 6\lambda^2 - 21\lambda + 26 = 0 \Longrightarrow$ Eigenwerte: $\lambda_1 = 2,\ \lambda_{2,3} = 2 \pm 3i$.

Eigenvektor zum Eigenwert $\lambda_1 = 2$ ist $\vec{c}_1 = \begin{pmatrix} -3 \\ 0 \\ 1 \end{pmatrix} \quad \Longrightarrow \quad \underline{\vec{y}_1 = \begin{pmatrix} -3 \\ 0 \\ 1 \end{pmatrix} \mathrm{e}^{2x}}$.

Bestimmung eines komplexen Eigenvektors zu $\lambda_2 = 2 + 3i$:

$$(A - \lambda_2 E)\vec{c} = \vec{0} \quad \Longleftrightarrow \quad \begin{pmatrix} -1-3i & -1 & -3 \\ -5 & 4-3i & -15 \\ -1 & 2 & -3-3i \end{pmatrix} \vec{c} = \begin{pmatrix} 0 \\ 0 \\ 0 \end{pmatrix}.$$

Eine Lösung dieses komplexen LGSs ist $\vec{c} = \begin{pmatrix} -1+i \\ 1+2i \\ 1 \end{pmatrix}$.

Komplexe Basislösung: $\begin{pmatrix} -1+i \\ 1+2i \\ 1 \end{pmatrix} e^{(2+3i)x} = \left(\begin{pmatrix} -1 \\ 1 \\ 1 \end{pmatrix} + i \begin{pmatrix} 1 \\ 2 \\ 0 \end{pmatrix} \right) e^{2x}(\cos 3x + i \sin 3x)$

$$= \left[\begin{pmatrix} -1 \\ 1 \\ 1 \end{pmatrix} \cos 3x - \begin{pmatrix} 1 \\ 2 \\ 0 \end{pmatrix} \sin 3x + i \left(\begin{pmatrix} 1 \\ 2 \\ 0 \end{pmatrix} \cos 3x + \begin{pmatrix} -1 \\ 1 \\ 1 \end{pmatrix} \sin 3x \right) \right] e^{2x}$$

Reelle Basislösungen sind Real– bzw. Imaginärteil der komplexen Basislösung:

$$\vec{y}_2 = \left(\begin{pmatrix} -1 \\ 1 \\ 1 \end{pmatrix} \cos 3x - \begin{pmatrix} 1 \\ 2 \\ 0 \end{pmatrix} \sin 3x \right) e^{2x} \quad , \quad \vec{y}_3 = \left(\begin{pmatrix} 1 \\ 2 \\ 0 \end{pmatrix} \cos 3x + \begin{pmatrix} -1 \\ 1 \\ 1 \end{pmatrix} \sin 3x \right) e^{2x}.$$

Gesamtlösung: $\vec{y} = c_1\vec{y}_1 + c_2\vec{y}_2 + c_3\vec{y}_3$, $c_i \in \mathbb{R}$.

16.13.2 Inhomogene lineare Systeme mit konstanten Koeffizienten

Wie bei linearen DGLn mit konstanten Koeffizienten führen auch bei linearen DGL–Systemen $\boxed{\vec{y}' = A\vec{y} + \vec{r}}$ mit konstanter Koeffizienten–Matrix A spezielle Ansätze bei bestimmten Störfunktionen

$$\vec{r}(x) = \vec{p}(x)e^{ax} \cos bx \qquad \text{oder} \qquad \vec{r}(x) = \vec{p}(x)e^{ax} \sin bx$$

schneller zum Ziel als Variation der Konstanten:

16.83 *Man löse die inhomogene lineare DGL mit konstanten Koeffizienten:*

$$\boxed{\vec{y}' = \begin{pmatrix} 1 & -2 \\ 1 & 4 \end{pmatrix} \vec{y} + \begin{pmatrix} -2e^x \\ -36x \end{pmatrix}}$$

Für eine spezielle Lösung $\vec{y}_S$ der inhomogenen DGL mache man einen speziellen Ansatz!

(H) Charakteristische Gleichung: $\lambda^2 - 5\lambda + 6 = (\lambda - 2)(\lambda - 3) = 0$.

$\Longrightarrow$ $\lambda_1 = 2$, $\lambda_2 = 3$ mit Eigenvektoren $\begin{pmatrix} 2 \\ -1 \end{pmatrix}, \begin{pmatrix} -1 \\ 1 \end{pmatrix}$.

$\Longrightarrow$ $\vec{y}_H = c_1 \begin{pmatrix} 2 \\ -1 \end{pmatrix} e^{2x} + c_2 \begin{pmatrix} -1 \\ 1 \end{pmatrix} e^{3x}$.

(I) $\vec{r}(x) = \begin{pmatrix} -2e^x \\ -36x \end{pmatrix} = \underbrace{\begin{pmatrix} -2 \\ 0 \end{pmatrix} e^x}_{a+bi=1} + \underbrace{\begin{pmatrix} 0 \\ -36x \end{pmatrix}}_{a+bi=0}$,

keine Resonanz!
Weder 1 noch 0 ist Lös. der char. Gl.

Ansatz: $\vec{y}_S = \vec{a}e^x + \vec{b}x + \vec{c}$

$\vec{y}_S{}' = \vec{a}e^x + \vec{b}$

Man sieht die Analogie zu lin. DGLn mit konstanten Koeff., [16.53] ff.

Einsetzen in die DGL $\vec{y}' = A\vec{y} + \vec{r}(x)$ liefert

$$\vec{a}e^x + \vec{b} = A(\vec{a}e^x + \vec{b}x + \vec{c}) + \begin{pmatrix} -2 \\ 0 \end{pmatrix} e^x + \begin{pmatrix} 0 \\ -36 \end{pmatrix} x.$$

Koeffizientenvergleich: $\vec{a} = A\vec{a} + \begin{pmatrix} -2 \\ 0 \end{pmatrix}$, $A\vec{b} + \begin{pmatrix} 0 \\ -36 \end{pmatrix} = \vec{0}$ und $\vec{b} = A\vec{c}$.

Die 1. Gleich. $(A - E)\vec{a} = \begin{pmatrix} 2 \\ 0 \end{pmatrix}$, also $\begin{pmatrix} 0 & -2 \\ 1 & 3 \end{pmatrix} \vec{a} = \begin{pmatrix} 2 \\ 0 \end{pmatrix}$ hat die Lös. $\vec{a} = \begin{pmatrix} 3 \\ -1 \end{pmatrix}$.

Die 2. Gleichung $\begin{pmatrix} 1 & -2 \\ 1 & 4 \end{pmatrix} \vec{b} = \begin{pmatrix} 0 \\ 36 \end{pmatrix}$ hat die Lösung $\vec{b} = \begin{pmatrix} 12 \\ 6 \end{pmatrix}$.

Die 3. Gleichung $\begin{pmatrix} 1 & -2 \\ 1 & 4 \end{pmatrix} \vec{c} = \begin{pmatrix} 12 \\ 6 \end{pmatrix}$ hat die Lösung $\vec{c} = \begin{pmatrix} 10 \\ -1 \end{pmatrix}$.

Damit ist $\underline{\vec{y}_S = \begin{pmatrix} 3 \\ -1 \end{pmatrix} e^x + \begin{pmatrix} 12 \\ 6 \end{pmatrix} x + \begin{pmatrix} 10 \\ -1 \end{pmatrix} = \begin{pmatrix} 3e^x + 12x + 10 \\ -e^x + 6x - 1 \end{pmatrix}}$.

Gesamtlösung: $\underline{\underline{\vec{y} = \vec{y}_S + \vec{y}_H = \begin{pmatrix} 3e^x + 12x + 10 \\ -e^x + 6x - 1 \end{pmatrix} + c_1 \begin{pmatrix} 2 \\ -1 \end{pmatrix} e^{2x} + c_2 \begin{pmatrix} -1 \\ 1 \end{pmatrix} e^{3x}}}$.

- Variation der Konstanten ist aufwendiger! Siehe aber [16.85].

Ist hingegen die Zahl $a + bi$ der Störfunktion Lösung der charakteristischen Gleichung, sind die Zusammenhänge komplizierter:

16.84 *Man löse folgende DGL–Systeme:*

(a) $\vec{y}' = \begin{pmatrix} 1 & -2 \\ 1 & 4 \end{pmatrix} \vec{y} + \begin{pmatrix} 1 \\ -1 \end{pmatrix} e^{2x}$, (b) $\vec{y}' = \begin{pmatrix} 1 & -2 \\ 1 & 4 \end{pmatrix} \vec{y} + \begin{pmatrix} 1 \\ 1 \end{pmatrix} e^{2x}$.

Für beide DGLn gilt $\underline{\vec{y}_H = c_1 \begin{pmatrix} 2 \\ -1 \end{pmatrix} e^{2x} + c_2 \begin{pmatrix} -1 \\ 1 \end{pmatrix} e^{3x}}$.

Für beide Störfunktionen ist $a + bi = 2$ Lösung der char. GLeichung; aber

(a) Es gibt eine spezielle Lösung der Form $\begin{pmatrix} a \\ b \end{pmatrix} e^{2x}$, nämlich z.B. $\underline{\vec{y}_S = \begin{pmatrix} 1 \\ 0 \end{pmatrix} e^{2x}}$.

(b) Es gibt keine spezielle Lösung der Form $\begin{pmatrix} a \\ b \end{pmatrix} e^{2x}$. Hier wäre der

Ansatz $\vec{y}_S = \begin{pmatrix} ax + b \\ cx + d \end{pmatrix} e^{2x}$ zu machen. Ergebnis: z.B. $\underline{\vec{y}_S = \begin{pmatrix} 4x - 3 \\ -2x \end{pmatrix} e^{2x}}$.

16.85 *Man löse die lineare DGL mit konstanten Koeffizienten* $\vec{y}' = \begin{pmatrix} 1 & 1 & 0 \\ 0 & 1 & 0 \\ 0 & 1 & 1 \end{pmatrix} \vec{y} + \begin{pmatrix} 1 \\ 1 \\ 1 \end{pmatrix} e^x$.

(H) Char. Gleichung ist $(1 - \lambda)^3 = 0 \implies \lambda = 1$ ist 3–facher Eigenwert.

$$(A-E) = \begin{pmatrix} 1 & 1 & 0 \\ 0 & 1 & 0 \\ 0 & 1 & 1 \end{pmatrix} - \begin{pmatrix} 1 & 0 & 0 \\ 0 & 1 & 0 \\ 0 & 0 & 1 \end{pmatrix} = \begin{pmatrix} 0 & 1 & 0 \\ 0 & 0 & 0 \\ 0 & 1 & 0 \end{pmatrix} \Longrightarrow \text{EV: } \begin{pmatrix} 1 \\ 0 \\ 0 \end{pmatrix}, \begin{pmatrix} 0 \\ 0 \\ 1 \end{pmatrix}.$$

Der zu $\lambda = 1$ gehörige Eigenraum ist nur 2–dimensional.

Der Ansatz $\vec{y} = \begin{pmatrix} ax+b \\ cx+d \\ fx+g \end{pmatrix} e^x$ liefert eine Lösung $\begin{pmatrix} x \\ 1 \\ x \end{pmatrix} e^x$ von (H).

$$\vec{y}_H = c_1 \begin{pmatrix} 1 \\ 0 \\ 0 \end{pmatrix} e^x + c_2 \begin{pmatrix} 0 \\ 0 \\ 1 \end{pmatrix} e^x + c_3 \begin{pmatrix} x \\ 1 \\ x \end{pmatrix} e^x.$$

(I) Variation der Konstanten ergibt folgendes LGS für c_1', c_2', c_3':

c_1'	c_2'	c_3'	r.S.
1	0	x	1
0	0	1	1
0	1	x	1

$$\Longrightarrow \begin{pmatrix} c_1' \\ c_2' \\ c_3' \end{pmatrix} = \begin{pmatrix} 1-x \\ 1-x \\ 1 \end{pmatrix} \Longrightarrow \begin{pmatrix} c_1 \\ c_2 \\ c_3 \end{pmatrix} = \begin{pmatrix} x - \frac{1}{2}x^2 \\ x - \frac{1}{2}x^2 \\ x \end{pmatrix}.$$

$$\Longrightarrow \quad \vec{y}_S = c_1\vec{y}_1 + c_2\vec{y}_2 + c_3\vec{y}_3 = \begin{pmatrix} x + \frac{1}{2}x^2 \\ x \\ x + \frac{1}{2}x^2 \end{pmatrix} e^x.$$

Zu diesem Ergebnis führt auch der Ansatz $\vec{y}_S = (\vec{a}x^2 + \vec{b}x + \vec{c})e^x$.

• Der Rechenaufwand ist aber größer, vergleiche aber [16.83].

16.14 Eliminationsmethode für lineare DGL–Systeme

Der **Differentialoperator** D ordnet einer differenzierbaren Funktion f ihre Ableitung zu: $Df := f'$. Potenzen von D werden durch $D^{n+1}f := D(D^n f)$ definiert, also: $D^2 f = f''$, $D^3 f = f'''$ usw.

Schließlich kann man Polynome in D betrachten:
$(2D^2 + D + 3)f = 2f'' + f' + 3f$, $(5D+1)e^{2x} = 5(2e^{2x}) + e^{2x} = 11e^{2x}$, $(D^2+1)\sin x = (\sin x)'' + \sin x = -\sin x + \sin x = 0$, usw.

Die **Eliminationsmethode** ist auf inhomogene DGL–Systeme unmittelbar anzuwenden und wird am folgenden Beispiel erklärt:

16.86 *Man löse die lineare DGL* $\vec{y}' = \begin{pmatrix} 3 & 2 \\ 2 & 3 \end{pmatrix} \vec{y} + \begin{pmatrix} 5x^2 - 6 \\ 3x \end{pmatrix}$.

Mit $\vec{y} = \begin{pmatrix} y_1 \\ y_2 \end{pmatrix}$, $\vec{y}' = \begin{pmatrix} Dy_1 \\ Dy_2 \end{pmatrix} = \begin{pmatrix} 3y_1 + 2y_2 \\ 2y_1 + 3y_2 \end{pmatrix} + \begin{pmatrix} 5x^2 - 6 \\ 3x \end{pmatrix}$

schreibt sich das System: $\begin{pmatrix} (D-3)y_1 - 2y_2 \\ -2y_1 + (D-3)y_2 \end{pmatrix} = \begin{pmatrix} 5x^2 - 6 \\ 3x \end{pmatrix}$.

Dieses System wird als LGS betrachtet und gelöst:

	y_1	y_2	r.S.	Regie
	$D-3$	-2	$5x^2-6$	$\cdot 2$
$(\star)$	$\boxed{-2}$	$D-3$	$3x$	$\cdot(D-3)$
	0	D^2-6D+5	$10x^2-9x-9$	

Nebenrechnug: $(D-3)(3x) = 3-9x$

Die Schlusszeile ist: $(D^2-6D+5)y_2 = 10x^2-9x-9$, also eine lineare DGL 2. Ordnung für y_2: $y_2''-6y_2'+5y_2 = 10x^2-9x-9$.

(H) Char. Gleichung $\lambda^2-6\lambda+5 = (\lambda-1)(\lambda-5) \Longrightarrow \underline{y_H = c_1 e^x + c_2 e^{5x}}$.

(I) $y_S = Ax^2+Bx+C$ liefert $A=2,\ B=3,\ C=1$.

Somit ist $\underline{y_2 = 2x^2+3x+1+c_1 e^x + c_2 e^{5x}}$.

Aus $(\star)$ folgt $y_1 = \frac{1}{2}[(D-3)y_2 - 3x]$ und Einsetzen ergibt

$y_1 = \frac{1}{2}(-6x^2-5x-3x-2c_1 e^x + 2c_2 e^{5x}) = \underline{-3x^2-4x-c_1 e^x + c_2 e^{5x}}$.

Endlich erhält man: $$\begin{pmatrix} y_1 \\ y_2 \end{pmatrix} = \begin{pmatrix} 2x^2+3x+1 \\ -3x^2-4x \end{pmatrix} + c_1 \begin{pmatrix} 1 \\ -1 \end{pmatrix} e^x + c_2 \begin{pmatrix} 1 \\ 1 \end{pmatrix} e^{5x}.$$

16.87 *Man löse die homogene lineare DGL* $\vec{y}\,' = \begin{pmatrix} -3 & 1 \\ -4 & 1 \end{pmatrix} \vec{y}$, *vgl. [16.74].*

	y_1	y_2	r.S.	Regie
$(\star)$	$D+3$	$\boxed{-1}$	0	$(D-1)$
	4	$D-1$	0	1
	D^2+2D+1	0	0	

Die Schlusszeile ergibt $y_1''+2y_1'+y_1 = 0$, eine hom. lin. DGL 2. Ordnung für y_1.

Char. Gleichung $\lambda^2+2\lambda+1 = (\lambda+1)^2 = 0 \quad \Longrightarrow \quad y_1 = \underline{c_1 e^{-x} + c_2 x e^{-x}}$.

Aus $(\star)$ folgt $y_2 = (D+3)y_1 = y_1' + 3y_1$, also

$y_2 = -c_1 e^{-x} + c_2 e^{-x} - c_2 x e^{-x} + 3(c_1 e^{-x} + c_2 x e^{-x}) = \underline{(2c_1+c_2+2c_2x)e^{-x}}$.

Lösung des Systems: $$\vec{y} = \begin{pmatrix} y_1 \\ y_2 \end{pmatrix} = \begin{pmatrix} c_1+c_2x \\ 2c_1+c_2+2c_2x \end{pmatrix} e^{-x} = c_1 \begin{pmatrix} 1 \\ 2 \end{pmatrix} e^{-x} + c_2 \begin{pmatrix} x \\ 2x+1 \end{pmatrix} e^{-x}.$$

> Die **Eliminationsmethode** ist bei kleineren Systemen ($n = 2,3$) schneller als die Eigenwertmethode.
>
> Darüber hinaus ist sie auf *allgemeinere* lineare Systeme anwendbar!

16.88 *Man löse das lineare DGL–System* $\begin{aligned} y_1'' + y_2' &= 4y_1 - 12 \\ y_2'' - 10y_1' &= y_2 - 7 \end{aligned}$.

	y_1	y_2	r.S.	Regie
$(\star)$	$D^2 - 4$	$\boxed{D}$	-12	$(D^2 - 1)$
	$-10D$	$D^2 - 1$	-7	$(-D)$
	$D^4 + 5D^2 + 4$	0	12	

Schlusszeile: $y_1^{(4)} + 5y_1'' + 4y_1 = 12$, inhom. lineare DGL 4. Ordnung.

Char. Gleichung $\lambda^4 + 5\lambda^2 + 4 = 0 \implies \lambda_{1,2} = \pm i,\ \lambda_{3,4} = \pm 2i$.

$\implies y_{1H} = c_1 \cos x + c_2 \sin x + c_3 \cos 2x + c_4 \sin 2x$. Offenbar ist $y_S = 3$ eine spezielle Lösung und folglich: $\underline{y_1 = 3 + c_1 \cos x + c_2 \sin x + c_3 \cos 2x + c_4 \sin 2x}$.

Aus $(\star)$ folgt
$$\begin{aligned} y_2' &= -12 - (D^2 - 4)y_1 \\ &= 5c_1 \cos x + 5c_2 \sin x + 8c_3 \cos 2x + 8c_4 \sin 2x \end{aligned}.$$

$$\implies y_2 = \underline{5c_1 \sin x - 5c_2 \cos x + 4c_3 \sin 2x - 4c_4 \cos 2x + c_5}$$

Die Lösung enthält jedoch höchstens 4 willkürliche Konstanten – Einsetzen in die zweite DGL des Systems ergibt nach etwas Rechnung $c_5 = 7$.

$$\vec{y} = \begin{pmatrix} 3 \\ 7 \end{pmatrix} + c_1 \begin{pmatrix} \cos x \\ 5 \sin x \end{pmatrix} + c_2 \begin{pmatrix} \sin x \\ -5 \cos x \end{pmatrix} + c_3 \begin{pmatrix} \cos 2x \\ 4 \sin 2x \end{pmatrix} + c_4 \begin{pmatrix} \sin 2x \\ -4 \cos 2x \end{pmatrix}.$$

16.89 *Man löse das lineare DGL–System* $\begin{aligned} 2y_1' + y_1 + y_2' - y_2 &= 1 \\ 6y_1' - 2y_1 + 3y_2' + y_2 &= x \end{aligned}$.

y_1	y_2	r.S.	Regie
$2D + 1$	$D - 1$	1	$(3D + 1)$
$6D - 2$	$3D + 1$	x	$-(D - 1)$
$13D - 1$	0	x	

$\implies 13y_1' - y_1 = x \implies \underline{y_1 = -x - 13 + c_1 e^{\frac{1}{13}x}}$.

Subtraktion des 3–fachen der ersten Zeile von der letzten Zeile des Systems ergibt $-5y_1 + 4y_2 = x - 3$ und man erhält $\underline{y_2 = \frac{1}{4}(-4x - 68 + 5c_1 e^{\frac{1}{13}x})}$.

Gesamtlösung: $\vec{y} = \begin{pmatrix} y_1 \\ y_2 \end{pmatrix} = -\begin{pmatrix} x + 13 \\ x + 17 \end{pmatrix} + c \begin{pmatrix} 4 \\ 5 \end{pmatrix} e^{\frac{1}{13}x}$.

Bemerkung: Das System hat die Form $A\vec{y}\,' + B\vec{y} = \vec{r}(x)$.

Eine Auflösung nach $\vec{y}\,'$ ist nicht möglich, da $A = \begin{pmatrix} 2 & 1 \\ 6 & 3 \end{pmatrix}$ singulär ist.

Eine Auswirkung ist, dass die Lösungsschar nur einparametrig ist.

16.15 Aufgaben

16.90 *Man berechne die orthogonalen Trajektorien zu*
(a) $y^2 = cx$, (b) $x^2 + (y-c)^2 = 1 + c^2$, (c) $y^2 = 2cx + c^2$.

16.91 *Man löse die DGL* $(y'+1)y''' = (y'')^2$.

16.92 *Man löse die DGLn* (a) $y = xy' - \frac{(y')^2}{4}$, (b) $y = xy' + \frac{y'}{\sqrt{1+(y')^2}}$.

16.93 *Gesucht ist eine Kurve* $y = y(x)$ *im 1. Quadranten, deren Tangenten mit den Koordinatenachsen ein Dreieck der Fläche 2 bilden.*

16.94 $y'(1+x^2)x + 2y = 0$ **16.95** $y'(2x - x^2) - y(x^2 - 4x + 2) = 0$

16.96 *Zu folgenden DGLn mit konstanten Koeffizienten bestimme man*
(1) *Basislösungen der homogenen DGL,*
(2) *eine spezielle Lösung der inhomogenen DGL.*

(a) $y'' - y' - 2y = -4x^2 - 4x + 10$
(b) $y'' + 6y' + 9y = (24 + 72x)\mathrm{e}^{3x}$
(c) $y''' - y'' - 8y' + 12y = 25\mathrm{e}^{-3x}$
(d) $y'' + 4y = -4\sin 2x$
(e) $y^{(4)} + 8y'' + 16y = -4\cos 2x$
(f) $y''' - y'' - 5y' - 3y = 8\mathrm{e}^{-x}$
(g) $y''' - 7y'' + 15y' - 25y = -40\mathrm{e}^{5x}$
(h) $y^{(4)} + y'' = x^2 + \mathrm{e}^{2x}$
(i) $y''' - 3y' + 2y = 5 + 6\mathrm{e}^{x}$
(j) $y''' - 5y'' + 9y' - 5y = 16\sin x$

16.97 *Gegeben sei die homogene DGL* $(1 - 2x\cot 2x)y''' - 4xy'' + 4y' = 0$
(a) 1, $\cos 2x$, $\sin^2 x$ *sind drei Lösungen; aber kein Fundamentalsystem.*
(b) *Man bestimme ein Fundamentalsystem.*

16.98 $(1-x^2)y'' - xy' = 0$ **16.99** $(1+x)y'' - (2+x)y' = -2 - x$.

16.100 *Man löse durch Potenzreihenansatz:* (a) $y'' + xy = 0$, $y(0) = 1$, $y'(0) = 2$,
(b) $y'' - xy - y = 0$, $y(0) = 2$, $y'(0) = 1$.

16.101 *Man löse die Eulerschen DGLn*
(a) $x^3y''' - 3x^2y'' + 6xy' - 6y = 0$, (b) $x^2y'' + xy' + 2y = 0$, $x > 0$,
(c) $x^4y^{(4)} + 3x^2y'' - 7xy' + 8y = 0$, $x > 0$.

16.102 $yy' = -x + \sqrt{x^2 + y^2}$ **16.103** $y' = \frac{x-2y+9}{3x-6y+19}$ **16.104** $xy' - y = x^2\cos x$

16.105 $y' - y + xy^2 = 0$ **16.106** $y' + 2(1 - \frac{1}{x})y - \frac{1}{x}y^2 = x - 1$

16.107 $x(x+4y)\,dx + (2x^2 - y^2)\,dy = 0$

16.108 *Man suche einen integrierenden Faktor und löse folgende DGLn:*

(a) $(x^2y + y + 1)\,dx + x(1 + x^2)\,dy = 0$
(b) $xy^3\,dx + (1 + 2x^2y^2)\,dy = 0$
(c) $y(1 + xy)\,dx + x(1 - xy)\,dy = 0$

16.109 *Man rate eine Lösung der hom. DGL und löse* $x^2y'' - x(x+2)y' + (x+2)y = x^3$.

16.110 $\begin{aligned} 2x^2y_1' &= -xy_1 + y_2 + 2x^3 \\ 2xy_2' &= \;\;\, xy_1 + y_2 + 2x^3 \end{aligned}$

16.111 $\begin{aligned} 5y_1'' + 2y_1' + 5y_1 + 3y_2'' + 2y_2' + 3y_2 &= 0 \\ 3y_1'' + 2y_1' + 3y_1 + 2y_2'' + 2y_2' + 2y_2 &= 0 \end{aligned}$

16.112 $\begin{aligned} \ddot{x} - 3x - y &= 10 \\ \ddot{y} + x - 5y &= \;\;2 \end{aligned}$

16.113 $\begin{aligned} t\dot{x} - x - 3y &= t \\ t\dot{y} - x + y &= 4 \end{aligned}$

16.114 $\vec{y}\,' = \begin{pmatrix} 5 & 0 & 0 \\ 0 & 5 & 0 \\ 0 & 0 & 5 \end{pmatrix} \vec{y} + \begin{pmatrix} x \\ -2 \\ \mathrm{e}^{3x} \end{pmatrix}$

16.115 $\vec{y}\,' = \begin{pmatrix} 0 & 1 & 1 \\ 2 & 0 & -2 \\ 2 & 2 & 0 \end{pmatrix} \vec{y}$

16.116 $\vec{y}\,' = \begin{pmatrix} 4 & 1 \\ -2 & 1 \end{pmatrix} \vec{y} + \begin{pmatrix} -36x \\ -2\mathrm{e}^{x} \end{pmatrix}$

16.117 $\begin{aligned} 2y_1' + y_1 + 3y_2' - 2y_2 &= -\tfrac{7}{2} \\ 2y_1' - y_1 + 3y_2' + 2y_2 &= \;\;7x \end{aligned}$

16.118 Man zeige (siehe Seite 456): Der Verstärkungsfaktor $V(\omega) = \dfrac{1}{\sqrt{(\omega_0^2 - \omega^2)^2 + 4k^2\omega^2}}$

wird maximal $V_{\max} = V(\omega^*) = \dfrac{1}{2k\omega_1}$
für die Frequenz $\omega^* = \sqrt{\omega_0^2 - 2k^2} = \sqrt{\omega_1^2 - k^2}$ im Fall $0 < k < \frac{1}{\sqrt{2}}\omega_0$.

16.119 Man bestimme die Schar der ebenen Kurven, die die Ursprungsgeraden unter dem Winkel $\alpha = \frac{\pi}{4}$ schneiden (isogonale Trajektorien der Ursprungsgeraden).

16.16 Lösungen

16.90 (a) $\dfrac{2x^2}{c^2} + \dfrac{y^2}{c^2} = 1$, Ellipsen.

(b) $x^2 + (y - c)^2 = 1 + c^2$ sind die Kreise durch die beiden Punkte $(-1,0)\,(1,0)$. Die orthogonalen Trajektorien dazu sind die Kreise $y^2 + (x - c)^2 = c^2 - 1$.

(c) $y^2 = 2cx + c^2$, konfokale Parabeln, sie sind ihre eigenen orth. Trajektorien.

16.91 $(y' + 1)y''' = (y'')^2$ Typ "ohne y":

$y' = u \Longrightarrow (u + 1)u'' = (u')^2$ Typ "ohne x": $u' = p \Longrightarrow (u + 1)p\,\dfrac{dp}{du} = p^2$

T.d.V $\Longrightarrow \underline{p = c(u + 1)}$, $c \in \mathbb{R}$.

$p = u' \Longrightarrow \dfrac{du}{dx} = c(u + 1) \Longrightarrow \underline{u = -1 + k\mathrm{e}^{cx}}$, $k \in \mathbb{R}$.

$y' = u \Longrightarrow y(x) = \underline{\underline{\begin{cases} -x + a + \frac{k}{c}\mathrm{e}^{cx}\;, & c \neq 0 \\ (-1 + k)x + b\;, & c = 0 \end{cases}}}$

16.92 Clairaut–DGLn: Lösungen sind Kurvenschar und Einhüllende.
(a) $y = cx - \frac{1}{4}c^2$ und $y = x^2$.
(b) $y = cx + \dfrac{c}{\sqrt{1+c^2}}$ und $x^{2/3} + y^{2/3} = 1$.

16.93 Führt auf die Clairaut–DGL $y = xy' + 2\sqrt{-y'} \Longrightarrow y = cx + a\sqrt{-c}$ und $y = \frac{1}{x}$.

16.94 T.d.V. $\Longrightarrow y = c(1 + \frac{1}{x^2})$. **16.95** T.d.V. $\Longrightarrow y = cx(x-2)\mathrm{e}^{-x}$.

16.96

Aufg.	Lös. der char. Gl.	Basislösung der homogenen DGL	spezielle Lösung der inhomogenen DGL
(a)	$-1, 2$	e^{-x}, e^{2x}	$-3 + 2x^2$
(b)	$-3, -3$	$\mathrm{e}^{-3x}, x\mathrm{e}^{-3x}$	$2x\mathrm{e}^{3x}$
(c)	$2, 2, -3$	$\mathrm{e}^{2x}, x\mathrm{e}^{2x}, \mathrm{e}^{-3x}$	$x\mathrm{e}^{-3x}$
(d)	$\pm 2i$	$\cos 2x, \sin 2x$	$x \cos 2x$
(e)	$\pm 2i, \pm 2i$	$\cos 2x, \sin 2x, x\cos 2x, x \sin 2x$	$\frac{1}{8}x^2 \cos 2x$
(f)	$-1, -1, 3$	$\mathrm{e}^{-x}, x\mathrm{e}^{-x}, \mathrm{e}^{3x}$	$-x^2\mathrm{e}^{-x}$
(g)	$5, 1 \pm 2i$	$\mathrm{e}^{5x}, \mathrm{e}^{x} \cos 2x, \mathrm{e}^{x} \sin 2x$	$-2x\mathrm{e}^{5x}$
(h)	$0, 0, \pm i$	$1, x, \cos x, \sin x$	$x^2(\frac{1}{12}x^2 - 1) + \frac{1}{20}\mathrm{e}^{2x}$
(i)	$1, 1, -2$	$\mathrm{e}^{x}, x\mathrm{e}^{x}, \mathrm{e}^{-2x}$	$\frac{5}{2} + x^2\mathrm{e}^{x}$
(j)	$1, 2 \pm i$	$\mathrm{e}^{x}, \mathrm{e}^{2x} \cos x, \mathrm{e}^{2x} \sin x$	$-2 \cos x$

16.97 (a) $\cos 2x = 1 - 2\sin^2 x \Longrightarrow 1,\ \cos 2x,\ \sin^2 x$ sind nicht linear unabhängig.
(b) Raten $\Longrightarrow x^2$ ist Lösung. $1,\ \cos 2x,\ x^2$ ist Fundamentalsystem.

16.98 Typ "ohne y": $y = c_1 + c_2 \arcsin x$. **16.99** Typ "ohne y": $y = c_1 + c_2 x\mathrm{e}^{x} + x$.

16.100 (a) $y = 1 + 2x - \frac{1}{6}x^3 - \frac{1}{6}x^4 + \frac{1}{180}x^6 + \ldots$, $(a_2 = a_5 = a_8 = \ldots = 0)$.
(b) $y = 2 + x + x^2 + \frac{1}{3}x^3 + \frac{1}{4}x^4 + \frac{1}{15}x^5 + \ldots$

16.101 (a) $y = c_1 x + c_2 x^2 + c_3 x^3$. (b) $y = c_1 \cos(\sqrt{2}\,\ln x) + c_2 \sin(\sqrt{2}\,\ln x)$.
(c) $y = c_1 x^2 + c_2 x^2 \ln x + c_3 x \cos(\ln x) + c_4 x \sin(\ln x)$.

16.102 Ähnlichkeits–DGL, $y^2 = 2cx + c^2$.

16.103 $x - 3y + 8\ln(3x - 6y + 3) = c$. **16.104** $y = cx + x \sin x$.

16.105 Bernoulli: $y = (x - 1 + c\mathrm{e}^{-x})^{-1}$. **16.106** Riccati: $y = x$, $y = \frac{x^3 - 2x^2 - 2cx}{x^2 - 2c}$.

16.107 Exakte DGL: $x^3 - y^3 + 6x^2 y = c$.

16.108 (a) $\mu = \frac{1}{1+x^2}$, $xy + \arctan x = c$. (b) $\mu = y$, $y^2 + x^2 y^4 = c$.
(c) $\mu = \frac{1}{(xy)^2}$, $\ln \frac{x}{y} - \frac{1}{xy} = c$.

16.109 $y = x$ ist eine spezielle Lösung der hom. DGL und $y = c_1 x + c_2 x\mathrm{e}^{x} - x^2$.

16.110 $\vec{y} = \frac{x^2}{2}\begin{pmatrix}1\\x\end{pmatrix} + c_1\begin{pmatrix}\frac{1}{x}\\-1\end{pmatrix} + c_2\begin{pmatrix}1\\x\end{pmatrix}$.

16.111 $\vec{y} = c_1\begin{pmatrix}1\\-2\end{pmatrix}\mathrm{e}^{-x} + c_2\begin{pmatrix}1\\-2\end{pmatrix}x\mathrm{e}^{-x} + c_3\begin{pmatrix}1\\-1\end{pmatrix}\cos x + c_4\begin{pmatrix}1\\-1x\end{pmatrix}\sin x$.

16.112 $x = -3 + (c_1 - 4c_2)e^{2t} + c_2te^{2t} + (9c_3 - 4c_4)e^{-2t} + 9c_4te^{-2t},$
$y = -1 + c_1e^{2t} + c_2te^{2t} + c_3e^{-2t} + c_4te^{-2t}.$

16.113 $x = -3 + 3c_1t^2 - \frac{c_2}{t^2} - \frac{2}{3}t, \quad y = 1 + c_1t^2 + \frac{c_2}{t^2} - \frac{1}{3}t.$

16.114 $\vec{y}_H = \begin{pmatrix} c_1 \\ c_2 \\ c_3 \end{pmatrix} e^{5x}$ und $\vec{y} = \frac{1}{25}\begin{pmatrix} -1-5x \\ 10 \\ 0 \end{pmatrix} + \frac{1}{2}\begin{pmatrix} 0 \\ 0 \\ -1 \end{pmatrix} e^{3x} + \begin{pmatrix} c_1 \\ c_2 \\ c_3 \end{pmatrix} e^{5x}.$

16.115 $\vec{y} = c_1\begin{pmatrix} 1 \\ -1 \\ 1 \end{pmatrix} + c_2\begin{pmatrix} x \\ \frac{1}{2} - x \\ \frac{1}{2} + x \end{pmatrix} + c_3\begin{pmatrix} x^2 \\ \frac{1}{2} + x - x^2 \\ -\frac{1}{2} + x + x^2 \end{pmatrix}.$

16.116 $\vec{y} = \begin{pmatrix} 6x - 1 - e^x \\ 12x + 10 + 3e^x \end{pmatrix} + c_1\begin{pmatrix} 1 \\ -2 \end{pmatrix} e^{2t} + c_2\begin{pmatrix} 1 \\ -1 \end{pmatrix} e^{3t}.$

16.117 $\vec{y} = \begin{pmatrix} \frac{1}{2}x^2 - 2x \\ \frac{1}{4}x^2 + \frac{3}{4}x + \frac{7}{4} \end{pmatrix} + c\begin{pmatrix} 2 \\ 1 \end{pmatrix}.$

16.118 Der Verstärkungsfaktor $V(\omega) = \frac{1}{\sqrt{(\omega_0^2-\omega^2)^2+4k^2\omega^2}}$ wird genau dann maximal, wenn der Nenner minimal wird, wegen der Monotonie der Wurzel also genau dann, wenn die nach oben geöffnete Parabel 4-ter Ordnung $(\omega_0^2 - \omega^2)^2 + 4k^2\omega^2$ minimal wird. Als Nullstellen der 1-ten Ableitung erhält man außer 0 noch $\pm\sqrt{\omega_0^2 - 2k^2}$, falls $\omega_0^2 - 2k^2 > 0$ und $k > 0$, also $0 < k < \frac{1}{\sqrt{2}}\omega_0$ ist.
Folglich ist $\omega^* = \sqrt{\omega_0^2 - 2k^2}$ und $V_{\max} = V(\omega^*) = \frac{1}{2k\sqrt{\omega_0^2-k^2}} = \frac{1}{2k\omega_1},$
wobei $\omega_1 = \sqrt{\omega_0^2 - k^2}$ die *Eigenfrequenz* des Systems ist.

16.119 Man bestimme die isogonalen Trajektorien ($\alpha = 45^0$) der Ursprungsgeraden.

> **isogonale Trajektorien einer Kurvenschar**
>
> sind Kurven, die eine gegebene Kurvenschar unter dem festen Winkel $0 < \alpha < \frac{\pi}{2}$ schneiden.
>
> (1) Man bestimmt $y' = f(x, y)$, die DGL der gegebenen Kurvenschar,
> (2) y' wird durch $\frac{\tan\alpha + f(x,y)}{1 - f(x,y)\tan\alpha}$ ersetzt,
> (3) diese neue DGL wird gelöst.

(1) DGL der Ursprungsgeraden $y = cx$ ist $y' = \frac{y}{x}$ [16.2 (a)].

(2) Setze $y' = \frac{\tan\alpha + f(x,y)}{1 - f(x,y)\tan\alpha} = \frac{1+\frac{y}{x}}{1-\frac{y}{x}} = \frac{x+y}{x-y}.$

(3) Lösung der DGL $y' = \frac{x+y}{x-y}$ in Polarkoordinaten:
siehe [16.20]: $r = ce^{\varphi}$, $c \neq 0$, logarithmische Spiralen, siehe auch [4.16, 4.18, 18.4, 18.5] und **F+H** Seite 122.

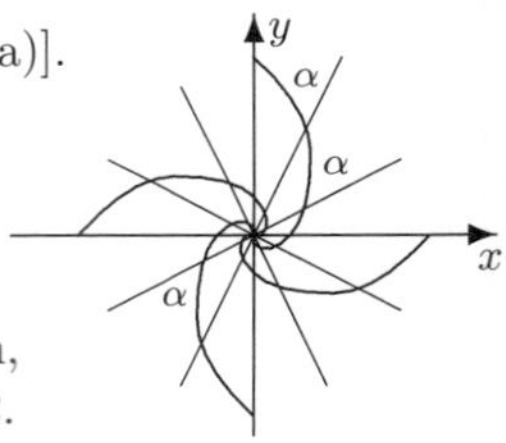

17 Mehrfache Integrale

17.1 Doppelintegrale

Berechnung von Doppelintegralen

kartesische Koordinaten:

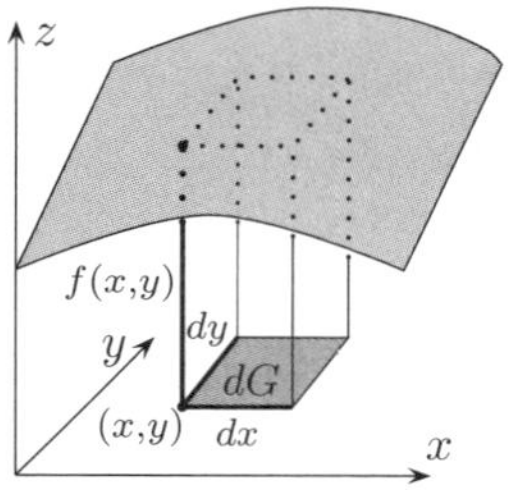

$dG = dy\,dx$, bzw. $dG = dx\,dy$

$$\iint\limits_G f\,dG = \int_a^b \Big(\int_{c(x)}^{d(x)} f(x,y)\,dy \Big)\,dx$$

$$\iint\limits_G f\,dG = \int_c^d \Big(\int_{a(y)}^{b(y)} f(x,y)\,dx \Big)\,dy$$

Polarkoordinaten:

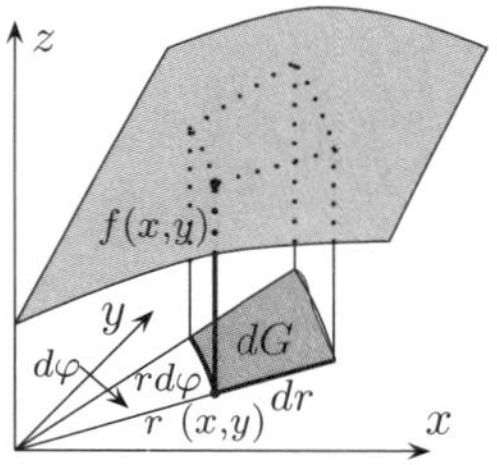

$x = r\cos\varphi$
$y = r\sin\varphi$

$dG = r\,d\varphi\,dr$, bzw. $dG = r\,dr\,d\varphi$

$$\iint\limits_G f\,dG = \int_{\varphi_1}^{\varphi_2} \Big(\int_{r_1(\varphi)}^{r_2(\varphi)} f(x,y) r\,dr \Big)\,d\varphi$$

allgemeine Koordinaten: $x = x(u,v)$, $y = y(u,v)$

$$dG = \left| \begin{vmatrix} x_u & x_v \\ y_u & y_v \end{vmatrix} \right| dv\,du$$

$$\iint\limits_G f\,dG = \int_{u_1}^{u_2} \Big(\int_{v_1(u)}^{v_2(u)} f(x,y) \Big|\frac{\partial(x,y)}{\partial(u,v)}\Big|\,dv \Big)\,du$$

$$\frac{\partial(x,y)}{\partial(u,v)} := \begin{vmatrix} \frac{\partial x}{\partial u} & \frac{\partial x}{\partial v} \\ \frac{\partial y}{\partial u} & \frac{\partial y}{\partial v} \end{vmatrix} = \begin{vmatrix} x_u & x_v \\ y_u & y_v \end{vmatrix}$$

heißt **Funktionaldeterminante** oder **Jacobische Determinante**.

dG heißt **Flächenelement**.

Man beachte, dass das äußere Integral stets feste Grenzen hat!

Kugel:

Koordinatenlinien [18.23]
Masse [17.14]
Oberfläche Kugelkappe [18.25, 18.28]
Tangentialebene [18.24(c)]
Trägheitsmoment [17.17, 17.32, 17.37]
Volumen [17.3, 17.13, 18.32]
von Zylinder durchbohrt [17.9, 17.24, 17.28]

Halbkugel:

Volumen [17.3]
Massenmittelpunkt, Schwerpunkt [17.16]

Torus:

Darstellungen [18.22]
Oberfläche [18.30]
Trägheitsmoment [17.18, 17.29]
Volumen [17.18, 18.32]

Kegel:

Trägheitsmomente [17.15]
Mantelfläche [18.26, 18.31]
Masse, Schwerpunkt [18.31]
Parameterdarstellung [18.21, 18.31]
Trägheitsmomente [18.31]

17.1 $f(x,y) = x + 2y, \quad G: \begin{array}{c} 2 \le x \le 3 \\ x \le y \le x^2 \end{array}$. *Man berechne* ${}^{G}\!\iint f\,dG$.

kartesische Koordinaten:
Es ist $a = 2$, $b = 3$, $c(x) = x$, $d(x) = x^2$.

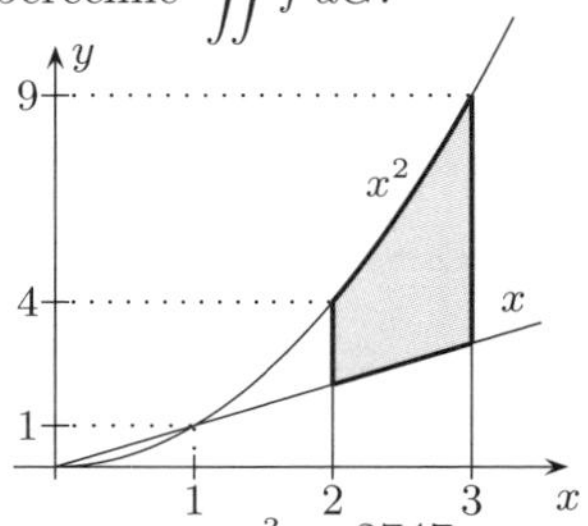

$$\begin{aligned} {}^{G}\!\iint f\,dG &= \int_2^3 \int_x^{x^2} (x+2y)\,dy\,dx \\ &= \int_2^3 \Big[xy + y^2\Big]_{y=x}^{y=x^2} dx \\ &= \int_2^3 (x^3 + x^4 - x^2 - x^2)\,dx = \Big[\tfrac{1}{4}x^4 + \tfrac{1}{5}x^5 - \tfrac{2}{3}x^3\Big]_2^3 = \underline{\underline{\frac{2747}{60}}}. \end{aligned}$$

17.2 *Das Gebiet G sei durch die Ungleichungen $x \ge 0$, $y \ge 0$, $x^2 + y^2 \le R^2$ bestimmt und es sei $f(x,y) = x^2 + y^2$. Man berechne* ${}^{G}\!\iint f\,dG$.

Polarkoordinaten, da G ein Viertelkreis ist: Dann gilt:

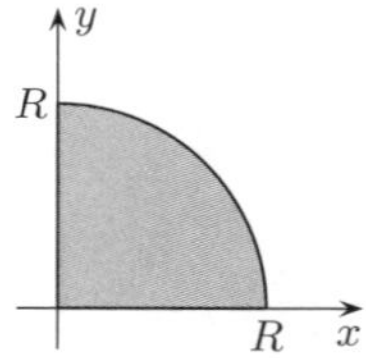

$$G: \begin{array}{l} 0 \le r \le R \\ 0 \le \varphi \le \pi/2 \end{array} \qquad \begin{aligned} {}^{G}\!\iint f\,dG &= \int_0^{\pi/2} \int_0^R r^2 \cdot r\,dr\,d\varphi \\ &= \int_0^{\pi/2} \Big[\tfrac{1}{4}r^4\Big]_0^R d\varphi = \underline{\underline{\tfrac{1}{8}\pi R^4}}. \end{aligned}$$

17.3 *Man berechne das Volumen der Halbkugel vom Radius R.*

Die obere Hälfte der Kugelfläche ist durch $z = f(x,y) = \sqrt{R^2 - x^2 - y^2}$ gegeben. Um das Volumen der Halbkugel zu berechnen, integrieren wir f über dem Kreis G vom Radius R in der x,y–Ebene: Mit kartesischen Koordinaten ergibt sich:

$$f(x,y) = \sqrt{R^2 - x^2 - y^2} \text{ und } G: \begin{array}{c} -R \le x \le R \\ -\sqrt{R^2 - x^2} \le y \le \sqrt{R^2 - x^2} \end{array}$$

f und G legen es nahe, Polarkoordinaten zu benutzen:

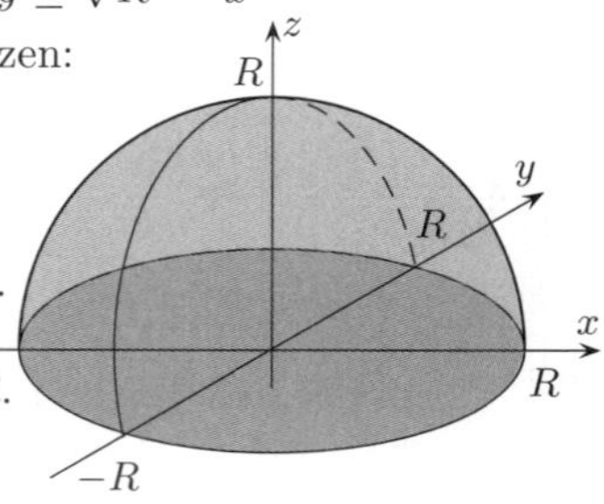

$$\begin{array}{l} x = r\cos\varphi \\ y = r\sin\varphi \end{array} \qquad dG = r\,dr\,d\varphi. \quad \text{Dann ist}$$

$$f(x(r,\varphi), y(r,\varphi)) = \sqrt{R^2 - r^2} \qquad G: \begin{array}{c} 0 \le r \le R \\ 0 \le \varphi \le 2\pi \end{array}.$$

Hier sind $\varphi_1 = 0$, $\varphi_2 = 2\pi$, $r_1(\varphi) \equiv 0$, $r_2(\varphi) \equiv R$.
Damit hat man auch für r feste Grenzen!
Außerdem ist $z = f(x(r,\varphi), y(r,\varphi)) = \sqrt{R^2 - r^2}$:

$$\begin{aligned} {}^{G}\!\iint f\,dG &= \int_0^{2\pi} \int_0^R \sqrt{R^2 - r^2}\, r\,dr\,d\varphi = \int_0^{2\pi} \Big[-\tfrac{1}{3}\sqrt{(R^2 - r^2)^3}\Big]_0^R d\varphi \\ &= \int_0^{2\pi} \tfrac{1}{3}R^3\,d\varphi = \underline{\underline{\tfrac{2}{3}\pi R^3}}. \end{aligned}$$

Das Volumen der Vollkugel ist also $\frac{4}{3}\pi R^3$.

17.4 *Für Polarkoordinaten $x = r\cos\varphi$, $y = r\sin\varphi$ berechne man die Funktionaldeterminante.*

$$\frac{\partial(x,y)}{\partial(r,\varphi)} = \begin{vmatrix} \dfrac{\partial x}{\partial r} & \dfrac{\partial x}{\partial \varphi} \\ \dfrac{\partial y}{\partial r} & \dfrac{\partial y}{\partial \varphi} \end{vmatrix} = \begin{vmatrix} \cos\varphi & -r\sin\varphi \\ \sin\varphi & r\cos\varphi \end{vmatrix} = r(\cos^2\varphi + \sin^2\varphi) = r.$$

Flächenberechnung

Der **Flächeninhalt** des Gebietes G ist $\iint_G 1\, dG$,
siehe auch Seite 304 ff.

17.5 *Welchen Flächeninhalt F hat das durch die Ungleichungen $y \geq x^2$, $y \leq x$ beschriebene Gebiet G, siehe [13.50] ?*

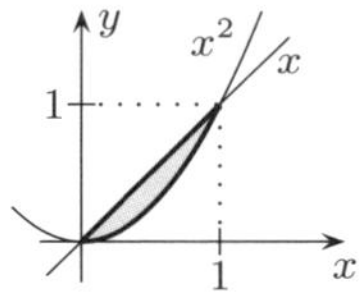

$$F = \int_0^1 \int_{x^2}^{x} dy\, dx = \int_0^1 (x - x^2)\, dx = \left[\frac{x^2}{2} - \frac{x^3}{3}\right]_0^1 = \underline{\underline{\frac{1}{6}}}.$$

17.6 *Man berechne den Inhalt F des Kreises vom Radius R.*

In Polarkoordinaten wird der Kreis K beschrieben durch:

$$K: \begin{matrix} 0 \leq r \leq R \\ 0 \leq \varphi \leq 2\pi \end{matrix}, \quad F = \iint_G 1\, dG = \int_0^{2\pi} \int_0^R r\, dr\, d\varphi = \int_0^{2\pi} \tfrac{1}{2} R^2\, d\varphi = \pi R^2.$$

Sektorformel

Ist G der "Sektor" $0 \leq r \leq r(\varphi)$, $\varphi_1 \leq \varphi \leq \varphi_2$, so ist sein **Flächeninhalt** F gegeben durch die

Sektorformel:
(siehe auch S. 505)

$$F = \frac{1}{2}\int_{\varphi_1}^{\varphi_2} r^2(\varphi)\, d\varphi$$

$$dG = \tfrac{1}{2} \cdot r \cdot r\, d\varphi$$

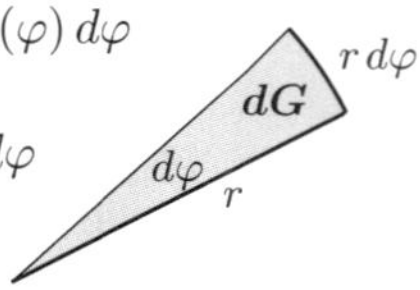

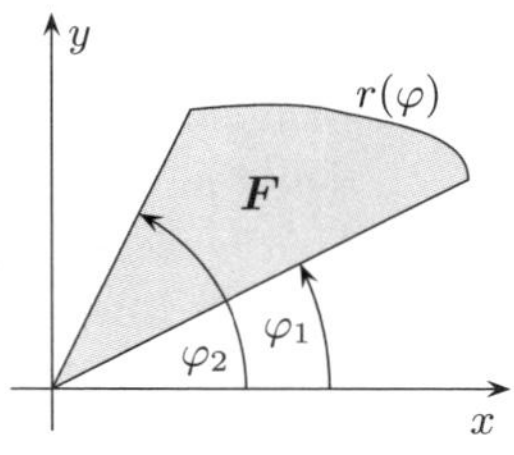

17.7 *Man berechne den Flächeninhalt F der in Polarkoordinaten durch $0 \leq \varphi \leq 2\pi$, $0 \leq r \leq \varphi$ beschriebenen Figur.*

Nach der Sektorformel ist:

$$F = \frac{1}{2}\int_0^{2\pi} \varphi^2\, d\varphi = \underline{\underline{\frac{4}{3}\pi^3}}.$$

$r(\varphi) = \varphi$ ist eine **archimedische Spirale**.

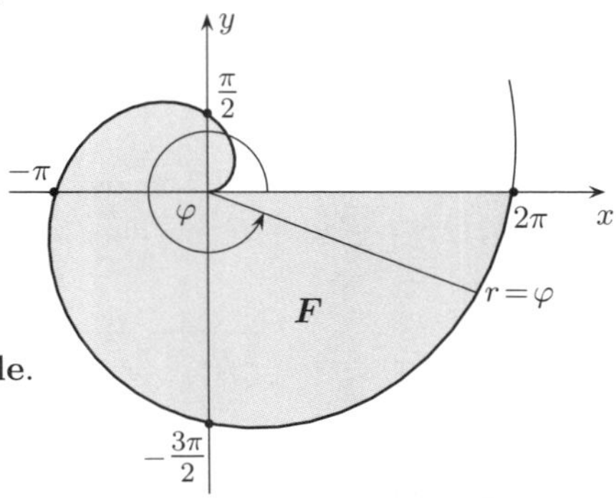

17.8 *Es sei $f(x,y) = xy$, $G:\ x \geq 0$, $y \geq 0$, $x^2 + y^2 \leq 2$, $y \leq x^2$.*
Man berechne $\overset{G}{\iint} f\,dG$.

(1) G lässt sich durch die zwei Ungleichungen beschreiben:

$$G: \quad \begin{array}{l} 0 \leq y \leq 1 \\ \sqrt{y} \leq x \leq \sqrt{2-y^2} \end{array} .$$

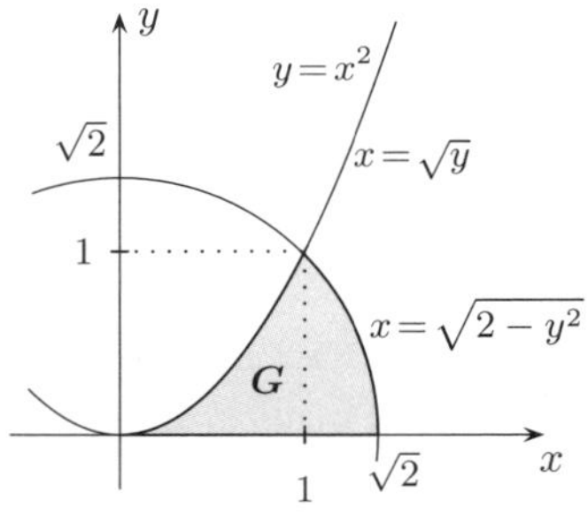

$$\overset{G}{\iint} f\,dG = \int_0^1 \int_{\sqrt{y}}^{\sqrt{2-y^2}} xy\,dx\,dy$$
$$= \int_0^1 \tfrac{1}{2} y(2 - y^2 - y)\,dy = \underline{\underline{\frac{5}{24}}}.$$

(2) Will man innen nach y integrieren, erfordert die obere Integrationsgrenze ein Aufspalten in zwei Gebiete:

$$G_1: \quad \begin{array}{l} 0 \leq x \leq 1 \\ 0 \leq y \leq x^2 \end{array} \qquad G_2: \quad \begin{array}{l} 1 \leq x \leq \sqrt{2} \\ 0 \leq y \leq \sqrt{2-x^2} \end{array}$$

$$\overset{G}{\iint} f\,dG = \overset{G_1}{\iint} f\,dG + \overset{G_2}{\iint} f\,dG$$
$$= \int_0^1 \int_0^{x^2} xy\,dy\,dx + \int_1^{\sqrt{2}} \int_0^{\sqrt{2-x^2}} xy\,dy\,dx = \cdots = \underline{\underline{\frac{5}{24}}}.$$

Oft ist eine der Hauptschwierigkeiten die mathematisch richtige und geschickte Beschreibung der Integrationsgebiete (siehe Seite 51 ff)!

17.9 *Aus einer Kugel vom Radius R werde ein Zylinder mit kreisförmiger Grundfläche vom Radius $R/2$ so herausgebohrt, dass der Kugelmittelpunkt auf der Zylinderwand liegt.*

Man berechne das Volumen des verbleibenden Körpers.

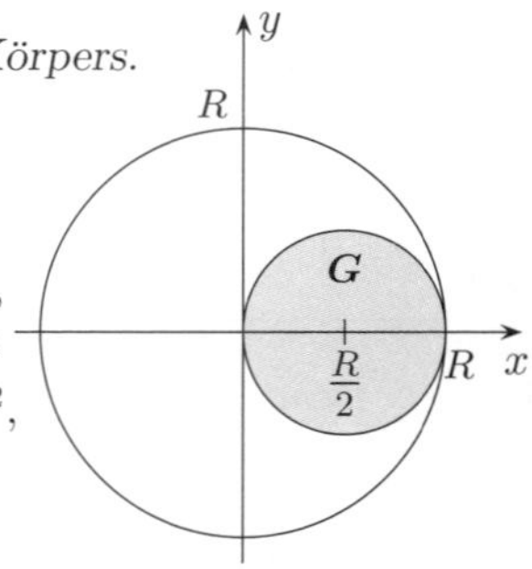

Wir legen den Kugelmittelpunkt in den Nullpunkt des Koordinatensystems und bohren senkrecht zur (x,y)–Ebene (Skizze!).

$V^\star$ sei das Volumen des herausgebohrten Zylinderteils, das oberhalb der (x,y)–Ebene liegt. $V^\star$ wird begrenzt:

- nach oben durch die Kugelfläche $x^2 + y^2 + z^2 = R^2$, also $z = f(x,y) := \sqrt{R^2 - x^2 - y^2}$.
- nach unten durch die x,y–Ebene.

Das Integrationsgebiet G in der (x,y)–Ebene wird begrenzt durch den Kreis $(x - R/2)^2 + y^2 = \frac{1}{4}R^2$ mit dem Mittelpunkt $(R/2, 0)$ und dem Radius $R/2$:

$$G: \quad \left\{ \begin{array}{rcccl} & & 0 \leq x \leq R & & \\ a(x) := -\sqrt{\tfrac{1}{4}R^2 - (x - \tfrac{1}{2}R)^2} & \leq & y & \leq & \sqrt{\tfrac{1}{4}R^2 - (x - \tfrac{1}{2}R)^2} =: b(x) \end{array} \right.$$

Das zunächst zu berechnende Volumen $V^\star$ ist dann:

$$V^\star = \iint\limits^{G} f\,dG = \int_0^R \int_{a(x)}^{b(x)} \sqrt{R^2 - x^2 - y^2}\,dy\,dx.$$

Wegen der auftretenden Kugeln und Kreise wird die Rechnung in Polarkoordinaten wohl einfacher werden als in kartesischen Koordinaten!

In Polarkoordinaten wird G beschrieben durch (siehe Skizze):

$$G: \begin{array}{l} -\pi/2 \le \varphi \le \pi/2 \\ 0 \le r \le R\cos\varphi \end{array}$$

Weiter erhält man:

$$z = f(x,y) = \sqrt{R^2 - (x^2+y^2)}$$
$$f(r\cos\varphi, r\sin\varphi) = \sqrt{R^2 - r^2}$$
$$dG = dx\,dy = r\,dr\,d\varphi$$

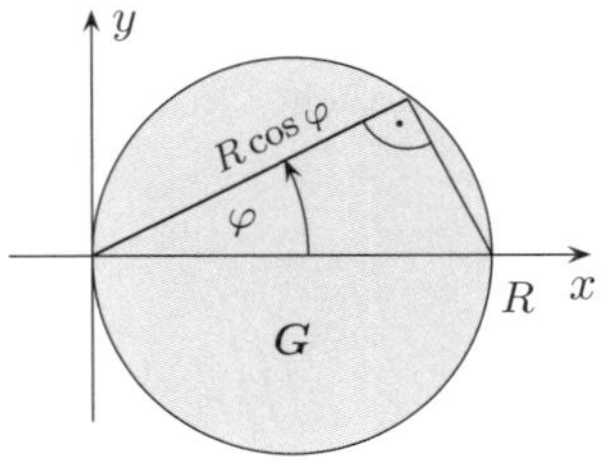

$$\begin{aligned} V^\star &= \iint\limits^{G} f(r\cos\varphi, r\sin\varphi)\,r\,dr\,d\varphi \\ &= \int_{-\pi/2}^{\pi/2} \int_0^{R\cos\varphi} \sqrt{R^2 - r^2}\,r\,dr\,d\varphi \\ &= \int_{-\pi/2}^{\pi/2} -\tfrac{1}{3}\left[\left(\sqrt{R^2 - r^2}\right)^3\right]_0^{R\cos\varphi} d\varphi \\ &= -\tfrac{1}{3}R^3 \int_{-\pi/2}^{\pi/2} (|\sin\varphi|^3 - 1)\,d\varphi \quad \text{beachte: } \sqrt{x^2} = |x| \\ &= -\tfrac{1}{3}R^3\Big(-\int_{-\pi/2}^{0} \sin^3\varphi\,d\varphi + \int_0^{\pi/2} \sin^3\varphi\,d\varphi - \pi\Big) = \tfrac{1}{3}R^3(\pi - \tfrac{4}{3}). \end{aligned}$$

$\int \sin^3 x\,dx = -\cos x + \frac{1}{3}\cos^3 x$ findet man z.B. in **[F+H]**, Seite 114.

Bemerkung: Aus Symmetriegründen hätte man auch

$$V^\star = \iint\limits^{G} f(r\cos\varphi, r\sin\varphi)\,r\,dr\,d\varphi = 2\int_0^{\pi/2} \int_0^{R\cos\varphi} \sqrt{R^2 - r^2}\,r\,dr\,d\varphi$$

berechnen und $|\sin\varphi| = \sin\varphi$ für $0 \le \varphi \le \frac{\pi}{2}$ setzen können! (Ein "Vergessen" der Betragstriche würde sich also nicht auswirken.)

Da die Kugel das Volumen $\frac{4}{3}\pi R^3$ hat und $V^\star$ die Hälfte des herausgebohrten Zylinderteils ist, erhält man für das gesamte Volumen der ausgebohrten Kugel:

$$V = \tfrac{4}{3}\pi R^3 - \tfrac{2}{3}R^3(\pi - \tfrac{4}{3}) = \underline{\underline{\tfrac{2}{3}R^3(\pi + \tfrac{4}{3})}}.$$

17.10 *Zeige* $\int_{-\infty}^{\infty} e^{-x^2}\,dx = \sqrt{\pi}$. *Setze* $f(x,y) = e^{-x^2-y^2}$, $G = \mathbb{R}^2$, *zeige* $\iint\limits^{G} f\,dG = \pi$.

$$\iint\limits^{G} f\,dG = \int_0^{2\pi}\int_0^{\infty} e^{-r^2}\,r\,dr\,d\varphi = \int_0^{2\pi} d\varphi \int_0^{\infty} e^{-r^2}\,r\,dr = 2\pi\left[-\tfrac{1}{2}e^{-r^2}\right]_0^{\infty} = \pi$$

$$\iint\limits^{G} f\,dG = \int_{-\infty}^{\infty}\int_{-\infty}^{\infty} e^{-x^2-y^2}\,dx\,dy = \int_{-\infty}^{\infty} e^{-x^2}\,dx \int_{-\infty}^{\infty} e^{-y^2}\,dy = \Big(\int_{-\infty}^{\infty} e^{-x^2}\,dx\Big)^2 = \pi$$

aus $\Big(\int_{-\infty}^{\infty} e^{-x^2}\,dx\Big)^2 = \pi$ folgt $\int_{-\infty}^{\infty} e^{-x^2}\,dx = \underline{\underline{\sqrt{\pi}}}$.

17.2 Dreifache Integrale

Berechnung von Dreifachintegralen $\iiint\limits_V f\,dV$

kartesische Koordinaten: [17.10]

$$a \le x \le b$$
$$y_1(x) \le y \le y_2(x)$$
$$z_1(x,y) \le z \le z_2(x,y)$$

$$\boxed{dV = dz\,dy\,dx}$$

$$\iiint\limits_V f\,dV = \int_a^b \Big(\int_{y_1(x)}^{y_2(x)} \Big(\int_{z_1(x,y)}^{z_2(x,y)} f(x,y,z)\,dz \Big) dy \Big) dx$$

oder auch:

$$c \le y \le d$$
$$z_1(y) \le z \le z_2(y)$$
$$x_1(y,z) \le x \le x_2(y,z)$$

$$\boxed{dV = dx\,dz\,dy}$$

$$\iiint\limits_V f\,dV = \int_c^d \Big(\int_{z_1(y)}^{z_2(y)} \Big(\int_{x_1(y,z)}^{x_2(y,z)} f(x,y,z)\,dx \Big) dz \Big) dy \quad \text{usw.}$$

Zylinder–Koordinaten: [17.14] [17.17] [17.18]

$$x = r\cos\varphi,\quad y = r\sin\varphi,\quad z = z \qquad 0 \le r,\quad 0 \le \varphi < 2\pi$$

$$\boxed{dV = r\,dr\,d\varphi\,dz}$$

Kugel–Koordinaten: [17.11] – [17.16]

$$x = r\sin\theta\cos\varphi,\quad y = r\sin\theta\sin\varphi,\quad z = r\cos\theta \qquad 0 \le r,\quad 0 \le \theta \le \pi,\quad 0 \le \varphi < 2\pi$$

$$\boxed{dV = r^2\sin\theta\,dr\,d\theta\,d\varphi}$$

allgemeine Koordinaten: [17.18]

$$x = x(u,v,w),\quad y = y(u,v,w),\quad z = z(u,v,w)$$

$$\boxed{dV = \left|\frac{\partial(x,y,z)}{\partial(u,v,w)}\right| du\,dv\,dw}$$

Es ist $\dfrac{\partial(x,y,z)}{\partial(u,v,w)} := \begin{vmatrix} \frac{\partial x}{\partial u} & \frac{\partial x}{\partial v} & \frac{\partial x}{\partial w} \\ \frac{\partial y}{\partial u} & \frac{\partial y}{\partial v} & \frac{\partial y}{\partial w} \\ \frac{\partial z}{\partial u} & \frac{\partial z}{\partial v} & \frac{\partial z}{\partial w} \end{vmatrix} = \begin{vmatrix} x_u & x_v & x_w \\ y_u & y_v & y_w \\ z_u & z_v & z_w \end{vmatrix}$. Die Determinante

heißt **Funktionaldeterminante** oder **Jacobische Determinante**.

Man beachte, dass das äußere Integral stets feste Grenzen hat!

Dreifachintegral als Produkt dreier Einfachintegrale, siehe [17.12].

17.11 *Man berechne* $I = \iiint_V (2x + y + z)\,dV$, *wobei* V *der von den Koordinatenebenen und der Ebene* $E:\ x + y + z = 1$ *begrenzte Körper ist.*

Beschreibung von V durch Ungleichungen:

In der (x, y)–Ebene wird V begrenzt von dem Dreieck $0 \le x \le 1$, $0 \le y \le 1 - x$ und in z–Richtung durch $0 \le z \le 1 - x - y$. Also:

$$E:\ \begin{array}{l} x + y + z = 1 \\ z = 1 - x - y \end{array}$$

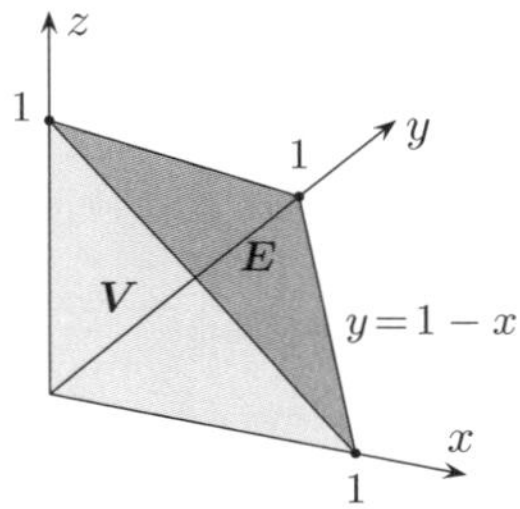

V ist ein Tetraeder

$$\begin{aligned} I &= \int_0^1 \int_0^{1-x} \int_0^{1-x-y} (2x + y + z)\,dz\,dy\,dx \\ &= \int_0^1 \int_0^{1-x} \left(\tfrac{1}{2} + x - \tfrac{3}{2}x^2 - 2xy - \tfrac{1}{2}y^2\right) dy\,dx \\ &= \int_0^1 \left(\tfrac{1}{3} - x^2 + \tfrac{2}{3}x^3\right) dx = \underline{\underline{\tfrac{1}{6}}}. \end{aligned}$$

Dreifachintegral als Produkt von Einfachintegralen

Hat das Dreifachintegral *feste* Grenzen und lässt sich der Integrand als Produkt von drei Funktionen schreiben, die jeweils nur von *einer* Variablen abhängen, so lässt sich das Dreifachintegral als Produkt von drei Einfachintegralen schreiben:

$$\int_{x_0}^{x_1} \int_{y_0}^{y_1} \int_{z_0}^{z_1} f(x) \cdot g(y) \cdot h(z)\,dz\,dy\,dx = \int_{x_0}^{x_1} f(x)\,dx \cdot \int_{y_0}^{y_1} g(y)\,dy \cdot \int_{z_0}^{z_1} h(z)\,dz$$

17.12 *Man berechne* $I = \iiint_K xyz\,dV$, *wobei* K *die Einheitskugel ist.*

Natürlich wählt man Kugelkoordinaten und erhält:

$$\begin{aligned} I = \iiint_K xyz\,dV &= \int_0^{2\pi} \int_0^{\pi} \int_0^1 (r\cos\varphi\sin\theta)(r\sin\varphi\sin\theta)(r\cos\theta) r^2 \sin\theta\,dr\,d\theta\,d\varphi \\ &= \int_0^{2\pi} \int_0^{\pi} \int_0^1 (r^5)(\sin^3\theta\cos\theta)(\cos\varphi\sin\varphi)\,dr\,d\theta\,d\varphi \\ &= \int_0^{2\pi} \cos\varphi\sin\varphi\,d\varphi \cdot \int_0^{\pi} \sin^3\theta\cos\theta\,d\theta \cdot \int_0^1 r^5\,dr \end{aligned}$$

Da $\int_0^{2\pi} \cos\varphi\sin\varphi\,d\varphi = \frac{1}{2}\left[\sin^2\varphi\right]_0^{2\pi} = 0$ ist, ergibt sich $\underline{\underline{I = 0}}$.

Volumenberechnung

Das *Volumen* des Körpers K ist $\iiint_K dV$.

Volumen von Rotationskörpern siehe auch 2. Guldinsche Regel, Seite 521.

17.13 *Man berechne das Volumen einer Kugel K vom Radius R.*

In kartesischen Koordinaten wird die Kugel K mit dem Mittelpunkt $(0,0,0)$ beschrieben durch $x^2+y^2+z^2 \le R^2$. Natürlich benutzt man Kugelkoordinaten:

Dann ist $K: \begin{array}{l} 0 \le r \le R \\ 0 \le \theta \le \pi \\ 0 \le \varphi \le 2\pi \end{array}$ und für das Kugelvolumen V_K erhält man:

$$V_K = \iiint^K dV = \iiint^K r^2 \sin\theta \, dr \, d\theta \, d\varphi = \int_0^R \int_0^{2\pi} \int_0^{\pi} r^2 \sin\theta \, d\theta \, d\varphi \, dr$$

$$= \int_0^R \int_0^{2\pi} \Big[-r^2\cos\theta\Big]_0^{\pi} d\varphi \, dr = \int_0^R \int_0^{2\pi} 2r^2 \, d\varphi \, dr = \int_0^R 2r^2 2\pi \, dr = \underline{\underline{\frac{4}{3}\pi R^3}}.$$

Wichtige Anwendungen finden dreifache Integrale in der Berechnung von *Massen, Trägheitsmomenten, Massenmittelpunkten* sowie *Schwerpunkten* von i.a. inhomogenen Körpern.

Anwendung dreifacher Integrale

Es sei $\rho = \rho(x,y,z)$ die **Massendichte** des Körpers K und a der **Abstand** des Massenelementes $dM := \rho\, dV$ von der Drehachse A.

Volumen von K: $V = \iiint^K dV$ [17.13, 17.19]

Gesamtmasse von K: $M = \iiint^K \rho\, dV$ [17.14]

Trägheitsmoment von K bzgl. der Drehachse: $T = \iiint^K a^2 \rho\, dV$ [17.15, 17.17] [17.18, 17.19]

Massenmittelpunkt[1] von K:

$$x_m = \frac{1}{M} \iiint^K x\rho\, dV$$

$$y_m = \frac{1}{M} \iiint^K y\rho\, dV \qquad [17.16]$$

$$z_m = \frac{1}{M} \iiint^K z\rho\, dV$$

Weitere Aufgaben mit Ergebnissen [17.22] – [17.41]

[1] Ist $\rho = 1$, so ist der Massenmittelpunkt der geometrische Schwerpunkt.

17.14 *Man berechne die Masse M einer Kugel K vom Radius R, deren Massendichte linear mit dem Abstand vom Mittelpunkt von 0 auf 1 zunimmt.*

Benutzt man Kugelkoordinaten (r, θ, φ), so ist die Massendichte $\rho = \frac{r}{R}$ und

$$M = \iiint^{K} \rho \, dV = \iiint^{K} \frac{r}{R} \, dV = \int_0^R \int_0^{2\pi} \int_0^{\pi} \tfrac{r}{R} r^2 \sin\theta \, d\theta \, d\varphi \, dr$$

$$= \int_0^R \int_0^{2\pi} \left[-\tfrac{r^3}{R} \cos\theta\right]_0^{\pi} d\varphi \, dr = \int_0^R \int_0^{2\pi} 2\tfrac{r^3}{R} \, d\varphi \, dr = \int_0^R 4\pi \tfrac{r^3}{R} \, dr = \underline{\underline{\pi R^3}}.$$

17.15 *Man berechne das Trägheitsmoment T_z eines geraden Kreiskegels K bzgl. seiner Symmetrieachse bei konstanter Massendichte ρ_0.*

Wir wählen die z–Achse als Symmetrieachse und benutzen Zylinderkoordinaten: $x = r\cos\varphi$, $y = r\sin\varphi$, $z = z$.

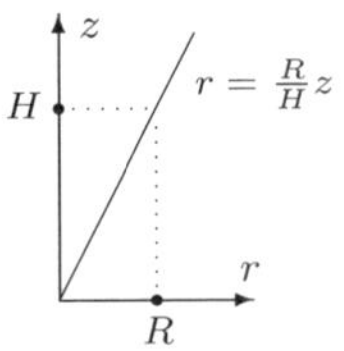

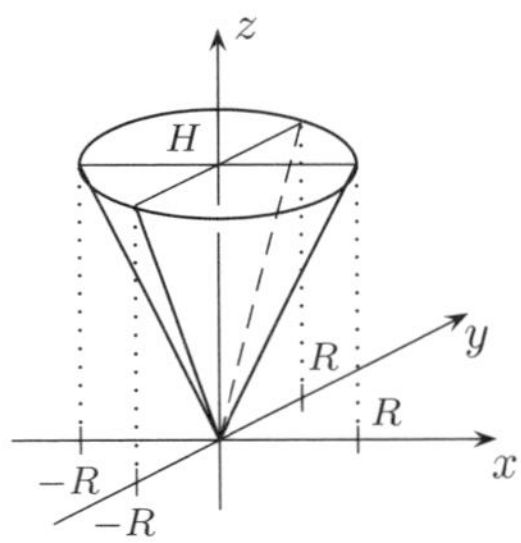

Beschreibung des Kegels:

$0 \le z \le H$
$0 \le \varphi \le 2\pi$
$0 \le r \le \frac{R}{H} z$

In diesen Koordinaten ist $a = r$, da die z–Achse die Drehachse ist, und es gilt:

$$T_z = \iiint^{K} a^2 \rho \, dV = \int_0^H \int_0^{2\pi} \int_0^{Rz/H} r^2 \rho_0 r \, dr \, d\varphi \, dz$$

$$= \tfrac{1}{4}\rho_0 \tfrac{R^4}{H^4} \int_0^H \int_0^{2\pi} z^4 \, d\varphi \, dz = \tfrac{2}{4}\pi\rho_0 \tfrac{R^4}{H^4} \int_0^H z^4 \, dz = \underline{\underline{\frac{1}{10}\pi\rho_0 R^4 H}}.$$

17.16 *Man berechne den Massenmittelpunkt der Halbkugel K vom Radius R bei konstanter Massendichte $\rho = 1$.*

Legt man den Mittelpunkt in den Nullpunkt und betrachtet die obere Hälfte der Kugel, dann ist aus Symmetriegründen $x_m = y_m = 0$.

Da $M = \frac{2}{3}\pi R^3$ ist, gilt: $\quad z_m = \frac{3}{2\pi R^3} \iiint^{K} z \, dV$.

In Kugelkoordinaten wird die obere Kugelhälfte K beschrieben durch:

$K: \quad 0 \le r \le R$, $0 \le \theta \le \pi/2$, $0 \le \varphi \le 2\pi$. Also:

$$\iiint^{K} z \, dV = \int_0^R \int_0^{2\pi} \int_0^{\pi/2} r\cos\theta r^2 \sin\theta \, d\theta \, d\varphi \, dr$$

$$= \int_0^R \int_0^{2\pi} r^3 \left[\tfrac{1}{2}\sin^2\theta\right]_0^{\pi/2} d\varphi \, dr = \tfrac{1}{2} \int_0^R \int_0^{2\pi} r^3 \, d\varphi \, dr = \tfrac{1}{4}\pi R^4.$$

Die z–Koordinate des Massenmittelpunktes ist: $\quad z_m = \frac{1}{M} \cdot \frac{1}{4}\pi R^4 = \underline{\underline{\frac{3}{8}R}}.$

Da die Massendichte $\rho = 1$ ist, ist der Massenmittelpunkt $(0, 0, \frac{3}{8}R)$ zugleich der *geometrische Schwerpunkt*, [Seite 509].

17.17 *Man berechne das Trägheitsmoment T_z der in [17.14] beschriebenen Kugel K mit der dort beschriebenen Massenverteilung bezüglich einer durch ihren Mittelpunkt gehende Drehachse.*

Der Mittelpunkt sei $(0,0,0)$, die Drehachse die z–Achse. In Kugelkoordinaten ist die Dichte $\rho = \frac{r}{R}$ und $a^2 = x^2 + y^2 = r^2(\sin^2\theta\cos^2\varphi + \sin^2\theta\sin^2\varphi) = r^2\sin^2\theta$.

$$T_z = \iiint\limits^{K} a^2\rho\, dV = \int_0^R \int_0^{2\pi} \int_0^{\pi} r^2 \sin^2\theta \tfrac{r}{R} r^2 \sin\theta \, d\theta\, d\varphi\, dr$$

$$= \int_0^R \int_0^{2\pi} \frac{r^5}{R} \left[-\tfrac{1}{3}\sin^2\theta\cos\theta - \tfrac{2}{3}\cos\theta\right]_0^{\pi} d\varphi\, dr$$

$$= \int_0^R \int_0^{2\pi} \frac{r^5}{R} \cdot \tfrac{4}{3}\, d\varphi\, dr = \underline{\underline{\frac{4}{9}\pi R^5}}.$$

$\int \sin^3 x\, dx$ partiell oder **F 4** oder **F+H**

$\int \sin^3 x\, dx = \frac{1}{3}\cos^3 x - \cos x$

17.18 *Die Kreisfläche mit dem Mittelpunkt $(R,0)$ in der (x,z)–Ebene und dem Radius S $(S < R)$ rotiere um die z–Achse. Dabei entsteht ein Torus. Man berechne sein Volumen V sowie sein Trägheitsmoment T_z bzgl. der z–Achse, wenn die Massendichte $\rho = 1$ ist.*

(1) Mathematische Beschreibung des Torus:

Die Kreisfläche in der (x,z)–Ebene ist durch $(x-R)^2 + z^2 \le S^2$ gegeben. In Zylinderkoordinaten erhält man den Torus, indem man hierin x durch r ersetzt: $(r-R)^2 + z^2 \le S^2$. Seine Projektion in die (x,y)–Ebene ist der Kreisring $R-S \le r \le R+S$, $0 \le \varphi < 2\pi$. Also wird der Torus To in Zylinderkoordinaten durch folgende Ungleichungen beschrieben:

$$\text{To:}\quad \begin{array}{rcl} R-S &\le r& \le R+S \\ 0 &\le \varphi& < 2\pi \\ -\sqrt{S^2-(r-R)^2} &\le z& \le \sqrt{S^2-(r-R)^2} \end{array}$$

In diesen Koordinaten ist $dV = r\, dr\, d\varphi\, dz$

(2) Volumen des Torus (Guldinsche Regel siehe [18.32]):

$$V = \iiint\limits^{To} dV = \int_{R-S}^{R+S} \int_0^{2\pi} \int_{-\sqrt{S^2-(r-R)^2}}^{\sqrt{S^2-(r-R)^2}} r\, dz\, d\varphi\, dr$$

$$= \int_{R-S}^{R+S} \int_0^{2\pi} 2r\sqrt{S^2-(r-R)^2}\, d\varphi\, dr$$

$$= 4\pi \int_{R-S}^{R+S} r\sqrt{S^2-(r-R)^2}\, dr = \cdots = \underline{\underline{2\pi^2 S^2 R}}.$$

(3) Trägheitsmoment T_z des Torus bei Rotation um die z–Achse, Dichte $\rho = 1$:

$$T_z = \iiint\limits^{To} a^2\rho\, dV$$

$$= \int_{R-S}^{R+S} \int_0^{2\pi} \int_{-\sqrt{S^2-(r-R)^2}}^{\sqrt{S^2-(r-R)^2}} r^2 r\, dz\, d\varphi\, dr$$

$$= = \cdots = \underline{\underline{\tfrac{1}{2}\pi^2 S^2 R(4R^2+3S^2)}}.$$

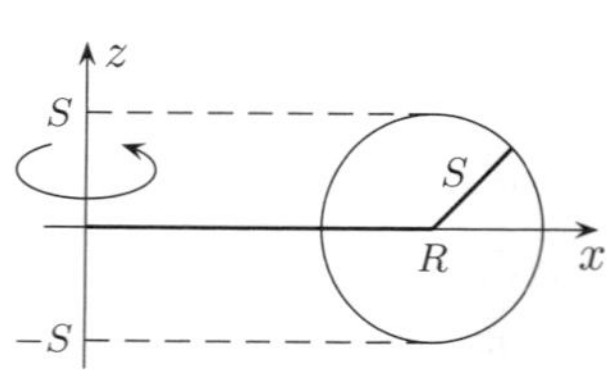

17.19 *Man berechne Volumen V und Trägheitsmomente bzgl. der Achsen eines Ellipsoids E mit den Halbachsen a, b, c , Massendichte $\rho = 1$.*

Wir benutzen folgendes (r, θ, φ)–Koordinatensystem:

$$x = ar\sin\theta\cos\varphi \quad 0 \le r$$
$$y = br\sin\theta\sin\varphi \quad 0 \le \varphi < 2\pi$$
$$z = cr\cos\theta \quad 0 \le \theta \le \pi$$

Es sind Kugelkoordinaten, die in x–Richtung um den Faktor a und in y– bzw. z–Richtung um den Faktor b bzw. c gestreckt sind !

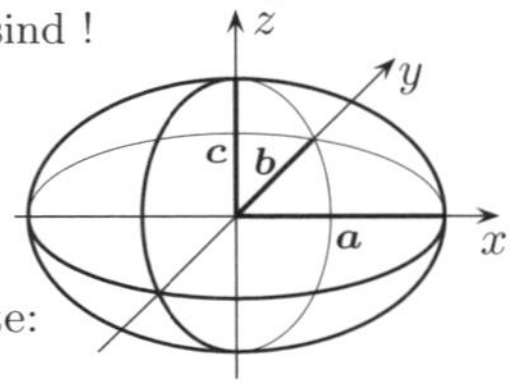

Das hat den Vorteil, dass E durch Ungleichungen mit **festen** Grenzen beschrieben wird, nämlich:

$$\text{E:} \quad 0 \le r \le 1, \quad 0 \le \theta \le \pi, \quad 0 \le \varphi \le 2\pi.$$

Nun berechnet man die zugehörige Funktionaldeterminante:

$$\frac{\partial(x,y,z)}{\partial(r,\theta,\varphi)} = \begin{vmatrix} \frac{\partial x}{\partial r} & \frac{\partial x}{\partial \theta} & \frac{\partial x}{\partial \varphi} \\ \frac{\partial y}{\partial r} & \frac{\partial y}{\partial \theta} & \frac{\partial y}{\partial \varphi} \\ \frac{\partial z}{\partial r} & \frac{\partial z}{\partial \theta} & \frac{\partial z}{\partial \varphi} \end{vmatrix} = \begin{vmatrix} a\sin\theta\cos\varphi & ar\cos\theta\cos\varphi & -ar\sin\theta\sin\varphi \\ b\sin\theta\sin\varphi & br\cos\theta\sin\varphi & br\sin\theta\cos\varphi \\ c\cos\theta & -cr\sin\theta & 0 \end{vmatrix}$$
$$= \cdots = \underline{\underline{abcr^2\sin\theta}}.$$

(1) Volumen V des Ellipsoids E:

$$V = \iiint^{\mathrm{E}} dV = \int_0^1 \int_0^{\pi} \int_0^{2\pi} abcr^2 \sin\theta \, d\varphi \, d\theta \, dr = \underline{\underline{\frac{4}{3}\pi abc.}}$$

(2) Trägheitsmomente T_x, T_y, T_z bzgl. der Koordinatenachsen:

Zunächst T_z: Ist a der Abstand von der z–Achse, so gilt:

$a^2 = x^2 + y^2 = r^2(a^2\cos^2\varphi + b^2\sin^2\varphi)\sin^2\theta$, daher ist

$$\begin{aligned} T_z &= \iiint^{\mathrm{E}} (x^2 + y^2) \, dV \\ &= \int_0^1 \int_0^{\pi} \int_0^{2\pi} r^2(a^2\cos^2\varphi + b^2\sin^2\varphi)\sin^2\theta \cdot abcr^2\sin\theta \, d\varphi \, d\theta \, dr \\ &= \frac{4}{15}\pi abc(a^2 + b^2) = \underline{\underline{\frac{1}{5}(a^2 + b^2)V.}} \end{aligned}$$

Aus Symmetriegründen gilt: $T_x = \underline{\underline{\frac{1}{5}(b^2 + c^2)V}}$ und $T_y = \underline{\underline{\frac{1}{5}(a^2 + c^2)V}}$.

17.20 *Berechne das Restvolumen V einer Kugel vom Durchmesser D mit zentrischer Bohrung vom Durchmesser d ($d < D$) und zeige, dass das Restvolumen V nur von der Länge L des Bohrlochs abhängt.*

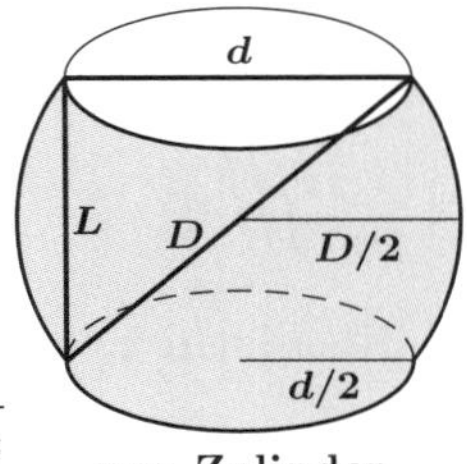

von Zylinder durchbohrte Kugel

(a) Volumen eines Körpers, Seite 492

Restkörper K der Kugel in Zylinderkoordinaten (r, φ, z) [**F2** und S. 533]:

$$0 \le \varphi \le 2\pi$$
$$\frac{d}{2} \le r \le \frac{D}{2}$$
$$-\sqrt{\frac{D^2}{4} - r^2} \le z \le \sqrt{\frac{D^2}{4} - r^2}$$

Es ist $L^2 = D^2 - d^2$.

$$V = \iiint\limits_{K} dV = 2\int_0^{2\pi}\int_{\frac{d}{2}}^{\frac{D}{2}}\int_0^{\sqrt{\frac{D^2}{4}-r^2}} r\,dz\,dr\,d\varphi$$

$$= 2\int_0^{2\pi}\int_{\frac{d}{2}}^{\frac{D}{2}} r\sqrt{\tfrac{D^2}{4}-r^2}\,dr\,d\varphi = 2\int_0^{2\pi}\Big[-\tfrac{1}{3}(\tfrac{D^2}{4}-r^2)^{3/2}\Big]_{\frac{d}{2}}^{\frac{D}{2}}\,d\varphi$$

$$= \tfrac{2}{3}(\tfrac{D^2}{4}-\tfrac{d^2}{4})^{3/2}\int_0^{2\pi} d\varphi = \frac{1}{12}(D^2-d^2)^{3/2}2\pi = \frac{\pi}{6}(D^2-d^2)^{3/2} = \underline{\underline{\frac{\pi}{6}L^3}}.$$

(b) Volumen eines Rotationskörpers, Seite 521:

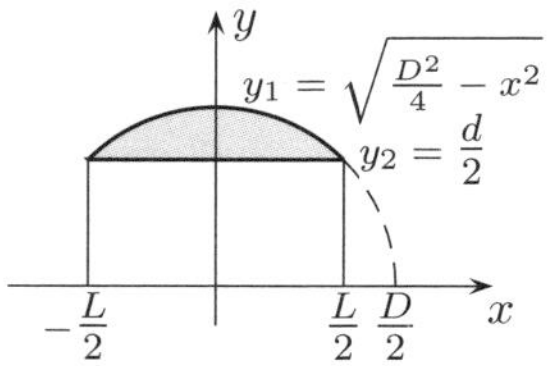

$$V = \pi\int_{-L/2}^{L/2}(y_1^2 - y_2^2)\,dx = 2\pi\int_0^{L/2}\big((\tfrac{D^2}{4}-x^2)-(\tfrac{d}{2})^2\big)\,dx$$

$$= 2\pi\Big[\frac{D^2}{4}x - \frac{1}{3}x^3 - \frac{d^2}{4}x\Big]_0^{L/2} = \cdots = \underline{\underline{\frac{\pi}{6}L^3}}.$$

Das Restvolumen hängt also nur von der Länge L des Bohrlochs ab und ist gleich dem Volumen $\frac{4}{3}\pi(\frac{L}{2})^3 = \frac{\pi}{6}L^3$ einer Kugel vom Durchmesser L.

17.21 *Durch Rotation der skizzierten Flächen um die z–Achse entsteht ein Archimedischer Restkörper (kegelförmig ausgebohrter Zylinder) A bzw. eine Halbkugel H. Beide Körper haben*

(a) *gleiches Volumen und*

(b) *gleiche Schwerpunkthöhe.*

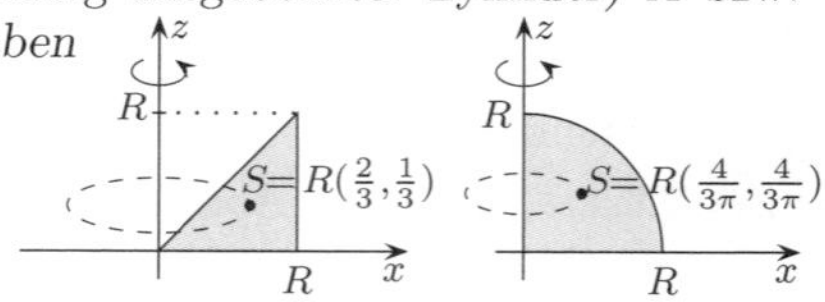

(a) Volumen V_A des Archimedischen Restkörpers und Volumen V_H der Halbkugel:

(1) Bestimmung der Volumina mittels Formeln für Zylinder, Kegel, Kugel:
$V_A =$ Vol. Zylinder − Vol. Kegel $= \pi R^2\cdot R - \frac{1}{3}\pi R^2\cdot R = \underline{\underline{\frac{2}{3}\pi R^3}}$, [**F+H**, S.32, 33]
$V_H = \frac{1}{2}\cdot$ Vol. Kugel $= \frac{1}{2}\cdot\frac{4}{3}\pi R^3 = \underline{\underline{\frac{2}{3}\pi R^3}}$, [17.13], also $V_A = V_H$.

(2) Bestimmung der Volumina mittels Guldinscher Regel [Seite 521]:
$V_A =$ Fläche mal Weg des Flächenschwerpunktes $S = \frac{1}{2}R^2\cdot 2\pi\frac{2}{3}R = \underline{\underline{\frac{2}{3}\pi R^3}}$.
$V_H =$ Fläche mal Weg des Flächenschwerpunktes $S = \frac{\pi}{4}R^2\cdot 2\pi\,\frac{4}{3\pi}R = \underline{\underline{\frac{2}{3}\pi R^3}}$.
Der Flächenschwerpunkt des Viertelkreises vom Radius R ist $R(\frac{4}{3\pi}, \frac{4}{3\pi})$, [13.44(a)].

(3) Berechnung von V_A aufwendiger mittels Zylinderkoordinaten [Seite 490]:

$$V_A = \iiint\limits_{A} dV = \int_0^{2\pi}\int_0^R\int_0^r r\,dz\,dr\,d\varphi = \int_0^{2\pi}\int_0^R r^2\,dr\,d\varphi = \frac{R^3}{3}\int_0^{2\pi}d\varphi = \underline{\underline{\frac{2}{3}\pi R^3}}.$$

(b) z–Koordinate z_s des Schwerpunktes des Archimedischer Restkörpers [Seite 492]:

$$z_s = \frac{1}{V_A}\iiint\limits_{A} z\,dV = \frac{3}{2\pi R^3}\int_0^{2\pi}\int_0^R\int_0^r rz\,dz\,dr\,d\varphi = \frac{3}{2\pi R^3}\frac{1}{2}\int_0^{2\pi}\int_0^R r^3\,dr\,d\varphi = \underline{\underline{\frac{3}{8}R}}.$$

Die z–Koordinate des Schwerpunktes der Halbkugel ist ebenfalls $\underline{\underline{\frac{3}{8}R}}$, [17.16].

Eleganter lässt sich die Aufgabe mit dem Satz von Cavalieri behandeln:

Satz von Cavalieri

Körper, deren Querschnittsflächen in jeweils gleicher Höhe den gleichen Flächeninhalt besitzen, haben das gleiche Volumen und die gleiche Schwerpunkthöhe. [**F+H** Seite 32, 151]

Für die Querschnittflächen $F(z)$ in Höhe $z = h$ gilt $F_A(z) = F_H(z)$:

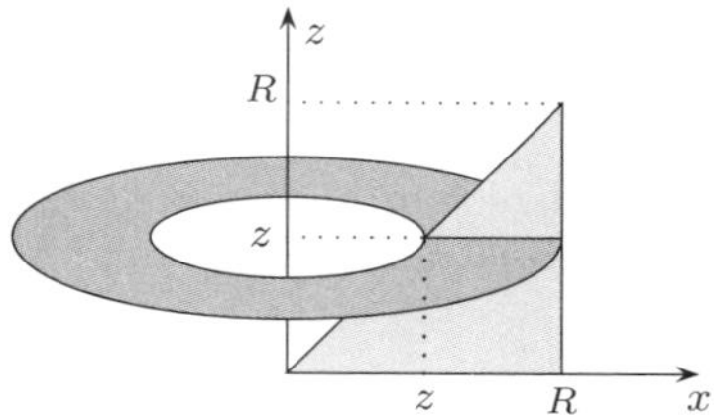

$F_A(z) = \pi R^2 - \pi z^2 = \underline{\pi(R^2 - z^2)}$

Kreisring mit Radien z bzw. R.

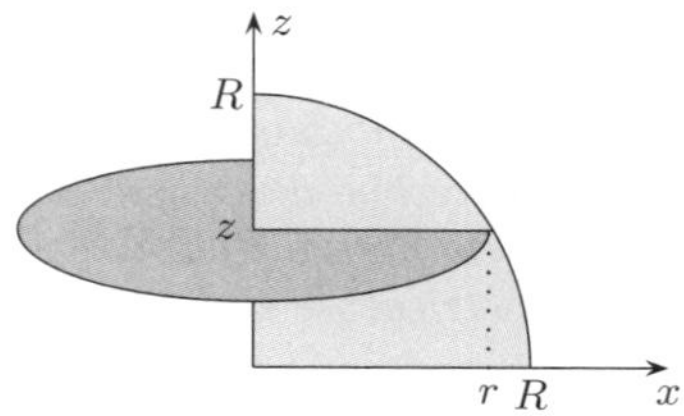

$F_K(z) = \underline{\pi(R^2 - z^2)}$

Kreis mit Radius $r = \sqrt{R^2 - z^2}$.

Also haben die Körper in gleicher Höhe gleichgroße Schnittflächen und folglich gleiches Volumen und gleiche z–Koordinate des Schwerpunktes.

17.3 Aufgaben

17.22 *Berechne die von der Kurve $r = \sin 2\varphi$, $0 \le \varphi \le \pi/2$ eingeschlossene Fläche.*

17.23 *Berechne die von den Kurven $y = x^2$ und $x = y^2$ eingeschlossene Fläche.*

17.24 *Aus einer Kugel $x^2+y^2+z^2 \le R^2$ wird ein Zylinder $x^2+y^2 \le A^2$ herausgebohrt, wobei $A < R$ ist. Man berechne das Trägheitsmoment des Restkörpers [17.20] bzgl. der z–Achse, Massendichte $\rho = 1$.*

17.25 *Berechne das durch die Zylinder $x^2+y^2 = A^2$ und $x^2+z^2 = A^2$ eingeschlossene Volumen.*

17.26 *Man berechne die Masse des durch die Ebenen $x = 0$, $y = 0$, $z = 0$, $4x + 2y + z = 8$ begrenzten Körpers, wenn seine Massendichte $\rho = 45x^2y$ ist.*

17.27 *Man berechne Inhalt F und Schwerpunkt S der Fläche zwischen der Kurve $y = \sin x$, $0 \le x \le \pi$ und der x–Achse sowie das Volumen V des bei Rotation um die x–Achse entstehenden Körpers (vgl. Guldinsche Regel Seite 521).*

17.28 *Man berechne das Volumen des Durchschnitts der Kugel $x^2+y^2+z^2 \le 16$ und des Kegels $z \ge \sqrt{x^2+y^2}$, vgl. Kugelauschnitt* **F+H**.

17.29 *Man berechne das Volumen des durch $z = 4 - x^2 - y^2$ und die (x, y)–Ebene begrenzten Körpers.*

17.30 *Man berechne das Trägheitsmoment des in [17.18] beschriebenen Torus bzgl. eines Äquatorialdurchmessers.*

17.31 *Man berechne das Trägheitsmoment einer Kugel vom Radius R bzgl. einer durch ihren Mittelpunkt gehenden Achse, Massendichte $\rho = x^2 + y^2 + z^2$.*

17.32 *Man berechne den Massenmittelpunkt desjenigen homogenen Körpers, der durch die Flächen $x^2 + y^2 = z$ und $x + y + z = 0$ begrenzt wird.*

17.33 *Man berechne den Flächeninhalt desjenigen Teiles der (x, y)–Ebene,der von der Kurve $(x^2 + y^2)^3 = a^2(x^4 + y^4)$ eingeschlossen wird.*

17.34 *Man berechne den Rauminhalt des Durchschnitts der drei Zylinder $x^2 + y^2 \leq 1,\ x^2 + z^2 \leq 1,\ y^2 + z^2 \leq 1.$*

17.35 *Man berechne das Volumen des durch die Flächen $z = x^2 + y^2$, $z = 0$, $x = -a$, $x = a$, $y = a$, $y = -a$ begrenzten Körpers.*

17.36 *Man berechne* $\overset{G}{\iint} \sqrt{x^2 + y^2}\, dx\, dy$ *für* $G:\ x^2 + y^2 \leq A^2.$

17.37 *Man berechne den Schwerpunkt des von $z = 4 - x^2 - y^2$ und der (x, y)–Ebene begrenzten Paraboloids.*

17.38 *Man berechne die Masse eines geraden Kreiszylinders vom Radius R und der Höhe H, dessen Massendichte proportional zum Quadrat vom Abstand der Symmetrieachse zunimmt (Faktor k).*

17.39 *Man berechne Masse M und Trägheitsmoment T eines Kreiskegels, Grundkreisradius R, Höhe H, bezogen auf die Symmetrieachse, wenn die Massendichte – nach Einführung dimensionsloser Größen – gleich dem Abstand von der Symmetrieachse ist.*

17.40 *Man berechne den Massenmittelpunkt des in [17.39] beschriebenen Körpers.*

17.41 *Berechne Masse M, Trägheitsmoment T, Massenmittelpunkt S eines Rotationsparaboloids P bzgl. seiner Symmetrieachse bei konst. Massendichte ρ_0.*

17.4 Lösungen

17.22	$\pi/8$	**17.23**	$1/3$	**17.24**	$\frac{4}{5}\pi\sqrt{R^2 - A^2}^{\,3}(\frac{2}{3}R^2 + A^2)$
17.25	$\frac{16}{3}A^3$	**17.26**	128	**17.27**	$F = 2,\ S = (\frac{\pi}{2}, \frac{\pi}{8}),\ V = \frac{\pi^2}{2}$
17.28	$\frac{64}{3}\pi(2 - \sqrt{2})$	**17.29**	8π	**17.30**	$\frac{1}{4}\pi^2 SR^2(4S^2 + 5R^2)$
17.31	$\frac{8}{21}\pi R^7$	**17.32**	$M = (-\frac{1}{2}, -\frac{1}{2}, \frac{5}{6})$	**17.33**	$\frac{3}{4}\pi a^2$
17.34	$8(2 - \sqrt{2})$	**17.35**	$\frac{8}{3}a^4$	**17.36**	$\frac{2}{3}\pi A^3$
17.37	$M = (0, 0, \frac{8}{3})$	**17.38**	$\frac{1}{2}\pi k R^4 H$	**17.39**	$M = \frac{1}{6}\pi R^3 H,\ T = \frac{2}{5}R^2 M$

17.40 Im Körper auf der Symmetrieachse im Abstand $0.8\,H$ von der Spitze.

17.41 Paraboloid in Zylinderkoordinaten:

$0 \leq \varphi \leq 2\pi,\ \ 0 \leq r \leq R,\ \ r^2 \leq z \leq R^2,\ \ dV = r\, dz\, dr\, d\varphi.$

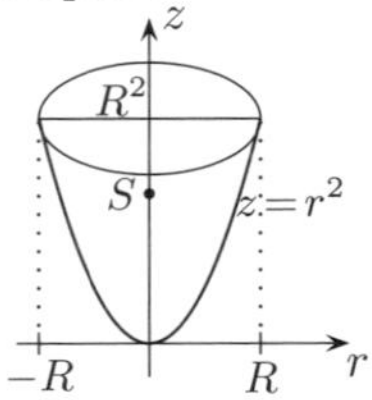

$$M = \overset{P}{\iiint} \rho\, dV = \int_0^{2\pi}\int_0^R\int_{r^2}^{R^2} \rho_0 r\, dz\, dr\, d\varphi = \ldots = \underline{\underline{\frac{\pi}{2}\rho_0 R^4}}$$

$$T = \overset{P}{\iiint} a^2 \rho\, dV = \int_0^{2\pi}\int_0^R\int_{r^2}^{R^2} r^2 \rho_0 r\, dz\, dr\, d\varphi = \ldots = \underline{\underline{\frac{\pi}{6}\rho_0 R^6}}$$

$$z_m = \frac{1}{M}\overset{P}{\iiint} z\rho\, dV = \int_0^{2\pi}\int_0^R\int_{r^2}^{R^2} z\rho_0 r\, dz\, dr\, d\varphi = \ldots = \underline{\underline{\frac{2}{3}R^2}},\ \ \underline{\underline{S = (0, 0, \frac{2}{3}R^2)}}.$$

18 Vektoranalysis

18.1 Kurven in der Ebene

	Kurven in der Ebene	
1	**explizite** (kartesische) Darstellung	$y = f(x)$, $a \le x \le b$
2	**implizite** (kartesische) Darstellung	$F(x, y) = 0$
3	**Polarkoordinaten**darstellung	$r = r(\varphi)$, $\varphi_0 \le \varphi \le \varphi_1$
4	**Parameter**darstellung	$\vec{x} = \vec{x}(t) = \begin{pmatrix} x(t) \\ y(t) \end{pmatrix}$, $t_0 \le t \le t_1$

18.1 *Man gebe ggf. Parameterdarst., expliz. oder impliz. Darst. folg. Kurven*

(a) $y = x^2$, $0 \le x \le 2$ (explizite Darstellung einer **Parabel**)

(b) $2x^2 + 6y^2 - 4 = 0$ (implizite Darstellung einer **Ellipse**)

(c) $r = \cos\varphi$, $-\pi \le \varphi \le \pi$ (Polarkoord–darst. eines **Kreises**).

(d) Kurve wird von Punkt P eines Kreises vom Radius 1 beschrieben, der auf der x–Achse abrollt (**Zykloide**):

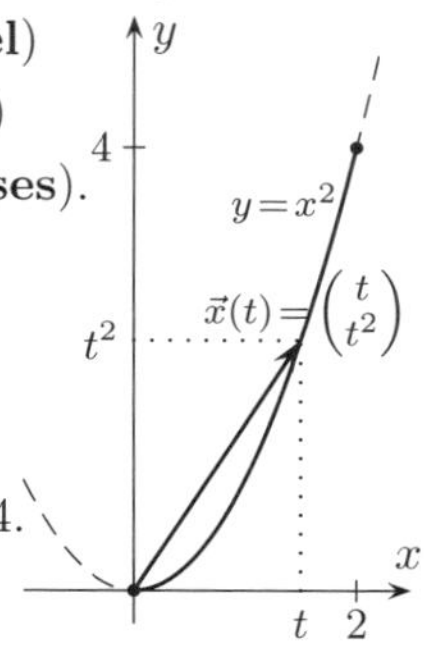

(a) Ist $x = t$, so ist $y = t^2$, also $\vec{x}(t) = \begin{pmatrix} t \\ t^2 \end{pmatrix}$ für $0 \le t \le 2$.

oder z.B.: $y = t$, $x = \sqrt{t}$, ergibt $\vec{x}(t) = \begin{pmatrix} \sqrt{t} \\ t \end{pmatrix}$ für $0 \le t \le 4$.

(b) Mit $x = t$ folgt $y = \pm\sqrt{\frac{1}{6}(4 - 2t^2)}$, für $-\sqrt{2} \le t \le \sqrt{2}$,
wobei "+" in der oberen und "−" in der unteren Halbebene zu nehmen ist.
Hier ist aber wegen $2x^2 + 6y^2 - 4 = 0 \iff \left(\frac{x}{\sqrt{2}}\right)^2 + \left(\frac{y}{\sqrt{2/3}}\right)^2 = 1$

$$x = \sqrt{2}\cos t, \quad y = \sqrt{\tfrac{2}{3}}\sin t, \quad \text{also } \vec{x}(t) = \begin{pmatrix} \sqrt{2}\cos t \\ \sqrt{\frac{2}{3}}\sin t \end{pmatrix} \text{ für } 0 \le t \le 2\pi$$

eine Parametrisierung der Ellipse mit den Halbachsen $a = \sqrt{2}$, $b = \sqrt{2/3}$

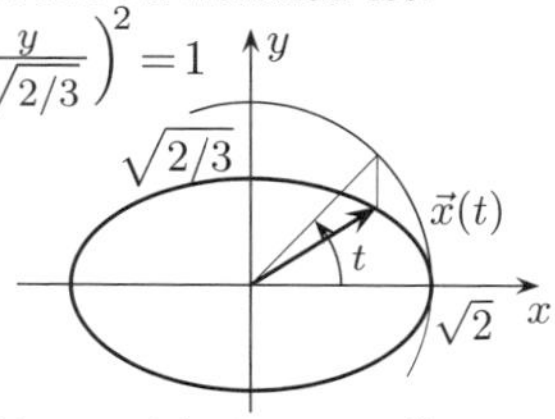

(c) Nimmt man den Winkel φ als Parameter, also $\varphi = t$ mit $-\pi \le t \le \pi$, so gilt:

$$\begin{aligned} x &= r\cdot\cos\varphi = \cos t\cdot\cos t = \cos^2 t \\ y &= r\cdot\sin\varphi = \cos t\cdot\sin t \end{aligned} \quad \text{also } \vec{x}(t) = \begin{pmatrix} \cos^2 t \\ \cos t \sin t \end{pmatrix} = \frac{1}{2}\begin{pmatrix} 1 + \cos 2t \\ \sin 2t \end{pmatrix}$$

t eliminieren: $(2x - 1)^2 + (2y)^2 = 1 \iff (x - \frac{1}{2})^2 + y^2 = \frac{1}{4}$

Die dargestellte Kurve ist ein Kreis um $(\frac{1}{2}, 0)$ mit Radius $\frac{1}{2}$.

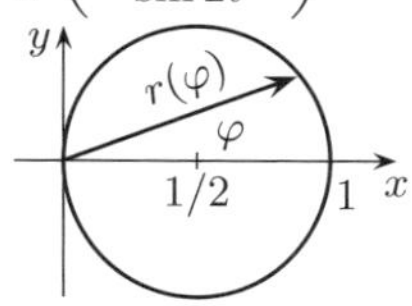

(d) Mit dem Wälzwinkel als Parameter t ergibt sich:

$$\vec{x}(t) = \vec{x}_M(t) + \vec{x}_K(t) = \begin{pmatrix} t \\ 1 \end{pmatrix} + \begin{pmatrix} -\sin t \\ -\cos t \end{pmatrix}$$

d.h. $x = t - \sin t$, $y = 1 - \cos t$. Elimination von t ergibt:

explizit $x = \arccos(1-y) - \sqrt{y(2-y)}$, $0 \le y \le 2$, $0 \le x \le \pi$

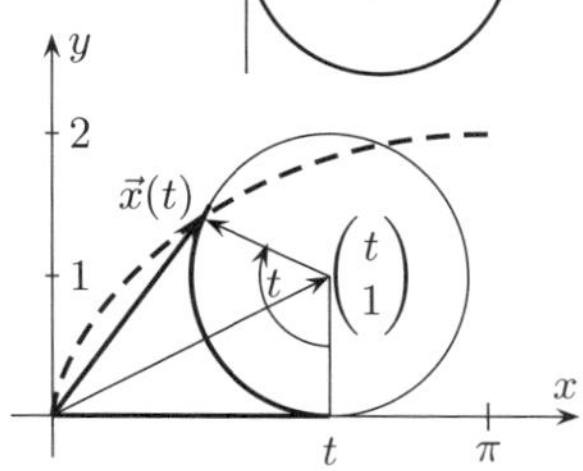

Tangentenvektoren ebener Kurven

	Kurve	Punkt auf Kurve	Tangentenvektor im Kurvenpunkt
1	$y = f(x)$	$P_0 = (x_0, y_0)$	$\vec{t} = \big(1, f'(x_0)\big)$
2	$F(x, y) = 0$	$P_0 = (x_0, y_0)$	$\vec{t} = \big(F_y(x_0, y_0)\,,\ -F_x(x_0, y_0)\big)$
3	$r = r(\varphi)$	$r_0 = r(\varphi_0)$	$\vec{t} = \begin{pmatrix} \dot{r}(\varphi_0)\cos\varphi_0 - r(\varphi_0)\sin\varphi_0 \\ \dot{r}(\varphi_0)\sin\varphi_0 + r(\varphi_0)\cos\varphi_0 \end{pmatrix}$
4	$\vec{x} = \vec{x}(t)$	$\vec{x}_0 = \vec{x}(t_0)$	$\vec{t} = \dot{\vec{x}}(t_0) = \big(\dot{x}(t_0), \dot{y}(t_0)\big)$

18.2 *Man bestimme die Tangente an die Ellipse $x^2 + 4y^2 = 8$ in $(2, 1)$.*

$F_x = 2x\ ,\ F_y = 8y \quad\Longrightarrow\quad \vec{t} = (8, -4) = 4(2, -1).$

Eine Parameterdarst. der Tangente ist: $\vec{x} = (x, y) = (2, 1) + s(2, -1)\ ,\ s \in \mathbb{R}$.
Eine kartesische Darstellung der Tangente (implizit) ist: $x + 2y = 4$.

18.3 *Unter welchen Winkeln schneidet die Zykloide $x = t - a\sin t\ ,\ y = 1 - a\cos t\ \ (a > 0)$ die x–Achse?*

Die Zykloide schneidet die x–Achse $\Longleftrightarrow\ y = 0 \ \Longleftrightarrow\ \cos t = \frac{1}{a}$.
Die Zykloide schneidet die x–Achse also nur für $a \geq 1$.

$\dot{x} = 1 - a\cos t\ ,\ \dot{y} = a\sin t$.
Für Parameterwerte t mit $\cos t = \frac{1}{a}$ ist $\dot{\vec{x}} = (\dot{x}, \dot{y}) = (0, \pm\sqrt{a^2 - 1}\,)$.

Für $a = 1$ und $\cos t = 1$, also $t = 2k\pi$ ist $\dot{\vec{x}} = \vec{0}$.

Eine Tangente existiert nicht!
(Die Kurve mündet jedoch senkrecht in die x–Achse ein.)

Für $a > 1$ ist $\dot{\vec{x}} \neq \vec{0}$.

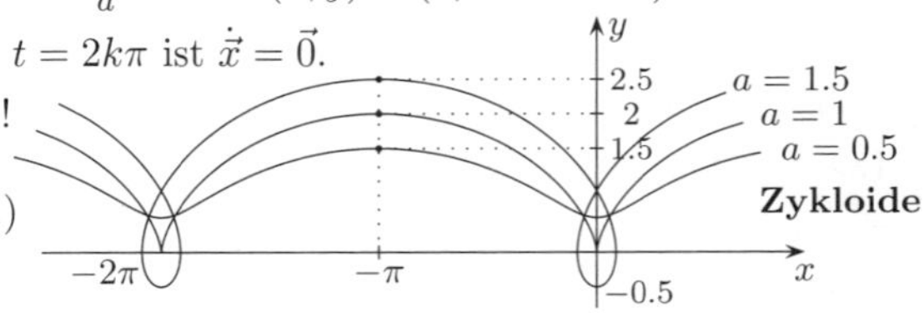

Es ist $\dot{x} = 0$. Also wird die x–Achse von den Zykloiden senkrecht geschnitten.

18.4 *Unter welchen Winkeln schneidet die logarithmische Spirale $r = \mathrm{e}^{a\varphi}$ die Ursprungsgeraden $y = \tan\beta \cdot x$?*

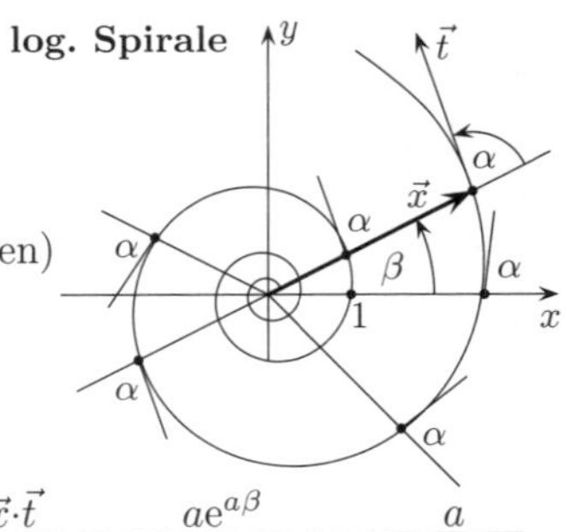

$r = \mathrm{e}^{a\varphi}\ ,\ \dot{r} = a\mathrm{e}^{a\varphi}$.

$\vec{x} = (\cos\beta, \sin\beta)$ (ein Richtungsvektor der Geraden)

$$\vec{t}(\beta) = \begin{pmatrix} a\mathrm{e}^{a\beta}\cos\beta - \mathrm{e}^{a\beta}\sin\beta \\ a\mathrm{e}^{a\beta}\sin\beta + \mathrm{e}^{a\beta}\cos\beta \end{pmatrix}$$

$|\vec{t}| = \sqrt{a^2 + 1}\,\mathrm{e}^{a\beta}$

Bezeichnet α den Schnittwinkel, so ist $\cos\alpha = \frac{\vec{x}\cdot\vec{t}}{|\vec{x}|\cdot|\vec{t}|} = \frac{a\mathrm{e}^{a\beta}}{\sqrt{a^2+1}\,\mathrm{e}^{a\beta}} = \frac{a}{\sqrt{a^2+1}}$.

$\alpha = \arccos\frac{a}{\sqrt{a^2+1}}$ ist unabhängig von β. Das heißt: Alle Geraden durch den Ursprung schneiden die Spirale unter dem gleichen Winkel! Siehe auch 18.5 (d).

Bogenelement und Bogenlänge ebener Kurvenstücke

Die Länge L einer Kurve K wird durch ein Kurvenintegral berechnet:

$$L = \int_K ds$$

Das Bogenelement ds ist abhängig von der Kurvendarstellung.

Darstellung	Länge L	Bogenelement ds	Hilfsskizze
kartesisch $y = f(x)$ $a \le x \le b$	$\int_a^b \sqrt{1 + \big(f'(x)\big)^2}\; dx$	$\sqrt{dx^2 + dy^2}$ $= \sqrt{1 + f'^2}\; dx$	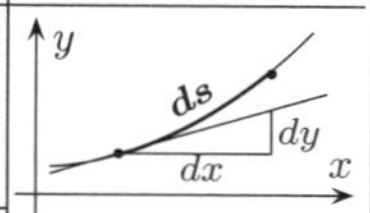
Parameter $\vec{x} = \begin{pmatrix} x(t) \\ y(t) \end{pmatrix}$ $t_0 \le t \le t_1$	$\int_{t_0}^{t_1} \lvert\dot{\vec{x}}(t)\rvert\, dt =$ $\int_{t_0}^{t_1} \sqrt{\dot{x}(t)^2 + \dot{y}(t)^2}\; dt$	$\lvert\dot{\vec{x}}(t)\rvert\, dt$ $= \sqrt{\dot{x}^2 + \dot{y}^2}\; dt$	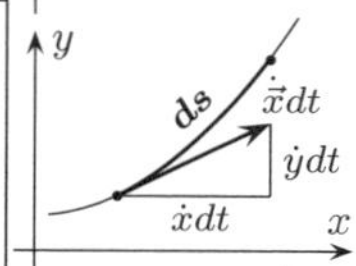
Polarkoordinaten $r = r(\varphi)$ $\varphi_0 \le \varphi \le \varphi_1$	$\int_{\varphi_0}^{\varphi_1} \sqrt{r(\varphi)^2 + \dot{r}(\varphi)^2}\; d\varphi$	$\sqrt{r^2 d\varphi^2 + dr^2}$ $= \sqrt{r^2 + \dot{r}^2}\; d\varphi$	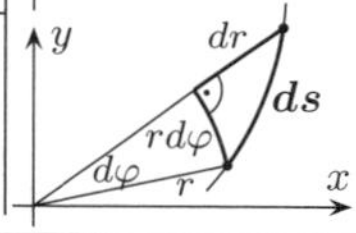

18.5 *Man berechne die Bogenlänge:*

(a) $y = \sqrt{1 - x^2}$, $-1 \le x \le 1$ *(Halbkreis)*

(b) $\vec{x} = \begin{pmatrix} t - \sin t \\ 1 - \cos t \end{pmatrix}$, $0 \le t \le 2\pi$ *(Zykloide, siehe auch* [18.1]*)*

(c) $r = 1 + \cos\varphi$, $0 \le \varphi \le 2\pi$ *(Kardioide, siehe* **F+H** *)*

(d) $r = \mathrm{e}^{a\varphi}$, $\varphi_1 \le \varphi \le \varphi_2$ *(logarith. Spirale* [18.4, 16.19, 16.119, 18.72 (h)]*)*

(a) $L = \int_{-1}^{1} \sqrt{1 + \big(\frac{-x}{\sqrt{1-x^2}}\big)^2}\; dx$

$= 2\int_0^1 \frac{dx}{\sqrt{1-x^2}} = 2\,\Big[\arcsin x\Big]_0^1 = \underline{\underline{\pi}}.$

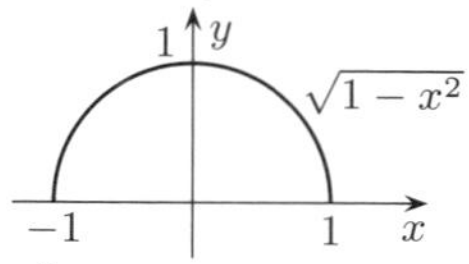

Halbkreis

(b) $\dot{\vec{x}} = \begin{pmatrix} 1 - \cos t \\ \sin t \end{pmatrix}$

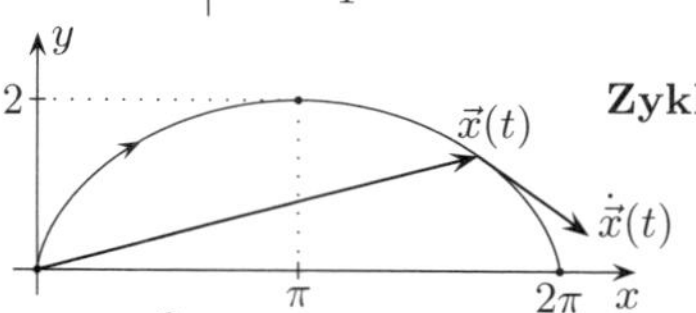

Zykloide

$\dot{x}^2 + \dot{y}^2 = 2 - 2\cos t = 4\sin^2 \frac{t}{2}$

$L = \int_0^{2\pi} \sqrt{4\sin^2 \frac{t}{2}}\; dt = 2\int_0^{2\pi} \lvert\sin \frac{t}{2}\rvert\, dt = 2\int_0^{2\pi} \sin \frac{t}{2}\, dt = -4\,\Big[\cos \frac{t}{2}\Big]_0^{2\pi} = \underline{\underline{8}}.$

Parameter t ist der *Wälzwinkel*, siehe [18.1] und **F+H**, Seite 120.

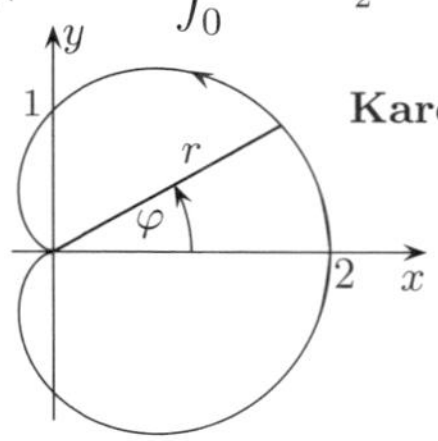

Kardioide (Herzkurve)

(c) r, φ Polarkoordinaten:

$r = 1 + \cos\varphi$, $\dot{r} = -\sin\varphi$,

$r^2 + \dot{r}^2 = 2(1 + \cos\varphi) = 4\cos^2 \frac{\varphi}{2}$.

$$L = \int_0^{2\pi} \sqrt{4\cos^2\tfrac{\varphi}{2}}\, d\varphi \stackrel{?}{=} \Big(2\int_0^{2\pi} \cos\tfrac{\varphi}{2}\, d\varphi = 4\left[\sin\tfrac{\varphi}{2}\right]_0^{2\pi} = 0 \quad ???\text{ so nicht!}\Big)$$

$$\sqrt{x^2} = |x| \text{ also:} \qquad = 2\int_0^{2\pi} |\cos\tfrac{\varphi}{2}|\, d\varphi = 4\int_0^{\pi} \cos\tfrac{\varphi}{2}\, d\varphi = 8\left[\sin\tfrac{\varphi}{2}\right]_0^{\pi} = \underline{\underline{8}}.$$

(d) r, φ Polarkoordinaten (siehe auch 18.70 (d)):

$$L = \int_{\varphi_1}^{\varphi_2} \sqrt{r^2 + \dot{r}^2}\, d\varphi = \sqrt{1+a^2} \int_{\varphi_1}^{\varphi_2} e^{a\varphi}\, d\varphi = \underline{\underline{\frac{\sqrt{1+a^2}}{a}(e^{a\varphi_2} - e^{a\varphi_1})}}.$$

Für $a > 0,\ \varphi_1 = -\infty,\ \varphi_2 = 0$ ergibt sich $L_\infty = \sqrt{1+a^2} \int_{-\infty}^{0} e^{a\varphi}\, d\varphi = \underline{\underline{\frac{\sqrt{1+a^2}}{a}}}$.

Die logarithmische Spirale , die unendlich oft den Nullpunkt umläuft, hat endliche Länge! Auch die vom Radiusvektor überstrichene Fläche ist endlich [18.71 (h)].

Bemerkung: Bogenlängenberechnungen (z.B. Ellipse) führen oft auf nicht elementare (elliptische) Integrale siehe **F+H**!

In der Theorie benutzt man gern die Bogenlänge s als Parameter:
Mit $\vec{x} = \vec{x}(t)$ wird s definiert durch (a wird geeignet gewählt)

$$s(t) := \int_a^t |\dot{\vec{x}}(\tau)|\, d\tau \ , \text{ so dass } \frac{ds}{dt} = |\dot{\vec{x}}(t)| \text{ ist.}$$

Wegen der Monotonie von s existiert die Umkehrfunktion $t = t(s)$ und $\vec{x} = \vec{x}(t(s))$ ist eine Kurvendarstellung mit der Bogenlänge als Parameter.

18.6 *Man stelle $y = \cosh x$ mit der Bogenlänge als Parameter in der Form $\vec{x}(s)$ dar, berechne $|\vec{x}'(s)|$ und zeige, dass $\vec{x}' \perp \vec{x}''$ ist.*

$$\vec{x} = \begin{pmatrix} t \\ \cosh t \end{pmatrix} \text{ ergibt: } s = \int_0^t \sqrt{1+\sinh^2\tau}\, d\tau = \int_0^t \cosh\tau\, d\tau = \sinh t.$$

Also ist $t = \operatorname{arsinh} s$ und $\cosh t = \sqrt{1+\sinh^2 t} = \sqrt{1+s^2}$

Die gesuchte Darstellung ist $\vec{x}(s) = \begin{pmatrix} \operatorname{arsinh} s \\ \sqrt{1+s^2} \end{pmatrix}$.

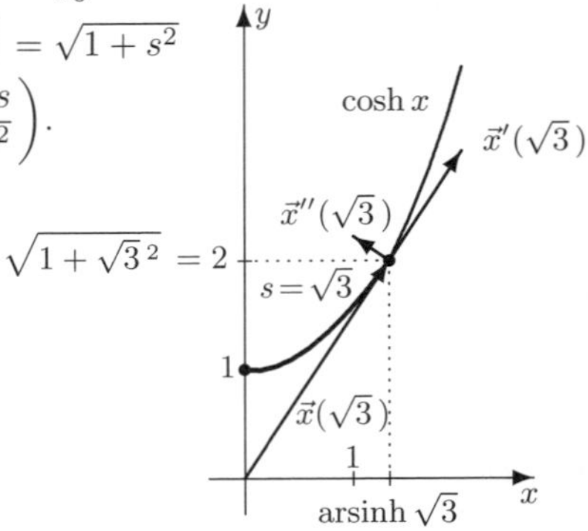

Es gilt: $\vec{x}'(s) = \frac{1}{\sqrt{1+s^2}} \begin{pmatrix} 1 \\ s \end{pmatrix}$ und

$$|\vec{x}'(s)| = \frac{1}{\sqrt{1+s^2}} \sqrt{1+s^2} = 1.$$

Das ist kein Zufall, denn aus $\frac{ds}{dt} = |\dot{\vec{x}}(t)|$ für $t = s$ folgt $1 = |\vec{x}'(s)|$.

Aus $|\vec{x}'| = 1$ folgt $(\vec{x}')^2 = 1$ und Differentiation ergibt $2\vec{x}' \cdot \vec{x}'' = 0$.

Also gilt stets $\vec{x}' \perp \vec{x}''$, sofern die Bogenlänge der Parameter ist, siehe [18.18].

Bogenlänge als Parameter

Ist $\vec{x} = \vec{x}(s)$ eine Parameterdarstellung einer ebenen Kurve mit der Bogenlänge s als Parameter und bezeichnet $()'$ die Ableitung nach s, so ist

$\vec{x}\,'(s)$ $=: \vec{t}(s)$ der **Tangenteneinheitsvektor** an $\vec{x}(s)$.

$\vec{x}\,''(s)$ ein **Normalenvektor** in $\vec{x}(s)$; d.h. $\vec{x}\,''(s) \perp \vec{x}\,'(s) = \vec{t}(s)$ [siehe 18.18] und zeigt vom Kurvenpunkt in Richtung des **Krümmungskreismittelpunktes** $\vec{x}_M(s)$.

$\rho(s) := \dfrac{1}{|\kappa(s)|}$ der **Radius** des **Krümmungskreises**. (κ siehe unten!)

$\vec{x}_M(s) = \vec{x}(s) + \rho\dfrac{\vec{x}\,''(s)}{|\vec{x}\,''(s)|} = \vec{x}(s) + \rho^2\vec{x}\,''(s)$ der **Mittelpunkt** M des Krümmungskreises.

Bezeichnet $\delta = \delta(s)$ den *Winkel* des Tangentenvektors zur positiven x–Richtung, so ist

$\kappa(s) := \delta'(s)$ die **Krümmung** der ebenen Kurve in $\vec{x}(s)$ und es ist $|\vec{x}\,''(s)| = |\kappa(s)|$.

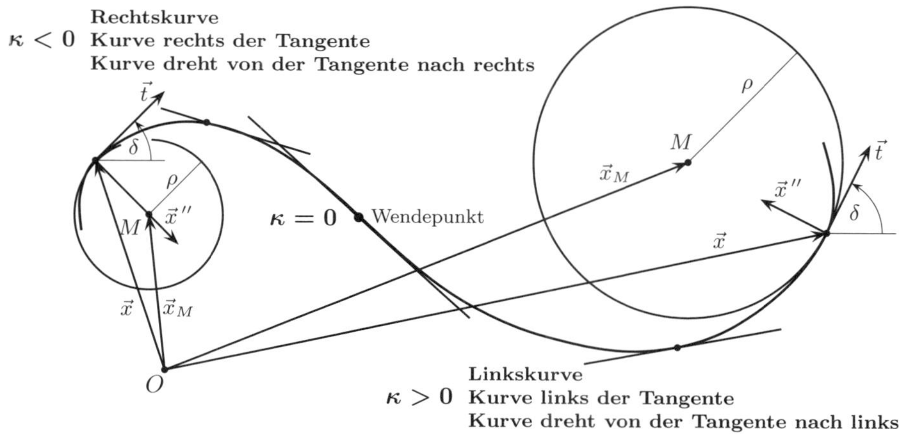

Darstellung	Krümmung	Ein Normalenvektor in $\vec{x}$
$y = f(x)$	$\kappa(x) = \dfrac{f''(x)}{(1+(f'(x))^2)^{3/2}}$	$\vec{n} = \begin{pmatrix} -f'(x) \\ 1 \end{pmatrix}$
$\vec{x} = \begin{pmatrix} x(t) \\ y(t) \end{pmatrix}$	$\kappa(t) = \dfrac{\dot{x}\ddot{y} - \ddot{x}\dot{y}}{(\dot{x}^2+\dot{y}^2)^{3/2}}$	$\vec{n} = \begin{pmatrix} -\dot{y} \\ \dot{x} \end{pmatrix}$
$r = r(\varphi)$	$\kappa(\varphi) = \dfrac{r^2+2\dot{r}^2-r\ddot{r}}{(r^2+\dot{r}^2)^{3/2}}$	$\vec{n} = \begin{pmatrix} -r\cos\varphi - \dot{r}\sin\varphi \\ -r\sin\varphi + \dot{r}\cos\varphi \end{pmatrix}$ $\|\vec{n}\| = \sqrt{r^2+\dot{r}^2}$

Mittelpunkt des Krümmungskreises: $\vec{x}_M = \vec{x} + \dfrac{1}{\kappa} \cdot \dfrac{\vec{n}}{|\vec{n}|}$

Die Menge der Krümmungsmittelpunkte einer Kurve bildet deren **Evolute**.

18.7 *In welchem Punkt ist die Krümmung von $y = \mathrm{e}^x$ maximal? Bestimme dort Radius und Mittelpunkt des Krümmungskreises.*

$$f(x) = f'(x) = f''(x) = \mathrm{e}^x\ ,\quad \kappa(x) = \frac{\mathrm{e}^x}{(1+\mathrm{e}^{2x})^{3/2}}\ ,\quad \kappa'(x) = \frac{\mathrm{e}^x(1-2\mathrm{e}^{2x})}{(1+\mathrm{e}^{2x})^{5/2}}$$

$$\kappa'(x) = 0 \iff 2\mathrm{e}^{2x} = 1 \iff 2x = \ln\tfrac{1}{2} \iff x = \frac{1}{2}\ln\tfrac{1}{2} = \ln\sqrt{\tfrac{1}{2}} = \underline{\underline{\ln\frac{\sqrt{2}}{2}}}.$$

κ' wechselt bei $\ln\frac{\sqrt{2}}{2}$ das Vorzeichen von $'+'$ nach $'-'$.

Daher liegt dort ein relatives Maximum von κ mit $\kappa(\ln\frac{\sqrt{2}}{2}) = \underline{\underline{\frac{2}{9}\sqrt{3}}}$.

Wegen $\lim\limits_{x\to\pm\infty}\kappa(x) = 0$ liegt bei $\ln\frac{\sqrt{2}}{2}$ sogar das absolute Maximum der Krümmung!

Die Krümmung von $y = \mathrm{e}^x$ ist also in $\begin{pmatrix}\ln\frac{\sqrt{2}}{2}\\ \frac{\sqrt{2}}{2}\end{pmatrix}$ maximal.

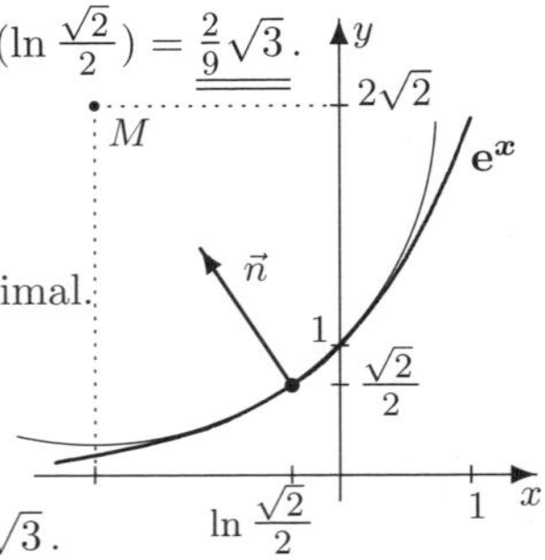

$$\vec{n} = \begin{pmatrix}-f'(\ln\frac{\sqrt{2}}{2})\\ 1\end{pmatrix} = \begin{pmatrix}-\frac{\sqrt{2}}{2}\\ 1\end{pmatrix}.$$

Radius des Krümmungskreises ist $\rho = \dfrac{1}{\kappa(\ln\frac{\sqrt{2}}{2})} = \underline{\underline{\frac{3}{2}\sqrt{3}}}$.

Mittelpunkt des Krümmungskreises ist

$$\vec{x}_M = \begin{pmatrix}\ln\frac{\sqrt{2}}{2}\\ \frac{\sqrt{2}}{2}\end{pmatrix} + \frac{\frac{3}{2}\sqrt{3}}{\sqrt{\frac{3}{2}}}\begin{pmatrix}-\frac{\sqrt{2}}{2}\\ 1\end{pmatrix} = \begin{pmatrix}\ln\frac{\sqrt{2}}{2}\\ \frac{\sqrt{2}}{2}\end{pmatrix} + \frac{3}{2}\sqrt{2}\begin{pmatrix}-\frac{\sqrt{2}}{2}\\ 1\end{pmatrix} = \underline{\underline{\begin{pmatrix}\ln\frac{\sqrt{2}}{2} - \frac{3}{2}\\ 2\sqrt{2}\end{pmatrix}}}.$$

18.8 *Man bestimme die Evolute der Ellipse $\frac{x^2}{a^2} + \frac{y^2}{b^2} = 1$.*

Eine Parametrisierung der Ellipse ist $x = a\cos t$, $y = b\sin t$, $0 \le t \le 2\pi$ [18.1].

Damit ist $\vec{x} = \begin{pmatrix}a\cos t\\ b\sin t\end{pmatrix}$, $\dot{\vec{x}} = \begin{pmatrix}-a\sin t\\ b\cos t\end{pmatrix}$, $\ddot{\vec{x}} = \begin{pmatrix}-a\cos t\\ -b\sin t\end{pmatrix}$ und somit:

$$\kappa(t) = \frac{\dot{x}\ddot{y}-\ddot{x}\dot{y}}{(\dot{x}^2+\dot{y}^2)^{3/2}} = \frac{ab\sin^2 t+ab\cos^2 t}{(a^2\sin^2 t+b^2\cos^2 t)^{3/2}} = \frac{ab}{(a^2\sin^2 t+b^2\cos^2 t)^{3/2}}$$

$\vec{n} = \begin{pmatrix}-b\cos t\\ -a\sin t\end{pmatrix} \Longrightarrow |\vec{n}| = (a^2\sin^2 t + b^2\cos^2 t)^{1/2}$. Also erhält man:

$$\vec{x}_M = \vec{x} + \frac{1}{\kappa}\cdot\frac{\vec{n}}{|\vec{n}|} = \begin{pmatrix}a\cos t\\ b\sin t\end{pmatrix} + \frac{1}{ab}(a^2\sin^2 t + b^2\cos^2 t)\begin{pmatrix}-b\cos t\\ -a\sin t\end{pmatrix}$$

$$\vec{x}_M = \begin{pmatrix}a\cos t - a\sin^2 t\cos t - \frac{b^2}{a}\cos^3 t\\ b\sin t - \frac{a^2}{b}\sin^3 t - b\cos^2 t\sin t\end{pmatrix}$$

$$\vec{x}_M = (a^2 - b^2)\begin{pmatrix}\frac{1}{a}\cos^3 t\\ -\frac{1}{b}\sin^3 t\end{pmatrix}$$ Parameter–Darstellung der Evolute.

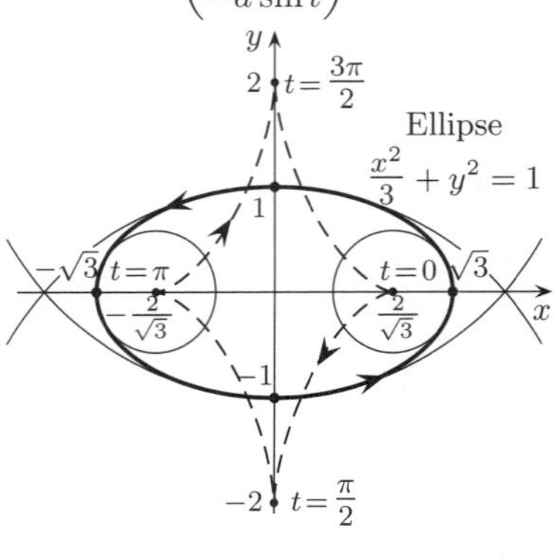

<u>Beispiel:</u> $a = \sqrt{3}$, $b = 1$, $x^2 + 3y^2 = 3$

Ellipse: $\vec{x} = (\sqrt{3}\cos t\,,\ \sin t)$

Evolute: $\vec{x}_M = 2(\frac{1}{\sqrt{3}}\cos^3 t\,,\ -\sin^3 t)$

Berechnung ebener Flächeninhalte

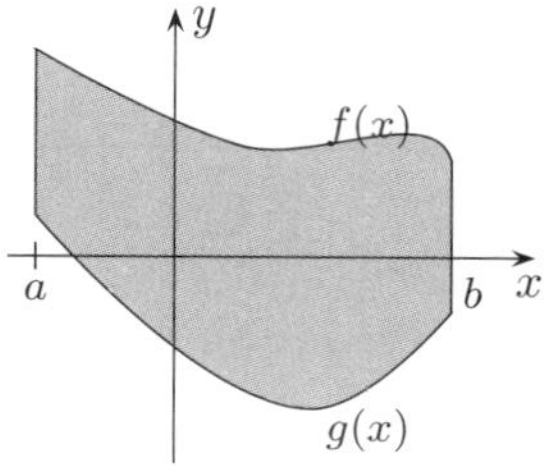

$$F = \int_a^b \big(f(x) - g(x)\big)\, dx$$

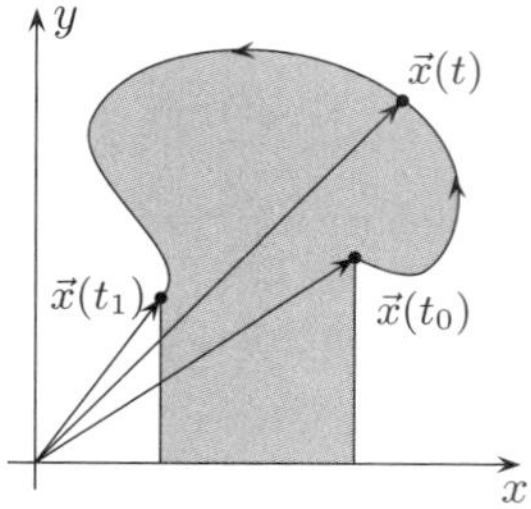

$$F = \int_{t_o}^{t_1} - y(t) \cdot \dot{x}(t)\, dt$$

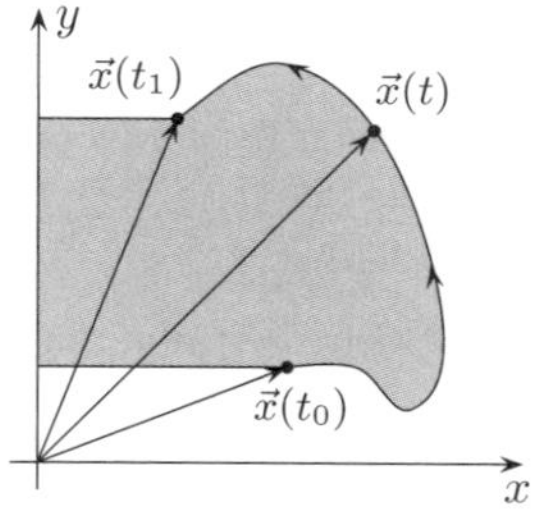

$$F = \int_{t_o}^{t_1} x(t) \cdot \dot{y}(t)\, dt$$

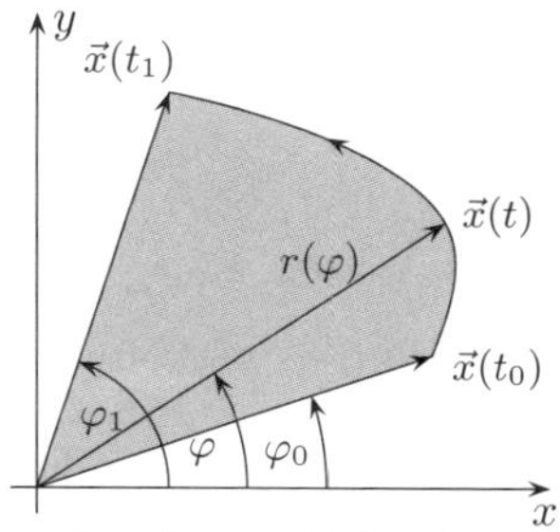

"Fläche zur Linken!"

	Sektorformel
Parameterdarst. $\vec{x} = \vec{x}(t) = \begin{pmatrix} x(t) \\ y(t) \end{pmatrix}$ $t_0 \le t \le t_1$	$F = \dfrac{1}{2}\displaystyle\int_{t_0}^{t_1} (x\dot{y} - \dot{x}y)\, dt$
Polarkoordinaten $r = r(\varphi)$ $\varphi_0 \le \varphi \le \varphi_1$	$F = \dfrac{1}{2}\displaystyle\int_{\varphi_0}^{\varphi_1} r^2(\varphi)\, d\varphi$

Ist keine dieser Formeln anwendbar: 17.1 Doppelintegrale $F = {}^G\!\iint d(x, y)$.

18.9 *Man bestimme den Flächeninhalt der* Ellipse $\dfrac{x^2}{a^2} + \dfrac{y^2}{b^2} = 1$.

$x = a\cos t$, $y = b\sin t$, $0 \le t \le \pi$ ist eine Parametrisierung der oberen Halbellipse. Die Fläche der Halbellipse beträgt:

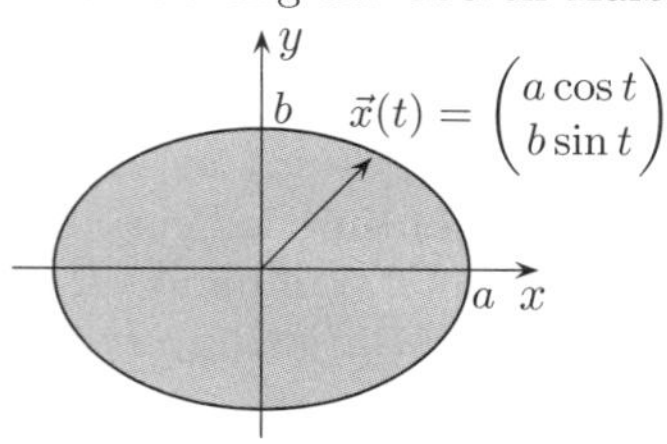

$$F = \int_0^\pi - y\dot{x}\, dt = ab \int_0^\pi \sin^2 t\, dt$$

$$= ab \left[\frac{t}{2} - \frac{1}{4}\sin 2t\right]_0^\pi = ab\frac{\pi}{2}.$$

Die Ellipsenfläche ist folglich $2F = \underline{\underline{ab\pi}}$.

18.10 *Man bestimme die von der* Lemniskatenschleife $r = \sqrt{2\cos 2\varphi}$, $-\pi/4 \le \varphi \le \pi/4$ *eingeschlossene Fläche.*

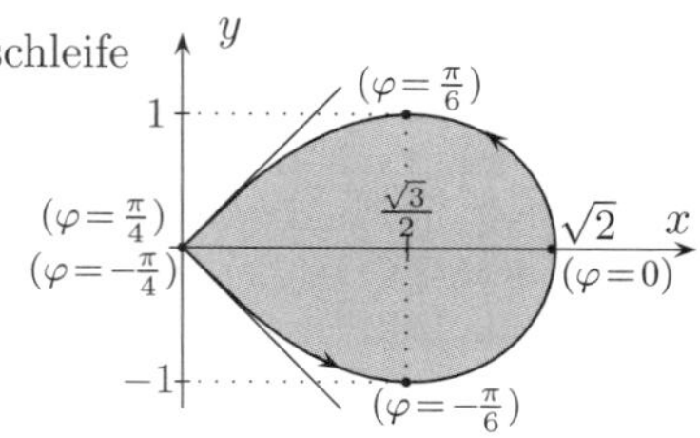

$$F = \frac{1}{2}\int_{-\pi/4}^{\pi/4} 2\cos 2\varphi\, d\varphi = \frac{1}{2}\Big[\sin 2\varphi\Big]_{-\pi/4}^{\pi/4}$$

$$= \frac{1}{2}(1 + 1) = \underline{\underline{1}}.$$

18.11 *Es sei $x = t - \sin t - \pi$, $y = 1 - \cos t$ eine Zykloide. Man berechne die skizzierte Fläche:*

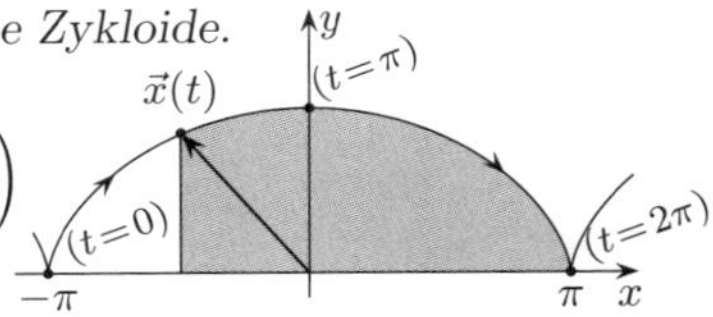

Für $0 \le t \le 2\pi$ durchläuft $\vec{x}(t) = \begin{pmatrix} t - \sin t - \pi \\ 1 - \cos t \end{pmatrix}$ den ganzen Zykloidenbogen!

$$\dot{\vec{x}} = \begin{pmatrix} 1 - \cos t \\ \sin t \end{pmatrix}, \quad x\dot{y} - \dot{x}y = t \sin t - \pi \sin t + 2 \cos t - 2$$

(1) Die Fläche liegt auf der rechten Seite der durchlaufenen Kurve, also Vorzeichenwechsel in der Flächenformel:

$$F = \int_t^{2\pi} y\dot{x}\, d\tau = \int_t^{2\pi} (1 - \cos\tau)(1 - \cos\tau)\, d\tau = \int_t^{2\pi} (1 - 2\cos\tau + \cos^2\tau)\, d\tau$$

$$= \left[\tau - 2\sin\tau + \tfrac{1}{2}\tau + \tfrac{1}{4}\sin 2\tau\right]_t^{2\pi} = \underline{3\pi - \tfrac{3}{2}t + 2\sin t - \tfrac{1}{4}\sin 2t.}$$

(2) Bei Anwendung der Sektorformel ist die Dreiecksfläche zu berücksichtigen:

$$F = -\frac{1}{2}\int_t^{2\pi} (x\dot{y} - \dot{x}y)\, d\tau - \tfrac{1}{2}xy \quad \text{(Vorzeichen von } x \text{ beachten!)}$$

$$= -\tfrac{1}{2}(2t - 5\pi - 3\sin t + (t - \pi)\cos t) - \tfrac{1}{2}(t - \sin t - \pi)(1 - \cos t)$$

$$= \ldots = \underline{3\pi - \tfrac{3}{2}t + 2\sin t - \tfrac{1}{4}\sin 2t.}$$

Insbesondere erhält man: $F(2\pi) = 0$, $F(\pi) = \dfrac{3}{2}\pi$, $F(0) = 3\pi$.

18.2 Kurven im Raum

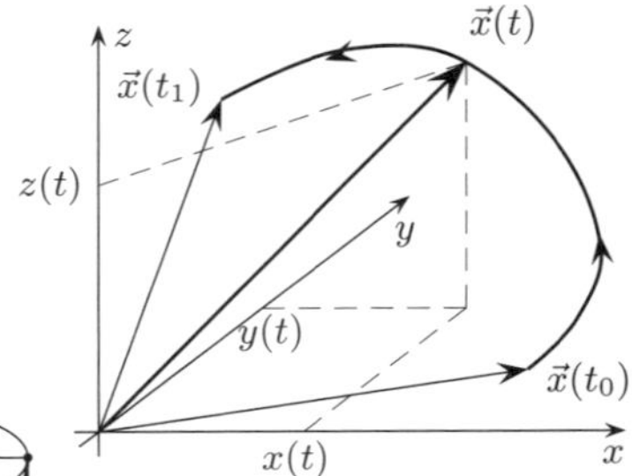

Die im Raum übliche Kurvendarstellung ist die Parameterdarstellung:

$$\vec{x} = \vec{x}(t) = \begin{pmatrix} x(t) \\ y(t) \\ z(t) \end{pmatrix}, \quad t_0 \le t \le t_1.$$

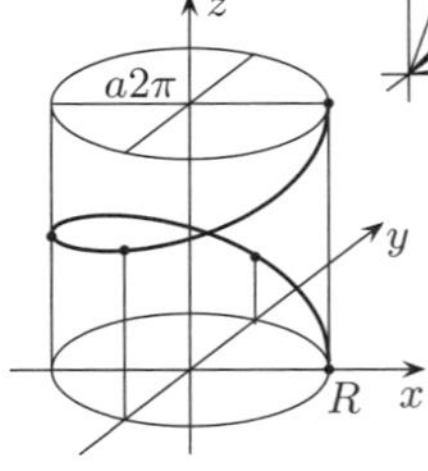

18.12 $\vec{x} = (R\cos t, R\sin t, at)$ ist eine **Schraubenlinie** auf einem Zylindermantel vom Radius R mit konstanter Ganghöhe $a2\pi$.

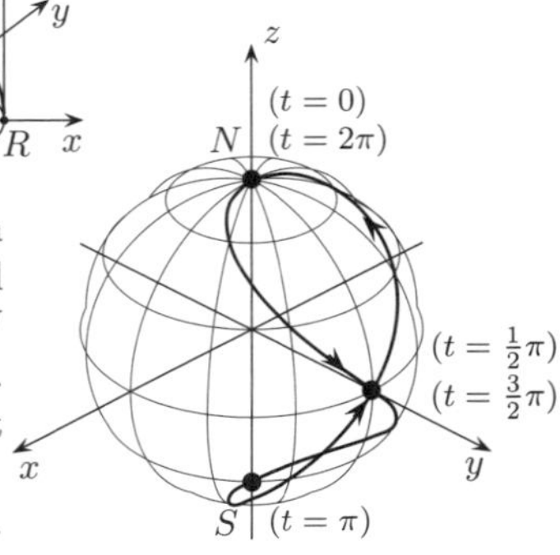

18.13 $\vec{x} = (\sin t \cos t, \sin^2 t, \cos t)$, $0 \le t \le 2\pi$, ist wegen $x^2 + y^2 + z^2 = 1$ eine Kurve auf der Einheitskugel (Kugel um 0 mit Radius 1), die vom Nordpol N zum Südpol S und zurück zum Nordpol verläuft. Die Kurve ist der Schnitt der Einheitskugel mit dem Zylinder $x^2 + (y - \frac{1}{2})^2 = \frac{1}{4}$ und heißt **Vivianische Kurve**.

Raumkurven

Ist $\vec{x} = \vec{x}(t)$ eine Parameterdarstellung einer Raumkurve, so ist:

$$\dot{\vec{x}}(t) = \begin{pmatrix} \dot{x}(t) \\ \dot{y}(t) \\ \dot{z}(t) \end{pmatrix} \quad \text{ein } \textbf{Tangentenvektor},$$

$$L = \int_{t_0}^{t_1} |\dot{\vec{x}}(t)|\, dt = \int_{t_0}^{t_1} \sqrt{\dot{x}^2 + \dot{y}^2 + \dot{z}^2}\, dt \quad \text{die } \textbf{Länge} \text{ des Kurvenstücks},$$

$$s(t) = \int_{t_0}^{t} |\dot{\vec{x}}(\tau)|\, d\tau \quad \text{die (variable) } \textbf{Bogenlänge}\text{, wobei } \frac{ds}{dt} = |\dot{\vec{x}}(t)| \text{ ist.}$$

Bogenlänge als Parameter

Ist $\vec{x} = \vec{x}(s)$ eine Parameterdarstellung einer Raumkurve mit der Bogenlänge s als Parameter und ist $'$ die Ableitung nach s, so ist:

$\vec{t}(s) := \vec{x}\,'(s)$ **Tangenteneinheitsvektor**.

$\vec{x}\,''(s)$ zum Krümmungsmittelpunkt weisender **Normalenvektor**.

$\kappa(s) := |\vec{x}\,''(s)|$ **Krümmung**.

$\vec{n}(s) := \dfrac{\vec{x}\,''(s)}{|\vec{x}\,''(s)|}$ **Hauptnormalenvektor**.

$\vec{b}(s) := \dfrac{\vec{x}\,'(s) \times \vec{x}\,''(s)}{|\vec{x}\,'(s) \times \vec{x}\,''(s)|}$ **Binormalenvektor**, Vektorprod. $\vec{a} \times \vec{b}$ Seite 134.

$\rho(s) := \dfrac{1}{\kappa(s)}$ **Krümungsradius**.

$\tau(s) := \rho^2 \langle \vec{x}\,', \vec{x}\,'', \vec{x}\,''' \rangle$ **Torsion**, Spatprodukt $\langle \vec{a}, \vec{b}, \vec{c} \rangle$ Seite 136.

Krümmung κ bzw. Torsion τ sind ein Maß für die Abweichung vom *geradlinigen* bzw. *ebenen* Verlauf der Kurve:

$\kappa = 0$	$\Longleftrightarrow$	Die Kurve ist eine Gerade
$\tau = 0$	$\Longleftrightarrow$	Die Kurve verläuft in einer Ebene

Man beachte: Für die Krümmung κ in der Ebene gilt $|\kappa(s)| = |\vec{x}\,''(s)|$.
Die Krümmung ebener Kurven ist in Rechtskurven negativ!

Im Raum wurde ein anderer Krümmungsbegriff gewählt: $|\vec{x}\,''| = \kappa \geq 0$.

In jedem Kurvenpunkt bilden $(\vec{t}, \vec{n}, \vec{b})$ ein rechtsorientiertes Orthonormalsystem, das **begleitende Dreibein**. Es gelten die

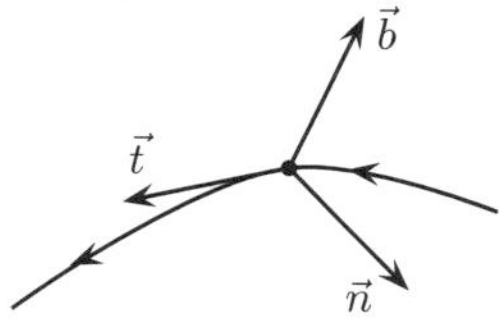

Frenetschen Formeln:

$$\begin{aligned} \vec{t}\,' &= \kappa \cdot \vec{n} \\ \vec{n}\,' &= -\kappa \cdot \vec{t} + \tau \cdot \vec{b} \\ \vec{b}\,' &= -\tau \cdot \vec{n} \end{aligned} \quad \Longrightarrow \quad \begin{aligned} \kappa &= \vec{t}\,' \cdot \vec{n} \\ \tau &= -\vec{b}\,' \cdot \vec{n} \end{aligned}$$

Durch die Vektoren des begleitenden Dreibeins $(\vec{t}, \vec{n}, \vec{b})$ werden im Kurvenpunkt $\vec{x}_0 = \vec{x}_0(t)$ **drei Ebenen** definiert:

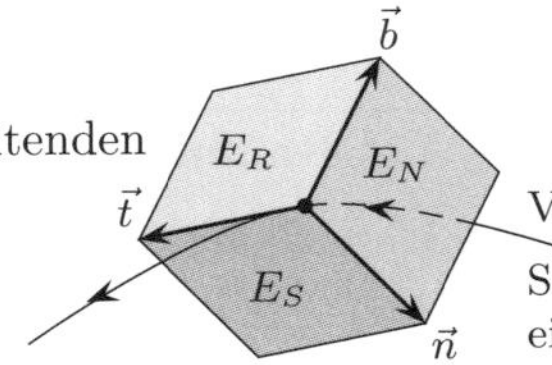

Vexierbild!

So reinschauen, dass $(\vec{t}, \vec{n}, \vec{b})$ ein Rechtssystem bilden!

Name		Gleichung	aufgespannt von
Normalebene	$\boldsymbol{E_N}$	$\vec{t} \cdot (\vec{x} - \vec{x}_0) = 0$	$\vec{n}$, $\vec{b}$
rektifizierende Ebene	$\boldsymbol{E_R}$	$\vec{n} \cdot (\vec{x} - \vec{x}_0) = 0$	$\vec{t}$, $\vec{b}$
Schmiegebene	$\boldsymbol{E_S}$	$\vec{b} \cdot (\vec{x} - \vec{x}_0) = 0$	$\vec{t}$, $\vec{n}$

allgemeine Parameterdarstellung

Bezogen auf eine allgemeine Parameterdarstellung $\vec{x} = \vec{x}(t)$ ergibt sich:

Tangenteneinheitsvektor $\quad \vec{t} = \dfrac{\dot{\vec{x}}}{|\dot{\vec{x}}|} = \vec{n} \times \vec{b}$

Hauptnormalenvektor $\quad \vec{n} = \dfrac{(\dot{\vec{x}} \times \ddot{\vec{x}}) \times \dot{\vec{x}}}{|(\dot{\vec{x}} \times \ddot{\vec{x}}) \times \dot{\vec{x}}|} = \vec{b} \times \vec{t}$

Binormalenvektor $\quad \vec{b} = \dfrac{\dot{\vec{x}} \times \ddot{\vec{x}}}{|\dot{\vec{x}} \times \ddot{\vec{x}}|} = \vec{t} \times \vec{n}$

Krümmung $\quad \kappa = \dfrac{|\dot{\vec{x}} \times \ddot{\vec{x}}|}{|\dot{\vec{x}}|^3}$

Torsion $\quad \tau = \dfrac{\langle \dot{\vec{x}}, \ddot{\vec{x}}, \dddot{\vec{x}} \rangle}{|\dot{\vec{x}} \times \ddot{\vec{x}}|^2}$

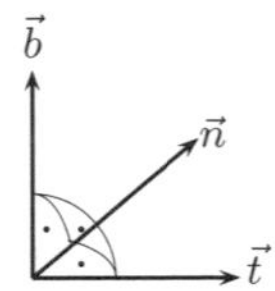

Begleitendes Dreibein $(\vec{t}, \vec{n}, \vec{b})$

Drei positiv orientierte, paarweise aufeinander senkrecht stehende Einheitsvektoren

18.14 *Man berechne das begleitende Dreibein $(\vec{t}, \vec{n}, \vec{b})$ sowie Krümmung κ und Torsion τ der Kurve $\vec{x}(t) = (\mathrm{e}^t \cos t, \mathrm{e}^t \sin t, \mathrm{e}^t)$ bei $t = 0$.*

$$\dot{\vec{x}}(t) = \mathrm{e}^t(\cos t, \sin t, 1) + \mathrm{e}^t(-\sin t, \cos t, 0) = \mathrm{e}^t(\cos t - \sin t, \cos t + \sin t, 1)$$

$$\ddot{\vec{x}}(t) = \mathrm{e}^t(\cos t - \sin t, \cos t + \sin t, 1) + \mathrm{e}^t(-\sin t - \cos t, -\sin t + \cos t, 0) = \mathrm{e}^t(-2\sin t, 2\cos t, 1)$$

$$\dddot{\vec{x}}(t) = \mathrm{e}^t(-2\sin t, 2\cos t, 1) + \mathrm{e}^t(-2\cos t, -2\sin t, 0) = \mathrm{e}^t(-2\sin t - 2\cos t, 2\cos t - 2\sin t, 1)$$

$\dot{\vec{x}}(0) = (1,1,1) \quad \ddot{\vec{x}}(0) = (0,2,1) \quad \dddot{\vec{x}}(0) = (-2,2,1).$

$\dot{\vec{x}}(0) \times \ddot{\vec{x}}(0) = (-1,-1,2) \quad , \quad \big(\dot{\vec{x}}(0) \times \ddot{\vec{x}}(0)\big) \times \dot{\vec{x}}(0) = (-3,3,0)$

Begleitendes Dreibein: $\underline{\vec{t} = \frac{1}{\sqrt{3}}(1,1,1)}$, $\underline{\vec{n} = \frac{1}{\sqrt{2}}(-1,1,0)}$, $\underline{\vec{b} = \frac{1}{\sqrt{6}}(-1,-1,2)}$

Krümmung: $\kappa = \dfrac{|(-1,-1,2)|}{(\sqrt{3})^3} = \underline{\frac{1}{3}\sqrt{2}}$ und Torsion: $\tau = \frac{2}{6} = \underline{\frac{1}{3}}$.

18.15 *Man zeige, dass $\vec{x}(t) = (1+\cos t, \sin t, -\cos t - \sin t)$ eine ebene Kurve ist und bestimme die Ebene E, die $\vec{x}(t)$ enthält.*

$$\begin{aligned} \dot{\vec{x}} &= (-\sin t, \cos t, \sin t - \cos t) \\ \ddot{\vec{x}} &= (-\cos t, -\sin t, \cos t + \sin t) \\ \dddot{\vec{x}} &= (\sin t, -\cos t, -\sin t + \cos t) \end{aligned} \implies \langle \dot{\vec{x}}, \ddot{\vec{x}}, \dddot{\vec{x}} \rangle = \begin{vmatrix} -s & -c & s \\ c & -s & -c \\ s-c & c+s & -s+c \end{vmatrix} = 0,$$

Die Determinante ist 0, da die Zeilen linear abhängig sind.

Wegen $\langle \dot{\vec{x}}, \ddot{\vec{x}}, \dddot{\vec{x}} \rangle = 0$ ist $\tau = 0$ und die Kurve ist in einer Ebene E durch z.B. $\vec{x}(0) = (2, 0, -1)$, $\vec{x}(\pi/2) = (1, 1, -1)$, $\vec{x}(\pi) = (0, 0, 1)$ enthalten.

$$E: \ \vec{x} = \vec{x}(0) + r\big(\vec{x}(\pi/2) - \vec{x}(0)\big) + s\big(\vec{x}(\pi) - \vec{x}(0)\big) = \begin{pmatrix} 2 \\ 0 \\ -1 \end{pmatrix} + r \begin{pmatrix} -1 \\ 1 \\ 0 \end{pmatrix} + s \begin{pmatrix} -2 \\ 0 \\ 2 \end{pmatrix}.$$

Man erhält $\underline{E : x + y + z = 1}$.

18.16 *Man zeige, dass die Planetenbahnen ebene Kurven sind.*

Zeigt $\vec{x}$ von der Sonne im Koordinatenursprung zum Planeten, so gilt das

Gravitationsgesetz $\ddot{\vec{x}} = -\frac{\alpha}{|\vec{x}|^2} \cdot \frac{\vec{x}}{|\vec{x}|} =: f(|\vec{x}|) \cdot \vec{x}$, ($\alpha$ Gravitationskonstante).

$\vec{x}$ und $\ddot{\vec{x}}$ sind also linear abhängig! Differentiation ergibt:

$$\dddot{\vec{x}} = \dot{f}(|\vec{x}|) \cdot \vec{x} + f(|\vec{x}|) \cdot \dot{\vec{x}}$$

Ableitungsregeln von Vektorfunktionen, siehe **F4**: $(\vec{u} \cdot \vec{v})' = \vec{u}'\vec{v} + \vec{u}\vec{v}'$

Also sind $\dddot{\vec{x}}$, $\vec{x}$, $\dot{\vec{x}}$ und daher auch $\dot{\vec{x}}$, $\ddot{\vec{x}} = \lambda \cdot \vec{x}$, $\dddot{\vec{x}}$ linear abhängig.

Dann ist $\langle \dot{\vec{x}}, \ddot{\vec{x}}, \dddot{\vec{x}} \rangle = 0$ und deshalb $\tau = 0$ und die Kurve eben.

Masse, Schwerpunkt, Trägheitsmoment von Kurven

Das Kurvenstück $\vec{x}(t) = \big(x_1(t), x_2(t), x_3(t)\big)$, $a \leq t \leq b$ sei mit Masse belegt und die Massendichte sei $\delta = \delta(t)$.

Masse der Kurve: $M = \int_a^b \delta(t)\, |\dot{\vec{x}}(t)|\, dt$

Schwerpunkt der Kurve: $S = (s_1, s_2, s_3)$ wobei

$$s_i = \frac{1}{M} \int_a^b x_i(t)\, \delta(t)\, |\dot{\vec{x}}(t)|\, dt$$

Ist $\delta(t) = 1$, also $M = L$ die Bogenlänge, so spricht man von dem **geometrischen Schwerpunkt** der Kurve.

Trägheitsmoment: $T_A = \int_a^b a^2(t)\, \delta(t)\, |\dot{\vec{x}}(t)|\, dt$

wobei $a = a(t)$ der Abstand des Kurvenpunktes $\vec{x}(t)$ von einer Achse A ist.

18.17 *Man bestimme den geometrischen Schwerpunkt S*

(a) *des Kreisbogens* $\vec{x} = R(\cos\varphi, \sin\varphi)$, $0 \le \varphi \le \varphi_0$.

(b) *der Schraubenlinie* $\vec{x} = (\cos t, \sin t, t)$, $0 \le t \le \pi$.

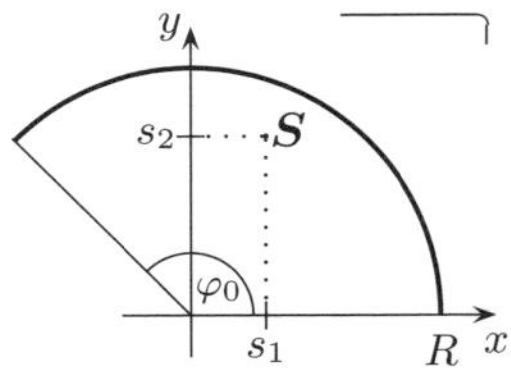

(a) 'geometrischer Schwerpunkt' meint: $\delta(t) = 1$.
Dann wird M zur Länge der Kurve, hier also $M = R\varphi_0$.

$$s_1 = \frac{1}{M}\int_0^{\varphi_0} x(\varphi)\sqrt{\dot{x}^2+\dot{y}^2}\,d\varphi = \frac{1}{R\varphi_0}\int_0^{\varphi_0} R^2\cos\varphi\,d\varphi = \frac{R}{\varphi_0}\sin\varphi_0.$$

$$s_2 = \frac{1}{M}\int_0^{\varphi_0} y(\varphi)\sqrt{\dot{x}^2+\dot{y}^2}\,d\varphi = \frac{1}{R\varphi_0}\int_0^{\varphi_0} R^2\sin\varphi\,d\varphi = \frac{R}{\varphi_0}(1-\cos\varphi_0).$$

Schwerpunkt des Kreisbogens: $\underline{S = (s_1, s_2) = R\left(\frac{\sin\varphi_0}{\varphi_0}, \frac{1-\cos\varphi_0}{\varphi_0}\right)}$.

(b) $$\vec{x}(t) = \begin{pmatrix}\cos t\\ \sin t\\ t\end{pmatrix} \Longrightarrow \dot{\vec{x}}(t) = \begin{pmatrix}-\sin t\\ \cos t\\ 1\end{pmatrix} \Longrightarrow |\dot{\vec{x}}(t)| = \sqrt{2}\,.$$

Bogenlänge der Schraubenlinie: $L = \sqrt{2}\int_0^{\pi} dt = \underline{\sqrt{2}\,\pi}$.

$$s_1 = \frac{1}{\sqrt{2}\,\pi}\sqrt{2}\int_0^{\pi}\cos t\,dt = 0,\quad s_2 = \frac{1}{\pi}\int_0^{\pi}\sin t\,dt = \frac{2}{\pi},\quad s_3 = \frac{1}{\pi}\int_0^{\pi} t\,dt = \frac{\pi}{2}.$$

Schwerpunkt der Schaubenlinie: $\underline{S = (s_1, s_2, s_3) = (0, \frac{2}{\pi}, \frac{\pi}{2})}$.

Dies war nach (a) und aus Symmetriegründen zu erwarten.

18.18 *Kinematische Interpretation:*

Ein Punkt bewege sich im Raum nach dem Gesetz $\vec{x} = \vec{x}(t)$, $t \ge a$.
$\vec{x}(t)$ gibt den Ort zur Zeit t an.
$\dot{\vec{x}}(t)$ ist die (vektorielle) Geschwindigkeit zur Zeit t.
$s = s(t) = \int_a^t |\dot{\vec{x}}(\tau)|\,d\tau$ ist die Länge des auf der Kurve zurückgelegten Wegs.
$\dot{s} = |\dot{\vec{x}}(t)|$ ist der Betrag der Geschwindigkeit.
$\ddot{\vec{x}}$ ist die (vektorielle) Beschleunigung.

$$\dot{s} = |\dot{\vec{x}}(t)| \overset{(t=s)}{\Longrightarrow} 1 = |\vec{x}'(s)| \Longrightarrow 1 = \vec{x}'^2(s) \overset{(\text{diff.})}{\Longrightarrow} 0 = 2\vec{x}'\cdot\vec{x}'',\ \text{ also } \vec{x}' \perp \vec{x}''.$$

Mit $t = t(s)$ erhält man aus $\vec{x} = \vec{x}(t(s))$ und der Kettenregel $\dot{\vec{x}} = \vec{x}'\dot{s}$ und daraus $\ddot{\vec{x}} = \vec{x}''\dot{s}^2 + \vec{x}'\ddot{s}$. Dabei bedeutet $()' = \frac{d}{ds}$ und $()^{\cdot} = \frac{d}{dt}$.

Die Beschleunigung $\ddot{\vec{x}}$ hat also die

Tangentialkomponente	$\ddot{s}\vec{x}'$	vom Betrag	$\ddot{s}$	(Tangentialbeschleunigung),
Normalkomponente	$\dot{s}^2\vec{x}''$	vom Betrag	$\kappa\dot{s}^2$	(Zentripetalbeschleunigung),
				(Krümmung $\kappa = |\vec{x}''|$).

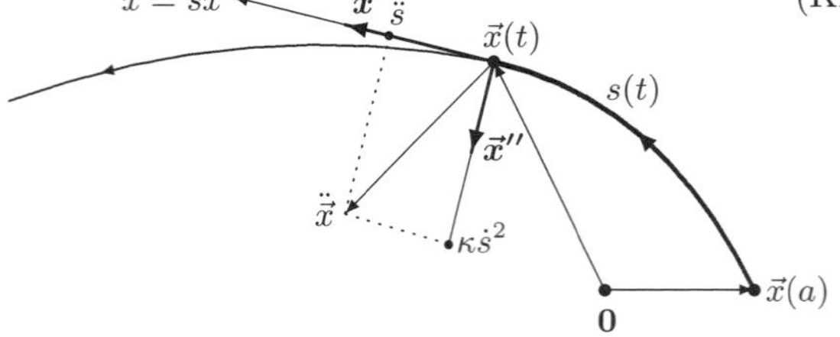

18.3 Flächen im Raum

Im Raum sind folgende Darstellungen von Flächen gebräuchlich:

	Flächen im Raum	
1	**Parameter**darstellung: u, v sind die Parameter, B ist der Parameterbereich.	$\vec{x}(u,v) = \begin{pmatrix} x(u,v) \\ y(u,v) \\ z(u,v) \end{pmatrix}$, $(u,v) \in B \subseteq \mathbb{R}^2$
2	**explizite** Darstellung als *Graph* einer Funktion:	$z = f(x,y)$, $(x,y) \in B \subseteq \mathbb{R}^2$
3	**implizite** Darstellung als *Niveaufläche* einer Funktion:	$F(x,y,z) = 0$

18.19 *Man gebe verschiedene Darstellungen der Ebene E durch den Punkt $(1,2,-1)$ mit dem Normalenvektor $(2,1,3)$.*

Die Ebene E ist eine Fläche im Raum. Zu ihr gehören bekanntlich genau die Vektoren (x,y,z), für die $\begin{pmatrix} 2 \\ 1 \\ 3 \end{pmatrix} \cdot \begin{pmatrix} x \\ y \\ z \end{pmatrix} = \begin{pmatrix} 2 \\ 1 \\ 3 \end{pmatrix} \cdot \begin{pmatrix} 1 \\ 2 \\ -1 \end{pmatrix}$ ist. Kurz:

$E: \quad 2x + y + 3z = 1$ (Darstellung von E als Niveaufläche einer Funktion).

Andere Darstellungen von E:

$$E: \quad \vec{x}(u,v) = \begin{pmatrix} u \\ 1 - 2u - 3v \\ v \end{pmatrix} \qquad (u,v) \in \mathbb{R}^2 \text{ (\textbf{Parameterdarstellung})}$$

$$= \begin{pmatrix} 0 \\ 1 \\ 0 \end{pmatrix} + u \begin{pmatrix} 1 \\ -2 \\ 0 \end{pmatrix} + v \begin{pmatrix} 0 \\ -3 \\ 1 \end{pmatrix}.$$

$E: \quad z = f(x,y) = -\frac{2}{3}x - \frac{1}{3}y + \frac{1}{3}$, $(x,y) \in \mathbb{R}^2$ (**Graph** von f).

$E: \quad F(x,y,z) = 2x + y + 3z - 1 = 0$ (**Niveaufläche** von F).

18.20 *Man parametrisiere die durch $x^2 + y^2 + z^2 = 4$ beschriebene Kugel.*

(1) Naheliegend ist der Versuch, x und y als Parameter zu nehmen und nach z aufzulösen. Das geht jedoch nicht so ohne weiteres (siehe auch Parameterdarstellung des Kreises). Für die *obere* Halbkugel (+) bzw. für die *untere* Halbkugel (−) erhält man jedoch die **Parameter**darstellungen:

$$\vec{x} = \vec{x}(x,y) = \begin{pmatrix} x \\ y \\ \pm\sqrt{4 - x^2 - y^2} \end{pmatrix} \text{ mit } (x,y) \in B = \{(x,y) \mid x^2 + y^2 \leq 4\}.$$

(2) Möglich ist folgende Parametrisierung: (siehe *Zylinderkoordinaten*, **F 2**)

$$\vec{x} = \vec{x}(r,\varphi) = \begin{pmatrix} r\cos\varphi \\ r\sin\varphi \\ \pm\sqrt{4 - r^2} \end{pmatrix} \text{ mit } (r,\varphi) \in B = [0,2] \times [0,2\pi].$$

(3) Möglich ist folgende Parametrisierung: (siehe *Kugelkoordinaten*, **F 2**)

$$\vec{x} = \vec{x}(\theta, \varphi) = \begin{pmatrix} 2\sin\theta\cos\varphi \\ 2\sin\theta\sin\varphi \\ 2\cos\theta \end{pmatrix} \text{ mit } (\theta, \varphi) \in B = [0, \pi] \times [0, 2\pi].$$

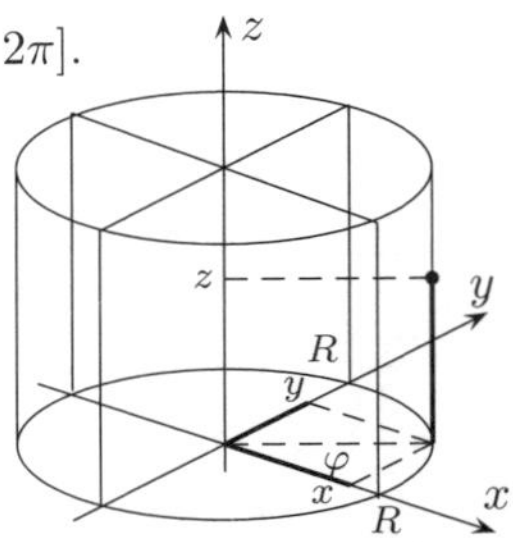

(a) Kreiszylinder

18.21 *Man beschreibe die folgenden Flächen F:*

(a) $\vec{x} = \begin{pmatrix} R\cos\varphi \\ R\sin\varphi \\ z \end{pmatrix}$ *mit* $(\varphi, z) \in [0, 2\pi] \times [0, H]$

(b) $\vec{x} = \begin{pmatrix} z\cos\varphi \\ z\sin\varphi \\ z \end{pmatrix}$ *mit* $(\varphi, z) \in [0, 2\pi] \times [-H/2, H]$

(a) Die Projektion in die x, y–Ebene ist ein Kreis vom Radius R.
F ist der darüberliegende **Kreiszylinder** der Höhe H, Abb. (a).

(b) Schnitte mit Ebenen $z = c$ sind Kreise vom Radius c.
F ist demnach ein **Doppelkegel** der Höhe $\frac{3}{2}H$, Abb. (b).

(b) Doppelkegel

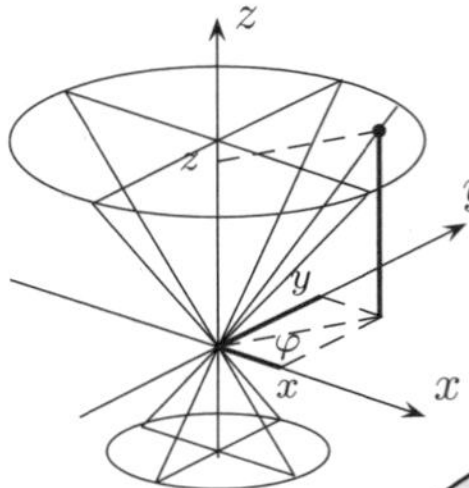

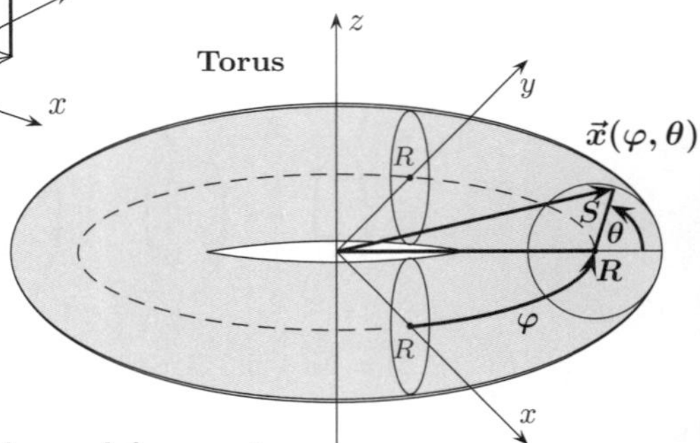

18.22 *Man bestimme verschiedene Darstellungen des skizzierten Torus T mit den Radien R bzw. S:*

1 **Parameter**darstellung:

Jeder Punkt des Torus lässt sich beschreiben durch Angabe der Winkel φ und θ:

$$\vec{x}(\varphi, \theta) = \begin{pmatrix} x(\varphi, \theta) \\ y(\varphi, \theta) \\ z(\varphi, \theta) \end{pmatrix} = \begin{pmatrix} (R + S\cos\theta)\cos\varphi \\ (R + S\cos\theta)\sin\varphi \\ S\sin\theta \end{pmatrix}$$

mit $(\varphi, \theta) \in [0, 2\pi] \times [0, 2\pi]$ und $R > S > 0$, fest.

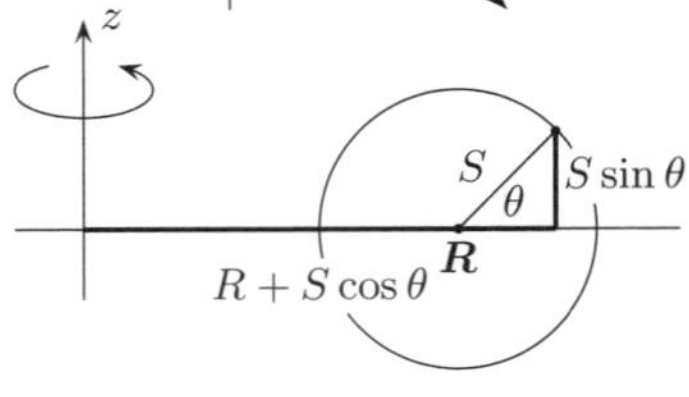

2 **explizite** Darstellung:

$$z_1 = \sqrt{S^2 - (\sqrt{x^2 + y^2} - R)^2} \quad \text{"obere Hälfte"}$$
$$z_2 = -\sqrt{S^2 - (\sqrt{x^2 + y^2} - R)^2} \quad \text{"untere Hälfte"}$$

x, y aus dem Kreisring $(R - S)^2 \leq x^2 + y^2 \leq (R + S)^2$

3 **implizite** Darstellung: $(\sqrt{x^2 + y^2} - R)^2 + z^2 - S^2 = 0$

Torusoberfläche siehe [18.30], **Torusvolumen** siehe [18.32].

Setzt man bei einer Parameterdarstellung einer Fläche $\vec{x} = \vec{x}(u, v)$ den Parameter u =constant oder v =constant, ergeben sich Kurven in der Fläche, die Parameterlinien oder **Koordinatenlinien**.

18.23 *Man bestimme die Koordinatenlinien der durch*
$\vec{x} = \vec{x}(\theta, \varphi) = (R\sin\theta\cos\varphi, R\sin\theta\sin\varphi, R\cos\theta)$
mit $(\theta, \varphi) \in [0, \pi] \times [0, 2\pi]$
gegebenen Kugel vom Radius R.

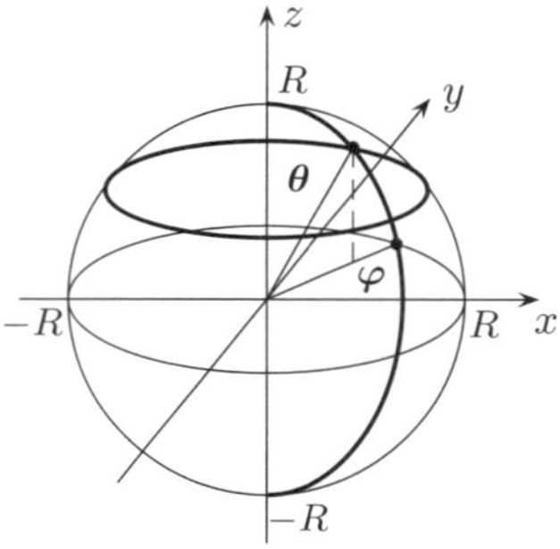

Für $\theta = c$ ergibt sich:

$\vec{x} = (R\sin c\cos\varphi, R\sin c\sin\varphi, R\cos c)$.
Dies ist ein Kreis in der Ebene $z = R\cos c$, also ein *Breitenkreis* der Kugel.

Für $\varphi = c$ ergibt sich:

$\vec{x} = (R\cos c\sin\theta, R\sin c\sin\theta, R\cos\theta)$.
Dies ist ein Halbkreis durch $(0, 0, -R)$ und $(0, 0, R)$. Wegen der geometrischen Bedeutung von φ = const. ist klar,
dass dies ein *Längenkreis* der Kugel ist.

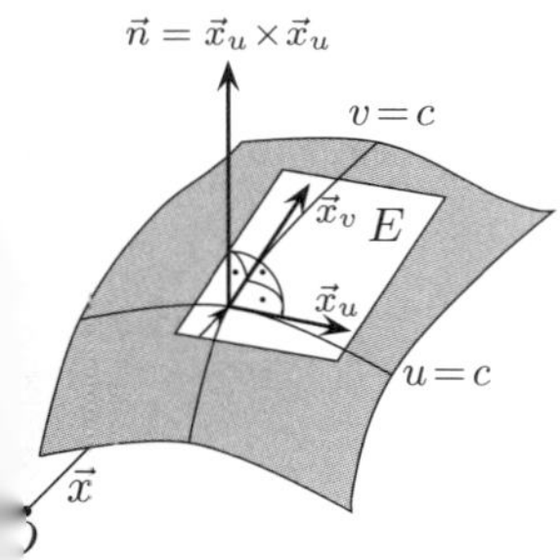

Die Ableitungsvektoren von $\vec{x}(u, v)$ nach den Parametern

$$\vec{x}_u = \begin{pmatrix} x_u(u,v) \\ y_u(u,v) \\ z_u(u,v) \end{pmatrix} \quad , \quad \vec{x}_v = \begin{pmatrix} x_v(u,v) \\ y_v(u,v) \\ z_v(u,v) \end{pmatrix}$$

sind die Spalten der Jakobi–Matrix (Seite 379) $\begin{pmatrix} x_u & x_v \\ y_u & y_v \\ z_u & z_v \end{pmatrix}$.

$\boldsymbol{\vec{x}_u}$ und $\boldsymbol{\vec{x}_v}$ sind **Tangentialvektoren** an die Parameterlinien oder Koordinatenlinien (Seite 379).

Sie spannen die **Tangentialebene** $\boldsymbol{E}$ auf (falls sie existiert).

$\boldsymbol{\vec{n} := \vec{x}_u \times \vec{x}_v}$ ist ein **Normalenvektor** der Tangentialebene!

Tangentialebene an eine Fläche im Punkt $\boldsymbol{\vec{x_0}}$

Gleichung der Tangentialebene: $\vec{n} \cdot \vec{x} = \vec{n} \cdot \vec{x_0}$

Ein **Normalenvektor** $\vec{n}$ ergibt sich je nach Flächendarstellung:

1	$\vec{x} = \vec{x}(u, v)$	$\vec{n} = \vec{x}_u \times \vec{x}_v$	$=$	
2	$z = f(x, y)$	$\vec{n} = \big(f_x(x_0, y_0), f_y(x_0, y_0), -1\big)$	$=$	$(\operatorname{grad} f(x_0, y_0), -1)$
3	$F(x, y, z) = 0$	$\vec{n} = \big(F_x(\vec{x_0}), F_y(\vec{x_0}), F_z(\vec{x_0})\big)$	$=$	$\operatorname{grad} F(x_0, y_0, z_0)$

18.24 *Man bestimme die Tangentialebene im Punkt $\vec{x_0}$ an folgende Flächen:*

(a) $\vec{x} = (u\cos t, u\sin t, u^2)$, $\vec{x_0} = (-1, 1, 2)$

(b) $z = xy^2$, $\vec{x_0} = (1, 2, 4)$

(c) $x^2 + y^2 + z^2 - R^2 = 0$, $\vec{x_0} = (x_0, y_0, z_0)$

(a) $\vec{x}_u = (\cos t, \sin t, 2u)$, $\vec{x}_t = (-u\sin t, u\cos t, 0)$.
Man berechnet die zu $\vec{x_0}$ gehörigen Parameterwerte:
$(u\cos t, u\sin t, u^2) = (-1,1,2)$ mit $0 \le t < 2\pi \iff t = \frac{3}{4}\pi \wedge u = \sqrt{2}$
Damit erhält man: $\vec{x}_u(\frac{3}{4}\pi, \sqrt{2}) = \frac{1}{2}\sqrt{2}(-1,1,4)$ und $\vec{x}_t(\frac{3}{4}\pi, \sqrt{2}) = (-1,-1,0)$
$\vec{n} = \vec{x}_u \times \vec{x}_t = -\sqrt{2}(-2,2,-1)$.
Da $(-2,2,-1)$ ebenfalls ein Normalenvektor ist, erhält man die Gleichung:

$$\vec{n}\cdot\vec{x} = \vec{n}\cdot\vec{x}_0$$
$$(-2,2,-1)\cdot(x,y,z) = (-2,2,-1)\cdot(-1,1,2)$$

- $-2x + 2y - z = 2$ Gleichung der Tangentialebene.

(b) Mit $f(x,y) = xy^2$ ist $f_x(x,y) = y^2$ und $f_y(x,y) = 2xy$.
$\vec{n} = \big(f_x(\vec{x}_0), f_y(\vec{x}_0), -1\big) = (4,4,-1)$.

$$\vec{n}\cdot\vec{x} = \vec{n}\cdot\vec{x}_0$$
$$(4,4,-1)\cdot(x,y,z) = (4,4,-1)\cdot(1,2,4)$$

- $4x + 4y - z = 8$ Gleichung der Tangentialebene.

(c) Mit $F(x,y,z) = x^2 + y^2 + z^2 - R^2$ ist:
$\vec{n} = \big(F_x(\vec{x_0}), F_y(\vec{x_0}), F_z(\vec{x_0})\big) = (2x_0, 2y_0, 2z_0) = 2\vec{x}_0$. Man erhält:

$$\vec{x}_0\cdot\vec{x} = \vec{x}_0\cdot\vec{x}_0$$
$$(x_0,y_0,z_0)\cdot(x,y,z) = (x_0,y_0,z_0)\cdot(x_0,y_0,z_0)$$

- $x_0x + y_0y + z_0z = R^2$ Gleichung der Tangentialebene.

Die Fläche ist eine Kugel.
$\vec{x}_0$ ist ein Normalenvektor der Tangentialebene und steht senkrecht auf ihr!

Wird durch $\vec{x} = \vec{x}(u,v)$ mit $(u,v) \in B \subseteq \mathbb{R}^2$ ein Flächenstück F im Raum beschrieben, so erhält man den **Flächeninhalt** $I(F)$ durch Integration von $|\vec{x}_u \times \vec{x}_v|$ über den ebenen Parameterbereich B.

$dF = |\vec{x}_u \times \vec{x}_v|\, d(u,v)$ heißt **Flächenelement**.

Inhalt $I(F)$ eines räumlichen Flächenstücks

[1] Fläche in Parameterdarstellung

$$\vec{x} = \vec{x}(u,v),\ (u,v) \in B: \quad I(F) = \int_B |\vec{x}_u \times \vec{x}_v|\, d(u,v)$$

[2] Fläche in expliziter Darstellung

$$z = f(x,y),\ (x,y) \in B: \quad I(F) = \int_B \sqrt{1 + f_x^2(x,y) + f_y^2(x,y)}\, d(x,y)$$

[3] Fläche als Oberfläche eines Rotationskörpers, Seite 517
evtl. 1. Guldinsche Regel, Seite 517.

18.25 *Man bestimme die Oberfläche $I(F)$ einer Kugelkappe der Höhe H bei einer Kugel vom Radius $R\,(\geq H)$. (ohne Grundkreisfläche, siehe Skizze)*

Zu bestimmen ist $I(F)$ für das Flächenstück
$F := \{(x,y,z) \mid x^2+y^2+z^2 = R^2 \wedge z \geq R-H\}$.

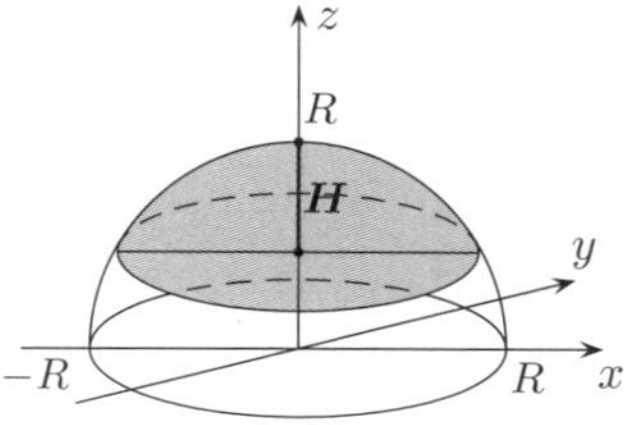

1 Kugelkappe F in Parameterdarst. (Kugelkoord.):
$\vec{x} = \vec{x}(\theta,\varphi) = \big(R\sin\theta\cos\varphi, R\sin\theta\sin\varphi, R\cos\theta\big)$
mit $0 \leq \varphi \leq 2\pi$ und $0 \leq \theta \leq \theta_0$,
wobei sich θ_0 aus $\cos\theta_0 = \frac{R-H}{R}$ ergibt,
siehe untere Skizze!

Also gilt für den Parameterbereich: $B_1 = [0,2\pi] \times [0,\theta_0]$.

Bestimmung eines Normalenvektors $\vec{n}$ im Punkt $\vec{x}(\varphi,\theta)$ an F:
$\vec{x}_\theta = R(\cos\theta\cos\varphi, \cos\theta\sin\varphi, -\sin\theta)$, $\vec{x}_\varphi = R(-\sin\theta\sin\varphi, \sin\theta\cos\varphi, 0)$

Also gilt: $\vec{n} = \vec{x}_\theta \times \vec{x}_\varphi = R^2(\sin^2\theta\cos\varphi, \sin^2\theta\sin\varphi, \cos\theta\sin\theta)$
$|\vec{n}| = |\vec{x}_\theta \times \vec{x}_\varphi| = R^2\sin\theta$

$$I(F) = \int_{B_1} |\vec{x}_u \times \vec{x}_v|\, d(u,v) = \int_{B_1} R^2\sin\theta\, d(\varphi,\theta) = \int_0^{2\pi}\Big(\int_0^{\theta_0} R^2\sin\theta\, d\theta\Big)\, d\varphi$$
$$= 2\pi R^2 \Big[-\cos\theta\Big]_0^{\theta_0} = 2\pi R^2(1-\cos\theta_0) = 2\pi R^2\frac{H}{R} = \underline{\underline{2\pi RH}}.$$

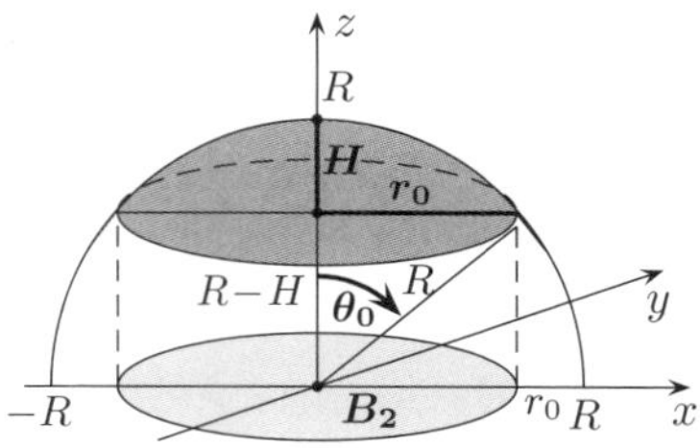

2 Kugelkappe F in expliziter Darstellung:

$z = f(x,y) = \sqrt{R^2-x^2-y^2}$
$(x,y) \in B_2 = \{(x,y) \mid x^2+y^2 \leq r_0^2\}$
mit $r_0^2 = R^2-(R-H)^2$
$f_x = \frac{-x}{\sqrt{R^2-x^2-y^2}}$, $f_y = \frac{-y}{\sqrt{R^2-x^2-y^2}}$
$1+f_x^2+f_y^2 = 1+\frac{x^2}{R^2-x^2-y^2}+\frac{y^2}{R^2-x^2-y^2} = \frac{R^2}{R^2-x^2-y^2}$

$$I(F) = \int_{B_2}\sqrt{1+f_x^2+f_y^2}\, d(x,y) = R\int_{B_2}\frac{d(x,y)}{\sqrt{R^2-x^2-y^2}}$$

Transformation auf Polarkoordinaten: $x = r\cos\varphi$ $x^2+y^2 = r^2$; $y = r\sin\varphi$ $d(x,y) = r\,dr d\varphi$ (S. 485)

$$I(F) = R\int_0^{2\pi}\Big(\int_0^{r_0}\frac{r\,dr}{\sqrt{R^2-r^2}}\Big)\, d\varphi = R\int_0^{2\pi}\Big[-\sqrt{R^2-r^2}\Big]_0^{r_0} d\varphi$$
$$= 2\pi R\Big[-\sqrt{R^2-r^2}\Big]_0^{r_0} = 2\pi R(R-\sqrt{R^2-r_0^2}\,) = \underline{\underline{2\pi RH}}.$$

3 Kugelkappe als Oberfläche eines Rotationskörpers: Siehe [18.28].

4 Für $H = 2R$ erhält man: Die Oberfläche der Kugel vom Radius R ist $\underline{\underline{4\pi R^2}}$.

18.26 *Man bestimme den Flächeninhalt $I(F)$ des durch $z = \frac{H}{R}\sqrt{x^2+y^2}$ für $\sqrt{x^2+y^2} \le R$ gegebenen Kegelmantels.*

[1] Kegelmantel in Parameterdarstellung siehe [18.31].

[2] Kegelmantel in expliziter Darst.: $z = f(x,y) = \frac{H}{R}\sqrt{x^2+y^2}$ für $x^2+y^2 \le R^2$.

$f_x = \frac{H}{R}\frac{x}{\sqrt{x^2+y^2}}$ und $f_y = \frac{H}{R}\frac{y}{\sqrt{x^2+y^2}}$

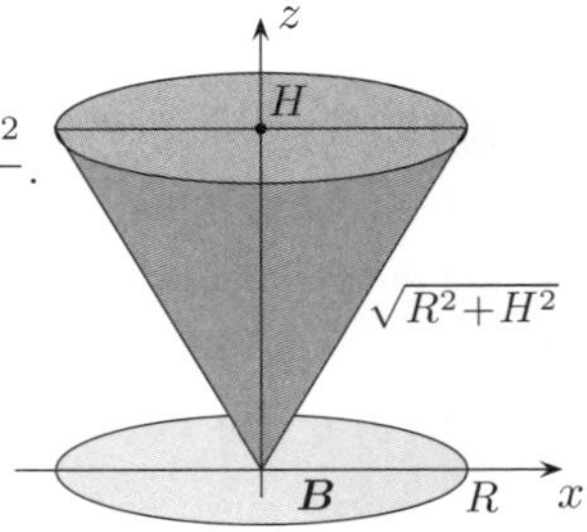

$1 + f_x^2 + f_y^2 = 1 + \frac{H^2}{R^2}\frac{x^2}{x^2+y^2} + \frac{H^2}{R^2}\frac{y^2}{x^2+y^2} = \frac{R^2+H^2}{R^2}$.

Mit $B = \{(x,y) \mid x^2+y^2 \le R^2\}$ erhält man:

$$I(F) = \int_B \sqrt{1+f_x^2+f_y^2}\; d(x,y)$$

$$= \int_B \sqrt{\frac{R^2+H^2}{R^2}}\; d(x,y)$$

$$= \frac{\sqrt{R^2+H^2}}{R}\int_B d(x,y)\ ,\ \text{da } \int_B d(x,y) \text{ der Flächeninhalt von } B \text{ ist, gilt}$$

$$= \frac{\sqrt{R^2+H^2}}{R}\cdot \pi R^2 = \underline{\underline{\pi R\sqrt{R^2+H^2}}}.$$

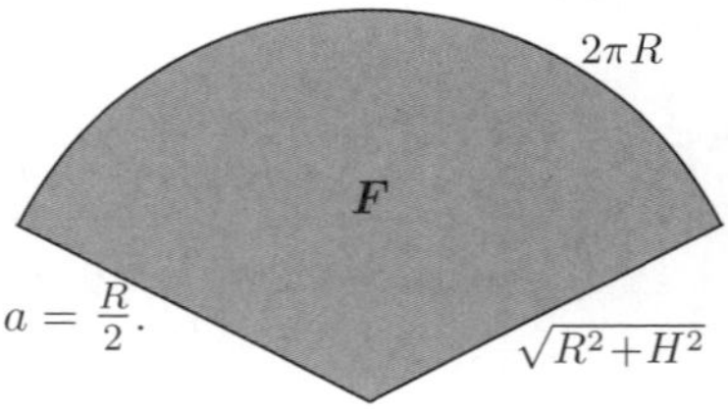

[3] 1. Guldinsche Regel:

Länge des Kurvenstücks: $L = \sqrt{R^2+H^2}$

Abstand des Schwerpunkts von der z–Achse: $a = \frac{R}{2}$.

$I(F) = 2\pi\frac{R}{2}\sqrt{R^2+H^2} = \underline{\underline{\pi R\sqrt{R^2+H^2}}}$.

[4] Der Flächeninhalt ergibt sich auch elementar, wenn man den Kegelmantel abrollt und die Fläche des entstehenden Kreissektors berechnet:

$$I(F) = \frac{2\pi R}{2\pi\sqrt{R^2+H^2}}\pi(R^2+H^2) = \underline{\underline{\pi R\sqrt{R^2+H^2}}}.$$

18.27 *Das Kurvenstück $y = f(x) \ge 0$, $a \le x \le b$ rotiere um die x–Achse. Man berechne den Inhalt der Rotationsfläche.*

Ein Punkt $\vec{x} = (x,y,z)$ der Rotationsfläche wird beschrieben durch Angabe von x und φ, wie es die Skizze zeigt: $\vec{x} = \vec{x}(x,\varphi) = (x, f(x)\cos\varphi, f(x)\sin\varphi)$

Parameterbereich: $(x,\varphi) \in B = [a,b]\times[0,2\pi]$

$\vec{x}_x = (1, f'(x)\cos\varphi, f'(x)\sin\varphi)$ und $\vec{x}_\varphi = f(x)(0, -\sin\varphi, \cos\varphi)$

$\vec{x}_x \times \vec{x}_\varphi = f(x)(f'(x), -\cos\varphi, -\sin\varphi)$, $|\vec{x}_x \times \vec{x}_\varphi| = f(x)\sqrt{1+f'^2(x)}$.

$$I(F) = \int_B f(x)\sqrt{1+f'^2(x)}\; d(x,\varphi)$$

$$= \int_0^{2\pi}\left(\int_a^b f(x)\sqrt{1+f'^2(x)}\; dx\right) d\varphi$$

$$= \underline{\underline{2\pi\int_a^b f(x)\sqrt{1+f'^2(x)}\; dx.}}$$

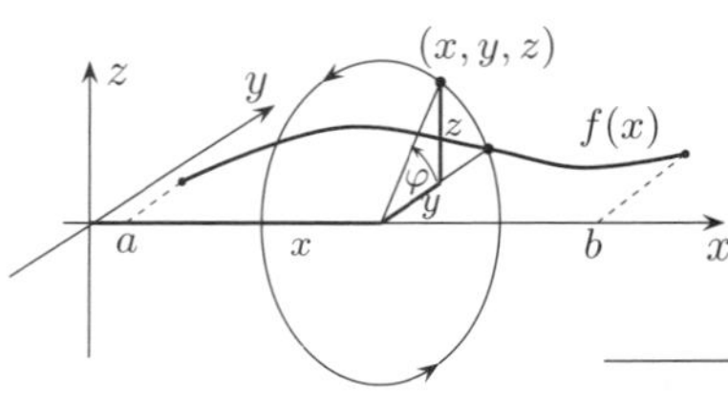

Oberfläche eines Rotationskörpers

Ein Kurvenstück der x,y–Ebene sei **explizit** gegeben durch:

$$y = f(x) \geq 0 \quad \text{mit} \quad a \leq x \leq b.$$

Die durch Rotation dieser Kurve um die x–Achse entstehende Rotationsfläche F hat den Inhalt $I(F)$:

$$I(F) = 2\pi \int_a^b f(x)\sqrt{1+f'^{\,2}(x)}\; dx$$

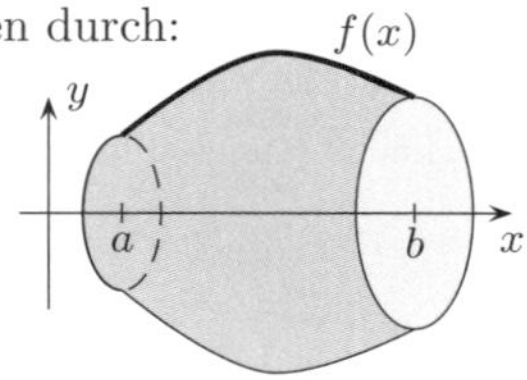

Rotation um x–Achse

Ein Kurvenstück der x,y–Ebene sei in **Parameterform** gegeben durch:

$$\vec{x} = \big(x(t), y(t)\big) \quad \text{mit} \quad t_0 \leq t \leq t_1$$

Die durch Rotation dieser Kurve um die x– bzw. y–Achse entstehende Rotationsfläche F hat den Inhalt $I(F)$:

$$I(F) = 2\pi \int_{t_0}^{t_1} y(t)\sqrt{\dot{x}^2(t)+\dot{y}^2(t)}\; dt \quad \text{(Rotation um } x\text{–Achse)},$$

$$I(F) = 2\pi \int_{t_0}^{t_1} x(t)\sqrt{\dot{x}^2(t)+\dot{y}^2(t)}\; dt \quad \text{(Rotation um } y\text{–Achse)}.$$

1. Guldinsche Regel

Ein ebenes Kurvenstück der Länge $\boldsymbol{L}$ rotiere um eine in dieser Ebene liegende Achse, die das Kurvenstück nicht schneidet. Ist $\boldsymbol{a}$ der Abstand des Schwerpunktes S des Kurvenstücks von der Drehachse, dann gilt für den Inhalt der Rotationsfläche:

$$I(F) = 2\pi a \cdot L$$

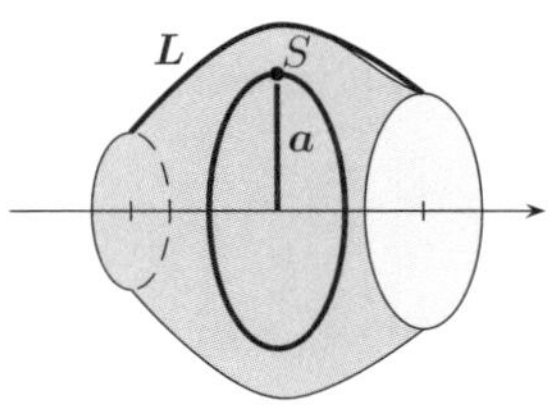

Rotationsfläche = Länge des Weges des Schwerpkts. × Länge der erzeug. Kurve.

18.28 *Man bestimme die Oberfläche $I(K)$ einer Kugelkappe der Höhe H einer Kugel vom Radius $R\,(> H)$, vgl.* [18.25] *und zeige, dass alle Kugelschichten der Dicke H gleichgroße Oberflächen ($= 2\pi RH$) haben.*

Kugelkappe als Oberfläche eines **Rotationskörpers**:

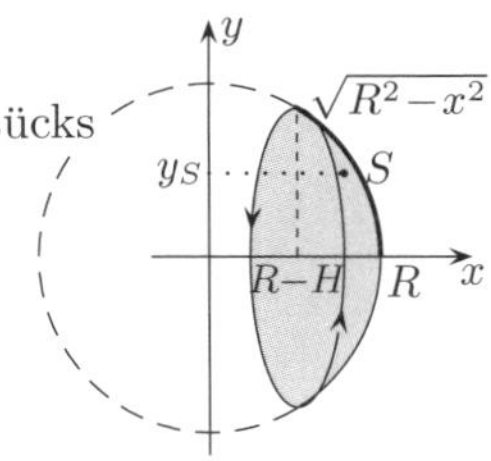

(1) Die Kugelkappe K entsteht durch Rotation des Kurvenstücks $y = \sqrt{R^2-x^2}$ mit $R-H \leq x \leq R$ um die x–Achse:

$$I(K) \;=\; 2\pi \int_{R-H}^{R} \sqrt{R^2-x^2}\,\sqrt{1+\Big(\frac{-x}{\sqrt{R^2-x^2}}\Big)^2}\; dx$$

$$= \underline{2\pi RH}.$$

(2) **1. Guldin**sche–Regel: (x_S, y_S) = Schwerpunkt des Kreisbogens, [18.17].

$$a = y_S = R\frac{1-\cos\varphi_0}{\varphi_0} = R\frac{1-\frac{R-H}{R}}{\varphi_0} = \frac{H}{\varphi_0}, \quad L = R\varphi_0 = \text{Länge des Kreisbogens.}$$

Oberfläche der Kugelkappe: $I(K) = 2\pi a \cdot L = 2\pi \frac{H}{\varphi_0} \cdot R\varphi_0 = \underline{\underline{2\pi RH}}.$

Die Oberfläche einer Kugelschicht (ohne Kreisflächen) ergibt sich als Differenz zweier Kugelkappenflächen der Höhen A bzw. $A+H$:

Oberfläche Kugelschicht $= 2\pi R(A+H) - 2\pi RA = 2\pi RH =$ Oberfläche Kugelkappe

18.29 *Die durch $r = 1+\cos\varphi$, $0 \leq \varphi \leq \pi$ gegebene Kurve (Teil einer Kardioide) rotiere um die x–Achse.*
Man bestimme den Oberflächeninhalt $I(F)$ der Rotationsfläche (Apfel).

Eine Parametrisierung der Kurve in Polarkoordinaten ist $\vec{x} = \big(r(\varphi)\cos\varphi, r(\varphi)\sin\varphi\big)$.
Hier: $\vec{x} = \big((1+\cos\varphi)\cos\varphi, (1+\cos\varphi)\sin\varphi\big)$, für $0 \leq \varphi \leq \pi$.
Weiter gilt: $\dot{x}^2 + \dot{y}^2 = r^2 + \dot{r}^2 = (1+\cos\varphi)^2 + (-\sin\varphi)^2 = 2(1+\cos\varphi)$.

$$\begin{aligned} I(F) &= 2\pi \int_0^\pi (1+\cos\varphi)\sin\varphi\sqrt{2(1+\cos\varphi)}\,d\varphi \\ &= 2\sqrt{2}\,\pi \int_0^\pi (1+\cos\varphi)^{3/2}\sin\varphi\,d\varphi \\ &= -2\sqrt{2}\,\pi \int_2^0 z^{3/2}\,dz\ , \quad \text{für } z = 1+\cos\varphi \\ &= 2\sqrt{2}\,\pi \left[\tfrac{2}{5}z^{5/2}\right]_0^2 = \underline{\underline{\frac{32}{5}\pi}}. \end{aligned}$$

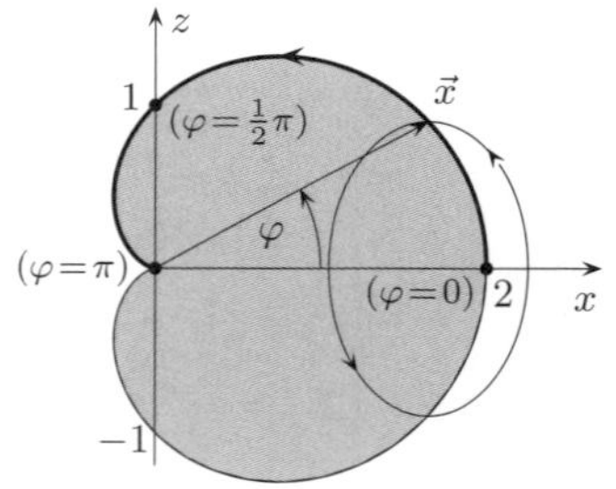

18.30 *Man berechne die Oberfläche*

des Torus T: $\vec{x} = \begin{pmatrix} (R+S\cos\theta)\cos\varphi \\ (R+S\cos\theta)\sin\varphi \\ S\sin\theta \end{pmatrix}$,

wobei $(\varphi,\theta) \in [0,2\pi] \times [0,2\pi]$ ist (siehe auch Skizze Seite 512).

(a) *mit Guldinscher Regel,* (b) *als Oberfläche eines Rotationskörpers.*

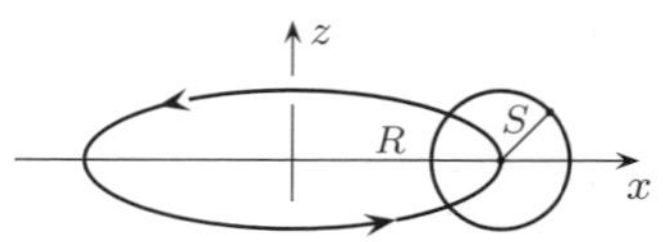

(a) Der Torus wird erzeugt durch Rotation des Kreises $\vec{x} = (R+S\cos\theta, 0, S\sin\theta)$ mit $\theta \in [0,2\pi]$ um die z–Achse. Sein Radius ist S, sein Umfang $2\pi S$. Schwerpunkt dieses Kreises ist natürlich sein Mittelpunkt $(R,0,0)$. Er rotiert auf einem Kreis der Länge $2\pi R$. Somit ergibt die **Guldin**sche Regel:
$I(T) = 2\pi S \cdot 2\pi R = \underline{\underline{4\pi^2 SR}}.$

(b) Der Torus entsteht durch Rotation des Kreises $\vec{x}(t) = \begin{pmatrix} R+S\cos t \\ S\sin t \end{pmatrix}$, $0 \leq t \leq 2\pi$ um die y–Achse. Seine Oberfläche ist folglich:

$$\begin{aligned} I(F) &= 2\pi \int_0^{2\pi} (R+S\cos t)\sqrt{S^2\sin^2 t + S^2\cos^2 t}\;dt \\ &= 2\pi \int_0^{2\pi} (R+S\cos t)S\,dt = 2\pi\Big[RSt + S^2\sin t\Big]_0^{2\pi} = \underline{\underline{4\pi^2 RS}}. \end{aligned}$$

Erheblich aufwendiger wäre $I(T) = \int_B |\vec{x}_\varphi \times \vec{x}_\theta|\,d(\varphi,\theta)$, (gemäß Seite 514).

Masse, Schwerpunkt, Trägheitsmoment

Das Flächenstück $\vec{x} = \big(x_1(u,v), x_2(u,v), x_3(u,v)\big)$, $(u,v) \in B \subseteq \mathbb{R}^2$ sei mit Masse belegt und die Massendichte sei $\delta = \delta(u,v)$.

Für die Fläche erhält man:

Masse $\quad M = \displaystyle\int_B \delta(u,v)|\vec{x}_u \times \vec{x}_v|\,dB$

Schwerpunkt $\quad S = (s_1, s_2, s_3)$, wobei

$$s_i = \frac{1}{M}\int_B x_i(u,v)\cdot\delta(u,v)|\vec{x}_u \times \vec{x}_v|\,dB$$

Trägheitsmoment $\quad T_A = \displaystyle\int_B a^2(u,v)\cdot\delta(u,v)|\vec{x}_u \times \vec{x}_v|\,dB$, wobei

$a = a(u,v)$ den Abstand des Flächenpunktes $\vec{x}(u,v)$ von einer Achse A bezeichnet.

18.31 *Es sei K der durch $H^2(x^2+y^2) - R^2z^2 = 0$, $0 \le z \le H$ beschriebene Kegelmantel mit der Massenbelegung $\delta = 1$.*

Man berechne Masse M, Schwerpunkt S und Trägheitsmomente T_z und T_x bzgl. z– bzw. x–Achse.

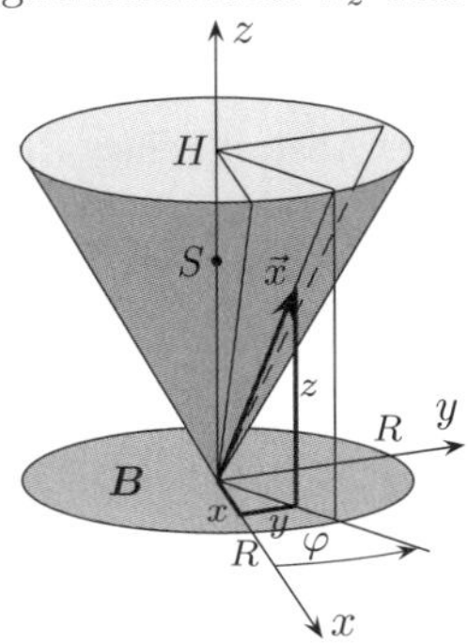

Eine geeignete **Parametrisierung** des Kegelmantels erhält man durch Polarkoordinaten in der x,y–Ebene:

$x = r\cos\varphi$ und $y = r\sin\varphi$.

Dann ist $z = \dfrac{H}{R}\sqrt{x^2+y^2} = \dfrac{H}{R}r$.

Also K: $\quad \vec{x} = \begin{pmatrix} r\cos\varphi \\ r\sin\varphi \\ r\frac{H}{R} \end{pmatrix} = r\begin{pmatrix} \cos\varphi \\ \sin\varphi \\ \frac{H}{R} \end{pmatrix}$,

mit $(\varphi, r) \in [0,2\pi]\times[0,R] =: B$ und $R, H > 0$ fest.

(1) **Masse:** $\quad \vec{x}_r = \begin{pmatrix} \cos\varphi \\ \sin\varphi \\ \frac{H}{R} \end{pmatrix}$ und $\vec{x}_\varphi = \begin{pmatrix} -r\sin\varphi \\ r\cos\varphi \\ 0 \end{pmatrix} = r\begin{pmatrix} -\sin\varphi \\ \cos\varphi \\ 0 \end{pmatrix}$

$$\Longrightarrow \vec{x}_r \times \vec{x}_\varphi = r\begin{pmatrix} -\frac{H}{R}\cos\varphi \\ -\frac{H}{R}\sin\varphi \\ 1 \end{pmatrix} , \quad |\vec{x}_r \times \vec{x}_\varphi| = r\cdot\left|\begin{pmatrix} -\frac{H}{R}\cos\varphi \\ -\frac{H}{R}\sin\varphi \\ 1 \end{pmatrix}\right| = r\sqrt{\frac{H^2}{R^2}+1}$$

$$M = \int_B \delta(u,v)|\vec{x}_u \times \vec{x}_v|\,dB = \int_{\varphi=0}^{2\pi}\int_{r=0}^{R} 1\cdot r\sqrt{\frac{H^2}{R^2}+1}\,dr\,d\varphi = \underline{\underline{\pi R\sqrt{R^2+H^2}}}.$$

$M = \pi R\sqrt{R^2+H^2}$ ist auch die **Fläche** des Kegelmantels (da $\delta = 1$) !

Das **Volumen** des Kegels ist natürlich $\dfrac{1}{3}\pi R^2 H$.

(2) **Schwerpunkt**: Für $S = (s_1, s_2, s_3)$ gilt aus Symmetriegründen $s_1 = s_2 = 0$.

$$s_3 = \frac{1}{M} \int_B z|\vec{x}_r \times \vec{x}_\varphi| \, dB$$
$$= \frac{\sqrt{R^2+H^2}}{\pi R\sqrt{R^2+H^2}\, R} \frac{H}{R} \int_B r^2 \, dB$$
$$= \frac{2\pi H}{\pi R^3} \left[\frac{1}{3} r^3\right]_0^R = \frac{2}{3} H.$$

Der Schwerpunkt ist: $\underline{\underline{S = (0, 0, \frac{2}{3}H)}}$.

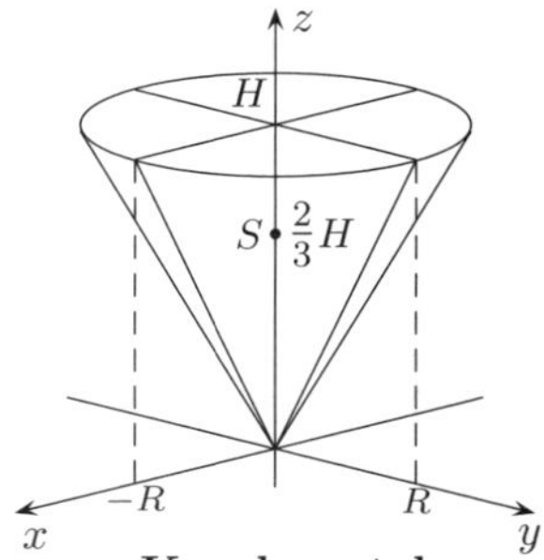

Kegelmantel

Fläche $F = \pi R\sqrt{R^2+H^2}$

Schwerpunkt $S = (0, 0, \frac{2}{3}H)$

Zum Vergleich: Schwerpunkt des Vollkegels:

Das Volumen des Kegels ist $V = \frac{1}{3}\pi R^2 H$.

$$s_3 = \frac{1}{V} \int_V z \, dV$$
$$= \frac{1}{\frac{1}{3}\pi R^2 H} \int_0^{2\pi} \Big(\int_0^R \Big(\int_{r\frac{H}{R}}^H zr \, dz \Big) dr \Big) d\varphi = \frac{\frac{1}{4}\pi H^2 R^2}{\frac{1}{3}\pi R^2 H} = \frac{3}{4} H.$$

Der Schwerpunkt des Vollkegels ist: $\underline{\underline{S = (0, 0, \frac{3}{4}H)}}$.

(3) **Trägheitsmomente**:

Der Abstand eines Punktes (x, y, z) von der z–Achse ist $\sqrt{x^2+y^2}$, der Abstand von der x–Achse beträgt $\sqrt{y^2+z^2}$.

Es gilt $x^2 + y^2 = r^2$, $y^2 + z^2 = r^2 \sin^2\varphi + \frac{H^2}{R^2} r^2$.

Für die Trägheitsmomente T_z und T_x erhält man:

$$T_z = \int_B r^2 r \frac{\sqrt{R^2+H^2}}{R} \, dB = \frac{\sqrt{R^2+H^2}}{R} 2\pi \left[\frac{1}{4} r^4\right]_0^R = \underline{\underline{\frac{\pi}{2}\sqrt{R^2+H^2}\, R^3}}.$$

$$T_x = \int_B r^2 (\frac{H^2}{R^2} + \sin^2\varphi) \frac{\sqrt{R^2+H^2}}{R} r \, dB$$
$$= \frac{\sqrt{R^2+H^2}}{R} \int_0^{2\pi} \Big(\int_0^R (\frac{H^2}{R^2} + \sin^2\varphi) r^3 \, dr \Big) d\varphi$$
$$= \frac{\sqrt{R^2+H^2}}{4} R^3 \int_0^{2\pi} (\frac{H^2}{R^2} + \sin^2\varphi) \, d\varphi = \frac{\sqrt{R^2+H^2}}{4} R^3 \left[\frac{H^2}{R^2}\varphi + \frac{\varphi}{2} - \frac{1}{4}\sin 2\varphi\right]_0^{2\pi}$$
$$= \underline{\underline{\frac{\sqrt{R^2+H^2}}{4} R^3 (2\pi \frac{H^2}{R^2} + \pi)}}.$$

Volumen eines Rotationskörpers

Ein Kurvenstück der x,y–Ebene sei **explizit** gegeben durch:

$$y = f(x) \geq 0 \quad \text{mit} \quad a \leq x \leq b.$$

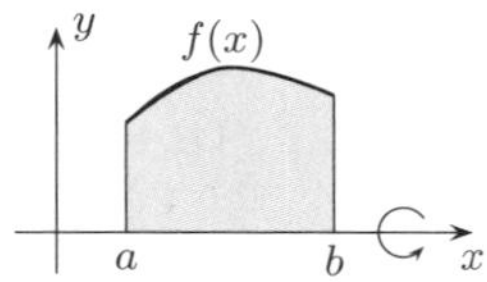

Der durch Rotation der Fläche F zwischen der Kurve und der x–Achse um die x–Achse (bzw. y–Achse) entstehende Körper hat das Volumen:

$$V = \pi \int_a^b f^2(x)\,dx \qquad \text{(Rot. um } x\text{–Achse)},$$

$$V = 2\pi \int_a^b x f(x)\,dx \qquad \begin{matrix}\text{(Rot. um } y\text{–Achse).}\\ 0 \leq a < b\end{matrix}$$

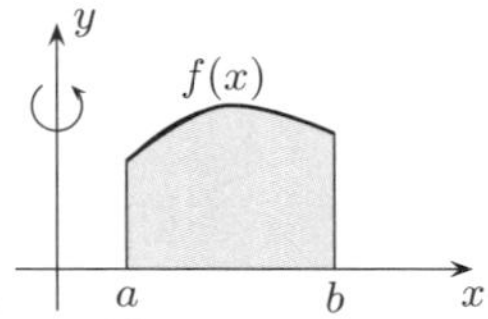

Ist $0 \leq a < b$, f differenzierbar und streng monoton wachsend, so hat der durch Rotation der Fläche zwischen der Kurve und der y–Achse um die y–Achse entstehende Körper das Volumen [siehe 18.84]:

$$V = \pi \int_a^b x^2 f'(x)\,dx \qquad \text{(Rot. um } y\text{–Achse).}$$

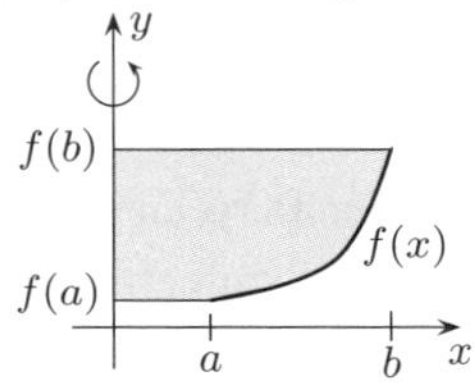

2. Guldinsche Regel

Ein ebenes Flächenstück vom Flächeninhalt F rotiere um eine in dieser Ebene liegende Achse, die das Flächenstück nicht schneidet. Ist a der Abstand des Schwerpunkts des Flächenstück von der Drehachse, dann gilt für das Volumen des Rotationskörpers:

$$\boldsymbol{V = 2\pi a \cdot F}.$$

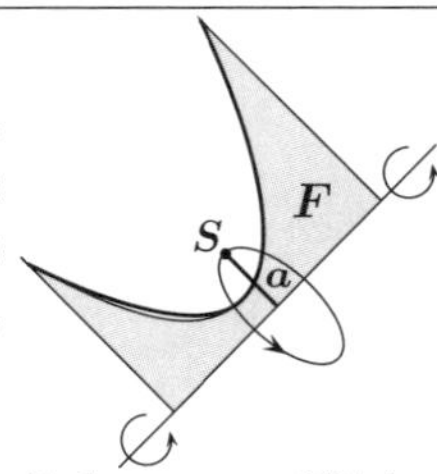

Rotationsvol. = Länge des Weges des Schwerpkts. × Inhalt der erzeug. Fläche.

18.32 *Man ermittle mittels obiger Formeln das Volumen V*

(a) *der Kugel vom Radius R,*

(b) *des Torus $(\sqrt{x^2+y^2} - R)^2 + z^2 = S^2$.*

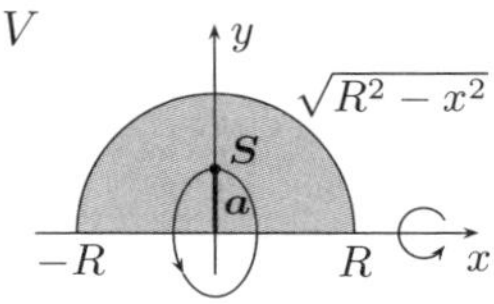

(a) Die Kugel wird erzeugt durch Rotation des Halbkreises $H:\ y = \sqrt{R^2 - x^2}\,,\ -R \leq x \leq R$, um die x–Achse.

(1) $$V = \pi \int_{-R}^{R} (\sqrt{R^2 - x^2}\,)^2\,dx = 2\pi \int_0^R (R^2 - x^2)\,dx = \underline{\underline{\frac{4}{3}\pi R^3}}.$$

(2) Nicht so zweckmäßig ist die Guldinsche Regel: Zunächst ist die Ordinate y_s des Schwerpunkts der Halbkreisfläche $F:\ \begin{matrix} 0 \leq \varphi \leq \pi \\ 0 \leq r \leq R \end{matrix}$ zu ermitteln:

$$y_s = \frac{\displaystyle\int_F y\,d(x,y)}{\displaystyle\int_F d(x,y)} = \frac{\displaystyle\int_F y\,d(x,y)}{\text{Halbkreisfläche}} = \frac{2}{\pi R^2} \int_{\varphi=0}^{\pi} \Big(\int_{r=0}^{R} r^2 \sin\varphi\,dr \Big)\,d\varphi = \underline{\frac{4}{3}\frac{R}{\pi}}.$$

Man erhält $\quad V = \text{Weg des Schwerpunkts} \times \text{Fläche} = 2\pi \frac{4}{3}\frac{R}{\pi} \cdot \frac{\pi R^2}{2} = \underline{\underline{\frac{4}{3}\pi R^3}}.$

(b) Der Torus wird erzeugt durch Rotation des Kreises $(x-R)^2+z^2=S^2$ um die z–Achse,
also $x=R+\sqrt{S^2-z^2}$ (rechter Halbkr.), $x=R-\sqrt{S^2-z^2}$ (linker Halbkr.):

(1) $$V=\pi\int_{-S}^{S}(R+\sqrt{S^2-z^2})^2\,dz-\pi\int_{-S}^{S}(R-\sqrt{S^2-z^2})^2\,dz$$
$$=2\pi\int_0^S 4R\sqrt{S^2-z^2}\,dz=8\pi R\int_0^S\sqrt{S^2-z^2}\,dz$$
$$=8\pi R\tfrac{1}{2}\left[z\sqrt{S^2-z^2}+S^2\arcsin\tfrac{z}{S}\right]_0^S$$ **F4** oder **F+H**, S. 101, Nr. 105 oder *.
$$=4\pi R\cdot S^2\tfrac{1}{2}\pi=\underline{\underline{2\pi^2RS^2}}.$$

* Geschickt wäre: $\int_0^S\sqrt{S^2-z^2}\,dz=\frac{\pi S^2}{4}$, Viertelkreis!

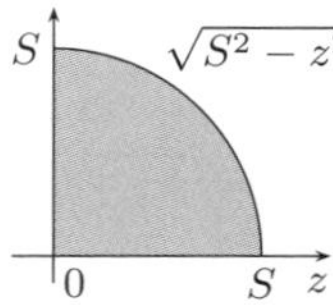

(2) Bei der Berechnung des Torusvolumens empfiehlt sich die Guldinsche Regel:
Da aus Symmetriegründen $(R,0)$ der Flächenschwerpunkt in der (x,z)–Ebene ist, ergibt sich sofort:

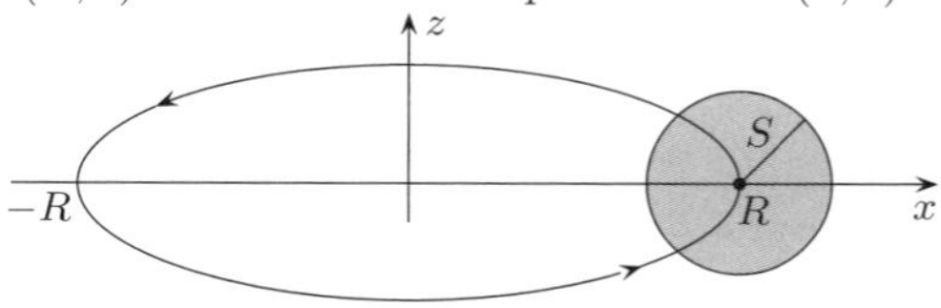

Kreisfläche $=\pi S^2$,
Länge des Weges des Schwerpunkts $=2\pi R$, also
$V=\pi S^2\cdot 2\pi R=\underline{\underline{2\pi^2RS^2}}$, siehe auch [17.17].
Torusvolumen $=2\pi^2RS^2$

18.4 Skalar– und Vektorfelder

Funktionen $f:\ \mathbb{R}^3\to\mathbb{R}$ / $\vec{v}:\ \mathbb{R}^3\to\mathbb{R}^3$ werden als **Skalarfelder** / **Vektorfelder** bezeichnet.

Beispiele für **Skalarfelder** sind:
Temperatur, Druck, Potential eines Gravitations– oder elektrischen Feldes.

Beispiele für **Vektorfelder** sind:
Elektrisches–, magnetisches Feld, Gravitationsfeld, Geschwindigkeitsfeld.

Bezeichnung:	Vektorfeld:	$\vec{v}=(v_x,v_y,v_z)$
	partielle Ableitungen:	$\frac{\partial v_x}{\partial x},\ \frac{\partial v_x}{\partial y},\ \frac{\partial v_x}{\partial z}$ usw.

Ist $r := \sqrt{x^2+y^2+z^2}$ der Abstand des Punktes $\vec{x} = (x, y, z)$ vom Nullpunkt, so gilt:

Das **Potential** einer im Ursprung befindlichen punktförmigen Ladung Q ist:

$$U(x,y,z) = \frac{Q}{4\pi\epsilon_0} \cdot (x^2+y^2+z^2)^{-1/2} = \frac{Q}{4\pi\epsilon_0} \cdot \frac{1}{r} \quad \text{(Skalarfeld).}$$

Das **elektrische Feld** einer kugelsymmetrischen Ladungsverteilung vom Radius a im Vakuum ist:

$$\vec{E}(x,y,z) = \begin{cases} \dfrac{Q}{4\pi\epsilon_0} \cdot \dfrac{1}{r^3} \cdot \vec{x} & \text{für } r > a \\ \dfrac{Q}{4\pi\epsilon_0} \cdot \dfrac{1}{a^3} \cdot \vec{x} & \text{für } r \le a \end{cases} \quad \text{(Vektorfeld).}$$

Häufig auftretende Vektorfelder:

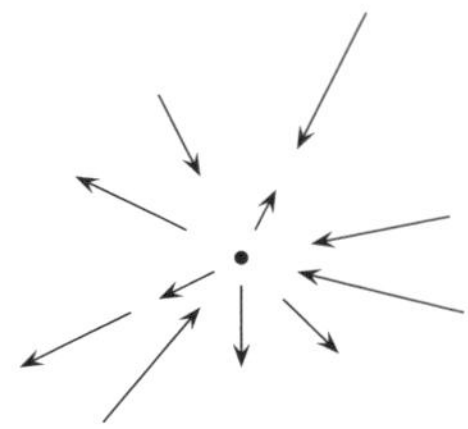

(a) **Zentrales Vektorfeld** (Zentralfeld):
Alle Vektoren $\vec{v}$ liegen in Geraden, die durch einen bestimmten Punkt (Zentrum) gehen. D.h. alle Vektoren $\vec{v}$ zeigen zu einem festen Punkt (Zentrum) hin oder von ihm weg.

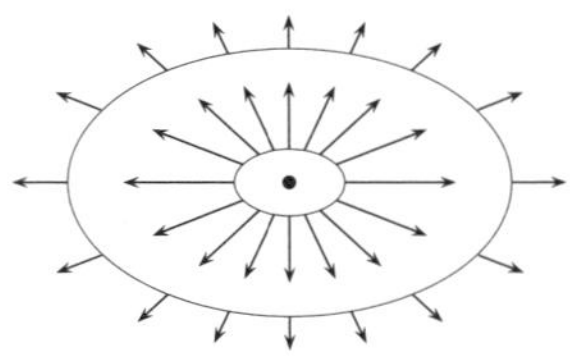

(b) **Sphärisches Vektorfeld**:
Spezielles Zentralfeld: Die Länge des Vektors $\vec{v}$ hängt nur vom Abstand $|\vec{x}|$ des Vektors $\vec{x}$ vom Nullpunkt ab.
Gravitationsfeld, Coulombfeld,
siehe [18.49], Tabelle Seite 545.

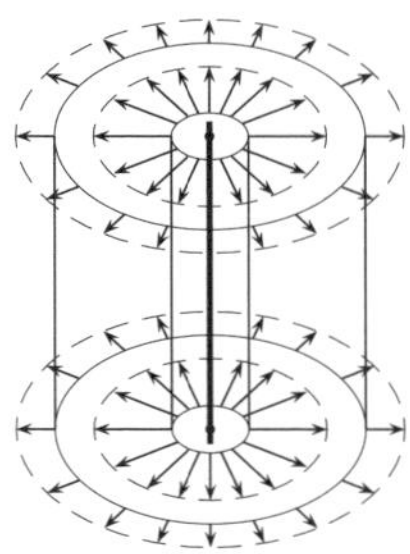

(c) **Zylindrisches Vektorfeld** (Zylinderfeld):
Alle Vektoren $\vec{v}$ liegen in Geraden, die auf einer bestimmten Geraden (Achse) senkrecht stehen, und haben für Punkte gleichen Abstands von der Achse gleiche Länge.
Elektrisches Feld eines geladenen Drahtes,
siehe [18.50], Tabelle Seite 545.

18.4.1 Differentialoperatoren: Gradient, Divergenz, Rotation, Nabla

1. Gradient und Richtungsableitung

Jedem Skalarfeld ist in natürlicher Weise ein Vektorfeld zugeordnet (unter den nötigen Differenzierbarkeitsvoraussetzungen):

Ist $f : \mathbb{R}^3 \to \mathbb{R}$ ein **Skalarfeld**, so heißt

$$\boldsymbol{\operatorname{grad} f := \left(\frac{\partial f}{\partial x}, \frac{\partial f}{\partial y}, \frac{\partial f}{\partial z}\right)} \quad \textbf{Gradient} \text{ von } \boldsymbol{f}$$

$\operatorname{grad} f : \mathbb{R}^3 \to \mathbb{R}^3$ ist ein **Vektorfeld**.

18.33 *Für $f(x,y,z) = xy + x^2yz + yz^3$ bestimme man* $\operatorname{grad} f(x,y,z)$ *und* $\operatorname{grad} f(1,2,3)$.

$\operatorname{grad} f(x,y,z) = (y + 2xyz, x + x^2z + z^3, x^2y + 3yz^2)$ und
$\operatorname{grad} f(1,2,3) = (14, 31, 56)$.

Ist $\vec{a} \neq \vec{0}$, so ist $\vec{x}_0 + h\frac{\vec{a}}{|\vec{a}|}$, $h \in \mathbb{R}$ die Gerade durch $\vec{x}_0$ in Richtung $\vec{a}$. Betrachtet man f nur auf dieser Geraden, entsteht eine reelle Funktion $g(h) := f(\vec{x}_0 + h\frac{\vec{a}}{|\vec{a}|})$. Die Ableitung $g'(0)$ heißt **Richtungsableitung** von f an der Stelle $\vec{x}_0$ in Richtung $\vec{a}$:

Richtungsableitung

Die **Richtungsableitung** des Skalarfeldes $f : \mathbb{R}^3 \to \mathbb{R}$ an der Stelle $\vec{x}_0$ in Richtung des Vektors $\vec{a} \neq \vec{0}$ ist:

$$\frac{\partial f}{\partial \vec{a}}(\vec{x}_0) := \lim_{h\to 0} \frac{f(\vec{x}_0 + h\frac{\vec{a}}{|\vec{a}|}) - f(\vec{x}_0)}{h} = \lim_{h\to 0} \frac{f(\vec{x}_0 + h\vec{a}) - f(\vec{x}_0)}{h|\vec{a}|}.$$

18.34 *Man berechne die Richtungsableitung von $f(x,y) = x^2y + y^2$ in $\vec{x}_0 = (1,2)$ in Richtung von $\vec{a} = (-1,1)$:*

$\vec{x}_0 + h \cdot \vec{a} = (1,2) + h(-1,1) = (1-h, 2+h)$ und $|\vec{a}| = \sqrt{2}$
$f(\vec{x}_0 + h\vec{a}) - f(\vec{x}_0) = (1-h)^2(2+h) + (2+h)^2 - 6 = h^3 + h^2 + h = h(h^2 + h + 1)$
$\frac{\partial f}{\partial \vec{a}}(\vec{x}_0) = \lim_{h\to 0} \frac{h(h^2+h+1)}{h\sqrt{2}} = \underline{\underline{\tfrac{1}{2}\sqrt{2}}}.$

Ist f in $\vec{x}_0$ differenzierbar, lässt sich die Richtungsableitung einfach mit Hilfe des Gradienten bestimmen:

Richtungsableitung und Gradient

Ist f in $\vec{x}_0$ **differenzierbar**, gilt

$$\frac{\partial f}{\partial \vec{a}}(\vec{x}_0) = \operatorname{grad} f(\vec{x}_0) \cdot \frac{\vec{a}}{|\vec{a}|}$$

Richtungsableitung = **Gradient** mal **Einheitsvektor**

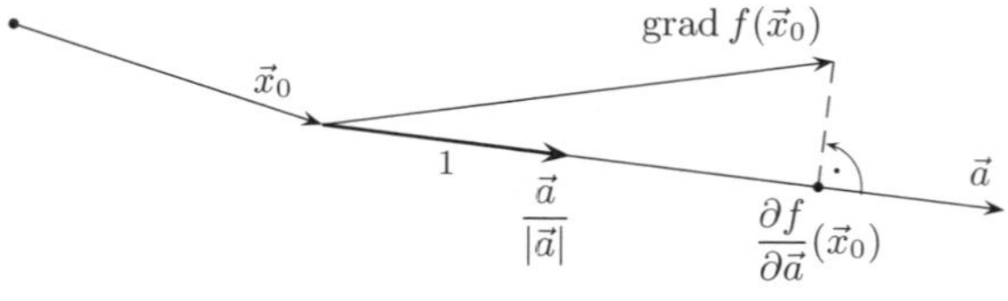

18.35 *Man berechne* $\frac{\partial f}{\partial \vec{a}}(\vec{x}_0)$ *für* $f(x,y) = x^2y + y^2$, $\vec{x}_0 = (1,2)$ *und* $\vec{a} = (-1,1)$:

$$\text{grad} f(\vec{x}) = (2xy, x^2 + 2y) , \quad \text{grad} f(\vec{x}_0) = (4,5) , \ \frac{\vec{a}}{|\vec{a}|} = \frac{1}{\sqrt{2}}(-1,1)$$

$$\Longrightarrow \quad \frac{\partial f}{\partial \vec{a}}(\vec{x}_0) = (4,5) \cdot \frac{1}{\sqrt{2}}(-1,1) = \frac{1}{\sqrt{2}} = \underline{\underline{\tfrac{1}{2}\sqrt{2}}}, \quad \text{wie im vorigen Beispiel.}$$

Ist f in $\vec{x}_0$ nicht differenzierbar, muss Richtungsableitung nicht gleich Gradient mal Einheitsvektor sein, obwohl Gradient und Richtungsableitung existieren:

18.36 *Man bestimme* $\frac{\partial f}{\partial \vec{a}}(\vec{0})$ *für*

$$f(x,y) = \begin{cases} \dfrac{x|y|}{\sqrt{x^2+y^2}} & , \ (x,y) \neq \vec{0} \\ 0 & , \ (x,y) = \vec{0} \end{cases} \qquad \textit{und} \quad \vec{a} = (1,1).$$

Wegen $f(x,0) = f(0,y) = 0$ (f ist also auf den Achsen gleich 0) existieren die partiellen Ableitungen $\frac{\partial f}{\partial x}(\vec{0})$ und $\frac{\partial f}{\partial y}(\vec{0})$ und es ist $\frac{\partial f}{\partial x}(\vec{0}) = 0$, $\frac{\partial f}{\partial y}(\vec{0}) = 0$.
Man erhält also $\text{grad} f(\vec{0}) = (0,0)$.
Gradient mal **Einheitsvektor** $= \text{grad} f(\vec{0}) \cdot \frac{\vec{a}}{|\vec{a}|} = (0,0) \cdot \frac{1}{\sqrt{2}}(1,1) = 0$.

Die **Richtungsableitung** $\frac{\partial f}{\partial \vec{a}}(\vec{0})$ ergibt sich hingegen wie folgt:

$$\frac{\partial f}{\partial \vec{a}}(\vec{0}) = \lim_{h\to 0} \frac{f\big((0,0)+h(1,1)\big) - f(0,0)}{h|(1,1)|} = \lim_{h\to 0} \frac{f(h,h)}{h\sqrt{2}} = \lim_{h\to 0} \frac{h|h|}{h\sqrt{2}\,|h|\sqrt{2}} = \underline{\underline{\tfrac{1}{2}}}.$$

f ist also in $(0,0)$ nicht differenzierbar.

Im Zweifelsfall prüfe man also, ob f **differenzierbar** ist!
Hinreichend dafür ist die Stetigkeit der partiellen Ableitungen, siehe *Satz über die vollständige Differenzierbarkeit*, Seite 377.

Geometrische Eigenschaften des Gradienten:

Aus $\frac{\partial f}{\partial \vec{a}}(\vec{x}_0) = |\text{grad} f(\vec{x}_0)| \cdot \cos\varphi$ mit $\varphi = \sphericalangle\big(\text{grad} f(\vec{x}_0), \vec{a}\big)$ erkennt man:

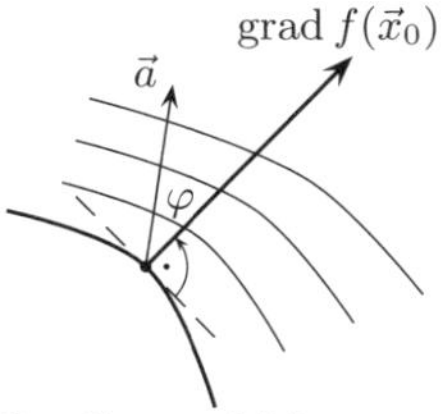

- Die Richtungsableitung ist maximal für $\varphi = 0^0$:
  Der Gradient zeigt in Richtung maximalen Anstiegs!
- Die Richtungsableitung ist 0 für $\varphi = 90^0$:
  Der Gradient steht senkrecht auf der zu $\vec{x}_0$ gehörenden Niveaulinie (im $\mathbb{R}^2$) bzw. Niveaufläche (im $\mathbb{R}^3$).

Ein Vektorfeld $\vec{v} : \mathbb{R}^3 \to \mathbb{R}^3$ heißt **Potentialfeld** oder Gradientenfeld, wenn ein Skalarfeld (d.h. eine reelle Funktion) $\varphi : \mathbb{R}^3 \to \mathbb{R}$ existiert mit

$$\vec{v}(\vec{x}) = \text{grad}\, \varphi(\vec{x}).$$

2. Divergenz

Ist $\vec{v}: \mathbb{R}^3 \to \mathbb{R}^3$, also $\vec{v} = \big(v_x(\vec{x}), v_y(\vec{x}), v_z(\vec{x})\big)$ ein **Vektorfeld**, so heißt:

$$\operatorname{div}\vec{v} = \frac{\partial v_x}{\partial x} + \frac{\partial v_y}{\partial y} + \frac{\partial v_z}{\partial z} \quad \textbf{Divergenz} \text{ von } \vec{v}$$

$\operatorname{div}\vec{v}: \mathbb{R}^3 \to \mathbb{R}$ ist ein **Skalarfeld**.

18.37 *Für $\vec{v} = (xy, xz, x^2yz^2)$ berechne man $\operatorname{div}\vec{v}$ und $\operatorname{div}\vec{v}\,(1,2,3)$:*

$\operatorname{div}\vec{v} = \operatorname{div}\vec{v}\,(x,y,z) = y + 0 + x^2y2z = \underline{\underline{y + 2x^2yz}}$, $\operatorname{div}\vec{v}\,(1,2,3) = 2 + 12 = \underline{\underline{14}}.$

$\vec{v} = \vec{v}(x,y,z) = (x^2, 0, 0)$ beschreibe die Geschwindigkeit in einem Strömungsfeld. Es ist $\vec{v}(-1,y,z) = (1,0,0)$, $\vec{v}(-\frac{1}{2},y,z) = (\frac{1}{4},0,0)$, ... Es ist $\operatorname{div}\vec{v}(x,y,z) = 2x$.

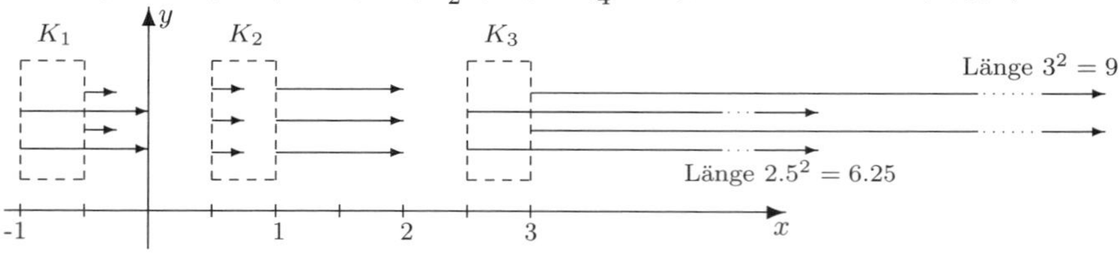

Denken wir uns in die Strömung gelegte durchlässige Kästchen (gestrichelt gezeichnet): K_1, K_2, K_3. Man erkennt, dass aus dem Kasten K_2 mehr herausfließt (bei $x = 1$) als hineinfließt (bei $x = \frac{1}{2}$), in ihm sind *Quellen*; in K_2 ist $1 \le \operatorname{div}\vec{v} \le 2$. In Kasten K_3 sind ebenfalls Quellen; in ihm ist $5 \le \operatorname{div}\vec{v} \le 6$. In Kasten K_1 fließt weniger heraus (bei $x = -\frac{1}{2}$) als hineinfließt (bei $x = -1$), in ihm sind *Senken*; in ihm ist $-2 \le \operatorname{div}\vec{v} \le -1$. Hieraus erkennt man:

Stellen mit $\operatorname{div}\vec{v} > 0$ sind Quellen, solche mit $\operatorname{div} v < 0$ Senken. Je größer $\operatorname{div}\vec{v}$ (falls > 0) ist, desto *stärker* sind die Quellen, desto größer ist die (positive) Ergiebigkeit.
Diesem Umstand verdankt die Bildung $\operatorname{div}\vec{v}$ ihre Namen: Divergenz, Quelldichte oder Ergiebigkeit.

Beschreibt $\vec{v}$ das Geschwindigkeitsfeld einer Flüssigkeit, kann man $\operatorname{div}\vec{v}(\vec{x})$ deuten als *lokale Quelldichte* oder *Ergiebigkeit* des Feldes:

Eine Stelle $\vec{x}$ heißt $\left\{ \begin{array}{l} \textbf{Quelle} \\ \textbf{Senke} \end{array} \right.$, falls $\begin{array}{l} \operatorname{div}\vec{v}(\vec{x}) > 0 \\ \operatorname{div}\vec{v}(\vec{x}) < 0 \end{array}$ ist.

Gilt $\operatorname{div}\vec{v}(\vec{x}) = 0$ für alle $\vec{x} \in G$, heißt $\vec{v}$ in G *quellenfrei.*

Ist $f = f(\vec{x})$ ein Skalarfeld, kann man $\operatorname{div}(\operatorname{grad} f)$ bilden:

$$\Delta f := \operatorname{div}(\operatorname{grad} f) = \frac{\partial^2 f}{\partial x^2} + \frac{\partial^2 f}{\partial y^2} + \frac{\partial^2 f}{\partial z^2} \qquad \Delta \text{ heißt } \textbf{Laplace–Operator}$$

Lösungen der Laplace–Gleichung $\Delta f = 0$ (Δ lies: "Delta") nennt man *harmonische Funktionen*, siehe Seite 537.

18.38 *Es sei $f = ax^2 + bxy + cy^2$.*
Lassen sich a, b, c so angeben, dass f harmonisch ist?

$\Delta f = \frac{\partial^2 f}{\partial x^2} + \frac{\partial^2 f}{\partial y^2} = 2a + 2c = 2(a+c) \Longrightarrow f$ ist harmonisch, falls $a + c = \underline{0}$ ist.

3. Rotation

Ist $\vec{v}: \mathbb{R}^3 \to \mathbb{R}^3$, also $\vec{v} = \big(v_x(\vec{x}), v_y(\vec{x}), v_z(\vec{x})\big)$ ein **Vektorfeld**, so heißt:

$$\boxed{\operatorname{rot}\vec{v} = \left(\frac{\partial v_z}{\partial y} - \frac{\partial v_y}{\partial z}\,,\ \frac{\partial v_x}{\partial z} - \frac{\partial v_z}{\partial x}\,,\ \frac{\partial v_y}{\partial x} - \frac{\partial v_x}{\partial y}\right) \quad \textbf{Rotation von } \vec{v}}$$

Damit ist $\operatorname{rot}\vec{v}: \mathbb{R}^3 \to \mathbb{R}^3$ ein **Vektorfeld**.

Entsprechend zum Kreuzprodukt von Vektoren merkt man sich $\operatorname{rot}\vec{v}$ als:

$$\operatorname{rot}\vec{v} = \begin{vmatrix} i & j & k \\ \frac{\partial}{\partial x} & \frac{\partial}{\partial y} & \frac{\partial}{\partial z} \\ v_x & v_y & v_z \end{vmatrix} = \left(\frac{\partial v_z}{\partial y} - \frac{\partial v_y}{\partial z}\,,\ \frac{\partial v_x}{\partial z} - \frac{\partial v_z}{\partial x}\,,\ \frac{\partial v_y}{\partial x} - \frac{\partial v_x}{\partial y}\right)$$

18.39 *Man bestimme*

(a) $\operatorname{rot}\vec{v}$ *und* $\operatorname{rot}\vec{v}\,(1,2,3)$ *für* $\vec{v} = (xy, xz, x^2yz^2)$,

(b) $\operatorname{rot}\vec{v}$ *für* $\vec{v} = \frac{(x,y,z)}{x^2+y^2+z^2}$.

(a) $$\operatorname{rot}\vec{v} = \left(\frac{\partial}{\partial y}(x^2yz^2) - \frac{\partial}{\partial z}(xz)\,,\ \frac{\partial}{\partial z}(xy) - \frac{\partial}{\partial x}(x^2yz^2)\,,\ \frac{\partial}{\partial x}(xz) - \frac{\partial}{\partial y}(xy)\right)$$
$$= \underline{\underline{(x^2z^2 - x\,,\ -2xyz^2\,,\ z - x)}} \implies \operatorname{rot}\vec{v}\,(1,2,3) = \underline{\underline{(8, -36, 2)}}.$$

(b) Es ist $\frac{\partial}{\partial y}\left(\frac{z}{x^2+y^2+z^2}\right) - \frac{\partial}{\partial z}\left(\frac{y}{x^2+y^2+z^2}\right) = \frac{-2yz}{(x^2+y^2+z^2)^2} - \frac{-2yz}{(x^2+y^2+z^2)^2} = 0.$

Ebenso sind die übrigen Komponenten von $\operatorname{rot}\vec{v}$ gleich 0, also $\underline{\underline{\operatorname{rot}\vec{v} = (0,0,0)}}$.

Durch $\vec{v} = \vec{v}(x,y,z) = (0, 1-x^2, 0)$ werde eine ebenes Flüssigkeitsströmungsfeld beschrieben (wir skizzieren in der Ebene $z = 0$).

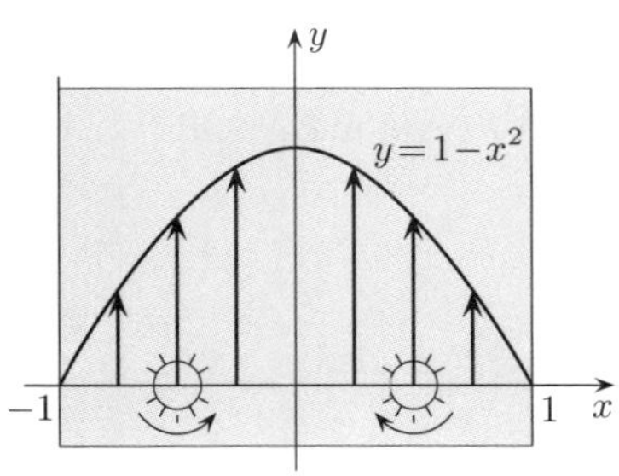

Ein Teilchen an der Stelle $(x,0,0)$ hat die Geschwindigkeit $\vec{v} = (0, 1-x^2, 0)$. Der Vektor $\operatorname{rot}\vec{v} = (0, 0, -2x)$ steht senkrecht auf der (x,y)–Ebene (der Zeichenebene). Denkt man sich an der Stelle $(x,0,0)$ ein kleines Schaufelrädchen in die Strömung gehalten, so wird es sich rechtsherum drehen, wenn $x > 0$ ist, dann zeigt der Vektor $\operatorname{rot}\vec{v}$ nach unten, d.h. $\operatorname{rot}\vec{v}$ ist parallel zum Drehvektor. Ist $|x|$ klein, so ist $|\operatorname{rot}\vec{v}| = |2x|$ auch klein: Nahe der y–Achse wird sich das Rädchen langsam drehen. Also zeigt sich hier:

- $\operatorname{rot}\vec{v}$ zeigt in Richtung des Drehvektors und
- $|\operatorname{rot}\vec{v}|$ ist ein Maß für die Rotationsgeschwindigkeit.

Der Name "Rotor" ist aus solchen Gründen gewählt worden.

Gilt $\operatorname{rot}\vec{v} = \vec{0}$ für alle $x \in G$, so heißt $\vec{v}$ **wirbelfrei** in G.

$\operatorname{rot}\vec{v} = \vec{0}$ ist die vektorielle Schreibweise der Integrabilitätsbedingung (S. 542)!

Ein in einem einfach zusammenhängenden Gebiet G (siehe Seite 543) wirbelfreies Feld ist dort notwendigerweise konservativ!

Ist $\vec{v}$ das Geschwindigkeitsfeld einer Flüssigkeitsströmung, so ist $\operatorname{rot}\vec{v}(\vec{x})$ ein Maß für die **Wirbeldichte** von $\vec{v}$ in $\vec{x}$.

18.40 *Ein starrer Körper drehe sich mit konstanter Winkelgeschwindigkeit $\vec{\omega} = (\omega_1, \omega_2, \omega_3)$ um eine starre Achse. Dann besitzt ein Punkt $\vec{x}$ bekanntlich die Bahngeschwindigkeit $\vec{v} = \vec{\omega} \times \vec{x}$. Man berechne $\operatorname{rot}\vec{v}$.*

$\vec{v} = \vec{\omega} \times \vec{x} = (\omega_2 z - \omega_3 y \;,\; \omega_3 x - \omega_1 z \;,\; \omega_1 y - \omega_2 x)$

$\Longrightarrow \operatorname{rot}\vec{v} = (\omega_1 + \omega_1 \;,\; \omega_2 + \omega_2 \;,\; \omega_3 + \omega_3) = \underline{\underline{2\vec{\omega}}}.$

18.41 *Man interpretiere die* **Maxwellschen Gleichungen**

$$\operatorname{rot}\vec{E} = -\frac{\partial B}{\partial t} \quad \textit{sowie} \quad \operatorname{rot}\vec{H} = \frac{\partial D}{\partial t} + J \quad \textit{mit:}$$

$\vec{E}$ elektrische Feldstärke, $\vec{H}$ magnet. Feldstärke, B magnet. Induktion, D dielektrische Verschiebung, J elektrische Stromdichte.

$\operatorname{rot}\vec{E} = -\frac{\partial B}{\partial t}$ (Induktionsgesetz): Eine zeitliche Änderung der magnetischen Induktion erzeugt ein elektrisches Wirbelfeld.

$\operatorname{rot}\vec{H} = \frac{\partial D}{\partial t} + I$: Eine zeitliche Änderung eines elektrischen Feldes oder ein Strom erzeugen ein magnetisches Wirbelfeld.

Rechenregeln für grad, div, rot

f, g Skalarfelder , $\vec{u}, \vec{v}$ Vektorfelder

Die Operatoren sind **linear**:

$\operatorname{grad}(f+g) = \operatorname{grad} f + \operatorname{grad} g$	und	$\operatorname{grad}(\lambda f) = \lambda \operatorname{grad} f$	mit $\lambda \in \mathbb{R}$
$\operatorname{div}(\vec{u}+\vec{v}) = \operatorname{div}\vec{u} + \operatorname{div}\vec{v}$	und	$\operatorname{div}(\lambda\vec{v}) = \lambda \operatorname{div}\vec{v}$	mit $\lambda \in \mathbb{R}$
$\operatorname{rot}(\vec{u}+\vec{v}) = \operatorname{rot}\vec{u} + \operatorname{rot}\vec{v}$	und	$\operatorname{rot}(\lambda\vec{v}) = \lambda \operatorname{rot}\vec{v}$	mit $\lambda \in \mathbb{R}$

Produktregeln:

$\operatorname{grad}(fg) = f \operatorname{grad} g + g \operatorname{grad} f$

$\operatorname{grad}(\vec{u}\cdot\vec{v}) = \mathcal{J}_{\vec{u}}\vec{v} + \mathcal{J}_{\vec{v}}\vec{u} + \vec{u} \times \operatorname{rot}\vec{v} + \vec{v} \times \operatorname{rot}\vec{u}$

$\operatorname{div}(f\vec{v}) = f \operatorname{div}\vec{v} + (\operatorname{grad} f)\cdot\vec{v}$

$\operatorname{rot}(f\vec{v}) = f \operatorname{rot}\vec{v} + (\operatorname{grad} f) \times \vec{v}$

$\operatorname{div}(\vec{u}\times\vec{v}) = -\vec{u}\cdot\operatorname{rot}\vec{v} + \vec{v}\cdot\operatorname{rot}\vec{u}$

Wiederholte Anwendung:

$\operatorname{div}(\operatorname{grad} f) = \Delta f$	(Laplace–Operator)	
$\operatorname{rot}(\operatorname{grad} f) = \vec{0}$	(Potentialfelder sind wirbelfrei)	[18.42]
$\operatorname{div}(\operatorname{rot}\vec{v}) = 0$	(Wirbelfelder sind quellenfrei)	[18.42]
$\operatorname{rot}(\operatorname{rot}\vec{v}) = \operatorname{grad}(\operatorname{div}\vec{v}) - (\Delta v_x \,,\, \Delta v_y \,,\, \Delta v_z)$		

4. Nabla–Operator

Man definiert: $\boxed{\nabla = (\frac{\partial}{\partial x}, \frac{\partial}{\partial y}, \frac{\partial}{\partial z})}$ lies: **"Nabla"**

∇ ist ein formaler (Differential–) Operator, mit dem sich die Operationen grad, div, rot in einheitlicher Form schreiben:

Ist $f = f(x, y, z)$ ein Skalarfeld und $\vec{v} = \vec{v}(x, y, z) = (v_x, v_y, v_z)$ ein Vektorfeld, so gilt:

$$\nabla f = (\frac{\partial f}{\partial x}, \frac{\partial f}{\partial y}, \frac{\partial f}{\partial z}) = \operatorname{grad} f = \textit{Produkt} \quad \text{aus } \nabla \text{ und } f,$$

$$\nabla \vec{v} = \frac{\partial v_x}{\partial x} + \frac{\partial v_y}{\partial y} + \frac{\partial v_z}{\partial z} = \operatorname{div} \vec{v} = \textit{Skalarprodukt} \quad \text{aus } \nabla \text{ und } \vec{v},$$

$$\nabla \times \vec{v} = \begin{vmatrix} \vec{i} & \vec{j} & \vec{k} \\ \frac{\partial}{\partial x} & \frac{\partial}{\partial y} & \frac{\partial}{\partial z} \\ v_x & v_y & v_z \end{vmatrix} = \operatorname{rot} \vec{v} = \textit{Vektorprodukt} \quad \text{aus } \nabla \text{ und } \vec{v}.$$

Der **Operator** ∇ ist als **Vektor** aufzufassen, so erklären sich folgende Regeln:

$$\begin{aligned} \operatorname{grad}(af + bg) &= \nabla(af + bg) \\ &= a\nabla f + b\nabla g = a \operatorname{grad} f + b \operatorname{grad} g. \\ \operatorname{div}(a\vec{u} + b\vec{v}) &= \nabla(a\vec{u} + b\vec{v}) \\ &= a\nabla\vec{u} + b\nabla\vec{v} = a \operatorname{div} \vec{u} + b \operatorname{div} \vec{v}. \\ \operatorname{rot}(a\vec{u} + b\vec{v}) &= \nabla \times (a\vec{u} + b\vec{v}) \\ &= a\nabla \times \vec{u} + b\nabla \times \vec{v} = a \operatorname{rot} \vec{u} + b \operatorname{rot} \vec{v}. \end{aligned}$$

18.42 *Man zeige* $\operatorname{rot}(\operatorname{grad} f) = \vec{0}$ *und*

$\operatorname{div}(\operatorname{rot} \vec{v}) = 0.$

Formale Anwendung des Nabla–Operators ergibt:

$\operatorname{rot}(\operatorname{grad} f) = \nabla \times (\nabla f) = \vec{0}$, da $\vec{a} \times \lambda\vec{a} = \vec{0}$ ist für jeden Vektor $\vec{a} \in \mathbb{R}^3$.

$\operatorname{div}(\operatorname{rot} \vec{v}) = \nabla(\nabla \times \vec{v}) = 0$, da $\vec{a} \perp (\vec{a} \times \vec{b})$ bzw. $\vec{a}\,(\vec{a} \times \vec{b}) = 0$ ist.

$$\Delta f := \operatorname{div}(\operatorname{grad} f) = \nabla\nabla f = \frac{\partial^2 f}{\partial x^2} + \frac{\partial^2 f}{\partial y^2} + \frac{\partial^2 f}{\partial z^2}$$

Δ heißt **Laplace–Operator**

18.4.2 Felddarstellungen in Polar–, Zylinder– und Kugelkoordinaten

1. Polarkoordinaten im Punkt $\vec{x}(r, \varphi)$

Bemerkung: Polarkoordinaten bedeuten hier kartesische Koordinaten bezüglich der durch die Koordinatenlinien der gewöhnlichen Polarkoordinaten r, φ im Punkt $\vec{x}(r, \varphi)$ vorgegebenen kartesischen Basis $(\vec{e}_r, \vec{e}_\varphi)$.

Bitte nicht mit Polarkoordinaten im üblichen Sinn (siehe F3) verwechseln !

Dem Punkt $\vec{x} = \begin{pmatrix} r\cos\varphi \\ r\sin\varphi \end{pmatrix} \neq \vec{0}$ mit $\vec{x}_r = \begin{pmatrix} \cos\varphi \\ \sin\varphi \end{pmatrix}$ und $\vec{x}_\varphi = \begin{pmatrix} -r\sin\varphi \\ r\cos\varphi \end{pmatrix}$

werden die beiden Einheitsvektoren

$\vec{e_r} := \frac{\vec{x}_r}{|\vec{x}_r|} = \begin{pmatrix} \cos\varphi \\ \sin\varphi \end{pmatrix}$ und $\vec{e}_\varphi := \frac{\vec{x}_\varphi}{|\vec{x}_\varphi|} = \begin{pmatrix} -\sin\varphi \\ \cos\varphi \end{pmatrix}$ zugeordnet,

die eine Orthonormalbasis [Seite 129] des $\mathbb{R}^2$ für jedes $\vec{x} \in \mathbb{R}^2$ bilden.

$\vec{e_r}$, $\vec{e_\varphi}$ sind **Tangentenvektoren** an die Koordinatenlinien (Halbgerade bzw. Kreis) im Punkt $\vec{x}$ [Koordinatenlinien siehe auch Seite 513].

Jeder Vektor $\vec{u}$ ist als Linearkombination von $\vec{e_r}$ und $\vec{e_\varphi}$ darstellbar:

$\vec{u} = u_r\vec{e}_r + u_\varphi\vec{e}_\varphi$ (insbesondere z.B.: $\vec{x} = r\vec{e_r} + 0\vec{e_\varphi}$).

Die Zahlen u_r, u_φ heißen **Polarkoordinaten von $\vec{u}$ im Punkt $\vec{x}$.**

- Ist $\vec{v} : (x, y) \to \big(v_x(x, y), v_y(x, y)\big)$ ein **Vektorfeld**, wird der Bildvektor $\vec{v}(\vec{x})$ durch $\vec{e_r}$ und $\vec{e_\varphi}$ ausgedrückt:

$$\vec{v}(\vec{x}) = v_r\vec{e}_r + v_\varphi\vec{e}_\varphi$$

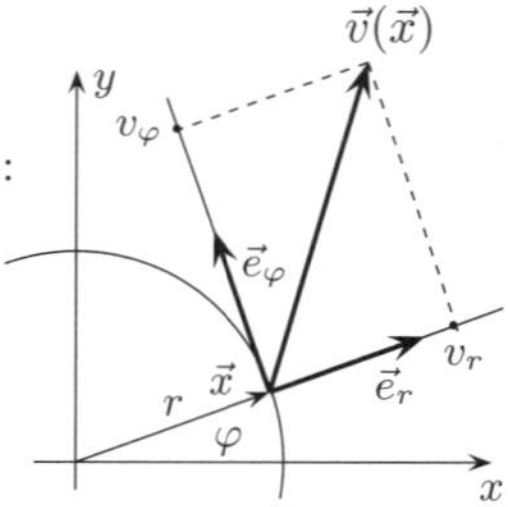

$(v_r, v_\varphi) = \big(v_r(r, \varphi)\ ,\ v_\varphi(r, \varphi)\big)$ heißt **Polarkoordinatendarstellung** von $\vec{v}$.

- Ist $f : (x, y) \longmapsto f(x, y)$ ein **Skalarfeld**, setzt man $x = r\cos\varphi$ und $y = r\sin\varphi$.

$\tilde{f}(r, \varphi) := f(r\cos\varphi, r\sin\varphi)$ heißt **Polarkoordinatendarstellung** von f.

Ist z.B. $f(x, y) = \frac{x^2}{x+y}$, so ist $\tilde{f}(r, \varphi) = \frac{r^2\cos^2\varphi}{r\cos\varphi + r\sin\varphi} = r\frac{\cos^2\varphi}{\cos\varphi + \sin\varphi}$

die Polarkoordinatendarstellung (auf Polarkoordinaten transformierte Funktion) von f.

Umformung

kartesische Darstellung		Polarkoordinatendarstellung
$(v_x(x,y)\ ,\ v_y(x,y))$	$\longrightarrow$	$(v_r(r,\varphi)\ ,\ v_\varphi(r,\varphi))$

[1] Die Koordinaten v_x, v_y werden auf Polarkoordinaten transformiert:

$$\tilde{v}_x = v_x(r\cos\varphi, r\sin\varphi) \qquad \tilde{v}_y = v_y(r\cos\varphi, r\sin\varphi)$$

[2] Die Polarkoordinaten v_r, v_φ werden berechnet:

$$\begin{pmatrix} v_r \\ v_\varphi \end{pmatrix} = \begin{pmatrix} \cos\varphi & \sin\varphi \\ -\sin\varphi & \cos\varphi \end{pmatrix} \cdot \begin{pmatrix} \tilde{v}_x \\ \tilde{v}_y \end{pmatrix} = \begin{pmatrix} \tilde{v}_x\cos\varphi + \tilde{v}_y\sin\varphi \\ -\tilde{v}_x\sin\varphi + \tilde{v}_y\cos\varphi \end{pmatrix}$$

18.43 *Bestimme die Polarkoordinatendarstellung von* $(v_x(x,y), v_y(x,y)) = (y,x)$.

[1] $\begin{pmatrix} v_x \\ v_y \end{pmatrix} = \begin{pmatrix} y \\ x \end{pmatrix} \Longrightarrow \begin{pmatrix} \tilde{v}_x \\ \tilde{v}_y \end{pmatrix} = \begin{pmatrix} r\sin\varphi \\ r\cos\varphi \end{pmatrix}$.

[2] $\begin{pmatrix} v_r \\ v_\varphi \end{pmatrix} = \begin{pmatrix} \cos\varphi & \sin\varphi \\ -\sin\varphi & \cos\varphi \end{pmatrix} \cdot \begin{pmatrix} r\sin\varphi \\ r\cos\varphi \end{pmatrix} = \begin{pmatrix} 2r\sin\varphi\cos\varphi \\ -r\sin^2\varphi + r\cos^2\varphi \end{pmatrix} = \begin{pmatrix} r\sin 2\varphi \\ r\cos 2\varphi \end{pmatrix}$.

$(v_r, v_\varphi) = \underline{\underline{r(\sin 2\varphi, \cos 2\varphi)}}$ ist die Polarkoordinatendarstellung von $\vec{v}$.

Umformung

Polarkoordinatendarstellung		kartesische Darstellung
$(v_r(r,\varphi)\ ,\ v_\varphi(r,\varphi))$	$\longrightarrow$	$(v_x(x,y)\ ,\ v_y(x,y))$

[1] Berechnung von $\tilde{v}_x, \tilde{v}_y$ nach:

$$\begin{pmatrix} \tilde{v}_x \\ \tilde{v}_y \end{pmatrix} = \begin{pmatrix} \cos\varphi & -\sin\varphi \\ \sin\varphi & \cos\varphi \end{pmatrix} \cdot \begin{pmatrix} v_r \\ v_\varphi \end{pmatrix} = \begin{pmatrix} v_r\cos\varphi - v_\varphi\sin\varphi \\ v_r\sin\varphi + v_\varphi\cos\varphi \end{pmatrix}$$

[2] Transformation auf kartesische Koordinaten (siehe Seite 94):

$$r = \sqrt{x^2+y^2}\,, \quad \cos\varphi = \frac{x}{\sqrt{x^2+y^2}}\,, \quad \sin\varphi = \frac{y}{\sqrt{x^2+y^2}}$$

oder $\tan\varphi = \frac{y}{x}$, Quadranten beachten!

18.44 *Bestimme die kartesische Darstellung von* $(v_r, v_\varphi) = (v_r(r,\varphi), v_\varphi(r,\varphi)) = (0, \frac{1}{r})$.

[1] $\begin{pmatrix} \tilde{v}_x \\ \tilde{v}_y \end{pmatrix} = \begin{pmatrix} \cos\varphi & -\sin\varphi \\ \sin\varphi & \cos\varphi \end{pmatrix} \begin{pmatrix} 0 \\ \frac{1}{r} \end{pmatrix} = \frac{1}{r} \begin{pmatrix} -\sin\varphi \\ \cos\varphi \end{pmatrix}$

[2] $\frac{-\sin\varphi}{r} = \frac{-r\sin\varphi}{r^2} = \frac{-y}{x^2+y^2}\,, \quad \frac{\cos\varphi}{r} = \frac{x}{x^2+y^2} \Longrightarrow (v_x, v_y) = \frac{1}{x^2+y^2}(-y, x)$.

$(v_x, v_y) = \underline{\underline{\frac{1}{x^2+y^2}(-y,x)}}$ ist die kartesische Darstellung von $\vec{v}$.

Siehe auch Potentialwirbel [18.58, 18.59 (b)].

18.45 *Es sei $f : (x,y) \longmapsto f(x,y)$ ein Skalarfeld.*
Man bestimme die Polarkoordinatendarstellung von grad f.

$\tilde f$ sei die Transformation von f auf Polarkoordinaten: $\tilde f(r,\varphi) = f(r\cos\varphi, r\sin\varphi)$.

Kettenregel: $\dfrac{\partial f}{\partial x} = \dfrac{\partial \tilde f}{\partial r}\cdot\dfrac{\partial r}{\partial x} + \dfrac{\partial \tilde f}{\partial \varphi}\cdot\dfrac{\partial \varphi}{\partial x}$ und $\dfrac{\partial f}{\partial y} = \dfrac{\partial \tilde f}{\partial r}\cdot\dfrac{\partial r}{\partial y} + \dfrac{\partial \tilde f}{\partial \varphi}\cdot\dfrac{\partial \varphi}{\partial y}$, wobei

$\dfrac{\partial r}{\partial x} = \dfrac{x}{\sqrt{x^2+y^2}} = \cos\varphi$	$\dfrac{\partial r}{\partial y} = \dfrac{y}{\sqrt{x^2+y^2}} = \sin\varphi$	[siehe auch 15.23 (b)]
$\dfrac{\partial \varphi}{\partial x} = \dfrac{-y}{x^2+y^2} = -\frac{1}{r}\sin\varphi$	$\dfrac{\partial \varphi}{\partial y} = \dfrac{x}{x^2+y^2} = \frac{1}{r}\cos\varphi$	

Damit wird
$$\operatorname{grad} f = \left(\frac{\partial f}{\partial x}, \frac{\partial f}{\partial y}\right) = \left(\frac{\partial \tilde f}{\partial r}\cos\varphi - \frac{\partial \tilde f}{\partial \varphi}\frac{\sin\varphi}{r}\;,\; \frac{\partial \tilde f}{\partial r}\sin\varphi + \frac{\partial \tilde f}{\partial \varphi}\frac{\cos\varphi}{r}\right)$$
$$= \frac{\partial \tilde f}{\partial r}(\cos\varphi, \sin\varphi) + \frac{1}{r}\frac{\partial \tilde f}{\partial \varphi}(-\sin\varphi, \cos\varphi) \;=\; \frac{\partial \tilde f}{\partial r}\vec e_r + \frac{1}{r}\frac{\partial \tilde f}{\partial \varphi}\vec e_\varphi$$

Polarkoordinatendarstellung: $\operatorname{grad} f = \left(\dfrac{\partial f}{\partial x}, \dfrac{\partial f}{\partial y}\right) = \underline{\underline{\left(\dfrac{\partial \tilde f}{\partial r}\,,\, \dfrac{1}{r}\dfrac{\partial \tilde f}{\partial \varphi}\right)}}$.

18.46 *Es sei $\vec v : (x,y) \longmapsto (v_x(x,y), v_y(x,y))$ ein Vektorfeld mit der Polarkoordinatendarstellung (v_r, v_φ).*
Man bestimme die Polarkoordinatendarstellung von div $\vec v$.

$\tilde v_x, \tilde v_y$ seien die auf Polarkoord. transformierten Komponentenfunktionen v_x, v_y.

Kettenregel: $\dfrac{\partial v_x}{\partial x} = \dfrac{\partial \tilde v_x}{\partial r}\cdot\dfrac{\partial r}{\partial x} + \dfrac{\partial \tilde v_x}{\partial \varphi}\cdot\dfrac{\partial \varphi}{\partial x}$ und $\dfrac{\partial v_y}{\partial y} = \dfrac{\partial \tilde v_y}{\partial r}\cdot\dfrac{\partial r}{\partial y} + \dfrac{\partial \tilde v_y}{\partial \varphi}\cdot\dfrac{\partial \varphi}{\partial y}$, mit

$\tilde v_x = v_r\cos\varphi - v_\varphi\sin\varphi$,
$\tilde v_y = v_r\sin\varphi + v_\varphi\cos\varphi$,
$\dfrac{\partial r}{\partial x}, \dfrac{\partial r}{\partial y}, \dfrac{\partial \varphi}{\partial x}, \dfrac{\partial \varphi}{\partial x}$ siehe Kasten. Damit wird

$$\frac{\partial v_x}{\partial x} = \left(\frac{\partial v_r}{\partial r}\cos\varphi - \frac{\partial v_\varphi}{\partial r}\sin\varphi\right)\cos\varphi + \left(\frac{\partial v_r}{\partial \varphi}\cos\varphi - v_r\sin\varphi - \frac{\partial v_\varphi}{\partial \varphi}\sin\varphi - v_\varphi\cos\varphi\right)\cdot\left(\frac{-\sin\varphi}{r}\right)$$
$$\frac{\partial v_y}{\partial y} = \left(\frac{\partial v_r}{\partial r}\sin\varphi + \frac{\partial v_\varphi}{\partial r}\cos\varphi\right)\sin\varphi + \left(\frac{\partial v_r}{\partial \varphi}\sin\varphi + v_r\cos\varphi + \frac{\partial v_\varphi}{\partial \varphi}\cos\varphi - v_\varphi\sin\varphi\right)\cdot\left(\frac{\cos\varphi}{r}\right)$$

Polarkoordinatendarstellung: $\operatorname{div}\vec v = \dfrac{\partial v_x}{\partial x} + \dfrac{\partial v_y}{\partial y} = \underline{\underline{\dfrac{1}{r}v_r + \dfrac{\partial v_r}{\partial r} + \dfrac{1}{r}\dfrac{\partial v_\varphi}{\partial \varphi}}}$.

18.47 *Es sei $f : (x,y) \longmapsto f(x,y)$ ein Skalarfeld.*
Man bestimme die Polarkoordinatendarstellung von $\Delta f = \dfrac{\partial^2 f}{\partial x^2} + \dfrac{\partial^2 f}{\partial y^2}$.

$\tilde f$ sei die Transformation von f auf Polarkoordinaten: $\tilde f(r,\varphi) = f(r\cos\varphi, r\sin\varphi)$.
Es ist $\Delta f = \operatorname{div}(\operatorname{grad} f)$.
Polarkoordinatendarstellungen von grad f und div $\vec v$ sind nach [18.45, 18.46]
$\operatorname{grad} f = \left(\frac{\partial \tilde f}{\partial r}, \frac{1}{r}\frac{\partial \tilde f}{\partial \varphi}\right)$ und $\operatorname{div}\vec v = \dfrac{1}{r}v_r + \dfrac{\partial v_r}{\partial r} + \dfrac{1}{r}\dfrac{\partial v_\varphi}{\partial \varphi}$.
Mit $(v_r, v_\varphi) = \left(\frac{\partial \tilde f}{\partial r}, \frac{1}{r}\frac{\partial \tilde f}{\partial \varphi}\right)$ erhält man die Polarkoordinatendarstellung

$$\Delta f = \operatorname{div}(\operatorname{grad} f) = \frac{1}{r}\frac{\partial \tilde f}{\partial r} + \frac{\partial}{\partial r}\left(\frac{\partial \tilde f}{\partial r}\right) + \frac{1}{r}\frac{\partial}{\partial \varphi}\left(\frac{1}{r}\frac{\partial \tilde f}{\partial \varphi}\right) = \underline{\underline{\frac{1}{r}\frac{\partial \tilde f}{\partial r} + \frac{\partial^2 \tilde f}{\partial r^2} + \frac{1}{r^2}\frac{\partial^2 \tilde f}{\partial \varphi^2}}}.$$

18.48 *Ein Massenpunkt bewege sich nach dem Weg–Zeit–Gesetz* $\vec{x} = \big(x(t), y(t)\big)$. *Man bestimme die Polarkoordinatendarstellungen der Geschwindigkeit* $\dot{\vec{x}}$ *und der Beschleunigung* $\ddot{\vec{x}}$.

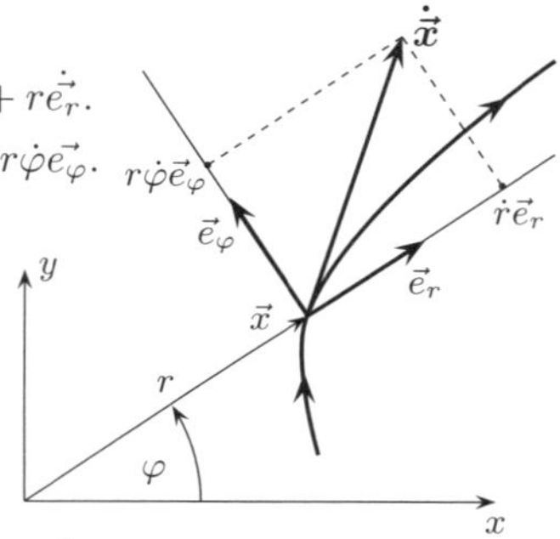

Wegen $\vec{x} = \vec{x}(t)$ sind r, φ Funktionen von t.
Aus $\vec{x} = r\vec{e_r}$ folgt mit der Produktregel: $\dot{\vec{x}} = \dot{r}\vec{e_r} + r\dot{\vec{e_r}}$.
Nun ist $\dot{\vec{e_r}} = \dot{\varphi}\vec{e_\varphi}$ und $\dot{\vec{e_\varphi}} = -\dot{\varphi}\vec{e_r}$, also $\dot{\vec{x}} = \dot{r}\vec{e_r} + r\dot{\varphi}\vec{e_\varphi}$.

Die Polarkoordinaten von $\dot{\vec{x}}$ sind $\underline{\underline{(\dot{r}, r\dot{\varphi})}}$.

Nochmaliges Differenzieren ergibt:

$$\begin{aligned}\ddot{\vec{x}} &= \ddot{r}\vec{e_r} + \dot{r}\dot{\vec{e_r}} + \dot{r}\dot{\varphi}\vec{e_\varphi} + r\ddot{\varphi}\vec{e_\varphi} + r\dot{\varphi}\dot{\vec{e_\varphi}}\\ &= \ddot{r}\vec{e_r} + \dot{r}\dot{\varphi}\vec{e_\varphi} + \dot{r}\dot{\varphi}\vec{e_\varphi} + r\ddot{\varphi}\vec{e_\varphi} - r\dot{\varphi}^2\vec{e_r}\\ &= (\ddot{r} - r\dot{\varphi}^2)\vec{e_r} + (r\ddot{\varphi} + 2\dot{r}\dot{\varphi})\vec{e_\varphi}\end{aligned}$$

Die Polarkoordinaten von $\ddot{\vec{x}}$ sind $\underline{\underline{(\ddot{r} - r\dot{\varphi}^2\ ,\ r\ddot{\varphi} + 2\dot{r}\dot{\varphi})}}$.

Die berechneten Polarkoordinaten heißen *Radial–* und *Transversalkomponenten* von Geschwindigkeit bzw. Beschleunigung.

2. Zylinder– und Kugelkoordinaten

Analog zu den ebenen Polarkoordinaten (r, φ) (Seite 530) verfährt man bei den räumlichen Zylinder– (r, φ, z) bzw. Kugelkoordinaten (ρ, θ, φ).

Dem Punkt $\vec{x}$ wird eine Basis aus Einheitsvektoren in Richtung der Koordinatenlinien zugeordnet und $\vec{v}(\vec{x})$ als Linearkombination dieser Basis dargestellt:

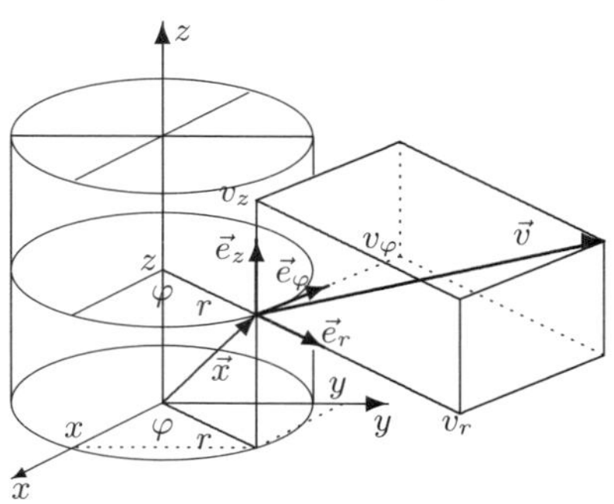

Zylinderkoordinaten

$\vec{v}(\vec{x}) = v_r\vec{e}_r + v_\varphi\vec{e}_\varphi + v_z\vec{e}_z$

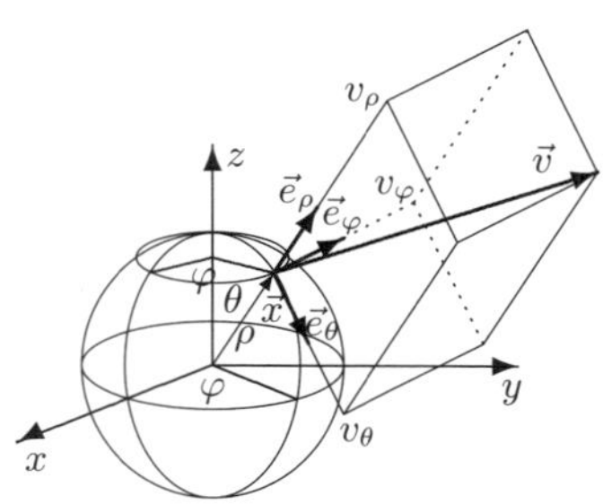

Kugelkoordinaten

$\vec{v}(\vec{x}) = v_\rho\vec{e}_\rho + v_\theta\vec{e}_\theta + v_\varphi\vec{e}_\varphi$

Bei der Umrechnung von kartesischen auf z.B. Kugelkoordinaten geht man folgendermaßen vor (siehe auch Bemerkung auf Seite 530 !):

$$\vec{v} = \vec{v}(\vec{x}) = \big(v_x(x,y,z), v_y(x,y,z), v_z(x,y,z)\big) \quad \begin{cases} x,y,z & \text{kart. Koord.} \\ v_x, v_y, v_z & \text{kart. Koord.} \end{cases}$$

Einsetzen: $x = \rho \sin\theta \cos\varphi, \quad y = \rho \sin\theta \sin\varphi, \quad z = \rho \cos\theta$

$$= \big(\tilde{v}_x(\rho,\theta,\varphi), \tilde{v}_y(\rho,\theta,\varphi)\, ,\, \tilde{v}_z(\rho,\theta,\varphi)\big) \quad \begin{cases} \rho,\theta,\varphi & \text{Kugelkoord.} \\ \tilde{v}_x, \tilde{v}_y, \tilde{v}_z & \text{kart. Koord.} \end{cases}$$

$$= \big(v_\rho(\rho,\theta,\varphi)\, ,\, v_\theta(\rho,\theta,\varphi)\, ,\, v_\varphi(\rho,\theta,\varphi)\big) \quad \begin{cases} \rho,\theta,\varphi & \text{Kugelkoord.} \\ v_\rho, v_\theta, v_\varphi & \text{Kugelkoord.} \end{cases}$$

> Die Kugelkoordinaten $v_\rho, v_\theta, v_\varphi$ bitte nicht mit partiellen Ableitungen bzw. Kugelkoordinaten im üblichen Sinn (siehe **F2**) verwechseln !

	Zylinderkoord. r,φ,z	**Kugelkoordinaten** ρ,θ,φ
Zusammenhang mit kart. Koord.	$x = r\cos\varphi$ $y = r\sin\varphi$ $z = z$	$x = \rho\sin\theta\cos\varphi$ $y = \rho\sin\theta\sin\varphi$ $z = \rho\cos\theta$
Basis aus Einheitsvektoren	$\vec{e}_r = (\cos\varphi, \sin\varphi, 0)$ $\vec{e}_\varphi = (-\sin\varphi, \cos\varphi, 0)$ $\vec{e}_z = (0,0,1)$	$\vec{e}_\rho = (\sin\theta\cos\varphi, \sin\theta\sin\varphi, \cos\theta)$ $\vec{e}_\theta = (\cos\theta\cos\varphi, \cos\theta\sin\varphi, -\sin\theta)$ $\vec{e}_\varphi = (-\sin\varphi, \cos\varphi, 0)$
Umrechnung auf Zylinder– bzw. Kugelk. $(\tilde{v}_x,\tilde{v}_y,\tilde{v}_z) \to \begin{matrix}(v_r,v_\varphi,v_z)\\(v_\rho,v_\theta,v_\varphi)\end{matrix}$	$v_r = \tilde{v}_x\cos\varphi + \tilde{v}_y\sin\varphi$ $v_\varphi = -\tilde{v}_x\sin\varphi + \tilde{v}_y\cos\varphi$ $v_z = \tilde{v}_z$	$v_\rho = \tilde{v}_x\sin\theta\cos\varphi + \tilde{v}_y\sin\theta\sin\varphi + \tilde{v}_z\cos\theta$ $v_\theta = \tilde{v}_x\cos\theta\cos\varphi + \tilde{v}_y\cos\theta\sin\varphi - \tilde{v}_z\sin\theta$ $v_\varphi = -\tilde{v}_x\sin\varphi + \tilde{v}_y\cos\varphi$
Umrechnung auf kartesische Koord. $\begin{matrix}(v_r,v_\varphi,v_z)\\(v_\rho,v_\theta,v_\varphi)\end{matrix} \to (\tilde{v}_x,\tilde{v}_y,\tilde{v}_z)$	$\tilde{v}_x = v_r\cos\varphi - v_\varphi\sin\varphi$ $\tilde{v}_y = v_r\sin\varphi + v_\varphi\cos\varphi$ $\tilde{v}_z = v_z$	$\tilde{v}_x = v_\rho\sin\theta\cos\varphi - v_\varphi\sin\varphi + v_\theta\cos\varphi\cos\theta$ $\tilde{v}_y = v_\rho\sin\theta\sin\varphi + v_\varphi\cos\varphi + v_\theta\sin\varphi\cos\theta$ $\tilde{v}_z = v_\rho\cos\theta - v_\theta\sin\theta$
grad f	$\left(\frac{\partial\tilde{f}}{\partial r}, \frac{1}{r}\frac{\partial\tilde{f}}{\partial\varphi}, \frac{\partial\tilde{f}}{\partial z}\right)$	$\left(\frac{\partial\tilde{f}}{\partial\rho}, \frac{1}{\rho}\frac{\partial\tilde{f}}{\partial\theta}, \frac{1}{\rho\sin\theta}\frac{\partial\tilde{f}}{\partial\varphi}\right)$
div$(\vec{v})$ v_i : Zylinder– bzw. Kugelkoord.	$\frac{1}{r}\frac{\partial}{\partial r}(rv_r) + \frac{1}{r}\frac{\partial v_\varphi}{\partial\varphi} + \frac{\partial v_z}{\partial z}$	$\frac{1}{\rho^2}\frac{\partial}{\partial\rho}(\rho^2 v_\rho) + \frac{1}{\rho\sin\theta}\frac{\partial}{\partial\theta}(v_\theta\sin\theta) + \frac{1}{\rho\sin\theta}\frac{\partial v_\varphi}{\partial\varphi}$
rot$(\vec{v})$ $= (R_r, R_\varphi, R_z)$ bzw. $= (R_\rho, R_\theta, R_\varphi)$	$R_r = \frac{1}{r}\frac{\partial v_z}{\partial\varphi} - \frac{\partial v_\varphi}{\partial z}$ $R_\varphi = \frac{\partial v_r}{\partial z} - \frac{\partial v_z}{\partial r}$ $R_z = \frac{1}{r}v_\varphi + \frac{\partial v_\varphi}{\partial r} - \frac{1}{r}\frac{\partial v_r}{\partial\varphi}$	$R_\rho = \frac{1}{\rho\sin\theta}\left(\frac{\partial}{\partial\theta}(v_\varphi\sin\theta) - \frac{\partial v_\theta}{\partial\varphi}\right)$ $R_\theta = \frac{1}{\rho\sin\theta}\frac{\partial v_\rho}{\partial\varphi} - \frac{1}{\rho}\frac{\partial}{\partial\rho}(\rho v_\varphi)$ $R_\varphi = \frac{1}{\rho}\frac{\partial}{\partial\rho}(\rho v_\theta) - \frac{1}{\rho}\frac{\partial v_\rho}{\partial\theta}$
Δf	$\frac{1}{r}\frac{\partial}{\partial r}\left(r\frac{\partial\tilde{f}}{\partial r}\right) + \frac{1}{r^2}\frac{\partial^2\tilde{f}}{\partial\varphi^2} + \frac{\partial^2\tilde{f}}{\partial z^2}$	$\frac{\partial^2\tilde{f}}{\partial\rho^2} + \frac{2}{\rho}\frac{\partial\tilde{f}}{\partial\rho} + \frac{1}{\rho^2\sin^2\theta}\frac{\partial^2\tilde{f}}{\partial\varphi^2} + \frac{1}{\rho^2}\frac{\partial^2\tilde{f}}{\partial\theta^2} + \frac{1}{\rho^2\tan\theta}\frac{\partial\tilde{f}}{\partial\theta}$

18.49 *Für das* **Gravitationsfeld** *einer punktförmigen Masse* m *in* $\vec{x} = \vec{0}$ *gilt:*
$\vec{K}(\vec{x}) = -\gamma \frac{m}{r^2} \frac{\vec{x}}{r}$ *mit* $r = |\vec{x}| = \sqrt{x^2 + y^2 + z^2} \neq 0$.
Für das **elektrische Feld** *einer punktförmigen Ladung* Q *in* $\vec{x} = \vec{0}$ *gilt:*
$\vec{E}(\vec{x}) = \frac{Q}{4\pi\epsilon_0 r^2} \frac{\vec{x}}{r}$ *mit* $r = |\vec{x}| = \sqrt{x^2 + y^2 + z^2} \neq 0$, (**Coulombfeld**).

Man untersuche das Feld $\vec{v}(\vec{x}) = \frac{1}{r^2} \frac{\vec{x}}{r}$ *mit* $r = |\vec{x}| = \sqrt{x^2 + y^2 + z^2} \neq 0$.

$\vec{v}$ ist ein räumliches **Zentralfeld**, geeignete Koordinaten sind deshalb die Kugelkoordinaten (ρ, φ, θ).
Die Zerlegung von $\vec{v}$ in Komponenten nach $\vec{e_\rho}$, $\vec{e_\theta}$, $\vec{e_\varphi}$ ist ohne Rechnung klar:

$$\vec{v} = \frac{1}{\rho^2}\vec{e_\rho} + 0\vec{e_\theta} + 0\vec{e_\varphi}.$$

Kugelkoordinatendarstellung von $\vec{v}$ ist demnach: $(v_\rho, v_\theta, v_\varphi) = \underline{\underline{(\frac{1}{\rho^2}, 0, 0)}}$.

Übungshalber wird die Koordinate v_φ rechnerisch ermittelt:
$\vec{v} = (\frac{x}{r^3}, \frac{y}{r^3}, \frac{z}{r^3})$, wobei $r = \sqrt{x^2 + y^2 + z^2} = \rho$ ist.
Damit ist $\tilde{v}_x = \frac{1}{\rho^3}\rho \sin\theta \cos\varphi$, $\tilde{v}_y = \frac{1}{\rho^3}\rho \sin\theta \sin\varphi$, $\tilde{v}_z = \frac{1}{\rho^3}\rho \cos\theta$.
Also: $v_\varphi = -\tilde{v}_x \sin\varphi + \tilde{v}_y \cos\varphi = -\frac{1}{\rho^2} \sin\theta \cos\varphi \sin\varphi + \frac{1}{\rho^2} \sin\theta \sin\varphi \cos\varphi = 0$.

Divergenz von $\vec{v} = (v_\rho, v_\theta, v_\varphi) = (\frac{1}{\rho^2}, 0, 0)$:
$\operatorname{div} \vec{v} = \frac{1}{\rho^2} \frac{\partial}{\partial \rho}(\rho^2 \frac{1}{\rho^2}) + \frac{1}{\rho \sin\theta} \frac{\partial}{\partial \theta}(0) + \frac{1}{\rho \sin\theta} \frac{\partial}{\partial \varphi}(0) = \underline{\underline{0}}$.
Im Gebiet $\vec{x} \neq \vec{0}$ ist das Feld $\vec{v}$ *quellenfrei*!

Rotation von $\vec{v} = (v_\rho, v_\theta, v_\varphi) = (\frac{1}{\rho^2}, 0, 0)$:
Man rechnet leicht nach: $\operatorname{rot} \vec{v} = (R_\rho, R_\theta, R_\varphi) = \underline{\underline{\vec{0}}}$.
Im Gebiet $\vec{x} \neq \vec{0}$ ist das Feld $\vec{v}$ *wirbelfrei*!

Da $\mathbb{R}^3 \setminus \{\vec{0}\}$ *einfach zusammenhängend* ist,

ist das **Arbeitsintegral** $\int_K \vec{v}\, d\vec{x}$ *wegunabhängig.*

Das Feld $\vec{v}$ besitzt ein **Potential** $\Phi : \mathbb{R}^3 \setminus \{\vec{0}\} \to \mathbb{R}$, so dass $\vec{v} = \operatorname{grad} \Phi$ ist.
In Kugelkoordinaten folgt: $\vec{v} = (\frac{1}{\rho^2}, 0, 0) = \operatorname{grad} \Phi = (\frac{\partial \Phi}{\partial \rho}, \frac{1}{\rho} \frac{\partial \Phi}{\partial \theta}, \frac{1}{\rho \sin\theta} \frac{\partial \Phi}{\partial \varphi})$.

Komponentenvergleich ergibt: $\Phi(\rho, \theta, \varphi) = \underline{\underline{-\frac{1}{\rho}}}$ (**Newton–Potential**).

Das Potential Φ erfüllt die Laplace–Gleichung: $\Delta \Phi = -\frac{2}{\rho^3} + \frac{2}{\rho} \frac{1}{\rho^2} + 0 + 0 + 0 = \underline{\underline{0}}$.

In kartesischen Koordinaten: $\vec{v} = \frac{(x,y,z)}{(\sqrt{x^2+y^2+z^2}\,)^3} = \operatorname{grad} \frac{-1}{\sqrt{x^2+y^2+z^2}}$.

18.50 *Das magnetische Feld $\vec{H}(\vec{x})$ eines stromdurchflossenen (unendlich langen) Drahtes vom Radius a (Drehachse ist z–Achse, Stromstärke I) ist gegeben durch*
$$\vec{H}(\vec{x}) = \frac{I}{2\pi(x^2+y^2)}\begin{pmatrix}-y\\ x\\ 0\end{pmatrix} \quad \text{für } \sqrt{x^2+y^2} > a.$$
Man untersuche das Feld $\vec{v}(\vec{x}) = \frac{1}{(x^2+y^2)}\begin{pmatrix}-y\\ x\\ 0\end{pmatrix}$ *für* $x^2+y^2 > 0$.

Offenbar sind zur Beschreibung von $\vec{v}$ *Zylinderkoordinaten* (r, φ, z) geeignet:
Die Zerlegung von $\vec{v}$ in Komponenten nach $\vec{e}_r$, $\vec{e}_\varphi$, $\vec{e}_z$ ist ohne Rechnung klar:

$\vec{v} = 0\vec{e}_r + \frac{1}{r}\vec{e}_\varphi + 0\vec{e}_z$.

Zylinderkoordinatendarstellung von $\vec{v}$ ist demnach: $(0, \frac{1}{r}, 0)$.

Z.B. ergibt sich $v_\varphi = \frac{1}{r}$ folgendermaßen:
Wegen $v_x = \frac{-y}{x^2+y^2}$, $v_y = \frac{x}{x^2+y^2}$ ist
$\tilde{v}_x = -\frac{1}{r}\sin\varphi$, $\tilde{v}_y = \frac{1}{r}\cos\varphi$ und somit
$v_\varphi = \frac{1}{r}\sin^2\varphi + \frac{1}{r}\cos^2\varphi = \frac{1}{r}$.

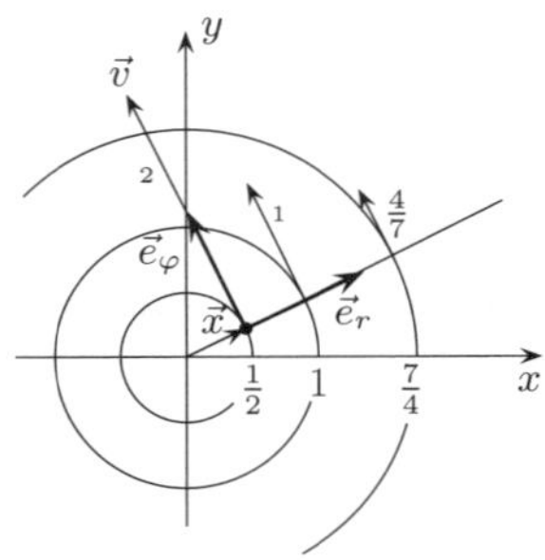

Divergenz von $\vec{v} = (0, \frac{1}{r}, 0)$:

$\operatorname{div}\vec{v} = \frac{1}{r}0 + 0 + \frac{1}{r}0 + 0 = 0$. Das Feld ist *quellenfrei.*

Rotation von $\vec{v} = (0, \frac{1}{r}, 0)$ ist $\operatorname{rot}\vec{v} = (0,0,0)$. das Feld ist *wirbelfrei.*

Das Gebiet $G = \mathbb{R}^3 \setminus \{(0,0,z) \mid z \in \mathbb{R}\}$ ist allerdings nicht einfach zusammenhängend! Es gibt tatsächlich auch geschlossene Kurven K mit $\oint_K \vec{v}(\vec{x})\,d\vec{x} \neq 0$.
Etwa für den Kreis $K : \vec{x}(t) = (\cos t, \sin t, 0)$ mit $0 \le t \le 2\pi$ ist $r = 1$,
also $\vec{v}(\vec{x}(t)) = (-\sin t, \cos t, 0)$ und $\dot{\vec{x}}(t) = (-\sin t, \cos t, 0)$ und somit
$$\oint_K \vec{v}(\vec{x})\,d\vec{x} = \int_0^{2\pi} (-\sin t, \cos t, 0)(-\sin t, \cos t, 0)\,dt = \int_0^{2\pi} dt = 2\pi.$$
$\vec{v}$ besitzt demnach keine Potentialfunktion in G, also keine in G differenzierbare Funktion Φ mit $\operatorname{grad}\Phi = \vec{v}$ ($\vec{v}$ heißt **Potentialwirbel**).

In einfach zusammenhängenden Teilgebieten von G, d.h. *lokal,*
ist $\Phi(x,y,z) = \arctan\frac{y}{x}$ (falls $x \neq 0$)
oder $\Phi(x,y,z) = -\arctan\frac{x}{y}$ (falls $y \neq 0$) Potentialfunktion von $\vec{v}$.

In Zylinderkoordinaten ergibt sich eine lokale Potentialfunktion
aus $\operatorname{grad}\Phi = (\frac{\partial\Phi}{\partial r}, \frac{1}{r}\frac{\partial\Phi}{\partial\varphi}, \frac{\partial\Phi}{\partial z}) = (0, \frac{1}{r}, 0)$ durch Komponentenvergleich:

$\frac{\partial\Phi}{\partial r} = 0$, $\frac{\partial\Phi}{\partial\varphi} = 1$, $\frac{\partial\Phi}{\partial z} = 0 \Longrightarrow \Phi = \Phi(r,\varphi,z) = \varphi$.

Wegen $\Delta\Phi = \frac{1}{r}\frac{\partial}{\partial r}(0) + \frac{1}{r^2}0 + 0 = 0$ ist Φ in G *harmonisch* !

Skalarfelder $f(x,y,z)$, die der **Laplace**–Gleichung $\Delta f = \frac{\partial^2 f}{\partial x^2} + \frac{\partial^2 f}{\partial y^2} + \frac{\partial^2 f}{\partial z^2} = 0$ genügen, sind interessant, da ihre Gradientenfelder $\vec{F} = \operatorname{grad} f$

(1) wegen $\Delta f = \operatorname{div}(\operatorname{grad} f) = \operatorname{div} \vec{F} = 0$ **quellenfrei** sind und
(2) wegen $\operatorname{rot}(\operatorname{grad} f) = \operatorname{rot} \vec{F} = \vec{0}$ **wirbelfrei** sind.

Ein Skalarfeld $f = f(x,y,z)$ heißt
radial– oder zentralsymmetrisch, falls $f = f\,(\sqrt{x^2+y^2+z^2}\,)$ ist.
axialsymmetrisch, falls $f = f\,(\sqrt{x^2+y^2}\,)$ ist.

18.51 *Man bestimme alle*
(a) *zu $\vec{x} = \vec{0}$ radialsymmetrischen Skalarfelder,* $f : \mathbb{R}^3 \setminus \{(0,0,0)\} \mapsto \mathbb{R}$,
(b) *zur z–Achse axialsymmetrischen Skalarfelder* $f : \mathbb{R}^3 \setminus \{(0,0,z)\} \mapsto \mathbb{R}$,
die der Potentialgleichung $\Delta f = 0$ genügen, sowie ihre Gradientenfelder.

(a) Ein Skalarfeld ist nur von $\rho = \sqrt{x^2+y^2+z^2}$ abhängig, falls es sich in Kugelkoordinaten als $\tilde{f} = \tilde{f}(\rho)$ beschreiben lässt.
Dann ist $\Delta \tilde{f} = 0 \Longleftrightarrow \frac{\partial^2 \tilde{f}}{\partial \rho^2} + \frac{2}{\rho}\frac{\partial \tilde{f}}{\partial \rho} = 0.$

Diese lineare DGL ist leicht zu lösen: $y := \frac{\partial \tilde{f}}{\partial \rho}$ ergibt:

$y' + \frac{2}{\rho} y = 0$ und nach T.d.V:
$\frac{dy}{y} = -\frac{2}{\rho}\,d\rho$ also $\ln|y| = -2\ln\rho + \ln k$
$y = \frac{k}{\rho^2}$ und somit $\tilde{f} = \frac{c}{\rho} + d.$

$$f(\vec{x}) = f(x,y,z) = \frac{c}{\sqrt{x^2+y^2+z^2}}$$ heißt **Newton–Potential** , vgl. [18.52].

$\operatorname{grad} f(\vec{x}) = \frac{c}{\rho^2} \cdot \frac{\vec{x}}{\rho} = c\frac{(x,y,z)}{(\sqrt{x^+y^2+z^2}\,)^3}$, siehe [18.49].

(b) Ein Skalarfeld ist nur von $\sqrt{x^2+y^2} = r$ abhängig, falls es sich in Zylinderkoordinaten als $\tilde{f} = \tilde{f}(r)$ beschreiben lässt.
Dann ist $\Delta \tilde{f} = 0 \Longleftrightarrow \frac{d}{dr}(r \cdot \tilde{f}'(r)) = 0 \Longleftrightarrow r \cdot \tilde{f}'' + \tilde{f}' = 0$ (siehe auch: Oder …)

Diese lineare DGL ist leicht zu lösen: $y := \tilde{f}'$ ergibt:

$ry' + y = 0$ und nach T.d.V:
$\frac{dy}{y} = -\frac{1}{r}\,dr$ also $\ln|y| = -\ln r + \ln k$
$y = \frac{k}{r}$ und somit
$\tilde{f} = k\ln r + c$ für $r > 0$.

Oder: $(r\tilde{f}')' = 0 \Longleftrightarrow r\tilde{f}' = k \Longleftrightarrow \tilde{f}' = \frac{k}{r} \Longleftrightarrow \tilde{f} = k\ln r + c$, für $r > 0$.

$f(\vec{x}) = f(x,y,z) = k \cdot \ln\sqrt{x^2+y^2}$ heißt **logarithmisches Potential.**

$\operatorname{grad} f(x,y,z) = k\frac{(x,y,0)}{x^2+y^2}.$

18.52 *Man zeige, dass folgende Skalarfelder nicht der Potentialgleichung* $\Delta f = 0$ *genügen und bestimme ihre Gradientenfelder.*

(a) $f : \mathbb{R}^2 \setminus \{\vec{0}\} \to \mathbb{R}\,, \quad f(x,y) = \dfrac{1}{\sqrt{x^2+y^2}}\,,$

(b) $f : \mathbb{R}^3 \setminus \{\vec{0}\} \to \mathbb{R}\,, \quad f(x,y,z) = \ln\sqrt{x^2+y^2+z^2}\,.$

(a) $f = \frac{1}{\sqrt{x^2+y^2}}$ hat in Polarkoordinaten die Darstellung $\tilde{f} = \frac{1}{r}$.

Nach [18.47] ist $\Delta f = \frac{1}{r}\frac{\partial \tilde{f}}{\partial r} + \frac{\partial^2 \tilde{f}}{\partial r^2} + \frac{1}{r^2}\frac{\partial^2 \tilde{f}}{\partial \varphi^2} = \frac{1}{r}(-\frac{1}{r^2}) + \frac{2}{r^3} = \frac{1}{r^3} \neq 0.$

$\operatorname{grad} f = (\frac{\partial f}{\partial x}, \frac{\partial f}{\partial y}) = \dfrac{(x,y)}{(\sqrt{x^2+y^2}\,)^3}.$

(b) $f = \ln\sqrt{x^2+y^2+z^2}$ hat in Kugelkoordinaten die Darstellung $\tilde{f} = \ln\rho$.

Nach der Tabelle auf Seite 534 ist:

$$\Delta f = \frac{\partial^2 \tilde{f}}{\partial \rho^2} + \frac{2}{\rho}\frac{\partial \tilde{f}}{\partial \rho} + \frac{1}{\rho^2 \sin^2\theta}\frac{\partial^2 \tilde{f}}{\partial \varphi^2} + \frac{1}{\rho^2}\frac{\partial^2 \tilde{f}}{\partial \theta^2} + \frac{1}{\rho^2 \tan\theta}\frac{\partial \tilde{f}}{\partial \theta} = -\frac{1}{\rho^2} + \frac{2}{\rho}\cdot\frac{1}{\rho} = \frac{1}{\rho^2} \neq 0.$$

$\operatorname{grad} f = \dfrac{(x,y,z)}{x^2+y^2+z^2}.$

18.5 Kurvenintegrale, Linienintegrale

Hier wird eine *reellwertige* Funktion $f = f(\vec{x})$ über ein ebenes oder räumliches Kurvenstück $K = \{\vec{x}(t)\ ,\ a \le t \le b\}$ integriert. Man berechnet das Kurvenintegral als gewöhnliches Integral über den Parameterbereich:

Das Kurvenintegral $\displaystyle\int_K f\,ds$

Ist $f:\ \mathbb{R}^n \mapsto \mathbb{R}$ und $K = \{\vec{x}(t) \in \mathbb{R}^n \mid a \le t \le b\}$ ein Kurvenstück, so ist

$$\int_K f\,ds = \int_a^b f(\vec{x}(t)) \cdot |\dot{\vec{x}}(t)|\,dt,$$

$ds = |\dot{\vec{x}}(t)|\,dt$ heißt **skalares** Bogenelement.

Für $f \equiv 1$ ergibt sich die **Bogenlänge** des Kurvenstücks K, (siehe Seite 501).
Masse, Schwerpunkt, Trägheitsmoment des Kurvenstücks K, (siehe Seite 509).

18.53 *Man berechne* $\displaystyle\int_K xyz\,ds$, *wenn* K *gegeben ist durch* $\vec{x}(t) = (\sin t, \cos t, t)$ *für* $0 \le t \le 2\pi$ *(Schraubenlinie). Welche Länge hat das Kurvenstück?*

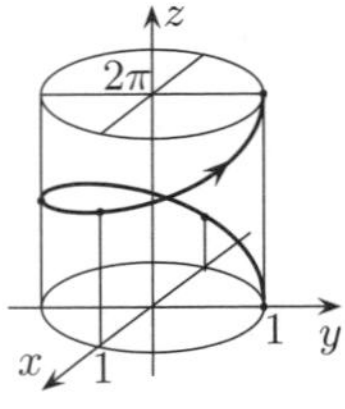

$\dot{\vec{x}}(t) = (\cos t, -\sin t, 1)\ ,\ |\dot{\vec{x}}(t)| = \sqrt{\cos^2 t + \sin^2 t + 1} = \sqrt{2}$

$$\int_K xyz\,ds = \int_0^{2\pi} t\sin t\cos t\sqrt{2}\,dt = \frac{\sqrt{2}}{2}\int_0^{2\pi} t\sin 2t\,dt$$

$$= \frac{\sqrt{2}}{2}\left[\frac{\sin 2t}{4} - \frac{t}{2}\cos 2t\right]_0^{2\pi} = -\frac{\sqrt{2}}{4}2\pi = \underline{\underline{-\frac{\sqrt{2}}{2}\pi}}.$$

Die Länge des Kurvenstücks beträgt: $L = \displaystyle\int_K 1\,ds = \int_0^{2\pi}\sqrt{2}\,dt = \underline{\underline{2\sqrt{2}\,\pi}}.$

Abwicklung des Zylindermantels liefert sofort (Diagonale im Quadrat) $L = \underline{\underline{2\sqrt{2}\,\pi}}.$

Das Kurvenintegral $\int_K \vec{f}\, d\vec{x}$ (Arbeitsintegral)

Ist $\vec{f} = \vec{f}(\vec{x})$ eine *vektorwertige* Funktion (Vektorfeld) und
$K = \{\vec{x}(t) \mid a \le t \le b\}$ ein Kurvenstück, so ist

$$\int_K \vec{f}\, d\vec{x} = \int_a^b \vec{f}(\vec{x}(t)) \cdot \dot{\vec{x}}(t)\, dt,$$

$d\vec{x} = \dot{\vec{x}}(t)\, dt$ heißt **vektorielles** Bogenelement.

Der Integrand ist das skalare Produkt der Vektoren $\vec{f}(\vec{x}(t))$ und $\dot{\vec{x}}(t)$.

Ist K ein *geschlossener* Weg, schreibt man

$$\int_K \vec{f}\, d\vec{x} = \oint_K \vec{f}\, d\vec{x}$$

und nennt das Integral **Zirkulation** des Vektorfeldes $\vec{f}$ längs K.

Sind $\vec{f}$ und $\vec{x}$ komponentenweise gegeben, $\vec{f} = (f, g, h)$ sowie $\vec{x} = (x, y, z)$, so sind $dx = \dot{x}\, dt$, $dy = \dot{y}\, dt$, $dz = \dot{z}\, dt$ und das Integral lässt sich parameterfrei schreiben:

$$\begin{aligned} \int_K \vec{f}\, d\vec{x} &= \int_K \big(f\, dx + g\, dy + h\, dz\big) \\ &= \int_a^b \big(f(\vec{x}(t))\dot{x}(t) + g(\vec{x}(t))\dot{y}(t) + h(\vec{x}(t))\dot{z}(t)\big)\, dt \end{aligned}$$

Zusammenhang zwischen den Kurvenintegraltypen

$$\int_K \vec{f}\, d\vec{x} = \int_K \left(\vec{f} \cdot \frac{\dot{\vec{x}}}{|\dot{\vec{x}}|}\right) ds$$

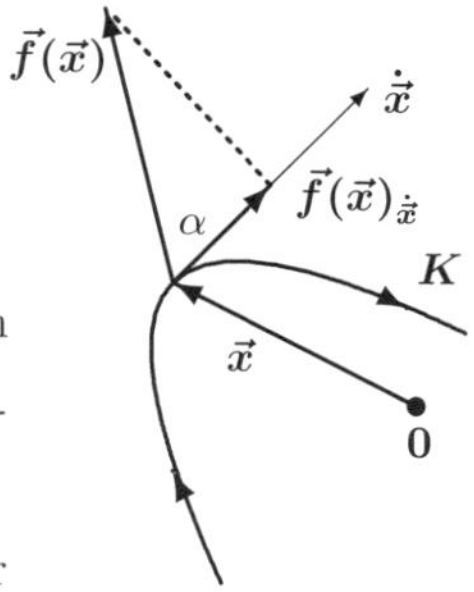

Für das Skalarprodukt gilt:
Es ist $\vec{f}(\vec{x}(t)) \cdot \dot{\vec{x}}(t) = |\vec{f}(\vec{x}(t)| \cdot |\dot{\vec{x}}(t)| \cdot \cos\alpha$,
wobei $\alpha = \sphericalangle\big(\vec{f}(\vec{x}(t)), \dot{\vec{x}}(t)\big)$ ist.

$\vec{f} \cdot \frac{\dot{\vec{x}}}{|\dot{\vec{x}}|} = |\vec{f}(\vec{x})| \cdot \cos\alpha$ ist die Länge der Projektion $f(\vec{x})_{\dot{\vec{x}}}$ (siehe Seite 131) von $\vec{f}(\vec{x})$ auf die Tangentenrichtung $\dot{\vec{x}}$.

Im Integral $\int_K \vec{f}\, d\vec{x}$ wird die Länge der Tangentialkomponente von $\vec{f}$ längs der Kurve integriert:

Beschreibt $\vec{f}$ ein Kraftfeld, so gibt $\int_K \vec{f}\, d\vec{x}$ die Energie an, die nötig ist, um ein Teilchen der Masse 1 längs der Kurve K im Feld zu bewegen.

18.54 *Sei* $\vec{f}(\vec{x}) = \begin{pmatrix} x \\ xy \end{pmatrix}$. *Man berechne* $\int_K \vec{f}\,d\vec{x} = \int_K x\,dx + xy\,dy$ *für die drei Wege* K_a, K_b, K_c *von* $(0,0)$ *nach* $(1,1)$.

$K_a: \quad \vec{x} = \begin{pmatrix} t \\ t \end{pmatrix}, \; 0 \le t \le 1, \qquad K_b: \quad \vec{x} = \begin{pmatrix} t \\ t^2 \end{pmatrix}, \; 0 \le t \le 1.$

$K_c = K_1 \cup K_2$, mit $\quad K_1: \quad \vec{x} = \begin{pmatrix} t \\ 0 \end{pmatrix}, \; 0 \le t \le 1. \qquad K_2: \quad \vec{x} = \begin{pmatrix} 1 \\ t \end{pmatrix}, \; 0 \le t \le 1.$

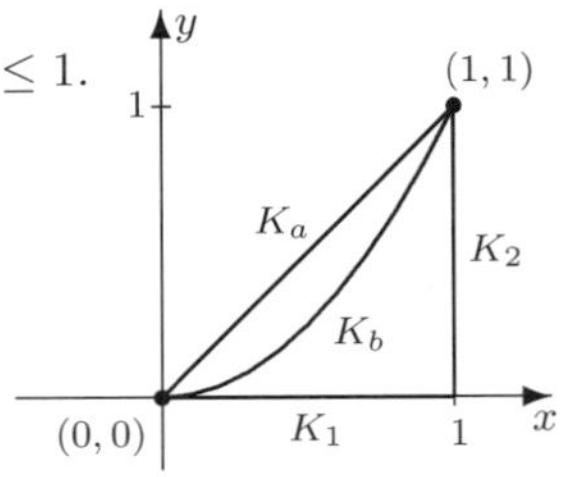

(a) $x = t \Longrightarrow dx = dt$ und $y = t \Longrightarrow dy = dt$

$$\int_{K_a} x\,dx + xy\,dy = \int_0^1 (t + t^2)\,dt = \left[\frac{1}{2}t^2 + \frac{1}{3}t^3\right]_0^1 = \underline{\underline{\frac{5}{6}}}.$$

(b) $x = t \Longrightarrow dx = dt$ und $y = t^2 \Longrightarrow dy = 2t\,dt$

$$\int_{K_b} x\,dx + xy\,dy = \int_0^1 t\,dt + t^3 2t\,dt = \int_0^1 (2t^4 + t)\,dt = \left[\frac{2}{5}t^5 + \frac{1}{2}t^2\right]_0^1 = \underline{\underline{\frac{9}{10}}}.$$

(c) Auf dem horizontalen Wegstück K_1 ist $x = t$, $y = 0$ und $dx = dt$, $dy = 0$.
Auf dem vertikalen Wegstück K_2 ist $x = 1$, $y = t$ und $dx = 0$, $dy = dt$.
Also $\int_{K_1} x\,dx + xy\,dy = \int_0^1 t\,dt = \frac{1}{2}$. und $\int_{K_2} x\,dx + xy\,dy = \int_0^1 t\,dt = \frac{1}{2}$.

Zusammen ergibt sich damit: $\int_{K_c} x\,dx + xy\,dy = \int_{K_1} + \int_{K_2} = \frac{1}{2} + \frac{1}{2} = \underline{\underline{1}}.$

Das Kurvenintegral $\int_K \vec{f}\,d\vec{x}$ mit $\vec{f} = \begin{pmatrix} x \\ xy \end{pmatrix}$ ist vom Integrationsweg abhängig!

18.55 *Sei* $\vec{f}(x,y,z) = \frac{(x,y,z)}{(x^2+y^2+z^2)^{3/2}}$ *(Gravitationsfeld, siehe auch S. 545).*

Berechne $\int_K \vec{f}\,d\vec{x}$ *für folgende Wege von* $(1,0,0)$ *nach* $(1,0,2\pi)$*:*

(a) K_1: $\vec{x}(t) = (\cos t, \sin t, t)$, $0 \le t \le 2\pi$ (Schraubenlinie [18.53]),

(b) K_2: geradlinige Verbindung von $(1,0,0)$ nach $(1,0,2\pi)$.

(a) $$\int_{K_1} \vec{f}\,d\vec{x} = \int_{t=0}^{2\pi} \vec{f}(\vec{x}(t)) \cdot \dot{\vec{x}}(t)\,dt = \int_{t=0}^{2\pi} \frac{1}{\sqrt{1+t^2}^{\,3}} \begin{pmatrix} \cos t \\ \sin t \\ t \end{pmatrix} \cdot \begin{pmatrix} -\sin t \\ \cos t \\ 1 \end{pmatrix} dt$$

$$= \int_0^{2\pi} \frac{t\,dt}{\sqrt{1+t^2}^{\,3}} = \left[\frac{-1}{\sqrt{1+t^2}}\right]_0^{2\pi} = \underline{\underline{1 - \frac{1}{\sqrt{1+4\pi^2}}}}.$$

(b) $K_2: \; \vec{x}(t) = (1,0,0) + t(0,0,1), \;\; 0 \le t \le 2\pi,$

$$\int_{K_2} \vec{f}\,d\vec{x} = \int_{t=0}^{2\pi} \frac{1}{\sqrt{1+t^2}^{\,3}} \begin{pmatrix} 1 \\ 0 \\ t \end{pmatrix} \cdot \begin{pmatrix} 0 \\ 0 \\ 1 \end{pmatrix} dt = \int_0^{2\pi} \frac{t\,dt}{\sqrt{1+t^2}^{\,3}} = \ldots = \underline{\underline{1 - \frac{1}{\sqrt{1+4\pi^2}}}}.$$

$\Phi(x,y,z) = \frac{-1}{\sqrt{x^2+y^2+z^2}}$ ist Potential von $\vec{f}$, denn $\operatorname{grad}\Phi = \vec{f}$.

Also $\int_{K_{1,2}} \vec{f}\,d\vec{x} = \Phi(1,0,2\pi) - \Phi(1,0,0) = \underline{\underline{1 - \frac{1}{\sqrt{1+4\pi^2}}}}$ (Potentialdifferenz).

Ein **Vektorfeld $\vec{f}$** heißt

Potential– oder **Gradientenfeld**, falls es eine reellwertige Funktion Φ (Potential) gibt, für die gilt: $\vec{f} = \operatorname{grad}\Phi = (\frac{\partial\Phi}{\partial x}, \frac{\partial\Phi}{\partial y}, \frac{\partial\Phi}{\partial z})$.

konservativ, falls das Kurvenintegral $\int_K \vec{f}\,d\vec{x}$ wegunabhängig ist, bzw. die Kurvenintegrale $\oint \vec{f}\,d\vec{x} = 0$ für geschlossene Wege.

Ein Feld ist **Potentialfeld** genau dann, wenn es **konservativ** ist.

Ist $\vec{f}$ **Potentialfeld** mit Potentialfunktion Φ, also $\vec{f} = \operatorname{grad}\Phi$, so gilt:

$$\int_K \vec{f}\,d\vec{x} = \Phi(\vec{x}(a)) - \Phi(\vec{x}(b)) \qquad \textbf{(Potentialdifferenz)}$$

Insbesondere ist dann $\oint \vec{f}\,d\vec{x} = 0$, also $\vec{f}$ **konservativ**!

Ist $\vec{f}$ **konservativ** und K eine beliebige Kurve,
die den *festen* Anfangspunkt P mit dem *variablen* Punkt $\vec{x}$ verbindet, so ist

$$\Phi(\vec{x}) := \int_K \vec{f}\,d\vec{x} \quad \text{eine } \textbf{Potentialfunktion} \text{ von } \vec{f}.$$

18.56 *Man bestimme gegebenenfalls eine Potentialfunktion Φ:*

(a) $\vec{f} = (x, xy)$, (b) $\vec{f} = (2x+y, x+2yz, y^2+2z)$.

(a) Nach 18.54 ist klar: $\vec{f}$ besitzt keine Potentialfunktion. Durch Rechnung ergibt sich dies so: Angenommen es gibt Φ mit $\operatorname{grad}\Phi = \vec{f} = (x, xy)$.
Dann ist $\frac{\partial\Phi}{\partial x} = x$ und somit $\Phi = \frac{1}{2}x^2 + c(y)$, wobei $c(y)$ nur von y abhängt!
Differentiation nach y ergibt $\frac{\partial\Phi}{\partial y} = c'(y)$. Andererseits ist jedoch $\frac{\partial\Phi}{\partial y} = xy$ und beides ist unvereinbar, da $c'(y)$ von x unabhängig ist.

(b1) Sei $\operatorname{grad}\Phi = \vec{f} = (2x+y, x+2yz, y^2+2z)$. Dann ist $\frac{\partial\Phi}{\partial x} = 2x+y$ und somit $\Phi = x^2 + xy + c(y,z)$. Differentiation nach y ergibt $\frac{\partial\Phi}{\partial y} = x + c_y(y,z)$. Andererseits ist jedoch $\frac{\partial\Phi}{\partial y} = x + 2yz$, so dass $c_y = 2yz$ ist. Integration nach y ergibt $c = y^2z + d(z)$ und damit $\Phi = x^2 + xy + y^2z + d(z)$. Differentiation nach z ergibt $\frac{\partial\Phi}{\partial z} = y^2 + d'(z)$. Andererseits ist $\frac{\partial\Phi}{\partial z} = y^2 + 2z$, so dass $d'(z) = 2z$ ist, also $d(z) = z^2 + k$. Eine Potentialfunktion von $\vec{f}$ ist $\Phi = \underline{\underline{x^2 + xy + y^2z + z^2}}$.

(b2) Da $\operatorname{rot}\vec{f} = \cdots = \vec{0}$ ist in dem einfach zusammenhängenden Gebiet $\mathbb{R}^3$, ist $\vec{f}$ konservativ, besitzt also eine Potentialfunktion Φ (siehe Seite 544), die man z.B. folgendermaßen erhält: Ist $K: \ \vec{x}(t) = t\vec{x} = t(x,y,z), \ 0 \le t \le 1$ mit $d\vec{x} = \dot{\vec{x}}(t)dt = \vec{x}dt$ die geradlinige Verbindung von $\vec{0}$ nach $\vec{x}$, so gilt

$$\Phi = \Phi(\vec{x}) = \int_K \vec{f}\,d\vec{x} = \int_0^1 \begin{pmatrix} 2tx+ty \\ tx+2t^2yz \\ t^2y^2+2tz \end{pmatrix} \begin{pmatrix} x \\ y \\ z \end{pmatrix} dt = \cdots = \underline{\underline{x^2+xy+y^2z+z^2}}.$$

Eine *notwendige* Bedingung für ein Vektorfeld $\vec{f} = (f_x, f_y, f_z)$, Potentialfeld zu sein, ist die

Integrabilitätsbedingung

Ist $\vec{f} = (f_x, f_y, f_z)$ Potentialfeld in einem Gebiet $G \subseteq \mathbb{R}^3$, so gilt dort

$$\frac{\partial f_x}{\partial y} = \frac{\partial f_y}{\partial x} \ , \quad \frac{\partial f_x}{\partial z} = \frac{\partial f_z}{\partial x} \ , \quad \frac{\partial f_y}{\partial z} = \frac{\partial f_z}{\partial y}.$$

In der Ebene reduziert sich die Integrabilitätsbedingung auf $\quad \dfrac{\partial f_x}{\partial y} = \dfrac{\partial f_y}{\partial x}$

18.57 *Man zeige, dass* $\vec{f} = \begin{pmatrix} x \\ xy \end{pmatrix}$ *kein Potentialfeld ist, siehe* [18.56 (b)].

Die Integrabilitätsbedingung (Ebene) ist nicht erfüllt: $\frac{\partial f_x}{\partial y} = 0$ aber $\frac{\partial f_y}{\partial x} = y$.

Die Integrabilitätsbedingung ist zwar *notwendig* dafür , dass ein Feld ein Potentialfeld ist, aber nicht *hinreichend*: Ist die Integrabilitätsbedingung erfüllt, braucht das Feld nicht notwendig ein Potentialfeld zu sein, wie folgendes Beispiel zeigt:

18.58 *Es sei* $\vec{f} = \frac{1}{x^2+y^2}(-y, x)$ *für* $\vec{x} \neq \vec{0}$ *und* $G := \{(x, y) \mid (x, y) \neq (0, 0)\}$.

Man zeige: (a) $\vec{f}$ *genügt in* G *der Integrabilitätsbedingung.*

(b) $\vec{f}$ *ist in* G *nicht wegunabhängig integrierbar,* $\vec{f}$ *in* G *also kein Potentialfeld.*

Man betrachte $\vec{f}$ *auch in der rechten Halbebene* $H := \{(x, y) \mid x > 0\}$.

(a) $$\frac{\partial f_x}{\partial y} = \frac{\partial}{\partial y}\Big(\frac{-y}{x^2+y^2}\Big) = \frac{-(x^2+y^2)+y\,2y}{(x^2+y^2)^2} = \frac{y^2-x^2}{(x^2+y^2)^2}$$

$$\frac{\partial f_y}{\partial x} = \frac{\partial}{\partial x}\Big(\frac{x}{x^2+y^2}\Big) = \frac{x^2+y^2-x\,2x}{(x^2+y^2)^2} = \frac{y^2-x^2}{(x^2+y^2)^2}$$

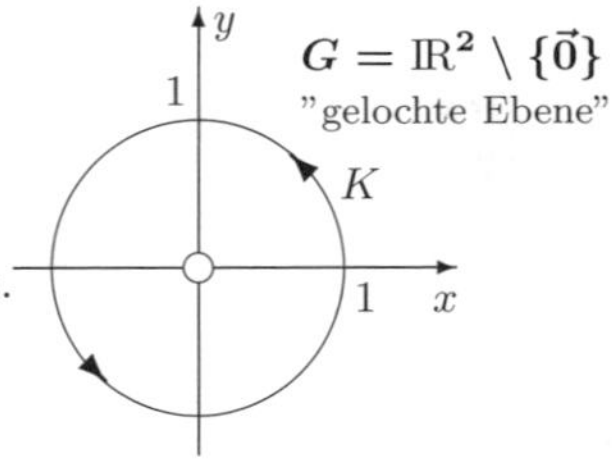

(b) Es sei $K := \{(\cos t, \sin t) \mid t \in [0, 2\pi]\}$ der Einheitskreis.
K ist ein in G verlaufender geschlossener Weg.
Mit $\vec{x} = (\cos t, \sin t)$ und $\dot{\vec{x}} = (-\sin t, \cos t)$ ist:

$$\oint_K \Big(-\frac{y}{x^2+y^2}, \frac{x}{x^2+y^2}\Big)\, d\vec{x} = \int_0^{2\pi} (-\sin t, \cos t) \cdot (-\sin t, \cos t)\, dt$$

$$= \int_0^{2\pi} (\sin^2 t + \cos^2 t)\, dt = 2\pi$$

Wäre $\vec{f}$ wegunabhängig integrierbar, müss te $\oint_K \vec{f}\, d\vec{x} = 0$ sein! Mithin ist $\vec{f}$ in G nicht wegunabhängig integrierbar, also kein Potentialfeld. Es gibt keine in G differenzierbare Funktion Φ mit $\vec{f} = \operatorname{grad}\Phi$.

Nun betrachten wir $\vec{f}$ in der rechten Halbebene $H := \{(x, y) \mid x > 0\}$. Es gilt:

a) $\vec{f}$ genügt in H der Integrabilitätsbedingung,

b) $\vec{f}$ ist in H wegunabhängig integrierbar, da $\vec{f}$ in H die Potentialfunktion $\Phi(x, y) = \arctan \frac{y}{x}$ besitzt. Φ ist in ganz H definiert und $\operatorname{grad}\Phi = \vec{f}$.

Die Form des Gebietes G, in dem die Integrabilitätsbedingung erfüllt ist, spielt eine wichtige Rolle:

$G \subseteq \mathbb{R}^3$ bzw. $\mathbb{R}^2$ heißt **einfach zusammenhängend**, wenn sich jede geschlossene Kurve K in G auf einen Punkt aus G zusammenziehen lässt.
Ein typisches *nicht* einfach zusammenhängendes Gebiet im $\mathbb{R}^2$ ist ein Gebiet *mit Loch*, wie z.B. die gelochte Ebene G im vorigen Beispiel!

einfach zusammenhängend — nicht einfach zusammenhängend

Integrabilitätsbedingung und Potential

Ist die Integrabilitätsbedingung für $\vec{f} = (f_x, f_y, f_z)$

$$\frac{\partial f_x}{\partial y} = \frac{\partial f_y}{\partial x} \quad , \quad \frac{\partial f_x}{\partial z} = \frac{\partial f_z}{\partial x} \quad , \quad \frac{\partial f_y}{\partial z} = \frac{\partial f_z}{\partial y} .$$

in einem **einfach zusammenhängenden** Gebiet G erfüllt, so ist $\vec{f}$ in G wegunabhängig integrierbar, besitzt also in G eine Potentialfunktion.

18.59 *Man untersuche, ob $\vec{f}$ im Gebiet G Potentialfeld ist.*

(a) $\vec{f}(x,y) = (x,y) \quad , \quad G = \mathbb{R}^2$.

(b) $\vec{f}(x,y) = \frac{1}{x^2+y^2}(-y,x) \; , \quad G = \mathbb{R}^2 \setminus \{(x,0) \mid x \le 0\}$.

(c) $\vec{f}(x,y) = \frac{1}{x^2+y^2}(x,y) \quad , \quad G = \mathbb{R}^2 \setminus \{(0,0)\}$.

Man betrachtet die Integrabilitätsbedingung in der Ebene: $\frac{\partial f_x}{\partial y} = \frac{\partial f_y}{\partial x}$:

(a) $\frac{\partial f_x}{\partial y} = \frac{\partial f_y}{\partial x} = 0$, G ist einfach zusammenhängend $\Longrightarrow$ $\vec{f}$ ist Potentialfeld.

(b) $\frac{\partial f_x}{\partial y} = \frac{\partial f_y}{\partial x}$, [18.58],
die geschlitzte Ebene ist einfach zuammenhängend $\Longrightarrow$ $\vec{f}$ ist Potentialfeld.

(c) $\frac{\partial f_x}{\partial y} = \frac{-2xy}{(x^2+y^2)^2} = \frac{\partial f_y}{\partial x}$, G ist jedoch nicht einfach zuammenhängend.

Es wird eine Potentialfunktion Φ von $\vec{f}$ in einem einfach zusammenhängenden Teilgebiet $\tilde{G} \subseteq G$, etwa $\tilde{G} = \{(x,y) \mid x > 0\}$ ermittelt:

$\frac{\partial \Phi}{\partial x} = \frac{x}{x^2+y^2} \Longrightarrow \Phi = \frac{1}{2}\ln(x^2+y^2) + c(y)$

$\frac{\partial \Phi}{\partial y} = \frac{y}{x^2+y^2} + c'(y) = \frac{y}{x^2+y^2} \Longrightarrow c'(y) = 0$, $c =$const.

$\Phi(x,y) = \ln\sqrt{x^2+y^2}$ ist eine Potentialfunktion von $\vec{f}$ in $\tilde{G}$.

Φ lässt sich problemlos von $\tilde{G}$ auf G fortsetzen:

$\vec{f}$ ist in G Potentialfeld mit dem Potential $\Phi = \ln\sqrt{x^2+y^2}$, obwohl G nicht einfach zusammenhängend ist.

Anmerkung: Das Feld $\vec{f} = \frac{(-y,x)}{x^2+y^2}$, **Potentialwirbel**, siehe [18.58, 18.59 (b)], besitzt *lokal* die Potentialfunktion $\Phi = \arctan\frac{y}{x}$. Φ lässt sich jedoch nicht zu einer in dem *nicht einfach zusammenhängenden Gebiet* $G = \mathbb{R}^2 \setminus \{(0,0)\}$ differenzierbaren Funktion fortsetzen!

18.60 *Man zeige, daß das Feld* $\vec{f} = (y\,,\,x+z\,,\,y+2z)$ *eine Potentialfunktion* Φ *besitzt und bestimme* Φ (a) *ohne und* (b) *mit Kurvenintegralen.*

Die Integrabil.–Bedingungen $\frac{\partial f_x}{\partial y} = 1 = \frac{\partial f_y}{\partial x}$, $\frac{\partial f_x}{\partial z} = 0 = \frac{\partial f_z}{\partial x}$, $\frac{\partial f_y}{\partial z} = 1 = \frac{\partial f_z}{\partial y}$ sind in ganz $\mathbb{R}^3$ erfüllt, es existiert also eine Potentialfunktion $\Phi(x,y,z)$:

(a) Bestimmung von Φ ohne Kurvenintegrale durch unbestimmte Integration:

$$\frac{\partial\Phi}{\partial x} = y \Longrightarrow \Phi(x,y,z) = xy + g(y,z),$$
$$\frac{\partial\Phi}{\partial y} = x + \frac{\partial g}{\partial y} = x+z \Longrightarrow \frac{\partial g}{\partial y} = z \Longrightarrow g(y,z) = yz + h(z) \Longrightarrow \Phi = xy+yz+h(z),$$
$$\frac{\partial\Phi}{\partial z} = y + \frac{\partial h}{\partial z} = y+2z \Longrightarrow \frac{\partial h}{\partial z} = 2z \Longrightarrow h(z) = z^2 \Longrightarrow \underline{\underline{\Phi(x,y,z) = xy+yz+z^2}}.$$

Probe: $\Phi' = \operatorname{grad}\Phi = (y, x+z, y+2z) = \vec{f}$.

(b_1) Bestimmung von Φ durch achsenparallele Integration von $\vec{0} = (0,0,0)$ nach $\vec{x} = (x,y,z)$. Aufspaltung des Integrationsweges:

$K_1 = \{(t,0,0) \mid 0 \le t \le x\}$, hier ist $dx = dt$, $dy = dz = 0$,
$K_2 = \{(x,t,0) \mid 0 \le t \le y\}$, hier ist $dy = dt$, $dx = dz = 0$,
$K_3 = \{(x,y,t) \mid 0 \le t \le z\}$, hier ist $dz = dt$, $dx = dy = 0$.

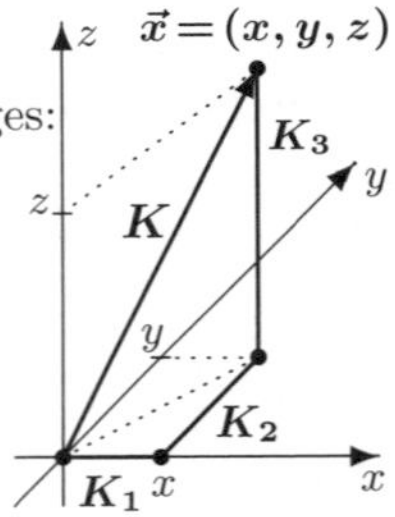

$$\Phi(x,y,z) = \int_K \vec{f}\,d\vec{x} = \int_K y\,dx + (x+z)\,dy + (y+2z)\,dz$$
$$= \int_{K_1} + \int_{K_2} + \int_{K_3} = \int_0^x 0\,dt + \int_0^y x\,dt + \int_0^z (y+2t)\,dt = \underline{\underline{xy+yz+z^2}}.$$

(b_2) Bestimmung von Φ durch geradlinige Integration von $\vec{0} = (0,0,0)$ nach $\vec{x} = (x,y,z)$:

$K = \{t(x,y,z) \mid 0 \le t \le 1\}$, hier ist $dx = x\,dt$, $dy = y\,dt$, $dz = z\,dt$.

$$\Phi(x,y,z) = \int_K \vec{f}\,d\vec{x} = \int_K y\,dx + (x+z)\,dy + (y+2z)\,dz$$
$$= \int_0^1 \big(tyx + (tx+tz)y + (ty+2tz)z\big)\,dt = \underline{\underline{xy+yz+z^2}}.$$

Wegen $\operatorname{rot}\vec{f} = \operatorname{rot}(f_x, f_y, f_z) = (\frac{\partial f_z}{\partial y} - \frac{\partial f_y}{\partial z}, \frac{\partial f_x}{\partial z} - \frac{\partial f_z}{\partial x}, \frac{\partial f_y}{\partial x} - \frac{\partial f_x}{\partial y})$ gilt:

In einem *einfach zusammenhängenden* Gebiet sind äquivalent:

(1) $\vec{f}$ ist **Potentialfeld**.

(2) $\int_K \vec{f}\,d\vec{x}$ ist **wegunabhängig** ($\vec{f}$ ist **konservativ**).

(3) **rot** $\vec{f} = \vec{0}$ ($\vec{f}$ ist **wirbelfrei**).

Wichtige Felder

Kugelsymmetrische Felder $\rho = \sqrt{x^2+y^2+z^2}$				**Coulombfeld Gravitationsfeld**
$\vec{v}(x,y,z)$	(x,y,z)	$\frac{(x,y,z)}{\sqrt{x^2+y^2+z^2}}$	$\frac{(x,y,z)}{x^2+y^2+z^2}$	$\frac{(x,y,z)}{(x^2+y^2+z^2)^{3/2}}$
$\vec{v}(\vec{x})$	$\vec{x}$	$\frac{\vec{x}}{\Vert\vec{x}\Vert}$	$\frac{1}{\Vert\vec{x}\Vert} \cdot \frac{\vec{x}}{\Vert\vec{x}\Vert}$	$\frac{1}{\Vert\vec{x}\Vert^2} \cdot \frac{\vec{x}}{\Vert\vec{x}\Vert}$
Kugelkoord. $\vec{v}(\rho,\theta,\varphi)$	$(\rho,0,0)$	$(1,0,0)$	$(\frac{1}{\rho},0,0)$	$(\frac{1}{\rho^2},0,0)$
Def.bereich einf. zushg.	$\mathbb{R}^3$ ja	$\mathbb{R}^3 \setminus \{\vec{0}\}$ ja	$\mathbb{R}^3 \setminus \{\vec{0}\}$ ja	$\mathbb{R}^3 \setminus \{\vec{0}\}$ ja
Potential $\Phi(x,y,z)$	$\frac{1}{2}(x^2+y^2+z^2)$ $= \frac{1}{2}\Vert\vec{x}\Vert^2 = \frac{1}{2}\rho^2$	$\sqrt{x^2+y^2+z^2}$ $= \Vert\vec{x}\Vert = \rho$	$\ln\sqrt{x^2+y^2+z^2}$ $= \ln\Vert\vec{x}\Vert = \ln\rho$	Newton–Potential $\frac{-1}{\sqrt{x^2+y^2+z^2}}$ $= \frac{-1}{\Vert\vec{x}\Vert} = \frac{-1}{\rho}$
Kurvenintegral wegunabhängig	ja	ja	ja	ja
$\operatorname{div}\vec{v}$	3	$\frac{2}{\sqrt{x^2+y^2+z^2}}$ $= \frac{2}{\Vert\vec{x}\Vert} = \frac{2}{\rho}$	$\frac{1}{x^2+y^2+z^2}$ $= \frac{1}{\Vert\vec{x}\Vert^2} = \frac{1}{\rho^2}$	0
$\operatorname{rot}\vec{v}$	$\vec{0}$	$\vec{0}$	$\vec{0}$	$\vec{0}$

Axialsymmetrische Felder $r = \sqrt{x^2+y^2}$			**elektr. Feld** geladener Draht	**Magnetfeld** stromdurchfl. Leiter
$\vec{v}(x,y,z)$	$(x,y,0)$	$\frac{(x,y,0)}{\sqrt{x^2+y^2}}$	$\frac{(x,y,0)}{x^2+y^2}$	$\frac{(-y,x,0)}{x^2+y^2}$
Zylinderkoord. $\vec{v}(r,\varphi,z)$	$(r,0,0)$	$(1,0,0)$	$(\frac{1}{r},0,0)$	$(0,\frac{1}{r},0)$
Def.bereich einf. zushg.	$\mathbb{R}^3$ ja	$\mathbb{R}^3 \setminus \{(0,0,z)\}$ nein	$\mathbb{R}^3 \setminus \{(0,0,z)\}$ nein	$\mathbb{R}^3 \setminus \{(0,0,z)\}$ nein
Potential $\Phi(x,y,z)$	$\frac{1}{2}(x^2+y^2)$ $= \frac{1}{2}r^2$	$\sqrt{x^2+y^2}$ $= r$	**log. Potential** $\ln\sqrt{x^2+y^2}$ $= \ln r$	lokal: $\arctan\frac{y}{x}$ $-\arctan\frac{x}{y}$
Kurvenintegral wegunabhängig	ja	ja	ja	nein
$\operatorname{div}\vec{v}$	2	$\frac{1}{r}$	0	0
$\operatorname{rot}\vec{v}$	$\vec{0}$	$\vec{0}$	$\vec{0}$	$\vec{0}$

18.6 Oberflächenintegrale

1. Das Oberflächenintegral $\int_{\mathbf{F}} f\, dF$

Hier wird eine reellwertige Funktion $f = f(\vec{x})$ über ein Flächenstück $F = \{\vec{x}(u,v) \mid (u,v) \in B\}$ integriert. Man berechnet das Oberflächenintegral als Bereichsintegral über den Parameterbereich B:

Das Oberflächenintegral $\int_{\mathbf{F}} f\, dF$

$$\int_F f\, dF = \int_B f\big(\vec{x}(u,v)\big)\, |\vec{x}_u(u,v) \times \vec{x}_v(u,v)|\, dB$$

$\vec{x}_u \times \vec{x}_v$	ist **Normalenvektor** an die Fläche F.
$dF = \|\vec{x}_u \times \vec{x}_v\|\, dB$	heißt **skalares Oberflächenelement**.

Der Integrand ist das Produkt von $f(\vec{x})$ mit $|\vec{x}_u \times \vec{x}_v|$.
$dB = d(u,v)$ ist das Flächenelement im Parameterbereich.

Für $f \equiv 1$ ergibt sich der **Inhalt** $I(F)$ des Flächenstücks F (siehe Seite 514).

18.61 *Man berechne* $\int_F f\, dF$ *für* $f = x^2 z$,
wenn F *der Zylindermantel* $F = \{(x,y,z) \mid x^2 + y^2 = 1\ ,\ 0 \le z \le 1\}$ *ist.*

Eine Parametrisierung des Zylindermantels F ist:
$\vec{x} = \vec{x}(t,z) = (\cos t, \sin t, z)$ mit $(t,z) \in B := [0,2\pi] \times [0,1]$.

$$\vec{x}_t \times \vec{x}_z = \begin{vmatrix} i & j & k \\ -\sin t & \cos t & 0 \\ 0 & 0 & 1 \end{vmatrix} = (\cos t, \sin t, 0).$$

$$\int_F x^2 z\, dF = \int_B z\cos^2 t\, d(t,z) = \int_0^{2\pi} \Big(\int_0^1 z\cos^2 t\, dz\Big)\, dt$$
$$= \Big[\tfrac{1}{2} z^2\Big]_0^1 \Big[\tfrac{t}{2} + \tfrac{1}{4}\sin 2t\Big]_0^{2\pi} = \underline{\underline{\frac{1}{2}\pi}}.$$

2. Das Oberflächenintegral $\int_{\mathbf{F}} \vec{f} \cdot d\vec{F}$ (Flussintegral)

Hier ist $\vec{f}$ eine vektorwertige Funktion und F ein orientiertes Flächenstück $F = \{\vec{x}(u,v) \mid (u,v) \in B\}$:

Das Oberflächenintegral $\int_{\mathbf{F}} \vec{f} \cdot d\vec{F}$ (Flussintegral)

$$\int_F \vec{f} \cdot d\vec{F} = \int_B \vec{f}\big(\vec{x}(u,v)\big) \cdot \big(\vec{x}_u(u,v) \times \vec{x}_v(u,v)\big)\, dB$$

$\vec{x}_u \times \vec{x}_v$ ist **Normalenvektor** an die Fläche F.

$d\vec{F} = (\vec{x}_u \times \vec{x}_v)\, dB$ heißt **vektorielles Oberflächenelement**.

Der Integrand ist das skalare Produkt von $\vec{f}(\vec{x})$ mit $\vec{x}_u \times \vec{x}_v$.
Das Vorzeichen ist der vorgegebenen Normalenrichtung anzupassen!

18.62 *Man interpretiere den Zusammenhang zwischen den beiden Oberflächenintegraltypen:* $\int_F \vec{f} \cdot d\vec{F} = \int_F (\vec{f} \cdot \frac{\vec{n}}{|\vec{n}|})\, dF$ *mit* $\vec{n} = \pm(\vec{x}_u \times \vec{x}_v)$.

$\vec{x}_u$ und $\vec{x}_v$ sind Tangentialvektoren,
$\vec{n} := \vec{x}_u \times \vec{x}_v$ ist Normalenvektor der Fläche F.
$\vec{f}(\vec{x}) \cdot (\vec{x}_u \times \vec{x}_v) = |\vec{f}(\vec{x})| \cdot |\vec{n}| \cdot \cos\alpha$
wobei $\alpha := \sphericalangle(\vec{f}(\vec{x}), \vec{n})$ ist.

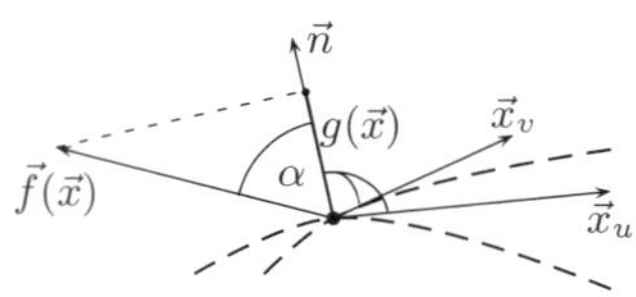

$g(\vec{x}) = \vec{f} \cdot \frac{\vec{n}}{|\vec{n}|} = |\vec{f}(\vec{x})| \cdot \cos\alpha$ ist die Komponente von $\vec{f}(\vec{x})$ in Normalenrichtung.

Im Integral $\int_F \vec{f}\, d\vec{F}$ wird die Normalkomponente von $\vec{f}$ über das Oberflächenstück F integriert.

Ist $\vec{f}$ das **Geschwindigkeitsfeld** einer strömenden Flüssigkeit, so gibt $\int_F \vec{f}\, d\vec{F}$ die durch die Fläche F hindurchtretende Flüssigkeitsmenge an!

18.63 *Man berechne den Fluss des Vektorfeldes $\vec{f} = (z, y, z+1)$ durch die Oberfläche des Kegels $K = \{(x,y,z) \mid 0 \le z \le 2 - \sqrt{x^2+y^2}\}$. Die Normale weise nach außen.*

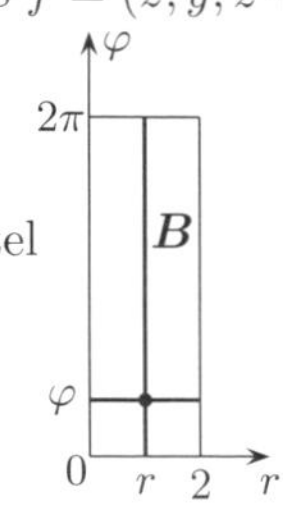

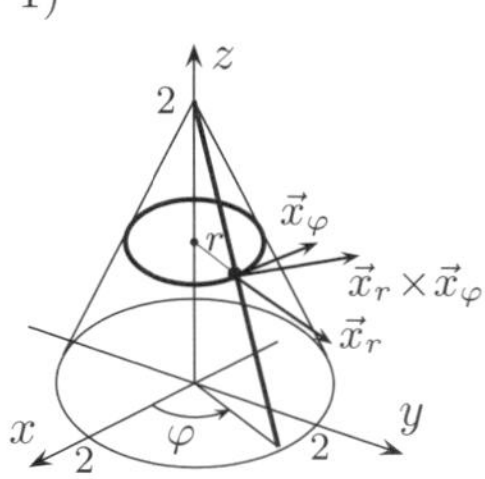

(1) Man parametrisiert zunächst den Kegelmantel $M = \{(x,y,z) \mid z = 2 - \sqrt{x^2+y^2}\ ,\ z \ge 0\}$:
$\vec{x} = (r\cos\varphi, r\sin\varphi, 2-r)$
mit $(r,\varphi) \in [0,2] \times [0,2\pi] =: B$

$$\vec{x}_r \times \vec{x}_\varphi = \begin{vmatrix} i & j & k \\ \cos\varphi & \sin\varphi & -1 \\ -r\sin\varphi & r\cos\varphi & 0 \end{vmatrix} = r(\cos\varphi, \sin\varphi, 1). \qquad \text{zeigt nach außen!}$$

$$\begin{aligned} \vec{f}(\vec{x}(r,\varphi)) \cdot (\vec{x}_r \times \vec{x}_\varphi) &= (2-r, r\sin\varphi, 3-r) \cdot r(\cos\varphi, \sin\varphi, 1) \\ &= r((2-r)\cos\varphi + r\sin^2\varphi + 3 - r) \\ &= (2r-r^2)\cos\varphi + r^2\sin^2\varphi + (3r-r^2) \end{aligned}$$

Für den Fluss durch die *Mantelfläche* erhält man:

$$\begin{aligned} \int_M \vec{f}\, d\vec{F} &= \int_0^2 \Big(\int_0^{2\pi} \big((2r-r^2)\cos\varphi + r^2\sin^2\varphi + 3r - r^2\big)\, d\varphi\Big)\, dr \\ &= \tfrac{8}{3}\left[\tfrac{\varphi}{2} - \tfrac{1}{4}\sin 2\varphi\right]_0^{2\pi} + 2\pi\left[\tfrac{3}{2}r^2 - \tfrac{1}{3}r^3\right]_0^2 = \underline{\underline{\frac{28}{3}\pi}}. \end{aligned}$$

(1*) Man kann auch folgende Parametrisierung des *Kegelmantels* benutzen: $\vec{x} = (x, y, 2 - \sqrt{x^2+y^2}\,)$ mit $(x,y) \in B = \{(x,y) \mid x^2+y^2 \le 4\}$. Dann ist:

$$\vec{x}_x \times \vec{x}_y = \begin{vmatrix} i & j & k \\ 1 & 0 & -\frac{x}{\sqrt{\ }} \\ 0 & 1 & -\frac{y}{\sqrt{\ }} \end{vmatrix} = \big(\tfrac{x}{\sqrt{\ }}, \tfrac{y}{\sqrt{\ }}, 1\big) \text{ wobei } \sqrt{\ } := \sqrt{x^2+y^2} \text{ ist.}$$

$$\begin{aligned} \vec{f}(\vec{x}) \cdot (\vec{x}_x \times \vec{y}_y) &= (z, y, z+1) \cdot \big(\tfrac{x}{\sqrt{\ }}, \tfrac{y}{\sqrt{\ }}, 1\big) \\ &= \frac{2x}{\sqrt{\ }} - x + \frac{y^2}{\sqrt{\ }} + 3 - \sqrt{\ }. \end{aligned}$$

$$\begin{aligned} \int_M \vec{f}\, d\vec{F} &= \int_B \Big(\frac{2x}{\sqrt{\ }} - x + \frac{y^2}{\sqrt{\ }} + 3 - \sqrt{\ }\Big)\, d(x,y) \\ &= \int_B \Big(\frac{y^2}{\sqrt{\ }} + 3 - \sqrt{\ }\Big)\, d(x,y)\ , \quad \int_B \frac{x}{\sqrt{\ }}\, d(x,y) = \int_B x\, d(x,y) = 0 \\ &\qquad\qquad\qquad\qquad\qquad\qquad\qquad\qquad\qquad\qquad \text{(Symmetrie!)} \\ &= \int_0^2 \Big(\int_0^{2\pi} (r\cdot\sin^2\varphi + 3 - r) r\, d\varphi\Big)\, dr = \cdots = \underline{\underline{\frac{28}{3}\pi}}. \end{aligned}$$

(2) Nun wird der *Grundkreis* $G = \{(x,y,z) \mid x^2+y^2 \le 4\ ,\ z = 0\}$ parametrisiert: $\vec{x} = (r\cos\varphi, r\sin\varphi, 0)$ mit $(r,\varphi) \in [0,2] \times [0,2\pi] =: G$

$$\vec{x}_r \times \vec{x}_\varphi = \begin{vmatrix} i & j & k \\ \cos\varphi & \sin\varphi & 0 \\ -r\sin\varphi & r\cos\varphi & 0 \end{vmatrix} = (0,0,r)\ , \quad \vec{x}_r \times \vec{x}_\varphi \text{ zeigt nach innen!}$$

$$\vec{f}(\vec{x}(r,\varphi)) \cdot (\vec{x}_r \times \vec{x}_\varphi) = (0, r\sin\varphi, 1) \cdot (0,0,r) = r.$$

Für den Fluss durch die *Grundfläche* erhält man:

$$\int_G \vec{f}\, d\vec{F} = -\int_0^2 \Big(\int_0^{2\pi} r\, d\varphi\Big)\, dr = \underline{\underline{-4\pi}}.$$

Schneller geht es so: Offenbar ist $\vec{n} = (0, 0, -1)$ äußere Normale auf G. Somit ist $\int_G \vec{f}\, d\vec{F} = \int_G \vec{f} \cdot \vec{n}\, dF = -\int_G dF = -\pi \cdot 2^2$; denn es ist $\vec{f} \cdot \vec{n} = -1$ auf G und $\int_G dF$ ist die Fläche von G, also $\pi \cdot 2^2$.

Der Fluss durch die *gesamte Oberfläche* beträgt $\frac{28}{3}\pi - 4\pi = \underline{\underline{\frac{16}{3}}}\pi$.

(3) Eine bequemere Möglichkeit zur Berechnung des Flussintegrals ergibt sich aus dem **Gaußschen Integralsatz** (Seite 551) $\int_F \vec{f}\, d\vec{F} = \int_K \operatorname{div} \vec{f}\, dV$:

$\operatorname{div} \vec{f} = \frac{\partial f_x}{\partial x} + \frac{\partial f_y}{\partial y} + \frac{\partial f_z}{\partial z} = 0 + 1 + 1 = 2$, also erhält man:

$$\int_K \operatorname{div} \vec{f}\, dV = \int_G 2(2 - \sqrt{x^2 + y^2}\,)\, d(x, y) \text{ mit } G = \{(x, y) \mid x^2 + y^2 \leq 4\}$$

Polarkoord.: $G = \{(r \cos \varphi, r \sin \varphi) \mid 0 \leq r \leq 2, 0 \leq \varphi \leq 2\pi\}, \quad d(x, y) = r\, dr\, d\varphi$

$$\int_K \operatorname{div} \vec{f}\, dV = \int_0^2 \Big(\int_0^{2\pi} 2(2 - r) r\, d\varphi\Big)\, dr = 4\pi \left[r^2 - \tfrac{1}{3} r^3\right]_0^2 = 4\pi(4 - \tfrac{8}{3}) = \underline{\underline{\frac{16}{3}}}\pi.$$

Schneller geht es so: $\int_K \operatorname{div} \vec{f}\, dV = 2 \cdot \int_K dV = 2 \cdot \frac{1}{3}\pi \cdot 2^2 \cdot 2 = \frac{16}{3}\pi$,

denn $\int_K dV$ ist der Inhalt des Kegels, also $\frac{1}{3}\pi 2^2 \cdot 2$.

18.64 *Man bestimme für $\vec{f} = (x^2, xy, yz)$ und das durch $\vec{x}(\varphi, t) = (t \cos \varphi, t \sin \varphi, t^2)$ mit $(t, \varphi) \in [0, 1] \times [0, \pi]$ gegebene Flächenstück F das Oberflächenintegral $\int_F \vec{f}\, d\vec{F}$.*

$\vec{x}_\varphi = (-t \sin \varphi, t \cos \varphi, 0)$ und $\vec{x}_t = (\cos \varphi, \sin \varphi, 2t)$

$\Longrightarrow \quad \vec{x}_\varphi \times \vec{x}_t = (2t^2 \cos \varphi, 2t^2 \sin \varphi, -t)$

$$\begin{aligned}
\int_F \vec{f}\, d\vec{F} &= \int_B (t^2 \cos^2 \varphi, t^2 \cos \varphi \sin \varphi, t^3 \sin \varphi) \cdot (2t^2 \cos \varphi, 2t^2 \sin \varphi, -t)\, d(t, \varphi) \\
&= \int_0^\pi \Big(\int_0^1 (2t^4 \cos^3 \varphi + 2t^4 \cos \varphi \sin^2 \varphi - t^4 \sin \varphi)\, dt\Big)\, d\varphi \\
&= \int_0^\pi (2 \cos^3 \varphi + 2 \cos \varphi \sin^2 \varphi - \sin \varphi)\, d\varphi \cdot \int_0^1 t^4\, dt \\
&= \left[2 \sin \varphi - \tfrac{2}{3} \sin^3 \varphi + \tfrac{2}{3} \sin^3 \varphi + \cos \varphi\right]_0^\pi \cdot \tfrac{1}{5} \left[t^5\right]_0^1 = \underline{\underline{-\tfrac{2}{5}}}.
\end{aligned}$$

18.7 Integralsätze der Vektoranalysis

1. Integralsatz von GAUSS in der Ebene

Dieser Satz formuliert einen Zusammenhang zwischen Kurvenintegralen und ebenen Bereichsintegralen.

$B \subseteq \mathbb{R}^2$ heißt *Fundamentalbereich* bzgl. der x–Achse, wenn es stetige Funktionen φ, ψ gibt, mit $B = \{(x,y) \mid x \in [a,b]\ ,\ \varphi(x) \le y \le \psi(x)\}$.

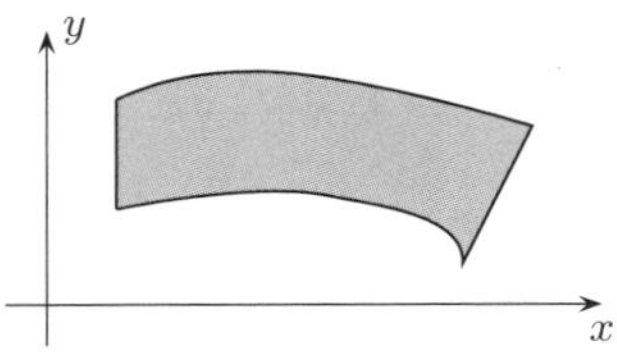

Fundamentalbereich bzgl. x–Achse

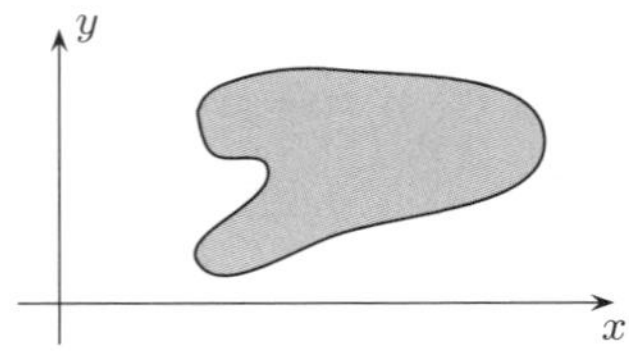

kein Fundamentalbereich bzgl. x–Achse

GAUSSscher Integralsatz im $\mathbb{R}^2$

(1. Fassung)

B sei Fundamentalbereich bezüglich x– und y–Achse mit stückweise glatter Randkurve K. K wird so durchlaufen, dass B stets *links* liegt.

Ist $\vec{f}(x,y) = \big(P(x,y), Q(x,y)\big)$ mit P, Q stetig partiell differenzierbar, so gilt:

$$\int_B \big(Q_x(x,y) - P_y(x,y)\big)\, dB = \oint_K P(x,y)\, dx + Q(x,y)\, dy = \oint_K \vec{f}\, d\vec{x}$$

Die Anwendung des *Gaußschen Integralsatzes* auf $\vec{g} = (-Q, P)$ ergibt:

$$\int_B (P_x + Q_y)\, d(x,y) = \oint_K -Q\, dx + P\, dy = \oint_K (P,Q) \cdot (dy, -dx).$$

Für $\vec{f} = (P, Q)$ folgt somit:

GAUSSscher Integralsatz im $\mathbb{R}^2$

(2. Fassung)

$$\int_B \big(P_x(x,y) + Q_y(x,y)\big)\, dB = \int_B \operatorname{div} \vec{f}\, d(x,y) = \oint_K (\vec{f} \cdot \vec{n})\, ds \quad \text{, wobei}$$

$$\vec{n} = \frac{(\dot{y}, -\dot{x})}{|(\dot{y}, -\dot{x})|}$$ äußerer Normaleneinheitsvektor an K ist.

18.65 *Es sei $B = \{(x, y) \mid x^2 + y^2 \leq 1 \ , \ x \geq 0\}$ und $\vec{f} = (-x^2y, xy^2)$.*
Man verifiziere den GAUSSschen Integralsatz (1. Fassung)!

$$I_1 = \int_B (Q_x - P_y)\, dB = \int_B (x^2 + y^2)\, d(x, y)$$

Es bieten sich Polarkoordinaten an!

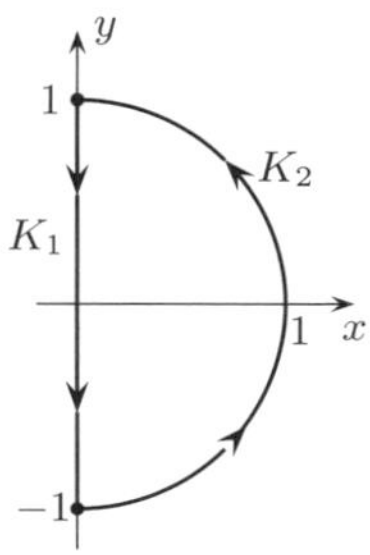

$$\begin{aligned} x &= r\cos\varphi \\ y &= r\sin\varphi \end{aligned} \quad \text{und } dB = r\, dr\, d\varphi \quad \text{mit} \quad (r, \varphi) \in [0, 1] \times [-\tfrac{\pi}{2}, \tfrac{\pi}{2}]$$

$$I_1 = \int_0^1 \Big(\int_{-\frac{\pi}{2}}^{\frac{\pi}{2}} r^2 r\, d\varphi \Big)\, dr = \int_0^1 r^3\, dr \cdot \int_{-\frac{\pi}{2}}^{\frac{\pi}{2}} d\varphi = \underline{\underline{\frac{\pi}{4}}}.$$

Das Kurvenintegral $I_2 = \oint_K (-x^2 y\, dx + xy^2\, dy)$ verschwindet auf der Teilkurve K_1, da dort $x = 0$ ist.
K_2 wird durch $\vec{x} = (\cos t, \sin t)$, $t \in [-\frac{\pi}{2}, \frac{\pi}{2}]$ parametrisiert.

Dann ist $dx = -\sin t\, dt$ und $dy = \cos t\, dt$, so dass
$-x^2 y\, dx + xy^2\, dy = \cos^2 t \sin^2 t\, dt + \cos^2 t \sin^2 t\, dt = 2\cos^2 t \sin^2 t\, dt$ ist und

$$I_2 = \int_{-\frac{\pi}{2}}^{\frac{\pi}{2}} 2\cos^2 t \sin^2 t\, dt = 2\left[\frac{t}{8} - \frac{\sin 4t}{32}\right]_{-\frac{\pi}{2}}^{\frac{\pi}{2}} = \underline{\underline{\frac{\pi}{4}}},$$ [**F+H** Nr. 219].

2. Integralsatz von GAUSS im Raum

Der Integralsatz von GAUSS im Raum formuliert einen Zusammenhang zwischen Oberflächenintegralen und räumlichen Bereichsintegralen:

GAUSSscher Integralsatz im $\mathbb{R}^3$

$V \subseteq \mathbb{R}^3$ sei ein räumlicher Bereich, der von einer stückweise glatten Fläche F berandet wird.
Es sei $\vec{f} : \mathbb{R}^3 \to \mathbb{R}^3$ eine stetig differenzierbare Vektorfunktion. Dann ist

$$\int_F \vec{f}\, d\vec{F} = \int_V \operatorname{div} \vec{f}\, dV \qquad \text{bzw.} \qquad \int_F (\vec{f} \cdot \vec{n})\, dF = \int_V \operatorname{div} \vec{f}\, dV.$$

$\vec{n}$ äußerer Normaleneinheitsvektor an F

Physikalische Deutung:

$\vec{f}$ sei das Geschwindigkeitsfeld einer stationären Flüssigkeitsströmung.
Das Flussintegral $\int_F \vec{f}\, d\vec{F}$ gibt dann die durch die Fläche F pro Zeiteinheit hindurchtretende Flüssigkeitsmenge an.

$\operatorname{div} \vec{f}(\vec{x}_0)$ ist ein Maß für die im Punkte $\vec{x}_0$ entstehende Flüssigkeitsmenge:

$\operatorname{div} \vec{f}(\vec{x}_0) > 0$: **Quelle**,
$\operatorname{div} \vec{f}(\vec{x}_0) < 0$: **Senke**.

Der durch alle Quellen und Senken im Innern von V entstehende Flüssigkeitsüberschuss (*Bereichsintegral*) ist gleich dem Unterschied zwischen der durch F herein– bzw. hinausströmenden Flüssigkeitsmenge (*Oberflächenintegral*).

18.66 *Es sei* $V = \{(x,y,z) \mid x^2+y^2 \le 1\ ,\ -1 \le z \le -(x^2+y^2)\}$ *und* $\vec{f} := (xy^2z, -x^2yz, z)$. *Man verifiziere den GAUSSschen Integralsatz.*

(1) Berechnung des Oberflächenintegrals:

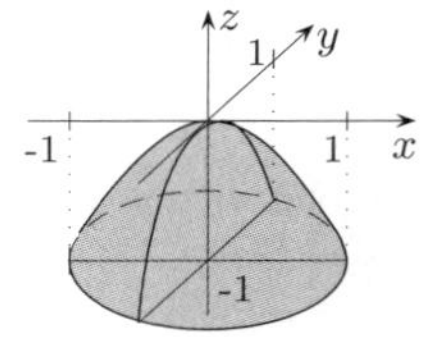

V ist der Abschnitt eines **Paraboloids** und wird begrenzt:

nach oben durch
die Kappe des Paraboloids $F_1 = \{(x,y,z) \mid x^2+y^2 \le 1\ ,\ z = -(x^2+y^2)\}$,
nach unten durch
die Kreisscheibe $F_2 = \{(x,y,z) \mid x^2+y^2 \le 1\ ,\ z = -1\}$.

Eine Parametrisierung von F_1 ist
$\vec{x} = (x, y, -x^2-y^2)$ mit $(x,y) \in P := \{(x,y) \mid x^2+y^2 \le 1\}$.
Auf F_1 gilt: $\vec{f} = \big(-xy^2(x^2+y^2)\,,\,x^2y(x^2+y^2)\,,\,-x^2-y^2\big)$. Man berechnet
$\vec{x}_x = (1,0,-2x)\ ,\ \vec{x}_y = (0,1,-2y)\ ,\ \vec{x}_x \times \vec{x}_y = (2x,2y,1)$ und
$\vec{f}\cdot(\vec{x}_x \times \vec{x}_y) = -2x^2y^2(x^2+y^2) + 2x^2y^2(x^2+y^2) - x^2 - y^2 = -x^2-y^2$, also

$$\int_{F_1} \vec{f}\,d\vec{F} = \int_P \vec{f}\cdot(\vec{x}_x \times \vec{x}_y)\,d(x,y)$$
$$= -\int_P (x^2+y^2)\,d(x,y) = -\int_0^{2\pi}\Big(\int_0^1 r^2\cdot r\,dr\Big)\,d\varphi = \underline{\underline{-\frac{\pi}{2}}}.$$

Eine Parametrisierung von F_2 ist $\vec{x}=(x,y,-1)$, $(x,y)\in P=\{(x,y)\mid x^2+y^2 \le 1\}$.
Auf F_2 gilt: $\vec{f} = (-xy^2, x^2y, -1)$ und $\vec{x}_x = (1,0,0)\ ,\ \vec{x}_y = (0,1,0)$, also
$\vec{x}_x \times \vec{x}_y = (0,0,1)$. Äußerer Normalenvektor von F_2 ist $(0,0,-1)$, also

$$\int_{F_2} \vec{f}\,d\vec{F} = \int_P (-xy^2, x^2y, -1)\cdot(0,0,-1)\,d(x,y) = \int_P d(x,y) = \underline{\underline{\pi}} \text{ (Kreisfläche).}$$

Man erhält das Oberflächenintegral $\displaystyle\int_F \vec{f}\,d\vec{F} = \int_{F_1}\vec{f}\,d\vec{F} + \int_{F_2}\vec{f}\,d\vec{F} = -\frac{\pi}{2}+\pi = \underline{\underline{\frac{\pi}{2}}}$.

(2) Berechnung des Bereichsintegrals:

$\operatorname{div}\vec{f} = y^2z - x^2z + 1 = 1 + z(y^2-x^2)$, also erhält man

$$\int_V \operatorname{div}\vec{f}\,dV = \int_V \big(1 + z(y^2-x^2)\big)\,d(x,y,z).$$

Wegen der Rotationssymmetrie von V bieten sich Zylinderkoordinaten an:
$x = r\cos\varphi$
$y = r\sin\varphi$ mit $d(x,y,z) = r\,d(r,\varphi,z)$ und $(r,\varphi,z) \in [0,1]\times[0,2\pi]\times[-1,-r^2]$.
$z = z$

$$\int_V \operatorname{div}\vec{f}\,dV = \int_V \big(1+z(y^2-x^2)\big)\,d(x,y,z), \quad d(x,y,z) = r\,dz\,d\varphi\,dr$$

$$= \int_{r=0}^{1}\Big(\int_{\varphi=0}^{2\pi}\Big(\int_{z=-1}^{-r^2}\big(1+zr^2(\sin^2\varphi-\cos^2\varphi)\big)r\,dz\Big)\,d\varphi\Big)\,dr$$

$$= \int_0^1\Big(r\int_0^{2\pi}\Big[z+\tfrac{1}{2}z^2r^2(-\cos 2\varphi)\Big]_{-1}^{-r^2}\,d\varphi\Big)\,dr$$

$$= \int_0^1\Big(r\int_0^{2\pi}\big(1-r^2-\tfrac{1}{2}r^2(r^4-1)\cos 2\varphi\big)\,d\varphi\Big)\,dr, \quad \int_0^{2\pi}\cos 2\varphi\,d\varphi = 0$$

$$= \int_0^1 r(1-r^2)2\pi\,dr = 2\pi\,\Big[\tfrac{1}{2}r^2-\tfrac{1}{4}r^4\Big]_0^1 = \underline{\underline{\frac{\pi}{2}}}.$$

18.67 *Für das Volumen V_K und die Oberfläche F_K einer Kugel vom Radius R gilt bekanntlich [17.3, 18.25] $V_K = \frac{4}{3}\pi R^3$ und $F_K = 4\pi R^2$, also $3\,V_K = R\,F_K$.*

Setze $\vec{f} = \vec{x} = (x,y,z)$ und zeige $3\,V_K = R\,F_K$

mit dem GAUSSschen Integralsatz: $\displaystyle\int_V \operatorname{div}\vec{f}\,dV = \int_F (\vec{f}\cdot\vec{n})\,dF.$

Kugeloberfläche F: $\vec{x} = R(\sin\theta\cos\varphi, \sin\theta\sin\varphi, \cos\theta)$, $(\theta,\varphi)\in[0,\pi]\times[0,2\pi]$.
Äußerer Normaleneinheitsvektor an F: $\vec{n} = (\sin\theta\cos\varphi, \sin\theta\sin\varphi, \cos\theta)$, $\vec{n}^2 = 1$.

$\vec{f} = \vec{x} = (x,y,z)$ und $\operatorname{div}\vec{f} = 1+1+1 = 3 \implies \displaystyle\int_V \operatorname{div}\vec{f}\,dV = 3\int_V dV = \underline{3\,V_K}$.

$\vec{f} = \vec{x} = R\vec{n} \implies \displaystyle\int_F (\vec{f}\cdot\vec{n})\,dF = R\int_F \vec{n}^2\,dF = R\int_F dF = \underline{R\,F_K}$, also $\underline{3\,V_K = R\,F_K}$.

3. Integralsatz von STOKES

Zusammenhang zwischen Oberflächenintegralen und Kurvenintegralen:
Ein Flächenstück F heißt orientierbar, wenn sich eine Seite als positiv auszeichnen lässt. (Das *Möbiusband* [18.77] z.B. ist nicht orientierbar.)
Ein Normalenfeld von F heißt positiv, wenn die Endpunkte der an F gehefteten Normalenvektoren auf der positiven Seite von F liegen. Die Randkurve heißt positiv orientiert, wenn die positiv ausgerichteten Normalenvektoren im Gegenuhrzeigersinn durchlaufen werden.

Integralsatz von STOKES

Es sei F eine stückweise glatte, orientierte Fläche mit stückweise glatter, bezüglich F positiv orientierter Randkurve K.

Für stetig differenzierbare Vektorfunktionen $\vec{f}:\mathbb{R}^3\to\mathbb{R}^3$ gilt

$$\int_F \operatorname{rot}\vec{f}\,d\vec{F} = \int_K \vec{f}\,d\vec{x}$$

Physikalische Deutung:

Der *Fluss des Rotors* eines Vektorfeldes $\vec{f}$ durch eine Fläche F ist gleich der *Zirkulation* des Feldes $\vec{f}$ längs der Randkurve K von F.

18.68 *Es sei $F = \{(x, y, z) \mid x^2 + y^2 + z^2 = 1\ ,\ y, z \geq 0\}$ und $\vec{f} := (xy, yz, xz)$. Man verifiziere den STOKESschen Integralsatz.*

$\vec{x} = (\cos\theta\cos\varphi, \cos\theta\sin\varphi, \sin\theta)$ mit $(\theta, \varphi) \in [0, \pi/2] \times [0, \pi] =: P$ ist eine Parametrisierung der Oberfläche F der **Viertelkugel**, wobei θ die geographische Breite ist (siehe **F2**).

$\vec{x}_\theta = (-\sin\theta\cos\varphi, -\sin\theta\sin\varphi, \cos\theta)\ ,\ \vec{x}_\varphi = (-\cos\theta\sin\varphi, \cos\theta\cos\varphi, 0)$.

$\vec{x}_\theta \times \vec{x}_\varphi = \cos\theta(-\cos\theta\cos\varphi, -\cos\theta\sin\varphi, -\sin\theta) = (-\cos\theta)\vec{x}$.

Durch dieses – von F zum Nullpunkt weisende – Normalenfeld sei F orientiert.

(1) Flussintegral der Rotation durch F:

$$\operatorname{rot}\vec{f} = \begin{vmatrix} i & j & k \\ \dfrac{\partial}{\partial x} & \dfrac{\partial}{\partial y} & \dfrac{\partial}{\partial z} \\ xy & yz & xz \end{vmatrix} = (0 - y, 0 - z, 0 - x) = -(y, z, x)$$

$$\int_F \operatorname{rot}\vec{f}\, d\vec{F} =$$

$$= \int_P (\cos\theta\sin\varphi, \sin\theta, \cos\theta\cos\varphi) \cdot (\cos\theta\cos\varphi, \cos\theta\sin\varphi, \sin\theta)\cos\theta\, d(\theta, \varphi)$$

$$= \int_0^\pi \left(\int_0^{\pi/2} \big(\cos^2\theta\cos\varphi\sin\varphi + \cos\theta\sin\theta(\cos\varphi + \sin\varphi)\big)\cos\theta\, d\theta \right) d\varphi$$

$$= \int_0^{\pi/2} \cos^3\theta\, d\theta \cdot \int_0^\pi \frac{1}{2}\sin 2\varphi\, d\varphi + \int_0^{\pi/2} \cos^2\theta\sin\theta\, d\theta \cdot \int_0^\pi (\cos\varphi + \sin\varphi)\, d\varphi$$

$$= \left[-\tfrac{1}{3}\cos^3\varphi\right]_0^{\pi/2} \cdot \Big[\sin\varphi - \cos\varphi\Big]_0^\pi = \tfrac{1}{3} \cdot 2 = \underline{\underline{\frac{2}{3}}}.$$

(2) Zirkulation längs des Randes $K = K_1 \cup K_2$:

Orientierung des Randes, siehe Skizze.

K_1: $\vec{x} = (-\cos t, \sin t, 0)$ mit $0 \leq t \leq \pi$, liegt in der (x, y)–Ebene.

K_2: $\vec{x} = (\cos t, 0, \sin t)$ mit $0 \leq t \leq \pi$, liegt in der (x, z)–Ebene.

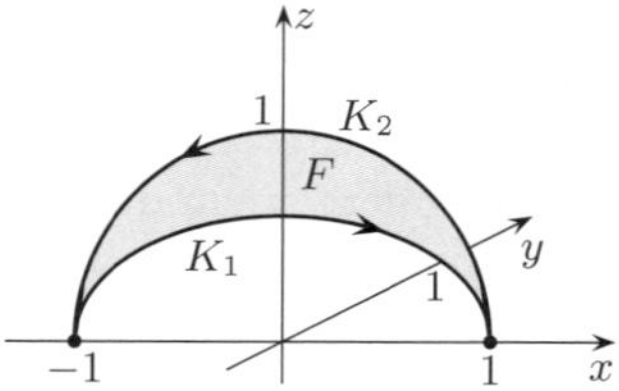

$$\int_{K_1} \vec{f}\, d\vec{x} = \int_0^\pi (-\cos t\sin t, 0, 0) \cdot (\sin t, \cos t, 0)\, dt = -\int_0^\pi \sin^2 t\cos t\, dt$$

$$= \left[\tfrac{1}{3}\sin^3 t\right]_0^\pi = \underline{\underline{0}},$$

$$\int_{K_2} \vec{f}\, d\vec{x} = \int_0^\pi (0, 0, \cos t\sin t) \cdot (-\sin t, 0, \cos t)\, dt = \int_0^\pi \cos^2 t\sin t\, dt$$

$$= -\left[\tfrac{1}{3}\cos^3 t\right]_0^\pi = \underline{\underline{\frac{2}{3}}} \Longrightarrow \int_K \vec{f}\, d\vec{x} = \int_{K_1} \vec{f}\, d\vec{x} + \int_{K_2} \vec{f}\, d\vec{x} = \underline{\underline{\frac{2}{3}}}.$$

18.69 *Es sei* $\vec{f}(x,y,z) = \left(\frac{-y}{x^2+y^2}\,,\, \frac{x}{x^2+y^2}\,,\, 0\right)$ *ein Vektorfeld und* F *das in der Lösung zu [18.77] betrachtete* Möbiusband *mit Randkurve* K*:*

$F:\ \vec{x}(t,\varphi) = \big((4+t\cos\varphi)\cos\varphi\,,\,(4+t\cos\varphi)\sin\varphi\,,\,t\sin\varphi\big)$ *, mit* $t\in[-1,1],\ \varphi\in[0,2\pi]$.

F ist keine orientierte Fläche, die Voraussetzungen von STOKES sind also nicht erfüllt! Man zeige: $\displaystyle\int_K \vec{f}\,d\vec{x} \neq \int_F \operatorname{rot}\vec{f}\,d\vec{F}$.

$\vec{f}$ ist wirbelfrei, da $\operatorname{rot}\vec{f} = \cdots = (0,0,0)$. Also gilt $\displaystyle\int_F \operatorname{rot}\vec{f}\,d\vec{F} = \underline{\underline{0}}$.

Man überlegt: Die Randkurve K von F erhält man für $t := 1$ und für $0 \le \varphi \le 4\pi$ (!) als $K:\ \vec{x}(\varphi) = \big((4+\cos\varphi)\cos\varphi\,,\,(4+\cos\varphi)\sin\varphi\,,\,\sin\varphi\big)$.

Differentiation und Zusammenfassen liefert als Tangentenvektor:
$\vec{x}\,'(\varphi) = (-2\sin\varphi\cos\varphi - 4\sin\varphi\,,\,4\cos\varphi + 2\cos^2\varphi - 1\,,\,\cos\varphi)$.

Einsetzen von $\vec{x}(\varphi)$ in $\vec{f}$ und Zusammenfassen ergibt: $\vec{f}(\vec{x}(\varphi)) = (\frac{-\sin\varphi}{4+\cos\varphi}, \frac{\cos\varphi}{4+\cos\varphi}, 0)$.

Das Skalarprodukt ergibt sich nach Zusammenfassen als: $\vec{f}(\vec{x}(\varphi))\cdot\vec{x}\,'(\varphi) = 1$.

$$\Longrightarrow\quad \int_K \vec{f}\,d\vec{x} = \int_0^{4\pi} \vec{f}(\vec{x}(\varphi))\cdot\vec{x}\,'(\varphi)\,d\varphi = \underline{\underline{4\pi}}.\quad \text{Also}\quad \underline{\underline{\int_K \vec{f}\,d\vec{x} \neq \int_F \operatorname{rot}\vec{f}\,d\vec{F}.}}$$

4. Integralsätze von GREEN

Für das spezielle Vektorfeld $f(\vec{x})\cdot\operatorname{grad} g(\vec{x})$ ergibt der GAUSSsche Integralsatz:

GREENsche Formeln

Es sei $V \subseteq \mathbb{R}^3$ ein räumlicher Bereich, der von einer stückweise glatten, nach außen orientierten Fläche F berandet wird.
Sind die reellen Funktionen $f,g:\mathbb{R}^3 \to \mathbb{R}$ genügend differenzierbar, so gilt:

$$\boxed{1}\quad \int_F (f\operatorname{grad} g)\,d\vec{F} = \int_V (\operatorname{grad} f\cdot\operatorname{grad} g + f\operatorname{div}\operatorname{grad} g)\,dV.$$

Mit Nablaoperator ∇ und Laplaceoperators Δ lautet diese Formel:

$$\boxed{1^*}\quad \int_F f\nabla g\,d\vec{F} = \int_V (\nabla f\nabla g + f\Delta g)\,dV.$$

Vertauschen von f und g und Differenzbildung ergibt:

$$\boxed{2}\quad \int_F (f\nabla g - g\nabla f)\,d\vec{F} = \int_V (f\Delta g - g\Delta f)\,dV.$$

Bezeichnet $\vec{n}$ das äußere Einheitsnormalenfeld, so sind
$d\vec{F} = \vec{n}\,dF$, $\nabla f\,\vec{n} = \dfrac{\partial f}{\partial\vec{n}}$, $\nabla g\,\vec{n} = \dfrac{\partial g}{\partial\vec{n}}$ (Richtungsableitungen), also

$$\boxed{2^*}\quad \int_F \Big(f\frac{\partial g}{\partial\vec{n}} - g\frac{\partial f}{\partial\vec{n}}\Big)\,dF = \int_V (f\Delta g - g\Delta f)\,dV.$$

18.8 Aufgaben

18.70 *Man berechne die Bogenlängen folgender ebenen Kurven:*

(a) Parabelbogen $y = x^2, \ -1 \le x \le 1$.
(b) Asteroidenbogen $\vec{x} = a(\cos^3 t, \sin^3 t), \ t \in [0, \frac{\pi}{2}]$.
(c) Zykloidenbogen $\vec{x} = a(t - \sin t, 1 - \cos t), \ t \in [0, 2\pi]$.
(d) Logarithmische Spirale $r = \mathrm{e}^{a\varphi}, \ a > 0, \ 0 \le \varphi \le 2\pi$.
(e) Archimedische Spirale $r = a\varphi, \ a > 0, \ 0 \le \varphi \le 2\pi$.
(f) Kardioide $r = a(1 - \cos\varphi), \ 0 \le \varphi \le 2\pi$.

18.71 *Man berechne die Bogenlängen folgender Raumkurven:*

(a) Schraubenlinie $\vec{x} = (R\cos t, R\sin t, \frac{h}{2\pi}t), \ t \in [0, 2\pi]$.
(b) Kreis $\vec{x} = (\sin\theta, \sin\theta, \sqrt{2}\cos\theta), \ \theta \in [0, 2\pi]$.

18.72 *Man bestimme den von folgenden Randkurven eingeschlossenen Flächeninhalt:*

(a) $y = x^2, \ x = y^2$
(b) $y = \sin x, \ y = \cos x, \ x \in [\frac{\pi}{4}, \frac{5\pi}{4}]$.
(c) Ellipse $\frac{x^2}{a^2} + \frac{y^2}{b^2} = 1$.
(d) Zykloidenbogen $\vec{x} = a(t - \sin t, 1 - \cos t), \ t \in [0, 2\pi]$ und x–Achse.
(e) Asteroide $\vec{x} = a(\cos^3 t, \sin^3 t), \ t \in [0, 2\pi]$.
(f) Kardioide $r = a(1 - \cos\varphi), \ 0 \le \varphi \le 2\pi$.
(g) Lemniskate $r = a\sqrt{2\cos 2\varphi}, \ -\frac{\pi}{4} \le \varphi \le \frac{\pi}{4}$.
(h) Logarithmische Spirale $r = \mathrm{e}^{a\varphi}, \ \varphi_1 \le \varphi \le \varphi_2$. Vom Radiusvektor überstrichene Fläche!
(i) $\vec{x} = (\cos t, \sin t \cos t), \ -\frac{\pi}{2} \le t \le \frac{\pi}{2}$.

18.73 *Welchen Flächeninhalt schließt die Kurve $(x^2 + y^2)^2 = 2a^2xy, \ a > 0$ ein?*

18.74 *Man bestimme den geometrischen Schwerpunkt der Kettenlinie $y = \cosh x, \ |x| \le \ln 2$.*

18.75 *Man berechne die Oberfläche des Katenoids, d.h. der Rotationsfläche der Kettenlinie $f(x) = \cosh x, \ |x| \le \ln 2$ um die x–Achse.*

18.76 *Man bestimme eine Gleichung der Tangentialebene an die Schraubenfläche $\vec{x} = (\rho\cos\varphi, \rho\sin\varphi, h\varphi)$ im Punkt $\vec{x}(\rho, \varphi)$ sowie im Punkt $\vec{x} = (0, 1, \frac{1}{2}h\pi)$.*

18.77 *Man skizziere das mit $0 < b < R$ durch $\vec{x} = \big((R+t\cos\varphi)\cos\varphi, (R+t\cos\varphi)\sin\varphi, t\sin\varphi\big), \ t \in [-b, b], \ \varphi \in [0, 2\pi]$ gegebene Flächenstück (Möbiusband).*

18.78 *Man bestimme Oberfläche und Länge der "Randkurve" des Flächenstücks $\vec{x}(t, \varphi) = (\cos\varphi, \sin\varphi, 0) + t(\cos\frac{\varphi}{2}\cos\varphi, \cos\frac{\varphi}{2}\sin\varphi, \sin\frac{\varphi}{2})$, $t \in [-\frac{1}{2}, \frac{1}{2}], \ \varphi \in [0, 2\pi]$.*

18.79 *Man untersuche, ob $\vec{v}$ ein konservatives Feld ist und bestimme ggf. eine Potentialfunktion u.*

(a) $\vec{v} = (1 + y^2, 2xy + z^2, 2yz)$, (b) $\vec{v} = (\mathrm{e}^y\cos z, x\mathrm{e}^y\cos z, -x\mathrm{e}^y\sin z)$.

18.80 *Man berechne* $\int_K \frac{xy}{z}\,ds$, *K ist die Strecke zwischen* $(1,1,1)$ *und* $(2,2,2)$.

18.81 *Man berechne* $\int_K \vec{f}\,d\vec{x}$

für $\vec{f} = (xy, yz, zx)$ *und* $K = \{(\cos t, \sin t, 2t) \mid t \in [0, 2\pi]\}$.

18.82 *Man berechne* $\int_K \vec{f}\,d\vec{x}$ *für* $\vec{f} = (y\cos z, x\cos z, -xy\sin z)$,

wobei K eine von $(1,0,-1)$ *nach* $(3,2,4)$ *verlaufende Kurve ist.*

18.83 *Man berechne* $\int_K xy\,dx + y\,dy$ *für*

(a) $y = x$, (b) $y = x^2$, (c) $y = \sqrt{x}$, (d) $y = x^3$,
jeweils von $(0,0)$ nach $(1,1)$.

18.84 *Man berechne den Fluss des Vektorfeldes* $\vec{f} = (x^2-1, y+1, y+z^2)$ *durch die Oberfläche des Zylinders* $Z = \{\vec{x} \mid y^2+z^2 \le 9,\ 0 \le x \le 2\}$.

18.85 *Ein Kurvenstück der* x,y*–Ebene sei explizit gegeben durch* $y = f(x)$ *mit* $0 \le a \le x \le b$, *weiter sei f differenzierbar und streng monoton wachsend, also umkehrbar mit* $x = g(y)$.

Man zeige: Der durch Rotation der Fläche zwischen der Kurve $y = f(x)$ *und der* y*–Achse um die* y*–Achse entstehende Körper hat das Volumen (siehe Kasten* *Seite 521**):*

$$V = \int_a^b x^2 f'(x)\,dx.$$

18.9 Lösungen

18.70 (a) $L = 2\int_0^1 \sqrt{1+4x^2}\,dx = \sqrt{5}+\frac{1}{2}\operatorname{arsinh} 2 = \sqrt{5}+\frac{1}{2}\ln(2+\sqrt{5}) \approx \underline{\underline{2.96}}$, (b) $\frac{3}{2}a$,

(c) $8a$, (d) $\frac{1}{a}\sqrt{1+a^2}\,(e^{2\pi a}-1)$, (e) $\frac{1}{2}a(2\pi\sqrt{1+4\pi^2}+\operatorname{arsinh} 2\pi)$, (f) $8a$.

18.71 (a) $\sqrt{4\pi^2R^2+h^2}$, (b) $2\pi\sqrt{2}$.

18.72 (a) $\frac{1}{3}$, (b) $2\sqrt{2}$, (c) $ab\pi$, (d) $3\pi a^2$, (e) $\frac{3}{8}\pi a^2$, (f) $\frac{3}{2}\pi a^2$, (g) a^2, (i) $\frac{2}{3}$.

(h) $F = \frac{1}{2}\int_{\varphi_1}^{\varphi_2} r^2\,d\varphi = \frac{1}{2}\int_{\varphi_1}^{\varphi_2} e^{2a\varphi}\,d\varphi = \frac{1}{4a}(e^{2a\varphi_2} - e^{2a\varphi_1})$.

Für $a > 0$, $\varphi_1 = -\infty$, $\varphi_2 = 0$ gilt $F_\infty = \frac{1}{2}\int_{-\infty}^0 r^2\,d\varphi = \frac{1}{4a}$.

Umläuft die Spirale unendlich oft den Nullpunkt, so ist die vom Radiusvektor überstrichene Fläche F_∞ endlich!

18.73 Kurve in Polarkoordinaten:
$r^2 = a^2\sin 2\varphi$
$0 \le 2\varphi \le \pi$, also $0 \le \varphi \le \frac{\pi}{2}$.

$$\int_0^{\pi/2}\Big(\int_0^{a\sqrt{\sin 2\varphi}} r\,dr\Big)\,d\varphi = \tfrac{1}{2}a^2.$$

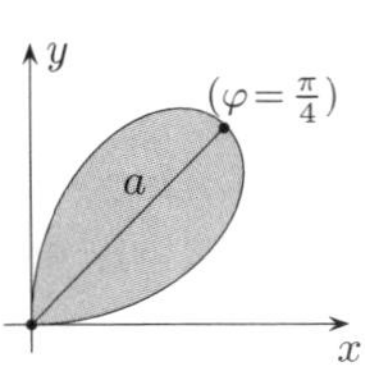

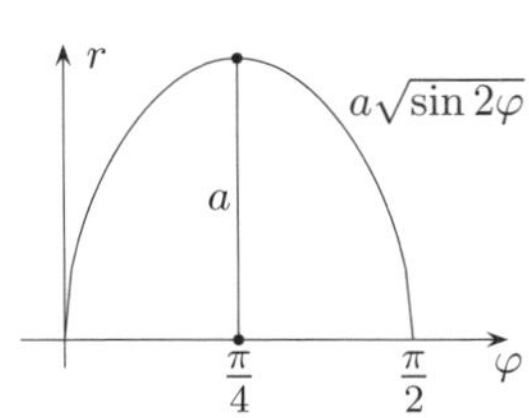

18.74 $S = (0, S_2)$ aus Symmetriegründen.

$$\int_K ds = \int_{-\ln 2}^{\ln 2} \sqrt{1+\sinh^2 x}\, dx = \cdots = \tfrac{3}{2},$$

$$\int_K y\, ds = \int_{-\ln 2}^{\ln 2} \cosh x \sqrt{1+\sinh^2 x}\, dx = \cdots = \ln 2 + \tfrac{15}{16}.$$

$$\Longrightarrow \quad S_2 = \tfrac{2}{3}(\ln 2 + \tfrac{15}{16}) = \tfrac{2}{3}\ln 2 + \tfrac{5}{8} \approx 1.09 \quad \Longrightarrow \quad S \approx (0, 1.09).$$

18.75 (a) Guldinsche Regel $F = 2\pi S_2 \frac{3}{2} = 3\pi(\frac{2}{3}\ln 2 + \frac{5}{8})$.

(b) $F = 2\pi \displaystyle\int_{-\ln 2}^{\ln 2} \cosh x \sqrt{1+\sinh^2 x}\, dx = \pi(2\ln 2 + \tfrac{15}{8}) \approx 10.25.$

18.76 $\vec{x}_\rho = (\cos\varphi, \sin\varphi, 0)$, $\vec{x}_\varphi = (-\rho\sin\varphi, \rho\cos\varphi, h) \Longrightarrow \vec{n} = (h\sin\varphi, -h\cos\varphi, \rho)$.
$\vec{x}(h\sin\varphi, -h\cos\varphi, \rho) = (\rho\cos\varphi, \rho\sin\varphi, h\varphi)(h\sin\varphi, -h\cos\varphi, \rho) = h\varphi\rho$.
Tangentialebene im Punkt $\vec{x}(\rho, \varphi)$: $h\sin\varphi \cdot x - h\cos\varphi \cdot y + \rho \cdot z = h\varphi\rho$.
Tangentialebene im Punkt $\vec{x} = (0, 1, \frac{1}{2}h\pi)$, also $\rho = 1$, $\varphi = \frac{\pi}{2}$: $hx + z = \frac{1}{2}h\pi$.

18.77 Möbiusband

$$\vec{x}(t,\varphi) = \begin{pmatrix} (4 + t\cos\varphi)\cos\varphi \\ (4 + t\cos\varphi)\sin\varphi \\ t\sin\varphi \end{pmatrix}$$

$$t \in [-1, 1], \ \varphi \in [0, 2\pi]$$

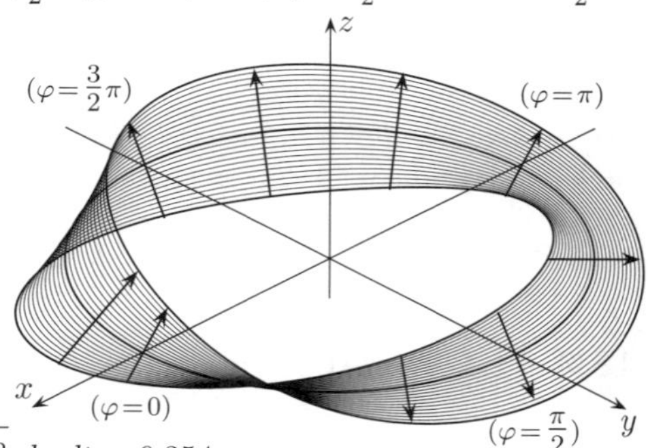

18.78 $V = \displaystyle\int_{-\frac{1}{2}}^{\frac{1}{2}} \int_0^{2\pi} \sqrt{(1+\cos\tfrac{\varphi}{2})^2 + \tfrac{1}{4}t^2}\, d\varphi\, dt \approx 6.354,$

$L = \displaystyle\int_0^{4\pi} \sqrt{(1+\cos\tfrac{\varphi}{2})^2 + \tfrac{1}{16}}\, d\varphi \approx 13.007.$

(Möbiusband. Die nicht elementaren Integrale berechnet man mit einem geeigneten Programm, siehe auch **F+H**.)

18.79 Potentialfunktionen auf $\mathbb{R}^3$ sind: (a) $u = x + xy^2 + yz^2$, (b) $u = xe^y \cos z$.

18.80 $\frac{3}{2}\sqrt{3}$. **18.81** $-\pi$. **18.82** $6\cos 4$.

18.83 (a) $\frac{5}{6}$, (b) $\frac{3}{4}$, (c) $\frac{9}{10}$, (d) $\frac{7}{10}$. **18.84** 54π.

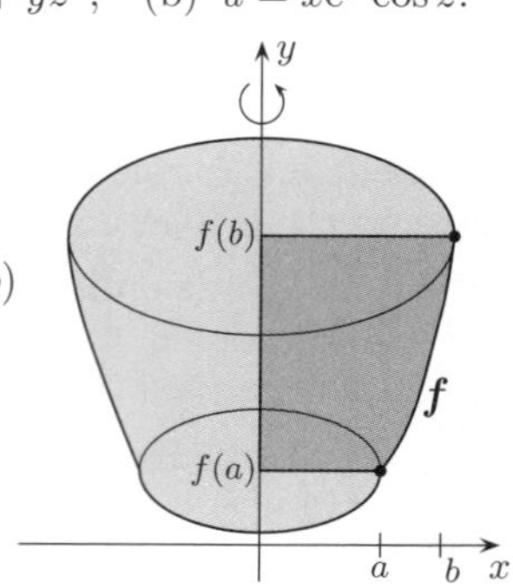

18.85 Es sei f streng monoton zunehmend, also $f(a) < f(b)$ für $a < b$ und differenzierbar. Für das Volumen des Rotationskörpers (S. 521) erhält man nach der Subst.: $y = f(x)$, $x = g(y)$, $dy = f'(x)\, dx$:

$$V = \pi \int_{f(a)}^{f(b)} g^2(y)\, dy = \pi \int_a^b x^2 f'(x)\, dx\,.$$

19 Anhang

19.1 Kreis

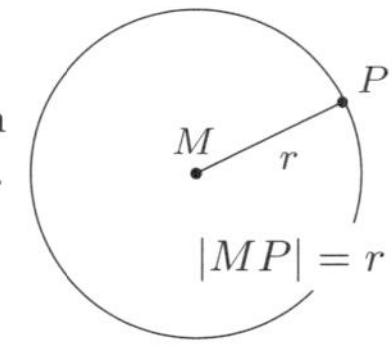

Ein Kreis ist die Menge aller Punkte P in einer Ebene, die von einem festen Punkt M (**Mittelpunkt**) gleichen Abstand r (**Radius**) haben.

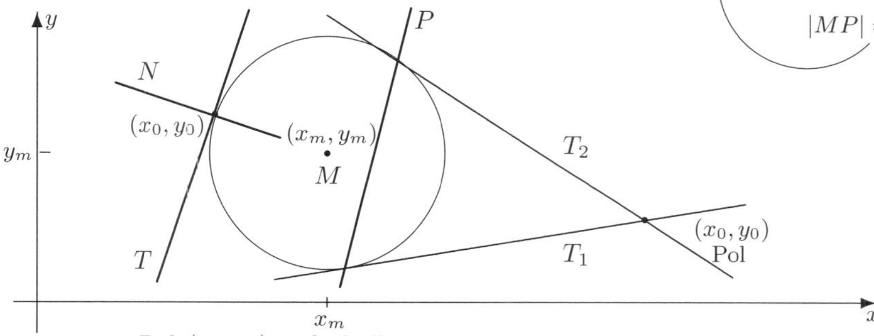

Die von einem Pol (x_0, y_0) außerhalb eines Kreise an ihn gelegten beiden Tangenten berühren ihn in den beiden Schnittpunkten der zu (x_0, y_0) gehörenden Polaren P.

Kreis	Ursprungsform Kreis mit $M = (0,0)$	Verschiebungsform Kreis mit Mittelpunkt $M = (x_m, y_m)$
Kreisgleichung	$x^2 + y^2 = r^2$	$(x - x_m)^2 + (y - y_m)^2 = r^2$
Tangente $\boldsymbol{T}$	$x_0 x + y_0 y = r^2$	$(x_0 - x_m)(x - x_m) + (y_0 - y_m)(y - y_m) = r^2$
Normale $\boldsymbol{N}$	$-y_0 x + x_0 y = 0$	$-(y_0 - y_m)(x - x_m) + (x_0 - x_m)(y - y_m) = 0$
Polare $\boldsymbol{P}$	$x_0 x + y_0 y = r^2$	$(x_0 - x_m)(x - x_m) + (y_0 - y_m)(y - y_m) = r^2$

Tangente $\boldsymbol{T}$ und Normale $\boldsymbol{N}$ durch einen Punkt (x_0, y_0), der auf dem Kreis liegt,
Polare $\boldsymbol{P}$ von einem Pol (x_0, y_0) aus, der außerhalb des Kreises liegt!

Beispiel: $x^2 - 2x + y^2 + 4y - 20 = 0$ ist die Gleichung eines Kreises. Man bestimme:

(a) Die Mittelpunktsform, sowie den Mittelpunkt M und den Radius r des Kreises.
(b) Die Tangente T mit Berührpunkt $(-3, 1)$.
(c) Die beiden Tangenten vom Pol $(8, -3)$.

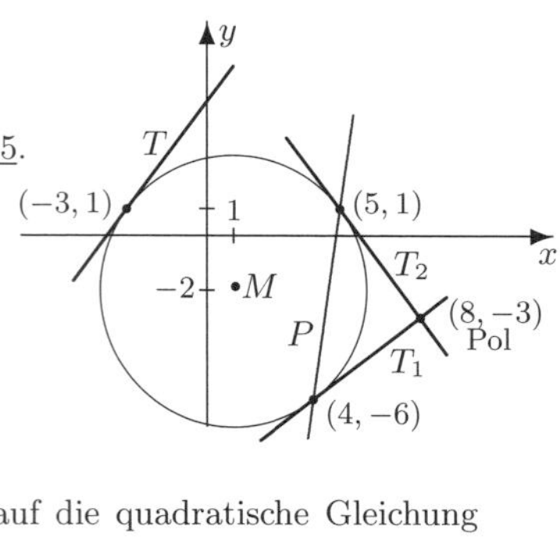

(a) quadratische Ergänzung liefert:
$(x - 1)^2 + (y + 2)^2 = 25$, also $\underline{M = (1, -2)}$, $\underline{r = 5}$.

(b) $T: \ (-3 - 1)(x - 1) + (1 + 2)(y + 2) = 25$,
also Tangente: $\underline{y = \frac{4}{3}x + 5}$.

(c) $P: \ (8 - 1)(x - 1) + (-3 + 2)(y + 2) = 25$,
also Polare: $\underline{y = 7x - 34}$.

Die Schnittpunkte der Polaren mit dem Kreis sind die Berührpunkte der beiden Tangenten:
$x^2 - 2x + y^2 + 4y - 20 = 0$ und $y = 7x - 34$ führt auf die quadratische Gleichung $x^2 - 9x + 20 = 0$ mit den beiden Lösungen $x_1 = 4$, $x_2 = 5$ und zugehörigen $y_1 = -6$, $y_2 = 1$.

Die beiden Berührpunkte $(4, -6)$ und $(5, 1)$ ergeben wie unter (b) oder mittels Zweipunkte-Form die beiden Tangenten $\underline{T_1: \ y = \frac{3}{4}x - 9}$ und $\underline{T_2: \ y = -\frac{4}{3}x + \frac{23}{3}}$.

19.2 Hyperbel

Hyperbel nach rechts/links geöffnet

Eine Hyperbel ist die Menge aller Punkte P, die zu zwei gegebenen Punkten F_1, F_2 (Brennpunkte) eine konstante Abstandsdifferenz ($= 2a$) haben:

Der Abstand der Brennpunkte beträgt $2e$.

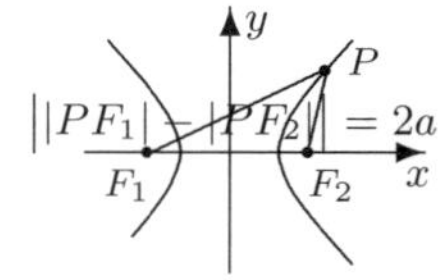

Es gilt $\boxed{e^2 = a^2 + b^2}$

Scheitel der Hyperbel: $(\pm a, 0)$.
lineare Exzentrizität: $e = \sqrt{a^2 + b^2}$
numerische Exzentrizität: $\varepsilon = \frac{\sqrt{a^2+b^2}}{a} > 1$.

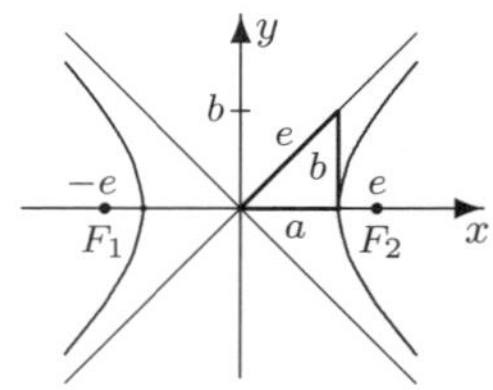

Ein von F_2 ausgehender Strahl wird an der Hyperbel derart reflektiert, dass der rückwärts verlängerte reflektierte Strahl durch F_1 verläuft.

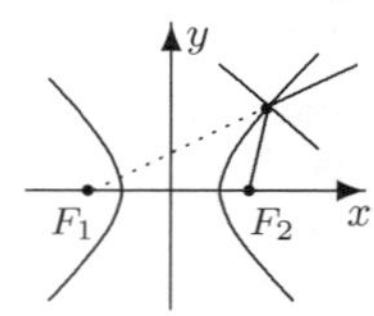

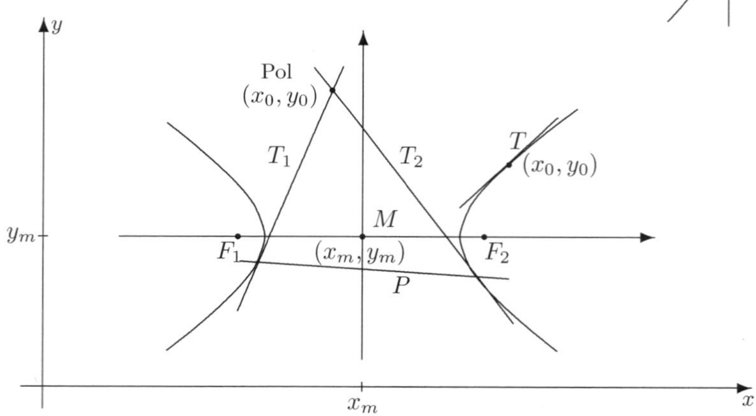

Hyperbel nach rechts/links geöffnet	Ursprungsform Hyperbel mit $M = (0, 0)$	Verschiebungsform Hyperbel mit Mittelpunkt $M = (x_m, y_m)$
Hyperbelgleichung	$\frac{x^2}{a^2} - \frac{y^2}{b^2} = 1$	$\frac{(x-x_m)^2}{a^2} - \frac{(y-y_m)^2}{b^2} = 1$
Tangente **T**	$\frac{x_0 x}{a^2} - \frac{y_0 y}{b^2} = 1$	$\frac{(x_0-x_m)(x-x_m)}{a^2} - \frac{(y_0-y_m)(y-y_m)}{b^2} = 1$
Polare **P**	$\frac{x_0 x}{a^2} - \frac{y_0 y}{b^2} = 1$	$\frac{(x_0-x_m)(x-x_m)}{a^2} - \frac{(y_0-y_m)(y-y_m)}{b^2} = 1$
Asymptoten	$y = \pm\frac{b}{a}x$	$y - y_m = \pm\frac{b}{a}(x - x_m)$

Tangente ***T*** durch einen Punkt (x_0, y_0), der auf der Hyperbel liegt,
Polare ***P*** von einem Pol (x_0, y_0) aus, der zwischen den Hyperbelästen liegt!

Hyperbel nach oben/unten geöffnet

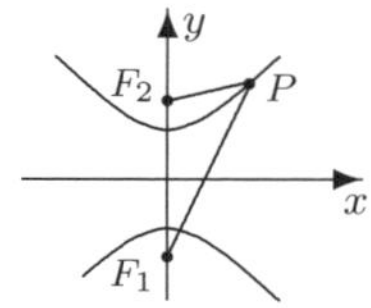

Eine Hyperbel ist die Menge aller Punkte P, die zu zwei gegebenen Punkten F_1, F_2 (Brennpunkte) eine konstante Abstandsdifferenz ($= 2a$) haben: $\big||PF_1| - |PF_2|\big| = 2a$.

Der Abstand der Brennpunkte beträgt $2e$.

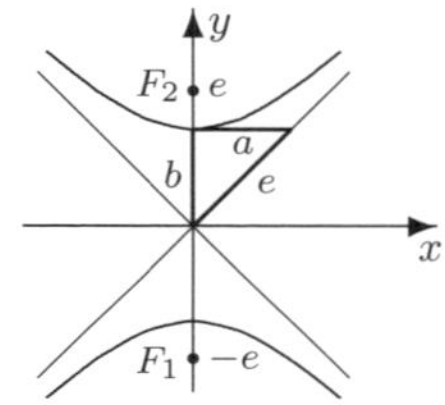

Es gilt $\boxed{e^2 = a^2 + b^2}$

Scheitel der Hyperbel: $(0, \pm b)$.
lineare Exzentrizität: $e = \sqrt{a^2 + b^2}$
numerische Exzentrizität: $\varepsilon = \frac{\sqrt{a^2+b^2}}{a} > 1$.

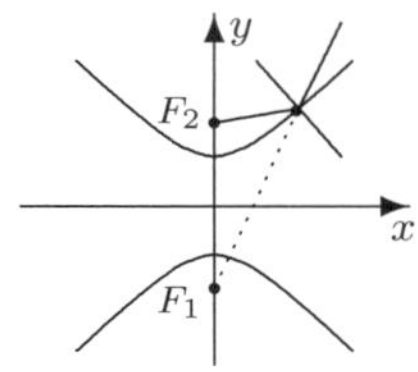

Ein von F_2 ausgehender Strahl wird an der Hyperbel derart reflektiert, dass der rückwärts verlängerte reflektierte Strahl durch F_1 verläuft.

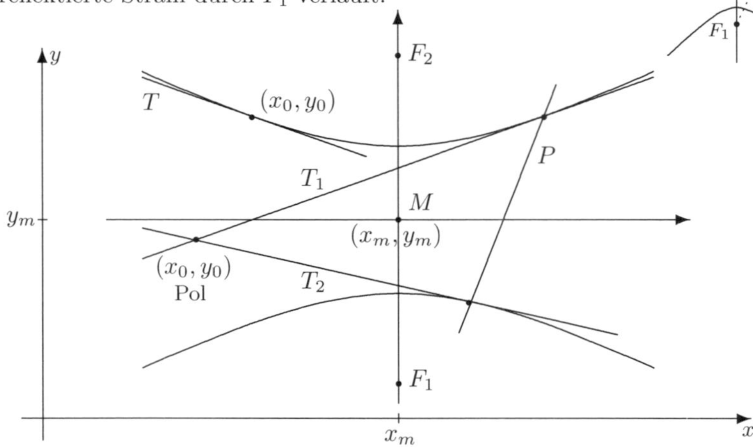

Hyperbel nach oben/unten geöffnet	Ursprungsform Hyperbel mit $M = (0,0)$	Verschiebungsform Hyperbel mit Mittelpunkt $M = (x_m, y_m)$
Hyperbelgleichung	$-\frac{x^2}{a^2} + \frac{y^2}{b^2} = 1$	$-\frac{(x-x_m)^2}{a^2} + \frac{(y-y_m)^2}{b^2} = 1$
Tangente **T**	$-\frac{x_0 x}{a^2} + \frac{y_0 y}{b^2} = 1$	$-\frac{(x_0-x_m)(x-x_m)}{a^2} + \frac{(y_0-y_m)(y-y_m)}{b^2} = 1$
Polare **P**	$-\frac{x_0 x}{a^2} + \frac{y_0 y}{b^2} = 1$	$-\frac{(x_0-x_m)(x-x_m)}{a^2} + \frac{(y_0-y_m)(y-y_m)}{b^2} = 1$
Asymptoten	$y = \pm\frac{b}{a}x$	$y - y_m = \pm\frac{b}{a}(x - x_m)$

Tangente $\boldsymbol{T}$ durch einen Punkt (x_0, y_0), der auf der Hyperbel liegt,
Polare $\boldsymbol{P}$ von einem Pol (x_0, y_0) aus, der zwischen den Hyperbelästen liegt!

19.3 Parabel

Parabel nach oben/unten geöffnet

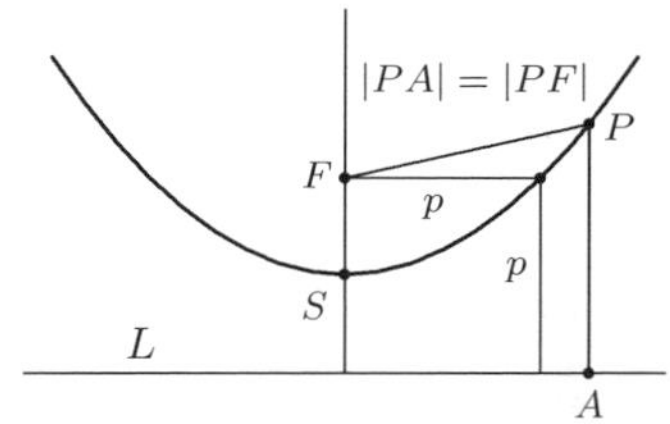

Eine Parabel ist die Menge aller Punkte P, die zu einer gegebenen Geraden L (Leitlinie) und einem im Abstand $p > 0$ (Halbparameter) zu ihr liegenden Punkt F (Brennpunkt) gleichen Abstand haben.

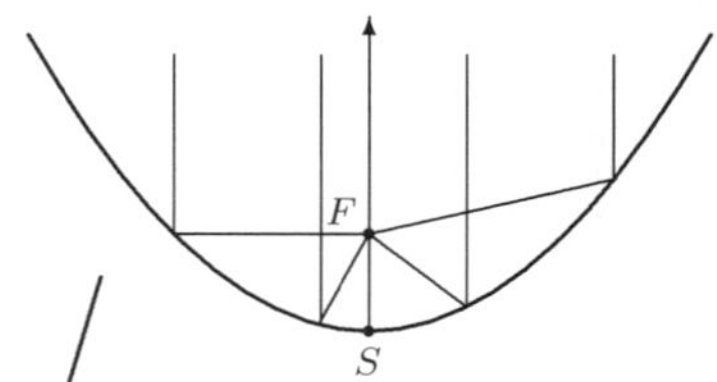

Zur Symmetrieachse parallele Strahlen werden an der Parabel derart reflektiert, dass sie durch den Brennpunkt F verlaufen.

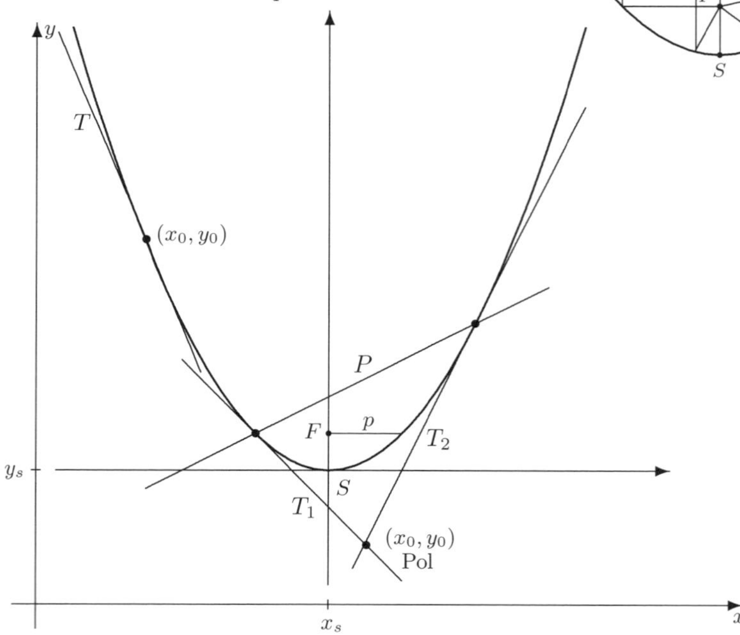

Parabel nach oben geöffnet	Ursprungsform Parabel mit $S = (0,0)$	Verschiebungsform Parabel mit Scheitelpunkt $S = (x_s, y_s)$
Parabelgleichung	$x^2 = 2py$	$(x - x_s)^2 = 2p(y - y_s)$
Tangente ***T***	$x_0x - py = py_0$	$(x_0 - x_s)(x - x_s) - p(y - y_s) = p(y_0 - y_s)$
Polare ***P***	$x_0x - py = py_0$	$(x_0 - x_s)(x - x_s) - p(y - y_s) = p(y_0 - y_s)$
Brennpunkt ***F***	$F = (0, \frac{1}{2}p)$	$F = (x_s, \frac{1}{2}p + y_s)$

Tangente ***T*** durch einen Punkt (x_0, y_0), der auf der Parabel liegt,
Polare ***P*** von einem Pol (x_0, y_0) aus, der außerhalb der Parabel liegt!

Die entsprechenden Formeln einer nach **unten geöffneten Parabel** erhält man, indem man p durch $-p$ ersetzt!

Parabel nach rechts/links geöffnet

Eine Parabel ist die Menge aller Punkte P, die zu einer gegebenen Geraden L (Leitlinie) und einem im Abstand $p > 0$ (Halbparameter) zu ihr liegenden Punkt F (Brennpunkt) gleichen Abstand haben.

p ist die Ordinate im Brennpunkt.

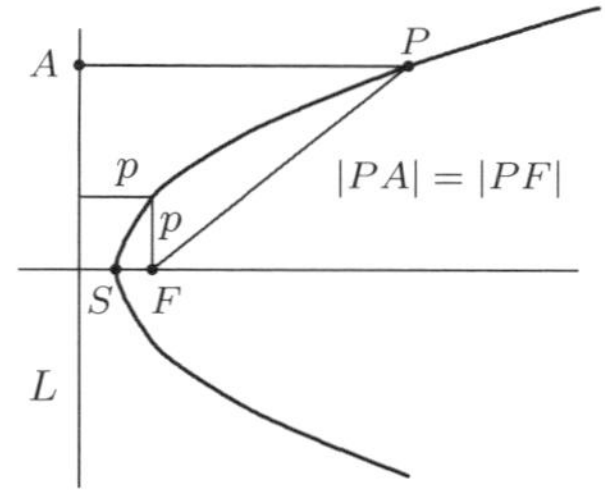

Zur Symmetrieachse parallele Strahlen werden an der Parabel derart reflektiert, dass sie durch den Brennpunkt F verlaufen.

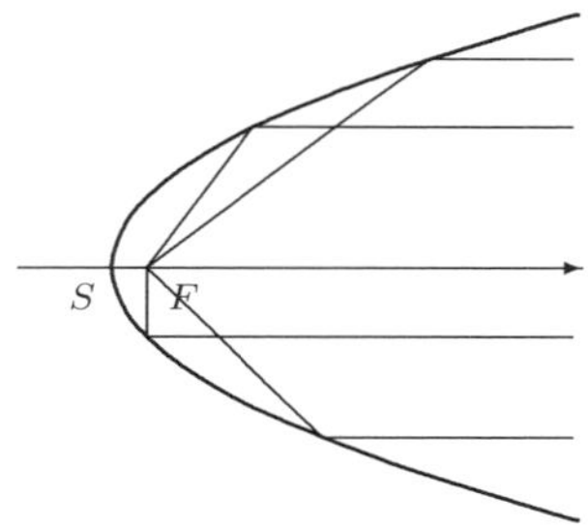

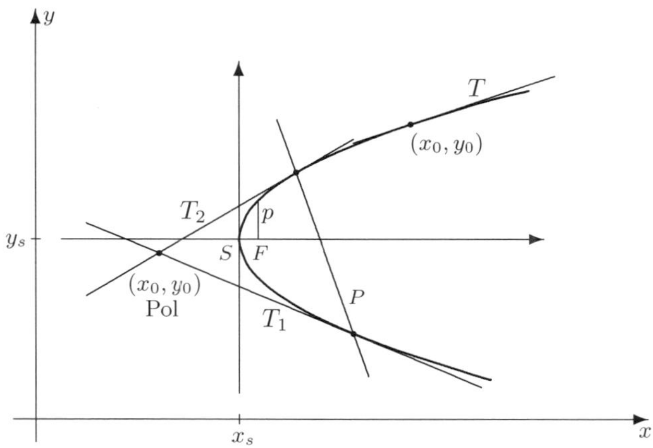

Parabel nach rechts geöffnet	Ursprungsform Parabel mit $S = (0, 0)$	Verschiebungsform Parabel mit Scheitelpunkt $S = (x_s, y_s)$
Parabelgleichung	$y^2 = 2px$	$(y - y_s)^2 = 2p(x - x_s)$
Tangente $\boldsymbol{T}$	$-px + y_0 y = px_0$	$-p(x - x_s) + (y_0 - y_s)(y - y_s) = p(x_0 - x_s)$
Polare $\boldsymbol{P}$	$-px + y_0 y = px_0$	$-p(x - x_s) + (y_0 - y_s)(y - y_s) = p(x_0 - x_s)$
Brennpunkt $\boldsymbol{F}$	$F = (\frac{1}{2}p, 0)$	$F = (\frac{1}{2}p + x_s, y_s)$

Tangente $\boldsymbol{T}$ durch einen Punkt (x_0, y_0), der auf der Parabel liegt,
Polare $\boldsymbol{P}$ von einem Pol (x_0, y_0) aus, der außerhalb der Parabel liegt!

Die entsprechenden Formeln einer nach **links geöffneten Parabel** erhält man, indem man p durch $-p$ ersetzt!

19.4 Ellipse

Eine Ellipse ist die Menge aller Punkte P, die von zwei gegebenen Punkten F_1, F_2 (Brennpunkte) eine konstante Abstandssumme ($= 2a$) haben.

Der Abstand der Brennpunkte beträgt $2e$.

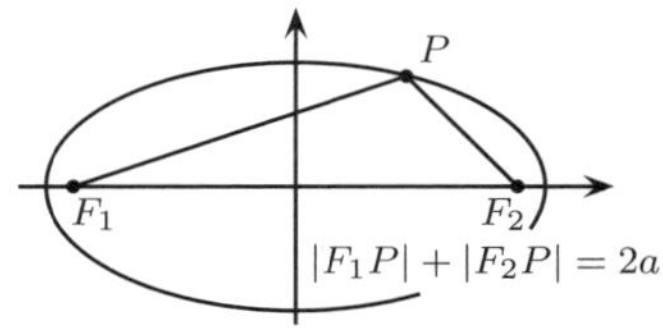

Eine Ellipse ist das orthogonal–affine Bild eines Kreises vom Radius a. Die Ordinaten des Kreises werden im Verhältnis $\frac{b}{a}$ gestreckt bzw. gestaucht.
Halbmesser in x-Richtung: a
Halbmesser in y-Richtung: b

Es gilt $\boxed{a^2 = e^2 + b^2}$

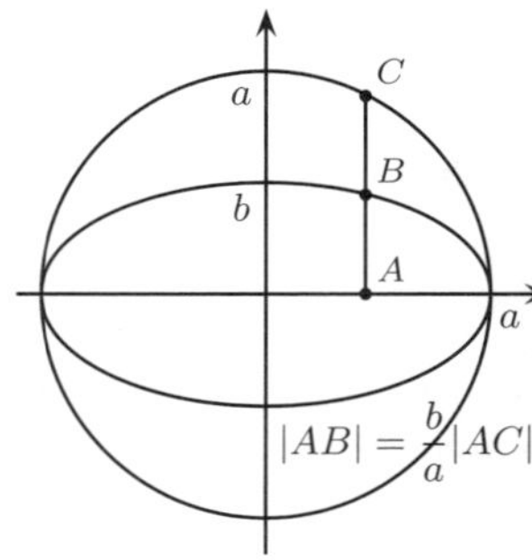

Scheitel der Ellipse: $(\pm a, 0)$ und $(0, \pm b)$.
Brennpunkte der Ellipse: $(-e, 0)$ und $(e, 0)$.
lineare Exzentrizität: $e = \sqrt{a^2 - b^2}$
numerische Exzentrizität: $\varepsilon = \frac{\sqrt{a^2-b^2}}{a} = \frac{e}{a} < 1$.

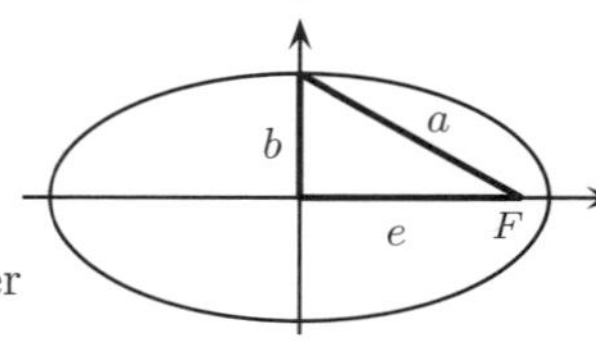

Ein von einem Brennpunkt der Ellipse ausgehender Strahl wird an der Ellipse derart reflektiert, dass er durch den anderen Brennpunkt verläuft.
(Normale N senkrecht zur Tangente)

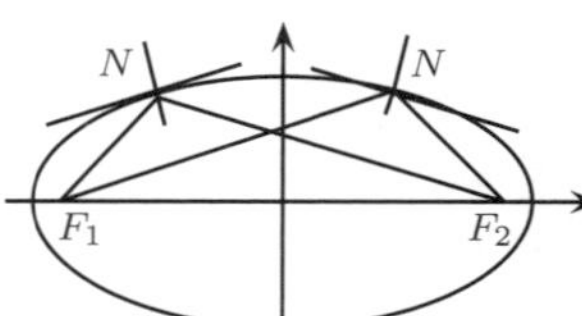

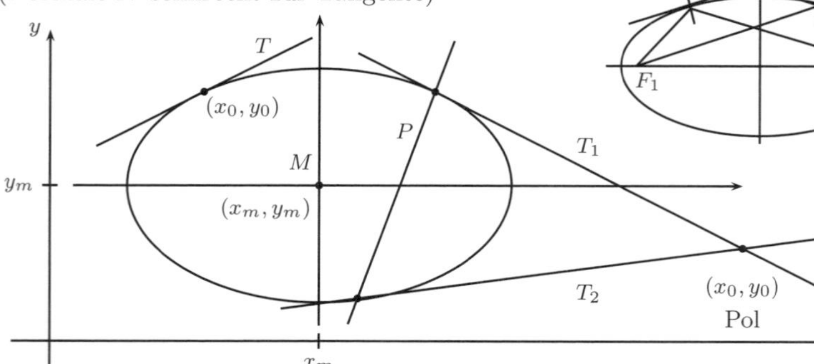

Ellipse	Ursprungsform Ellipse mit $M = (0,0)$	Verschiebungsform Ellipse mit Mittelpunkt $M = (x_m, y_m)$
Ellipsengleichung	$\frac{x^2}{a^2} + \frac{y^2}{b^2} = 1$	$\frac{(x-x_m)^2}{a^2} + \frac{(y-y_m)^2}{b^2} = 1$
Tangente $\boldsymbol{T}$	$\frac{x_0 x}{a^2} + \frac{y_0 y}{b^2} = 1$	$\frac{(x_0-x_m)(x-x_m)}{a^2} + \frac{(y_0-y_m)(y-y_m)}{b^2} = 1$
Polare $\boldsymbol{P}$	$\frac{x_0 x}{a^2} + \frac{y_0 y}{b^2} = 1$	$\frac{(x_0-x_m)(x-x_m)}{a^2} + \frac{(y_0-y_m)(y-y_m)}{b^2} = 1$

Tangente $\boldsymbol{T}$ durch einen Punkt (x_0, y_0), der auf der Ellipse liegt,
Polare $\boldsymbol{P}$ von einem Pol (x_0, y_0) aus, der außerhalb der Ellipse liegt!

20 Finanzmathematik

Zinssatz $p\%$ jährlich, Zinsfaktor $q = 1 + p\% = 1 + \frac{p}{100}$

1. Einmalige Zahlung: Anfangskapital K

Kapital nach n Jahren: $K_n = K \cdot q^n$

Barwert einer in n Jahren fälligen Zahlung: $K = K_n \cdot q^{-n}$

Anzahl der Jahre: $n = \frac{\ln(K_n/K)}{\ln q}$

Faustformel: *Eine Verdoppelung tritt nach etwa* $\frac{70}{p}$ *Jahren ein.*

2. Periodische Zahlungsraten R (Zinsgutschrift am Jahresende)

Zahlungsperiode:
Monat ($k = 12$), Vierteljahr ($k = 4$), Halbjahr ($k = 2$), Jahr ($k = 1$)

Zahlung von R am Anfang der Zahlungsperiode: $K_1 = R(k + \frac{p}{100} \cdot \frac{k+1}{2})$

Zahlung von R am Ende der Zahlungsperiode: $K_1 = R(k + \frac{p}{100} \cdot \frac{k-1}{2})$

Kapital nach n Jahren: $K_n = K_1 \frac{q^n - 1}{q-1}$

Im Fall $k = 1$ (jährliche Zahlung) heißt R die **Annuität** und es gilt
$K_n = R\frac{q^n-1}{q-1}q$ (vorschüssige Zahlung), $K_n = R\frac{q^n-1}{q-1}$ (nachschüssige Zahlung).

3. Startkapital S und periodische Entnahme oder Einlage R

Kapital nach n Jahren, K_1 wie in 2.: $K_n = S \cdot q^n \pm K_1 \frac{q^n-1}{q-1}$

Ein Schuldbetrag S ist abgetragen bzw. ein Startkapital S ist verbraucht, falls $Sq^n = K_1 \frac{q^n-1}{q-1}$

Annuitätenformel
$R = S\frac{(q-1)\,q^n}{q^n-1}$

die benötigte Anzahl an Jahren ist $n = \frac{\ln K_1 - \ln(K_1 - S(q-1))}{\ln q}$

Beispiel: *Durch welche monatliche Sparrate R (Zahlung am Monatsanfang) kann eine Schuld von 20 000 € bei $p\% = 6\%$ in 5 Jahren abgetragen werden?*

Lösung: $20\,000 \cdot 1,06^5 = R(12 + \frac{6}{100} \cdot \frac{13}{2}) \cdot \frac{1,06^5 - 1}{0,06} \implies \underline{R = 383,21\ €}$.

4. Barwert B einer Ratenzahlung (Rente) R

Erfolgt die Zahlung R jeweils am Ende der Zahlungsperiode, gilt (vgl. mit 2.):

$$K_1 = R(k + \frac{p}{100} \cdot \frac{k-1}{2})$$

$$K_n = K_1 \cdot \frac{q^n-1}{q-1}$$

Der Barwert ist $B = K_1 \frac{q^n-1}{q-1} \cdot q^{-n}$

Der Barwert B einer **ewigen Rente** ($n \to \infty$) ist $B = \frac{K_1}{q-1}$.

Beispiel: *Welches Kapital B sichert eine ewige monatliche Rente von 1 000 € bei einem Zinssatz von $p\% = 5\%$ jährlich?*

Lösung: $B = \frac{K_1}{q-1} = 1\,000\,(12 + \frac{5}{100} \cdot \frac{11}{2})/0,05 \implies \underline{B = 245\,500\ €}$.

Index

Abbildung 24
  bijektiv, injektiv, surjektiv 28
  linear 189 ff
Abbildungsmatrix 195
  Basiswechsel 202
  Koordinatentransformation 199
abhängige Variable 24
Ableitung 260, 376, 379
  höhere 266
  impliziter Funktionen 390, 391
  Integral, Parameter 411, 412
  nach oberer/unterer Grenze 410
  partielle 144, 387, 393
  Umkehrfunktion 265, 381
  Vertauschbarkeit 388
absolutes Extremum 111, 122, 270
absolutes Glied, Polynom 59
absolut konvergent
  Reihe 339
  uneigentliches Integral 314 ff
Abstand 332, 370
  auf der Zahlengeraden 48, 49
  Ebene – Nullpunkt, 149
  in der komplexen Ebene 97
  paralleler Ebenen 154
  Punkt – Ebene 150, 152
  Punkt – Gerade 140
  zweier Geraden 142
  zweier Zahlen, Betrag 48, 97
Achsensymmetrie 32
Addition von
  komplexen Zahlen 93
  Matrizen 167
  Reihen 339
  Schwingungen 80, 83
  Ungleichungen 47
  Vektoren 120
Additionstheoreme **F1**
  Hyperbelfunktionen 88
  trigonometrische Funktionen **F1**, 76
ähnliche Matrizen 210, 211
Ähnlichkeits–DGL 428
Äquipotentiallinien 419
äquivalente Matrizen 174
algebraisches Komplement 185
allgemeine Lösung, DGL 444, 448, 450
Alphabete 11
Alternative 14
alternierende Folge 328
  Reihe 338
Amplitude 78, 455, 456
  komplexe 83
Anfangswertaufgabe, AWA 420, 432, 438
Ansatz DGL 442, 450
  PBZ 68
aperiodischer Grenzfall 454
Äquivalenz 14
Arbeitsintegral 535, 539
Archimedischer Restkörper 496
Arcus–Funktionen 77
Area–Funktionen 89
Argument (komplexe Zahl) 95
arithmetisches Mittel 22, 156
  Fourierreihen 364
Assoziativgesetz 168
Auflösbarkeit impliziter Fktn. 389 ff
Aussage 14
Axialfeld 523, 537, 545
axonometrische Darstellung 195

Basis (Vektorraum) 124, 178
  aus Eigenvektoren 215, 218
  kanonische 124, 178
  kartesische 180, 219
  orthogonale, orthonormale 219
Basislösung, DGL 439, 441, 448
  System von DGLn 463
Basiswechsel, Matrix 201
begleitendes Dreibein 508
Bernoulli DGL 434
  Ungleichung 21, 48
Beschleunigung 533
beschränkt
  Folge 328, 331
  Funktion 26
bestimmtes Integral 300 ff
Betrag reelle Zahl 48
  komplexe Zahl 94
  Vektor 122, 128
Biegemoment 309, 310
bijektiv 28
Bildungsgesetz, Folge 328
Binomialkoeffizient **F2**, 45–47
binomische Reihe, – Formel **F3**, 47, 347
Binormalenvektor 507, 508
Blockbild 369 ff
Bogenelement 501
Bogenlänge 501, 538
  als Parameter 503
Bogenmaß, Grad 75
Bolzano–Weierstraß 329
Breitenkreis 513

Cauchy, Konvergenzkriterium 332, 333
Cauchyprodukt von Reihen 339, 348
Cauchy–Scharzsche Ungleichung 128, 129
Cavalieri 497
Cayley–Hamilton 209
charakteristische Gleichung
  homomogene lineare DGL 448
  Matrix 209, 210
charakteristisches Polynom 209, 210
Clairaut–DGL 436
cos 75
Cosinussatz **F2**, 159
cosh 88
cotan 75
cotanh 88
Coulombfeld 535, 545
Cramersche Regel 188

Dämpfung, stark, schwach, DGL 454 ff
d'Alembert
  DGL 437
  Reduktionsverfahren 443, 464
Darst. v. Funktionen durch Reihen 346
Definitionsbereich 24, 25
Determinante 183, 184, 186
  Cramersche Regel 188
  Dreiecksmatrix 184
  elementare Umformungen 186
  Entwicklungssatz 185
  Entwickl. nach Zeilen, Spalten 184
  Multiplikationssatz 186
  Regel von Sarrus 183
  Umformungen 186
  $(2,2)$–Matrix 183
Dezimalbruch 44
Diagonale einer Matrix 172
Diagonalelemente 172
Diagonalisierung 215, 218, 224
Diagonalmatrix 172
Differential 261, 384
Differentialgleichung, DGL, 355
  Ähnlichkeits– 428
  Clairaut 436
  Euler 457
  exakte 424
  höherer Ordnung 437, 439
  Kurvenschar 418
  lineare 431
  lineare mit konst. Koeff. 448
  Riccati 434
  Schwingungs– 454
  spezielle Ansätze 442, 450
Differentialrechnung 260 ff
  mehrerer Veränderlicher 374 ff
Differentialoperator 478
Differentiation **F4**
  elementare 260 ff
  implizite Funktionen 267, 390 ff
  und Integration 410, 412
  Umkehrfunktion 265, 381, 382
Differentiationsregeln **F4**, 264
Differenz, Menge 18
  symmetrische 40
differenzierbar 260,375, 377, 387
Dimension Kern, Bild 189
Distributivgesetz 128, 168
Divergenz
  Folge 330
  Reihe 336
  uneigentliches Integral 312
  Vektorfeld 526, 529
Division komplexer Zahlen 99
  Polynome 61
Doppelintegral 485
Doppelkegel 226
Drehachse, Matrix 205
Drehmatrix 180, 192, 205, 208, 219
Drehung
  Ebene 192, 197
  Kurve 503
  Raum 205, 208
Drehwinkel, Matrix 205
Dreibein, begleitendes 507
Dreieck, Fläche 133
Dreiecksungleichung 48, 122, 128, 129
dreifaches Integral 490, 491
Durchschnitt von Mengen 18
Durchstoßpunkt 150

Ebene 145
  Abstand vom Nullpunkt 149
  durch drei Punkte 146
  Fußpunkt des Lotes auf 152
  Hessesche Normalform 149
  Koordinatenform 147, 148
  Normalenvektor 146, 147, 148
  parallel 147, 154
  Parameterform 145, 146
  Schnittmenge zweier Ebenen 154
  Schnittwinkel 121
  Umformung, Ebenengleichungen 148, 149
echt gebrochene rat. Funkt. 67, 68
Eigenraum 210
Eigenvektor 209, 210
Eigenwert 209, 210, 213
  komplexer 469
Eindeutigkeitssatz, Picard–Lindelöf 422
einfach zusammenhängend 543
Einheitskreis, komplex 97, 101
Einheitsmatrix 172, 178
Einheitsvektor 121
  Basis aus 178
Einheitswurzeln 103, 104
einschaliges Hyperboloid 225, 233
Einschwingvorgang 455
Einsetzen von Funktionen 31
Einsetzmethode bei PBZ 69, 72
elektrisches Feld 523, 535
elementare Umformung 171, 175, 186, 245
  Determinante 187
  LGS 245
  Matrix 172
Element einer Matrix 166
  einer Menge 17
Eliminationsverfahren
  LGS, Gauß 245
  DGL–Systeme 478
Ellipse, Kegelschnitt 219, 222, 240, 564
  Evolute 504
  in komplexer Ebene 102
  Parameterdarstellung 499
  Tangente, Polare 560
Ellipsoid 242, 495
Entwickeln, Determinante 184
  Funktionen, Taylorreihe 355
Entwicklungspunkt, Pot.–Reihe 344 ff
Entwicklungssatz 134
Ergiebigkeit 526
Erzeugendensystem 126
Euklid Höhensatz 157

Euler
Darstellung komplexer Zahl 96
DGL 457
Formel 96, 101
Gerade 158
Multiplikator, DGL 425
Zahl 54, 335
Evolute 503, 504
exakte DGL 424
Existenzsatz, Peano 420
explizite DGL 418
Exponentialfunktion 84, 86, 111
Extremum, Extremwert
absolutes, relatives 268
Berechnung 269
Funktion einer Veränderl. 268
mehrerer Veränderlicher 400
mit Nebenbedingung 406

Fakultät 45
Fallunterscheidungen 48
Feld
elektrisches 523, 535
Geschwindigkeits– 547
Gradienten– 525, 541
Gravitations– 535
konservatives 541
magnetisches 536
Potential– 523, 525, 541, 544
Skalar– 523
Vektor– 523
Feuerbachkreis 158
Fibonaccifolge 335
Fläche
Dreieck 133, 187
im Raum 383, 511
Inhalt 514, 517
Masse, Schwerpunkt 519
Normalenvektor 383, 513
Parallelogramm 133
Rotationskörper 517
Schwerpunkt 305, 519
Tangentialebene 513
Trägheitsmoment 519
zweiter Ordnung 227, 219
Flächenberechnung 301, 304, 487, 505, 514
Flächenelement 485, 514
Flächeninhalt 301, 304, 487, 505, 514, 546
Flächenintegral 546, 547
Flussintegral 547 ff
Folge 328 ff
beschränkte 328, 333
konvergente 329
monotone 328, 333
rekursive 332 ff
Formel von Moivre 103
Fourierreihen 360
–koeffizienten 362
Frenetsche Formeln 507
Frequenz 78
Fundamentalsatz der Algebra 106
Fundamentalsystem, siehe Basislösung
Funktion 24
beschränkte 26
gerade 32
Gleichheit von Funktionen 24
Grenzwert 35
mehrerer Veränderlicher 369
monotone 26
periodische 360 ff
rationale 59, 67
stetige 37
ungerade 32
Funktionaldeterminante 490
Funktionsgleichung 24
Fußpunkt des Lotes eines Punktes auf
eine Ebene 152
eine Gerade 141

Gammafunktion 326
ganze rationale Funktion, Polynom 59
Zahl 17
Gauß
Algorithmus 175
Eliminationsverfahren 245
Integralsatz 550, 551
Symbol 41
gebrochen, echt, unecht 67
gedämpfte Schwingung 87
Generalsubstitution 295
geometrische
Folge 332
Reihe, endl., unendlich **F3**, 337, 347
geometrischer Schwerpunkt 492, 509, 510
geometrisches Mittel 22
geordnetes Paar 23
Gerade im Raum 137
Abstand zweier 142
durch zwei Punkte 138
Fußpunkt des Lotes auf 141
parallel 137, 142
Schnittpunkt zweier 138
Schnittwinkel zweier 139
Gesamtlösung, DGL 444, 448, 450
gerade Funktion 32, 33
Geschwindigkeit 533
Geschwindigkeitsfeld 547
gleichbedeutend 14
Gleichheit von
Funktionen 24
Matrizen 167
Mengen 19
Vektoren 122
gleichmäßig stetig 38
Gleichungssystem, lineares 244, 245
eindeutig lösbar 245, 252
Gaußscher Algorithmus 245
homogen, inhomogen 244
goldener Schnitt 58, 91, 92, 333, 335, 365
Grad, Bogenmaß 75
Grad eines Polynoms 59
Gradient 376, 386, 523, 529

Gradientenfeld 525, 541
Graph einer Funktion 27
Gravitationsfeld 535, 545
Green 555
Grenzgerade, Ungleichungen 52
Grenzkurven, Ungleichungen 57
Grenzwerte **F3**
Grenzwertkriterium 343
Grenzwert einer Folge 329, 330, 331
  Funktion 35, 370
  l'Hospital 272, 273, 276
  rechts–, linksseitiger 35, 36
  Regeln zum Berechnen 37, 331
  Reihe 326
Grenzwertregeln 37, 274, 331
Guldinsche Regeln 517, 521

Häufungspunkt 329
Halbwertzeit 87
harmonische Funktionen 526
harmonische Reihe **F3**, 338
harmonisches Mittel 22
Hauptachsentransformation 219 ff, 226, 235
  Kegelschnitte 221
  Quadriken 224
Hauptdiagonale 172
Hauptkoeffizient, Polynom 59
Hauptnormalenvektor 507, 508
Hauptsatz, Diff–Int–Rechnung 301
hebbar unstetig 38
Heronsches Wurzelziehen 334
Hessematrix 400
Hessesche Normalform, HNF 149
Höhenlinie 369
Höhensatz Euklid 157
Höhenschnittpunkt 157, 158
höhere Ableitung 266, 387
homogene lineare DGL 440, 448, 463, 469
homogenes Gleichungssystem 244
Hornerschema 66
Hyperbel, Kegelschnitt 223, 231, 240, 560, 561
  in komplexer Ebene 119
  Tangente, Polare, Asymptoten 561, 562
Hyperbelfunktionen **F1**, 88
  Deutung an Einh.–Hyperbel 90
hyperbolische Spirale 115, 119
Hyperboloid 240
  einschaliges 225, 233
  zweischaliges 226

identisch gleich, Funktionen 24
imaginäre Einheit 93
Imaginärteil 93
Implikation 14
implizite Funktion 389–395
  Differentiation 389–395
indirekter Beweis 16
Induktionsbeweis 20
Induktionsgesetz 528
inhomogene DGL 444, 450, 466
injektiv 28
Inkreis 162
inneres Produkt, Skalarprodukt 127
Integer 41
Integral **F4**
  Basis, siehe Basislösung
  bestimmtes 300
  Linien–, Kurvenintegral 538 ff
  mehrfaches 485
  Oberflächenintegral 546
  Rechenregeln 302
  unbestimmtes 285
  uneigentliches 312 ff
Integrabilitätsbedingung 542
Integralkriterium 343
Integralsatz von
  Gauß 550, 551
  Green 555
  Stokes 553
Integration, Substitution 286, 303
  Hyperbelfunktionen 296
  nicht rationale Fkt. 292 ff
  partielle 288, 304
  rationale Fktn. 289 ff
  trigonometrische Funktionen 295
integrierender Faktor, DGL 425
Interpolation 65
Intervall, offen, abgeschlossen 20
  beschränkt, unbeschränkt 20
inverse Funktion (multiplikativ) 30
inverse Hyperbelfunkt., Area–Funkt. 89
inverse Matrix 175, $(2,2)$–Matrix 177
inverse trigonometrische Funktionen 77
invertierbar, Matrix 175, 177
irreduzibel, Polynom 62
Isoklinen 418
Iterationsverfahren
  Nullstellenbestimmung 279
  Picard–Lindelöf, DGL 423

Jacobi–Matrix 376, 393
Jacobi–Determinante 490

kanonische Basis 124, 180
Kardioide 501, 518
kartesische Basis 180, 193
kartesische Darst. kompl. Zahl 93
kartesische Koordinaten 93
kartesisches Produkt 23
Kathetensatz 158
Kegel 226, 240
Kegelmantel 485, 548
Kegelschnitt 219 ff, 240
Kern–Bild–Satz 189, 190
Kettenlinie, cosh 88, 280, 282
Kettenregel **F4**, 264, 381
  Fktn. mehrerer Veränderlicher 380 ff
Koeffizient, Polynom 59
  Potenzreihe 344
Koeffizientenmatrix 244
Koeffizientenvergleich, PBZ 69, 72
  Potenzreihenansatz, DGL 458

kollinear 124
Kommutativgesetz 128, 168
kompakt 401
komplanar 124
komplexe Zahl 93
  Argument 95
  Betrag 97
  Eulersche Darstellung 96
  kartesische Darstellung 94
  konjugierte 98
  Moivre, Formel 103
  Multiplikation, Division, Potenz 99
  polare Darstellung 94–96
  Wurzeln 103
Komponente, Vektor 131
konjugiert komplex 98
Konjunktion 14
konservatives Feld 541, 544
konstante Koeff., lin. DGL 448
Konvergenzbereich 344
Konvergenz, Folge 329
  Reihe 335 ff
  Potenzreihe 345
  uneigentliches Integral 312
Konvergenzkriterien
  Folgen 330, 333
  Reihen 338 ff
  uneigentliche Integrale 313, 317
Konvergenzradius 345
Koordinaten 181
  allgemeine 490, 495
  kartesische 490
  Kugel– 490
  Polar– 94
  Zylinder– 490
Koordinatenform, Ebene 147
  Umformung in Hesseform 149
  Umformung in Parameterform 148
Koordinatenlinien 379, 512, 513, 530
Koordinatentransformation 198
  eines Vektorfeldes 530 ff, 534
Koordinatenvektor 181
Kraftlinien 419
Kreis, Tangente, Normale, Polare 559
Kreisfrequenz 78
Kriechfall 454
kritischer Punkt 270
Krümmung 503, 507, 508
Krümmungsradius, –mittelpunkt 503, 507
Kugel 485, 506, 513, 515, 517
Kugelfeld, siehe Zentralfeld
Kugelkoordinaten **F2**, 376, 377, 533 ff
Kurve 499
  begleitendes Dreibein 508
  Bogenlänge 503
  Krümmung 504, 507
  Länge 501
  Masse, Schwerpunkt 509
  Raum– 506, 507
  Tangente 500, 508
  Trägheitsmoment 509
  verschiedene Darstellungen 499
  zweiter Ordnung 219 ff, 227
Kurvenintegral 538
Kurvenschar, DGL 418

Längenkreis 513
längentreu 193
Lagrange
  Hilfsfunktion 407 ff
  Identität 134
  Interpolation 65
  Multiplikator 407
  Restglied 354, 396
Laplace
  Entwicklungssatz 185
  Gleichung 526, 537
  Operator 526, 529
leere Menge 18
Leibnizkriterium 339
Lemniskate 505
l'Hospital 273 ff
Limes, Grenzwert 35, 330
  inferior, superior 329
linear abhängig, unabhängig
  Funktionen 84, 126, 127, 440
  Vektoren 124, 136
lineare Abbildung 189, 191
  Nacheinanderausführen 199
  zugehörige Matrix 191
lineare Hülle 124, 244
lineare DGL
  erster Ordnung 430
  n–ter Ordnung 439
  mit konstanten Koeffizienten 448
  Systeme 462
  Systeme mit konst. Koeffizienten 469
lineares Gleichungssystem, LGS 244 ff
  mit Parameter 253
  über endlichem Körper 256
Linearfaktor, Polynom 60
Linearkombination 124
Linienintegral 538
Liouville–Formel 441
Lipschitzbedingung 422
Lösungsbasis, siehe Basislösung
Lösungstrichter 422
Logarithmen, Rechnen mit **F2**, 85
Logarithmusfunktion 84 ff
  komplex 113
logarithmische Spirale 101, 115, 119, 500, 501
Lotfußpunkt, Lotgerade 141, 152

magnetisches Feld 528, 536
Majorantenkriterium 340
Masse einer Fläche 519
  einer Kurve 509
  eines Körpers 492
Massenmittelpunkt
  Halbkugel 493
  Fläche 519, Kurve 509
  Körper 492

Matrix 166
ähnlich 209, 210
äquivalent 174, 191
Drehmatrix 180, 192, 205, 208, 219
Dreiecksmatrix 184
Diagonale 172
einfache, erweiterte 244
Einheitsmatrix 176
gespiegelte 166
Hesse 400
inverse 175, 177
Jacobi 376, 393
orthogonale 172, 180, 219
Produkt 168
quadratische 172
Rang 170, 171
Rechnen mit Matrizen 167, 168
reguläre 175
schiefsymmetrische 172
singuläre 175
Spur 172, 210
symmetrische 172, 215, 218
transponierte 166
Zeilen-, Spaltenumformung 174
Maximallösung 421
Maximum 269, 378
Maxwellsche Gleichungen 528
mehrfache Integrale 485, 490
Menge 17
leere Menge 18
endliche, unendliche 18
Minimallösung 421
Minimum 269, 378
Minorantenkriterium 340
Mittelpunkt
Strecke
Umkreis 132, 157
Kurve, Fläche 228
Mittelpunkts–Kurven, –Flächen 228, 229
Mittelsenkrechte 132, 157, 158
Moebiusband 553, 558
Moivre, Formel 103
monotone Folge 328
Funktion 26
Monotoniekriterium 332, 334
Morgan, de Morgan 15, 18
multilinear 186, 187
Multiplikationssatz, Determinanten 186

Nabla Operator 529
Näherung, totales Differential 261
näherungsweise Nullst.–Berechn. 278
natürlicher Logarithmus 85 ff
natürliche Zahl 17
Negation 14
Newton
Näherungsverfahren 278
Interpolation 65
Potential 537, 538
Niveaulinie 369, 373
Normalebene 508
Normalenvektor 383
Ebene 146, 147
Fläche 383, 513, 546
Kurve 504, 507
Normierung, Vektor 123
notwendiges Kriterium 338
Nullfolge 330
Nullmatrix 166
Nullstelle
Iterationsverfahren 279
Newton–Verfahren 278
Polynom 60, 61
Nullteiler 169
Nullvektor 121
numerische Reihe 335

obere Grenze, Ableitung 410
Oberflächenelement 546
Oberflächenintegral 546
Obersumme 300
Ordnungsrelation 44
Orthogonalbasis 129, 130
orthogonale Abbildung 192, 193
orthogonale Matrix 172, 180
orthogonale Vektoren 129
orthogonale Trajektorien 418, 419
Orthogonalisierung 129
Verfahren von E. Schmidt 130
Orthonormalbasis 129, 130
Ortsvektor 121
oszillieren 39

Paar, geordnetes 23
Parabel 236, 562, 563
Tangente, Polare, Brennpunkt 563, 564
parabolischer Zylinder 238
Paraboloid
elliptisches 242
hyperbolisches (Sattelfläche) 239
parallel 137, 142, 147, 154
Parallelepiped, Spat, Volumen 136, 187
Parallelogramm, Fläche 134
Parameterdarstellung
Ebenen 146
Flächen 511
Geraden 137, 138
Kegelmantel 519
Kugel 511 ff
Kurven 499, 507, 508
Torus 512
Umformung in HNF 149
Umformung in Koordinaten–Darst. 148
Zylindermantel 546
Parameterlinien, siehe Koordinatenlinien
Partialbruchzerlegung, PBZ 68, 69
Einsetzmethode 72
Integration durch 289 ff
Koeffizientenvergleich 69, 72
komplex 71
Zuhaltemethode 69
Partialsumme einer Reihe 335

partielle Ableitung 373, 388
partielle Integration **F4**, 288, 304
höherer Ordnung 288
Partikulärlösung 426
Pascalsches Dreieck 46
PBZ, siehe Partialbruchzerlegung
Peano
Existenzsatz, DGL 420
Axiome für ℕ 20
Periode einer Funktion 78, 360
trigonometrischer Fktn. 76
Schwingung 78
Periodenstreifen 112
periodischer Dezimalbruch 44
Picard–Lindelöf
Eindeutigkeitssatz 423
Iterationsverfahren 423
Planetenbahn 509
polare Darstellung komplexer Zahlen 94
Polarkoordinaten **F2**, 94, 530 ff
Polynom 59
Division 61
mit ganzen Koeff., Nullstellen 61
Nullstellen 60
Zerlegung, reell, komplex 63, 106
Potentialfeld 525, 541, 544
Potentialgleichung 537
Potential 543
logarithmisches 537
Magnetfeld 545
Newton– 537, 545
–Differenz 541
–Funktion 541
–Wirbel 531, 536, 544, 545
Potenzen **F2**
Potenzfunktionen 91
Potenzreihen **F3**
Ansatz für DGLn 458
dargestellte Funktion 346
Differentiation, Integration 351
Division 348, 349
einer rationalen Funktion 357
eines Polynoms 357
Entwicklungspunkt 344
Konvergenzbereich, 344
Konvergenzradius 345
Rechnen mit 348
Taylorentwicklung 356
Produkt, skalares 127, vektorielles 134
Spat 136
von Matrizen 167
von Reihen, Cauchyprodukt 348
Produktansatz, DGL 443
Produktregel **F4**, 264
Projektion 131, 197, 204, 195
Pythagoras **F2**, 158, 159

Quadratische Ergäzung 64
quadratische Gleichung **F 2**, 7
komplex 108
reell 64
Quadrik 224, 240
Quantoren 15
Quelldichte 526
Quelle, quellfrei 526, 537, 551
Querkraft 309, 310
Quetschlemma 331
Quotientenkriterium 341
Quotientenregel **F4**, 264, 273

Radialkomponente 531
Randextremun 268, 400 ff, 406
Rang einer Matrix 170
rationale Funktion, ganze 59
gebrochene 67
Realteil 93
Rechtssystem 136
Reduktionsverf., d'Alembert 443, 464
reduzibel, Polynom 62
reelle Zahl 44
regelmäßiges n–Eck 103, 104
reguläre Matrix 175
Reihe 328,335,336
absolut konvergente 339
alternierende 338
binomische 346
geometrische 337 ff, 346
harmonische 338
Rechenregeln 338
rektifizierende Ebene 508
rekursive Folge 332 ff
relatives Extremum 268
Rente,Barwert 565
ewige 565
Resonanz 450, 455, 456
Restglied, Lagrange 354, 396
Riccati–DGL 434
Richtungsableitung 385 ff, 523
Richtungsfeld 418
Richtungspfeil 120
Rotation eines Vektorfeldes 527
Rotationsfläche 369, 517
Rotationskörper 521
Rotationsvolumen 521

Sarrus, Regel 183
Sattelfläche 238
Sattelpunkt 400
Scharparameter 418
Scheitelpunkt, Parabel 65
schiefsymmetrische Matrix 173
Schmidtsches Orthogonalisierungsverf. 130
Schmiegebene 508
Schnittmenge zweier Ebenen 154
Schnittpunkt Gerade–Ebene 150
Schnittpunkt Höhen 157, 158
Mittelsenkrechte 157, 158
Seitenhalbierende 158
Schnittpunkt zweier Geraden 138
Schnittwinkel zweier Ebenen 151
Schnittwinkel zweier Geraden 139
Schraubenlinie 506, 510, 538, 540

Schulmethode
  Polynomdivision 61
  Potenzreihendivision 348, 349
Schwerpunkt
  Dreieck 156
  Fläche 305, 492, 519
  geometrischer 492, 493, 509, 510
  Körper 492
  Kurve 509, 510
  Tetraeder 156
Schwingung, char. Größen 78
  DGL 454
  erzwungene, DGL 455
  gedämpfte 87
  komplexe Rechnung 81
  Überlagerung 80, 83
  Zerlegung 33, 79
Seitenhalbierende 156, 158
Sektorformel 487, 505
Senke 526, 551
sin 75
singuläre Matrix 175
sinh 88
Sinussatz **F2**, 159
Skalar 127
Skalarfeld 522
Skalarprodukt 127
  Ableitung 509
  Rechenregeln 128
Spalten
  einer Matrix 166
  –index 166
  –vektor 121, 170, 219
  –zahl 166
Spat, Volumen 136
Spatprodukt 136
sphärisches Vektorfeld 523
Spiegelung 192, 197
  an Ebene 153, 203
  an Gerade 141, 153, 197, 203
Spirale
  archimedische 119, 380, 487
  hyperbolische 115, 119
  logarithmische 101, 115, 119, 484, 500, 556
Sprungstelle einer Funktion 39
Spur einer Matrix 172, 211
Stammfunktion 285, 308, 309
  durch bestimmten Punkt 309
stationärer Punkt 269, 400 ff
Steigung 260
stetig 37
  ergänzbar 38
  gleichmäßig 38
Stetigkeit, element. Funktionen 37, 38
  bei Funktionen mehrerer Veränderl. 371 ff
Stirlingsche Formel 45
Störfunktion 439, 450
Stokes 553
Streckung 76
Streichungsdeterminante 184
stückweise glatt 262
stückweise stetig 301
Substitution 31
Substitutionsregel, Integral **F4**, 286ff
Superposition, DGL 451
  Schwingungen 83
Superpositionssatz 83
surjektiv 28
Symmetrieeigenschaft, Fktn. 33
Symmetriepunkt 228, 230, 235, 240, 241
symmetrische Differenz 40
symmetrische Matrix 215, 218
Systeme von DGLn 461
  lineare 462
  mit konst. Koeffizienten 469, 476
Systeme von Ungleichungen 53

tan 75
Tangente 260
  an Kurve 500, 507, 508
Tangentenvektor 500, 507, 508
Tangentialbeschleunigung 510
Tangentialebene 375, 383, 513
tanh 88
Taylor, Satz von 354, 356
  Entwicklung und Potenzreihen 399
  für mehrere Veränd. 396
  Polynom, Reihe 354, 355, 396, 398
  Restglied, Lagrange 354, 396
Teilfolge 331
Teilmenge 18
Tetraeder
  in Quader 165
  Schwerelinie, Schwerpunkt 156
  Volumen 136, 491
Thalessatz 157
Torsion einer Kurve 507, 508
Torus 485, 494, 512
total differenzierbar 353 ff
totales Differential 261, 384
Trägheitsmoment, Fläche 519
  Körper 492, Kurve 509
Trajektorien
  isogonale 484
  orthogonale 418, 419
Transitivität 44
transponierte Matrix 166
Trennung der Veränderlichen, TdV 426
trigonometrische Formeln **F1**, 76
  Funktionen **F1**, 75
    inverse 77

Überlagerung von Schwingungen **F2**, 80, 83
Umgebung 268
  von ∞ 268
Umkehrabbildung 29
Umkehrfunktion 29, 381, 382
  Differentiation 265, 381
Umkreis 157, 158
Umordnung, Reihe 337
unabhängige Variable 24
unbestimmtes Integral 285

unbestimmter Ausdruck 273 ff, 276
uneigentlicher Grenzwert, Folge 330
uneigentlicher Häufungspunkt, Folge 329
uneigentliches Integral 311 ff
  absolut konvergent 313 ff
ungerade Funktion 32
Ungleichungen 47
  Bernoulli 21, 48
  Cauchy–Schwarz 128, 129
  Dreiecksungleichung 48, 122, 128
  geometr., arithm. Mittel 22
  mit zwei Variablen 50
  Systeme von 53
unstetig 38, 39, 373
  hebbar 38
Unstetigkeitsstellen 39
Untersumme 300
Urbildmenge 24

Variable 24
Variation der Konstanten 439, 444, 450, 466
Vektor 120
  Addition 120
  Betrag 122
  Einheitsvektor 122, 123
  Gleichheit 122
  Komponente 131
  Koordinaten 121
  Länge (Betrag) 122
  Normalenvektor 383, 504, 507, 513, 546
  Normierung 123
  Nullvektor 121
  Projektion 131
  Rechnen mit 122
  Vektorprodukt 134
  Winkel zwischen Vektoren 128
  Zeilen-, Spaltenvektor 121
Vektorfeld 522
  konservativ 541
  Potentialfeld 541, 544
vektorielle Beweise 155–158
Vektorprodukt 134
  Ableitung 509
Vektorraum 126, 189
Venn–Diagramme 18
Verdichtungskriterium 341
Vereinigung von Mengen 14
Vergleichskriterium 342
Verschiebung des Koordinatensystems 27
Verstärkungsfaktor 456, 482
Vertauschung part. Ableitungen 388
  Differentiation Integration 411
  Grenzprozesse 372
Vielfachheit einer Nullstelle 63
Viviani–Kurve 506
vollständige Induktion 20
vollständig differenzierbar 375, 377
Volumen
  archimedischer Restkörper 496
  Berechnung 491
  Ellipsoid 495
Volumen
  Kugel, Halbkugel 486, 492, 533
  Kugel, Zylinder 495
  orientiertes 136
  Rotationskörper 521
  Spat 136, 187
  Tetraeder 136, 491
  Torus 494, 521, 522
Volumenintegral 490, 492

Wachstumsfunktion 85
  –konstante 85
Wälzwinkel 499, 501
Wegunabhängigkeit 541, 544
Wendepunkt 269
Weierstraß Satz von 270, 401
Wertebereich 24, 25
Widerspruch 16
windschiefe Geraden 143
Winkel zwischen Ebenen 151
  zwischen Geraden 139
  zwischen Vektoren 127
Winkelgeschwindigkeit 528
Winkelhalbierende 123, 162
winkeltreu 193
wirbelfrei 528, 537, 544
Wirbeldichte 528
Wronski–Determinante 440, 441, 463
Wurzel aus einer komplexen Zahl 103
Wurzelfunktion, Monotonie 40
Wurzelkriterium 341
Wurzeln wegsubstituieren 292 ff

Zahl
  ganze 17
  natürliche 17
  komplexe 95
  rationale 17
  reelle 44
Zahlenfolge 328 ff
Zahlengerade 44
Zahlenebene 93
Zeigerdiagramm 83
Zeile einer Matrix 166
Zeilenstufenform 170, 245
Zeilenvektor 121, 219
Zentralfeld 523, 537, 545
Zentripetalbeschleunigung 510
Zerfallskonstante 86
Zerlegung, Polynome 62, 63, 106
  gerade, ungerade Funktion 32, 33
Zinssatz, Zinsfaktor 565
Zirkulation eines Feldes 539, 553
Zuhaltemethode bei PBZ 69
zusammenhängend 543
Zykloide 501
Zylinder, elliptischer 234
  hyperbolischer 240
  parabolischer 238
Zylinderkoordinaten **F2**, 533
Zylinderfeld 523

Potenzreihen

e^x	$= \sum_{n=0}^{\infty} \frac{1}{n!}x^n$	$= 1 + \frac{1}{1!}x + \frac{1}{2!}x^2 + \frac{1}{3!}x^3 + \cdots$	für $x \in \mathbb{R}$
$\sin x$	$= \sum_{n=0}^{\infty} \frac{(-1)^n}{(2n+1)!}x^{2n+1}$	$= x - \frac{1}{3!}x^3 + \frac{1}{5!}x^5 - + \cdots$	für $x \in \mathbb{R}$
$\cos x$	$= \sum_{n=0}^{\infty} \frac{(-1)^n}{(2n)!}x^{2n}$	$= 1 - \frac{1}{2!}x^2 + \frac{1}{4!}x^4 - + \cdots$	für $x \in \mathbb{R}$
$\sinh x$	$= \sum_{n=0}^{\infty} \frac{1}{(2n+1)!}x^{2n+1}$	$= x + \frac{1}{3!}x^3 + \frac{1}{5!}x^5 + \cdots$	für $x \in \mathbb{R}$
$\cosh x$	$= \sum_{n=0}^{\infty} \frac{1}{(2n)!}x^{2n}$	$= 1 + \frac{1}{2!}x^2 + \frac{1}{4!}x^4 + \cdots$	für $x \in \mathbb{R}$
$\arctan x$	$= \sum_{n=0}^{\infty} \frac{(-1)^n}{2n+1}x^{2n+1}$	$= x - \frac{1}{3}x^3 + \frac{1}{5}x^5 - \frac{1}{7}x^7 + - \cdots$	für $\lvert x\rvert \leq 1$
$\ln(1+x)$	$= \sum_{n=1}^{\infty} \frac{(-1)^{n+1}}{n}x^n$	$= x - \frac{1}{2}x^2 + \frac{1}{3}x^3 - \frac{1}{4}x^4 + - \cdots$	für $-1 < x \leq 1$
$\ln(1-x)$	$= -\sum_{n=1}^{\infty} \frac{1}{n}x^n$	$= -(x + \frac{1}{2}x^2 + \frac{1}{3}x^3 + \frac{1}{4}x^4 + \cdots)$	für $-1 \leq x < 1$
$\sqrt{1+x}$	$= \sum_{n=0}^{\infty} \binom{\frac{1}{2}}{n} x^n$	$= 1 + \frac{1}{2}x - \frac{1}{8}x^2 + \frac{1}{16}x^3 - \frac{5}{128}x^4 + - \cdots$	für $\lvert x\rvert \leq 1$
$\frac{1}{\sqrt{1+x}}$	$= \sum_{n=0}^{\infty} \binom{-\frac{1}{2}}{n} x^n$	$= 1 - \frac{1}{2}x + \frac{3}{8}x^2 - \frac{5}{16}x^3 + \frac{35}{128}x^4 - + \cdots$	für $\lvert x\rvert < 1$

endliche geom. Reihe	$\sum_{n=0}^{k} x^n$	$= 1 + x + x^2 + \cdots + x^k$	$= \frac{1-x^{k+1}}{1-x}$	für $x \neq 1$
geometrische Reihe	$\sum_{n=0}^{\infty} x^n$	$= 1 + x + x^2 + x^3 + \cdots$	$= \frac{1}{1-x}$	für $\lvert x\rvert < 1$
harmonische Reihe	$\sum_{n=1}^{\infty} \frac{1}{n^x}$	$= 1 + \frac{1}{2^x} + \frac{1}{3^x} + \cdots$	konvergent $\iff$	$x > 1$
binomische Reihe	$\sum_{n=0}^{\infty} \binom{r}{n} x^n$	$= 1 + rx + \binom{r}{2} x^2 + \binom{r}{3} x^3 + \cdots$	$= (1+x)^r,$	$\lvert x\rvert \leq 1,\ r > 0$; $\lvert x\rvert < 1,\ r < 0$

$1 + \frac{1}{2} + \frac{1}{3} + \frac{1}{4} + \cdots$	$= \infty$
$1 - \frac{1}{2} + \frac{1}{3} - \frac{1}{4} + - \cdots$	$= \ln 2$
$1 + \frac{1}{1!} + \frac{1}{2!} + \frac{1}{3!} + \cdots$	$= e$
$1 - \frac{1}{1!} + \frac{1}{2!} - \frac{1}{3!} + - \cdots$	$= \frac{1}{e}$
$1 + \frac{1}{2} + \frac{1}{4} + \frac{1}{8} + \cdots$	$= 2$
$1 - \frac{1}{3} + \frac{1}{5} - \frac{1}{7} + - \cdots$	$= \frac{\pi}{4}$
$1 + \frac{1}{2^2} + \frac{1}{3^2} + \frac{1}{4^2} + \cdots$	$= \frac{\pi^2}{6}$
$1 - \frac{1}{2^2} + \frac{1}{3^2} - \frac{1}{4^2} + - \cdots$	$= \frac{\pi^2}{12}$
$1 + \frac{1}{3^2} + \frac{1}{5^2} + \frac{1}{7^2} + \cdots$	$= \frac{\pi^2}{8}$

wichtige Grenzwerte

$(n \to \infty,\quad a > 0)$

$\sqrt[n]{a} \to 1$	$(\frac{n+1}{n})^n \to e$	$\binom{a}{n} \to 0$	$a > -1$
$\sqrt[n]{n} \to 1$	$(1 + \frac{1}{n})^n \to e$	$\frac{a^n}{n!} \to 0$	
$\sqrt[n]{n!} \to \infty$	$(1 - \frac{1}{n})^n \to e^{-1}$	$\frac{n^n}{n!} \to \infty$	
$\frac{n}{\sqrt[n]{n!}} \to e$	$(1 + \frac{x}{n})^n \to e^x$	$\frac{a^n}{n^k} \to \infty$	$a > 1$, k fest
$\frac{1}{n}\sqrt[n]{n!} \to \frac{1}{e}$	$(1 - \frac{x}{n})^n \to e^{-x}$	$a^n n^k \to 0$	$\lvert a\rvert < 1$, k fest
		$n(\sqrt[n]{a} - 1) \to \ln a$	$a > 0$